心理学译丛

Essentials of Statistics for the Behavioral Sciences,10e

Frederick J. Gravetter
Larry B. Wallnau
Lori-Ann B. Forzano
James E. Witnauer

# 行为科学统计精要

## （第10版）

[美] 弗雷德里克·J. 格雷维特　拉里·B. 瓦尔诺
洛丽-安·B. 福尔扎诺　詹姆斯·E. 维特诺　著　刘红云　骆方　译

中国人民大学出版社
·北京·

**图书在版编目（CIP）数据**

行为科学统计精要：第 10 版 /（美）弗雷德里克·J. 格雷维特等著；刘红云，骆方译. --北京：中国人民大学出版社，2024. 6

（心理学译丛）

书名原文：Essentials of Statistics for the Behavioral Sciences，10e

ISBN 978-7-300-32781-5

Ⅰ. ①行… Ⅱ. ①弗… ②刘… ③骆… Ⅲ. ①行为科学-心理统计 Ⅳ. ①B841. 2

中国国家版本馆 CIP 数据核字（2024）第 103162 号

心理学译丛

**行为科学统计精要（第 10 版）**

［美］ 弗雷德里克·J. 格雷维特 / 拉里·B. 瓦尔诺 / 洛丽-安·B. 福尔扎诺 / 詹姆斯·E. 维特诺 著

刘红云 骆 方 译

Xingwei Kexue Tongji Jingyao

| | | | |
|---|---|---|---|
| **出版发行** | 中国人民大学出版社 | | |
| **社　　址** | 北京中关村大街 31 号 | **邮政编码** | 100080 |
| **电　　话** | 010－62511242（总编室） | | 010－62511770（质管部） |
| | 010－82501766（邮购部） | | 010－62514148（门市部） |
| | 010－62515195（发行公司） | | 010－62515275（盗版举报） |
| **网　　址** | http://www. crup. com. cn | | |
| **经　　销** | 新华书店 | | |
| **印　　刷** | 涿州市星河印刷有限公司 | | |
| **开　　本** | 890 mm×1240 mm　1/16 | **版　　次** | 2024 年 6 月第 1 版 |
| **印　　张** | 35 插页 2 | **印　　次** | 2024 年 6 月第 1 次印刷 |
| **字　　数** | 996 000 | **定　　价** | 139. 00 元 |

# 作者简介

**弗雷德里克·J. 格雷维特（Frederick J. Gravetter）**是纽约州立大学布罗克波特学院的心理学荣誉教授。在布罗克波特学院任教期间，格雷维特博士专攻统计学、实验设计和认知心理学。他在麻省理工学院获得数学学士学位，在杜克大学获得心理学博士学位。除了出版这本教科书和几篇研究文章，格雷维特博士还与人合著了最畅销的《行为科学统计学》《行为科学统计学概论》和《行为科学研究方法》的所有版本。格雷维特博士于 2017 年 11 月去世。

**拉里·B. 瓦尔诺（Larry B. Wallnau）**是纽约州立大学布罗克波特学院的心理学荣誉教授。在布罗克波特学院任教期间，他的研究成果发表在《药理学、生物化学与行为》《生理学与行为》《人类进化杂志》《国际灵长类学杂志》《行为研究方法与仪器》等期刊上。他还提供编辑咨询。他的课程包括统计学、生物心理学、动物行为学、精神药理学和心理学入门。他与格雷维特博士共同撰写了《行为科学统计学》和《行为科学统计精要》的所有版本。他持有纽黑文大学的学士学位和纽约州立大学奥尔巴尼分校的心理学博士学位。在闲暇时间，他热衷于与他的小伙伴格雷西一起跑步，格雷西是他的宠物犬。

**洛丽-安·B. 福尔扎诺（Lori-Ann B. Forzano）**是纽约州立大学布罗克波特学院的心理学教授，她定期为本科生和研究生讲授研究方法、统计学、学习、动物行为和饮食心理学等课程。她在纽约州立大学石溪分校获得实验心理学博士学位，并获得了心理学学士学位。福尔扎诺博士的研究考察了成年人和儿童的冲动和自控能力。她的研究成果发表在《行为、学习和动机的实验分析》杂志和《心理记录》杂志上。

福尔扎诺博士还参与撰写了《行为科学统计精要》和《行为科学研究方法》的所有版本。

**詹姆斯·E. 维特诺（James E. Witnauer）**是纽约州立大学布罗克波特学院的心理学副教授，他教授实验心理学的本科课程，以及统计学和生物心理学的研究生课程。他在纽约州立大学宾汉姆顿分校获得认知心理学博士学位，在纽约州立大学布法罗分校获得心理学学士学位。维特诺博士的研究旨在构建学习和行为的数学模型，研究成果发表在《行为过程》《实验心理学杂志：动物行为过程》和《学习和记忆的神经生物学》上。

# 译者序

国内外都有很多学生讨厌学习统计学，他们对方法原理的课程感到无法胜任，只好死记公式，一知半解；而有些对应用统计学感兴趣的学生，由于缺少适合的参考资料，一直徘徊在统计学的大门之外。本书的两位作者弗雷德里克·J. 格雷维特和拉里·B. 瓦尔诺均为纽约州立大学布罗克波特学院教授，几十年来一直从事应用统计和实验设计的一线教学工作。他们深知应用统计教学的困境以及学生理解统计思想和原理的困难，为此编写了这本应用统计学教材，旨在解决广大师生在统计的教与学中存在的各种问题。

本书很适合那些初学应用统计的学生，也适合对统计学很感兴趣、希望深究统计学背后科学推断逻辑的学生。作者在使用通俗易懂的语言描述统计过程的同时，深刻地揭示了统计学原理和思想；通过一步一步的逻辑推演，向读者展示每个统计概念的意义，帮助读者理解为什么要使用某种统计方法，以及这种统计方法的“命脉”在哪里。全书既有深刻的内涵，又全然没有枯燥乏味的感觉。书中还提供了生动的例子和大量的课后练习，帮助数学基础薄弱的学生真正理解统计思想、掌握统计分析的技能。

本书自出版以来一直是美国心理学、社会学、经济学等领域使用最广的应用统计学教材。作者根据读者和教学的反馈，追踪应用统计的最新发展，不断更新和修订教材的内容。本书已出至第 10 版，足可见其影响力和受欢迎的程度。14 年前，当我们应约翻译本书第 5 版时，就为作者深厚的统计学功底和卓越的语言表达能力所折服，我们希望这本书能够带给对学习统计学感到头疼的学生一些乐趣和希望，带领他们开启深刻的统计思辨之旅，理解统计学的精髓，掌握统计分析的技能。自 2010 年第 5 版的中文译著出版以来，读者反响极其热烈。正如我们所愿，这本书帮助了很多的读者，既有高校的统计学老师，也有在校的本科生和研究生，还有在社会科学领域耕耘的研究和实践人员，让他们重拾对教授和学习统计学的信心，能够正确使用统计分析方法来避免种种研究谬误。同时，我们也收到不少的读者来信，他们热情地指出了翻译中的一些错误之处，并且言辞恳切地希望我们能够继续翻译本书的最新版本。读者的鼓励和帮助是我们最大的动力，因此，在接到中国人民大学出版社的再次邀约时我们欣然应允，历时 2 年再次译出本书的第 10 版以飨读者，希望能够帮助到更多的读者。

本书的翻译过程是由我和骆方老师的团队共同完成的。我们的研究生程雪迎、屠炜然、卜小轩、陈漪澜、冷金枚、陈彦、王浴楠、董洁源、陈晓宇、赵靓靓、秦子杰、宋佳美（按照翻译章节排序）参与了翻译工作。他们作为心理统计方向的研究生，本书是他们学习基础统计学的第一本教材，他们对这本堪称自身专业引路石的教材非常有感情，投入了极大的热情和精力。初稿完成后，陈漪澜、董洁源、卜小轩认真地校对了本书，减少了书中的错误和疏漏。我和骆方老师全程指导翻译工作，并最终完成统稿和审校工作，以确保专业名词的正确使用和统计学知识正确无误。

本书的翻译与出版得到了中国人民大学出版社的大力支持，张宏学编辑为本书的策划做了大量工作，霍殿林编辑为本书的编辑付出了辛勤劳动，在此一并表示衷心的感谢！

翻译统计教材并不是一件轻松的工作，尽管我们非常努力和小心谨慎，很想奉献给读者一本令人满意的教材，但错误和问题难免，恳请各位批评指正！

**刘红云**

2024 年 3 月 28 日

# 前　言

很多行为科学专业的学生都将专业要求的统计课程视为置于其他一堆有趣课程中的一个可怕的障碍，他们想要学习和了解人类行为，而非数学和科学。因此，统计课程被认为与他们的教育和职业目标毫不相关。然而，只要行为科学建立在科学的基础上，对统计知识的掌握就将是必需的。统计的流程给研究者提供了描述和解释他们的研究结果的目标和系统性的方法。我们使用科学研究这一系统收集信息，而统计这一工具则帮助我们从这些信息中提取出明智且合理的结论。这本书不仅要教授统计方法，而且会传授客观性和逻辑性的基本准则，它们对于科学和日常决策都是非常重要且有价值的。

《行为科学统计精要（第10版）》是为心理学或任何与行为科学有关的本科统计学课程准备的，本书的总体学习目标与美国心理学会确定的学习目标是相对应的（Nolandand the Society for the Teaching of Psychology Statistical Literacy Taskforce，2012），包括以下内容：

1. 计算和解释集中趋势和变异性的基本测量的意义。
2. 区分因果关系和相关关系。
3. 以统计、图形和表格的方式解释数据。
4. 为特定的研究设计、问题或假设选择并实施适当的统计分析。
5. 在假设检验时，确定数据分析和解释的正确策略。
6. 选择、应用并解释适当的描述性统计和推断性统计。
7. 使用APA格式完成并解释统计分析报告。
8. 区分数据中统计显著性和偶然性发现。
9. 计算并解释统计显著性的基本检验的意义。
10. 计算并解释置信区间的意义。
11. 计算并解释效应量的基本测量意义。
12. 意识到统计上的显著性结果也可能具有实际意义。

本书的章节是按照我们统计课程的框架和顺序进行组织的。首先是描述统计（第1～4章），其次为推断统计打下基础（第5～8章），再次研究了各种以样本均值和方差为重点的统计方法（第9～13章），最后介绍相关性的方法和非参数统计（第14～15章）。喜欢不同的结构方式的读者可以参考“写给教师的话”部分关于调整顺序的相关内容。本书每章都包含了许多例子（很多是基于实际研究）、学习检查、总结及关键术语列表、SPSS的使用说明、解决问题的详细的小技巧和演示，以及章节结束的一组练习题。

熟悉《行为科学统计学》和《行为科学统计精要》先前版本的读者会注意到此版本的一些变化。在“写给教师的话”部分，我们对这些变化进行了总结。使用本版教材的学生请阅读前言中的“写给学生的话”部分的内容。在对此教材进行修订时，我们的学生在我们心中是最重要的。这些年来，他们提供了坦诚、有用的反馈。他们辛苦的工作和坚持不懈的精神使得我们的写作和教学更有价值，我们真诚地感谢他们。

## 一、写给教师的话

以前使用过格雷维特教科书的读者应该知道，我们保留了《行为科学统计学》和《行为科学统计精要》教科书的所有标志性的特征：章节的结构和章节的内容；对学生友好、对话式的语气；各种各样的教学辅助内容，包括你将需要的工具、章节大纲、章节学习目标和学习检查，以及章节末的小结、关键术语、解决重点问题的技巧、解决问题的示范、SPSS和练习题（奇数题目的参考答案提供给学生，见附录C）。

### 本版新增内容

如果你们熟悉《行为科学统计学》的上一版，那么你们会很高兴看到《行为科学统计精要》这一版有着相同的“外观和感觉”，并包含了之前的大部分内容。对于那些熟悉《行为科学统计精要》的读者来说，以下是已完成更改的重点的介绍：

■ 每章开始都有一个预览内容，重点介绍一项已发表的研究示例。这些例子因其趣味性被选中，目的是吸引学生的兴趣。这些研究示例用于说明在本章中所介绍的统计方法的目的和原理。

■ 对章节末的练习题进行了广泛的修订。许多旧问题已被引用研究案例的新示例所替代。为了增强学生的教学资源，附录C中的奇数题目的参考答案解答了一部分需要一个步骤以上的问题，偶数题目的参考答案可从线上教师资源中获得。

■ 第1章中的研究设计和方法部分已修订，以与格雷维特和福尔扎诺的《行为科学研究方法》第6版保持一致。第1章中讨论的等距和等比量表已经被细化，并包括一个新的表来区分测量尺度。

■ 在第2章中，新增了关于茎叶图的部分，将其描述为探索性数据分析，是频率分布表或图的简单替代方式。第2章中的频率分布表覆盖范围中加入了基本的百分位数和百分位数排名介绍，该主题在第6章（6.4“百分位数和百分等级”）中再次讨论，展示了如何使用正态分布确定百分位数和百分位数排名。

■ 第3章（集中趋势的测量）增加了对分布中间存在并列分数时中数（又称“中位数”）的计算，包括一个用插值法确定中数的公式。

■ 第4章（变异性）中关于自由度的内容进行了修订，包括一个新的方框专题（自由度，自助餐式），为学生提供一个类比。在4.2节（标准差与方差的定义）中增加了一个新段落，讨论四舍五入和四舍五入的规则。由于例4.2是第一个答案为无理数的例子，所以将其放在这一节中。增加了关于四分位数和四分位间距的章节。

■ 对样本均值的分布（第7章）进行了修订，使其更加清晰。第9章重新讨论了这一主题，这一章对样本均值分布和$z$分数分布进行了更具体的比较和对比，同时还比较了标准正态表和$t$分布表。第7章还包括一个新的方框，用网上购物的插图来描述大数据量法则（大数据量法则和网上购物）。

■ 在第8章（假设检验介绍）中，关于统计检验力的部分完全重写。现在，它被组织和简化为学生可以遵循的步骤，该部分的图表也得到了改进。

■ 第10章增加了一个新的方框专题，演示了如何根据已发表的研究论文中的样本均值、标准差和样本量计算独立测量研究的$t$统计量。增加了一个章节，描述个体差异在标准误差大小中的作用。

■ 第11章扩展了对独立测量和重复测量设计的比较，并包括统计检验力问题。

■ 第12章中，关于$F$比值中分子和分母的部分已经扩展，包括了对随机和非系统差异来源的描述。

■ 第 13 章现在只涉及双因素独立测量方差分析。单因素、重复测量方差分析被删除了，因为重复测量设计通常是在混合设计中进行的，该设计还包括一个（或多个）受试者间的因素。因此，第 13 章现在扩大了对双因素独立测量方差分析的内容。

■ 第 14 章重新绘制了三个图表，以纠正小的不准确之处并提高清晰度。与其他章节一样，有一个新的带图片的 SPSS 章节，章末的“练习题”也用当前的研究实例进行了更新。

■ 第 15 章有小的修订，并更新了 SPSS 部分，增加了几张图片。与其他章节一样，章末的“练习题”也进行了广泛的修订，包含了当前的研究实例。

■ 许多研究实例已被更新，目的是选择大学生特别感兴趣的实例，并贯穿于行为科学领域。

■ 学习检查已被修订。

■ 所有 SPSS 部分都已使用 SPSS® 25 和新示例进行了修订，并介绍了新的屏幕截图。附录 D 大大扩展了 SPSS 使用的一般性说明。

■ 增加了统计学公式的概要。

■ 这版《行为科学统计精要》已经进行编辑，以便与格雷维特和福尔扎诺的《行为科学研究方法》保持一致，从而在结构和术语上使统计学到研究方法的过渡更加流畅。这两本书结合在一起，为两个学期的统计学和方法学的顺畅过渡，以及为整体的统计/方法课程提供帮助。

### 匹配教材与课程安排表

书中的章节是按照我们在统计学课程中使用的顺序组织的。然而，不同的教师可能喜欢不同的讲课顺序，可能会选择省略或弱化一些章节。我们试图使每一章甚至每章的每个部分都完全独立，这样授课老师就可以根据自己的课程安排对内容进行删除或重新组织。使用 MindTap® 的老师可以轻松控制章节的内容和顺序，以完全匹配他们的教学大纲。以下是一些常见的例子：

■ 老师常常会从方差分析（第 12 章和 13 章）和相关/回归（第 14 章）中选择一个重点讲述。很少有老师会在为期一个学期的课程中完整地讲授这两个部分的内容。

■ 尽管我们选择将关于均值和均值差异的假设检验的内容全部放在相关（第 14 章）之前，但是很多老师可能希望将相关这一章的内容往前放。为了满足这个需求，可以将 14.1、14.2 和 14.3 这三个计算和解释皮尔逊相关的部分放在第 4 章（变异性）之后进行介绍。第 14 章的其他部分与假设检验有关，应该放到假设检验介绍（第 8 章）之后。

■ 也有老师希望将卡方检验（第 15 章）的内容提前。第 15 章介绍的是与比例相关的假设检验，可以将它调整到第 8 章之后，即在介绍完假设检验的过程之后呈现。如果作这样的调整，我们建议同时将介绍皮尔逊相关的内容（14.1、14.2 和 14.3 三个部分）往前放，以便给卡方检验相关的内容做铺垫。

## 二、写给学生的话

本书的一个基本目标是让学习统计这一任务尽可能变得简单、不痛苦。除了别的之外，你将会注意到本书给你提供了大量练习你即将学习的统计技术的机会，包括学习检查、例子、示范和每章后面的习题。我们鼓励你好好利用这些机会。你需要认真地阅读教材而不是仅仅机械地记住公式。我们争取将统计的程序和概念结合起来，解释为什么要发展出这个程序及在什么时候使用它。如果你通过阅读这些材料理解了统计公式背后的基本概念，那么你会发现学习公式及学会怎么使用它将变得更简单。在接下来的“学习提示”部分，我们给出了对自己学生的建议。请你也征求你自己的指导老师的建议，我们相信其他的指导老师也都会有他们自己独到的见解。

### 学习提示

根据我们自己学生的反馈和报告，你可能会发现有些提示对你来说是有帮助的。

● 学好一门统计课程的关键在于持续地掌握好教学材料。每一个新的主题都建立在之前主题的基础上。如果你学习过之前的知识，那么新的主题或知识只是在原有的基础上更往前了一小步。但是，如果你没有相应的背景知识，那么新的主题将是完全未知的谜。如果你发现自己跟不上课程了，请立即寻求帮助。

● 比起一次学习很长的时间，每周学习多次、每次一小段时间的这种方式能让你学习（且记住）更多的知识。例如，比起每周只进行一次3.5小时的学习，每周每天晚上学习半个小时更有效。我们在写教材的时候也是需要经常停下来休息的。

● 课前预习。要走在老师的前面，在老师上课之前要先阅读教材相应部分的内容。尽管你可能不能完全理解所读内容，但是这可以让你对要讲的主题形成大概的认识，这将帮助你更好地理解课程内容。此外，你还可以事先整理好教材上自己不懂的地方，然后在课堂上重点关注是否理解了这些内容。

● 在课堂上要集中注意力并认真思考。这个建议尽管貌似非常简单，实际上却很难做到。很多学生把大部分时间花在记录老师讲的每个例子或每句话上，却没有真正地理解和加工老师所讲的内容。你可以询问你的老师——你并不需要将课上的每个例子都记下来，特别是很多与教材的例子相似的例子。有时候，我们让我们的学生暂时放下手中的纸笔，专心听讲。

● 定期进行自测。不要等到整个章节结束或一星期结束后才检查自己的知识掌握情况。当你阅读教材的时候，做一下案例里的分析以及每个小节后面的“学习检查”。在每节课后，你都应该做一些章末习题和学习小测，并根据附录C的内容核对奇数题的答案。复习例题，确保掌握关键术语的定义。如果有问题，请立即寻求答案（重新阅读这个部分，请求老师的帮助，或者在课堂上提问）。这样做之后，你才能继续学习新的教学材料。

● 不要自欺欺人！避免否认。很多学生看到老师在课上解答问题可能会想，“这看起来太简单了，我已经明白了”。但是，你真的明白了吗？如果不去翻阅教材，你可以独立地解答习题吗？尽管以教材上的示例为参照来解决问题也无可厚非，但是你更应该把书本合起来，尝试独立地解决一个问题，以此来考察自己对所学知识的掌握水平。

● 我们意识到很多学生羞于求助。作为老师来说，这是我们面临的最大的挑战。你必须找到一种克服这种羞怯的方法。如果在课堂上问问题让你很焦虑，或许直接联系老师会是一个好的开始。你会惊喜地发现，你的老师并不会大声呵斥你或斥责你。此外，你的老师可能还知道哪些可以给你提供帮助。同学的帮助会非常有用。

### 联系我们

多年来，我们班上的学生和其他使用我们的书的学生给了我们宝贵的反馈。如果你对这本书有任何建议或评论，你可以写信给纽约州立大学布罗克波特学院心理学荣誉教授拉里·B. 瓦尔诺、洛丽-安·B. 福尔扎诺教授或副教授詹姆斯·E. 维特诺，地址是纽约布罗克波特新校园路350号，邮编：14420。您也可以直接通过lforzano@brockport. edu或jwitnaue@brockport. edu或lwallnau@brockport. edu与我们联系。

## 三、致谢

一本教材的诞生离不开很多优秀、勤奋的人的辛苦工作。我们在圣智的朋友对这本教材做出了巨大的贡献。感谢：劳拉·罗斯，产品总监；乔什·帕洛特，产品经理；卡特·沃莱斯，产品助理；贝瑟尼·布尔乔亚，艺术总监。特别感谢布莱恩·皮尔斯和坦安杰利克·威廉姆斯·格雷耶，我们的内容经理，以及洛里·哈扎德，他们在 MPS 有限公司带领我们完成出版。

审稿人在稿件的撰写过程中起着重要的作用。因此，我们感谢以下同事的协助：来自诺克斯学院的卡拉·摩尔，密西西比学院的汤姆·威廉姆斯，艾德里安学院的斯泰西·托达罗，奥格斯堡大学的戴夫·马茨，印第安纳大学-普渡大学印第安纳波利斯联合分校的芭芭拉·弗里斯特，特兰西瓦尼亚大学的贝瑟尼·朱尔斯，奥格斯堡大学的本·登金格，坦帕大学的莎拉·费斯蒂尼，南密西西比大学的林赛·约翰逊，纽约市立大学约克学院的劳伦斯·普赖瑟，坦帕大学的斯蒂芬·布莱辛，印第安纳大学的帕梅拉·A. 麦克劳林。

我们必须向我们的家人表示衷心的感谢：娜奥米和尼科·瓦尔诺；查理、瑞安和亚历克斯·福尔扎诺；还有贝丝、小洁、内特和本·维特诺。没有他们的耐心和支持，这本书不可能完成。

最后，我们只能非常悲痛地接受弗雷德里克·J. 格雷维特的离世。他将统计学方面的专业知识、教学经验以及多年来帮助学生的经验都融入了这本书的每一版。他的学生对他的课程和教学能力赞不绝口。弗雷德里克是学生和教师包括同行作家的导师。虽然他取得了很多成就，但他很谦虚，平易近人，富有魅力。在这次修订的过程中，我们在每一章的工作中都感受到了他的贡献，并在这个过程中受过他的指导。毫无疑问，他为他的学生和同事们留下了一份持久的遗产。我们很幸运能从与他的友谊中受益，我们非常想念他。

**拉里·B. 瓦尔诺**
**洛丽-安·B. 福尔扎诺**
**詹姆斯·E. 维特诺**

# 简要目录

# 目　录

## 第 1 章　统计学入门/1



## 第 2 章　频数分布/34

## 第3章　集中趋势的测量/59



## 第4章　变异性/89

## 第5章 z分数：分数的位置和标准化/122



## 第6章 概 率/145

## 第7章 概率和样本：样本均值的分布/174



## 第8章 假设检验介绍/198

## 第 9 章 $t$ 检验介绍/234



## 第 10 章 两个独立样本的 $t$ 检验/260

## 第11章 两个相关样本的 $t$ 检验/290



## 第12章 方差分析介绍/315

## 第 13 章 双因素方差分析/352



## 第 14 章 相关与回归/387

## 第15章 卡方检验：拟合优度和独立性检验/434

# 统计学入门

# 第1章

**章节概览**

## 引言

在开始讨论统计学之前，请花少量时间阅读以下段落，该段落改编自 Bransford 和 Johnson（1972）报告的经典心理学实验。

> 实际上，这个过程很简单。首先，根据事物的构成，将其分为不同的组。当然，一堆可能就足够了，这取决于有多少事情要做。如果你因为缺乏设备而不得不去其他地方，那就是下一步，否则当前步骤就准备好了。重要的是不要过度努力。也就是说，一次做的事太少总比做的事太多要好。从短期来看，这似乎并不重要，但当工作量很大时，这很容易变得复杂，一个错误可能带来高昂的代价。适当操作的重要性不言而喻，这里不详述。起初，整个过程看起来很复杂。然而，它很快将成为生活的另一个方面。很难预见这项任务的必要性及在不久的将来会有什么结果，这很难预测。

读者可能会觉得这段文字有点让人困惑，大多数人可能会认为它描述的是一些模糊的统计过程。实际上，这段文字描述的是洗衣服的日常活动。了解主题（或上下文）后，试者再读一遍这段话——现在这段文字看起来更好理解了。

为什么要在统计教科书的开头写一段关于洗衣服的内容？这里的目标是证明上下文的重要性——如果没有合适的上下文，即使是最简单的材料也会显得混乱。在 Bransford 和 Johnson（1972）的实验中，在阅读前知道洗衣主题的被试，比不知道洗衣主题的被试能回忆起的内容多73%。当有了适当的背景知识时，新的材料会更容易记忆和回忆。在本书中，每一章的开头都有一个预览，为本章的新内容提供背景知识。读者在阅读每个预览部分时，应该对章节内容有一个大致的了解。同样，在每一章的每一节中都有明确的学习目标。本书通过解释其目的来介绍每个新的统计过程。原因是，所有统计方法都是为了达到某个目的而开发的，如果读者能够理解为什么需要一种新的统计方法，学习和记忆的过程也会变得容易很多。

第1章的目的是对统计的主题进行介绍，并为本书的其余部分提供一些背景知识。我们将讨论统计在科学研究中的作用，并介绍后续学习所必需的统计符号及术语。因此，本章可以作为本书其他部分的预览部分。

在阅读以下章节时，请记住，统计的主题是有很强的组织性和逻辑性的，这个体系将基本的概念和定义与复杂的技术连接起来。因此，本书前几章的内容是后续章节学习的基础。前7章的内容为第8章介绍的统计方法提供了基本的背景和基础。如果读者缺少了解前7章的背景，直接学习第8章的内容，会觉得这一章的内容难以理解。但是，如果读者学习了背景材料，并实践了前几章中描述的统计程序和方法，那么将有一个很好的参考框架来帮助理解和融入每一个新的章节中出现的新概念。

本书不能保证学统计学会像洗衣服一样简单，但如果读者在每个新主题开始时都能先了解背景知识，就能消除一些不必要的困惑。

## 1.1　统计与行为科学

### 学习目标

1. 定义术语“总体”“样本”“参数”“统计量”，描述它们之间的关系并举例。

2. 定义两类统计方法——“描述统计”和“推论统计”，并介绍如何使用它们来进行数据处理。

3. 描述抽样误差的概念，并解释推论统计必须解决的基本问题、抽样误差是如何产生的。

## 统计学的定义

统计的定义之一即“统计学包括事实和数据”。例如，布法罗的年平均降雪量或最近大学毕业生的年平均收入。这些统计量将大量的信息浓缩到少量简单的数据中，通常信息量大、省时省力。在本章的后续内容，将具体介绍计算统计量（事实和数据）的概念。在这里，主要讨论一种更广泛的统计定义。具体来说，术语“统计”指代数学的一个一般领域。在这种情况下，“统计”一词成为统计方法或统计过程的缩写。例如，读者很有可能使用这本书来学习一门统计学课程，在这门课程中，读者将学习用于总结和评估行为科学研究结果的统计程序。

行为科学（或是其他领域）的研究都包括收集信息这一过程。例如，为了确定大学生是通过阅读纸质材料还是通过电脑屏幕学习得更好，需要收集有关学生学习习惯和学业表现的信息。当研究者完成了收集信息的工作时，他们通常发现自己得到了很多测量数据，例如偏好、性格评分、观点等。本书展示和介绍了研究人员如何分析并解释他们收集到的统计数据。具体来说，统计有两个一般目的：

1. 统计是用来组织和总结信息的，以便研究人员可以看到在研究中发生了什么，同时可以与其他人交流研究结果。

2. 统计学帮助研究者回答想要研究的主要问题，根据所获得的具体结果准确确定哪些一般性结论是合理的。

**定义**

**统计**指的是一套组织、总结和解释信息的数学过程。

统计程序有助于确保信息或观察结果，以准确和证实的方式呈现和解释。从某种意义上说，统计有助于研究人员从混乱的数据中找出规律。此外，统计为研究人员提供了一套被科学界认可和理解的标准化技术。因此，一名研究人员所使用的统计方法，能被其他研究人员所理解，他们能够准确解释统计分析，充分了解它是如何进行的和结果意味着什么。

## 总体和样本

行为科学的研究通常以一个关于特定群体的一般问题开始。例如，研究人员可能想知道大学生的学术不端与哪些因素有关。或者，研究人员可能想确定铅污染对学龄儿童情绪问题发展的影响。在第一个例子中，研究者对大学生群体感兴趣。在第二个例子中，研究者的研究对象是学龄儿童。在统计学术语中，总体由研究人员希望研究的群体的所有可能成员组成。

**定义**

**总体**是特定研究中所关注的所有个体的集合。

一个总体可以非常庞大，例如，美国所有登记选民的人员。研究人员可能会更具体一些，将研究对象限制在 20 多岁的美国登记选民中，在伯灵顿和埃尔蒙特，首次登记选民的人数将减少。总体也可能非常小，例如患有罕见疾病的人或濒临灭绝的物种。例如，西伯利亚虎的数量大约只有 500 头。

因此，根据研究者如何确定研究的群体，总体的大小可以明显地从非常大到非常小。研究人员应始终指定正在研究的人群。此外，总体不必须由人组成——可以是实验室白鼠、北美公司、汽车工厂生产的发动机零件，或者调查人员想要研究的任何其他东西。然而，实际上，总体通常非常庞大，例如美国的大学二年级学生或光顾全国连锁咖啡馆的咖啡爱好者。

由于总体通常是非常大的，所以要测试总体中每一个单独的个体往往是不可能的。因此，研究人员通常从人群中选择一个较小的、更容易掌握的群体，并将其研究局限于这个选出的群体。在统计学中，从总体中选择的一组个体称为样本。样本被用来作为总体的代表，同时，样本应始终由其所选的总体来确定。

**定义**

**样本**是从总体中选择的一组个体，通常用于代表研究中的总体。在**随机抽样**中，总体中的每个个体都有均等的机会被选中。

和总体的情况一样，样本的大小可能会有所不同。例如，一项研究可能只以实验性阅读项目中的 20 名中学生为样本，另一项研究则可能以 2 000 多名服用新型胆固醇药物的人作为样本。

到目前为止，我们已经了解了样本是从总体中选出来的。然而，这实际上只是样本与其总体之间完整关系的一半。具体来说，当研究人员完成对样本的调查时，其目标是将结论推及整个总体。要记住，研究是从关于总体的一个概括性问题开始的。为了回答这个问题，研究人员需要先研究样本，再将样本的结果推及总体。样本和总体之间的完整关系如图 1-1 所示。

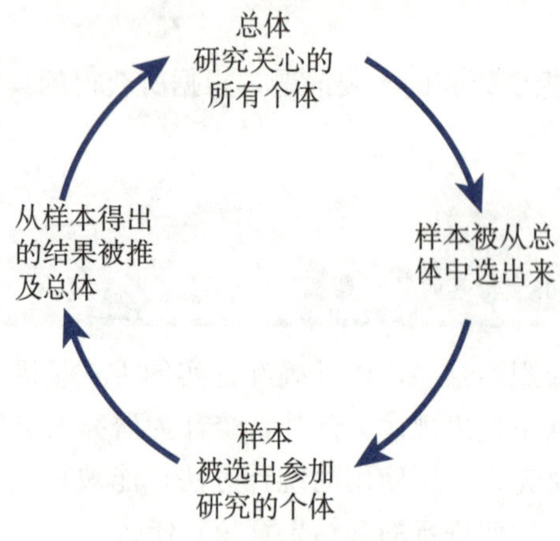


**图 1-1　样本和总体的关系**

## 变量和数据

研究者通常对总体（或样本）中个体的某一具体特征感兴趣，或是对可能影响个体行为的外部因素感兴趣。例如，Bakhshi、Kanupathy 和 Gilbert（2014）希望知道餐馆的在线评分是否与天气有关。随着天气的变化，人们对餐馆的评价也会改变吗？会发生变化或有不同数值的特征就是变量。

**定义**

**变量**是对于不同个体会有变化或不同值的特征或情况。

在前面的例子中，天气和人们对餐馆的评价都是变量，并且上述研究者确实发现了天气和餐馆在线评价之间的关系。天气不好时（例如，极冷或极热），人们对餐馆的评价会更差。

变量可以是个体间不同的特征属性，如体重、性别认同、个性或动机和行为。此外，变量也可以是环境条件的变化，例如温度、一天中的时间点或进行实验的房间的大小。

为了说明变量的变化，有必要对所关注的变量进行测量。每个个体的测量结果被称为数据，更通俗地说，就是分数或原始分数。一系列完整的分数被称为数据集。

> **定义**
>
> **数据**是测量或观察所得的结果。一个**数据集**是一系列测量或观察的结果。一个**数据**是一个单独测量或观察的结果，通常被称为**分数**或**原始分数**。

在继续后面的内容之前，还需要说明一点关于样本、总体和数据的问题。到目前为止，已经用个体定义了总体和样本。例如，之前讨论了注册选民和中学生样本。但是请注意，后面还会提到分数的总体和样本。由于研究通常需要对每个个体进行测量以获得分数，因此每个样本（或总体）都会产生一个相应的样本分数（或总体分数）。

### 参数和统计量

在描述数据时，有必要区分数据是来自总体还是样本。用来描述总体的特征的数据（例如，总体的均值）被称为参数，而描述样本的特征的数据被称为统计量。样本均值就是统计量的一个例子。通常，研究过程从关于总体参数的问题开始。然而，实际数据来源于样本，并用样本的统计量进行计算。

> **定义**
>
> **参数**是一个值，通常是一个描述总体的数值。参数通常来自对总体中个体的测量。
>
> **统计量**是一个值，通常是一个描述样本的数值。统计量来源于对样本中个体的测量。

每一个总体参数都有一个对应的样本统计量，大多数研究都是利用样本统计量作为回答总体参数问题的基础。因此，本书的大部分内容都是关于样本统计量及其对应的总体参数之间的关系。例如，在第 7 章中，介绍了从样本获得的均值和从相应总体获得的均值之间的关系。

### 描述统计和推论统计

研究者发展出了许多不同种类的统计方法来分析和解释数据，这些不同的统计方法可以被分为两大类。第一类是描述统计，包括那些可以用于简化和总结数据的统计过程。

> **定义**
>
> **描述统计**是用于概括、整理和简化数据的统计方法。

描述统计是整理或概括原始分数，使这些数据更容易被描述的技术。原始分数通常会被整理到一个表格或图形中，这样就可以看到分数的整体情况。其中，常用的技术是通过计算均值来总结一组分数。注意，即使数据集有数百个分数，均值也可以给全体数据提供一个单一的描述值。

第二类统计方法是推论统计。推论统计是利用样本数据对总体做出一般性陈述的方法。

> **定义**
>
> **推论统计**是使用研究样本，对样本所来自的总体作出推论的技术。

由于总体非常庞大，通常很难测量总体中的每个人。因此，研究人员选择了代表总体的样本，通过对样本数据的分析，来对总体情况做出一般性的说明。通常，研究人员使用样本统计量作为得出总体参数或总体中可能存在的变量之间关系的结论的基础。然而，使用样本的一个问题在于，样本只提供关于总体的有限信息。虽然样本通常代表其总体，但样本并不能完全准确地描述总体情况。样本统计量和相应的总体参数之间通常存在一些差异，这种差异称为抽样误差。由于抽样误差的存在，产生了推论统计必须始终解决的基本问题。

**定义**

**抽样误差**是样本统计量和相应的总体参数之间存在的误差。

抽样误差的概念如图1-2所示。该图显示了1 000名大学生的总体和两个样本，这两个样本各包含5名从总体中选出的学生。需要注意的是，每个样本包含具有不同特征的不同个体。由于每个样本的特征取决于样本中的特定人群，两个样本的统计量也不相同。例如，样本1中的5名学生平均年龄为19.8岁，样本2中5名学生的平均年龄为20.4岁。样本的统计量不太可能与整个总体的参数相同。示例中的两个统计量与其来自的总体参数（21.3岁）略有不同。这些样本统计量与总体参数之间的差异即为抽样误差。

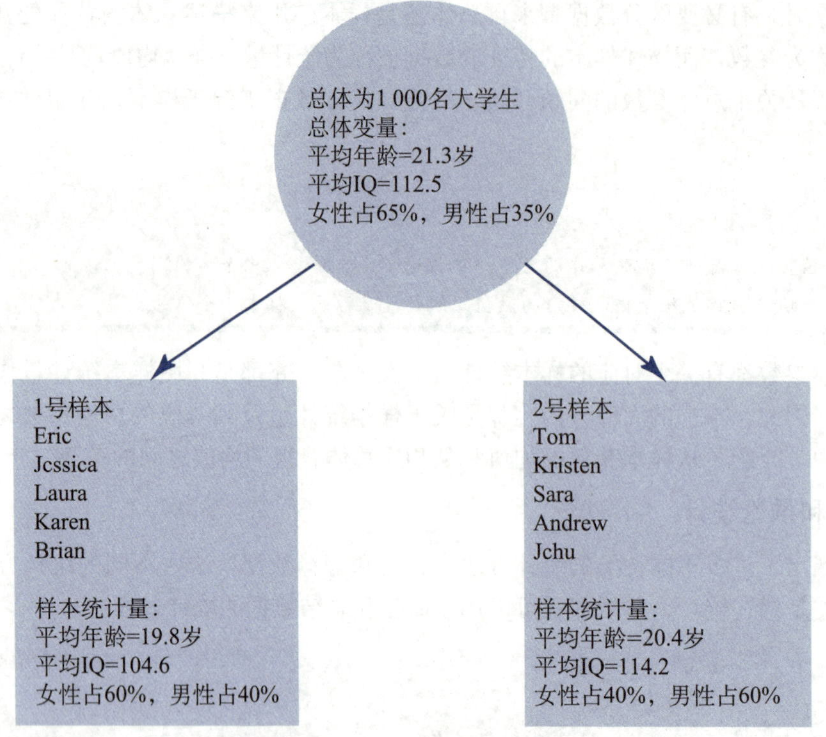


**图1-2 抽样误差示例**

说明：两个样本都选自同一个总体。每个样本的统计量各不相同，所有的样本统计量都与相应的总体参数不同。样本统计量和总体参数间本来就存在的随机差异被称作抽样误差。

图1-2仅显示了数百个可能样本中的两个。每个样本将包含不同的个体，并产生不同的统计量。这就是样本误差的基本概念，样本统计量因样本不同而异，通常也和相应的总体参数不同。

抽样误差的一个常见示例是与抽样比例（或百分数）相关的误差。例如，在报道政治民意调查结果的报纸文章中，经常会看到这样的陈述：

> 候选人布朗以51%的得票率领先，候选人琼斯有42%的支持率，仍有7%的人未表明态度。这项调查出自从登记的投票人中选出的一个样本，调查结果的误差幅度为正负4%。

“误差幅度”（margin of error）就是抽样误差。在这种情况下，所报告的百分数是从一个样本中获得的，并被推广到所有潜在选民。你通常不会期望一个样本中的统计量能够完美地反映总体情况。当用样本统计量代表总体参数时，通常会出现误差幅度。

为了进一步说明抽样误差，请想象一条由前到后的线，从中间将你的统计课堂分为两个部分。现在，想象你计算每一个部分的平均年龄（或身高、GPA）。这两个部分的平均年龄是否完全相同？

几乎可以肯定，是不相同的。不论你测量的是什么，你都有可能在两部分之间找到一些差异。然而，你找到差异并不一定意味着两组之间存在系统性差异。举例来说，如果教室右侧的学生的平均年龄比左侧的高，这不太可能是因为某种神秘的力量将年纪较大的学生集中在了教室右侧。相反，这种差异可能是随机因素（如概率）造成的结果。这些样本间的不可预测的、非系统性的差异就是抽样误差的一个例子。推论统计告诉我们样本之间的差异（例如，年龄、身高或 GPA 的差异）是随机因素（抽样误差）导致的，还是总体中某些变量之间有意义的关系导致的。

### 研究中的统计

下面的例子展示了一项研究的主要步骤，并演示了如何使用描述统计和推论统计来整理、解释数据。在例子的最后，可以看到抽样误差是怎样影响对实验结果的描述的。同时，可以思考，为什么需要用推论统计的方法来处理这个问题。

**例 1.1**

图 1－3 简略地展示了一项研究的整体情况，以及描述统计和推论统计的作用。这项研究的目的是探讨“大学生通过阅读纸质书还是在电脑上学习效果更好”的问题。两个样本都是从大学生的总体中选出的，每个样本 6 名学生。样本 A 的学生在电脑屏幕上阅读课文，学习 30 分钟；样本 B 的学生使用纸质版材料阅读相同的内容。然后，所有的学生都参加一项多选测试，以检验他们从材料中学到的知识。至此，研究者获得了两组数据：样本 A 的得分和样本 B 的得分（见图 1－3）。

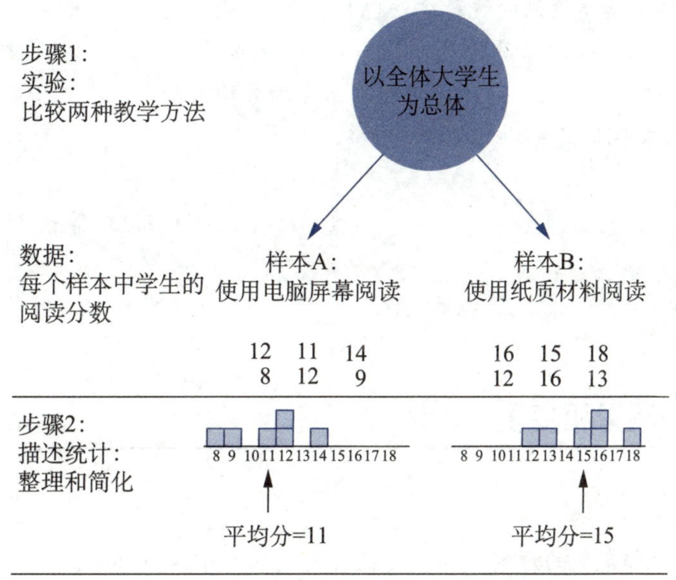


**图 1－3　统计方法在实验研究中的作用**

首先，描述统计用于简化大量数据。例如，研究人员可以通过绘制一幅图来表现样本中每个个体的得分或计算每个样本的平均分。描述统计的方法提供了对分数简化的、有组织的描述。在本例中，在电脑屏幕上学习的学生在测试中平均得分为 11 分，而使用纸质材料学习的学生的平均得分为

15分。这些描述性统计数据仅用两个值有效地总结了两个样本的情况。

研究人员描述结果的下一步是解释结果，也就是推论统计扮演的角色。在本例中，研究者发现在两个样本之间有4分的差异（样本A平均分为11分，样本B平均分为15分）。推论统计的任务是帮助研究者在下面两种解释中作出认定：

1. 两种学习方法间没有差异，样本间4分的差异仅仅是由抽样误差造成的（如图1-2所示）。

2. 两种学习方法之间确实存在差异；样本间4分的差异是由不同的学习方法造成的。

简而言之，样本间4分的差异是否提供了令人信服的证据，证明两种学习方法之间存在差异，还是说这4分的差异只是偶然的？推论统计的目的就是要回答这个问题。

**学习检查**

1. 一位研究者对美国大学生观看Netflix的习惯感兴趣。该研究者采访了50名大学生，发现这些学生平均每周花6.7小时的时间观看Netflix。在本研究中，平均6.7小时是________的一个例子。

a. 参数　　b. 统计量　　c. 总体　　d. 样本

2. 研究人员对纽约州的知更鸟如何照顾刚孵出的幼鸟很感兴趣。研究人员测量了成年鸟每天造访巢穴喂养幼鸟的次数。该州的整群知更鸟就是________的一个例子。

a. 样本　　b. 统计量　　c. 总体　　d. 参数

3. 使用样本数据得出总体结论的统计方法包括：________

a. 总体参数　　b. 样本统计量　　c. 描述统计　　d. 推论统计

4. SAT是标准化的语言测试，因此每年的总体平均分均为500分。在100名参加过SAT口语考试的毕业生中，你希望他们的平均分数为多少？

a. 500　　b. 大于500

c. 小于500　　d. 约500，但可能不等于500

**答案** 1. b 2. c 3. d 4. d

## 1.2 观察、测量和变量

**学习目标**

4. 解释构念需要操作定义的原因，并界定操作定义的两个组成部分。

5. 描述离散变量和连续变量并举例。

6. 定义精确界限，并解释为什么需要它们来测量连续变量。

7. 定义和对比四个测量尺度（称名、顺序、等距和等比），并举例。

### 变量和测量

科学是经验性的。这意味着它是基于观察，而不是直觉或猜测。每当我们进行精确的观察时，就是在进行测量，或者给观察对象赋予一个数值，或者把它们归类。观察和测量是科学方法的重要组成部分。在本节中，我们将更深入地了解被测量的变量和测量的过程。

### 构念和操作定义

构成研究数据的分数是观察和测量变量的结果。例如，研究人员在进行研究时可以获得一组记忆回忆分数、个性分数或反应时分数。有些变量，如身高、体重和眼睛颜色，是可以直接观察和明确测量的具体实体。另外，行为科学家研究的许多变量是人们用来帮助描述和解释行为的内在特征。例如，我们说一个学生在学校表现良好，是因为这个学生有很强的成就动机。或者，我们说某人在社交场合很焦虑，或某人看起来很饿。像动机、焦虑和饥饿这样的变量被称为构念，由于它们是无形的，无法直接观察到，所以它们通常被称为假设构念。

尽管智力等构念是无法直接观察的内在特征，但我们可以观察并测量那些代表该构念的行为。例如，我们不能“看到”高自尊，但我们可以看到反映高自尊行为的例子。然后，这些外部行为可以构造关于构念的操作定义。操作定义根据可以观察和测量的外部行为来定义一个构念。例如，你的自尊是由你在 Rosenberg 自尊量表上的得分来衡量并操作定义的，或者饥饿可以由上次进食后的小时数来衡量和定义。

**定义**

**构念**：又称假设构念，不能被直接观察到的内部特质，但是对描述和解释行为有用。

**操作定义**：定义一个用于测量外部行为的测量过程（一系列操作），并将测量结果作为对假设构念的定义和测量结果。注意，一个操作定义有两个要素。首先，它描述了一系列用于测量构念的操作；其次，它根据产生的测量结果来定义构念。

## 离散变量和连续变量

一项研究中的变量可以根据它们所包含的数值的类型来分类。后续章节将提到，数值的类型会影响可用于总结或推断这些值的统计程序。离散变量由独立的、不可分割的类别组成。对于这种类型的变量，两个相邻类别之间没有中间值。请考虑每个学生在 10 道多项选择题测试中正确回答的问题的数量。在相邻的值之间（例如，正确 7 道题和正确 8 道题）无法观察到其他值。

**定义**

**离散变量**：由独立的、不可分割的类别组成，相邻的类别之间不存在其他任何值。

离散变量通常是完整的、可计数的数值（即整数），例如，一个家庭的孩子数量或上课的学生数量。如果你每天观察课堂出勤情况，你可能在第一天数出 18 个学生，第二天数出 19 个学生。但是，你永远不可能观察到一个在 18 和 19 之间的数值。离散变量也可以由性质上不同的观察结果组成。例如，人们可以按出生顺序（先出生或后出生）、职业（护士、教师、律师等）分类，大学生可以按专业（艺术、生物、化学等）分类。在每种情况下，变量都是离散的，因为它由独立的、不可分割的类别组成。

另外，有许多变量不是离散的。例如时间、高度和重量，这类变量不局限于一组固定的、独立的、不可分割的类别。例如，你能够以小时、分钟、秒或者秒的片段为单位测量时间。这些变量被称为连续变量，因为它们可以被分割成无限多的小片段。

**定义**

**连续变量**：在任意两个观察值之间有无限多的可能值。一个连续变量可以被分割成无限多的小片段。

假设一位研究人员正在为一组参加饮食研究的人测量体重。因为体重是一个连续变量，所以它可以通过一条连续的线描绘出来（见图 1－4）。请注意，在这条线上有无限多个可能的点，相邻点之间没有任何空隙或间隔。对于直线上任意两个不同的点，总有可能在这两个点之间找到第三个值。

应用于连续变量的两个要点：

1. 在测量连续变量时，很少有两个不同的个体得到相同值的情况。这是因为，一个连续变量有无限多可能的值，两个人得到完全相等的分数几乎不可能。如果数据显示有一些相同的分数，那么你应该怀疑变量不是真正连续的，或者测量过程非常粗糙，这意味着连续变量被划分为分离的离散值。

学生们经常会问，一个精确的 150.5 的测量值应该是 150 还是 151。答案是，150.5 是两个区间之间的边界，而不一定是在其中一个区间内。相反，150.5 的位置取决于你用于舍入数字的规则。如果你是往高四舍五入，那么 150.5 在较高的区间（151），但如果你是往低四舍五入，那么它在较低的区间（150）。

2. 在测量连续变量时，研究人员必须首先确定测量尺度上的一系列测量类别。例如，将重量测量到最接近的磅，将产生 149 磅、150 磅等类别。然而，每个测量类别实际上是一个必须由边界定义的区间。为了将 150 磅的重量与 149 磅和 151 磅的周围值区分开来，我们必须在测量尺度上设置边界。这些边界称为精确界限，恰好位于相邻分数的中间。因此，150 磅的分数实际上是一个由底部的精确下限 149.5 磅和顶部的精确上限 150.5 磅限定的区间。任何体重在这些精确限值之间的人都会得到 150 分。因此，两个自称 150 磅的人可能并没有完全相同的体重。一个人的实际体重可能为 149.6 磅，另一个人为 150.3 磅，但他们的体重均为 150 磅（见图 1-4）。

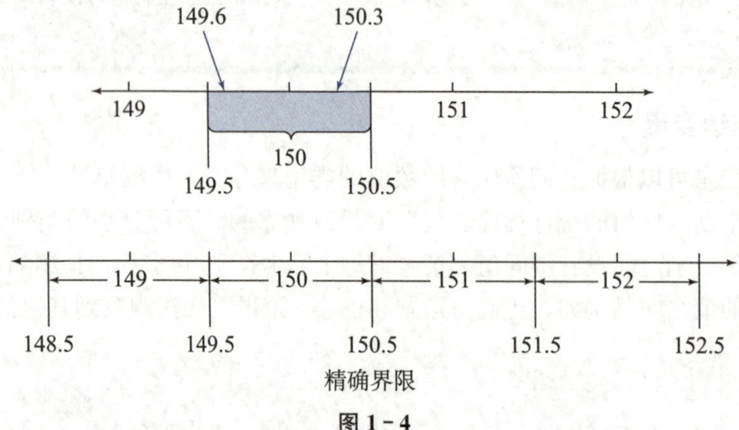


**图 1-4**

说明：当测量的体重取最接近的整数值时，149.6 和 150.3 都被认定为 150，任何在 149.5 到 150.5 区间的值都记为 150。

**定义**

**精确界限**：在连续数轴上表示的分数的间隔边界。两个相邻分数的精确界限恰好位于分数的中间。每个分数都有两个精确界限。**精确上限**在区间的顶部，**精确下限**在区间的底部。

精确界限的概念适用于任何连续变量的测量，即使分数类别不是整数。例如，你测量时间，精确到 1/10 秒，得到的值可能是 31.0、31.1、31.2，等等。每个数值代表了数轴上由精确界限界定的一个区间。例如，一个 31.1 秒的数值代表实际得到的值是位于精确下限为 31.05 到精确上限为 31.15 界定的间隔内。记住，精确界限总是位于相邻分数的中间。

在本书的后面内容中，精确界限被用于图表绘制和各种具有连续尺度的计算。然而，现在你应该意识到，无论何时对连续变量进行测量，都必须使用精确界限。

值得注意的是，连续和离散这两个术语是用来形容变量的，而不是通过测量得到的分数。例如，测量人们的身高，会产生 60、61、62 等结果。虽然这些分数看起来是离散的数字，但潜在的变量是连续的。确定一个变量是连续变量还是离散变量的关键是，一个连续变量可以被分成任意数量的小数部分。例如，身高的单位可以精确到 0.5 英寸或 0.1 英寸（1 英寸≈2.54 厘米。——译者注）。类似地，一位教授可以用及格或不及格来评价学生的知识掌握水平，将学生分为两类；也可以使用 10

分测验将学生分成 11 类，对应的测试分数从 0 到 10 分。或者这位教授也可以使用 100 分测验，将学生的知识水平分为 101 类，从 0 分到 100 分。在测量变量时，当变量为连续变量时，你可以任意选择精度水平或者类别数量。

### 测量尺度

显然，收集的数据需要我们对被观察的对象进行测量。测量包括将个体或事件进行分类。类别可以是简单的名称，如内向/外向或就业/失业；也可以是数值，如 68 英寸或 175 磅。用于测量一个变量的类别构成了测量的尺度，类别之间的关系决定了尺度的类别。各个尺度之间的区别很重要，因为它们强调了特定种类测量方法的局限性，并且某些统计程序仅适用于在同种测量尺度下收集的数据。例如，如果你对人们的身高感兴趣，你可以测量一组个体的身高，并将其简单地分为三类：高、中、低。但是，这种简单的分类并不能告诉你个体的实际身高，并且这种测量也不能给你足够的信息来计算这群人的平均身高。尽管简单的分类对于一些研究来说足够了，但是当需要回答一些更详细的问题时，你要进行更复杂的测量。在本节中，我们将介绍四种不同的测量尺度。

**称名量表**　“称名”这个词表示“与名称有关”。这个尺度上的测量将个体分类，每种类别有不同的名称，但彼此之间没有数量或数字上的联系。如果要测量一组大学生的专业，这个分类可能是艺术、生物、商科、化学等。根据学生的专业，每一个学生都将被归至某一类别。称名量表的测量允许我们确定两个个体是否不同，但不能判定差异的方向，也不能确定差异的大小。如果一个学生的专业是艺术，另一个学生的专业是生物，我们可以说他们是不同的，但是我们不能说，艺术比生物“多”或者“少”，也不能详细说明艺术和生物之间的差异有多大。此外，通过种族、性别、职业将人们分类也是称名量表的例子。

**定义**

一个**称名量表**包括一些不同名称的种类。称名量表的测量对观察对象进行标注和分类，但是没有任何数量的区别。

尽管称名量表上的类别不是数量值，但它们有时能用数字代表。例如，一幢大楼里的两个房间或办公室可以用数字区分，房间号码只是简单的名字，并不能反映任何数量信息。109 号房间不一定比 100 号房间大，也不代表比 100 号房间大 9 分。将数据输入计算机程序进行分析时，使用数值作为称名类别的编码也是相当常见的。例如，来自政治民意调查的数据可能将民主党人编码为 0，而将共和党人编码为 1，作为组标识符。同样，数值只是简单的名称，并不代表任何数量上的差异。下面介绍的测量尺度确实反映了在数量上的区别。

**顺序量表**　组成顺序量表的类别不但有不同的名称（如在称名量表中），而且按照不同等级对应的顺序排列。

**定义**

**顺序量表**由一系列遵循一定顺序的类别组成。顺序尺度上的测量根据事物的大小或者数量来对观察结果进行排序。

通常，顺序变量包括一系列等级（第一、第二、第三等），就像赛马中的顺序。有时，类别是由词语标签定义的，例如在快餐店中饮料的小杯、中杯、大杯。在这两种情况下，一个序列中的种类意味着类别之间存在方向性的关系。通过一个顺序量表中的测量，可以确定两个个体是否有差异，以及这种差异的方向。但是，顺序测量无法确定两个个体间差别的大小。假设在冬季奥运会上，你观看了女子高山滑雪项目的颁奖仪式。你知道，获得金牌的运动员速度最快，银牌获得者次之，铜牌获得者名列第三。这代表了测量的顺序标度，反映的信息不超过第一、第二和第三位。请注意，它没有提供关于竞争对手之间时间差的信息。第一名滑雪者可能仅以百分之一秒的优势赢得比赛，或者可能以一秒之多赢得比赛。顺序量表的其他示例包括社会经济阶层（上、中、下）和 T 恤尺寸（小、中、大）。此外，顺序量表通常用于测量难以分配数值分数的变量。例如，人们可以对自己的食物偏好进行排序，但可能难以解释为何他们更喜欢巧克力冰激凌而不是芝士蛋糕。

**等距量表和等比量表** 等距量表和等比量表都包括一系列有顺序的分类（类似于顺序量表），此外要求这些类别形成一系列大小完全相同的区间。因此，这些测量尺度由一系列相等的间距组成，例如标尺上的英寸。等距量表的例子是以华氏度或摄氏度为单位的温度测量，等比量表的例子为以秒为单位的时间测量或以磅为单位的重量测量。注意，在每一个例子中，一个间距（1 英寸、1 秒、1 磅、1 度）之间的差值大小相同，无论其位于刻度上的哪个位置。所有间距都是相同的大小，使得可以确定两次测量间差异的大小和方向。例如，你知道 80 华氏度高于 60 华氏度，而且正好高出 20 华氏度。

等距量表和等比量表的区别是零点的性质。一个等距量表具有相对零点。即简单地出于方便和参照的考虑，数值 0 在量表上代表一个特定的位置。需要特别说明的是，0 不代表没有测量到数值。例如，温度为 0 华氏度并不表示没有温度，而且这也不妨碍温度变得更低。具有相对零度的等距量表在物理科学或物理测量中并不常见。

等比量表有一个确定的零点，该零点不是任意的，而是一个有意义的值，代表没有测量值（完全不存在）。绝对、非任意零点的存在意味着我们可以测量变量的绝对数量，也就是说，我们可以从 0 开始测量距离。这使得可以根据比率来比较测量值。例如，一个装有 10 加仑汽油的油箱的汽油量，是一个只有 5 加仑的油箱的汽油量的两倍，因为存在一个真正的绝对零值。一个完全空的油箱有 0 加仑的燃料。等比量表也用于行为科学。例如，500 毫秒的反应时间正好是 250 毫秒反应时间的两倍，0 毫秒的值是真正的绝对零。简而言之，使用等比量表，我们可以判定两次测量结果之间差异的方向和大小，并且可以用比率来描述差异。等比量表普遍存在，并且包括物理测量，例如高度和体重。表 1-1 和例 1.2 说明了等距量表和等比量表之间的区别。

定义

**等距量表**由间距大小相等的有顺序的类别组成。量表中数值间相等的差异反映了大小上相等的差异。但是，等距量表的零点是任意的，并不表示测量值的量为 0。

**等比量表**是在等距量表的基础上具有绝对零点的测量尺度。在等比量表中，数值的比率反映了大小的比率。

**表 1-1 使用“马拉松”赛事作为测量尺度的示例**

| 测量尺度 | 介绍 | 示例 |
|---|---|---|
| 称名 | 只能区分类别 | 运动员国籍（美国、英国、埃塞俄比亚、日本、肯尼亚等） |
| 顺序 | 类别是有序的 | 到达终点的顺序（第一、第二、第三等） |
| 等距 | 类别是有序的；相邻分数之间间隔相等；具有相对（非绝对）零 | 与赛道记录的时间差（高于或低于）是一个任意的零点（例如：一个比赛道记录慢 4 分钟的人相对于比赛道记录慢 1 分钟的人要多花 3 分钟完成比赛，但并没有多花 4 倍的时间） |
| 等比 | 类别是有序的；相邻分数之间间隔相等；具有绝对零 | 完成一场马拉松的时间（例如：一个人在 4 小时 30 分钟内完成波士顿马拉松比赛所需的时间，是 2 小时 15 分钟内完成的时间的 2 倍） |

**例 1.2**

研究者测量了一组 8 岁男孩的身高。起初，研究者只是用英寸简单记录了孩子们的身高，得到的值是44、51、49等。这种测量是一种借助等比量表的测量方式。值为0代表没有高度（绝对零点）。同样，也可以用测量到的数值得到比例。例如，一个60英寸高的孩子的身高是40英寸高的孩子的1.5倍。

现在，假设研究者要通过计算每个孩子的实际身高和这个年龄段的平均身高之间的差值，将初始测量值转换为一个新的量表。一个比平均身高高出1英寸的孩子可以得到+1分，一个比平均身高高出4英寸的孩子得分为+4分。类似地，一个比平均身高矮2英寸的孩子得到的分数是−2分。在这个量表中，0分代表平均身高。因为0不再说明没有高度，属于相对零点，所以新的分数组成了一个等距量表。

注意，原始分数和转换后的分数都以英寸为单位进行测量，你也可以在任意一个测量尺度上计算差异或间距。注意，两种分数都包括英寸的测量，你也能计算区别和间距。例如，在第一个量表上，两个孩子身高分别为57英寸和51英寸，他们之间有6英寸的差距。同样，在第二个量表上得分为+3分和+9分的孩子身高的差距也是6英寸。但是，你会注意到在第二个量表上是不能用比率进行比较的。例如，一个身高得分为+9分的孩子并不比得分为+3分的孩子高3倍。

---

**统计量和测量尺度** 对于研究的目的来说，测量尺度是很重要的，因为它们有助于确定用于评估数据的统计量。具体来说，有一些特定的统计程序用于处理等距或等比量表的数值分数，还有一些统计程序用于处理称名量表或顺序量表的非数值分数。这种区别是由于：数值分数与基本算术运算（加、乘等）兼容，非数值分数则不兼容。例如，在一项记忆实验中，研究人员可能会记录参与者从他们之前学习过的单词列表中能回忆起多少单词。可以将所有的回忆分数加在一起，得出一个总数，然后计算出该组的平均分数。但是，如果你测量的是每个学生的专业，你就不能计算它们的和（例如这样的问题：英语专业、化学专业和心理学三个专业的和是什么?）。本书介绍的绝大多数统计方法是为等距量表和等比量表中的数值分数设计的。对于大多数统计方法来说，等距量表和等比量表之间的区别并不重要，因为两种量表都产生了数值，这些数值允许我们求差、求和、计算均值。但是，称名量表和顺序量表的测量结果通常不是数值分数，不能测量距离，并且不能进行很多基本的数值运算。因此，对于来自称名量表和顺序量表的数据，会使用一些替代的统计方法进行分析（例如，第3章中介绍的中位数和众数，第14章介绍的斯皮尔曼相关和第15章介绍的卡方检验）。

### 学习检查

1. 操作性定义用于________一个假设构念。

a. 定义　　b. 测量

c. 测量和定义　　d. 其他选项都不正确

2. 某研究者研究了决定消费者在网站停留时间长短的因素。变量“时间长度”是________变量的一个例子。

a. 离散　　b. 连续　　c. 称名　　d. 顺序

3. 一位研究人员记录了一只山羊咬不同植物的次数。变量“咬的次数”是________变量的一个例子。

a. 离散　　b. 连续　　c. 称名　　d. 顺序

4. 当测量高度的单位精确到英寸时，68英寸的精确界限是多少？

a. 67和69　　b. 67.5和68.5

c. 67.75和68.75　　d. 67.75和68.25

5. 一名教授在交流课上让学生选出他们最喜欢的电视真人秀。不同的电视节目组成了一个________量表。

a. 称名　b. 顺序　c. 等距　d. 等比

6. 当测量高度的单位精确到英寸时，68英寸的精确界限是多少？可以用________量表来衡量。

a. 称名　b. 顺序　c. 等距　d. 等比

**答案** 1.c 2.b 3.a 4.b 5.a 6.b

## 1.3 数据结构、研究方法和统计方法

### 学习目标

8. 描述、比较和对比相关研究、实验和非实验的研究，并识别与每一类研究相关的数据结构。
9. 定义自变量、因变量和控制自变量，并举例。

### 数据结构 1. 测量每个个体的一个或多个独立的变量：描述性研究

有些研究只是简单地描述自然存在的个体变量。例如，某高校可能会进行一项描述一群大学生的饮食、睡眠和学习习惯的调查。表 1.2 显示了这类研究的一个数据示例。虽然研究人员可能会测量几个不同的变量，但研究的目标是单独描述每个变量。这类研究的特点是不关心变量之间的关系。

如表 1-2 所示，一项研究关注于描述个体变量而不是关系，这就是描述性研究或描述性研究方法的一个例子。

**定义**

**描述性研究**或**描述性研究方法**包括测量每个个体的一个或多个单独的变量，目的是简单地描述个体变量。

**表 1-2　在一组 8 名学生中，每个人都有三个独立的变量**

| | 学生每周吃快餐的次数 | 每天的睡眠时长（小时） | 每天的学习时长（小时） |
|---|---|---|---|
| A | 0 | 9 | 3 |
| B | 4 | 7 | 2 |
| C | 2 | 8 | 4 |
| D | 1 | 10 | 3 |
| E | 0 | 11 | 2 |
| F | 0 | 7 | 4 |
| G | 5 | 7 | 3 |
| H | 3 | 8 | 2 |

当描述性研究的结果由数值分数组成时，例如每天用来学习的时间，可以使用第 3、4 章中介绍的统计方法来描述这个结果。例如，研究人员可能想知道该学院学生平均每周在快餐店就餐的次数。非数值分数通常通过计算每个类别的比例或百分数来描述。例如，最近的一篇新闻报道显示，美国成年人中肥胖体型的有 34.9%，大约比健康体型的重 35 磅。

### 变量间的关系

然而，大多数研究都是为了检验两个或多个变量之间的关系。例如，儿童在电视上看到暴力行为

的数量和他们表现出来的攻击性行为是否相关？童年时期词汇的发展和大学学业成绩之间有关系吗？为了确定变量间是否存在关系，研究人员必须对变量进行测量。测量结果可以分为两种不同的数据结构，这也有助于区分不同的研究方法和不同的统计方法。在下一节中，我们将定义并讨论这两种数据结构。

### 数据结构 2. 测量每个个体的两个变量：相关法

探寻变量间关系的一种方法是，观察自然存在于一些个体之上的两个变量。也就是说，测量每个个体的两个变量。例如，研究结果发现，Facebook 使用时长和学习成绩之间有关，这种关系对于大一新生尤为明显（Junco，2015）。图 1－5 显示了通过测量八名学生在 Facebook 上的使用时长和学习成绩获得的数据示例。然后，研究人员在数据中寻找一致的模式，为变量之间的关系提供证据。例如，随着 Facebook 时间从一个学生到另一个学生的变化，学习成绩是否也有变化的趋势？

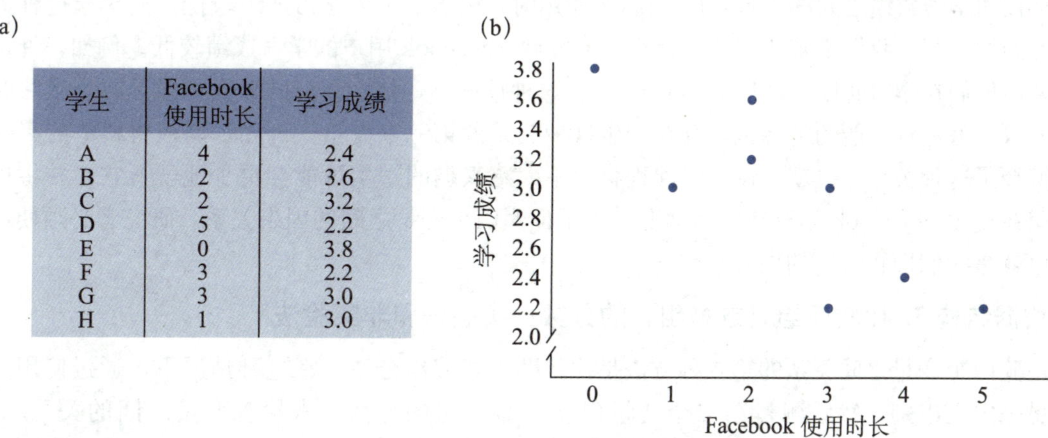

(a)

| 学生 | Facebook 使用时长 | 学习成绩 |
|---|---|---|
| A | 4 | 2.4 |
| B | 2 | 3.6 |
| C | 2 | 3.2 |
| D | 5 | 2.2 |
| E | 0 | 3.8 |
| F | 3 | 2.2 |
| G | 3 | 3.0 |
| H | 1 | 3.0 |



**图 1－5　评估变量间关系的两种数据结构之一**

说明：请注意，对于每个被试有两次测量（Facebook 使用时长和学习成绩）。表（a）和图（b）表示的是相同的分数。

当分数以图表的形式呈现时，数据中的模式更容易被识别出来。图 1－5 是八个学生分数的散点图。在散点图中，每个个体由一个点表示，所以横轴表示的是学生的 Facebook 使用时长，纵轴表示的是学生的学习成绩。散点图表现了 Facebook 使用时长和学习成绩之间的清晰的关系：随着 Facebook 使用时长的增加，学习成绩下降。

测量每个个体的两个变量，并产生类似图 1－5 中的数据的研究，就是相关方法。

**定义**

使用**相关法**，可以观察并确定两个不同的变量之间是否存在关系。

**相关法的统计程序**　当相关研究的数据由数值分数组成时，通常使用一种称为相关系数的统计量来测量和描述两个变量之间的关系。第 14 章详细讨论了相关系数和相关方法。有时，用于相关性研究的测量过程只是将个体分类为与数值不对应的类别。例如，研究人员可以按年龄（40 岁及以上，或 40 岁以下）和智能手机使用偏好（通话或短信）对研究参与者进行分类。请注意，每个个体都有两个测量分数（年龄类别和电话使用偏好），但这两个分数都不是数值。这些类型的数据通常汇总在一个表中，该表显示了有多少个人被分类到某个类别中。图 1－6 显示了此类汇总的表格示例。例如，该表显示，样本中 40 岁及以上的人中有 15 人喜欢发短信，35 人喜欢打电话。年轻参与者的模式大不相同，45 人喜欢发短信，只有 5 人喜欢打电话。通过在表格中显示数据，你可以一眼就看出年龄偏好的差异。分类变量之间的关系（如图 1－6 中的数据）通常使用称为卡方检验的统计方法进行估计。卡方检验见第 15 章。

智能手机偏好

| | 发短信 | 打电话 | |
|---|---|---|---|
| 40岁及以上 | 15 | 35 | 50 |
| 40岁以下 | 45 | 5 | 50 |

**图 1-6**

说明：由非数值分数组成的数据示例。请注意，每个个体测量两次——年龄和智能手机偏好。表格中的数字表明每一类别有多少人。

**相关法的限制** 相关研究的结果可以说明两个变量之间存在关系，但是不能为这种关系提供解释。特别是，相关研究不能说明因果关系。举例来说，图 1-5 中的数据表现了大学生的 Facebook 使用时长和学习成绩之间的关系：Facebook 使用时长较多的个体学习成绩较低。而对于这种关系有很多可能的解释，我们不知道究竟是什么因素导致 Facebook 用户的学习成绩较低。例如，许多学生报告说，他们在学习时同时使用 Facebook。在这种情况下，他们较低的分数可能是因为学习时多任务的分散。另一种可能的解释是，存在产生这种关系的第三个变量。例如，课程材料中的兴趣水平可能解释了这种关系。也就是说，对课程材料不太感兴趣的学生可能会更少地学习它，并将更多的时间花在使用 Facebook 等有趣的活动上。为了证明两个变量之间的因果关系，研究者必须使用实验法，也就是我们即将讨论的内容。

### 数据结构 3. 比较两组（或多组）的分数：实验法和非实验法

检验两个变量之间关系的第二种方法是比较两组或多组分数。在这种情况下，通过使用其中一个变量来定义组别，然后测量第二个变量以获得每个组的分数，来检查变量之间的关系。例如，Polman 等人（2008）将 10 岁男孩的样本随机分为两组，一组玩含有暴力元素的视频游戏，另一组玩非暴力游戏。游戏结束后，孩子们进入自由游戏阶段，并被监控是否有攻击行为（打、踢、推、吓、骂、打架、吵架或戏弄其他孩子）。结果数据的示例如图 1-7 所示。然后，研究人员将暴力视频组的得分与非暴力视频组的得分进行了比较。两组之间的系统差异为 10 岁男孩玩暴力视频游戏和攻击行为之间的关系提供了证据。

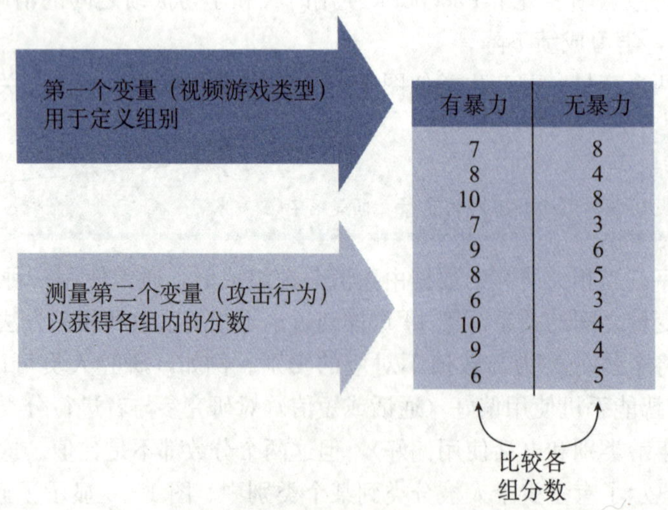


**图 1-7 通过比较各组得分来评估变量之间的关系**

说明：请注意，第一个变量的值用于定义组别（暴力组和非暴力组），第二个变量用于测量每个组内（攻击行为）的得分。

**用于比较两组（或多组）分数的统计数据方法** 本书中介绍的大多数统计程序都是为比较各组得分的研究而设计的，如图 1-7 中的研究。具体而言，我们使用描述统计来总结和描述各组的得分情况，并使用推论统计来确定各组之间的差异是否可以推广到总体。

当测量过程产生数值分数时，统计评估通常涉及计算每组的平均分数，然后比较均值。第 3 章介绍了计算均值的过程，第 8～13 章介绍了用于比较均值的各种统计方法。如果测量过程简单地将个体分类为非数值类别，统计评估通常包括计算各组的比例，然后比较比例。之前，在图 1-6 中，我们给出了一个非数值数据的示例，用于检查年龄和智能手机偏好之间的关系。同样的数据可用于比较 40 岁及以上参与者与 40 岁以下参与者的比例。例如，40 岁以下的人中有 90%喜欢发短信，而 40 岁及以上的人中只有 30%喜欢发短信。如前所述，这些数据使用卡方检验进行评估，将在第 15 章进行介绍。

### 实验法和非实验法

实验法和非实验法都能产生要比较的分数组。这两种研究方法都证明了两个变量之间的关系，它们之间的区别在于如何解释这种关系。一个实验的结果可以解释因果关系。例如，我们可以得出结论：一个变量的变化导致第二个变量的差异。非实验研究不允许因果解释。我们可以说一个变量的变化伴随着第二个变量的改变，但我们不能说为什么。下面将介绍这两种研究方法。

### 实验法

实验法或实验性研究策略是一种涉及比较各组分数的具体研究方法。实验研究的目的是证明两个变量之间的因果关系。具体而言，一项实验试图表明，改变一个变量的值会导致第二个变量发生变化。为了实现这一目标，实验方法有两个显著的特点，将实验法与其他类型的研究方法区分开来：

**1. 操纵**　研究人员通过改变变量值的水平来操纵一个变量。例如，Polman 等人（2008）的实验研究了视频游戏中的暴力行为对攻击行为的影响（见图 1-7）。研究人员通过让一组男孩玩暴力游戏，让另一组玩非暴力游戏，来控制视频游戏的类别。观察（测量）第二变量以确定操纵是否导致发生变化。在该实验中，第二个变量测量的是攻击行为。

> 在更复杂的实验中，研究人员可以系统地操纵多个变量，并可能观察到多个变量。这里我们考虑最简单的情况，其中只有一个变量被操纵，只有一个变量被观察到。

**2. 控制**　研究人员必须控制研究情境来保证其他额外变量不影响考察的关系。研究人员必须对研究情况进行控制，以确保其他无关变量不会影响正在研究的关系。控制通常包括在那些我们不想操纵的变量上，尽可能地匹配不同的群体。

我们通过一项实验来进一步说明这两个特征。依旧是 Polman 等人（2008）关于视频游戏中暴力因素对攻击性的影响（见图 1-7）。为了能够说明攻击行为的差异是由游戏中的暴力因素造成的，研究人员必须排除对这种差异的任何其他可能的解释。也就是说，必须控制可能影响攻击行为的任何其他变量。为此，研究人员必须考虑两类一般变量：

**1. 环境变量**　照明、时间和天气条件等环境的特征。以视频游戏暴力实验（见图 1-7）为例，假设非暴力条件下的个体都在早上进行测试，暴力条件下的个体都在晚上进行测试。由于不受控制的环境变量（一天中的时间）被允许随着处理条件的变化而变化，因此不能确定结果是由于孩子们玩的电子游戏的类型还是由于他们被测试的时间。只要一项研究允许对结果有一个以上的解释，就可以说这项研究是混乱的，因为它不能得出明确的结论。

**2. 被试变量**　诸如年龄、性别、动机和个性等因人而异的特征。因为没有两个人（或动物）是相同的，所以参与研究的个人在各种参与变量上都会有所不同。这些差异被称为个体差异，是每项研究的一部分。每当实验对不同的参与者群体进行比较时，一组在处理 A 中，另一组在处理 B 中，令人担心的是，在一个或多个参与者变量上，各组之间可能存在一

> 根据 APA 的规则，“participants”用于对象是人类的研究，“subjects”用于对象是动物的研究。

致的差异。以图1-7所示的实验为例，研究人员希望得出结论：视频游戏中的暴力因素导致参与者的攻击性行为发生变化。在该研究中，两种条件下的参与者都是10岁的男孩。然而，假设暴力视频游戏条件下的参与者（只是偶然的）中有更多的孩子是欺凌者，在这种情况下，对两组之间存在的攻击性差异有另一种解释。具体来说，组间的差异可能是由游戏中的暴力量造成的，但也有可能是由组间被试已经存在的差异造成的。同样，这将产生混杂的实验结果。

研究人员通常使用三种基本技术来控制其他变量。首先，研究人员可以使用随机分配的方法，这意味着每个参与者有同等的机会被分配到每个实验处理中。随机分配的目的是在两组之间平均分配参与者的特征，这样两组参与者的被试变量没有显著差别。随机分配也可用于控制环境变量。例如，参与者可以被随机分配在上午或下午参与实验。其次，控制变量的第二种技术是使用匹配法来保证相同的组或者环境。研究人员可以通过确保每组中正好有60%的女性和40%的男性来匹配各组。最后，研究人员可以通过保持变量恒定来控制变量。例如，在前面讨论的视频游戏暴力研究中(Polman et al.，2008)，研究人员仅以10岁男孩作为参与者（保持年龄和性别不变）。在这种情况下，研究人员可以确定，两组之间年龄或性别的差异不显著。

> 匹配法可以避免预先存在的组间差异，这种方法在第11章中被提及。

> **定义**
>
> 在**实验法**中，研究者操纵一个变量，同时观察和测量另一个变量。为了在两个变量间建立因果关系，实验要试着控制所有其他变量以避免它们影响结果。
>
> 研究中的个体在年龄、体重、技能、动机和个性等各种被试变量上存在差异，参与者之间的差异称为**个体差异**。

**实验法中的术语** 实验法研究的两个变量有特定的名称。实验者操纵的变量称为自变量，它可以被定义为参与者被分配的实验条件。例如，在图1-7中，视频游戏是否含有暴力因素是自变量。为在每种条件下观察和测量而获得分数的变量是因变量。在图1-7中，攻击行为水平是因变量。

> **定义**
>
> **自变量**是由研究者操纵的变量。在行为研究中，自变量通常由两种（或多种）被试接受的处理条件组成。在观察因变量之前操纵自变量。
>
> **因变量**是观察得到的，用以评估处理效应的变量。因变量是在实验中测量的变量，其值的变化取决于自变量的状态。

一项实验研究通过操纵一个变量（自变量）和测量一个变量（因变量）来评估两个变量之间的关系。请注意，在实验法中，实际测量的变量只有一个。这与相关研究不同，在相关研究中，要同时测量两个变量，并且一个被试有两个不同的分数。

**实验中的控制条件** 通常，一项研究会含有控制组，即被试不接受任何处理的情况。这些被试的分数与接受实验处理的被试的分数相比较。这类研究的目的是通过考察接受处理情况下的分数与不接受处理情况下的分数显著不同来证明处理效应存在。在这类研究中，不接受处理的组叫作控制组，接受处理的组叫作实验组。

> **定义**
>
> 在**控制组**中的被试不接受实验处理，但是会接受一种中性的或者安慰性的处理。控制组的作用是提供比较实验处理的基线。
>
> **实验组**中的被试接受实验处理。

注意，自变量至少由两个值组成（一个量必须至少有两个不同的值，你才可以说它是"变量"）。对于视频游戏暴力实验（见图1－7），自变量是视频游戏中的暴力因素。对于一项有实验组和控制组的实验，自变量是接受处理和不接受处理。

### 非实验法：非等效组研究和前后测研究

在非正式的情况中，人们常常使用"实验"这个词指代任何一种研究。但是，你应该意识到，"实验"一词仅适用于满足上述介绍的特定要求的研究。特别是，一个真正的实验必须包括操纵一个自变量并严格控制其他的无关变量。因此，有许多研究设计虽然比较了多组分数，但并不是真正的实验。图1－8给出了两个例子，并在下面的段落进行讨论。这种研究被归为非实验研究。

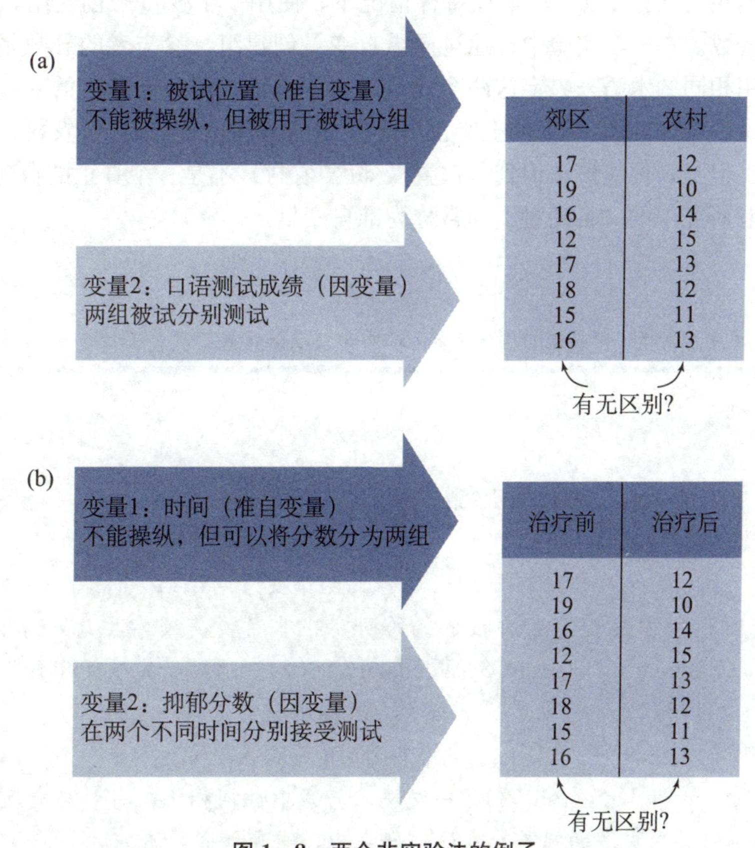


**图1－8 两个非实验法的例子**

说明：在图（a）中，研究者使用了两个预先存在的组（郊区/农村）对被试分组，并测量了每组中的因变量（口语分数）。在图（b）中，时间作为自变量被用于对被试分组，并测量每组的因变量（抑郁）。

图1－8的上半部分展示了一项非等效组研究，比较了来自郊区和来自农村的三年级学生。请注意，本研究涉及比较两组分数（就像实验法）。但是，研究人员无法控制哪些参与者进入哪个小组。儿童的小组分配由他们居住的地方决定，而不是由研究人员决定。由于这种类型的研究比较了现有的群体，研究者无法控制参与者分配给哪个组，也无法保证每个组人数相等。非等效群体研究的其他例子包括比较8岁儿童和10岁儿童、被诊断为患有进食障碍的人和未被诊断为患有进食障碍的人，以及比较单亲家庭和双亲家庭的儿童。因为不可能使用随机分配等技术来控制参与者变量并确保被试同质，所以这种类型的研究不是真正的实验。

> 相关研究也是非实验研究的例子。然而，在本节中，我们将讨论比较两组或两组以上分数的非实验性研究。

图1－8的下半部分是一个前后测研究的示例。这项研究比较了治疗前和治疗后的抑郁得分。前后测研究利用时间的推移（前/后）创建得分组。在图1－8中，两组得分是通过对每个参与者测量同一

变量（抑郁）两次获得的：治疗前测量一次，治疗后再测量一次。然而，在前后测研究中，研究者无法控制时间的流逝。前测的分数总是比后测的分数更早测量。尽管两组得分之间的差异可能是由治疗引起的，但随着时间的推移，得分有可能自然地改变。例如，抑郁得分可能会随着时间的推移而降低，就像感冒症状随着时间的流逝而消失一样。在前后测研究中，研究人员也无法控制其他随时间变化的变量。治疗前的天气是阴郁的，在治疗结束后变得晴朗。在这种情况下，抑郁评分可能会因为天气的变化而改善（而不是治疗引起的）。因为研究者无法控制时间的流逝或其他与时间相关的变量，所以这项研究也不是真正的实验。

**非实验法中的术语** 尽管图 1-8 中展示的两个研究不是真实验研究，但是它们产生的数据与实验研究中产生的数据相同（见图 1-7）。在每种情况下，使用一个变量来创建组，并测量第二个变量以获得每组内的分数。在一项实验中，通过操纵自变量创建组，参与者的分数是因变量。在非实验研究中，通常使用相同的术语来界定这两个变量。也就是说，用于创建组的变量是自变量，每组的测量分数是因变量。例如，图 1-8 的上半部分，儿童的地理位置（郊区/农村）是自变量，口语测试分数是因变量。但是，你应该认识到，位置（郊区/农村）不是一个真正的自变量，因为它不受操纵。因此，非实验研究中的“自变量”通常称为准自变量。

定义

在非实验研究中，用于创建不同分组的“自变量”通常称为**准自变量**。

**学习检查**

1. 以下哪项最有可能是纯粹的相关研究？

a. 一个变量一个组 b. 一个变量两个组

c. 两个变量一个组 d. 两个变量两个组

2. 一项比较美国和加拿大大学生饮酒情况的研究报告称，美国学生比加拿大学生喝酒量多（Kuo，Adlaf，Lee，Gliksman，Demers，& Wechsler，2002）。这项研究采用了什么研究设计？

a. 相关研究 b. 实验研究

c. 非实验研究 d. 非关联性研究

3. Stephens、Atkins 和 Kingston（2009）发现，与喊中性词相比，当参与者反复喊出他们最喜欢的脏话时，他们能够忍受更多的痛苦。在这项研究中，自变量是什么？

a. 忍受的疼痛程度 b. 喊脏话的参与者

c. 喊中性词的参与者 d. 参与者喊叫词语的类别

**答案** 1. c 2. c 3. d

## 1.4 统计符号

**学习目标**

10. 定义下述符号表示的内容：$X$，$Y$，$N$，$n$ 和 $\sum$。

11. 按照正确的运算顺序，使用求和符号和其他数学运算方法执行运算。

在调查研究中获得的测量结果为统计分析提供了数据。大多数统计分析使用常规的数学运算、符号和基本代数。如果你对你的数学基础没把握，在书后的附录 A 中有一个基础数学复习章节。这个附录也包括一项技能评估测验，以帮助你判断你是否需要复习数学基础知识。在本节中，我们将介绍一些用于统计计算的专用符号。在之后的章节中，将根据需要介绍额外的统计符号。

### 分数

在研究中对因变量进行观测一般会得到每个被试的数值或分数。原始分数是研究中获得的原始的、没有经过转换的分数。一个特定变量的分数通常用字母 $X$ 表示。例如，用测验来衡量你在统计课程上的表现，并且你在第一项测验上得了 35 分，你可以得到 $X=35$。一组分数可以在以 $X$ 为标题的列中显示。例如，你班上的课堂测验分数列表可能会如右侧示例表 (a) 所示。

当对两个变量进行观测时，每个个体将得到两个分数。数据可以表示为以 $X$ 和 $Y$ 为表头的两列。例如，人们的身高（以英寸为单位）（变量 $X$）和体重（以磅为单位）（变量 $Y$）的观察结果可以如右侧示例表 (b) 所示。每对 $X$、$Y$ 代表单个参与者的观察结果。

| 示例表 (a) | 示例表 (b) | |
|---|---|---|
| 课堂提问分数 | 身高 | 体重 |
| $X$ | $X$ | $Y$ |
| 37 | 72 | 165 |
| 35 | 68 | 151 |
| 35 | 67 | 160 |
| 30 | 67 | 160 |
| 25 | 68 | 146 |
| 17 | 70 | 160 |
| 16 | 66 | 133 |

字母 $N$ 是用来指定一个集合中有多少个分数的。大写字母 $N$ 代表一个总体中的分数的数量，小写字母 $n$ 代表一个样本中的分数的数量。在本书的其他部分，你将看到我们经常利用符号的差异来区分样本和总体。对于上面两段提到的示例表中的身高和体重数据，两个变量的 $n=7$。注意，小写字母 $n$ 代表数据来自一个样本。

### 求和符号

统计中的许多计算涉及对一系列分数求和。因为这一过程非常频繁地使用，所以使用了一个特殊的符号来表示对分数求和。希腊字母 $\sum$（sigma）被用来代表求和。表达式 $\sum X$ 表示对变量 $X$ 的所有分数求和。求和符号 $\sum$ 可以读作“对……求和”。对于下面的一组测验分数：

10，6，7，4

$$\sum X = 27, N = 4$$

为了能正确使用求和符号，请记住以下两点：

1. 求和符号 $\sum$ 后一般都跟着符号或者数学表达式。这些符号或数学表达式明确定义了求和的数值。例如，为了计算 $\sum X$，跟在求和符号后面的是 $X$，任务是找到 $X$ 数值的和。另外，计算 $\sum(X-1)$，求和符号后面是一个相对复杂的数学表达式。所以，你需要首先计算所有的 $(X-1)$ 的值，再对它们求和。

2. 求和过程通常包含在其他一些数学运算中，例如乘法或者平方。为了得到正确的结果，必须按照正确的顺序进行计算。下面列出了在数学计算中正确的计算顺序。你应当很熟悉它们中的大部分，但请注意，我们把求和的过程作为其中的第四步。

数学计算的顺序：

1. 最先计算的是括号里的式子。
2. 第二步计算平方（或者其他的幂运算）。
3. 第三步计算的是乘法或者除法。一系列乘除运算按照从左到右的顺序计算。
4. 然后计算有求和符号 $\sum$ 的部分。

更多关于数学计算顺序的信息，请回顾附录 A 第 A-1 节。

5. 最后计算其他部分的加法和减法。

下面的例子演示了在本书涉及的大多数计算和公式中如何使用求和符号。请注意，每当计算需要多个步骤时，我们都使用计算表来帮助演示该过程。该表在第一列中列出原始分数，然后添加列以显示每个步骤的结果。请注意，操作顺序列表中的前三项操作都在计算表中创建了一个新列。到达求和（列表中的数字 4）时，只需将表的最后一列中的值相加即可获得求和结果。

## 例 1.3

【例 1.3】表格

| $X$ | $X^2$ |
|---|---|
| 3 | 9 |
| 1 | 1 |
| 7 | 49 |
| 4 | 16 |

一组分数有 4 个值：3，1，7，4。我们将计算这 4 个分数的 $\sum X$、$\sum X^2$ 和（$\sum X$)$^2$。为了展现计算的过程，我们制作了一个表格，第一列是原始分数（$X$ 值），其他列用来展现计算中需要进行的其他步骤。你应该注意到，在表中的前三个运算（括号、平方和乘法）都产生了一列新的值。但是，最后两种运算只产生一个单独的值对应总和。

下面的计算表展现了原始分数（$X$ 值）和为计算 $\sum X^2$ 所需要的平方分数（$X^2$）。

第一个计算 $\sum X$，不包括任何的括号、平方和乘法，所以我们直接进行求和计算。$X$ 的值在表的第一列，所以我们只需要简单地将第一列的值相加。

$$\sum X = 3+1+7+4 = 15$$

为了计算 $\sum X^2$，正确的计算顺序是先将每个分数平方，然后求出平方值的和。计算表列出了原始数据和平方得到的值（计算的第一步）。第二步是求出平方值的和，所以我们将 $X^2$ 这一列的数值相加。

$$\sum X^2 = 9+1+49+16 = 75$$

后一个计算（$\sum X$)$^2$ 包括了括号，所以第一步是计算括号里的值。因此，我们第一步要求出 $\sum X$，然后将它平方。刚才我们计算出 $\sum X=15$，所以

$$(\sum X)^2 = 15^2 = 225$$

## 例 1.4

我们将用例 1.3 中同样的四个数值来计算 $\sum (X-1)$ 和 $\sum (X-1)^2$。如表 1-3 所示的计算表将帮助我们验证计算的过程。

**表 1-3　例 1.3 数值计算表**

| $X$ | $(X-1)$ | $(X-1)^2$ |
|---|---|---|
| 3 | 2 | 4 |
| 1 | 0 | 0 |
| 7 | 6 | 36 |
| 4 | 3 | 9 |

第一列列出了原始分数，第二列列出了 $(X-1)$ 值，第三列为 $(X-1)^2$ 值。

计算 $\sum (X-1)$，第一步是计算括号内的部分。因此，我们首先将每个 $X$ 的值减 1，得到的结果列在表中间的那一列。第二步是对 $(X-1)$ 的值求和。

$$\sum (X-1)=2+0+6+3=11$$

计算 $\sum(X-1)^2$ 需要三步。第一步（括号内）是将每个 $X$ 的值减 1，得到的结果列在计算表中间的那一列。第二步是将每个 $(X-1)$ 的值平方，第二步的结果在表的第三列。最后一步是将 $(X-1)^2$ 的值求和。

$$\sum(X-1)^2=4+0+36+9=49$$

注意，这个计算需要在求和之前平方，一个普遍的错误是先对 $(X-1)$ 求和再平方。小心计算！

## 例 1.5

在前两个例子和大多数情况下，求和都是计算的最后一步。根据计算顺序，括号、指数运算、乘法都在求和之前。然而，在一些情况下，加法和减法是在求和之后进行的。在这个例子中，我们将用前面两个例子中同样的数值来计算 $\sum X-1$。

没有括号、指数运算、乘法，第一步计算就是求和。因此，我们首先计算 $\sum X$。先前，我们已经得到 $\sum X=15$。第二步是从总和中减去 1。对于这些数值来说：

$$\sum X-1=15-1=14$$

## 例 1.6

在这个例子里，每个个体有两个分数。第一个分数定义为 $X$，第二个分数是 $Y$。通过右边的计算表，我们将计算 $\sum X$、$\sum Y$、$\sum X\sum Y$ 和 $\sum XY$。

【例 1.6】表格

| Person | $X$ | $Y$ | $XY$ |
|---|---|---|---|
| A | 3 | 5 | 15 |
| B | 1 | 3 | 3 |
| C | 7 | 4 | 28 |
| D | 4 | 2 | 8 |

对 $X$ 求和，得到了 $\sum X$。

$$\sum X=3+1+7+4=15$$

同样，对 $Y$ 求和，得到了 $\sum Y$。

$$\sum Y=5+3+4+2=14$$

要确定 $\sum X\sum Y$，你必须先对 $X$ 和 $Y$ 分别进行求和，然后将两个求和得到的数相乘：

$$\sum X\sum Y=15(14)=210$$

计算 $\sum XY$，第一步是针对每个人计算出 $X$ 乘以 $Y$。答案（$XY$ 的值）列在表的最后一列。最后，将这些值求和得到：

$$\sum XY=15+3+28+8=54$$

使用下一个例子来测试一下你对求和符号的理解程度：

## 例 1.7

按照要求对下列分数进行计算：5，2，4，2

a. $\sum X^2$　　b. $\sum(X+1)$　　c. $\sum(X+1)^2$

你应该得到 a、b 和 c 的答案分别为 49、17 和 79。

**学习检查**

1. 小写字母 $n$ 表示什么值？

a. 总体的数量　　b. 样本的数量

c. 求和问题中要加的值的数目　　d. 求和问题中的步数

2. 根据分数 6，2，4，2 计算 $\sum(X-2)^2$ 的值是多少？

a. 12　　b. 10　　c. 8　　d. 6

3. 计算 $(\sum X)^2$ 的第一步是什么？

a. 每个值求平方　　b. 将分数相加

c. 从每个分数中减去 2　　d. 将 $X-2$ 的值相加

**答案**　1. b　2. d　3. b

## 小　结

1. 统计是用来描述、总结和解释数据的方法。

2. 科学问题通常关注一个总体，这个总体是人们希望研究的全部个体。通常，总体很大，不可能考察其中的每一个个体，因此大多数研究都利用样本进行。样本是根据研究目的从总体中选出的一个组。

3. 描述一个样本的特征叫作统计量，描述一个总体的特征叫作参数。尽管样本统计量通常代表了相应的总体参数，但是在统计量和参数之间还是有一些差异，统计量和参数之间天然存在的差异叫作抽样误差。

4. 统计方法可以分为两大类：描述和总结数据的描述统计，以及通过样本数据来推论总体的推论统计。

5. 构念是无法直接观察的变量。操作定义根据能够代表构念的外部行为来定义构念。

6. 在离散变量中，任意两个数值之间数值的个数是有限的，根据组成它的所有数值可以计算次数的变化。连续变量中，任意两个数值之间有无数个数值，每个分数与量表上的一段间距对应。分离边界的界限叫作精确界限，精确界限准确地位于两个相邻分数的中间。

7. 测量尺度由一系列用于对个体进行分类的类别组成。称名量表由一些只在名称上不同的种类组成，它们不根据数量或者方向有所不同。在顺序量表里，类别根据方向有所区别，组成了一个有顺序的序列。等距量表由一系列有顺序的种类组成，类别都是大小相等的间距。等距量表能区分类别之间的方向和数量（距离）。等比量表是一个区间标度，零点表示该变量没有测量值。在等比量表中，数值的比率反映了大小的比率。

8. 相关法通过对每个个体测量两个不同变量检验了两个变量的关系。这个方法使研究者能够测量和描述二者的关系，但是不能对关系进行因果解释。

9. 在实验法中，通过操纵自变量来产生不同的处理条件，然后测量一个因变量来获得每个条件下的一组分数，从而检查变量之间的关系，然后比较不同组的分数。组间系统的差异为自变量的变化导致因变量的变化提供了证据。所有其他变量都被控制，以防止它们影响这种关系。实验方法的目的是为了说明两个变量之间的因果关系。

10. 非实验研究也通过比较各组分数检验变量间关系，但非实验法没有实验法严谨，也不能产生因果解释。非实验研究不是通过操纵变量来创建不同的组，而是使用预先存在的参与者特征（如年龄较大/较年轻）或时间变量（之前/之后）来产生要比较的组。

11. 在一项实验中，自变量由研究者操纵，因变量是用来评估处理效果的变量。用于在非实验中创建的变量是准自变量。

12. 字母 $X$ 代表一个变量的分数。如果有了第二个变量，就用 $Y$ 来代表。字母 $N$ 代表总体中的分数的数量，$n$ 代表样本中的分数的数量。

13. 希腊字母 $\sum$（sigma）被用来代表求和。因此，表达式 $\sum X$ 读作“分数的和”。求和是一种数学运算（就像加法或者乘法），而且必须在整个运算式中按照正确的顺序计算。在括号、幂、乘法/除法运算之后进行求和计算。

## 关键术语

| | | |
|---|---|---|
| 统计 | 推论统计 | 描述性研究方法 |
| 统计方法 | 抽样误差 | 相关法 |
| 统计程序 | 构念 | 实验法 |
| 总体 | 操作定义 | 个体差异 |
| 样本 | 离散变量 | 自变量 |
| 随机抽样 | 连续变量 | 因变量 |
| 变量 | 精确界限 | 控制组 |
| 数据 | 精确下限 | 实验组 |
| 数据集 | 精确上限 | 非等效组研究 |
| 数据资料 | 称名量表 | 前后测研究 |
| 原始分数 | 顺序量表 | 准自变量 |
| 参数 | 等距量表统计量 | 等比量表 |
| 描述统计 | 描述性研究 | |

## 关注问题解决

如果你注意到求和符号后面总是跟有符号或符号表达式，例如 $\sum X$ 或 $\sum(X+3)$，这可能有助于简化求和表达式，这个表达式指定了你要将哪些值相加。如果你使用这个表达式作为列标题，并将所有的适当的值列在列中，则求和任务就是将列中的所有数值相加。以计算 $\sum(X+3)$ 为例，在 $X$ 值的列的一侧建立以 $(X+3)$ 为标题的一列，列出所有 $(X+3)$ 的值，然后算出这一列的总和。

通常，求和表达式是相对复杂的数学表达式的一部分，需要多个计算步骤。这些步骤必须按照数学运算的顺序进行。最好的方法是用一个计算表，在表中，原始的 $X$ 值列在第一列，计算中的每一步则都产生一列新的值。例如，计算 $\sum(X+1)^2$ 需要三步，它产生了一个有 3 列的计算表。最后一步是将第三列中所有的值相加（见例 1.4）。

## 示例 1.1

### 求和符号

一组分数由以下值组成：7　3　9　5　4

对于这些分数，计算以下各项：

$\sum X$

$(\sum X)^2$

$\sum X^2$

$\sum X+5$

$\sum (X-2)$

**计算 $\sum X$：**

要计算 $\sum X$，只需要将组中的所有分数相加。

$$\sum X = 7+3+9+5+4 = 28$$

**计算 $(\sum X)^2$：**

括号内的第一步是计算 $\sum X$。第二步是将 $\sum X$ 的值平方。

$$\sum X=28$$

$$(\sum X)^2=784$$

| $X$ | $X^2$ |
|---|---|
| 7 | 49 |
| 3 | 9 |
| 9 | 81 |
| 5 | 25 |
| 4 | 16 |

**计算 $\sum X^2$：**

第一步是计算每个分数的平方。第二步是将平方分数相加。计算表显示了分数和平方分数。为了计算 $\sum X^2$，我们将 $X^2$ 列中的值相加。

$$\sum X^2 = 49+9+81+25+16 = 180$$

**计算 $\sum X+5$：**

第一步是计算 $\sum X$。第二步是在总数上加 5。

$$\sum X =28$$

$$\sum X +5=28+5=33$$

| $X$ | $X-2$ |
|---|---|
| 7 | 5 |
| 3 | 1 |
| 9 | 7 |
| 5 | 3 |
| 4 | 2 |

**计算 $\sum (X-2)$：**

第一步，在括号内，从每个分数中减去 2。第二步是对第一步的结果值求和。计算表显示了分数 $X$ 和（$X-2$）的值。要计算 $\sum (X-2)$，将（$X-2$）列中的值相加即可。

$$\sum (X-2) = 5+1+7+3+2 = 18$$

##  SPSS

社会科学统计软件包，简称 SPSS，是一个可以进行本书中介绍的大多数统计计算的计算机程序，通常可以在学院和大学的计算机系统上使用。附录 D 包括对 SPSS 的大致介绍。在适用该方法的每一章末尾的 SPSS 部分中，有使用 SPSS 执行本章中介绍的统计操作的分步说明。

以下是使用 SPSS 计算数据集中得分数（$N$ 或 $n$）和得分总和（$\sum X$）的详细说明。

### 演示示例

假设研究人员测量参与者对口头提示的反应时间（以秒为单位），并获得以下观测分数：

| 被试编号 | 反应时间 |
|---|---|
| A | 30 |
| B | 19 |
| C | 15 |
| D | 24 |
| E | 15 |
| F | 21 |
| G | 13 |
| H | 26 |
| I | 26 |
| J | 13 |
| K | 17 |
| L | 6 |
| M | 17 |
| N | 15 |
| O | 13 |
| P | 14 |
| Q | 20 |
| R | 20 |
| S | 14 |
| T | 19 |

我们可以使用 SPSS 来计算分数的数量与总和。

### 数据输入

1. 在 Variable View 中输入信息。在 Name 字段中，为不包含空格的变量输入简短的描述性名称。此处使用“RT”（反应时间）。可以接受类型、宽度、值、缺失、对齐和角色的默认设置。

2. 对于小数位数，输入“0”，因为反应时间是以精确到整秒测量的。

3. 在 Label 字段中，使用变量的描述性标题。在这里，我们使用了“对语音提示的反应时间（秒）”。

4. 在 Measure 字段中，选择 Scale，因为时间是一个等比数据。Variable View 如下所示：

|  | Name | Type | Width | Decimals | Label | Values | Missing | Columns | Align | Measure | Role |
|---|---|---|---|---|---|---|---|---|---|---|---|
| 1 | RT | Numeric | 8 | 0 | Reaction Time to Verbal Prompt (seconds) | None | None | 8 | Right | Scale | Input |
| 2 |  |  |  |  |  |  |  |  |  |  |  |
| 3 |  |  |  |  |  |  |  |  |  |  |  |

Source: SPSS®

5. 选择屏幕左下角的 Data View，并在上表中输入反应时间测量值。完成后，该视图应如下图所示。

| | RT | var | var |
|---|---|---|---|
| 1 | 30 | | |
| 2 | 19 | | |
| 3 | 15 | | |
| 4 | 24 | | |
| 5 | 15 | | |
| 6 | 21 | | |
| 7 | 13 | | |
| 8 | 26 | | |
| 9 | 26 | | |
| 10 | 13 | | |
| 11 | 17 | | |
| 12 | 6 | | |
| 13 | 17 | | |
| 14 | 15 | | |
| 15 | 13 | | |
| 16 | 14 | | |
| 17 | 20 | | |
| 18 | 20 | | |
| 19 | 14 | | |
| 20 | 19 | | |

Source: SPSS®

## 数据分析

1. 单击工具栏上的 Analyze，选择 Descriptive Statistics，然后单击 Descriptives，如下所示：

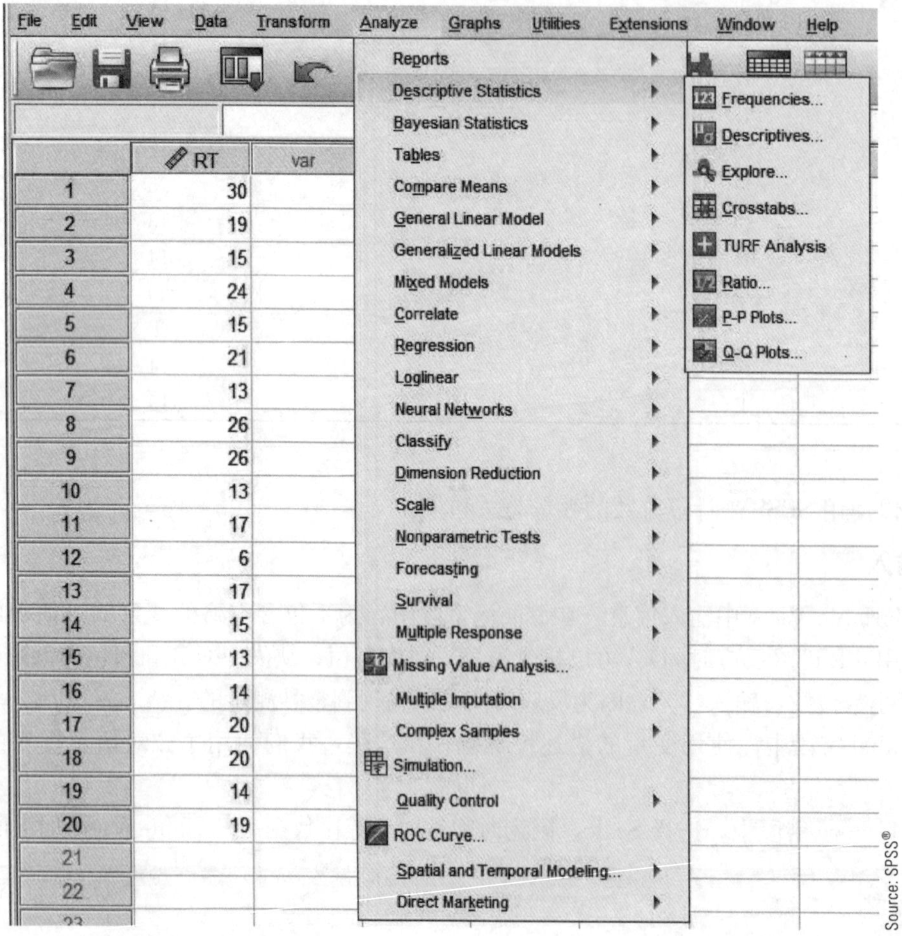


Source: SPSS®

2. 突出显示列标签“Reaction Time to. . .”，然后单击箭头将其移动到 Variables 框，如下所示。

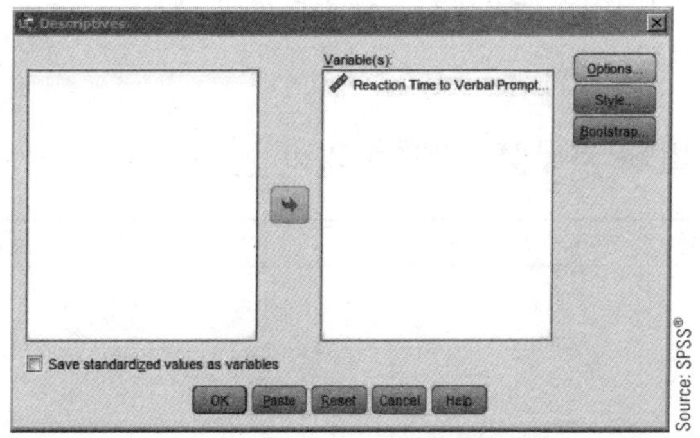


3. 单击 Options。在下面的屏幕上，选中 Sum 框并取消选中其他框（均值和标准差将在后面的章节中介绍）。选项窗口如下图所示：

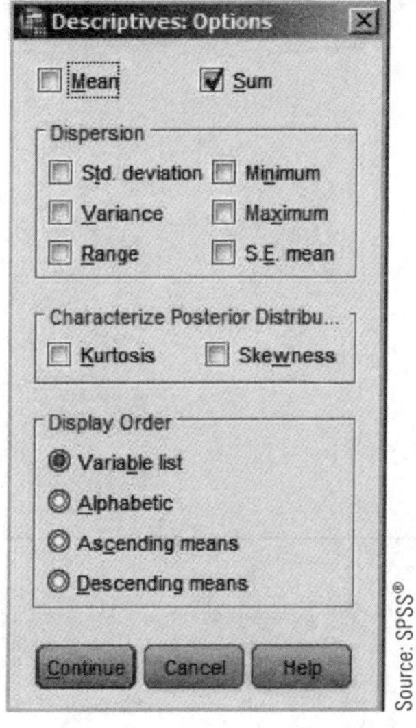


单击选项窗口中的 Continue 按钮，然后单击描述窗口中的 OK 按钮。

## SPSS 输出

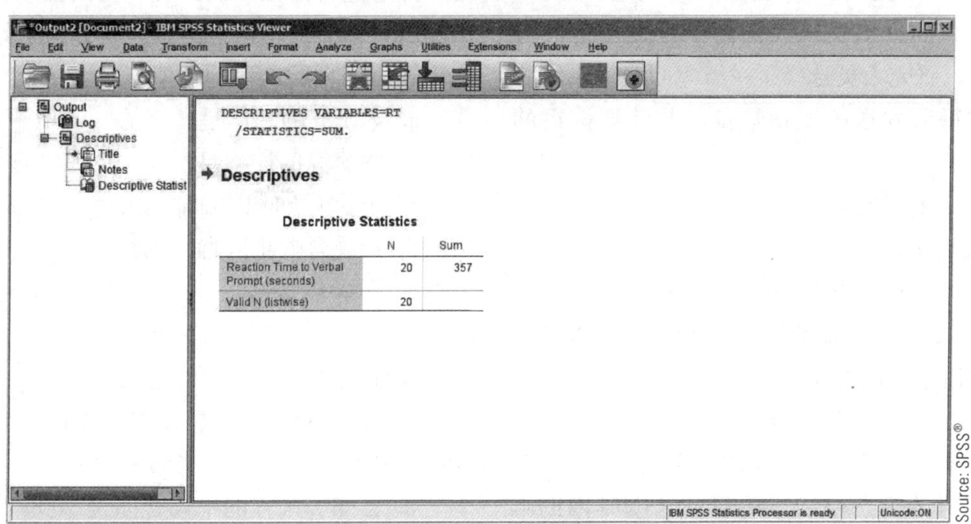


| | N | Sum |
|---|---|---|
| Reaction Time to Verbal Prompt (seconds) | 20 | 357 |
| Valid N (listwise) | 20 | |

SPSS输出包括一个汇总表，其中包含数值的个数和分数的总和。请注意，即使在分析样本时，SPSS也总是用大写字母“N”表示分数个数。不用担心，SPSS使用适合样本的计算。此外，SPSS会根据你在变量视图的标签字段中输入的文本标识表中的变量。

### 操作练习

对于以下一组分数，使用SPSS计算分数的个数和 $\sum X$。

| 被试编号 | 反应时间 |
|---|---|
| A | 7 |
| B | 9 |
| C | 11 |
| D | 8 |
| E | 13 |
| F | 12 |
| G | 8 |
| H | 14 |
| I | 8 |
| J | 8 |
| K | 6 |
| L | 10 |
| M | 8 |
| N | 12 |
| O | 7 |
| P | 9 |
| Q | 18 |
| R | 14 |

你的结果表格应该报告 $\sum X=182$ 和 $N=18$。

## 练习题

（附录C中提供了奇数题目的参考答案）

1. 一位研究人员对美国高中生发短信的习惯感兴趣。研究人员选择了一组100名学生，测量每个人每天发送的短信数量，并计算该组的均值。

a. 确定本研究的总体。

b. 确定本研究的样本。

c. 研究人员计算的均值是________。

2. 定义术语“总体”和“样本”，并解释每个术语在研究中的作用。

3. 一位研究人员在美国进行了一项关于咖啡因对大学生记忆影响的实验。研究人员将100名学生随机分为两组。一组接受含咖啡因的咖啡，然后进行记忆测试。另一组接受不含咖啡因的咖啡，然后进行记忆测试。研究人员计算了每组中正确回忆的项目的均值。

a. 本研究的总体是?

b. 本研究的样本是?

c. 接受无咖啡因咖啡的组为________。

d. 接受含咖啡因咖啡的组为________。

e. 样本包含________个参与者，总体包括________。

f. 记忆测试后计算的均值为________。

4. 统计方法分为两大类：描述统计和推论统计。描述每类统计方法的一般用途。

5. 已知美国人的平均智商是100。研究者随机选择 10 个人，发现他们的平均智商是 105。

a. 值 100 是________。

b. 值 105 是________。

6. 定义术语“统计量”和“参数”，并解释这些术语与抽样误差概念的关系。

7. 某研究者对“学生下午的考试成绩是否比早上好”的问题感兴趣。一组学生样本被随机分配在上午接受考试，另一组样本被随机指派在下午接受考试。收集了以下数据：

| 被试编号 | 考试时间 | 考试成绩 |
| --- | --- | --- |
| 1 | 上午 | 65 |
| 2 | 上午 | 73 |
| 3 | 上午 | 90 |
| 4 | 下午 | 70 |
| 5 | 下午 | 75 |
| 6 | 下午 | 95 |

上午学生的均分是 76 分，下午学生的均分是 80 分。研究者总结，下午是学生完成考试的最佳时间，均分的差异揭示了大学下午和上午课程之间的重要差异。

a. 描述抽样误差如何解释这种差异。

b. 研究者会用什么样的统计数据来确定样本之间考试成绩均值的差异是否提供了令人信服的证据？是一天中的考试时间让成绩存在了差异，或者只是偶然情况？

8. 解释为什么诚实是一个假设构念而不是一个具体变量。描述如何使用操作定义来衡量和定义诚实。

9. 纳税表要求人们确定他们的年龄、年收入、受抚养人的数量和社会保险号码。对于这四个变量中的每一个，确定可能使用的测量尺度，并确定变量是连续的还是离散的。

10. 在你最近的体检中，医生列出你的身高为 70 英寸，四舍五入到最接近的整英寸。为什么你的身高不可能正好是 70 英寸？你身高的精确上限和下限是多少？

11. 本章介绍了四种测量尺度，从称名量表的简单分类到等比量表的更具信息性的测量。

a. 与称名量表的测量相比，从顺序量表的测量中获得了哪些额外信息？

b. 与顺序量表的测量相比，从等距量表的测量中获得了哪些额外信息？

c. 与等距量表的测量相比，从等比量表的测量中获得了哪些额外信息？

12. 你的朋友测量她的咖啡温度为 70 摄氏度。你的朋友也注意到外面的温度是 35 摄氏度。为什么说咖啡的温度是室外温度的两倍是不正确的？

13. 描述相关研究的数据，并解释这些数据与实验和非实验研究中获得的数据之间的差异，这些研究都评估了两个变量之间的关系。

14. 描述实验研究的目标与非实验或相关研究的目标有何不同。定义一项实验达成目标所必需的两个要素。

15. 最近一项研究的结果表明，与喝全脂牛奶或含脂量达 2%的牛奶的儿童相比，经常喝低脂牛奶（1%或脱脂牛奶）的儿童在 2 岁和 4 岁时更容易超重或肥胖（Scharf，Demmer，& DeBoer，2013）。

a. 这是实验研究还是非实验研究？

b. 解释个体差异如何为各组之间的体重差异提供另一种解释。

c. 设计一项研究，来区分对结果的不同解释。

16. Gentile、Lynch、Linder 和 Walsh（2004）调查了 600 多名八年级和九年级学生的游戏习惯和其他行为。他们的研究结果表明，经历过更多视频游戏暴力的青少年更具敌意，与老师的争吵也更频繁。这是实验研究还是非实验研究？解释你的答案。

17. Deters 和 Mehl（2013）研究了 Facebook 状态更新对孤独感的影响。86 名参与者被随机分为两组。一组被要求发布更多社交媒体状态，另一组则没有。研究人员使用加州大学洛杉矶分校孤独感量表测量了参与者的孤独感，该量表由 10 个项目组成，要求参与者从 1（“从未有过这种感觉”）到 4（“我经常有这种感觉”）对他们体验特定孤独感的频率进行评分（例如，“你觉得被他人排斥和排斥的频率有多高?”）。被要求发布更多状态的参与者的孤独感得分较低。

a. 本研究中测量的变量是离散的还是连续的？请列出测量范围。

b. $n$ 的值是多少？

c. 这是一项实验研究还是非实验研究？回答并解释。

d. 被要求发布更多状态的组是________。

18. 一项比较美国和加拿大大学生饮酒情况的研究报告称，加拿大学生饮酒较多，但美国学生饮酒更多（Kuo，Adlaf，Lee，Gliksman，Demers & Wechsler，2002）。这项研究是实验研究的一个例子吗？请回答并解释。

19. Ackerman 和 Goldsmith（2011）比较了学习纸质材料的学生与学习电脑屏幕上呈现的相同材料的学生的学习成绩，然后对所有学生进行了材料测试，研究人员记录了正确答案的数量。

a. 确定本研究的因变量。

b. 因变量是离散的还是连续的？

c. 测量因变量的测量尺度（称名、顺序、等距或等比）是什么？

20. Dwyer、Figueroa、Gasalla 和 Lopez（2018）的研究表明，口味偏好的习惯取决于与口味配对的奖励的相对值。在他们的实验中，大鼠在暴露于 32%蔗糖溶液后，接受了樱桃味和 8%蔗糖溶液的配对，这使得 8%溶液的值相对较低。在其他试验中，在暴露于 2%蔗糖溶液后，将葡萄香精与 8%蔗糖溶液配对，这使得 8%溶液的值相对较高。因此，樱桃与价值相对较低的奖励配对，葡萄与价值相对较高的奖励配对。他们观察到，在后来的测试中，老鼠摄入的樱桃味比葡萄味更多。

a. 确定本研究的自变量和因变量。

b. 因变量的测量尺度是什么？

c. 因变量是离散的还是连续的？

d. 想象一下，研究人员报告说，4 号被试饮用了 2.5 盎司樱桃味溶液，溶液的消耗量四舍五入至十分之一盎司。4 号被试的分数的精确下限和上限是多少？

21. Doebel 和 Munakata（2018）发现，儿童延迟满足受社会背景的影响。所有的孩子都被告知他们属于“绿色组”，并被安置在一个只有一个棉花糖的房间里。参与者被告知，他们要么现在吃一个棉花糖，要么等待实验者带着两个棉花糖回来。在现在选择一个棉花糖还是以后选择两个之前，孩子们被随机分配到两种情况中的一种。他们被告知：（1）绿色组的其他孩子等待而橙色组的孩子不等待，或（2）绿色组的其他孩子不等待而橙色组的孩子等待。

孩子们在被告知小组其他成员在等待后，更有可能选择等待。

a. 这项研究是使用实验方法还是非实验方法？

b. 确定本研究中的变量。

22. Ford 和 Torok（2008 年）发现，在大学校园中，激励性信号可以有效地增加体力活动。在一栋大学大楼的电梯和楼梯上张贴了“迈向更健康的生活方式”和“一个人平均每分钟上楼燃烧 10 卡路里”等标志。学生和教师在张贴标志的时候比没有张贴标志的时候更多地使用楼梯。

a. 确定本研究的自变量和因变量。

b. 自变量的测量尺度是什么？

23. 对于下面的分数，计算每个表达式的值：

a. $\sum X$

b. $(\sum X)^2$

c. $\sum X-3$

d. $\sum (X-3)$

| $X$ |
|---|
| 4 |
| 2 |
| 6 |
| 3 |

24. 对于下面的分数，计算每个表达式的值：

a. $n\sum(X-1)$

b. $\sum X-3^2$

c. $\dfrac{\sum(X-2)}{n}$

d. $\sum(X-4)^2$

| $X$ |
|---|
| 3 |
| 5 |
| 4 |
| 2 |
| 1 |

25. 对于下面的分数，计算每个表达式的值：

a. $\sum(X-4)^2$

b. $(\sum X)^2$

c. $\sum X^2$

d. $\sum(X+3)$

| $X$ |
|---|
| −1 |
| −3 |
| 6 |
| −4 |
| 0 |

26. 针对 5 名参与者每人收集到两个分数：$X$ 和 $Y$。根据这些分数，计算每个表达式的值：

a. $\sum X$

b. $\sum Y$

c. $\sum (X+Y)$

d. $\sum XY$

| 被试 | X | Y |
|---|---|---|
| A | 3 | 1 |
| B | 1 | 5 |
| C | −2 | 2 |
| D | −4 | 2 |
| E | 2 | 4 |

27. 对于下面的分数，计算每个表达式的值：

a. $\sum XY$

b. $\sum X \sum Y$

c. $\sum Y$

d. $n=?$

| 被试 | X | Y |
|---|---|---|
| A | 6 | 1 |
| B | 3 | 0 |
| C | 0 | 2 |
| D | −1 | 4 |

28. 使用求和符号表示以下计算：

a. 将分数 $X$ 和 $Y$ 相乘，然后将每个乘积相加。

b. 求分数 $X$ 和分数 $Y$ 的总和，然后将其相乘。

c. 从 $Y$ 中减去 $X$，然后求和。

d. 将 $X$ 个分数相加。

29. 使用求和符号表示以下计算：

a. 先求所有分数之和，然后平方。

b. 先将每个分数平方，然后将平方值相加。

c. 每个分数减 2，然后求和。

d. 每个分数减 1，然后平方。将平方后的结果求和。

30. 对于下面的分数，计算每个表达式的值：

a. $\sum X^2$

b. $(\sum X)^2$

c. $\sum (X-3)$

d. $\sum (X-3)^2$

| X |
|---|
| 6 |
| 1 |
| 4 |
| 5 |
| 2 |

31. 对于下面的分数，计算每个表达式的值：

a. $n\sum X^2$

b. $(\sum Y)^2$

c. $\sum XY$

d. $\sum X \sum Y$

| 被试 | X | Y |
|---|---|---|
| A | 3 | 2 |
| B | 1 | 6 |
| C | 5 | 0 |
| D | 2 | 5 |
| E | 0 | 6 |

32. 对于下面的分数，计算每个表达式的值：

a. $n\sum X^2$

b. $(\sum Y)^2$

c. $\sum XY$

d. $\sum X \sum Y$

| 被试 | X | Y |
|---|---|---|
| A | 5 | 1 |
| B | 3 | 3 |
| C | 0 | 5 |
| D | −3 | 7 |
| E | −5 | 9 |

# 频数分布

# 第 2 章

**学习本章需要掌握的相关知识**

下列术语是学好本章的关键背景知识。如果对这些知识有不明白之处，应复习先前学过的相关章节。

- 比例（附录 A）：
  分数
  小数
  百分数
- 测量尺度（第 1 章）：称名、顺序、等距、等比
- 连续和离散变量（第 1 章）
- 精确界限（第 1 章）

**章节概览**

## 引　言

行为科学家已经在实验室环境中，明确了电视节目和其他媒体传播信息能够影响个体的行为。Jena、Jain 和 Hicks（2018）想研究鼓励鲁莽行为和冒险的电影是否会对观众在现实生活中的行为产生影响。截至 2017 年，《速度与激情》系列已经制作了八部电影，第九部预计于 2020 年上映，该系列电影的主要内容有包括改装汽车、鲁莽驾驶与街头赛车在内的危险驾驶行为。研究人员比较了马里兰州蒙哥马利县六年时间内，每部电影上映前三周和上映后三周的超速罚单针对的超速时速。他们发现，在《速度与激情》电影上映前的几周，超速的平均时速为高于限速 16 英里（1 英里≈1.6 千米。——译者注），而在电影上映之后的几个星期里，超速的平均时速为高于限速 19 英里，超速时速在电影上映前后变化了将近 20%。

表 2－1 列出了与该研究相似的假设数据，显示了每张罚单对应的高于限速的每小时英里数（mph）。

**表 2－1　《速度与激情》上映前后三周内的超速时速表**

| 电影上映之前 | 电影上映之后 |
|---|---|
| 15 | 17 |
| 16 | 20 |
| 18 | 20 |
| 14 | 19 |
| 15 | 22 |
| 16 | 15 |
| 16 | 19 |
| 19 | 20 |
| 15 | 22 |
| 16 | 16 |

说明：表内数据代表超过规定时速的每小时英里数。

你可能会发现，仅仅通过查看一个无组织的数字列表很难看到一种清晰的模式。如果电影上映前后的超速时速存在差异，那么我们能直观看出两组人在超速方面有多少差别吗？解决这个问题的一种方法是将每组分数整理成频数分布，这样可以更直观地看到各组之间的差异。

例如，表 2－1 中的相同数据已整理在图 2－1 中的频数分布图中。在图中，每个人都表示为一个块，位于水平线上个人分数的上方。堆块显示了个人分数如何分布。该分布清楚地表明，在电影上映后的三周内，超速的速度通常高于电影上映前三周的超速的速度。在电影上映之前，大多数罚单对应的超速都比限速高出大约 16 英里/小时。电影上映后，大多数罚单对应的超速都超过了限速 19 英里/小时或更多。

在本章中，我们将介绍将数据整理成表格和图表的技巧，以便有组织地显示或以插图形式呈现整组数据。

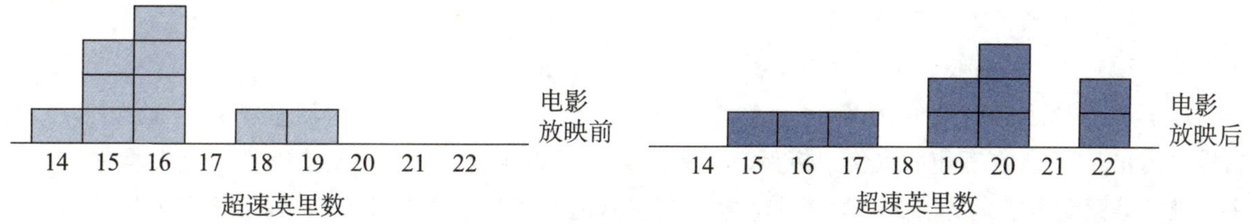


**图 2－1　电影放映前（左图）与电影放映后（右图）超速罚单超速英里数描述图**

说明：每个方块代表一张超速罚单。

## 2.1 频数分布与频数分布表

**学习目标**

1. 使用并创建频数分布表，解释它们与原始分数集的关系。
2. 根据频数表计算如下：$\sum X$，$\sum X^2$，以及与每个得分相关联组的比例和百分数。
3. 定义百分位数和百分等级。
4. 确定频数分布表中对应于精确界限的值的百分位数和百分等级。

一项研究的结果通常由多页数字（如表2－1所示）组成，或使用计算机电子表格记录，这取决于研究过程中不同的测量与计分方法。研究人员的首要问题是把分数整理成可理解的形式，以便数据中的任何模式都能容易地看到并与他人交流。这就是描述统计的目标，即简化结构与展示数据。频数分布是数据整理工作中最常用的方法之一。

**定义**

**频数分布**就是在测量尺度的不同分数区间记录每个区间内被试的数量，从而形成的有组织的表格。

频数分布将一组无秩序的数据进行从高到低的排列，将相同的分数值分为一组。例如，如果最大值 $X=10$，那么频数分布组就是10分、9分、8分等。频数分布可以方便研究者浏览所有数据，并且显示了分数是高还是低、数据是集中还是离散，还可以提供一个有秩序的数据图。除此之外，频数分布也可以使研究者注意到每个分数值相对于总体中其他分数值的位置。

频数分布可以表示成表的形式或者是图的形式，但不管是哪种形式，分布都会呈现两种成分：

1. 构成原始测量尺度的一系列类别。
2. 频数或者每个分数区间被试的个数。

因为频数分布呈现了在测量尺度上被试分数的分布图像，所以其被称为“频数分布”。

> 通常是从高到低进行排列，但这是一种随意的安排。一些计算机程序从高到低进行排序，而另一些程序提供了降序或升序的选项。

### 频数分布表

最简单的频数分布表通过列出从小到大的测量分数（$X$ 值）来表示测量尺度；除了 $X$ 值之外，还有频数，即数据中该分数值的个数。习惯用 $X$ 表示分数值，用 $f$ 表示频数值。以下是一个频数分布表的例子（见例2.1）。

**例2.1**

下面是来自一个满分为10分的统计测验的20个被试的分数。我们将使用频数分布表的形式对这组数据进行重新组织。

| | | | | | | | | | |
|---|---|---|---|---|---|---|---|---|---|
| 8 | 9 | 8 | 7 | 10 | 9 | 6 | 4 | 9 | 8 |
| 7 | 8 | 10 | 9 | 8 | 6 | 9 | 7 | 8 | 8 |

1. 最高分 $X=10$，最低分 $X=4$。表格中的第一列是由高到低排列的测量变量 $X$ 的值。注意：表格中列出了 $X$ 所有可能的取值，例如，没有被试的 $X$ 取值为5，但是此值也要列于表格中。在顺序量表、等距量表、等比量表中，类别按顺序列出（通常是按最高到最低），称名量表中的类别可以按照任意顺序列出。

2. 第二列是每个 $X$ 取值对应的频数。例如，两个被试的 $X$ 取值为 10，所以在表格的第二列频数中 $f=2$。

表格对分数的整理使总体结果一览无余。例如，只有两个满分，但是有许多人取得了较好的成绩（8 分和 9 分），只有一个例外（$X=4$），结果表明被试的统计学习结果普遍不错。

注意：频数分布表中的 $X$ 值代表测量尺度，而不是真实分数值。例如，第一列仅有一个 $X=10$，但是第二列表示实际上有两个 $X=10$。第一列有 $X=5$，实际上却没有人得 5 分。

你还应该注意到，这些频数可以用于查找分布中的分数的个数。通过将频数相加，你可以获得个体的总数：

$$\sum f = N$$

【例 2.1】频数分布表

| $X$ | $f$ |
|---|---|
| 10 | 2 |
| 9 | 5 |
| 8 | 7 |
| 7 | 3 |
| 6 | 2 |
| 5 | 0 |
| 4 | 1 |

### 频数分布表中 $\sum X$ 的计算

计算分数的总和 $\sum X$ 或者进行频数分布表中其他计算都需要时间。为了正确地计算，你必须使用表中所有的信息。应用两列数据计算总分是很有必要的。

当必须呈现频数分布表中的分数的计算过程时，最保险的方法是在计算之前先把数据列于表外。下面的例子将详细阐明这一点（见例 2.2）。

### 例 2.2

右边的频数分布表列出了一个 5 分、两个 4 分、三个 3 分、三个 2 分和一个 1 分。如果列出所有的十个分数，你可以安全地计算，例如计算 $\sum X$，$\sum X^2$。举例来说，为了计算 $\sum X$，你必须把所有的十个成绩加在一起：

$$\sum X = 5+4+4+3+3+3+2+2+2+1$$

根据表中的分布，你可以知道 $\sum X=29$。你可以自己尝试一下。

【例 2.2】频数分布表

| $X$ | $f$ |
|---|---|
| 5 | 1 |
| 4 | 2 |
| 3 | 3 |
| 2 | 3 |
| 1 | 1 |

相似地，为了计算 $\sum X^2$，你要把十个分数都平方，然后将这些值相加：

$$\sum X^2 = 5^2+4^2+4^2+3^2+3^2+3^2+2^2+2^2+2^2+1^2$$

现在，你可以知道，$\sum X^2=97$。

计算 $\sum X$ 的另外一种方法就是将 $X$ 值与它对应的频数相乘，再将它们加总，符号为 $\sum fX$。表 2－2、表 2－3 是对例 2.2 数据的频数计算结果：

**表 2－2　例 2.2 数据的频数计算结果（1）**

| $X$ | $f$ | $fX$ | |
|---|---|---|---|
| 5 | 1 | 5 | （一个 5 的和是 5） |
| 4 | 2 | 8 | （两个 4 的和是 8） |

注意：在表格中进行 $\sum X$ 的计算比较方便，但对于更复杂的公式，例如 $\sum fX^2$，可能会出现错误。

续表

| $X$ | $f$ | $fX$ | |
|---|---|---|---|
| 3 | 3 | 9 | （三个3的和是9） |
| 2 | 3 | 6 | （三个2的和是6） |
| 1 | 1 | 1 | （一个1的和是1） |
| | $\sum X=29$ | | |

无论采用哪种方法计算 $\sum X$，最重要的是必须应用频数栏和 $X$ 栏中的信息。

类似地，我们可以从频数分布表中计算 $\sum X^2$；然而，有必要对 $X$ 的每个值进行运算（平方），再将这些 $X$ 值乘以它们对应的频数。先将 $X$ 的平方值放在标题为 $X^2$ 的列中。然后将频数乘以每个 $X^2$ 值，放在标记为 $fX^2$ 的列中。最后，对列 $fX^2$ 中的值求和。

表2－3　例2.2数据的频数计算结果（2）

| $X$ | $f$ | $X^2$ | $fX^2$ | |
|---|---|---|---|---|
| 5 | 1 | 25 | 25 | （一个25的和是25） |
| 4 | 2 | 16 | 32 | （两个16的和是32） |
| 3 | 3 | 9 | 27 | （三个9的和是27） |
| 2 | 3 | 4 | 12 | （三个4的和是12） |
| 1 | 1 | 1 | 1 | （一个1的和是1） |

$$\sum fX^2=25+32+27+12+1=97$$

请记住，要使用这种替代方法计算整个分布的 $\sum X^2$，必须使用 $X$ 值和频数列中的信息并确定 $\sum fX^2$。

下面的例子用于测试你对计算频数分布表中得分的 $\sum X$ 和 $\sum X^2$ 的理解。

**例2.3**

根据例2.1中所列出的频数分布表计算 $\sum X$ 与 $\sum X^2$。结果应当是 $\sum X=158$，$\sum X^2=1\ 288$。

## 比例与百分数

除了频数分布表的两个基础列之外，还有其他的描述数据分布的方法。最常用的是比例和百分数。

比例主要测量总体中取得每个分数的人数所占的比例。例2.2中，两个被试的 $X$ 得分为4分，即十个人中有两个人的得分为4分，因此，比例为2/10=0.20。从总体上看，每个分数的比例是：

$$比例=p=f/N$$

因为比例描述频数 $f$ 和总体 $N$ 的关系，所以其也经常称为相关频数。虽然比例的表达方式可以是分数（例如，2/10），但是其经常以小数的形式出现。频数分布表中也可以包括以 $p$ 为列名称的比例列（见例2.4）。

除了频数（$f$）和比例（$p$），研究者也经常使用百分数描述分数的分布。例如，一位教师常常这样描述考试结果：班级中15%的同学获得A，23%的同学获得B。计算百分数，首先必须计算比例，然后乘以100：

$$百分数=p(100)=f/N(100)$$

频数分布表中也可以包括以%为列名称的百分数列，例2.4演示了向频数分布表中添加比例和百分数的过程。

**例 2.4**

频数分布表与例 2.2 相同，添加了比例和百分数（见表 2-4）：

**表 2-4　添加了比例和百分数的频数分布表**

| $X$ | $f$ | $p=f/N$ | 百分数$=p$ (100) |
|---|---|---|---|
| 5 | 1 | 1/10=0.10 | 10% |
| 4 | 2 | 2/10=0.20 | 20% |
| 3 | 3 | 3/10=0.30 | 30% |
| 2 | 3 | 3/10=0.30 | 30% |
| 1 | 1 | 1/10=0.10 | 10% |

## 百分位数与百分等级

频数分布主要是提供对整个分数集合的描述，同时也可以用来描述个人在集合中的位置。单个分数或 $X$ 值称为原始分数。原始分数本身并不能提供太多信息。例如，如果仅被告知你的考试成绩是 $X=43$，并不能知道你相对于班上其他学生做得有多好。为了评估你的分数，便需要更多的信息，比如平均分数或分数高于你和低于你的人数。有了这些额外的信息，就能够确定你在群体中的相对位置。因为原始分数不能提供太多信息，所以我们希望将其转换成更有意义的形式。百分位数便是其中一种有意义的转换形式。

举个例子，假设你在一次考试中得分为 $X=43$，你知道班级中正好有 60%的人得分为 43 分或更低。然后，你的分数 $X=43$ 的百分等级是 60%，你的分数将被称为第 60 百分位数。请注意，百分等级指的是百分比，而百分位数指的是具体的取值。还要注意，百分等级或百分位数描述了你在分布中的确切位置。

**定义**

某一特定分数的**百分等级**定义为得分在该特定值或低于该特定值的分布中个体的百分比。当一个分数由它的百分等级来标识时，这个分数被称为**百分位数**。

## 累计频数与累计百分比

要确定百分位数或百分等级，第一步是找出分布中位于或低于每个点的个体数量。使用频数分布表最容易做到这一点，只需简单地计算每个类别的分数或低于每个类别的分数的数量。由此产生的值被称为累计频数，它们代表了随着你的测评水平提高增加的人数累计。

**例 2.5**

在下面的频数分布表（见表 2-5）中，包含了一个以 $cf$ 为首的累计频数列。对于每一行，累计频数值是通过将该类别内及以下的频数相加得到的。例如，$X=3$ 分数的累计频数为 14，因为只有 14 个人的分数 $X=3$ 或更低。

**表 2-5　包含累计频数列的频数分布表**

| $X$ | $f$ | $cf$ | |
|---|---|---|---|
| 5 | 1 | 20 | $cf=1+5+8+4+2=20$ |
| 4 | 5 | 19 | $cf=5+8+4+2=19$ |
| 3 | 8 | 14 | $cf=8+4+2=14$ |

续表

| $X$ | $f$ | $cf$ | |
|---|---|---|---|
| 2 | 4 | 6 | $cf=4+2=6$ |
| 1 | 2 | 2 | $cf=2$ |

累计频数显示位于每个分数或以下的个体数量。要找到百分位数，必须将这些频率转换为百分数。所得到的值称为累计百分比，因为它们显示随着你沿着比例尺向上移动而累计的个体百分比。

## 例 2.6

这次，我们在例 2.5 的频数分布表中添加了一个累计百分比列（$c\%$）（见表 2－6）。此列中的值表示位于每个类别内和以下的个体的百分比。例如，70%的个体（20 个中的 14 个）得分为 $X=3$ 或更低。累计百分比可以通过以下方式计算：

$$c\%=\frac{cf}{N}(100\%)$$

表 2－6　添加累计百分比列的频数分布表

| $X$ | $f$ | $cf$ | $c\%$ |
|---|---|---|---|
| 5 | 1 | 20 | 100% |
| 4 | 5 | 19 | 95% |
| 3 | 8 | 14 | 70% |
| 2 | 4 | 6 | 30% |
| 1 | 2 | 2 | 10% |

> 可以使用插值法计算 $c\%$列中不存在的百分位数对应的 $X$ 值。在第 3 章中涉及使用插值法确定第 50 百分位数。

频数分布表中的累计百分比表示得分在每个 $X$ 值或低于每个 $X$ 值的个体的百分比。但是，你必须记住，表中的 $X$ 值通常是一个连续变量的测量值，因此，也代表测量尺度上的间隔。例如，$X=2$ 意味着测量值在 1.5 与 2.5 的精确界限值之间。因此，当一个频数分布表中显示 $X=2$ 的分数有 30%的累计百分比时，应该将其解释为到达 $X=2$ 区间的最高值的人数。注意，每个累计百分比年龄值都与其区间的精确上限相关联，在这种情况下 $X_{URL}=2.5$。图 2－2 中也演示了这一点，图中阴影区域是小于 $X=2$ 的分布。就“块”而言，阴影区域共有 6 个方块，在所有的 20 个方块中占 30%，对应 30%的分布，与例 2.6 表中所示的百分比排名相同。

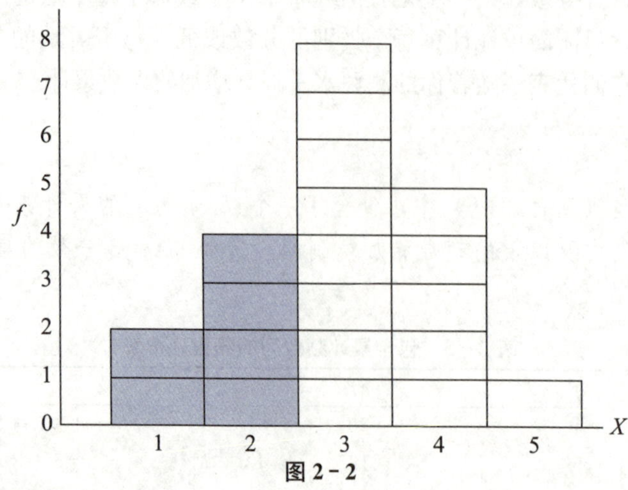


图 2－2

说明：频数分布直方图中的阴影区域是低于 $X=2$ 的精确上限的部分，对应 30%的百分等级，与例 2.6 中的数据相同。

### 学习检查

1. 如果将以下分数放在一个频数分布表中，那么 $X=3$ 对应的频数值是多少？

分数：2　3　1　1　3　3　2　4　3　1

a. 1　　b. 2　　c. 3　　d. 4

2. 在下面的分布中，报告了在 20 分钟的时间内，托幼人员向婴儿展示的微笑次数。共有多少次微笑被观察到？

a. 5　　b. 10

c. 15　　d. 21

| $X$ | 5 | 4 | 3 | 2 | 1 |
|---|---|---|---|---|---|
| $f$ | 6 | 5 | 5 | 3 | 2 |

3. 对于下面的频数分布，$\sum X^2$ 的值是多少？

a. 50　　b. 55

c. 74　　d. 225

| $X$ | 5 | 4 | 3 | 2 | 1 |
|---|---|---|---|---|---|
| $f$ | 1 | 0 | 2 | 1 | 3 |

4. 在一次测验中，以下哪个分数可能是最高分？

a. 第 20 个百分位数　　b. 第 80 个百分位数

c. 一个百分等级为 15%的分数　　d. 一个百分等级为 75%的分数

5. 依据如下的频数分布表，对于该分布，第 90 个百分位数是？

a. $X=24.5$

b. $X=25$

c. $X=29$

d. $X=29.5$

| $X$ | $c\%$ |
|---|---|
| 30～34 | 100% |
| 25～29 | 90% |
| 20～24 | 60% |

**答案**　1. d　2. d　3. a　4. b　5. d

## 2.2　分组频数分布表

### 学习目标

5. 了解何时使用分组频数分布表是有意义的，并为一组分数使用和创建这种类型的表。

当一组数据的全距较大时，将每个分数值列于频数分数表中是没有必要的。例如，一组考试分数，最高分为 $X=96$，最低分为 $X=41$。这组分数涵盖了多于 50 个分数点的范围。

如果将每个分数都列于频数分布表中，则需要 56 行才能完成计算。记住：建立分布表的目的是将数据呈现于简单、有组织的表中。因此，可以将分数分区间，用分组区间代替分布中的每个分数值。例如，表中列有 90 分段的人数和 80 分段的人数等。这个表常被称为分组频数分布表，组别或组段常被叫作“分组区间”。

当已知分数是整数时，通过计算最大值和最小值的差值加 1，得到频数分布表的行数：行数＝最大值－最小值＋1。

下面介绍分组频数分布表的几个规则，这几个规则能够帮助你理解频数分布表的结果。要知道这些规则是简单的指导而不是绝对的要求，但是它们可以帮助我们建立简单、有组织、易懂的表格。

**规则 1：**分组频数分布表应该包括大约 10 个分组区间。如果一个分布表中的分组区间大于 10，就会显得烦琐，并且违反了分布表的目的。如果分组区间很少，则会缺少很多信息。在极端情况下，只有 1 个分组区间，分布表不会显示任何分数分布的信息。记住：频数分布表的目的是帮助研究者观测数据。无论分组区间过多或过少，分布表都不能提供清晰的展示。10 个分组区间是一般规则。如果在黑板上建立分布表，则需要 5 个或 6 个分组区间，但是如果在科学报告中建立分布表，则需要 12 个或 15 个分组区间。下面每个案例的目的就是呈现一个易懂、易理解的表格。

**规则 2：**每个分组区间的间距应该简单易懂。例如 2、5、10、20，对于分组区间来说是较好的选择。注意：5 分或 10 分容易计算，这些数值易理解、便于观察者观察分组区间的间距。

**规则 3：**每个分组区间的下限值是组距的倍数。例如，分组区间的组距是 10，每个分组区间的下限值就是 10 的倍数。因此，最低组的下限值为 10，依此类推，20、30、40 等。这也使人更容易理解这个表是如何建立的。

**规则 4：**所有的分组区间应该有相同的组距，并且涵盖所有数据值。所以，一个特定的数据属于某个分组区间。

例 2.7 演示了这些规则的应用。

### 例 2.7

一位教师获得了一组 $N=25$ 的考试成绩。为了整理这些数据，将它们列于频数分布表中。这些分数是：

| | | | | | | | | | | | | |
|---|---|---|---|---|---|---|---|---|---|---|---|---|
| 82 | 75 | 88 | 93 | 53 | 84 | 87 | 58 | 72 | 94 | 69 | 84 | 61 |
| 91 | 64 | 87 | 84 | 70 | 76 | 89 | 75 | 80 | 73 | 78 | 60 | |

第一步计算分数的全距。这组数据中，最小值 $X=53$，最大值 $X=94$，所以如果在分布表中列出每个分数，则需要 42 行（注意：行数＝最大值－最小值＋1）。因为 42 行的分布表过于烦琐，所以将分数进行分组。选择最佳组距的方法是运用规则 1 和规则 2 反复试验。举个例子，我们想要大约 10 个区间，并将组距设置为整数。在这个例子中，分数的全距为 42，所以我们将尝试多个不同的组距来确定每种宽度下需要多少个分组区间。在这个例子中，如果我们把组距设置为 2，那么将需要 21 个区间来覆盖所有 42 个分数，这个区间数量过多，因此我们将组距增加到 5 或者 10。表 2－7 展示了不同组距所需的分组区间数：

注意：组距为 5 将会有大约 10 个分组区间，正是我们需要的结果。

**表 2－7　不同组距所需分组区间数**

| 组距 | 分组区间的个数 |
|---|---|
| 2 | 21（太多） |
| 5 | 9（正好） |
| 10 | 5（太少） |

下一步就是确定分组区间值。因为最小值为 53，所以最小的区间应该包含这个值。因为每个分组区间的下限为 5 的倍数，所以该分组区间的下限为 50。因为区间宽度为 5，所以最小的区间应该包括 5 个值：50、51、52、53 和 54，所以，最小的区间是 50～54。下一个分组区间下限为 55，上限为 59。要记住，分组区间的下限是 5 的倍数，且每个区间包括 5 个分数（55、56、57、58 和 59）。表 2－8 描述了所有分组区间的频数分布。

一旦你列出了分组区间值，那么再添加一列频数就完成了该表。频数列的数值表示落在该分组区间的分数的个数。在本例中，有 3 个学生的分数落在 60～64 的组区间，所以该组区间的频数 $f=3$（见表 2－8）。在这个表的基础上，还可以添加比例和百分比的值。

**表 2－8　分组频数分布表**

| $X$ | $f$ |
|---|---|
| 90～94 | 3 |
| 85～89 | 4 |

续表

| X | f |
|---|---|
| 80～84 | 5 |
| 75～79 | 4 |
| 70～74 | 3 |
| 65～69 | 1 |
| 60～64 | 3 |
| 55～59 | 1 |
| 50～54 | 1 |

最后，注意划分区间会丢失特定被试具体分值。例如，表 2-8 显示在 65～69 分数区间有一个值，但是分布表却不能呈现其具体值。总体上讲，组距越大，信息丢失越多。在表 2-8 中，60 低分段有 3 个被试，而 60 高分段有 1 个被试。但是，如果组距改为 10，60 分段的被试数变为 4，则丢失了上面的一些信息。当组距为 10 时，所有 60 分段的被试会被归到 60～69 这个分数区间，这个表会显示有 4 个人在 60～69 这个区间，但是不会显示这些分数是属于 60 分段中的高分段，还是属于 60 分段中的低分段。

### 精确界限和频数分布

回忆第 1 章，一个连续变量有无数可能的值，可以以一条连续且有无数点的数字线的方式呈现。但是，当测量连续变量时，这个测量结果和数字线上的区间并不是有单独的点相对应。例如，当你以秒为单位测量时间时，一个 $X=8$ 秒的分数实际上代表一个区间，区间的界限是 7.5 秒和 8.5 秒。因此，一个频数分布表中频数 $f=3$ 的个体都分布在 $X=8$ 这个分数上，这并不表示所有的 3 个个体都是完全一样的测量结果。实际上，你要发现，这三个测量结果仅仅是分布在同一个区间，即 7.5 至 8.5 之间。

这个精确界限的概念也可以用于分组频数分布表里的分类。例如，一个分组区间是 40～49，它包括了 $X=40$ 到 $X=49$ 的分数。这些值被称为区间的理论界限，因为看起来它们组成了区间的上下限。然而，如果测量一个连续变量，一个 $X=40$ 的分数实际上是一个从 39.5 至 40.5 的区间。类似地，$X=49$ 也是一个从 48.5 到 49.5 的区间。因此，这个精确界限是 39.5（精确下限）和 49.5（精确上限）。注意，下一个更高的区间是 50～59，它的精确下限是 49.5。因此这两个区间在 49.5 这个界限相遇，两个尺度间没有间隙。你也应该发现，当你考虑区间的界限时，区间宽度更容易被理解。例如，区间 50～59 的精确界限是 49.5 和 59.5，两个界限之间的距离（10 点）是区间宽度。

### 学习检查

1. 分数的范围从最高 $X=86$ 到最低 $X=17$。如果将这些分数放在一个分组频数分布表中，间隔宽度为 10，那么表中的最大的区间为：________

a. 80～89　　b. 80～90　　c. 81～90　　d. 77～86

2. 在下面的分布中，得分最高的是？

a. $X=16$
b. $X=17$
c. $X=1$
d. 不能确定

| X | f |
|---|---|
| 24～25 | 2 |
| 22～23 | 4 |
| 20～21 | 6 |
| 18～19 | 3 |
| 16～17 | 1 |

3. 关于分组频数分布表，下列哪项陈述是错误的？

a. 组距确定应该控制在10个分组左右

b. 间隔按降序列出，从 $X$ 列顶部的最高值开始

c. 每个分组区间的下限值是组距的倍数

d. $N$ 的值可以通过计算 $X$ 列中的分组数来确定

**答案** 1. a 2. d 3. d

## 2.3 频数分布图

**学习目标**

6. 描述如何构造三种类型的频数分布图（直方图、折线图和条形图）。
7. 使用并创建频数分布图，解释它们与原始分数集的关系。
8. 解释总体的频数分布图与样本的频数分布图有何不同。
9. 通过查看频数分布表或图来确定分布的形状——对称、正偏或负偏。

频数分布图就是频数分布表的信息图。本节将会介绍几种不同类型的分布图，但是任何一种分布图都开始于两条相互垂直的轴。水平直线叫作 $x$ 轴或者横轴，垂直直线叫作 $y$ 轴或者纵轴。$X$ 分数值沿 $x$ 轴从左到右逐渐增大。频数则沿 $y$ 轴从下到上逐渐增大。一般来讲，坐标轴相交点的 $X$ 分数值和频数都为0。还有一个规则就是在画分布图时，$y$ 轴的高度大概是 $x$ 轴长度的2/3～3/4。如果不满足这些规则，可能会形成误导性分布图（见专栏2-1）。

### 等距或等比数据的频数分布图

当由分数组成的数据是等距数据或者等比数据时，有两种频数分布图：直方图和折线图。

**直方图** 首先沿 $x$ 轴列出所有的 $X$ 值，然后画出每个 $X$ 值对应的矩形。

a. 条形的高度对应数据的频数。

b. 条形的宽度代表 $X$ 值的实际范围。

对于连续变量和离散变量，直方图中的每个条形扩展到相邻类别之间的中点。因此，相邻的条形相互接触，条形之间没有空隙或间隙。图2-3显示了一个直方图的示例。

当数据被分组为不同的区间时，可以通过在每个区间的上方画一个条形图来构造一个频数分布直方图，这样条形图的宽度正好延伸到每一侧相邻类别的距离的一半。图2-4演示了该过程。

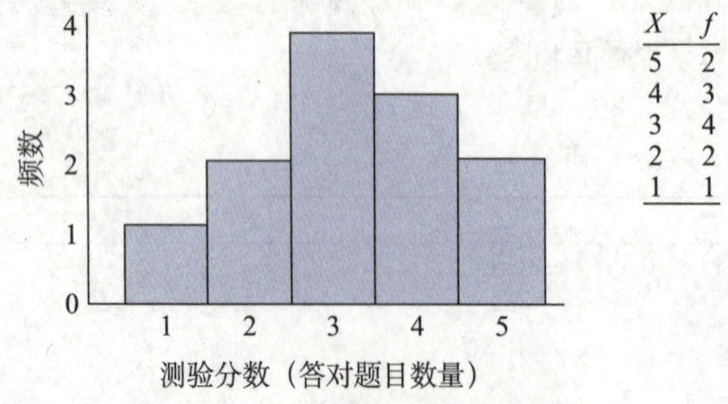


| $X$ | $f$ |
|---|---|
| 5 | 2 |
| 4 | 3 |
| 3 | 4 |
| 2 | 2 |
| 1 | 1 |

**图2-3 一个频数分布直方图的例子**

说明：同一组测验分数以频数分布表和直方图的形式呈现。

对于直方图2-3和直方图2-4，注意：横轴和纵轴上的数值要清晰地标定，且横纵轴上都要标明其所代表的变量。在这些例子中，通常水平轴的变量为分数。但是，特定的测量有特定的单位，比如，图2-4是一个样本被试高度（测量单位是英寸）的频数分布。注意：图2-4没有列出从0到48英寸的所有可能的高度，而是清晰地表现出0～30区间的跳跃，表明在该图中省略了一些数据。

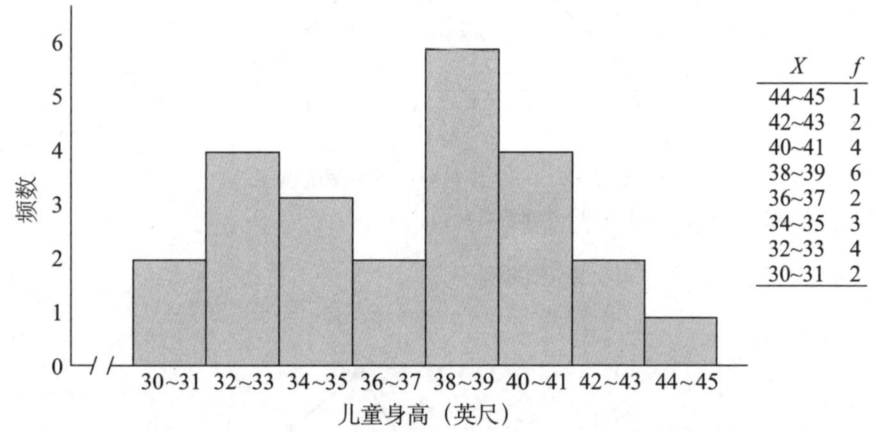


| X | f |
|---|---|
| 44~45 | 1 |
| 42~43 | 2 |
| 40~41 | 4 |
| 38~39 | 6 |
| 36~37 | 2 |
| 34~35 | 3 |
| 32~33 | 4 |
| 30~31 | 2 |

**图2-4 分组数据的频数分布直方图示例**

说明：同样的一组儿童身高用频数分布表和直方图表示。

**非正式的直方图** 对传统直方图稍做修改，会产生一个容易绘制和理解的频数分布图。修改后的直方图用一堆方块代替每个分数上面的长条。每一个方块都代表一个个体，所以每个分数上面方块的数量代表这个成绩出现的频数（参见图2-5）。

注意，每堆方块的数量使我们很容易看出每类的绝对数量。此外，也容易看到各类之间的准确区别。举例来说，在图2-5获得2分的人比获得1分的人多两人。由于频数由方块清晰地呈现出来，这种呈现方法削弱了对纵轴（$y$轴）的需求。总的来说，这种图提供了一个成绩样本的具体的分布图。在书中接下来的内容中，我们常常用这种图展现样本数据。你还需注意，这种呈现方法仅仅提供了分布图。对于正式的展示，例如在科学期刊上发表论文或在会议上进行呈现，应该使用带有条形和频数标记的坐标轴的直方图。

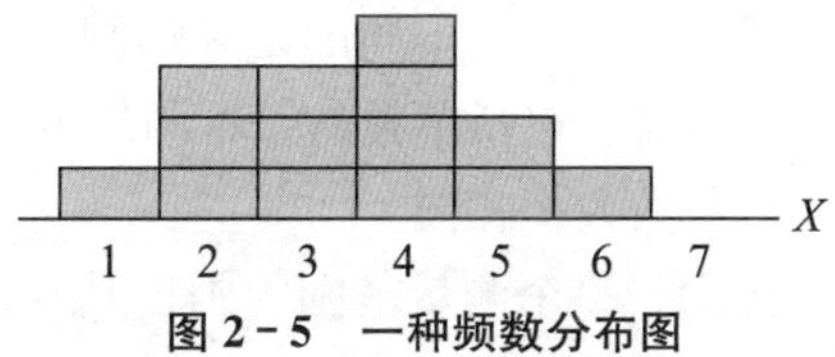


**图2-5 一种频数分布图**

说明：其中每个个体都用一个方块直接放在个体得分的上方来表示。例如，有3个人的得分为$X=2$。

**折线图** 第二种描述等距数据或者等比数据的图形就是折线图。做一个折线图，首先要沿$x$轴列出数值分数（测量范围），然后：

a. 每个点位于每个分数值的上方，并且每个点的垂直位置对应该数值或范围的频数。

b. 连接各点，使其成为一条连续折线。

c. 这幅图通过在每一个成绩区间的末端画一条到$x$轴（频数为0）的线完成。该折线左起$X$的最低分，右到$X$的最高分。图2-6为折线图的例子。

折线图还可以运用在已经被等距分组的数据中。对于一个分组分布而言，每个点位于等距分组区间的组中值的上方。组中值就是分组区间的最大值和最小值的均值。例如，等距分组区间20～29的组中值为：

$$组中值 = (20+29)/2 = 49/2 = 24.5$$

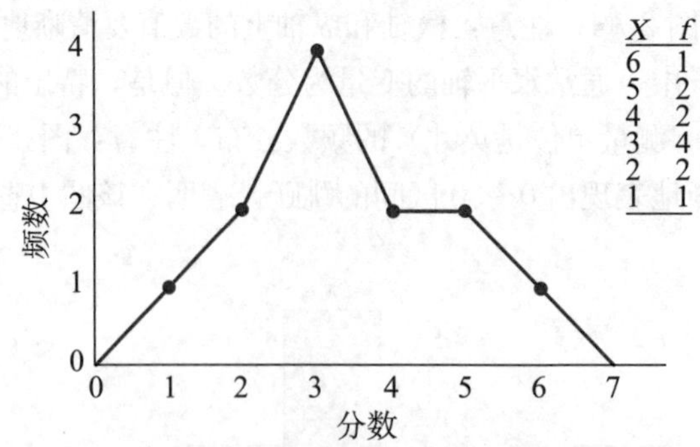


**图 2-6　一个频数分布折线图的例子**

说明：同样的一组数据以一个频数分布表和一个折线图表示。

图 2-7 是分组数据的频数分布折线图的例子。

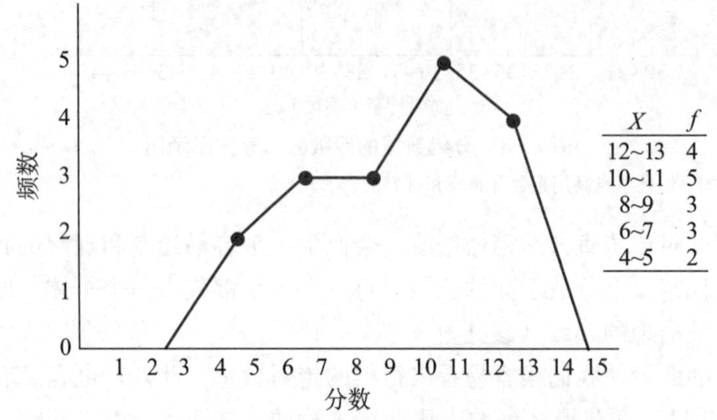


**图 2-7　一个用于分组数据的频数分布折线图的示例**

说明：同样的一组数据以一个频数分布表和一个折线图表示。

## 称名数据和顺序数据的频数分布图

当分数值为称名数据或者顺序数据时，条形图可以表示其频数分布。

**条形图**　条形图本质上与直方图是相同的，不同的是条形图的条形之间是有间隔和空隙的。对于称名数据，条形之间的间隔强调测量尺度包括单独的、不同的范围。对顺序数据使用独立的条形，主要是因为研究者不可能假设研究对象的大小相同。

画条形图时，在 $x$ 轴列出测量范围，每个测量范围内画出其条形图，其中 $y$ 轴代表每个测量范围所对应的频数。图 2-8 是一个条形图的例子。

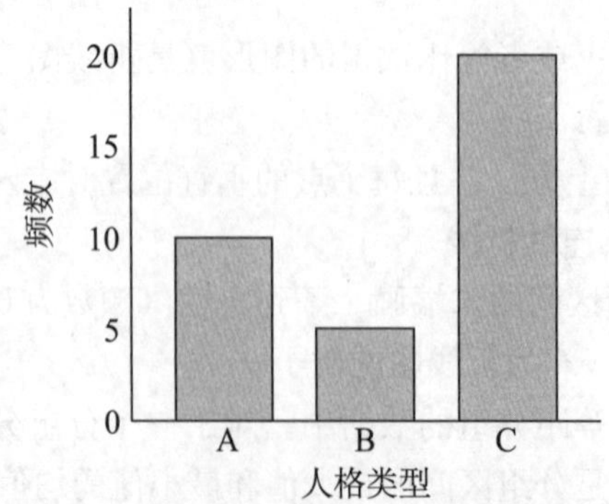


**图 2-8　一个显示了大学生样本中人格类型的分布的条形图**

说明：因为人格类型是一个离散变量，用称名量表来衡量，所以这张图是用条形图之间的间隔来绘制的。

### 总体分布图

在已经获得总体中每个分数的精确频数后，也可以建立直方图、折线图和条形图，因为它们不只适用于样本，也适用于总体。例如，一个特定的总体，被试数 $N=50$，很容易就可以计算出有多少被试的 IQ=110。但是，如果研究者对美国的成年人总体感兴趣，那么得到精确的 IQ=110 的成年人数是不可能的。虽然可以建立一个分布图来表示大的总体的频数分布，但是这个分布图往往有两个特征：相对频数和平滑曲线。

**相对频数** 虽然很难获得总体中每个分数的精确频数，但是经常可以获得相对频数。例如，美国宠物产品协会估计，2017—2018 年有近 8 500 万个家庭养宠物（根据美国社会人道主义组织的报告），这一数量相较于前几年有明显增长。美国兽医协会从该群体中选取了 5 万多个家庭作为样本，研究宠物主人如何看待他们的宠物。美国兽医协会没有报告实际的频数，而是报告了百分比结果。例如，63.2%的人视宠物为家人，35.8%的人视宠物为同伴，1.0%的人视宠物为财产。注意，这些百分比并不是实际的频数。它们是相对的频数，但人们仍然可以对这些数据做出一些声明。例如，视宠物为家人的人几乎是视宠物为同伴的人的两倍。你也应该明白，这些频数是相对于 100 而言的。所以，大约每 100 个人中就有 63 个人把他们的宠物视为家人。最后，相对频数的数据可以显示在图表中（见图 2-9)。请注意，“家人”的高度大约是“同伴”的两倍。

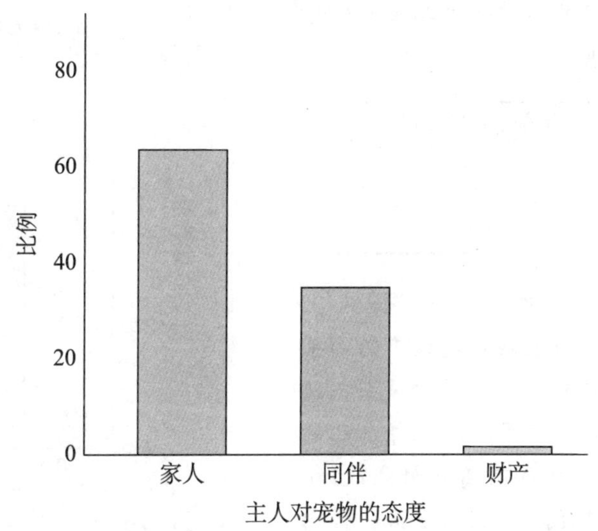


**图 2-9 一个相对频数分布的例子**

说明：视宠物为家庭成员、同伴或财产的主人比例。

**平滑曲线** 当一个总体是等距量表或等比量表的数值分数时，用平滑曲线代替锯齿状曲线来表示频数分布。平滑曲线并不表示一系列点的连接（真实频数），而是一个分数到另一个分数的相对变化。比较普遍的总体分布图是正态分布。正态分布是对称的、中间频数最大的、中间向两边逐渐减小的分布图。例如，图 2-10 是 IQ 总体分布的正态分布图。因为正态分布比较普遍，而且正态分布图在某种情况下有数学意义上的保证，所以本书对其给予较大的关注。

后面会涉及分数分布图。无论分布图呈现的形式如何，你都应该能够想象出频数分布图。分布图的主要作用是描述被试分数的精确位置。为了更具体地说明这个概念，想象一组被试的分布图，其中包括大量被试，例如在图 2-10 中，IQ 约为 100 的被试数量最多，因为有很多被试的智商水平接近平均水平。而 IQ 约为 130 的被试数量很少，在最高分组区间的被试数量也很少。

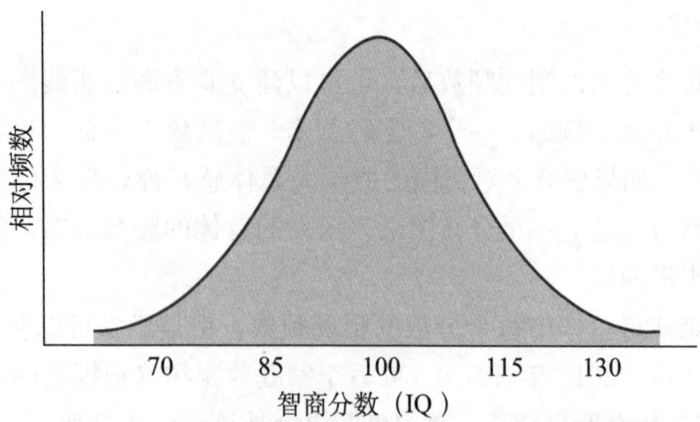


**图2-10 智商得分的人口分布；一个正态分布的例子**

## 专栏2-1 分布图的应用与误用

虽然分布图的作用是提供一组数据的精确图形，但是它可能会夸大或者错误地代表一组数据。错误代表主要是因为分布图的建立没有遵循基本原则。以下的例子说明如何通过操纵分布图的结构将一组数据以两种不同的方式表现出来。

过去几年，研究者对某城市的谋杀案件的数量进行了记录，数据如下：

| 年份 | 谋杀案件的数量 |
| --- | --- |
| 2016 | 218 |
| 2017 | 225 |
| 2018 | 229 |

在选举年，一位市长候选人在Facebook上发布了一幅图，表明现任市长在解决该市的凶杀问题上做得很糟糕。现任市长不愿被抢风头，她在Facebook上发布了自己的图，以支持自己的说法，即她在防止凶杀案方面有着良好的政绩。他们的凶杀数字曲线图见图2-11。在第一幅图中，候选人夸大了$y$轴的高度（表示频数），并开始在215而不是0处编号$y$轴。因此，这幅图似乎表明，在这三年里，凶杀数量迅速上升。在第二幅图中，市长拉长了$x$轴，并使用0作为$y$轴的起点。结果显示，三年间凶杀率几乎没有变化。

哪幅图是正确的？答案是，两者都不太好。它们都有误导性。请记住，图表的目的是提供数据的准确展示。第一幅图夸大了年份之间的差异，第二幅图则掩盖了差异。注意：一些情况下，分布图并不是呈现信息的最好方式。例如，对于这组数据来说，频数分布表优于二者中任何一个。

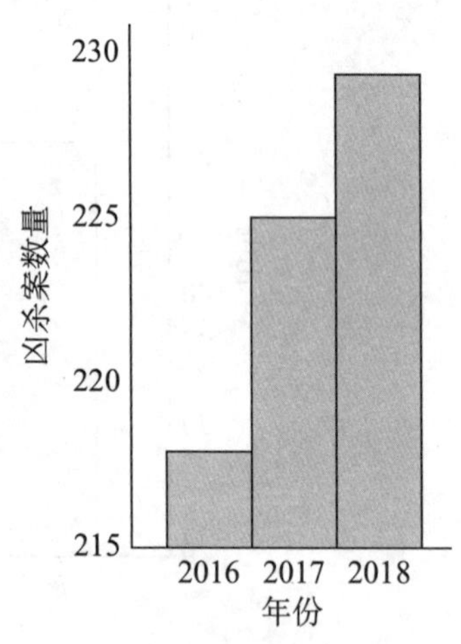


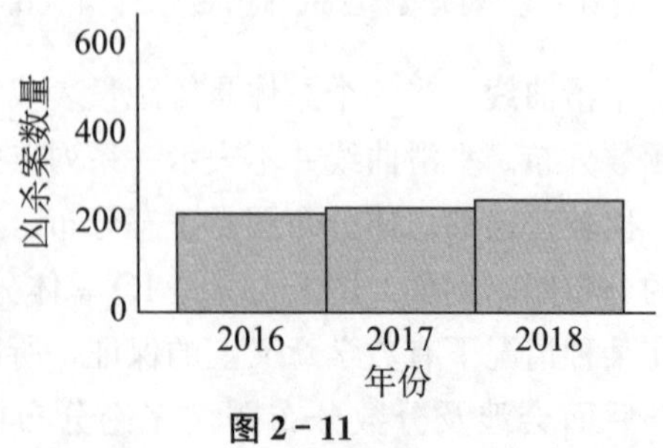


**图2-11**

说明：两幅图显示了一个城市在三年间的凶杀案数量。两幅图显示的数据完全相同。然而，第一幅图显示，凶杀率很高，而且上升得很快。第二幅图给人的印象是凶杀率很低，在过去三年几乎没有改变。

### 频数分布图的形状

除了建立频数分布图外，研究者还常常通过曲线特征来表示分布。描述分布的三种特征是：形状、集中趋势和变异性。简单来说，集中趋势可以用于确定分布中心的位置，变异性可以用于确定数据是离散分布还是集中分布。集中趋势和变异性在第 3 章和第 4 章将会具体介绍。从具体技术上讲，分布形状直接由表明分布图中的 $X$ 和 $Y$ 的关系的方程来定义，但是，研究者也经常根据一些精确度较低的指标描述大多数分布的形状。

几乎所有的分布都可归为对称分布或偏态分布。

**定义**

在**对称分布**中，通过中点的垂直直线将分布图分为对称的两半（见图 2-12）。

在**偏态分布**中，分数堆积在分布图的一侧，而在分布图的另一侧逐渐减少（见图 2-12）。

偏态分布图中分数堆积逐渐减少的那一侧被称为**分布的尾端**。

尾端位于右侧的偏态分布叫作**正偏态分布**，因为尾端分布趋向于 $x$ 轴的正值。尾端位于左侧的偏态分布叫作**负偏态分布**，因为尾端分布趋向于 $x$ 轴的负值（见图 2-12）。

一项难度较大的考试，许多分数都为低分，仅有几个高分，这个分数分布就是正偏态分布。而一项容易的考试，许多分数都为高分，仅有几个低分，这个分数分布就是负偏态分布。

并非所有分布都是完全对称或明显偏向某一方向的。因此，通常使用诸如“大致对称”或“趋于正偏”之类的短语来修改这些关于分布形状的描述，目标是提供分布形状的大致印象。

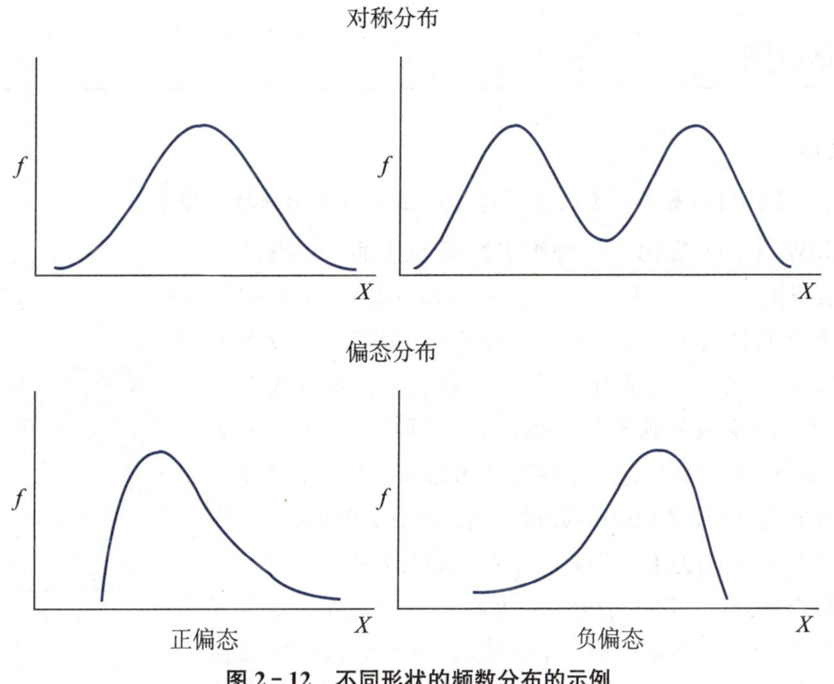


**图 2-12　不同形状的频数分布的示例**

**学习检查**

1. 下列哪一种测量尺度以频数分布折线图显示？

a. 等距或等比量表　　b. 只有等比量表

c. 称名或顺序量表　　d. 只有称名量表

2. 一组测验分数用直方图表示。如果直方图中的条形图从左到右高度逐渐增加，你能得出关于测验分数集的什么结论？

a. 高分比低分多

b. 低分比高分多

c. 条形图的高度总是随着分数的增加而降低

d. 以上都不是

3. 人口频数分布图通常显示的是________，而不是每个类别的实际个体数量。

a. 估计频数

b. 分组频数

c. 相对频数

d. 假设频数

4. 在负偏态分布中，频数最高的分数位于何处？

a. 在分布的右侧

b. 分布的左侧

c. 分布在中间

d. 有两个明显的峰

**答案** 1. a 2. a 3. c 4. a

## 2.4 茎叶图

**学习目标**

10. 了解一个茎叶图的基本元素，并解释茎叶图如何显示分数的整个分布。

1977年，J. W. Tukey提出了一种组织数据的技术，它提供了分组频数分布表或图的简单替代（Tukey，1977）。这种技术被称为茎叶图，将每个分数分成两部分：第一部分称作"茎"，一般指十位数（或百位数等）；另一部分称作"叶"，一般为个位数（或十位数等）。例如，$X=85$会被分成茎为8和叶为5。同样，$X=42$的茎为4，叶为2。要为一组分数构建一个茎和叶的部分，第一步是在一个列中列出所有的茎。以表2-9中的数据为例，得分最低的在30分左右，得分最高的在90分左右，因此茎干列表如右表所示。

茎干列表

| 茎 |
|---|
| 3 |
| 4 |
| 5 |
| 6 |
| 7 |
| 8 |
| 9 |

下一步是检查分数，一次一个分数，并在每一个分数的茎旁写下叶子。对于表2-9中的数据，第一个分数是$x=83$，因此可以在茎8上写上3（叶子）。这一过程将持续到整个分数集。完整茎叶图与原始数据见表2-9（a）。当手工构建茎叶展示时，每个茎的叶子不必按升序排序。但是，当使用统计软件进行这项任务时，叶子递增排序。例如，在表2-9（b）中，茎7的叶子显示为1344668①。

① 原书如此。此处数字似应与表2-9（b）中的"1643846"一致。——中文版编辑注

表 2－9（a）　原始数据集合表

| 原始数据 | | |
|---|---|---|
| 83 | 82 | 63 |
| 62 | 93 | 78 |
| 71 | 68 | 33 |
| 76 | 52 | 97 |
| 85 | 42 | 46 |
| 32 | 57 | 59 |
| 56 | 73 | 74 |
| 74 | 81 | 76 |

表 2－9（b）　茎叶图

| 茎叶图 | |
|---|---|
| 3 | 23 |
| 4 | 26 |
| 5 | 6279 |
| 6 | 283 |
| 7 | 1643846 |
| 8 | 3521 |
| 9 | 37 |

### 茎叶图与分组频数分布表的比较

注意，茎和叶的展示类似于分组频数分布表。每个茎值对应一个组别。例如，茎 3 代表 30～39 区间内的所有得分。茎叶图上叶片的数量显示了与每根茎相关的频数。还应该清楚的是，茎叶图比传统的分组频数分布有一个重要的优势，具体来说，茎叶图能够识别数据中的每一个单独的分数。例如，在表 2－9 所示的茎叶图中，可以知道 60 组别内有三个分数，具体值是 62、68 和 63；而分组频数分布只能告诉该组别内有几个分数，无法获得精确的值。这一优势非常有价值，特别是当需要对原始分数进行计算时。例如，如果需要将所有分数相加，可以从茎叶图恢复实际值并计算总数，然而，在分组频数分布的情况下，分数频数是不可用的。

### 学习检查

1. 在下面的茎叶展示中所显示的分数，在分布中最低的分数是多少？

a. 7
b. 15
c. 50
d. 51

| | |
|---|---|
| 9 | 374 |
| 8 | 945 |
| 7 | 7042 |
| 6 | 68 |
| 5 | 14 |

2. 在下面的茎叶图中，有多少人得分在 70 分以上？

a. 1
b. 2
c. 3
d. 4

| | |
|---|---|
| 9 | 374 |
| 8 | 945 |
| 7 | 7042 |
| 6 | 68 |
| 5 | 14 |

**答案**　1. d　2. d

## 小　结

1. 描述统计的目的是简化数据的组织和呈现形式。其中一项描述技术是将数据转化为一个频数分布表或者分布图，它们可以精确地表现测量数据或范围的数目。

2. 频数分布表的其中一列列出了测量数据（$X$ 值）的范围。除了 $X$ 值，第二列是该范围被试的数目或者频数。分布表可能包括一个表示每个数据的相对频数的比例栏：

$$比例 = p = f/n$$

分布表也可能包括表示每个 $X$ 值的百分比栏。

$$百分比 = p(100) = f/n(100)$$

3. 累计百分比是指得分在分布中某一特定点或以下的个体所占的百分比。累计百分比值与相应分数或分组的精确上限相对应。

4. 百分等级和百分位数用于描述一个分布中各个分数的位置。百分等级给出与某一特定分数相关的累计百分比，百分等级中的百分数被称作百分位数。

5. 建议频数分布表设置 10～15 行数据，这时是最简单清晰的。如果数据的全距大于建议的最大值，就要将数据进行等距分组。这些分组区间列于频数分布表中，并且每个分组区间都列有相应的频数或者被试的数目。这种分布表称为分组频数分布表。以下是建立分组频数分布表的几项规则：

a. 10 个左右的分组区间是最佳的。

b. 组距应该是简单的数字（例如 2、5、10）。

c. 每个分组区间的下限值是组距的倍数。

d. 所有的分组区间应该有相同的组距，不但要覆盖数据全距，而且分组区间之间没有间隙。

6. 频数分布图的 $x$ 轴表示分数，$y$ 轴表示频数。使用何种类型的频数分布图取决于测量数据的类型。对于等距或等比数据，使用直方图或折线图。直方图中，对应每个分数的条形的高度代表该分数的频数。每个条形起始于下限，终止于上限，因此条形都是连接的，没有间隙。折线图的点位于每个分数或等距分组的组中值上方，然后用一条折线连接所有点。条形图适用于称名数据或顺序量表。条形图与直方图非常相似，唯一的区别在于条形图的条形之间存在间隙。

7. 形状常用来描述分数分布的特征。分布形态多为对称或偏态。尾端位于右侧的偏态分布叫正偏态分布，尾端位于左侧的偏态分布叫负偏态分布。

8. 茎叶图是组织数据的另一种方法。每个分数被分成一个茎（第一个或多个数字）和一个叶（最后一个数字）。这种展示包括在一栏中列出的茎和叶子，每一个分数写在茎旁。茎叶图类似于分组频数分布表，然而，茎叶图能够识别出每个分数的准确值，分组频数分布表则不能。

## 关键术语

| | | |
|---|---|---|
| 频数分布 | 全距 | 正态分布 |
| 频数分布表 | 分组频数分布 | 对称分布 |
| 比例（$p$） | 组距 | 偏态分布 |
| 百分比 | 理论界限 | 分布的尾部 |
| 百分位数 | 直方图 | 正偏态分布 |
| 百分等级 | 折线图 | 负偏态分布 |
| 累计频数 | 条形图 | 茎叶图 |
| 累计概率 | 相对频数 | |

## 关注问题解决

当使用分组频数分布表时，最常犯的错误是通过定义每个分组区间的最大值和最小值计算组距。例如，一些学生认为分组区间 20～24 的组距是 4。为了准确计算组距，需要注意以下几个方面：

a. 计算分组区间内的被试分数。例如，分数为 20、21、22、23、24，共 5 个值，因此组距是 5。

b. 利用限定范围决定组距。例如，分组区间 20～24 的下限为 19.5，上限为 24.5，则组距为：

$$24.5 - 19.5 = 5$$

## 示例 2.1

### 分组频数分布表

为下列 $N=20$ 的数据建立一个分组频数分布表，其中组距为 5。

| | | | | | | | | | |
|---|---|---|---|---|---|---|---|---|---|
| 14 | 8 | 27 | 16 | 10 | 22 | 9 | 13 | 16 | 12 |
| 10 | 9 | 15 | 17 | 6 | 14 | 11 | 18 | 14 | 11 |

**步骤 1　建立等距分组。**此分布中的最大值 $X=27$，最小值 $X=6$。因此，这组数据的频数分布表有 22 行，这个数值太大。使用分组频数分布表可能更好。如果组距定为 5，分布表有 5 行（如右表所示）。

| *X* |
|---|
| 25～29 |
| 20～24 |
| 15～19 |
| 10～14 |
| 5～9 |

注意：分组区间的限定范围决定了组距。例如，等距分组区间 25～29 的上限值为 29.5，下限值为 24.5。这两个值的差异就是组距 5。

**步骤 2　确定每个分组区间的频数。**检查分数值，计算等距分组区间 25～29 中数据的个数。然后运用同样的方法计算每个等距分组数据的个数。记录这个等距分组的频数。结果如下表所示：

| *X* | *f* |
|---|---|
| 25～29 | 1（$X=27$） |
| 20～24 | 1（$X=22$） |
| 15～19 | 5（$X=16$，16，15，17，18） |
| 10～14 | 9（$X=14$，10，13，12，10，14，11，14，11） |
| 5～9 | 4（$X=8$，9，9，6） |

## 示例 2.2

### 确定百分位数和百分等级

找到下面频数分布表的第 50 百分位数。

| *X* | *f* |
|---|---|
| 15 | 1 |
| 14 | 1 |
| 13 | 1 |
| 12 | 2 |
| 11 | 3 |
| 10 | 2 |

**步骤 1　计算累计频数（$cf$）和累计百分比值，并将这些值添加到基本频数表中。**累计频数表示每个分数内或以下的个体数量。要找到这些频数，从最低的分数开始，然后向上移动，把频数加起来。对于本例，有 2 个人的得分为 10（$cf=2$）。向上移动一列，3 个人的得分为 11，因此这个分数的累计值是 $2+3=5$（$cf=11$）。继续向上移动列，累计每个间隔的频数。

累计百分比是通过累计频数计算的：

$$c\% = \left(\frac{cf}{N}\right)100\%$$

例如，$cf$ 列显示有 2 个人（在 $n=10$ 中）得分为 10。对应的累计百分比为：

$$c\% = \left(\frac{2}{10}\right)100\% = 20\%$$

累计频数和累计百分比的完整集合如下表所示：

| $X$ | $f$ | $cf$ | $c\%$ |
|---|---|---|---|
| 15 | 1 | 10 | 100% |
| 14 | 1 | 9 | 90% |
| 13 | 1 | 8 | 80% |
| 12 | 2 | 7 | 70% |
| 11 | 3 | 5 | 50% |
| 10 | 2 | 2 | 20% |

**步骤 2　找到与要求查找的百分比对应的分数（分组）。**在本例中，50%的分数为 $X=11$。$c\%$ 列中的累计百分比与第一列中列出的分数的精确上限相对应。

**步骤 3　确定分组的精确上限。**在本例中，11 的精确上限为 11.5，因此，第 50 百分位数为 11.5。

## SPSS

对 SPSS 的概要介绍见附录 D。统计软件包 SPSS 可以建立频数分布表，也可以画出表示频数分布的表和图。

### 演示示例

假设一位老师有兴趣描述她班上测验分数的分布情况。教师记录以下测验成绩：

| 学生 | 测验成绩 |
|---|---|
| A | 19 |
| B | 22 |
| C | 22 |
| D | 25 |
| E | 23 |
| F | 16 |
| G | 19 |
| H | 22 |
| I | 21 |
| J | 24 |
| K | 21 |
| L | 18 |
| M | 21 |
| N | 22 |
| O | 23 |
| P | 24 |
| Q | 23 |
| R | 20 |
| S | 20 |
| T | 20 |

我们将使用 SPSS 统计软件，用频数分布表和图表来总结分数的分布情况。

### 数据输入

1. 在 Variable View 中输入信息。在 Name 字段中，为不包括空格的变量输入一个简短的描述性名称。这里使用了“得分”。

2. 对于 Decimals，输入“0”。

3. 在 Label 字段中，应该使用变量的描述性标题。在这里，我们使用了“测验得分”。

4. 在 Measure 字段，选择 Scale 因为测验得分是等比数据。

5. 在 Data View 部分，在“分数”栏中输入测试分数。

### 数据分析

1. 在工具栏中点击 Analyze。接下来选择 Descriptive Statistics 并点击 Frequencies。

2. 选中分数栏中的标签，点击箭头将栏标签引入 Variable 框中。

3. 选择 Charts。

4. 选择 Bar Graphs 或 Histogram。

5. 点击 Continue。

6. 勾选 Display Frequency Table。

7. 点击 OK。

### SPSS 输出

SPSS 输出包含多个部分并不少见。这个输出包含三个部分。第一部分 Statistics 报告了分数的数量。

**Statistics**

Score on Quiz 7 in PSY 101

| | | |
|---|---|---|
| N | Valid | 20 |
| | Missing | 0 |

Source: SPSS®

第二部分报告频数分布表。频数分布表将在最左边的列中列出分数值，分数按从最小到最大排序，这与你在这篇文章中看到的频数表从大到小的排列不同。没有出现的分数值（零频数）不包含在表中，程序不将分数分组全部列出（列出所有值）。SPSS 还列出了每个分数的百分比和累计百分比。

**Score on Quiz 7 in PSY 101**

| | | Frequency | Percent | Valid Percent | Cumulative Percent |
|---|---|---|---|---|---|
| Valid | 16 | 1 | 5.0 | 5.0 | 5.0 |
| | 18 | 1 | 5.0 | 5.0 | 10.0 |
| | 19 | 2 | 10.0 | 10.0 | 20.0 |
| | 20 | 3 | 15.0 | 15.0 | 35.0 |
| | 21 | 3 | 15.0 | 15.0 | 50.0 |
| | 22 | 4 | 20.0 | 20.0 | 70.0 |
| | 23 | 3 | 15.0 | 15.0 | 85.0 |
| | 24 | 2 | 10.0 | 10.0 | 95.0 |
| | 25 | 1 | 5.0 | 5.0 | 100.0 |
| | Total | 20 | 100.0 | 100.0 | |

Source: SPSS®

你会注意到，在示例中，SPSS 报告数据集中 $X=22$ 出现了四次（即“频数”列中的值报告了该分数的绝对频数）。相应地，SPSS 报告了一个相对频数的度量指标——百分比。因为百分比＝100（$f/N$）＝100（4/20），所以 $X=22$ 占数据集中 20%的分数。

此外，累计百分比（Cumulative Percent）列报告了 $X=22$ 的值为 70.0。这意味着 $X=22$ 的上

限真实值为第 70 百分位数。

第三部分显示测验分数的直方图。SPSS 将显示一个频数分布表和一个图形。注意，SPSS 通常会生成一个直方图，将得分以不可预测的间隔分组。条形图通常能更清晰地显示每个分数对应的实际频数。

在PSY 101中测验7的分数

频数

0 1 2 3 4

16 18 19 20 21 22 23 24 25

测验成绩

### 操作练习

对于下面的一组分数，使用 SPSS 用频数表和直方图来总结分布。

10 9 6 9 9 9 8 11 11 10 14 10 12 9 11 13

$X=13$ 的精确上限对应的累计百分比值是多少？你应该得出 93.8%。

## 练习题

1. 对于以下一组分数：

9 10 7 8 15 11 13 12 9 10

14 13 10 10 11 7 12 12 14 13

a. 将分数放在频数分布表中，在表中包含比例和百分比列。

b. $n=$？

2. 对于以下一组分数：

2 6 4 4 3 6 7 5 4 8

4 5 8 3 5 5 7 6 1 4

a. 将分数放在频数分布表中，在表中包含比例和百分比列。

b. $n=$？

3. 使用下面的非正式直方图，计算下面的每一个参数。

a. $n$

b. $\sum X$

c. $\sum X^2$

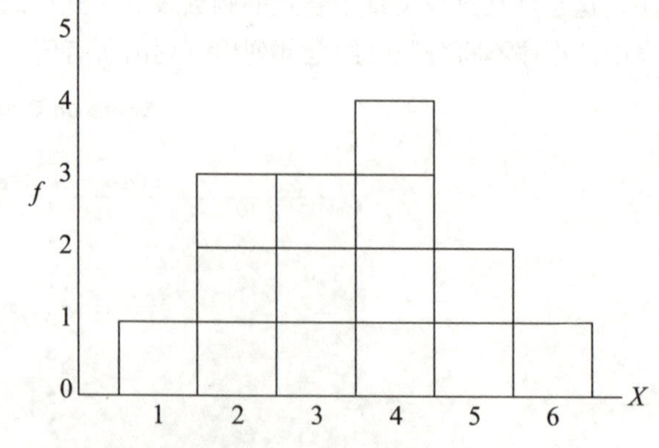


4. 根据表中的数据计算下列值。

| $X$ | $f$ |
|---|---|
| 15 | 1 |
| 14 | 1 |
| 13 | 2 |
| 12 | 3 |
| 11 | 5 |
| 10 | 4 |

a. $n$

b. $\sum X$

c. $\sum X^2$

5. 根据下图计算下列数值。

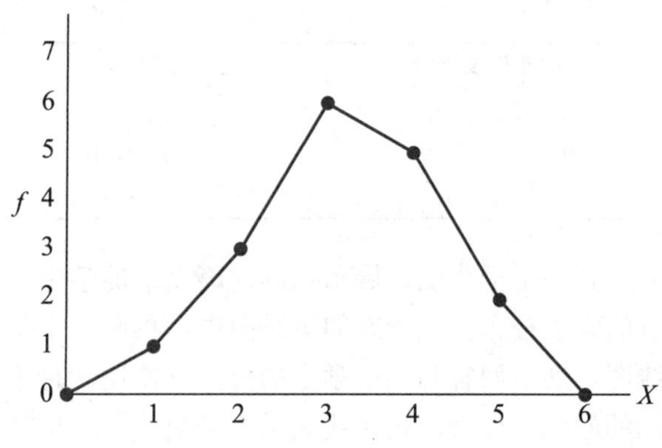


a. $n$

b. $\sum X$

c. $\sum X^2$

6. 对于下列分数：

6　3　7　6　1　2　7　3　6　4

1　2　4　7　4　4　5　5　6　6

a. 构造一个频数分布表来呈现所有分数，表内包括累计频数和累计百分比。

b. $X=5$ 的精确上限的百分位数是多少？

c. 50 百分位数对应分数的精确上限是多少？

7. 对于下列分数：

18　15　16　18　17　15　13　17　14　19

16　13　16　14　15　17　20　16　17　19

a. 构造一个频数分布表来呈现所有分数，表内包括累计频数和累计百分比。

b. $X=15$ 的精确上限的百分位数是多少？

c. 75 百分位数对应分数的精确上限是多少？

8. 对于下面的每一项，列出最适合分组频数分布的组距。

a. 最小值 3，最大值 84

b. 最小值 17，最大值 32

c. 最小值 52，最大值 97

9. 你对你在微博上花费的时间感兴趣，所以你记录了三周内每天浏览新闻的分钟数。观察到的数据如下：

35　62　25　29　37　27　64

17　24　46　14　29　28　54

17　39　32　39　73　41　23

a. 创建分组频数分布表。(1) 具有最佳的组距；(2) 适当数量的组别数。

b. 描述分布的形状。

c. 对于每个组别，确定其上下限。

10. 国际情感图像系统中包含了一些能引起参与者恐惧的图像（如蜘蛛的照片）、一些情绪性内容很少的图像（如一双鞋），还有一些具有情绪性吸引力的图像（如美丽的风景）。这些图像对研究情绪的研究人员很有用。在一项研究中，参与者对一组风景图片的愉悦程度进行评分，评分范围从 1 “非常消极” 到 9 “非常积极”。以下是一组研究人员得到的分数：

8　6　8　6　6　7　3

9　4　6　9　5　7　7

6　5　5　6　5　7　9

a. 建立一个频数分布表。

b. 绘制这些数据的频数分布直方图。

11. 描述柱状图和直方图之间的视觉差异，并解释每种类型的图应该在何时用于表示样本数据，如何在总体中表示相同的变量。

12. 以下分数是 2019 年芝加哥随机抽样的 32 名司机的年龄，他们在 2019 年被开了停车罚单。确定最佳组距，并将分数放在分组频数分布表中。从你的表格中可以看出，各个年龄段的罚单发放情况是一样的吗？

57　30　45　59　39　53　28　19

34　21　34　38　52　29　64　39

22　44　46　26　56　20　33　58

32　25　48　22　51　26　63　51

13. 常规频数分布表中的分数有哪些信息是你无法在分组表中获得的？

14. 利用下表数据，画出分数分布的折线图。

| X | f |
|---|---|
| 6 | 2 |
| 5 | 5 |
| 4 | 3 |
| 3 | 2 |
| 2 | 1 |

15. 对于下列分数：

12　13　8　14　10　8　9　13　9
9　14　8　12　8　13　13　7　12

a. 将分数放在一个频数分布表中。

b. 根据频数，确定分布形状。

16. 将下列分数放在频数分布表中。根据频数，其分布的形状是什么？

15　14　9　10　15　12　14　11　13
14　13　14　12　14　13　13　12　11

17. 一项针对大学生样本的调查包含了关于以下变量的问题。对于每个变量，确定应该用于展示分数分布的图形类型（直方图、折线图或条形图）。

a. 年龄

b. 兄弟姐妹的出生顺序

c. 专业

d. 是否登记为选民

18. 对下列分数：

7　5　6　4　4　3　8　9　4　7　5　5　6
9　4　7　5　10　6　8　5　6　3　4　8　5

a. 建立频数分布表。

b. 画一个表示分布的直方图。

c. 分布的形状是什么？

19. 当地的快餐店通常有小、中、大三种咖啡（三种不同的价格）。最近，他们有特价：任何型号的咖啡只要1美元。在销售过程中，一名员工记录了周三上午销售的每种咖啡的数量。当价格恢复正常时，她再次记录了周三上午每种型号的咖啡销量。结果如下表所示。

| **售价均为1美元** | | **正常售卖** | |
|---|---|---|---|
| ***X*** | ***f*** | ***X*** | ***f*** |
| 大杯 | 41 | 大杯 | 12 |
| 中杯 | 27 | 中杯 | 25 |
| 小杯 | 11 | 小杯 | 31 |

a. 什么样的图表才适合描述这两个时间段的咖啡型号分布？

b. 画出两个频数分布图。

c. 根据你的两张图，销售对顾客订购的咖啡的型号有影响吗？

20. Weinstein、McDermott 和 Roediger（2010）发表了一项实验研究成果。该实验研究学生不同的阅读技巧对测验成绩的影响。学生们阅读一篇文章，知道他们将会有一项关于该材料的小测验。在读完文章后，第一种实验条件下的学生被要求通过再次阅读文章来继续学习。在第二种情况下，学生读完文章后，将回答一系列关于材料的问题。然后，所有的学生都参与测试。下表所示为研究中的测验分数。

| **再次阅读文章组** | **回答问题组** |
|---|---|
| 8，5，7，9，8 | 9，7，8，9，9 |
| 9，9，8，6，9 | 8，10，9，5，10 |
| 7，7，4，6，5 | 7，9，8，7，8 |

画一个折线图，展示重读这篇文章的学生得分的频数分布。在绘制的折线图中，再画一个折线图，展示回答问题的学生的分数（使用两种不同的颜色，或者使用实线表示一个折线图，虚线表示另一个折线图）。这两组看起来有区别吗？

21. 你的老师，你的父母，以及你在期末考试周感受到的压力都告诉你，死记硬背是一种糟糕的备考方式。在 Kornell（2009）的研究中，参与者收到了两组包含词汇问题的记忆卡，被要求进行学习。研究人员对一叠卡片进行了长时间的研究，被试长时间学习这些内容。另一叠记忆卡是填鸭式的——参与者仅有非常短的时间学习这些问题。在识记记忆卡片后，研究人员测试了参与者从所有的记忆卡片中正确记住的答案的数量。以下是 Kornell（2009）观察到的数据：

| **卡片记忆周期短** | **卡片记忆周期长** |
|---|---|
| 0，1，3，2，2 | 3，4，3，3，2 |
| 3，2，1，3，3 | 3，1，4，3，3 |

对两个条件分别创建频数。这两组数据之间有差异吗？

22. 对于下列分数：

30　69　41　51　36　53　60　24　55　44
61　25　74　63　55　13　42　56　54　49

a. 绘制茎叶图。

b. 分布的形状是什么？

23. 对于下列分数：

37　68　55　52　83　72　67　69　76　65
87　96　62　67　63　25　94　38　78　60

a. 绘制茎叶图。

b. 分布的形状是什么？

# 集中趋势的测量

# 第 3 章

**学习本章需要掌握的相关知识**

下列术语是学好本章的关键背景知识。如果对这些知识有不明白之处，应复习先前学过的相关章节。

- 求和符号（第 1 章）
- 频数分布（第 2 章）

**章节概览**

## 引 言

阅读障碍是一种会影响语言技能的学习障碍，尤其是阅读和写作。患有阅读障碍的儿童可能在阅读和理解单词、字母方面有困难。如今，许多人利用电子设备（如计算机、平板电脑或智能手机）进行阅读，而不是使用纸质书本。利用电子设备进行阅读有很多优势，其中之一便是可以调整阅读背景颜色和字体颜色。Rello和Bigham（2017）进行了一项研究，观察存在阅读障碍和没有阅读障碍的成年人在不同背景颜色下的阅读速度。研究人员让参与者在不同浅色屏幕背景下阅读短文，并记录完成阅读所需时间。同时，研究人员也对阅读理解程度进行评估，以确保参与者真正能够阅读和理解文本。研究发现，存在阅读障碍的参与者比那些无阅读障碍的人阅读速度更慢，这并不奇怪。然而，有趣的发现是，当背景为暖色（如桃色、橙色或黄色）时，两组人阅读材料的速度都更快；而当背景为冷色（如蓝色、蓝灰色或绿色）时，两组人的阅读速度都更慢。这一发现为设计针对阅读困难症患者的书面材料提供了一定的可行性依据。以下数据假设比较了患有阅读障碍的成年人在冷暖彩色屏幕背景下的阅读时间（秒）。

暖色背景：11，13，15，11，12，10，14，12，10，12

冷色背景：17，16，18，16，15，20，17，17，20，14

本研究的目的是确定背景屏幕颜色是否对阅读表现有影响。仅仅看一眼列出的数据并不能让我们清楚地了解结果。因此，我们将使用频数分布图的形式来呈现结果（见图3-1）。

虽然受试者在阅读暖色背景的文章时阅读速度更快，但这一结论是基于对图形的总体印象或主观解释，并不总是正确的。例如，两组之间存在一些重叠，有些背景色较冷的文章阅读速度更快。因此，我们需要一种方法来准确地总结每个群体的整体表现，以便客观地描述两组之间的差异。

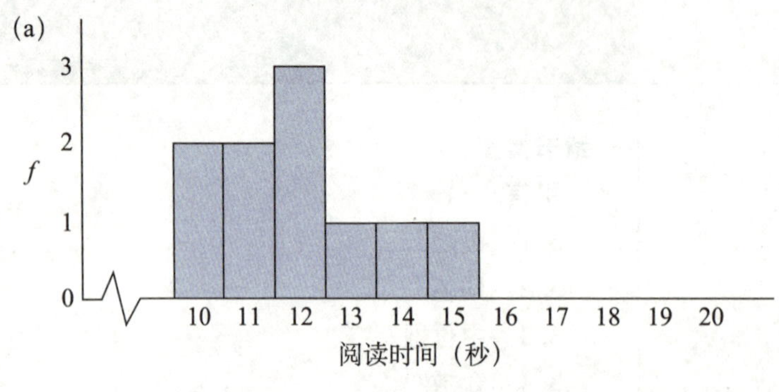


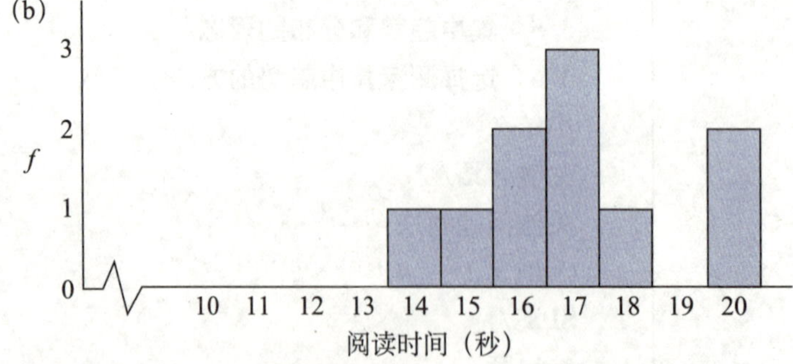


**图3-1 背景色为暖色时（a）和背景色为冷色时（b）的阅读时间频数分布（以秒为单位）**

要解决这个问题，我们可以采用确定每组具有代表性的阅读时间或平均阅读时间的方法。研究结果可以描述为：暖色组的平均阅读时间比冷色组的平均阅读时间更短。

在本章中，我们将介绍用于确定一个分布的典型或平均分数的统计技术。虽然确定平均分数有几个原因，但其主要优势在于提供了一个数字来描述整个分布，并可与其他分布进行比较。

## 3.1 概述

描述统计的一般目标是对一组数据进行组织和总结。而其中最常用的方法可能就是概述和描述一个分布，并且找到数据的平均分作为整个分数分布的代表。在统计学中，用来表示数据代表的平均分的概念称为集中趋势。对集中趋势进行测量的目标是通过确定一个值来确认数据分布的中心，以描述整个分布情况。在理想情况下，中心值是数据分布中所有个体得分的最好代表。

**定义**

**集中趋势**是一种统计测量手段，通过使用一个值来确定一个分布的中心。或者说，集中趋势的目标是找一个值作为整个数据分布的最好或最典型的代表。

在日常语言中，集中趋势的目标是确定“平均的”或“典型的”个体。平均分提供了对总体或样本的简单描述。为了进一步描述总体分布，测量集中趋势对组间、个体间及指标集合间的比较也很有用。例如，气象数据表明，在西雅图和华盛顿，年平均气温为 53 华氏度（约 12 摄氏度），年平均降水量为 34 英寸（约 86.36 厘米）。相比之下，在亚利桑那州的菲尼克斯，年平均气温为 71 华氏度（约 22 摄氏度），年降水量为 7.4 英寸（约 18.796 厘米）。使用上面的例子说明，使用单一的、具有代表性的值来描述一组数据十分方便。集中趋势描述了一组数据的典型情况，可以很容易地帮助了解大量的数据。统计学家有时使用“数字运算”来说明这种数据描述。也就是说，使用一个值来描述一个包含很多数据的分布。

然而，没有一种标准化的方法可用于确定集中趋势，因为没有一种度量可以在每一种情境中产生一个集中的、具有代表性的值。图 3－2 中的三种分布形式有助于阐明这种情况。在讨论这三种分布之前，我们先花一些时间来看一下这个图，并尽量找出每一种分布的“中心”或“最具代表性的值”。

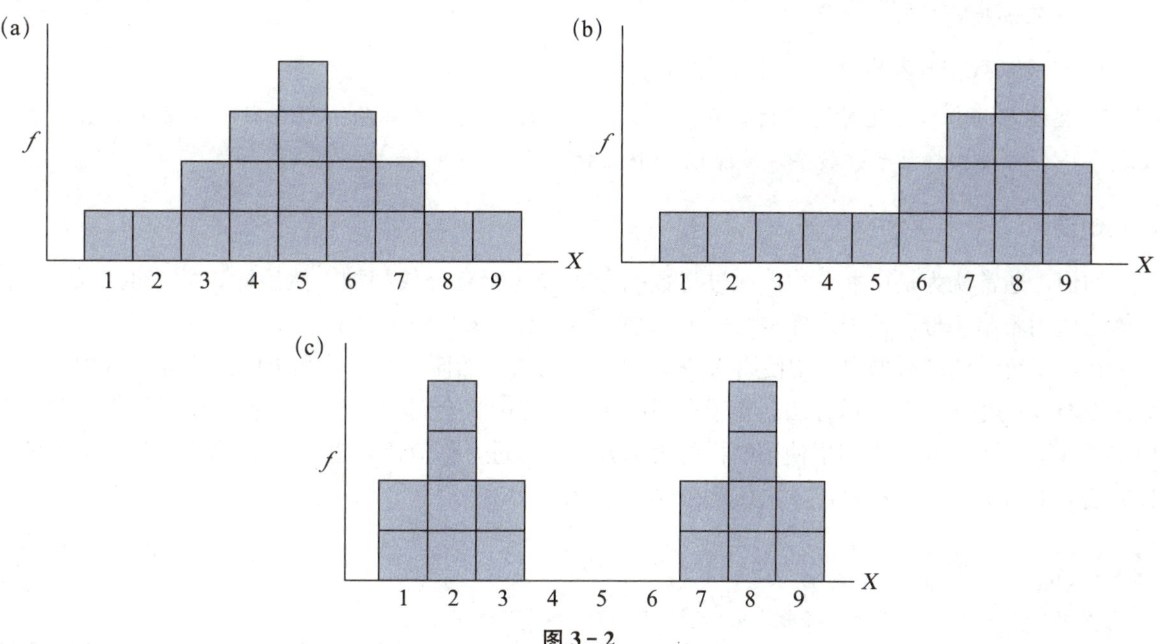


**图 3－2**

说明：三种分布证明了定义集中趋势的困难。试定位每个例子中分布的“中心”。

1. 第一种分布是对称的［见图 3-2（a）］，并且数据在 $X=5$ 处形成了明显的堆积。对于这种类型的分布，很容易确定"中心"，大多数人会同意 $X=5$ 是该分布的集中趋势的合适的测量。

2. 在第二种分布中［见图 3-2（b）］，问题开始出现。现在数据呈现负偏态分布。数据在高分 $X=8$ 处堆积，但是向左端一直延伸至 $X=1$ 处。在这种情况下，中心在哪里呢？一些人可能选择 $X=8$ 作为中心，因为获得 8 分的个体要比获得其他分数的个体数量多。然而，$X=8$ 很明显不在分布的中心。实际上，大多数得分（16 个中有 10 个）的值要小于 8，这样看起来，采用一个小于 8 的值来确定中心似乎是更加合适的。

3. 现在来考察第三种分布［见图 3-2（c）］。该分布也是对称分布，但是存在两个不同的堆积中心。因为分布是对称的，并且 $X=5$ 是中点，所以可能有人选择 $X=5$ 作为"中心"。然而，并没有数据落在 $X=5$ 处（甚至靠近的地方也没有数据），故该数值作为数据代表是不合适的。另外，由于存在两个独立的堆积中心，一组集中于 $X=2$，另一组集中于 $X=8$，故此时人们倾向于认为该分布有两个中心。但是，一个分布可以有两个"中心"吗？

很明显，对于数据分布的"中心"进行定义会遇到问题。有时，我们会遇到一个良好的、均匀的分布，就像图 3-2（a）中的情况，此时每个人对于中心的定位都会是一致的。然而，我们也知道存在其他分布形态的可能，而在这种情况下，关于中心的定义将会有不同的意见。为了解决这个问题，统计学家发展出了三种不同的方法来测量集中趋势：均值、中位数和众数。它们的计算方法和具有的特征都不同。为了确定在特定分布下哪种度量最为有效，我们要记住集中趋势的目标，即找到最具有代表性的值。在我们对这三种测量方法进行定义后，我们会对它们进行更详细的考察。

## 3.2 均值

### 学习目标

1. 定义均值，计算总体均值和样本均值。

2. 解释均值的不同定义：当总数被平均分配时，每个人收到的金额作为一个平衡点。

3. 计算加权均值。

4. 利用频数分布表确定 $n$、$\sum X$ 与 $M$。

5. 描述原始分数变化对均值的影响：改变一个分数、添加或删除一个分数、从每个分数中添加或减去一个常数、将每个分数乘以或除以一个常数。

### 均值

均值，通常认为是算术平均，通过将数据分布中的所有分数相加，然后除以数据的个数得出。总体均值用希腊字母 $\mu$ 代表。样本均值用 $M$ 或 $\overline{X}$（读作"x-bar"）表示。

在许多统计的教科书中，均使用 $\overline{X}$ 来表示样本均值。然而，在原稿和出版的研究报告中，字母 $M$ 才是样本均值的标准表示方法。鉴于在阅读研究报告中将会遇到字母 $M$，在写作研究报告时会使用字母 $M$，我们决定在本书中使用同样的表示方法。不过，你应该知道 $\overline{X}$ 仍旧是表示样本均值的一种方法，而且你会时常看到它，尤其是在教科书中。

**定义**

数据分布的**均值**是对所有数据求总和后再除以数据个数所得的值。

总体均值的公式为：

$$\mu=\frac{\sum X}{N} \tag{3-1}$$

首先将总体中的所有数据求和，然后除以 $N$。对于样本数据，计算过程是一样的，只是使用的标识不同：

$$样本均值=M=\frac{\sum X}{n} \tag{3-2}$$

一般情况下，我们用希腊字母来表示总体的特征，用英文字母来表示样本的特征。如果均值是用 $M$ 来表示的，你就要意识到我们处理的对象是样本，同时注意到 $n$ 用来表示样本中数据的个数。

**例 3.1**

对于一个 $N=4$ 的总体，

3，7，4，6

均值为：

$$\mu=\frac{\sum X}{N}=\frac{20}{4}=5$$

### 均值的另一个定义

虽然将数据相加并且除以数据个数的方法提供了一个对均值的定义，但是还有其他两个关于均值的定义，可以促使我们对集中趋势的测量有更好的理解。

**将总体均分**　第一种定义认为，如果总和（$\sum X$）在数据分布中的所有个体（$N$）间平均分配的话，则每个个体的分值就是均值。看下面的例子。

**例 3.2**

一个有 $n=6$ 个男孩的小组，在一个旧货出售处买了一盒棒球卡片。他们发现，盒子里共有 180 张卡片。如果在他们中间平均分配卡片的话，那么每个男孩将会得到多少张卡片呢？我们将这种问题解读为表示了计算均值的标准化程序。具体来说，用总和（$\sum X$）除以数据个数（$n$）得出均值，每个男孩将得到$\frac{180}{6}=30$张卡片。

我们也可以重新看待该例子，定义均值为当总体平均分布时个体所得值。这个新的定义在解决一些涉及均值的问题时是有用的。看下面的例子。

**例 3.3**

假设例 3.2 中的 6 个男孩现在决定在 eBay 上贩卖他们的棒球卡片。如果每个男孩平均获得 $M=$5 美元，这个小组的总钱数应该是多少呢？虽然我们不知道每个男孩实际上拥有的钱数的准确信息，但是关于均值的新的定义告诉我们，如果将他们的钱汇总，然后进行平分，则每个男孩将得到 5 美元。在 $n=6$ 人的小组中，每个男孩得到 5 美元，则总和一定是 $6\times5=30$（美元）。使用计算均值的公式来检查这个答案：

$$M=\frac{\sum X}{n}=\frac{30}{6}=5\ 美元$$

**均值是平衡点**　均值的第二个定义将均值描述为分布的一个平衡点。考察一个总体，有 $N=5$ 个数据（1，2，6，6，10）（见表3-1）。对于该总体，$\sum X=25$，$\mu=\frac{25}{5}=5$。图3-3用直方图的形式来描述总体分布，跷跷板上的每一个方块表示一个数据。如果跷跷板将基准点定位于等于均值的点上，则跷跷板将会保持平衡且静止不动。

当我们测量每一个方块（分数）到均值的距离时，跷跷板在均值上保持平衡的原因就很清晰了：

**表3-1　$N=5$ 个数据的远离均值的距离**

| 分数 | 远离均值的距离 |
|---|---|
| $X=1$ | 均值以下4个值 |
| $X=2$ | 均值以下3个值 |
| $X=6$ | 均值以上1个值 |
| $X=6$ | 均值以上1个值 |
| $X=10$ | 均值以上5个值 |

注意：均值平衡了距离。也就是说，均值以下的总距离与均值以上的总距离是相同的。

均值以下：4个值+3个值=7个值

均值以上：1个值+1个值+5个值=7个值

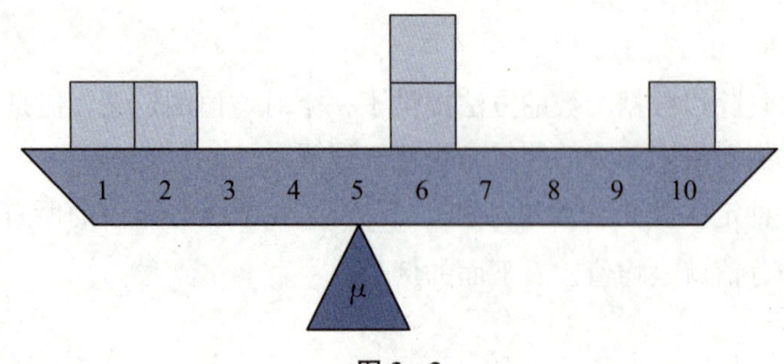


**图3-3**

说明：频数分布显示跷跷板在均值上保持平衡。基于 Weinberg，G. A.. Schumaker，J. A. &Oltman，D.（1981）. Statistics: An Intuitive Approach（p. 14）. Belmont，CA：Wadsworth。

由于均值相当于一个平衡点，故均值经常定位于最高分和最低分之间。也就是说，均值永远不会超出分数分布的范围。如果在分布中最低分为 $X=8$，最高分是 $X=15$，那么均值一定处于8和15之间。如果你计算出的均值位于全距之外，那么你肯定出了错。

均值位于平衡点的跷跷板的图片也适用于以下情况：当一个新值加入时或去除一个已经存在的值时，分布会发生怎样的变化？对于图3-3中的分布，如果加入一个新值 $X=10$，均值（平衡点）将会发生怎样的变化？（见专栏3-1）

**专栏3-1　将均值视作数据平衡点的另一视角**

确定一个分数与均值之间的距离很简单，就是从一个分数的值中减去均值。在一个符号表达式中，离总体均值的距离为 $X-\mu$（离样本均值的距离为 $X-M$）。假定总体使用均值作为数据的平衡点，在一个 $N=5$、总体均值 $\mu=5$ 的总体中：

1，2，6，6，10

使用 $X-\mu$ 确定每个分数与总体均值间的距离：

当 $X=1$ 时，$X-\mu=1-5=-4$

当 $X=2$ 时，$X-\mu=2-5=-3$

当 $X=6$ 时，$X-\mu=6-5=+1$

当 $X=6$ 时，$X-\mu=6-5=+1$

当 $X=10$ 时，$X-\mu=10-5=+5$

请注意这些距离的符号。负号代表分数低于均值一定的距离，正号代表分数高于均值。负距离之和为$-7$，正距离之和为$+7$。因此，所有 $N=5$ 距离的总和等于零，因为均值是分布的平衡点，用距离均值的符号（$X-\mu$）表示距离之和总是等于零，即：

$$\sum(X-\mu)=0$$

为了计算总体均值，我们需要两个值：

1. 关于合成组的数据的总和（$\sum X$）。

2. 合成组中数据的个数（$n$）。

当数据涉及多个样本（或总体）时，我们使用下标来识别样本。例如，$n_1$表示样本 1 中的数据个数。

合成组中总的数据个数是通过将第一个样本中的数据个数（$n_1$）和第二个样本中的数据个数（$n_2$）相加所得。在这个例子中，有 $12+8=20$ 个分数。同样，我们简单计算出第一个样本的总和 $\sum X_1$ 和第二个样本的总和 $\sum X_2$，然后将两个总和相加。根据这两个值，我们使用基本公式来计算总体均值。

$$\text{总体均值}=M=\frac{\sum X(\text{两组总和})}{n(\text{两组总数})}=\frac{\sum X_1+\sum X_2}{(n_1+n_2)} \qquad (3-3)$$

为了计算每个样本的总和，记住均值可以定义为当总数（$\sum X$）平均分布时每个人获得的数量。第一个样本中 $n=12$ 和 $M=6$（用钱数而不是分数表示。当总数平均分配时，该例中有 $n=12$ 人，每人获得 6 美元）。因此，12 人中每人都获得 $M=6$ 美元，此时的总和为 $\sum X=12\times6=72$。同样，第二个样本为 $n=8$ 和 $M=7$。因此，此时的总和为 $\sum X=8\times7=56$。根据这些值，我们可得总体均值为：

$$\text{总体均值}=M=\frac{\sum X_1+\sum X_2}{n_1+n_2}=\frac{72+56}{12+8}=\frac{128}{20}=6.4$$

表 3-2 对结论进行了总结：

**表 3-2　样本总结**

| 第一个样本 | 第二个样本 | 混合样本 |
|---|---|---|
| $n=12$ | $n=8$ | $n=20$（12+8） |
| $\sum X=72$ | $\sum X=56$ | $\sum X=128(72+56)$ |
| $M=6$ | $M=7$ | $M=6.4$ |

注意：总体均值不是两个样本原始均值的平均值。也就是说，你不应该简单地将样本均值加起来（6+7），然后除以均值的数量（2）。这是因为，样本大小是不一样的，如果一个样本对合成组做出了更大的贡献，其在确定总体均值的时候就占据了较大的权重。正因为如此，我们计算得出的总体均值叫作加权均值。在这个例子中，总体均值 $M=6.4$ 接近于 $M=6$（大样本均值）而不是 $M=7$（小样本均值）。当样本量不相等时，加权均值总是更接近较大样本的均值。

下面的例子是测试你的理解力的机会，可以自己计算加权均值。

**例 3.4**

一个 $n=4$ 的样本的均值为 $M=8$；另一个 $n=5$ 的样本的均值为 $M=5$。如果两个样本组合在一块，那么组合后的样本的均值是多少？在本例子中，你应该能够计算获得一个 $M=6$ 的样本均值。

## 根据频数分布表计算均值

当一组数据以频数分布表的形式组织起来时，如果我们首先将单个数据从分布表中去除再计算均值的话，通常会容易些。表 3-3 呈现的就是以频数分布表形式组织起来的一次测验的得分分布。为了计算该分布的均值，我们必须小心使用第一列的 $X$ 值和第二列的分布频率。表中数据显示该分布包括一个 10、两个 9、四个 8 和一个 6，总共 $n=8$ 个得分。

**表 3-3　关于 $n=8$ 个学生的统计测验分数**

| 测验分数（$X$） | $f$ | $fX$ |
|---|---|---|
| 10 | 1 | 10 |
| 9 | 2 | 18 |
| 8 | 4 | 32 |
| 7 | 0 | 0 |
| 6 | 1 | 6 |

首先需要计算分数的总和（$\sum X$），可以将这 8 个得分直接相加：

$$\sum X = 10+9+9+8+8+8+8+6 = 66$$

同样可以通过计算 $\sum fX$ 求总和，参见第 2 章。一旦我们计算得到 $\sum X$ 和 $n$，就可以像往常一样计算出均值。对于本组数据来说：

$$\sum X = \sum fX = 10+18+32+0+6 = 66$$

我们知道，通过将频率相加得到数据个数总和，$n=\sum f$。同时，我们通过小心计算 8 个得分得到分数总和：

$$n = \sum f = 1+2+4+0+1 = 8$$

当计算得到 $\sum X$ 与 $n$ 之后，便可以计算均值：

$$M = \frac{\sum X}{n} = \frac{66}{8} = 8.25$$

## 均值的特征

均值有许多特征，其重要性在接下来的讨论中更加明显。一般来说，有这些特征是因为，分布中的每一个数据都对均值产生了一定的影响。具体来说，在计算均值的过程中，每一个数据都要相加以求出总和，每一个分数都对样本数量（$n$）有贡献。这两个值（$\sum X$ 和 $n$）决定了均值的值。下面，我们将讨论均值的四个重要的特征。

**改变一个数据**　改变任何一个数据都将使均值发生变化。例如，一个小样本取自心理学实验的测验得分，数据为 9、8、7、5、1。该样本总共有 $n=5$ 个得分，总和 $\sum X=30$。则该样本的均值为：

$$M=\frac{\sum X}{n}=\frac{30}{5}=6.00$$

现在假设将得分 $X=1$ 换成 $X=8$，此时我们在该个体得分上增加了 7 分，这将使总和 $\sum X$ 增加 7 分。改变该数据之后，新的数据分布为：

9，8，7，5，8

仍旧是 $n=5$ 个得分，但是现在总和 $\sum X=37$，因此，新的均值为：

$$M=\frac{\sum X}{n}=\frac{37}{5}=7.40$$

注意：改变样本中的一个数据就产生了一个新的均值。我们注意到，改变任何数据都会改变数据总和 $\sum X$（所有得分的总和），因此均值也将发生变化。

**增加一个新的数据或去除一个原始数据**　增加一个新的数据或去除一个原始数据将使均值发生变化。例外的情况是增加的新数据（或去除的数据）恰好等于均值。如果你还记得均值等价于数据分布的平衡点的定义的话，增加或去除一个数据的效果很容易从视觉上表现出来。图 3－4 呈现了这样一种数据分布：图中代表数据的方块围绕着均值 $\mu=7$ 分布，在跷跷板上保持着平衡。想象一下，当我们增加一个新的数据（一个新方块），如 $X=10$ 时，将会发生什么情况。很明显，跷跷板将会倒向右边，而此时我们若要保持平衡，就需要将均值向数值高的地方移动。

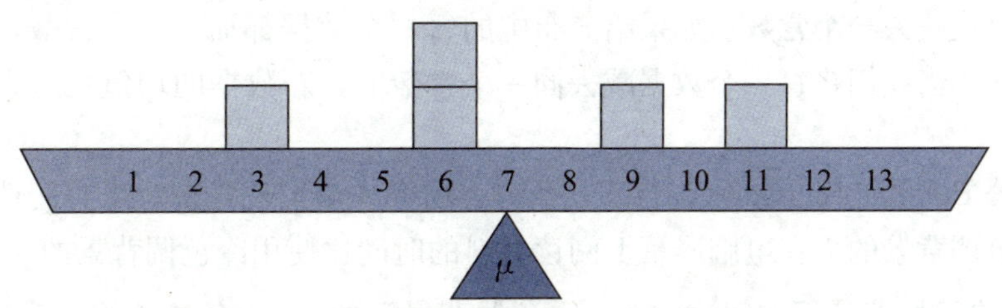


**图 3－4　$N=5$ 的分布在均值，$\mu=7$ 处是平衡的**

想象一下，当去除一个数据（一个方块），如 $X=9$ 时，将会发生什么情况。这次跷跷板将会倒向左边，而此时若想保持平衡，就需要将均值向数值较低的地方移动。

最后，想象一下，当增加一个新的数据（或去除一个原始数据），但是该数据等于均值 $X=7$ 时，将会发生什么情况。很显然，这一次跷跷板将不倒向任何一方，故此时均值保持不变。注意，如果将 $X=7$ 移除，这个跷跷板仍保持平衡，均值没有变化。总的来说，增加一个新的数据或去除一个原始数据将使均值发生变化，除非这个数据恰好等于均值。

下面的例子系统地阐述了向一个现有样本中增加新数据时如何计算新的均值。

**例 3.5**

不论原始数据是一个样本还是一个总体，增加一个数据（或减少一个数据）都会对均值产生影响。为了说明计算新的均值的方法，我们将使用图 3－4 中的数据。这次，我们使用一个容量为 $n=5$、均值为 $M=7$ 的样本。此时，我们知道该样本总和一定是 $\sum X=35$。问题是，当向该样本中增加一个新的数据 $X=13$ 后，样本均值将发生什么样的变化？

为了计算新的均值，我们必须首先计算样本的总和 $\sum X$ 和样本量 $n$。在本例中，我们考察增加一个新的数据后对原始样本造成的影响。原始样本有 $n=5$ 个得分，故增加一个新的数据后样本量变为 $n=6$。同样，原始样本总和为 $\sum X=35$，增加新的数据 $X=13$ 后，新样本的总和为 $\sum X=$

35＋13＝48。最后，使用新的 $n$ 和 $\sum X$ 值计算新的样本均值为：

$$M=\frac{\sum X}{n}=\frac{48}{6}=8$$

全部计算过程可以总结如表 3－4 所示：

**表 3－4　原始样本和新样本增加**

| 原始样本 | 新样本增加 $X$＝13 |
|---|---|
| $n=5$ | $n=6$ |
| $\sum X=35$ | $\sum X=48$ |
| $M=\frac{35}{5}=7$ | $M=\frac{48}{6}=8$ |

下面的例子可以测试你对均值受删除数据的影响的理解程度。

**例 3.6**

在一个 $n=5$ 的样本中，$\sum X=35$，$M=7$。如果样本中去掉一个 $X=11$ 的分数，那么其余分数的均值是多少？通过计算，你应该得到 $M=6$ 的均值。

**每个数据加上或减去一个常数**　如果给分布中的每一个数据都加上一个常数，则均值也将增加同样的常数。同样，当我们将每一个数据减去同一个常数时，新数据的均值也来自原始均值减去同样的常数。

回忆引言部分 Rello 和 Bigham（2017）的研究，研究人员发现，在对患有阅读障碍的成人进行测试时，使用暖色调背景的人在电脑屏幕上阅读材料的时间比使用冷色调背景的人更短。表 3－5 展示了 $n=4$ 名被试在不同背景下的阅读时间。暖色调背景下的 $n=4$ 名被试的阅读总时间为 $\sum X=48$，所以均值为 $M=\frac{48}{4}=12$。现在假设冷色调的效果会恒定地使阅读时间增加 3 秒；当背景是冷色调时，每个人的阅读分数会在暖色调阅读时间的基础上增加 3 秒。表 3－5 的第二列展示了带有冷色调的结果得分。在冷色调背景下，总时间为 $\sum X=60$，因此均值 $M=\frac{60}{4}=15$。每个被试时长增加 3 导致均值也增加了 3 秒，从 $M=12$ 增加至 $M=15$（值得注意的是，实验效应往往不是简单地加上或者减去一个常数。尽管如此，给每个分数加上一个常数这个概念非常重要，而且在后面计算均值差异的时候会再次出现）。

**表 3－5　不同颜色背景下的阅读速度（秒）**

| 被试 | 暖色调 | 冷色调 |
|---|---|---|
| A | 11 | 14 |
| B | 12 | 15 |
| C | 14 | 17 |
| D | 11 | 14 |
| | $\sum X=48$ | $\sum X=60$ |
| | $M=12$ | $M=15$ |

**每个数据乘以（或除以）一个常数**　如果分布中的每个数据都乘以（或除以）一个常数，那么均值也将发生同样的变化。

将每个数据乘以（或除以）一个常数是改变测量单位经常使用的一种方法。例如，要将一组以分钟为单位的数据转化为以秒为单位，可乘以 60。如果从英寸转化到英尺，则是除以 12。研究者常常要将度量单位和国际标准统一。例如，美国心理学会的出版指引要求当使用的是非公制的度量方法时，在括号内标明公制的度量结果。表 3-6 呈现的是包含 $n=5$ 个得分的样本，原始测量以英寸为单位，转化为以厘米为单位（注意，1 英寸等于 2.54 厘米）。表中第一列表示原始数据总和 $\sum X=50$，均值 $M=10$ 英寸。表中第二列表示每一个原始数据乘以 2.54（从单位为英寸转化为单位为厘米），所得结果为 $\sum X=127$，均值 $M=25.4$。每一个数据乘以 2.54 造成均值也乘以 2.54。但是，我们要注意，虽然个体得分和样本均值都发生变化，但是实际的测量没有变化。

**表 3-6 测量从英寸到厘米的转化**

| 原始测量（英寸） | 转化为厘米（乘以 2.54） |
|---|---|
| 10 | 25.40 |
| 9 | 22.86 |
| 12 | 30.48 |
| 8 | 20.32 |
| 11 | 27.94 |
| $\sum X=50$<br>$M=10$ | $\sum X=127.00$<br>$M=25.40$ |

## 学习检查

1. 一个 $N=5$ 的总体均值 $\mu=12$，那么这个总体的 $\sum X$ 是多少？

a. $\frac{12}{5}=2.40$　　b. $\frac{5}{12}=0.417$　　c. $5\times12=60$　　d. 已有信息无法推断

2. 一个样本的均值为 $M=72$，如果一个得分为 $X=98$ 的人被移除，会对这个样本的均值产生什么影响？

a. 样本均值增加　　b. 样本均值减少　　c. 样本均值不变　　d. 已有信息无法推断

3. 一个 $n=4$ 的样本均值为 $M=10$，另一个 $n=10$ 的样本均值为 $M=20$，如果两个样本合并，那么合并后的样本均值是多少？

a. 等于 15　　b. 大于 15，小于 20　　c. 小于 15，大于 10　　d. 以上回答都不对

4. 在以下频数分布表中，$\sum X$ 与 $n$ 分别是多少？

a. 20；4
b. 10；10
c. 20；10
d. 10；2

| X | f |
|---|---|
| 4 | 1 |
| 3 | 2 |
| 2 | 3 |
| 1 | 4 |

5. 一个 $N=10$ 的总体均值为 30，如果总体中的每个分数均乘 3，那么该总体的新均值为？

a. 仍然是 30　　b. 33　　c. 50　　d. 90

**答案** 1. c　2. b　3. b　4. c　5. d

## 3.3 中位数

**学习目标**

6. 掌握中位数定义，确定离散分数的中位数，并计算连续变量的精确中位数。

第二种度量集中趋势的指标为中位数。中位数的目的是表示分布的中点。与均值不同，没有专门的符号来表示中位数，就用词语“中位数”来表示。另外，对于总体和样本中位数的定义和计算方法是一样的。

**定义**

**中位数**是将分布恰好等分为两部分的数据。分布中恰好有50%的个体的得分高于或低于中位数。

### 简单分布中的中位数

中位数是指一个分布的中点，将分数分为相等规模的两组。我们需要将数据从低到高依次排列，而不是在最大值和最小值之间寻找中点。为了找到中位数，我们从最小值开始，沿着数列往上数，直至找到第一个大于50%的点，这个点就是中位数。中位数可以等于分数中的一个值，也可以是两个分数之间的一个值。请注意，在本节中，中位数不是用代数方法定义的（也就是说，我们没有提供一个计算分数中位数的方程）。

**例3.7**

这个例子说明了当$N$是奇数时的计算方法。当分布中的数据个数是奇数时，将数据依次排列（从低到高），则中位数就是排列在数列中间的那个数据。让我们看下面$N=5$个数据的排列，数据依次排列为：

3，5，8，10，11

处于中点的数据为$X=8$，故中位数就等于8。使用数数的方法，$N=5$个分数中，50%这个点在第2.5个分数处。从最小的分数开始，在达到至少50%的目标前，要数3，5，8。再次说明，对于这个分布，中位数就是中间的数，$X=8$。

**例3.8**

这个例子说明了当$N$是偶数时的计算方法。当分布中的数据个数是偶数时，我们将数据依次排列（从低到高），然后通过寻找中间两个数据的均值来计算中位数。看下面的一个总体：

1，1，4，5，7，8

我们选取中间的一对数据（4和5），然后相加并除以2：

$$\text{中位数} = \frac{4+5}{2} = \frac{9}{2} = 4.5$$

使用数数的方法，在$N=6$个分数中，50%这个点将是在第3个分数处。从最小的分数开始，在达到至少50%的目标前，要数第一个1、第二个1和4。再次说明，在这个分布中，中位数是4.5，这是大于$X=4$的第一个点。对于这个分布，准确地说，是有3个（50%）分数在4.5之前。注意，如果在中间两个分数之间有间隙，我们约定将中位数设为两个分数之间的中点。例如，如果中间的两个分数是$X=4$和$X=6$，中位数就是5。

使用这种将分数列出然后数数的简单方法，可以在大部分分布中找到中位数，适合离散变量。注意，这项技术常常产生一个整数或两个整数中间的数。但是，对于连续变量，我们可以将分布精确地划分为两个部分，所以有大约 50%分布在某个点之下（或之上）。接下来的一部分将讨论精确的中位数的定位方法。

### 寻找连续变量中的精确的中位数

回顾第 1 章，一个连续变量可以被分成无限个部分。例如，时间可以用秒、数十秒、数百秒等测量。当成绩是连续变量时，我们可以将某一部分切割成小块，通过定位将前 50%和后 50%分离的精确的点找到中位数。下面的示例说明了这个。

**例 3.9**

在这个例子中，你可以找到精确的中位数，这是一个 $n=8$ 的样本：

1，2，3，4，4，4，4，6

这个样本的频数分布已经在图 3－5（a）中呈现。当成绩是双数时，你可以用一般方法计算中间两个成绩的均值，以此找到中位数。这个过程找到了 $X=4$ 这个中位数。对于离散变量，$X=4$ 是中位数的正确值。回忆第 1 章，离散变量是由不可分割的部分组成的，如一个家庭中孩子的数量。一些家庭有 4 个孩子，一些有 5 个，不过没有家庭有 4.31 个。对于离散变量，$X=4$ 是不能被分割的，$X=4$ 就是中位数。

但是，如果观察直方图，$X=4$ 这个值不是一个准确的中点。这是因为，我们将 $X=4$ 这个成绩的意义解释为 4.00。但是，如果这些成绩是一个连续变量，那么 $X=4$ 这个成绩实际上意味着受试者的得分在 3.5 到 4.5 这个区间，中位数是这个区间中的一个点。

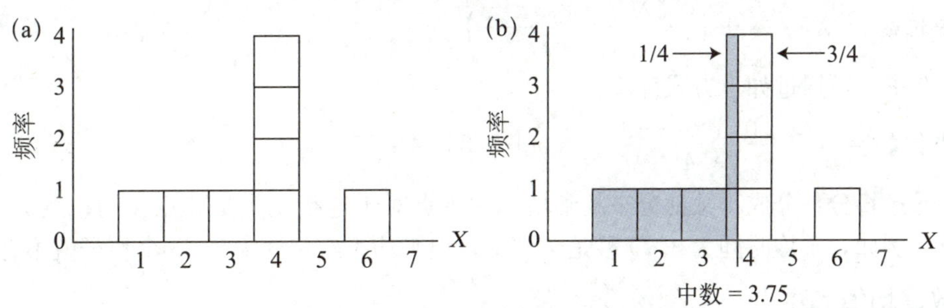


**图 3－5　一个成绩集中在中位数的分布**

说明：这个分布中的中位数已经设定了位置，所以每个 $X=4$ 的方块被切割成了两部分，这些方块的 $\frac{1}{4}$ 小于中位数（在左侧），$\frac{3}{4}$ 大于中位数（在右侧）。所以，这里有 4 个方块分布的 50%在中位数的两侧。

为了找到这个精确的点，我们首先通过图中的 8 个方块观察这个 $n=8$ 的分布。中位数所在的点的两侧恰好各有 4 个方块（50%）。从左侧开始，沿着测量尺度向右移动，当我们在 $x$ 轴上到达 3.5 这个值时，我们累积了一共 3 个方块［参见图 3－5（a）］。我们需要另外一个方块来达到我们的目标——4 个方块（50%）。但问题是，下一个区间有 4 个方块。解决方法是，取每一个方块的一部分，合成一个方块。在这个例子中，如果我们取每个方块的 $\frac{1}{4}$，四个 $\frac{1}{4}$ 可以组成一个完整的方块［如图 3－5（b）所示］。切割部分是由达到 50%所需的方块数量和在区间中存在的方块数量决定的。

$$切割部分 = \frac{达到 50\% 所需的方块数量}{区间中方块的数量}$$

对于这个例子来说，在区间的 4 个方块中，我们需要一个方块，所以切割的部分是 $\frac{1}{4}$。为了获得每个方块的$\frac{1}{4}$，中位数所在的位置就是进入区间后的$\frac{1}{4}$处。$X=4$ 的区间从 3.5 扩展至 4.5。区间宽度是 1，所以区间的$\frac{1}{4}$是 0.25。区间下限加上 0.25，就得到一个值 $3.50+0.25=3.75$。这就是中位数，在其两侧各有分布的 50%（4 个方块）。注意，中位数将分布中的区域分成两半，因此 50% 的区域低于和高于中位数。

### 具有连续变量的中位数计算公式

例 3.9 是一个名为插值法的示例。我们可以更一般地使用插值法来估计任意两个其他 $X$ 值之间的中间值。例如，假设你的小狗在 20 周大的时候重 10 磅。你在它 30 周大的时候又称了一次，那时的它有 20 磅重。那么，它 25 周大的时候有多重？估计是 15 磅，介于 10 到 20 磅之间，因为 25 周介于 20 到 30 周之间。当中位数落在几个并列分数的上下限的某个地方时，可以使用插值法计算中位数。可概括为以下五个步骤：

**步骤 1**　通过计算 $0.5N$ 确定大约有多少分数落在中位数之下。

**步骤 2**　计算低于并列分数的精确下限的分数（或图中的块）的数量。这个频数的符号是$f_{\text{低于精确下限}}$。

**步骤 3**　计算一半数量的方块减去并列分数的精确下限的差值，$0.5N-f_{\text{低于精确下限}}$。

**步骤 4**　确定中位数以下分数占并列分数的比例，使用中位数以下方块数量与精确下限的差值除以并列分数的个数：

$$\frac{0.5N-f_{\text{低于精确下限}}}{f_{\text{并列}}}$$

**步骤 5**　在分数基础上加上并列分数的精确下限值，符号表示为$X_{\text{精确下限}}$，即可获得中位数：

$$\text{中位数}=X_{\text{精确下限}}+\left(\frac{0.5N-f_{\text{低于精确下限}}}{f_{\text{并列}}}\right) \tag{3-4}$$

在例 3.9 中，可通过如下方式计算：

$$\text{中位数}=3.5+\frac{0.5\times 8-3}{4}=3.5+0.25=3.75$$

记住，通过将分数分成小数部分来找到精确的中点对于连续变量是有意义的；然而，它不适用于离散变量。例如，平均时间为 3.75 秒是合理的，但平均家庭规模为 3.75 个孩子就不合理了。

### 中位数、均值和中点

之前，我们将均值定义为分布的平衡点，大于均值的数据到均值的距离之和等于小于均值的数据到均值的距离之和。然而，我们应该注意到，平衡点概念关注距离而非数据。特定情况下，可能会存在这样一个分布，即大多数数据位于均值的一侧。图 3-6 呈现的是一个 $N=6$ 的数据的分布，其中 5 个数据的值都小于均值。在该图中，均值以上的距离总和是 8 个单位，均值以下的距离总和也是 8 个单位。如果使用距离的概念来定义“中间”的话，那么，说均值位于分布的中心是合适的，但是，我们应该意识到均值不一定位于数据分布的准确的中心。

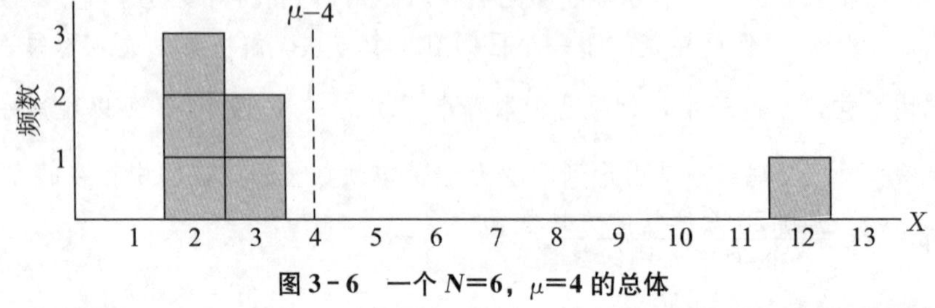


**图 3-6　一个 $N=6$，$\mu=4$ 的总体**

说明：注意，均值并不一定将数据分成两等的两组。在此例中，6 个分数中有 5 个分数的值小于均值。

中位数从另一个方面定义了数据分布的中心的概念。具体来说，分布中恰好一半的数据位于中位数之上，另一半位于中位数之下。如对于图 3-6 来说，中位数为 $X=2.5$，此时恰好有 3 个数据位于该中位数之上，有 3 个数据位于该中位数之下。因此，根据数据个数的“中间”定义，我们说中位数位于数据分布的中心是可以的。

总之，均值和中位数都是界定和测量集中趋势的方法。尽管二者都被定义为分布的中间，但是它们却对“中间”这个术语作了不同的阐释。

**学习检查**

1. 下列分数的中位数是多少：1，6，8，19

a. 6　　b. 6.5　　c. 7　　d. 7.5

2. 下列频数分布表中，样本的中位数是多少？

a. 1.5
b. 2.0
c. 2.5
d. 3.0

| $X$ | $f$ |
|---|---|
| 4 | 1 |
| 3 | 2 |
| 2 | 2 |
| 1 | 3 |

3. 找出以下连续变量分数的精确中位数：1，4，5，5，5，6，7，8

a. 5　　b. 5.17　　c. 5.67　　d. 6

**答案**　1. c　2. b　3. b

## 3.4　众数

**学习目标**

7. 定义和确定一个分布的众数，包括双峰分布的主要众数和次要众数。

我们最后一个要考虑的集中趋势的度量指标是众数。在一般情况下，众数的意思是“习惯的样式”或“流行的类型”。众数的统计定义与此是相似的，即众数是一组观测数据中观测值最多的数据。

**定义**

在一个频数分布中，**众数**即出现频率最高的数据或数据类别。

和中位数一样，没有专门的符号用来表示众数，也没有符号来区分样本众数和总体众数。众数的定义对于样本分布和总体分布是相同的。

众数也是关于集中趋势的一种有用的测量，因为它可以用来确认任何测量水平的集中趋势，包括称名数据（见第 1 章），例如表 3-7 中的数据。这些数据来自 100 名学生提名的本城中自己最喜欢的餐馆的名字。

注意：该众数是一个数字或类别，而不是频数。在这个例子中，众数是 Luigi's，而不是 $f=42$。

对于本组数据来说，众数是 Luigi's 餐馆，该餐馆（数据）被提名次数最多，即最受欢迎的餐馆。虽然我们可以识别该组数据中最常见的反应，但是我们不可能计算出本组数据的均值或中位数。具体来说，我们不能将餐馆数据相加以求出一个 $\sum X$，并且不能列出分数（用来命名餐馆）之间的顺序。

**表 3-7　样本量 $n=100$ 的学生所喜欢的餐馆**

| 餐馆 | $f$ |
|---|---|
| College Grill | 5 |
| George & Harry's | 16 |
| Luigi's | 42 |
| Oasis Diner | 18 |
| Roxbury Inn | 7 |
| Sutter's Mill | 12 |

众数十分有用，因为它是集中趋势中唯一一个对应数据中的真实分数的度量指标。通过定义可以发现，众数是最常见的分数。而均值和中位数是计算得到的值，常常是一个不等于分布中任何一个分数的值。例如，在图 3-6 中，我们呈现了一个均值为 4、中位数为 2.5 的分布。注意，没有一个分数等于 4，也没有分数等于 2.5。而这个分布的众数是 $X=2$，分布中有 3 个个体的分数是 $X=2$。

在频数分布图中，最高的频数是图片中的最高点。寻找众数时，我们仅需找到分布的最高点下面的分数。

虽然一个数据分布只有一个均值和一个中位数，它却可能存在多个众数。具体来说，两个或更多的分数具有相同的最高频数是可能的。在一个频数分布表中，不同的众数对应于不同的、等高的峰点。有两个众数的分布称为双峰式分布，有更多众数的分布称为多峰式分布。有时，有多个相同峰点的分布被认为没有众数。

双峰分布常常说明在总体（或样本）中有两个分开的不同的群体。举例来说，如果你测量 100 个大学生的身高，结果可能有两个众数，一个主要对应男生，一个主要对应女生。

从技术上来说，众数是具有最高频数分布的分数。然而，众数这个词常用来表示具有相对较高频数分布的数据——也就是说，众数对应于分布中的峰点，即使该峰点不是最高的峰点。例如，Sibbald（2014）研究了加拿大安大略省个别教室学生成绩的频数分布图。这项研究发现，学生成绩呈现双峰分布，这意味着在一个班级中学生的成绩有两种不同的水平。在本研究中，双峰被定义为具有两个或更多局部显著最大值的分布。图 3-7 显示的分数分布与研究中展示的图表相似，分布上有两个明显的峰，一个位于 $X=17$ 处，另一个位于 $X=22$ 处。这些值都是分布中的众数。但是请注意，这两个众数的频数并不相同，7 名学生的分数是 $X=22$，6 名学生的分数是 $X=17$，尽管如此，这两个点都被称为众数。当两种众数的频数不相等时，研究人员偶尔会区分这两个值，把较高的峰称为主要众数，把较矮的峰称为次要众数。顺便说一下，根据学生成绩双峰分布的形态，作者建议教师应当考虑使用两种不同的教学策略：一种针对高水平的学生，另一种则针对低水平的学生。

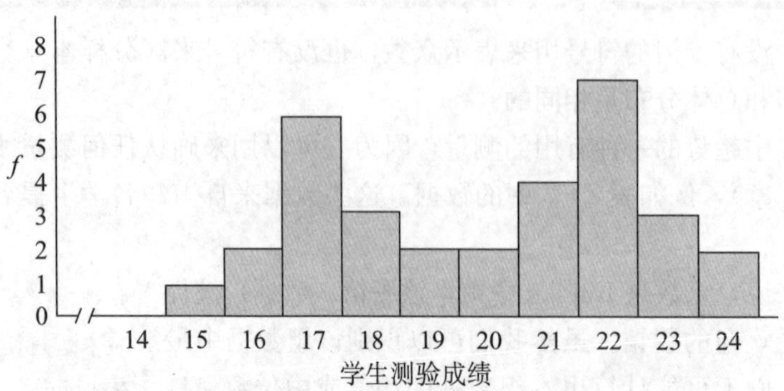


**图 3-7　学生测验成绩的双峰分布——一个双峰分布的示例**

**学习检查**

1. 下列频数分布表中的众数是？

a. 4

b. 2

c. 2.5

d. 1

| *X* | *f* |
|---|---|
| 5 | 1 |
| 4 | 4 |
| 3 | 3 |
| 2 | 4 |
| 1 | 5 |

2. 在一个分布的均值、中位数和众数中，下面哪个陈述不可能是正确的？

a. 没有人的得分与平均水平相等

b. 没有人的得分等于中位数

c. 没有人的得分与模式相同

d. 以上都不正确

3. 在以下 $n=8$ 的样本中，众数是？

2，4，4，5，7，8

a. 4　　b. 5　　c. 5.5　　d. 8

**答案** 1. d　2. c　3. d

## 3.5 集中趋势和分布的形态

**学习目标**

8. 解释在对称分布和偏态分布中集中趋势的三个度量指标——均值、中位数和众数是如何相互关联的，并根据分布的形状预测它们的相对数值。

我们已经区分了三种不同的关于集中趋势的度量指标，研究者常常会针对一组数据同时确定这三种集中趋势的度量指标。由于均值、中位数和众数度量的其实是同一个事情（集中趋势），所以三者之间存在联系是很合理的。事实上，在三种集中趋势的度量方法上存在一致的和可预测的联系。具体地说，在某些情形下三种度量方法将得出同样的值，而在有些情形下三种度量方法会得出不同的结果。均值、中位数和众数之间的联系由分布的形态决定。下面，我们将考察两种常见的分布形态。

### 对称分布

对于一个对称分布来说，右边的图形就是左边图形的镜像。如果分布是完美对称的，中位数将是对称分布的精确的中心，因为恰好图形中的一半区域位于中心的一边。均值也恰好是对称分布的中心，因为数据分布的左侧的数据恰好被中心右边对应的数据（镜像）所平衡。均值（平衡点）位于分布的中心。因此，对于任何对称分布来说，均值和中位数是相等的［见图3-8（a）］。如果一个分布只是大致对称，而不是完美对称，则均值和中位数都靠近分布的中心。

如果一个对称分布只有一个众数，那么它也肯定位于分布中心，此时集中趋势的三种度量方法将会得出同样的值。对于大致对称分布，这三个值都靠近分布的中心。另外，一个对称的双峰分布［见图3-8（b）］的均值和中位数只有一个，但是众数却有两个，且位于两边。对于矩形分布［见图3-8（c）］来说，由于所有 $X$ 值都具有同样的频率，故它是没有众数的。此时，均值和中位数仍位于分布的中心。

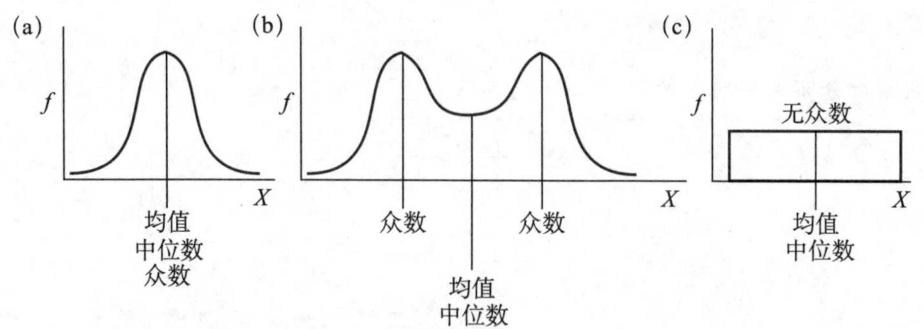


**图 3-8 三种对称分布集中趋势的测量：(a) 正态；(b) 双峰；(c) 矩形**

> 在离散变量的分布中，均值、中位数和众数并不总是可预测的（Von Hippel，2005）。

## 偏态分布

正偏态分布。在该分布中，峰点（频率最多的数据）位于分布的左侧。这里是众数所在之处。如果我们仔细查看图 3-9（a），将会发现，对应于众数的竖线并没有将分布等分为两部分。为了能使中位数两边各有 50%的数据，中位数必须位于众数的右边。由于受极端值的影响，均值位于中位数的右边，并且向右边尾部较远处延伸。因此，在一个正偏态分布中，三个度量集中趋势的指标从小到大（左到右）的顺序是众数、中位数和均值。

> 注意：均值总是向分布的尾部移动。

负偏态分布。负偏态分布是在相反的方向不对称，即分数在分布右边堆积，同时尾部向左边延伸。如学生们在较容易的测验中的得分一般会形成负偏态分布［见图 3-9（b）］。对于负偏态分布来说，众数位于分布右边（峰点），由于极端值的影响，均值位于左边的尾部。如前所示，中位数位于均值和众数的中间。从最小值到最大值排列（左到右），集中趋势的度量指标依次为均值、中位数和众数。

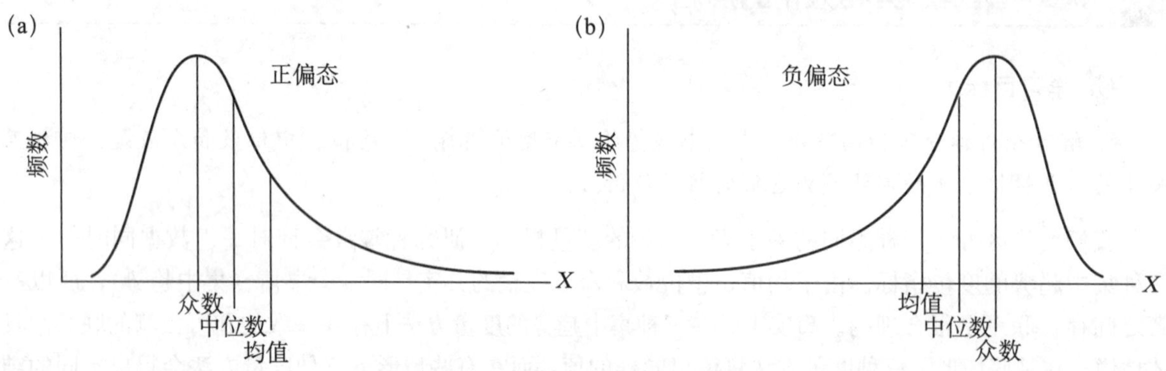


**图 3-9 偏态分布的集中趋势**

### 学习检查

1. 在一个分布中，均值等于中位数，那么这个分布最有可能是什么形状？

a. 对称分布　　b. 正偏态分布　　c. 负偏态分布　　d. 无法判断

2. 对于一个正偏态分布，其众数是 20，中位数是 25，那么它的均值最有可能是？

a. 大于 25　　b. 小于 20　　c. 在 20 至 25 之间　　d. 无法判断

3. 对于正偏态分布，三种集中趋势度量指标从小到大的排序最有可能是？

a. 均值，中位数，众数　　b. 均值，众数，中位数

c. 众数，均值，中位数　　d. 众数，中位数，均值

**答案** 1. a 2. a 3. d

## 3.6　选择测量集中趋势的方法

**学习目标**

9. 解释什么时候应该使用其中一种集中趋势的度量指标——均值、中位数和众数，并确定每种方法的优点和缺点。

通常情况下，对于同一组数据，可以进行两种甚至三种集中趋势的度量。虽然这两三种集中趋势的度量通常会产生类似的结果，但在某些情况下它们是不同的（见第 3.5 节）。决定使用哪种集中趋势的度量取决于几个因素。然而，在我们讨论这些因素之前，请注意，每当分数是数值型数据（等距或等比数据）时，均值通常是首选的集中趋势测量方法。因为均值使用分布中的每个分数，它会产生一个很好的代表值。请记住，集中趋势的目标是找到最能代表整个分布的单个值。除了是一个很好的代表外，均值与衡量变异性的常用度量指标——方差和标准差（详见第 4 章）有着密切的联系。这种关系使均值成为实施推论统计的有价值的度量指标。因此，均值通常被认为是三种集中趋势的度量指标中最好的。但是在某些情况下，不可能计算均值，或均值不是特别有代表性。在这些情况下，使用众数和中位数。

### 何时使用中位数

我们将考虑四种情形。在这四种情形中，相比于均值，中位数将是更有价值的选择。在前三种情形中，数据包括可以计算出均值的数值型数据（等距或等比数据）。然而，每一种情形涉及一个特殊的问题，所以，我们无法计算出均值，或者计算出的均值不是分布的最好代表。第四种情形涉及顺序数据的集中趋势的度量问题。

**极端值或偏态分布**　当一个分布是偏态的或具有极端值时，即该值与其他数据非常不同，此时均值将不是分布中大多数数据的最好的代表。这是因为，一个或两个极端值就可能产生很大的影响。在这种情况下，平等地使用所有数据来计算均值是不恰当的。例如，在图 3－10 所示 $N=10$ 的分布中，均值为：

$$M=\frac{\sum X}{n}=\frac{203}{10}=20.3$$

此时，均值不再是分布中数据的最好代表。虽然大部分的数据集中在 10 至 13 之间，但是当出现极端值 $X=100$ 时，数据总和会膨胀，从而扭曲均值的值。

从另一方面来说，中位数受极端值的影响相对较小。对于该例来说，有 $n=10$ 个数据，故应该有 5 个数据位于中位数左边，中位数是 11.5。注意，这是一个具有代表性的值，即使极端值是 1 000 而不是 100，中位数仍然不会改变。由于中位数不受极端值的影响，它常常用来报告偏态分布的集中趋势。例如，个人收入分布是偏态的，人群中一部分人的收入是庞大的，这些极端值使得均值发生了扭曲，不再是人们中大多数真实收入的最好代表。因此，当一个涉及收入的统计量被报告时，我们常常看收入的中位数而不是收入均值。如前所述，当极端值存在时，我们选择中位数。

**不确定值**　我们偶尔会遇到这样的情形，即分布中有一个未知的值或尚未确定的值。在心理学中，这样的情况常常发生在学习实验的研究中，如记录被试在处理特定问题时所犯错误的次数，或者被试解决问题所使用的时间。例如，假设实验者让一个 $N=6$ 的样本尽快完成一项木制拼图任务。实验者记录下了每名被试将所有拼图组合成功所花费的时间。表 3－8 呈现了该实验的结果。

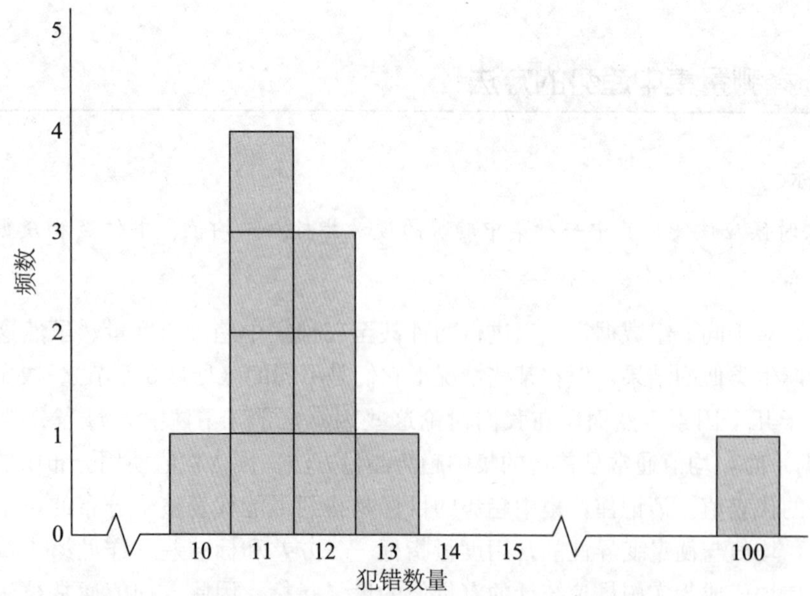


**图 3-10　一个具有极端值的频数分布图**

说明：注意，在 $x$ 轴上显示了两个间隔，而不是列出从 0 到 100 的所有数值。图中直接标注第一个数值，$X=10$，然后又直接跳过 $X=15$ 到 $X=100$，$x$ 轴上的间隔可以提示读者已经省略一些数值。

**表 3-8　完成拼图所使用的时间**

| 被试 | 时间（分钟） |
|---|---|
| 1 | 8 |
| 2 | 11 |
| 3 | 12 |
| 4 | 13 |
| 5 | 17 |
| 6 | 未完成 |

注意，有一名被试没有完成任务。一个小时之后，该被试仍然没有完成任务的迹象，故实验者停止了对他的实验。该被试的得分就是一个不确定值。（有两点需要注意：首先，主试不能将该被试的得分去除。这是因为，我们使用样本的目的就是获得关于总体的分布图，而该被试的表现告诉我们，总体中的部分个体是不能完成拼图任务的。其次，该被试不能被给予 $X=60$ 分钟的得分。即使主试在一个小时之后停止了该被试的任务操作，但这种情况下该被试依然是没有完成实验任务的，而被试的得分应该是他完成任务所使用的时间。对于这名被试来说，我们不知道他完成该任务需要多长时间。）

由于存在不确定值，该组数据不能计算出总和 $\sum X$，故也不能计算出均值。然而，这种情况下却可以计算出中位数。本组数据的中位数是 12.5。有三个数据位于中位数之下，三个数据（包括未确定值）位于中位数之上。

**空端分布**　空端分布是指一组没有上限或者下限的数据分布。表 3-9 就是一个空端分布的例子，表中列出了 $n=20$ 个高中生一个月内所吃比萨的个数。此分布的最高范围显示有 3 个学生吃了 5 个或更多比萨，这是一个没有终点的数值范围（空端分布）。注意：计算这组数据的均值是不可能的，因为总数 $\sum X$（20 个学生吃的比萨总数）是不可能得到的。但是，中位数是可以

**表 3-9　$n=20$ 比萨数空端分布**

| 比萨数（$X$） | $f^2$ |
|---|---|
| 5 或更多 | 3 |
| 4 | 2 |
| 3 | 2 |
| 2 | 3 |
| 1 | 6 |
| 0 | 4 |

计算得到的。将 20 个分数按顺序列表，$X=1$ 和 $X=2$ 是中间两个分数。该组数据中，中位数是 1.5。

**顺序数据**　许多研究者认为，使用均值来描述顺序数据的集中趋势是不合适的。当数据是有序数据时，中位数是合适的，并且常被用来测量集中趋势。

我们知道，顺序数据使我们可以确定方向（大于或小于），但是不能确定数据之间的距离。中位数适用于此类数据，因为它以数据方向来定义：一半数据位于中位数之下，一半数据位于中位数之上。而均值是根据数据之间的距离定义的。我们知道，均值是分布的平衡点，均值之上的距离恰好和均值之下的距离保持平衡。由于均值是根据距离来定义的，而有序数据却不是根据距离来测量的，故对于有序数据计算均值是不合适的。

### 何时使用众数

我们将考察使用众数来代替均值，或将均值联合使用的三种情况。

**称名数据**　众数的主要优势就是它可以用来测量和描述称名数据的集中趋势。我们知道，称名量表的类别仅根据名字来区分彼此之间的差异。由于称名量表不是量（距离或方向）的测量，故对于称名数据是不能计算均值和中位数的。因此，众数是描述称名数据集中趋势的唯一选择。当分数是来自等距或等比的数值时，众数通常不是首选的集中趋势测量指标。

**离散变量**　我们知道，离散变量是作为整体存在的、不能再分的数据。离散数据通常是数值型数据，如家庭中儿童的个数或房子中房间的数量。当以数值型数据记录这些变量时，我们是无法计算均值的，因为此时计算出的均值通常是零碎的、不可能真实存在的数据。如果我们计算出均值，可能会得出这样的结论，如“每个家庭平均有 2.4 个儿童”或“每套房子有 5.33 个房间”。另外，由于众数通常确认的是最典型的类别，因此，它此时是集中趋势最有效的测量指标。通过使用众数，我们可以得出这样的结论，如“一般的或典型的情况是每个家庭有 2 个儿童，一套房子有 5 个房间”。多数情况下，尤其是在处理离散变量时，人们倾向于使用众数这个理想的、整数型的数值来表示数据的集中趋势。

**描述形状**　由于众数需要的计算极少，甚至不需要任何计算，故它常作为均值或中位数的补充。在这种情况下，众数（或多个众数）同时作为集中趋势的度量指标和数据分布形态的测量指标。我们知道，众数表明了分布中峰值的位置。例如，如果知道一组考试得分均值为 72，众数为 80，我们对于数据分布将有更加清晰的想象，比我们单独知道均值的情形要更好一些（见 3.5 节）。

## 在文献中

### 报告集中趋势的度量

集中趋势的度量常见于行为科学的研究报告中，用来描述研究结果。例如，研究者可能报告两种处理情况的样本均值或大样本情形下的中位数，这些数值可能见于结果的口头报告中或图表中。

在报告这些结果时，许多行为科学期刊采用美国心理学会（APA）的指导性用法。这些可见于美国心理学会的《指导手册》(2010)。我们在科学文献中报告数据和研究结果时经常参考该《指导手册》。

APA 使用字母 $M$ 表示样本均值。因此，一个研究可以表示如下：

处理组（$M=2.56$）比控制组（$M=11.76$）在任务执行中出错少。

中位数可以使用缩写 Mdn 来报告，即“Mdn=8.5 次错误”，或以叙述的形式来简单报告如下：

相对于控制组所犯错误次数的中位数 13，处理组所犯错误次数的中位数为 8.5。

没有特殊的符号用来报告众数，故众数经常以叙述的形式来报告。

当有多个均值需要报告时，带标题的表格提供了一种有组织的、更容易理解的表示。表 3－10 说明了这一点。在这里，我们使用了引言中的 Rello 和 Bigham（2017）研究的简化版本，展示了假设的结果。

**表 3-10 阅读障碍症患者与正常人在不同颜色背景下平均阅读速度（秒）**

| | 暖色调 | 冷色调 |
|---|---|---|
| 阅读障碍症患者 | 12.85 | 16.76 |
| 正常被试 | 10.17 | 14.21 |

## 在图中呈现均值和中位数

图表可以用来报告和比较集中趋势的度量。通常，图表用来呈现所获得的样本均值，有时也会同时报告样本中位数（众数很少被报告）。图表的价值在于它可以同时报告多个均值（或中位数），从而可以快速比较组别或处理情况。使用图表时，通常将水平轴表示为不同的组别或处理情况，这些是自变量或准自变量的不同取值。因变量的值（得分）呈现在纵轴之上。均值（或中位数）可以根据自变量的测量水平以线形图、直方图或条形图的形式呈现。

图 3-11 呈现的是药物量（自变量）与食物消费量（因变量）之间的关系。在本研究中，有五种不同的药物使用量（处理情形），它们呈现于水平轴上。五个均值在图中以五个点表示。在本图中，每种处理情形使用一个点来表示，从而使得点在纵轴上的值对应处理条件的均分，然后将每个点用线连接，这样形成的图就叫作线形图。当水平轴上的数据为等距或等比数据时，我们可以使用线形图。另一种选择为直方图，对于本例而言，每种药物使用量用一个条形表示，每个条形的高度对应于该组被试的平均食物消费量，同时相邻的条形之间没有空隙。

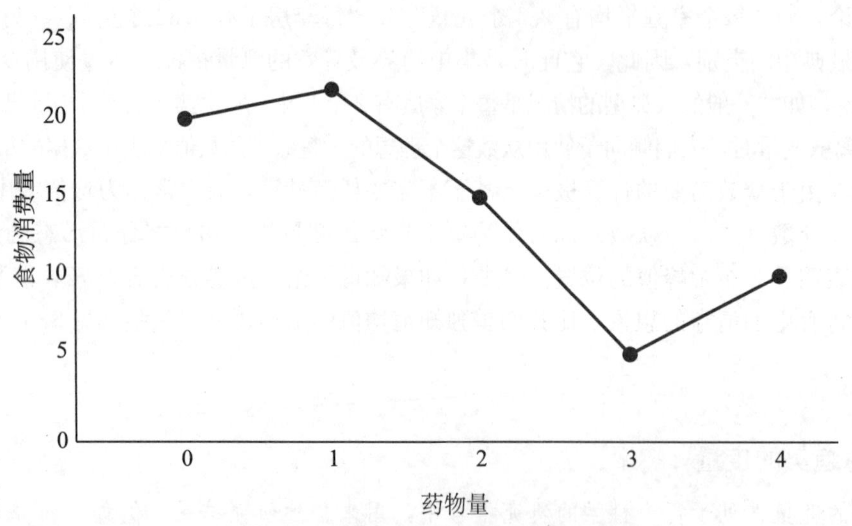


**图 3-11 自变量（药物量）和因变量（食物消费量）的关系**

说明：药物量是一个连续变量，连续的直线用来连接不同的药物使用水平。

图 3-12 是一个条形图，根据美国劳工部（2017）的数据，显示了不同类型教学岗位的周收入中位数。条形图的 $x$ 轴呈现了用类别或顺序测量的不同组或处理情形。我们对应于每组或每种处理情形画一个条形，每个条形的高度代表相应组或处理情形的均值（或中位数），通过这样的方法来构建一个条形图。对于条形图来说，相邻的条形之间留有空间，以表明测量尺度是类别或者是顺序。在图 3-12 中，教学职位的类型是一个由不同类别组成的称名量表。

无论构建何种类型的图表，都必须注意以下基本原则：

1. 图的高度应该接近于它的长度的 2/3 到 3/4。

2. 通常情况下，在 $x$ 轴和 $y$ 轴交叉的地方均以零开始。然而，当零是数据的一部分时，通常需要将零点从交叉处转换到其他地方，以防止覆盖（见图 3－11）。

这些原则将帮助我们做出效果较好的图，准确地呈现一组数据的相关信息。虽然图形可能歪曲一些研究结果（见专栏 2－1），但研究者有责任诚实地、准确地报告他们的研究结果。

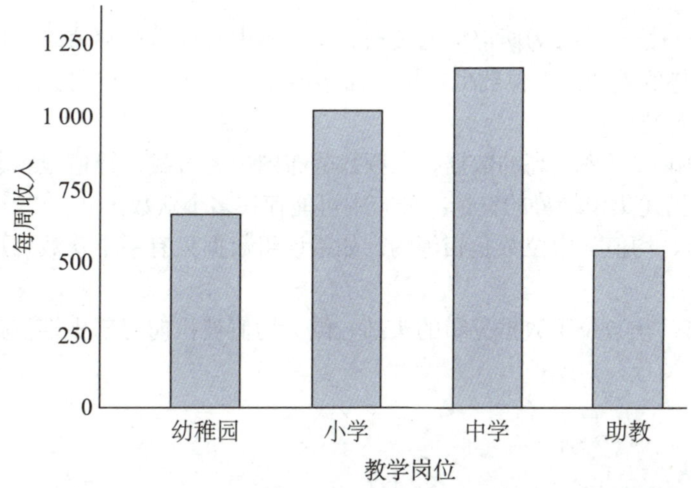


**图 3－12 不同类型的教学岗位的周收入中位数（美元）（Us Department of Labor，2017）**

### 学习检查

1. 一位研究人员正在测量 $n=20$ 只实验鼠问题解决所需要的时间。然而，其中一只老鼠没有成功解决问题，无法确定其耗费时间。衡量这些数据集中趋势的最佳方法是什么？

a. 均值　　b. 中位数

c. 众数　　d. 无法使用集中趋势数据进行描述

2. 怎样才能最好地衡量分数极度偏态分布的集中趋势？

a. 均值　　b. 中位数

c. 众数　　d. 无法使用集中趋势数据进行描述

3. 问卷中有一项要求学生从三个不同的选择中选出他们最喜欢的学校吉祥物动物。这个问题中数据的集中趋势的最佳度量指标是什么？

a. 均值　　b. 中位数

c. 众数　　d. 无法使用集中趋势数据进行描述

**答案** 1. b　2. b　3. c

## 小　结

1. 集中趋势的目标是确定分布中心并最好地代表整个分数集的单个值。集中趋势的三个标准度量指标是均值、中位数和众数。

2. 均值，通常指算术平均，是将数据分布中的所有分数相加，然后除以数据的个数所得到的值。从概念上来说，均值是将所有数据的总和（$\sum X$）除以数据个数（$N$ 或 $n$）所得的值。均值也可以定义为分布的一个平衡点，即在均值以上的距离与均值以下的距离相互平衡。虽然总体和样本均值的计算方式相同，但是总体均值用符号 $\mu$ 表示，样本均值用符号 $M$ 表示。对于等距或等比量表的数据，均值是集中趋势的首选。

3. 改变分布中的任何一个数据都将使均值发生变化。如果分布中的每一个数据都增加一个常数，则均值也将增加同样的常数。如果分布中的每一个数据都乘以一个常数，则这组数据的均值也将乘以该常数。

4. 中位数是将分布恰好等分为两部分的数据。当分布中有少数极端值时，均值将受影响，这时中位数是描述集中趋势的首选。中位数也适用于描述不能计算均值的空端分布的集中趋势。中位数也是顺序量表数据的首选。

5. 众数是分布中出现频率最高的数据，在频数分布图中通过找寻峰值很容易得到。对于顺序量表中的数据，众数是描述集中趋势的首选。分布中可能存在多个众数。

6. 对于对称分布，均值与中位数是相等的。如果该组数据只有一个众数，那么其值与均值和中位数都是相等的。

7. 对于偏态分布，众数位于数据分布的头部一侧，均值被拉向尾部极端值处，中位数则位于均值和众数之间。

## 关键术语

| | | |
|---|---|---|
| 集中趋势 | 插补 | 对称分布 |
| 均值 | 众数 | 偏态分布 |
| 总体均值（$\mu$） | 双峰分布 | 正偏态 |
| 样本均值（$M$） | 多峰分布 | 负偏态 |
| 加权均值 | 主要众数 | 线形图 |
| 中位数 | 次要众数 | |

## 关注问题解决

虽然集中趋势的三个度量指标似乎很容易计算，但总有出错的可能。最常见的错误如下：

| $X$ | $f$ |
|---|---|
| 4 | 1 |
| 3 | 4 |
| 2 | 3 |
| 1 | 2 |

a. 许多学生发现计算频数分布表中数据的均值非常困难，倾向于忽略表中的频数，只是简单地计算 $X$ 列中列出的得分值的均值。你必须同时使用频数和分数！记住分数总数是 $\sum f$，总分的计算是 $\sum fX$；对于左表中所示的频数分布表，其均值为$\frac{24}{10}=2.4$。

b. 中位数是分数分布的中点，而不是测量尺度的中点。例如，对于100分的测试，许多学生错误地认为中位数一定是 $X=50$。要找到中位数，你必须有完整的个人分数集。中位数将个体分成两个大小相同的组。

c. 众数最容易犯的错误是：倾向于报告分布中出现分数最多的频数，而不是报告出现频数最多的分数。记住，集中趋势的目的是为了确定分布中最具有代表性的分数，对于上述频数分布表，其众数是 $X=3$，而非 $f=4$。

## 示例 3.1

计算分布的集中趋势，计算下列分数的均值、中位数与众数：

5，6，9，11，5，11，8，14，2，11

**计算均值**　计算均值需要两个信息：总分 $\sum X$ 与样本量 $n$。在这个样本中，$n=10$，并且

$$\sum X=5+6+9+11+5+11+8+14+2+11=82$$

因此，样本均值为：

$$M=\frac{\sum X}{n}=\frac{82}{10}=8.2$$

**计算中位数**　要找到中位数，首先要将分数从小到大排列。如果分数是偶数，中位数就是列表中间两个分数的均值。对分数进行排序：

2，5，5，6，8，9，11，11，11，14

位于中间位置的分数是 8 和 9，因此中位数为 8.5。

**计算众数**　针对这个样本，$X=11$ 是出现频率最多的分数，因此众数为 $X=11$。

如果是计算连续数据的中位数，参见例 3.9。

## SPSS

使用 SPSS 的一般说明见附录 D。以下是使用 SPSS 计算两组分数的均值、中位数、样本数和 $\sum X$ 的详细说明。

### 演示示例

在嘈杂的环境中工作会降低听到高频声音（比如尖锐的哨声）的能力，而这些声音对言语理解非常重要。下面是两组中年人的假设数据集。前 21 行得分来自一组在嘈杂环境下工作的参与者。后 21 行得分来自一个在安静环境下工作的小组。每个分数代表了人们可以听到的最高频率的声音（千赫兹）。

| 被试编号 | 分数 | 工作环境 | 被试编号 | 分数 | 工作环境 |
|---|---|---|---|---|---|
| 1 | 13 | 嘈杂 | 22 | 16 | 安静 |
| 2 | 10 | 嘈杂 | 23 | 16 | 安静 |
| 3 | 7 | 嘈杂 | 24 | 15 | 安静 |
| 4 | 10 | 嘈杂 | 25 | 14 | 安静 |
| 5 | 10 | 嘈杂 | 26 | 13 | 安静 |
| 6 | 5 | 嘈杂 | 27 | 12 | 安静 |
| 7 | 9 | 嘈杂 | 28 | 14 | 安静 |
| 8 | 12 | 嘈杂 | 29 | 10 | 安静 |
| 9 | 12 | 嘈杂 | 30 | 14 | 安静 |
| 10 | 6 | 嘈杂 | 31 | 16 | 安静 |
| 11 | 6 | 嘈杂 | 32 | 13 | 安静 |
| 12 | 15 | 嘈杂 | 33 | 15 | 安静 |
| 13 | 8 | 嘈杂 | 34 | 15 | 安静 |
| 14 | 8 | 嘈杂 | 35 | 12 | 安静 |
| 15 | 11 | 嘈杂 | 36 | 15 | 安静 |
| 16 | 12 | 嘈杂 | 37 | 12 | 安静 |
| 17 | 9 | 嘈杂 | 38 | 12 | 安静 |
| 18 | 10 | 嘈杂 | 39 | 16 | 安静 |
| 19 | 12 | 嘈杂 | 40 | 20 | 安静 |
| 20 | 9 | 嘈杂 | 41 | 18 | 安静 |
| 21 | 10 | 嘈杂 | 42 | 15 | 安静 |

我们将使用 SPSS 计算这组数据的均值、中位数、样本数与总分。

### 数据输入

1. 在 Variable View 中新建两个变量，其中一个变量命名为“workEnv”，代表工作环境；另一个变量命名为“maxFrequency”，代表听到的最高频率的声音赫兹。保持变量宽度、值、缺失值、对齐方式为默认状态。

2. 小数长度设置为“0”。

3. 在 Label 上，针对“workEnv”变量，添加标签“工作环境（安静或嘈杂）”；针对“max-Frequency”变量，添加标签“能够听到的最高频率的声音（千赫兹）”。

4. 在 Measure 设置上，“workEnv”变量为称名变量，“maxFrequency”为等比变量。

|  | Name | Type | Width | Decimals | Label | Values | Missing | Columns | Align | Measure | Role |
|---|---|---|---|---|---|---|---|---|---|---|---|
| 1 | maxFreque... | Numeric | 8 | 0 | Maximum Audible Sounds (in thousands of Hertz) | None | None | 8 | Right | Scale | Input |
| 2 | workEnv | String | 8 | 0 | Work Environment (Noisy vs. Quiet) | None | None | 8 | Left | Nominal | Input |

Source: SPSS®

5. 点击 Data View，输入数值。

|  | maxFrequency | workEnv |
|---|---|---|
| 1 | 13.00 | noisy |
| 2 | 10.00 | noisy |
| 3 | 7.00 | noisy |
| 4 | 10.00 | noisy |
| 5 | 10.00 | noisy |
| 6 | 5.00 | noisy |
| 7 | 9.00 | noisy |
| 8 | 12.00 | noisy |
| 9 | 12.00 | noisy |
| 10 | 6.00 | noisy |
| 11 | 6.00 | noisy |
| 12 | 15.00 | noisy |
| 13 | 8.00 | noisy |
| 14 | 8.00 | noisy |
| 15 | 11.00 | noisy |
| 16 | 12.00 | noisy |
| 17 | 9.00 | noisy |
| 18 | 10.00 | noisy |
| 19 | 12.00 | noisy |
| 20 | 9.00 | noisy |
| 21 | 10.00 | noisy |
| 22 | 16.00 | quiet |
| 23 | 16.00 | quiet |
| 24 | 15.00 | quiet |
| 25 | 14.00 | quiet |
| 26 | 13.00 | quiet |
| 27 | 12.00 | quiet |
| 28 | 14.00 | quiet |
| 29 | 10.00 | quiet |
| 30 | 14.00 | quiet |
| 31 | 16.00 | quiet |
| 32 | 13.00 | quiet |
| 33 | 15.00 | quiet |
| 34 | 15.00 | quiet |
| 35 | 12.00 | quiet |
| 36 | 15.00 | quiet |
| 37 | 12.00 | quiet |
| 38 | 12.00 | quiet |
| 39 | 16.00 | quiet |
| 40 | 20.00 | quiet |
| 41 | 18.00 | quiet |
| 42 | 15.00 | quiet |

Source: SPSS®

### 数据分析

1. 点击工具栏中的 Analyze，选择 Compare Means，然后点击 Means。

2. 在左边栏选中“maxFrequency”，点击箭头，移动它至因变量一栏中。选中“workEnv”，点击箭头，移动它至自变量一栏中。

3. 点击 Options，使用箭头在 Statistics 和 Cell Statistics 之间移动统计量。SPSS 将计算单元格统计量框中列出的所有统计量。确保你的列表中包括均值、案例数、中位数和总和。默认选择的一些统计量（例如标准差）将在后面的章节中介绍。你可以通过单击箭头将它们从单元格统计量框中删除。

4. 点击 Continue。

5. 点击 OK。

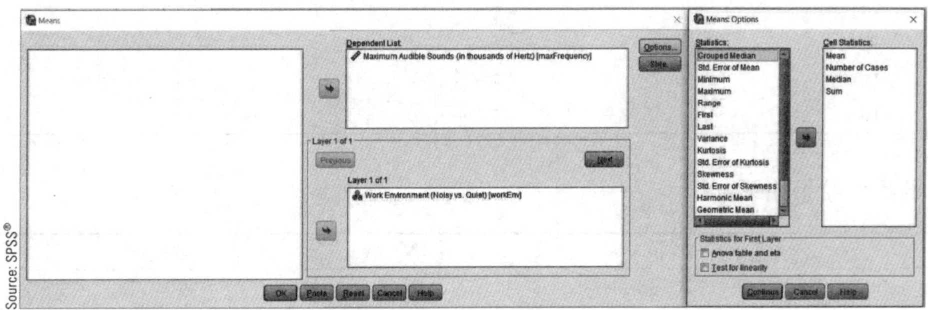


### SPSS 输出

SPSS 的输出结果如下：

**Case Processing Summary**

| | Cases | | | | | |
|---|---|---|---|---|---|---|
| | Included | | Excluded | | Total | |
| | N | Percent | N | Percent | N | Percent |
| Maximum Audible Sounds (in thousands of Hertz) * Work Environment (Noisy vs. Quiet) | 42 | 100.0% | 0 | 0.0% | 42 | 100.0% |

Source: SPSS®

**Report**

Maximum Audible Sounds (in thousands of Hertz)

| Work Environment (Noisy vs. Quiet) | Mean | N | Median | Sum |
|---|---|---|---|---|
| noisy | 9.71 | 21 | 10.00 | 204 |
| quiet | 14.43 | 21 | 15.00 | 303 |
| Total | 12.07 | 42 | 12.00 | 507 |

Source: SPSS®

SPSS 输出的 Case Processing Summary 部分报告了纳入分析的总分（$N=42$）和排除在分析之外的总分（$N=0$）。输出的 Report 部分以三种方式列出了均值、样本量、中位数和分数的总和：(1) 对于只在嘈杂环境中工作的被试；(2) 对于只在安静环境中工作的被试；(3) 对于所有被试。你应该注意到，在嘈杂的工作环境中的得分（$M=9.71$），中位数（$Mdn=10.00$）低于处于安静环境下的被试（$M=14.43$；$Mdn=15.00$）。你还会发现，SPSS 使用排序方法来找到中位数。

### 操作练习

利用 SPSS 对下表的数据进行分析，计算均值、中位数、总分数以及分组计算结果。

| 被试编号 | 分数 | 组别 |
|---|---|---|
| 1 | 15 | 1 |
| 2 | 8 | 1 |
| 3 | 9 | 1 |
| 4 | 14 | 1 |
| 5 | 14 | 1 |
| 6 | 6 | 1 |
| 7 | 12 | 1 |
| 8 | 9 | 1 |
| 9 | 7 | 2 |
| 10 | −1 | 2 |
| 11 | 10 | 2 |
| 12 | 9 | 2 |
| 13 | 4 | 2 |
| 14 | 2 | 2 |
| 15 | 7 | 2 |
| 16 | 4 | 2 |

SPSS 的报告结果如下：

| | 均值 | **N** | 中位数 | 和 |
|---|---|---|---|---|
| 组 1 | 10.88 | 8 | 10.50 | 87 |
| 组 2 | 5.25 | 8 | 5.50 | 42 |
| 合计 | 8.06 | 16 | 8.50 | 129 |

## 练习题

1. 一个 $n=9$，$\sum X=108$ 的样本的均值是多少？

2. 一个 $n=12$，$\sum X=72$ 的样本的均值是多少？

3. 计算下列分数的均值：2，7，9，4，5，3，0，6。

4. 计算下列分数的均值：8，2，5，7，12，9，11，3，6。

5. 在下面的非正式直方图中，均值是多少？请解释你的答案。

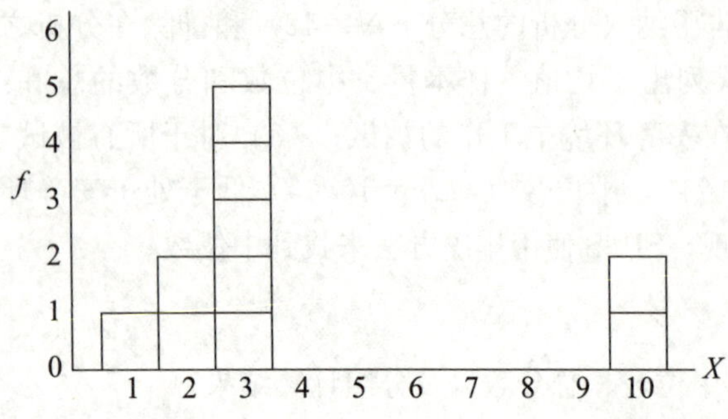


6. 在一个 $n=6$ 的样本中，有 5 个分数都比均值高出 1 分。第 6 个分数相对于均值在哪里？

7. 哪个统计量相当于将所有样本的分数平均分配？

8. 一个 $M=8$，$\sum X=56$ 的样本量是多少？

9. 一个 $N=7$，$\mu=13$ 的总体，其 $\sum X$ 是多少？

10. 一个 $n=10$，$M=8$ 的样本和另一个 $n=5$，$M=2$ 的样本合并，新样本的均值是多少？

11. 第一个样本的均值为 6，第二个样本的均值为 12，将两个样本进行合并，那么：

a. 如果两个样本量均为 4，合并样本均值是？

b. 如果第一个样本量为 3，第二个样本量为 6，合并样本均值是？

c. 如果第一个样本量为 6，第二个样本量为 3，合并样本均值是？

12. 计算以下频数分布表的均值。

| $X$ | $f$ |
|---|---|
| 6 | 1 |
| 5 | 4 |
| 4 | 2 |
| 3 | 2 |
| 2 | 1 |

13. 一个 $n=10$，$M=7$ 的样本，如果一个分数从 $X=21$ 变化为 $X=11$，样本均值会发生什么变化？

14. 一个 $n=6$，$M=10$ 的样本，如果一个分数从 $X=12$ 变化为 $X=0$，样本均值会发生什么变化？

15. 一个 $n=6$，$M=10$ 的样本，如果一个 $X=12$ 的分数被删除，样本均值会发生什么变化？

16. 一个 $n=5$，$M=12$ 的样本，如果新增一个 $X=17$ 的分数，样本均值会发生什么变化？

17. 一个 $n=10$，$\mu=12$ 的总体，如果一个 $X=21$ 的分数被删除，总体均值会变化为？

18. 一个均值 $M=6$ 的样本，计算以下均值变化：

a. 每个分数均加 3

b. 每个分数均减 1

c. 每个分数均乘 6

d. 每个分数均除以 2

19. 一个均值为 50 的总体，计算下列均值变化：

a. 每个分数均加 50

b. 每个分数均减 50

c. 每个分数均乘 2

d. 每个分数均除以 50

20. 2016 年，美国 50 分位数的家庭收入为 59 039 美元，这是什么统计集中趋势？

21. 计算下列分数的中位数：1，9，3，6，4，3，11，10。

22. 计算下列分数的中位数：1，4，8，7，13，26，6。

23. 针对一个 $n=10$ 的样本：6，5，4，3，3，3，2，2，2，1。

a. 假定测量尺度为离散变量，计算中位数。

b. 假定测量尺度为连续变量，计算中位数。

24. 针对一个 $n=10$ 的样本：2，3，4，4，5，5，5，6，6，7。

a. 假定测量尺度为离散变量，计算中位数。

b. 假定测量尺度为连续变量，计算中位数。

25. 在下面的频数分布表中，求各得分分布的均值、中位数和众数。

| $X$ | $f$ |
|---|---|
| 9 | 1 |
| 8 | 1 |
| 7 | 3 |
| 6 | 4 |
| 5 | 1 |

26. 找出以下分数的均值、中位数和众数：8，7，5，7，0，10，2，4，11，7，8，7。

27. 在下面的非正式直方图中显示的分布是什么形状？主要众数与次要众数分别是多少？

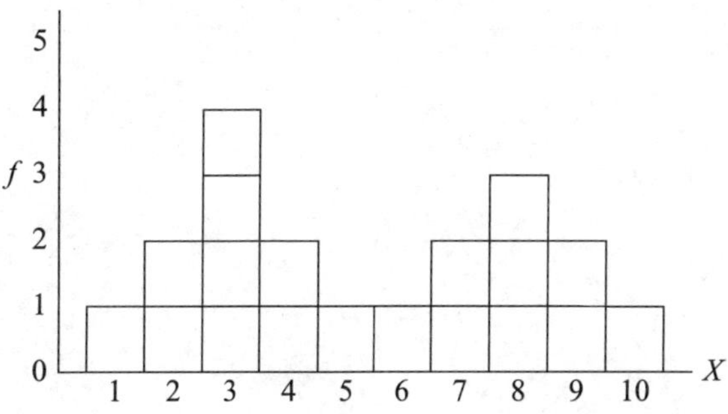


28. 对于下面的频数分布表，确定出分布的形状。

| $X$ | $f$ |
|---|---|
| 5 | 1 |
| 6 | 2 |
| 7 | 5 |
| 8 | 3 |
| 9 | 1 |
| 10 | 1 |
| 11 | 2 |
| 12 | 3 |
| 13 | 1 |

29. 解决下列问题。

a. 计算下列分数的均值、中位数、众数。

9　6　7　10　7　9　9　7

9 4 9 8 3 6 8 9

b. 根据均值、中位数和众数的相对数值，最可能的形状是什么（对称、正偏态、负偏态）?

30. Anderson（1999）对注意力负荷对反应时间的影响很感兴趣。在她的研究中，参与者接受了双重任务程序，他们需要以尽可能快的速度对刺激做出反应，同时注意口语报告的单词。她记录了反应时间（数百毫秒）。以下是 Anderson 观察到的数据：

3，4，4，4，5，6，8，12，20，25

a. 计算均值、中位数与众数。

b. 根据上述指标，其分布的形态为?

c. 为什么 Anderson 的研究中报告了中位数?

31. 解决下列问题。

a. 计算下列频数分布表的均值、中位数与众数。

| $X$ | $f$ |
|---|---|
| 5 | 2 |
| 4 | 5 |
| 3 | 2 |
| 2 | 3 |
| 1 | 0 |
| 0 | 2 |

b. 根据集中趋势，判断分布形态。

32. 确定中位数可能优于均值作为集中趋势的衡量标准的情况，并解释原因。

# 变异性

# 第 4 章

**学习本章需要掌握的相关知识**

下列术语是学好本章的关键背景知识。如果对这些知识有不明白之处，应复习先前学过的相关章节。

- 求和符号（第 1 章）
- 集中趋势（第 3 章）
  均值
  中位数

**章节概览**

## 引言

多年来，迷宫一直用于研究实验动物的学习、记忆和动机，包括大脑功能和药物作用。研究人员会在各种场景中使用迷宫。实验中，研究人员通常会将老鼠放在起始位置，老鼠可以沿着迷宫的通道奔跑，通过左转和右转到达目标地点，并在那里等待食物奖励。研究人员会记录老鼠的错误转弯次数或老鼠到达目标地点的时间。图4-1是老鼠学习解决迷宫问题的一个基本示例。实验者抽取6只老鼠的样本，并在多重T迷宫中对其进行测试。

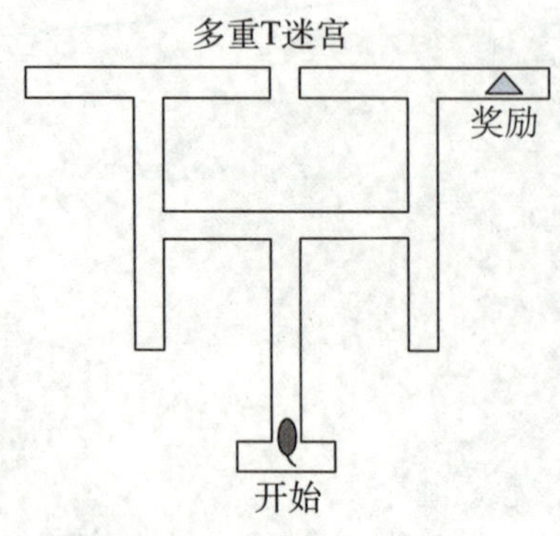


**图4-1　多重T迷宫**

在每次实验中，将每只老鼠放在迷宫的起点，并将其留在迷宫里面，直到它找到食物奖励。研究人员对老鼠共进行10次实验，并在每次实验中记录每只老鼠找到食物奖励所需的时间。在最初的几次实验中，老鼠探索迷宫，有时会重复它们的路径并进入同一个错误的通道。有时，它们会站起来嗅迷宫的墙壁，甚至在到达选择点转弯前会犹豫。最终，它们碰巧找到了食物奖励。在实验过程中，老鼠会越来越快地解决迷宫问题，因为它们犹豫更少，所以它们犯的错误就更少，并且更知道奖励的位置。表4-1给出了第1次和第10次实验中老鼠学习表现的假设数据（时间以分钟为单位）。表中还显示了实验1和实验10中老鼠样本解决迷宫问题所需的平均时间。

**表4-1　老鼠在多重T迷宫的表现数据**

| 老鼠 | 第1次实验的完成时间 | 第10次实验的完成时间 |
|---|---|---|
| A | 8 | 1 |
| B | 18 | 3 |
| C | 5 | 1 |
| D | 19 | 4 |
| E | 13 | 2 |
| F | 9 | 1 |
| | $M=12$ | $M=2$ |

比较这些数据会发现，第1次实验的分数比第10次实验的分数分布得更分散。这种分布更分散的分数反映了第1次实验中行为的更多变化。老鼠在第1次接触迷宫时的反应表现出更多的个体差异，分数从5到19分不等。当它们了解奖励的位置和到达目标地点的正确反应顺序时，它们的行为会更加统一、变化更少。到第10次实验时，它们的分数范围从1到4分。查看本研究中数据变异性的另一种方法是使用均值作为参考点。先看第10次实验的数据。分数集中在均值附近。其中一个分数等于均值，$M=2$，其他分数与均值相差不超过1或2分。而第1次实验的分数离均值较远，$M=12$，其中两个分数与均值相差多达7分。

在本章中，我们介绍了变异性的统计概念。我们将描述用于测量和客观描述分布中从一个分数到另一个分数的差异的方法。除了描述分数的分布外，变异性还帮助我们确定哪些结果是可能的、哪些结果是不太可能的。在这一方面，变异性将在推论统计中发挥重要作用，这将在后面的章节中介绍。

## 4.1 方差简介

### 学习目标

1. 定义变异性并解释其作为统计测量指标的用途和重要性。
2. 定义和计算全距作为变异性的简单测量指标，并解释其局限性。
3. 定义和计算四分位距，并说明它相对于全距的优势。

统计学中的“变异性”与日常用语中的“变异性”有着大致相同的含义：事物的变异性意味着它们不总是一样的。在统计学中，我们的目标是测量一组特定分数（一个分布）的变异性的大小。简而言之，如果某分布中的分数全部相同，那么该分布没有变异性。如果分数之间的差距小，则变异性也小；如果分数之间的差距大，则变异性也大。

在本章中，我们将变异性作为一个统计概念进行介绍。我们将描述用于测量和客观地描述分布中从一个分数到另一个分数的差异的方法。除了描述分数的分布，我们还可以通过变异性来确定哪些结果是可能的、哪些是不太可能的。变异性的这一方面将在推论统计中发挥重要作用。

> **定义**
>
> **变异性**是分布中分数间差异的定量测量，它描述了分数的分散或聚集程度。

图4-2显示了成年男性总体的两种常见数值的分布：(a) 图显示了男性身高（单位：英寸）的分布，(b) 图显示了男性体重（单位：磅）的分布。应注意的是，两个分布的集中趋势是不同的。平均身高是70英寸（5英尺10英寸），平均体重是170磅（1磅≈0.45千克。——译者注）。另外应注意这两种分布变异性的不同。例如，大多数身高集中分布在离均值5或6英寸的范围之内。体重分布则相对较分散。在体重分布中，两名男性的体重相差40或50磅并不罕见。

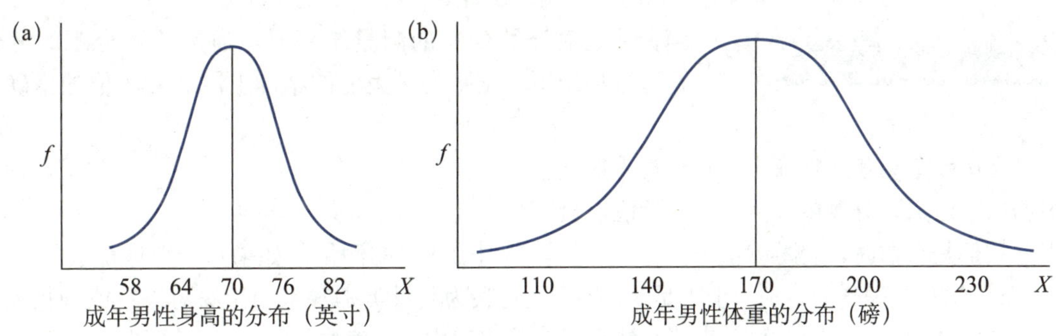


**图4-2 成年男性身高和体重的总体分布**

变异性也可以被视为可预测性、一致性甚至多样性的衡量指标。如果你早上上班或上学的时间总是在15到17分钟之间，那么你的通勤时间是可预测的，你不需要为了确保准时到达而提前60分钟离开家。同样，从一次实验到另一次实验的一致性表现被视为一种能力。例如，在许多运动中，一次又一次击中目标的能力是熟练表现的标志。另外，大学、公司和政府机构经常试图增加它们的学生或员工的多样性，同样，它们指的是个体之间的差异。因此，可预测性、一致性和多样性都与分数之间或个体之间的差异有关，这正是通过变异性所衡量的。

一般而言，对变异性的良好测量需达到以下两个目标：

1. 变异性描述了分数的分布。尤其是，它展示了分数集中或在较大范围内分散分布。通常通过距离来确定变异性。它可以说明某个分数与其他分数预期的距离有多大，或者某个分数与均值预期的距离有多大。例如，我们知道大多数成年男性身高在离均值5～6英寸的范围内集中，虽然极端值也存在，但很少。

2. 变异性测量了某个分数（或某组分数）代表整个分布的吻合程度。在用相对较小的样本来回答关于总体问题的推论统计中，变异性的这一点相当重要。例如，假设你要选择一个成年男性来代表整个总体，因为大多数成年男性身高分布在离总体平均身高几英寸的范围内（分数和总体均值之间的距离很小），所以你选择距离总体均值6英寸内的个体身高的概率很大。另外，对于男性的体重来说，人与人之间有相对较大的差异。例如，选择一个体重与总体平均体重相差超过30磅的人是很正常的。因此，当使用某个样本来代表总体时，变异性提供了关于样本数据和总体均值之间预期误差的信息。

在本章中，我们将考虑四种不同的测量变异性的方法：全距、四分位距、标准差和方差。在这四种方法中，标准差以及与之相关的方差的测量是迄今为止最重要的，因为它们在推论统计中起着核心作用。

## 全距

定义和测量变异性的第一步显然是测量全距。全距是指分布中从最小分数到最大分数的距离。虽然全距的概念相当直接，但有多种不同的方法来计算全距的数值。根据常用的全距定义，全距简单地测量了最大值和最小值之间的差距：

全距＝最大值－最小值

根据这个定义，如果分数包含从1至5的值，其全距仅为4。很多计算机程序，例如SPSS，都使用这个定义，它适用于有精确上下边界的变量。例如，如果你测量一个物体的比例分配，比如比萨块，你可以获得$\frac{1}{8}$、$\frac{1}{4}$、$\frac{1}{2}$、$\frac{3}{4}$等值。通过小数来表示，这个比例从0至1变化。你永远不能获得一个小于0（没有比萨）的值，你也不可能获得一个大于1（所有比萨）的值。因此，全部的比例值被包含在以0作为一端、1作为另一端的边界内。因此，这些比例的全距是1。

连续和离散变量在第1章有讨论。

当分数是对连续变量的测量结果时，通常使用全距的替代定义。在这种情况下，全距为最大值的精确上限和最小值的精确下限之差。

全距＝最大值（精确上限）－最小值（精确下限）　　(4-1)

根据这个定义，分数包含从1至5的值，全距是5.5－0.5＝5。

当分数都是整数时，全距测量同样也是对测量类别的数量的测量。如果每个个体都被归类为1、2或3，那么就有3种测量类别，全距是3。将全距定义为测量类别数量的做法对以数值分数表示的离散变量同样适用。例如，假设一项研究测量了参与家庭中的儿童数量，并获得了以下分数：

2　2　3　1　0　4　3　1

请记住，离散变量由单独的和不可分割的类别组成，因此相邻类别（或分数）之间没有值。

数据由0到4组成，因此，有五个测量类别（0，1，2，3，4），全距是5。根据这种定义，当分数都是基于离散变量的整数时，全距可以通过以下公式获得：

全距＝最大值－最小值＋1　　(4-2)

无论采用哪种定义，全距都是描述数据离散程度的最为直观的指标——简单地找出最大值与最小值之间的差距。用全距作为测量变异性的指标时，其问题在于它完全由两个极端值决定，忽视了分布中的其他分数。因此，当分布中有极大（小）的分数时，哪怕其余分数都很集中，其全距也会很大。

需要注意的是，全距仅由分布中的最大值和最小值决定。全距没有考虑分布中的所有分数，因此，它通常不能对整个分布的变异性给出精确的描述。由于这一原因，全距被认为是一种粗糙的、不可靠的变异性测量方法。由于没有揭示普通分数之间的典型距离，全距很少用于对变异性的正式描述。

## 四分位距

具体来说，四分位距是指分布在距中心 50%处的分数范围，最低的 25%分数和最高的 25%分数不包含在四分位距的计算中，不用于测量数据的变异程度。四分位距是基于四分位数的，四分位数是一种百分等级。顾名思义，四分位数是分布的四分之一。第一个四分位数 $Q1$ 对应于百分位数为 25%的分数。也就是说，25%的分数低于 $Q1$。第二个四分位数对应百分位数为 50%的分数，也就是第 3 章中的中位数。第三个四分位数 $Q3$ 是排名为 75%的分数，即 75%的分数低于它。第四个四分位数 $Q4$ 是分布中的最高分，其排名为 100%。百分位数将分布分成 100 个相等的部分，每个部分对应于分布中的 1%；而四分位数将分布分成四个相等的部分，每个部分对应于分布中的 25%。

**定义**

**四分位数**是百分位数为 25%、50%、75%和 100%的分数，分别称为第一、第二、第三和第四个四分位数。四分位数将分布分成四个相等的部分，每个四分位数部分对应于分布的 25%。

对于以下一组来自连续变量的分数：

17　14　12　11　11　14　9　13　6　10

15　11　12　13　11　10　11　10　15　12

图 4-3 显示了这些数据。对于 $N=20$ 的分数，四分位数将分布分成四个相等的部分，每个部分包含 5 个分数，并标记为 $X$ 值。注意，四分位数与它们的精确上限有关。例如，第一个四分位数 $Q1$ 等于 10.5。对于 $Q1$，分布中 25%的分数低于 10.5。同样，对于 $Q3$ 来说，分布中 75%的分数低于 13.5。

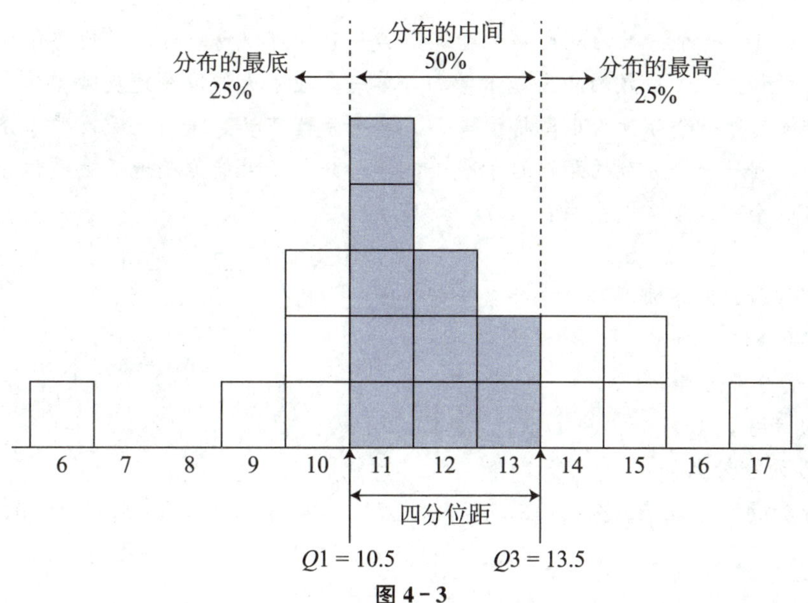


**图 4-3**

说明：四分位数表示分数的分布。分布的中间 50%由第一个和第三个四分位数 $Q1$ 和 $Q3$ 之间的分数组成。

如图4-3所示，四分位距（interquartile range，IQR）是第25个和第75个百分位数之间或 $Q1$ 和 $Q3$ 之间的距离，不包括分布中最低的25%和最高的25%，因此四分位距涵盖了分布在距中央50%处的分数。要计算四分位距，首先要确定 $Q3$（第75个百分位数）和 $Q1$（第25个百分位数）。这可以使用图4-3所示的直方图或包含 $cf$ 和 $c\%$ 列的频数分布表来完成。最后，找出第一个四分位数和第三个四分位数之间的差：

$$\mathrm{IQR}=Q3-Q1 \tag{4-3}$$

对于图4-3中的数据来说：

$$\mathrm{IQR}=Q3-Q1=13.5-10.5=3$$

图4-3的阴影区域代表四分位距内的分数。

**定义**

**四分位距**等于第一个四分位数与第三个四分位数的 $X$ 值之间的距离。它反映了位于分布在中间的50%的分数的全距。

需要注意的是，四分位距比全距更能描述变异性。对于这些数据，全距等于：

全距＝最大值（精确上限）－最小值（精确下限）

＝17.5－5.5＝12

请注意，尽管大多数分数都集中在分布的中心，但 $X=6$ 和 $X=17$ 这两个极端分数对全距的值有很大的影响。通过排除分布在顶部和底部的25%的极端分数，四分位距不受极端值的影响。在这些情况下，四分位距比全距更具描述性，因为它去除了极端分数并反映了分布于中心的分数的集中范围。

**何时使用四分位距**　当用中位数测量集中趋势时，通常使用四分位距。这两种测量都与百分位数有关。中位数是第50个百分位数，$Q1$ 和 $Q3$ 分别是第25个和第75个百分位数。四分位距与首选中位数的情况相同，特别是对于具有极端分数或偏态的分布。当存在不确定值和开放分布时，通常也可以使用它。另外，与中位数一样，它也可以用于描述顺序数据。

## 学习检查

1. 以下哪项是变异性增加的结果？

a. 从一个分数到另一个分数的距离趋于增加，单一分数可以更准确地反映整体分布情况。

b. 从一个分数到另一个分数的距离趋于增加，单一分数不太能准确地反映整体分布情况。

c. 从一个分数到另一个分数的距离趋于减小，单一分数可以更准确地反映整体分布情况。

d. 从一个分数到另一个分数的距离趋于减小，单一分数不太能准确地反映整体分布情况。

2. 以下分数的全距是多少？分数：5，7，9，15

a. 4　　b. 5　　c. 10或11　　d. 15

3. 对于以下分数，以下哪些行为会导致全距变大？分数：3，7，10，15

a. 在 $X=3$ 的分数上加4

b. 在 $X=7$ 的分数上加4

c. 在 $X=10$ 的分数上加4

d. 在 $X=15$ 的分数上加4

4. 求以下分数的四分位距。分数：3，4，4，1，7，3，2，6，4，2，1，6，3，4，5，2，5，4，3，4

a. 7　　b. 2　　c. 3.5　　d. 1

**答案**　1. b　2. c　3. d　4. b

## 4.2 标准差与方差的定义

### 学习目标

4. 定义方差和标准差，并描述它们的测量值。
5. 计算一组简单分数的方差和标准差。
6. 通过直接观察分布的频数分布图，估计一组分数的标准差。

标准差是最常用且最为重要的测量变异性的方法。标准差是以分布的均值作为参照点，通过考虑每个分数到均值的距离来测量其变异性。

简单地说，标准差提供了测量与均值间标准的或平均的距离的方法，描述了分数是集中靠拢在均值周围，还是广泛分散分布。

虽然标准差的概念简单易懂，但是其计算公式却比较复杂。因此，我们应该首先学习这些公式背后的逻辑。如果你记得我们的目的是测量到均值的标准距离，那么，以下逻辑和公式应该比较容易记忆。

**步骤 1** 确定与均值之间的标准距离。这一步是确定离均差，也即每个分数与均值之间的差距。根据定义，每个分数的离均差是该分数与均值之差。

> **定义**
>
> **离均差**是指分数偏离均值的距离。计算公式为：
>
> 离均差$=X-\mu$

假设某分布的均值 $\mu=50$，如果你的分数是 $X=53$，那么离均差为：

$$X-\mu=53-50=3$$

如果你的分数是 $X=45$，那么离均差为：

$$X-\mu=45-50=-5$$

注意：每个离均差都是由两部分组成的，即符号（+/−）和数字。符号告诉我们偏离均值的方向，也就是该值高于还是低于均值。数字表示到均值的实际距离。例如，某一分数的离均差为−6，则意味着该分数低于均值 6 分。

> 有时，离均差会用小写的 $x$ 表示。

**步骤 2** 因为我们的目标是计算与均值的标准距离，所以我们可能想要计算离均差的均值。要计算这个均值，首先要将离均差相加，然后除以 $N$。下面的示例演示了此过程。

**例 4.1**

我们以下列四个分数为例（见表 4－2），这些分数加起来的和为 12（$\sum X=12$），所以均值 $\mu=\frac{12}{4}=3$。我们计算每个分数的离均差。

**表 4－2 四个分数的离均差**

| $X$ | $X-\mu$ |
|---|---|
| 8 | +5 |
| 1 | −2 |
| 3 | 0 |
| 0 | −3 |
| | $0=\sum(X-\mu)$ |

注意：各离均差加起来的和为 0。如果你还记得均值是分布的一个平衡点，你将不会对此感到惊讶。位于均值之上的距离之和刚好等于位于均值之下的距离之和。因此，所有的正向偏离恰好等于所有的负向偏离，全部离均差之和总为 0。

因为离均差的和总是为 0，其均值也总是为 0，所以把它作为变异性的测量指标是没有意义的。具体来说，无论分数是集中靠拢还是广泛分散，它总是 0。（然而，应注意的是，值恒为 0 这一点在其他方面却很有用。无论何时处理离均差，都可以通过确认离均差之和是否为 0 来进行计算的检验。）

**步骤 3** 把离均差的均值作为变异性的测量指标行不通，因为该值总为 0。很明显，该问题是由分布中正负离均差相互抵消导致。解决此问题的办法是去掉数字前的符号（＋和－），完成此步的标准程序是对每个离均差分数进行平方，然后计算离均差平方的均值或均方差，这个值被称为方差。

**定义**

**方差**等于均方差，方差是分数与均值间的距离的平方的均值。

注意，计算离均差平方的过程并不只是简单地去掉加号或减号，它提供了一种以平方距离为基础的变异性测量方法。尽管方差在后来的一些推论统计方法中非常有用，但平方距离的概念并不是一种直观和容易理解的描述性测量方法。举例来说，知道从纽约到波士顿的距离的平方是 26 244 英里（平方值）并没有什么特别的用处。但是，当你计算平方根的时候，这个平方值就变得有意义了。因此，我们将进行下一步计算。

**步骤 4** 记住，我们的目的是计算分数到均值的标准距离。方差是离均差的平方的均值，并不是我们所确切需要的。因此，最后一步就是通过简单地计算方差的平方根来得到标准差，也就是测量分数到均值的标准距离。

**定义**

**标准差**是方差的平方根，提供了到均值的标准距离或平均距离的测量方法。

$$标准差=\sqrt{方差}$$

图 4－4 给出了计算方差和标准差的全部过程。记住，我们的目的是通过找出到均值的标准距离来测量变异性。然而，我们不能简单地计算离均差的均值，因为由此计算而来的结果总为 0。因此，我们给每个离均差取平方，然后找到各离均差的平方的均值，最后开方，得到对标准距离的测量。从技术上来说，标准差是离均差的平方的均值的平方根。从概念上来说，标准差提供了一种到均值的平均距离的测量方法。

尽管我们没有给出任何关于方差和标准差的公式，但你应当已能够通过这两个统计量的定义来计算它们。下例将示范该过程。

**例 4.2**

计算以下分数个数为 5 的总体的方差和标准差。

1，9，5，8，7

记住，标准差的目的是测量到均值的标准距离，所以我们要从计算总体均值开始。这 5 个分数之和为 30（$\sum X=30$），所以均值为$\frac{30}{5}=6$。然后，我们计算每个分数的离均差（到均值的距离），接着取离均差的平方。使用总体均值 $\mu=6$，这些计算见表 4－3。

表 4-3　五个分数的离均差和离均差平方

| 分数 $X$ | 离均差 $X-\mu$ | 离均差平方 $(X-\mu)^2$ |
|---|---|---|
| 1 | −5 | 25 |
| 9 | 3 | 9 |
| 5 | −1 | 1 |
| 8 | 2 | 4 |
| 7 | 1 | 1 |
| | | 40＝离均差的平方之和 |

在分数个数为 5 的总体分布中，其离均差的平方和为 40。离均差的平方的均值，即方差，是 40/5＝8，标准差为 $\sqrt{8}$ ＝2.83。

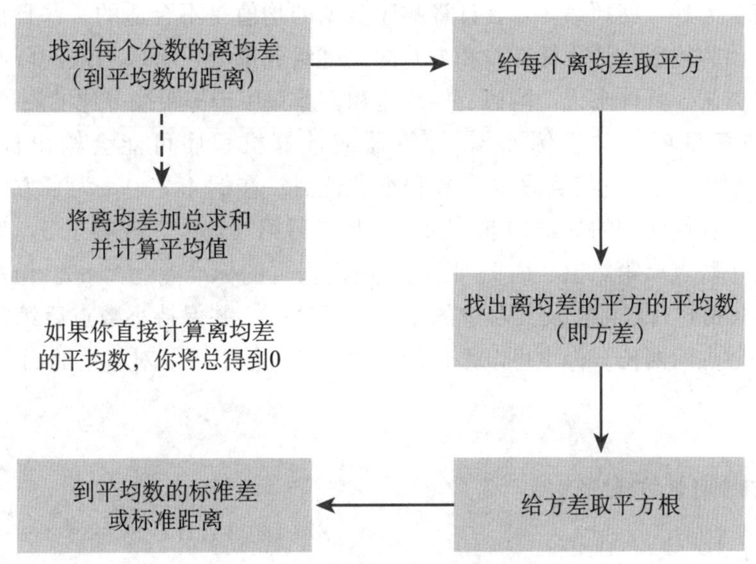


图 4-4　方差和标准差的计算

应该注意到，在这个分布中，标准差为 2.83 是一个合理的答案。这 5 个分数在图 4-5 中以直方图的形式展现，这样可以将它们之间的距离看得更清楚。注意，离均值最近的分数与均值的距离仅为 1，距均值最远的分数与均值的差距为 5。在此分布中，最大的离均差是 5，最小的离均差为 1。因此，标准距离应在 1～5 间的某个位置。这样来看的话，我们可以对标准差作大概的估计。在该例中，标准差应当在 1～5 间，很有可能在 3 附近。我们计算的标准差的结果和这个估计完全贴合。

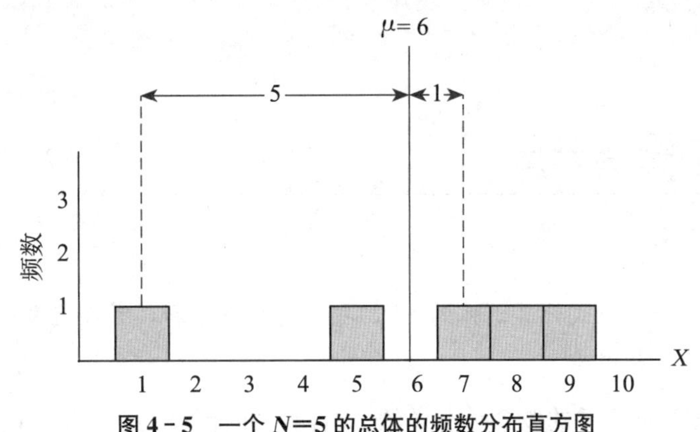


图 4-5　一个 $N$=5 的总体的频数分布直方图

说明：总体均值是 6，到均值的最小距离是 1，最大距离是 5，标准距离（或标准差）应当在 1～5 间。

对标准差作初步的估计可帮你在计算中避免错误。例如，如果你计算图4-5中分数的标准差，得到的值为12，你应当立即意识到自己错了。（如果最大的离均差值仅为5，那么标准差为12是不可能的。）

你可以使用下面的例子计算方差和标准差，来检验你的理解。

**例4.3**

计算以下$N=6$的方差和标准差。分数：12，0，1，7，4，6。你应该得到的结果是方差为16和标准差为4。祝你好运。

因为标准差和方差是根据与均值的距离来定义的，所以这些变异性的测量方法只用于从等距或等比尺度测量中获得的数值分数。回顾第1章，这两个尺度是唯一提供距离信息的测量尺度；称名和顺序尺度则没有。另外，回顾第3章，计算顺序数据的均值是不合适的，并且计算称名数据的均值也是不可能的。因为均值是计算标准差和方差的关键组成部分，所以均值的限制同样也适用于这两种变异性的测量方法。具体来说，均值、标准差和方差只用于等距或等比的测量数据。

**关于舍入的注意事项** 关于例4.2，计算器或计算机程序可能会给出标准差的答案，如2.828 427 125，这具体取决于它报告多少位数和小数位数。在例4.2中，为了方便起见，我们只报告了小数点后两位。我们使用的规则如下：如果小数点后第三位大于或等于5，就把它和右边的小数都去掉，然后将小数点后第二位增加1。因此，我们报告的标准差为2.83。但是，如果小数点后第三位小于5，那么我们只需将它及其右边的小数全部舍掉，并保持小数点后第二位不变。我们通常会四舍五入到小数点后两位。你也可以跟你的老师商量，他们可能对答案的四舍五入有其他偏好。

**学习检查**

1. 以下哪一组分数的方差最大？

a. 1，3，8，12　　b. 12，13，14，15

c. 2，2，2，2　　d. 22，24，25，27

2. 以下一组分数的方差是多少？分数：4，1，7。

a. 22　　b. 18　　c. 9　　d. 6

3. 一组分数的最高值为$X=24$，最低值为$X=12$，均值为18。下列哪个选项最有可能是这些分数的标准差？

a. 3　　b. 6　　c. 12　　d. 24

**答案** 1. a　2. d　3. a

## 4.3 总体标准差与方差

**学习目标**

7. 使用定义公式或计算公式计算总体的$SS$，即离均差平方和，并描述每个公式适用的情况。
8. 计算总体的方差和标准差。

样本和总体的方差和标准差的概念是一样的。然而，在计算的细节方面有着细微的差别。该差别依赖于处理的数据是来自样本还是来自总体。我们首先考虑总体的公式，再看4.4节的样本的公式。

### 离均差平方和

回顾前面所学，方差是离均差平方和的均值。与求其他所有均值一样，计算该均值时，首先求和，然后除以分数的个数。

$$方差=离均差平方和的均值=\frac{各离均差的平方和}{分数的个数}$$

上式的分子中，离均差平方和是变异性的基本要素，也是我们学习的重点。为简化起见，用符号 *SS* 表示离均差平方和，简称平方和。

**定义**

***SS* 或平方和**是各分数的离均差平方和。

你应当会用两种公式来计算 *SS*，这两种公式在代数上是等价的（它们总得出相同的答案），但它们在表达上不一样，且用于不同的条件。

第一种公式叫定义公式，是从字面上来定义的，即把各离均差的平方加起来，因而称为定义公式。

$$定义公式：SS=\sum(X-\mu)^2 \tag{4-4}$$

为了得到离均差平方和，该公式会指导你进行一连串的计算：

1. 找出每个分数的离均差（$X-\mu$）。
2. 给每个离均差取平方（$X-\mu$）$^2$。
3. 求出各离均差的平方和。

求得的结果便是 *SS*，离均差平方和。下面举例对公式进行演示。

**例 4.4**

试求 $N=4$ 的数据的 *SS*。这些数据之和是 $\sum X=8$，所以均值 $\mu=\frac{8}{4}=2$。表 4-4 给出了每个分值的离均差和离均差的平方，以及各离均差的平方和 $SS=22$。

**表 4-4　四个分数的离均差、离均差平方及平方和**

| $X$ | $X-\mu$ | $(X-\mu)^2$ | |
|---|---|---|---|
| 1 | −1 | 1 | $\sum X=8$ |
| 0 | −2 | 4 | $\mu=2$ |
| 6 | +4 | 16 | |
| 1 | −1 | 1 | |
| | | 22 | $\sum(X-\mu)^2=22$ |

请注意，*SS* 的值始终大于或等于零，因为它基于偏差分数的平方。如果你得到一个小于零的 *SS* 值，你就犯错误了。

尽管定义公式是计算 *SS* 的直接方法，但其不便于使用。特别是当均值不是整数，离均差值包含有小数或分数时，计算将变得很困难。除此之外，带有小数的计算会产生舍入错误，使结果不精确。由于这些原因，另一种计算 *SS* 的公式得以发展。这种公式称为计算公式，它是采用原始分数（不是离均差）来计算的，因而可以降低小数和分数的复杂性。

$$\text{计算公式：}SS = \sum X^2 - \frac{(\sum X)^2}{N} \tag{4-5}$$

公式的第一部分要求你给每个分数取平方，然后把各平方加起来（$\sum X^2$）；公式的第二部分要求你先找出各分数的和（$\sum X$），然后给该和取平方，最后除以 $N$。该公式的使用在例 4.5 中给出。其分数和我们在定义公式中采用的分数相同。

**例 4.5**

使用计算公式用例 4.4 中的数据计算 $SS$。要注意的是，这个公式要求计算两部分的和：首先计算 $\sum X$，然后给每个分数取平方并计算 $\sum X^2$。表 4-5 给出了这些计算。在计算 $SS$ 时，这两个和会在公式中用到。

**表 4-5　四个分数的平方及和**

| $X$ | $X^2$ |
|---|---|
| 1 | 1 |
| 0 | 0 |
| 6 | 36 |
| 1 | 1 |
| $\sum X = 8$ | $\sum X^2 = 38$ |

$$SS = \sum X^2 - \frac{(\sum X)^2}{N}$$
$$= 38 - \frac{(8)^2}{4}$$
$$= 38 - \frac{64}{4}$$
$$= 38 - 16$$
$$= 22$$

请记住，除非出现错误，否则不可能得到小于零的 $SS$ 值。根据定义，平方和基于偏差的平方。

注意，用两种公式求得的 $SS$ 的值是一样的，尽管公式看起来不同，但事实上它们是等价的。定义公式是 $SS$ 的概念最为直接的表达式，然而，该公式使用起来较困难，尤其是当均值含有小数或分数时。如果分数较少，且均值是整数，那么定义公式是个不错的选择；否则，计算公式使用起来更为方便。

> 就像平方和或 $SS$ 被用来指代离均差平方和，术语均方或 $MS$ 常被用来指代方差，也即离均差的平方的均值。

## 最终公式和符号

学习了 $SS$ 的定义及计算后，方差与标准差的公式变得相对简单。记住，方差是离均差的平方的均值。均值是和除以总体个数 $N$，所以总体方差是：

$$\text{方差} = \frac{SS}{N}$$

标准差是方差的平方根。所以，总体标准差的公式为：

$$\text{标准差} = \sqrt{\frac{SS}{N}}$$

在完成 $SS$、方差和标准差的计算以后，还有一个值得注意的小问题。比如，均值、方差和标准差都是总体参数，用希腊字母标识。我们用希腊字母 sigma 标识标准差（希腊字母 s 表示样本标准差），大写字母 $\sum$ 已被使用过了，所以我们现在用小写字母 $\sigma$ 表示总体标准差。为了强调标准差和方差的关系，我们使用 $\sigma^2$ 作为总体方差的符号（标准差是方差的平方根）。因此，

$$\text{总体标准差} = \sigma = \sqrt{\sigma^2} = \sqrt{\frac{SS}{N}} \tag{4-6}$$

$$\text{总体方差} = \sigma^2 = \frac{SS}{N} \tag{4-7}$$

**定义**

**总体方差**由符号 $\sigma^2$ 表示，等于与均值的均方距离。总体方差是通过将平方和（SS）除以 $N$ 获得的。

**总体标准差**由符号 $\sigma$ 表示，等于总体方差的平方根。

之前，在例 4.4 和例 4.5 中，我们计算了 $N=4$ 的总体（1，0，6，1）的离均差平方和，得到 $SS=22$。对于这个总体：

$$方差是\ \sigma^2=\frac{SS}{N}=\frac{22}{4}=5.50$$

$$标准差是\ \sigma=\sqrt{5.50}=2.35$$

**学习检查**

1. 对于 $N=5$ 的总体，离均差平方和 SS 等于多少？分数：1，9，0，2，3。

a. 10　　b. 41　　c. 50　　d. 95

2. 以下分数的总体标准差是多少？分数：1，3，9，3。

a. 36　　b. 9　　c. 6　　d. 3

3. 对于 $N=8$ 的分数的总体，标准差为 3。那么，这个总体的离均差平方和 SS 等于多少？

a. 72　　b. 24　　c. $8\sqrt{3}$　　d. $\frac{9}{8}=1.125$

**答案**　1. c　2. d　3. a

## 4.4　样本标准差与方差

### 学习目标

9. 解释为什么在计算样本的这些统计数据时需要对方差和标准差的公式进行修正。
10. 使用定义公式或计算公式计算样本的 SS，即离均差平方和，并描述每个公式适用的情况。
11. 计算样本的方差和标准差。

### 样本变异性

推论统计的目的就是利用样本中有限的数据推出总体的大致情况。该过程的基本假设来自总体的样本应当具有代表性，该假设也使变异性出现了问题，因为样本包含的变异性总是会比总体要小。对这一事实的数学解释超出了本书的范围，但图 4-6 显示了这种大致趋势的一个例子。注意，总体中的少数极端值常常使总体的变异相对较大。但是，在抽取样本时，通常不会得到这些极端值，这意味着样本的变异性相对较小。样本的变异性小于总体，说明样本的变异性是对总体变异性的有偏统计。这种偏差不是刚好等于而是低估了总体的价值（第 4～5 章详细讨论了有偏统计）。

> 一个样本统计量如果持续高估或低估相应的总体参数，就被认为是有偏的。

幸运的是，样本变异的偏差是恒定的，而且是可预测的，这说明它是可以被校正的。例如，如果你车上的仪表速度总是比你实际行车速度慢 5 英里，这不能说明你的仪表速度是没有用的。这仅仅说明你每次读取速度的时候要稍作调整才能得知准确的速度。同理，我们在计算样本变异性的时候要进行调整。调整的目的是使样本变异能更为精确无偏地代表总体变异。

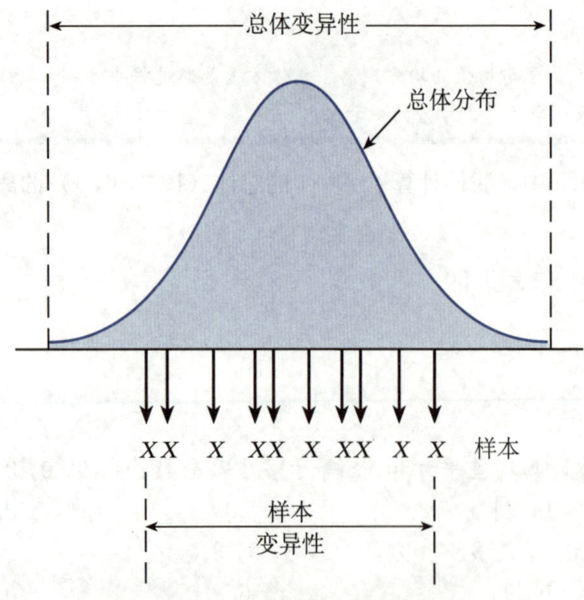


**图 4-6 成人身高的总体呈正态分布**

说明：如从该总体中选出一个样本，选出的个体有可能在高度上接近均值。结果是，样本的变异量会少于总体。

## 样本方差和标准差的公式

样本方差和标准差的计算与总体变异方差和标准差的计算一样。第一，计算总的离均差平方和（$SS$）。第二，计算方差。第三，将方差开方，得到标准差。

除了符号方面有细小的变化，样本计算过程与总体计算完全一样。也就是说，样本与总体的 $SS$ 计算是一样的。符号方面细小的变化是用 $M$ 代替 $\mu$ 来表示样本均值，用 $n$ 代替 $N$ 来表示样本分数的个数。因此，计算样本 $SS$ 的定义公式是：

$$\text{定义公式：} SS = \sum (X - M)^2 \tag{4-8}$$

注意，样本的公式与总体公式［公式（4-4）］的结构完全相同，可以通过以下步骤来求出 $SS$。

1. 找出每个分数的离均差（到均值的距离）：离均差 $= X - M$。
2. 给每个离均差取平方：离均差的平方 $= (X - M)^2$。
3. 求各离均差的平方和：$SS = \sum (X - M)^2$。

$SS$ 也可以通过计算公式求得。除了符号上细微的不同（用 $n$ 替代 $N$），样本 $SS$ 的计算公式和总体的计算公式是一样的［参见公式（4-5）］。适用样本符号的公式是：

$$\text{计算公式：} SS = \sum X^2 - \frac{(\sum X)^2}{n} \tag{4-9}$$

**专栏 4-1 关于 $SS$ 计算公式的注意事项**

在比较 $SS$ 的定义公式和计算公式时，你可能想知道计算公式中的 $N$ 是从哪里来的。在定义公式中，首先通过从分布中的每个分数中减去均值来计算离均差（$X-\mu$），均值的公式是 $\frac{\sum X}{N}$。如果将均值的公式代入定义公式，会得到一个看起来类似于计算公式的表达式：

$$\sum \left( X - \frac{\sum X}{N} \right)^2$$

在定义公式中有一个 $N$，因为它是基于与均值的偏差。因此，在定义公式 $\sum(X-\mu)^2$ 中，$N$ 是“隐藏的”，但它存在于 $\mu$ 的公式中。这也适用于样本数据的 $SS$。计算公式中的 $n$ 来自定义公式中使用样本均值 $\frac{\sum X}{n}$ 来计算离均差。

虽然可以通过代数证明计算公式和定义公式是等价的，但这超出了本书的范围。但是，应该记住的是，总体和样本的计算公式中总是分别使用 $N$ 和 $n$。这对于样本重要。在样本的 $SS$ 的计算公式中不要使用 $n-1$，$n-1$ 仅用于计算样本的方差和标准差。

类似地，对于样本和总体，$SS$ 的计算是一样的，只是符号上有细微不同。需要注意的是，样本中用 $n$ 代替 $N$（参见专栏 4－1）。

> 记住：除非做一些校正，否则样本变异性会低估总体变异性。

注意，样本方差 $s^2$ 和标准差 $s$ 的公式中是用 $SS$ 除以 $n-1$，而总体公式中是除以 $N$。该调整在校正样本变异性的偏差方面是很有必要的，调整的结果是增大之前的值，除以较小的数字（用 $n-1$ 代替 $n$），可得到较大的结果，使样本方差可以更加准确和无偏差地估计总体的方差。下面的例子阐明了样本标准差和方差的计算。

**例 4.6**

从某总体中选出一个 $n=8$ 的样本，样本分数为 4、6、5、11、7、9、7、3。图 4－7 给出了该样本的频数分布直方图。我们在进行计算之前，应当观察样本的分布，并对结果做初步的估计。记住，样本标准差是测量分数到均值的标准距离。在该样本中，均值是 $M=52/8=6.5$。离均值最近的分数是 $X=6$ 和 $X=7$，这两个值与均值的距离都刚好等于 0.5 个单位。离均值最远的分数是 $X=11$，距均值 4.5 个单位。因此，到均值的最小距离为 0.5，最大距离为 4.5。因此，我们可以估计标准差应在 0.5 到 4.5 之间的某个位置，大约为 2.5。

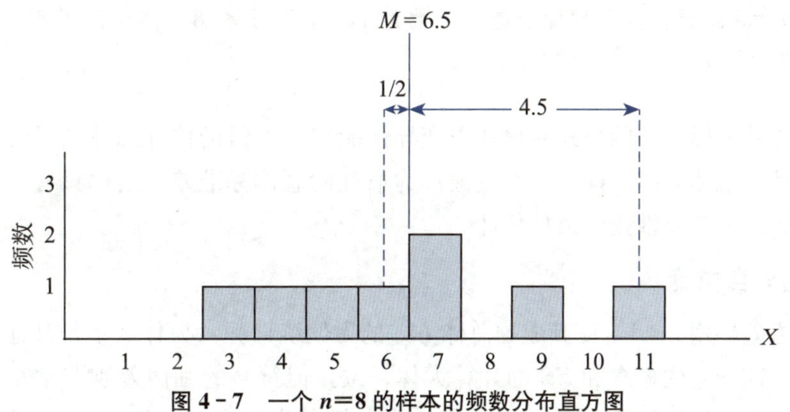


**图 4－7 一个 $n=8$ 的样本的频数分布直方图**

说明：样本均值 $M=6.5$，到均值的最小距离是 0.5，最大距离是 4.5。标准距离（标准差）应在 0.5 到 4.5 之间，约为 2.5。

现在，我们开始计算。首先，找出该样本的 $SS$ 值。因为均值不是整数（$M=6.5$），因而用计算式比较容易。表 4－6 呈现了分数、方差和标准差。

**表 4－6 分数、方差和标准差**

| 分数 $X$ | 分数的平方 $X^2$ |
|---|---|
| 4 | 16 |
| 6 | 36 |

续表

| 分数 $X$ | 分数的平方 $X^2$ |
|---|---|
| 5 | 25 |
| 11 | 121 |
| 7 | 49 |
| 9 | 81 |
| 7 | 49 |
| 3 | 9 |
| $\sum X=52$ | $\sum X^2=386$ |

由以上两个总和可知：

$$SS=\sum X^2-\frac{(\sum X)^2}{n}=386-\frac{(52)^2}{8}$$
$$=386-338$$
$$=48$$

也就是离均差平方的和 $SS=48$，那么：

$$\text{样本方差}=s^2=\frac{SS}{n-1}=\frac{48}{8-1}=6.86$$

最后，标准差为：

$$s=\sqrt{s^2}=\sqrt{6.86}=2.62$$

注意，我们计算得到的值与我们的初步预测值完美吻合（见图 4-7）。

你可以通过下面的例子自己计算样本方差和标准差，来检验你的理解。

**例 4.7**

请计算以下 $n=5$ 的样本方差和标准差。分数为 1，5，5，1 和 8。你应该得到的结果是方差为 9 和标准差为 3。祝你好运。

记住，样本方差和标准差的公式使得样本变异性能较好地帮助估计总体变异性。因此，样本方差常常被称为估计的总体方差，样本标准差被称为估计的总体标准差。当你只有一个样本时，样本方差和标准差可为总体变异性提供最佳估计。

### 样本变异性与自由度

为什么样本方差要用 $n-1$，使其成为总体方差的无偏统计呢？为什么不是其他值呢？尽管对于总体和样本来说，离均差的概念和 $SS$ 的计算大体一致，但符号的细微差别非常重要，特别是，对于一个总体，我们是通过测量到均值 $\mu$ 的距离来找出每个分数的离均差。另外，对于一个样本，$\mu$ 值未知，你必须测量到样本均值的距离。不同的样本其均值也不同，这就要求在计算离均差前要计算 $M$ 值。但是，计算 $M$ 值就限制了样本分数的变异性。下面的例子说明了这种限制。

**例 4.8**

例如，考虑 $n=3$、均值是 5 的样本，对于样本的前两个数可以不加限制地选取，它们之间彼此独立，可以取任何值。在这里，我们假设第一个数是 2，第二个数是 9，然而，在此基础上，样本中第三个数受到了限制（见表 4-7）。

表 4-7　$n=3$、均值是 5 的样本第三个数

| $X$ | $n=3$ 的样本，均值 $M=5$ |
|---|---|
| 2 | |
| 9 | |
| — | ← 第三个数是多少？ |

也就是说，第三个数必须是 4，原因是整个样本只有三个数，均值是 5，这就意味着它们的和应是 $\sum X=15$。前两个数加起来等于 11（9+2），第三个数必须是 4。

同样，也可以通过离均差来说明样本均值的限制。如前所述，必须先计算样本的均值，然后才能开始计算离均差。均值限制了离均差。对于 $n=3$、$M=5$ 的数据，我们假设前两个分数是 $X=2$ 和 $X=9$。它们的离均差如表 4-8 所示：

表 4-8　$n=3$、$M=5$ 的样本第三个离均差

| $X$ | $X-M$ |
|---|---|
| 2 | −3 |
| 9 | +4 |
| — | ← 第三个离均差是多少？ |

因为离均差的总和总是为零（参见例 4.1），所以第三个离均差必须是−1。请注意，低于均值 1 的数是 $X=4$。

---

在例 4.8 中，3 个分数中的前两个可以是任意值，不过最后一个分数依据前面两个值而定。一般而言，个数为 $n$ 的样本，前 $n-1$ 个数可以自由变化，但最后一个数应是受限的。因此，样本有 $n-1$ 种自由度。

**定义**

对于一个有 $n$ 个分数的样本，样本变异的**自由度**或 $df$ 可定义为：$df=n-1$。自由度决定了样本中独立、自由变化的分数数量。

样本中的 $n-1$ 种自由度与在样本方差和标准差公式中使用的 $n-1$ 相同。记住，方差是离均差的平方的均值。为了计算样本的方差（离均差的平方的均值），我们求出各离均差的平方之和（$SS$），再除以可自由变化的分数的个数。这个数是 $n-1=df$。因此，样本方差的公式是：

$$s^2=\frac{\text{离均差的平方和}}{\text{自由变化的个数}}=\frac{SS}{df}=\frac{SS}{n-1} \tag{4-10}$$

样本标准差的公式是：

$$s=\sqrt{s^2}=\sqrt{\frac{SS}{df}}=\sqrt{\frac{SS}{n-1}} \tag{4-11}$$

在本书后面的章节中，我们将在其他情况下使用自由度的概念。现在，我们只需知道样本均值限制样本分数的变化。仅有 $n-1$ 个分数可自由变化，$df=n-1$（参见专栏 4-2 的类比）。

## 专栏 4-2　自助餐风格的自由度

自助餐厅虽然不太可能成为讨论统计数据的地方，但我们可以用食物来做一个自由度的类比，并讨论一下食物。这个类比虽然不是我们所说的统计自由度的真正含义，但可以帮助我们对样本变异性受到限制的一般概念有所了解。

自助餐厅有大量的甜点可以准备和供应——馅饼、蛋糕、布丁、不同口味的冰激凌、饼干等，似乎数不胜数。在某一天，自助餐厅提供多种甜点供选择。而这些选择只是可以提供的大量不同甜点中的一个样本。在这个特殊的下午，自助餐厅有五种甜点（见图4-8）。为了简单起见，假设自助餐厅每种甜点只有一份，而且只有5名顾客。当这些人到达甜点展示区时，他们沿着自助餐厅排队，将食物放在托盘上。我们将观察他们对甜点的反应，这可能因人而异。观察次数（甜点的选择）可以自由变化。考虑以下场景：

排队的第一个人可能从五种甜点中选择苹果派。

排队的第二个人可能从剩下的四种甜点中选择巧克力蛋糕。

第三个人可能从剩下的三种甜点中选择圣代。

第四个人可能在剩下的两种甜点中选择水果。

也就是说，观察中的每一个选择都可以自由变化，直到最后一个人，他只能选择饼干。因此，就像一个样本的$n-1$个分数可以自由变化一样，自助餐厅的$n-1$种甜点选择也可以自由变化。

**图4-8　在$n=5$种甜点中，$n-1$种可供选择**

## 学习检查

1. 以下哪项解释了为什么需要对样本方差公式进行修正？

a. 如果通过除以$n$而不是$n-1$来计算样本方差，则结果会低估总体方差。

b. 如果通过除以$n$而不是$n-1$来计算样本方差，则结果会高估总体方差。

c. 如果通过除以$n-1$而不是$n$来计算样本方差，则结果会低估总体方差。

d. 如果通过除以$n-1$而不是$n$来计算样本方差，则结果会高估总体方差。

2. 在什么情况下，当计算样本的离均差平方和$SS$时，计算公式优于定义公式？

a. 当样本均值为整数时。

b. 当样本均值不为整数时。

c. 当样本方差为整数时。

d. 当样本方差不为整数时。

3. 以下$n=5$的样本分数的方差是多少？分数：2，0，8，2，3。

a. $81/4=20.25$　　b. $36/4=9$　　c. $36/5=7.2$　　d. $\sqrt{9}=3$

**答案**　1. a　2. b　3. b

## 4.5　作为无偏统计的样本方差

### 学习目标

12. 定义有偏和无偏统计。

13. 解释为什么样本均值和样本方差（除以$n-1$）是无偏统计。

### 有偏和无偏统计

之前我们注意到，样本变异性往往会低估相应的总体变异性。因此，这是一种有偏见的统计数据。为了解决这个问题，我们调整了样本方差的公式，除以 $n-1$ 而不是 $n$。这种调整的结果是，样本方差能够更准确地代表总体方差。可以明确的是，除以 $n-1$ 提供了一个对总体方差无偏统计的样本方差。这并不意味着每个样本方差和总体方差完全相等，事实上，一些样本方差高估了总体方差，一些又低估了总体方差；然而，所有样本方差的均值即是对总体方差的精确估计。这就是无偏统计的含义。

**定义**

如果许多不同样本的样本统计量的均值等于总体参数，那么该样本统计量就是**无偏差**的（统计量的均值来自样本大小为 $n$ 的所有可能的样本）。

如果样本统计量的均值低估或高估了相应的总体参数，那么该统计量就是**有偏差**的。

接下来的例子阐释了有偏差和无偏差的概念。

**例 4.9**

某总体刚好包含 3 个数，它们是 0，3，9。通过简单的计算可以求得均值 $\mu=4$，方差为 $\sigma^2=14$。

接下来，我们将从该总体中选出 $n=2$ 的样本。事实上，我们得到了所有 $n=2$ 的样本，表 4-9 列出了这一系列的样本。注意：为确保每个可能的样本都被包括在内，我们系统地列出样本，先列出首个分数为 0 的样本，然后列出首个分数为 3 的所有样本，依此类推。该表共显示了 9 个样本。

在这个例子中，我们假设了“有放回抽样”(sampling with replacement)。在这种类型的随机抽样中，在每次选择之后都会将所选的个体放回样本中，因此同一个个体可能会被多次选择到。在第 6 章中，你将学习有关有放回抽样的更多内容。

最后，我们算出每个样本的均值和方差，注意，我们用两种不同的方法计算样本方差。第一种方法是没有校正而简单地使用通过将 $SS$ 除以 $n$ 得到的样本方差。第二种方法是使用正确的样本方差，也就是用 $SS$ 除以 $n-1$ 得到的无偏方差。你可以计算其中的一个或两个值来证实我们的计算。表 4-9 列出了全部的样本均值和样本方差。

**表 4-9　样本均值和样本方差**

| 样本 | 第一个分数 | 第二个分数 | 样本统计量 | | |
|---|---|---|---|---|---|
| | | | 均值 $M$ | 有偏方差（使用 $n$） | 无偏方差（使用 $n-1$） |
| 1 | 0 | 0 | 0.00 | 0.00 | 0.00 |
| 2 | 0 | 3 | 1.50 | 2.25 | 4.50 |
| 3 | 0 | 9 | 4.50 | 20.25 | 40.50 |
| 4 | 3 | 0 | 1.50 | 2.25 | 4.50 |
| 5 | 3 | 3 | 3.00 | 0.00 | 0.00 |
| 6 | 3 | 9 | 6.00 | 9.00 | 18.00 |
| 7 | 9 | 0 | 4.50 | 20.25 | 40.50 |
| 8 | 9 | 3 | 6.00 | 9.00 | 18.00 |
| 9 | 9 | 9 | 9.00 | 0.00 | 0.00 |
| 合计 | | | 36.00 | 63.00 | 126.00 |

说明：从例 4.9 描述的总体中选出所有 $n=2$ 的样本，算出每个样本的均值，并用两种不同的方法计算样本方差：(1) 直接除以 $n$，这种方法不正确，会产生统计偏差；(2) 除以 $n-1$，这种方法正确，得出无偏统计。

首先，考虑样本方差有偏统计，除以 $n$ 的这一列。在该列中 9 个样本方差加起来的和为 63，由此得出平均方差为 63/9=7。然而，最初的总体方差是 $\sigma^2=14$。注意，这些样本方差的均值与总体方差值不相等，如果除以 $n$ 来计算样本方差，那么，其结果将不能精确地估计总体方差。一般情况下，这些样本方差低估了总体方差，因此这种方法是有偏统计。

然后，考虑用 $n-1$ 计算样本方差这一列。虽然总体方差等于 14，但是，样本方差中没有一个刚好等于总体方差。但如果你考虑到全部样本方差，你会发现，9 个值相加为 126，均值为$\frac{126}{9}=14$。因此，样本方差均值恰好等于原始总体方差。一般情况下，样本方差（用 $n-1$ 计算）可以得出总体方差的精确的无偏统计。

最后，直接把你的注意力集中到样本均值这一列。在这个例子中，最初的总体均值为 $\mu=4$，尽管样本中没有一个均值刚好等于 4。如果你考虑到全部的样本均值，你会发现，9 个样本的均值加起来的和为 36，所以每个样本均值的均值是 36/9=4。注意，各样本均值的均值刚好等于总体均值。再次说明，这就是无偏统计的含义。一般来说，样本统计量是总体参数的准确代表。在本例中，9 个样本的均值恰好等于总体均值。

总之，样本均值和样本方差（用 $n-1$ 计算）两者都是无偏统计的例子。这使得样本均值和样本方差在推论统计中极为重要。尽管单个样本的均值和方差不大可能与总体刚好相等，但一般来说，样本均值和样本方差可以精确地估计对应的总体参数。

**学习检查**

1. 研究人员从总体中抽取样本并计算样本的统计量。以下哪项陈述是正确的？

a. 如果样本统计量高估了相应的总体参数，则统计量是有偏的。

b. 如果样本统计量低估了相应的总体参数，则统计量是有偏的。

c. 如果样本统计量等于相应的总体参数，则统计量是无偏的。

d. 以上都不是。

2. 研究人员从总体中抽取所有可能的 $n=4$ 样本。接下来，研究人员计算每个样本的统计量并计算所有统计量的均值。以下哪项陈述最准确？

a. 如果平均统计量高估了相应的总体参数，则统计量是有偏的。

b. 如果平均统计量低估了相应的总体参数，则统计量是有偏的。

c. 如果平均统计量等于相应的总体参数，则统计量是无偏的。

d. 以上所有都对。

3. 从 $\mu=30$ 和 $\sigma=5$ 的总体中选择 $n=3$ 个分数的所有可能样本，并计算每个样本的均值。如果计算所有样本均值的平均值，将得到什么值？

a. 30。 b. 大于 30。

c. 小于 30。 d. 接近 30 但不完全等于 30。

**答案** 1. d 2. d 3. a

## 4.6 更多关于方差与标准差的内容

### 学习目标

14. 描述均值和标准差如何在总体或样本的频数分布图中呈现。

15. 描述对均值和标准偏的影响，并计算以下每一个结果：从每个分数中添加或删除一个常数，将每个分数乘以或除以一个常数。

16. 描述在文献中如何报告均值和标准差。

17. 根据均值和标准差确定分布的一般情况。

18. 解释样本方差如何影响样本数据的模式。

### 在频数分布图中呈现均值和标准差

在频数分布图中，往往可通过画一条垂线并用 $\mu$ 或 $M$ 标记此垂线来定位均值。因为标准差是测量到均值的距离，所以可通过一个从均值指向外的箭头或直线来表示标准差，该直线的长度恰与标准差的长度相等，并用 $\sigma$ 或 $s$ 标记。图 4－9（a）呈现了一个均值 $\mu=80$、标准差 $\sigma=8$ 的总体分布的例子。图 4－9（b）呈现了一个均值 $M=16$、标准差 $s=2$ 的样本分布的例子。在草图中，你可在分布的中央用一条垂线来表示均值，标准差线约为均值到极端值距离的 1/2 处。［注意：在图 4－9（a）中，我们可以看到标准差线在均值的右边。你应该意识到，我们也可在均值的左边画一条标准差线或画两条直线（或箭头），一条在左边，一条在右边，如图 4－9（b）所示。每种情况下，目的都是找出到均值的标准距离。］

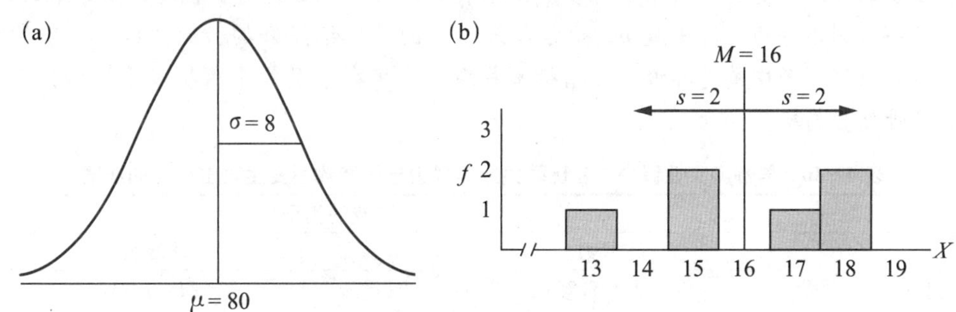


**图 4－9　在频数分布图中呈现均值和标准差**

说明：（a）是均值 $\mu=80$、标准差 $\sigma=8$ 的总体分布。（b）是均值 $M=16$、标准差 $s=2$ 的样本分布。

### 转换尺度

有时，通过给一系列分数中的每一个数加一个常数值或乘以某个常数来改变分数。例如，给接受过某种处理的每位被试的分数增加一个固定的值，或改变测量的单位（例如，将每个 $X$ 乘以 60，把分转化为秒）。当把分值通过这种方式进行转换后，标准差将会发生什么变化呢？

确定转换对标准差影响效果的最简单的方法是记住标准差是距离的测量。如果你选择了任意两个值，看看它们之间的距离发生了什么变化，你也会找到标准差发生了什么变化。

**1. 给每个分值加上某个常数不改变标准差。**如果有一个分布，其均值是 40，标准差是 10，你给每个分数加上 5，那么标准差发生了什么变化？考虑此分布中的任意两个分数：例如，假设这些是考试分数，并且你的分数是 $X=41$，而你的朋友的分数是 $X=43$。这两个分数之间的距离是 $43-41=2$ 分。在每个分数加上常数 5 分后，你的分数将是 $X=46$，而你的朋友将有 $X=48$。分数之间的距离仍然是 2 分。因此，给每个分数加上某常数对它们之间的距离不会产生任何影响，也不会影响标准差。如果你把它想成频数分布直方图，这种情况会看得更清楚。例如，你给每个分数加上 10，那么图中的每个分数将向右移动 10 个单位，整个分布移动到比原分布多 10 个单位的位置。注意，均值同分数一起移动，也增加 10 个单位。然而，变异性并不因此而改变，原因是所有的离均差（$X-\mu$）没有发生变化。

**2. 每个分数乘以某常数，其标准差也要乘以同样的常数。**考虑到我们先前看到的考试分布，如果均值等于 40，那么标准差是 10。如果每个分数乘以 2，那么标准差将发生什么变化呢？我们再看这两个分数：$X=41$ 和 $X=43$ 之间原来 2 分的差距变为 $X=82$ 和 $X=86$ 之间 4 分的差距，是原距离的 2 倍。因此，每个分数乘以某常数，致使它们之间的距离也乘以某常数，所以标准差也要乘以相同的常数。

## 在文献中

心理学研究中的因变量通常是从等距或等比尺度的测量中获得的数据。因此，在报告研究结果时，研究者常给出集中趋势和变异性的描述性信息。当在一项研究中将均值作为集中趋势的描述性信息进行报告时，也会将标准差一同报告以描述变异性。同样，当研究报告中位数时，也会一同报告四分位距。

### 报告标准差

在很多杂志中，尤其是那些 APA 模式的，采用 *SD* 表示样本标准差。例如，结果可陈述为：

观看暴力卡通的儿童（均值是 12.45，标准差是 3.70）比观看控制卡通的儿童（均值是 4.22，标准差是 1.04）表现出更多的攻击行为。

当报告多组的描述测量时，其结果可以总结在表中。表 4－10 展示了假设数据的结果。

有时，表中也列出每组的样本量 $n$。记住，表的目的是用组织好的、简洁的、精确的方式表现数据。均值也可以用图表中的变异性度量指标来呈现。这将在第 7 章中用标准误进行演示，标准误是另一种变异性度量指标。

**表 4－10　男性和女性青少年在玩暴力或非暴力电子游戏后发生攻击行为的次数**

| | 游戏的类型 | |
|---|---|---|
| | 暴力 | 非暴力 |
| 男性 | $M=7.72$ | $M=4.34$ |
| | $SD=2.43$ | $SD=2.16$ |
| 女性 | $M=2.47$ | $M=1.61$ |
| | $SD=0.92$ | $SD=0.68$ |

### 报告四分位距

正如均值和标准差一起报告作为集中趋势和变异性的描述测量指标一样，中位数和四分位距也是如此，这是因为这两种测量都与百分等级有关。请记住，中位数是第 50 个百分位数（*Q*2），四分位距基于第 25 个百分位数（*Q*1）和第 75 个百分位数（*Q*3）之间的分数范围。这些测量可以通过表格或称为箱形图的图表形式呈现。

Nitzschlner，Melis，Kaminski 和 Tomasello（2012）研究了狗是否可以通过观察其他狗与人的互动来评估人。将一只测试狗放在一个单独的围栏中，观察房间里的一只示范狗和两个人——一个给予示范狗关注的“好”人，一个不与示范狗互动的“无视”人。随后，将测试狗与两人一同安置在房间内。“好”人和“无视”人在对面的角落，记录了测试狗在每个人附近停留的时间。与本研究中观察到的数据相似的假设数据报告如表 4－11 所示：

**表 4－11　“好”人和“无视”人对应狗的反应**

| | 观察狗的反应 | |
|---|---|---|
| | “好”人 | “无视”人 |
| 时间中位数（秒） | 6 | 5 |
| 四分位距 | 3 | 6 |

中位数和四分位距通常以箱形图形式呈现。一个基本的箱形图还包括从最小 $X$ 值到最大 $X$ 值的

全距。图 4－10 显示了表中数据的箱形图。该图具有三个基本特征：一个箱子、一条穿过箱子的水平条和通常被称为“须”的垂直线。箱子的高度反映了四分位距，因此箱子的底部对应于 $Q1$ 的 $X$ 值，箱子的顶部对应于 $Q3$ 的 $X$ 值。穿过框的水平条被放置在中位数的地方。垂直“须”线表示全距，因此底部和顶部分别显示分布中的最低和最高分数。

箱形图的优点是有助于快速浏览数据的摘要。在这项研究中，测试狗并没有仅仅通过观察示范狗来表现出对人的偏好。然而，正如你可能猜到的那样，有直接经验的狗对“好”人表现出强烈的偏好。

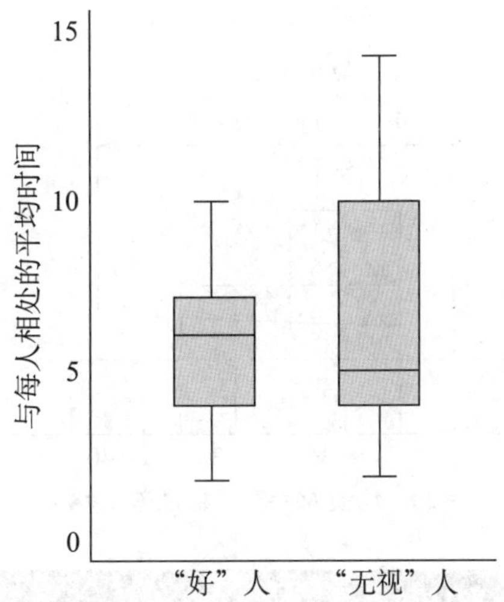


**图 4－10　箱形图显示四分位距（框的高度）、中位数（框内的水平条）和全距（垂直“须”线）**

---

标准差和描述统计

因为标准差需要复杂的计算，所以在计算标准差的时候就容易遗漏一些东西，忘记标准差是什么及为什么它很重要。标准差主要是一个描述测量工具，它描述了分数在分布中的变化和分散状况。行为科学家必须研究人和动物的变异性。人并不都是一样的，他们有着不同的态度、见解、天赋、智商和个性。虽然可以计算这些变量的均值，但描述其差异性一样重要。标准差是通过测量到均值的距离来描述变异性的。在任意分布中，有些分数将会靠近均值，其他的将相对地远离均值，标准差提供的是到均值的典型的、标准的距离。

**描述整体分布**　研究者常常通过报告均值和标准差对数据进行总结，而不是将所有个体分数列在分布中。当你看到这两个统计量时，你应该能想象出整个数据。例如，有一个均值 $M=36$、标准差 $s=4$ 的样本。虽然有很多方式呈现这些数据，但最简单的方法是想象（或绘制）直方图，在图中用方块呈现每一个分数。例如，这些数据可以以一堆方块聚集在 $M=36$ 周围的方式呈现。个体的分数或者说方块分散在均值的两侧，一些离均值比较近，一些离均值比较远。一般来说，在分布中大约 70%的分数距离均值在一个标准差之内，几乎所有的分数（大约 95%）距离均值在两个标准差之内。在这个例子中，到均值的标准距离是 $s=4$，所以你的图中大部分方块到均值的距离在 4 以内，几乎所有都在 8 以内。图 4－11 呈现了一个可能的图。

**描述个体分数的位置**　图 4－11 不但显示了均值和标准差，而且用这两个值重新构建了潜在的测量尺度（$X$ 值沿着水平线）。测量尺度帮助我们完成了对整个分布的样貌的把握，并把每个分数与其他值联系起来。在本例中，你应当知道 $X=34$ 位于靠近分布的中心的地方，且仅略低于均值。而 $X=45$ 是极端高分值，应位于分布右侧离均值较远的地方。

注意，分数的相对位置部分取决于标准差大小。举例来说，图 4－9 呈现了一个均值 $\mu=80$、标

准差 $\sigma=8$ 的总体分布和一个均值 $M=16$、标准差 $s=2$ 的样本分布。在总体分布中，一个比均值大4的分数比均值稍大，但是显然不是一个极端值。而在样本分布中，一个比均值大4的分数是一个极端值。在每一个分布中，分数的相对位置依赖于标准差的大小。对于总体，和均值有4分的偏差是相对较小的，相当于标准差的一半。然而对于样本，4分的偏差是非常大的，是标准差的两倍。

这部分讨论表明均值和标准差不是简单抽象的概念或数学公式；相反，它们是具体的、有意义的，尤其是在一系列分数的分布中。均值和标准差是大多数统计方法的中心概念，在接下来的章节里还将列出。透彻地理解这两个统计量，对学习接下来的更为复杂的过程大有帮助（见专栏4-3）。

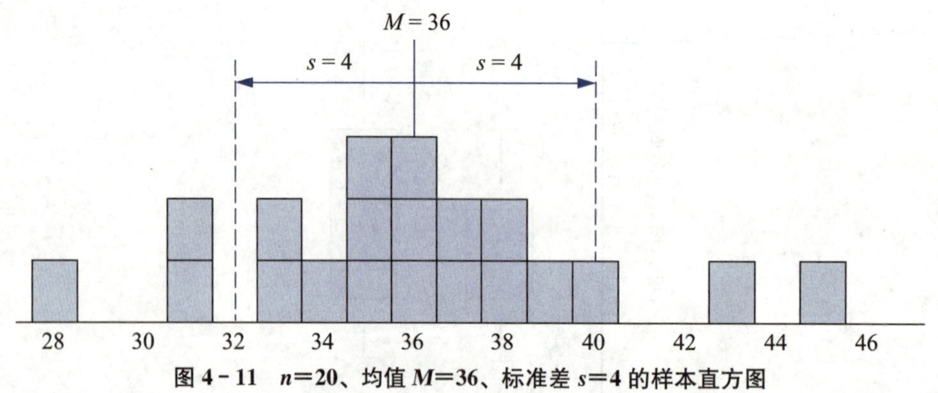


图4-11 $n=20$、均值 $M=36$、标准差 $s=4$ 的样本直方图

## 专栏4-3 均值和标准差的类比

尽管均值和标准差的基本概念不太复杂，但接下来的类比会使学生更为深刻透彻地理解这两个统计量。

在我们当地社区里，新高中选址于社区的中心地带。位于社区西部边界的另一块地也曾被考虑过，但最终被否决，原因是居住在社区东边的学生须坐较长时间的车。在该例中，高中的位置类似均值的概念；正如高中位于社区的中心一样，均值位于分布的中心。

对于社区内的每个学生，可以测量出居住地和新高中之间的距离，有些学生的居住地离新学校只有几站，其他的则有3英里之远。每个学生去学校须行驶的平均距离是0.80英里，到学校的平均距离类似标准差的概念，就是说标准差测量的是单个分值到均值的标准距离。

## 方差和推论统计

总的来说，推论统计的目的是在研究结果中找到有意义和显著的模式。基本问题是在样本数据中观察到的模式是否反映了相应总体中的模式，或者仅仅是随机的、偶尔发生的起伏变化。变异在推论过程中扮演了一个重要的角色，因为数据中的变异影响观察到模式的难度。总的来说，低变异性说明数据中存在的模式能被清晰地看到，然而高变异性使可能存在的任何模式模糊不清。接下来的例子说明了变异性如何影响模式的发现。

**例4.10**

在大部分的研究中，目标是比较两组（或更多组）数据的均值。例如：

治疗之后抑郁的平均水平是否低于治疗之前？

对男性和对女性的态度平均分是否有所不同？

特殊班级的学生是否比常规班级的学生有更高的平均阅读成绩?

在上面的每一种情况中,研究者的目标是找到两组均值的差异,说明在实验结果中有显著意义的模式。变异性在决定是否存在一种清晰的模式中扮演了重要角色。考虑下面两个实验假设结果的数据,每个结果都在对比两种处理情况。对于这两个实验,你的任务都是确定处理 1 的分数和处理 2 的分数之间是否有稳定的差异(见表 4-12、表 4-13)。

**表 4-12 实验 A 处理**

| 实验 A | |
|---|---|
| 处理 1 | 处理 2 |
| 10 | 14 |
| 9 | 16 |
| 11 | 15 |
| 10 | 15 |

**表 4-13 实验 B 处理**

| 实验 B | |
|---|---|
| 处理 1 | 处理 2 |
| 8 | 17 |
| 15 | 20 |
| 12 | 13 |
| 5 | 10 |

我们构建了两个实验的数据,每个实验中两种处理的均值之间都相差 5 分:一般情况下,处理 2 的分数比处理 1 的分数高 5 分。这 5 分的区别在实验 A 中比较容易看到,这里的变异性比较小,不过,同样的 5 分在变异性比较大的实验 B 中很难看到。这再次说明,高变异性会使数据中的模式模糊。这个现象在图中更有说服力。图 4-12 呈现了实验 A 和 B 中的两组数据。可以看到,实验 A 中的结果清晰展现了两个处理之间 5 分的差距。一组的分数在 10 分处聚集,另一组的分数在 15 分处聚集。而实验 B 中的分数看起来两组处理没有显著差异,随机地混合在一起。

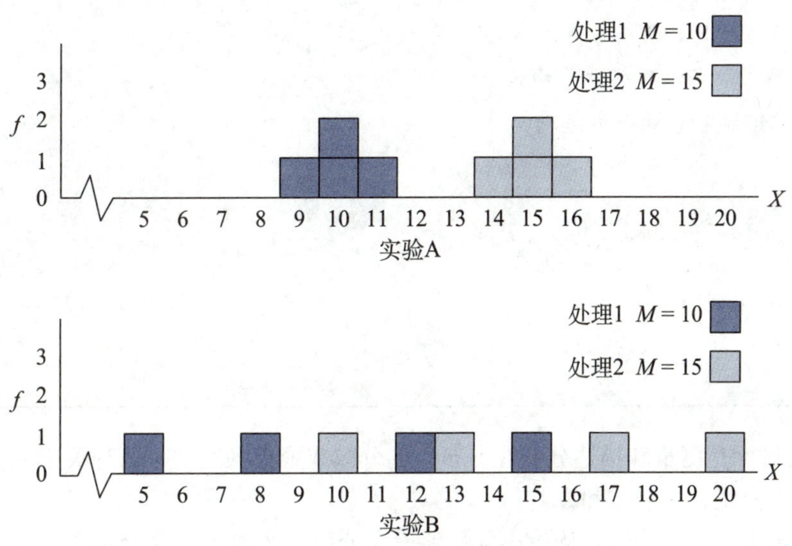


**图 4-12 两个实验的结果**

说明:在实验 A 中,变异性较小,可以看到两个处理间均值 5 分的差异。而在实验 B 中,由于高变异性,两个处理间均值 5 分的差异是模糊的。

在推论统计中,样本数据的方差常常被定义为误差方差。这个术语说明了样本方差代表分数间不能解释和控制的差异。当误差方差增加时,在数据中可能存在的系统差异或模式更难被识别。变异就像无线电台发射的静电干扰或者当你进入信号较差区域时的手机表现。总之,变异使我们更难从数据中获得清晰的信号。高变异使我们难以或无法看到两组分数之间均值的差异或在研究结果中其他有意义的模式。

### 学习检查

1. 如果在频数分布图中显示 $\mu=40$ 和 $\sigma=5$ 的正态分布的总体，那么均值和标准差应如何显示？

a. 均值由在 $X=40$ 处绘制的垂直线表示，标准差由在 $X=45$ 处绘制的垂直线表示。

b. 均值由图表下方指向 $X=40$ 的箭头表示，标准差由在 $X=45$ 处绘制的垂直线表示。

c. 均值由在 $X=40$ 处绘制的垂直线表示，标准差由从 $X=40$ 到 $X=45$ 绘制的水平线表示。

d. 均值由图表下方指向 $X=40$ 的箭头表示，标准差由从 $X=40$ 到 $X=45$ 绘制的水平线表示。

2. 如果在均值 $\mu=45$ 和标准差 $\sigma=6$ 的总体中的每个分数上加 5，$\mu$ 和 $\sigma$ 变为多少？

a. $\mu=45$ 和 $\sigma=6$　　b. $\mu=45$ 和 $\sigma=11$

c. $\mu=50$ 和 $\sigma=6$　　d. $\mu=50$ 和 $\sigma=11$

3. 一项研究得出 $n=25$ 名参与者样本的均值为 12.7，标准差为 2.3。如何在研究文献中报告样本均值和标准差？

a. $M=12.7$ 和 $s=2.3$　　b. $M=12.7$ 和 $SD=2.3$

c. $Mn=12.7$ 和 $s=2.3$　　d. $Mn=12.7$ 和 $SD=2.3$

4. 对于以下哪个分布，$X=35$ 是最极端的？

a. $\mu=30$ 和 $\sigma=5$　　b. $\mu=30$ 和 $\sigma=10$

c. $\mu=25$ 和 $\sigma=5$　　d. $\mu=25$ 和 $\sigma=10$

5. 第一个样本代表处理 1 中的分数，第二个样本代表处理 2 中的分数。哪一组样本统计数据可以最清晰地显示两种处理之间的真实平均差异？

a. $M_1=40$, $M_2=45$，两个方差均为 15

b. $M_1=40$, $M_2=45$，两个方差均为 3

c. $M_1=40$, $M_2=42$，两个方差均为 15

d. $M_1=40$, $M_2=42$，两个方差均为 3

**答案** 1. c　2. c　3. b　4. c　5. b

## 小　结

1. 变异性的目标是测量和描述分数在分布中的分散或聚集状况。有四种关于变异性的基本测量方法：全距、四分位距、标准差和方差。

全距是指分布中的全部分数，从最小分数到最大分数的距离。它完全由两个极端值来决定，是一种粗糙的、不可靠的变异性测量方法。

四分位距比全距更具描述性，因为它修剪了极端分数并提供了一个反映分布中心的中间 50%分数的范围。

标准差和方差是测量变异性最常用的方法。这两种测量方法都是以这种观念为基础，即每个分数都可以通过它的离均差或到均值的距离来描述。方差是离均差的平方的均值。标准差是方差的平方根，是一种测量到均值的标准距离的方法。

2. 为了计算方差或标准差，首先必须找出各离均差的平方和 $SS$（除了符号上的微小差别，总体和样本的 $SS$ 计算方法是完全相同的）。计算 $SS$ 有两种方法。

方法一，依定义，你可通过以下步骤来求出 $SS$：

a. 找出每个分数的离均差（$X-\mu$）。

b. 给每个离均差取平方（$X-\mu$）$^2$。

c. 求出各离均差的平方和。

该过程可用如下公式进行总结：

$$\text{定义公式：} SS=\sum(X-\mu)^2$$

方法二，离均差的平方和也可以用计算式来求得。尤其是当均值不是整数时，该方法更为重要：

$$\text{计算公式：} SS=\sum X^2-\frac{(\sum X)^2}{N}$$

3. 方差是离均差的平方的均值。可以通过找出离均差的平方的和，然后除以分数个数求得。总体方差为：

$$\sigma^2=\frac{SS}{N}$$

样本方差中仅有 $n-1$ 个分数可以自由变化（自由度 $df=n-1$），所以样本方差为：

$$s^2=\frac{SS}{n-1}=\frac{SS}{df}$$

在样本公式中，用 $n-1$ 使样本方差精确无偏差地估计总体方差。

4. 标准差是方差的平方根，总体标准差为：

$$\sum=\sqrt{\frac{SS}{N}}$$

样本标准差为：

$$s=\sqrt{\frac{SS}{n-1}}=\sqrt{\frac{SS}{df}}$$

5. 在分布中给每个分数加上某常数不会改变标准差。然而，乘以某常数，其标准差也要乘以相同的常数。

6. 因为均值确定了分布的中心，而标准差描述了与均值的平均距离，所以利用这两个值不仅可以创建一个相当准确的整体分布的图像，还可以描述任何个体得分在分布中的相对位置。

7. 较大的方差会模糊数据中的模式，因此会给推论统计带来问题。

## 关键术语

| | | |
|---|---|---|
| 变异性 | 四分位距 | 标准差 |
| 全距 | 离均差 | 离均差平方和 $SS$ |
| 四分位数 | 方差 | 总体方差 $\sigma^2$ |
| 总体标准差 $\sigma$ | 样本标准差 $s$ | 有偏统计量 |
| 样本方差 $s^2$ | 自由度 $df$ | 无偏统计量 |
| 箱形图 | | |

## 关注问题解决

1. 变异性的目的是提供一种测量分数在分布中的分散状况的方法，通常采用标准差来进行描述。计算标准差相对复杂，因而在进行计算之前先初步估计标准差是较为明智的。记住，标准差是一种测量到均值的典型的、标准距离的方法。因此，标准差必定在离均差的最大值与最小值之间的某个位置。一般情况下，标准差是全距的 1/4。

2. 不要试图记住 $SS$、方差和标准差的所有公式。你应当着重记住这些指标的定义，以及它们之间的逻辑关联。

$SS$ 是离均差的平方和。

方差是离均差的平方的均值。

标准差是方差的平方根。

唯一须记住的公式是关于平方和 $SS$ 的计算式。

3. 当分数源于样本时，常见错误是在 $SS$ 计算公式中用 $n-1$。记住，$SS$ 公式总是用 $n$ 或 $N$。你必须在方差和标准差中用 $n-1$ 来校正样本偏差。

## 示例 4.1

### 变异性的计算

计算下列数据的方差和标准差，分数为：

10，7，6，10，6，15

**步骤 1　计算 $SS$，离均差平方和。**

我们将用计算式。在这个样本中，$n=6$。

$$\sum X=10+7+6+10+6+15=54$$

$$\sum X^2=10^2+7^2+6^2+10^2+6^2+15^2$$
$$=546$$

$$SS=\sum X^2-\frac{(\sum X)^2}{N}=546-\frac{(54)^2}{6}$$
$$=546-486$$
$$=60$$

**步骤 2　计算样本方差。**

对于样本方差，$SS$ 除以的是自由度，$df=n-1$。

$$s^2=\frac{SS}{n-1}=\frac{60}{5}=12$$

**步骤 3　计算样本标准差。**

标准差是方差的平方根：

$$s=\sqrt{12}=3.46$$

## SPSS

附录 D 有 SPSS 使用方法的主要介绍。下面是使用 SPSS 计算全距、标准差、四分位距和方差的细节指导。这些步骤也将用于生成数据的箱形图。

### 演示示例

假设一间大学招生办公室对一群大学申请者的经济多样性感兴趣。他们收到 $n=30$ 个申请人样本的家庭年收入。下面列出了这些申请人的年收入。

| | | | | | | | |
|---|---|---|---|---|---|---|---|
| $34 863 | $73 633 | $91 625 | $67 317 | $54 457 | $80 673 | $32 487 | $32 191 |
| $6 236 | $42 729 | $67 922 | $55 959 | $103 594 | $2 990 | $35 539 | $65 953 |
| $53 403 | $43 685 | $85 985 | $47 346 | $54 062 | $91 879 | $101 336 | $31 319 |
| $31 688 | $37 414 | $51 717 | $41 943 | $78 754 | $52 015 | | |

**数据输入**

1. 使用数据编辑器的 Variable View 创建一个新变量。在 Name 字段中输入“收入”。在 Type 字段中选择 Numeric，在 Measure 字段中选择 Scale。在 Label 字段中输入变量的简短描述性标题（此处使用“申请人的家庭年收入”）。

2. 点击 Data View，在数据编辑器的“收入”栏中输入所有分数。

**数据分析**

1. 点击工具栏中的 Analyze，选择 Descrptive Statistics，然后点击 Explore。

2. 选中左侧框中包含有分数的列标签（“家庭年收入……”），然后使用箭头把它移入 Dependent List 框。

3. 单击 Plots 并取消选中“Explore：Plots”窗口中的 Stem-and-leaf。单击 Continue。

4. 点击 OK。

**SPSS 输出**

SPSS 输出包含三个部分。Case Processing Summary 部分报告分析中包含的分数数量（$N=30$）。Descriptives 部分列出了表中样本的统计信息。你应该熟悉本报告中的大部分统计数据。例如，“均值”一栏报告平均收入为 $55 023.80。请注意，95%置信区间和标准误将在后面的章节中介绍。另请注意，本教科书未讨论 5%截断均值、偏态和峰态。重要的是，Descriptives 部分列出了几个变异性测量。全距＝$100 604，$IQR=$ $39 543，$s=$ $25 609.07。请注意，方差（$s^2$）的值非常大，因为方差统计报告了每个分数与均值之间的均方差。SPSS 使用样本方差公式，而不是总体方差公式。

Annual Household Income of Applicant 部分包含数据的箱形图。方框中心的粗黑线表示中位数（$Mdn=$ $52 709）。方框顶部的线是第 75 个百分位分数（即 $Q3=$ $74 913），方框底部是第 25 个百分位数（即 $Q1=$ $35 370）。图顶部的水平线代表最高分数（$103 594），图底部的水平线代表最低分数（$2 990）。

**操作练习**

使用 SPSS 总结以下一组分数的变异性：

| | | | | | | | | | |
|---|---|---|---|---|---|---|---|---|---|
| 665 | 542 | 496 | 564 | 452 | 413 | 524 | 455 | 311 | 604 |
| 456 | 510 | 445 | 602 | 617 | 323 | 419 | 501 | 506 | 408 |

SPSS 将得到以下统计数据：

| | |
|---|---|
| 均值 | 490.65 |
| 中位数 | 498.50 |
| 方差 | 8 732.03 |
| 标准差 | 93.45 |
| 最小值 | 311 |
| 最大值 | 665 |
| 全距 | 354 |
| 四分位距 | 133 |

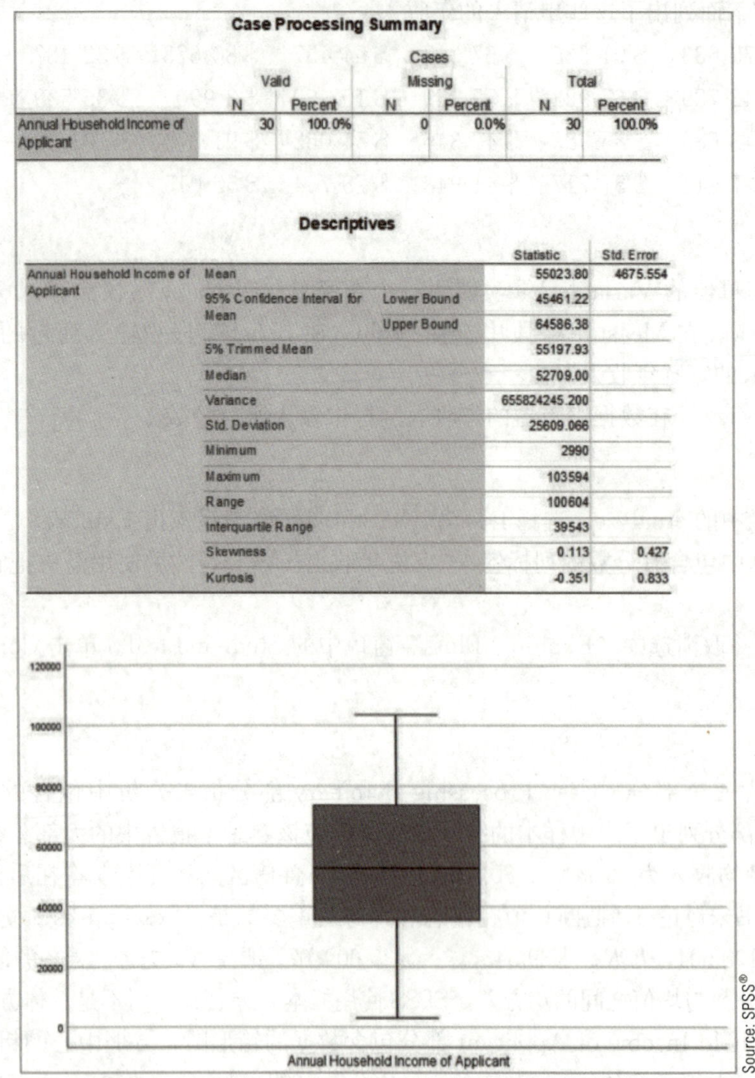

**Case Processing Summary**

| | Cases | | | | | |
|---|---|---|---|---|---|---|
| | Valid | | Missing | | Total | |
| | N | Percent | N | Percent | N | Percent |
| Annual Household Income of Applicant | 30 | 100.0% | 0 | 0.0% | 30 | 100.0% |

**Descriptives**

| | | | Statistic | Std. Error |
|---|---|---|---|---|
| Annual Household Income of Applicant | Mean | | 55023.80 | 4675.554 |
| | 95% Confidence Interval for Mean | Lower Bound | 45461.22 | |
| | | Upper Bound | 64586.38 | |
| | 5% Trimmed Mean | | 55197.93 | |
| | Median | | 52709.00 | |
| | Variance | | 655824245.200 | |
| | Std. Deviation | | 25609.066 | |
| | Minimum | | 2990 | |
| | Maximum | | 103594 | |
| | Range | | 100604 | |
| | Interquartile Range | | 39543 | |
| | Skewness | | 0.113 | 0.427 |
| | Kurtosis | | -0.351 | 0.833 |



## 练习题

1. 简要解释测量变异性的定义及目标。

2. 计算以下分数的全距是多少？分数：6，12，9，17，11，4，14。

3. 计算以下连续变量中一组分数的全距和四分位距。计算第 25 个和第 75 个百分位数的分数，解释为什么四分位距比全距更能描述数据的变异性？分数：5，1，6，5，4，6，7，12。

4. 计算以下连续变量中一组分数的全距和四分位距。分数：23，13，10，8，10，9，11，12。

5. 解释方差和标准差测量的是什么。

6. 是否会得到负的离均差平方和（SS）、方差和标准差？

7. 计算下列 $N=4$ 的总体的 $SS$、方差和标准差。分数：0，6，6，8。

8. 计算下列 $N=5$ 的总体的 $SS$、方差和标准差。分数：6，0，4，2，3。

9. 若样本标准差为 0，请描述该样本中的分数。

10. 有两种不同的公式或方法用于计算 $SS$。

a. 什么情况下定义公式好用？

b. 什么情况下首选计算公式？

11. 计算以下两组分数的均值。使用计算公式和定义公式来计算两组分数的 $SS$。计算结果四舍五入到小数点后两位。解释为什么 A 组和 B 组计算的 $SS$ 存在差异？哪一个是正确的？

A 组：8，9，11，9，12，9

B 组：8，9，11，9，12，5

12. 对于下列 $N=10$ 的总体：5，12，14，6，14，8，11，8，12，10

a. 绘制总体分布的直方图。

b. 在图中标出总体均值的位置，并估计标准差（参见例 4.2）。

c. 计算总体的 $SS$、方差和标准差（比较估计值与实际 $\sigma$ 值）。

13. 对于下列 $N=8$ 的总体：1，3，1，10，1，0，1，3

a. 计算 $SS$、方差和标准差。

b. 应该使用哪个公式计算 $SS$，并做出解释。

14. 计算下列 $N=7$ 的总体的 $SS$、方差和标准差。分数：8，1，4，3，5，3，4。

15. 对于以下一组分数：6，2，3，0，4

a. 如果分数是一个总体，方差和标准差是多少？

b. 如果分数是一个样本，方差和标准差是多少？

16. 解释为什么样本方差公式与总体方差公式不同。为什么在计算样本方差时不能使用总体方差公式？

17. 对于 $n=12$ 的样本，方差公式的分母应该使用什么值？均值公式的分母使用什么值？解释为什么这两个公式的分母使用不同的值。

18. 对于下列 $n=6$ 的样本：0，11，5，10，5，5

a. 绘制样本分布的直方图。

b. 在图中标出样本均值的位置，并估计标准差。

c. 计算样本的 $SS$、方差和标准差（比较估计值与实际 $s$ 值）。

19. 计算下列 $n=9$ 的样本的 $SS$、方差和标准差。分数：4，16，5，15，12，9，10，10，9。

20. 计算下列 $n=5$ 的样本的 $SS$、方差和标准差。分数：2，9，5，5，9。

21. 对于下列总体：1，4，7

a. 计算总体均值和方差。

b. 下表中列出了总体中所有的 $n=2$ 的可能样本，前三行（样本 a～c）作为示例。请完成下表。

c. 分别计算 $M$、$\frac{SS}{n-1}$、$\frac{SS}{n}$ 列中所有值的均值，并说明哪些值与总体参数匹配、哪些统计数据是有偏的、哪些统计数据是无偏的。

| 样本 | 分数 1 | 分数 2 | $M=\frac{\sum X}{n}$ | $SS$ | $\frac{SS}{n-1}$ | $\frac{SS}{n}$ |
|---|---|---|---|---|---|---|
| a | 1 | 1 | 1.00 | 0.00 | 0.00 | 0.00 |
| b | 1 | 4 | 2.50 | 4.50 | 4.50 | 2.25 |
| c | 1 | 7 | 4.00 | 18.00 | 18.00 | 9.00 |
| d | 4 | 1 | 2.50 | | | |
| e | 4 | 4 | 4.00 | | | |
| f | 4 | 7 | 5.50 | | | |
| g | 7 | 1 | 4.00 | | | |
| h | 7 | 4 | 5.50 | | | |
| i | 7 | 7 | 7.00 | | | |

22. 以下样本：2，8，4，6，5，$\frac{SS}{n}=4$，总体方差的实际值最可能是多少？

23. 对于 $n=12$ 的样本，其均值为 60，标准差为 3，则该样本的 $\sum X$ 及 $SS$ 分别是多少？

24. 对于 $n=10$ 的样本，其均值为 25，标准差为 4，则该样本的 $\sum X$ 及 $SS$ 分别是多少？

25. 一个总体的均值为 $\mu=100$，标准差为 $\sigma=20$。请绘制总体的频数分布图并标明均值和标准差。

26. 一个总体的均值为 50，标准差为 10。

a. 如果总体中的每个分数都加 3，那么均值和标准差的新值是多少？

b. 如果总体中的每个分数都乘以 2，那么均值和标准差的新值是多少？

27. 解决以下问题。

a. 将样本中的每个分数加上 6 后，发现均值为 70，标准差为 13。那么，原始样本的均值和标准差是多少？

b. 将样本中的每个分数乘以 3 后，发现均值为 48，标准差为 18。那么，原始样本的均值和标准差是多少？

28. 计算下列 $n=5$ 的样本的均值和标准差。分数：70，72，71，80，72。（提示：为简化算术，可以从每个分数中减去 70 以得到新样本。然后，计算新样本的均值和标准差。最后，对每个分数加 70 进行校正，从而求出原始样本的均值和标准差。）

29. 对下列 $n=8$ 的样本：0，1，$\frac{1}{2}$，0，3，$\frac{1}{2}$，0，1

a. 首先将每个分数乘以 2 来简化算术，得到新样本。然后，计算新样本的均值和标准差。

b. 基于 a 中得到的值，对已乘以 2 的值进行校正，以得到原始样本的均值和标准差。

30. 对下列 $N=6$ 的总体：2，9，6，8，9，8

a. 计算全距和标准差（使用任意全距定义均可）。

b. 将每个分数加 2 后，再次计算全距和标准差。

c. 请说明，为每个分数增加一个常数如何影响变异性的测量。

31. 全距完全由分布中的两个极端分数决定。而标准差需要使用分布中的每个分数。

a. 计算下列 $n=4$ 的样本的全距（使用任一定义均可）、方差和标准差。请注意，分布中心有两个分数和两个极值。分数：0，6，6，12。

b. 现在通过将中心的两个分数移到两个极端来增加变异性。再次计算全距、方差和标准差。新分数：0，0，12，12。

c. 根据全距，以上两个分布的变异性如何比较？如何根据方差和标准差比较变异性？

32. 对于样本数据：1，1，9，1

a. 计算均值、$SS$、方差和标准差。

b. 将 $X=9$ 改为 $X=3$，并计算 $SS$、方差和标准差的新值。

c. 请描述一个极端分数如何影响均值和标准差。

33. Luhmann、Schimmack 和 Eid（2011）对收入与主观幸福感之间的关系感兴趣。研究者测量了 1991—2006 年间参与者的收入，并观察到收入的集中趋势和变异性都随着时间的推移而增加。以下年收入（以千美元计）与 Luhmann 等人观察到的数据相似。

a. 计算样本的均值、$SS$、方差和标准差。

b. 请按照文献的格式报告这些描述性统计数据。

| **1991** | **2006** |
|---|---|
| 8 | 15 |
| 18 | 13 |
| 3 | 11 |
| 8 | 27 |
| 8 | 5 |
| 3 | 21 |
| 13 | 3 |
| 3 | 23 |
| 8 | 17 |

34. 每个人在生活满意度上都经历过“起起伏伏”。Boehm、Winning、Segerstrom 和 Kubzansky（2015）研究了生活满意度这种变异性是否与死亡率相关。在 9 年的时间里，4 458 名澳大利亚老年参与者参与了生活满意度的调查，研究者记录了参与者在计划的后续采访时是否已经死亡。参与者对他们的生活满意度进行了评分，从 0 分（不满意）到 10 分（满意）。研究者观察到类似于如下的数据：

| **低死亡率样本** | **高死亡率样本** |
|---|---|
| 1 | 0 |
| 6 | 10 |
| 6 | 10 |
| 7 | 4 |
| 6 | 9 |
| 5 | 3 |
| 5 | 0 |
| 3 | 10 |
| 8 | 2 |
| 3 | 3 |
| 5 | 4 |

a. 计算样本的均值、$SS$、方差和标准差。

b. 请按照文献的格式报告均值和标准差。

35. 如果你曾经尝试学习一项新的机械技能，你可能会注意到，掌握这项技能所需的手眼协调能力可以通过练习来学习。为了证明练习的效果，Li（2008）研究了棱镜护目镜对参与者指向目标的准确性的影响。棱镜护目镜将眼睛里的图像转移到一边。实验参与者分为三个阶段：不戴棱镜护目镜的基线阶段、戴棱镜护目镜的前适应阶段和戴棱镜护目镜的后适应阶段。研究者以厘米为单位测量参与者指向的目标的距离。研究者观察到的数据如下：

| 前适应阶段 | 后适应阶段 |
|---|---|
| 5 | 0 |
| 23 | 10 |
| 5 | 0 |
| 20 | 7 |
| 9 | 7 |
| 11 | 3 |
| 11 | 8 |

描述适应对参与者的指向与目标之间的距离的影响。确保你的描述包括一些关于集中趋势和变化的讨论。

36. 一场考试的平均分为 40 分，你的分数为 35 分。

a. 对于标准差为 2 和标准差为 8，哪种情况下，你的考试成绩相对于其他学生的成绩更好？（提示：画出每个分布并找到分数的位置。）

b. 如果你的分数是 46 分，你更喜欢标准差为 2 还是标准差为 8？为什么？

37. 一个总体的均值为 50，标准差为 15；另一个总体的均值为 50，标准差为 5。

a. 绘制两个分布，并标出均值和标准差。

b. 在以上分布中，$X=65$ 的分数是否会被视为极值（在尾部）？为什么？

38. 一位老师想了解学习课程对测验成绩的影响。对两个班级分别进行了前测（学习前）和后测（学习后）。教师记录了以下四组分数：

a. 对于上述四组分数中的每组，分别计算样本均值和标准差。

b. 哪一班的学习效果最明显？为什么。

| 班级 1 前测 | 班级 1 后测 |
|---|---|
| 14 | 18 |
| 5 | 20 |
| 12 | 20 |
| 12 | 20 |
| 8 | 24 |
| 9 | 18 |
| 10 | 20 |

| 班级 2 前测 | 班级 2 后测 |
|---|---|
| 20 | 10 |
| 2 | 21 |
| 12 | 12 |
| 8 | 28 |
| 12 | 21 |
| 4 | 20 |
| 12 | 28 |

# *z* 分数：分数的位置和标准化

# 第 5 章

**学习本章需要掌握的相关知识**

下列术语是学好本章的关键背景知识。如果对这些知识有不明白之处，应复习先前学过的相关章节。

- 均值（第 3 章）
- 标准差（第 4 章）
- 基础代数知识（数学复习，可参考附录 A）

**章节概览**

## 引 言

常见的认知能力测试要求参与者通过视觉呈现进行搜索，并且尽快响应特定目标。这类测试被称为知觉速度测试。知觉速度测试通常被用于预测对速度和准确性具有高要求的工作表现。尽管存在许多不同的测验，但是图 5-1 呈现了一个典型的例子。这项任务要求参与者尽快在呈现的数字中进行搜索，并圈出两个数字之和为 10 的数字对，参与者完成任务所需时间及犯错的次数决定了其成绩。这类纸笔测验的一个缺点是评分费时费力，因为研究者必须也要对全部呈现内容进行搜索，才能评判参与者的错误数量，从而对其准确性水平进行评价。Ackerman 和 Beier (2007) 提出了计算机化测试。参与者通过触摸感应器，对计算机上呈现的一系列数字对进行响应。计算机化的测试十分可靠，其评分等同于纸笔测验在认知技能方面的评估。它的优势在于，在参与者完成测试时可以立即得出测试分数。

假设你完成了 Ackerman 和 Beier 的测试，根据你完成测试花费的时间和测试中犯的错误，你得到了一个 92 分的成绩，这说明你表现得如何？这说明你的速度高于平均水平、处于平均水平，还是远低于平均水平？答案是，你不知道你的 92 分和其他参加了相同测试的人的成绩相比结果如何。现在假设你还被告知了认知速度测试分数的分布的均值 $\mu=86.75$、标准差 $\sigma=10.50$。结合这些附加的信息，你应该能了解到你的成绩（$X=92$）是略高于平均水平，但不是一个特别高的成绩。

在这一章中，我们将介绍将个人实测分数转化成 $z$ 分数的统计程序，这样每一个 $z$ 分数都是一个有意义的值，这些值可以帮助准确识别原始分数在完整分布中的位置。正如你将看到的，$z$ 分数使用均值作为参照点，来决定是否实测分数高于或低于平均水平；$z$ 分数还使用标准差作为描述个体分数与平均水平间的差异大小的尺度。例如，$z$ 分数可以告诉你，你的成绩是高于均值两个标准差，还是低于均值 0.5 个标准差。对于均值和标准差的理解有助于学习 $z$ 分数。

| 64 | 23 | 19 | 31 | 19 | 46 | 31 | 91 | 83 | 82 | 82 | 46 | 19 | 87 |
|---|---|---|---|---|---|---|---|---|---|---|---|---|---|
| 11 | 42 | 94 | 87 | 64 | 44 | 19 | 55 | 82 | 46 | 57 | 98 | 39 | 46 |
| 78 | 73 | 72 | 66 | 63 | 71 | 67 | 42 | 62 | 73 | 45 | 22 | 62 | 99 |
| 73 | 91 | 52 | 37 | 55 | 97 | 91 | 51 | 44 | 23 | 46 | 64 | 97 | 62 |
| 97 | 31 | 21 | 49 | 93 | 91 | 89 | 46 | 73 | 82 | 55 | 98 | 12 | 56 |
| 73 | 82 | 37 | 55 | 89 | 83 | 73 | 27 | 83 | 82 | 73 | 46 | 97 | 62 |
| 57 | 96 | 46 | 55 | 46 | 19 | 13 | 67 | 73 | 26 | 58 | 64 | 32 | 73 |
| 23 | 94 | 66 | 55 | 91 | 73 | 67 | 73 | 82 | 55 | 64 | 62 | 46 | 39 |
| 87 | 11 | 99 | 73 | 56 | 73 | 63 | 73 | 91 | 82 | 63 | 33 | 16 | 88 |
| 19 | 42 | 62 | 91 | 12 | 82 | 32 | 92 | 73 | 46 | 68 | 19 | 11 | 64 |
| 93 | 91 | 32 | 82 | 63 | 91 | 46 | 46 | 36 | 55 | 19 | 92 | 62 | 71 |

**图 5-1 一个认知速度任务的例子**

说明：参与者被要求尽快从呈现材料中搜索并圈出数字之和为 10 的数字对。

## 5.1 $z$ 分数简介

在前两章中，我们介绍了用来描述原始分数整体分布情况的均值和标准差的概念。现在，我们将注意力转移到分布中个体的分数上。这一章将介绍一种统计技术，它运用均值和标准差把原始分数（$X$值）转化成为$z$分数或标准分数，$z$分数或标准分数用于描述每个分数在分布中的确切位置。

下面的例子将示范为什么$z$分数有用，以及如何将$X$值转换成$z$分数。

**例 5.1**

假设在一次统计测验中，你的分数是26分。你和其他同学相比怎么样？显然，你需要更多的信息去回答这个问题。你的成绩$X=26$可能是班级中最好的成绩之一，或者可能是分布中最低的分数。要确定你的分数的位置，你需要掌握分布中其他分数的信息，例如，知道班级均分是有用的。如果均分$M=20$，你在班级中的位置要比均分$M=35$时要好。显而易见，你相对于班级中其他同学分数的位置取决于班级均分。但是，均值本身不足以说明你成绩的确切位置。假设你知道这次统计测验的均分$M=20$及你的成绩$X=26$。在这一点上，你知道你的成绩高于均分6分，但是你仍然不知道你成绩的确切位置。6分可能是相对大的距离，并且你的分数可能是班级中的最高分之一，或者6分可能是相对小的距离，并且你的分数只比平均分略高一点。图5-2展示了两个可能的分布。两个分布的均值都是$M=20$，但是一个分布的标准差是$s=2$，而另一个分布的标准差是$s=10$。图中的阴影框是$X=26$的位置。当标准差$s=2$时，你的成绩$X=26$位于最右侧尾部，是分布中的最高分。然而，在另一个$s=10$的分布中，你的成绩只是略高于均值。因此，分布离散程度也很重要。你的分数在分布中的位置取决于标准差和均值。

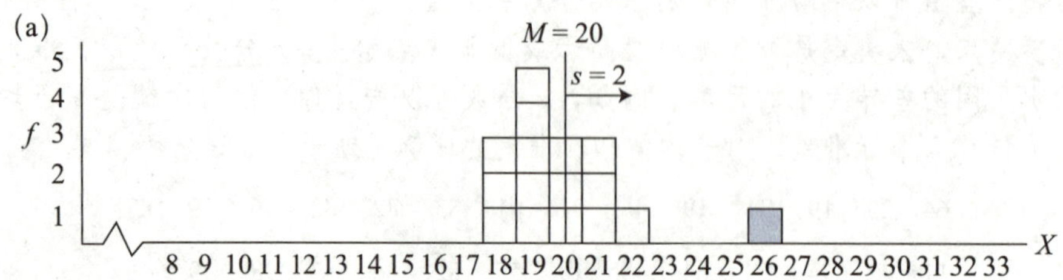


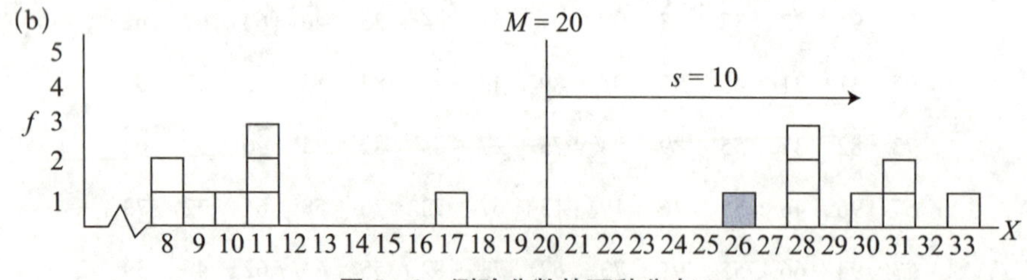


**图 5-2 测验分数的两种分布**

说明：每一个分布的均值$M=20$，标准差分别为$s=2$和$s=10$。在两个分布中，你的成绩$X=26$的相对位置大相径庭。

上述例子是为了说明，分数本身无法提供很多其在分布中所在位置的必要信息。这些原始的、不变的分数是测验的直接结果，它们被称为原始分数（raw scores）。为了使原始分数更具有意义，通常来说，它们会被转换成包含更多信息的新值，这种转换是$z$分数的目的之一。特别是在我们将实测分数$X$转换成$z$分数后，$z$分数可以告知我们原始分数在分布中的确切位置。

$z$分数的第二个目的是标准化整个分布。智力分数的分布就是一个常见的标准化分布的例子。尽管有各种不同的智力测验，但是这些测验分数通常会被标准化到均值为100和标准差为15的分布中。因为这些智力分数大多是经过标准化的，所以即使它们来自于不同的测验，仍然可以被理解和比较。例如，我们都知道，无论使用何种智力测验，智力分数 95 都是略低于平均水平。同理，智力分数 145 是相当高的分数。总之，标准化的过程将不同的分布进行等效处理。标准化过程的优点在于使得不同的分布具有可比性。

总而言之，将实测分数 $X$ 转换至 $z$ 分数的过程有两大目的：

1. 每个 $z$ 分数都说明了对应的原始分数在分布中的具体位置；
2. $z$ 分数形成的标准化分布能直接和其他测验被转换成 $z$ 分数的分布进行比较。

接下来将依次讨论这两个目的。

## 5.2　$z$ 分数及其在分布中的位置

### 学习目标

1. 解释 $z$ 分数如何识别总体或样本分数分布中的确切位置。
2. 使用 $z$ 分数的定义或 $z$ 分数的公式将总体与样本分数的实测分数 $X$ 转换为 $z$ 分数，以及将 $z$ 分数转换成实测分数 $X$。

$z$ 分数的一个主要目的是描述分数在分布内的精确位置。$z$ 分数通过将每个 $X$ 值转换成“+”或“−”标记的数字来实现这一目标。

1. 正负号代表这一分数是高于均值还是低于均值；
2. 数字则是用标准差的数量来表示分数和均值之间的距离。

因此，在均值为 100、标准差为 15 的智力分数分布中，分数 $X=130$ 被转换成 $z=+2.00$。这个 $z$ 分数表明该分数正位于高于（+）均值两个标准差（30 分）的位置。

**定义**

**$z$ 分数**指定了分布中每一个 $X$ 的具体位置。而 $z$ 分数的符号（+或−）意味着这个分数是高于均值还是低于均值。$z$ 分数的数值则表示该分数距离均值几个标准差。

值得注意的是，一个 $z$ 分数通常由两个部分组成：符号（+或−）和数值。二者是描述原始分数落在分布中哪一位置的必要部分。

图 5 - 3 展示了一个被 $z$ 分数标识的总体分布。请注意，所有实测分数高于均值的 $z$ 分数是正数，所有低于均值的是负数。通过 $z$ 分数的正负号，你可以立刻知道这一分数是高于均值还是低于均值。$z=+2.00$ 总是位于高出均值两个标准差的位置。$z$ 分数的数值则告诉你距离均值几个标准差。还要注意图 5 - 3 并未给出总体均值和标准差的具体值。无论分布的均值和标准差是多少，$z$ 分数标识的位置对于所有的分布来说都是一样的。

> 无论何时使用 $z$ 分数，你都应该想象或者画出类似于图 5 - 3 的图。尽管你应该意识到不是所有的分布都服从正态，但是我们将以正态分布作为例子来展示总体中的 $z$ 分数。

现在，让我们一起回到图 5 - 2 展示的两个分布，使用 $z$ 分数对 $X=26$ 在两个分布中的位置分别进行描述：

在图 5 - 2（a）中，标准差为 2，分数 $X=26$ 对应 $z=+3.00$。也就是说，该分数位于高于均值 3 个标准差的位置。

在图 5 - 2（b）中，标准差为 10，分数 $X=26$ 对应 $z=+0.60$。在这个分布中，分数位于高于均值 1/6 个标准差的位置。

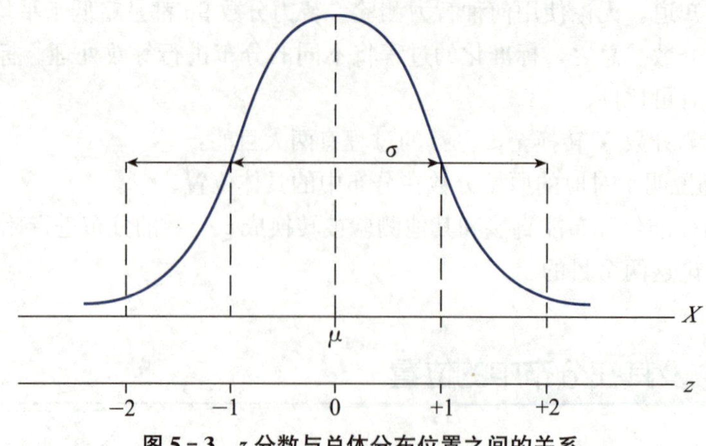

图 5-3 z 分数与总体分布位置之间的关系

### z 分数的公式

只要心算对你来说是容易的，z 分数的定义就足以帮助你实现 X 值和 z 分数之间的转换。对于更复杂的一些数值，最好使用一个公式帮助我们进行计算。幸运的是，X 值和 z 分数的关系可以容易地通过一个公式进行表达。公式为：

$$z=\frac{X-\mu}{\sigma} \tag{5-1}$$

式中，分子 $X-\mu$ 是离均差（第 4 章），它测量了 X 和 $\mu$ 之间的距离，其符号表示 X 高于均值还是低于均值。而后用离均差除以标准差 $\sigma$，这是因为我们想要以标准差为单位来测量实测分数和均值之间的距离。该公式与 z 分数的定义中使用的是相同的算法，并且当数据更加复杂时，它提供了一个结构化的公式来进行计算。接下来的例子展示了如何运用 z 分数公式。

**例 5.2**

某分布的均值 $\mu=100$，标准差 $\sigma=10$，若 $X=130$，则其对应的 z 分数是多少？

根据定义，z 分数为+3，因为原始分数位于高于均值 3 个标准差的位置。使用 z 分数的公式，我们可以得到：

$$z=\frac{X-\mu}{\sigma}=\frac{130-100}{10}=\frac{30}{10}=+3.00$$

由 z 分数公式得到的结果与根据 z 分数定义得到的结果一致。

**例 5.3**

某分布的均值 $\mu=86$，标准差 $\sigma=7$，若 $X=95$，则其对应的 z 分数是多少？

请注意，这个问题并不容易，特别是如果你尝试使用 z 分数的定义进行心算。但是，你可以使用计算器根据 z 分数的公式进行计算。

使用 z 分数的公式，我们可以得到：

$$z=\frac{X-\mu}{\sigma}=\frac{95-86}{7}=\frac{9}{7}=+1.29$$

根据 z 分数公式计算可得 $X=95$ 对应 $z=1.29$。这个 z 分数表示原始分数位于比高于均值一个标准差还略高的位置。

使用 z 分数公式时，留意 z 分数的定义也是有用的。例如，我们在例 5.3 中用公式计算 $X=95$

对应的 $z$ 分数，并且得到 $z=1.29$。使用 $z$ 分数的定义，我们可以知道 $X=95$ 是位于高于均值 9 分的位置，这个位置是略超出高于均值一个标准差的位置（$\sigma=7$）。因此，$z$ 分数应该是正数并且这个值略高于 1。由此可得，通过定义预测的结果与使用公式计算的结果完全一致。但是，如果计算结果与之不符，例如 $z=0.78$，你应该意识到这个答案与根据定义得到的答案不一致。这就说明计算出现了错误，你应该对计算过程进行检查。

### 根据 $z$ 分数确定原始分数

通过 $z$ 分数的公式［公式（5－1）］能够有效地将 $X$ 值转换成 $z$ 分数，但当你想反向转换时，这个公式并不好用。一般来说，当进行反向转换时，使用 $z$ 分数的定义比使用公式来得容易。请记住，$z$ 分数用方向和距离描述了原始分数对均值的相对位置。但是，定义可以通过公式的形式表达出来。我们将使用一个简单的问题来演示如何建立公式：

某分布的均值 $\mu=60$，标准差 $\sigma=8$，$X$ 为何值时，对应的 $z$ 分数是 $-1.50$?

为了解决这个问题，我们将使用 $z$ 分数的定义并且仔细检查过程中的每一步。这个 $z$ 分数表明对应的 $X$ 值位于低于均值 1.5 个标准差处。因此，计算的第一步是确定对应 1.5 个标准差的距离。对于这个问题，因为标准差 $\sigma=8$，所以 1.5 个标准差相当于 12 分。下一步是计算低于均值 12 分的 $X$ 值。由于均值 $\mu=60$，分数为：

$$X=\mu-12=60-12=48$$

这两个步骤可以合为一个公式：

$$X=\mu+z\sigma \tag{5-2}$$

在这个公式中，$z\sigma$ 的值是 $X$ 的离均差，它决定了 $X$ 距离均值的方向和大小。在这个问题中，$z\sigma=(-1.5)\times(8)=-12$，或者说是比均值低 12 分。公式（5－2）对均值和距离均值的偏差进行结合，来确定 $X$ 具体的数值。注意 $z$ 分数符号的重要性，如果 $z$ 分数是正数，那么 $z\sigma$ 和均值是相加的；反之，二者相减。对于负的 $z$ 分数，计算公式如下：

$$X=\mu+(-z\sigma)$$

因为一个正值乘上一个负值等同于一个负值，因此公式等同于：

$$X=\mu-z\sigma$$

最后，你应该意识到公式（5－1）和公式（5－2）实际上是等价的，是同一个公式的两种不同的变式。如果你选择公式（5－1），通过等式转换来求解 $X$，将会得到公式（5－2）。我们将布置一个练习供尝试。

### 计算样本的 $z$ 分数

假如你使用的是样本均值和样本标准差来确定每个 $z$ 分数的位置，那么样本分数的 $z$ 分数的定义和目的与总体分数的 $z$ 分数是一样的。因此，举例来说，每个 $X$ 值被转换成对应的 $z$ 分数，那么：

1. $z$ 分数的符号表示 $X$ 值是高于还是低于样本均值；

2. $z$ 分数的数值是指样本分数 $X$ 距离样本均值（$M$）多少个样本标准差。

$X$ 转换成 $z$ 分数的公式如下：

$$z=\frac{X-M}{s} \tag{5-3}$$

相似地，$z$ 分数可以通过下面的公式转换成 $X$：

$$X=M+zs \tag{5-4}$$

你应该意识到，这两个公式和总体的公式［公式（5－1）］和［公式（5－2）］是相同的，除了在这两个公式中使用了样本统计量 $M$ 和 $s$ 来替代总体参数 $\mu$ 和 $\sigma$。接下来的例子展示了在一个样本

中进行 $X$ 值和 $z$ 分数的相互转换。

**例 5.4**

某样本的均值 $M=40$，标准差 $s=10$，则 $X=35$ 对应的 $z$ 分数是多少，$z$ 分数为 $+2.00$ 对应的 $X$ 值是多少？

$X=35$ 位于低于均值 5 分处，这个分值刚好是 0.5 个标准差。根据 $z$ 分数的定义，对应的 $z$ 分数是 $z=-0.50$。使用公式（5-3），有

$$z=\frac{X-M}{s}=\frac{35-40}{10}=\frac{-5}{10}=-0.50$$

使用 $z$ 分数的定义，$z=+2.00$ 对应的是高于均值两个标准差的位置。标准差 $s=10$，这是 20 分的距离。那么，高于均值 20 分，则 $X=60$。使用公式（5-4），可得①：

$$X=M+zs=40+2.00(10)=40+20=60$$

**学习检查**

1. $z=-3.00$ 在分布中对应的位置在哪里？

a. 高于均值 3 分　　b. 高于均值 3 个标准差

c. 低于均值 3 分　　d. 低于均值 3 个标准差

2. 某总体均值 $\mu=90$，标准差 $\sigma=12$，$X=102$ 对应的 $z$ 分数是多少？

a. $+0.50$　　b. $+1.00$　　c. $+1.20$　　d. $+12.00$

3. 某样本均值 $M=72$，标准差 $s=4$，$z=-2.00$ 对应的 $X$ 是多少？

a. $X=70$　　b. $X=68$　　c. $X=64$　　d. $X=60$

**答案**　1. d　2. b　3. c

## 5.3　z 分数、原始分数、均值和标准差之间的其他关系

**学习目标**

3. 解释 $z$ 分数如何构建了原始分数、均值和标准差之间的关系，并且根据这种关系，在已知 $z$ 分数、原始分数和标准差的情况下求均值，或者在已知 $z$ 分数、原始分数和均值的情况下求标准差。

在大多数情况下，我们仅仅将原始分数转换成 $z$ 分数，或将 $z$ 分数转换至原始分数。但是，你应该意识到 $z$ 分数构建了原始分数、均值和标准差之间的关系，这种关系可以用于回答关于原始分数及其分布的各种问题，例如以下的两个例子。

**例 5.5**

在某总体中，均值 $\mu=65$，分数 $X=59$ 对应的 $z$ 分数是 $-2.00$。请问总体的标准差是多少？

为了解决这个问题，我们从 $z$ 分数着手。$z$ 分数是 $-2.00$，说明对应的原始分数位于低于均值两个标准差的地方。你还可以确定原始分数（$X=59$）位于低于均值 6 分的地方。因此，两个标准差对应的是 6 分的距离，这意味着 1 个标准差 $\sigma=3$。

① 如果 $z$ 分数是负值，则不要忘记在公式中添上负号，$X=M+(-zs)$。

如下面这个例子所示，同样的关系也存在于样本中。

**例 5.6**

在某样本中，标准差 $s=6$，分数 $X=33$ 对应的 $z$ 分数是 $+1.50$。请问样本均值是多少？

我们再次从 $z$ 分数入手。在这样的情况下，$z$ 分数是 $+1.50$ 意味着原始分数位于高于均值 1.5 个标准差处。由于标准差 $s=6$，原始分数和均值之间的距离是 $1.5\times6=9$，因此，原始分数位于高于均值 9 分处。依据原始分数 $X=33$，可以得知均值为 $M=24$。

许多学生如果画出包含所有问题信息的图，能够更容易理解像例 5.5 和例 5.6 中的问题。对于例 5.5 的问题，先画一个具有均值 $\mu=65$ 的分布（我们使用图 5-4 中呈现的正态分布）。虽然分布的标准差未知，但是你可以在草图上以均值为起点向外画一个代表 1 个标准差的箭头。最后，利用标准差箭头去标识 $z=-2.00$ 的位置（低于均值两个标准差）并且在这个位置标上 $X=59$。图 5-4展示了这些元素。在图中，很容易发现 $X=59$ 是位于低于均值 6 分的位置上，以及这个 6 分的距离对应了两个标准差。同样，如果两个标准差等于 6 分，那么 1 个标准差一定是 $\sigma=3$。

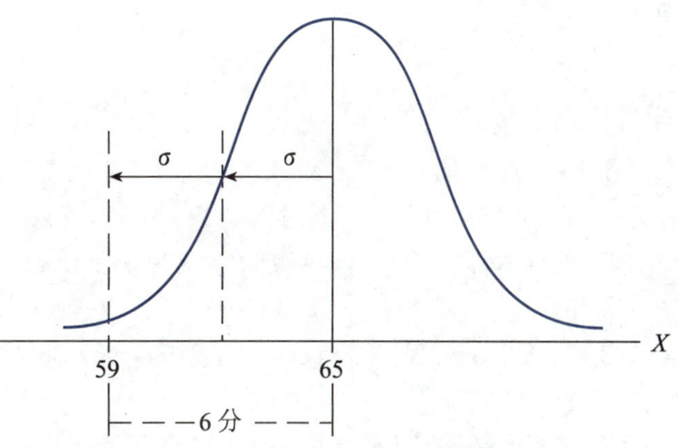


**图 5-4　例 5.5 中问题的示意图**

说明：如果两个标准差对应一个 6 分的距离，那么每个标准差对应 3分。

下面的例子对例 5.5 和例 5.6 进行了略微的改动。这次你需要使用 $z$ 分数的信息去确定总体的均值和标准差。

**例 5.7**

在一个总体分布中，$X=54$ 对应 $z=+2.00$，$X=42$ 对应 $z=-1.00$。请问这个总体的均值和标准差分别是多少？同样，如果许多学生使用画图进行辅助，他们会更容易理解这类问题。所以，我们将问题转化成图 5-5 所示的形式。

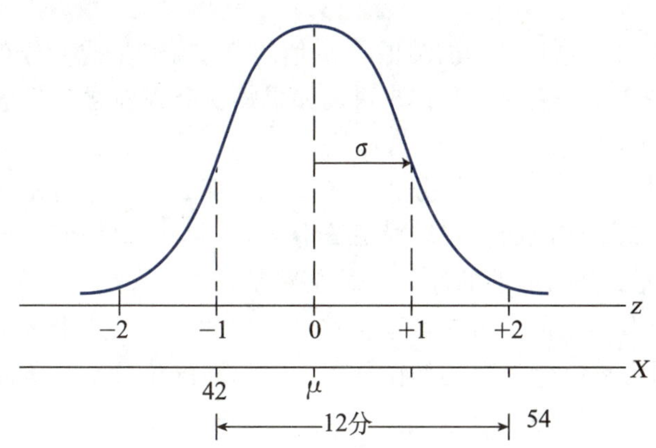


**图 5-5　例 5.7 中问题的示意图**

说明：42 分至 54 分之间 12 分的距离对应 3 个标准差。因此，标准差为 $\sigma=4$。并且 $X=42$ 低于均值 1 个标准差，所以均值 $\mu=46$。

解决这类问题的关键在于两个分数之间的距离。请注意，距离可以使用分数和标准差进行测量。若以分数为单位，则从 $X=42$ 到 $X=54$ 的距离是 12 分。根据两个分数对应的 $z$ 分数可知，$X=42$ 位于低于均值 1 个标准差处，$X=54$ 位于高于均值两个标准差处（见图 5-5）。因此，两个分数之间的距离等于 3 个标准差。由此，我们确定两个分数间 12 分的距离等于 3 个标准差。可以表示为：

$$3\sigma=12\text{ 分}$$

两边同除以 3，可得

$$\sigma=4\text{ 分}$$

最后，请注意 $X=42$ 对应 $z=-1.00$，

这说明 $X=42$ 位于低于均值 1 个标准差处。由于 1 个标准差 $\sigma=4$，所以均值 $\mu=46$。因此，总体的均值为 $\mu=46$，标准差为 $\sigma=4$。

接下来的例子是让你通过解决类似于例 5.7 的问题，来测试你对于以上内容的理解情况。

**例 5.8**

在一个样本分布中，$X=64$ 对应 $z=0.50$，$X=72$ 对应 $z=1.50$。请问这个样本的均值和标准差分别是多少？请记住，如果绘制示意图，将更容易解决问题。你应该得到 $M=60$ 和 $s=8$ 这两个答案。祝你好运。

**学习检查**

1. 某总体均值 $\mu=70$，$X=68$ 对应的 $z$ 分数是 $z=-0.50$。请问总体标准差是多少？
   a. 1　　b. 2　　c. 4　　d. 缺少信息，无法计算
2. 某样本标准差 $s=4$，$X=64$ 对应的 $z$ 分数是 $z=-0.50$。请问样本均值是多少？
   a. $M=62$　　b. $M=60$　　c. $M=66$　　d. $M=68$
3. 某总体分数 $X=50$ 对应 $z=+2.00$，$X=35$ 对应 $z=-1.00$。请问总体均值是多少？
   a. 35　　b. 40　　c. 37.5　　d. 45
4. 某样本分数 $X=70$ 对应 $z=+2.00$，$X=65$ 对应 $z=+1.00$。请问样本均值和标准差分别是多少？
   a. $M=60$，$s=5$　　b. $M=60$，$s=10$　　c. $M=50$，$s=10$　　d. $M=50$，$s=5$

**答案**　1. c　2. c　3. b　4. a

## 5.4　使用 $z$ 分数标准化分布

**学习目标**

4. 讲述将全部分数转换为 $z$ 分数进行标准化的作用，解释这种转换的优点。

### 总体分布

可以将总体中每一个 $X$ 值转换成对应的 $z$ 分数。这种处理的结果是 $X$ 值的分布被转换成 $z$ 分布（见图 5-6）。新的 $z$ 分布所具有的特征使转换变得十分有用。具体来讲，如果每一个 $X$ 都被转换成 $z$ 分数，那么 $z$ 分布具有以下特性：

**1. 形态**　$z$ 分布的形态与原始分数分布相同。例如，若原始分布是负偏态，那么 $z$ 分布也是负偏态。如果原始分布是正态，那么 $z$ 分布也是正态。将原始分布转换成 $z$ 分数，不会改变任何分数在分布中的位置。举例来说，任意一个高于均值 1 个标准差的原始分数都将被转换成 $z=+1.00$，这个 $z$ 分数仍然高于均值 1 个标准差。将原始分布转换成 $z$ 分布，不会移动分数的位置；这个过程只是简单地重新标记每个分数（见图 5-6）。因为每一个分数还是在分布中的相同的位置上，所以整个分布的形态没有改变。

**2. 均值**　$z$ 分布的均值始终为 0。在图 5-6 中，原始分布的均值 $\mu=100$。当 $X=100$ 转换成 $z$ 分数，则

$$z=\frac{X-\mu}{\sigma}=\frac{100-100}{10}=0$$

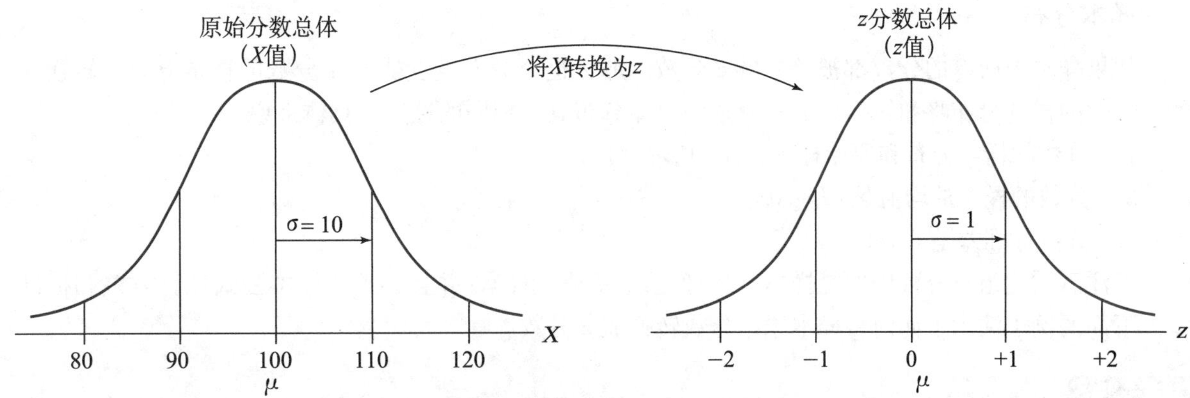


**图 5-6　原始分数分布转换成 $z$ 分数**

说明：虽然这个转换没有改变分布的形态，但是均值被转换成了 0 而标准差转换成了 1。

因此，原来的总体均值在 $z$ 分布中被转换成 0。事实上，$z$ 分布均值为 0，使得均值成为一个方便观察的参照点。回顾 $z$ 分数的定义：所有正的 $z$ 分数都大于均值，所有负的 $z$ 分数都小于均值。换句话说，$z$ 分数均值为零。

**3. 标准差**　$z$ 分布的标准差始终是 1。在图 5-6 中，$X$ 值的原始分布的均值 $\mu=100$，标准差 $\sigma=10$。在这个分布中，$X=110$ 高于均值 10 分或 1 个标准差。当 $X=110$ 被转换成 $z=+1.00$，则它在 $z$ 分布中处于高于均值 1 分的位置。因此，标准差在原始分布中对应 10 分的距离在被转换后，在 $z$ 分布中则对应 1 分的距离。$z$ 分布标准差为 1 的优点在于，$z$ 分数的数值刚好是距离均值的标准差数。例如，$z=1.5$ 刚好是距离均值 1.5 个标准差。

在图 5-6 中，我们展示了 $z$ 分数转换过程，即将一个 $X$ 值分布转换成一个新的 $z$ 分布。实际上，不需要建立完整的 $z$ 分布。相反，你可以考虑将 $z$ 分数转换看作沿着 x 轴，在其下方重新进行标记。也就是说，在 $z$ 分数转换后，你仍然可以获得相同的分布，但是现在每一个 $X$ 值都被转换成了 $z$ 分数。图 5-7 用一个具有两组标签的分布展示了这种方法，$X$ 值在一行上，对应的 $z$ 分数在另一行上。请注意，$z$ 分布的均值为 0，标准差为 1。

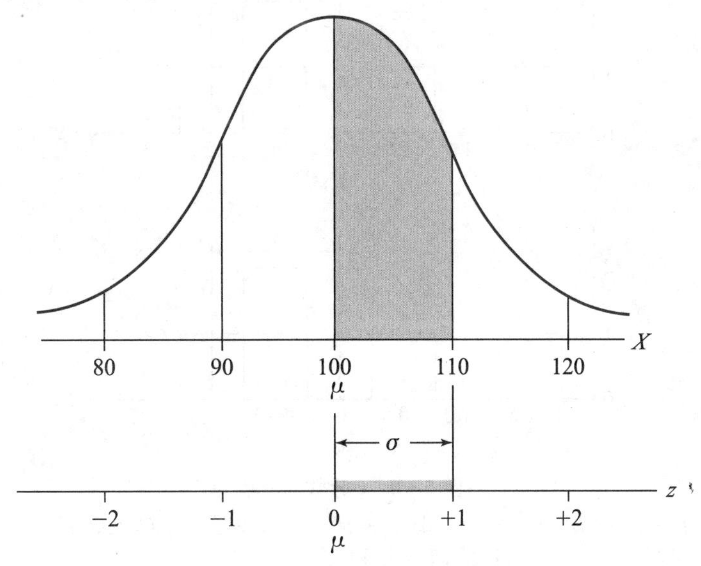


**图 5-7　具有两组标签的分布展示**

说明：在 $z$ 分数转换后，$x$ 轴被 $z$ 分数重新标记。在 $x$ 轴上的 1 个标准差（本例中等于 10 分）的距离对应 $z$ 分数尺度上的 1 分的距离。

### 样本分布

如果样本中所有的分数都被转换成 $z$ 分数，那么这个分布就变成了 $z$ 分数的样本分布。转换后的 $z$ 分数的样本分布将和转换后的 $z$ 分数的总体分布具有相同的性质。具体来说：

1. $z$ 分数的样本分布和原始样本分布的形态相同。

2. $z$ 分数的样本的均值是 $M_z=0$。

3. $z$ 分数标准差是 $s_z=1$。

请注意，这组 $z$ 分数仍然是样本（就像这组 $X$ 值一样），并且必须用样本公式计算方差和标准差。下面的例子演示了如何将样本原始分数转换成 $z$ 分数。

**例 5.9**

我们从 $n=5$ 个分数的样本，即 0，2，4，4，5 开始。经过简单的计算，你应该能确定样本的均值 $M=3$，样本方差 $s^2=4$，以及样本标准差是 $s=2$。使用样本均值和样本标准差，我们可以将每个 $X$ 值转换成 $z$ 分数，例如，$X=5$ 位于高于均值 2 分处。因此，$X=5$ 高于均值 1 个标准差，其对应的 $z$ 分数为 $z=+1.00$。整个样本的 $z$ 分数如表 5-1 所示。

**表 5-1 样本的 $z$ 分数示例**

| $X$ | $z$ |
|---|---|
| 0 | −1.50 |
| 2 | −0.50 |
| 4 | +0.50 |
| 4 | +0.50 |
| 5 | +1.00 |

同样地，通过计算可知，$z$ 分数之和为 $\sum z=0$，所以其均值为 $M_z=0$。图 5-8 展示了 $z$ 分数的转换。

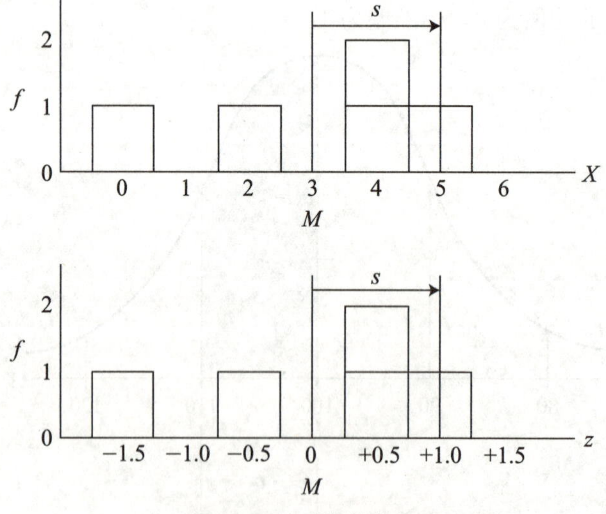


**图 5-8 $z$ 分数的转换**

说明：将一个原始分数分布（上图）转换成 $z$ 分数（下图）将不会改变分布的形态。$z$ 分布的均值将会是 $M=0$，标准差则是 $s=1$。

因为均值为 0，所以每个 $z$ 分数的值是它们与均值的偏差。因此，$z$ 分数的平方和等于偏差的平方和。对于这个 $z$ 分数的样本来说，

$$SS = \sum z^2 = (-1.50)^2 + (-0.50)^2 + (+0.50)^2 + (+0.50)^2 + (+1.00)^2$$
$$= 2.25 + 0.25 + 0.25 + 0.25 + 1.00 = 4.00$$

z 分数的样本方差是：

$$s_z^2 = \frac{SS}{n-1} = \frac{4}{4} = 1.00$$

最后，z 分数的样本标准差是 $s_z = \sqrt{1.00} = 1.00$。一如既往，z 分布均值是 0，标准差是 1。

> 请注意，这组 z 分数一个样本，并且方差和标准差是利用样本公式和自由度 $df=n-1$ 进行计算的。

## 使用 z 分数进行比较

任意一个分布（无论均值或标准差为何值）被转换成 z 分数以后，其对应的 z 分布始终满足 $\mu=0$ 和 $\sigma=1$。因为所有的 z 分布都具有相同的均值和标准差，所以 z 分布被称为标准化分布。

> **定义**
>
> **标准化分布**由一组转换后具有特定均值 $\mu$ 和标准差 $\sigma$ 的分数组成。标准化分布用于令不相似的分布具有可比性。

z 分布是 $\mu=0$、$\sigma=1$ 的标准化分布的一个例子。也就是说，任意一个分布（均值或标准差为任意值）被转换成 z 分数，则转换后的分布始终满足 $\mu=0$ 和 $\sigma=1$。标准化分布的一个优点是它能够帮助比较不同的分数或不同的个体，即使它们来自完全不同的分布。通常情况下，如果两个分数来自不同的分布，它们不可能直接进行比较。例如，假设 Dave 的心理测验成绩为 $X=60$，生物测试的成绩为 $X=56$. 请问 Dave 应该认为他在哪门课程上会取得更好的成绩？

由于这两个成绩来自不同的总体，所以你不能直接比较它们。如果没有额外的信息，则不可能确定 Dave 的成绩在任何一个分布中是高于还是低于均值。在你开始进行比较之前，你必须要知道每一个分布的均值和标准差。假设生物成绩分布的均值 $\mu=48$，标准差 $\sigma=4$；而心理成绩分布的均值 $\mu=50$，标准差 $\sigma=10$。有了这些新信息，你可以画出两个分布的示意图，分别定位 Dave 两门课的成绩，并且比较两个分布所处的位置。

除了画出两个分布去确定 Dave 成绩的位置，我们还可以通过计算两个 z 分数去确定位置。Dave 心理测验的 z 分数是：

$$z = \frac{X-\mu}{\sigma} = \frac{60-50}{10} = \frac{10}{10} = +1.0$$

生物测验的 z 分数是：

$$z = \frac{56-48}{4} = \frac{8}{4} = +2.0$$

> 请确保使用原始分数各自对应的分布的 $\mu$ 和 $\sigma$。

请注意，Dave 的生物测验的 z 分数是+2.0，这说明他的分数高于班级均分两个标准差。另外，心理测验的 z 分数是+1.0，或者说是高于均分 1 个标准差。就相对的班级排名而言，Dave 在生物课上的表现要更好。

请注意，我们不能比较 Dave 两门课程测验的成绩（$X=60$ 和 $X=56$），因为它们来自具有不同均值和标准差的分布。但是，可以比较两个 z 分数，因为所有的 z 分布都具有相同的均值（$\mu=0$）和标准差（$\sigma=1$）。

### 学习检查

1. 均值 $\mu=90$、标准差 $\sigma=20$ 的总体被转换成 z 分数。在转换之后，请问 z 分数总体均值是多少？

a. $\mu=80$　　b. $\mu=1.00$　　c. $\mu=0$　　d. 基于给出的信息无法确定

2. 均值 $M=70$、标准差 $s=15$ 的样本被转换成 $z$ 分数。在转换之后，请问 $z$ 分数样本标准差是多少？

a. 0　　b. 1　　c. $n-1$　　d. $n$

3. 以下哪一个选项是将 $X$ 值转换成 $z$ 分数的优点？

a. 所有负数都消除了　　b. 被转换成了正态分布

c. 所有分数都更加接近均值　　d. 不相似的分布能够相互比较

4. 上周，Sarah 进行了数学和西班牙语考试。数学考试均分 $\mu=30$，标准差 $\sigma=5$，Sarah 的得分为 $X=45$。西班牙语考试均分 $\mu=60$，标准差 $\sigma=6$，Sarah 的得分为 $X=65$。请问 Sarah 认为她哪一门课的成绩更好？

a. 数学

b. 西班牙语

c. 两门课的成绩一样好，因为二者在各自的分布中处于相同的位置

d. 现有信息不足以确定哪一门成绩更好

答案　1. c　2. b　3. d　4. a

## 5.5 基于 $z$ 分数的其他标准化分布

学习目标

5. 使用 $z$ 分数将任意分布转换成预先确定过均值和标准差的标准化分布。

### 将 $z$ 分数转换成预先确定过均值和标准差的分布

$z$ 分布虽然有着十分突出的优势，但是也存在一定的缺陷：含有负值和小数。因此，通常情况下，我们通过将分数分布转换成具有预先确定的均值和标准差，并且所有转换后的分数都为正数的分布，来标准化原始分布。这样做是为了建立一种具有“简单”的均值和标准差的新分布，同时不改变分布中每一个分数的位置。这种类型的标准化分数常用于心理或教育测验中。例如，SAT 的原始分数被转换成 $\mu=500$、$\sigma=100$ 的标准化分布。在智力测验中，原始分数常被转换成均值为 100、标准差为 15 的标准化分数。因为大多数 IQ 测验都被标准化，所以它们具有相同的均值和标准差，可以用于比较来自不同测验的 IQ 分数。

建立新的均值和标准差来标准化分布的过程包含两个步骤，它适用于总体或样本：

1. 原始分数被转换成 $z$ 分数。

2. $z$ 分数被转换成新的 $X$ 值，从而得到具有特定均值和标准差的分布。

这个过程确保在新的分布中每个分数的 $z$ 分数的位置和在原始分布中相同。下面的例子展示了对一个总体进行标准化的过程。

**例 5.10**

在一场心理学考试中，原始成绩分布的均值 $\mu=57$，标准差 $\sigma=14$。考官为了简化分布，将所有的分数转换成 $\mu=50$、$\sigma=10$ 的新的标准化分布。为了展示这个过程，我们以两位学生作为示范：Maria 原始成绩为 $X=64$，Joe 原始成绩为 $X=43$。

**步骤 1**　将每个原始分数转换成 $z$ 分数。

Maria 的原始分数 $X=64$，所以她的 $z$ 分数是：

$$z=\frac{X-\mu}{\sigma}=\frac{64-57}{14}=+0.50$$

Joe 的原始分数 $X=43$，所以他的 $z$ 分数是：

$$z=\frac{X-\mu}{\sigma}=\frac{43-57}{14}=-1.00$$

请记住：$\mu$ 和 $\sigma$ 是 $X$ 所在的原始分布的均值和标准差。

**步骤 2** 将 $z$ 分数转换成新的 $X$ 值，其在一个均值 $\mu=50$、$\sigma=10$ 的新的标准化分布中。

Maria 的 $z$ 分数是 $z=+0.50$，表示她的成绩高于均分 0.5 个标准差。在新的标准化分布中，这个位置对应 $X=55$（高于均分 5 分）。

Joe 的 $z$ 分数是 $z=-1.00$，表示他的成绩低于均分 1 个标准差。在新的分布中，这个位置对应 $X=40$（低于均分 10 分）。

转换结果见表 5-2。注意，以 Joe 为例，他在原始分布和新的分布中都具有相同的 $z$ 分数（$z=-1.00$）。这意味着 Joe 这门课的成绩与班级中其他学生相比的排名没有改变。

**表 5-2 使用例 5.10 的数据示范了当分布被标准化时，分布中的两个分数是如何转换的**

| | 原始成绩 $\mu=57$ 和 $\sigma=14$ | | $z$ 分数的位置 | | 标准化成绩 $\mu=50$ 和 $\sigma=10$ |
|---|---|---|---|---|---|
| Maria | $X=64$ | → | $z=+0.50$ | → | $X=55$ |
| Joe | $X=43$ | → | $z=-1.00$ | → | $X=40$ |

图 5-9 展示了标准化分布未改变个体在分布中的位置。该图展示了来自例 5.10 的原始成绩，原始分布均值 $\mu=57$，标准差 $\sigma=14$。在原始分布中，Joe 位于 $X=43$ 处。除了原始成绩以外，我们还加入了第二种尺度，展示了每个个体在分布中的 $z$ 分数。就 $z$ 分数而言，Joe 位于 $z=-1.00$ 处。另外，我们增加了第三种尺度，展示了标准化成绩，这个标准化分布的均值 $\mu=50$，标准差 $\sigma=10$。对于标准化成绩，Joe 位于 $X=40$。请注意，Joe 始终位于分布中的同一个位置，唯一改变了的是用于记录 Joe 分数的数字：Joe 的原始成绩是 43，$z$ 分数是 $-1.00$，标准化成绩是 40。

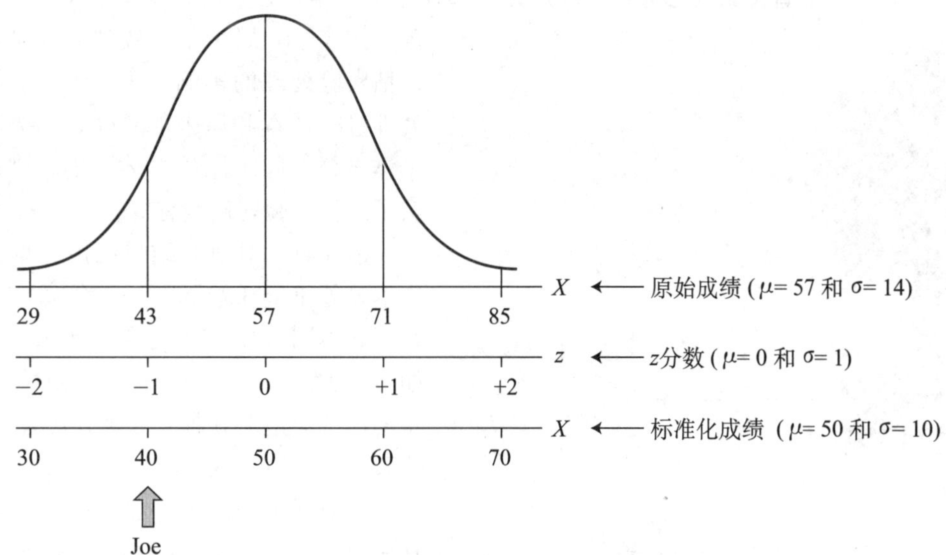


**图 5-9 标准化分布成绩示意图**

说明：成绩分布来自例 5.10。原始分布被标准化成 $\mu=50$、$\sigma=10$ 的分布。请注意，每一个学生都用原始成绩、$z$ 分数和新的标准化成绩来标记。例如，Joe 的原始成绩是 43，$z$ 分数是 $-1.00$，标准化成绩是 40。

### 学习检查

1. 一组分数的均值 $\mu=63$，标准差 $\sigma=8$。如果这组分数被标准化，使得新的分布的均值 $\mu=50$，标准差 $\sigma=10$，请问原始分数 $X=59$ 的标准化分数是多少？

a. 该分数始终为 $X=59$　　b. 45

c. 46　　d. 55

2. 某分布均值 $\mu=35$，标准差 $\sigma=8$ 被标准化，所得到的新的分布的均值和标准差分别为 $\mu=50$ 和 $\sigma=10$。请问原始分数 $X=39$ 的标准化分数是多少？

a. $X=54$　　b. $X=55$

c. $X=1.10$　　d. 若无更多信息，则无法确定对应的标准化分数

3. 使用 $z$ 分数对均值 $M=37$、标准差 $s=6$ 的样本分布进行标准化，获得均值 $M=50$、标准差 $s=10$ 的新的分布。请问个体在新分布中对应的 $z$ 分数和在原始分布中的 $z$ 分数比较结果如何？

a. 新的 $z$ 值＝旧的 $z$ 值＋13　　b. 新的 $z$ 值＝（10/6）（旧的 $z$ 值）

c. 新的 $z$ 值＝旧的 $z$ 值　　d. 基于现有信息无法确定

答案　1. b　2. b　3. c

## 5.6 推论统计展望

### 学习目标

6. 解释 $z$ 分数如何帮助研究者使用样本数据推断总体。

回想一下，推论统计是利用样本信息来解答有关总体问题的统计技术。在后面的章节中，我们将使用推论统计去帮助解释研究结果。通常，研究开始于一个问题：实验处理将如何影响总体中的个体。因为通常不可能直接研究总体，所以研究者选择一个样本，并且对样本中的个体进行实验处理。图 5-10 展示了一般的研究情况。为了评估实验处理的影响，研究者仅会比较实验处理过的样本和原来的总体。如果样本中的个体显著不同于原始总体中的，则研究者证实了这种实验处理是有效的。反之，则不然。

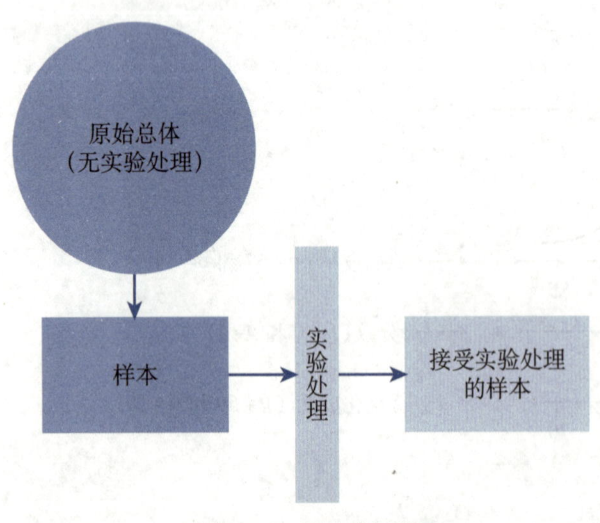


**图 5-10　研究的示意图**

说明：研究目的是评估实验处理的效果。从总体中抽取一个样本并对其进行实验处理。如果在实验处理之后，样本中的个体显著不同于原始总体中的个体，那么证实实验处理确实有效。

请注意，对研究结果的解释取决于是否样本显著不同于总体。一种能够决定样本是否显著不同于总体的技术是使用 $z$ 分数。例如，$z$ 分数接近 0 的个体位于总体的中心，并将会被认为是十分典型且具有代表性的个体。然而，如果个体的 $z$ 分数十分极端，超过 $+2.00$ 或低于 $-2.00$，那么个体就会被认为是显著不同于总体中的大部分个体。因此，我们可以使用 $z$ 分数去帮助决定是否实验处理造成了改变。具体来说，如果接受处理的

个体的 z 分数是极端的，那么可以推断实验处理确实产生了效果。下面的例子展示了这个过程。

**例 5.11**

一位研究者正在评估一种新的生长激素的效果。已知，正常成年老鼠的平均体重是 $\mu=400$ 克。体重因鼠而异，并且重量的分布服从正态且标准差为 $\sigma=20$ 克，图 5-11 展示了这一总体分布。请注意，这一正常老鼠的体重分布未受到任何特殊的实验处理。接下来，研究者抽取一只新生老鼠，并且给它注射了生长激素。当老鼠达到成熟时，给它称重从而确定是否有证据表明生长激素有效果。

首先，假设注射生长激素的老鼠体重 $X=418$ 克。虽然这个数值高于未被处理的老鼠的平均体重（$\mu=400$ 克），但这是否可以证明生长激素有效果呢？如果你看了图 5-11 中的分布，你应该明白，418 克并没有显著不同于正常的未接受任何激素注射的老鼠的体重。具体来说，注射了生长激素的老鼠位于接近正常老鼠体重分布的中心，它的 z 分数是：

$$z=\frac{X-\mu}{\sigma}=\frac{418-400}{20}=\frac{18}{20}=0.90$$

因为注射的老鼠看起来和正常的未注射的老鼠仍然相同，所以结论是：生长激素未产生作用。

现在，假设注射生长激素的老鼠体重 $X=450$ 克。在正常老鼠的体重分布里（见图 5-11），它的 z 分数是：

$$z=\frac{X-\mu}{\sigma}=\frac{450-400}{20}=\frac{50}{20}=2.50$$

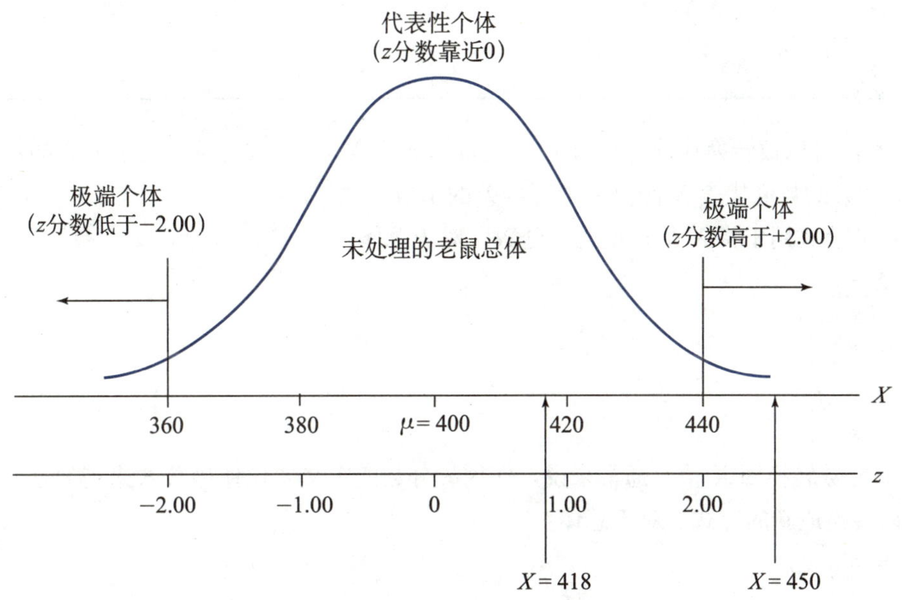


**图 5-11 成年老鼠总体的体重分布**

说明：请注意 z 分数接近 0 的个体是典型或具有代表性的。z 分数超过或低于 2（±2.00）的是极端个体，代表它们显著不同于分布中其他大部分老鼠。

在这种情况下，注射生长激素的老鼠比大多数普通老鼠都大很多，并且有理由推论这种激素确实对增加体重有效果。

在上面的例子中，我们使用 z 分数去帮助解释样本中获得的结果。具体来说，如果接受处理的个体与其他未接受处理的个体相比，是位于极端的 z 分数，则我们可以推论这个实验处理似乎确实有影响。但是，这个例子使用了一个主观的定义去决定哪些 z 分数是显著不同的。尽管将 z 分数接近 0 的个体视为总体中具有高代表性的个体，以及将 z 分数在±2.00 外的个体视为极端的，这是合理的，但是你应该意识到：这些 $z$ 分数的边界不是由任何数学规则所确定的。在接下来的章节中，我们介绍了概率，它给我们提供了在哪里设定边界的依据。

**学习检查**

1. 在过去 20 年中，4 月 15 日的高温的均值为 $\mu=60$ 度，标准差为 $\sigma=4$。去年高温为 75 度。根据这些信息，去年 4 月 15 日的温度________

a. 略高于平均温度

b. 远高于平均温度

c. 高于平均温度，但是无法描述高于平均温度多少

d. 现有信息不足以比较去年与平均的温度

2. 某总体中存在 $X=75$。请问该分数在以下哪个总体中属于极端的不具有代表性的分数？

a. $\mu=65$，$\sigma=8$　　b. $\mu=65$，$\sigma=3$　　c. $\mu=70$，$\sigma=8$　　d. $\mu=70$，$\sigma=3$

3. 在哪种情况下，高于均值 20 分的分数会被视作极端分数？

a. 当均值远高于 20　　b. 当标准差远高于 20

c. 当均值远低于 20　　d. 当标准差远低于 20

**答案**　1. b　2. b　3. d

## 小　结

1. 每个 $X$ 值可以被转换成确定分布中 $X$ 位置的 $z$ 分数。$z$ 分数的符号表示分数的位置高于还是低于均值，$z$ 分数的数值代表 $X$ 距离 $\mu$ 的标准差的个数。

2. $z$ 分数的公式用于将 $X$ 值转换成 $z$ 分数。对于总体：

$$z=\frac{X-\mu}{\sigma}$$

对于样本：

$$z=\frac{X-M}{s}$$

3. 为将 $z$ 分数转换回 $X$ 值，通常来说，使用 $z$ 分数的定义要比使用公式来得容易。然而，$z$ 分数的公式可以转换成新的等式。对于总体：

$$X=\mu+z\sigma$$

对于样本：

$$X=M+zs$$

4. 将整个分布（总体或者样本）转换成 $z$ 分数，则转换后的分布是 $z$ 分数的分布。$z$ 分布的形态和原始分数分布的形态相同，并且它的均值总是为 0，标准差总是为 1。

5. 当要比较来自不同分布的原始分数时，将这些分布标准化成 $z$ 分布是十分必要的。因为在转换后这些将分别具有相同的均值（0）和标准差（1），所以它们将具有可比性。在实际中，只有进行比较的原始分数有转换的必要。

6. 在特定情形下，例如心理测试，一个分布可能通过将 $X$ 值转换成 $z$ 分数进行标准化，然后将 $z$ 分数转换成新的具有预先确定的均值和标准差的分布。

7. 在推论统计中，$z$ 分数提供了一个客观的方法，来确定特定分数对于其所在总体的代表性。$z$

分数接近 0 说明这个分数接近总体均值，因此具有良好的代表性。如果 z 分数在±2.00 之外，说明这个分数是极端的并且它显著不同于分布中的其他分数。

## 关键术语

| | | |
|---|---|---|
| 原始分数 | 离均差分数 | 标准化分布 |
| z 分数 | z 分数分布 | 标准化分数 |

## 关注问题解决

1. 当你将 X 值转换成 z 分数（反之亦然），不要完全依赖公式。如果在计算之前，你使用 z 分数定义（符号和数值）预估结果，你可以避免粗心的错误。例如，$z=-0.85$ 标记分数位于低于均值约 1 个标准差的位置。当计算对应这一 z 分数的 X 值时，可以确定你的答案是小于均值的，以及检查 X 和 $\mu$ 之间的距离是否略小于 1 个标准差。

2. 当比较来自均值和标准差都不同的分布的分数时，确定你在 z 分数公式中使用了正确的值这件事是十分重要的。要使用分数各自所在的分布中的均值和标准差。

3. 请记住，z 分数确定了指定分布背景中的相对位置。z 分数是相对值，不是绝对值。例如，$z=-2.0$ 并不一定表明这是一个很低的原始分数——它仅意味着在特定群体的原始分数中是最低的。

## 示例 5.1

### 将 X 值转换成 z 分数

某分布均值 $\mu=60$，标准差 $\sigma=12$。确定 $X=75$ 的 z 分数。

**步骤 1　确定 z 分数的符号。**首先，确定 X 是高于还是低于均值。这决定了 z 分数的符号。在本题中，X 大于 $\mu$，所以 z 分数是正值。

**步骤 2　将 X 和 $\mu$ 之间的距离转换成以标准差为单位。**$X=75$，$\mu=60$，X 和 $\mu$ 之间的距离是 15。根据 $\sigma=12$，这一距离对应 $\frac{15}{12}=1.25$ 个标准差。

**步骤 3　结合步骤 1 中的符号和步骤 2 的数值。**这一分数高于均值（+）1.25 个标准差。因此，

$z=+1.25$

**步骤 4　使用 z 分数公式验证答案。**$X=75$，$\mu=60$，$\sigma=12$。

$$z=\frac{X-\mu}{\sigma}=\frac{75-60}{12}=\frac{+15}{12}=+1.25$$

## 示例 5.2

### 将 z 分数转换成 X 值

某样本均值 $M=60$，标准差 $s=12$，请问 $z=-0.50$ 对应的 X 值为多少？请注意，在这一情况下，我们已知 z 分数需要确定 X。

**步骤 1　以均值为参照点定位 *X*。**$z=-0.50$ 表明该分数位于低于均值 0.5 个标准差处。

**步骤 2　将距离由以标准差为单位转换成以分值为单位。**根据 $\sigma=12$，0.5 个标准差是 6 分。

**步骤 3　确定 *X* 值。**我们想要确定的值位于低于均值 6 分处。均值 $M=60$，所以 $X=54$。

## SPSS

SPSS 的使用说明见附录 D。以下是关于使用 SPSS 将一个样本中的 *X* 值转换成 *z* 分数的详细操作。

### 演示示例

一位雇主对识别应聘者中最外向的人感兴趣。每位应聘者递交了外向性评估 1 或外向性评估 2 的结果。应聘者的数据如下：

| 外向性评估 1 | | 外向性评估 2 | |
|---|---|---|---|
| 应聘者 | 分数 | 应聘者 | 分数 |
| 1 | 17 | 8 | 149 |
| 2 | 8 | 9 | 99 |
| 3 | 9 | 10 | 192 |
| 4 | 9 | 11 | 61 |
| 5 | 16 | 12 | 62 |
| 6 | 4 | 13 | 138 |
| 7 | 5 | 14 | 184 |

雇主的任务是根据评估结果找出最外向的 5 名应聘者。重要的是，雇主不能直接选择原始分数最高的 5 人，因为原始分数来自不同的测评。我们将使用 SPSS 将两个测评的外向性分数转换成 *z* 分数。

### 数据输入

1. 点击 **Variable View** 选项卡，输入变量信息。

2. 在第一行，输入"extScore"（外向性分数）。填入其余必要信息。确定 **Type**＝"Numeric"，**Width**＝"8"，**Decimals**＝"0"，**Label**＝"Extraversion Score"，**Values**＝"None"，**Missing**＝"None"，**Columns**＝"8"，**Align**＝"Right"，**Measure**＝"Scale"。

3. 在第二行，输入"assessNum"（测评编号）。填入其余必要信息。确定 **Type**＝"Numeric"，**Width**＝"8"，**Decimals**＝"0"，**Label**＝"Extraversion Score"，**Values**＝"None"，**Missing**＝"None"，**Columns**＝"10"，**Align**＝"Right"，**Measure**＝"Nominal"。当你完成变量信息的输入时，Variable View 窗口应该与下图相似。

| | Name | Type | Width | Decimals | Label | Values | Missing | Columns | Align | Measure | Role |
|---|---|---|---|---|---|---|---|---|---|---|---|
| 1 | extScore | Numeric | 8 | 0 | Extraversion Sc... | None | None | 8 | Right | Scale | Input |
| 2 | assessNum | Numeric | 8 | 0 | Assessment N... | None | None | 8 | Right | Nominal | Input |

4. 点击 **Data View** 选项卡，回到数据编辑器，并输入你的分数。每一行代表一个应聘者。在第一列和第二列分别输入外向性分数和测评类型。数据窗口应该如下图所示。

### 数据分析

1. 为了编写 SPSS 程序，将分数对待成来自不同的测评。点击工具栏中的 **Data** 并且选择 **Split File**。点击"Organize output by groups"按钮。在变量框中选中"Assessment Number"，并且使用箭头将其移动到"Group Based on:"框中。点击 **OK**。输出界面应该显示文件已被拆分成两个不同的组。

| | extScore | assessNum |
|---|---|---|
| 1 | 17 | 1 |
| 2 | 8 | 1 |
| 3 | 9 | 1 |
| 4 | 9 | 1 |
| 5 | 16 | 1 |
| 6 | 4 | 1 |
| 7 | 5 | 1 |
| 8 | 149 | 2 |
| 9 | 99 | 2 |
| 10 | 192 | 2 |
| 11 | 61 | 2 |
| 12 | 62 | 2 |
| 13 | 138 | 2 |
| 14 | 184 | 2 |

Source: SPSS®

2. 点击工具栏中的 **Analyze**，选择 **Descriptive Statistics**，并且点击 **Descriptives**。
3. 点击左框中外向性分数的标签，并且点击箭头，将其移动到 **Variable** 框。
4. 勾选 **Descriptives** 界面底部的 **Save standardized values as variables**。
5. 点击 **OK**。

**SPSS 输出**

程序将会输出每个测评的分数的个数（$N$）、最大值和最小值、均值，以及标准差。然而，如果你点击 **Window** 工具栏并且点击以“Data Editor”结尾的词条回到数据编辑器，你将看到 SPSS 生成了一列新的数据，这些数据是对应每一个原始 $X$ 值的 $z$ 分数（即“ZextScore”）。$z$ 分数使你可以比较两个人格测评并应该如下图所示。

| | extScore | assessNum | ZextScore |
|---|---|---|---|
| 1 | 17 | 1 | 1.45025 |
| 2 | 8 | 1 | -.34124 |
| 3 | 9 | 1 | -.14218 |
| 4 | 9 | 1 | -.14218 |
| 5 | 16 | 1 | 1.25120 |
| 6 | 4 | 1 | -1.13745 |
| 7 | 5 | 1 | -.93840 |
| 8 | 149 | 2 | .41864 |
| 9 | 99 | 2 | -.50873 |
| 10 | 192 | 2 | 1.21617 |
| 11 | 61 | 2 | -1.21352 |
| 12 | 62 | 2 | -1.19498 |
| 13 | 138 | 2 | .21462 |
| 14 | 184 | 2 | 1.06780 |

Source: SPSS®

你应该注意到应聘者1、5、8、10和14在他们各自的测评中的 $z$ 分数最高。

注意：SPSS程序使用了样本标准差替代总体标准差来计算 $z$ 分数。如果你的分数集被当成一个总体，那么SPSS将不会产生正确的 $z$ 分数。你可以将每个 $z$ 分数乘上 $\sqrt{\frac{n}{n-1}}$ 来将SPSS中的值转换成总体 $z$ 分数。

### 操作练习

假设教师想要识别在两个不同的统计班级中分数极低或分数极高的五名学生（也就是说，这五名学生的成绩离均分最远）。下面是两个班级所有分数的分布。

统计1班的成绩：

529 421 485 491 487 558 483 407 651 430 682 637 511

统计2班的成绩：

374 388 199 278 315 303 395 315 293 347 277 335 232

使用SPSS找到两个班级中5个极端分数。你应该发现：$X=199$（2班，$z=-1.94$），$X=682$（1班，$z=+1.82$），$X=651$（1班，$z=+1.47$），$X=395$（2班，$z=+1.44$），$X=232$（2班，$z=-1.37$）是两个分布中最极端的5个分数。

## 练习题

1. 解释 $z$ 分数如何用单个数字识别分布中的确切位置。

2. 你得知你的外向性得分的 $z$ 分数是 $+2.00$。请问这个 $z$ 分数对于你的外向性相对于平均水平来说意味着什么？

3. 判断下面分布中的字母对应的 $z$ 分数。

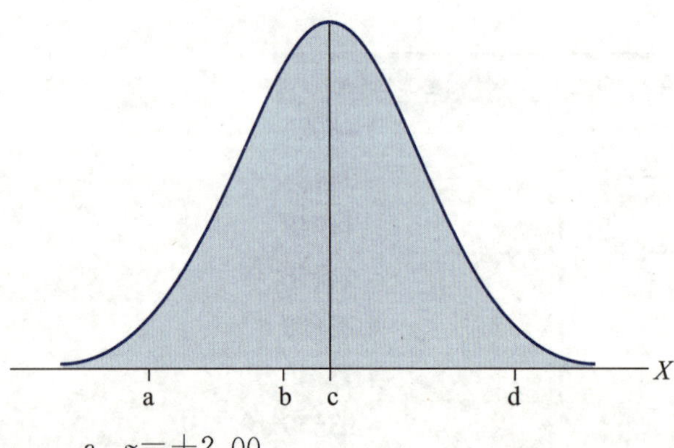


a. $z=+2.00$

b. $z=0.00$

c. $z=-2.00$

d. $z=-0.50$

4. 均值 $\mu=100$ 的总体中存在 $X=75$。计算得到对应的 $z$ 分数是 $+1.50$。在不知道标准差的情况下，请解释为什么 $z=+1.50$ 是不正确的。

5. 某总体标准差 $\sigma=10$，请找到分布中以下每个位置的 $z$ 分数。

a. 高于均值10分

b. 高于均值5分

c. 低于均值20分

d. 低于均值6分

6. 某样本标准差 $s=15$，请描述以下 $z$ 分数相对于均值的位置。例如，$z=+1.00$ 的位置是高于均值15分。

a. $z=-1.20$

b. $z=+0.80$

c. $z=+2.00$

d. $z=-1.60$

7. 某总体 $\mu=50$，标准差 $\sigma=6$：

a. 找到以下 $X$ 值的 $z$ 分数。

$X=50$ $X=62$ $X=53$

$X=44$ $X=47$ $X=38$

b. 找到以下 $z$ 分数的 $X$ 值。

$z=+1.00$ $z=+2.50$ $z=+1.50$

$z=-1.50$ $z=-3.00$ $z=-2.50$

8. 某总体 $\mu=80$，$\sigma=9$，请找到以下 $X$ 值的 $z$ 分数。

$X=83$ $X=75$ $X=91$

$X=67$　$X=85$　$X=68$

9. 某样本均值 $M=90$，标准差 $s=20$。

a. 找到以下 $X$ 值的 $z$ 分数。

$X=95$　$X=98$　$X=105$

$X=80$　$X=88$　$X=76$

b. 找到以下 $z$ 分数的 $X$ 值。

$z=-1.00$　$z=+0.50$　$z=-1.50$

$z=+0.75$　$z=-1.25$　$z=+2.60$

10. 样本均值 $M=53$，标准差 $s=11$。找到以下 $X$ 值的 $z$ 分数。

$X=30$　$X=39$　$X=70$

$X=48$　$X=57$　$X=64$

11. 你收到你四门课的期中成绩。在这四门课中，你的成绩都是 $X=70$。以下是每门课的均值和标准差。请计算每门成绩的 $z$ 分数并用文字总结你相对班级中其他同学的表现。

a. 科目 1：$\mu=70$，$\sigma=10$

b. 科目 2：$\mu=50$，$\sigma=20$

c. 科目 3：$\mu=80$，$\sigma=5$

d. 科目 4：$\mu=80$，$\sigma=20$

12. 请找到以下分布中 $z=0.75$ 对应的 $X$ 值。

a. $\mu=90$，$\sigma=4$

b. $\mu=90$，$\sigma=8$

c. $\mu=90$，$\sigma=12$

d. $\mu=90$，$\sigma=20$

13. 请找出以下总体中 $X=105$ 对应的 $z$ 分数和 $z=+0.40$ 对应的 $X$ 值。

a. $\mu=100$，$\sigma=12$

b. $\mu=100$，$\sigma=4$

c. $\mu=80$，$\sigma=14$

d. $\mu=80$，$\sigma=6$

14. 请找出以下样本中 $X=24$ 对应的 $z$ 分数和 $z=+1.50$ 对应的 $X$ 值。

a. $M=20$，$s=12$

b. $M=20$，$s=4$

c. $M=30$，$s=8$

d. $M=30$，$s=10$

15. 一个分数低于均值 20 分，对应 $z=-0.50$。请问总体标准差是多少？

16. 一个分数高于均值 10 分，对应 $z=+1.20$。请问样本标准差是多少？

17. 某总体标准差 $\sigma=4$，$X=24$ 对应 $z=-1.50$。请问总体均值是多少？

18. 某总体标准差 $\sigma=12$，$X=115$ 对应 $z=+1.25$。请问总体均值是多少？

19. 某总体均值为 $\mu=45$，$X=54$ 对应 $z=+1.50$。请问总体标准差是多少？

20. 某样本标准差 $s=4$，$X=35$ 对应 $z=-1.25$。请问样本均值是多少？

21. 某样本均值 $M=63$，$X=54$ 对应 $z=-0.75$。请问样本标准差是多少？

22. 某总体分布，$X=56$ 对应 $z=-0.40$，$X=70$ 对应 $z=+1.00$。请问总体的均值和标准差分别是多少？（提示：画出分布的示意图并定位这两个分数。）

23. 某样本分布，$X=21$ 对应 $z=-1.00$，$X=12$ 对应 $z=-2.50$。请问样本的均值和标准差分别是多少？

24. 留学研究生入学考试（GRE）是一种许多大学毕业生都会参加的标准化考试。硕士或博士项目的申请经常包含 GRE 分数。假设一个心理学专业的学生 GRE 语言成绩是 $X=160$，数学成绩是 $X=159$。已知，2014—2017 年心理学专业学生的 GRE 语言成绩均值 $M=152$，标准差 $s=7$，同年的数学成绩均值为 $M=149$，$s=7$。请使用 $z$ 分数描述该生相对于其他学生的表现。该生在哪一部分的考试表现更好？

25. 对下列每一项确定并解释哪个考试分数更高？

a. $X=70$，考试分布为 $\mu=82$，$\sigma=8$；$X=60$，考试分布为 $\mu=72$，$\sigma=12$。

b. $X=58$，考试分布为 $\mu=49$，$\sigma=6$；$X=85$，考试分布为 $\mu=70$，$\sigma=10$。

c. $X=32$，考试分布为 $\mu=24$，$\sigma=4$；$X=26$，考试分布为 $\mu=20$，$\sigma=2$。

26. 你的教授告诉你期中考试所有考试成绩都转换成 $z$ 分数。请描述 $z$ 分数的分布的均值和标准差。

27. 某总体均值 $\mu=41$、标准差 $\sigma=4$ 被转化成均值 $\mu=100$、标准差 $\sigma=20$ 的标准化分布。请找出下列原始分数对应的新的标准化分数。

a. $X=39$

b. $X=36$

c. $X=45$

d. $X=50$

28. 某样本均值 $M=62$，标准差 $s=5$ 被转化成 $\mu=50$、$\sigma=10$ 的标准化分布。请找出下列原始分数对应的新的标准化分数。

a. $X=61$

b. $X=55$

c. $X=65$

d. $X=74$

29. 某总体由以下 $N=7$ 个分数组成：6，1，0，7，4，13，4。

a. 计算总体的 $\mu$ 和 $\sigma$。

b. 找出总体中每个分数对应的 $z$ 分数。

c. 将原始分布转换成具有 $N=7$ 个分数、均值 $\mu=50$、标准差 $\sigma=20$ 的新分布。

30. 某样本由以下 $n=5$ 个分数组成：8，4，10，0，3。

a. 计算样本均值和标准差。

b. 找出样本中每个分数对应的 $z$ 分数。

c. 将原始分布转换成均值 $M=100$、标准差 $s=20$ 的新的样本。

31. 某研究者对“聪明药”的效果表现感兴趣。在均值 $\mu=200$、标准差 $\sigma=50$ 的标准化智力测验中，假设某参与者服用“聪明药”后，在该智力测验中获得 $X=220$ 的成绩。研究者是否应该相信参与者的表现显著不同于平均成绩？请解释你的答案。

32. 在以下分布中，$X=85$ 是一个中间的分数（接近分布的中心）还是一个极端的分数（在分布的尾部）？

a. $\mu=75$，$\sigma=15$

b. $\mu=80$，$\sigma=2$

c. $\mu=90$，$\sigma=20$

d. $\mu=93$，$\sigma=3$

# 概　率

# 第 6 章

**学习本章需要掌握的相关知识**

下列术语是学好本章的关键背景知识。如果对这些知识有不明白之处，应复习先前学过的相关章节。

- 比例（数学复习，附录 A）
  分数
  小数
  百分数
- 基础代数（数学复习，附录 A）
- $z$ 分数（第 5 章）

**章节概览**

## 引 言

保险行业和政府机构收集了关于美国公民受伤的数据，其中包括导致意外死亡的伤害。以这样的方式开始对概率的讨论似乎有点病态，但是一些关于概率和风险的基本观点可以从已经收集到的数据中得出。表6-1列出了若干种原因造成的意外死亡的人数。

从这些数据中，我们可以确定由报道原因造成的意外死亡的概率。表6-1中的数据是基于2014年美国3.189亿人口。意外原因造成的死亡的概率，或者说风险，可以用一个分数表示：

$$\text{概率}=\frac{\text{死亡人数}}{\text{相关人口总数}}$$

考虑所有机动车驾驶人员（包括摩托车手、乘客、行人等）相关事故的死亡概率。例如，2014年美国有35 398起机动车死亡事件。当除以美国人口数时，我们可以得到：

$$\text{概率}=\frac{35\ 398}{318\ 857\ 050}=0.000\ 111\ 015\ 265$$

请注意，概率虽然经常被表示成比例，但是也可以用分数或百分数表示。百分数的形式是将先前的比例乘以100，被报告死于机动车事故的概率为0.0111%。分数的形式是这一比例的倒数——1/比例，如导致机动车死亡事故的风险是1/9 008。

**表6-1　2014年美国因受伤而死亡的人数**

| 死亡原因 | 死亡人数 |
|---|---|
| 所有机动车事故 | 35 398 |
| 飞行事故 | 412 |
| 闪电袭击 | 25 |

资料来源：保险信息研究所（2015）。

许多人都认为乘飞机出行是危险的。空难受到许多媒体的关注，有时候还会有图片式的新闻报道。为了提升这种意识，Smithsonian频道还有一个系列片——关于空中灾难的，其夸大了有关飞机失事的官方调查。但是，表6-1显示2014年只有412起飞行事故，这些事故包含了小型私人飞机的失事。然而，美国人口数是否合适用于确定飞行死亡的概率呢？有人认为，更多的人选择乘坐机动车而不是飞机往返目的地。根据美国联邦航空管理局2017年的数据，2015年美国国内航班有将近9.125亿乘客。这个数字的确远大于美国人口数，但是许多乘客是常旅客，许多人可能每次出行都会进行一次或多次转机，还有大部分人必须飞回到原来的目的地，每次登机，他们各自都会被算作一名乘客。此外，当你考虑到2015年每天都有将近43 000趟国内航班和250万乘客时，这个数字就不那么的令人惊讶了。所以，美国航班的飞行事故的死亡概率基于每年的乘客人数，而不是美国人口，可能更加准确。基于乘客数量，每年飞机失事造成的死亡风险是：

$$\text{概率}=\frac{412}{912\ 485\ 113}=0.000\ 000\ 451\ 5\text{ 或 }0.000\ 045\%$$

或者说，每年的风险是1/2 214 839。

如果你现在意识到飞行造成的意外死亡是微乎其微的，那么想想美国人口中被闪电击中死亡的概率。根据表6-1，2014年美国有25起由闪电击中造成的死亡，基于美国人口总数，这一概率是：

$$\text{概率}=\frac{25}{318\ 857\ 050}=0.000\ 000\ 078\ 4$$

或者说，每年的风险是1/12 754 282。这并不意味着在雷雨天站在树下是安全的。如果每一个都这样做，那么因为闪电击中而死亡的概率将会高得多。根据2011年《生活科学》杂志，佛罗里达州每年平均遭遇145万次雷击。现在想象一下，如果在这个阳光之州，每个人在雷雨天都待在室内，那么可以说这样做才是最安全的。

在这一章，我们将会介绍概率这一概念，研究它是如何被应用于几种不同的情况下，并且讨论它在统计学中的一般作用。我们还将研究正态分布和如何运用它解决关于比例和概率的问题。最后一部分是关于概率在推论统计中的作用的展望。

## 6.1 概率简介

### 学习目标

1. 定义概率并以比例、小数和百分数的形式计算（来自已知信息或频数分布图）特定事件的概率。

在第1章，我们介绍了研究是从关于整个总体的一般性的问题开始的，但是在实际研究中使用的是样本。在这种情况下，推论统计的作用是使用样本数据作为解决关于总体的问题的根据。为了实现这一目标，推断的过程通常是围绕概率这一概念建立起来的。具体来讲，样本和总体间的关系通常用概率来定义。

例如，假设你正在从一个有50个黑弹珠和50个白弹珠的罐子里挑选出一个弹珠（在这个例子中，装弹珠的罐子是一个总体而被选择的弹珠是样本），虽然你不能保证样本的确切结果，但是你可以从概率方面来讨论可能的结果。在这种情况下，你有50%的机会得到任何一种颜色。现在考虑另一个有90个黑弹珠和只有10个白弹珠的罐子（总体）。同样，你不能确定样本的结果，但现在你知道该样本可能是一个黑弹珠。通过了解一个群体的组成，我们可以确定获得特定样本的概率。通过这种方式，概率给了我们一个总体和样本之间的联系，而这种联系是在接下来的章节中提出的推论统计的基础。

你可能已经注意到，前面的例子从一个总体开始，然后使用概率来描述可以获得的样本。这与我们想做的推论统计是相反的。请记住，推论统计的目标是从一个样本开始，然后回答一个关于总体的一般问题。我们通过一个两阶段的过程来达成这个目标。在第一阶段，我们将概率作为从总体到样本的桥梁，这一阶段涉及从特定总体中确定可能的样本类型。当建成了这座桥时，我们只需颠倒概率规则，就可以从样本转移到总体（见图6-1）。颠倒概率关系的过程可以通过再次考虑我们之前看到的两罐弹珠来证明（罐1有50个黑色弹珠和50个白色弹珠，罐2有90个黑色弹珠和10个白色弹珠）。这一次，假设你在选择样本时被蒙上了眼睛，所以你不知道使用的是哪个罐子。你的任务是查看你获得的样本，然后确定最有可能的罐子。如果你选出了一个$n=4$的全为黑色弹珠的样本，请问你是从哪个罐子里选择的？显然，从罐1中获得该样本的可能性相对较小（概率较低）；在四次抽取中，你几乎肯定会得到至少一颗白色弹珠。另外，这个样本很有可能来自罐2，那里几乎所有的弹珠都是黑色的。因此，你认为这个样本可能来自罐2。请注意，你现在正在使用样本来推断总体。你还应该注意到，从罐1中获取$n=4$个黑色弹珠的样本并非不可能。因此，你的决定就会有一些不确定性。在统计学中，不确定性通常被表示

**图6-1 概率在推论统计中的作用**

说明：概率被用来预测从一个总体中可能获得的样本的类型。因此，概率建立了样本和总体之间的联系。推论统计在使用样本数据对总体做出结论时，依赖于这种联系。

为对概率的一种表述。

从罐子里挑选弹珠似乎与解释行为科学的研究结果无关，同样的原则也适用于行为科学。例如，假设一位心理学家在期末考试期间向样本学生发放了一份焦虑问卷，并获得了 $M=20$ 的样本均值。基于这一结果，我们可以得出结论：样本更有可能来自均值接近 $\mu=20$ 的总体，而不是来自均值不接近 $\mu=20$ 的总体。

### 定义概率

概率是一个巨大的话题，远远超出了介绍性统计的范围，我们不会尝试在这里完全研究它。相反，我们专注于介绍推论统计所需的几个概念和定义。我们从一个相对简单的概率定义开始。

**定义**

对于可能出现几种不同结果的情况，任何特定结果的**概率**都被定义为所有可能的结果的一部分或一个比例。如果可能的结果被确定为 A、B、C、D 等，那么

$$\text{A 的概率}=\frac{\text{结果为 A 的数量}}{\text{所有结果的数量}}$$

例如，如果你从一副完整的牌中抽一张牌，则有 52 种可能的结果。抽到红桃 K 的概率是 $p=\frac{1}{52}$，抽到 A 的概率是 $p=\frac{4}{52}$，因为一副牌里有 4 张 A。

为了简化对概率的讨论，我们使用了一个省略了很多单词的符号系统。特定结果的概率用 $p$ 表示，后面是括号中的特定结果。例如，从一副纸牌中抽到 K 的概率写为 $p$(K)。抛硬币获得正面的概率写为 $p$(正)。

通常，我们使用比例来总结以前的观察结果，并使用概率来预测未来不确定的结果。

请注意，概率被定义为一个比例或整体的一部分。这个定义可以使概率问题被重新表述为比例问题。例如，概率问题“从一副纸牌中抽到 K 的概率是多少？”可以被重新表述成“一套牌中由 K 组成的比例是多少？”在每种情况下，答案都是 $\frac{4}{52}$，或“52 分之 4”。这种从概率到比例的转换现在看起来似乎微不足道，但当概率问题变得更加复杂时，它将带来很大的帮助。在大多数情况下，我们关心的是从总体中获得特定样本的概率。样本和总体的术语不会改变概率的基本定义。例如，一副牌可以被认为是一个总体，我们抽取的一张牌就是样本。

**概率值** 我们使用的定义将概率定义为分数或比例。如果直接根据定义，你获得的概率值将被表示为一个分数。例如，你随机抽一张牌：

$$p(\text{黑桃})=\frac{13}{52}=\frac{1}{4}$$

或者你抛硬币：

$$p(\text{正面})=\frac{1}{2}$$

如果你不确定如何从分数转换为小数或百分数，你应该回顾数学复习中的比例部分，见附录 A。

你应该知道，这些分数可以用小数或百分数来表示：

$$p=\frac{1}{4}=0.25=25\%$$

$$p=\frac{1}{2}=0.50=50\%$$

按照惯例，概率值通常用小数表示。但是，你应该意识到这三种形式中的任何一种都是可以的。

你也应该注意到，所有可能的概率值都包含在一个有限的范围内。在一种极端情况下，当一个

事件从未发生时，概率为零，即 0%。在另一个极端，当一个事件总是发生时，概率为 1，即 100%。因此，所有概率值都包含在 0 到 1 的范围内。例如，假设你有一个装有 10 个白色弹珠的罐子。随机选择除白色以外的任何颜色的弹珠的概率是：

$$p(\text{其他任何颜色})=\frac{0}{10}=0$$

选择一颗白色弹珠的概率是：

$$p(\text{白色})=\frac{10}{10}=1$$

## 随机抽样

为了使先前的概率的定义准确，必须通过一个称为随机抽样的过程来获得结果。

> **定义**
>
> **随机抽样**要求总体中每一个个体都有相同的概率被抽到。通过这种过程获得的样本被称为**简单随机抽样**。

第二个要求是许多统计公式所必需的，即如果有多个个体被选择，那么每个个体被选择的概率必须保持不变。加上第二个要求，就会产生所谓的独立随机抽样。术语**“独立”**是指选择任意一个特定的个体的概率，都不会受样本中已被选择的个体影响。例如，你被选中的概率是恒定的，即使在你之前选中其他人也不会改变。

因为独立随机样本通常是大多数统计应用程序所必需的组成部分，所以我们总是假设这是研究中使用的抽样方法。为了简化讨论，我们通常会省略“独立”一词，并简单地将这种抽样技术称为随机抽样。但是，你应该始终假设这两个要求（相等和恒定概率）都是抽样过程的一部分。使用这种技术获得的样本被称为独立随机样本或简单地称为随机样本。

> **定义**
>
> **独立随机抽样**要求每个个体有相等的概率被抽中，并且每次抽样被抽中的概率是相等的，即使一个个体多次被选择。用这种技术获得的样本称为**独立随机样本**或简称**随机样本**。

随机抽样的两个要求都有一些有趣的结果。第一个要求是要确保在抽样过程中没有偏见。在一个有 $N$ 个个体的总体中，每个个体一定会有相同的概率 $p=\frac{1}{N}$ 被抽中。举例来说，你不会通过从游艇俱乐部会员列表中选择姓名，来获得你所在城市的随机样本抽样，同样地，你也不会从你的心理学课中随机抽取大学生的样本。你还应该注意到，随机抽样的第一个要求不允许你将概率的定义应用于结果出现可能性不相等的情况。举个例子，你是否会在明天赢得 100 万美元的彩票。只有两种可能：

1. 你将赢得彩票。
2. 你不会赢得彩票。

根据我们简单的定义，获胜的概率是二分之一，或者是 $p=\frac{1}{2}$。然而，这两种情况的概率并不相等，所以概率的简单定义并不适用。

第二个要求也比乍一看更有趣。例如，考虑从一副牌中抽出 $n=2$ 张。第一次抽取的时候，抽到方块 J 的概率是：

$$p(\text{方块 J})=\frac{1}{52}$$

在抽完一张牌以后，你准备抽第二张。此时抽到方块 J 的概率是多少呢？假设你仍然拿着第一张牌，那么有两种可能：

如果第一张抽到的不是方块 J，$p$(方块 J) $= \frac{1}{51}$

如果第一张抽到的是方块 J，$p$(方块 J) $= 0$

在任何一种情况下，概率都不同于第一次抽取时的值。这违背了随机抽样的要求——概率必须保持不变。为了使每次抽样的概率保持不变，在下一次抽样前必须将先前抽取的样本放回。这个过程称为放回抽样。对于随机样本的第二个要求（常概率），需要你先放回抽样。

（注意：我们正在使用的随机抽样的定义要求每个个体都有相同的机会被抽到，并且每次抽样的概率是恒定的。这种抽样是独立随机抽样并且经常被叫作有放回的抽样。我们以后会遇到的许多统计问题都是建立在这种抽样的基础上的。但是，你也应该意识到还存在其他随机抽样的定义。特别是，我们通常定义随机抽样时不考虑恒定概率，也就是没有放回的抽样。此外，当研究者抽取参与研究的个体时，还有许多不同的抽样技术。）

## 概率和频数分布

我们关注概率的情况通常涉及能用频数分布图呈现的总体分数。如果你考虑频数分布图代表整个总体，那么图的不同部分表示总体的不同部分。因为概率和比例是等价的，所以图中的一个特定部分对应于总体中的一个特定概率。因此，每当总体在频数分布图中呈现时，就可以以图的比例来表示概率。下面的例子说明了图和概率之间的关系。

**例 6.1**

我们用很简单的例子，它只有 $N=10$ 个分数，分数值为：1，1，2，3，3，4，4，4，5，6。这个总体在图 6—2 中以频数分布图的形式呈现。如果你从中选择了一个 $n=1$ 的随机样本，得到的分数大于 4 的概率为多少？用概率符号表示：

$$p(X > 4) = ?$$

使用概率的定义，在 $N=10$ 的总体中，有两个分数符合这一标准，所以答案将是 $p=\frac{2}{10}$。这个答案可以直接从频数分布图中得到，如果你还记得这个概率和比例测量的是相同的东西的话。看分布图（见图 6-2），请问总体多大比例是由大于 4 的分数构成的？答案是：分布的阴影部分——也就是在分布中总共 10 个方格中的 2 个方格。请注意，我们现在正在将概率定义为频数分布图中面积的比例。这提供了一种非常具体和图形化的方法表示概率。

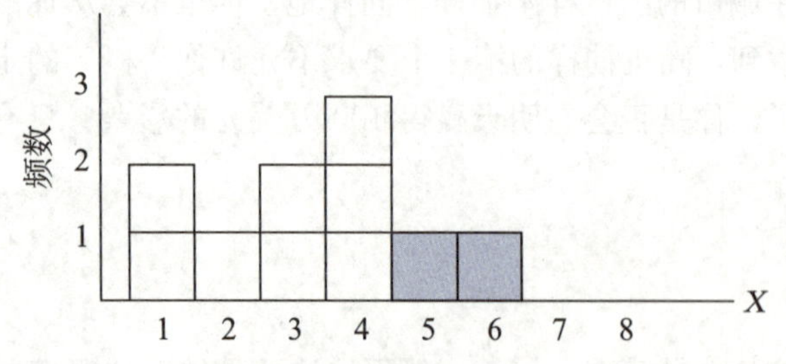


**图 6-2　一个具有 $N=10$ 分数的总体的频数分布直方图**

说明：图中的阴影部分表示了整个总体中对应于分数大于 $X=4$ 的部分。阴影部分是整个分布的十分之二$\left(\frac{2}{10}\right)$。

再次使用相同的总体，抽到一个分数小于 5 随机样本的概率为多少？用概率符号表示：

$$p(X < 5) = ?$$

直接回到图 6-2 的分布，我们现在想知道图的哪些部分没有阴影。因为无阴影的部分是由 10 个方格中的 8 个方格组成的（图的面积的 $\frac{8}{10}$），所以答案是 $p=\frac{8}{10}$。

### 学习检查

1. 一个心理学入门班有 $n=44$ 名学生，其中有 20 名一年级学生、14 名二年级学生、2 名三年级学生和 8 名大四学生。如果从这个班中随机选出一个学生，那么抽到一个大二学生的概率是多少？

a. $\frac{8}{24}$　　b. $\frac{20}{24}$　　c. $\frac{8}{44}$　　d. $\frac{14}{44}$

2. 一个罐子里有 10 个士力架棒和 20 个好时棒。如果从这个罐子中选择了一个糖果棒，它是一个士力架棒的可能性是多少？

a. $\frac{1}{30}$　　b. $\frac{1}{20}$　　c. $\frac{10}{30}$　　d. $\frac{10}{20}$

3. 随机抽样需要进行有放回的抽样。请问这种抽样方法的目的是什么？

a. 它确保了每个个体被抽到的概率相等

b. 它确保了个体被抽到的概率在每次抽样中保持恒定

c. 它确保同一个体不会被抽到两次

d. 以上都是

答案　1. d　2. c　3. b

## 6.2 概率和正态分布

### 学习目标

2. 使用标准正态分布表来查找以下内容：(1) 特定 $z$ 分数值的比例/概率，以及 (2) 对应于特定比例/概率的 $z$ 分数位置。

正态分布作为总体分布最常出现的形态的例子，在第 2 章中首次被介绍。图 6－3 展示了一个正态分布的例子。

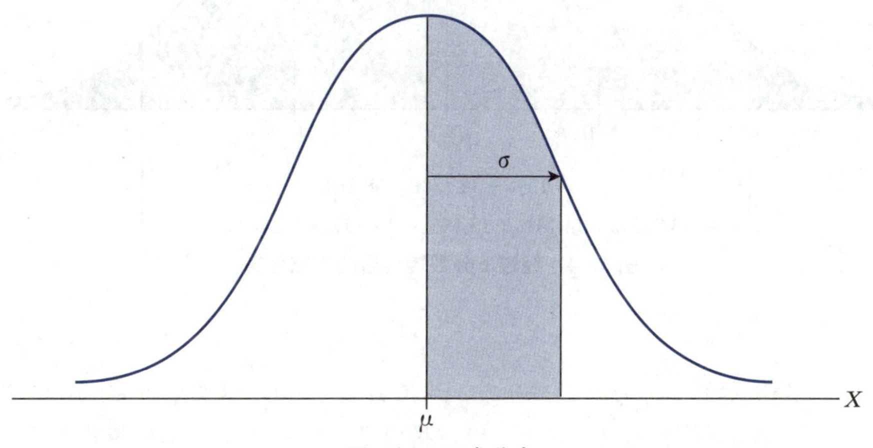


**图 6－3　正态分布**

说明：正态分布的确切形状是由一个将每个 $X$ 值（分数）与每个 $Y$ 值（频率）相关联的等式指定的。公式是：

$$Y=\frac{1}{\sqrt{2\pi\sigma^2}}e^{-(X-\mu)^2/2\sigma^2)}$$

（π 和 e 是常数）简单地说，正态分布是对称的，中间有一个峰。频数由中间向两端逐渐减小。

注意，正态分布是对称的，最高频数在中间，当你向任何一端移动时，频数都逐渐变小。虽然正态分布的确切形状是由一个等式来定义的（见图6-3），但正态形状也可以用分布的每个部分所包含的面积的比例来描述。统计学家通常使用 $z$ 分数标记正态分布的部分。图6-4展示了一个用 $z$ 分数标记了若干部分的正态分布。你应该记得，$z$ 分数是根据距离均值的标准差数来衡量分布中的位置。(因此，$z=+1$ 是高于均值1个标准差，$z=+2$ 是高于均值2个标准差，等等。）该图显示了在每个部分中包含的分数的百分比。例如，均值（$z=0$）和高于均值1个标准差（$z=+1$）之间的部分包含了34.13%的分数。相似地，13.59%的得分位于高于均值1到2个标准差之间的部分。我们还看到，可以将该图的各个部分组合起来。例如，在 $z=+1$ 和 $z=-1$ 之间的部分包含了68.26%的分布。这样就可以根据其比例来定义一个正态分布；也就是说，当且仅当它有所有恰当的比例时，它就是正态分布。

关于图6-4中所示的分布，还有两点需要说明。首先，你应该认识到，分布左侧的部分与右侧的相应部分具有完全相同的面积，因为正态分布是对称的。其次，因为分布中的位置是由 $z$ 分数确定的，所以不管均值和标准差的值如何，图中所示的百分比都适用于任何正态分布。记住：当任何分布被转换为 $z$ 分数时，均值变为0，标准差变为1。

因为正态分布对于许多自然发生的分布来说是一个很好的模型，而且这种形状在某些情况下是有保证的（正如你将在第7章中看到的），所以我们特别关注这种特殊的分布。下面的例子介绍了回答关于正态分布的概率问题的过程。

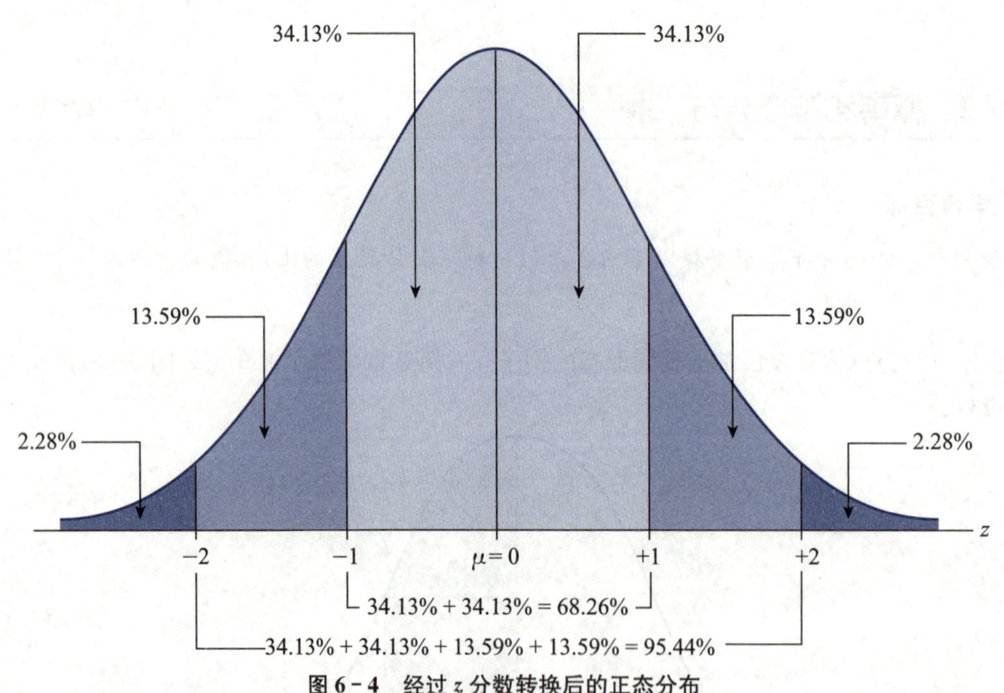


**图6-4 经过 $z$ 分数转换后的正态分布**

**例6.2**

假设数学SAT得分的总体分布为正态分布，均值为 $\mu=500$，标准差为 $\sigma=100$。给定这些关于总体和正态分布的已知比例的信息（见图6-4），我们可以确定特定样本的概率。例如，在总体中抽到分数大于700的个体的概率是多少？

将这个问题用概率符号表示，得到

$$p(X>700)=?$$

我们将一步一步找到问题的答案。

1. 首先，将概率问题转化为一个比例问题：在所有可能的SAT分数中，大于700的分数所占的比例是多少？

2. “所有可能的SAT分数”的集合就是总体分布。这个总体如图6-5所示。因为均值$\mu=500$，所以分数$X=700$在均值的右侧。因为我们对所有大于700的分数都感兴趣，所以在700的右边区域画上阴影。这个区域代表了我们正在试图确定的比例。

3. 通过计算$z$分数来确定$X=700$的确切位置。对于这个例子，有

$$z=\frac{X-\mu}{\sigma}=\frac{700-500}{100}=\frac{200}{100}=+2.00$$

即数学SAT分数$X=700$高于均值两个标准差，相应的$z$分数为$z=+2.00$。我们还在图6-5中确定了这个$z$分数的位置。

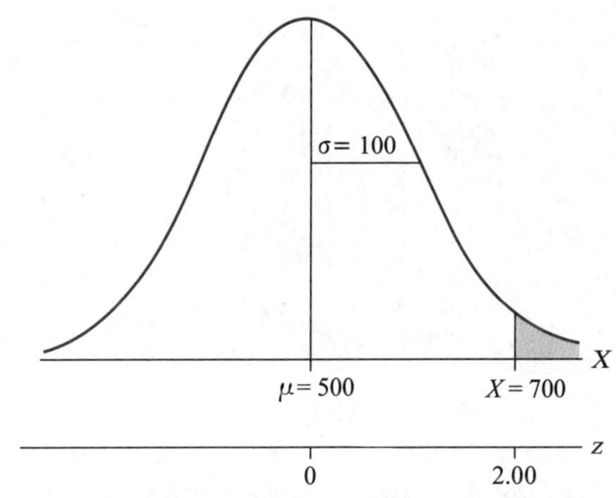


**图6-5 例6.2提及的数学SAT分数的分布**

4. 我们正在确定的比例现在根据$z$分数来表示：

$$p(z>+2.00)=?$$

根据图6-4所示的比例，所有的正态分布，无论$\mu$和$\sigma$的值是多少，其尾部超过$z=+2.00$的分数所占的比例都为2.28%。因此，对于SAT分数总体，有

$$p(X>700)=p(z>+2.00)=2.28\%$$

---

## 标准正态分布表

在研究更多的概率问题之前，我们必须介绍一种比图6-4所示的正态分布图更有用的工具。该图只显示了少数特定的$z$分数值的比例。在标准正态分布表中提供了一个更完整的关于$z$分数和比例的列表，此表列出了所有可能的$z$分数值的正态分布的比例。

完整的标准正态分布表见附录B（表B.1），部分表详见图6-6。请注意，该表的结构为四列的表格。第一列（A）列出了正态分布中不同位置对应的$z$分数值。如果你想象绘制一条垂直线通过正态分布，那么该直线的确切位置可以用A列中列出的一个$z$分数值来表示。你还应该意识到，一条垂直线将分布分成两个部分：更大的部分叫作主体，更小的部分叫作尾部。表中的B列和C列确定了分布中这两个部分各自的比例。B列表示主体的比例（较大的部分），C列表示尾部的比例。我们还添加了第四列——D列，它确定了位于均值和$z$分数之间的分布的比例。

我们将使用图6-7（a）中的分布来帮助介绍标准正态分布表。该图展示了在$z=+0.25$处绘制了一条垂直线的正态分布。使用图6-6中所示的部分的表，找出表中A列包含$z=0.25$的行。浏览该行，你应该发现在$z=+0.25$的线将分布分成了两个部分，大的部分（主体）包含0.598 7或

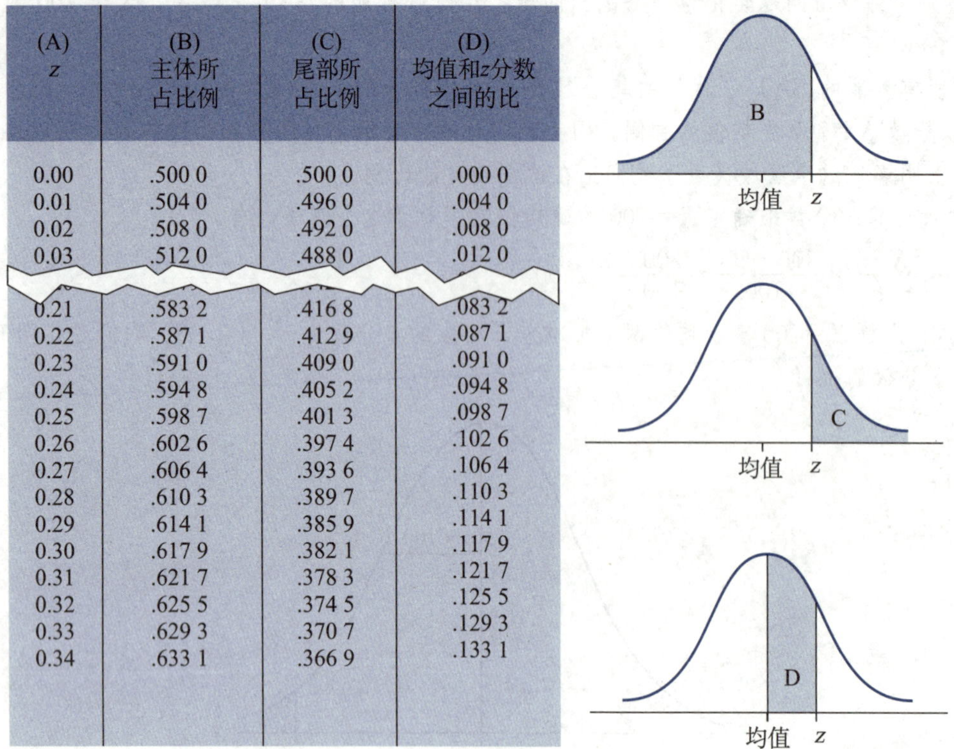

| (A)<br>$z$ | (B)<br>主体所<br>占比例 | (C)<br>尾部所<br>占比例 | (D)<br>均值和$z$分数<br>之间的比 |
|---|---|---|---|
| 0.00 | .500 0 | .500 0 | .000 0 |
| 0.01 | .504 0 | .496 0 | .004 0 |
| 0.02 | .508 0 | .492 0 | .008 0 |
| 0.03 | .512 0 | .488 0 | .012 0 |
| 0.21 | .583 2 | .416 8 | .083 2 |
| 0.22 | .587 1 | .412 9 | .087 1 |
| 0.23 | .591 0 | .409 0 | .091 0 |
| 0.24 | .594 8 | .405 2 | .094 8 |
| 0.25 | .598 7 | .401 3 | .098 7 |
| 0.26 | .602 6 | .397 4 | .102 6 |
| 0.27 | .606 4 | .393 6 | .106 4 |
| 0.28 | .610 3 | .389 7 | .110 3 |
| 0.29 | .614 1 | .385 9 | .114 1 |
| 0.30 | .617 9 | .382 1 | .117 9 |
| 0.31 | .621 7 | .378 3 | .121 7 |
| 0.32 | .625 5 | .374 5 | .125 5 |
| 0.33 | .629 3 | .370 7 | .129 3 |
| 0.34 | .633 1 | .366 9 | .133 1 |



**图 6-6　部分标准正态分布表**

说明：这个表列出了每个 $z$ 分数值对应的正态分布的比例。表中的 A 列列出了 $z$ 分数。B 列列出了 $z$ 分数在正态分布中主体部分所占的比例。C 列列出了尾部所占的比例。D 列列出了均值和 $z$ 分数之间的比例。

59.87%的分布，小的部分（尾部）包含 0.401 3 或 40.13%的分布。此外，均值和 $z=+0.25$ 之间包含了 0.098 7 或 9.87%的分布。

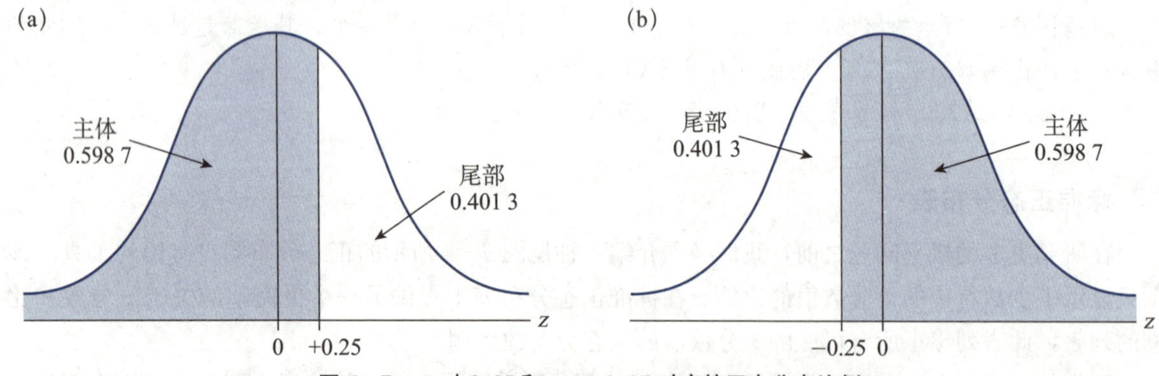



**图 6-7　$z=+0.25$ 和 $z=-0.25$ 对应的正态分布比例**

为了充分利用标准正态分布表，需要记住以下几点：

1. 无论主体是在左侧还是在右侧，它总是对应分布中更大的部分。相似地，无论尾部是在左侧还是在右侧，它总是对应分布中更小的部分。

2. 由于正态分布是对称的，所以右侧的比例与左侧的比例完全相同。例如，之前我们使用标准正态分布表来获得 $z=+0.25$ 的比例。图 6-7（b）展示了 $z=-0.25$ 的与之相同的比例。然而，对于负的 $z$ 分数，请注意分布的尾部在左侧、主体在右侧。对于 $z$ 分数为正［见图 6-7（a）］，则是相反的。然而，每个部分的比例完全相同，主体为 0.598 7，尾部为 0.401 3。同样，该表没有列出负的 $z$ 分数值。要找到负 $z$ 分数的比例，你必须查找相应的正的 $z$ 分数的比例。

3. 虽然 $z$ 分数值从一边到另一边会改变符号（+和−），但比例总是正的。因此，无论是右尾还是左尾的比例，表中的C列总是列出了尾部中的比例。

### 概率、比例和 $z$ 分数

标准正态分布表列出了正态分布中 $z$ 分数位置和比例之间的关系。对于任何的 $z$ 分数的位置，你都可以使用该表来查找相应的比例。类似地，如果你知道比例，那么你可以使用该表来查找特定的 $z$ 分数位置。因为我们已经将概率定义为等价于比例，所以你也可以使用标准正态分布表来查找正态分布的概率。下面的示例演示了各种不同的使用标准正态分布表的方式。

**寻找特定的 $z$ 分数值的比例/概率** 对于下面的每个示例，我们从一个特定的 $z$ 分数值开始，然后使用标准正态分布表来查找 $z$ 分数对应的概率或比例。

**例 6.3A**

在正态分布中，大于 $z=1.00$ 对应的比例是多少？你应该先绘制出分布图和你试图确定的区域的阴影。如图6-8（a）所示。在这种情况下，阴影部分是分布中超过 $z=1.00$ 的尾部。要找到阴影区域，只需在标准正态分布表A列中找到 $z=1.00$，从而确定对应的行，然后扫描整个行到C列（尾）以查找比例。使用附录B中的表，你应该会发现答案是0.158 7。

你还应该注意到，同样的问题也可以被表述为一个概率问题。具体来说，我们可以问："对于正态分布，选择分数大于 $z=+1.00$ 的概率是多少？"同样，答案是 $p(z>1.00)=0.1587$（或15.87%）。

**例 6.3B**

在正态分布中，小于 $z=1.50$ 对应的比例是多少？用符号表示为 $p(z<1.50)=?$ 我们的目标是确定在正态分布中的对应 $z$ 分数小于1.50的比例。正态分布如图6-8所示，$z=1.50$ 定位于分布中。注意，我们将所有 $z=1.50$ 左边（小于）的区域用阴影表示。这是我们想要找到的部分。显然，阴影部分超过50%，所以它对应于分布的主体。因此，我们在标准正态分布表的A列中找到 $z=1.50$ 并浏览这一行，从而获得B列中的比例。答案是 $p(z<1.50)=0.9332$（或93.32%）。

**例 6.3C**

许多问题都要求你找到负 $z$ 分数的比例。例如，在正态分布中小于 $z=-0.50$ 对应的尾部比例是多少？也就是，$p(z<-0.50)=?$ 这部分在图6-8（c）中用阴影表示。要回答 $z$ 分数为负的问题，只需记住，正态分布是对称的，均值处的 $z$ 分数为零，右边是正值，左边是负值。左边小于 $z=-0.50$ 的尾端比例与右边大于 $z=0.50$ 的比例相等。为了确定这一比例，在A列中查询 $z=0.50$ 并浏览这一行，从而在C列中（尾部）找到相应的比例。你应该得到0.308 5（30.85%）的答案。

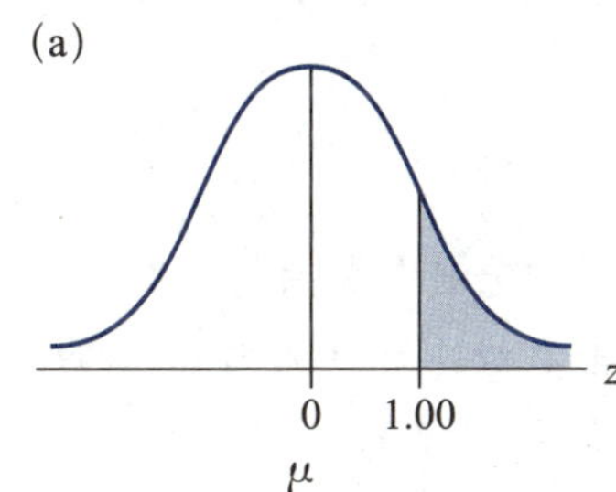


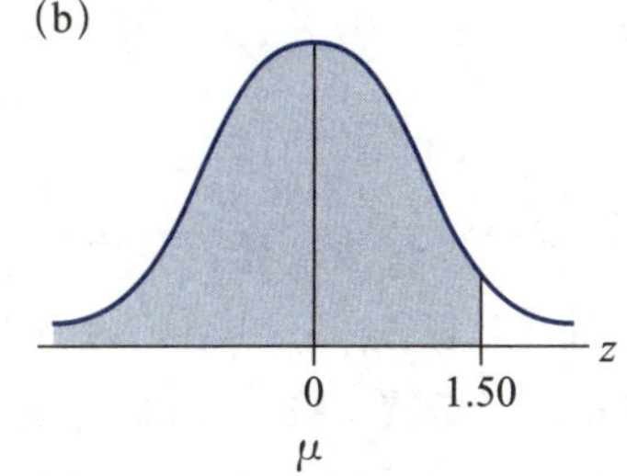


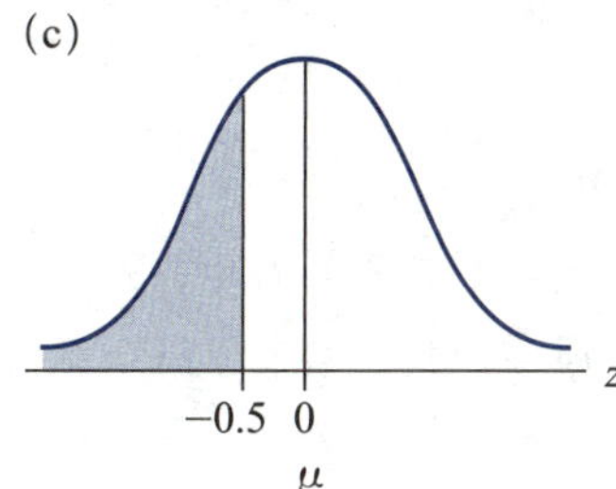


图6-8 例6.3A至例6.3C的分布

下面的例子可供你自行检验对于确定正态分布中的比例的理解。

**例 6.4**

找出以下各部分对应的正态分布的比例：

a. $z>0.80$

b. $z>-0.75$

你应该得到 a 和 b 的答案分别为 0.211 9 和 0.773 4。祝你好运。

**寻找特定比例对应的 z 分数的位置**　前面的例子都涉及使用 A 列中的 z 分数值来查找 B 列或 C 列中的比例。但是，你应该意识到，该表还允许你从一个已知的比例开始，然后查找相应的 z 分数。下面的示例演示了这个过程。

**例 6.5A**

对于正态分布，将前 10%与分布的其余部分分开的 z 分数值是多少？为了回答这个问题，我们绘制了一个正态分布图［见图 6-9（a)］，并画了一条垂直线，将最高的 10%（大约）与其他部分分开。问题是，要确定这条线的确切位置。对于这个分布，我们知道尾部包含 0.100 0（10%），主体包含 0.900 0（90%）。要找到 z 分数值，你只需在标准正态分布表中找到 C 列中有 0.100 0 或 B 列中有 0.900 0 的行。例如，你可以向下扫描 C 列（尾部）中的值，直至找到 0.100 0 的比例为止。请注意，你可能找不到确切的比例，但你可以使用表中列出的最接近的值。对于本例，C 列中没有列出 0.100 0，但你可以使用列出的 0.100 3。一旦你在表中找到了正确的比例，只需阅读这一行，在 A 列中找到相应的 z 分数值。

对于这个例子，分割尾部极端 10%的 z 分数值为 $z=1.28$。此时，你必须小心，因为该表并未区分左侧和右侧尾部。具体来说，最终的答案可以是 $z=+1.28$，它在右尾部分离 10%，或者 $z=-1.28$，它在左尾部分离 10%。对于这个问题，我们想要右尾（最高的 10%），所以 z 分数值是 $z=+1.28$。

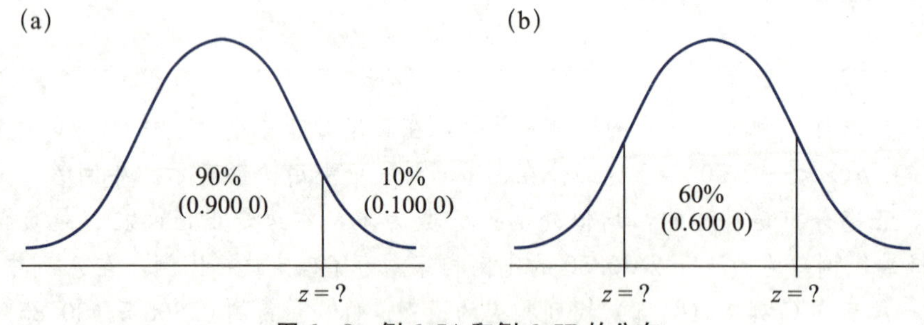


图 6-9　例 6.5A 和例 6.5B 的分布

**例 6.5B**

在一个正态分布中，z 分数为哪些值可以形成边界，将中间的 60%的分布与剩余的分数区分开？

同样，我们绘制了一个正态分布图［见图 6-9（b)］，并绘制了垂直线，这样大约 60%的分布在中心部分，其余部分平分在两个尾部。问题是，要找到确定这些线的确切位置的 z 分数值。为了找到 z 分数值，我们从已知的比例入手：中间是 0.600 0 并且剩余 0.400 0 在两个尾部间平分。虽然这些比例可以以几种不同的方式使用，但这个示例提供了一个机会来演示如何使用表中的 D 列来解决问题。对于这个问题，中间的 0.600 0 可以被一分为两半，均值的右边正好是 0.300 0，左边正好是0.3000。每个部分都对应于D列中列出的比例。先向下扫描D列，寻找0.3000。同样，这个比例不在表中，但最接近的值是0.2995。顺着本行读A列，你会找到一个$z=0.84$。再次查看示意图[见图6-9(b)]，右边的线位于$z=+0.84$，左边的线位于$z=-0.84$。

你可能已经注意到，在前面的每个问题中我们都绘制了分布图。一般来说，你应该绘制一个分布图，用一条垂直线定位均值，并用阴影表示你试图确定的部分。看着你的示意图，它将帮助你确定在标准正态分布表中使用哪些列。如果你有画示意图的习惯，那么在你使用该表时要避免粗心的错误。

**学习检查**

1. 在一个正态分布中抽到大于$z=0.25$的$z$分数的概率是多少？

a. 0.5987　　b. 0.4013　　c. −0.5987　　d. −0.4013

2. 在一个正态分布中，将前90%的分数和剩余分布区分开的$z$分数值是多少？

a. $z=1.28$　　b. $z=-1.28$　　c. $z=0.13$　　d. $z=-0.13$

3. 在一个正态分布中，将后20%的分布和前80%区分开的$z$分数值是多少？

a. $z=0.20$　　b. $z=0.80$　　c. $z=0.84$　　d. $z=-0.84$

**答案** 1. b　2. b　3. d

## 6.3 正态分布中分数的概率和比例

**学习目标**

3. 计算特定分数$X$值的概率。
4. 计算分布中对应特定比例的分数（$X$值）。

在上一节中，我们使用标准正态分布表来查找与特定的$z$分数值对应的概率和比例。然而，在大多数情况下，有必要找到特定$X$值的概率。请思考以下例子：

已知IQ分数来自$\mu=100$和$\sigma=15$的正态分布。基于上述信息，请问随机抽到IQ低于120的个体的概率是多少？

这个问题是要求一个正态分布的特定概率或比例。然而，在我们可以在标准正态分布表中查找答案之前，我们首先必须将IQ分数（$X$值）转换为$z$分数值。因此，要解决这种新的概率问题，我们必须在这个过程中增加一个新的步骤。具体来说，要回答关于正态分布的分数（$X$值）的概率问题，必须遵循以下两步过程：

1. 将$X$值转换为$z$分数值。
2. 使用正态分布表查找与$z$分数值对应的比例。

这个过程将在下面的示例中进行演示。同样，我们建议你绘制分布图，将你试图确定的部分用阴影表示，以避免粗心的错误。

注意：标准正态分布表只能用于正态分布。如果一个分布不是正态的，那么将$X$值转换为$z$分数值将不会使它变成正态的。

**例6.6**

现在，将回答我们之前提出的关于IQ分数的概率问题。具体来说，随机抽到IQ低于120的个体的概率是多少？从比例的角度重述则是，我们想要确定对应IQ分数小于120的IQ分布的比例。该分布如图6-10所示，我们想要的部分已用阴影表示。

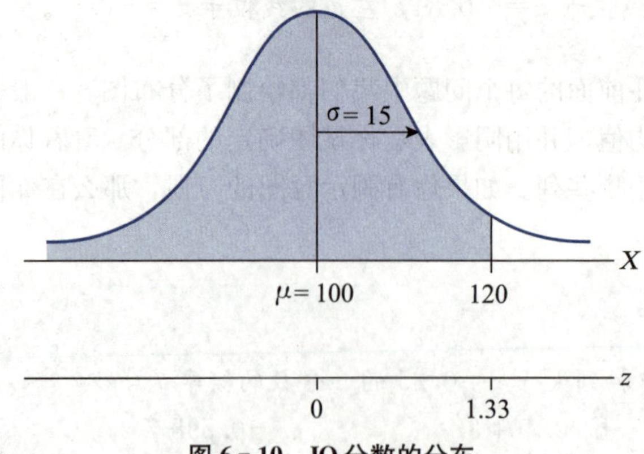


**图6-10　IQ分数的分布**

说明：问题是，确定对应IQ分数小于120的概率或IQ分布的比例。

首先是将X值转换为z分数。具体来说，X=120的分数被转换为：

$$z=\frac{X-\mu}{\sigma}=\frac{120-100}{15}=\frac{20}{15}=1.33$$

因此，IQ分数X=120对应z分数z=1.33，并且IQ分数低于120对应z分数低于1.33。

接下来，在标准正态分布表中查找z分数值。因为我们想要获知在X=120左边的主体所占的分布的比例（见图6-10），答案将在B列中找到。查阅表格，我们看到z分数为1.33对应于0.908 2的比例。随机选择一个智商分数低于120的个体的概率是$p=0.9082$。用符号表示为：

$$p(X<120)=p(z<1.33)=0.9082\ （或90.82\%）$$

最后，请注意，我们用概率来表述这个问题。具体来说，我们问："选择一个IQ低于120的个体的概率是多少？"然而，同样的问题也可以用比例来表述："在整个总体中，智商分数低于120的个体的比例是多少？"这两个版本提出了完全相同的问题，并产生了完全相同的答案。6.4节介绍了第三种提出同样问题的方式。

**找到位于两个分数之间的比例/概率**　下一个示例演示了确定选择位于两个特定值之间的分数的概率的过程。虽然这些问题可以用B列和C列（主体和尾部）的比例来解决，但它们通常更容易用D列中列出的比例来解决。

**例6.7**

公路部门进行了一项研究，测量州际公路当地路段的驾驶速度。他们发现，平均速度为$\mu=58$英里/小时，标准差为$\sigma=10$。该分布近似为正态的。基于上述信息，请问行驶速度在55至65英里/小时的车辆占多大比例？使用概率符号，我们可以将问题表述为：

$$p(55<X<65)=?$$

驾驶速度的分布如图6-11所示，所求区域用阴影表示。第一步是确定区间两端的X值所对应的z分数。

$$对于X=55：z=\frac{X-\mu}{\sigma}=\frac{55-58}{10}=\frac{-3}{10}=-0.30$$

$$对于X=65：z=\frac{X-\mu}{\sigma}=\frac{65-58}{10}=\frac{7}{10}=0.70$$

再看图6-11，可以看到我们所需要确定的比例分为两个部分：(1) 为均值左边的区域；(2) 为均值右边的区域。第一个区域是均值与 $z=-0.30$ 之间的比例，第二个区域是均值与 $z=0.70$ 之间的比例。使用标准正态分布表的D列，这两个比例分别为0.117 9和0.258 0。通过以下两个部分相加可以得到总的比例：

$$p(55<X<65)=p(-0.30<z<0.70)=0.1179+0.2580=0.3759$$

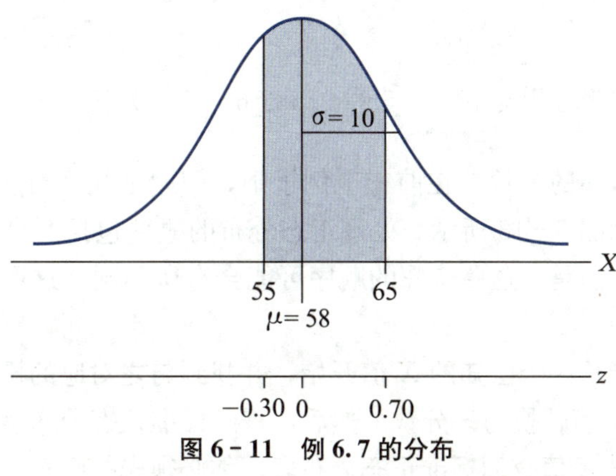


图6-11 例6.7的分布

**例6.8**

使用与前面的例子相同的驾驶速度分布，有多少比例的汽车的行驶速度在每小时65到75英里之间？

$p(65<X<75)=?$

分布如图6-12所示，所求区域用阴影表示。同样，我们首先确定对应于区间两端的 $z$ 分数。

对于 $X=65$：$z=\dfrac{X-\mu}{\sigma}=\dfrac{65-58}{10}=\dfrac{7}{10}=0.70$

对于 $X=75$：$z=\dfrac{X-\mu}{\sigma}=\dfrac{75-58}{10}=\dfrac{17}{10}=1.70$

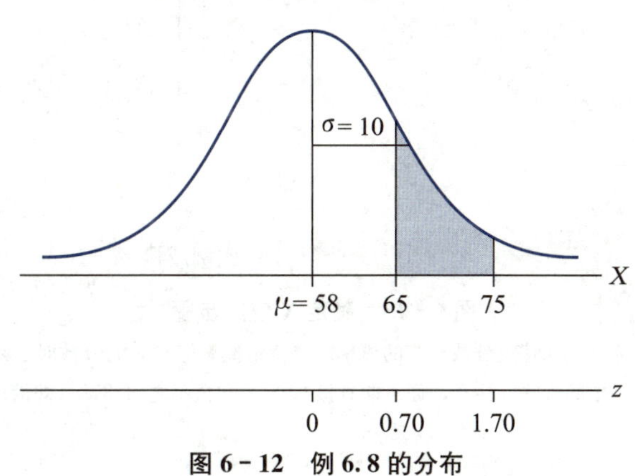


图6-12 例6.8的分布

有几种不同的方法使用标准正态分布表去找到这两个 $z$ 分数之间的比例。对于这个示例，我们将使用分布的尾部（C列）中的比例。根据标准正态分布表中的C列，尾部超过 $z=0.70$ 的比例为 $p=0.2420$。请注意，这个比例包括了我们想要的部分，但它也包括了一个额外的、不想要的位于尾部超过 $z=1.70$ 的部分。在表中定位 $z=1.70$，阅读这一行至C列，我们会看到不需要的部分是 $p=0.0446$。为了得到正确的答案，我们从尾部超过 $z=0.70$ 的总比例中减去不需要的部分。

$$p(65<X<75)=p(0.70<z<1.70)=0.2420-0.0446=0.1974$$

下面的例子可供你自行检验对于确定正态分布中的概率的理解。

**例 6.9**

某一正态分布的均值 $\mu=60$，标准差 $\sigma=12$，请确定以下概率：

a. $p(X>66)$

b. $p(48<X<72)$

你应该得到 a 和 b 的答案分别为 0.308 5 和 0.682 6。祝你好运。

**确定对应特定比例或概率的分数** 在前三个例子中，问题是找到对应特定 $X$ 值的比例或概率。找到这些比例的两步过程如图 6-13 所示。处理正态分布的概率包括两个步骤：(1) 使用 $z$ 分数公式；(2) 使用正态分布表。但是，这些步骤的顺序可能会有所不同，这取决于你所试图回答的概率问题的类型。

在一个实例中，你可能从一个已知的 $X$ 值开始，并找到与之对应的概率（如例 6.6）。首先，你必须使用公式（5-1）将 $X$ 值转换为 $z$ 分数。然后，查阅标准正态分布表，以获得图的特定区域的概率。注意：不能直接根据 $X$ 值查阅标准正态分布表。你必须先找到对应的 $z$ 分数。

但是，假设你已知概率值，并想要找到与之相关的 $X$ 值。在这种情况下，你首先要使用标准正态分布表来查找与概率值相对应的 $z$ 分数，然后使用公式（5-2）将 $z$ 分数转换为 $X$ 值。图 6-13 说明了当确定已知 $X$ 值概率，反过来确定 $X$ 值时，你必须采取的步骤。这个图就像一个地图，当你在 $X$ 值和概率之间"转移"时，引导你完成基本的步骤。实线是你在概率和 $X$ 值之间转移时必须选择的"道路"。当使用 $X$ 值和概率时，你始终需要执行查找 $z$ 分数的步骤。下面的示例演示了这个过程。

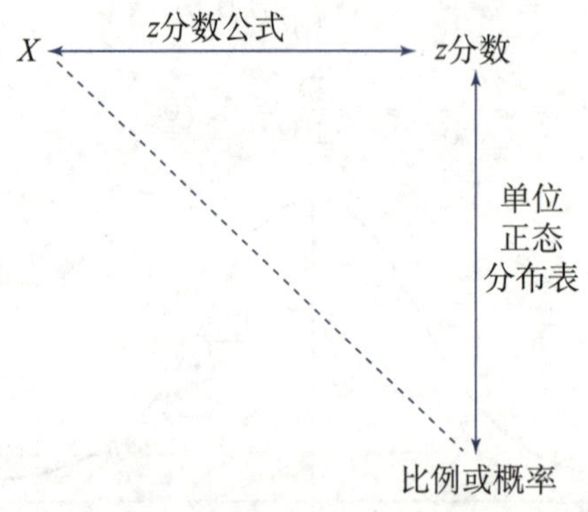


**图 6-13　确定 $X$ 值的步骤**

说明：在这个地图上，实线是你寻找与特定分数对应的概率值或特定概率值对应的分数时必须选择的"道路"。在通过这些路线时，你必须采取查找 $z$ 分数值这一中间步骤。注意，你不能直接在 $X$ 值和概率之间移动（即沿虚线）。

**例 6.10**

美国人口普查局（2017 年）报告称，美国人每天通勤上班的平均时间为 $\mu=26.1$ 分钟。假设通勤时间的分布是正态的，标准差为 $\sigma=10$ 分钟，那么你每天通勤要花多少时间才能达到全国最高的 10%？该分布如图 6-14 所示，右侧尾部约 10%用阴影表示。

在这个问题中，我们从比例（10%或 0.10）入手，寻找对应的分数。根据图 6-13 中的地图，我们可以通过 $z$ 分数从 $p$（比例）移动到 $X$（分数）。第一步是使用标准正态分布表来找到与尾部比例为 0.10 相对应的 $z$ 分数。首先，扫描 C 列中的值，以找到比例为 0.10 的行。请注意，你不会准确地找到 0.100 0，但会找到最接近的值。在本例中，最接近的值是 0.100 3。阅读这一行，我们可以在A列中找到 $z=1.28$。

下一步是确定 $z$ 分数是正的还是负的。请记住，该表并没有明确 $z$ 分数的符号。看图6-14中的分布，你应该意识到我们想要获得的分数高于均值，因此 $z$ 分数是正的，$z=+1.28$。

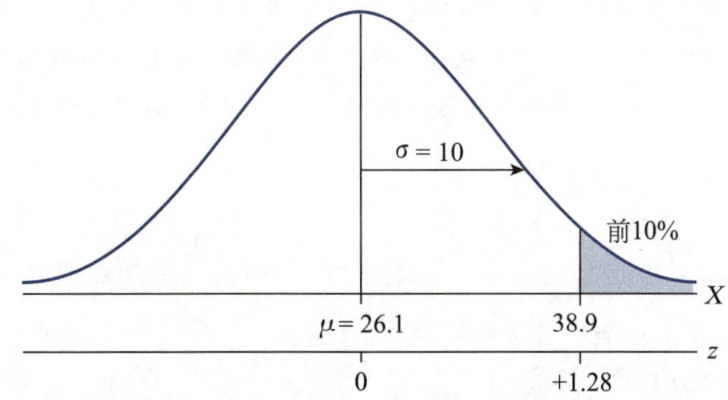


**图6-14 例6.10美国工作者通勤时间的分布**

说明：问题是，找到将前10%的通勤时间和剩余部分分隔开的分数。

最后一步是将 $z$ 分数转换成 $X$ 值。根据定义，$z$ 分数为 $+1.28$，对应的得分高于均值1.28个标准差。一个标准差等于10（$\sigma=10$），所以1.28个标准差为：

$$1.28\sigma = 1.28(10) = 12.8$$

因此，分数比均值（$\mu=26.1$）高出12.8。因此

$$X = 26.1 + 12.8 = 38.9$$

我们最初的问题的答案是，你必须每天至少通勤38.9分钟，才能成为美国通勤者中的前10%。

**例6.11**

同样，美国工作者的通勤时间的分布是正态的，均值为 $\mu=26.1$ 分钟，标准差为 $\sigma=10$ 分钟。对于这个例子，我们将找到划定分布中间的90%的值的范围。整个分布如图6-15所示，中间部分用阴影表示。

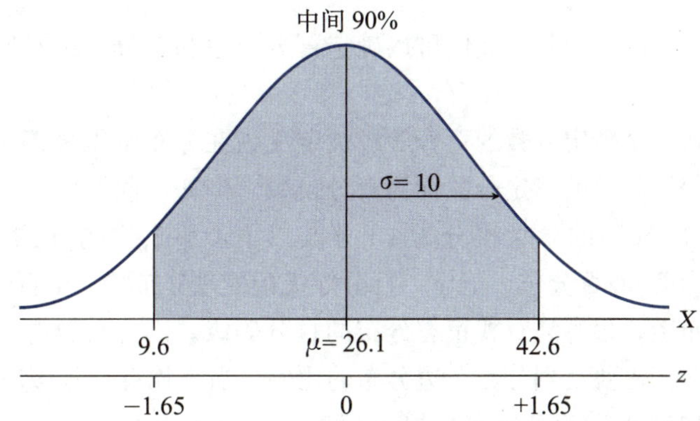


**图6-15 例6.11美国工作者通勤时间的分布**

说明：问题是，确定分布中间的90%。

在分布的中间的90%（0.900 0）可以被分成两半，在均值的每边各有45%（0.450 0）。在单位正态分布表的D列中查找0.450 0，会发现没有列出确切的比例。然而，你会发现0.449 5和0.450 5，它们对0.450 0同样接近。从技术上讲，这两个值都是可以接受的，但我们将使用0.450 5，这样中间的总面积至少是90%。阅读该行，你应该在A列中找到 $z$ 分数 $z=1.65$。因此，右侧边界的 $z$ 分

数为 $z=+1.65$，左侧边界的 $z$ 分数为 $z=-1.65$。在任何一种情况下，$z$ 分数为 1.65 都表示距离均值 1.65 个标准差。根据通勤时间的分布，标准差是 $\sigma=10$，所以 1.65 个标准差是：

$$1.65\sigma = 1.65(10) = 16.5$$

因此，右侧边界的分数大于均值 16.5，对应于 $X=26.1+16.5=42.6$。同样，左侧边界的分数低于均值 16.5，对应于 $X=26.1-16.5=9.6$。中间 90%的分布对应的值在 9.6 到 42.6 之间。因此，90%的美国通勤者每天的通勤时间为 9.6～42.6 分钟。只有 10%的通勤者花更多时间或更少时间在通勤上。

**学习检查**

1. SAT 分数总体形成了一个均值 $\mu=500$、标准差 $\sigma=100$ 的正态分布。请问 SAT 分数高于 400 的个体占分布的多大比例？

a. 0.158 7　　b. 0.841 3　　c. 0.341 3　　d. −0.158 7

2. 某正态分布均值 $\mu=100$，标准差 $\sigma=20$。请问随机抽到一个高于 130 的分数的概率是多少？

a. $p=0.9032$　　b. $p=0.9332$　　c. $p=0.0968$　　d. $p=0.0668$

3. 某正态分布均值 $\mu=70$，标准差 $\sigma=10$。请问在前 60%的分布中的最低分是多少？

a. 67.5　　b. 62.5　　c. 65.2　　d. 68.4

**答案**　1. b　2. d　3. a

## 6.4 百分位数和百分等级

**学习目标**

5. 对于正态分布的分数，找到与分数对应的百分等级和与正态分布比例对应的百分位数。
6. 找到正态分布的四分位距。

正态分布的另一个有用的方面是，我们可以确定百分位数和百分等级来回答关于在正态分布中的相对位置的问题。

你应该回忆第 2 章，一个特定分数的百分等级被定义为在分布中得分等于或低于该特定分数的个体的百分比。与百分等级相关的特定分数称为百分位数。例如，假设你在一次考试中得分为 $X=43$ 分，并且你知道刚好有 60%的学生得分为 43 分及以下，那么你的分数 $X=43$ 的百分等级是 60%，你的分数将被称为第 60 百分位。记住，百分等级指的是分布的一个百分比，百分位数指的是一个分数。如果绘制分布图，很容易查找正态分布的百分等级。因为百分等级是低于某一特定分数的个体的百分比，所以我们需要找到分数左边分布的比例。当查找百分等级时，我们总是关注 $X$ 值左边的百分比。因此，如果 $X$ 值高于均值，则在标准正态分布表的 B 列（主体）中找到左边的比例。或者，如果 $X$ 值低于均值，则在标准正态分布表的 C 列（尾部）中找到左边的比例。以下示例说明了这些要点。

**例 6.12**

某总体服从均值 $\mu=100$、标准差 $\sigma=10$ 的正态分布。请问 $X=114$ 的百分等级是多少？

因为百分等级表示一个分数相对于所有不高于其的分数的地位，所以我们必须关注 $X=114$ 左边的分布区域。该分布如图 6－16 所示，包含 $X=114$ 以下所有分数的曲线区域用阴影表示。这个阴影区域的比例将给我们一个百分等级。因为这个分布是正态的，所以可以使用标准正态分布表来找到这个比例。第一步是计算 $X$ 值的 $z$ 分数。

$$z=\frac{X-\mu}{\sigma}=\frac{114-100}{10}=\frac{14}{10}=+1.40$$

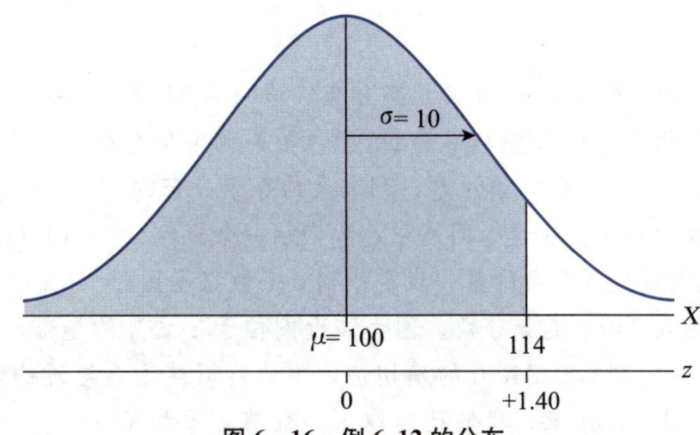


**图 6－16 例 6.12 的分布**

说明：阴影部分的比例提供了 $X=114$ 的百分等级。

下一步是查阅标准正态分布表。请注意，图 6－16 中的阴影区域构成了分布的主体。该区域的比例见 B 列。对于 $z=+1.40$，B 列显示比例为 0.919 2。$X=114$ 的百分等级为 91.92%。

**例 6.13**

对于例 6.12 中的分布，$X=92$ 的百分等级是多少？

这个例子如图 6－17 所示。因为得分 $X=92$ 低于均值，所以它位于分布的左侧。同样，百分等级对应的是低于该分数的分布区域。因此，在 $X=92$ 的左边用阴影表示该区域。

首先，将 $X$ 值转换为 $z$ 分数：

$$z=\frac{X-\mu}{\sigma}=\frac{92-100}{10}=\frac{-8}{10}=-0.80$$

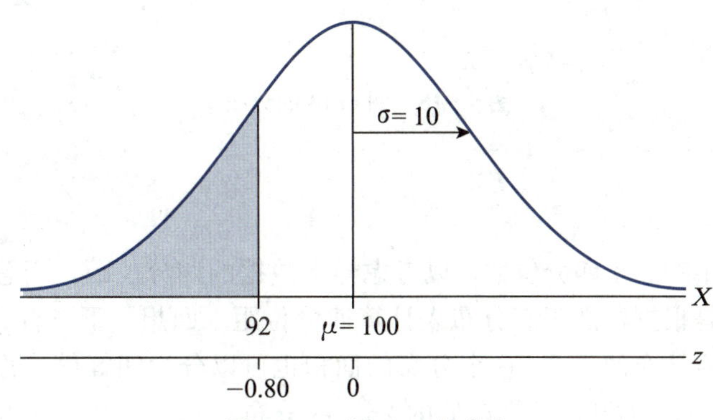


**图 6－17 例 6.13 的分布**

说明：阴影部分的比例提供了 $X=92$ 的百分等级。

现在可以查阅标准正态分布表。在 C 列可以查到低于 $z=-0.80$ 的左侧尾部的比例。根据标准正态分布表，$z=-0.80$ 对应的尾部的比例是 $p=0.2119$。这也是 $z=-0.80$ 以外的区域。因此，$X=92$ 的百分等级是 21.19%。也就是说，92 分高于分布中 21.19%的分数。

### 寻找百分位数

确定特定百分位数的过程与例 6.10 中的程序十分相似。给了你一个百分位数（这次是百分等级），并且你必须找到对应的 $X$ 值（百分位数）。你应该想起来，根据一个百分位数找 $X$ 值，需要确定该比例对应的 $z$ 分数这一中间步骤。接下来的例子演示了寻找百分位数的过程。

**例 6.14**

某总体服从均值 $\mu=60$、标准差 $\sigma=5$ 的正态分布。请问第 34 百分位数是多少？

在这个例子中，我们正在寻找 $X$ 值（百分位数），不高于它的分数占到了总体的 34%（或 $p=0.3400$）。这个问题如图 6-18 所示。请注意，34%大约等于分布的三分之一，因此图 6-18 中相应的阴影区域完全位于均值的左侧。在这个问题中，我们从一个比例（0.340 0）入手，然后寻找一个分数（百分位数）。从比例转换到分数的第一步是找到 $z$ 分数（见图 6-13）。你必须查看标准正态分布表，以找到对应于比例 0.340 0 的 $z$ 分数。因为该比例位于 $z$ 之外的尾部，所以你必须在 C 列中查找 0.340 0。虽然表中没有列出 0.340 0 的确切值，但你可以使用最接近的值，即 0.340 9。该值对应的 $z$ 分数是 $z=-0.41$。请注意，我们已经在 $z$ 分数值上添加了一个负号，因为我们想要的位置位于均值以下。因此，我们正在寻找的 $X$ 值的 $z$ 分数为 $z=-0.41$。

下一步是将 $z$ 分数转换为 $X$ 值。使用 $z$ 分数公式，得到

$$X=\mu+z\sigma=60+(-0.41)(5)=60-2.05=57.95$$

这个分布的第 34 百分位数是 $X=57.95$。这个答案是合理的，因为这个例子的第 50 百分位数是 60（均值和中位数）。因此，第 34 百分位数的值必须小于 60。

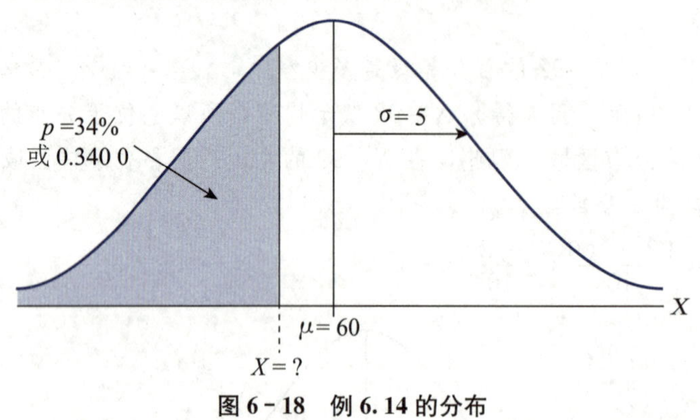


**图 6-18 例 6.14 的分布**

### 四分位数

我们首先在第 4 章中查看了四分位数，以考虑样本数据的四分位距。当总体数据服从正态分布时，有一种简单的方法是根据标准正态分布表计算四分位距。回想一下，百分位数将分布分成 100 个等部分，每个部分对应分布的 1%。一个分布的面积也可以分为四等份，称为四分位数，每部分对应 25%。第一个四分位数（$Q1$）是将最低的 25%的分布与其他分数区分开。因此，第一个四分位数与第 25 百分位数相同。类似地，第二个四分位数（$Q2$）是存在分布中 50%（两个四分之一）的分数低于其的分数。你应该认识到 $Q2$ 是这个分布的中位数，或者说是第 50 百分位数。第三个四分位数（$Q3$）存在分布中 75%（三个四分之一）的分数低于其的 $X$ 值。一个分布的 $Q3$ 也是第 75 百分位数。

对于正态分布，第一个四分位数总是对应于 $z=-0.67$，第二个四分位数对应于 $z=0.00$（均值），第三个四分位数对应于 $z=+0.67$（见图 6-19）。这些值可以通过查阅标准正态分布表来找

到，并且适用于任何正态分布。这使得寻找正态分布的四分位数和四分位距变得简单。下面的例子演示了四分位数的使用。

**例 6.15**

某总体为正态分布，均值 $\mu=50$，标准差 $\sigma=10$。请找出第一、二、三四分位数并计算四分位距。

第一四分位数：$Q1$，与第 25 百分位数相同，对应的 $z$ 分数是 $z=-0.67$。根据 $\mu=50$，$\sigma=10$，我们可以确定 $Q1$ 的 $X$ 值。

$$X=\mu+z\sigma=50+(-0.67)(10)=50-6.70=43.30$$

第二四分位数：$Q2$，也是第 50 百分位数，或者说是中位数。对于正态分布，中位数等于均值，因此 $Q2$ 也是 50。通过公式，根据 $z$ 分数为 0，我们得到

$$X=\mu+z\sigma=50+(0.00)(10)=50-0.00=50.00$$

第三四分位数：$Q3$，也是第 75 百分位数。它对应的 $z$ 分数是 $z=+0.67$。使用 $z$ 分数公式，我们得到

$$X=\mu+z\sigma=50+(+0.67)(10)=50+6.70=56.70$$

在第 4 章中，我们了解到四分位距被定义为第一和第三四分位数之间的距离，或

$$IQR=Q3-Q1$$

对于这个例子，四分位数是：

$$\begin{aligned}IQR&=Q3-Q1\\&=56.70-43.30\\&=13.40\end{aligned}$$

请注意，$Q1$ 和 $Q3$ 与均值的距离相同（在前面的例子中是 6.7）。由于正态分布是对称的，$Q1$ 和 $Q3$ 总是与正态分布的均值保持相等的距离，因此，$Q1$ 和 $Q3$ 之间的距离（定义的四分位距）也将等于 $Q3$ 到均值的距离的两倍（见图 6-19）。$Q3$ 到均值的距离可以简单地通过将 $Q3$ 的 $z$ 分数（$z=+0.67$）乘以标准差得到。使用这种便捷的方式大大简化了计算。对于正态分布：

$$IQR=2(0.67\sigma) \tag{6-1}$$

请记住，这个简化的公式只用于服从正态分布的总体。

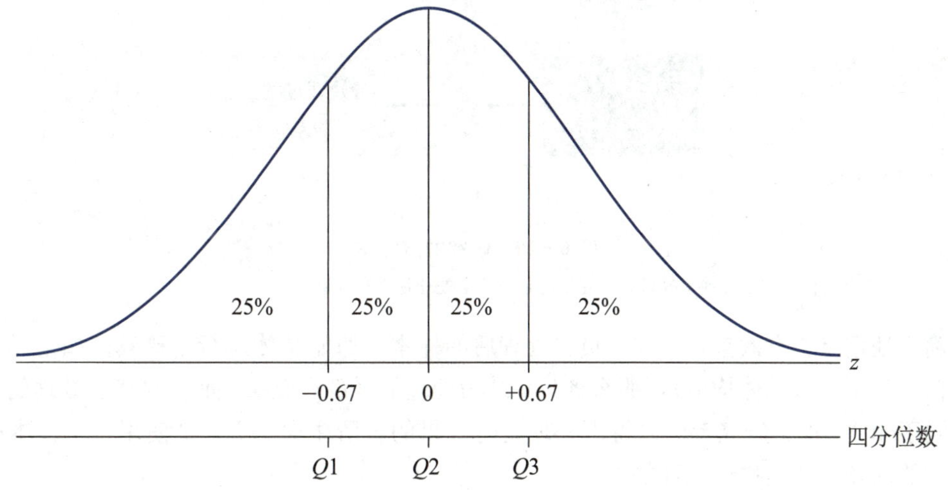


**图 6-19 正态分布中对应第一、二、三四分位数的 $z$ 分数**

### 学习检查

1. 某正态分布均值 $\mu=500$，标准差 $\sigma=100$。请问以下哪一个是 $X=500$ 的百分等级？

a. 69.15% b. $z=+0.50$ c. 38.05% d. $z=-0.50$

2. 某正态分布均值 $\mu=100$，标准差 $\sigma=10$。请问以下哪一个是第20百分位数？

a. $X=91.60$ b. $z=-8.40$ c. $X=108.40$ d. $z=-0.84$

3. 请找出标准差 $\sigma=50$ 的正态分布的四分位距。

a. 如果没有更多信息不能确定 b. 67

c. 13.40 d. 25%

**答案** 1. a 2. a 3. b

## 6.5 推论统计展望

### 学习目标

7. 解释概率是如何通过识别可能出现和十分不可能出现的结果来评估处理效果的。

概率在样本和它们所来自的总体之间形成了一种直接的联系。正如我们在本章的开头所指出的，这个联系是后续章节推论统计的基础。下面的示例提供了在推论统计情境中如何使用概率的概述。

在第5章结束时，我们演示了如何使用推论统计数据来帮助解释研究结果。一般的研究流程如图5－10所示，并在图6－20中重复显示。该研究始于一个正态分布的总体，其均值为 $\mu=400$，标准差为 $\sigma=20$。从总体中选择一个样本，并对该样本进行处理。本研究的目的是评估处理的效果。

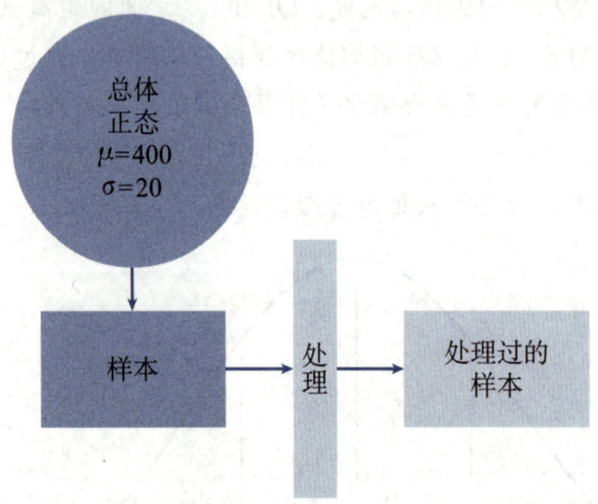


**图6－20 研究的流程图**

说明：一个来自总体的样本接受了处理。研究目的是，确定处理是否有效果。

为了确定处理是否有效果，研究人员将处理后的样本与原始总体进行了比较。如果样本中的个体的得分在400左右（总体均值），那么将其总结为处理似乎没有效果。而如果接受处理的个体的分数显著不同于400，那么研究者可以得出处理是有效果的。请注意，研究是使用一个样本来帮助解答关于总体的问题，这是推论统计的本质。

研究人员面临的问题是确定与400之间的“明显不同”是什么意思。如果一个接受治疗的人得分为 $X=415$，这是否足以说明处理有效果？那么，$X=420$ 或 $X=450$ 呢？在第5章中，我们提出 $z$

分数，为解决这个问题提供了一种方法。具体来说，我们认为 $z$ 分数值超过 $z=2.00$（或 $-2.00$）是一个极值，因此明显不同。然而，选择 $z=\pm2.00$ 纯粹是主观的。现在，我们有了另一个工具——概率，来帮助我们决定在哪里设置边界。图 6－21 显示了我们假设研究中的原始总体。请注意，大部分的分数都位于 $\mu=400$ 附近。还要注意的是，我们增加了将中间 95%的分布与两个尾部中极端的 5%或 0.050 0 分开的边界。将 0.050 0 分成两半，得到右尾为 0.025 0、左尾为 0.025 0。使用标准正态分布表的 C 列，左右尾的 $z$ 分数边界分别为 $z=-1.96$ 和 $z=+1.96$。如果我们从原始未接受处理的总体中选择一个个体，那么我们就不太可能获得在 $z=\pm1.96$ 边界以外的分数。

设置边界在 $z=\pm1.96$ 处，为决定我们的样本是否提供了处理有效果的证据给出了客观的标准。具体来说，如果样本位于 $\pm1.96$ 边界之外的尾部，那么可以得出结论：

1. 该样本是一个极值，与均值相差近 2 个标准差，因此与原始总体中的大多数个体明显不同。

2. 如果处理没有效果，那么样本是一个非常不可能的结果。具体来说，获得在 $\pm1.96$ 边界外的样本的概率小于 5%。

因此，该样本提供了处理有效果的明确证据。

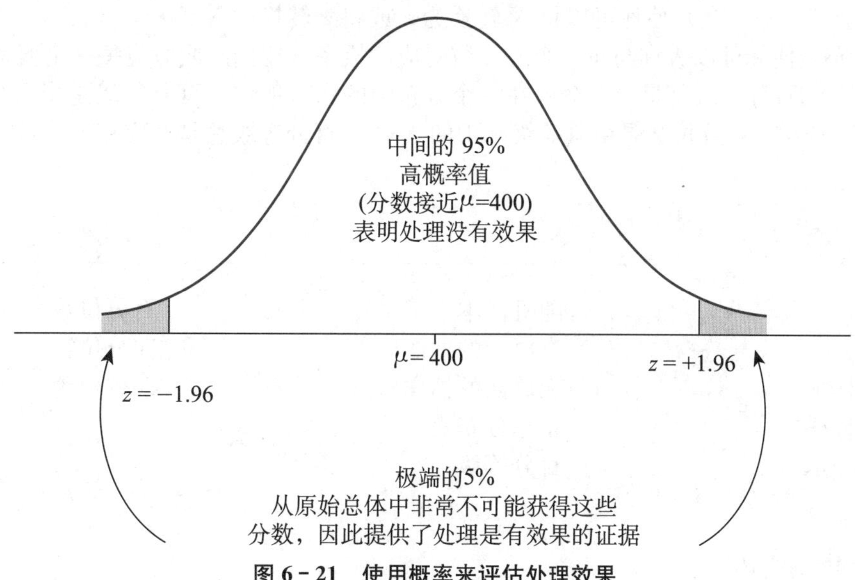


**图 6－21 使用概率来评估处理效果**

说明：极不可能从原始总体中获得的值被视为处理有效果的证据。

## 学习检查

1. 以下哪一句话正确描述了分数不低于 $X=57$ 在某正态分布均值 $\mu=40$、标准差 $\sigma=5$ 中的情况？

a. 极端的，极其不可能的分数　　b. 高于均值，但并不极端或不太可能

c. 略高于均值　　d. 是具有代表性的平均分数

2. 某正态分布均值 $\mu=60$，标准差 $\sigma=10$。请问中间 95%的分布和尾部 5%之间的边界的 $X$ 值是多少？

a. 51.6 和 68.4　　b. 47.2 和 72.8　　c. 43.5 和 65.5　　d. 40.4 和 79.6

3. 从一个均值为 $\mu=80$ 和 $\sigma=20$ 的正态的总体中抽取一个个体，并对该个体进行处理。经过处理后，发现个体的得分为 $X=105$。如果处理没有效果，得分不低于此的可能性有多大？

a. $p=0.105\ 6$　　b. $p=0.394\ 4$　　c. $p=0.894\ 4$　　d. $p=1.250\ 0$

**答案** 1. a 2. d 3. a

## 小 结

1. 一个特定事件A的概率被定义为一个分数或比例：

$$A\text{的概率}=\frac{\text{结果为}A\text{的数量}}{\text{所有结果的数量}}$$

2. 我们对概率的定义只适用于随机样本。对于随机抽样，必须满足两个要求：

a. 总体中的每个人都有相等的机会被抽取。

b. 当抽取多个个体时，每次抽取的概率必须保持不变。这意味着必须是有放回的抽样。

3. 所有的概率问题都可以被重述为比例问题。“从一副牌中抽取K的概率”相当于“一副牌中由K组成的部分的比例”。对于频数分布，概率问题可以通过确定面积的比例来回答。“抽取一个智商大于108的人的概率”相当于“智商大于108的人占整个总体的比例”。

4. 对于正态分布，概率（比例）可以在正态分布表中找到。该表为提供了每个$z$分数值对应的正态分布的比例列表。根据该表，可以使用两步程序在$X$值和概率之间转换：

a. $z$分数公式（第5章）使你可以将$X$转换为$z$或将$z$转换回$X$。

b. 正态分布表使你可以查询与每一个$z$分数对应的概率（比例）或对应每一个概率的$z$分数。

5. 百分位数和百分等级衡量一个分数在一个分布中的相对地位。百分等级是指得分不高于特定$X$值的个体的百分比。百分位数是由其等级标识的$X$值。百分等级总是对应相关分数左侧的比例。

## 关键术语

概率
随机抽样
简单随机样本
独立随机抽样
独立随机样本
随机样本
有放回的抽样
无放回的抽样
正态分布表
百分等级
百分位数
四分位数
四分位距

## 关注问题解决

1. 我们定义概率等价于比例，这意味着你可以将每个概率问题重新表述为比例问题。当你使用频数分布图时，这个定义特别有用，其中总体由整个图表示，概率（比例）用图的部分表示。在处理正态分布的问题时，应始终从分布的示意图开始。你应该用阴影表示你正在寻找的比例对应的图的部分。

2. 请记住，标准正态分布表在A列中只显示了正的$z$分数。但是，由于正态分布是对称的，所以表中的比例适用于正的和负的$z$分数值。

3. 学生常见的一个错误是对正态分布左侧的比例使用负值。比例（或概率）总是正的：10%就是10%，无论它是在分布的左尾部还是右尾部。

4. 标准正态分布表中的比例只适用于正态分布。如果一个分布不是正态分布，则不能使用该表。

## 示例 6.1

### 从正态分布表中查找概率

某分布为正态分布，均值$\mu=45$，标准差$\sigma=4$。请问随机抽到大于43的分数的概率是多少？换句话说，分布中由大于43的分数组成的部分的比例是多少？

**步骤1 绘制分布示意图。**对于这一示例，正态分布的均值 $\mu=45$，标准差 $\sigma=4$。$X=43$ 低于均值，因此它画在均值左侧。这个问题要求的比例的对应分数高于43，所以应该将这一分数的右侧区域用阴影表示。示意图如图6-22所示。

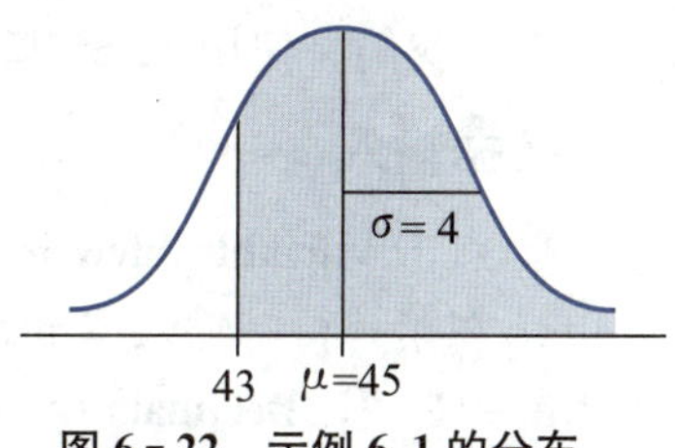


图6-22 示例6.1的分布

**步骤2 将 $X$ 转换成 $z$ 分数。**

$$z=\frac{X-\mu}{\sigma}=\frac{43-45}{4}=\frac{-2}{4}=-0.5$$

**步骤3 在正态分布表中找到对应的比例。**忽略负号，在A列中定位 $z=-0.50$。在这种情况下，我们想要的比例对应于分布的主体，并且可以从B列中找到该值。对于本例：

$$p(X>43)=p(z>-0.50)=0.6915$$

##  SPSS

SPSS的使用说明见附录D。根据详细说明，使用SPSS**将正态分布分数由 $X$ 值转换成百分位数。**

### 演示示例

Stroop程序是一种认知功能的测试，可以帮助评估神经心理障碍。在这项任务中，参与者将看到一张卡片，上面用彩色墨水印着一种颜色的名字。参与者被要求说出打印在卡片上的一种颜色的名称，或者用于打印该名称的颜色墨水。当颜色名称和颜色墨水之间不匹配时，参与者报告颜色墨水的速度通常会比报告写在卡片上的颜色名称要慢。因此，当用红色墨水打印“绿色”一词时，参与者很难报告红色。下面是来自Stroop程序的假设数据。每个干扰分数代表了一组试验中响应时间（报告颜色墨水减去报告颜色名称）以秒为单位的差异。这些数据与Troyer、Leach和Strauss（2006）报告的数据相似。请注意，这些分数的均值是 $M=11$，标准差是 $s=3$。

| 参与者 | 干扰分数 |
|---|---|
| 1 | 7 |
| 2 | 9 |
| 3 | 14 |
| 4 | 11 |
| 5 | 12 |
| 6 | 8 |
| 7 | 8 |
| 8 | 13 |
| 9 | 11 |
| 10 | 12 |
| 11 | 16 |
| 12 | 17 |
| 13 | 6 |
| 14 | 15 |
| 15 | 11 |
| 16 | 10 |
| 17 | 13 |
| 18 | 11 |
| 19 | 11 |
| 20 | 9 |
| 21 | 7 |

我们将使用SPSS基于正态分布将这些分数转换成百分等级。

**数据输入**

1. 点击 **Variable View** 选项卡，输入变量信息。

2. 在第一行，输入“intScore”（干扰分数）。填入其余必要信息。确定 **Type**=“Numeric”，**Width**=“8”，**Decimals**=“0”，**Label**=“Interference Score”，**Values**=“None”，**Missing**=“None”，**Columns**=“8”，**Align**=“Right”，以及 **Measure**=“Scale”。

3. 在第二行，输入“percRank”（百分等级）。填入其余必要信息。确定 **Type**=“Numeric”，**Width**=“8”，**Decimals**=“2”，**Label**=“Percentile Rank”，**Values**=“None”，**Missing**=“None”，**Columns**=“8”，**Align**=“Right”，以及 **Measure**=“Scale”。

4. 点击 **Data View** 选项卡，回到数据编辑器，并在“intScore”列输入分数。因为SPSS将会在“percRank”列输入百分等级，所以这一列先空着。

**数据分析**

1. 点击工具栏中的 **Transform** 并且点击 **Compute Variable**。

2. 在 **Target Variable** 字段，输入“percRank”。这将使SPSS将计算的百分位数显示在“percRank”列。

3. 在 **Function group** 栏，选择“CDF & Noncentral CDF”。在 **Functions and Special Variable** 栏，双击“Cdf. Normal”。这项功能将会报告低于某值的正态分布的比例。Numeric Expression 栏现在应该被“CDF. NORMAL（?,?,?）”填充。

4. 在表达式前输入“100 *”，将比例更改为百分比。

5. 用“intScore”替换表达式中的第一个问号。

6. 将表达式中的第二个问号替换为均值（“11”），将第三个问号替换为标准差（“3”）。

7. 检查“Compute Variable”窗口是否如下所示，然后单击 **OK**。你将被要求确认是否要更改“percRank”列中的值。单击 **OK**。

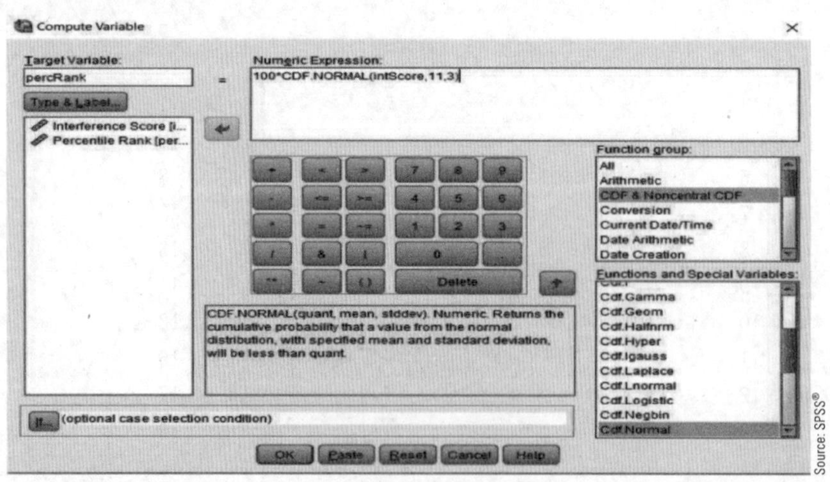


**SPSS 输出**

分析的结果将在数据视图中而不是输出窗口显示。你应该发现，“percRank”列被数据集中的每个分数的百分等级填充。数据视图应该如下。

例如，$X=17$ 的百分等级为97.72%。当你考虑到分布时，这是很有意义的。$X=17$ 比均值 $M=11$ 大6分。因为标准差是 $s=3$，$z$ 分数是 $z=+2.00$。附录B中的标准正态分布表报告，$z$ 分数为+2.00，大于该分布中的97.72%（比例为5.977 2）的分数。因此，SPSS计算的百分等级与附录B中的标准正态分布表一致。

| | intScore | percRank |
|---|---|---|
| 1 | 7 | 9.12 |
| 2 | 9 | 25.25 |
| 3 | 14 | 84.13 |
| 4 | 11 | 50.00 |
| 5 | 12 | 63.06 |
| 6 | 8 | 15.87 |
| 7 | 8 | 15.87 |
| 8 | 13 | 74.75 |
| 9 | 11 | 50.00 |
| 10 | 12 | 63.06 |
| 11 | 16 | 95.22 |
| 12 | 17 | 97.72 |
| 13 | 6 | 4.78 |
| 14 | 15 | 90.88 |
| 15 | 11 | 50.00 |
| 16 | 10 | 36.94 |
| 17 | 13 | 74.75 |
| 18 | 11 | 50.00 |
| 19 | 11 | 50.00 |
| 20 | 9 | 25.25 |
| 21 | 7 | 9.12 |

Source: SPSS®

### 操作练习

对于以下数据集，识别数据集中高于第 70 百分位数的所有分数。这些分数的均值是 $M=10$，标准差是 $s=4$。如果你正确地完成了，你应该会发现四个分数（$X=14$、$X=14$、$X=16$ 和 $X=18$）大于第 70 百分位数。

| 被试编号 | 干扰分数 |
|---|---|
| 1 | 12 |
| 2 | 2 |
| 3 | 14 |
| 4 | 11 |
| 5 | 14 |
| 6 | 10 |
| 7 | 8 |
| 8 | 12 |
| 9 | 12 |
| 10 | 4 |
| 11 | 16 |
| 12 | 6 |
| 13 | 11 |
| 14 | 8 |
| 15 | 8 |
| 16 | 18 |
| 17 | 11 |
| 18 | 8 |
| 19 | 4 |
| 20 | 9 |
| 21 | 12 |

## 练习题

1. 随机样本的两个要求是什么？

2. 定义有放回的抽样并解释为什么要使用它。

3. 一个心理学班由 32 名大一学生和 48 名二年级学生组成。

a. 如果教授使用随机抽样的方法从班级列表中选择名字，第一个被选中的学生是新生的概率是多少？

b. 如果随机抽取 $n=6$ 名学生，前 5 名是二年级学生，那么被选中的第 6 名学生是大一学生的概率是多少？

c. 在班级中加入 10 名大二学生后，再次回答问题 a。

4. 彩虹糖糖果包括六种不同的颜色：红色、橙色、黄色、绿色、蓝色和紫色。如果袋子中每种颜色的数量相同，那么下面每种颜色的概率是多少？

a. 随机抽到一颗绿色糖果。

b. 随机抽到一颗绿色或黄色糖果。

c. 随机抽到非绿色糖果。

5. 通过在以下每个 $z$ 分数位置的正态分布图中绘制一条垂直线，确定主体部分是在线的左侧还是右侧，以及主体部分的比例。

a. $z=+2.00$　　b. $z=+0.50$

c. $z=-1.50$　　d. $z=-1.67$

6. 通过在以下每个 $z$ 分数位置的正态分布图中绘制一条垂直线，确定尾部是在线的左侧还是右侧，以及尾部的比例。

a. $z=+1.00$　　b. $z=+0.33$

c. $z=-0.10$　　d. $z=-0.67$

7. 通过在以下每个 $z$ 分数位置的正态分布图中绘制一条垂直线，确定 $z$ 分数与均值之间的比例。

a. $z=+1.60$　　b. $z=+0.90$

c. $z=-1.50$　　d. $z=-0.40$

8. 对于一个正态分布，确定以下概率。

a. $p(z>+2.00)$

b. $p(z>-1.00)$

c. $p(z<+0.50)$

d. $p(z<+1.75)$

9. 在一个正态分布中，以下 $z$ 分数之间所包含的区域的比例是多少？

a. $z=-1.64$ 和 $z=+1.64$

b. $z=-1.96$ 和 $z=+1.96$

c. $z=-1.00$ 和 $z=+1.00$

10. 对于一个正态分布，确定以下概率。

a. $p(-1.80<z<0.20)$

b. $p(-0.40<z<1.40)$

c. $p(0.25<z<1.25)$

d. $p(-0.90<z<-0.60)$

11. 确定正态分布中能将分布分割成以下描述的垂直线所在的 $z$ 分数的位置。

a. 右侧尾部比例 5%

b. 左侧尾部比例 20%

c. 右侧主体比例 90%

d. 分布两侧比例各占 50%

12. 确定正态分布中能将分布分割成以下描述的 $z$ 分数边界。

a. 中间部分 20%，尾部 80%

b. 中间部分 25%，尾部 75%

c. 中间部分 70%，尾部 30%

d. 中间部分 90%，尾部 10%

13. 确定正态分布中能将分布分割成以下描述的 $z$ 分数边界。

a. 中间部分 95%，尾部 5%

b. 中间部分 50%，尾部 50%

c. 中间部分 75%，尾部 25%

d. 中间部分 60%，尾部 40%

14. 某正态分布的均值 $\mu=50$，标准差 $\sigma=5$。确定以下分数表明分布的尾部是在分数的左侧还是右侧，以及尾部所占分布的比例。

a. $X=45$　　b. $X=35$

c. $X=55$　　d. $X=60$

15. 某正态分布的均值 $\mu=70$，标准差 $\sigma=12$。确定以下分数表明分布的主体是在分数的左侧还是右侧，以及主体所占分布的比例。

a. $X=74$　　b. $X=84$

c. $X=54$　　d. $X=58$

16. 某正态分布的均值 $\mu=85$，标准差 $\sigma=20$。确定对应以下分数的总体的比例。

a. 分数高于 89

b. 分数低于 72

c. 分数在70～100

17. IQ测试分数被标准化，从而形成均值$\mu=100$、标准差$\sigma=15$的正态分布。确定以下IQ类型在总体中所占比例。

a. 天才或接近天才：IQ高于140

b. 非常聪明：IQ在120～140

c. 平均或正常智力：IQ在90～109

d. $p(X>?)=0.05$

e. $p(X<?)=0.75$

18. 假设研究生入学考试（GRE）的分数分布接近正态，均值$\mu=150$，标准差$\sigma=5$。对于参加GRE的学生总体来说：

a. 多大比例的学生的GRE成绩低于145?

b. 多大比例的学生的GRE成绩高于157?

c. 在总体前20%的最低成绩是多少?

d. 如果研究生院只接受GRE成绩分布前10%的学生，请问接收的学生的最低GRE成绩是多少?

19. 学生们在大学里挣扎的一个重要原因是，他们有时没有意识到自己还没有掌握一项新技能。苦苦挣扎的学生经常高估他们的掌握水平，部分原因是掌握一个知识点所需的技能与识别理解上的问题所需的技能相同。例如，心理学课上刚刚参加了一个平均成绩为$\mu=35$和标准差为$\sigma=6$的考试的学生被要求给他们在考试中的表现打分。以下是Dunning、Johnson、Ehrlinger和Kruger（2003）观察到的分数。

| 学生 | 实际考试分数 | 自评分数 |
|---|---|---|
| 1 | 33 | 35 |
| 2 | 30 | 35 |
| 3 | 36 | 40 |
| 4 | 36 | 32 |
| 5 | 26 | 34 |
| 6 | 35 | 36 |
| 7 | 40 | 37 |
| 8 | 38 | 39 |
| 9 | 44 | 40 |
| 10 | 42 | 41 |
| 11 | 21 | 35 |
| 12 | 35 | 37 |
| 13 | 41 | 43 |
| 14 | 29 | 32 |
| 15 | 36 | 37 |

a. 基于$\mu$和$\sigma$确定$Q1$和$Q3$并计算实际分数的四分位距。

b. 计算$z$分数，并使用标准正态分布表（附录B）来确定每个学生的实际考试分数的百分等级。

c. 分别计算后25%和前20%的学生自评分数的均分。请问哪一组学生估计的考试成绩更为准确?

20. 根据最近的一份报告，美国人平均每天摄入22.7茶匙的糖（Cohen，August 2013）。假设该分布近似为正态分布，标准差为$\sigma=4.5$，请确定以下每个值。

a. 每天消耗超过32茶匙糖的人占了多少百分比?

b. 每天消耗超过18茶匙糖的人占了多少百分比?

c. 总体前5%每天摄入多少糖?

21. 2016年的一份报告显示，8～18岁的美国人平均每天花费$\mu=10$个小时使用某种电子设备，如智能手机或平板电脑。假设时间的分布为正态分布，标准差为$\sigma=2.5$小时，请确定以下值。

a. 抽到一个每天使用电子设备超过9个小时的人的概率是多少?

b. 每天花8～12小时使用电子设备的8～18岁的美国人的比例是多少? 用符号表示为，$p(8<X<12)=?$

c. 使用电子设备的时间分布的四分位距是多少?

22. 华盛顿州西雅图的年平均降水量为$\mu=34$英寸。假设降水量的分布近似正态，标准差为$\sigma=6.5$英寸，确定以下每一个值是代表相当典型的年份、极端潮湿的年份还是代表极端干燥的年份。

a. 年均降水量41.8英寸

b. 年均降水量49.6英寸

c. 年均降水量28.0英寸

23. 假设一名研究人员对新型智能药物对于IQ的影响感兴趣。智商测试的分数呈正态分布，均值分别为$\mu=100$和$\sigma=15$。一个参与者接受智能药物并完成IQ评估。

a. 如果药物对IQ没有影响，那么其得分为$X>145$的概率是多大?

b. 如果药物对IQ没有影响，那么其得分为$X>110$的概率是多大?

# 概率和样本：样本均值的分布

# 第7章

**学习本章需要掌握的相关知识**

下列术语是学好本章的关键背景知识。如果对这些知识有不明白之处，应复习先前学过的相关章节。

- 随机抽样（第6章）
- 概率与正态分布（第6章）
- $z$ 分数（第5章）

**章节概览**

## 引 言

现在你对概率有了一些了解，考虑一下诺贝尔奖得主阿莫斯·特维斯基和丹尼尔·卡内曼向参与者提出的以下问题：

想象一下一个装满球的盒子。球的三分之二是一种颜色，剩下的三分之一是另一种颜色。一个人从盒子中拿出5个球，发现4个是红色的、1个是白色的。另一个人从盒子中拿出20个球，发现12个是红色的、8个是白色的。这两个人中哪一个应该更相信盒子中有三分之二的红球和三分之一的白球，而不是反过来？*

当特维斯基和卡内曼（1974）在他们现在的经典研究中向一组参与者提出这个问题时，他们发现大多数人认为第一个样本（4/5）提供了更有力的证据，因此，应该对这个选择给予更多的信心。乍一看，这似乎是一个正确的决定。毕竟，第一个样本中含有4/5=80%的红球，而第二个样本中只含有12/20=60%的红球。然而，一个样本数量为$n=5$个球，另一个样本数量则为$n=20$个球。这个问题的正确答案是：更大的样本（12/20）为"盒子中的球主要是红色的"提供了更有力的佐证。大多数人倾向于关注样本比例，而很少关注样本量大小。

如果你从一个不同的角度来解决黑箱问题，那么样本大小的重要性可能更容易理解。假设你被分配负责选择一个样本，然后决定哪种颜色占大多数。在选择样本之前，你可以选择5个球和20个球的样本。你更偏好选哪一种？毫无疑问，较大数量的样本会更好。如果数量较小，有可能获得一个不具有代表性的样本。在随机的情况下，即使整个盒子里的红球数量与白球数量之比为2∶1，你也可能会取到3个白球和2个红球。较大的样本更有可能提供总体的准确表示，它提供了更多关于总体的信息，这是大数定律(law of large numbers）的一个例子。该定律指出，大样本能代表它们抽样而来的总体。最后一个例子应该有助于演示这一定律。如果你抛一枚硬币，你可能不会惊讶于连续遇到3次正面朝上的情况。然而，如果你连续遇到20次正面朝上的情况，你肯定会怀疑硬币有问题。大样本更具有权威性。

在本章中，我们将研究样本和总体之间的关系。更具体地说，我们将考虑样本均值和总体均值之间的关系。正如你将看到的，样本量是确定样本均值如何代表总体均值的主要考虑因素之一。

## 7.1 样本、总体和样本均值的分布

### 学习目标

1. 定义样本均值的分布，描述其逻辑和可预测特征，并利用这些信息来确定特定总体和样本量的样本均值分布的特征。

前两章介绍了$z$分数和概率的内容。无论何时从总体中选择出一个分数，你都能够计算出这个分数对应的$z$分数，并准确地描述该分数在分布中所在的位置。如果总体是正态分布的，那么你还能够获得任何个体分数的概率值。例如，在正态分布中，任何位于分布尾端超过$z=+2.00$的分数都是一个极端值，如此大的分数的概率仅为$p=0.022\,8$。

然而，到目前为止，我们考虑的$z$分数和概率仅限于样本由单一分数组成的情况。大多数研究

* 改编自Tversky，A. and Kahneman，D.（1974）. Judgments under uncertainty：heuristics and biases. *Science*，185，1124－1131. Copyright 1974 by the AAAS。

都涉及更大的样本，比如一项记忆研究中有 $n=20$ 只实验室大鼠，或者一项道德判断研究中有 $n=100$ 名学龄儿童。在这些情况下，不再是一个单一的分数，而是样本的均值被用来回答关于总体的问题。在本章中，我们扩展了 $z$ 分数和概率的概念，以覆盖样本量大于 $n=1$ 的情况。特别地，我们介绍了一个将样本均值转换为 $z$ 分数的流程。因此，研究人员能够计算出一个描述整个样本的 $z$ 分数。和之前一样，接近零的 $z$ 分数表示一个中心的、具有代表性的样本；超过 2 或者 $-2$ 表示一个极端的样本。因此，描述特定的样本如何与其他样本相关联是有可能的。在大多数情况下，不管样本包括了多少分数，我们都可以利用 $z$ 分数确定样本的概率。

一般来说，使用样本的困难在于一个样本提供了一个不完整的总体描述。例如，假设一个研究人员从一所州立大学中随机抽取 $n=25$ 名学生作为样本。虽然样本应该代表该州立大学的整个学生群体，但几乎可以肯定总体的一些部分没有包括在样本中。此外，样本计算的任何统计数据都将不会与整个总体的相应参数相同。例如，25 名学生的平均智商将与整个学校的总体平均智商不相同。这种在样本统计数据和相应的总体参数之间的差异，或者误差，被称为抽样误差，如图 1-2 所示。

**定义**

**抽样误差**是指样本统计量与其相应的总体参数之间的自然差异或误差量。

此外，样本是可变的——它们不都相同。如果从同一总体中选取两个单独的样本，则样本将会有所不同。它们会包含不同的个体、不同的分数、不同的均值。你如何判断哪个样本对总体的描述最好？你能预测一个样本对其总体的描述程度吗？选择一个具有特定特征的样本的概率是多少？只要我们建立了样本和总体的关联规则，这些问题就可以得到解答。

## 样本均值的分布

如前所述，两个独立的样本即使来自同一总体也可能会有所不同。这些样本将有不同的个体、不同的分数、不同的均值等。在大多数情况下，特别是对于非常大的总体，有可能从中获得数千个甚至数百万个不同的样本。由于这些不同的样本都来自同一总体，试图为样本和总体之间建立一些简单的规则似乎是没有希望的。然而，幸运的是，大量的样本形成了一种相对简单和有序的模式，可能有助于准确地预测样本特征。预测样本特征的能力基于样本均值的分布。

**定义**

**样本均值的分布**是从总体中可以获得的所有可能的具有特定样本量大小（$n$）的随机样本的样本均值的集合。

注意，这里的样本均值的分布包含了所有可能的样本，有必要用所有可能的值来计算概率。例如，如果完整的样本集合恰好包含 100 个样本，那么获得任何一个特定样本的概率为 100 个样本中的 1 个：$p=1/100$。

此外应该注意到，样本均值的分布与我们之前考虑过的分布不同。到目前为止，我们一直在讨论分数的分布；现在，分布中的值不是分数，而是统计量（样本均值）。由于统计量是从样本中获得的，因此统计量的分布通常被称为抽样分布。

**定义**

**抽样分布**是通过从一个总体中选择一个特定大小容量的所有可能样本而获得的统计量的分布。

因此，样本均值的分布是抽样分布的一个例子。它通常被称为 $M$ 的抽样分布。

如果你想构建样本均值的分布，那么首先从一个总体中选择一个特定大小容量（$n$）的随机样本，计算样本均值，并将样本均值加入一个频数分布中。然后选择另一个具有相同数量的分数的随机样本，再次计算样本均值并将其添加到频数分布中。这个过程如图 7-1 所示。继续反复选择样本和计算均值。请记住，所有的样本都有相同数量的分数（$n$）。最终，你将拥有所有可能的随机样本的完整集合，并且频数分布将显示样本均值的分布。

## 样本均值分布的特征

例 7.1 演示了构造样本均值分布的过程。但首先，我们先用常识和一点逻辑去预测分布的一般特征。

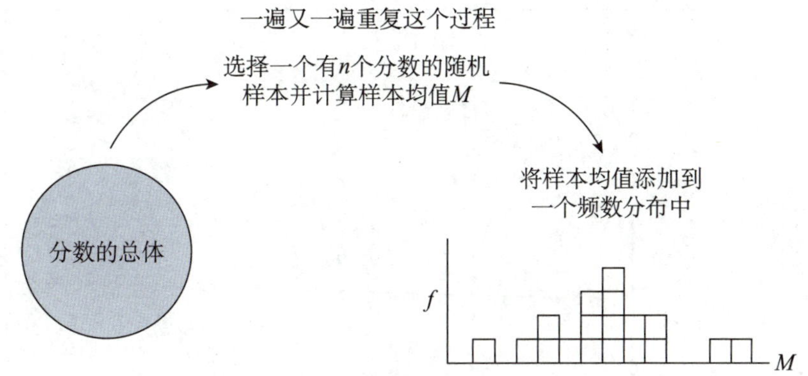


**图 7-1　构建样本均值分布的过程**

说明：选择一个有 $n$ 个分数的样本，然后计算它的样本均值并添加到一个频数分布中。这个过程不断重复，直到所有可能的随机样本全部获得。完整的样本均值集合体现在频数分布中。

1. 样本均值应该聚集在总体均值周围。样本不会是完美的，但它们代表了总体。因此，大多数样本均值应该相对接近于总体均值。

2. 样本均值的累计趋向形成一个正态分布。从逻辑上讲，大多数样本的均值应该接近于 $\mu$，而与 $\mu$ 有本质不同的样本均值应该相对较少。因此，样本均值应该在分布中心（$\mu$ 左右）累计，频率应该随着 $M$ 和 $\mu$ 之间的距离的增加而逐渐减少。这描述了一个正态形状的分布。

3. 一般来说，样本量越大，样本均值越应该接近总体均值 $\mu$。从逻辑上讲，大样本应该比小样本好，因为它更有代表性。因此，从大样本中获得的样本均值应相对接近总体均值；从小样本中获得的样本均值应该更分散。

你将看到，这三个常识性特征是对样本均值分布的准确描述。下面的例子演示了通过从一个总体中反复选择样本，来构建样本均值分布的过程。

**例 7.1**

考虑一个只包括 4 个分数的总体：2，4，6，8。这个总体在图 7-2 中用频数分布柱状图表示。

注意随机抽样需要有放回的抽样。

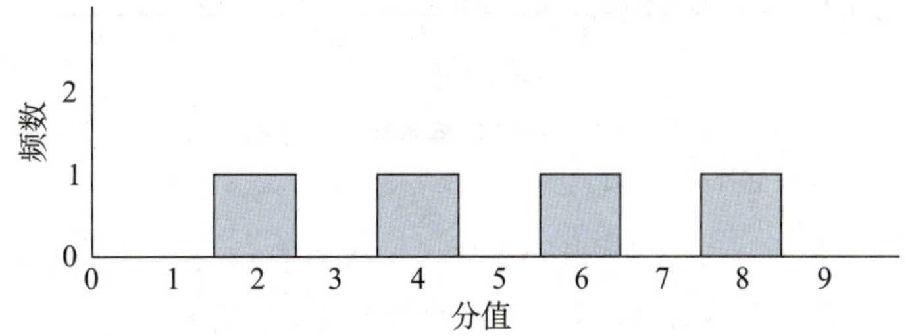


**图 7-2　一个包含 4 个分数 2、4、6、8 的频数分布柱状图**

我们将用这个总体来建立 $n=2$ 的样本均值的分布。记住，这个分布是从该总体中选择所有 $n=$

2的随机样本的均值的分布。首先，我们寻找所有可能的样本。对于这个例子，有16个不同的样本，它们列在表7—1中。注意，样本是有条理地排列的。我们先列出所有将 $X=2$ 作为第一个分数的可能的样本，然后列出所有将 $X=4$ 作为第一个分数的样本。依此类推。通过使用这种方法，我们能保证列出所有可能的随机样本。

**表7-1 从总体中选择的 $n=2$ 的所有可能样本**

| 样本 | 分数 | | 样本均值（$M$） |
|---|---|---|---|
| | 第一个 | 第二个 | |
| 1 | 2 | 2 | 2 |
| 2 | 2 | 4 | 3 |
| 3 | 2 | 6 | 4 |
| 4 | 2 | 8 | 5 |
| 5 | 4 | 2 | 3 |
| 6 | 4 | 4 | 4 |
| 7 | 4 | 6 | 5 |
| 8 | 4 | 8 | 6 |
| 9 | 6 | 2 | 4 |
| 10 | 6 | 4 | 5 |
| 11 | 6 | 6 | 6 |
| 12 | 6 | 8 | 7 |
| 13 | 8 | 2 | 5 |
| 14 | 8 | 4 | 6 |
| 15 | 8 | 6 | 7 |
| 16 | 8 | 8 | 8 |

说明：注意，这个表列出的是随机样本。这需要放回抽样，我们能够选择同样的分数两次。

下面，我们对这16个样本计算均值（见表7-1的最后一列）。这16个样本均值形成了样本均值的分布。图7-3是这16个值的频数分布柱状图。图中的分布展现了我们之前预测的样本均值的分布的两个特征。

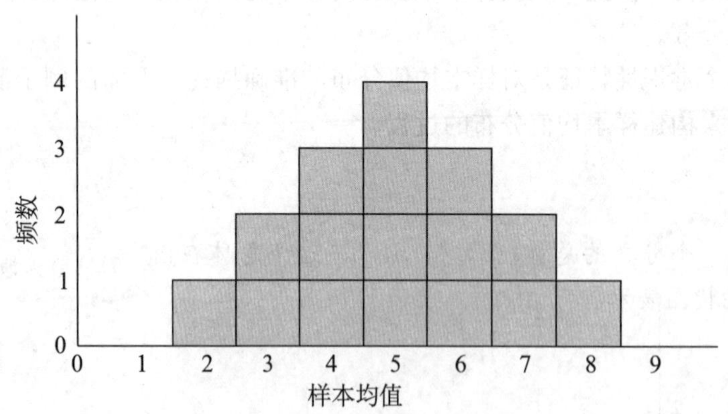


**图7-3 $n=2$ 的样本均值的分布**

说明：分布表示来自表7-1的16个样本均值。

1. 样本均值围绕总体均值分布。对于这个例子，总体均值 $\mu=5$，样本均值分布在5周围。你不应当奇怪样本均值会大致等于总体均值，毕竟样本被认为是能代表总体的。

2. 样本均值的分布大致是正态的。这种特性将在后面详细讨论，并且非常有用。你已经了解了很多关于正态分布和概率的知识（第6章）。

最后要注意，我们能用样本均值分布来回答关于样本均值的概率问题。例如，如果你从原始总体中选择了一个 $n=2$ 的样本，得到样本均值大于 7 的概率是多少？用符号表示为：

请记住，在本章中我们的目标是回答样本量大于 1 的样本的概率问题。

$$p(M>7) = ?$$

因为概率与比例相等，所以概率问题能被转述成以下形式：对于所有可能的样本均值，得到大于 7 的值的比例是多少？在这种形式下，简单地查找样本均值的分布能得到结果。所有可能的样本均值用图 7-3 表示，16 个中只有 1 个的均值大于 7。因此，答案是十六分之一，即 $p=\frac{1}{16}$。

## 学习检查

1. 如果所有可能的随机样本都是从一个 $\mu=90$ 和 $\sigma=20$ 正态分布总体中得到的，每个样本都有 $n=9$ 个分数，那么所有样本均值的平均值是多少？

a. 9　　b. 90

c. 9(90) =810　　d. 如果没有其他信息，就无法确定

2. 所有大小为 $n=2$ 的可能的随机样本都是从一个 $\mu=40$ 和 $\sigma=10$ 的总体中选择的。先计算每个样本的均值。然后从相同的总体中选择所有大小为 $n=25$ 的可能样本，并计算每个样本的均值。$n=2$ 的样本均值分布与 $n=25$ 的样本均值分布相比如何？

a. 这两个分布将具有相同的均值和方差

b. $n=25$ 的分布的均值和方差都将大于 $n=2$ 的均值和方差

c. $n=25$ 的分布的均值和方差都将小于 $n=2$ 的均值和方差

d. $n=25$ 的分布的方差将小于 $n=2$ 的方差，但这两个分布将具有相同的平均值

3. 如果抽取所有可能的数量大小为 $n=25$ 的随机样本，都是从一个 $\mu=90$ 和 $\sigma=20$ 正态分布总体中得到的，计算每个样本的均值，那么样本均值的分布应该是什么形状呢？

a. 样本均值倾向于形成正态分布

b. 样本均值的分布将与样本的分布具有相同的形状

c. 样品将在整个尺度上均匀分布，形成一个矩形的分布

d. 有成千上万个可能的样本，而且不可能预测其分布的形状

**答案**　1. b　2. d　3. a

# 7.2　样本均值分布的形状、集中趋势和变异性

### 学习目标

2. 解释中心极限定理如何指定样本均值分布的形状、集中趋势和变异性，并使用这些信息来构造来自特定总体的特定样本量的样本均值的分布。

3. 描述 $M$ 的标准误是如何计算的，解释它测量的内容，描述它如何与总体的标准差相关，并使用这些信息来确定从特定总体中选择的特定样本量的标准误。

## 中心极限定理

例 7.1 用一个非常简单的总体和 $n=2$ 的样本，证明了建立样本均值的分布的过程。在更现实的情境下，对于更大的总体样本，可能的样本数量会急剧增加，事实上不可能得到每个随机样本。幸

运的是，我们可以不用抽取成千上万个样本来确定样本均值的分布，因为一种叫作中心极限定理的数学理论为我们提供了精确描述随机样本分布的方法，计算了每个样本的均值，建立了样本均值分布。这种重要且有用的理论是许多推论统计的基础。下面是这种理论的本质。

**定义**

**中心极限定理**：对于任何均值为 $\mu$、标准差为 $\sigma$ 的总体，所有样本量为 $n$ 的样本均值分布，其均值为 $\mu$，标准差为 $\sigma/\sqrt{n}$，并且当 $n$ 趋近于无穷大时，接近正态分布。

定理的价值来自两个简单的事实：第一，它描述了任何总体样本均值的分布，而不管总体的形状、均值、标准差如何。第二，样本均值分布非常迅速地接近正态分布，当样本大小达到 $n=30$ 时，分布几乎是很标准的正态了。

注意，中心极限定理通过定义分布的三种基本特性——形状、集中趋势和变异，来描述样本均值的分布。我们将考察其中的每一项。

### 样本均值分布的形状

我们观察到，样本均值的分布趋近于正态分布。事实上，如果满足以下任一条件，这个分布将会是标准的正态分布：

1. 样本来自的总体是正态分布。
2. 样本大小 $n$ 相对较大，大于或等于 30。

（当 $n$ 变大时，样本均值的分布将非常接近正态分布。在多数情况下，当 $n>30$ 时，不管原始总体的形状如何，分布已经几乎是正态分布了。）

如前所述，样本均值的分布趋近于正态分布的事实并不奇怪。无论何时你从总体中选择一个样本，你都会希望样本均值接近总体均值。当你选择许多不同的样本时，你希望样本均值围绕 $\mu$ 分布，得到一个正态形状的分布。你可以在图 7-3 中看到这一趋势（虽然它还不是正态的）。

### 样本均值分布的均值：*M* 的期望值

在例 7.1 中，样本均值的分布是围绕样本所在总体的均值分布的。事实上，所有样本均值的平均值等于总体均值。这个事实在直觉上是很有道理的，我们期望样本均值接近总体均值，围绕 $\mu$ 分布。关于这个现象的正式陈述是：样本均值分布的均值总是等同于总体均值，这个均值叫作 $M$ 的期望值。就常识而言，样本均值被“期望”接近总体均值。当我们得到所有可能的样本均值时，其平均值将与 $\mu$ 相等。

这个事实在第 4 章有偏与无偏的统计部分介绍过。样本均值是无偏统计量的例子，它意味着平均起来样本统计量的值与相关的总体参数相等。在这里，所有样本均值的平均值与 $\mu$ 相等。

偶尔，$\mu_M$ 被用来表示样本均值分布的均值。但是，$\mu_M=\mu$，所以也用 $\mu$ 指代样本均值分布的均值。

**定义**

样本均值分布的均值与 $\mu$ 相等（总体均值），并且被叫作 ***M* 的期望值**。

### *M* 的标准误

到现在为止，我们已经考察了样本均值分布的形状和集中趋势。为了完整地描述分布，我们需要关注另一种特性：变异。我们将用到的统计量是样本均值分布的标准差，它被叫作 $M$ 的标准误（$\sigma_M$）。

第 4 章已经介绍过标准差的概念。我们知道对变异的测量有两个目的。第一，标准差描述了个体分数的分布是聚拢的还是分散的。第二，标准差根据个体测量分数与总体均值之间的距离是否合理，来测量个体分数能否较好地代表总体。样本均值的分布的标准误同样有这样两个作用。

1. 标准误描述了样本均值的分布。它提供了对各样本之间变异的测量。当标准误很小时，说明所有的样本均值都很接近。当标准误很大时，说明样本均值的分布比较分散，各样本之间的变异很大。

2. 标准误测量了一个样本能否较好地代表整个分布，它提供了样本均值和整个分布的均值之间距离的合理性测量。但是，由于整个分布的均值等于 $\mu$，标准误也能提供某样本均值（$M$）与总体均值（$\mu$）之间的距离。

记住，我们不能期望一个样本完全准确地反映总体的情况。虽然一个样本均值可以是总体均值的代表，但是样本和总体间会存在一些误差。标准误测量了平均起来 $\mu$ 和 $M$ 之间有多少误差。

**定义**

样本均值分布的标准差 $\sigma_M$ 被称为 **$M$ 的标准误**。标准误测量了 $M$ 和 $\mu$ 之间差异的平均量。

$\sigma_M$ 这个符号用来表示标准误。$\sigma$ 表示测量的是一个标准差，下标 $M$ 表示这是样本均值分布的标准差。标准误非常有用，因为它说明了一个样本均值在多大程度上准确估计了总体均值，即：平均起来，$\mu$ 和 $M$ 之间有多少误差。记住，选择样本的一个基本原因是用样本数据来回答关于总体的问题。但是，你不能期望一个样本能够完全精确地代表总体。样本统计量和对应的总体参数之间总是存在一些差异或误差。现在，我们能够精确地计算误差有多大。对于任意样本量（$n$），我们能够计算标准误，测量样本均值和总体均值之间的平均误差。

根据中心极限定理，标准误等于 $\sigma/\sqrt{n}$。因此，标准误的大小由两个因素决定：（1）样本量的大小；（2）样本所在总体的标准差。我们将讨论这两个因素。

**样本量**　我们从直觉上可以推测，样本大小将影响到样本代表总体的准确性。特别是，一个大样本应当比一个小样本更准确。总的来说，随着样本的增加，样本均值和总体均值之间的误差减小。这项规则叫作大数定律（law of large numbers）（见专栏 7-1）。

**定义**

**大数定律**指出，样本量（$n$）越大，样本均值越可能接近总体均值。

## 专栏 7-1　大数定律和网上购物

大数定律表明，当描述较大的样本时，相比描述较小的样本，人们对样本统计值更有信心。大数定律在研究中很重要，对现实世界中的统计指导决策也很重要。你可能会遇到的一种常见情况是根据产品评级来决定线上购买。

假设你对购买智能手塞的耳塞感兴趣。你在亚马逊上搜索“耳塞”，并得到数千个选项。你决定根据评分对这些物品进行分类，希望能找到最好的耳塞。位居榜首的是 EarBuddies 耳塞，基于 $n=2$ 条评论，它的平均评级为 $M=5.0$ 星。接下来在列表上，你发现 Brain Tickler 的耳塞，它基于 $n=10$ 条评论的平均评级为 $M=4.5$ 星。接下来是 Skull Crusher 耳塞，它基于 $n=1\ 600$ 条评论的平均评级为 $M=4.2$ 星。你应该买哪一款耳塞？如果所有条件都一样，你应该选择有最高评分的耳塞。然而，即使 EarBuddies 看起来似乎比 Brain Tickler 更好，你也必须考虑样本量的大小。EarBuddies 的评分是在只有 $n=2$ 个顾客的基础上获得的。如此小的样本，$M=5.0$ 只是 EarBuddies 用户总体中的极小部分。类似地，Brain Tickler 基于一个只有 10 条评论的样本。相反，Skull Crusher 的评分基于一个 $n=1\ 600$ 名顾客的大样本。因此，$M=4.2$ 星的平均评分对 Skull Crusher 用户群体有代表性。在这种情况下，Skull Crusher 耳塞是最好的选择。

**总体标准差**　正如我们之前提到的，标准误的大小取决于样本量的大小。具体而言，更大的样本有更小的标准误，而更小的样本有更大的标准误。在极端情况下，当样本包括 $n=1$ 个分数时，出现了最小的样本量和最大的标准误。在这个极端，样本是一个单独的分数 $X$，样本均值的分布等同于原始分数的分布。在这个例子里，样本均值的分布的标准差，即标准误，等于原始分数分布的标准差。换句话说，当 $n=1$ 时，标准误 $\sigma_M$ 和标准差 $\sigma$ 是相等的。

当 $n=1$ 时，$\sigma_M=\sigma$（标准误＝标准差）

你可以把标准差看作标准误的起始点。当 $n=1$ 时，$\sigma_M$ 和 $\sigma$ 是相等的。随着样本量增大，超过 $n=1$，样本变得更具有总体代表性，标准误减小。标准误的公式表示了标准差和样本量（$n$）之间的这种关系：

这个公式被包含在中心极限定理中。

$$标准误=\sigma_M=\frac{\sigma}{\sqrt{n}} \tag{7-1}$$

注意，这个公式满足了标准误概念的所有要求。具体而言：

a. 随着样本量（$n$）增加，标准误减小。（样本量越大越精确。）

b. 当 $n=1$ 时，标准误等于标准差（$\sigma_M=\sigma$）。

图 7－4 显示了标准误和标准差之间的一般关系（图 7－4 中数据点的计算呈现在表 7－2 中）。同样，最基本的概念是，一个样本越大，它就越能准确地代表它的总体。还要注意，标准误相对于样本量的平方根而减小，因此，研究人员可以通过增加样本量到 $n=30$ 左右来大大减少误差。然而，增加样本量超过 $n=30$ 会对样本代表总体的程度产生相对较小的改善。

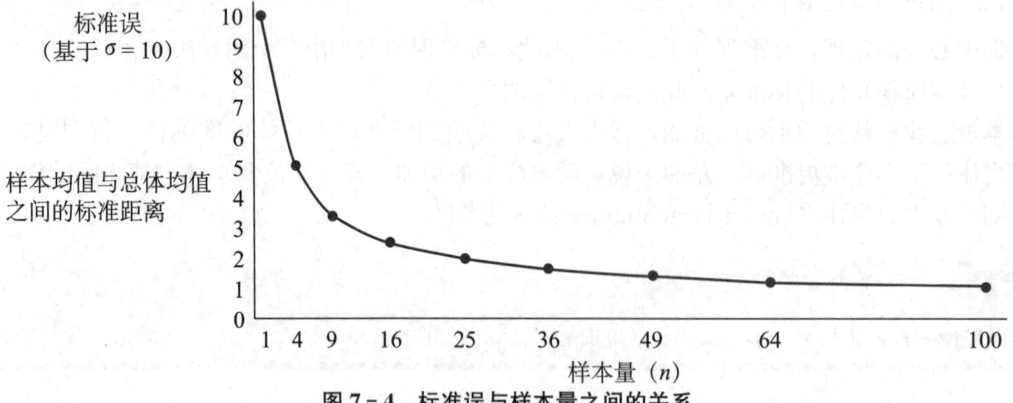


**图 7－4　标准误与样本量之间的关系**

说明：随着样本量增加，样本均值和总体均值之间的误差减小。

**表 7－2　图 7－4 中数据点的计算**

| 样本量（$n$） | 标准误 |
|---|---|
| 1 | $\sigma_M=\frac{10}{\sqrt{1}}=10.00$ |
| 4 | $\sigma_M=\frac{10}{\sqrt{4}}=5.00$ |
| 9 | $\sigma_M=\frac{10}{\sqrt{9}}=3.33$ |
| 16 | $\sigma_M=\frac{10}{\sqrt{16}}=2.50$ |
| 25 | $\sigma_M=\frac{10}{\sqrt{25}}=2.00$ |
| 49 | $\sigma_M=\frac{10}{\sqrt{49}}=1.43$ |
| 64 | $\sigma_M=\frac{10}{\sqrt{64}}=1.25$ |
| 100 | $\sigma_M=\frac{10}{\sqrt{100}}=1.00$ |

说明：标准误随着样本量的增加而减小。

### 根据方差定义标准误

在公式（7－1）和之前大多数的讨论中，我们定义了根据总体标准差的标准误。然而，总体标准差和总体方差是直接相关的，很容易用方差替换等式中的标准误。利用简单的等式 $\sigma=\sqrt{\sigma^2}$，标准误方程可以重新写为：

$$标准误=\sigma_M=\frac{\sigma}{\sqrt{n}}=\frac{\sqrt{\sigma^2}}{\sqrt{n}}=\sqrt{\frac{\sigma^2}{n}} \tag{7-2}$$

在本章的后半部分（和第8章），我们将继续根据标准差定义标准误［公式（7－1）］。但是，在后面的章节中（从第9章开始），这个基于方差的公式［公式（7－2）］将会更有用。

下面的例子可以让你通过自己计算标准误来测试自己对标准误的理解。

**例7.2**

如果样本是从 $\mu=50$ 和 $\sigma=12$ 的总体中选择的，那么 $n=4$ 和 $n=16$ 大小的样本的样本均值分布的标准误是多少？

你应该得到的答案分别是 $\sigma_M=6$ 和 $\sigma_M=4$。祝你好运。

### 三种不同的分布

在讨论样本均值的分布之前，我们首先阐明一个观点——我们现在正在使用三种不同但是相互关联的分布。

1. 首先，分数的原始总体。这个总体包含成千上万的个体数据，并拥有自己的分布、均值和标准差。例如，假设一个标准化阅读理解测验分数的总体包含上百万个分数，呈正态分布，均值为 $\mu=100$，标准差为 $\sigma=12$。总体分布的例子如图7－5（a）所示。

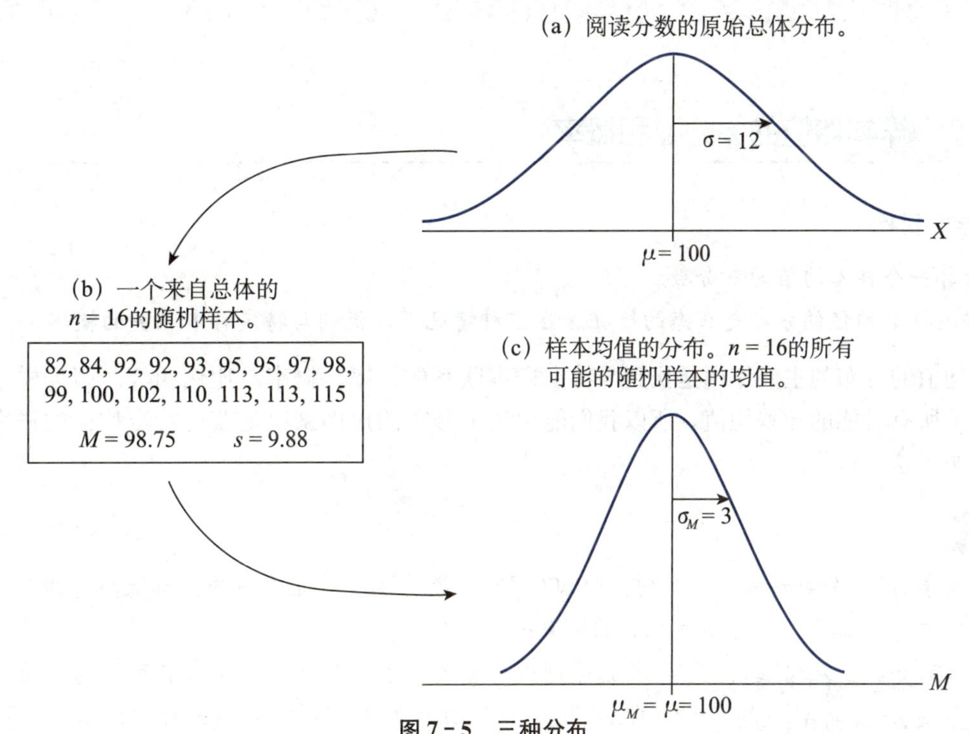


**图7－5　三种分布**

说明：(a) 展示了阅读分数的原始总体分布。(b) 展示了一个 $n=16$ 的阅读分数的样本。(c) 展示了所有可能的 $n=16$ 的阅读分数样本的样本均值分布。注意，在 (b) 中的样本均值是 (c) 中上千个样本均值中的一个。

2. 其次，从该总体中抽取的样本。样本包含抽取到的用来代表总体的个体的分数。例如，我们抽取一个样本量 $n=16$ 的样本，并测量每个人的阅读分数。样本均值和样本标准差就使用这16个分数进行计算。注意，这个样本也有自己的均值和标准差。样本分布的例子如图7-5（b）所示。如果为这些数据绘制频数分布图，你会看到样本分布也有它自己的形状。

3. 第三种分布是样本均值的分布。这是关于某个特定样本量的所有可能的随机样本的样本均值的理论分布。例如，样本量 $n=16$ 的阅读分数的样本均值服从均值（期望）$\mu=100$、标准差（标准误）$\sigma_M=12/\sqrt{16}=12/4=3$ 的正态分布。该分布如图7-5（c）所示，它比总体分布更窄，因为它的标准差（$\sigma_M=3$）比总体标准差（$\sigma=12$）更小。

注意，某个样本的分数［图7-5（b）］是从总体分布［图7-5（a）］中得到的，这一样本的均值是样本均值的分布［图7-5（c）］中的一个值。因此，这三个分布是相互联系的，但又是不同的。

**学习检查**

1. 如果随机样本来自 $\mu=90$、$\sigma=20$ 的正态分布的总体，每个样本有 $n=4$ 个分数，那么样本均值分布的均值的期望值是多少？

a. 2.5　　b. 5　　c. 40　　d. 90

2. 如果随机样本来自 $\mu=80$、$\sigma=12$ 的正态分布的总体，每个样本有 $n=4$ 个分数，计算每个样本的均值，那么期望 $M$ 和 $\mu$ 之间的平均距离是多少？

a. 2　　b. 6

c. 18　　d. 如果没有其他信息，就无法确定

3. $n=4$ 个分数的样本的标准误为24。获得样本的总体的标准差是多少？

a. 48　　b. 24　　c. 6　　d. 3

**答案**　1. d　2. b　3. a

## 7.3　样本均值的 $z$ 分数和概率

**学习目标**

4. 计算一个样本均值的 $z$ 分数。
5. 描述样本均值的分布是正态的情况。在这种情况下，找到与特定样本相关的概率。

样本均值的分布的主要作用是找到与特定样本联系的概率，概率与比例相等。因为样本均值的分布呈现了所有可能的样本均值，所以我们能用这个分布的比例来决定获得特定均值的概率。下面的例子证明了这个过程。

**例7.3**

假设数学SAT分数形成了一个均值为500、标准差为100的正态分布。如果你抽取了一个 $n=16$ 的随机样本，样本均值大于 $M=525$ 的概率是多少？

注意：当你有一个关于样本均值的概率问题时，你必须使用样本均值的分布。

将这个问题转述为一个比例问题：在所有可能的均值中，大于525的比例是多少？你应知道“所有可能的样本均值”，简单地说，就是样本均值的分布。这个问题是找到这个分布的特定比例。

尽管我们不能通过重复抽取样本和计算均值来构建样本均值的

分布（如例 7.1），但我们可以确切地知道：基于中心极限定理的理论，这个分布看起来将是怎样的。特别来说，样本均值的分布将有以下特点：

a. 因为 SAT 分数的总体是正态的，所以样本均值的分布也是正态的。

b. 因为总体均值是 500，所以样本均值分布的均值也是 500。

c. 对于 $n=16$，分布的标准误是 $\sigma_M=25$。

$$\sigma_M=\frac{\sigma}{\sqrt{n}}=\frac{100}{\sqrt{16}}=\frac{100}{4}=25$$

样本均值的分布如图 7－6 所示。

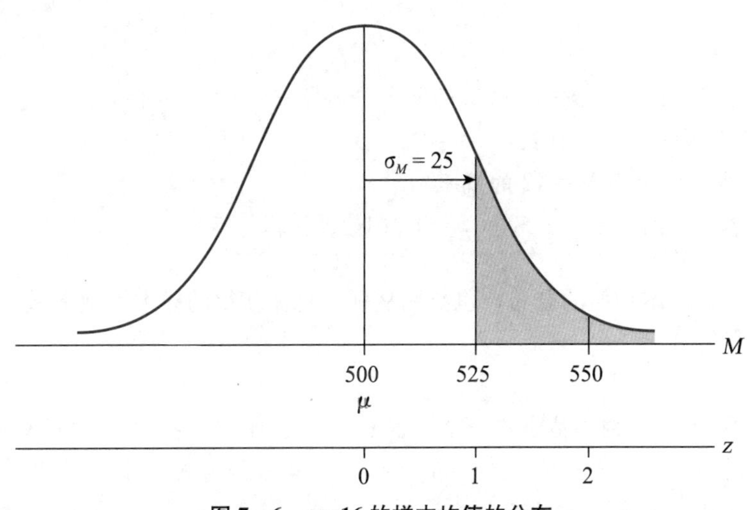


**图 7－6　$n=16$ 的样本均值的分布**

说明：样本从 $\mu=500$、$\mu=100$ 的正态分布中抽取。

我们对样本均值大于 525 的部分感兴趣（见图 7－6 中的阴影部分），所以下一步是用 $z$ 分数在分布中确定 $M=525$ 的具体位置。525 大于均值 25 个点，恰好就是一个标准差（在这个例子里，也是 1 个标准误）。因此，$M=525$ 的 $z$ 分数是 $z=+1.00$。

因为该样本均值的分布是正态的，所以你能用标准正态分布表来找到与 $z=+1.00$ 相关的概率。该表指出，分布尾部的 0.158 7 超过了 $z=+1.00$。我们的结论是，有相对小的可能，即 $p=0.1587$（15.87%），得到的 $n=16$ 的随机样本的均值 SAT 分数高于 525 分。

### 样本均值的 $z$ 分数

正如例 7.3 展示的，我们可以用 $z$ 分数来描述在样本均值分布中任何特定样本均值的位置。相对于其他可能得到的样本，$z$ 分数告诉我们一个特定样本的位置。如第 5 章定义的，一个 $z$ 分数通过带有正负号的数值确定其所在的位置，其中：

1. 正负号说明该值位于均值之上（＋）还是之下（－）。
2. 数值大小说明该值的位置距均值有几个标准差的距离。

但是，我们现在想要在样本均值的分布中找到一个位置。因此，我们必须使用适于这个分布的符号和术语。首先，我们要定位的值是一个样本均值（$M$）而不是分数值（$X$）。其次，样本均值分布的标准差就是标准误 $\sigma_M$。因此，样本均值的 $z$ 分数能被定义为一个带符号的数字，代表了样本均值在样本均值分布上的位置，故而：

1. 符号表示样本均值是否位于分布均值（总体均值，$\mu$）上方（＋）或下方（－）。
2. 数字表明样本均值和 $\mu$ 之间存在多少个标准误。

在这些改变下，定位一个样本均值的 $z$ 分数公式为：

$$z=\frac{M-\mu}{\sigma_M} \tag{7-3}$$

> 注意：当计算单个分数的 $z$ 分数时，请使用标准差 $\sigma$。在计算样本均值的 $z$ 分数时，必须使用标准误 $\sigma_M$。

每个分数（$X$）有描述它在分数分布中的位置的 $z$ 分数，每个样本均值（$M$）也有描述它在样本均值分布中的位置的 $z$ 分数。当样本均值分布是正态的时，使用 $z$ 分数和标准正态分布表，可以找到与任何特定样本均值相联系的概率（如例 7.3）。下面的例子可以帮助你测试你对样本均值的 $z$ 分数和概率的理解。

**例 7.4**

从一个均值 $\mu=40$、标准差 $\sigma=16$ 的正态分布中选择一个 $n=4$ 的样本：

a. 找出样本均值 $M=42$ 的 $z$ 分数

b. 决定获得样本均值大于 $M=42$ 的概率

你应该得到的答案分别为 $z=0.25$ 和 $p=0.401\,3$。祝你好运。

---

下面的例子演示了样本均值的分布，也能用从任何总体获得的样本类型来做定量的预测。

**例 7.5**

再次假设数学 SAT 分数的总体形成一个均值 $\mu=500$、标准差 $\sigma=100$ 的正态分布。对于这个例子，我们将确定哪种样本均值更可能作为一个 $n=25$ 名学生的随机样本的平均 SAT 分数。具体来说，我们将确定样本均值 80%可能得到的值的范围。

我们从 $n=25$ 的样本均值的分布开始。该分布为正态分布，期望值 $\mu=500$，$n=25$，标准误为：

$$\sigma_M=\frac{\sigma}{\sqrt{n}}=\frac{100}{\sqrt{25}}=\frac{100}{5}=20$$

如图 7－7，我们的目标是找到组成分布中间 80%的值的范围。因为这个分布是正态的，所以我们可以使用标准正态分布表来确定中间 80%的边界。80%被分成两半，平均每边都有 40%（0.400 0）。在 D 列（均值与 $z$ 之间的比例）中查找 0.400 0，我们找到相应的 $z$ 分数为 $z=1.28$。因此，中间 80%的 $z$ 分数边界分别为 $z=1.28$ 和 $z=-1.28$。根据定义，$z$ 分数为 1.28 表示一个距离均值有 1.28 个标准差（或标准误）的位置。标准误为 20，距离均值的距离为 $1.28\times20=25.6$。

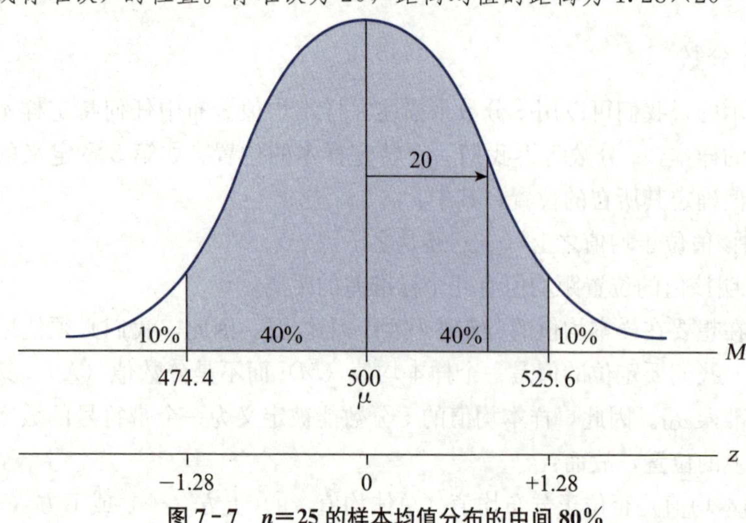


**图 7－7　$n=25$ 的样本均值分布的中间 80%**

说明：样本从一个均值为 500、标准差为 100 的正态总体中得到。

均值 $\mu=500$，所以在两个方向上的距离为 25.6 产生的值的范围是 474.4～525.6。计算样本均值形成边界的公式如下：

$$M=\mu+z(\sigma_M) \tag{7-4}$$

请注意，这个公式类似公式（5-2）。要注意 $z$ 的符号。

因此，80%的所有可能的样本均值都包含在 474.4～525.6 的范围内。如果选择一个 $n=25$ 名学生的样本，可以有 80%的信心相信该样本的数学 SAT 均值在这个范围内。

例 7.5 的要点在于，样本均值的分布可以帮助预测得到一个样本均值的值。因为总体均值是 $\mu=500$，所以我们知道 $n=25$ 名学生的样本的数学 SAT 均值应该在 500 左右。更具体地说，我们有 80%的信心相信样本的均值将在 474.4～525.6 区间。以这种方式预测样本均值的能力将是接下来介绍的推论统计的一种有价值的工具。

### 学习检查

1. 一个有 $n=25$ 个分数的样本来自一个均值 $\mu=70$ 和标准差 $\sigma=20$ 的总体。如果样本均值为 $M=78$，那么与样本均值对应的 $z$ 分数是多少？

a. $z=+0.25$　　b. $z=+0.50$　　c. $z=+1.00$　　d. $z=+2.00$

2. 从一个均值 $\mu=20$ 和标准差 $\sigma=4$ 的正态分布总体中获得一个 $n=4$ 的随机样本。对于这个样本，获得的均值大于 $M=22$ 的概率是多少？

a. 0.50　　b. 1.00　　c. 0.158 7　　d. 0.308 5

3. 从一个均值 $\mu=40$ 和标准差 $\sigma=6$ 的正态分布总体中获得一个 $n=4$ 的随机样本。对于这个样本，获得的均值大于 $M=46$ 的概率是多少？

a. 0.308 5　　b. 0.158 7　　c. 0.066 8　　d. 0.022 8

**答案**　1. d　2. c　3. d

## 7.4　更多关于标准误的知识

### 学习目标

6. 描述标准误与样本数量的关系。并确定需要多少样本才能产生特定的标准误，或者当样本量发生变化时，会产生怎样的新标准误。

在第 5 章，我们介绍了 $z$ 分数的概念来描述个体分数在一个分布中的确切位置。在第 6 章，我们介绍了如何获得任何一个分数的概率，特别是从正态分布中获得的分数。到目前为止，你应该意识到，这一章的大部分内容只是在重复第 5 章和第 6 章提到的相同的事情，但做了两个调整：

1. 现在使用的是样本均值的分布，而不是分数的分布。
2. 现在使用标准误而不是标准差。

在这两个调整中，第 7 章中的主要新概念是标准误。你需要记住的一条规则是：

每当使用样本均值时，都必须使用标准误。

这一条规则基本上包含了第 7 章中的所有新内容。因此，本节将重点讨论标准误的概念，以确保你对这个新概念有一个很好的理解。

### 抽样误差和标准误

在这章的开始，我们介绍了从一个总体中可以得到成千上万不同样本的观点。每个样本都有它自己的个体、分数和均值。样本均值的分布提供了将所有不同样本均值组织到一张图中的方法。图 7-8 展示了一个样本均值的分布和它与正态总体之间的关系。为了强调分布包括许多不同样本的事实，我们构造这个图，使得分布同时展示了频数分布直方图和正态分布曲线。直方图表示来自总体的样本的累计，尤其是这些样本的均值的累计。每个柱形的高度反映了样本均值中某个具体值的频次（如果每个样本均值是一个小方框，想象这些小方框垂直堆积组成这个柱形）。随着更多的样本被选择出来，均值被包含在直方图中，直方图开始更接近正态分布。注意样本均值倾向于列在总体均值（$\mu$）周围，正如中心极限定理预测的，形成了一种正态分布。

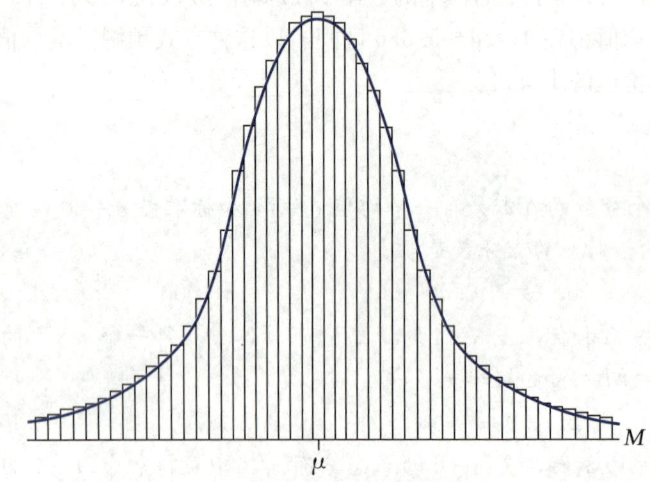


**图 7-8　一个样本均值主要分布的例子**

说明：直方图的每个小柱形代表一个样本均值的频次。正态分布曲线叠加在直方图上。样本分布均值的期望值等于总体均值 $\mu$。

图 7-8 表示的分布提供了一个复习抽样误差和标准误概念的具体例子。尽管下面的要点可能看起来很明显，但它们可以提供给你关于这两个统计量更好的理解。

1. 抽样误差。抽样误差的一般概念是指一个样本不能提供关于它总体的精确描述。具体而言，样本计算的统计量和与之对应的总体参数间会出现一些偏差（或误差）。正如图 7-8 所示，单个样本均值并不完全等于总体均值。事实上，50%的样本均值将小于 $\mu$（整个分布的左边），类似地，50%的样本均值将高估总体均值。总的来说，在样本均值和总体均值间，将会出现一些差异或者抽样误差。

2. 标准误。如图 7-8 所示，大多数的样本均值相对来说分布在总体均值周围（在分布的中心）。这些样本较为准确地代表了总体。而还有一些样本均值在分布的尾端，相对远离总体均值，这些极端的样本均值没有准确地代表总体。对于每个样本，你能测量样本均值和总体均值的误差（或距离）。对于一些样本，误差相对较小；但是，对于另外一些样本，误差则相对较大。标准误提供了一种测量样本均值和总体均值之间平均或者标准距离的方法。

因此，标准误提供了一种定义和测量抽样误差的方法。标准误向研究者们解释了他们的样本数据有多准确地代表了所研究的总体。例如，在很多研究情境中，总体均值是未知的，研究者选择一个样本来得到关于未知总体的信息。具体来说，样本均值提供了关于未知总体均值的信息。我们并不期望样本均值是总体均值完全准确的代表，因为两者之间会出现一些误差。标准误告诉我们，平均来说有多少误差存在于样本均值和未知的总体均值之间。下面的例子展示了标准误的应用，以及标准误和标准差之间的关系。

**例 7.6**

近期对当地一所大学的学生所做的调查包含如下问题：你每天观看电子视频（通过网络、电视、手机、平板电脑等）的时间是多少？得到的调查结果显示平均为 $\mu=80$ 分钟，且该分布服从标准差 $\sigma=20$ 的近似正态分布。我们从这一总体中抽取一个样本，并想要知道样本均值代表总体均值的准确性。具体来说，我们想知道下面三个不同样本量的样本代表总体的准确性分别如何：三个样本的样本量分别为 $n=1$、$n=4$ 和 $n=100$。

图 7-9 给出了基于这三个样本的样本均值的分布。每个分布都给出了以特定样本量从总体中抽取的所有可能的样本均值。注意到三个抽样分布都是正态的（因为总体分布是正态的），而且三个分布都有相等的均值，$\mu=80$，即 $M$ 的期望值。但是，三个分布的变异程度不同。我们将分别考虑每一个分布。

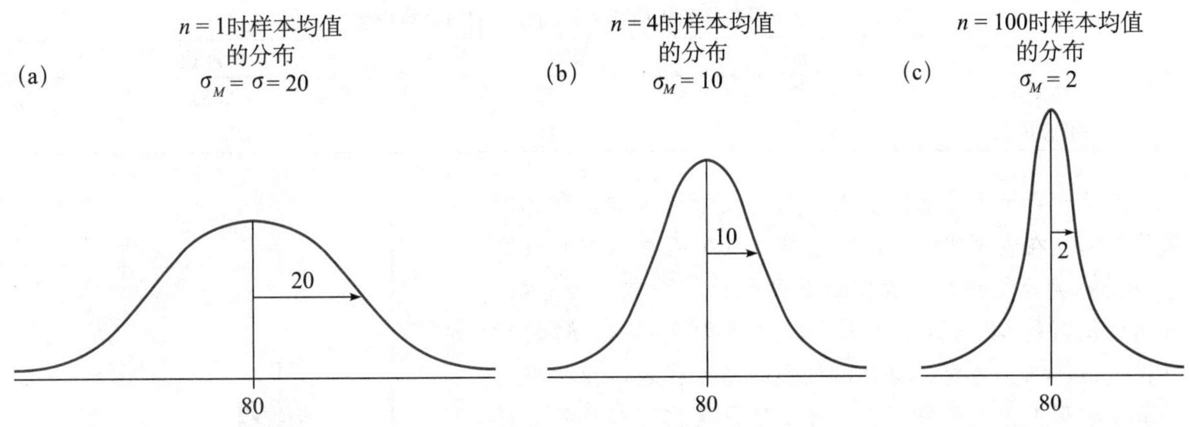


**图 7-9　从 $\mu=80$、$\sigma=20$ 的正态总体中获得的**
**(a) $n=1$、(b) $n=4$、(c) $n=100$ 三种样本量下的随机样本的样本均值的分布**

说明：注意，标准误随着样本量增大而减小。

首先是最小的样本量 $n=1$。当样本只包含一个学生时，其样本均值就等于学生的分数，即 $M=X$。因此，当 $n=1$ 时，样本均值的分布等同于原始总体的分布。这里，样本均值的分布的标准误就等于原始总体分布的标准差。由公式（7-1）也能验证这一结论：

$$\sigma_M=\frac{\sigma}{\sqrt{n}}=\frac{20}{\sqrt{1}}=20$$

这种情况下，你可以期望样本均值和总体均值之间的平均差异为 20 分。就如前文所述，总体的标准差是标准误的“起点”，样本量最小，即 $n=1$ 时，标准误就等于标准差［见图 7-9（a)］。

但随着样本量增大，标准误会随之变小。对样本量 $n=4$ 的样本，标准误为：

$$\sigma_M=\frac{\sigma}{\sqrt{n}}=\frac{20}{\sqrt{4}}=\frac{20}{2}=10$$

也就是说，$M$ 和 $\mu$ 之间的标准距离为 10 分。图 7-9（b）给出了这一分布。你会注意到，该分布的样本均值比起 $n=1$ 时更接近总体均值。

当样本量 $n=100$ 时，标准误会更小：

$$\sigma_M=\frac{\sigma}{\sqrt{n}}=\frac{20}{\sqrt{100}}=\frac{20}{10}=2$$

$n=100$ 的样本比起 $n=4$ 或 $n=1$ 的样本，其样本均值能够更准确地代表总体均值。如图 7-9（c）所示，当 $n=100$ 时，$M$ 与 $\mu$ 之间的误差非常小。具体来说，总体均值和样本均值之间的平均差距只有 2 分。

总的来说，这个例子说明了在最小的样本量（$n=1$）下，标准误和总体标准差是相同的。当样本量增大时，标准误随之减小，样本均值就更接近 $\mu$。因此，标准误定义了样本量和 $M$ 代表 $\mu$ 的精确性之间的关系。

## 在文献中

### 报告标准误

正如我们稍后将会看到的，标准误在推论统计中起到了很关键的作用。由于它的重要地位，在科学文献中，经常报告样本均值的标准误而不是样本标准差。科学杂志在提到标准误时有所区别，但是都使用符号 SE 和 SEM（均值的标准误）。我们用两种方法报告标准误。与标准差类似，它可与样本均值一起在表中报告（见表 7-3）。另外，标准差也能用图报告。

**表 7-3　在和不在摄像机面前工作的被试的自我意识分数均值**

| | $n$ | 均值 | 标准误 |
|---|---|---|---|
| 控制组 | 17 | 32.23 | 2.31 |
| 摄像机组 | 15 | 45.17 | 2.78 |

图 7-10 展示了用柱状图来呈现关于样本均值和标准误的信息。在这个实验中，两个样本（A 组和 B 组）被给予不同的实验处理，然后在因变量处记录下被试的分数。A 组的均值是 $M=15$，B 组是 30。对于两个样本，$M$ 的标准误是 $\sigma_M=4$。注意，均值由柱形的高度代表，而标准误用每个柱形上方的线段代表。每个线段延伸的距离等于样本均值上下的各一个标准误。因此，这个图表示每个组的均值加减一个标准误（$M\pm SE$）。当你粗略地看图 7-10 时，你不仅得到了样本均值，还能知道这些均值可能有的误差。

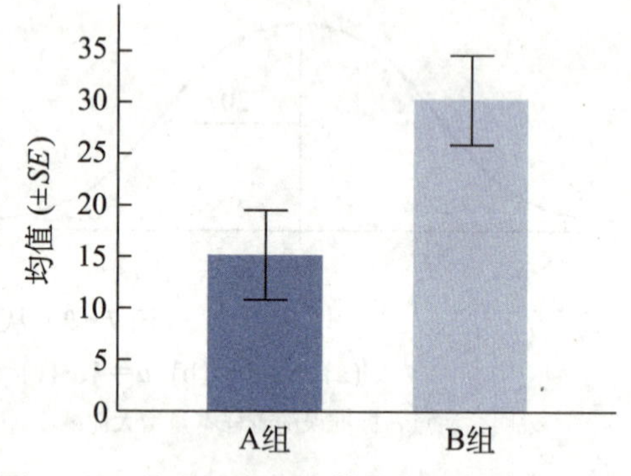


**图 7-10　处理组 A 和 B 的均值（±SE）分数**

图 7-11 展示了样本均值和标准误如何用折线图描述。在这项研究中，两个样本（A 组和 B 组）代表不同的年龄组别，然后进行了 4 次实验的任务，记录下每名被试每次实验中的错误量。该图表示了每组被试在每次实验上的平均错误量（$M$）。线段表示每个样本均值的标准误。同样，线段扩展了均值上下一个标准误。

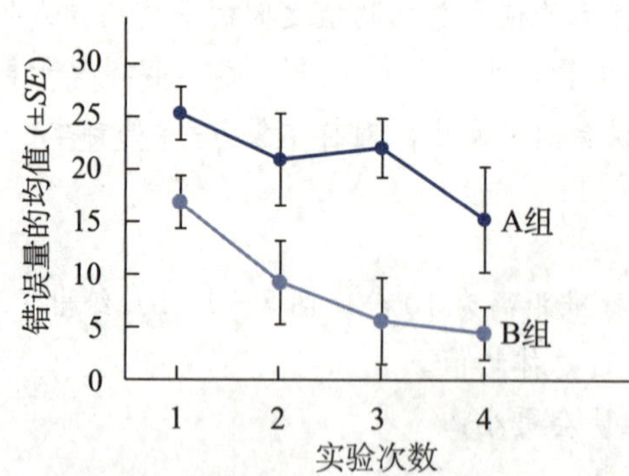


**图 7-11　处理组 A 和 B 在每次实验上错误量的均值（±SE）分数**

## 学习检查

1. 以下哪一个会导致 $M$ 的标准误变大？

a. 同时增加样本量和标准差

b. 同时减少样本量和标准差

c. 增加样本量，减少标准差

d. 减少样本量，增加标准差

2. 从标准差 $\sigma=8$ 的总体中获得的样本的标准误为 2 分。样本中有多少分数？

a. $n=5$　　b. $n=10$　　c. $n=16$　　d. $n=25$

3. 从一个均值 $\mu=80$ 和标准差 $\sigma=20$ 的总体中选择一个随机样本。样本必须多大以确保标准误为 2 或更小？

a. $n=10$

b. $n=25$

c. $n=100$

d. 对于任何大小的样本，都不可能获得小于 2 的标准误

**答案**　1. d　2. c　3. c

## 7.5　推论统计展望

### 学习目标

7. 解释如何通过识别可能的和非常不可能的样本来使用样本均值的分布，以评估处理效应，并使用这些信息来确定是否一个特定的样本可以表明处理效应可能存在与否。

推论统计是以样本数据作为基础对总体进行推断的方法。但是，我们注意到，一个样本不能被期望于给出对于总体完全准确的反映。在样本统计量和相联系的总体参数之间，会有一些误差或者偏差。在本章，我们已经观察到，一个样本均值不会准确地等于总体均值。$M$ 的标准误指出平均来说样本均值和总体均值之间有多少差别。

样本和总体之间存在的自然差异，使所有的推论统计都引入了一定的不确定性和误差。例如，当一位研究者使用一个样本均值推论总体的均值时，总要考虑到误差。记住，样本均值不是完美的。在以后的章节中，我们将介绍多种统计方法，它们都用样本均值得到总体均值的结论。

在所有情况下，样本均值的分布和标准误都是推论中的重要元素。在开始这些章节之前，我们将先来简单地证明，样本均值的分布、$z$ 分数和概率是如何帮助我们使用样本均值得到关于总体均值的结论的。

**例 7.7**

假设心理学家正计划一项研究，评估新的生长激素的作用。常规来说，成年鼠（没有激素）平均体重 $\mu=400$ 克。当然，不是所有老鼠都有一样的体重，它们体重的分布是一种标准差 $\sigma=20$ 的正态分布。心理学家计划选择一个 $n=25$ 新生老鼠的样本，给它们注射激素，并在它们成年时测量体重。研究的结构如图 7-12 所示。

研究者通过比较样本中被处理的老鼠和总体中未被处理的老鼠，来确定激素的作用。如果样本中经过处理的老鼠显著不同于未处理的老鼠，那么，研究者就得到了激素有作用的证据。我们需要确定的问题是：样本显著不同于总体时，所需要的差异大小。

样本均值的分布和标准误能帮助研究者作出这项决定。样本均值的分布能表明没有接受激素注射的老鼠样本可能处于什么样的状态。这允许研究者在以下两者之间作出简单的比较：

a. 接受实验处理的老鼠样本（根据实验研究）。

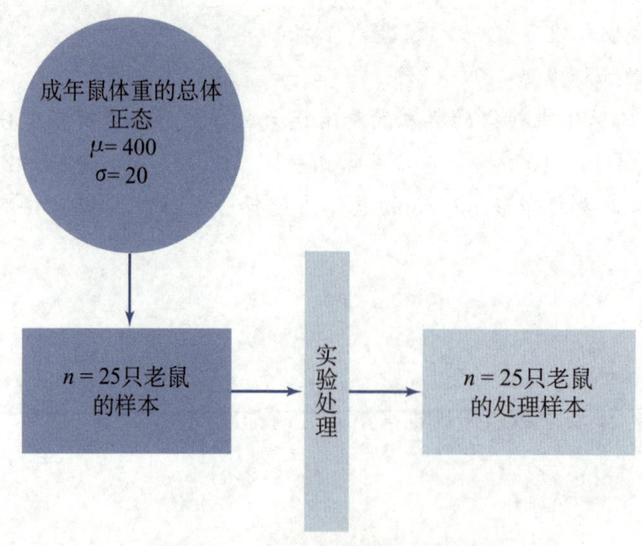


**图 7－12　例 7.7 描述研究的结构**

说明：研究目的是确定实验处理是否对老鼠有作用。

b. 未接受处理的老鼠样本（根据样本均值的分布）。

如果处理组样本显著不同于未处理组，那么我们就有证据证明处理是有作用的。另外，如果处理的样本与未处理的样本相似，那么我们会得出结论：处理看上去没有任何作用。

我们从被处理的老鼠的总体出发，对所有 $n=25$ 的样本进行样本均值的分布，样本均值的分布将有以下特征：

1. 它是正态的，因为原始总体是正态的。

2. 它的期望值是 400，因为未处理老鼠的总体均值是 $\mu=400$。

3. 它的标准误是 $\sigma_M=20/\sqrt{25}=20/5=4$，因为总体标准差是 $\sigma=20$，样本大小是 $n=25$。

样本均值的分布如图 7－13 所示。注意，$n=25$ 只未处理样本的平均体重应当在 400 克附近。为了更加准确，我们用 $z$ 分数来确定所有可能样本均值的中间 95%。正如第 6 章所证明的，正态分布的中间 95%位于 $z$ 分数临界值 $z=+1.96$ 和 $z=-1.96$ 之间（查看标准正态分布表）。这些 $z$ 分数临界值在图 7－13 中表示出来。标准误 $\sigma_M=4$，$z$ 分数 $z=1.96$，对应于距离均值 $1.96\times4=7.84$ 分。因此，$z$ 分数 $\pm1.96$ 临界值对应的样本均值为 392.16 和 407.84。

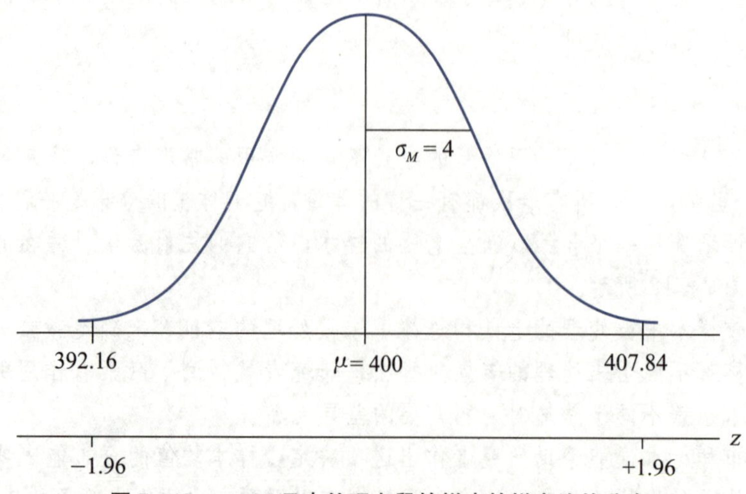


**图 7－13　$n=25$ 只未处理老鼠的样本的样本均值分布**

我们已经确定了一个 $n=25$ 未被处理的老鼠样本，它的样本均值几乎保证（95%的可能）在 392.16～407.84 区间。同样，在没有经过处理时，极少可能（5%或更少）的样本均值会位于尾端，超过两个临界值。因此，如果处理组样本得到的样本均值在临界值以外，那么我们可以得出结论：激素是有作用的。

在例 7.7 中，我们同时运用样本均值的分布、$z$ 分数和概率提供了对未处理样本的合理均值的描述。然后，我们根据处理组样本是否显著不同于未处理组样本，来评价实验处理是否有效，这个过程构成了假设检验中推论统计方法的基础。假设检验在第 8 章会有所介绍，并贯穿于教材的后面内容中。

**学习检查**

1. 从一个均值 $\mu=100$、标准差 $\sigma=20$ 的总体中获得一个样本。下面哪个样本产生的 $z$ 分数最接近于 0？

a. 一个 $n=25$、$M=102$ 的样本　　b. 一个 $n=100$、$M=102$ 的样本

c. 一个 $n=25$、$M=104$ 的样本　　d. 一个 $n=100$、$M=104$ 的样本

2. 对于一个均值 $\mu=80$、$\sigma=20$ 的正态总体，下列哪个样本几乎不可能获得？

a. 一个 $n=4$、$M=88$ 的样本　　b. 一个 $n=4$、$M=84$ 的样本

c. 一个 $n=25$、$M=88$ 的样本　　d. 一个 $n=25$、$M=84$ 的样本

3. 对于来自 $\mu=100$、$\sigma=15$ 的正态总体的一个样本，下列哪个样本最极端、最不具有代表性？

a. 一个 $n=9$、$M=90$ 的样本　　b. 一个 $n=25$、$M=90$ 的样本

c. 一个 $n=9$、$M=95$ 的样本　　d. 一个 $n=25$、$M=95$ 的样本

**答案**　1. a　2. c　3. b

## 小　结

1. 样本均值的分布被定义为一个总体中所有可能得到的数量大小为 $n$ 的随机样本中的一系列的 $M$ 值。根据中心极限定理，样本均值分布的参数如下：

a. 形状。如果以下任意一个条件被满足，样本均值的分布将是正态的：

（1）样本来自的总体是正态的。

（2）样本量相对较大（$n=30$ 或者更大）。

b. 集中趋势。样本均值的分布，其均值将等同于样本来自的总体的均值。样本均值分布的均值叫作 $M$ 的期望值。

c. 变异。样本均值分布的标准差叫作 $M$ 的标准误，并由以下公式定义：

$$\sigma_M=\frac{\sigma}{\sqrt{n}} \text{ 或者 } \sigma_M=\sqrt{\frac{\sigma^2}{n}}$$

标准误测量了样本均值（$M$）和总体均值（$\mu$）之间的标准距离。

2. 本章一个重要的概念是标准误。标准误告诉我们，如果我们用一个样本均值来估计总体均值，可能会有多大的误差。

3. 每个 $M$ 在样本均值分布中的位置能用 $z$ 分数定义：

$$z=\frac{M-\mu}{\sigma_M}$$

4. 因为样本均值的分布趋近于正态，我们能用 $z$ 分数和标准正态分布表来找到特定样本均值的概率。并且，我们能确定哪些样本均值更有可能或更不可能来自该总体，得到特定样本可能来自特定总体的概率，这是后面章节中介绍的推论统计的基础。

## 关键术语

| | | |
|---|---|---|
| 抽样误差 | 样本分布 | $M$ 的标准误 |
| 样本均值的分布 | 中心极限定理 | 大数定律 |
| $M$ 的期望值 | | |

## 关注问题解决

1. 当你处理样本均值的概率问题时，你必须使用样本均值的分布。记住，每个概率问题都能被转述为一个比例问题。样本均值的概率与样本均值分布的比例等同。

2. 当计算样本均值的概率时，最常见的错误是在 $z$ 分数的计算公式中使用标准差（$\sigma$）来代替标准误（$\sigma_M$）。标准差测量了一个分数与总体均值的差异（或误差），标准误测量了一个样本均值与总体均值的差异（或误差）。记住，样本量越大，样本越能准确地代表总体，即：样本量越大，误差越小。

$$\text{标准误} = \sigma_M = \frac{\sigma}{\sqrt{n}}$$

3. 尽管样本均值的分布通常是正态的，但它不总是正态分布。在你使用标准正态分布表得到概率之前，首先要检查并确保数据的分布是正态的。记住，如果你做出分布图并且将需要的部分用阴影表示，正态分布的概率问题将会变得简单。

## 示例 7.1

### 概率和样本均值的分布

对于一个均值为 $\mu=60$、标准差 $\sigma=12$ 的正态分布总体，选择一个 $n=36$ 的随机样本，其均值大于 63 的概率是多少？

$p(M>63)=?$

**步骤 1　将概率问题表述为比例问题。**在所有可能的 $n=36$ 的样本均值中，多少比例可能有大于 63 的值？所有可能的样本均值构成了正态的样本均值的分布，其均值 $\mu=60$，标准误为：

$$\sigma_M = \frac{\sigma}{\sqrt{n}} = \frac{12}{\sqrt{36}} = \frac{12}{6} = 2$$

**步骤 2　计算样本均值的 $z$ 分数。**样本均值 $M=63$ 对应的 $z$ 分数为：

$$z = \frac{M-\mu}{\sigma_M} = \frac{63-60}{2} = \frac{3}{2} = 1.50$$

因此，$p(M>63)=p(z>1.50)$

**步骤 3　查找标准正态分布表。**在标准正态分布表的 A 列中查找 $z$ 分数，对应的 C 列的值为 $p=0.0668$。即答案为：

$$p(M>63)=p(z>1.50)=0.0668\text{（或 }6.68\%\text{）}$$

## SPSS

统计软件 SPSS 不能直接计算样本均值的标准误和 $z$ 分数。但在后续的章节中，我们会介绍 SPSS 中推论统计的方法，当计算这些新的统计量时，SPSS 会输出关于标准误的报告，用来描述样本代表总体的准确性。

## 练习题

1. 简要定义以下各项：

a. 样本均值的分布

b. 中心极限定理

c. $M$ 的预期值

d. $M$ 的标准误

2. 假设所有可能的 $n=50$ 的样本都是从一个总体中选择出来的。与基于所有可能的 $n=100$ 的样本的抽样分布相比，$n=50$ 的抽样分布的均值、标准差和形状如何？

3. 比较以下内容：

a. 变异性的度量，$s$、$\sigma$ 和 $\sigma_M$

b. 集中趋势的测量值，$M$、$\mu$ 和 $\mu_M$

4. 从一个均值为 $\mu=100$ 、标准差 $\sigma=20$ 的总体中选择一个样本：

a. 如果样本有 $n=16$ 个分数，那么 $M$ 的期望值和标准误是多少？

b. 如果样本有 $n=100$ 个分数，那么 $M$ 的期望值和 $M$ 的标准误是多少？

5. 描述从均值为 $\mu=90$ 、标准差 $\sigma=32$ 的总体中选择的 $n=64$ 的样本的样本均值的分布（形状、均值和标准误）。

6. 在什么情况下，样本均值的分布保证是正态分布？

7. 从一个标准差 $\sigma=18$ 的总体中选择一个随机样本：

a. 平均而言，对于来自总体 $n=4$ 的随机样本，样本均值和总体均值之间有多大的差异？

b. 平均而言，对于来自总体 $n=9$ 的随机样本，样本均值和总体均值之间有多大的差异？

c. 平均而言，对于来自总体 $n=36$ 的随机样本，样本均值和总体均值之间有多大的差异？

8. 对于 $n=36$ 的样本，产生以下每个标准误所需的总体标准差（$\sigma$）的值是多少？

a. $\sigma_M=12$

b. $\sigma_M=3$

c. $\sigma_M=2$

9. 假设一位教授随机将学生分配为 $n=4$ 名学生的学习小组。教授班的期末考试的均值为 $\mu=75$，标准差 $\sigma=10$。研究小组均值分布的期望值和标准差是多少？

10. 对于均值为 $\mu=40$ 、标准差 $\sigma=12$ 的总体，找到以下每个样本对应的 $z$ 分数：

a. 样本 $X=52$，$n=1$

b. 样本 $X=52$，$n=9$

c. 样本 $X=52$，$n=16$

11. 一家手机零售商的销售代表每年平均销售 $\mu=200$、标准差 $\sigma=50$ 的智能手机。在纽约罗切斯特分公司，$n=25$ 名代表销售 $M=220$。为罗切斯特分部计算 $z$ 分数。

12. 一个 $n=64$ 的样本的均值为 $M=68$。假设总体均值为 $\mu=60$，找到下列样本的 $z$ 分数：

a. 来自 $\sigma=16$ 的总体的样本

b. 来自 $\sigma=32$ 的总体的样本

c. 来自 $\sigma=48$ 的总体的样本

13. 一个总体形成了一个均值为 $\mu=85$、标准差 $\sigma=24$ 的正态分布。对于以下每个样本，计算样本均值的 $z$ 分数：

a. $n=4$、$M=91$ 的样本

b. $n=9$、$M=91$ 的样本

c. $n=16$、$M=91$ 的样本

d. $n=36$、$M=91$ 的样本

14. 四年级学生的标准化阅读考试分数呈

$\mu=71$、$\sigma=24$ 的正态分布。对于以下每一个样本，获得一个样本均值大于 $M=63$ 的概率是多少？

a. $n=9$ 的样本

b. $n=36$ 的样本

c. $n=64$ 的样本

15. 测量社交焦虑的问卷得分呈正态分布，均值为 $\mu=50$，标准差 $\sigma=10$。对于下列样本，获得一个样本的均值大于 $M=53$ 的概率是多少？

a. $n=4$ 的随机样本

b. $n=16$ 的随机样本

c. $n=25$ 的随机样本

16. 对于一个均值 $\mu=58$、标准差 $\sigma=12$ 的正态分布：

a. 随机选择一个小于 $X=52$ 的分数的概率是多少？

b. 随机选择一个 $n=9$ 的样本，样本均值小于 $X=52$ 的概率是多少？

c. 随机选择一个 $n=16$ 的样本，样本均值小于 $X=52$ 的概率是多少？

17. 对于一个均值 $\mu=30$、标准差 $\sigma=8$ 的总体：

a. 如果总体分布是正态的，那么对于一个 $n=4$ 的样本，样本均值大于 $M=32$ 的概率是多少？

b. 如果总体分布是正偏态的，那么对于一个 $n=4$ 的样本，样本均值大于 $M=32$ 的概率是多少？

c. 如果总体分布是正态的，那么对于一个 $n=64$ 的样本，样本均值大于 $M=32$ 的概率是多少？

d. 如果总体分布是正偏态的，那么对于一个 $n=64$ 的样本，样本均值大于 $M=32$ 的概率是多少？

18. 从均值 $\mu=75$、标准差 $\sigma=20$ 的正态分布中选择大小为 $n=16$ 的随机样本，可找到：

a. 定义了样本均值分布的中间 95%的样本均值范围。

b. 定义了样本均值分布的中间 99%的样本均值范围。

19. 心理学入门课程的考试成绩呈负偏态分布，均值为 $\mu=71.5$，标准差 $\sigma=12$：

a. 随机选择 $n=9$ 名平均成绩高于 75 分的学生的概率是多少？（小心：这是一个技巧问题。）

b. 随机选择 $n=36$ 名平均成绩高于 75 分的学生的概率是多少？

c. 对于 $n=36$ 名学生的样本，平均成绩在 70～75 分区间的学习概率是多少？

20. 根据定义，巨型虾是指需要 10～15 只虾才能重一磅的虾。假设 1 磅袋中的巨型虾的数量均值为 $\mu=12.5$，标准差为 $\sigma=1.5$，形成正态分布。随机挑选 $n=25$ 个 1 磅的袋子样本，平均每袋超过 $M=13$ 只虾的概率是多少？

21. 对于一个均值为 $\mu=72$、标准差为 $\sigma=10$ 的总体，对于下列样本，样本均值分布的标准误是多少？

a. $n=4$

b. $n=25$

22. 对于标准差 $\sigma=16$ 的总体，样本量需要有多大才能有下列标准误：

a. 等于 8

b. 等于 4

c. 等于 2

23. 如果总体标准差为 $\sigma=24$，那么一个样本需要有多大样本量才能有下列标准误：

a. 等于 6

b. 等于 3

c. 等于 2

24. 正态分布的均值 $\mu=60$，标准差 $\sigma=12$。对于下列的每个样本，计算样本均值的 $z$ 分数，并确定样本均值是该样本量大小的样本的典型的、有代表性的值还是极值。

a. $n=4$，$M=64$

b. $n=9$，$M=64$

c. $n=4$，$M=69$

d. $n=9$，$M=69$

e. $n=16$，$M=66$

f. $n=36$，$M=66$

g. $n=4$，$M=54$

h. $n=36$，$M=54$

25. 元认知是个体对自己的认知过程的一种理解，如思想、感知和记忆。在最近的一项在猴子中开展的元认知研究中，研究人员给猴子展示了一根除了两端外都封闭的管子，或者一根中间有开口、能分成两段的管子，可以来检查管子的内部（如下图所示）。此外，被试猴子要么观看、要么没有观看人类把食物放在管子的一端。然后猴子可以把这些食物取回（Rosati & Santos，2016）。显然，猴子知道它们需要更多的信息来找到食物。没有观察人类组的猴子比观察人类组的猴子更有可能自发地观察管子的中心。同样，没有观察人类组的猴子比观察人类组的猴子更慢选择被投食的管子末端。下表展示了研究中获得的结果，即做出选择管子末端行为的时间。

| | 均值 | 标准误 |
|---|---|---|
| 观察人类组 | 13.4 | 3.0 |
| 未观察组 | 8.5 | 1.5 |

资料来源：Rosati，A. G.，& Santos，L. R.．(2016)．Spontaneous metacognition in rhesus monkeys. *Psychol*，1181 - 1191.

a. 构造一个包含表中所有信息的条形图。

b. 看看你的图表，你认为观察人类对选择所需的时间有影响吗？

26. 假设一名研究人员开发了一种她声称会增强外向性的药物。一个 $n=4$ 名参与者的样本在服用药物后的人格评估中，样本均值为 $M=115$。人格测试的总体均值为 $\mu=100$，标准差 $\sigma=30$。基于人格测试的总体参数，该样本均值是否意味着一个特别不可能的结果？如果研究者将样本增加到 $n=25$，并观察到 $M=115$ 相同的样本均值呢？

27. 从一个均值为 $\mu=65$ 的正态分布中选择一个 $n=36$ 个分数的样本。计算 $M=59$ 的样本均值的 $z$ 分数，并确定样本均值是典型的、代表性的值或极端值：

a. 总体标准差 $\sigma=12$

b. 总体标准差 $\sigma=30$

# 假设检验介绍

# 第 8 章

**学习本章需要掌握的相关知识**

下列术语是学好本章的关键背景知识。如果对这些知识有不明白之处，应复习先前学过的相关章节。

- $z$ 分数（第 5 章）
- 样本均值的分布（第 7 章）
  - 期望值
  - 标准误
  - 概率和样本均值

**章节概览**

## 引　言

在大学，相比男子篮球，女子篮球似乎不受体育迷和评论员的重视，女子赛事的电视曝光度和市场营销往往落后于男子赛事。然而，在 NCAA 一级联赛中，女性运动员表现出高超的技能，竞争也非常激烈，可以想象，女篮项目从高中选拔人才时的竞争压力也很大。

让我们以这项运动为例，来介绍假设检验的基本知识。假定成年女性的平均身高 $\mu=64$ 英寸，标准差 $\sigma=6$（美国疾病控制与预防中心卫生统计中心，2016）①，如果一所大学要从该人群中随机选取 11 名女性作为篮球队的队员，且假设身高在篮球比赛中不占据优势，与招募队员的标准无关，你认为这个样本会是什么样子呢？显然，样本均值 $M$ 应该接近总体均值，也就是说，身高 $M=64$ 英寸的样本均值是合理的。

然而，招募有天赋的球员并不是一个随机的过程，让我们来看一个实际的例子。以下是康涅狄格大学女子篮球队 2018—2019 赛季 11 名成员的身高数据（英寸）：

73　68　65　69　71　76　73　74　74　75　72

该赛季球队成员的平均身高 $M=71.8$ 英寸，这一样本的身高是否偏离了一般人群的身高水平呢？

对此，我们可以做出两种假设。第一种假设为，样本数据与总体一致，即该球队成员的身高数据可以看作从一般人群的身高数据中随机抽取的一个样本；第二种假设为，样本数据与总体不一致，即该球队成员的平均身高高于一般人群的平均水平。这是两种相互对立的假设，因为我们只有样本数据，所以上述样本与总体是否一致的结论哪个是正确的，总会存在一些不确定性。在本章，我们将研究一种名为假设检验的推论统计方法，它涉及使用样本数据来推测总体的一系列具有逻辑的步骤，通常用于评估实验中可能存在的处理效果。假设检验在评估对立性假设时，考虑到了其中的不确定性。

我们还应该注意一些显而易见的事情。身高本身并不能保证一个人在篮球场上出类拔萃，更不用说获得全美的荣誉了。然而，它是有帮助的。

## 8.1　假设检验的逻辑

### 学习目标

1. 描述假设检验的目标，并解释假设检验是如何实现其目标的。

2. 使用符号表示研究中的虚无假设和备择假设；根据研究中的自变量和因变量，使用文字描述其虚无假设和备择假设。

3. 定义“α 水平”（显著性水平）和假设检验的拒绝域，并解释 α 水平的变化会如何影响假设检验的结果。

4. 使用标准的四步程序进行一次假设检验，并对其中的处理效果做出统计学判定。

研究者对总体中的每个个体进行观察通常是不现实的，因此，研究者经常从样本中搜集数据，然后根据样本数据回答总体的问题。假设检验是让研究者从样本数据中得到推论总体的统计过程。

① 美国疾病控制与预防中心的数据包含 $n=5\ 547$ 名女性的样本，她们的平均身高为 63.7 英寸，标准误为 0.08。第 7 章指出，大的样本会导致较小的标准误，也就是说，样本均值和总体均值之间的误差很小。因此在本例中，我们使用了合理的 $\mu$ 和 $\sigma$ 的近似值。在第 9 章，我们将介绍一种根据样本数据估计 $\mu$ 的方法。

假设检验是最常用的推论统计方法之一。事实上，本书剩下的大部分内容都是在各种不同的情境和应用背景下研究假设检验。尽管假设检验的细节将会因情境的不同而改变，但大致的过程是固定的。在本章，我们将介绍假设检验的一般过程。我们将会综合前三章介绍的统计概念——$z$ 分数、概率和样本均值分布，构建一个名为假设检验的新的统计过程。

**定义**

**假设检验**是一种统计方法，能够利用样本数据来检验关于总体参数的假设。

简单来说，假设检验的过程和逻辑如下：

1. 首先，我们提出一个关于总体的假设。通常是假设总体的某个参数的值。例如，我们可以假设每年感恩节和新年期间，美国成年人的体重平均增加 $\mu=7$ 磅。

2. 在选择一个样本之前，我们利用假设来预测样本应有的特质。例如，如果假设总体体重变化的均值 $\mu=7$ 磅，那么，可以预测样本的体重变化均值也在 7 磅左右。记住，样本理应与总体相似，但总会有一定的误差。

3. 接下来，我们从总体中得到一个随机样本。例如，我们可以在美国成年人中选择一个 $n=200$ 的随机样本，计算他们体重变化的均值。

4. 最后，比较得到的样本均值和假设的样本均值。如果样本均值与假设一致，我们将得出结论：假设是合理的。如果样本均值和假设之间有较大的差异，则认为假设是错误的。

假设检验通常用于科学研究。一位研究者在完成了一项研究后，会使用假设检验来评价其结果。假设检验的细节将根据研究情境和数据类型的变化而变化。在后面的章节中，我们将关注不同类型的研究、不同适用的假设检验。但是现在，我们将关注适用于所有假设检验的基本要素。为了达到这个目标，我们将考察应用最简单的研究的假设检验——使用一个样本均值来检验一个总体均值的假设。

接下来的 5 个章节将会介绍更复杂研究情境中的假设检验，这些情境包含多个样本均值或均值间的差异。第 14 章主要介绍相关研究中的假设检验，即如何利用样本数据的相关系数来推测总体相关系数。第 15 章主要介绍如何根据样本数据的比例来检验总体的相应比例。

## 假设检验的要素

本章关注的假设检验是：使用样本均值来评估一个未知总体的均值。

**未知总体**　图 8－1 呈现了运用假设检验过程的一般研究情境。注意，研究者是从一个已知总体开始的，即处理之前的所有个体的分数分布。在这个例子中，我们假设原始分数呈正态分布，均值为 16，标准差为 3。研究目的是确定总体中的个体接受处理后的水平，即确定施测后总体的分数分布。

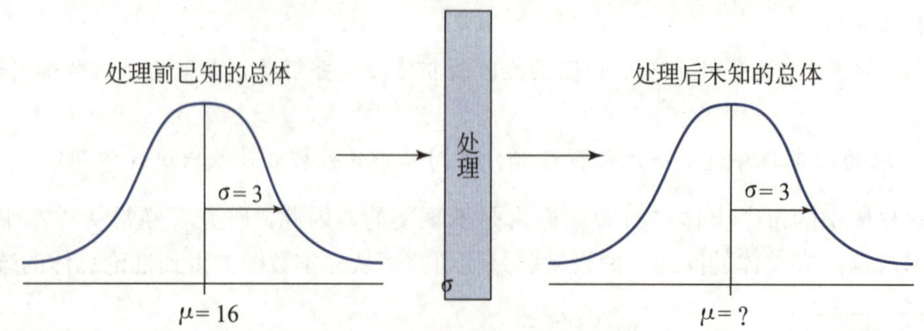


**图 8－1　假设检验的基本实验情境**

说明：假设处理前的总体参数 $\mu$ 已知。实验目的是要确定处理对总体均值是否有影响。

为了简化假设检验的情境，我们对处理效应作了一个基本假设：如果处理效应存在，每个个体的分数会增加一个常量（或者减少一个常量）。根据第 3 章和第 4 章的知识，我们知道每个分数加（或减）一个常量仅仅会改变均值，不会改变总体分布的形态，也不会改变标准差。因此，我们假设处理后总体的分布与原始分布有相同的形态和标准差。这个假设已经被纳入图 8－1 所示的情境中。

注意，接受处理后的未知总体是本研究关注的焦点。具体来说，这项研究的目的是确定如果对人群中的每个人都进行治疗，会发生什么。

**研究中的样本**　假设检验的目的是确定处理对于总体中的个体是否有效应（见图 8－1）。但是，我们通常不能对整个总体进行实验，所以实际的研究只使用了一个样本。图 8－2 展示了假设检验的研究结构，左边是处理前的总体，右边是处理后的未知总体。处理后的未知总体是假想的，实际上总体并没有全部接受处理。而我们需要探究的问题是总体在接受处理后会发生什么。实际研究过程要先从原始的总体中选择一个样本，再对样本进行处理，然后记录接受处理后的样本中个体的分数。在这个过程中，一个接受处理的样本，与从未知的处理后的总体中直接得到的样本是等价的。假设检验就是用图 8－2 中右边的接受处理后的样本来检验关于处理后的未知总体的假设。

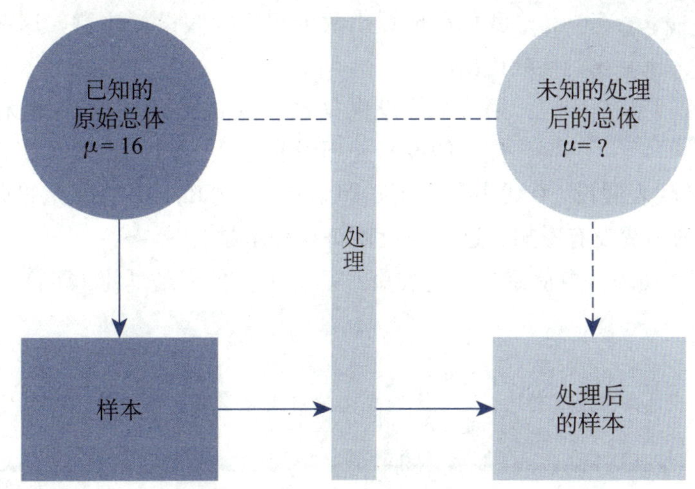


**图 8－2　假设检验的研究结构**

说明：从假设检验的原理来看，先是整个总体接受处理，再从处理后的总体中选出一个样本。而在实际研究中，先从原始总体中选出样本，处理是作用于样本的。上述两种角度的共同点在于，都是由处理后的样本代表处理后的总体。

假设检验是一种遵循一系列标准操作的形式化过程。这样，研究人员就有了一种标准化的方法来评估他们的研究结果。其他研究人员将认识并准确理解数据是如何评估的，以及如何得出结论的。为了强调假设检验的框架，我们将把假设检验作为一个四个步骤的过程，用于接下来的内容。下面的例子为介绍假设－检验程序提供了一个具体的基础。

**例 8.1**

有研究表明，男性认为穿红色衣服的女性比穿其他颜色衣服的女性更有吸引力（Elliot & Niesta，2008）。Guéguen 和 Jacob（2012）推测上述规律会影响男性对穿红色衣服的女服务员的反应。在他们的研究中，五个不同餐厅的女服务员在为期六周的时间里，穿着款式相同但颜色不同的 T 恤，分别为红、蓝、绿、黄、黑、白色。除穿着 T 恤颜色不同以外，所有女服务员都被要求统一表现，并记录每位顾客的性别及给了多少小费。结果显示，男性顾客给穿红色衣服的女服务员的小费明显更多，但在女性顾客中没有观察到这一效应。

一位研究者决定在当地一家餐厅重复这项研究，以验证这一结果。这家餐厅的服务员通常都穿白衬衫和黑裤子。餐厅记录显示，女服务员从男性顾客那里得到的小费平均为账单的16%，标准差为3%，小费金额的分布大致呈正态分布。在研究过程中，要求女服务员穿红色衬衫，并记录下36名男性顾客给的小费作为样本。

如果样本给出的小费均值与基线均值（穿白衬衫时）明显不同，研究人员就可以得出结论：女服务员穿红色衣服会影响男性顾客给出的小费。另外，如果样本均值仍然在16%左右（与基线相同），则得出相反的结论，即：穿红色衣服对小费没有影响。

## 假设检验的四个步骤

根据图8-2描述的研究结构，接受处理前的总体的均值 $\mu=16\%$，但接受处理后的总体是未知的，即我们无法得知，对所有男性顾客来说，当女服务员穿红色衣服时，他们给出的小费的均值会有什么变化。然而，我们拥有一个 $n=36$ 个参与者的样本，可以使用这一样本来推断未知的总体。通过以下的四个步骤，我们来体验一下利用样本数据回答未知总体问题时假设检验的过程。

> 推论统计的目的是通过样本数据对总体做出一般性的推断。因此，当检验假设时，我们是对总体参数作出预测。

第一步：提出假设

我们需要提出两个相反的假设。注意，这两个假设是针对总体参数提出的。

第一个假设也是最重要的假设，叫作虚无假设。正如它的名字，虚无假设指处理没有作用，即总体没有变化、没有区别。虚无假设的符号是 $H_0$（$H$ 代表假设，0代表零作用，即虚无）。例8.1中的虚无假设是：女服务员穿红色衣服对男性顾客给的小费没有影响。这个假设用符号表示是：

$H_0$：$\mu_{红色衣服}=16\%$（即使穿着红色衣服，平均小费仍为账单的16%）

> **定义**
>
> **虚无假设**（$H_0$）指在总体中没有变化、没有区别或者没有关系。在实验情境中，$H_0$ 指的是自变量（处理）对因变量没有作用。

第二个假设是虚无假设的反面，称为科学的假设或者备择假设（$H_1$）。这个假设指处理对因变量有效应。

> **定义**
>
> **备择假设**（$H_1$）指总体存在变化、区别或者关系。在实验中，$H_1$ 指的是自变量（处理）对因变量有作用。

> 虚无假设和备择假设是互斥并且穷尽的。二者不可能都为真。数据将决定拒绝或不拒绝虚无假设。

对于8.1的例子，备择假设指女服务员穿红色衣服会对男性顾客给的小费产生影响。用符号 $H_1$ 表示为：

$H_1$：$\mu_{红色衣服}\neq 16\%$（穿红色衣服后，平均小费不等于账单的16%）

注意，备择假设仅仅是指出将会存在一些变化。它没有假定效应是增强还是减弱。在一些情况下，我们可以设定备择假设中的作用方向。例如，研究者可能假设，穿红色衣服会增加小费（$\mu>16\%$）。这种假设是有方向的假设检验，将在本章后面详细介绍。现在，我们将着重考虑无方向的检验。在这里，假设简单地指出处理有作用（$H_1$）或者没有作用（$H_0$）。

第二步：为下结论设立标准

研究者最后将使用样本的数据来判断虚无假设的可信性。数据可能支持虚无假设，也可能拒绝它。如果数据和假设间存在很大的差异，研究者将得出结论：虚无假设是错误的。

为了标准化下结论的过程，我们将使用虚无假设来预测应当得到的样本均值。具体而言，我们需要确定哪些样本均值与虚无假设一致、哪些不一致。

在例 8.1 中，虚无假设认为穿红色衣服没有作用，总体均值仍为 $\mu=16\%$。如果该假设为真，则样本的均值应在 16%左右，因此一个均值约为 16%的样本和虚无假设是一致的，而一个均值显然不同于 16%的样本则和虚无假设是不一致的。为了确定哪些值是 16%左右、哪些值显著不同于 16%，我们可以找出虚无假设为真时可能得到的所有样本均值。在本例中，这是一个 $n=36$ 的样本均值分布。根据虚无假设，该分布的中心应为 $\mu=16\%$。根据一定的概率，样本均值的分布将被分为两个部分：

1. $H_0$ 为真时能得到的样本均值，即符合虚无假设的均值；

2. $H_0$ 为真时非常不可能得到的样本均值，即不符合虚无假设的均值。

图 8-3 中呈现样本均值的分布被分为两个部分。注意：高概率样本位于分布的中间，它们的样本均值接近虚无假设设定的值；而低概率样本位于分布的两端。如此划分之后，我们能在分布中确定样本均值是与虚无假设一致（即接近分布中心值）还是非常不同于虚无假设（即为分布极端的值）。

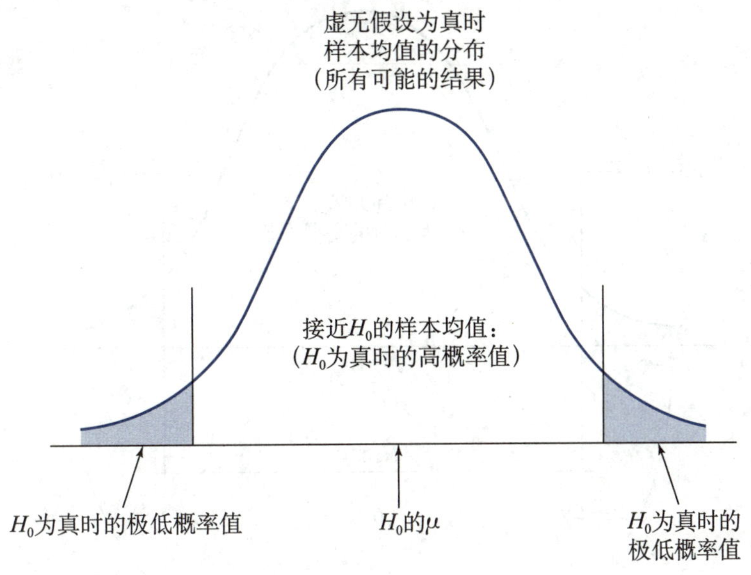


**图 8-3　样本均值的分布**

说明：潜在的样本被分为两部分，即虚无假设为真时可能得到的和不可能得到的样本。

**α 水平**　为了找到区分高概率样本和低概率样本的界限，我们必须明确地定义高概率和低概率的含义。我们需要选择一个特定的概率值，即假设检验的显著性水平或者 α 水平。α 值是一个小概率，它用来确定低概率的样本。通常使用的 α 水平是：$\alpha=0.05$（5%），$\alpha=0.01$（1%），$\alpha=0.001$（0.1%）。例如，当 $\alpha=0.05$ 时，我们可以区分开最不可能的 5%的样本均值（极端值）和最可能的 95%的样本均值（中心的值）。

极端值即不可能的值，是 α 水平定义的范围，构成了拒绝域。这些在分布尾端的极端值代表了与虚无假设不一致的结果；如果虚无假设为真，它们极不可能发生。当研究数据产生的样本均值位于拒绝域时，我们将得出结论——数据与虚无假设不一致，从而拒绝虚无假设。

**定义**

**α 水平**或者**显著性水平**是用来定义虚无假设为真时出现极不可能的样本结果的概率值。

**拒绝域**是由虚无假设为真时极不可能得到的极端样本值组成的。拒绝域的界限由 α 水平决定。如果样本数据在拒绝域之中，则要拒绝虚无假设。

拒绝域是当处理效应不存在（即虚无假设为真）时，非常不可能出现的样本结果。反过来，我们也能将拒绝域定义为证明处理效应存在的样本值。例如，假设一个样本来自均值为 16%的总体，然后对样本中的每个个体进行处理（穿红色衣服），哪种样本均值将让你确定处理效应存在？显然，最有力的证据是样本均值不同于总体均值 16%。在假设检验中，拒绝域由明显不同于原始总体的样本值构成。

**拒绝域的界限** 为了确定拒绝域界限的确切位置，我们将使用 $\alpha$ 水平概率和标准正态分布表。在大多数情况下，样本均值的分布是正态的，标准正态分布表将为拒绝域界限提供精确的 $z$ 分数值。例如，$\alpha=0.05$，我们必须找到分离极端 5%和中间 95%的界限。极端 5%由整个分布的两个尾端组成，每个尾端有 2.5%（即 0.025 0）。在标准正态分布表中，在 C 列查找 0.025 0，对应的 $z$ 分数是 $z=1.96$。因此，对于任何正态分布，极端 5%指在分布尾端的 $z=1.96$ 和 $z=-1.96$ 之外。这些值定义了使用 $\alpha=0.05$ 进行假设检验的拒绝域的界限（见图 8-4）。也就是说，当 $\alpha=0.05$ 时，界限是 $z=\pm1.96$。

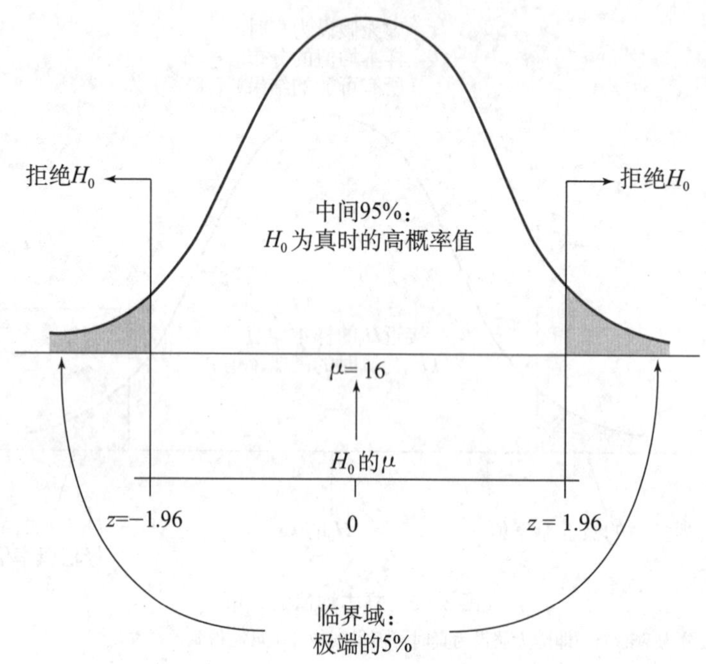


**图 8-4 $\alpha=0.05$ 的拒绝域（非常不可能的结果）**

类似地，$\alpha=0.01$ 意味着将 1%（0.010 0）分成两个尾端。在这种情况下，每个尾端的比例是 0.005 0，相应的 $z$ 分数是 $z=\pm2.58$（或$\pm2.57$）。对于 $\alpha=0.001$，界限位于 $z=\pm3.30$。你可以在标准正态分布表中查证这些值，并确保能够明白它们是怎样得到的。

第三步：收集数据，计算样本统计量

现在，我们开始记录当女服务员穿着红色衣服时，男性顾客给出的小费。请注意，数据是在研究者陈述了假设并建立了决策的标准之后收集的。

这一系列的事件有助于确保研究人员对数据做出诚实、客观的评估，并且在得知实验结果后，不会私自改变最初的理论假设。下面的整理来自样本的原始数据，得到合适的统计量。对于这个例子，研究者将计算样本均值。现在，研究者可以比较样本均值和虚无假设。这是假设检验的核心环节：比较样本数据和假设。

我们通过计算样本均值相对于 $H_0$假设的总体均值的位置，即 $z$ 分数，来进行比较。在第二步，我们建立了虚无假设为真时样本均值的可能分布，即如果处理效应不存在时，可能得到的所有样本均值

(见图 8-4)。现在，我们要计算样本均值位于假设分布中的 $z$ 分数。样本均值的 $z$ 分数公式为：

$$z=\frac{M-\mu}{\sigma_M}$$

在这个公式中，样本均值（$M$）由样本数据得到，$\mu$ 值由虚无假设得到。$z$ 分数公式用文字表示如下：

$$z=\frac{\text{样本均值}-\text{假设的总体均值}}{M\text{和}\mu\text{之间的标准误}}$$

注意，$z$ 分数公式的分子，衡量的是数据和假设之间有多大的区别。公式的分母则表示样本均值和总体均值之间应该存在的标准距离。

第四步：下结论

在最后一步，研究者使用第三步中得到的 $z$ 分数值并根据第二步中建立的标准，来做出虚无假设的决定。有两个可能的结果：

1. 样本数据在拒绝域。根据定义，如果虚无假设为真，样本均值非常不可能在拒绝域中。所以，此时我们认为样本和 $H_0$ 不一致，决定拒绝 $H_0$。虚无假设是没有处理效应，所以拒绝 $H_0$ 意味着我们得到的结论是：处理对于样本中的个体确实存在作用。

在例 8.1 中，假设样本的均值为 17.2%。虚无假设表示总体均值是 $\mu=16\%$，$n=36$，$\sigma=3\%$，样本均值的标准误是：

$$\sigma_M=\frac{\sigma}{\sqrt{n}}=\frac{3}{\sqrt{36}}=\frac{3}{6}=0.5$$

因此，样本均值 $M=17.2\%$ 对应的 $z$ 分数为：

$$z=\frac{M-\mu}{\sigma_M}=\frac{17.2-16}{0.5}=\frac{1.2}{0.5}=+2.40$$

$\alpha$ 水平为 $\alpha=0.05$，这个 $z$ 分数远超出界限 1.96。因为样本 $z$ 分数在拒绝域中，所以我们拒绝虚无假设，得到结论：女服务员穿红色衣服会对男性顾客给出的小费产生影响。

2. 第二种可能是样本数据不在拒绝域。在这种情况下，数据合理地接近虚无假设（在分布中间）。因为数据没有提供虚无假设错误的有力证据，所以我们的结论是不能拒绝虚无假设。这个结论意味着处理没有作用。

对于这项研究，如果样本均值 $M=16.4\%$，我们可以得到 $z$ 分数：

$$z=\frac{M-\mu}{\sigma_M}=\frac{16.4-16.0}{0.5}=\frac{0.4}{0.5}=+0.80$$

0.80 不在拒绝域中。因此，我们不能拒绝虚无假设，得到结论：女服务员穿红色衣服对男性顾客给出的小费没有影响。

一般来说，最后下结论时是通过比较处理过的样本与未处理过的样本的均值分布来得出结论的。如果处理过的样本（穿红色衣服）和未处理的样本（穿白衬衫）看起来很像，我们就得出结论：这种处理似乎没有任何效果。而如果处理过的样本与大多数未处理过的样本明显不同，我们就可以得出这样的结论：处理确实有影响。

最后，注意例 8.1 中的结论陈述方式。考虑第一个结果，其中决定是拒绝虚无假设。我们没有陈述存在一个效应。相反，我们陈述存在效应的证据。这种区别微妙但很重要。通过拒绝虚无假设，我们并没有证明存在一种治疗效应（也就是说，我们并没有证明备择假设是真的）。在推论统计中，我们使用样本的有限信息来推断总体的情况。在第 7 章中，我们看到样本均值与总体均值有所不同。因此，样本结果可能是偶然发生的，并且 $H_0$ 被错误地拒绝。这个问题在本章后面涉及当我们考虑一类错误时。这里的要点是，当拒绝 $H_0$ 时，我们小心地陈述我们的结论，从而没有证据的暗示。

在例 8.1 的第二个结果中，情况类似，即决策是未拒绝虚无假设。这项决策并没有证明虚无假设是正确的，因此不能陈述有证据表明治疗没有效果。通过未拒绝 $H_0$，存在这样一种可能性，即实验未能检测到实际上存在的治疗效应。当我们考虑第二类错误时，这种情况在本章后面涉及了。当决策是“未拒绝 $H_0$”时，结论是没有证据表明存在效应。

假设检验的四个步骤总结如下：

1. 提出假设并设定标准（$\alpha$ 水平）；
2. 确定拒绝域；
3. 计算统计量（$z$ 分数）；
4. 对是否拒绝虚无假设做出决定。

通过下面这个例子来检验一下你对假设检验过程的理解：

**例 8.2**

一个正态分布的总体均值 $\mu=40$，标准差 $\sigma=8$。对其中一个 $n=16$ 的样本进行处理后，样本均值为 $M=45$，请你利用假设检验来判断这一处理是否有效。需要你陈述虚无假设，判断样本是否有足够的证据拒绝虚无假设，并找到能证明治疗有显著效果的证据（$\alpha=0.05$，双尾检验）。你的虚无假设应该为 $\mu=40$，得到的 $z$ 分数为 $z=+2.50$，位于拒绝域中，因此得到的结论是拒绝虚无假设。

**假设检验的类比** 阐述关于拒绝虚无假设的两种可能结果：要么拒绝 $H_0$，要么不拒绝 $H_0$。这看起来似乎很蠢，但试想一项研究试图找出处理有作用的证据，那么这两种结果就很容易理解了。从这个角度来说，假设检验的过程类似于陪审团审判的过程。例如：

1. 假设检验最初的虚无假设是没有处理效应，审判最初的虚无假设也是被告是无罪的（直到被证明有罪之前都是无罪的）。

2. 研究人员收集可以证明处理有效果的证据，而警察收集被告犯罪的证据。两者都是为了拒绝虚无假设。

3. 如果有充分的证据，研究者会拒绝虚无假设，得出结论为存在处理效应。同样，如果有足够的证据，陪审团会拒绝虚无假设，认为被告是有罪的。

4. 如果没有充分的证据，研究者不能拒绝虚无假设，但这时研究者没有得出不存在处理效应的结论，只是认为没有充分的证据证明处理效应的存在。相似地，没有足够证据的时候，陪审团不能判处被告有罪；这时，陪审团不认为被告是无罪的，只是没有充分的证据证明被告有罪。

### 对 $z$ 分数的进一步分析

假设检验中的 $z$ 分数统计量是检验统计量的第一个具体例子。“检验统计量”表示样本数据被转换为一个单独的、特定的统计数据，用于检验假设。在接下来的章节中，我们将介绍在各种不同的研究情况下，其他几种检验统计量的使用。然而，大多数检验统计量都具有相同的基本结构，并与 $z$ 分数具有相同的目的。我们刚刚将 $z$ 分数公式描述为比较样本数据和总体假设的一种方法。在接下来这部分，我们将从另外两个角度讨论 $z$ 分数，能让你更好地理解假设检验及 $z$ 分数在这种推理统计方法中所扮演的角色。在每种情况下，请记住，$z$ 分数将作为未来章节中出现的其他测试统计数据的通用模型。

**将 $z$ 分数公式看作一个配方** 如果你按照公式正确代入运算，就能够得到 $z$ 分数。然而，在实际情境下，你不一定能获取公式中所有所需的值。具体来说，你可能不知道公式中总体均值（$\mu$）这一部分。

这就类似于当你试图按照一个蛋糕配方做蛋糕时，其中一种成分并没有明确列出。例如，配方上可能要求加面粉，但配方上有一块污渍，看不清面粉的用量。面对这种情况，你可以尝试以下步骤：

1. 对面粉的数量做一个假设。例如，假设正确的量是 2 杯。

2. 为了验证你的假设，加入剩下的配料和假设的面粉量，然后制作蛋糕。

3. 如果蛋糕做得很好，你就有理由认为你的假设是正确的。但如果蛋糕做得很糟糕，你就会认为自己的假设是错误的。

在假设检验中计算 $z$ 分数时，我们做的是相同的。我们有一个公式（配方），但缺少一种成分，即我们不知道总体均值 $\mu$。因此，我们尝试以下步骤：

1. 假设 $\mu$ 的值，这是虚无假设。

2. 把假设值和其他值一起代入公式。

3. 如果公式产生的 $z$ 分数接近于 0，就可以得出假设是正确的结论。但如果公式产生了一个极值（一个非常不可能的结果），就会得出假设是错误的结论。

**将 $z$ 分数公式看作一个比值** 在假设检验中，$z$ 分数的公式结构如下：

$$z=\frac{M-\mu}{\sigma_M}=\frac{\text{样本均值}-\text{假设的总体均值}}{\text{样本均值与总体均值之间的标准误}}$$

注意，公式的分子包含了样本均值和虚无假设的均值之间的直接比较。具体来说，分子是根据虚无假设衡量样本均值和总体均值之间的差值。公式分母中的标准误代表的是样本均值和未接受处理的总体均值之间的期望差值（或误差）。因此，$z$ 分数公式表现为一种比值的结构。

$$z=\frac{M-\mu}{\sigma_M}=\frac{\text{样本均值}(M)\text{和假设均值}(\mu)\text{ 间的实际差异}}{M\text{ 和未接受处理的 }\mu\text{ 间的期望差值}}$$

例如，$z$ 分数为 3.00 意味着，样本与假设之间的差异是没有处理效应时预期的三倍。

一般来说，检验统计量（如 $z$-score）如果较大则表明，我们观察到的样本数据与基于虚无假设所期望的样本数据之间存在较大的差异，即样本数据结果不太可能是偶然发生的。因此，当我们获得一个较大的检验统计量（在拒绝域）时，我们得出结论：它很可能是由处理效果引起的。

## 学习检查

1. 什么是假设检验？

a. 研究人员用于描述样本的一种描述统计方法

b. 研究人员用于描述一个群体的一种描述统计方法

c. 一种利用样本数据来推测总体参数的推论统计方法

d. 一种利用总体数据来预测样本的推论统计方法

2. 从均值 $\mu=75$ 的总体中选择一个样本，并对样本中的个体进行处理。如果使用假设检验来评估处理效果，那么虚无假设的正确表述是什么？

a. $\mu=75$  b. $\mu\neq75$  c. $M=75$  d. $M\neq75$

3. 下列关于假设检验的拒绝域的描述，哪一项是正确的？

a. 虚无假设为真时发生概率很低的结果

b. 虚无假设为真时发生概率很高的结果

c. 无论虚无假设是否为真，发生概率都很低的结果

d. 无论虚无假设是否为真，发生概率都很高的结果

4. 心理学院正在通过增加在线课程的数量来逐步改变其课程结构。为了评估这种改变的有效性，我们随机选取了 $n=36$ 名选修了“心理学入门”这一线上课程的学生样本。学期结束时，所有学生都参与了考试，该样本的平均分 $M=76$，而以往选修线下该课程的学生整体成绩分布的均值 $\mu=71$，标准差 $\sigma=12$。在 $\alpha=0.05$ 的显著性水平下开展假设检验，以下结果正确的是：

a. $z=+2.50$，位于拒绝域，因此拒绝虚无假设
b. $z=+2.50$，不在拒绝域，因此接受虚无假设
c. $z=+0.42$，不在拒绝域，因此无法拒绝虚无假设
d. $z=+0.42$，位于拒绝域，因此无法接受备择假设

**答案** 1. c 2. a 3. a 4. a

## 8.2 假设检验中的不确定性和误差

**学习目标**

5. 定义第一类错误和第二类错误，阐释每种错误的后果，并说明第一类错误如何与 α 水平相关。

假设检验是一个推论过程，这意味着它使用有限的信息作为基础，得到了一个关于总体的结论。在这种情况下，做出错误决定的可能性经常存在。即使样本数据通常代表了总体，也可能存在样本具有误导性的情况，从而使研究者对研究结果做出错误决定。在假设检验中，可能会犯两类不同的错误。

### 第一类错误

当处理效应不存在时，数据可能让你拒绝虚无假设。记住，样本不等于它们的总体，一些极端的样本可能与它们假设代表的总体非常不同。如果一名研究者随机选择了其中一个极端样本，那么样本的数据即使没有处理效应存在时，也可能显示很强的处理效应。在例 8.1 的研究中，假设研究者选择了一个 $n=36$ 的样本，即使女服务员穿红色衣服没有任何效果，这些人仍然有可能留下高于平均水平的小费。在这种情况下，研究人员可能会得出处理效应存在的结论，但实际上并没有，这就是第一类错误的一个例子。

**定义**

当研究者在虚无假设为真时拒绝虚无假设，就发生了**第一类错误**。第一类错误意味着，当处理效应不存在时，研究者得出处理效应存在的结论。

你应当意识到，第一类错误不是研究者想忽略一些很明显的错误，相反，研究者观测数据，数据显示处理效应是很明显存在的，然后，研究者基于已有的信息做出了慎重的决定。问题是，样本的信息可能是错误的。

在多数研究情境中，第一类错误的后果可能很严重。这是因为，研究者拒绝了虚无假设，相信处理效应真的存在，研究者很可能要报告或者发表研究结果。但是，第一类错误意味着这是一个错误的报告。因此，第一类错误会导致科学文献中的错误报告。其他研究者可能试图基于错误的报告建立理论或者发展他们的实验。这将浪费许多宝贵的时间和资源。

**第一类错误发生的概率** 当研究者在不知情的情况下使用了一个极端的、没有代表性的样本时，就会犯第一类错误。幸运的是，假设检验有办法控制和减小第一类错误发生的概率。图 8-4 展示了样本均值分布和拒绝域。该分布包括在虚无假设为真的情况下，所有可能的样本均值。可以看出，大部分的样本均值都在假设的总体均值周围，这意味着，在拒绝域中的均值是很难出现的。

当 $\alpha=0.05$ 时，只有 5%的样本均值落在拒绝域中。因此，只有 5%（$p=0.05$）的概率可以得到这样极端的一个样本。因此，α 水平决定了当虚无假设为真时，一个均值落在拒绝域中的概率。也就是说，α 水平决定了犯第一类错误的概率。

**定义**

假设检验的 **α 水平**是第一类错误的概率。即 α 水平决定了没有处理效应时，样本数据落在拒绝域中的概率。

总的来说，当样本数据在拒绝域时，假设检验的合理决定是拒绝虚无假设。这通常是一个正确的决定，因为处理使样本不同于原始的总体。在这种情况下，假设检验正确识别了真正的处理效应。但是，样本数据可能只是由于随机因素才落在了拒绝域中，而不是由于处理效应的作用。当这种情况发生时，研究者会犯第一类错误，即当处理效应不存在时，研究者得出处理效应存在的结论。幸运的是，犯第一类错误的概率很小，并且在研究者的控制中。具体来说，犯第一类错误的概率等于 α 水平。

### 第二类错误

当研究者拒绝虚无假设时，存在犯第一类错误的风险。相似地，当研究者不能拒绝虚无假设时，就会出现犯第二类错误的风险。根据定义，第二类错误是没能拒绝错误的虚无假设。更直接地说，第二类错误意味着处理效应确实存在，但是假设检验不能识别它。

**定义**

当研究者没有拒绝错误的虚无假设时，就发生了**第二类错误**。在典型的研究情境中，第二类错误意味着假设检验不能识别一个真正存在的处理效应。

即使处理对样本存在影响，但样本均值不在拒绝域时，也会发生第二类错误。当处理效应相对较小时，经常发生这类错误。在这种情况下，处理确实影响了样本，但是影响没有足够大到将样本均值移到拒绝域中。因为样本不是显著地不同于原始总体（它不在拒绝域中），所以统计结论不能拒绝虚无假设，得出的结论是，不存在足够的证据证明处理效应存在。

第二类错误的后果通常不是很严重。第二类错误意味着研究数据没有显示出研究者希望得到的结果。研究者可以接受这个结果，得出结论说处理效应不存在或者处理效果很小，不值得研究。或者，研究者也可以重复实验（通常要经过改进，例如增加样本量），然后试着证明处理效应真的存在。

不同于第一类错误，我们不能为第二类错误确定一个单独的确切的概率值。第二类错误的概率取决于许多因素，是一个函数，而不是一个特定的数值。虽然如此，第二类错误的概率也可以用希腊字母 β 表示。

总的来说，假设检验通常会得出两类决定：

1. 样本数据提供足够的证据拒绝虚无假设并得出结论：处理效应存在。

2. 样本数据没有提供足够的证据拒绝虚无假设。在这种情况下，你不能拒绝虚无假设，得出结论：处理效应不存在。

在两种情况下，都有可能根据有误导性的数据，得出错误的结论。所有可能的结果和结论如表 8－1 所示。当所犯错误为第一类错误时，风险是很大的，因为这会导致一个错误的研究报告。幸运的是，α 水平完全在研究者的控制中，而 α 水平决定了虚无假设为真时第一类错误出现的概率。在假设检验最开始的时候，研究者就定义了假设并选择了 α 水平，也就是确定了犯第一类错误的风险。

**表 8-1 假设检验的决定的可能结果**

| | | 真实情境 | |
|---|---|---|---|
| | | 没有效应，$H_0$为真 | 效应存在，$H_0$为假 |
| 实验者的决定 | 拒绝 $H_0$ | 第一类错误 | 决定正确 |
| | 接受 $H_0$ | 决定正确 | 第二类错误 |

## 选择一个 α 水平

正如你看到的，假设检验的 α 水平有两项非常重要的功能。第一，α 通过确定非常不可能出现的数值范围，帮助我们确定了拒绝域的界限。第二，α 决定了第一类错误的概率。当你在假设检验开始的时候选择了一个 α 值，你的决定会同时影响这两个部分。

在选择 α 值时，主要考虑的是将第一类错误的风险降到最低。因此，α 往往是非常小的概率值。按照惯例，最大允许值是 $\alpha=0.05$ (Cowles & Davis，1982)。当实际没有处理效果时，0.05 的 α 水平意味着仍然有 5%的风险，或 1/20 的概率拒绝虚无假设，而虚无假设实际上是正确的，并犯下第一类错误。由于第一类错误的后果可能是相对严重的，许多研究人员和科学出版物喜欢使用更保守的 α 值。出于这一考虑，选择 α 值的最佳策略是选择最小的可能值，来减小第一类错误发生的概率。但是，随着 α 水平降低，会出现另一个问题。一种低 α 水平意味着犯第一类错误的概率小，但是它也意味着假设检验需要更多证实研究结果的证据。

要想权衡犯第一类错误的概率和检验出实际处理效果的能力，兼顾二者的方案便是控制拒绝域的界限。对于假设检验，要得出结论——处理效应存在，样本数据必须在拒绝域中。如果处理效应确实存在，它应当使样本不同于原始总体；本质上，处理应当将样本移到拒绝域中。但是，随着 α 水平降低，拒绝域的界限更加向尾端移动。图 8-5 显示了当 α 水平降低时拒绝域的界限是如何移动的。注意，分布的中心 $z=0$，对应着虚无假设中的 $\mu$。拒绝域的界限决定了拒绝虚无假设时所需要的样本均值和 $\mu$ 之间的距离。随着 α 水平降低，距离会变大。

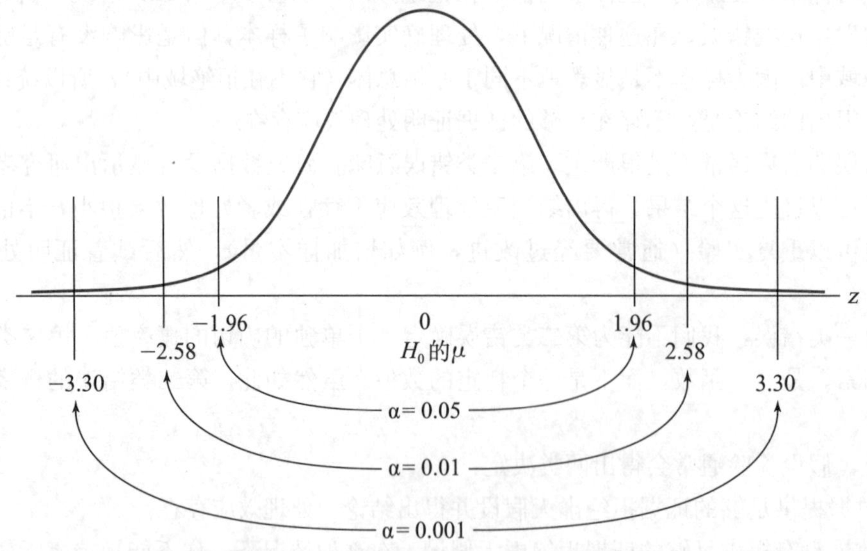


**图 8-5 三种不同的显著性水平：$\alpha=0.05$、$\alpha=0.01$ 和 $\alpha=0.001$ 的拒绝域界限位置**

因此，一种极小的 α 水平，如 0.000 001（百万分之一），意味着几乎没有犯第一类错误的可能，但是会使拒绝域变得很远，本质上变得不可能拒绝虚无假设，即需要一种很大的处理效应，才能使样本数据达到拒绝域。

总的来说，研究者试着保持第一类错误和假设检验需要之间的平衡。α 水平为 0.05、0.01 和

0.001 被认为是很合理、很好的值，因为它们提供了一种相对小的错误概率并且没有对研究结果有过多严格的要求。

### 学习检查

1. 第二类错误的含义是什么？

a. 研究者得出错误的结论，认为处理效应存在

b. 研究者得出正确的结论，认为处理效应不存在

c. 研究者得出错误的结论，认为处理效应不存在

d. 研究者得出正确的结论，认为处理效应存在

2. 第一类错误的含义是什么？

a. 实际上存在处理效应时，研究者得出处理效应存在的结论

b. 实际上不存在处理效应时，研究者得出处理效应不存在的结论

c. 实际上存在处理效应时，研究者得出处理效应不存在的结论

d. 实际上不存在处理效应时，研究者得出处理效应存在的结论

3. 提升 $\alpha$ 水平（如从 0.01 提升到 0.05）的结果是什么？

a. 增大拒绝虚无假设的可能性，从而增大犯第一类错误的风险

b. 减小拒绝虚无假设的可能性，从而增大犯第一类错误的风险

c. 增大拒绝虚无假设的可能性，从而减小犯第一类错误的风险

d. 减小拒绝虚无假设的可能性，从而减小犯第一类错误的风险

**答案** 1. c 2. d 3. a

## 8.3 关于假设检验

### 学习目标

6. 描述如何在文章中使用 $z$ 分数检验统计量报告假设检验的结果。
7. 解释假设检验的结果如何受样本量、标准差和样本均值与假设总体均值之间的差异影响。
8. 利用 $z$ 分数检验统计量描述假设检验背后的基本假设。

### 假设检验小结

在例 8.1 中，我们呈现了一个完整假设检验的例子，评估女服务员穿红色衣服对男性顾客给出小费行为的影响。假设检验的四步过程总结如下：

1. 提出假设并设定标准（$\alpha$ 水平）；
2. 确定拒绝域；
3. 计算统计量（$z$ 分数）；
4. 对是否拒绝虚无假设做出决定。

**在文献中**

### 报告统计检验的结果

在文献中，发表假设检验的结果有一套专门的术语和符号系统。例如，当你阅读一本科学杂志

时，它不会明确地告诉你，研究者用 $z$ 分数和 $\alpha$ 水平为 0.05 的假设检验统计来分析数据，也不会告诉你“拒绝虚无假设”。你将看到与下面类似的表述：

穿红色衣服对男性顾客给出的小费金额有显著影响，$z=2.40$，$p<0.05$。

让我们来逐步分析这个表述。首先，什么叫显著？在统计检验中，一个显著的结果意味着拒绝虚无假设，结果极不可能是由于偶然因素导致的。在这个例子中，虚无假设指穿红色衣服没有影响，然而数据表明，穿红色衣服在统计学上存在显著的影响，即样本数据的 $z$ 分数处于拒绝域。具体来说，如果穿红色衣服不存在影响，那么这样的数据是不太可能得到的。

**定义**

当假定虚无假设为真，但极不可能的结果发生时，我们说一个**结果显著**，或者**统计上显著**，就足以拒绝虚无假设。因此，如果假设检验的结果是拒绝 $H_0$，那么处理效应显著。

APA 格式在提到代表显著性水平的概率值时不会用 0 开头。

接下来，$z=2.40$ 表示 $z$ 分数作为检验统计量，被用来评价样本数据，它的值为 2.40。最后，$p<0.05$ 反映了假设检验所设定的 $\alpha$ 水平，它同样是犯第一类错误的可能性（概率）。具体而言，研究者报告处理有效应时，也承认这可能存在一个错误的报告，即尽管穿红色衣服没有影响，样本均值也有可能落在拒绝域中。然而，如果处理没有效应，得到一个拒绝域中的样本均值的概率（$p$）是极小的（小于 0.05）。

在统计结果中表明不能拒绝 $H_0$ 时，可以这样报告：

穿红色衣服对男性顾客给出的小费金额没有显著影响，$z=0.75$，$p>0.05$。

在这种情况下，我们得到的结果 $z=0.75$ 不在拒绝域中，判定虚无假设为真即没有处理效应存在时，该结果有相对高的概率发生（大于 0.05）。

当使用计算机软件进行假设检验时，输出的结果通常不仅包括 $z$ 分数值，还包括 $p$ 的精确值，即虚无假设为真（即没有任何处理效果）时，某种结果发生的概率。在这种情况下，我们通常鼓励研究人员报告确切的 $p$ 值，而不仅仅使用小于或大于符号。例如，一份研究报告可能会说明处理效果是显著的，$z=2.40$，$p=0.0164$。当使用精确的 $p$ 值时，仍然必须满足传统的显著性标准，即 $p$ 值必须小于 0.05，才被认为具有统计学意义。请记住，$p$ 值是如果 $H_0$ 为真时（没有任何处理效果）某种结果发生的概率，也是出现第一类错误的概率。这个概率必须非常小。

## 影响假设检验的因素

假设检验的结论是由 $z$ 分数统计量的值决定的。如果 $z$ 分数大到足以落在拒绝域，我们会拒绝虚无假设，得出有显著的处理效果的结论。否则，我们无法拒绝 $H_0$，并得出该处理没有显著效果的结论。影响 $z$ 分数大小的最主要因素是样本均值与 $H_0$ 假设的总体均值间的差异。一种较大的均值差异意味着处理的样本显著不同于未处理的总体，通常会支持处理效应显著的结论。除了均值差异外，$z$ 分数大小还会受到标准误的影响，标准误由分数的变异性（标准差，$\sigma$）和样本量（$n$）决定：

$$\sigma_M=\frac{\sigma}{\sqrt{n}}$$

因此，这两个因素也有助于确定 $z$ 分数是否大到可以拒绝 $H_0$。接下来，我们将研究分数的变异性和样本量如何影响假设检验的结果。

我们用例 8.1 中的例子来检验这些因素。该研究使用了 $n=36$ 的男性顾客样本，假设检验的结论为穿红色衣服对小费有显著影响，$z=2.40$，$p<0.05$。

**分数的变异性** 根据第 4 章我们知道，较强的分数变异性会使我们难以从研究结果中观察到明显的模式。在假设检验中，较强的变异性不利于发现显著的处理效应。在例 8.1 的研究中，标准差 $\sigma=3$。使用 $n=36$ 的样本时，标准误 $\sigma_M=0.5$，显著的 $z$ 分数为 2.40。试想标准差增大到 $\sigma=6$ 时会发生什么？因为变异性增加，标准误 $\sigma_M=6/\sqrt{36}=1$。使用同样的样本均值，新的 $z$ 分数为：

$$z=\frac{M-\mu}{\sigma_M}=\frac{17.2-16.0}{1}=\frac{1.2}{1}=1.2$$

$z$ 分数不再在 1.96 的界限之外，所以统计结论变为不能拒绝虚无假设。较强的变异性，意味着样本数据不再能够证明处理有显著的效应。一般来说，分数变异性的增强，会得到较大的标准误和较小（接近零）的 $z$ 分数。如果保持其他因素不变，变异性越强，得到显著的处理效应的可能性越小。

**样本量**　影响假设检验结果的第二个因素是样本中分数的个数。在例 8.1 的研究中，使用 $n=36$ 个男性顾客样本时，标准误 $\sigma_M=0.5$，显著的 $z$ 分数为 2.40。试想，如果样本量减少到 $n=16$，这时，标准误 $\sigma_M=3/\sqrt{16}=0.75$，则新的 $z$ 分数为：

$$z=\frac{M-\mu}{\sigma_M}=\frac{17.2-16.0}{0.75}=\frac{1.2}{0.75}=1.60$$

样本量从 $n=36$ 减少到 $n=16$ 时，$z$ 分数减小。对于本例，$z$ 分数不再处于拒绝域，我们得出的结论变成没有显著的处理效果。通常，减少样本量会产生更大的标准误和更小的 $z$ 分数值（更接近于零）。如果所有其他因素保持不变，更大的样本量更有可能得出显著的结果。

### 使用 $z$ 分数进行假设检验的前提

用于假设检验的数学知识基于一系列前提。当这些前提被满足时，你能确定产生的结果是合理的。但是，如果这些前提不能被满足，假设检验效果可能被削弱。在实践中，研究者不会过于关注假设检验的前提，因为即使违背这些前提，检验也可以进行得很好。但是，你应当注意每种统计检验使用的基本条件，以确保正确使用检验。使用 $z$ 分数假设检验的前提总结如下。

**随机抽样**　假设得到样本数据的被试是随机选择的。记住，我们希望将样本得到的结果扩展到总体。当我们用一个样本数据来检验总体的假设时，我们就在完成这项任务。因此，样本应当能代表它来自的总体，随机样本帮助我们确定它是具有代表性的。

**独立观察**　样本的值必须是通过独立观察获得的。对每个个体来说，如果在第一次观察和第二次观察之间没有一致的可预测的关系，那么两次观察是独立的。更精确地，如果第一个事件的发生对第二个事件发生的概率没有影响，那么两个事件（或者两次观察）是独立的。独立和不独立的具体例子在专栏 8-1 中会进行详细介绍。通常是通过使用随机样本来满足这个前提，这也能帮助我们确定样本是总体的代表，结果能被扩展到总体。

#### 专栏 8-1　独立观察

独立观察是所有假设检验的基本要求。这个严格的要求指每个观察和测量不被其他观察和测量所影响。一个独立观察的例子是在抛硬币时得到的一系列结果。假设硬币是均质的，每个硬币抛出后有 50%的可能得到正面或反面。更重要的是，每次抛硬币都是独立的。例如，第五次抛出，不管前四次的结果如何，都有 50%的概率得到正面，硬币不会记住前面抛的结果，也不会被影响。（注意，许多人不相信独立事件。例如，在连续 4 次得到反面之后，很容易让人猜测得到正面的概率会增加，因为该轮到正面了。这是错的，被称作“赌徒谬论”。硬币不知道之前的投掷结果，也不会受之前的结果影响。）

在多数研究情境中，独立观察的要求主要通过由随机的、独立不相关的个体组成的随机样本来满足。因此，对每个个体的测量不会受到样本中的其他被试影响。以下两个情境是非独立观察的例子。

1. 一位研究者对州立大学大一新生的数学能力感兴趣，他从参加学校物理课程学习的一组学生中选取了 $n=20$ 人作为样本。很明显，研究人员没有 20 个独立的观察结果。除了该样本有偏和不具代表性之外，这组学生可能在数学方面有着多于常人的经验。因此，每个学生的分数很可能与小组中其他人的分数相似。

2. 如果样本是通过不放回抽样获得的，那么就违背了独立观察的原则。例如，如果你从一个 20 人的小组中抽样，第一个人有 1/20 的机会被选择。在第一个人被选择后，只剩 19 个人，这时，被选择的概率变为 1/19。因为第二次被选中的概率依赖于第一次的概率，所以两次选择不是相互独立的。

**$\sigma$ 的值不随处理而改变** 在假设检验中，$z$ 分数公式中一个关键的部分是标准误 $\sigma_M$。为了计算标准误的值，我们需要知道样本量 $n$ 和总体标准差 $\sigma$。但是，在假设检验中，样本来自一个未知总体（见图 8-2）。如果总体未知，我们可能不知道标准差，因此，不能计算标准误。为了解决这个问题，我们必须做出假设。具体来说，假设未知总体的标准差（处理后）与处理前的总体相同。

事实上，这个假设是许多统计过程都需要满足的一般假设。这个一般假设指出，处理效应在总体每个分数上都加（或减）了一个常量。你应当记得，加（或减）一个常量会改变均值，但是不会改变标准差。你也应该注意到，这个假设是理想化的。在真实实验中，处理不会总表现出完美的、一致的附加效应。

**正态的样本均值分布** 为了用 $z$ 分数评价假设，我们已经使用标准正态分布表来确定拒绝域。只有当样本均值的分布是正态时，才能使用这个表。

### 学习检查

1. 一份研究报告中出现了这样的描述："$z=1.18$，$p>0.05$"，那么在该假设检验中发生了什么？

a. 如果虚无假设成立，极不可能得到该样本均值，所以拒绝 $H_0$

b. 如果虚无假设成立，很有可能得到该样本均值，所以拒绝 $H_0$

c. 如果虚无假设成立，极不可能得到该样本均值，所以无法拒绝 $H_0$

d. 如果虚无假设成立，很有可能得到该样本均值，所以无法拒绝 $H_0$

2. 研究人员使用假设检验来检验 $H_0$：$\mu=90$。以下哪一组因素最可能导致拒绝虚无假设？

a. $M=95$，$\sigma=10$　　b. $M=95$，$\sigma=20$

c. $M=100$，$\sigma=10$　　d. $M=100$，$\sigma=20$

3. 利用 $z$ 分数进行假设检验需要满足哪些前提假设？

a. 分数是通过随机抽样得到的　　b. 样本中的分数是独立观察得到的

c. 样本均值的分布是正态的　　d. 以上三个假设均需满足

**答案** 1. d 2. c 3. d

## 8.4 有方向的假设检验（单侧检验）

### 学习目标

9. 描述单侧检验的假设和拒绝域。

在之前的例子中描述的假设检验的过程是标准化的、无方向性的，或者说是双侧检验。称之为双侧检验，是因为拒绝域分布在数据两端的位置，双侧检验是目前为止应用最广泛的。然而，本部分将讨论另一种假设检验。

通常，研究者会在实验开始的时候，作出处理效应方向的具体预测。例如，我们期望一个训练项目能提高学生的表现水平，或者酒精摄入会增加反应时间。在这些情境中，我们在提出虚无假设和备择假设时，加入一些有方向的预测，此时需要做的是有方向的检验，或者称为单侧检验。

定义

**在有方向的假设检验**或者**单侧检验**中，统计假设（虚无假设和备择假设）定义了总体均值的增加或者减少。即它们做出了关于效应方向的陈述。

下面的例子描述了单侧检验的要素。

**例 8.3**

之前的例 8.1 的研究调查了女服务员穿红色衣服对男性顾客给小费的影响。在女服务员不穿红色衣服的情况下，一般的男性顾客给出的小费的分布大致呈正态分布，均值为16%，标准差为3%。在本例中，我们预期穿红色衣服会使小费增加。如果研究者在 $n=36$ 个参与者中得出 $M=16.9\%$ 的样本均值，这一结果是否足以得出“穿红色衣服能够增加小费”的结论呢？

### 一个有方向检验的假设

因为我们期望处理效应有一个特定的方向，所以研究者可以做一个有方向的检验。第一个步骤是提出统计假设。记住，虚无假设为处理效应不存在，备择假设为处理效应存在。对于这个例子，预测的效应是穿红色衣服可以增加小费。因此，两个假设将指出：

$H_0$：小费没有增加。（处理没有效应）

$H_1$：小费将会增加。（处理有效应）

为了用符号表示有方向的假设，从备择假设开始比较简单。同样，我们知道没有接受处理的总体的平均小费 $\mu=16$，$H_1$ 指出穿红色衣服的情况下小费会增加。因此，用符号表示为：

$H_1$：$\mu>16$（穿红色衣服后，平均小费高于16%）

虚无假设指出，穿红色衣服不会使小费提高，用符号表示为：

$H_0$：$\mu\leqslant16$（穿红色衣服后，平均小费不高于16%）

注意，两个假设是互斥且包含了所有可能性的。还要注意的是，这两个假设涉及男性客户的总体，而不仅仅是研究中的36名男性。我们在问，如果所有男性客户都由穿红色衣服的女服务员服务，会发生什么。

### 有方向检验的拒绝域

拒绝域是由虚无假设为真时（即处理效应不存在时），不可能产生的样本结果来定义的。之前，我们注意到拒绝域也能根据证明处理效应存在的样本值来定义。对于一个有方向的检验，“证明处理效应存在的证据”是确定拒绝域最简单的方法。从虚无假设为真时，得到的可能的样本均值开始。这就是样本均值的分布，且该分布是正态分布（因为小费的整体是正态分布），预测其均值 $\mu=16$（根据 $H_0$），对一个 $n=36$ 的样本来说，标准误为 $\sigma_M=3/\sqrt{36}=0.5$。分布如图 8-6 所示。

> 如果预测处理会导致分数降低，那么拒绝域就完全落在分布的左尾。

在这个例子中，处理效应被期望为红色衣服可以增加小费。如果未处理的小费均值 $\mu=16\%$，那么一个显著大于16%的样本均值为处理效应提供了足够的证据。因为拒绝域位于分布的一个尾端

（见图8-6），这也是有方向的检验被叫作单侧检验的原因。同样，用α水平定义的比例不再分成尾端的两部分，而是完全包括在一端中。例如，当α水平为0.05时，5%都落在分布的一端。在这种情况下，拒绝域的$z$分数界限为$z=+1.65$，该界限是从正态分布表C列（尾部）中查询0.05所对应的$z$值得到的。

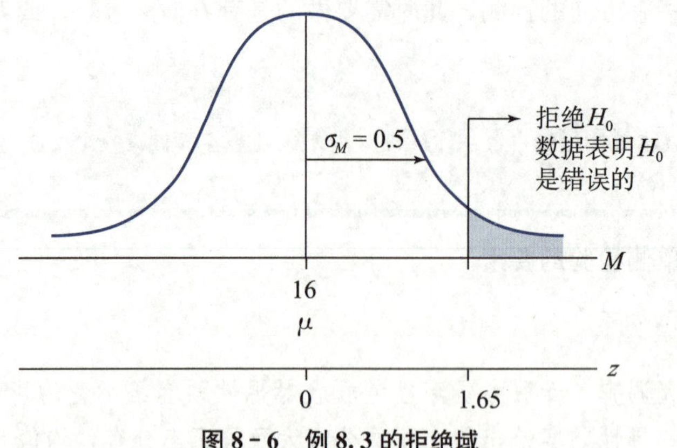


**图8-6 例8.3的拒绝域**

注意，一种有方向的检验（单侧检验）需要在假设检验的过程中做两个步骤的改变。

1. 在假设检验的第一步，在假设中加入有方向的预测。

2. 第二步，拒绝域由分布的一个尾端来定义。

在做出这两个改变之后，剩下的单侧检验部分与常规的双侧检验相同。具体来说是计算$z$分数统计量，然后根据$z$分数是否在拒绝域中做出关于$H_0$的决定。

对于这个例子来说，研究者得到一个$n=36$的样本，均值$M=16.9$。样本均值对应的$z$分数为：

$$z=\frac{M-\mu}{\sigma_M}=\frac{16.9-16.0}{0.5}=\frac{0.9}{0.5}=1.80$$

$z=+1.80$的$z$分数位于单尾检验的拒绝域中（如图8-6所示）。如果$H_0$为真，这是非常不可能的结果。因此，我们拒绝虚无假设，得到结论：穿红色衣服可以显著地增加小费。在文献中，这个结论可以报告如下：

女服务员穿红色衣服可以显著地增加男性顾客给出的小费，$z=1.80$，$p<0.05$，单尾检验。

注意，报告要注明使用的是单侧检验。

## 单侧检验和双侧检验的比较

假设检验的目标是确定一种特定的处理对于总体的作用是否存在。检验开始，选择一个样本，对这个样本施测，然后与原始总体进行结果比较。如果接受处理的样本显著不同于原始总体，那么我们得出结论：处理效应存在，拒绝虚无假设。如果处理样本仍然与原始总体相似，那么我们没有找到处理效应存在的证据，不能拒绝虚无假设。影响决定的一个重要的因素是处理样本和原始总体之间的差异大小，一种大的差异是处理效应存在的证据，一种小的差异不足以说明处理效应的存在。

单侧检验和双侧检验的主要区别在于它们拒绝虚无假设的标准。单侧检验在样本和总体差异相对较小时拒绝虚无假设，因为差异在特定的方向。而双侧检验需要与方向无关的较大的差异。这一点将在下面的例子中说明。

**例8.4**

再次考虑例8.3中检验女服务员穿红色衣服对男性顾客给小费的影响的单侧检验。如果使用双侧检验，假设会是：

$H_0$：$\mu=16$（穿红色衣服对小费没有影响）

$H_1$：$\mu\neq16$（穿红色衣服对小费有影响）

当 $\alpha=0.05$ 时，双侧检验的拒绝域为 $z=\pm1.96$ 界限以外的 $z$ 分数。如果我们得到了同例 8.3 的样本数据，$M=16.9$，$z=1.80$，对双侧检验来说，$z$ 分数不在拒绝域中，我们认为处理没有显著效应。然而，使用单侧检验时，0.9 分的差异即可以拒绝虚无假设，得出结论：处理有显著效应。

所有的研究者都同意单侧检验不同于双侧检验。但是，有一些不同的方法来解释这种差异。一些研究者认为，双侧检验更严格，因此比单侧检验更可信。双侧检验需要更多的证据来拒绝虚无假设，因此提供了处理效应存在的更强的证明。另一些研究者认为，单侧检验更好，因为它们更敏感。即一种相对较小的处理效应可能单侧检验显著但是双侧检验不显著。

总的来说，在没有明显期望的方向或者存在两种有竞争关系的预测的情况下，通常使用双侧检验。例如，当研究中一种理论预测分数增加，另一种理论预测分数减小时，使用双侧检验较为合适。另外，只有当研究之前作出有方向性的预测，并且有正当的理由作出有方向性的预测时，才能使用单侧检验。特别是当一项研究中双侧检验不能得到显著结果时，不能使用单侧检验作为使其显著的补救方法。

**学习检查**

1. 已知总体均值为 $\mu=45$。一项处理有望增加这一人群中的个体得分。如果使用单侧检验来评估这一处理，那么下面哪个是正确的虚无假设？

a. $\mu\geqslant45$　　b. $\mu>45$　　c. $\mu\leqslant45$　　d. $\mu<45$

2. 一名研究人员正在进行一项实验，以评估一种有望降低均值 $\mu=95$ 的人群中个体得分的处理效果。对使用单侧假设检验进行检验。以下哪项是备择假设 $H_1$ 的正确表述？

a. $\mu>95$　　b. $\mu\geqslant95$　　c. $\mu<95$　　d. $\mu\leqslant95$

3. 一位研究人员期望一种处理方法能提高总体平均水平。在正态分布的情况下，$\alpha=0.01$ 的单侧检验的临界 $z$ 分数是多少？

a. $+2.33$　　b. $\pm2.58$　　c. $+1.65$　　d. $\pm2.33$

**答案** 1. c　2. c　3. a

## 8.5 关注假设检验：测量效应量的大小

**学习目标**

10. 解释为什么除了假设检验的结果以外，还需要报告效应量。

11. 学会计算 Cohen's $d$。

12. 解释效应量的测量方法（如 Cohen's $d$）如何受样本量和标准差影响。

尽管假设检验是评价和解释研究数据最常用的方法，但许多科学家表明了在假设检验过程中需要关注的多个问题（例如，Loftus，1996；Hunter，1997；Killeen，2005）。

一个问题是，一个统计上显著的处理效果并不一定意味着实质上很大的处理效果。也就是说，统计显著性不能提供任何关于处理效果的绝对大小的真实信息。相反，假设检验只是证明，如果没有处理效果（即虚无假设为真），实验中获得的结果不太可能发生。假设检验通过以下两个方面得出结论：(1) 计算标准误，即当虚无假设为真时，期望样本均值 $M$ 与总体均值 $\mu$ 之间存在的合理误差；(2) 证明所得的均值差远大于标准误。

注意，检验是在作相对的比较：相对于偶然因素产生的差异来比较处理效应的大小。如果标准误非常小，那么处理效应可能很小，但也可能还是大于偶然因素产生的差异。因此，一种显著的效应不一定是很大的效应。假设检验评价效应的相对大小而不是绝对大小，这将在下面的例子中展开阐释。

**例 8.5**

我们有一个正态分布的总体分数，其中 $\mu=50$，$\sigma=10$。从总体中随机选取一个样本并对其进行处理。处理后，样本均值为 $M=51$。这个样本提供了处理效应在统计上显著的证据吗？

尽管样本均值和原始总体均值之间只有 1 分的差距，但差异也可能很显著，特别是当假设检验的结果依赖于样本量时。

例如，$n=25$ 的样本，标准误为：

$$\sigma_M=\frac{\sigma}{\sqrt{n}}=\frac{10}{\sqrt{25}}=\frac{10}{5}=2.00$$

$M=51$ 的 $z$ 分数为：

$$z=\frac{M-\mu}{\sigma_M}=\frac{51-50}{2}=\frac{1}{2}=0.50$$

对于 α 水平 0.05，拒绝域在 $z=\pm1.96$。$z$ 分数没有达到拒绝域，所以不能拒绝虚无假设。在这种情况下，$M$ 和 $\mu$ 之间 1 分的差距不显著，因为这是相对于 2 分的标准误来评价的。

现在，考虑 $n=400$ 的样本。标准误为：

$$\sigma_M=\frac{\sigma}{\sqrt{n}}=\frac{10}{\sqrt{400}}=\frac{10}{20}=0.50$$

$M=51$ 的 $z$ 分数为：

$$z=\frac{M-\mu}{\sigma_M}=\frac{51-50}{0.5}=\frac{1}{0.5}=2.00$$

现在，$z$ 分数超过了 $\pm1.96$ 的界限，所以拒绝虚无假设，并且得出结论：存在显著的效应。在这种情况下，$M$ 和 $\mu$ 之间 1 分的差距显著，因为这是只有 0.5 分的标准误来评价的。

例 8.5 表明，一种小的处理效应在统计上也可能显著。如果样本量足够大，任何处理效应，不管有多小，都足够拒绝虚无假设。

## 衡量效应量

正如之前提到的，假设检验的一个缺陷是，假设检验没有真正评价处理效应的具体大小。为了解决这个问题，我们建议当研究者报告统计显著的效应时，也应提供效应大小的报告（APA Task Force on Statistical Inference；Wilkinson，1999）。因此，进行不同的假设检验时，要使用不同的方法来测量和报告效应量。目标是以一种不受样本中得分数量影响的方式来测量和描述治疗效应的绝对大小。

**定义**

**效应量**提供了一种测量处理效应具体大小的方法，不受样本量影响。

测量效应量的一种最简单和直接的方法是 Cohen's $d$ 系数。Cohen（1988）建议，效应大小能通过以标准差测量均值距离来实现标准化。效应量的计算如下：

$$\text{Cohen's } d \text{ 系数} = \frac{\text{均值差异}}{\text{标准差}} = \frac{\mu_{\text{处理}} - \mu_{\text{无处理}}}{\sigma} \tag{8-1}$$

对于 $z$ 分数假设检验，均值差异来源于处理之前的总体均值和处理之后的总体均值的差异。然而，处理之后的总体均值是未知的。因此，我们需要用处理的样本来代替。我们期望样本均值可以代表总体均值，并为处理效应提供最好的度量。因此，估计 Cohen's $d$ 系数时实际用到的计算公式如下：

$$\text{估计的 Cohen's } d \text{ 系数} = \frac{\text{均值差异}}{\text{标准差}} = \frac{M_{\text{处理}} - \mu_{\text{无处理}}}{\sigma} \tag{8-2}$$

Cohen's $d$ 系数测量了两个均值之间的差异，通常报告的是一个正数，即使计算公式得出的是负值。

在这个公式中，$\mu_{\text{无处理}}$是从虚无假设中得到的 $\mu$ 值。标准化均值差异大小的计算中包括标准差，正如 $z$ 分数在分布中的标准化距离一样。例如，15 分的均值差异在标准差不同时，可以是相对大或相对小的效应。该现象在图 8－7 中可以证明。图 8－7（a）表示处理在 SAT 分数上产生了 15 分的均值差异。处理之前，平均 SAT 分数为 $\mu=500$；处理之后，均值为 515。SAT 分数的标准差是 100，所以 15 分的差异看起来很小。对于这个例子，Cohen's $d$ 系数为：

$$\text{Cohen's } d \text{ 系数} = \frac{\text{均值差异}}{\text{标准差}} = \frac{15}{100} = 0.15$$

然后根据标准差考虑图 8－7（b）中的处理效应大小。这次，处理在 IQ 分数上产生了 15 分的均值差异。在处理前，平均 IQ 是 100；处理后，均值是 115。因为 IQ 分数的标准差是 $\sigma=15$，15 的均值差异显得很大。对于这个例子，Cohen's $d$ 系数为：

$$\text{Cohen's } d \text{ 系数} = \frac{\text{均值差异}}{\text{标准差}} = \frac{15}{15} = 1.00$$

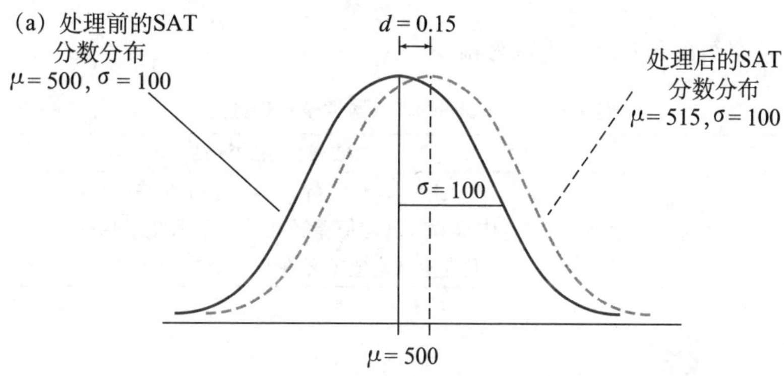


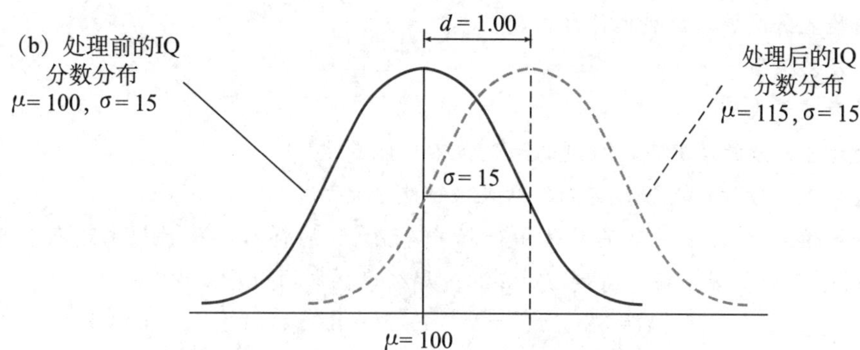


**图 8－7　两个不同情境中 15 分的处理效应的体现**

说明：在（a）图中，标准差为 100，15 分的效应相对较小。在（b）图中，标准差为 15，15 分的效应相对较大。Cohen's $d$ 系数使用标准差来衡量效应量。

注意，Cohen's $d$ 系数根据标准差衡量处理效应的大小。例如，一个 $d=0.50$ 的值指出，处理改变了均值0.5个标准差；相似地，一个$d=1.00$的值指出，处理效应等于1个标准差。

Cohen（1988）建议评价处理效应的标准如表8-2所示。

再来看例8.5中的两种假设检验。对于每种检验，原始总体均值$\mu=50$，标准差$\sigma=10$。对于每种检验，处理样本的均值$M=51$。尽管一种检验使用了$n=25$的样本，另一种检验的样本为$n=400$，但计算Cohen's $d$系数时不考虑样本量大小。因此，两个假设检验将产生同样的效应量：

$$\text{Cohen's } d \text{ 系数}=\frac{\text{均值差异}}{\text{标准差}}=\frac{1}{10}=0.10$$

注意，Cohen's $d$系数提供了一种简单的方式来描述处理效应的大小，并且不会受到样本量影响。例如，在进行两种假设检验时，假设原始均值为$\mu=50$，处理后的均值为$M=51$。因此，处理似乎增加了1分，这相当于0.1个标准差（Cohen's $d$系数=0.1）。参照表8-2，处理效应较小。

我们现在可以回到例8.1中，演示在完成假设检验后如何用Cohen's $d$来测量效应量大小。回想一下，在例8.1中，研究人员决定重复Guéguen和Jacob（2012）对于女服务员穿衣服颜色对男性顾客给予小费行为的影响的研究。已知，穿白衬衫的女服务员所得到的小费均值为$\mu=16\%$，标准差为$\sigma=3$。由36名男性顾客组成的样本接受了穿红色衣服的女服务员的服务。在一个假设的情境（步骤4，1）中，研究人员发现样本顾客所给的平均小费为$M=17.2\%$。结果在$\alpha=0.05$，双尾条件下是显著的。虽然假设检验提供了具有统计学意义的处理效应证据，但它并没有提供关于效应的绝对大小的信息。在这项研究中，Cohen's $d$的平均差是样本均值$M$和根据虚无假设预测的$\mu$值之间的差异。对于这些数据，Cohen's $d$的计算如下：

$$\text{Cohen's } d \text{ 系数}=\frac{\text{均值差异}}{\text{标准差}}=\frac{17.2-16}{3}=\frac{1.2}{3}=0.40$$

根据表8-2，这个结果是一种中等的效应。

**表8-2 用Cohen's $d$系数评价处理效应**

| $d$的大小 | 对效应大小的评估 |
|---|---|
| $d=0.2$ | 小效应（均值差异在0.2个标准差左右） |
| $d=0.5$ | 中等效应（均值差异在0.5个标准差左右） |
| $d=0.8$ | 大效应（均值差异在0.8个标准差左右） |

## 学习检查

1. 统计检验显著能够告诉我们什么信息？

a. 处理的效果很强

b. 处理的效应量大小

c. 在假设处理无效的情况下，得到的结果极不可能发生

d. 在假设处理有效的情况下，得到的结果很可能发生

2. 从得分均值$\mu=80$、$\sigma=12$的总体中选择一个$n=9$的样本，并对样本进行处理。处理后，研究者用Cohen's $d$计算效应量，得到$d=0.25$。那么，样本均值是多少？

a. $M=81$　　b. $M=82$　　c. $M=83$　　d. $M=84$

3. 在其他因素保持不变的情况下，样本量如何影响拒绝虚无假设的可能性和Cohen's $d$的值？

a. 更大的样本量增大了拒绝虚无假设的可能性，并增大了Cohen's $d$。

b. 更大的样本量增大了拒绝虚无假设的可能性，但减小了Cohen's $d$。

c. 更大的样本量增大了拒绝虚无假设的可能性，但不影响Cohen's $d$。

d. 更大的样本量减小了拒绝虚无假设的可能性，但不影响 Cohen's $d$。

4. 在什么情况下，很小的处理效果在统计上最有可能显著？

a. 大样本量，大标准差　　b. 大样本量，小标准差

c. 小样本量，大标准差　　d. 小样本量，小标准差

**答案**　1. c　2. c　3. c　4. b

## 8.6　统计检验力

**学习目标**

13. 定义假设检验的统计检验力，并解释统计检验力与第二类错误的概率有什么关系。
14. 进行统计检验力分析。
15. 解释统计检验力分析如何用于制定研究计划，并解释假设检验的结果。
16. 找出影响统计检验力的因素，并解释每种因素如何影响统计检验力。

目前，我们知道，研究者可以在收集数据后进行假设检验并计算效应量。然而，研究者在收集任何类型的数据之前，都必须进行规划。研究者必须为假设检验选择一种 α 水平，并且考虑使用单尾检验还是双尾检验。同样重要的是，研究者必须决定在研究中使用多少参与者。计算统计检验力有助于选择足够大小的样本，以便在处理效果存在时检测到处理效果。我们还会发现，效应量，如 Cohen's $d$ 系数，与统计检验力有关。假设检验的统计检验力的定义为：如果处理确实有效果，一项假设检验正确拒绝虚无假设的概率。

**定义**

**统计检验力**是指一项假设检验正确拒绝一个错误的虚无假设的概率，即检验力是一项检验并确定一种处理效应真实存在的概率。

当一种处理具有效应时，假设检验只有两种可能的结果：

第一种结果是未能拒绝 $H_0$。当存在真正的效应时，这被定义为第二类错误。

第二种结果是当存在真实效应时拒绝 $H_0$。

因为存在处理效应时只有两种可能的结果，第一种结果的概率和第二种结果的概率必须加起来等于 100%，或 $p=1.00$，所以，如果第二类错误的概率为 20%，则拒绝错误的 $H_0$ 的概率为 80%。我们已经确定了第二类错误的概率（第一种结果）：

$p$(第二类错误）$=\beta$

因此，检验（第二种结果）的检验力一定是：

$p$(拒绝错误的 $H_0$）$=1-\beta$

### 计算统计检验力的大小

研究人员通常使用检验力分析作为一种手段，以确定在处理效果存在时，是否有可能敏感地发现处理效果。检验力分析能够帮助研究人员选择适当的样本量，以增强假设检验的检验力。因此，研究人员可以在进行实验之前计算统计检验力，从而在投入时间和资源之前，确定在处理有效的情况下结果显著（拒绝 $H_0$）的概率。然而，要计算检验力，需要设定影响假设检验结果的各种因素，如样本

量、效应量和假设检验使用的 α 水平。下面的例子展示了如何在具体的研究情境中计算检验力。

**例 8.6**

一个正态分布的总体，均值 $\mu=80$，标准差 $\sigma=10$。研究者想从该总体中选择一个 $n=4$ 的样本，并对样本中的个体施加处理。研究者预计处理会产生 8 分的效应，也就是说，处理会使每个个体的分数提高 8 分。我们将考虑本研究的两种可能的结果：(1) 如果虚无假设为真，那么没有处理效应。(2) 如果研究者的预期是对的，那么会有 8 分的处理效应。

**第一步：画出虚无假设和备择假设的分布**

图 8-8 显示了这两种结果的样本均值分布。根据虚无假设，样本均值的期望值为 $\mu_{虚无假设}=80$。如果处理没有效果，这就是人们所期望的分布（左侧）。对于备择假设 $H_1$，分布如图 8-8 的右侧所示，因为我们假设一个 8 分的处理效应，因此它的期望值为 $\mu_{备择假设}=88$。对于大小为 $n=4$ 的所有样本，两种分布的标准误为：

$$\sigma_M=\frac{\sigma}{\sqrt{n}}=\frac{10}{\sqrt{4}}=\frac{10}{2}=5$$

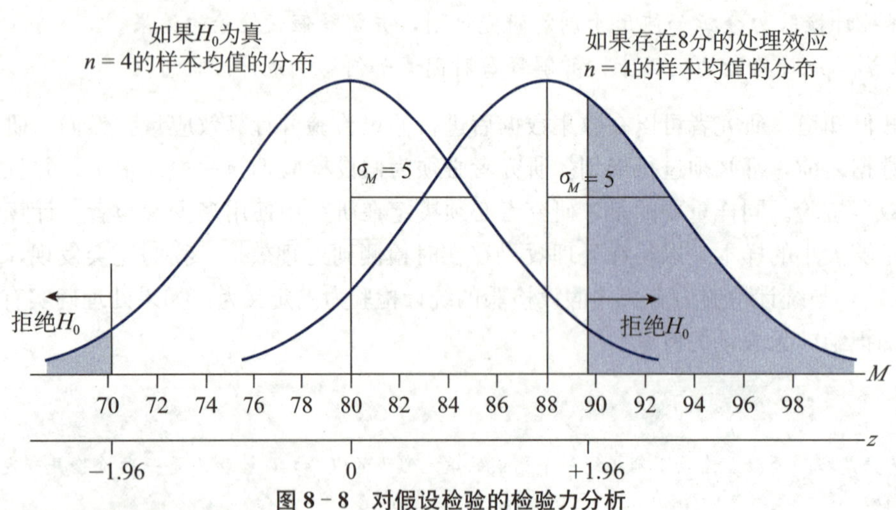


**图 8-8　对假设检验的检验力分析**

说明：左侧表示如果虚无假设为真时将会出现的样本均值的分布，拒绝域是根据这个分布进行定义的。右侧表示如果有 8 分的处理效应时将会得到的样本均值的分布。

**第二步：找到拒绝域，计算临界样本均值**

注意左边的分布表示虚无假设成立时所有可能的样本均值，这是我们用来确定拒绝域的分布。使用 α=0.05，双尾检验，拒绝域由分布两端的极值组成，即 $z=+1.96$ 和 $z=-1.96$ 以外的样本均值。在图 8-8 的左侧虚无假设分布中，我们用阴影表示位于拒绝域的所有样本均值。根据 α=0.05，若样本均值大于 $z=+1.96$ 则拒绝 $H_0$，证明存在处理效应。

备择假设的分布显示了 8 分处理效应下所有可能的样本均值。请注意，这些样本均值中大约有三分之一位于 $z=+1.96$ 边界之外。因此，如果有一个 8 分的处理效应，你可能在拒绝域获得一个样本均值，即大约有三分之一的概率能够拒绝虚无假设。因此，当计算检验力时，它大约是 33%。

> 请注意，该公式与公式（7-4）的相似性。请注意 z 分数的符号。例如，若效应是减少 8 分而不是增加，则临界样本均值是在分布的左尾，其临界 z 分数为−1.96。

为了计算精确的检验力，我们需要确认分布在右侧阴影部分面积的比例。也就是说，我们需要确定拒绝域的精确边界。这个边界对应的拒绝域 $z=+1.96$，或者临界样本均值 $M_{临界值}$。这个 $M_{临界值}$ 高于 $\mu_{虚无假设}$ 1.96 个标准差。由于标准误是 5，$z=+1.96$，临界样本均值等于：

$$M_{临界值}=\mu_{虚无假设}+z\ (\sigma_M)$$

$$M_{临界值}=80+1.96\sigma_M=80+1.96\ (5)\ =89.80$$

因此，$z=+1.96$ 的边界对应的样本均值为 $M=80+9.80=89.80$。任何大于 $M=89.80$ 的样本均值均在拒绝域中，可以拒绝虚无假设。

**第三步：计算备择假设分布的 $z$ 分数并找出统计检验力**

然后，我们需要确定处理后的样本均值大于 89.80 的比例。对于处理后的分布，总体均值为 $\mu=88$，样本均值 $M=89.80$ 对应的 $z$ 分数为：

$$z=\frac{M_{临界值}-\mu_{虚无假设}}{\sigma_M}=\frac{89.80-88}{5}=\frac{1.80}{5}=+0.36$$

最后，在标准正态分布表中查询 $z=+0.36$ 时，阴影部分（$z>+0.36$）对应的比例 $p=0.3594$（35.94%）。因此，如果处理有 8 分的效应，35.94%的样本均值都会落在拒绝域中，使我们拒绝虚无假设。换句话说，检验力为 35.94%。这在实际研究中意味着研究能够成功拒绝虚无假设的概率相对较小。如果研究者选择了一个 $n=4$ 的样本，处理引起了 8 分的效应，那么假设检验有 35.94%的机会得出有显著效应的结论。

> 请记住，在使用标准正态分布表的时候，要注意 $z$ 分数的符号。

## 检验力与样本量

对检验力有巨大影响的一个因素是样本的大小。在例 8.6 中，我们使用 $n=4$ 的样本证明了在如此小的样本中，对于 8 分的效应，假设检验的检验力只有 35.94%。在接下来的例子中，我们使用 $n=25$的样本，看看检验力会有什么不同。

### 例 8.7

一个正态分布的总体，均值 $\mu=80$，标准差 $\sigma=10$。从该总体中选择一个 $n=25$ 的样本，并对样本中的个体施加处理。研究者预计处理会产生 8 分的效应，也就是说处理会使每个个体的分数提高 8 分。

**第一步：画出虚无假设和备择假设的分布**

图 8－9 显示了两种结果的样本均值分布。根据虚无假设，样本均值的期望值为 $\mu_{虚无假设}=80$。如果处理没有效果，这就是人们所期望的分布（左侧）。对于备择假设 $H_1$，分布如图 8－9 的右侧所示。因为我们假设一个 8 分的处理效应，所以它的期望值为 $\mu_{备择假设}=88$。对于大小为 $n=25$ 的所有样本，两种分布的标准误为：

$$\sigma_M=\frac{\sigma}{\sqrt{n}}=\frac{10}{\sqrt{25}}=\frac{10}{5}=2$$

**第二步：找到拒绝域，计算临界样本均值**

和之前一样，这里使用双尾假设检验，置信水平为 0.05，虚无假设的临界值为 $z=-1.96$ 和 $z=+1.96$。需要注意的是，在备择分布中，几乎所有接受处理的样本均位于+1.96 边界之外。因此，使用 $n=25$ 的样本，你有很高的概率（检验力）检测到处理效应。

在 $\alpha=0.05$ 的情况下，拒绝域由 $z$ 值±1.96 定义。对于 8 分的增加，我们需要确定 $z=+1.96$ 的临界均值的值。

$$M_{临界值}=\mu_{虚无假设}+z\ (\sigma_M)$$

$$M_{临界值}=80+1.96\sigma_M=80+1.96\ (2)\ =83.92$$

**第三步：计算备择假设分布的 $z$ 分数并找出统计检验力**

然后，需要确定处理后的样本均值大于 83.92 的比例。对于处理后的分布，总体均值为 $\mu=88$，

样本均值 $M$=83.92 对应的 $z$ 分数为：

$$z=\frac{M_{\text{临界值}}-\mu_{\text{虚无假设}}}{\sigma_M}=\frac{83.92-88}{2}=\frac{-4.08}{2}=-2.04$$

$z$ 值是负数，我们关注右侧阴影区域。这个比例对应于标准正态分布表的 B 列。检验力等于 0.979 3，或 97.93%。对于一个 $n$=25 的样本，假设检验很有可能得到存在处理效应的结论。

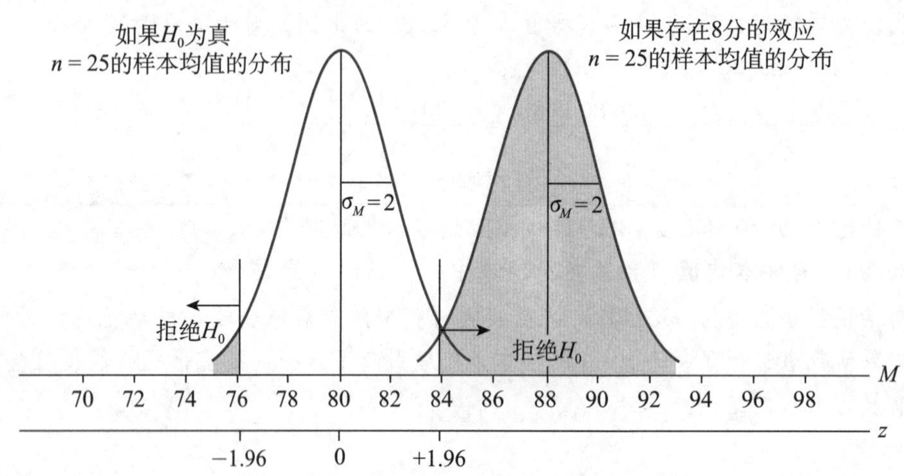


**图 8－9　样本量如何影响假设检验力的示例**

说明：左边显示了如果虚无假设成立时的样本均值分布。对于这个分布，定义了拒绝域。右边显示了如果存在 8 分的处理效应时的样本均值分布。请注意，几乎所有的备择分布都被阴影覆盖。因此，将样本大小增加到 $n$=25 使检验力接近 100%，而 $n$=4 的样本检验力为 36%，如图 8－8 所示。

在之前的例 8.6 中，我们发现，对于 $n$=4 的样本，检验力仅有约 36%。然而，当样本量增加到 $n$=25 时，检验力增加到近 98%。保持其他因素不变（如效应量和 α），更大的样本量能够产生更强的统计检验力。由于检验力与样本量直接相关，因此做检验力分析的主要目的之一是确定样本量，这是保证以一定的合理概率检验处理效果所必需的环节。在进行一项研究之前，研究人员可以使用不同的样本大小来计算检验力，以确定他们的研究成功拒绝虚无假设的概率。如果概率太低，他们可以选择在进行研究之前增加样本大小。因此，检验力分析在研究规划中发挥着重要的作用。

### 检验力与效应量

检验力和效应量是相关联的。图 8－8 显示了基于 $n$=4、α=0.05 的双尾检验在 8 分处理效应下的检验力计算。现在考虑一下，如果处理效应是 16 分会发生什么。有了 16 分的处理效应，备择假设分布（右侧）将进一步向右移动，因此其期望值将是 96。两个分布之间的距离增加。图 8－10 显示了在更大效应量下的检验力计算。在这一情况下，几乎 90%的样本均值将超出 $z$=1.96 的边界。因此，在 16 分处理效应下，大约有 90%的概率能选中一个样本来拒绝虚无假设。换句话说，该检验力约为 90%，而 8 分处理效应时仅为 36%（例 8.6）。同样，也可以找到临界值对应的 $z$ 分数，并在表中查找相应的概率值。对于 16 分处理效应，你会发现临界值（$M$=89.80）对应于 $z$=−1.24。$z$ 分数是负的，所以右边阴影区域的比例在标准正态分布表的 B 列中。在表中对应的比例是 $p$=0.892 5，即检验力为 89.25%。

总的来说，随着效应量的增加，右侧的样本均值将会离中心更远，因此它们中将有更多的值超出 $z$=1.96 的界限。因此，随着效应量的增加，拒绝虚无假设的概率也增大，这意味着检验力增加。效应量如 Cohen's $d$ 和检验力相关联。Cohen's $d$ 和统计检验力是互补的，因为它们都提供有关处理效果的信息。当测量的效应量，如 Cohen's $d$ 增加时，检验力也会增强。因此，在一项研究完成并进行了假设检验，发现存在效应的证据后，检验力分析有时会与 Cohen's $d$ 和类似的效应量测量一起使用。

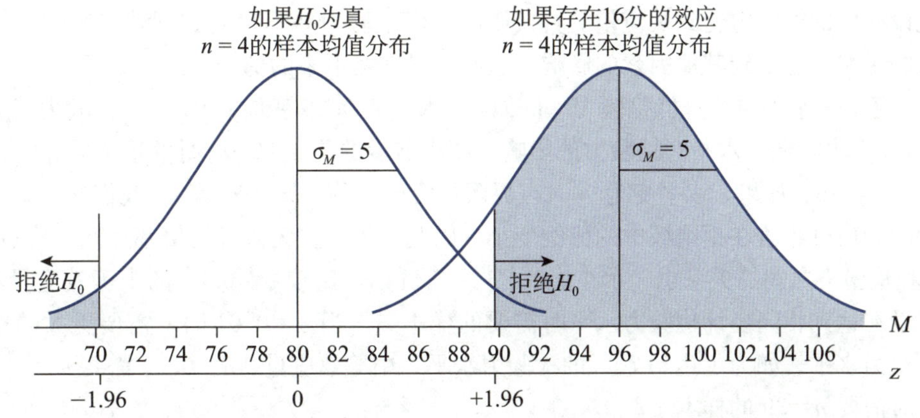


**图 8-10　当 $n=4$，$\alpha=0.05$，双尾检验时，16 分效应的虚无假设分布和备择假设分布**

说明：对比例 8.6 和图 8-8，16 分效应下检验力为 89.25%，比 8 分效应下 35.94%的检验力大得多。

## 从另一角度看样本量与效应量

当效应量较小时，如果其他因素保持不变（如 $\alpha$ 水平和样本量），统计检验力将较弱。当检验力较弱时，即便处理效应存在，拒绝虚无假设的可能性也较小。我们已经看到，当处理效应很小时，增强检验力的一种方法是增加样本量。因此，对研究人员来说，选择足够大的样本量来检验处理效果是很重要的。检验力分析可以假定以一种较小的处理效果来进行，并重复不同的样本量 $n$，以找到一个最合适的样本量，能够获得较强的检验力。由于检验力分析在规划研究中起着重要的作用，所以统计检验力表经常被用作选择样本量的参考标准。

表 8-3 是一个统计检验力表，显示了对于中等效应量（$d=0.50$）和小效应量（$d=0.20$），以及当 $\alpha=0.05$ 和 $\alpha=0.01$ 时的双尾检验，达到特定检验力水平所需的样本量。目前，我们只考虑$\alpha=0.05$（双尾）的中等和小效应的两列。第一列列出了检验力水平。请注意比较给定的检验力水平，中等效应量和小效应量所需的样本量之间的差异。例如，假设一位研究人员正在计划一项研究，并希望它达到 70%的检验力水平，也就是说，当一个处理效应存在时，实验发现该效应显著的概率为 70%（$H_0$ 将被拒绝）。如果研究人员假定存在中等效应量，那么需要 $n=25$ 的样本量来达到 70%的检验力水平。然而，如果预期存在小的效应量，那么需要 $n=155$ 的样本量才能达到 70%的检验力水平。此外，在任何一列中都有一个通用规律。当你将表格向下移动到更大的检验力级别时，所需的样本量也会增加。

**表 8-3　统计检验力与相应的样本量**

| 统计检验力* | 中等效应量（$d=0.5$）$\alpha=0.05$，双尾 | 小效应量（$d=0.2$）$\alpha=0.05$，双尾 | 中等效应量（$d=0.5$）$\alpha=0.01$，双尾 | 小效应量（$d=0.2$）$\alpha=0.01$，双尾 |
|---|---|---|---|---|
| 20% | 5 | 32 | 13 | 76 |
| 30% | 9 | 52 | 17 | 106 |
| 40% | 12 | 73 | 22 | 135 |
| 50% | 16 | 97 | 27 | 166 |
| 60% | 20 | 123 | 33 | 201 |
| 70% | 25 | 155 | 39 | 241 |
| 80% | 32 | 197 | 47 | 292 |
| 90% | 43 | 263 | 60 | 372 |

* Matlab™用于生成此表中的数值。对于表中每个处理效应大小和 $\alpha$ 水平，计算了样本量从 1 到 1 000 的检验力，并记录了超过目标检验力水平的最小样本量。在计算中假定是正态 $z$ 分布。

### 影响检验力的其他因素

尽管假设检验的检验力受到效应量的直接影响，但检验力并不只受处理效应影响。检验力除了受到效应量的影响，还受到其他因素的影响。这些因素在接下来的部分介绍。

**α 水平** 降低 α 水平也会降低检验力。例如，α 水平从 0.05 变成 0.01 时，检验力就会降低。从图 8－8 中可以看出降低 α 水平对检验力的影响。图中展示的是 $\alpha=0.05$ 时的拒绝域界限，这时拒绝域界限为 $z=+1.96$。如果 α 水平变为 0.01，界限将会向右移至 $z=+2.58$。我们知道，界限右移意味着处理后的均值分布落在拒绝域中的比例变小。因此，拒绝虚无假设的概率降低，检验力也降低。

α 水平和检验力之间的关系也显示在表 8－3 中。例如，比较 $\alpha=0.05$ 的中等效应量和 $\alpha=0.01$ 的中等效应量在达到相同统计检验力水平时需要的样本量。当 $\alpha=0.01$ 时，需要更大的样本量来达到同样的检验力水平。如为了达到 70%的检验力水平，中等效应量、$\alpha=0.05$ 需要 $n=25$ 的样本量，但 $\alpha=0.01$ 时需要 $n=39$ 的样本量。

**单侧检验和双侧检验** 检验从双侧变为单侧时，假设检验的检验力增大。同样，从图 8－8 可以想象该效应。图中呈现了 $\alpha=0.05$ 的双侧检验的拒绝域界限，右界限为 $z=+1.96$。当变为单侧检验时，拒绝域界限将左移至 $z=+1.65$。界限左移会导致处理后的样本均值分布落在拒绝域中的比例增加，因此会增大检验力。

### 关于处理效果方向的说明

在我们之前使用的例子中，假设都是“某种处理会导致均值增加”。但有些时候，实验的预期结果是因变量将减少。例如，研究人员预期处理将导致分数下降 20 分。在这种情况下，虚无假设的分布将在右侧，备择假设的分布将在左侧（如图 8－11）。统计检验力的计算将遵循同样的步骤。需要注意的是，在第二步计算临界样本均值 $M_{临界值}$时，需要用负的 $z$ 分数（$-1.96$）乘以标准差。

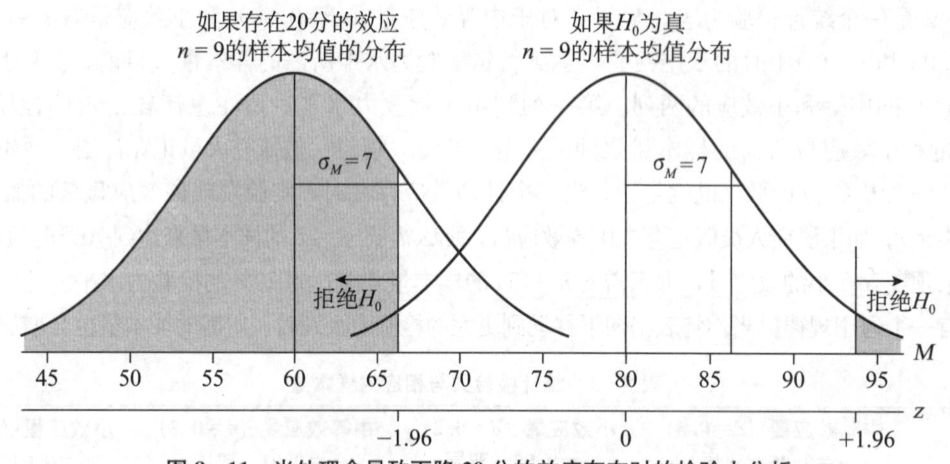


**图 8－11 当处理会导致下降 20 分的效应存在时的检验力分析**

说明：虚无假设分布在右侧，备择假设分布在左侧。

### 学习检查

1. 如果一项假设检验的统计检验力是 $p=0.80$，那么该检验犯第二类错误的概率是多少？

a. $p=0.20$

b. $p=0.80$

c. 犯第二类错误的概率与检验力无关

d. 不知道 α 水平，无法确定

2. 假设研究者正在计划一项研究，希望在收集数据之前估计研究的统计检验力。如果虚无假设分布的均值为 $\mu=80$，标准差为 $\sigma=21$，$\alpha=0.05$，双尾检验，预期处理效应为 $-20$，样本量 $n=9$，请你估计该假设检验的检验力是多少？

a. 0.184 1　　b. 0.815 9　　c. 0.382 1　　d. 0.617 9

3. 样本量如何影响拒绝虚无假设的概率和检验力？

a. 随着样本量增加，拒绝 $H_0$ 的概率和检验力都会提高

b. 随着样本量增加，拒绝 $H_0$ 的概率和检验力都会降低

c. 随着样本量增加，拒绝 $H_0$ 的概率提高，检验力不变

d. 随着样本量增加，拒绝 $H_0$ 的概率降低，检验力不变

4. 假设检验力与样本量和 $\alpha$ 水平间有什么关系？

a. 样本量增加、$\alpha$ 水平提高都会提高检验力

b. 样本量增加、$\alpha$ 水平提高都会降低检验力

c. 样本量增加会提高检验力，$\alpha$ 水平提高会降低检验力

d. 样本量增加会降低检验力，$\alpha$ 水平提高会提高检验力

**答案** 1. a　2. b　3. a　4. a

## 小　结

1. 假设检验是一个推论的过程，它使用样本数据得出关于总体的结论。这个过程开始于关于一个未知总体的假设，然后选择一个样本，样本数据提供的证据可能支持或者拒绝假设。

2. 在本章，我们介绍的假设检验是用样本均值来检验一个关于未知总体均值的假设。假设检验的目的是确定处理对于总体均值是否有作用。

3. 假设检验包含四个步骤，在本书之后的有关章节同样遵循这四个步骤。

a. 提出虚无假设，选定 $\alpha$ 水平。虚无假设指处理不存在效应。在这种情况下，虚无假设认为接受处理的总体的均值与处理之前相同。$\alpha$ 水平通常是 0.05 或者 0.01，它提供了关于“非常不可能”的定义，并且确定了犯第一类错误的概率。同时还提出备择假设，它是虚无假设的对立面。

b. 确定拒绝域。拒绝域被定义为虚无假设为真时，极不可能出现的样本结果。$\alpha$ 水平定义了“非常不可能”的概念。

c. 收集数据，计算检验统计量。样本均值根据公式转化为 $z$ 分数。

$$z=\frac{M-\mu}{\sigma_M}$$

$\mu$ 的值是通过虚无假设得到的。$z$ 分数检验统计量定义了样本均值在样本均值分布中的位置。

d. 下结论。如果得到的 $z$ 分数在拒绝域，我们拒绝虚无假设，因为当虚无假设为真时，极不可能得到这些结果。这时，我们得出结论：处理改变了总体均值。如果 $z$ 分数不在拒绝域，我们不能拒绝虚无假设，因为数据没有显著不同于虚无假设。这时，数据没有提供足够的证据证明存在处理效应。

4. 当进行假设检验得出结论时，总是存在犯错误的可能。可能出现两类错误：

第一类错误是错误地拒绝虚无假设，这是一类比较严重的错误，因为它错误地报告了处理效应。第一类错误的概率由 $\alpha$ 水平决定，因此实验者可以控制。

第二类错误是未能拒绝虚无假设，这时实验不能找到证据证明存在处理效应。第二类错误的概率不能被定义为一个确切的值，它部分取决于处理效应的大小。它通常用字母 β 表示。

5. 当研究者预期一项处理会在特定的方向上改变分数（增加或减小）时，可以进行有方向的检验（单侧检验/单尾检验）。这个过程的第一步是在假设中加入有方向的预测。接下来需要定义拒绝域，以确定哪些数据可以拒绝虚无假设。这些结果都将被定义在分布的一个尾端。

6. 除了使用假设检验来评价处理效应的显著性之外，我们建议还要同时测量并报告效应量。一种计算效应量的方法是 Cohen's *d* 系数，它是对均值差异的标准测量。

它的计算公式为：

$$\text{Cohen's } d \text{ 系数} = \frac{\text{均值差异}}{\text{标准差}}$$

7. 样本量会影响假设检验的结果，但基本不影响效应量。随着样本量的增加，拒绝虚无假设的概率也会增大。而分数的标准差会同时影响假设检验的结果和效应量，当标准差增大，拒绝虚无假设的概率减小，效应量也降低。

8. 假设检验的检验力被定义为当处理效应存在时，正确拒绝虚无假设的概率。

9. 为了确定假设检验的检验力，你必须首先确定拒绝域的边界。然后，你需要确定处理效应的大小、样本量和 α 水平。假设检验的检验力就是样本均值落在拒绝域的概率。

10. 随着处理效应的增大，统计检验力会增大。此外，检验力还受其他几个因素的影响：

a. 大样本比小样本有更强的检验力。

b. 提升 α 水平会增强检验力。

c. 单侧检验的检验力比双侧检验强。

## 关键术语

| | | |
|---|---|---|
| 假设检验 | 检验统计量 | 无方向的假设检验/双侧检验/双尾检验 |
| 虚无假设 | 第一类错误 | 有方向的假设检验/单侧检验/单尾检验 |
| 备择假设 | 第二类错误 | 效应量 |
| α 水平/显著性水平 | β | Cohen's *d* |
| 拒绝域 | 显著性 | 统计检验力 |

## 关注问题解决

1. 假设检验包括了一系列逻辑过程和规则，使我们在得到样本数据后，能做出关于总体的预测。这个逻辑表现在贯彻本章的四个步骤中。

**步骤 1** 提出假设，设定 α 水平。

**步骤 2** 定位拒绝域。

**步骤 3** 计算样本的检验统计量 *z* 分数。

**步骤 4** 根据步骤 3 的结果做出关于虚无假设的决定。

2. 仔细思考你对虚无假设所做决定的含义。虚无假设表明不存在效应，因此，如果你决定拒绝虚无假设，你的样本数据应提供处理效应存在的证据。但是，如果你无法拒绝虚无假设，情况就完全不同了。你最多只能指出，没有足够的证据证明存在处理效应。

3. 当你进行单侧检验时，请仔细思考问题，注意关键词（例如增加或减少），它们将告诉你研究者预测的是哪个方向，预测的方向将确定备择假设和拒绝域。

## 示例 8.1

### $z$ 分数假设检验

一位研究者从一个已知总体开始——标准化测验的分数是正态分布的，均值是 100，标准差是 30。研究者假设，阅读技能的特殊训练会对总体中个体的分数造成改变。研究者选择一个 $n=36$ 的样本，对它施测。处理之后，样本的平均分数是 $M=110$。有证据证明训练对测验分数有作用吗?

**步骤 1　提出假设，设定 α 水平。**

虚无假设为：处理效应不存在。用符号表示为：

$H_0$：$\mu=100$（特殊处理后均值仍为 100）

备择假设为：处理效应确实会引起总体均值的变化。用符号表示为：

$H_1$：$\mu\neq100$（特殊处理后均值不同于 100）

这时，你也要选择 $\alpha$ 水平。对于这个示例，我们将 $\alpha$ 水平设置为 0.05。因此，当拒绝虚无假设时，我们有 5%的概率犯第一类错误。

**步骤 2　定位拒绝域。**

当 $\alpha=0.05$ 时，拒绝域中的样本均值对应的 $z$ 分数在 $\pm1.96$ 之外。

**步骤 3　得到样本数据，计算检验统计量。**

对于这个例子，根据虚无假设，样本均值的分布是正态分布，假设其均值为 $\mu=100$，标准误为：

$$\sigma_M=\frac{\sigma}{\sqrt{n}}=\frac{30}{\sqrt{36}}=\frac{30}{6}=5$$

在这样一个分布中，样本均值 $M=110$ 对应的 $z$ 分数为：

$$z=\frac{M-\mu}{\sigma_M}=\frac{110-100}{5}=\frac{10}{5}=+2.00$$

**步骤 4　得出关于虚无假设的结论。**

我们得到的 $z$ 分数在拒绝域中。这表示样本均值 $M=110$ 是 $\mu=100$ 中的一个极端值或者异常值，因此，我们的统计结论是拒绝虚无假设。这项研究的结论是：数据提供了足够的证据，证明特殊训练改变了分数。

## 示例 8.2

### 使用 Cohen's $d$ 系数来评价效应大小

我们将使用示例 8.1 的数据和研究情境来计算 Cohen's $d$ 系数。同样，原始数据的总体均值是 100，处理（特殊训练）后，样本均值 $M=110$。因此，有 10 分的均值差异。使用总体标准差 30，我们得到了处理效应的大小为：

$$\text{Cohen's } d\text{ 系数}=\frac{\text{均值差异}}{\text{标准差}}=\frac{10}{30}=0.33$$

根据 Cohen 的评价标准（见表 8－2），这是一个中等的效应量。

## 示例 8.3

### 统计检验力

假设研究人员想重复示例 8.1 和示例 8.2 中的研究。她运用同样的标准化阅读测试，$\mu=100$，$\sigma=30$。她预计存在 10 分的处理效果，并将使用 $n=9$ 名参与者的样本量。该重复研究的统计检验力有多大？

**步骤 1　画出虚无假设和备择假设的分布。**

注意，虚无假设和备选假设的分布均值相差 10 分。标准误的计算和之前一样，只是样本量 $n$ 变为了 9。因此：

$$\sigma_M=\frac{\sigma}{\sqrt{n}}=\frac{30}{\sqrt{9}}=\frac{30}{3}=10$$

虚无假设和备择假设的分布如图 8－12 所示。

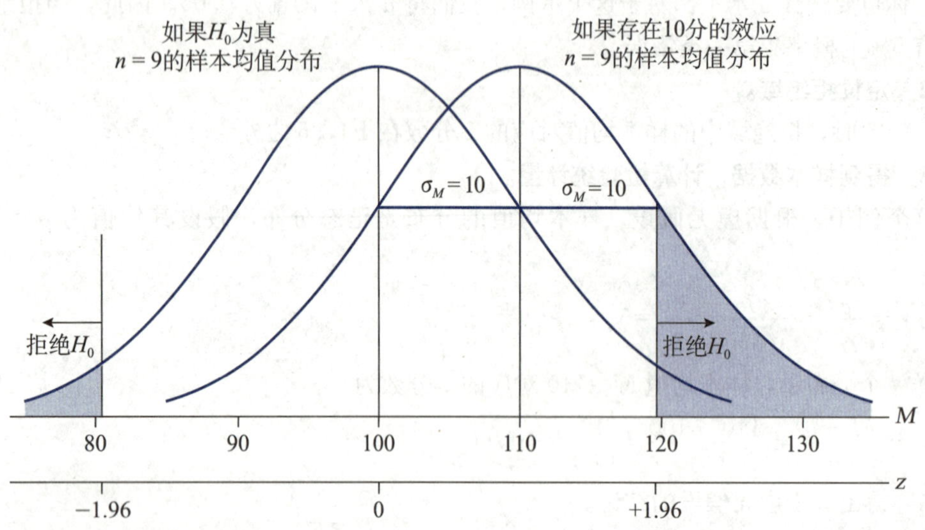


**图 8－12　虚无假设分布和当 $n=9$ 存在 10 分效应的备择假设分布（$\alpha=0.05$，双尾）**

**步骤 2　找到拒绝域，计算临界样本均值。**

在本例中，统计检验力是当假定处理效应为 10 分时拒绝虚无假设的概率。同样的，需要先确定拒绝虚无假设的标准。研究者使用 $\alpha=0.05$，双侧检验，因此拒绝域由 $z=\pm1.96$ 以外的样本均值组成。由于假定处理会增大阅读分数，所以我们计算虚无假设右端的临界样本均值：

$$M_{临界值}=\mu_{虚无假设}+1.96\ (\sigma_M)=100+1.96\times10=119.60$$

**步骤 3　计算备择假设分布的 $z$ 分数并找出统计检验力。**

这一步是确定 $M_{临界值}$ 相对于备择假设均值的位置。为此，我们计算 $z$ 分数如下：

$$z=\frac{M_{临界值}-\mu_{虚无假设}}{\sigma_M}=\frac{119.60-110}{10}=\frac{9.60}{10}=+0.96$$

为了确定研究的统计检验力，我们使用了附录 B 中的标准正态分布表。从图 8－12 可看出，临界值比备择假设的均值更加极端。我们查表（见附录 C），找到统计检验力为 0.168 5，显然，该重复研究得到拒绝虚无假设的结果的概率非常低。

## SPSS

SPSS 没有用 $z$ 分数进行假设检验的专门程序。事实上，本章介绍的 $z$ 分数检验在实际研究中很少用。$z$ 分数检验的问题是它需要知道总体标准差的值，这通常是不现实的。即研究者关于他们要研究总体的信息通常很少；相反，他们必须全部从样本中得到信息。在接下来的章节中，我们将介绍一些基于样本数据完全的新的假设检验技术。这些新技术已经包含在 SPSS 中。

## 练习题

1. 假设检验允许研究者得到的结论为“备择假设为真”吗？请解释。

2. 描述假设检验的四个步骤。

3. 一位研究者对大学预备课程对标准化批判性思维测试（总体均值 $\mu=20$）分数的影响感兴趣。学生在大学预备课程中接受培训，然后接受标准化测试。研究者想要检验大学预备课程是否影响考试成绩。

a. 用文字表述本例中的虚无假设和备择假设。

b. 用符号表示虚无假设和备择假设。

4. 解释假设检验中的 $\alpha$ 水平和拒绝域。

5. 定义第一类错误和第二类错误，并说明每种错误的后果。哪种类型的错误更严重？为什么？

6. 当 $\alpha$ 水平由 0.05 变为 0.01 时：

a. 拒绝域会发生什么变化？

b. 犯第一类错误的概率会发生什么变化？

7. 说明以下几种变化会如何影响假设检验中 $z$ 分数的值：

a. 增加处理效应。

b. 增加总体的标准差。

c. 增加样本量。

8. 根据美国疾病控制与预防中心（2016）的数据，糖尿病患者的平均寿命 $\mu=72$ 岁，$\sigma=14$ 岁。假设 $n=64$ 名接受血糖监测植入物的糖尿病患者的平均寿命为 $M=76$ 岁。请检验“血糖监测植入物会改变寿命”的假设（双侧检验，$\alpha=0.05$）。

9. 学生参与度研究（印第安纳大学，2018 年）报告称，美国全日制大学大四学生每周平均只花 $\mu=15$ 小时，$\sigma=9$ 小时准备课业，一所州立大学开发了一个旨在增强学生学习动机的项目。$n=36$ 名学生完成了这个项目，并报告平均每周花 $M=18$ 个小时学习。校方想要检验该项目是否增加了学习时间。

a. 请用文字描述双侧检验的虚无假设和备择假设。

b. 使用标准的四步程序，进行双侧检验。（$\alpha=0.05$）

10. 商业领袖（如 CEO）的个性特征与他们所领导的业务的运营相关（Oreg & Berson，2018）。对经验的开放性等特质与积极的业务结果有关，其他特质则与消极结果有关。假设一个董事会想要评估领导的人格，在 $n=16$ 名管理者的样本中，人格经验开放性维度的样本均值为 $M=4.50$。假设人群总体 $\mu=4.24$ 和 $\sigma=1.05$（Cobb-Clark & Schurer，2012），采用双尾假设检验（$\alpha=0.05$），检验该公司的领导的经验开放性与一般人群是否不同。

11. Ackerman 和 Goldsmith（2011）报告称，使用屏幕（智能手机、平板电脑或台式电脑）学习的学生，成绩往往低于使用纸质材料学习的学生。为了验证这一发现，一位教授抽取一份使用电子版教材的学生样本，并确定该样本在期末考试中的平均成绩为 $M=72.5$。在过去三年里，参加该课程学习的学生的期末考试成绩平均为 $\mu=77$，$\sigma=8$，大致呈正态分布。教授想用样本来确定通过电脑屏幕学习的学生的考试成绩是否与普通人群存在显著差异。

a. 请提出关于使用电子屏幕学习和考试成绩的双侧检验虚无假设和备择假设。

b. 使用标准的四步程序，进行双侧检验以评估电子屏幕学习的效果。($\alpha=0.05$)

12. 儿童时期参与体育运动、文化团体和青年团体似乎与成年后的高自尊水平有关（McGee，Williams，Howden-Chapman，Martin，& Kawachi，2006）。在一项研究中，研究人员向 $n=100$ 名有过团体参与经历的青少年发放了一份标准化自尊问卷。一般人群的青少年在这个问卷的得分呈正态分布：$\mu=50$，$\sigma=15$。而研究样本的平均得分 $M=53.8$。

a. 这个样本是否提供了足够的证据，表明这些青少年的自尊得分与一般人群存在显著差异？(双侧检验，$\alpha=0.05$)

b. 计算 Cohen's $d$ 值。

c. 用文字报告假设检验的结果和效应量。

13. 从总体中抽取一份随机样本，$\mu=20$，$\sigma=10$。在对样本中的个体进行处理后，发现样本均值为 $M=25$。

a. 如果样本包含 $n=25$ 个分数，由样本均值是否足以得出处理有显著影响的结论？(双侧检验，$\alpha=0.05$)

b. 如果样本包含 $n=4$ 个分数，由样本均值是否足以得出处理有显著影响的结论？(双侧检验，$\alpha=0.05$)

c. 比较上述两个结果，并说明样本量如何影响假设检验的结果。

14. 从均值为 $\mu=100$ 的正态总体中选择 $n=9$ 的随机样本。对样本中的个体进行处理后，发现样本均值为 $M=106$。

a. 如果总体标准差 $\sigma=10$，由样本均值是否足以得出处理有显著影响的结论？(双侧检验，$\alpha=0.05$)

b. 用单侧检验重复 a. 的检验。

c. 如果总体标准差 $\sigma=12$，由样本均值是否足以得出处理有显著影响的结论？(双侧检验，$\alpha=0.05$)

d. 用单侧检验重复 c. 的检验。

e. 比较上述结果，并说明标准差的大小和单侧/双侧检验如何影响假设检验的结果。

15. 从一个正态总体中选取一份随机样本，总体均值 $\mu=40$，$\sigma=10$。在对样本中的个体进行处理后，发现样本均值为 $M=46$。

a. 需要多大的样本才能证明该样本显著不同于总体？(双侧检验，$\alpha=0.05$)

b. 如果样本均值变为 $M=43$，此时需要多大的样本才能证明该样本显著不同于总体？(双侧检验，$\alpha=0.05$)

16. 一个气象中心的研究人员自 1875 年开始记录美国每年气温达到 90 华氏度的天数。这些天数形成了一种正态分布，均值为 $\mu=9.6$，$\sigma=1.9$。为了检验这些数据是否显示出全球变暖的迹象，他们计算了近 $n=4$ 年气温达到 90 华氏度的天数，$M=12.25$。该数据是否表明过去四年中 90 华氏度的天数明显多于整体平均天数？(单侧检验，$\alpha=0.05$)

17. 一名高中老师设计了一门新课程，旨在帮助学生准备 SAT 的数学部分。该课程招募了 $n=20$ 名学生，到年底这些学生参加 SAT 考试。该样本的平均分数是 $M=562$。一般人群的 SAT 分数呈正态分布，$\mu=500$，$\sigma=100$。

a. 该老师是否能认为该课程学生的成绩显著高于一般水平？(单侧检验，$\alpha=0.05$)

b. 计算 Cohen's $d$ 值。

c. 用文字报告假设检验的结果和效应量。

18. 在一项全国青少年调查中，出现抑郁症状的次数平均为 $\mu=2.06$，$\sigma=1.00$。假设一位研究人员招募了 $n=25$ 名参与者，并对他们进行干预。干预后，该样本抑郁症状的平均次数为 $M=1.66$。

a. 检验该干预是否显著减少了出现抑郁症状的次数。(单侧检验，$\alpha=0.05$)

b. 如果研究者想降低犯第一类错误的概率，应该怎么做？

c. 计算 Cohen's $d$ 值。

d. 用文字报告假设检验的结果和效应量。

19. 假设一项处理使均值和标准差同时增加，此时能用 $z$ 分数进行假设检验吗？请解释原因。

20. Kanuparthy 和 Gilbert（2014）报告称，与非常热或非常冷的情况相比，在温和天气下人们对餐厅的评分明显更高。为了验证这一结论，研究人员在 7 月至 8 月的异常炎热时期收集了

$n=25$ 份本地餐厅的评分，得到的平均评分为 $M=7.29$。过去一年的全部评分平均为 $\mu=7.52$，$\sigma=0.60$。

a. 研究者能否验证该报告的结果？（单侧检验，$\alpha=0.05$）

b. 计算 Cohen's $d$ 值。

c. 用文字报告假设检验的结果和效应量。

21. 研究人员正在使用从正态分布总体中选取的样本评估处理的作用，该总体均值 $\mu=50$，$\sigma=10$。研究人员预期存在 +5 分的处理效应。（双侧检验，$\alpha=0.05$）

a. 如果样本量为 $n=4$，请计算该检验的统计检验力（见例 8.6）。

b. 如果样本量为 $n=25$，请计算该检验的统计检验力。

22. 研究表明，瑜伽训练可以增强手指的灵活性。假设一名研究人员进行了一项实验，评估瑜伽对手指灵巧度测试分数的影响。选取了 $n=4$ 名参与者，每个人在接受测试之前都会接受瑜伽训练。假设在总体中，测验得分 $\mu=50$，$\sigma=8$。预计瑜伽训练有望使测试平均分数提高 3 分。

a. 如果研究者使用 $\alpha=0.05$ 的双侧检验，检验力是多少？

b. 若样本增加到 $n=64$，检验力是多少？（双侧检验，$\alpha=0.05$）

23. 研究发现，人类的整体智商逐年提高，这种现象被称为弗林效应。数据显示，平均每 10 年增长约 7 分。为了检验该效应，研究人员获得了一项 10 年前的智商测试，计划对 25 名高中生进行测试。10 年前，这项智商测试的分数均值是 $\mu=100$，标准差是 $\sigma=15$。如果平均智商真的有 7 分的增长，请分别计算以下情况的检验力。

a. 双侧检验，$\alpha=0.05$。

b. 双侧检验，$\alpha=0.01$。

24. 请说明检验力是如何受到下列每个因素的影响的（假定其他因素保持不变）。

a. $\alpha$ 水平由 0.01 升高至 0.05。

b. 由单侧检验变为双侧检验。

c. 增大效应量。

25. 一位研究人员想探究一项为期 15 周的锻炼项目对男性体重的影响，预计体重变化效果为 3 磅。成年男性总体的平均体重为 $\mu=195.5$ 磅，$\sigma=42.0$。（双侧检验，$\alpha=0.05$）

a. 用符号表示虚无假设和备择假设。

b. 当样本为 $n=2\,500$ 时，计算统计检验力。

c. 假设研究者从 $n=2\,500$ 的样本观察到体重 $M=192.1$ 磅，请检验假设并计算 Cohen's $d$。

d. 用 $n=25$ 的样本重复 c. 的分析。

e. 比较 c. 和 d. 的效应量与假设检验的结果。

# $t$ 检验介绍

# 第 9 章

**学习本章需要掌握的相关知识**

下列术语是学习本章的关键背景知识。如果对这些知识有不明白之处，应复习先前学过的相关章节。

- 样本方差和标准差（第 4 章）
- 自由度（第 4 章）
- 标准误（第 7 章）
- 假设检验（第 8 章）

**章节概览**

## 引　言

狗的吠声能够传递哪些信息？狗能够对各种社交信号做出适当的反应，包括另一只狗的攻击性吠声。通常它们会表现得顺从，或通过后退来避免正面冲突，这种反应是合适的，因为它避免了可能导致伤害的对抗。狗是否能够从吠声中“知道”些什么呢？

Taylor、Reby 和 McComb（2011）研究了这个问题，他们探究了狗是否能够通过吠声来获取吠声狗的大小信息。在测试中，他们播放了录制的小型犬和大型犬的吠声。两只真实的模型犬在测试犬的前面，并被用部分屏幕隔开。小型犬是杰克罗素㹴，大型犬是德国牧羊犬。当播放吠声时，研究人员测量了测试犬观察每个模型的时间。狗是否能够从吠声中推断出吠声者的大小呢？研究人员发现，狗在观察与吠声（小狗或大狗吠声）匹配的模型（小狗和大狗）上花费的时间要多得多。

假设一组实验心理学班的学生决定将研究的一部分复制为一个项目。他们从互联网上下载了狗的吠声音频文件，并选择了一只大型犬和一只小型犬的吠声作为刺激源。在匹配任务中，他们使用了两张照片（一张小型犬的照片和一张大型犬的照片）作为模型。这些照片同时显示在由屏幕分隔的单独的计算机监视器上。对于每只测试犬，学生们播放了其中一段吠声录音，持续 30 秒，并记录测试犬看每张狗照片的时间。

学生们的理由是，如果测试犬没有从吠声中获得关于体型的信息，那么它们就不应该对两张照片的观察时间表现出任何偏好。狗平均会花一半的时间或 15 秒来观察正确的匹配。然而，如果吠声传达有关狗的大小的信息，则正确匹配的照片观看时间应多于 15 秒。

学生们使用了 $n=16$ 个测试狗的样本。假设这些狗对正确大小的狗的平均观察时间为 $M=25$ 秒（吠声与照片正确匹配）。这种观察时间的偏好是否提供了证据，证明狗能够正确匹配狗的吠声与狗的大小？注意，对于这些数据，总体标准差 $\sigma$ 是未知的。因此，无法计算标准误 $\sigma_M$。相反，研究人员必须使用样本数据来估计标准误。可以使用估计的标准误来计算测试统计量。因为用了对标准误的估计值，所以测试统计量不是 $z$ 分数。在本章中，我们将介绍在总体标准差 $\sigma$ 的值未知时使用 $t$ 统计量进行假设检验。它的结构与 $z$ 分数相同，只是标准误的值是从样本数据中估计的。

## 9.1　$t$ 统计量：$z$ 分数的替代形式

### 学习目标

1. 在一个研究示例中，描述并识别使用 $t$ 统计量代替 $z$ 分数进行假设检验的情况，并解释样本均值的 $t$ 统计量和 $z$ 分数之间的根本差异。

2. 计算特定样本量和样本方差条件下 $M$ 的估计标准误，并解释其测量值。

3. 解释 $t$ 分布和正态分布之间的关系。

在之前的章节中，我们介绍了研究者用样本均值来检验关于未知总体的假设的统计过程。这些统计过程基于一些基本概念，现总结如下：

1. 我们期望样本均值（$M$）大致等于总体均值（$\mu$）。我们能够用样本均值来检验关于总体均值的假设。

2. 标准误提供了测量样本均值有多接近总体均值的方法。标准误决定了由于偶然因素，$M$ 和 $\mu$ 之间有多少合理的差异。

$$\sigma_M = \frac{\sigma}{\sqrt{n}} \quad 或 \quad \sigma_M = \sqrt{\frac{\sigma^2}{n}}$$

3. 为了证明对于总体的推论，我们通过计算 $z$ 分数统计量来比较样本均值（$M$）和假设的总体均值（$\mu$）。

$$z = \frac{M-\mu}{\sigma_M} = \frac{样本均值-假设总体均值}{M和\mu之间的标准误}$$

$$z = \frac{样本均值(M)和假设均值(\mu)之间的实际差异}{M和未接受处理的\mu之间的期望差异}$$

假设检验的目的是决定是否数据和假设之间的差异显著大于预期的在没有处理效应存在的情况下由偶然因素造成的差异。当 $z$ 分数形成一种正态分布时，我们能够使用标准正态分布表（见附录B）来找到假设检验的拒绝域。

### $z$ 分数的问题

使用 $z$ 分数作为推论统计量的问题在于，$z$ 分数公式需要很多的信息，而这些通常很难得到。具体来说，$z$ 分数需要我们知道总体标准差（或者方差）来计算标准误。但是在许多情况下，总体标准差是未知的。事实上，我们进行假设检验的目的就是得到关于未知总体的相关信息。这就产生了一个悖论：我们想用 $z$ 分数来获得关于未知总体的信息，但在计算 $z$ 分数前，我们必须知道总体信息。幸运的是，有一种相对简单的方法可以解决这个问题。当总体方差未知时，我们使用相应的样本数据来代替。

### $t$ 统计量介绍

在第4章，样本方差被认为是相关总体方差的无偏统计。样本方差的公式和样本标准差的公式为：

> 自由度的概念在第4章已有介绍，$df=n-1$，在本章中还会再讨论。

$$样本方差 = s^2 = \frac{SS}{n-1} = \frac{SS}{df}$$

$$样本标准差 = s = \sqrt{\frac{SS}{n-1}} = \sqrt{\frac{SS}{df}}$$

使用样本值，现在我们能估计标准误。回忆第7章和第8章，能用标准差或者方差来计算标准误：

$$标准误 = \sigma_M = \frac{\sigma}{\sqrt{n}} \quad 或 \quad \sigma_M = \sqrt{\frac{\sigma^2}{n}}$$

现在，将用样本标准差或者方差来代替未知总体的值，以估计标准误：

$$估计标准误 = s_M = \frac{s}{\sqrt{n}} \quad 或 \quad s_M = \sqrt{\frac{s^2}{n}} \tag{9-1}$$

注意，估计标准误的符号是 $s_M$，而不是 $\sigma_M$，表示估计值是从样本数据得到的，而不是实际的总体参数。

**定义**

当 $\sigma$ 的值未知时，**估计标准误**（$s_M$）是真实标准误 $\sigma_M$ 的估计值。它是由样本方差或者样本标准差计算得到的，它提供了样本均值 $M$ 和总体均值 $\mu$ 之间标准距离的估计。

你应当了解，我们已经用标准差和方差表示了计算标准误（实际的或者是估计的）的公式。前面（第7章和第8章）我们关注的是使用标准差的公式。现在，我们将开始关注方差的公式。因此，在本章的剩余部分和以后的章节中，$M$ 的估计标准误将计算如下：

$$s_M = \sqrt{\frac{s^2}{n}}$$

从标准差转化为方差的原因有两个：

1. 在第 4 章，我们看到样本方差是一个无偏统计量；平均来说，样本方差（$s^2$）是总体方差（$\sigma^2$）准确的无偏统计。

2. 在以后的章节中，我们将遇到其他 $t$ 检验的形式，它们的公式中需要用方差（而不是标准差）来估计标准误。为了增加每种形式的相似性，我们将在所有不同的 $t$ 检验公式中使用方差。因此，进行 $t$ 检验时，应这样计算估计标准误：

$$\text{估计标准误} = \sqrt{\frac{\text{样本方差}}{\text{样本量}}}$$

现在，用估计标准误代替 $z$ 分数的计算公式中的分母。产生的新的检验统计量为 $t$ 检验统计量：

$$t = \frac{M-\mu}{s_M} \tag{9-2}$$

**定义**

当 $\sigma$ 的值未知时，**$t$ 统计量**被用来检验关于未知总体均值 $\mu$ 的假设。$t$ 统计量的公式与 $z$ 分数公式有相同的结构。但是，$t$ 统计量的分母使用的是估计标准误。

$t$ 统计量公式和 $z$ 分数公式的唯一区别是，$z$ 分数使用的是实际的总体方差 $\sigma^2$（或者标准差），$t$ 统计量公式使用的是总体参数未知时相关样本的方差（或者标准差）。

$$z = \frac{M-\mu}{\sigma_M} = \frac{M-\mu}{\sqrt{\sigma^2/n}}$$

$$t = \frac{M-\mu}{s_M} = \frac{M-\mu}{\sqrt{s^2/n}}$$

以下示例是测试你对 $t$ 统计量的估计标准误的理解的机会。

**例 9.1**

对于一个 $n=9$ 的样本，$SS=288$，计算样本方差和样本均值的估计标准误。你应该得到 $s^2=36$ 和 $s_M=2$。祝你好运。

### $t$ 统计量和自由度

在本章，我们介绍的 $t$ 统计量是 $z$ 分数的一种替代。它们之间的基本差异在于，$t$ 统计量使用样本方差，$z$ 分数使用总体方差。为了检验 $t$ 统计量有多接近 $z$ 分数，我们必须确定样本方差有多接近总体方差。

> 第 4 章介绍了样本方差自由度的概念。

根据大数定律（第 7 章），样本量越大，样本均值越可能接近总体均值。这个定律同样适用于样本方差和 $t$ 统计量。然而，对于 $t$ 统计量来说，这种关系通常用自由度来表示，或者说是对于样本方差用 $df$（$n-1$）来代替样本量 $n$，样本量越大，样本的 $df$ 值越大，样本方差就越能更好地代表总体方差。因此，与样本方差相关的自由度也能描述 $t$ 有多好地代表了 $z$。

$$\text{自由度} = df = n-1 \tag{9-3}$$

**定义**

**自由度**描述了样本中可以自由变化的分数个数。因为样本均值限制了样本中的一个分数，所以样本自由度为 $n-1$（见第 4 章）。

### $t$ 分布

总体中的每个样本都可以用来计算 $z$ 分数或者 $t$ 值，如果你选择所有大小为 $n$ 的可能的样本，并计算每一个样本均值的 $z$ 分数，那这些 $z$ 分数会形成一个 $z$ 分布。请注意，如果样本均值的分布是正态的，那么 $z$ 分数的分布由标准正态分布表所定义。同样，你可以计算每一个样本均值的 $t$ 统计量，所有可能的 $t$ 统计量将形成一个 $t$ 分布。正如我们在第 7 章看到的，通过计算样本均值得到的 $z$ 分布是接近正态的。具体来说，如果样本量足够大（$n \geqslant 30$），那么样本均值的分布也会接近正态分布。如果样本是来自正态分布的总体，那么样本均值的分布是完美的正态分布。在这些情况下，$t$ 分布近似于正态分布，正如 $t$ 统计量近似于 $z$ 分数。$t$ 分布有多接近正态，是由自由度决定的。总的来说，样本量（$n$）越大，自由度（$n-1$）越高，$t$ 分布越接近于正态分布。如图 9-1 所示，它显示了一个正态分布与 $df=5$ 和 $df=20$ 的 $t$ 分布。

**定义**

***t* 分布**由一系列随机样本的 $t$ 值组成，这些样本有具体的样本量（$n$）和确定的自由度（$df$）。$t$ 分布的形状近似于正态分布，尤其是当样本量较大或者样本来自正态分布的总体时。

### $t$ 分布的形状

$t$ 分布的形状随着自由度而改变。事实上，统计学家认为 $t$ 分布是一系列的分布，即对于不同的自由度，有不同的样本 $t$ 分布。当自由度变得非常高时，$t$ 分布的形状接近于 $z$ 分数的正态分布。图 9-1 说明，$t$ 分布是钟形的、对称的，均值为 0。但是，$t$ 分布比正态 $z$ 分布有更明显的变异性，特别是当自由度较低时（见图 9-1）。$t$ 分布趋向于更加分散，而正态 $z$ 分布有一个明显的最高中心点。

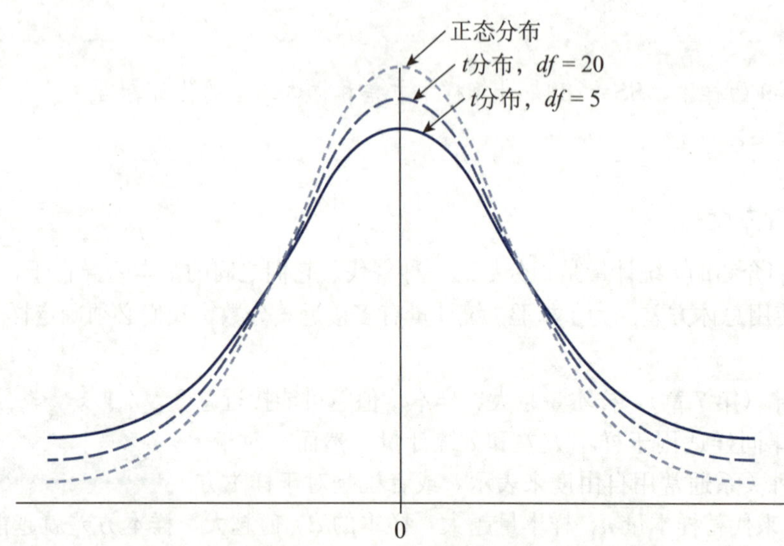


**图 9-1　不同自由度值的 $t$ 分布和正态 $z$ 分布的比较**

说明：正如正态分布一样，$t$ 分布是钟形的、对称的，均值为 0。但是，$t$ 分布有更明显的变异性，这可以由较分散的形状说明。自由度越高，$t$ 分布越接近于正态分布。

如果考察 $z$ 分数和 $t$ 统计量的公式，则 $t$ 分布比 $z$ 分布更分散及变异更明显的原因将会很清楚。对于一个特定的总体，$z$ 分数和 $t$ 统计量公式的上部 $M-\mu$ 可以有许多不同的值，因为 $M$ 随着样本不同而改变。而当样本量都相同且都来源于同一个总体时，$z$ 分数公式的分母是不变的。具体来说，所有 $z$ 分数的分母有相同的标准误，$\sigma_M=\sqrt{\sigma^2/n}$，因为总体方差和样本量是不变的。另外，$t$ 统计量公式中的标准误不是常数，样本不同时，分母是变化的。即 $s_M$是基于样本方差的，它的值将会随着样本变化，所以估计的标准误也会变化，$s_M=\sqrt{s^2/n}$。所以，$z$ 分数的公式中只有分子是变化的，而 $t$ 统计量的公式中分子和分母都是变化的。所以，$t$ 分布比正态 $z$ 分布有更明显的变异性，看起来更分散。当自由度上升时，$t$ 分布的变异减小，它将更接近于正态分布。

### 确定 t 分布的比例和概率

就像用标准正态分布表来确定与 $z$ 分数联系的比例一样，我们将使用 $t$ 分布表来得到 $t$ 值的比例。完整的 $t$ 分布表在附录 B 中，表 9－1 是这个表的一部分。表的最上面两行表示单尾或双尾的 $t$ 分布比例，看使用哪一行。表的第一列是 $t$ 值的自由度。表中的数值是标记尾部和剩余分布界限的 $t$ 值。

**表 9－1　t 分布表的一部分**

| | 单尾的比例 | | | | | |
|---|---|---|---|---|---|---|
| | 0.25 | 0.10 | 0.05 | 0.025 | 0.01 | 0.005 |
| | 双尾合在一起的比例 | | | | | |
| *df* | 0.5 | 0.2 | 0.10 | 0.05 | 0.02 | 0.01 |
| 1 | 1.000 | 3.078 | 6.314 | 12.706 | 31.821 | 63.657 |
| 2 | 0.816 | 1.886 | 2.920 | 4.303 | 6.965 | 9.925 |
| 3 | 0.765 | 1.638 | 2.353 | 3.182 | 4.541 | 5.841 |
| 4 | 0.741 | 1.533 | 2.132 | 2.776 | 3.747 | 4.604 |
| 5 | 0.727 | 1.476 | 2.015 | 2.571 | 3.365 | 4.032 |
| 6 | 0.718 | 1.440 | 1.943 | 2.447 | 3.143 | 3.707 |

说明：表中的数值是在分布中将尾部和主体分开的 $t$ 值。单尾或双尾的比例列在表首，$t$ 检验的自由度列在第一列。

例如，$df=3$ 时，恰好有 5%的 $t$ 分布位于超过 $t=2.353$（见图 9－2）的尾部。这个 $t$ 值已在表 9－1 中加阴影显示。先在表的第一列找到自由度为 3。然后定位到比例为 0.05（5%）的单尾检验比例那一行。当你看到行列 $df=3$ 和比例为 0.05 的交叉处时，你可以得到 $t=2.353$（见表 9－1）。因为 $t$ 分布是对称的，$t$ 分布的 5%也位于尾端小于 $t=-2.353$ 处（见图 9－2）。最后，整个分布的 10%包括两个尾端超过 $t=\pm 2.353$ 的部分（在表头双尾比例那一行查对比例值）。

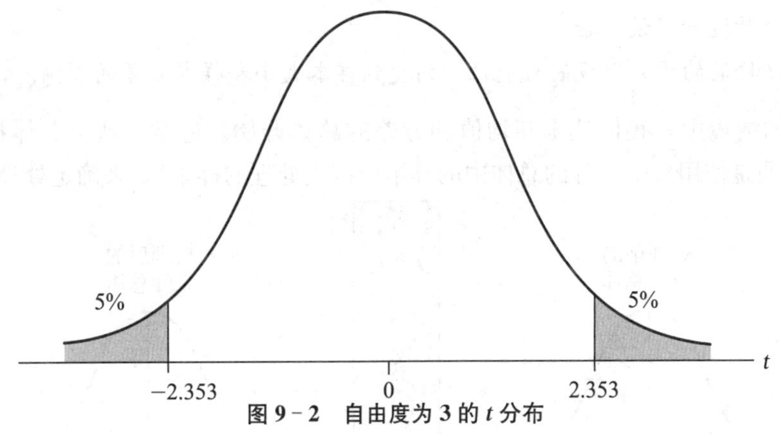


**图 9－2　自由度为 3 的 t 分布**

说明：注意，分布的 5%位于尾端大于 $t=2.353$ 处。同样，$t$ 分布的 5%也位于尾端小于 $t=-2.353$ 处。因此，整个分布的 10%包括两个尾端超过 $t=\pm 2.353$ 的部分。

仔细观察附录 B 中的 $t$ 分布表，你会发现一个我们之前阐明的要点：随着自由度上升，$t$ 分布越来越接近正态分布。以双尾比例 0.05 的 $t$ 值为例，你将发现，当自由度为 1 时，将分布的极端 5%与剩余部分分开的 $t$ 值为 $\pm 12.706$。顺着这一列往下，你会发现 $t$ 值变得越来越小，最终达到了

±1.96。你应当记得±1.96 是将极端 5%与剩余部分分离的 $z$ 分数值。因此，随着自由度上升，$t$ 分布的比例更接近于正态分布。当样本量（和自由度）足够大时，$t$ 分布和正态分布的差异是可以忽略的。

注意，本书的 $t$ 分布表是有删节的，而且没有包括所有自由度的值。例如，这个表列出了自由度为 40 和 60 的 $t$ 值，但是没有列出 40～60 间的值。偶尔，你可能会遇到你所需要的自由度的 $t$ 值不在表上的情况。这时，你应当查找在你的自由度周围自由度的 $t$ 值，并且使用较大的值。例如，你的自由度为 53（不在表上），查找自由度为 40 和 60 的 $t$ 值，然后使用较大的 $t$ 值。如果你用样本得到的 $t$ 统计量大于较大的 $t$ 值，那么可以确定数据在拒绝域中，你也能自信地拒绝虚无假设。

**学习检查**

1. 在什么情况下，假设检验中用 $t$ 检验代替 $z$ 检验？

a. 当样本量为 $n=30$ 或更大时，使用 $t$ 检验

b. 当总体均值未知时，使用 $t$ 检验

c. 当总体方差（或标准差）未知时，使用 $t$ 检验

d. 当不确定总体分布是否为正态分布时，使用 $t$ 检验

2. 一个样本量为 $n=9$ 的样本，$SS=72$。样本均值的估计标准误是多少？

a. 9　　b. 3　　c. 1　　d. 2

3. 一般而言，当虚无假设为真时，$t$ 统计量的期望值是多少？

a. 0　　b. 1　　c. 1.96　　d. $t>1.96$

**答案**　1. c　2. c　3. a

## 9.2　$t$ 检验的假设检验

**学习目标**

4. 使用 $t$ 统计量进行假设检验。

5. 解释拒绝 $t$ 检验的虚无假设的可能性如何受到样本大小和样本方差的影响。

在假设检验的情境中，我们从未知均值和方差的总体开始。通常，这个总体接受了一些处理（见图 9-3），目的是使用接受处理的总体中的样本（接受处理的样本），来确定处理效应是否存在。

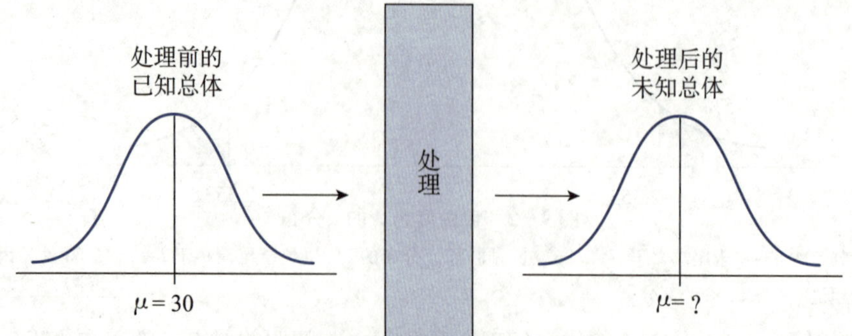


**图 9-3　使用 $t$ 检验的基本实验情境**

说明：在处理前，假设总体的参数 $\mu$ 已知。实验的目的是确定处理效应是否存在。注意，处理后的总体的均值和方差未知。从处理后的总体中选择一个样本来帮助我们回答这个问题。

### 使用 $t$ 统计量进行假设检验

就像之前一样，虚无假设提出处理效应不存在，具体来说，虚无假设提出总体均值没有变化。因此，虚无假设为未知总体均值提供了一个特定的值，样本数据提供了样本均值。使用样本数据计算方差和标准误。把这些值代入 $t$ 统计量公式中，结果为：

$$t=\frac{\underset{(\text{来自数据})}{\text{样本均值}}-\underset{(\text{由虚无假设假定})}{\text{总体均值}}}{\underset{(\text{根据样本数据计算})}{\text{估计标准误}}}$$

就像 $z$ 分数公式一样，$t$ 统计量公式也是一个比率。分子测量了样本数据（$M$）和总体假设（$\mu$）之间的实际差异，分母测量了由于偶然因素可能存在多少差异。当数据与假设之间的差异（分子）远大于偶然因素下的差异（分母）时，会得到一个较大的 $t$ 值（正值或者负值）。这时，我们得出结论——数据与假设不一致，我们的决定是拒绝虚无假设。另外，当数据与假设之间的差异和标准误相对较小时，会得到一个接近 0 的 $t$ 值，我们的结论是不能拒绝虚无假设。注意 $z$ 和 $t$ 是具有相同基本结构的比率。

$$z\text{ 或 }t=\frac{\text{样本均值}(M)\text{ 和假设均值}(\mu)\text{ 之间的实际差异}}{M\text{ 和未接受处理的 }\mu\text{ 之间的期望差异}}$$

作为一种比率，如果 $H_0$ 为真，它们都将 $M$ 和假设 $\mu$ 之间的差异与 $M$ 和 $\mu$ 之间的预期差异进行比较。

**未知总体**　正如之前提到的一样，假设检验关注的是接受处理后的总体。该情境在图 9－3 中呈现。我们注意到，总体均值在处理前是已知的，问题是：处理是否会影响分数，导致均值发生改变？在这种情况下，未知总体是接受处理后的总体，虚无假设认为处理并没有导致均值的改变。

$t$ 检验不仅可以用在图 9－3 所示的前后类型的研究中，也可以用在没有一个已知总体作为标准的假设检验中。具体来说，$t$ 检验不要求关于总体均值和方差的任何先验信息。计算 $t$ 统计量只需要虚无假设和一个来自未知总体的样本。因此，$t$ 检验可以用于基于理论、逻辑预测或只是猜想的研究情境中。例如，很多调查利用量表评定来研究人们对矛盾问题的看法。被试会看到一段陈述，然后在 1～7 的量表上表达他们的观点，1 表示强烈同意，7 表示强烈不同意。分数 4 位于中间位置，即没有倾向性的观点。在这种情况下，虚无假设认为人们的观点没有倾向性，$H_0$：$\mu=4$。然后，要从样本中收集数据来评价假设。注意，研究者对总体均值没有任何先验信息，只是根据逻辑来陈述假设。

### 假设检验的例子

下面的研究情境将用来展示 $t$ 检验的假设检验的过程。

**例 9.2**

Chang、Aeschbach、Duffy 和 Czeisler（2015）报告说，睡前对着发光电子阅读器屏幕阅读可以显著影响睡眠，并降低第二天早晨的敏感性。为了验证这一发现，一名研究人员从 $n=9$ 名志愿者中抽取了一个样本，他们同意在睡觉前一小时内使用电子阅读器至少 15 分钟，然后在第二天早上进行标准化认知敏感测试。对于一般人群，测试平均得分为 $\mu=50$，并形成正态分布。研究参与者样本的平均得分为 $M=46$，$SS=162$。

**步骤 1　提出虚无假设并设定 α 水平。**在这种情况下，虚无假设表明，睡前对着屏幕阅读对第二天早晨的敏感性没有影响，用符号表示为：

$H_0$：$\mu_{\text{屏幕阅读}}=50$（即使使用电子阅读器，平均敏感性得分仍为 50）

备择假设为睡前对着屏幕阅读确实会影响第二天早晨的敏感性。有方向的单尾检验将指定敏感性是增加还是减少，但没有方向的备择假设用符号表示如下：

$H_1$：$\mu_{屏幕阅读} \neq 50$（使用电子阅读器后，平均敏感性得分不为 50）

我们将显著性水平设为双尾检验 $\alpha=0.05$。

**步骤 2 定义拒绝域。**因为总体方差未知，所以检验统计量为 $t$ 统计量。为了得到拒绝域，必须计算自由度：

$$df=n-1=9-1=8$$

对一个 0.05 显著水平的双尾检验和 8 的自由度，拒绝域包括 $t$ 值大于 +2.306 或小于 −2.306 的部分。图 9-4 描绘了 $t$ 分布中的拒绝域。

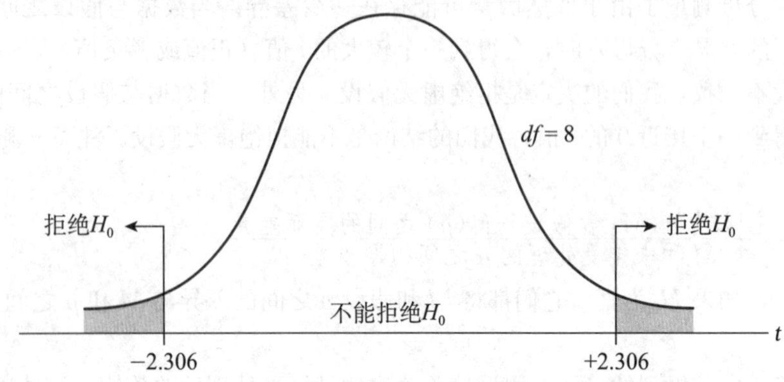


**图 9-4 显著性水平为 0.05、自由度为 8 的 $t$ 分布拒绝域**

**步骤 3 计算检验统计量。**得到 $t$ 值比 $z$ 分数需要更多的计算。因此，我们建议将计算的过程分为以下三步。

a. 首先，计算样本方差。记住，总体方差是未知的，这部分你必须使用样本值（这是我们用 $t$ 检验代替 $z$ 分数检验的原因）。

$$s^2=\frac{SS}{n-1}=\frac{SS}{df}=\frac{162}{8}=20.25$$

b. 然后，使用样本方差（$s^2$）和样本量（$n$）来计算估计标准误。这个值将会是 $t$ 统计量公式的分母，它测量了在没有处理效应的情况下，样本均值和相应的总体均值之间有多少合理的误差。

$$s_M=\sqrt{\frac{s^2}{n}}=\sqrt{\frac{20.25}{9}}=\sqrt{2.25}=1.50$$

c. 最后，计算样本数据的 $t$ 值。

$$t=\frac{M-\mu}{s_M}=\frac{46-50}{1.50}=-2.67$$

**步骤 4 做出关于虚无假设的决定。**得到的 $t$ 值 −2.67 在 $t$ 分布左边的拒绝域中（见图 9-4）。我们的统计决定是拒绝虚无假设，并且得出结论：睡前对着发光屏幕阅读确实会影响第二天早晨的敏感性。如样本均值所示，睡前对着屏幕阅读后，敏感水平有降低的趋势。

### $t$ 检验的假设

$t$ 检验的假设检验需要两个基本的前提。

1. 样本的值必须是相互独立的。

一般情况下，如果在第一个观察和第二个观察之间没有一致的可预测的关系，那么这两个观察就是独立的。更精确地说，如果第一个事件的出现对于第二个事件出现的概率没有影响，两个事件

（观察）就是独立的。我们在专栏 8－1 中考察了独立和非独立的具体例子。

2. 总体必须是正态的。

这个假设是 $t$ 统计量和 $t$ 分布表所依据的数学基础中的必要部分。但是，即使违背这个前提，对 $t$ 检验的结果也几乎没有实质性的影响，特别是当样本量相对较大时。当样本量很小时，一个正态分布的总体是很重要的。样本量较大时，违背这个前提，不会影响假设检验的效度。如果你怀疑总体分布不是正态的，那么使用大的样本是较安全的。

### 样本量和样本方差的影响

就像我们在第 8 章提到的一样，很多因素会影响假设检验的结果。样本量和样本方差的大小对 $t$ 统计量都有很大的影响，因而也会影响统计结论。$t$ 统计量的计算公式清楚地呈现了它们的影响。

$$t=\frac{M-\mu}{s_M}$$

其中，

$$s_M=\sqrt{\frac{s^2}{n}}$$

因为估计的标准误 $s_M$ 是公式的分母，所以 $s_M$ 越大，$t$ 值会越小（接近于 0）。因此，任何影响标准误的因素也会影响拒绝虚无假设及识别显著处理效应的可能性。决定标准误大小的两个因素是样本方差 $s^2$ 和样本量 $n$。

估计标准误和样本方差直接相关，方差越大，估计标准误越大。也就是说，一个大的样本方差意味着你更不容易得到显著的处理效应。一般来说，大样本方差是不利于推论统计的。大的方差意味着分数会更加分散，让研究者不能看到数据中存在的模式和趋势。大的样本方差会减小拒绝虚无假设的概率。

另外，估计标准误和样本量成反比。样本量越大，估计标准误越小。如果其他因素不变，样本量越大，$t$ 统计量越大，则更容易得到一个显著的结果。例如，一个 2 分的均值差异在样本量 $n=4$ 时对证明处理效应的存在没有说服力，但当样本量 $n=100$ 时，可能更有说服力。

### 学习检查

1. 从均值为 $\mu=73$ 的人群中选择一个 $n=25$ 的样本，并对该样本进行治疗。治疗后，样本有 $M=70$ 和 $s^2=100$。如果使用 $t$ 检验来评估治疗效果，那么 $t$ 值的大小为？

a. $t=-0.75$　　b. $t=-3.00$　　c. $t=-1.50$　　d. $t=+1.50$

2. 一个假设检验产生的 $t$ 值为 $t=2.30$。如果研究人员使用的是一个双尾检验，其值为 $\alpha=0.05$，那么为了拒绝虚无假设，样本至少要多大？

a. 至少要 $n=8$　　b. 至少要 $n=9$

c. 至少要 $n=10$　　d. 至少要 $n=11$

3. 从总体中选择一个样本，并对样本进行处理。对于 $t$ 检验，如果样本均值与原始总体均值之间存在 5 点差异，那么哪一组样本特征最有可能得到存在显著处理效应的决定？

a. 小样本小方差　　b. 小样本大方差

c. 大样本大方差　　d. 大样本小方差

**答案**　1. c　2. c　3. a

## 9.3 测量 $t$ 检验的效应大小

### 学习目标

6. 计算 Cohen's $d$ 或方差解释比例（$r^2$），以测量 $t$ 检验的效应大小。
7. 解释 $t$ 检验的效应大小如何受样本大小和样本方差的影响。
8. 解释如何使用置信区间来描述实验处理效应的大小，并描述影响置信区间宽度的因素。
9. 能够在文献中报告 $t$ 检验结果。

在第8章，我们注意到假设检验的一个缺点是它没有测量出处理效应的大小。它只是简单地确定了处理效应是否大于偶然性，而偶然性是由标准误决定的。当样本量很大时，即使一种很小的处理效应也可以达到统计显著。为了解决这一问题，我们建议为假设检验得到的结果附上关于效应大小的报告，例如 Cohen's $d$ 系数。

### 估计的 Cohen's $d$ 系数

在 Cohen's $d$ 系数最先提出时，公式是这样的：

$$\text{Cohen's } d \text{ 系数}=\frac{\text{均值差异}}{\text{标准差}}=\frac{\mu_{\text{处理}}-\mu_{\text{未处理}}}{\sigma}$$

Cohen's $d$ 系数是根据总体均值差异和总体标准差来测量效应量大小。然而，在大多数情况下，总体的信息都是未知的，因此我们必须用对应的样本信息来替代。替代以后，很多研究者倾向于把计算出的值称作估计的 $d$ 值，或者用第一个把样本统计量代入 Cohen 的公式的专家的姓名命名（如 Glass's $g$ 或者 Hedge's $g$）。对于 $t$ 检验的假设检验，没有处理的总体均值就是虚无假设中的值，然而接受处理的总体均值和总体标准差是未知的。所以，我们使用处理后的样本均值和标准差来作为未知参数的估计值。经过以上替换，Cohen's $d$ 系数公式变为：

$$\text{Cohen's } d=\frac{\text{均值差异}}{\text{样本标准差}}=\frac{M-\mu}{s} \tag{9-4}$$

分子通过计算处理样本和未知总体均值（$H_0$ 中的 $\mu$）之间的差异测量了处理效应的大小，分母中的样本标准差把均值差异标准化。因此，当估计的 $d$ 值为1时，意味着处理效应的大小等于标准差。下面的例子说明了如何用估计的 $d$ 值来测量 $t$ 检验的效应大小。

**例 9.3**

对于例 9.2 中的睡前阅读研究，被试在敏感性测试中的平均成绩为 $M=46$。如果电子阅读器没有影响（如虚无假设所述），总体均值将为 $\mu=50$。结果显示，睡前阅读的均值（$M=46$）与一般总体均值之间存在 4 分差异（$\mu=50$）。此外，在本研究中，样本标准差为样本方差的平方根，为 $s^2=20.25$。

$$\text{样本标准差}=s=\sqrt{s^2}=\sqrt{20.25}=4.50$$

因此，这个例子的 Cohen's $d$ 系数为：

$$\text{Cohen's } d=\frac{M-\mu}{s}=\frac{46-50}{4.50}=0.89$$

根据 Cohen 提出的标准（见表 8-2），这是一个大的处理效应。Cohen's $d$ 永远是正值。

为了帮助你形象地认识 Cohen's $d$ 系数测量的是什么，我们构造了一系列 $n=9$、均值 $M=46$、标准差 $s=4.5$ 的分数（例 9.2、例 9.3 中相同的值）。该系列分数用图 9-5 表示。注意，这个图也

包括在 $\mu=50$ 处的垂直线。回忆一下，$\mu=50$ 是虚无假设提出的值，它定义了处理效应不存在时均值的大小。很明显，我们的样本不在 $\mu=50$ 周围。这些分数转移到了左边，所以样本均值是 $M=46$。这个移动——从 50 到 46——是由处理效应造成的 4 分的均值差异。4 分的均值差异接近 1 个标准差。因此，处理效应的大小约等于 1 个标准差。Cohen's $d$ 系数＝0.89。

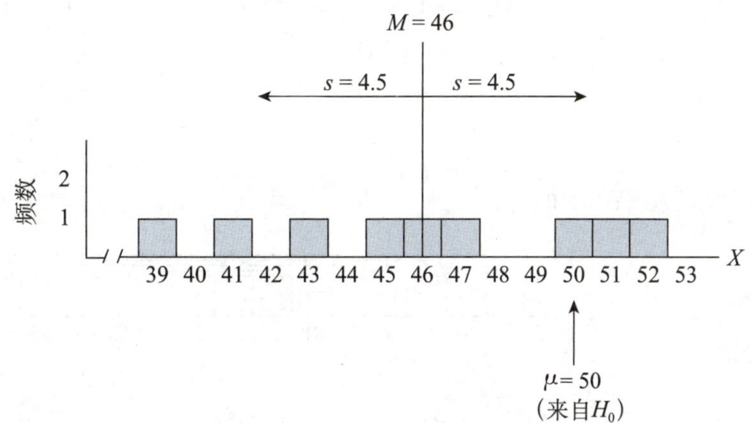


**图 9－5　M＝46、s＝4.5 的样本系列分数**

说明：$M=46$、$s=4.5$ 的样本分布表示了例 9.2 和例 9.3 中使用的分数。如果处理效应不存在，总体均值 $\mu=50$ 是期望得到的值。注意，样本均值离总体均值 $\mu=50$ 有 0.89 个标准差的距离。

下面这个例子可以检验你对 $t$ 检验的假设检验和效应大小的理解。

**例 9.4**

从均值 $\mu=40$ 的人群中选择一个 $n=16$ 的样本。对样本进行实验处理，处理后，样本均值为 $M=44$，方差为 $s^2=16$。使用具有 $\alpha=0.05$ 的双尾检验检测处理效应是否显著，并计算 Cohen's $d$ 来测量处理效应的大小。你会得到 $df=15$ 的 $t=4.00$，拒绝 $H_0$。效应量为 Cohen's $d=1.00$，效应足够大。

### 测量变异的解释比例——$r^2$

测量效应量大小的另一种方法是确定分数中的多少变异是由处理效应解释的。这个测量背后的概念是处理引起分数增加（或减小），即意味着处理引起了分数的变化。如果能测量处理解释了多少变异，我们就能得到处理效应的大小。

为了证明这一概念，我们将使用例 9.2 中假设检验的数据。回想一下，虚无假设表明处理（睡前对着电脑屏幕阅读）对第二天早晨的敏感性没有影响。根据虚无假设，在睡前对着电脑屏幕阅读的个体应具有与普通人群相同的敏感性水平，因此在标准化测试中均值应该为 $\mu=50$。

然而，如果你看图 9－5 中的数据就会发现：分数不是以 $M=50$ 为中心。相反，分数向左移动，以样本均值 $M=46$ 为中心。这种移动是处理效应。为了测量处理效应的大小，我们用两种不同的方法计算均值和离均差平方和的差异。

图 9－6（a）表示了原始分数。对于每个分数，与 $\mu=50$ 的距离用一条直线表示。$\mu=50$ 来自虚无假设，它代表处理效应不存在时应当得到的均值。注意，几乎所有的分数都位于 $\mu=50$ 的左边，这种向左边的移动就是处理效应。具体来说，睡前对着电脑屏幕阅读会让第二天的敏感性水平降低，也就是说分数会普遍小于 50。因此，处理让分数远离 $\mu=50$，并且增加了距离。

下面，我们来看看如果移除处理效应将会发生什么。在这个例子里，处理有 4 分的效应（均值从 $\mu=50$ 到 $M=46$）。为了移除处理效应，我们简单地在每个分数里加上 4。图 9－6（b）表示调整

(a) 原始分数，包括处理效应

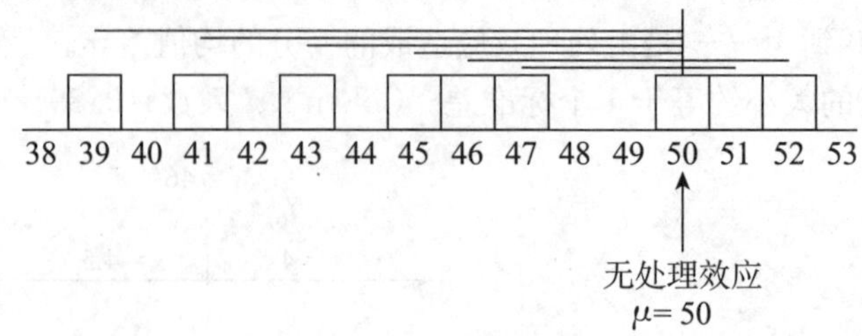


(b) 消除处理效应后调整的分数

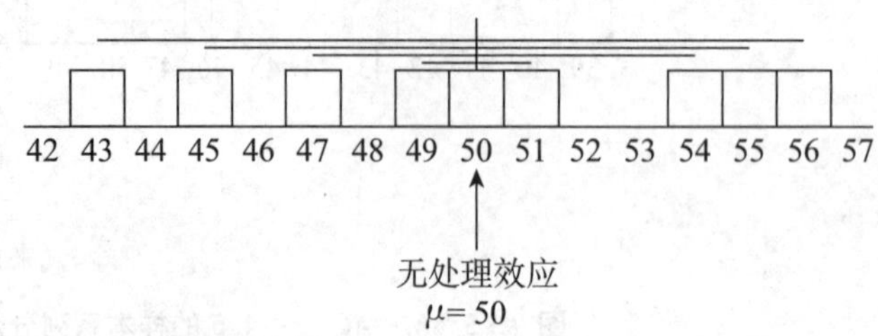


**图 9-6　例 9.2 中的分数与 $\mu=50$ 的距离**

说明：图（a）的直线表示原始数据与均值之间的距离，包括处理效应。图（b）的直线表示消除处理效应后调整的数据与均值之间的距离。

后的分数，与 $\mu=50$ 的距离也用直线表示。首先注意，调整后的分数在 $\mu=50$ 周围，表示处理效应不存在。同样要注意，当处理效应移除后，直线表示的距离显著变小。

为了测量移除处理效应减小了多少变异，我们对每组分数计算离均差平方和 $SS$。表 9-2 的左边表示原始分数的计算［见图 9-6（a）］，右边表示调整分数的计算［见图 9-6（b）］。注意，整个的变异，包括处理效应，是 $SS=306$。但是，当移除处理效应后，变异减小到 $SS=162$。这两个值之间的差异 144，是解释处理效应的变异。这个值通常用占总变异的比例或百分数来报告：

$$r^2=\frac{\text{解释的变异}}{\text{总变异}}=\frac{144}{306}=0.47\text{（或 47\%）}$$

**表 9-2　计算图 9-6 中数据的 $SS$、离均差平方和**

| $SS$ 的计算，包括处理效应 | | | 处理效应移除后，$SS$ 的计算 | | |
|---|---|---|---|---|---|
| 分数 | 偏离 $\mu=50$ 的距离 | 离均差的平方 | 调查的分数 | 偏离 $\mu=50$ 的距离 | 离均差的平方 |
| 39 | −11 | 121 | 39+4=43 | −7 | 49 |
| 41 | −9 | 81 | 41+4=45 | −5 | 25 |
| 43 | −7 | 49 | 43+4=47 | −3 | 9 |
| 45 | −5 | 25 | 45+4=49 | −1 | 1 |
| 46 | −4 | 16 | 46+4=50 | 0 | 0 |
| 47 | −3 | 9 | 47+4=51 | 1 | 1 |
| 50 | 0 | 0 | 50+4=54 | 4 | 4 |
| 51 | 1 | 1 | 51+4=55 | 5 | 25 |
| 52 | 2 | 4 | 52+4=56 | 6 | 36 |
| | | $SS=306$ | | | $SS=162$ |

说明：前三列表示原始分数的计算，包括处理效应；后三列表示移除处理后调整分数的计算。

因此，移除处理效应减小了 47%的变异。这个值叫作解释处理后的变异百分比，被定义为 $r^2$。

不需要计算两个不同的 $SS$ 的值来得到 $r^2$。我们可以从 $t$ 检验的结果中，通过一个单独的等式来得到这个值。

$$r^2 = \frac{t^2}{t^2 + df} \tag{9-5}$$

$r$ 是表示相关的传统符号。当我们在第 14 章介绍相关时，会再次讨论 $r^2$ 的概念。同样，在 $t$ 检验部分，我们把 $r^2$ 叫作解释的变异百分比，通常用希腊字母 $\omega^2$ 表示。

对于例 9.1 中的假设检验，我们在 $df=8$ 时得到了 $t=-2.67$。这些值可以用于计算 $r^2$。

$$r^2 = \frac{(-2.67)^2}{(-2.67)^2+8} = \frac{7.13}{15.13} = 0.47\ (47\%)$$

注意，这与我们直接计算得到的值是一样的。

**解释 $r^2$**　在开发出 Cohen's $d$ 系数来测量效应量大小之后，Cohen（1988）也提出了用 $r^2$ 作为标准评价效应大小的方法。他实际上是建议用相关 $r$ 来评价效应大小，但是扩大到 $r^2$ 更加简单。Cohen 提出的解释 $r^2$ 的标准如表 9－3 所示。

**表 9－3　Cohen（1988）提出的解释 $r^2$ 的标准**

| 解释的变异百分比，$r^2$ | |
|---|---|
| $r^2=0.01$ | 小效应 |
| $r^2=0.09$ | 中等效应 |
| $r^2=0.25$ | 大效应 |

根据这些标准，我们在例 9.2 和例 9.3 中建构的数据表现出一种很大的处理效应，$r^2=0.47$。

我们还要提醒你，尽管样本量会影响假设检验，但这个因素对效应大小没有任何影响。特别是 Cohen's $d$ 系数，完全不受样本量的影响，$r^2$ 受样本量的影响也很小。另外，样本方差会影响假设检验和效应大小。具体来说，样本方差越大，拒绝虚无假设的可能性越小，且效应也会变小。

## 估计的 $\mu$ 的置信区间

另一种描述处理效应大小的方法是计算处理后的总体均值。例如，如果处理前的均值 $\mu=80$，处理后的均值估计值为 $\mu=86$，我们可以说处理效应的大小是 6。

估计未知总体均值涉及构建置信区间。置信区间是基于样本的观测值建立的，这些样本中的观测值可以为总体均值提供合理的估计。一个样本均值和总体均值比较接近，就表明总体均值会近似于样本均值。例如，我们得到一个样本均值 $M=86$ 的样本，可以合理地认为总体均值约为 86。因此，置信区间是由围绕在样本均值附近的一些值构成的一个区间，同时我们也可以合理地推断未知总体的均值会落在这个区间内。

**定义**

**置信区间**是一个区间，或者说是一个范围内的值，以样本统计量为中心。置信区间的逻辑是样本统计量，如样本均值，应该接近于其所对应的总体参数。因此，我们可以合理地认为参数值应该落在置信区间内。

## 构建置信区间

构建置信区间的基础是每一个样本均值都有其相对应的 $t$ 值：

$$t = \frac{M-\mu}{s_M}$$

即使可以从样本数据中得到 $M$ 和 $s_M$，我们也计算不出 $t$ 值，因为总体均值 $\mu$ 是未知的。为了构建置信区间，我们估计 $t$ 的值，而非计算 $t$ 值。例如，如果样本有 $n=9$ 个分数，则 $t$ 统计量的自由度为$df=8$，所有可能的$t$值分布如图9-7所示。可以看出，$t$值大多围绕在$t=0$附近，因此我们估计样本的$t$值应该在0附近。此外，$t$分布表列出了$t$分布不同比例的面积对应的不同的$t$值。例如，$df=8$时，95%的$t$值在$-2.306$至$+2.306$区间。为了得到这些值，我们可以查找在$df=8$时，两个尾端有5%的面积对应的$t$值。因为所有可能的$t$值的95%都落在$\pm 2.306$区间，所以我们有95%的把握确信，$t$值可能在这个区间之内。相似地，我们有80%的把握确信一个样本量$n=9$的样本均值对应的$t$值在$\pm 1.397$区间。我们可以估计一定置信水平上的$t$值。为了构建$\mu$的置信区间，我们把估计的$t$值代入$t$统计量公式，就可以计算出$\mu$。

在呈现为未知总体均值构建置信区间的详细过程前，对$t$统计量的公式进行简化。我们的目标是计算$\mu$，用简单的代数运算可以得到计算$\mu$的公式为：

$$\mu = M \pm ts_M \tag{9-6}$$

这是置信区间的基本方程，该方程在样本均值周围产生一个区间。区间的一端位于$M+ts_M$，另一端位于$M-ts_M$。用该公式构建置信区间的过程在下列例子中有详细描述。

**例 9.5**

例9.2描述了一项关于睡前对着电子阅读器屏幕阅读会导致第二天早晨的敏感性降低的研究。具体而言，在睡前一小时内借助电子阅读器阅读至少15分钟的$n=9$名被试的样本在第二天早晨的敏感测试中平均得分为$M=46$，总体均值为$\mu=50$。该数据产生的估计标准误为$s_M=1.50$。我们将使用该样本构建一个置信区间，以估计睡前浏览电脑屏幕的人群的平均敏感性得分。我们要构建的这个置信区间包含未知的总体均值。

估计公式为：

$$\mu = M \pm ts_M$$

在上面的公式中，我们可以从样本数据中得到$M=46$和$s_M=1.50$。接下来要选择一种置信水平，该水平决定了公式中的$t$值。最常用的置信水平是95%，此外90%和99%也很常用。在这个例子中，使用95%的置信水平，这意味着我们有95%的把握确定总体均值包含在我们构建的置信区间中。因为使用了95%的置信水平，所以区间结果又被称为$\mu$的95%的置信区间。

> 中间面积占95%，尾部占5%（或0.05）。查表在双尾检验$p=0.05$处确定$t$值。

为了得到公式中的$t$值，我们简单地估计样本的$t$统计量落在$t$分布的中间的95%。$df=n-1=8$时，分布中间的95%的边界$t$值是$-2.306$和$+2.306$（见图9-7）。结合样本数据和估计的$t$值，我们可以得到

$$\mu = M \pm ts_M = 46 \pm 2.306 \times 1.50 = 46 \pm 3.459$$

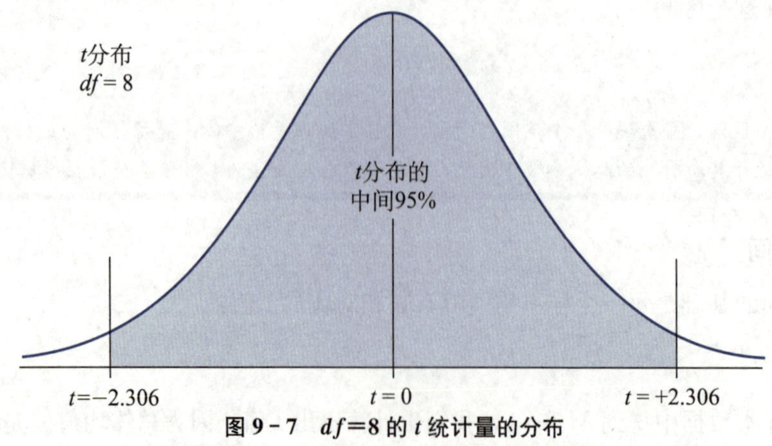


**图9-7 $df=8$的$t$统计量的分布**

说明：$t$值围绕$t=0$分布，所有可能值的95%位于$t=-2.306$和$t=+2.306$之间。

区间的两端分别为 $\mu=46+3.459=49.459$ 和 $\mu=46-3.459=42.541$。我们可以得出结论：前一天晚上浏览电子屏幕的总体的第二天早晨警觉分数均值在 $\mu=42.541$ 和 $\mu=49.459$ 之间，而且我们有 95%的信心认为总体均值会落在这个区间内，因为计算仅基于一个假设。具体来说，我们假设 $t$ 统计量的值在 $-2.306$和$+2.306$ 之间，而且我们有 95%的把握确信这个假设是正确的，因为所有的 $t$ 值有 95%的可能会落在这个区间内。另外，置信区间是围绕在样本均值周围的，样本均值 $M=46$ 落在置信区间的中心。

### 影响置信区间宽度的因素

置信区间有两个特征。第一，当改变置信水平的时候，区间的宽度会如何变化？为了增加估计的信心，我们必须增大区间的宽度。相反，为了有一个更小、更精确的区间，我们就必须放弃置信水平。在估计的公式里，置信水平影响 $t$ 值。一种高置信水平会得到一个较大的 $t$ 值和一个更大的区间。图 9－7 呈现了这种关系。图中，为了得到 95%的置信区间，我们划分出了 $t$ 分布中中间的 95%。很明显，如果我们把置信水平改为 99%，$t$ 值的范围也会变大，同时，置信区间的宽度也会变大。因此，在精度（区间宽度）和区间包含总体均值的置信水平之间存在权衡，如果你将置信水平设置得很高，比如说 99%，即 $\mu$ 在区间内，那么区间将具有较大的宽度。

第二，如果改变样本量，区间的宽度会如何变化？基本关系是：样本量（$n$）越大，置信区间越小。如果把样本量当作信息量的来源，这种关系就很容易理解。一个大的样本量会为我们提供更多关于未知总体的信息，以便我们做出更精确的估计（一个更窄的区间）。在估计公式里，样本量影响的是标准误的大小。样本量越大，标准误越小，区间越窄。注意，研究者可以通过调整样本量或者置信水平来控制置信区间。例如，如果一位研究者认为一个置信区间过宽，那么这个区间可以通过增加样本量或者降低置信水平来缩小置信区间。因为置信区间受到样本量的影响，所以它并没有为效应大小提供绝对的测量，也不能完全取代 Cohen's $d$ 系数和 $r^2$。尽管如此，它在研究报告中还是可以用来描述处理效应的大小。

## 在文献中

### 报告 $t$ 检验的结果

在第 8 章，我们注意到根据 APA 规定报告假设检验结果的传统方法。首先，知道科学报告主要使用“显著”这个术语来表示拒绝虚无假设，用“不显著”来表示不能拒绝虚无假设。其次，在报告计算得到的检验统计量的值、自由度、$t$ 检验的 $\alpha$ 水平、效应量时有指定的形式，这种形式与第 8 章介绍的相似。

在例 9.2 中，我们计算了 $t$ 统计量为 $-2.67$，$df=8$，我们决定在 0.05 的水平上拒绝虚无假设。使用例 9.3 中相同的数据，我们得到了 $r^2=0.47$ (47%)，这是由处理效应解释的变异。在一个科学的报告中，这个信息揭示了一个简明的结论：

被试在睡前对着电脑屏幕阅读后的第二天早晨，在标准化的敏感性测试中，平均得分为 $M=46$，$SD=4.50$。统计分析表明，平均敏感性水平显著低于普通人群的得分，$t(8)=-2.67$，$p<0.05$，$r^2=0.47$。

在第一个结论中，均值（$M=46$）和标准差（$SD=4.50$）就像前面提到的那样报告（第 4 章），后面的结论报告了推论统计分析的结果。注意，在符号 $t$ 后面马上报告了自由度。得到的 $t$ 值为 $-2.67$，下面是犯第一类错误的概率（小于 5%）。最后，报告效应大小，$r^2=47\%$。如果在报告中加入例 9.5 中的 95%的置信区间的结果用来描述效应量，假设检验的结果呈现如下：

$t(8)=-2.67$，$p<0.05$，95% CI [42.54，49.46]

通常，研究者会使用计算机来进行假设检验，正如例9.2一样。除了计算数据的均值、标准差和$t$值，计算机通常会计算并报告与$t$值联系的确切的比例。在例9.2中，我们确定任何超过±2.036的$t$值的概率都小于0.05（见图9-4）。因此得到的$t$值为−2.67，报告为非常不可能，$p<0.05$。而计算机会就特定的$t$值提供确切的概率。

当得到一个特定的概率值时，你可以在研究报告中用到它。例如，如果计算机报告$p=0.029$，你的研究报告可以标明"$t(8)=-2.67$，$p=0.029$"，而不是用不太确切的"$p<0.05$"。还要注意的是，当$t$值很极端时，计算机会报告$p=0.000$。这个值不意味着概率就是0，它意味着计算机只保留了概率值的前三位，得到了0.000。这时，你不知道确切的概率值，但是你可以报告$p<0.001$。

**学习检查**

1. 从具有$\mu=40$的人群中选择$n=25$的样本，并对样本中的每个个体进行实验处理。处理后，样本均值为$M=44$，样本方差为$s^2=100$。根据该信息，用Cohen's $d$测量的效应量大小是多少？

a. $d=0.04$　　b. $d=0.40$　　c. $d=1.00$　　d. $d=2.00$

2. 从均值为$\mu=75$的总体中选择样本，并对样本中的个体进行实验处理。研究人员打算使用$t$统计量来评估治疗的效果。如果样本均值为$M=79$，那么以下哪项结果将产生Cohen's $d$的最大值？

a. $n=4$ 且 $s^2=30$

b. $n=16$ 且 $s^2=30$

c. $n=25$ 且 $s^2=30$

d. 以上三个样本会产生同样的Cohen's $d$值

3. 从均值未知的总体中选择一个$n=4$的样本。样本均值为$M=40$，方差为$s^2=16$。以下哪项是$\mu$的正确90%置信区间？

a. $\mu=40\pm2.353(4)$　　b. $\mu=40\pm1.638(4)$

c. $\mu=40\pm2.353(2)$　　d. $\mu=40\pm1.638(2)$

4. 一位研究人员使用了一个$n=25$人的样本，以评估处理的效应。假设检验使用了$\alpha=0.05$，计算得到$t=2.15$，产生了一个显著的结果。该结果在文献中如何报告？

a. $t(25)=2.15$，$p<0.05$　　b. $t(24)=2.15$，$p<0.05$

c. $t(25)=2.15$，$p>0.05$　　d. $t(24)=2.15$，$p>0.05$

**答案**　1. b　2. d　3. c　4. b

## 9.4 有方向的假设和单尾检验

**学习目标**

10. 使用$t$统计量进行有方向的（单尾）假设检验。

正如第8章提到的，无方向（双尾）的检验比有方向（单尾）的检验更普遍。但是，有方向的检验可能用于一些研究情境中，例如探索性的研究、预测研究或者有一个合理观点（例如，一种理论或者之前的发现）的研究。下面的例子呈现了用$t$检验进行的方向性的假设检验，使用了例9.2中同样的实验情境。

**例 9.6**

研究的问题是睡前对着电脑屏幕阅读是否会影响第二天早晨的敏感性。根据之前的研究，研究人员预计在深夜阅读后早晨的敏感性水平会降低。因此，研究人员预测，被试的平均敏感性得分将低于一般总体均值，即 $\mu=50$。在本例中，我们将使用例 9.2 中原始假设检验中的样本数据。具体而言，研究人员测试了 $n=9$ 名被试的样本，得到 $M=46$ 和 $SS=162$。

**步骤 1　提出假设，选择 α 水平。**对于大多数有方向的检验，通常很容易用语言提出假设，包括有方向的预测，然后将它们转化为符号。例如，研究人员预测，睡前对着电脑屏幕阅读会降低第二天早晨的敏感性得分。一般来说，虚无假设表明预测的效果不会发生。在该研究中，虚无假设就是睡前对着电脑屏幕阅读不会降低第二天的敏感性水平，符号表示为：

$H_0$：$\mu_{屏幕阅读}\geqslant 50$（敏感性得分不会低于一般总体）

相应地，备择假设提出处理效应存在。这里，$H_1$提出睡前对着电脑屏幕阅读会降低第二天的敏感性水平。用符号表示为：

$H_1$：$\mu_{屏幕阅读}<50$（睡前对着电脑屏幕阅读后敏感性低于一般总体）

我们将显著性水平设定为 0.05。

**步骤 2　定位拒绝域。**在这个例子里，研究者预测样本均值（$M$）将会小于 50。因此，如果被试的平均得分值低于 50，数据将支持研究者的预测，并且拒绝虚无假设。而一个低于 50 的样本均值会得到一个负的 $t$ 值。因此，单尾 $t$ 检验的拒绝域是由分布在左侧尾端的负的 $t$ 值组成。为了找到拒绝域，你可以查找 $t$ 分布表，使用单尾检验。当 $n=9$ 时，$t$ 检验的自由度 $df=8$，使用 $\alpha=0.05$，你可以得到拒绝域的值为 $t=1.860$。因此，如果得到的 $t$ 值小于 $-1.860$，就可以拒绝虚无假设，得出结论：睡前对着电脑屏幕阅读会显著降低第二天早晨的敏感性。图 9-8 展示了这个检验的单尾拒绝域。

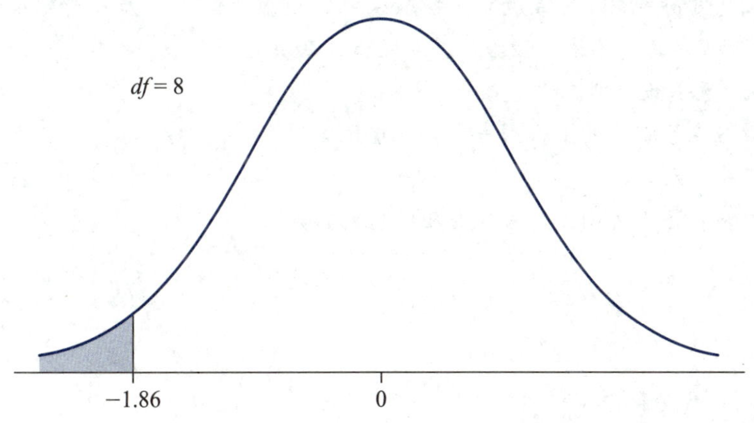


**图 9-8　例 9.4 的 α=0.01，$df=8$，单尾检验的 $t$ 分布拒绝域**

**步骤 3　计算 $t$ 值。**单尾检验和双尾检验的 $t$ 值的计算一样。之前（例 9.2 中），我们发现这个实验的数据产生的 $t$ 检验统计量为 $t=-2.67$。

**步骤 4　做出决定。**检验统计量在拒绝域中，所以我们拒绝虚无假设。我们确定睡前对着电脑屏幕阅读会显著降低第二天早晨的敏感性。研究报告中，结果呈现如下：

睡前对着电脑屏幕阅读，第二天早晨的敏感性得分会显著降低，$t(8)=-2.67$，$p<0.05$，单尾检验。

注意报告明确指出研究中使用了单尾检验。

### 单尾检验的拒绝域

在例 9.6 的第二步，我们确定拒绝域位于分布的左侧尾端。然而，我们可以把它分成两步进行，从而不需要确定哪个尾部（右侧或左侧）应包含关键区域。第一步就是确定样本均值的方向和研究假设的方向是否一致。对于这个例子，研究人员预测敏感性得分会降低。具体而言，研究人员希望被试的得分低于总体均值 $\mu=50$。获得的样本均值 $M=46$ 在正确的方向上。第一步就消除了确定拒绝域方向的必要性，因为我们已经确定效应的方向是正确的方向，$t$ 统计量的正负号已经没有关系了。第二步是确定效应是否足够大从而使结果显著。对于这个例子，样本均值的 $t$ 统计量需要大于 1.860。不管 $t$ 统计量是正是负，只要 $t$ 统计量的绝对值大于 1.860，就可以说结果显著，拒绝 $H_0$。

### 学习检查

1. 从均值为 $\mu=50$ 的总体中选择一个样本，并对该样本进行处理。如果预期处理会增加分数，且单尾假设检验使用 $t$ 统计量，那么以下哪项是正确的虚无假设？

a. $\mu\leqslant 50$　　b. $\mu<50$　　c. $\mu\geqslant 50$　　d. $\mu>50$

2. 一位研究人员预测处理会提高分数。为了测试处理效果，从 $\mu=80$ 的总体中选择 $n=16$ 的样本，并对样本中的个体进行处理。处理后，样本均值为 $M=78$，$s^2=16$。如果研究人员使用单尾检验，均值为 $\alpha=0.05$，那么应该做出什么决定？

a. 能在 $\alpha=0.05$ 或者 $\alpha=0.01$ 的水平上拒绝 $H_0$

b. 不能在 $\alpha=0.05$ 或者 $\alpha=0.01$ 的水平上拒绝 $H_0$

c. 能在 $\alpha=0.05$ 但不能在 $\alpha=0.01$ 的水平上拒绝 $H_0$

d. 能在 $\alpha=0.01$ 但不能在 $\alpha=0.05$ 的水平上拒绝 $H_0$

3. 一名研究人员用 $\alpha=0.05$ 的常规双尾检验未能拒绝虚无假设。如果研究人员使用了相同数据和相同 $\alpha$ 水平的有方向的（单尾）检验，其会做出什么决定？

a. 一定会拒绝虚无假设

b. 如果处理效应在预测方向上，则一定拒绝虚无假设

c. 一定不能拒绝虚无假设

d. 如果处理效应在预测方向上，可能会拒绝虚无假设

**答案**　1. a　2. b　3. d

## 小　结

1. 当总体标准差（或者方差）未知时，在假设检验中使用 $t$ 统计量代替 $z$ 分数。

2. 为了计算 $t$ 值，你必须首先计算样本方差（或者标准差）来代替未知的总体参数。

$$样本方差 = s^2 = \frac{SS}{df}$$

接下来在公式中用 $s^2$ 代替 $\sigma^2$，得到估计标准误。估计标准误的计算如下：

$$估计标准误 = s_M = \sqrt{\frac{s^2}{n}}$$

最后，使用估计标准误计算 $t$ 值。当总体标准差（或者方差）未知时，在假设检验中使用 $t$ 值代替 $z$ 分数。

$$t=\frac{M-\mu}{s_M}$$

3. $t$ 统计量公式的结构与 $z$ 分数相似：

$$t\text{ 或 }z=\frac{\text{样本均值}-\text{总体均值}}{\text{估计标准误}}$$

对于一个假设检验，你假设了一个值作为未知总体均值，并且在公式中用到了这个假设的值，这个值是根据样本数据计算出来的。如果假设的均值产生了一个极端的 $t$ 值，可以得出结论：假设是错误的。

4. $t$ 分布是对称的，均值为 0。为了评估样本均值的统计量，必须确定拒绝域。$t$ 分布是一系列分布，一个特定的 $t$ 分布的形状依赖于自由度（$n-1$）。因此，拒绝域的 $t$ 值依赖于 $t$ 检验的 $df$ 值。随着 $df$ 值增大，$t$ 分布的形状接近于正态分布。

5. 在假设检验中使用 $t$ 值时，Cohen's $d$ 系数可以被用来测量效应量大小。这时，在这个公式中使用样本标准差：

$$\text{估计的 Cohen's } d \text{ 系数}=\frac{\text{均值差异}}{\text{样本标准差}}=\frac{M-\mu}{s}$$

6. 第二种测量效应量大小的方法是 $r^2$，它测量了能用处理效应解释的变异的百分比。这个值的计算如下：

$$r^2=\frac{t^2}{t^2+df}$$

7. 另一种描述处理效应大小的方法是使用 $\mu$ 的置信区间。置信区间是对未知总体均值所在范围的估计。置信区间用 $t$ 统计量的公式来计算未知总体均值：

$$\mu=M\pm ts_M$$

首先选择一种置信水平，之后查找对应的 $t$ 值代入上面的公式。例如，对于 95%的置信水平，$t$ 值是分布的中间 95%的部分的边界值。

## 关键术语

| | | |
|---|---|---|
| 估计标准误 | $t$ 统计量 | 自由度 $df$ |
| $t$ 分布 | 估计的 $d$ 值 | 处理效应解释的变异百分比（$r^2$）效应 |
| 置信区间 | | |

## 关注问题解决

1. 在分析数据时，我们遇到的第一个问题是确定适合的统计检验。记住，只有总体标准差已知时才能使用 $z$ 分数检验。如果未知，你必须使用 $t$ 检验。

2. 对于 $t$ 检验，用样本方差来得到估计的标准误。记住，当计算样本方差时，在分母处使用 $n-1$（见第 4 章）。当计算估计标准误时，在分母处使用 $n$。

## 示例 9.1

### 一个 $t$ 检验的假设检验

一位心理学家准备了一项“乐观测验”，每年会对大学毕业班的学生施测。测验测量了毕业班学生对于他们未来的感受——分数越高，越乐观。去年学生的平均分 $\mu=15$。从今年的班级中选出 $n=9$ 名学生的样本进行测验。这些学生的分数如下：7，12，11，15，7，8，15，9，6。样本均值 $M=10$，$SS=94$。

基于这个样本，心理学家能得出结论说今年的学生与去年的乐观水平不同吗？

注意，这个假设检验将使用 $t$ 检验，因为总体方差（$\sigma^2$）未知。

**步骤 1　提出假设，选择 α 水平。**

$t$ 检验的虚无假设和备择假设与 $z$ 分数检验相同。

$H_0$：$\mu=15$（没有改变）

$H_1$：$\mu\neq15$（有改变）

对于这个证明，我们将使用 $\alpha=0.05$ 的双尾检验。

**步骤 2　定位拒绝域。**

对于一个 $n=9$ 的样本，$t$ 检验的自由度 $df=n-1=9-1=8$。

对于一个 $\alpha=0.05$ 的双尾检验，$df=8$，拒绝域的 $t$ 值为 $\pm2.306$。这些值定义了拒绝域的界限。要拒绝虚无假设，得到的 $t$ 值必须超过界限值。

**步骤 3　计算检验统计量，我们可以分三步计算。**

样本方差：

$$s^2=\frac{SS}{n-1}=\frac{94}{8}=11.75$$

估计标准误：这些数据的估计标准误为：

$$s_M=\sqrt{\frac{s^2}{n}}=\sqrt{\frac{11.75}{9}}=1.14$$

$t$ 值：现在已经有了估计标准误和样本均值，我们能计算出 $t$ 值。

$$t=\frac{M-\mu}{s_M}=\frac{10-15}{1.14}=\frac{-5}{1.14}=-4.39$$

**步骤 4　作出关于虚无假设的决定，并且得出结论。**

我们得到的 $t$ 值（$-4.39$）在拒绝域中。因此，样本数据足够特殊，在 0.05 的显著性水平上拒绝虚无假设。我们得出结论：今年和去年的毕业班学生的乐观程度存在显著差异，$t(8)=-4.39$，$p<0.05$，双尾检验。

## 示例 9.2

### 效应大小与 Cohen's $d$ 系数和 $r^2$

我们将计算示例 9.1 中数据的 Cohen's $d$ 系数。今年学生样本的乐观均值比去年（$M=10$ 和 $\mu=15$）低 5。在示例 9.1 中，我们计算出样本方差 $s^2=11.75$，所以标准差为 $\sqrt{11.75}=3.43$。用这些值，可以得到

$$\text{估计的 Cohen's } d \text{ 系数}=\frac{\text{均值差异}}{\text{样本标准差}}=\frac{5}{3.43}=1.46$$

为了计算处理效应解释的变异百分比 $r^2$，我们需要假设检验的 $t$ 值和 $df$ 值。在示例 9.1 中，我们得到 $t=-4.39$，$df=8$。在公式（9-5）中使用这些值，我们得到：

$$r^2=\frac{t^2}{t^2+df}=\frac{(-4.39)^2}{(-4.39)^2+8}=\frac{19.27}{27.27}=0.71$$

## SPSS

附录 D 中呈现了使用 SPSS 的一般指导。下面是用 SPSS 做单样本 $t$ 检验的详细步骤。

### 演示示例

一名教师想了解学生对新的阅读作业是否普遍满意。这位教师进行了一项调查，要求学生在 −10（非常不满意）至 0（既满意也不满意）到 +10（非常满意）的范围内对阅读的满意度进行评分。教师观察以下 $n=24$ 的样本的评分：

| | | | | | | | | | | | |
|---|---|---|---|---|---|---|---|---|---|---|---|
| 0 | −5 | 4 | 8 | 0 | 5 | 4 | 3 | −3 | 5 | 7 | 5 |
| 3 | 3 | −1 | −10 | 8 | 7 | 0 | 6 | −5 | 5 | 10 | 9 |

以下步骤将展示如何进行单样本 $t$ 检验，以检验学生满意度评分不同于虚无假设。

### 数据输入

1. 单击 Variable View 以输入有关变量的信息。

2. 在第一行中，在 Name 区域输入 rating（指评级分数）。在 Label 区域中为变量添加描述性标签（例如，Satisfaction with Reading）。如有必要，填写有关变量的其余信息。确保 Type= “Numeric”，Width= “8”，Decimals= “0”，Values= “None”，Missing= “None”，Columns= “8”，Align= “Right”，Measure= “Scale”。

3. 在“rating”列中输入样本的所有分数。

### 数据分析

1. 在工具栏点击 Analyze，选择 Compare Means，再选择 One-Sample T-Test。

2. 点亮左侧框中分数集（Satisfaction with Reading）的列标签，然后单击箭头将其移动到 Test Variable（s）框中。

3. 在单样本 $t$ 检验的 Test Value 框的底部输入总体均值的假设值（来自虚无假设）。注意：在输入新的值之前，该值默认为 0。在本例中，虚无假设是学生满意度为 0，因此值设置为 0。

4. 该程序不仅可以进行假设检验，还可以计算总体均值差异的置信区间。置信水平默认为 95%，你也可以在 Options 的对话框中修改置信水平。

5. 点击 OK。

### SPSS 输出

图 9 - 9 所示的输出包括样本统计表，其中包含样本量、均值、标准差和样本均值的标准误。第二个表显示了假设检验的结果——$t$ 值、自由度、显著性水平（犯第一类错误的概率）、均值差异大小和均值差异的 95%的置信区间。均值的 95%的置信区间可以用表中的值加 $\mu=0$ 得到。

### 操作练习

使用上述步骤分析以下分数：

100　94　98　102　123　92　107　127　104　103　120　117　103　127　125　90

虚无假设为 $\mu=100$。注意，你的输出应该报告 $t=2.56$。

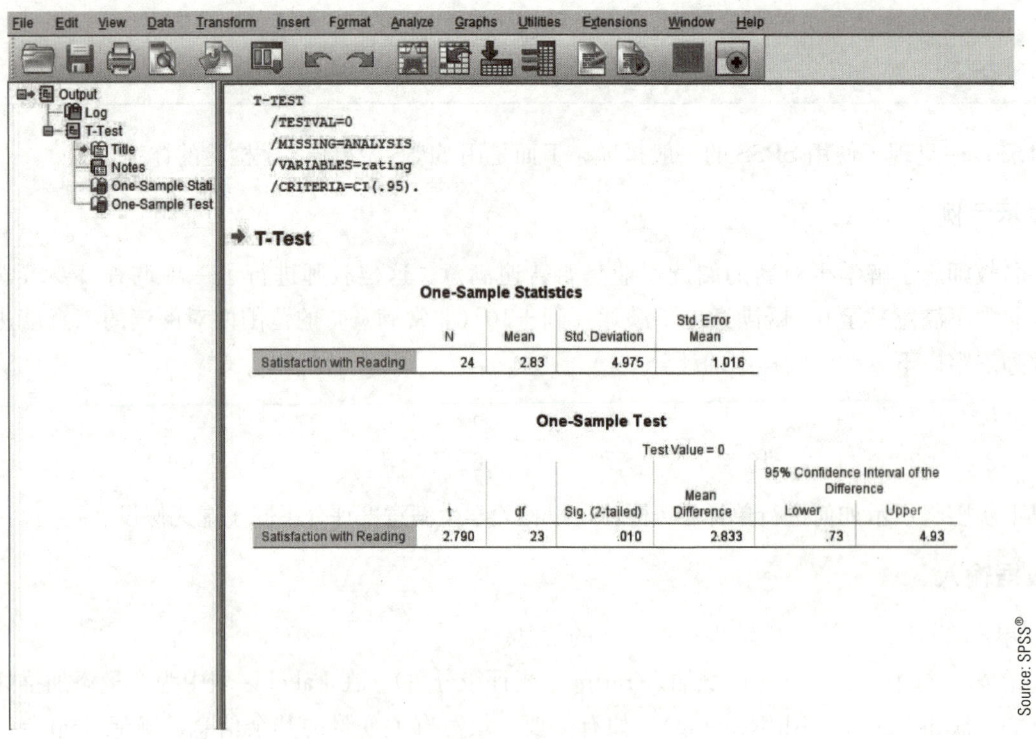


**图 9-9　SPSS 结果**

## 练习题

1. 什么因素决定你在假设检验时使用 $z$ 分数还是 $t$ 统计量？

2. 假设一位研究人员对锻炼是否能提高智力感兴趣。研究人员随机选择 100 名被试，将他们分配到一个锻炼项目中，并在锻炼项目结束时测试他们的智力。总体上，智力测试的已知或假设均值为 $\mu=100$，已知或假设标准差为 $\sigma=15$。

a. 研究者应该使用什么假设检验来评估锻炼是否影响智力？

b. 如果 $\sigma$ 和 $\sigma^2$ 未知，应使用什么假设检验？

3. 一个 $n=25$ 的样本，均值 $M=200$，方差 $s^2=100$。

a. 解释样本方差测量的是什么。

b. 计算样本均值的估计标准误（$s_M$），并简单描述标准误测量的是什么。

4. 计算下列例子中样本均值的标准误。

a. $n=9$，$SS=1\ 152$

b. $n=16$，$SS=540$

c. $n=25$，$SS=600$

5. 从具有未知参数的总体中获得以下 $n=5$ 的样本。得分为：20，25，30，20，30。

a. 计算样本均值和方差。（注意：这些是总结样本数据的描述性值。）

b. 计算 $M$ 的估计标准误。（注意：这是一个推断值，描述了样本均值代表未知总体均值的准确程度。）

6. 从具有未知参数的总体中获得以下 $n=7$ 的样本。得分为：2，18，15，5，15，8，7。

a. 计算样本均值和方差。（注意：这些是总结样本数据的描述性值。）

b. 计算 $M$ 的估计标准误。（注意：这是一个推断值，描述了样本均值代表未知总体均值的准确程度。）

7. 为什么一般的 $t$ 分布比正态分布有更大的变异性？

8. 使用下列样本量计算 $t$ 值拒绝域的边界，使用 $\alpha=0.05$ 水平的双尾检验。

a. $n=6$

b. $n=12$

c. $n=24$

d. 重复 a～c，假设为单尾检验，$\alpha=0.05$

e. 重复 a～c，假设为双尾检验，$\alpha=0.01$

9. 使用下列样本量计算 $t$ 值拒绝域的右尾或者双尾边界，使用 $\alpha=0.05$ 水平的双尾检验。

a. $n=6$

b. $n=16$

c. $n=36$

d. 重复 a～c，假设为单尾检验，$\alpha=0.05$

e. 重复 a～c，假设为双尾检验，$\alpha=0.01$

10. 从一个均值 $\mu=20$ 的总体中随机抽取一个 $n=9$ 的样本，对样本中的每个个体进行实验处理。观测到的分数为：43 15 37 17 29 25 29 27。

a. 计算样本均值和方差。

b. 样本均值与原始总体均值之间有多大差异？（注意：在假设检验中，该值构成 $t$ 统计量的分子。）

c. 如果没有处理效应，样本均值与其总体均值之间的典型差异是什么？也就是说，找出 $M$ 的标准误。（注意：在假设检验中，该值是 $t$ 统计量的分母。）

d. 基于样本数据，处理是否有显著影响？使用 $\alpha=0.05$ 的双尾检验。

11. 从一个均值 $\mu=50$ 的总体中随机抽取一个 $n=7$ 的样本，对样本中的每个个体进行实验处理。观测到的分数为：37 49 47 47 47 43 45。

a. 计算样本均值和方差。

b. 样本均值与原始总体均值之间有多大差异？（注意：在假设检验中，该值构成 $t$ 统计量的分子。）

c. 如果没有处理效应，样本均值与其总体均值之间的典型差异是什么？也就是说，找出 $M$ 的标准误。（注意：在假设检验中，该值是 $t$ 统计量的分母。）

d. 基于样本数据，处理是否有显著影响？使用 $\alpha=0.05$ 的双尾检验。

e. $\alpha=0.01$，重复 d. 。

12. 从一个均值 $\mu=35$ 的总体中随机抽取一个 $n=4$ 的样本，对样本中的每个个体进行实验处理。样本均值 $M=40.1$，$SS=48$。

a. 样本均值和原始的总体均值有多大的差异？（注意：在假设检验中，该值是 $t$ 统计量的分子。）

b. 如果没有处理效应，我们预期样本均值和总体均值之间有多大的差异？即 $M$ 的标准误是多大？（注意：在假设检验中，该值是 $t$ 统计量的分母。）

c. 样本数据可以说明处理有显著效应吗？使用 $\alpha=0.05$ 水平的双尾检验。

13. 为了评估处理的效果，从均值为 $\mu=40$ 的总体中抽取样本，并对样本中的个体进行实验处理。处理后，发现样本均值为 $M=44.5$，方差为 $s^2=36$。

a. 如果样本由 $n=4$ 个个体组成，数据是否足以证明处理具有显著效果？使用 $\alpha=0.05$ 的双尾检验。

b. 如果样本由 $n=16$ 个个体组成，数据是否足以证明处理具有显著效果？使用 $\alpha=0.05$ 的双尾检验。

c. 比较 a 部分和 b 部分的答案，样本量大小如何影响假设检验的结果？

14. 为了评估处理的效果，从均值为 $\mu=80$ 的总体中抽取 $n=6$ 的样本，并对样本中的个体进行实验处理。处理后，发现样本均值为 $M=72$。

a. 如果样本方差 $s^2=54$，数据是否足以证明处理具有显著效果？使用 $\alpha=0.05$ 的双尾检验。

b. 如果样本方差 $s^2=150$，数据是否足以证明处理具有显著效果？使用 $\alpha=0.05$ 的双尾检验。

c. 比较 a 部分和 b 部分的答案，样本方差大小如何影响假设检验的结果？

15. Weinstein、McDermott 和 Roediger（2010）报告称，在学习新材料时，与只能重读材料的学生相比，被要求回答问题的学生在材料测试中得分更高。在一项类似的研究中，来自一个心理学班级的一组学生在准备期末考试时，收到了要回答的问题。考试的总体均值为 $\mu=73.4$，但回答问题的 $n=16$ 名学生的均值为 $M=78.3$，标准偏差为 $s=8.4$。

a. 使用 $\alpha=0.05$ 的双尾检验来确定在学习时回答问题是否会显著提高考试分数。

b. 计算两种不同的测试的效应量大小。

16. 人们不善于概率判断。概率判断中的一个错误来源是基本比例谬误，即人们忽略了低概率事件的基本比例。在 Bar-Hillel（1980）对基本比例谬误的研究中，被试观看一场交通事故的片段。在该片段中，一辆出租车发生肇事逃逸事故。在事故发生的城市，85%的出租车是蓝色的，15%是绿色的。后来，一名证人作证说，事故中的驾驶车辆是绿色的，证人在识别蓝色和绿色驾驶车辆方面的准确率为80%（即：在20%的情况下，证人混淆了驾驶车辆颜色）。你认为肇事逃逸中出租车是绿色的概率是多少？遇到此问题的大多数被试报告说，驾驶车辆为绿色的概率远远高于41%的实际概率。也就是说，大多数参与者忽略了绿色出租车相对较少的事实。假设一名研究人员用 $n=16$ 的样本重复了 Bar-Hillel 实验。研究人员观察到，平均评分概率为 $M=60.06\%$，$SS=656.66$。

a. 使用 $\alpha=0.05$ 的双尾检验来检验被试是否表现出基本比例谬误。如果没有基本比例谬误，假设 $\mu=41$。

b. 计算效应量大小。

17. 为了评估处理的效果，从均值为 $\mu=20$ 的总体中抽取样本，并对样本中的个体进行实验处理。处理后，发现样本均值为 $M=22$，方差为 $s^2=9$。

a. 假设样本由 $n=9$ 个个体组成，使用 $\alpha=0.05$ 的双尾假设检验来确定处理效应是否显著，并计算 Cohen's $d$ 来测量效应量大小。数据是否足以证明使用 $\alpha=0.05$ 的双尾检验，处理具有显著效果？

b. 假设样本由 $n=36$ 个个体组成，重复检验并计算 Cohen's $d$。

c. 比较 a 部分和 b 部分的答案，样本量大小如何影响假设检验和 Cohen's $d$ 的结果？

18. 为了评估处理的效果，从均值为 $\mu=50$ 的总体中抽取 $n=8$ 的样本，并对样本中的个体进行实验处理。处理后，发现样本均值为 $M=55$。

a. 假设样本方差为 $s^2=32$，使用 $\alpha=0.05$ 的双尾假设检验来确定处理效应是否显著，并计算 Cohen's $d$ 来测量效应量大小。数据是否足以证明使用 $\alpha=0.05$ 的双尾检验，处理具有显著效果？

b. 假设样本方差为 $s^2=72$，重复检验并计算 Cohen's $d$。

c. 比较 a 部分和 b 部分的答案，样本方差大小如何影响假设检验和 Cohen's $d$ 的结果？

19. 你对时间的主观体验是不固定的。在某些活动中，你会经历时间的"飞逝"，而在其他活动中，你会经历时间的"拖延"。研究人员已经表明，与负责计时的大脑区域交互作用的药物可以改变你的时间体验。Cheng、MacDonald 和 Meck（2006）证明，在可卡因的影响下，间隔时间被认为更长。在他们的实验中，大鼠被训练在暴露于短（2秒）声音后按压杠杆1，在暴露于长（8秒）声音之后按压杠杆2。在随后的测试中，受可卡因影响的大鼠被暴露于不同持续时间的声音中，研究人员测量了杠杆1和杠杆2上的杠杆按压。对于研究中的每只大鼠，研究人员以秒为单位测量了声音的持续时间，这些声音同样可能被判断为长或短。假设未经治疗的总体均值为 $\mu=4$ 秒，样本方差为 $s^2=0.16$，样本均值为 $M=3.78$，样本大小为 $n=16$。

a. 使用 $\alpha=0.05$ 的双尾检验判断可卡因是否影响时间感知。

b. 构建95%置信区间，以估计可卡因影响下大鼠群体的 $\mu$。

c. 计算效应量。

20. Oishi 和 Shigehiro（2010）的研究报告指出，儿童时期频繁搬家的个体在成年以后幸福感较低。为了进一步探究这种关系，一位心理学家选择了一个 $n=12$ 的成年人样本，这些样本中的个体在16岁之前搬家5次以上。使用标准化的幸福感问卷对样本中的个体施测，总体在该问卷上的平均得分 $\mu=40$。样本幸福感的得分 $M=37$，方差为 $s^2=10.73$。

a. 样本数据是否能说明经常搬家的儿童的幸福感和总体显著不同？使用 $\alpha=0.05$ 水平的双尾检验。

b. 计算估计的 Cohen's $d$ 值来评价效应的

大小。

c. 以研究报告的形式报告假设检验的结果和效应量大小。

21. 在 Lay（1986）的一项关于拖延的经典研究中，在一堂心理学入门课上，学生们接受了一项测量拖延的调查。被试被要求完成调查并通过邮件返回调查结果给研究人员。高度拖延的被试通过他们对调查项目的认同程度来确定，比如，"我经常发现自己在执行几天前打算做的任务"。有趣的是，研究人员还测量了被试返回调查结果所需的时间。以下是一些高度拖延者返回调查结果所用天数：1 4 15 5 2 1 2 19 6 18。

a. 使用单尾检验和 $\alpha=0.05$ 来检验高度拖延者等了一天以上才返回调查结果的假设。

b. 计算返回调查结果所需平均时间的 95% 置信区间。

c. 以研究报告的形式报告假设检验的结果和置信区间。

22. 下图中显示了穆勒-莱尔错觉。虽然两条水平线的长度相同，但左侧的线似乎要长得多。为了检验这种错觉的强度，Gillam 和 Chambers（1985）招募了 10 名参与者，他们再现了图中左侧面板中水平线的长度。错觉的强度是通过再现的线比图中实际线的长度长多少来衡量的。下面是研究人员观察到的数据。每个值表示再现的线比图中的线长多少（以毫米为单位）：2.08　2.7　3.42　1.59　2.04　2.87　3.36　0.49　3.82 3.91。

a. 使用 $\alpha=0.01$ 的单尾假设检验来证明样本中的个体显著高估了直线的真实长度。（注意：准确的估计将产生 $\mu=0$ 毫米的均值。）

b. 计算估计的 Cohen's $d$ 和 $r^2$，即方差的百分比，以测量这种影响的大小。

c. 为总体平均估计长度构建 95%置信区间。

# 两个独立样本的 $t$ 检验　第 10 章

**学习本章需要掌握的相关知识**

下列术语是学好本章的关键背景知识。如果对这些知识有不明白之处，应复习先前学过的相关章节。

- 样本方差（第 4 章）
- 标准误公式（第 7 章）
- $t$ 统计量（第 9 章）：
  $t$ 分布
  $t$ 统计量的自由度
  估计标准误

**章节概览**

## 引　言

足球比赛中最紧张的一幕是点球大战，每队球员轮流朝对方球门罚球，罚球线距球门仅有 11 米（36 英尺）。由于每次点球只有射手和对方守门员参与，因此比赛氛围非常刺激。获得射门得分最多的球队将获胜。

Greenlees、Eynon 和 Thelwell（2013）进行了一项有趣的研究，研究对象是大学足球运动员的点球表现。每名球员罚了 10 个点球，但这项研究有一个有趣的转折。每组守门员穿的球衣颜色都不同，研究结果表明红色和绿色的球衣对点球的影响最大。也就是说，当守门员穿着红色球衣时，射手的进球数平均为 $M=5.40$。而面对穿着绿色球衣的守门员进行点球时，射手的进球数平均为 $M=7.50$。对于两组均值之间的差异，有两种可能的解释：

1. 两种处理之间可能存在真正的差异，即守门员的球衣颜色对点球成功有影响。

2. 两种处理之间可能没有差异，实验获得的两个样本均值之间的差异只是抽样误差的结果。

为了确定这两种解释中哪一种最合理，需要进行假设检验。然而，到目前为止，我们学习的假设检验旨在评估来自一个样本的数据。本例使用了两个单独的样本：一个是面对穿着红色球衣的守门员点球，另一个是面对穿着绿色球衣的守门员点球。

在本章中，我们将介绍独立测量 $t$ 检验，它适用于解决此类问题。独立测量 $t$ 检验是一种使用两个独立样本来评估两种处理条件之间或两个不同总体之间的平均差异的假设检验。与第 9 章中的 $t$ 检验一样，独立测量 $t$ 检验使用样本方差来计算标准误的估计，但用的是两个独立样本的组合方差。

最后，值得注意的是，Greenlees、Eynon 和 Thelwell（2013）的研究实际上考察了四种守门员球衣颜色：红色、蓝色、黄色和绿色。除了红色球衣和绿色球衣在统计上的显著差异外，相比于面对蓝色球衣，面对红色球衣进球数也显著减少。在这项研究之后仍然存在的问题是，为什么红色有这种影响？

## 10.1　独立测量研究设计简介

### 学习目标

1. 定义独立测量设计和重复测量设计，并能够识别每种案例的设计。

到现在为止，我们已经介绍了用一个样本得出关于总体的结论的推论统计过程。尽管这些单样本技术有时候会用于实际研究中，但是大多数研究需要比较两组或者多组数据。例如，一位社会心理学家可能想比较千禧一代和 X 一代年轻人的政治态度，一位教育心理学家想比较数学的两种教学方式，或者一位临床心理学家可能想通过比较治疗前后病人的抑郁指数来评价一种治疗方法。在这些情况下，研究的问题关注于两组数据的均值差异。

比较两组数据的差异一般有两种研究方法。

1. 两组数据可能来自两组完全不同的被试。例如，研究可能涉及千禧一代的年轻人样本与 X 一代的成年人样本进行比较。或者，研究可以比较一组有笔记本电脑的新生和另一组没有电脑的新生的成绩。

2. 两组数据可能来自同一组被试。例如，研究者可能在一组病人接受治疗前得到他们的抑郁指数，然后在他们接受 6 周治疗后得到另一组抑郁指数。或者，一位对儿童道德发展感兴趣的发展心理学家，可能会在儿童 5 岁时测量道德判断，然后在他们 10 岁时再次在同一样本中测量道德判断。

第一种研究方法使用完全不同的样本，叫作独立测量研究设计或者组间设计。这些名称强调了设计包括独立和不同的样本，并且对两组个体进行比较。图 10－1 展示了独立测量研究的典型结构。注意，该研究使用两个单独的样本来回答一个关于两个总体（两种处理）的问题。

**定义**

对每种处理条件（或者每个总体）使用一个独立样本的研究设计叫作**独立测量研究设计**或**组间设计**。

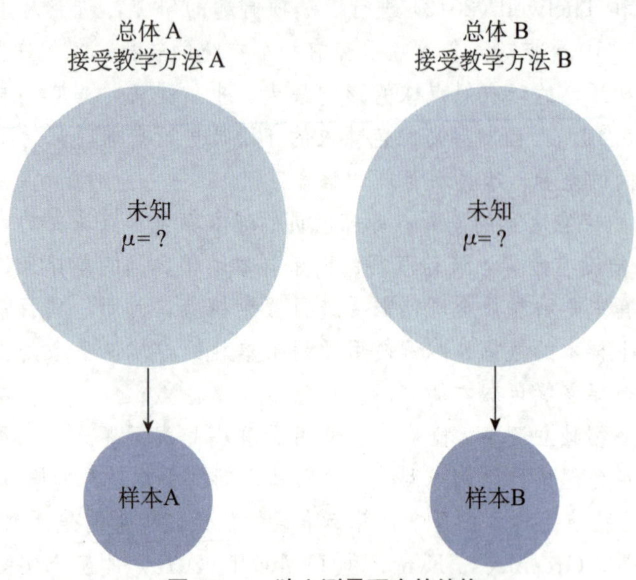


**图 10－1　独立测量研究的结构**

说明：使用两个单独的样本来获得关于两个未知总体或处理条件的信息。

在本章，我们将用统计方法来评价独立测量设计得到的数据。更准确地说，我们将介绍一种假设检验，它允许研究者使用两个独立样本的数据来评价两个总体或者两种处理条件之间的均值差异。第二种研究方法使用的两组数据来自同一个样本，叫作重复测量研究设计或者组内设计。第 11 章将介绍这种重复测量的统计分析。另外，在第 11 章的最后，我们将讨论独立测量和重复测量研究设计的优缺点。

## 学习检查

1. 以下哪个选项最有可能是独立测量研究设计？

a. 一项比较来自较低社会经济地位家庭的 3 岁儿童和来自较高社会经济地位家庭的 3 岁儿童的词汇量的研究

b. 一项比较有背景音乐和无背景音乐的课堂学习的研究

c. 一项比较锻炼前后血压变化的研究

d. 一项通过比较越野飞行开始和结束时的认知表现来评估时差反应的研究

2. 以下哪个选项最有可能是重复测量研究设计？

a. 一项比较左撇子青少年和右撇子青少年艺术技能表现的研究

b. 一项比较燕麦饮食前后胆固醇水平的研究

c. 一项比较 6 岁男孩和 6 岁女孩自尊的研究

d. 一项比较青少年和 30 岁以上成年人使用 Facebook 的研究

3. 一项独立测量研究使用________组被试来比较两种处理条件，从每个被试中获取________个分数。

a. 1，1　　b. 1，2　　c. 2，1　　d. 2，2

答案　1. a　2. b　3. c

## 10.2　独立测量研究设计的 $t$ 检验

### 学习目标

2. 描述独立测量 $t$ 检验的假设。
3. 描述独立测量 $t$ 统计量的结构，并解释其与单样本 $t$ 检验的关系。
4. 计算两个样本的合并方差和样本均值差的估计标准误，并解释每个样本的测量值。
5. 计算独立测量 $t$ 统计量及其自由度。

因为一项独立测量的研究包括两个不同的样本，所以我们需要一些特别的符号来区分哪个数据来自哪个样本。这些符号包括下标的使用，即在一个样本统计量下方写下小的数字。例如，用 $n_1$ 定义第一个样本量，用 $n_2$ 定义第二个样本量。样本均值为 $M_1$ 和 $M_2$。平方和为 $SS_1$ 和 $SS_2$。

### 独立测量的检验假设

一项独立测量研究的目的是评价两个总体（或者两个处理条件）之间的均值差异。使用下标来区分两个总体，第一个总体的均值为 $\mu_1$，第二个总体的均值为 $\mu_2$。均值的差异是 $\mu_1-\mu_2$。像以前一样，虚无假设提出不存在改变或作用，或者说，在这里不存在差异。因此，用符号表示，这项独立测量检验的虚无假设为：

$H_0$：$\mu_1-\mu_2=0$（两个总体均值没有差异）

注意，虚无假设也能被表示为 $\mu_1=\mu_2$。但是，第一个虚无假设产生了一个特定的数值 0，它将被用在 $t$ 统计量的计算中。因此，我们建议用两个均值的差异来表述虚无假设。

备择假设提出，两个总体间存在均值差异。

$H_1$：$\mu_1-\mu_2\neq 0$（均值存在差异）

相应地，备择假设也简单地指出两个总体均值不相等：$\mu_1\neq\mu_2$。

### 独立测量假设检验的公式

独立测量假设检验将基于另一个 $t$ 统计量。这个新的 $t$ 统计量的公式与第 9 章介绍的 $t$ 统计量公式有同样的基本结构。为了帮助区分两种 $t$ 统计量公式，我们将把第 9 章的原始公式定义为单样本 $t$ 检验公式，这个新的公式则为独立测量 $t$ 检验公式。因为新的独立测量 $t$ 值将包括两个独立样本的数据和两个总体的假设，所以这个公式可能看起来很复杂。但是，如果你寻找它与第 9 章公式的关系，这个新公式将很容易理解。特别是有两点需要记住：

1. $t$ 统计量的基本结构在独立测量和单样本时都是一样的。在两种情况下：

$$t=\frac{\text{样本数据和假设之间的实际差异}}{\text{样本数据和假设在没有处理效应时的期望差异}}$$

2. 独立测量的 $t$ 值从根本上来说是一个双样本的 $t$ 值，它将单样本 $t$ 检验公式中的每个元素都翻了一倍。

为了证明第二点，我们将一项一项来考察两个 $t$ 检验公式。

**整体的 $t$ 检验公式** 单样本 $t$ 检验公式使用了一个样本均值来检验关于总体均值的假设。样本均值和总体均值在 $t$ 检验公式的分子处，它测量了样本数据和总体假设之间有多少差异。

$$t=\frac{\text{样本均值}-\text{总体均值}}{\text{估计标准误}}=\frac{M-\mu}{s_M}$$

独立测量的 $t$ 检验公式使用了两个样本均值的差异来评价两个总体均值的差异。因此，独立测量的 $t$ 检验公式为：

$$t=\frac{\text{样本均值差异}-\text{总体均值差异}}{\text{样本均值差异的估计标准误}}=\frac{(M_1-M_2)-(\mu_1-\mu_2)}{s_{(M_1-M_2)}}$$

在这个公式中，$(M_1-M_2)$ 的值来自样本数据，$(\mu_1-\mu_2)$ 的值来自虚无假设。在假设检验中，虚无假设将总体均值差异设为零，因此可以进一步简化独立测量 $t$ 公式：

$$t=\frac{\text{样本均值差异}}{\text{样本均值差异的估计标准误}}$$

在这种形式下，$t$ 统计量是一个简单的比率，将实际平均差（分子）与偶然预期差（分母）进行比较。

**估计的标准误** 在每个 $t$ 检验公式中，分母的标准误测量了样本统计量有多准确地代表了总体参数。在这个单样本 $t$ 检验公式中，标准误测量了期望的样本均值误差总量，它由符号 $s_M$ 表示。对于独立测量 $t$ 公式，标准误测量了当你用样本均值差异 $(M_1-M_2)$ 来代表总体均值差异 $(\mu_1-\mu_2)$ 时期望的误差总量 $s_{(M_1-M_2)}$。

注意，不要让标准误的符号迷惑你。总的来说，标准误测量了一个统计量精确代表参数的程度。标准误的符号的形式为 $s_{\text{统计量}}$；如果统计量是样本均值 $M$，则标准误的符号为 $s_M$。对于独立测量检验，统计量是样本均值差异 $(M_1-M_2)$，标准误的符号为 $s_{(M_1-M_2)}$。在每种情况下，标准误告诉我们在统计量和相应的总体参数之间，由于偶然因素期望得到的合理差异是多少。

**估计标准误的解释** 独立测量 $t$ 检验公式的分母 $(M_1-M_2)$ 的估计标准误有两种解释。标准误被定义为样本统计量 $(M_1-M_2)$ 和相应的总体参数 $(\mu_1-\mu_2)$ 之间的标准化的平均差异。同之前一样，样本不能准确代表总体，标准误测量了样本统计量和总体参数之间存在的合理差异。

当虚无假设为真时，总体的均值差异为 0。标准误测量了样本均值和 0 的差异，也就是测量了两个样本均值之间的差异。于是，有两种方法去解释 $(M_1-M_2)$ 的估计标准误：

1. 它测量了 $(M_1-M_2)$ 和 $(\mu_1-\mu_2)$ 之间的标准差异。
2. 当虚无假设为真时，它测量了 $(M_1-M_2)$ 的标准或平均大小。也就是说，它衡量两个样本均值之间合理预期的差异。

## 估计标准误的计算

为了提出 $s_{(M_1-M_2)}$ 的公式，我们将考虑以下两点：

1. 两个样本均值都代表了它们各自的总体均值，但是都有一些误差。

   $M_1$ 和 $\mu_1$ 之间有一些误差。

   $M_2$ 和 $\mu_2$ 之间有一些误差。

因此，有两种误差来源。由于误差的存在，样本均值不一定完全等同于对应的总体均值。与每个样本均值相联系的误差能通过计算 $M$ 的标准误来测量。在第 9 章［公式（9－1）］，我们计算了每一个单样本的均值的标准误：

$$\text{对于 } M_1,\ s_M=\sqrt{\frac{s_1^2}{n_1}}\ ;\ \text{对于 } M_2,\ s_M=\sqrt{\frac{s_2^2}{n_2}}$$

2. 对于独立测量的 $t$ 检验，我们想知道两个样本均值与两个总体均值的误差总量。为了达到这个目的，我们将分别找到每个样本的误差，然后相加。得到的标准误公式为：

$$s_{(M_1-M_2)}=\sqrt{\frac{s_1^2}{n_1}+\frac{s_2^2}{n_2}} \tag{10-1}$$

因为独立测量 $t$ 统计量使用了两个样本均值，估计标准误的公式简单地合并了第一个样本均值和第二个样本均值的误差（专栏 10-1）。

## 专栏 10-1　差异分数的变异

$t$ 分布由一系列随机样本的 $t$ 值组成，这些样本有具体的样本量（$n$）和确定的自由度（$df$）。$t$ 分布的形状近似于正态分布，尤其是当样本量较大或者样本来自正态分布的总体时。

我们从两个总体开始，即Ⅰ和Ⅱ（见图 10-2）。总体Ⅰ的得分范围为 50～70，总体Ⅱ的得分范围为 20～30。我们将使用该范围来衡量每个总体的分布（变量）情况：

对于总体Ⅰ，分数覆盖了 20 的范围。

对于总体Ⅱ，分数覆盖了 10 的范围。

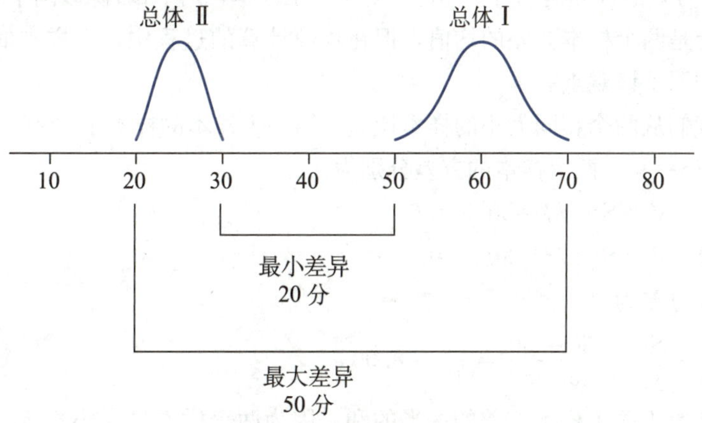


**图 10-2　两个总体分布**

说明：总体Ⅰ的分数从 50 到 70（全距为 20），总体Ⅱ的分数从 20 到 30（全距为 10）。如果你从这两个总体中各选择一个分数，最接近的两个值是 $X_1=50$、$X_2=30$。相距最远的两个值是 $X_1=70$、$X_2=20$。

如果我们从总体Ⅰ中随机选择一个分数，从总体Ⅱ中随机选择另一个分数并计算这两个分数之间的差异($X_1-X_2$)，那么这些差异的可能值范围是多少？要回答这个问题，我们需要找到最大的可能差异和最小的可能差异。当 $X_1=70$ 和 $X_2=20$ 时，差异最大，为 $X_1-X_2=50$。当 $X_1=50$ 和 $X_2=30$ 时，差异最小，为 $X_1-X_2=20$。注意，差异的范围为 20～50，覆盖了 30 的范围：

总体Ⅰ（$X_1$）的范围=20

总体Ⅱ（$X_2$）的范围=10

差异分数（$X_1-X_2$）的范围=30

注意，差异分数的变异是通过将两个总体中每个总体的变异相加得出的。

### 合并方差

尽管公式（10-1）准确地表示了独立测量 $t$ 统计量的标准误概念，但这个公式只适用于两个样本量相等（即 $n_1=n_2$）的情况。当两个样本量不同时，这个公式是有偏的，因此，是不合适的。偏差是因为公式（10-1）将两个样本的方差平等对待。但是，当样本量不同时，两个样本方差不是同等的，处理时应当有所区别。在第 7 章，我们介绍了大数定律，它指出从大样本中得到的统计量比从小样本中得到的统计量能更准确地用于估计总体参数。对于样本方差也是一样：从大样本得到的方差将比从小样本得到的方差更准确地用于估计 $\sigma^2$。

为了改进样本方差的偏差，独立测量 $t$ 检验公式将两个样本方差合并为一个值，叫作合并方差。通过平均或者“合并”两个样本方差，来得到合并方差，这需要一个过程，在确定最后的值时允许大样本带入更多权重。

回忆一下只有一个样本的情况，样本方差是这样计算的：

$$s^2 = \frac{SS}{df}$$

对于独立测量的 $t$ 统计量，有两个 $SS$ 的值和两个 $df$ 的值（每个样本有一个）。合并两个样本的值来计算合并方差。合并方差由符号 $s_p^2$ 表示，计算如下：

$$\text{合并方差} = s_p^2 = \frac{SS_1 + SS_2}{df_1 + df_2} \qquad (10-2)$$

对于一个样本，方差的计算是 $SS$ 除以 $df$。对于两个样本，两个 $SS$ 除以两个 $df$ 来计算合并方差。

合并方差实际上是两个样本方差的均值，但在均值计算的过程中，大样本的方差占据了更大的比重。下面的例子阐明了该观点。

**相同样本量** 我们从两个相同大小的样本说起。第一个样本的样本量 $n=6$，$SS=50$。第二个样本的样本量 $n=6$，$SS=30$。两个样本的方差分别为：

样本 1 方差：$s^2=SS/df=50/5=10$

样本 2 方差：$s^2=SS/df=30/5=6$

两个样本的合并方差为：

$$s_p^2 = \frac{SS_1 + SS_2}{df_1 + df_2} = \frac{50+30}{5+5} = \frac{80}{10} = 8.00$$

注意，合并方差等于两个样本方差的一半的和。因为两个样本量大小相等，所以合并方差是两个样本方差简单的平均。

**不同样本量** 试想当样本量不同时会发生什么。假如第一个样本的样本量 $n=3$，$SS=20$，第二个样本的样本量 $n=9$，$SS=48$。两个样本的方差分别为：

样本 1 方差：$s^2=SS/df=20/2=10$

样本 2 方差：$s^2=SS/df=48/8=6$

两个样本的合并方差为：

$$s_p^2 = \frac{SS_1 + SS_2}{df_1 + df_2} = \frac{20+48}{2+8} = \frac{68}{10} = 6.80$$

这一次，合并方差不是两个样本方差的一半的和，而是更接近大样本的方差（$n=9$，$s^2=6$）。在计算合并方差时，大样本占更大的比重。

当计算合并方差时，每一个样本方差的比重是由样本的自由度决定的。因为大样本有一个较大的 $df$ 值，所以在计算两个方差的平均时就有更大的比重。这就是计算合并方差的另一种方法：

$$\text{合并方差} = s_p^2 = \frac{df_1 s_1^2 + df_2 s_2^2}{df_1 + df_2} \qquad (10-3)$$

例如，第一个样本的自由度 $df_1=2$，第二个样本的自由度 $df_2=8$，那么 2 个第一个样本方差和 8 个第二个样本方差就等于 10 个合并方差。然后将 10 个合并方差平均。在样本数据只有均值和样本方差时，第二个合并方差的公式很有用。最后，你需要注意，因为合并方差是两个样本方差的平均，所以合并方差的值总是位于两个样本方差之间。

### 估计标准误

在个体样本方差的位置使用合并方差，我们现在能得到一个样本均值差异的无偏测量。独立测量估计标准误的最后公式为：

$$(M_1-M_2)\text{ 的估计标准误}=s_{(M_1-M_2)}=\sqrt{\frac{s_p^2}{n_1}+\frac{s_p^2}{n_2}} \tag{10-4}$$

从概念上说，估计标准误测量了两个样本均值差异有多准确地代表了两个总体均值的差异。在假设检验中，$H_0$ 指出，$\mu_1-\mu_2=0$，标准误测量了两个样本均值之间存在的合理差异。在两个公式中，都是将两个样本均值的误差相加。注意，两个样本的合并方差，被用来计算样本均值差异的标准误。

下面的例子用以检测你对合并方差及估计标准误的理解。

**例 10.1**

来自独立测量研究的一个样本 $n=4$，$SS=72$；另一个样本 $n=8$，$SS=168$。对于这些数据，计算合并方差和均值差异的估计标准误。你得到的结果应该是，合并方差为 240/10=24，估计标准误为 3。

### 最后的公式和自由度

独立测量 $t$ 检验的完整公式为：

$$t=\frac{(M_1-M_2)-(\mu_1-\mu_2)}{s_{(M_1-M_2)}}=\frac{\text{样本均值差异}-\text{总体均值差异}}{\text{估计标准误}} \tag{10-5}$$

在这个公式中，分母的估计标准误的计算要使用公式（10-4），并且需要用公式（10-2）或公式（10-3）计算合并方差。

独立测量 $t$ 统计量的自由度由两个样本的自由度确定。

$$\begin{aligned} t\text{ 统计量的自由度}&=\text{第一个样本的自由度}+\text{第二个样本的自由度}\\ &=df_1+df_2\\ &=(n_1-1)+(n_2-1) \end{aligned} \tag{10-6}$$

独立测量 $t$ 统计量的自由度还可以写为：

$$df=n_1+n_2-2 \tag{10-7}$$

注意，该公式是从总的分数个数中减去 2，其中一个为第一个样本，另一个为第二个样本。

独立测量的 $t$ 统计量将被用于假设检验。具体来说，我们将使用样本均值的差异（$M_1-M_2$）作为关于总体均值差异（$\mu_1-\mu_2$）的假设检验的基础。这时，$t$ 统计量的整体结构可以简化为：

$$t=\frac{\text{数据}-\text{假设}}{\text{误差}}$$

同样的结构也被用于第 9 章的单样本 $t$ 统计量和后面将继续介绍的独立测量的 $t$ 统计量。表 10-1 定义了两个 $t$ 统计量的每个要素，可以帮助你对我们之前介绍的概念加深印象，即独立测量的 $t$ 统计量将单样本 $t$ 统计量的各个方面加倍。

**表 10-1 单样本 $t$ 统计量和独立测量的 $t$ 统计量的基本要素**

| | 样本数据 | 假设总体参数 | 估计标准误 | 样本方差 |
|---|---|---|---|---|
| 单样本 $t$ 统计量 | $M$ | $\mu$ | $\sqrt{\frac{s^2}{n}}$ | $s^2=\frac{SS}{df}$ |
| 独立测量的 $t$ 统计量 | $(M_1-M_2)$ | $(\mu_1-\mu_2)$ | $\sqrt{\frac{s_p^2}{n_1}+\frac{s_p^2}{n_2}}$ | $s_p^2=\frac{SS_1+SS_2}{df_1+df_2}$ |

**学习检查**

1. 以下哪项是独立测量 $t$ 检验的正确虚无假设？

a. 两个样本均值没有差异

b. 两个总体均值没有差异

c. 两个样本的均值差异等于两个总体的均值差异

d. 以上选项都不对

2. 以下哪项不能准确描述单样本 $t$ 统计量和独立测量 $t$ 统计量的公式之间的关系？

a. 单样本 $t$ 值有一个样本均值，独立测量 $t$ 值有两个

b. 单样本 $t$ 值有一个总体均值，独立测量 $t$ 值有两个

c. 单样本 $t$ 值是用一个样本方差来计算标准误，独立测量 $t$ 值用了两个

d. 以上选项都准确地描述了这种关系

3. 第一个样本 $n=21$，第二个样本 $n=35$。如果两个样本的合并方差为 210，那么样本均值差异的估计标准误是多少？

a. 9　　b. 4　　c. 3　　d. 2

4. 一位研究人员对 $n=10$ 名女孩的样本获得了 $M=34$ 和 $SS=190$，对 $n=10$ 名男孩的样本获得了 $M=29$ 和 $SS=170$。如果两个样本用于评估两个总体之间的平均差异，那么计算得到的 $t$ 值为多少？

a. $5/4=1.25$　　b. $5/2=2.50$

c. $5/\sqrt{2}=3.54$　　d. $5/1=5.00$

**答案**　1. b　2. d　3. b　4. b

## 10.3 独立测量 $t$ 检验的假设检验

**学习目标**

6. 使用两个样本的数据进行独立测量 $t$ 检验，评估两个总体均值之间差异的显著性。

7. 使用独立测量 $t$ 统计量进行有方向的（单尾）假设检验。

8. 描述独立测量 $t$ 检验的基本假设，尤其是方差齐性假设，并解释如何检验方差齐性假设。

独立测量的 $t$ 统计量使用来自两个独立样本的数据来确定两个总体或者两种处理条件之间的均值是否存在显著差异。以下是两个独立样本假设检验的一个完整例子。

**例 10.2**

研究表明，与光线充足的环境相比，人们在黑暗中更容易表现出不诚实和自私的行为（Zhong, Bohns & Gino, 2010）。在一个实验中，每个被试被分配 20 个谜题，在 5 分钟的时间内，每解开一个谜题就得到 50 美分的报酬。被试需要报告他们自己的表现，没有明显的方法来检验他们的诚实性。因此，这项任务提供了一个明显的欺骗和获取不当金钱的机会。一组被试在灯光暗淡的房间中进行测试，另一组被试在光线充足的房间中测试。记录每个人报告的已解开谜题数。以下数据表示与研究中获得的结果相似的结果。

| 解开的谜题数 | | | |
|---|---|---|---|
| 明亮房间 | | 昏暗房间 | |
| 11 | 6 | 7 | 9 |
| 9 | 7 | 13 | 11 |
| 4 | 12 | 14 | 15 |
| 5 | 10 | 16 | 11 |
| $n_1=8$ | | $n_2=8$ | |
| $M_1=8$ | | $M_2=12$ | |
| $SS_1=60$ | | $SS_2=66$ | |

**步骤 1　提出假设，选择 α 水平。**

虚无假设认为，对于一般总体，房间照明的亮度对被试报告的已解开谜题的数量没有影响。

$H_0$：$\mu_1-\mu_2=0$（没有区别）

$H_1$：$\mu_1-\mu_2\neq0$（有差异）

我们设定 $\alpha=0.05$ 的双尾检验。

可以使用有方向的假设，并指定在灯光昏暗的房间中接受测试的学生的分数应该更高还是更低。

**步骤 2　定位拒绝域。**

这是一项独立测量设计。这些数据的 $t$ 值自由度为：

$$\begin{aligned} df &= df_1+df_2 \\ &= (n_1-1)+(n_2-1) \\ &= 7+7 \\ &= 14 \end{aligned}$$

$df=14$ 且 $\alpha=0.05$ 的 $t$ 分布如图 10-3 所示。拒绝域包括分布的极端 5%，界限为 $t=+2.145$ 和 $t=-2.145$。

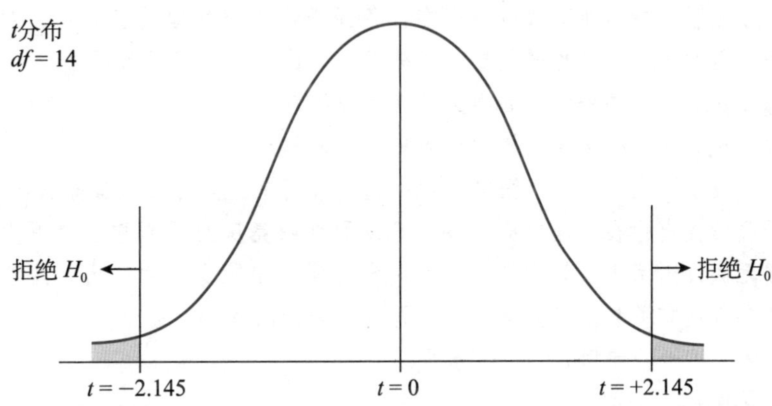


**图 10-3　$df=14$ 的 $t$ 分布（表示了 $\alpha=0.05$ 的拒绝域）**

**步骤 3　得到数据，计算检验统计量。**

注意：合并方差结合了两个样本，以获得一个单一的方差估计。在公式中，这两个样本被组合在一个单一的分数中。

和第 9 章中的单样本 $t$ 检验一样，我们建议把 $t$ 值的计算分为三个部分。

首先，得到两个样本的合并方差：

$$s_p^2=\frac{SS_1+SS_2}{df_1+df_2}=\frac{60+66}{7+7}=\frac{126}{14}=9$$

其次，使用合并方差来计算估计标准误：

注意：标准误是将两个独立样本的误差相加。在公式中，这两个误差是作为两个独立的分数相加的。在这种情况下，由于样本大小相同，所以这两个误差是相等的。

$$s_{(M_1-M_2)}=\sqrt{\frac{s_p^2}{n_1}+\frac{s_p^2}{n_2}}=\sqrt{\frac{9}{8}+\frac{9}{8}}=\sqrt{2.25}=1.50$$

最后，计算 $t$ 值：

$$t=\frac{(M_1-M_2)-(\mu_1-\mu_2)}{s_{(M_1-M_2)}}=\frac{(8-12)-0}{1.5}$$

$$=\frac{-4}{1.5}=-2.67$$

**步骤 4　做出决定。**

得到的值（$t=-2.67$）在拒绝域中。在这个例子里，得到的样本均值差异是由于偶然因素的差异（标准误）的 2.67 倍。当虚无假设为真时，这个结果非常不可能发生。因此，我们拒绝虚无假设，得出结论：昏暗房间中报告的分数与明亮房间中报告的分数之间存在显著差异。具体来说，昏暗房间里的学生分数明显高于明亮房间里的学生分数。

## 有方向的假设和单尾检验

当计划做一项独立测量研究时，研究者通常对结果有一些期望或者特定的预测。对于例 10.2 中的欺骗研究，研究者预计昏暗房间中的学生比明亮房间中的学生报告的分数更高。这种有方向的预测可以被纳入假设的陈述中，得到一个有方向的检验，或者叫作单尾检验。回忆第 8 章，单尾检验时拒绝虚无假设所需要的样本差异比双侧检验要小，所以只有当理论或者前人结论能清楚地支持预测时才使用。下面的例子呈现了在独立测量的 $t$ 检验中，提出单尾检验假设和定义拒绝域的过程。

**例 10.3**

我们将使用例 10.2 中描述的同样的实验情境。研究者使用了一项独立测量设计来考察灯光和诚信行为之间的关系。预测明亮房间里的学生会比昏暗房间里的学生有更少的欺骗行为。

**步骤 1　提出假设，选择 α 水平。**

与之前一样，虚无假设指出处理效应不存在，备择假设指出处理效应存在。对于这个例子，预测的结果是昏暗房间里的学生会声称得到更高的分数。因此，两个假设为：

$H_0$：$\mu_{明亮}\geqslant\mu_{昏暗}$（明亮房间里的学生没有更少的欺骗）

$H_1$：$\mu_{明亮}<\mu_{昏暗}$（明亮房间里的学生有更少的欺骗）

注意，在用符号表示假设前，先用语言表述一遍比较简单。同样，从备择假设开始也比较简单。和预测一样，备择假设提出存在处理效应。备择假设预期明亮房间里的学生有更少的欺骗，于是使用一个小于号。虚无假设则用大于等于号，表示明亮房间并未减少欺骗行为。注意，虚无假设中的等号代表两种处理条件没有差异。零差异的观点是虚无假设的本质，在计算 $t$ 值的时候，0 将被用来作为（$\mu_1-\mu_2$）的值。该检验使用 $\alpha=0.01$ 水平。

**步骤 2　定位拒绝域。**

对于一个有方向的检验，拒绝域将位于整个分布的一端。不要先试着确定正确的结果在正或负的哪一端，我们建议你用下面的两个步骤确定拒绝域的标准。首先，观察数据，确定样本均值差异是否与我们预测的方向相同，如果答案是否，那么数据明显不支持预测的处理效应，你可以停止分析了。如果差异是在预测的方向上，那么步骤 2 是确定差异是否足够显著。为了检验显著性，在 $t$ 分布表中找到单侧的拒绝值。如果样本的 $t$ 值比拒绝值更极端（不管是正还是负），那么差异是显著的。

对于这个例子，明亮房间里的学生如预测一样报告了更低的分数。当 $df=14$ 时，$\alpha=0.01$ 的单侧的拒绝值为 $t=-2.624$。

**步骤 3　收集数据，计算检验统计量。**

例 10.2 中有计算的细节。数据得到的 $t$ 值为－2.67。

**步骤 4　做出决定。**

$t=-2.67$ 超出了拒绝域的界限 $t=-2.624$。因此，我们拒绝虚无假设，得出结论：明亮房间里的学生报告的分数显著低于昏暗房间里的学生。在研究报告中，单侧检验的结果呈现如下：

明亮房间里的学生报告的分数显著更低，$t(14)=-2.67$，$p<0.01$，单侧检验。

## 独立测量 $t$ 公式的前提假设

在假设检验中使用独立测量 $t$ 检验公式之前，有三个前提必须满足：

1. 每个样本的观察必须是独立的。
2. 样本来自的两个总体必须呈正态分布。
3. 为了得到合理的合并方差，样本来自的两个总体必须有相同的方差。

前两个前提在第 9 章介绍的单样本 $t$ 假设检验中已经很为人熟悉了。正如之前讲到的，对于大样本来说，前两个前提不是很重要。当有理由怀疑总体不是正态时，作为补偿，应当选用相对较大的样本量。

第三个前提也称为方差齐性，它提出两个比较的总体必须有相同的方差。第 8 章中对于 $z$ 分数假设检验有一个相似的前提。对于这些检验，我们假设处理效应是每个分数加上（或者减去）一个常量，结果，处理后的总体标准差与处理前一样，现在我们提出的前提本质上与这个解释是一样的，只是用方差来表述。

$t$ 检验公式中的合并方差是通过将两个样本方差求平均得到的。只有当两个值估计了同样的总体方差时，即当方差齐性假设被满足时，均值才有用。如果两个样本方差代表了不同的总体方差，那么平均就没有意义了。（注意，如果两个人同时估计一件事物，例如你的体重，那么把两个估计的结果平均是合理的。但是，两个不相关的数得到的均值是没有意义的。例如，将你的体重和一磅全豆咖啡中的咖啡豆数量平均就没有意义。）

当样本量存在很大差异时，方差齐性的前提尤其重要。即使是在样本量接近或相等的情况下，该假设不需要如此严格，但也很重要。如果违反这个前提，就会否定对独立测量实验数据的任何有意义的解释。具体来说，在假设检验中计算 $t$ 值时，公式中的所有数值都来自数据，除了虚无假设指出的总体均值差异。因此，除了一个值，你可以确信公式中的所有值。如果你得到一个极端的 $t$ 值（在拒绝域内），那么你可以得出结论：假设的值是错误的。然而，如果违反了方差齐性的前提，会发生什么呢？这时，在公式中有两个不确定的值（假设的总体值和无意义的两个方差的均值）。如果现在得到一个极端的 $t$ 值，你不知道哪个值是可靠的，那么你就无法拒绝虚无假设，因为极端的 $t$ 值可能是由于合并方差而产生的。如果不满足方差齐性的要求，你就不能准确地解释 $t$ 值，假设检验也就失去了意义。

### Hartiley 的 *F*-max 检验

你怎样知道方差齐性前提是否被满足呢？一种简单的检验是仅仅观察两个样本的方差。从逻辑上来说，如果两个总体方差相等，那么两个样本方差应当很相似。当两个样本方差合理地接近时，你能合理地确信同质性前提被满足了，检验可以继续进行。但是，如果一个样本方差大于另一个的 3 倍或 4 倍，那就必须关注这个问题。一个更客观的过程是用统计检验来评价同质性前提。尽管有许多不同的方法来确定方差齐性前提是否被满足，但 Hartley 的 *F*-max 检验是一种最简单易懂的方法。另一个好处是，这种检验也能用于检验两个以上独立样本的方差齐性。在第 12 章中，我们将研究比较多个不同样本的统计方法，Hartley 检验将再次有用。下面的例子呈现了两个独立样本的 F-max 检验。

**例 10.4**

*F*-max 检验基于的原理是，样本方差提供了总体方差的无偏统计。该假设的虚无假设是：总体方差是相同的，因此样本方差应当很相似。使用 *F*-max 检验的过程如下：

1. 计算样本方差，对于每个独立样本，$s^2=\dfrac{SS}{df}$。

2. 选择最大和最小的样本方差，并且计算

$$F\text{-max}=\frac{s^2(\text{最大})}{s^2(\text{最小})}$$

一个相对较大的 *F*-max 值表示样本方差差异较大。这暗示了数据的总体方差存在差异，违背了同质性前提。另外，一个小的 *F*-max 值（接近 1.00）说明样本方差是相似的，并且同质性前提是合理的。

3. 样本数据计算的 *F*-max 值要与表 B.3（附录 B）中的临界值比较。如果样本值大于表中的值，你能得出结论：方差不同，同质性前提不能被满足。

为了找到表中的临界值，你需要知道：

a. $k$=独立样本数。（对于独立测量的 $t$ 检验，$k=2$。）

b. 对于每个样本方差 $df=n-1$，Hartley 检验假定所有样本量相同。

c. α 水平。表 B.3 提供了 $\alpha=0.05$ 和 $\alpha=0.01$ 的临界值。一般来说，同质性检验会使用大的 α 水平。

例如，两个独立样本，每个 $n=10$，样本方差为 12.34 和 9.15。对于这些数据，有

$$F\text{-max}=\frac{s^2(\text{最大})}{s^2(\text{最小})}=\frac{12.34}{9.15}=1.35$$

$\alpha=0.05$，$k=2$，$df=n-1=9$，表 B.3 中的临界值为 4.03。因为得到的 *F*-max 值比拒绝值小，能得出结论说数据没有违背方差齐性前提。

---

大多数假设检验的目的是拒绝虚无假设，从而说明存在处理效应或显著的差异。然而，在做方差齐性检验时，我们希望接受虚无假设。接受 *F*-max 检验的虚无假设，意味着两个总体方差之间没有显著差异，同质性前提得到了满足。这时，我们可以继续用合并方差进行独立测量的 $t$ 检验。

如果 *F*-max 检验拒绝了方差齐性的假设，或者你对方差齐性的假设有所怀疑，你就不可以用合并方差计算独立测量的 $t$ 统计量。但是，许多计算机统计应用会使用一个 $t$ 统计量的替代公式，这个公式会在本章末尾的 SPSS 部分给出。

## 学习检查

1. 如果两个处理组各有 $n=10$ 名被试，第一个处理组的数据为 $M=38$ 和 $SS=200$，第二个处理组的数据为 $M=33$ 和 $SS=160$，该研究的独立测量 $t$ 值是多少？

a. $t=1.25$　　b. $t=2.50$　　c. $t=0.25$　　d. $t=5/\sqrt{20}=1.12$

2. 一位研究人员使用两个样本来评估 8 岁和 10 岁儿童的平均成绩差异，每个样本有 $n=15$ 名参与者。研究者预测年龄较大的孩子得分较高。年龄较大儿童的样本均值比年龄较小儿童的均值高 5，两个样本的合并方差为 30。对于单尾检验，应该做出什么决定？

a. 能在 $\alpha=0.05$ 但不能在 $\alpha=0.01$ 的水平上拒绝虚无假设

b. 在 $\alpha=0.05$ 和在 $\alpha=0.01$ 的水平上都能拒绝虚无假设

c. 能在 $\alpha=0.05$ 但不能在 $\alpha=0.01$ 的水平上接受虚无假设

d. 在 $\alpha=0.05$ 和在 $\alpha=0.01$ 的水平上都能接受虚无假设

3. Hartley 的 $F$-max 检验用于检验方差齐性假设。这个检验的虚无假设是什么？

a. 两样本方差相等　　b. 两样本方差不等

c. 两总体方差相等　　d. 两总体方差不等

**答案**　1. b　2. b　3. c

## 10.4　独立测量 $t$ 检验的效应量和置信区间

 **学习目标**

9. 使用 Cohen's $d$ 或 $r^2$（解释变异的比例）测量独立测量 $t$ 检验的效应大小。

10. 使用来自两个单独样本的数据计算两种处理条件或两个总体之间平均差异大小的置信区间。

11. 描述在 $\alpha=0.05$ 的水平上的独立测量 $t$ 检验与相应均值差异的 95%置信区间之间的关系。

12. 描述科学文献中如何报告独立测量 $t$ 检验和效应量结果。

如第 8 章和第 9 章所述，假设检验的结果受多种因素影响，包括研究中使用的样本大小。一般来说，增加样本量的大小会增加拒绝虚无假设的可能性。因此，如果样本足够大，即使是非常小的处理效果也可能是显著的。因此，假设检验通常需要报告效应量，提供独立于样本大小的处理效应的绝对大小。

### 估计的 Cohen's $d$

一种测量效应量大小的技术是 Cohen's $d$ 系数，它得到的是均值差异的标准化测量。用它的普遍形式，Cohen's $d$ 系数可以被定义为：

$$d=\frac{\text{均值差异}}{\text{标准差}}=\frac{\mu_1-\mu_2}{\sigma}$$

在一项独立测量研究中，样本均值差异（$M_1-M_2$）是对总体均值差异的最好估计，标准差（或者合并标准差）是通过将合并方差开方得到的。因此：

$$\text{估计的 } d=\frac{\text{估计的均值差异}}{\text{估计的标准差}}=\frac{M_1-M_2}{\sqrt{s_p^2}} \tag{10-8}$$

对于例 10.2 中的数据，两个样本均值为 8 和 12，合并方差为 9。这些数据的 Cohen's $d$ 值为：

$$d=\frac{M_1-M_2}{\sqrt{s_p^2}}=\frac{8-12}{9}=\frac{-4}{3}=-1.33$$

注意：Cohen's $d$ 一般报告正值，这里报告 $d=1.33$。使用评价 Cohen's $d$ 系数的标准（见表 8-2），这个值表示一种很大的处理效应。

### 被解释的变异和 $r^2$

独立测量 $t$ 检验的假设检验也允许计算解释处理的变异比例 $r^2$ 来测量效应量大小。正如我们在第 9 章中介绍的，$r^2$ 测量了分数中多少的变异能由处理效应解释。例如，欺骗研究报告分数的一些变异性可以通过测试的房间的不同来解释：昏暗房间里的学生倾向于报告更高的分数，而明亮房间里的学生则倾向于报告更低的分数。例如，学生所在房间的灯光可以解释欺骗研究中报告分数的部分变异，昏暗房间里的学生倾向于比明亮房间里的学生报告更高的分数。通过测量能被解释的变异量，我们能测量出处理效应实际有多大。独立测量 $t$ 检验的 $r^2$ 计算与第 9 章的单样本 $t$ 检验的计算是相同的：

$$r^2=\frac{t^2}{t^2+df} \tag{10-9}$$

对于例 10.1 中的数据，我们得到 $t=-2.67$，$df=14$。这些值产生的 $r^2$ 为：

$$r^2=\frac{(-2.67)^2}{(-2.67)^2+14}=\frac{7.13}{7.13+14}=\frac{7.13}{21.13}=0.337$$

在这项研究中，分数 33.7%的变异能够被两种灯光情况所解释。根据用来评价 $r^2$ 的标准（见表 9-3），这个值也表示了一种很大的处理效应。下面的例子可以测试你对独立测量 $t$ 检验中 Cohen's $d$ 和 $r^2$ 的理解。

**例 10.5**

在一项独立测量研究中，每个处理样本量 $n=16$，一个样本的 $M=89.5$，$SS=1\ 005$，另一个样本的 $M=82.0$，$SS=1\ 155$。得到 $t(30)=2.50$。使用这些数据计算 Cohen's $d$ 和 $r^2$。你应该发现 Cohen's $d=0.883$ 和 $r^2=0.172$。

### 估计的 $\mu_1-\mu_2$ 的置信区间

正如第 9 章所说，置信区间可以作为测量和描述处理效应大小的一种方式。对于单样本 $t$ 检验，我们用单样本均值 $M$ 来估计单个总体均值。对于独立测量 $t$ 检验，我们用样本均值差异（$M_1-M_2$）来估计总体均值差异 $\mu_1-\mu_2$。在这种情况下，置信区间估计了两个总体或两种处理条件下两个总体均值的差异大小。

在单样本 $t$ 检验中，第一步是得到 $t$ 统计量公式中未知参数的值。对于独立测量 $t$ 检验，我们可以得到：

$$\mu_1-\mu_2=(M_1-M_2)\pm ts_{(M_1-M_2)} \tag{10-10}$$

公式中，$(M_1-M_2)$ 和 $s_{(M_1-M_2)}$ 的值可以从样本数据中得到。尽管 $t$ 统计量的值是未知的，但我们可以用 $t$ 统计量的自由度和 $t$ 分布来估计 $t$ 值。用估计的 $t$ 值和从样本中得到的值，我们可以计算 $\mu_1-\mu_2$ 的估计值。下面的例子详细地描述了为总体均值差异构建置信区间的过程。

**例 10.6**

在例 10.2 中，研究者比较了在昏暗房间中学生报告的解谜题得分和在明亮房间中学生报告的解谜题得分，假设检验的结果表明两组学生之间存在显著的均值差异。现在，我们需要构建一个总体均值差异的 95%的置信区间。

研究中昏暗房间的学生的平均分 $M=12$，明亮房间的学生的平均分 $M=8$，均值差异的标准误 $s_{(M_1-M_2)}=1.5$。每一个样本有 $n=8$ 个个体，所以独立测量 $t$ 检验的 $df=14$。为了得到 95%的置信区间，我们简单地估计均值差异的 $t$ 值位于所有可能的 $t$ 值的中间的 95%。根据 $t$ 分布表，$df=14$，95%的 $t$ 值位于 $t=+2.145$ 和 $t=-2.145$ 之间。把这些值代入估计的公式里，可以得到：

$$\mu_1-\mu_2=(M_1-M_2)\pm ts_{(M_1-M_2)}=(12-8)\pm 2.145\,(1.5)=4\pm 3.218$$

结果得到区间从 4－3.218＝0.782 到 4＋3.218＝7.218。因此，我们可以得出结论：昏暗房间里的学生会报告比明亮房间里的学生更高的分数，两个总体的均值差异在 0.782～7.218 区间。此外，我们有 95%的信心认为均值差异的真值在这个区间之内，因为在计算过程中的唯一一个估计值

就是 $t$ 值，而我们有 95%的信心认为 $t$ 值会在分布的中间 95%。我们还注意到置信区间是在均值差异周围的，均值差异为 $M_1-M_2=12-8=4$，落在置信区间的中心。

---

同单样本的 $t$ 检验的置信区间一样，独立测量 $t$ 检验的置信区间除了受到处理效应的实际大小影响以外，还受到很多因素影响。置信区间的宽度会受到置信水平的影响，也就是说一种较高的置信水平会得到一个较宽的区间。此外，置信区间的宽度还受到样本量影响，样本量越大，置信区间越窄。因为置信区间的宽度和样本大小有关，所以置信区间并不像 Cohen's $d$ 值和 $r^2$ 一样，是对效应量大小的纯粹的测量。

### 置信区间和假设检验

置信区间除了可以描述处理效应大小以外，还可以用来评估效应的显著性。例 10.6 中呈现了独立测量研究，以实验检验了房间亮度对诚信行为的影响。研究结果表明，两组学生报告得分的均值差异的 95%的置信区间在 0.782～7.218 之间。置信区间见图 10－4。除了置信区间（$\mu_1-\mu_2$），我们也标明了均值差异为 0 的点。我们知道，均值差异为 0 就是我们进行假设检验时的虚无假设。可以发现，0 差异（$\mu_1-\mu_2=0$）位于 95%的置信区间之外。换句话说，$\mu_1-\mu_2=0$ 在置信度要求为 95%的估计情况下是不被接受的值。0 值在 95%的置信水平下不被接受等价于 0 差异在 95%的置信水平下是被拒绝的，这个结论等价于在 $\alpha=0.05$ 水平下拒绝 $H_0$。另外，如果均值差异为 0 包含于 95%置信水平下的置信区间内，那么我们可以得出结论，认为 $\mu_1-\mu_2=0$ 是可以接受的值，这也就相当于不能拒绝 $H_0$。

> 例 10.2 进行了关于这些数据的假设检验，并在 $\alpha=0.05$ 的条件下拒绝 $H_0$。

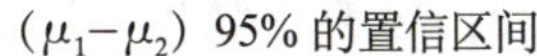


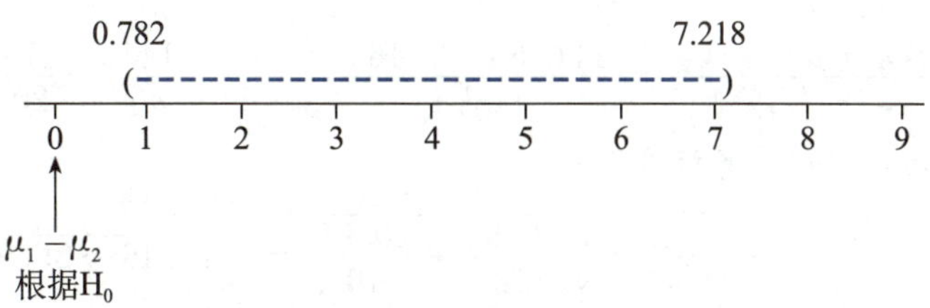


**图 10－4　例 10.6 中总体均值差异（$\mu_1-\mu_2$）的 95%的置信区间**

说明：注意 $\mu_1-\mu_2=0$ 不在置信区间内，表明差值为 0 是不能被接受的值（$H_0$在 $\alpha=0.05$ 的假设检验中将被拒绝）。

## 在文献中

### 报告独立测量 $t$ 检验的结果

一项研究报告通常会先呈现描述性的统计结果，紧接着是假设检验和效应量（推论统计）的结果。在第 4 章，我们介绍了怎样用 APA 格式报告均值和标准差。在第 9 章，我们介绍了报告 $t$ 检验结果的 APA 格式。现在，我们将使用 APA 格式来报告例 10.2 一个独立测量 $t$ 检验的结果。一个简明的阐述如下：

> 因为在句子中描述了均值差异的方向，所以 $t$ 统计量被报告为正值。

在昏暗房间中进行测试的学生报告的分数（$M=12$，$SD=2.93$）比在明亮房间中测试的学生报告的分数（$M=8$，$SD=3.07$）更高。这个均值差异是显著的，$t(14)=2.67$，$p<0.05$，$d=1.33$。

你应当注意到，标准差不是独立测量 $t$ 检验的一个计算步骤，但是当提供每个处理组描述统计的信息时，它是有用的。当做 $t$ 检验时，计算它很容易，因为你需要每组的 $SS$ 和 $df$ 来确定合并方差。注意，报告 $t$ 检验结果的形式与第 9 章描述的是相同的，效应大小的测量也会在假设检验的结果后报告。专栏 10－2 描述了如何使用已发表研究文章中报告的样本的均值、标准差和大小来计算 $t$。

同样，正如我们在第 9 章提到的，如果从电脑分析中可以得到一个确切的概率，我们应当报告它。对于例 10.2 的数据，计算机分析报告了概率值 $p=0.018$，$t=2.67$，$df=14$。在研究报告中，这些值将这样报告：

差异显著，$t(14)=2.67$，$p=0.018$，$d=1.33$。

另外，如果报告中用置信区间来描述效应大小，它需要紧跟假设检验的结果。对于欺骗行为的例子，报告如下：

差异显著，$t(14)=2.67$，$p=0.018$，95%的置信区间为 [0.782，7.218]。

## 专栏 10－2　从已发表的统计数据中计算 $t$ 值

如果你只能访问已发表研究论文中的样本均值、标准差和样本大小，则可以为独立测量研究计算 $t$ 值。假设有一项研究评估了特殊饮食对减肥的影响。已发表的研究报告称，采用特殊饮食的 $n=12$ 名被试的平均减重为 $M=10$ 磅（$SD=5$），而对照组的 $n=10$ 名被试的平均减重仅为 $M=2$ 磅（$SD=4$）。差异显著吗？回答这个问题的第一步是计算每组的方差。标准差是方差的平方根，因此，要获得方差，必须对标准差求平方。因此：

$$\text{标准差}=\sqrt{\text{方差}}\text{，}(\text{标准差})^2=\text{方差}$$

于是，特殊饮食组的方差 $s^2$ 为 25，控制组的方差 $s^2$ 为 16。接下来，用公式（10－3）计算合并方差：

$$s_p^2=\frac{df_{\text{节食}}s_{\text{节食}}^2+df_{\text{控制}}s_{\text{控制}}^2}{df_{\text{节食}}+df_{\text{控制}}}=\frac{11(25)+9(16)}{11+9}=\frac{275+144}{11+9}=\frac{419}{20}=20.95$$

计算合并方差之后，可以计算标准误：

$$s_{(M_{\text{节食}}-M_{\text{控制}})}=\sqrt{\frac{s_p^2}{n_{\text{节食}}}+\frac{s_p^2}{n_{\text{控制}}}}=\sqrt{\frac{20.95}{12}+\frac{20.95}{10}}=\sqrt{1.746+2.095}=\sqrt{3.84}=1.96$$

计算 $t$ 值：

$$t=\frac{(M_{\text{节食}}-M_{\text{控制}})-(\mu_{\text{节食}}-\mu_{\text{控制}})}{s_{(M_{\text{节食}}-M_{\text{控制}})}}=\frac{(10-2)-0}{1.96}=\frac{8}{1.96}=4.08$$

### 学习检查

1. 研究人员获得了一种处理条件下样本的均值 $M=26$ 和另一种处理条件下样本的均值 $M=28$。两个样本的合并方差为 16。计算得到 Cohen's $d$ 值为？

a. 2/16

b. 4/16

c. 2/4

d. 信息不足，无法计算 Cohen's $d$

2. 以下哪项不是对独立测量 $t$ 检验的均值差异置信区间的准确描述？

a. 样本均值差异 $M_1-M_2$ 将会落到置信区间的中点

b. 如果其他因素保持不变，置信区间的宽度会随着样本量的增大而减小

c. 如果其他因素保持不变，置信区间的宽度会随着置信水平的提高而增大

d. 如果其他因素保持不变，置信区间的宽度会随着两样本均值的差异增大而增大

3. 以下哪一项准确地描述了一项在 $\alpha=0.05$ 的水平下，差异不显著的独立测量研究的 95%置信区间？

a. 置信区间包含 0　　b. 置信区间不包含 0

c. 置信区间不包含 $M_1-M_2$　　d. 以上三项都不准确

4. 一项独立测量 $t$ 检验的假设检验结果报告如下：$t(22)=2.48$，$p<0.05$，$d=0.27$。下面对这项研究和结果的表述哪个更准确？

a. 该研究一共使用了 24 名被试，拒绝虚无假设

b. 该研究一共使用了 22 名被试，拒绝虚无假设

c. 该研究一共使用了 24 名被试，接受虚无假设

d. 该研究一共使用了 22 名被试，接受虚无假设

答案　1. c　2. d　3. a　4. a

## 10.5　样本方差和样本量在独立测量 $t$ 检验中的作用

### 学习目标

13. 描述样本大小和样本方差如何影响假设检验的结果，以及独立测量 $t$ 统计量的效应大小。

第 9 章中，我们介绍了几个影响假设检验结果的因素。对于独立测量 $t$ 检验，最直接的影响因素是两个样本均值之间的差异，差异越大，拒绝虚无假设的可能性越大，效应量越大。除此之外，分数的变异性和样本量也会影响假设检验的结果，两者都影响 $t$ 统计量中分母部分估计标准误的大小。具体来讲，标准误和样本方差成正比（方差越大，标准误越大），和样本量成反比（样本量越大，标准误越小）。总之，方差越大，$t$ 统计量越小（接近 0），得到显著结果的概率越小。相反，样本量越大，$t$ 统计量越大（距离 0 越远），拒绝虚无假设的概率越大。

尽管方差和样本量都会影响假设检验，但只有方差会影响效应量，如 Cohen's $d$ 值和 $r^2$，方差越大，效应越小。样本量对 Cohen's $d$ 值没有影响，对 $r^2$ 的影响也很小。

下面的例子呈现了在独立测量的研究中，一个大的方差是如何掩盖样本均值差异，并降低拒绝虚无假设可能性的。

**例 10.7**

我们用图 10-5 来说明样本方差的影响。图中展示了一项研究中两种处理条件下的结果。研究使用了两个独立的样本，每一个样本容量都为 $n=9$，样本均值差异为 5：处理 1 的均值为 $M=8$，处理 2 的均值为 $M=13$。图 10-5 清楚地呈现了两个分数分布之间的差异，处理 2 的分数明显高于处理 1 的分数。

对于假设检验，用以上数据计算出合并方差的数值为 1.50，估计标准误的数值为 0.58，其对应的 $t$ 分数是：

$$t=\frac{\text{均值差异}}{\text{估计标准误}}=\frac{5}{0.58}=8.62$$

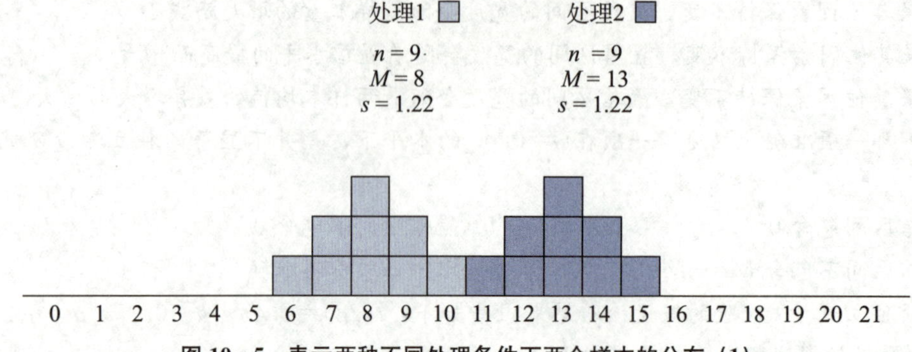


**图 10－5　表示两种不同处理条件下两个样本的分布（1）**

说明：这些数据显示了处理间的显著差异，$t(16)=8.62$，$p<0.01$，效应的两种测量值都表示这是一种很大的处理效应，$d=4.10$，$r^2=0.82$。

当 $df=16$ 时，这个数值落在拒绝域内（对 $\alpha=0.05$ 或 $\alpha=0.01$ 来说），因此，我们拒绝虚无假设，并总结为两种处理之间差异显著。

现在，我们考虑增大样本方差后的效果。图 10－6 展示了另外一个比较两种处理的研究的结果。注意，每个样本仍有 9 个分数，两个样本的均值仍为 $M=8$ 和 $M=13$。但是，样本方差已经显著增大，现在两个样本的合并方差为 $s^2=44.25$，与图 10－5 中的 $s^2=1.5$ 形成对比。注意，增大了的方差表明，现在的数据分布得更加分散，并且两个样本混合在一起，没有了明显界限。

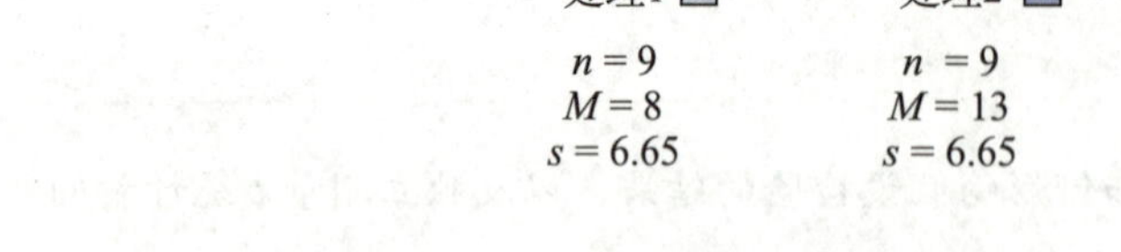


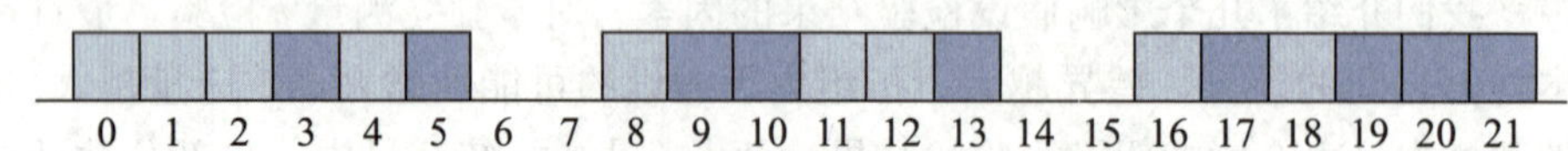


**图 10－6　表示两种不同处理条件下两个样本的分布（2）**

说明：这些数据表示均值差异和图 10－5 所示的相同，但是，方差明显变大了。方差变大后，处理间不再有显著差异，$t(16)=1.59$，$p>0.05$，并且效应的两种测量值都明显减小了，$d=0.75$，$r^2=0.14$。

假设检验支持了两种处理之间差异的消失。合并方差是 44.25，估计标准误是 3.14，独立测量 $t$ 分数是：

$$t=\frac{\text{均值差异}}{\text{估计标准误}}=\frac{5}{3.14}=1.59$$

当 $df=16$，$\alpha=0.05$ 时，这个值不在拒绝域内。因此，我们不能拒绝虚无假设，并总结两个处理之间不存在显著差异。尽管两个样本均值之间还是有 5 分的差异，但是随着方差的增大，这 5 分的差异不显著。总的来说，大的样本方差能够使数据中的任何均值差异变得模糊，并且降低在假设检验中得到显著差异的可能性。

## 误差和个体差异的作用

我们已经看到，影响标准误大小的一个因素是样本方差（另一个因素是样本量 $n$）。个体差异是样本方差的来源之一。在第 1 章中，我们介绍了被试变量。被试变量有一些因人而异的特征，例如人格、态度、过去的经验、能力和动机等。每个处理组中被试样本之间存在的差异将对该处理组的方差（和标准差）产生影响。因此，个体差异是影响标准误的一个因素。

在独立测量 $t$ 检验中，有两组独立的被试，一组用于处理 1，另一组用于处理 2。理想情况下，研究随机选择样本，然后将被试随机分配到处理组。随机分配有助于确保各组之间在个体差异方面没有偏差。例如，这有助于防止一组人平均而言比另一组人更有动力。然而，将被试分配到组中可能会无意中产生偏差，在实验开始时各组就有所不同。在处理前，对被试进行某些变量（如态度或动机）是否存在差异的预实验，这是确保各组在开始时相同的一种方法。另一种方法是使用相关样本研究，这将在第 11 章介绍。

### 学习检查

1. 以下哪项准确地描述了当样本量增加时，独立测量 $t$ 检验的假设检验结果和效应大小是如何受到影响的？

a. 拒绝虚无假设的可能性和效应量都增大

b. 拒绝虚无假设的可能性和效应量都减小

c. 拒绝虚无假设的可能性增大，对效应量没有影响

d. 拒绝虚无假设的可能性减小，对效应量没有影响

2. 以下哪项准确地描述了当样本方差增加时，独立测量 $t$ 检验的假设检验结果和效应大小是如何受到影响的？

a. 拒绝虚无假设的可能性和效应量都增大

b. 拒绝虚无假设的可能性和效应量都减小

c. 拒绝虚无假设的可能性增大，对效应量没有影响

d. 拒绝虚无假设的可能性减小，对效应量没有影响

3. 以下哪一组数据的独立测量 $t$ 检验值最大？

a. 样本均值分别为 10 和 12，样本方差分别为 20 和 25

b. 样本均值分别为 10 和 12，样本方差分别为 120 和 125

c. 样本均值分别为 10 和 20，样本方差分别为 20 和 125

d. 样本均值分别为 10 和 20，样本方差分别为 120 和 125

**答案**　1. c　2. b　3. c

## 小　结

1. 独立测量 $t$ 检验使用了两个独立样本的数据，来推论出关于两个总体或者两种不同处理条件之间均值的差异。

2. 独立测量 $t$ 检验的公式与原始的 $z$ 分数或者单样本 $t$ 检验的公式有同样的结构：

$$z \text{ 或 } t = \frac{\text{样本统计量}-\text{总体参数}}{\text{估计标准误}}$$

对于独立测量 $t$ 检验，样本统计量是样本均值差异（$M_1-M_2$）。总体参数是总体均值差异（$\mu_1-\mu_2$）。通过合并两个样本均值方差，来计算样本均值差异的估计标准误。结果的公式为：

$$t = \frac{(M_1-M_2)-(\mu_1-\mu_2)}{s_{(M_1-M_2)}}$$

估计标准误为：

$$s_{(M_1-M_2)} = \sqrt{\frac{s_p^2}{n_1}+\frac{s_p^2}{n_2}}$$

公式中的合并方差 $s_p^2$，是两个样本方差的加权平均：

$$s_p^2=\frac{SS_1+SS_2}{df_1+df_2}$$

$t$ 统计量的自由度由两个样本的 $df$ 之和决定：

$$df=df_1+df_2=(n_1-1)+(n_2-1)$$

3. 对于假设检验，虚无假设通常提出两个总体均值不存在差异：

$H_0$：$\mu_1=\mu_2$ 或 $\mu_1-\mu_2=0$

4. 当一个独立测量的 $t$ 检验的假设检验指出存在一种显著的差异时，我们建议同时计算效应大小。一种效应大小的测量方法是 Cohen's $d$ 系数，它是均值差异的标准化测量。对于独立测量的 $t$ 检验：

$$估计的\ d=\frac{M_1-M_2}{\sqrt{s_p^2}}$$

第二种效应大小的测量方法是处理效应解释的变异比例。这种测量由 $r^2$ 确定，它的计算公式为：

$$r^2=\frac{t^2}{t^2+df}$$

5. 另一种描述处理效应大小的方法是构建均值差异 $\mu_1-\mu_2$ 的置信区间，置信区间使用独立测量 $t$ 检验公式来计算未知的总体均值差异：

$$\mu_1-\mu_2=M_1-M_2\pm ts_{(M_1-M_2)}$$

首先，选择一种置信水平并查找相对应的 $t$ 值。例如，对于一种 95%的置信水平来说，使用的 $t$ 值包含了分布中间 95%的 $t$ 值。把 $t$ 值和其他从样本数据中计算得到的数据，包括样本均值差异和标准误一起代入上述公式中求解。

6. 合理地使用和解释 $t$ 值，数据需要满足方差齐性的前提。这个前提规定两个总体有相等的方差。关于这个前提的检验可以简单地比较两个样本方差。Hartley 的 $F$-max 检验提供了一种确定数据是否满足同质性前提的统计方法。

## 关键术语

独立测量研究设计或组间设计　　重复测量研究设计或组内设计

独立测量 $t$ 检验均值差异的估计标准误　　合并方差　　方差齐性

## 关注问题解决

1. 随着你学习更多的统计方法，一个基本的问题是如何确定哪种方法适用于特定的数据。幸运的是，在使用独立样本 $t$ 检验的研究情境下很容易分辨。首先，数据总是包括两个独立样本（两个 $n$、两个 $M$、两个 $SS$ 等）。其次，$t$ 值总是用来回答有关均值差异的问题，即一个组平均而言是否与另一个组不同（更好、更快、更聪明等）。如果你仔细观察数据，确定了研究者提出的问题类型，就应该能确定是否适用独立样本 $t$ 检验。

2. 当你计算一个样本数据的独立测量 $t$ 值时，我们建议你习惯将公式分为几个步骤，而不是一次性完成所有的计算。首先，找到合并方差。然后，计算标准误。最后，计算 $t$ 值。

3. 学生最常犯的错误是混淆合并方差和标准误的公式。计算合并方差时，你将两个样本的方差合并为一个，这个方差作为单独的分数计算，分子是两个 $SS$ 的值，分母是两个 $df$ 的值。计算标准误时，你把两个样本的误差加起来，这两个误差作为独立的分数在平方根的符号下相加。

## 示例 10.1

### 独立测量 $t$ 检验

在一项关于陪审团的行为研究中，研究人员提供了一起审判的详细情况给两组被试样本。在这个案子中，被告显然有罪。第二组除了接受和第一组相同的案件细节外，还获得了一些法官保留的证据。然后，要求被试试着做出关于被告入狱的判决。每名被试建议的服刑期限如下，这两组的回答之间是否存在显著差异？

第一组：4，4，3，2，5，1，1，4。$M=3$，$SS=16$。

第二组：3，7，8，5，4，7，6，8。$M=6$，$SS=24$。

这项研究中有两个独立样本。因此，将使用独立测量的 $t$ 检验分析。

**步骤 1　提出假设，选择一种 α 水平。**

$H_0$：$\mu_1-\mu_2=0$（对于总体，知道被保留的证据对服刑的建议没有作用）

$H_1$：$\mu_1-\mu_2\neq 0$（对于总体，知道被保留的证据对服刑的建议有作用）

我们设定显著性水平 $\alpha=0.05$，双侧检验。

**步骤 2　定义拒绝域。**

对于独立测量的 $t$ 值，自由度为：

$$df=df_1+df_2=7+7=14$$

对 $\alpha=0.05$，$df=14$ 的双侧检验，查找 $t$ 分布表。拒绝的 $t$ 值为 $+2.145$ 和 $-2.145$。

**步骤 3　计算检验统计量。**和之前一样，分三步计算 $t$ 统计量的值。

对于这些数据，合并方差为：

$$s_p^2=\frac{SS_1+SS_2}{df_1+df_2}=\frac{16+24}{7+7}=\frac{40}{14}=2.86$$

现在，计算均值差异的估计标准误。

$$s_{(M_1-M_2)}=\sqrt{\frac{s_p^2}{n_1}+\frac{s_p^2}{n_2}}=\sqrt{\frac{2.86}{8}+\frac{2.86}{8}}=\sqrt{0.358+0.358}=\sqrt{0.716}=0.85$$

最后，计算 $t$ 值。

$$t=\frac{(M_1-M_2)-(\mu_1-\mu_2)}{s_{(M_1-M_2)}}=\frac{(3-6)-0}{0.85}=\frac{-3}{0.85}=-3.53$$

**步骤 4　做出关于虚无假设的决定，得出结论。**

得到的 $t$ 值为 $-3.53$，它位于拒绝域的左尾端（拒绝域为 $t=\pm 2.145$）。因此，拒绝虚无假设。被试被告知法官保留的证据后明显给出了更长的刑期，$t(14)=-3.53$，$p<0.05$，双侧检验。

## 示例 10.2

### 独立测量 $t$ 检验的效应大小

我们将计算示例 10.1 中审判数据的 Cohen's $d$ 系数和 $r^2$。对于这些数据，两个样本均值为 $M_1=3$ 和 $M_2=6$，合并方差为 2.86。故 Cohen's $d$ 系数为：

> 请记住，无论分子的符号如何（见第 9 章），Cohen's $d$ 总是被报告为正值。

$$d=\frac{M_1-M_2}{\sqrt{s_p^2}}=\frac{3-6}{\sqrt{2.86}}=\frac{-3}{1.69}=1.78$$

当 $t=-3.53$，$df=14$ 时，变异解释的比例为：

$$r^2=\frac{t^2}{t^2+df}=\frac{3.53^2}{3.53^2+14}=\frac{12.46}{26.46}=0.47\text{（或 }47\%\text{）}$$

## SPSS

你玩电子游戏只是在浪费时间吗？也许不是。最近的研究表明，玩动作类型的游戏可能会提高你的手眼协调能力（Li，Chen & Chen，2016；实验 2）。研究人员招募了报告经常玩动作类型游戏的被试和很少或从未玩过动作类型游戏的被试。然后，所有被试都完成了一项计算机化的手眼协调任务，在这项任务中，研究人员测量了被试使用操纵杆在电脑屏幕中央抓住一个移动点时的误差。下面列出了研究人员观察到的数据（数字越小，误差越小，手眼协调越好）。

| 动作游戏玩家 | | 非动作游戏玩家 | |
|---|---|---|---|
| 13.0 | 9.5 | 16.0 | 10.5 |
| 15.0 | 11.0 | 20.5 | 18.5 |
| 9.0 | 14.5 | 13.0 | 10.5 |
| 13.0 | 13.0 | 15.0 | 15.0 |
| 6.0 | 11.0 | 15.0 | 17.5 |
| 18.0 | 15.0 | 16.5 | 15.0 |
| 11.0 | 11.0 | 15.0 | 15.0 |
| 11.0 | 11.0 | 15.0 | 20.5 |

以下步骤将演示如何使用 SPSS 进行独立测量 $t$ 检验，以检验有经验的动作游戏玩家在手眼协调任务中会有较小误差的假设。

### 数据输入

1. 用数据编辑器的 Variable View 创建上述两个变量。在 Name 区域输入第一个变量 error。选择 Type＝“Numeric”，Measure＝“Scale”。在 Label 区域中为变量添加简短的描述性标签（这里用的是“Error in holding dot position”）。第二个变量，输入“group”。选择 Type＝“String”，Measure＝“Nominal”。在 Lable 区域输入“self-reported gaming”。

2. 使用数据编辑器的 Data View 输入分数。分数以所谓的堆叠格式（stacked format）输入，这意味着两个样本的所有分数都输入数据编辑器的一列中（“error”）。输入非动作游戏玩家样本的错误分数，直接位于动作游戏玩家样本分数下方，不留空白或额外空格。

3. 然后将值输入第二列（“group”），以确定与每个分数对应的样本或处理条件。例如，在动作游戏玩家样本中的每个分数旁边输入“gamer”，在非动作游戏玩家样本的每个分数旁输入“non-gamer”。成功输入数据后，SPSS 数据视图应显示如下。

### 数据分析

1. 在工具栏点击 Analyze，选择 Compare Means，再选择 Independent-Sample T Test。

2. 点亮左侧框中分数集（“Error in holding dot position”）的列标签，然后单击箭头，将其移动到 Test Variable (s) 框中。

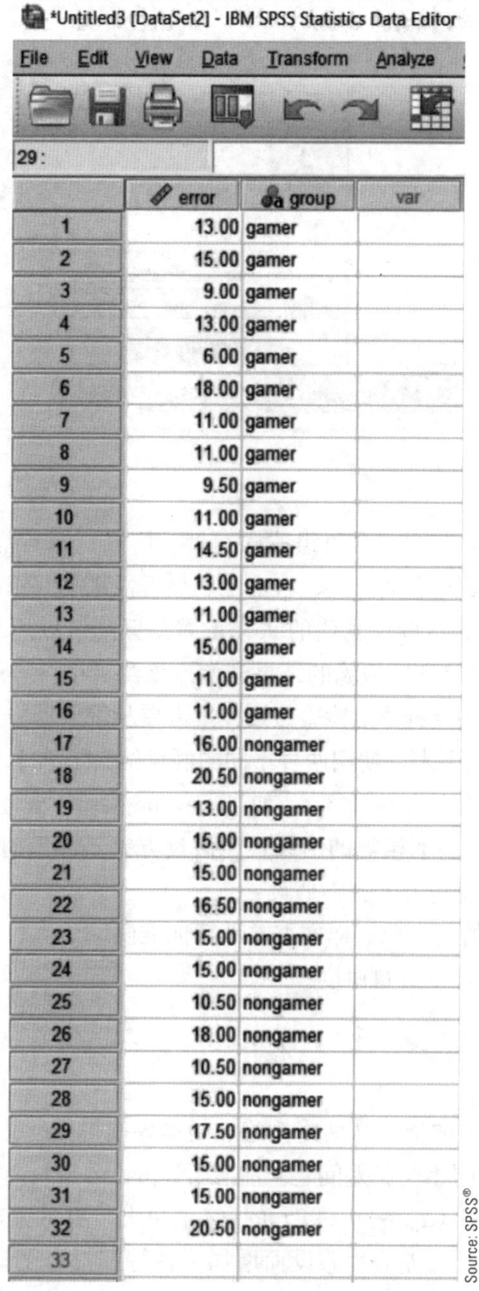


| | error | group | var |
|---|---|---|---|
| 1 | 13.00 | gamer | |
| 2 | 15.00 | gamer | |
| 3 | 9.00 | gamer | |
| 4 | 13.00 | gamer | |
| 5 | 6.00 | gamer | |
| 6 | 18.00 | gamer | |
| 7 | 11.00 | gamer | |
| 8 | 11.00 | gamer | |
| 9 | 9.50 | gamer | |
| 10 | 11.00 | gamer | |
| 11 | 14.50 | gamer | |
| 12 | 13.00 | gamer | |
| 13 | 11.00 | gamer | |
| 14 | 15.00 | gamer | |
| 15 | 11.00 | gamer | |
| 16 | 11.00 | gamer | |
| 17 | 16.00 | nongamer | |
| 18 | 20.50 | nongamer | |
| 19 | 13.00 | nongamer | |
| 20 | 15.00 | nongamer | |
| 21 | 15.00 | nongamer | |
| 22 | 16.50 | nongamer | |
| 23 | 15.00 | nongamer | |
| 24 | 15.00 | nongamer | |
| 25 | 10.50 | nongamer | |
| 26 | 18.00 | nongamer | |
| 27 | 10.50 | nongamer | |
| 28 | 15.00 | nongamer | |
| 29 | 17.50 | nongamer | |
| 30 | 15.00 | nongamer | |
| 31 | 15.00 | nongamer | |
| 32 | 20.50 | nongamer | |
| 33 | | | |

Source: SPSS®

3. 点亮左侧框中包含组标签（“self-reported gaming”）的变量，然后单击箭头，将其移动到 Grouping Variable（s）框中。

4. 点击 Define Groups。

5. 假设你用的是“gamer”和“nongamer”来区分两个分数集，把这些标签输入合适的组框中。

6. 点击 Continue。在你正确确认好这些变量后，Independent-Sample T Test 的窗口将会如下图所示。

7. 该程序不仅可以进行假设检验，还可以计算总体均值差异的置信区间。置信水平默认为 95%，你也可以在 Options 的对话框中修改置信水平。

8. 点击 OK。

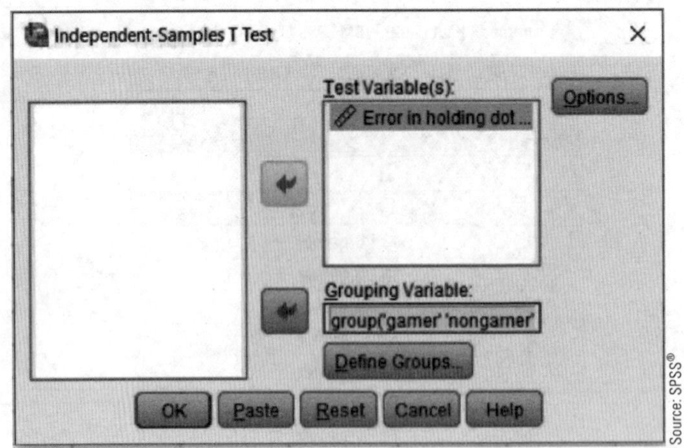


## SPSS 输出

输出包括一个样本统计表，其中包含每组的样本量、均值、标准差和样本均值的标准误。另一个表显示了假设检验的结果，其中包含 $t$ 值、自由度、显著性水平（犯第一类错误的概率）、均值差异大小和均值差异的 95％的置信区间。均值的 95％的置信区间可以用表中的值加 $\mu=0$ 得到。第二个表分为两部分，从 Levene 方差齐性检验的结果开始。该测试中，方差齐性检验不应具有显著性，你不希望两个方差不同，因为独立样本 $t$ 检验假设样本方差相等（即方差齐性）。在本例中，Levene 的检验不显著（$p=0.773$）。接下来，使用两种不同的假设给出了独立测量 $t$ 检验的结果。第一行显示假设方差相等的结果，使用合并方差计算 $t$，如果 Levene 检验不显著，则使用第一行结果报告计算的 $t$。而第二行显示了假设方差不相等的结果，当假设方差不相等时，需要使用替代方法计算 $t$，替代方法使用以下两个步骤来避免方差齐性假设：

1. 使用公式（10－1）中的两个独立样本方差计算标准误。
2. 使用以下公式调整 $t$ 统计量的自由度。

$$df=\frac{(V_1+V_2)^2}{\dfrac{V_1^2}{n_1-1}+\dfrac{V_2^2}{n_2-1}}\text{，其中 }V_1=\frac{s_1^2}{n_1}, V_2=\frac{s_2^2}{n_2}$$

对自由度的调整会降低 $df$ 的值，从而将拒绝域的边界推得更远。因此，调整使检验要求更高，因此纠正了合并方差试图避免的相同偏差问题。注意，Equal variances assumed 的 $df$ 值（$df=30$）比 Equal variances not assumed（$df=29.999$）的 $df$ 值更大，更不保守。重要的是，这两个值之间的差异大小随着更大程度地违反方差齐性假设而增加。各行都报告了计算所得的 $t$ 值、自由度、显著性水平（检验的 $p$ 值）、均值差异的大小及均值差异的标准误（$t$ 统计量的分母）。在此基础上，输出一个包括均值差异 95％的置信区间。

**T-Test**

[DataSet1]

**Group Statistics**

| | self-reported gaming status | N | Mean | Std. Deviation | Std. Error Mean |
|---|---|---|---|---|---|
| Error in holding dot position | gamer | 16 | 12.0000 | 2.83431 | .70858 |
| | nongamer | 16 | 15.5000 | 2.82253 | .70563 |

**Independent Samples Test**

| | | Levene's Test for Equality of Variances | | t-test for Equality of Means | | | | | 95% Confidence Interval of the Difference | |
|---|---|---|---|---|---|---|---|---|---|---|
| | | F | Sig. | t | df | Sig. (2-tailed) | Mean Difference | Std. Error Difference | Lower | Upper |
| Error in holding dot position | Equal variances assumed | .085 | .773 | -3.500 | 30 | .001 | -3.50000 | 1.00000 | -5.54227 | -1.45773 |
| | Equal variances not assumed | | | -3.500 | 29.999 | .001 | -3.50000 | 1.00000 | -5.54227 | -1.45773 |

Source: SPSS®

### 操作练习

使用 SPSS 分析下列数据

| 动作游戏玩家 | | 非动作游戏玩家 | |
|---|---|---|---|
| 20.0 | 15.0 | 26.0 | 23.5 |
| 9.0 | 15.5 | 25.0 | 14.0 |
| 10.0 | 16.0 | 27.5 | 20.5 |
| 13.0 | 15.0 | 12.5 | 15.0 |
| 14.0 | 16.0 | 19.5 | 20.0 |
| 14.0 | 14.5 | 12.0 | 28.0 |
| 15.0 | 21.0 | 17.0 | 16.5 |
| 15.0 | 17.0 | 23.0 | 20.0 |

你应该发现，SPSS 报告了动作游戏玩家和非动作游戏玩家之间的显著差异，$t(30)=-3.33$，$p=0.002$。你还应注意到，两个样本在方差方面有所不同（即，Levene 检验显示 $p$ 为 0.019），且"Equal variances not assumed"行使用的自由度值（$df=23.96$）小于"Equal variances assumed"行（$df=30$）。在报告 $t$ 检验结果时，报告 Equal variances not assumed 更为保守。

## 练习题

1. 描述独立测量或组间设计的主要特征。

2. 独立测量 $t$ 检验的估计标准误测量的是什么？

3. 第一个样本 $SS=72$，第二个样本 $SS=24$。

a. 假定两个样本的 $n=7$，计算每个样本的方差和合并方差。因为样本量相等，所以你会发现合并方差刚好在两个样本方差的正中间。

b. 现在假设第一个样本 $n=7$，第二个样本 $n=11$。计算每个样本的方差和合并方差。你会发现合并方差更接近大样本的方差。

4. 第一个样本 $SS=80$，第二个样本 $SS=48$。

a. 假定两个样本的 $n=17$，计算每个样本的方差和合并方差。因为样本量相等，所以你会发现合并方差刚好在两个样本方差的正中间。

b. 现在假设第一个样本 $n=17$，第二个样本 $n=5$。计算每个样本的方差和合并方差。你会发现合并方差更接近大样本的方差。

5. 有两个独立的样本接受两种不同条件的处理，每一个样本有 $n=9$ 个个体。处理后，样本 1 的 $SS=546$，样本 2 的 $SS=606$。

a. 计算两个样本的合并方差。

b. 计算样本均值差异的估计标准误。

c. 如果样本均值差异为 8，是否足以拒绝虚无假设并且得出结论：在 0.05 水平的双尾检验下，存在显著差异？

6. 有两个独立的样本接受两种不同条件的处理。处理后，样本 1 的 $n=5$，$SS=60$；样本 2 的 $n=9$，$SS=84$。

a. 计算两个样本的合并方差。

b. 计算样本均值差异的估计标准误。

c. 如果样本均值差异为 7，是否足以拒绝虚无假设并且得出结论：在 0.05 水平的双尾检验下，存在显著差异？

7. 研究结果表明，5 岁儿童的电视观看习惯与他们未来在高中的表现之间存在关系。例如，Anderson、Huston、Wright 和 Collins（1998 年）报告称，与不看《芝麻街》的同龄人相比，经常看《芝麻街》的学生在高中的成绩更好。假设一位研究人员打算用 20 名高中生的样本来检验这一现象。

研究人员首先调查了学生的父母，以了解他们5岁时的家庭看电视习惯。根据调查结果，研究者选择了一个小时候看过《芝麻街》的$n=10$名学生的样本和一个没看过该节目的$n=10$名学生的样本。每个学生在高中阶段的平均成绩记录如下：

| 高中平均成绩 | | | |
|---|---|---|---|
| 看《芝麻街》 | | 不看《芝麻街》 | |
| 86 | 99 | 90 | 79 |
| 87 | 97 | 89 | 83 |
| 91 | 94 | 82 | 86 |
| 97 | 89 | 83 | 81 |
| 98 | 92 | 85 | 92 |
| $n=10$ | | $n=10$ | |
| $M=93$ | | $M=85$ | |
| $SS=200$ | | $SS=160$ | |

使用$\alpha=0.01$双尾独立测量$t$检验，确定两类高中生之间是否存在显著差异。

8. 每天记录食用食物中的热量会影响人们对快餐的选择吗？Elbel、Gyamfi 和 Kersh（2011）的研究结果是否定的。纽约市强制对食物的热量进行标注，而研究者调查了在该措施实施前后儿童和青少年在四大快餐连锁店购买食物的情况。尽管青少年都说他们注意到了热量标签，但显然标签并没有影响他们的选择。在贴热量标签之前，$n=100$个学生和青少年每餐的平均热量$M=786$，$s=85$；贴标签后，一个相似的$n=100$的样本每餐的平均热量$M=772$，$s=91$。

a. 贴标签前后青少年每餐的热量存在显著差异吗？使用$\alpha=0.05$水平的双侧检验。

b. 计算$r^2$来评价均值差异的大小。

9. 心理学研究的悠久历史表明，记忆通常通过多次学习材料而不是一次学习来提高。这种效应通常称为分布效应或间距效应。Cepeda 等人（2008）在最近一篇研究这一影响的论文中研究了学习之间不同间隔时长的影响。结果表明，当学习间隔一到三周时，最佳的长期记忆就会出现。研究的过程是，一组被试一天学习了一定量的知识，第二天进行第二次学习，五周后进行测试。第二组执行了相同的程序，但两次学习间隔一周。以下数据与研究中获得的结果相似。数据能否说明两种学习情况存在显著差异？使用$\alpha=0.05$的双尾检验。

| 间隔一天 | 间隔一周 |
|---|---|
| $n=20$ | $n=20$ |
| $M=26.4$ | $M=29.6$ |
| $SS=395$ | $SS=460$ |

10. 研究表明，有创造力的人比没有创造力的人更容易作弊（Gino & Ariely，2012）。被试首先完成了创造力评估问卷，几天后返回实验室执行一系列任务。其中一项任务是多项选择一般知识测试，被试在测试表上圈出答案。之后，他们被要求将答案转移到气泡表上，以便进行计算机评分。然而，研究者承认复制了错误的气泡表，因此正确的答案仍然隐约可见。因此，被试有机会作弊并夸大他们的考试成绩。被试的报酬是基于正确答案的数量，因此得到更高的分数是有价值的。然而，研究人员对原始测试和气泡表进行了秘密编码，以便测量每个参与者的作弊程度。假设根据被试的创造力得分分为两组，以下数据与研究中获得的作弊得分相似。

| 高创造力组 | 低创造力组 |
|---|---|
| $n=27$ | $n=27$ |
| $M=7.41$ | $M=4.78$ |
| $SS=749.5$ | $SS=830$ |

a. 样本数据是否能说明高创造力个体更容易作弊？使用$\alpha=0.05$水平的双尾检验。

b. 计算估计的 Cohen's $d$ 值来评价效应的大小。

c. 以研究报告的形式报告假设检验的结果和效应量大小。

11. 焦虑影响我们的决策能力。Remmers 和 Zander（2018）证明，焦虑也会阻碍我们对环境的直觉。在他们的实验中，111名参与者被随机分配接受焦虑诱导陈述（例如，“在我们的社区和我们自己的家中都不能保证安全”）和一张危险情况的照片，或者接受一个情绪中立的陈述（例如，“擀面杖是一种有助于延长面团的厨房工具”）和一幅无害的图像。然后，研究人员测量了参与者的直觉指数，该指数评估了识别与三个单词（例如，“泡沫”“深”“盐”）在语义上相关的单词（例如，“海”）的能力。研究人员观察到，与接受无害刺激的受试者相比，接受诱发焦虑的陈述和图像的受试人的直觉降低。研究人员观察到的数据如下：

| 中立 | 焦虑诱导 |
|---|---|
| 19 | 0 |
| 12 | 10 |
| 11 | 1 |
| 11 | 9 |
| 12 | 6 |
| 7 | 4 |

a. 样本数据是否能说明焦虑诱导会显著降低被试直觉？使用 $\alpha=0.05$ 水平的双尾检验。

b. 计算 $r^2$ 来评价效应的大小。

12. 积极的事件是很好的，但最近的研究表明，意外的积极事件（如反常的晴天）预示着冒险和赌博的数量高于正常水平（Otto，Fleming & Glimcher，2016）。研究人员通过比较正常情况下彩票销售和在城市发生意外积极事件时的彩票销售，来证明了这一点。他们观察到，在意外积极事件发生之后，销售额增加了。假设一位研究人员将这一观察扩展到实验室，并将参与者随机分为两组。第一组因参与而收到意外的大额付款，第二组收到预期的补偿金额。然后，研究人员测量参与者在一场赌博游戏中愿意赌多少钱。

| 意外积极结果 | 预期结果 |
|---|---|
| $n=16$ | $n=16$ |
| $M=5.75$ | $M=5.00$ |
| $SS=6.5$ | $SS=10.0$ |

使用 $\alpha=0.01$ 水平的单尾检验测试意外积极结果是否能增强被试的赌博意愿。

13. 疯狂观看电视节目可能不是欣赏电视剧的最佳方式（Horvath，Horton，Lodge & Hattie，2017）。在一项实验中，参与者在实验室里观看了一整部电视连续剧，要么每天观看一小时，要么经历一次狂欢。被试被要求对电视剧的喜爱程度进行 0～100 分的评价。数据如下表所示：

| 一次性观看 | 每天观看 |
|---|---|
| 87 | 84 |
| 71 | 100 |
| 73 | 87 |
| 86 | 97 |
| 78 | 92 |

a. 样本数据是否能说明一次性观看电视会导致更少的喜爱？使用 $\alpha=0.05$ 水平的双尾检验。

b. 计算估计的 Cohen's $d$ 值来评价效应的大小。

c. 以研究报告的形式报告假设检验的结果和效应量大小。

14. 是什么导致我们吃得过多？一个令人惊讶的因素可能是我们盛放食物的盘子的材质。Williamson、Block 和 Keller（2016）分别给 $n=68$ 名参与者两个甜甜圈，并测量每个参与者浪费食物的量。在一项独立测量设计中，参与者将甜甜圈放在一次性纸盘或可重复使用的塑料盘上。下面列出了研究者观察到的浪费食物的重量。

| 一次性纸盘 | 塑料盘 |
|---|---|
| 37 | 34 |
| 35 | 31 |
| 34 | 36 |
| 36 | 30 |
| 40 | 34 |
| 34 | 33 |
| 33 | 37 |
| 39 | 29 |

a. 使用 $\alpha=0.05$ 的单尾检验判断是否使用一次性纸盘的被试会浪费更多食物。

b. 构建均值差异的 95%置信区间。

c. 以研究报告的形式报告结果。

15. 在解决问题领域的一项经典研究中，Katona（1940）比较了两种教学方法的有效性，向一组参与者展示了解决问题的精确、逐步的过程，并要求他们记住解决方案。第二组的参与者被鼓励研究问题并独立找到解决方案，他们得到了有用的提示和线索，但从未获得过确切的解决方案。该研究包括下图中的问题，显示了由火柴棍拼成的五个正方形的图案。要求通过只移动三根火柴棍，将模式更改为正好拼成四个正方形。(必须使用所有火柴棍，不能移除任何火柴棍，所有方块的大小必须相同。）三周后，两组都返回进行再次测试。这两组人在他们之前学过的火柴问题上做得同样好。但是，当他们被赋予新的问题（类似于火柴棍问题）时，记忆组的分数要比独自组探索并找到解决方案的分数低得多。以下数据证明了这一结果。

| 自己解决 | 记忆 |
|---|---|
| $n=8$ | $n=8$ |
| $M=10.50$ | $M=6.16$ |
| $SS=108$ | $SS=116$ |

a. 使用 $\alpha=0.05$ 的双尾检验判断两组的表现是否存在显著差异。

b. 构建均值差异的 90%置信区间。

顺便说一句，如果你还没有找到火柴棍问题的解决方案，可以继续尝试。根据 Katona 的研究结果，直接给你答案是非常糟糕的教学策略。但是，如果你仍然没有找到解决方案，请查看附录 C。

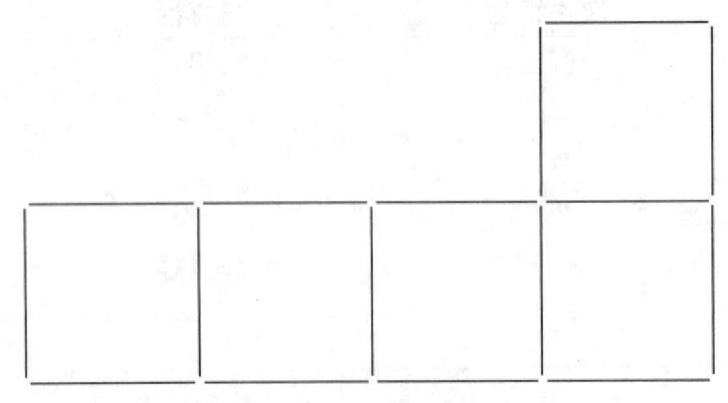

16. 研究者进行了一项独立测量的研究，比较了两种处理条件，并得到 $t$ 检验结果为 $t(20)=2.09$。

a. 研究的样本量是多少？

b. 在 0.05 水平的双侧检验下，可以说明两种处理之间存在显著差异吗？

c. 在 0.01 水平的双侧检验下，可以说明两种处理之间存在显著差异吗？

d. 计算 $r^2$ 来测量处理效应引起的变异的比例。

17. Piff、Kraus、Côté、Cheng 和 Keitner (2010) 发现，社会经济水平较低的人会表现出更多的亲社会行为。在研究的一部分，被试和一些令人厌烦的队友一起参加游戏。游戏需要和队友一起分享分数。和经济水平高的被试相比，经济水平较低的被试在分享分数方面表现得更慷慨。本研究得到了相似的结果：经济水平较低的被试有 $n=12$ 个，分享的平均分数 $M=5.2$，$SS=11.91$；经济水平较高的样本有 $n=12$ 个个体，平均得分 $M=4.3$，$SS=9.21$。

a. 样本可以说明两个总体存在显著差异吗？使用 $\alpha=0.05$ 水平的双侧检验。

b. 构建总体均值差异，构建 90%的置信区间。

18. 描述方差齐性前提，并且解释它为什么对于独立测量的假设检验很重要。

19. 其他因素保持不变的情况下，下列因素是如何影响独立测量 $t$ 检验的结果和拒绝虚无假设的可能性的？

a. 样本量增大。

b. 样本方差增大。

20. 当两个总体的均值相等时，估计标准误测量了平均来讲样本均值的合理差异可能有多少。对于下面的情境，假设总体均值相等，计算样本均值差异的估计标准误。

a. 第一个样本 $n=6$，$SS=500$；第二个样本 $n=12$，$SS=524$。

b. 第一个样本 $n=6$，$SS=600$；第二个样本 $n=12$，$SS=696$。

c. 和问题 a 相比，问题 b 的样本方差更大，但是样本量没变。解释变异的大小是如何影响均值差异的标准误的。

21. 从同一个总体中选择两个样本，计算下列条件下，两个样本均值之间的合理差异是多少。

a. 样本 1 中 $n=6$，样本 2 中 $n=10$，合并方差是 135。

b. 样本 1 中 $n=12$，样本 2 中 $n=15$，合并方差是 135。

c. 问题 b 中的合并方差没有变，样本量变大，解释样本量是如何影响样本均值差异的标准误的大小的。

22. 假设下面的情况下，两个样本都来自两个均值相同的总体，计算两个样本均值之间的合理差异。

a. 样本量均为 $n=7$，样本 1 的 $s^2=142$，样本 2 的 $s^2=110$。（注意，因为样本量相同，合并方差等于两个样本方差的平均。）

b. 样本量均为 $n=28$，样本 1 的 $s^2=142$，样本 2 的 $s^2=110$。

c. 相对于 a 部分，b 部分样本方差没有变化，样本量变大。解释样本量是如何影响均值差异的标准误的。

23. 计算下列情况下的合并方差和样本均值差异的标准误。

a. 样本 1 的 $n=4$，$s^2=17$；样本 2 的 $n=8$，$s^2=27$。

b. 增大样本方差后，样本 1 的 $n=4$，$s^2=68$，样本 2 的 $n=8$，$s^2=108$。

c. 比较 a 和 b 的结果，解释方差变大会如何影响估计标准误的大小。

24. Loftus 和 Palmer 在 1974 年进行了一项经典的研究，解释了提问题的方式如何影响目击者的记忆。在该研究中，大学生观看了一段机动车事故的视频，然后回答他们看到了什么。一组被试的问题是“当两辆车撞上时，它们的速度大约有多快”，另一组的被试的问题是“当两辆车碰上时，它们的速度大约有多快”，第一组被试估计的速度显著高于第二组被试估计的速度。假设研究者重复了这项研究，得到数据结果如下：

| 估计速度 | |
|---|---|
| **撞** | **碰** |
| $n=15$ | $n=15$ |
| $M=40.8$ | $M=34.0$ |
| $SS=510$ | $SS=414$ |

a. 结果可以说明两组估计的结果之间存在显著差异吗？使用 $\alpha=0.05$ 水平的双侧检验。计算 $r^2$ 来评估效应量。

b. 把两组的 $SS$ 都翻倍，$SS_1=1\ 020$，$SS_2=828$。重复假设检验并计算效应量。

c. 比较 a 和 b 的结果，描述样本变异如何影响假设检验结果和效应量大小。

# 两个相关样本的 $t$ 检验 第11章

**学习本章需要掌握的相关知识**

下列术语是学好本章的关键背景知识。如果对这些知识有不明白之处，应复习先前学过的相关章节。

- $t$ 统计量介绍（第 9 章）
  估计标准误
  自由度
  $t$ 分布
  $t$ 检验的假设检验
- 独立测量设计（第 10 章）

**章节概览**

## 引　言

各个品种的狗都可能由于各种原因最终进入收容所。一些狗是丢失的，这时收容所的目的是让宠物与它们的主人团聚。一些狗是因为流浪、被遗弃、被虐待或者被忽视而来到收容所的。不幸的是，某些品种的狗更有可能属于后一类，比如品种为斗牛犬的狗。斗牛犬也许是最容易被误解和诋毁的犬种［参见：Gorant，2010；Dickey，2016；以及美国爱护动物协会（ASPCA）的政策和立场声明］。收容所和救援团体一直的目标是消除公众的误解，为那些适合收养的狗找到家。而避免收容所的狗被安乐死的方法之一就是将它们展示给公众，并且呈现方式要能提高收养率。

许多研究发现，外表是人们选择狗的最重要的因素（Ramirez，2006；Weiss，Miller，Mohan-Gibbons & Vela，2012）。正因如此，许多收容所会为可供收养的狗进行专业摄影，并将照片发布到网站和社交媒体上供人们查看。许多收容所甚至把狗与收容所志愿者玩耍的视频也放上去。Gunter、Barber 和 Wynne（2016）采用重复测量设计进行实验，研究当照片中的斗牛犬有驯犬员陪同时人们对该斗牛犬的可收养性评分是否会增加。作为综合研究的一部分，被试用六点量表（从“非常不同意”到“非常同意”）对以下陈述的同意程度进行评分：“如果情况允许，我会考虑收养这种狗。”每位被试在观看了一张没有驯犬员陪同的斗牛犬照片后，接着再看一张斗牛犬和一个男孩的照片后，分别给出上述问题的回答。研究人员发现，与单独观看斗牛犬的照片相比，被试在观看斗牛犬与男孩的照片后报告了更高的可收养性评分。这表明被试对斗牛犬的看法受到照片中狗所处情境的影响。

请注意，研究人员记录了每名被试在两种情况下的可收养性评分，分别是在观看了没有驯犬员陪同的斗牛犬照片后，以及在观看了斗牛犬与男孩的照片后。统计分析的目标就是比较这两组评分，以确定对狗的可收养性的看法是否受到照片中有无男孩陪同的影响。

在上一章中，我们介绍了评估两组数据之间均值差异的统计方法（独立测量 $t$ 检验）。然而，独立测量 $t$ 检验所适用的研究情况，要求两组被试样本是独立的。而你应该意识到，本例中的两组评分不是来自独立样本。在这个例子中，同一组被试参与了两种处理条件，即同一个样本的被试提供了两组可收养性的评分，每张照片一组。因而这里需要的是一种新的统计分析方法，它能比较从同一组被试那里得到的两个均值。

在这一章中，我们将介绍重复测量 $t$ 检验，它用于假设检验，主要用于评估在同一组被试中获得的两组分数之间的均值差异。不过，正如你将看到的，这种新的 $t$ 检验与第 9 章介绍的原始 $t$ 检验非常相似。

## 11.1　重复测量设计简介

### 学习目标

1. 定义重复测量设计，解释它与独立测量设计的不同之处，并举出各自的实例。

前几章讲过，对于两种处理条件或两个整体的比较可以采用独立样本测量设计，这种设计实际上就是对两个独立样本分别测得的数据进行比较。本章将介绍重复测量设计，也叫组内设计。重复测量设计中，一组被试接受两种不同处理条件下的测量，即两组不同的数据来自同一组被试。例如，对治疗之前和治疗之后的病人进行测量；或者在模拟的驾驶情境中，分别对被试清醒时和饮酒后的反应时间进行测量。在每个实例中，都是就同一个变量对同一组被试测量两次，也就是对同一个样本进行重复测量。

**定义**

**重复测量设计**就是对一个样本进行同一因变量的两次或两次以上的测量研究，即在所有的处理条件下都使用相同的被试样本，也常常称为**组内设计**。

在比较两种处理条件的重复测量设计中，每名被试接受两次测量，处理条件 1 和处理条件 2 各一次，于是可以通过测量得到的两组分数来比较两种处理条件。表 11－1 就展示了一个重复测量设计的数据示例。可以看到，这些分数都进行了两两配对，对应于每名被试的第一个和第二个分数。因此，我们将每个个体的第一个分数与第二个分数进行比较，以评估两种处理方法之间的差异。

**表 11－1　使用 $n$=5 名被试，评估两组处理差异的重复测量研究的数据示例**

| 被试 | 处理条件 1：第一个分数 | 处理条件 2：第二个分数 | |
|---|---|---|---|
| 1 | 12 | 15 | ←每一名被试的两个得分 |
| 2 | 10 | 14 | |
| 3 | 15 | 17 | |
| 4 | 17 | 17 | |
| 5 | 12 | 18 | |

重复测量设计的优点主要是所有的处理条件都面向同一组被试，所以在这种设计中不存在一种处理条件下的被试与另外一种处理条件下的被试有本质差异的情况。另外，在独立样本设计中，有可能因为一组被试与另一组被试差异较大（一组更聪明、速度更快、更外向等）导致数据有偏差。本章最后将会呈现一项更加详细的关于重复测量研究和独立测量研究的比较，并分别对两者的优缺点进行描述。

现在，我们将学习使用重复测量研究的样本数据推断总体的统计方法。

## 学习检查

1. 在一项重复测量研究中，同一组被试接受了所有处理条件。下列哪一种情形不属于一项重复测量设计的实例？

a. 一位研究者想研究练习对同一组被试的绩效的影响

b. 一位研究者想比较来自两个不同总体的样本

c. 以一组患有某种罕见疾病的个体为样本，测量他们在治疗前和治疗后的症状，以此来研究该治疗手段的效果

d. 一位发展心理学家通过观察同一组儿童在不同年龄段的表现，研究行为是如何发展的

2. 一位研究者进行了一项研究来比较两种处理条件，每种处理条件得到了 10 个分数。如果研究者采用了重复测量设计，那么有多少被试参与了研究？

a. 10　　b. 20　　c. 21　　d. 40

3. 一项实验包含两种处理条件。如果采用独立测量设计，会得到每名被试的________个分数；如果采用重复测量设计，会得到每名被试的________个分数。

a. 1，1　　b. 1，2　　c. 2，1　　d. 2，2

**答案**　1. b　2. a　3. b

## 11.2　重复测量设计的 $t$ 统计量

### 学习目标

2. 描述用于重复测量 $t$ 检验的数据（差异值）。

3. 确定重复测量 $t$ 检验的假设。

4. 描述重复测量 $t$ 统计量的结构，包括估计的标准误和自由度，并解释该公式与单样本 $t$ 的关系。

5. 计算差异均值的估计的标准误，并解释其意义。

重复测量设计的 $t$ 统计量与前面所讲的 $t$ 统计量在结构上相似。它与第 9 章的单样本 $t$ 统计量本质上相同。主要的区别在于，重复测量 $t$ 检验的基础是差异值而不是原始分数（$X$ 值）。本节主要介绍差异值和重复测量 $t$ 检验。

### 差异值：重复测量研究的数据

很多感冒药的副作用中都包含“可能会导致嗜睡”。表 11－2 所示是为了检验该现象的研究数据。研究中有 $n=4$ 名被试，每名被试进行两次测量。每名被试的第一个分数（$X_1$）是服药之前的反应时间的测量值，第二个分数（$X_2$）是服药一个小时后的反应时间的测量值。因为研究者的兴趣是药物如何影响反应时间，所以我们需要计算每名被试第一个分数和第二个分数之间的差异。差异值或者 $D$ 值列于表格的最后一列，可以看出，差异值是每名被试反应时间的变化量。通常，差异值是通过每名被试的第二个分数（处理之后）减去第一个分数（处理之前）得到的。

$$\text{差异值} = D = X_2 - X_1 \tag{11-1}$$

**表 11－2　服用非处方感冒药前后的反应时间测量**

| 被试 | 服药前（$X_1$） | 服药后（$X_2$） | 差异值 $D$ |
|---|---|---|---|
| A | 215 | 210 | −5 |
| B | 221 | 242 | 21 |
| C | 196 | 219 | 23 |
| D | 203 | 228 | 25 |
| | | | $\sum D=64$ |

$$M_D = \frac{\sum D}{n} = \frac{64}{4} = 16$$

注意，$M_D$ 表示 $D$ 值的样本均值。

每一个 $D$ 值的符号都反映了变化的方向。例如，被试 A 在服用药物以后反应时间减少（负的变化），但被试 B 服用药物后反应时间增加（正的变化）。

差异值（$D$ 值）是假设检验需要用到的样本数据，所有的计算都需要用 $D$ 值。例如，为了计算 $t$ 值，需要 $D$ 值的个数 $n$ 和样本均值（$M_D$），还有 $D$ 值的 $SS$。

### 重复测量 $t$ 检验的假设

因为这种新的假设检验比较的是两组相关联的分数（它们来自同一组个体），所以它通常被称为相关样本 $t$ 检验，与第 10 章中的独立样本 $t$ 检验相对照。

研究者的目的是通过对样本差异的计算，来回答总体的问题。特别是，研究者想知道两种不同的处理条件在一般总体中是否存在差异。注意，研究者关注总体之间的差异，也就是说，每个总体的每个个体都要经过两种条件（$X_2$ 和 $X_1$）的不同处理，然后计算其差异值（$D$）。具体来说，我们关心的是总体分数差异值的均值，用符号来表示就是 $\mu_D$（下标 $D$ 表示计算的是 $D$ 值的均值而非 $X$ 的）。

一般情况下，虚无假设是总体之间无变化、无差异，即处理条件无效应。对于一个相关样本来讲，虚无假设就是两种处理条件下的总体之间的差异值为0，用符号表示为：

$$H_0: \mu_D = 0$$

这个假设指的是总体差异值的均值。尽管总体均值为0，但每个个体的分数并不都等于0。根据这个假设，即使虚无假设成立，一些被试的差异值仍可能是正的，而另一些被试的差异值可能是负的，但是差异值是随机的、非系统的，均值趋近于0。我们还可以看到，从总体中选择的样本的差异值并不刚好等于0。因为样本均值和总体均值之间总会存在一些误差，所以即使 $\mu_D = 0$（$H_0$ 为真），$M_D$ 也可能不等于0。备择假设则是处理效应使得一种处理条件下的分数整体高于（或低于）另外一种处理条件下的分数，用符号表示为：

$$H_1: \mu_D \neq 0$$

根据 $H_1$，总体中被试的差异值趋向于一致，或者正，或者负，显示了两种处理条件下的一致的、可预测的差异。

### 重复测量 $t$ 统计量

图11-1显示了重复测量假设检验的整个过程。在这里，我们面对的是与第9章本质上相同的问题。特别是，总体均值和标准差是未知的，利用样本来检验关于未知总体的假设。在第9章中，独立样本 $t$ 检验主要是利用样本均值来检验关于总体均值的假设。重复测量的 $t$ 统计量的公式与第9章中的公式是相同的。

$$t = \frac{M - \mu}{s_M}$$

在这个公式中，$M$ 为样本均值，来自数据；$\mu$ 为总体均值，来自虚无假设。估计标准误则是要利用样本数据来计算，它测量了样本均值和总体均值的合理差异。

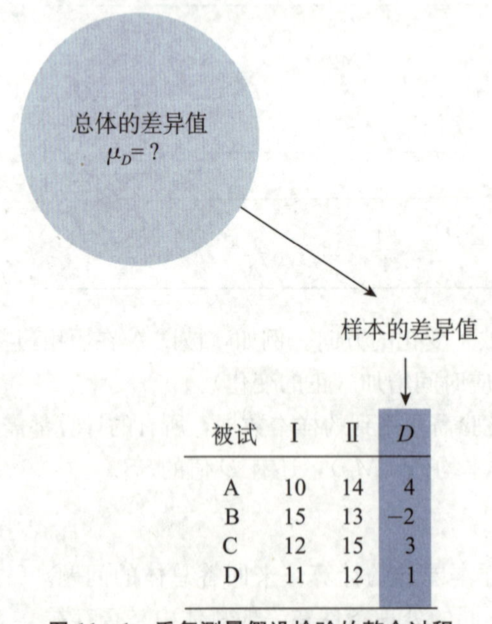


| 被试 | Ⅰ | Ⅱ | $D$ |
|---|---|---|---|
| A | 10 | 14 | 4 |
| B | 15 | 13 | −2 |
| C | 12 | 15 | 3 |
| D | 11 | 12 | 1 |

**图11-1 重复测量假设检验的整个过程**

说明：从总体中选择 $n=4$ 的样本，对样本中的每个个体测量两次，一次在处理条件Ⅰ下，一次在处理条件Ⅱ下，因此，每名被试有一个差异值 $D$。注意，我们正在用样本差异值代表总体差异值。同样注意，总体差异值是未知的。虚无假设提出，对于一般总体，两种处理条件是一致的、没有系统差异的，即总体差异值 $\mu_D = 0$。

在重复测量设计中，样本数据是指差异值，用符号 $D$ 表示，而不是 $X$ 值。因此，我们在公式中用 $D$ 表示我们处理的是分数间的差异值而不是 $X$。此外，我们感兴趣的总体均值其实是总体差异值的均值（整个总体的平均变化量），用符号 $\mu_D$ 来表示。在完成上述这些简单调整之后，得到重复测量设计的 $t$ 的公式为：

$$t = \frac{M_D - \mu_D}{s_{M_D}} \tag{11-2}$$

在这个公式中，$M_D$的估计标准误 $s_{M_D}$ 与独立样本 $t$ 检验的计算方式相同。计算估计标准误 $s_{M_D}$ 的第一步是计算样本差异值 $D$ 的方差（或者标准差）。

$$s^2 = \frac{SS}{n-1} = \frac{SS}{df} \quad 或 \quad s = \sqrt{\frac{SS}{df}}$$

然后利用样本方差（或标准差）和样本量 $n$ 计算估计标准误。

$$s_{M_D} = \sqrt{\frac{s^2}{n}} \quad 或 \quad s_{M_D} = \frac{s}{\sqrt{n}} \tag{11-3}$$

通过下面这个例子，来检验一下你对重复测量 $t$ 检验中的方差和估计标准误的理解。

**例 11.1**

一项重复测量研究中有 $n=10$ 名被试，得到的差异均值 $M_D=5.5$，$D$ 值的 $SS=360$。基于上述数据，求出差异值的方差和样本均值的估计标准误。计算的结果应该是：方差为 40，估计标准误为 2。祝你好运。

注意，所有计算的基础是差异值（$D$），并且是每名被试一个 $D$ 值。样本量为 $n$，就有 $n$ 个 $D$ 值，$t$ 检验的自由度 $df=n-1$。这里的 $n$ 是指差异值的个数，而不是原始值 $X$ 的个数。

这里还要注意，重复测量 $t$ 统计量在概念上同前面介绍过的 $t$ 统计量类似：

$$t = \frac{\text{样本统计量}-\text{总体参数}}{\text{估计标准误}}$$

或者

$$t = \frac{\text{样本}(M_D)\text{和总体}(\mu_D)\text{的实际差异}}{\text{没有处理效应时样本}(M_D)\text{和总体}(\mu_D)\text{的期望差异}}$$

在公式中，样本数据由样本差异值的均值 $M_D$代表，总体参数则是 $H_0$ 中假设的 $\mu_D$。抽样误差的大小则由样本差异均值的标准误（$s_{M_D}$）来衡量。

**学习检查**

1. 下面的数据来自一项重复测量研究，请计算差异值的均值为多少？

a. 16
b. 6
c. 8
d. 44

| 处理Ⅰ | 处理Ⅱ |
|---|---|
| 5 | 13 |
| 2 | 10 |
| 6 | 6 |
| 7 | 15 |

2. 下列关于重复测量假设检验的虚无假设的表述，哪一个是正确的？

a. $M_D = 0$　　b. $\mu_D = 0$　　c. $\mu_1 = \mu_2$　　d. $M_1 = M_2$

3. 以下哪一项恰当地描述了重复测量 $t$ 统计量和单样本 $t$ 统计量的关系？

a. 两者都使用了一个样本均值

b. 两者都使用了一个总体均值

c. 两者都使用了一个样本方差来计算标准误

d. 以上都是

4. 已知有一组差异值的 $n=11$，$SS=990$，它的估计标准误为多少？

a. 40　　b. 3　　c. 2　　d. 1

**答案** 1. b 2. b 3. d 4. b

## 11.3 重复测量设计的假设检验

**学习目标**

6. 进行重复样本 $t$ 检验，用两种处理条件下重复测量的研究数据来评估群体均值差异的显著性。

7. 使用重复测量 $t$ 统计量进行有方向性的（单侧）假设检验。

在重复测量研究中，每个个体都在两种不同的处理条件下接受测量，我们感兴趣的是第一种处理条件下的分数和第二种处理条件下的分数之间是否存在系统差异。每个人计算出一个差异值（$D$ 值），而假设检验就使用样本的差异值来估计总体的平均差异值$\mu_D$。使用重复测量 $t$ 统计量的假设检验遵循我们用于其他检验的相同的四步过程。例 11.2 展示了完整的假设检验过程。

**例 11.2**

这是一个考试前的夜晚，天色渐晚，你正试图决定是学习还是睡觉。学习有明显的好处，尤其是当你觉得你还没有很好地掌握要测试的材料时。另外，睡个好觉能让你更加充分地应对考试的压力。“学习还是睡觉？”这正是 Gillen-O’Neel、Huynh 和 Fuligni（2013）探讨的问题。研究人员从 535 名九年级学生的样本开始，并在这些学生十年级和十二年级时进行了追踪调查。每年，学生们都会在两周内每天完成一份日记，记录他们在学校之外花了多少时间学习，以及前一天晚上睡了多少时间。学生们还报告了每天发生的学业问题，比如“没有理解课堂上讲的东西”，“在考试、测验或家庭作业中表现不佳”，等等。该研究的主要结果是，学生在晚上睡眠时间低于平均水平的第二天所报告的学业问题，比在晚上睡眠时间高于平均水平的第二天所报告的学业问题更多，尤其是高年级学生。

一位研究人员试图用一个 $n=8$（名）大学新生的样本来重复这项研究，并得到了表 11-3 中的数据。

**步骤 1　陈述假设，选择显著性水平。**

$H_0: \mu_D = 0$（两种条件没有差异）

$H_1: \mu_D \neq 0$（有显著差异）

对于本研究的检验，我们选择显著性水平 $\alpha=0.05$。

**步骤 2　定位拒绝域。**对于本例，$n=8$，因而 $t$ 检验的自由度为 $df=n-1=7$。对于 $\alpha=0.05$，根据 $t$ 分布表，临界值为$\pm 2.365$。

**步骤 3　计算 $t$ 值。**表 11-3 显示了样本数据，以及计算得到的结果 $M_D=4$，$SS=112$。注意，所有的计算都是用差异值来进行的。正如处理其他 $t$ 统计量时那样，本例计算 $t$ 的过程也分成以下三步。

1. 计算样本 $D$ 值的方差。

$$s^2=\frac{SS}{n-1}=\frac{112}{7}=16$$

2. 利用样本方差计算估计标准误。

$$s_{M_D}=\sqrt{\frac{s^2}{n}}=\sqrt{\frac{16}{8}}=1.41$$

3. 使用样本均值（$M_D$）和假设总体均值（$\mu_D$）及估计标准误计算 $t$ 值。

$$t=\frac{M_D-\mu_D}{s_{M_D}}=\frac{4-0}{1.41}=2.84$$

**表 11-3　高于和低于平均时长的睡眠过后第二天学生的学业问题情况**

| 被试 | 高于平均时长的睡眠 | 低于平均时长的睡眠 | $D$ | $D^2$ |
|---|---|---|---|---|
| A | 7 | 10 | 3 | 9 |
| B | 8 | 7 | −1 | 1 |
| C | 4 | 14 | 10 | 100 |
| D | 6 | 13 | 7 | 49 |
| E | 3 | 11 | 8 | 64 |
| F | 9 | 10 | 1 | 1 |
| G | 4 | 4 | 0 | 0 |
| H | 7 | 11 | 4 | 16 |
| | | | $\sum D=32$ | $\sum D^2=240$ |

$$M_D=\frac{32}{8}=4\quad SS=\sum D^2-\frac{(\sum D)^2}{n}=240-\frac{(32)^2}{8}=112$$

$$s^2=\frac{SS}{df}=\frac{112}{7}=16$$

**步骤 4　做出决定。**我们得到的 $t$ 值已经超出了临界值 $+2.365$，因此研究者拒绝了虚无假设。结论是，学生夜晚的睡眠时长确实能对第二天的学业问题产生统计学上显著的影响。

## 方向性的假设与单侧检验

在一些重复测量研究中，研究者对处理效应的方向有一个特定的预测。例如，在例 11.2 所描述的研究中，研究者可以预测，当学生前一天晚上的睡眠时间低于平均水平时，学业问题会更严重。这种方向性的预测可以被纳入假设的陈述中，从而形成一个有方向性的或者单尾的假设检验。下面的例子说明了如何确定一个方向性检验的假设和拒绝域。

### 例 11.3

我们再次研究例 11.2 中的实验。研究人员使用重复测量设计来探究学业问题将如何被前一天晚上的睡眠时间所影响，他给出的预测是：当被试在前一天晚上睡眠时间低于平均水平时，学业问题会增加。

**步骤 1　陈述假设，选择显著性水平。**对于本例，研究人员预测当被试前一天晚上的睡眠时间低于平均水平时，其学业问题会增加。因而另一方面，虚无假设表述为：如果前一天晚上的睡眠时间低于平均水平，学业问题不会增加，而是会保持不变甚至减少。用符号表示为：

$H_0: \mu_D \leqslant 0$（睡眠时间低于平均水平时学业问题不会增加）

备择假设则是认为，处理的确有效。对于本例，$H_1$ 表述为：睡眠时间低于平均水平确实会增加第二天的学业问题。

$H_1: \mu_D > 0$（学业问题确实会增加）

我们选择 $\alpha=0.05$。

**步骤 2　定位拒绝域。** 正如我们在独立测量 $t$ 统计量时所说明的，单侧检验的拒绝域可以通过两步过程来确定。与其试图确定拒绝域在分布的哪一侧尾部，不如先看一下样本的差异均值，以验证它是否在预测的方向。如果不是，那么处理显然没有达到预期效应，你可以停止检验。如果变化的方向是正确的，那么接下来的问题就是看它是否足够大以至于达到显著水平。在这个例子中，变化是朝着预测的方向进行的（研究人员预测问题会增加，而样本均值也显示会增加）。由于 $n=8$，我们得到 $df=7$，以及 $\alpha=0.05$ 时的单侧检验临界值为 $t=1.895$。因此，任何超过 $+1.895$ 的 $t$ 值都足以拒绝虚无假设。

**步骤 3　计算 $t$ 值。** 我们在例 11.2 中计算得出 $t$ 值为 2.84。

**步骤 4　做出决定。** 得到的 $t$ 值超过了临界值，因此我们拒绝虚无假设。最后的结论是：少于平均时长的睡眠确实会导致第二天的学业问题在统计学意义上有显著的增加。

### 相关样本 $t$ 检验的前提假设

相关样本 $t$ 检验的两条基本假设：

1. 每个处理条件下的观察值必须是独立的。要注意的是，独立的假设是指每个处理条件下的分数。在每项处理中，分数是从不同的人那里得到的，应该是相互独立的。

2. 差异分数（$D$ 值）的总体分布必须是正态的。

如前所述，除非样本量相对较小，否则并不用过于关注正态性假设。在严重偏离正态的情况下，小样本的 $t$ 检验的有效性可能会受到影响。然而，对于相对较大的样本（$n>30$），这一假设可以被忽略。

### 学习检查

1. 一位研究者进行了一项重复测量研究，比较了两组处理条件，选取了 $n=8$ 名被试，得到的 $t$ 值为 2.381。如果进行的是双尾检验，以下哪一项是正确的决定？

a. 在 $\alpha=0.05$ 时拒绝虚无假设，但在 $\alpha=0.01$ 时不能拒绝

b. 在 $\alpha=0.05$ 或 $\alpha=0.01$ 时都可以拒绝虚无假设

c. 在 $\alpha=0.05$ 或 $\alpha=0.01$ 时都不能拒绝虚无假设

d. 没有更多信息，不能确定决定是否正确

2. 一位研究者使用单尾假设检验来评估一项重复测量研究中，两个处理条件下的均值差异的显著性。如果预计处理会提高分数，那么以下哪一项是备择假设（$H_1$）的正确表述？

a. $\mu_D \geqslant 0$　　b. $\mu_D \leqslant 0$　　c. $\mu_D > 0$　　d. $\mu_D < 0$

**答案**　1. a　2. c

## 11.4　重复测量 $t$ 检验的效应量、置信区间，以及样本量和样本方差的作用

#### 学习目标

8. 用 Cohen's $d$ 或 $r^2$（即所解释的变异比例）衡量重复测量 $t$ 检验的效应大小。

9. 使用重复测量研究的数据来计算描述总体差异均值的置信区间。

10. 介绍如何在科学文献中报告重复测量 $t$ 检验的结果和效应量。

11. 说明重复测量 $t$ 检验的假设检验结果和效应量大小如何受到样本大小和样本方差的影响。

12. 描述处理效应的一致性是如何反映在差异值的变异性上的，并解释其如何影响假设检验的结果。

## 重复测量 $t$ 检验的效应量

与其他假设检验一样，处理效应在统计意义上显著时，还应报告效应的绝对大小。效应量最常用的测量指标为 Cohen's $d$ 系数和 $r^2$，即解释的变异比例。还可以用估计的总体差异均值 $M_D$ 的置信区间来表示。下面将使用例 11.2 的数据展示如何用这些指标计算和描述效应量。

**Cohen's $d$ 系数**　在第 8 章和第 9 章，我们介绍了 Cohen's $d$ 系数是对两种处理条件的均值差异的标准化测量，标准化过程就是用均值的差值除以标准差。在重复测量 $t$ 检验的过程中，Cohen's $d$ 系数的计算公式为：

$$\text{Cohen's } d \text{ 系数}=\frac{\text{总体差异均值}}{\text{标准差}}=\frac{\mu_D}{\sigma}$$

因为总体均值和标准差未知，所以我们用相应的样本统计量代替。样本均值 $M_D$ 是对总体平均差异值的最好估计，样本标准差（样本方差的开方）是对总体标准差的最好估计。因此，估计的 $d$ 值公式如下：

> 由于测量效应量的大小时不关注方向，所以习惯上忽略负号，报告正值的 Cohen's $d$ 系数。

$$\text{估计的 Cohen's } d \text{ 系数}=\frac{\text{样本差异均值}}{\text{样本标准差}}=\frac{M_D}{s} \tag{11-4}$$

根据例 11.2，样本差异均值 $M_D=4$，样本方差 $s^2=16.00$，计算结果为：

$$d=\frac{M_D}{s}=\frac{4}{\sqrt{16}}=\frac{4}{4}=1.00$$

Cohen's $d$ 系数大于 0.80 时效应量较大，而本例的效应量就在该范围内。

**解释的变异比例 $r^2$**　变异比例是由假设检验的 $t$ 值和 $df$ 值计算而来的，与单样本 $t$ 检验和独立样本 $t$ 检验一样。根据例 11.2，$t=2.84$，$df=7$，计算结果为：

$$r^2=\frac{t^2}{t^2+df}=\frac{2.84^2}{2.84^2+7}=\frac{8.07}{15.07}=0.536$$

因此，差异值 53.6%的变异可以由睡眠时长的效应来解释。具体来讲，低于平均水平的睡眠和高于平均水平的睡眠之间的差异能产生持续的正的差异值，而不是像虚无假设所预测的那样差异趋近于 0。也就是说，与 0 的偏差可以在很大程度上由两个处理条件的差异来解释。

通过下面这个例子，来检验一下你对重复测量 $t$ 检验中衡量效应量的 Cohen's $d$ 系数和 $r^2$ 的理解。

**例 11.4**

一项重复测量研究中有 $n=16$ 名被试，得到了差异均值 $M_D=6$ 分，差异值的 $SS=960$，以及 $t=3.00$。计算 Cohen's $d$ 系数和 $r^2$ 来衡量这项研究的效应量。

计算结果应该为：$d=\frac{6}{8}=0.75$，$r^2=\frac{9}{24}=0.375$。祝你好运。

## 估计的 $\mu_D$ 的置信区间

同前两章一样，置信区间可以用来测量和描述处理效应的大小。对于重复测量 $t$ 检验，用样本

差异的均值 $M_D$ 来估计总体差异的均值 $\mu_D$ 。这时，置信区间通过估计两种处理条件下总体差异的均值，来估计处理效应的大小。

和 $t$ 检验一样，首先需要计算 $t$ 公式中的未知参数。对于重复测量 $t$ 检验：

$$\mu_D = M_D \pm t s_{M_D} \tag{11-5}$$

从样本数据中可以得到 $M_D$ 和 $s_{M_D}$。尽管 $t$ 值是未知的，但我们可以用 $t$ 的自由度和 $t$ 分布表来估计 $t$ 值。使用估计的 $t$ 值和样本统计量，我们就可以计算 $\mu_D$ 的值。下面的例子详细地展示了构建总体差异均值的置信区间的过程。

**例 11.5**

在例 11.2 中，我们介绍了一项研究，说明了睡眠时长如何影响第二天的学业问题。在研究中，一个由 $n=8$ 名大学新生组成的样本，在经历少于平均时长的睡眠之后，出现了相比多于平均时长的睡眠之后显著更多的学业问题。两种条件下的差异均值为 $M_D=4$ 分，其估计的标准误为 $s_{M_D}=1.41$。现在，为总体差异均值构建 95%的置信区间。

样本量 $n=8$，可知重复测量 $t$ 检验的 $df=7$。为了计算 95%的置信区间，使用的 $t$ 值应是所有 $t$ 值的中间 95%的部分。根据 $t$ 分布表，$df=7$ 时，95%的 $t$ 值应在 $t=-2.365$ 和 $t=+2.365$ 之间。将这些值代入公式中，可以得到：

$$\begin{aligned}\mu_D &= M_D \pm t s_{M_D}\\ &=4\pm 2.365\times 1.41\\ &=4\pm 3.33\end{aligned}$$

这时，置信区间的值从 $4-3.33=0.67$ 到 $4+3.33=7.33$。我们的结论是：对于总体而言，相比多于平均时长的睡眠，少于平均时长的睡眠会使学业问题增加 0.67～7.33 分。我们有 95%的信心确定差异的均值在这个区间内，因为我们有 95%的信心确定 $t$ 值落在分布中间的 95%部分。还可以看到，置信区间是围绕着样本差异均值构建的，样本差异均值 $M_D=4$ 在区间的正中间。

同第 9 章和第 10 章介绍的其他置信区间一样，重复测量 $t$ 检验的置信区间除了受到处理效应大小影响以外，还受到很多其他因素影响。特别是，置信区间的宽度直接受到置信水平影响，置信水平越高，置信区间越宽。此外，置信区间的宽度还受到样本量影响，样本量越大，置信区间越窄。因为置信区间和样本量有关，所以它并不像 Cohen's $d$ 系数和 $r^2$ 是对效应量的纯粹测量。

我们还注意到，例 11.5 中的 95%的置信区间并不包含 $\mu_D=0$。换句话说，我们有 95%的信心确定总体差异均值不为 0，这和在 0.05 水平下拒绝虚无假设的结论是一致的。如果 95%的置信区间包含 $\mu_D=0$，那么假设检验的结论是在 0.05 水平下接受虚无假设。

**在文献中**

### 报告重复测量 $t$ 检验的结果

在第 9 章和第 10 章中，$t$ 检验结果的 APA 报告格式包括 $t$ 值、自由度、$\alpha$ 水平和效应量。通常在陈述或表格中都有均值和标准差（第 4 章）。在例 11.2 中，差异值的均值 $M_D=4.00$，$s=4.00$，所以 $t=2.84$，$df=7$，拒绝虚无假设，显著性水平为 0.05。通过计算解释变异的比例，得到 $r^2=0.536$。这项研究的报告结果可以总结如下：

少于平均时长的睡眠会导致第二天的学业问题显著增加。其中，增加量的 $M=4.00$，$s=4.00$。学业问题的增加量在统计意义上是显著的，$t(7)=2.84$，$p<0.05$，$r^2=0.536$。

当用计算机程序进行假设检验时，输出结果包括精确的显著性水平，即 $p$ 值。在本例中，计算机分析结果报告显著性水平 $p=0.025$。研究报告中的精确概率结果呈现如下："增加量在统计水平上是显著的，$t(7)=2.84$，$p=0.025$，$r^2=0.536$。"有时候，$p$ 值会很小，而计算机只输出三位小数，因此会得到 $p$ 等于 0。这时候，$p$ 值并不真的等于 0，要报告为 $p<0.001$。

例 11.5 中使用置信区间作为假设检验结果中效应量的描述方式时，结果呈现如下：

少于平均时长的睡眠会导致第二天的学业问题显著增加，$t(7)=2.84$，$p<0.05$，95%的置信区间为 [0.67，7.33]。

## 描述统计和假设检验

仔细分析样本数据的研究结果，将会很容易看出处理效应的大小，理解假设检验的结果。在例 11.2 中，被试 $n=8$，差异均值 $M_D=4.00$ 分，标准差 $s=4$ 分。样本均值和标准差描述了一组数据以 4.00 为中心，并且大部分数据位于均值左右 4 分之内。图 11－2 显示了例 11.2 的真实差异值，除了显示样本分数，还强调虚无假设所规定的 $\mu_D=0$ 的位置。注意，样本分数远离 0。具体讲，数据与总体均值 $\mu_D=0$ 是不一致的，这就是拒绝虚无假设的原因。另外要注意，样本均值所在位置高于 0 一个标准差。这个距离与 Cohen's $d=1.00$ 的效应量是一致的。对于这些数据来讲，样本分布图（见图 11－2）有助于理解效应量的测量和假设检验的结果。

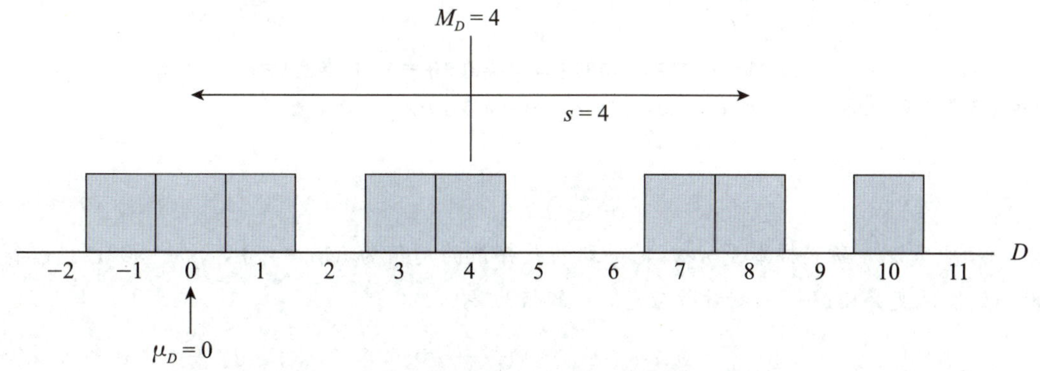


**图 11－2　例 11.2 的样本差异值**

说明：均值 $M_D=4.00$，标准差 $s=4$。数据显示分数一致为正，样本均值远离 $\mu_D=0$ 一个标准差的距离。

## 重复测量 $t$ 检验中的样本方差和样本量

在前面的章节中，我们讨论了影响假设检验结果的两种因素：样本变异性与样本量。这两种因素都会影响 $t$ 统计量分母的估计标准误大小。具体来说，标准误和样本量成反比（样本量越大，标准误越小），和样本方差成正比（样本方差越大，标准误越大）。因此，样本量越大，$t$ 统计量会越大（远离 0），拒绝虚无假设的概率越大。方差越大，$t$ 值越小（接近 0），得到显著结果的可能性越小。

尽管方差和样本量都会影响假设检验，但只有方差会影响效应量，如 Cohen's $d$ 值和 $r^2$ 的大小；方差越大，效应量越小。样本量对 Cohen's $d$ 值没有影响，对 $r^2$ 的影响也很小。

**变异对处理效应一致性的测量**　在重复测量研究中，差异值的变异是一个具体的、很容易理解的概念，特别是样本变异描述了处理效应的一致性。例如，如果处理后，每个被试的分数都增加了，那么这一系列差异值分布集中，变异相对较小。这就是我们在例 11.2（见图 11－2）中看到的情况：几乎所有被试在经历低于平均时长的睡眠后，都会有更多的学业问题。在这种变异性较小的情况下，很容易发现处理效应，并且处理效应可能是很显著的。

现在考虑变异性很大的情况。假设例 11.2 中得到 $n=9$ 个被试的分数差值分别为：+13，−6，

+10，−2，−4，+9，−3，+15，+4。这些差值的均值也是 $M_D=4.00$，但现在变异增加到了 $SS=512$，标准差 $s=8$。图 11-3 展示了新的差异值。我们还是标出了虚无假设中 $\mu_D=0$ 的位置。注意，高变异意味着处理效应的不一致。一些被试在睡眠低于平均水平的情况下有更多的学业问题（正差异），一些则较少（负差异）。在假设检验中，高变异性增加了估计标准误的大小，导致假设检验产生 $t=1.50$，这不在拒绝域内。有了这些数据，我们就无法拒绝虚无假设，并得出结论：睡眠量对第二天的学业问题没有影响。

变异很小时（见图 11-2），4 分的处理效应就可以得到统计上显著的结果。变异较大时（见图 11-3），2 分的处理效应不再显著。而在变异大的情况下（见图 11-3），4 分的差异效果不容易看到，也不显著。正如前面几次提到的那样，高变异性会掩盖数据的模式，降低得到显著处理效应的可能性。

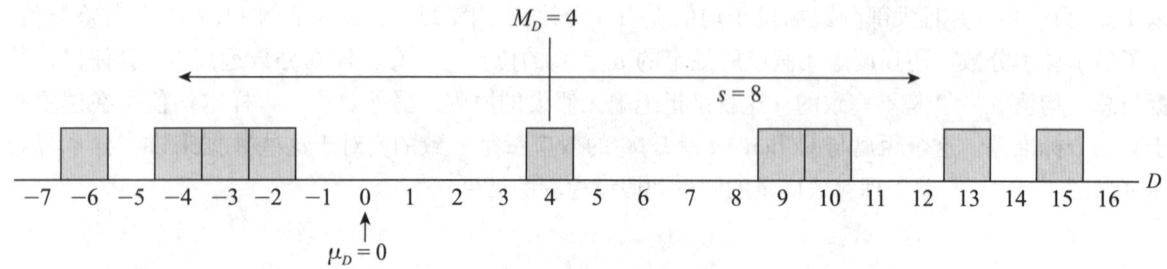


**图 11-3　样本数据的平均差异值 $M_D=4$，标准差 $s=8$**

说明：数据并没有显示出一致的提高或降低，意味着 $\mu_D=0$（无效应）是一个合理的假设。

## 学习检查

1. 一项重复测量研究样本量 $n=5$，得到的差异值的均值为 $M_D=4$ 分，$SS=500$，计算得到 $t=4.00$。如果用变异比例 $r^2$ 来测量效应量，$r^2$ 的值为多少？

a. $\frac{16}{20}=0.8$　　b. $\frac{4}{20}=0.2$　　c. $\frac{4}{8}=0.5$　　d. $\frac{16}{8}=2.0$

2. 一项重复测量研究，每个处理条件都有 $n=16$ 名被试。一位研究人员为处理条件间的差异均值构建 95% 的置信区间。置信区间的中心值为多少？用于构建置信区间的 $t$ 值为多少？

a. 样本的差异均值为中心值；$t=\pm2.131$

b. 样本的差异均值为中心值；$t=\pm1.753$

c. 0 为中心值；$t=\pm2.131$

d. 0 为中心值；$t=\pm1.753$

3. 一项重复测量研究的研究结果报告中有如下表述：“数据表明在处理条件之间存在显著差异，$t(22)=4.71$，$p<0.01$。”根据这项报告，关于假设检验的结果，你能得到何种结论？

a. 本检验拒绝虚无假设　　b. 本检验不能拒绝虚无假设

c. 本检验犯了第一类错误　　d. 本检验犯了第二类错误

4. 一项重复测量研究发现，两组处理条件之间的差异均值 $M_D=5$ 分。以下哪一项样本特征最有可能使 $t$ 检验结果显著？

a. 一个大的样本量（$n$）和一个大的样本方差

b. 一个大的样本量（$n$）和一个小的样本方差

c. 一个小的样本量（$n$）和一个大的样本方差

d. 一个小的样本量（$n$）和一个小的样本方差

5. 如果一项重复测量研究的结果表现为几乎所有被试在处理条件 A 下的分数都比在处理条件 B 下高大约 5 分，那么以下哪一项是描述以上数据的？

a. 差异值方差小；得到显著结果的可能性很低

b. 差异值方差小；得到显著结果的可能性很高

c. 差异值方差大；得到显著结果的可能性很低

d. 差异值方差大；得到显著结果的可能性很高

答案　1. a　2. a　3. a　4. b　5. b

## 11.5　重复测量设计与独立测量设计的比较

### 学习目标

13. 对比重复测量设计和独立测量设计，介绍二者的优点和缺点；结合其优缺点介绍每种设计更适用的情况。

14. 定义被试匹配设计，并解释它与重复测量设计和独立测量设计有什么不同。

### 重复测量设计和独立测量设计

在许多研究中，可以使用重复测量研究或者独立测量研究比较两个处理条件。独立测量使用两个独立的样本（对每个样本进行一种条件处理），重复测量就是对同一个样本进行不同条件的处理，研究者可以根据两种设计的优点和缺点来选择使用哪种设计。总体来讲，重复测量设计有很多优点。

**被试数量**　重复测量设计相对独立测量设计需要的样本较少。重复测量设计可以更加有效地利用被试，因为对每个被试都要进行不同条件的处理。这对于较难招募到被试的研究来说是很重要的（例如，研究的是稀有物种或者比较罕见专业的被试）。

**跨时间的变化研究**　重复测量设计非常适合研究学习、发展或者跨时间所发生的变化。注意，这种设计主要是先测量所有被试一次，然后在一段时间后，对同样的被试进行相同的测量。通过这种方式，研究者可以观察到行为跨时间的变化或发展。

**被试间差异**　重复测量的主要优点就是减少或消除被试间差异带来的问题（见第 10 章）。被试间差异主要是指个体间年龄、IQ、性别、人格之间的差异（见第 1 章），被试间差异会影响研究获得的分数和假设检验的结果。如表 11－4 所示，第一组数据代表经典独立测量研究的结果，第二组数据代表重复测量研究的结果。注意，该表中给每个被试取名，主要是帮助证实被试间差异的影响。

**表 11－4　独立测量研究和重复测量研究的测量数据**

| 独立测量（2 个独立样本） | | 重复测量（相同的样本接受不同的处理） | | |
|---|---|---|---|---|
| 处理 1 | 处理 2 | 处理 1 | 处理 2 | $D$ |
| (John) $X=18$ | (Sue) $X=15$ | (John) $X=18$ | (John) $X=15$ | $-3$ |
| (Mary) $X=27$ | (Tom) $X=20$ | (Mary) $X=27$ | (Mary) $X=20$ | $-7$ |
| (Bill) $X=33$ | (Dave) $X=28$ | (Bill) $X=33$ | (Bill) $X=28$ | $-5$ |
| $M=26$ | $M=21$ | | | $M_D=-5$ |
| $SS=114$ | $SS=86$ | | | $SS=8$ |
| $s^2=57$ | $s^2=43$ | | | $s^2=4$ |
| $s_M=5.77$ | | | | $s_M=1.15$ |

说明：两组数据中的数值是相同的，处理条件之间的平均差异值都等于－5。

对于独立测量研究的数据而言，每个数值代表一名被试。但对于重复测量而言，相同的被试接受所有不同水平条件的处理。两种设计的差异对最终的结果有很重要的影响：

1. 两项研究中构造的数据的数值相同，并且处理条件之间的平均差异值都等于−5。在两项研究中，研究者想证明差异值是否由处理条件的不同导致。但是，在独立测量研究中，尤其当处理组的随机分配存在问题时，差异值有可能是由于处理 1 条件下的被试特征与处理 2 条件下的被试特征不同导致的。例如，处理 1 条件下的三名被试的智商均高于处理 2 条件下的三名被试，所以他们的分数更高。但是，这些问题在重复测量设计中就不会存在。具体来说，在重复测量设计中，因为两种处理条件使用的是同一组被试，所以处理条件之间不存在被试特征的差异。

2. 虽然两组数据的数值均相同，并且处理条件之间的平均差异值均等于−5，但是两组数据根据变异计算的标准误是不同的。对于独立测量研究来讲，分别对两个不同的样本计算 $SS$ 或方差。注意，每个样本中的被试间差异都是很大的。例如，在处理 1 的条件下，Bill 的分数为 33，而 John 的分数只有 18。这些被试间的差异将产生很大的样本方差和标准误。对于独立测量研究，标准误为 5.77，则 $t=0.87$。因此，假设检验结果显示处理条件之间并没有显著的差异。

在重复测量研究中，计算差异值的 $SS$ 和方差。如果仔细检查表 11-4 的重复测量数据，就会发现，Bill 和 John 在处理条件 1 和处理条件 2 下的巨大差异已经消除。被试间差异的消除，导致方差和标准误大幅度降低。对于重复测量研究，标准误为 1.15，$t$ 值为−4.35。重复测量研究中的 $t$ 值显示了处理条件的显著差异。因此，重复测量研究的一个很大优点就是通过消除被试间差异减小方差，提高获得显著性结果的概率。

**检验力** 重复测量设计往往比独立测量设计有更强的检验力。正如第 8 章所描述的，检验力是检测到真实处理效应的可能性。导致标准误大小的一个因素是样本数据的变异性。重复测量设计消除了个体差异对处理条件差异的作用，因为同样的被试为两个处理条件都提供了分数，这就导致更小的误差变异性，也就是更低的差异均值的标准误。而一般来说，标准误的数值越低，检验力就越强（见例 8.7）。

回到表 11-4，比较独立测量设计的标准误 $s_M=5.77$ 和重复测量设计的标准误 $s_{M_D}=1.15$。由于标准误更小，重复测量设计相比独立测量设计对样本均值的 5 分差异更为敏感（也就是检验力更强）。回顾一下，独立样本 $t$ 检验的标准误是基于两个样本的变异性，相比之下，重复测量 $t$ 检验的标准误只受一个样本的变异性影响。

### 时间相关因素和顺序效应

重复测量设计的主要缺点是，设计结构允许除了处理条件外的其他因素造成被试的分数值从一种处理条件到另一种处理条件的变化。具体来讲，在重复测量设计中，每一名被试的两次测量都是在两种不同的实验条件下进行的，通常是两个不同的时间。在这种情况下，随时间变化的外界因素就有可能也会造成被试分数的变化，并与处理效应相混淆。例如，被试两次测量时的健康状况和情绪随时间的变化，有可能导致两次分数的差异。此外，天气等外界因素也可能影响被试分数。因为重复测量通常伴随时间变化，所以和时间相关的因素（而不是两种处理条件）都是可能引起被试分数变化的原因。

第一种处理条件也可能影响第二种处理条件下被试的反应。例如，被试在第一次测量中可以积累经验，因此在第二次测量中有更好的表现。这时，研究者也会发现两种处理条件下的分数有差异，但这种差异不是由处理造成的，而是因为练习效应。由之前的测量而引起分数变化的现象叫顺序效应，可以影响重复测量设计中的均值差异。

**平衡** 解决时间相关因素影响或者顺序效应问题的一个方法是平衡处理条件的顺序。也就是将被试随机分为两组：一组被试先接受条件 1 的处理，再接受条件 2 的处理。而另外一组被试先接受条件 2 的处理，再接受条件 1 的处理。平衡设计的目的是消除处理条件以外的因素引起的变异。例如，如果存在练习效应，那么一半的被试在接受条件 1 的处理时，会有助于在接受条件 2 的处理中的表现；而另一半的被试在接受条件 2 的处理时，会有助于在接受条件 1 的处理中的表现。因此，之前的经验同等地改善了两种处理条件下的表现。

另外，当时间相关因素和顺序效应很强时，最好的办法就是不选择重复测量设计，而是使用独立测量研究，使得每名被试只接受一种条件处理和一次测量。

### 被试匹配设计

有时，研究者试图利用被试匹配设计来尽量拥有重复测量设计的优点。被试匹配设计包括两个不同的样本，但是一个样本中的个体与另一个样本中的个体是相匹配的。在通常情况下，对研究中重要的一个或多个变量进行被试匹配是很有必要的。例如，一名研究语言学习的研究者，有必要确认两个样本的被试在智商和性别上是匹配的。在这项实验中，一组 IQ 为 120 的男性被试应该与另一组 IQ 为 120 的男性被试相匹配。虽然一个样本中的被试与另一个样本中的被试是不同的，但是被试匹配设计至少保证了在某些特殊变量上两组被试是等值的。

**定义**

在**被试匹配设计**中，一个样本中的个体与另外一个样本中的个体相匹配。被试匹配可以使两个个体在研究者想控制的特殊变量上等值（或接近等值）。

需要注意的是，被试匹配设计既具有独立测量设计的特点，又具有重复测量设计的特点。它在两种处理条件下采用各自独立的被试样本，意味着它就是一项独立测量设计，因此，每名被试都只在一种处理条件下接受一次测量，不存在顺序效应或延迟效应。同时，匹配过程也模拟了重复测量设计，因为在第一个处理中的每名被试都与第二个处理中的一名被试相匹配，并为每一对匹配的被试计算差异值。在重复测量设计中，匹配是完美的，因为两种条件下使用的是相同的被试。在被试匹配设计中，匹配是基于特定的变量进行的。然而，在每种情况下，数据都用于计算差异值，因此被试匹配设计的假设检验与重复测量设计的 $t$ 检验相同，这两种设计都能够测量个体差异，并将其从数据的变异中剔除。

因此，被试匹配设计具有独立测量设计和重复测量设计的优点，并且避免了这两种设计的缺点。然而，需要注意的是，被试匹配设计并不等同于重复测量设计。被试匹配设计中，匹配为一对的被试并不是同一个人，他们只是“相似”的个体，只在匹配过程中使用的特征上具有相似性。

### 学习检查

1. 以下哪种情况可能是一项重复测量研究所要关注的？

a. 差异值为负值

b. 延迟效应

c. 得到的均值差异是个体差异而非处理差异导致的

d. 以上都是主要的关注点

2. 在以下哪种情况下，独立测量设计与重复测量设计相比具有较大的优势？

a. 当个体差异较小，且参与一种处理可能使被试的表现产生永久性改变时

b. 当个体差异较小，且参与一种处理不可能使被试的表现产生永久性改变时

c. 当个体差异较大，且参与一种处理可能使被试的表现产生永久性改变时

d. 当个体差异较大，且参与一种处理不可能使被试的表现产生永久性改变时

3. 一项被试匹配研究比较了两种处理条件，每种条件下得到 10 个分数。这项研究总共需要________名被试，每名被试接受________次测量。

a. 10，1　　b. 10，2　　c. 20，1　　d. 20，2

**答案**　1. b　2. a　3. c

## 小 结

1. 在一项重复测量研究中，相同样本的被试接受所有不同条件的处理。这种设计对相同被试进行重复的测量。

2. 重复测量 $t$ 检验首先计算每名被试第一次和第二次测量的差值（或者匹配组的差值），差值或 $D$ 值的计算公式为：

$$D = X_2 - X_1$$

样本均值 $M_D$、样本方差 $s^2$ 用于总结和描述这组差值。

3. 重复测量 $t$ 统计量的公式为：

$$t = \frac{M_D - \mu_D}{s_{M_D}}$$

在这个公式中，虚无假设是 $\mu_D = 0$，估计标准误的计算公式为：

$$s_{M_D} = \sqrt{\frac{s^2}{n}}$$

4. 在重复测量研究设计中，效应量可以用 $r^2$（解释的变异的比例）或者 Cohen's $d$ 系数（标准化平均差值）测量。$r^2$ 在重复测量设计和独立测量设计中的计算公式是相同的：

$$r^2 = \frac{t^2}{t^2 + df}$$

Cohen's $d$ 系数被定义为样本平均差值除以重复测量设计或者独立测量设计的标准差。对于重复测量来说，

$$\text{估计的 } d = \frac{M_D}{s}$$

5. 描述处理效应大小的另外一种方法是构建总体差异均值 $\mu_D$ 的置信区间。用重复测量的 $t$ 统计量的公式来计算未知差异均值的置信区间。

$$\mu_D = M_D \pm t(s_{M_D})$$

首先选择一种置信水平，然后查找相应的 $t$ 值。例如，置信水平为 95%时，$t$ 值的范围是分布的中间的 95%的部分。最后把样本差异的均值、标准误和 $t$ 值一起代入公式。

6. 当人们想观察同一批被试的行为变化时，如在学习或发展的研究中，重复测量设计可能比独立测量设计更受欢迎。重复测量设计的一个重要优势是它可以减少个体差异的影响，降低样本的变异性，因此，更容易出现显著的结果。

7. 在被试匹配设计中，一个样本中的个体与另一个样本中的个体进行一对一的匹配。匹配是基于与研究相关的一个（或多个）变量。被试匹配设计具有独立测量研究和重复测量研究的要素，旨在发挥这两种设计的优点并尽可能避免其缺点。然而，匹配对象研究的质量要受限于匹配过程的质量。

## 关键术语

| | | |
|---|---|---|
| 重复测量设计或组内设计 | 差异值 | 差异均值 $M_D$ 的估计标准误 |
| 重复测量 $t$ 统计量 | 个体差异 | 顺序效应 |
| 被试匹配设计 | | |

## 关注问题解决

1. 数据收集完后，需要选择适当的统计方法。如何确定数据是否适合进行重复测量 $t$ 检验？这需要仔细分析实验设计。例如，被试是否来自同一个样本？是否对同一组被试进行了第二次测量？如果是，那么就可以使用重复测量 $t$ 检验。只有一种情况下来自两组样本的数据可以进行重复测量 $t$ 检验，那就是被试匹配研究。

2. 重复测量设计的基础是差异值。计算差异值时，确保使用同一种方法计算差异值，也就是说你可以选择使用 $X_2-X_1$ 或 $X_1-X_2$，但你要用同一种方法计算所有被试分数的差异值。

## 示例 11.1

### 重复测量 $t$ 检验

一家大型石油企业想提升因大量石油泄漏而受影响的企业形象。市场部门开发了一部简短的电视商业片，并对 7 名被试进行测验。在观看电视商业片之前和之后分别测验被试对公司的态度。数据如下表所示：

| 被试 | $X_1$（前） | $X_2$（后） | $D$（差值） |
|---|---|---|---|
| A | 15 | 15 | 0 |
| B | 11 | 13 | +2 |
| C | 10 | 18 | +8 |
| D | 11 | 12 | +1 |
| E | 14 | 16 | +2 |
| F | 10 | 10 | 0 |
| G | 11 | 19 | +8 |

$\sum D=21$

$M_D=\frac{21}{7}=3.00$

$SS=74$

前后是否有显著变化？注意，被试进行了两次测验——分别在观看电视商业片之前和之后。因此，该研究是重复测量设计。

**步骤 1　陈述假设，选择显著性水平。**

虚无假设表示电视商业片对人们的态度没有明显的改变，用符号表示为：

$H_0: \mu_D=0$（平均差值为 0）

备择假设则陈述为电视商业片确实改变了人们对公司的态度，用符号表示为：

$H_1: \mu_D\neq 0$（平均差值不为 0）

根据以上陈述，该检验是显著性水平 $\alpha=0.05$ 的双侧检验。

**步骤 2　定位拒绝域。**

重复测量 $t$ 检验的自由度公式为：

$df=n-1$

因此，对于该数据，自由度

$df=7-1=6$

查 $\alpha=0.05$，$df=6$，双侧检验的 $t$ 值。临界值 $t=\pm 2.447$。

**步骤 3　计算 $t$ 值。**

我们仍然建议分三步计算 $t$ 值。

样本 $D$ 值的方差计算公式为：

$$s^2 = \frac{SS}{n-1} = \frac{74}{6} = 12.33$$

样本平均差值的估计标准误的计算公式为：

$$s_{M_D} = \sqrt{\frac{s^2}{n}} = \sqrt{\frac{12.33}{7}} = \sqrt{1.76} = 1.33$$

重复测量 $t$ 检验值，计算 $t$ 值的公式为：

$$t = \frac{M_D - \mu_D}{s_{M_D}} = \frac{3-0}{1.33} = 2.26$$

**步骤 4　对 $H_0$ 做出决定，并陈述结论。**

得到的 $t$ 值位于拒绝域外，因此，接受虚无假设。即商业片并没有改变人们的态度，$t(6)=2.26$，$p>0.05$，双侧检验。（注意，我们陈述的是 $p$ 值大于 0.05，因为我们接受了虚无假设。）

## 示例 11.2

### 重复测量 t 检验的效应量

计算示例 11.1 数据中的 Cohen's $d$ 系数和 $r^2$，样本差值的均值 $M_D=3.00$，方差 $s^2=12.33$。则基于这些可以计算 Cohen's $d$ 系数：

$$\text{估计的 } d = \frac{\text{平均差异值}}{\text{标准差}} = \frac{M_D}{s} = 3.00/\sqrt{12.33} = \frac{3.00}{3.51} = 0.86$$

假设检验得到 $df=6$，$t=2.26$，所以 $r^2$ 的计算结果为：

$$r^2 = \frac{t^2}{t^2+df} = \frac{(2.26)^2}{(2.26)^2+6} = \frac{5.11}{11.11} = 0.46 \text{（或 46\%）}$$

## SPSS

虽然超速罚单令人不快，但为了减少交通事故的伤亡人数，超速执法是必要的。为了安全起见，你可能会认为完美的超速执法比不完美的超速执法要好，因为后者通常允许我们超过限速每小时几英里而不受惩罚。最近一项重复测量研究设计就检验了这一想法（Bowden，Loft，Tatsciore & Visser，2017）。在一项类似视频游戏的模拟驾驶任务中，研究者要求被试在他们注意到路标附近的红点和视频游戏中的行人时，按一下方向盘上的按钮。每次都测量了被试检测到红点时的延迟。每名被试都在正常超速执法（被试超过限速每小时 4 英里会受到惩罚）和保守超速执法（被试超过限速每小时不到 1 英里就会受到惩罚）下完成模拟驾驶任务。不出所料，相对于正常超速执法，在保守超速执法下，被试放慢了速度。然而，在保守超速执法下，被试对红点的反应显著更慢，这表明被试被严格的超速处罚分散了注意力。下面显示的数据与作者观察到的数据相似。

| 被试 | 正常超速执法 | 保守超速执法 |
|---|---|---|
| A | 7 | 10 |
| B | 8 | 7 |
| C | 4 | 14 |
| D | 6 | 13 |
| E | 3 | 11 |
| F | 9 | 10 |
| G | 4 | 4 |
| H | 7 | 11 |

下面是使用 SPSS **重复测量 $t$ 检验**的详细说明，该检验将用于比较正常超速执法和保守超速执法。

## 数据输入

1. 使用数据编辑器的 Variable View 为上述数据创建了两个新的变量。在第一个变量的 Name 字段输入“Normal”，Type 字段选择 Numeric，Scale 字段选择 Measure，并在 Label 字段为该变量输入一个简短的、描述性的标题（这里使用的是“正常超速执法下的延迟”）。用同样的方法创建第二个变量，Name 字段使用“Conservative”，Label 字段使用“保守超速执法下的延迟”。

2. 使用数据编辑器的 Data View 输入分数。在数据编辑器中把数据输入两栏（正常和保守），每名被试的第一个分数在第一栏，第二个分数在第二栏。每名被试的两个分数必须在同一行。

## 数据分析

1. 点击工具栏的 Analyze，选择 Compare Means，然后点击 Paired-Samples T Test。

2. 在左侧的方框中一次选中两个数据列的列标签，然后点击箭头将它们移入 Paired Variables 的方框中。

3. 除了完成假设检验，程序还会计算总体差异均值的置信区间。置信区间自动设为 95%，但你可以选择 Options 改变这个百分比。

4. 点击 OK。

## SPSS 输出

输出一个表格，包括每个处理的均值和标准差等样本统计量。第二张表所示是两列分数之间的相关（相关会在第 15 章中呈现）。最后一张表分为两部分，展现了假设检验的结果，包括差异的均值和标准差、均值的标准误、差异值的 95%置信区间、$t$ 值、$df$ 及显著性水平（检验的 $p$ 值）。

**配对样本统计量**

| | | 均值 | $N$ | 标准差 | 均值的标准误 |
|---|---|---|---|---|---|
| Pair 1 | 正常超速执法下的延迟 | 6.000 0 | 8 | 2.138 09 | 0.755 93 |
| | 保守超速执法下的延迟 | 10.000 0 | 8 | 3.207 13 | 1.133 89 |

**配对样本相关系数**

| | | $N$ | 相关系数 | 显著性水平 |
|---|---|---|---|---|
| Pair 1 | 正常超速执法下的延迟 & 保守超速执法下的延迟 | 8 | −0.083 | 0.844 |

**配对样本假设检验**

| | | 差异值 | | |
|---|---|---|---|---|
| | | 均值 | 标准差 | 均值的标准误 |
| Pair 1 | 正常超速执法下的延迟－保守超速执法下的延迟 | −4.000 00 | 4.000 00 | 1.414 21 |

| | | 差异值 95%置信区间 | | $t$ | 自由度 | 显著性水平（双侧） |
|---|---|---|---|---|---|---|
| | | 下限 | 上限 | | | |
| Pair 1 | 正常超速执法下的延迟－保守超速执法下的延迟 | −7.344 08 | −0.655 92 | −2.828 | 7 | 0.025 |

## 操作练习

使用SPSS来分析下面的分数。

| 被试 | 正常超速执法 | 保守超速执法 |
|---|---|---|
| A | 30.00 | 24.00 |
| B | 45.00 | 63.00 |
| C | 32.00 | 46.00 |
| D | 96.00 | 96.00 |
| E | 65.00 | 77.00 |
| F | 48.00 | 51.00 |
| G | 37.00 | 41.00 |
| H | 39.00 | 44.00 |
| I | 41.00 | 46.00 |
| J | 29.00 | 34.00 |
| K | 35.00 | 41.00 |

SPSS报告的结果应该为：正常超速执法和保守超速执法条件下的被试分数存在显著差异，$t(10)=-3.00$，$p=0.013$。

## 练习题

1. 对于下列每项研究，判断是否适合重复测量 $t$ 检验的统计分析方法。

a. 研究者正在研究暴力视频游戏对行为的影响，方法是比较刚玩完暴力游戏的一组被试和玩过中性游戏的另一组被试的攻击性行为。

b. 研究者正在研究幽默对记忆的影响，方法是向一组被试展示一系列幽默和不幽默的句子，然后记录每名被试对每种类型的句子能回忆出多少。

c. 研究者正在评估一种新的胆固醇药物的有效性，方法是在开始服药前记录样本中每个人的胆固醇水平，并在服药8周后再次记录。

2. 重复测量设计或组内设计的主要特征是什么？

3. 研究者进行了一项实验，比较两种处理条件，并且每种处理条件下有22个分数。

a. 如果研究者使用独立测量设计，需要多少名被试？

b. 如果研究者使用重复测量设计，需要多少名被试？

4. 一项重复测量研究和一项独立测量研究在进行 $t$ 检验时都得到了 $df=15$，这两项研究各自有多少名被试？

5. 一项重复测量研究使用了一个 $n=12$ 的样本，得到分数差异的均值 $M_D=7.25$，$SS=396$。

a. 计算样本分数差异的标准差。简单解释这个标准差测量了什么。

b. 计算样本差异均值的估计标准误。简单解释估计标准误测量了什么。

6. 重复测量 $t$ 统计量公式中的分子是如何被类比成单样本 $t$ 统计量公式中的分子的？

7. 一项重复测量研究通过测量 $n=11$ 名被试在接受处理前后的两次得分来检验处理效应，得到如下数据。

| 被试 | 处理前 | 处理后 |
|---|---|---|
| A | 66 | 84 |
| B | 50 | 44 |
| C | 38 | 52 |
| D | 58 | 56 |
| E | 50 | 52 |
| F | 34 | 42 |
| G | 44 | 51 |

续表

| 被试 | 处理前 | 处理后 |
|---|---|---|
| H | 42 | 49 |
| I | 62 | 67 |
| J | 50 | 57 |
| K | 56 | 62 |

a. 计算差异值和 $M_D$。

b. 计算 $SS$、样本方差和估计标准误。

c. 若采用 $\alpha=0.05$ 的双侧检验，处理效应是否显著？

8. 一项重复测量研究通过测量 $n=9$ 名被试在接受处理前后的两次得分来检验处理效应，得到如下数据。

| 被试 | 处理前 | 处理后 |
|---|---|---|
| A | 82 | 89 |
| B | 64 | 67 |
| C | 76 | 79 |
| D | 6 | 8 |
| E | 38 | 40 |
| F | 150 | 147 |
| G | 10 | 14 |
| H | 4 | 11 |
| I | 16 | 18 |

a. 计算差异值和 $M_D$。

b. 计算 $SS$、样本方差和估计标准误。

c. 若采用 $\alpha=0.05$ 的双侧检验，处理效应是否显著？

9. 当你购买到一件很便宜的商品时，你会认为你进行了一笔很成功的交易还是认为你买到了一件次品？研究者发现，当别人而不是你自己买到了便宜的商品时，你更容易把低价和质量差联系在一起（Yan & Sengupta，2011）。在一项类似的研究中，要求被试（$n=16$）在两种情境下评价一种低价商品的质量：自己购买的和朋友购买的。样本差异值的均值 $M_D=2.6$，$SS=135$，自己购买时评价更高。

a. 自己购买和朋友购买时，对商品的质量评价有显著差异吗？使用 $\alpha=0.05$ 的双侧检验。

b. 计算 Cohen's $d$ 值。

c. 根据研究报告的形式，用一句话描述假设检验的结果及效应量。

10. 兴奋剂利他林（Ritalin）已被证明可以提高多动症（ADHD）儿童的注意力和学习成绩（Evans et al.，2001）。为了证明这种药物的有效性，研究人员选择了 $n=20$ 名被诊断为患有多动症的儿童作为样本，并在服药前后测量每个孩子的注意力广度。数据显示，被试儿童的注意力广度平均增加了 $M_D=4.8$ 分钟，样本差异值的方差为 $s^2=125$。

a. 这一结果是否能说明利他林能显著提高儿童注意力广度？使用 $\alpha=0.05$，单侧检验。

b. 为总体注意力广度的平均变化值计算 80%的置信区间。

c. 根据科学期刊文章的格式，报告 $t$ 检验的结果和置信区间。

11. Callahan（2009）证明了打太极拳可以显著减轻关节炎患者的症状。被试选取 18 岁或以上且已被医生诊断为患有关节炎的患者。在为期八周的太极拳课程开始时和结束时，每名被试对疼痛和僵硬症状进行自我报告。假设数据显示在 $n=40$ 名被试的样本中，疼痛和僵硬的平均减轻幅度为 $M_D=8.5$ 分，标准差为 21.5。

a. 使用 $\alpha=0.05$ 的双侧检验来决定太极拳对疼痛和僵硬是否有显著影响。

b. 计算效应量 Cohen's $d$ 系数。

12. 一些证据表明，如果你在选择题测验中重新思考并改变答案，就有可能提高你的考试成绩（Johnston，1975）。为了研究这一现象，一位老师在一门心理学课程的两个班组织了同样的期末考试。一个班的学生被告知在完成考试后立即上交考卷，不要改变任何答案。另一个班的学生则被鼓励重新考虑每道题，并且在他们觉得合适时更改答案。在期末考试前，老师根据期中考试的成绩，将第一个班的 9 名学生和第二个班的 9 名学生进行了配对。例如，不改答案班的一名期中成绩 89 分的学生与改答案班的一名期中成绩 89 分的学生配对。然后计算每对配对学生的两次期末成绩的差异。数据显示，被允许改变答案的学生成绩平均高出 $M_D=7$ 分，$SS=288$。

a. 数据能证明两种条件下的成绩存在显著差异吗？使用 $\alpha=0.05$ 的双侧检验。

b. 构建 95%的置信区间来估计总体差异均

值的大小。

c. 根据研究报告的形式，用一句话描述假设检验的结果及置信区间。

13. 解决下列问题。

a. 一项重复测量研究选取 $n=6$ 的被试样本，得到差异均值 $M_D=7$，$SS=30$。使用 $\alpha=0.05$ 的双侧检验来确定这一样本是否能反映显著的处理效应。

b. 现在假设 $SS=480$，再次进行假设检验。

c. 解释样本的变异性如何影响检出显著均值差异的可能性大小。

14. 解决下列问题。

a. 一项重复测量研究选取 $n=6$ 的被试样本，得到差异均值 $M_D=3$，$s^2=72$。使用 $\alpha=0.05$ 的双侧检验来确定这一样本是否可能来自 $\mu_D=0$ 的总体。

b. 现在假设样本的差异均值 $M_D=9$，再次使用 $\alpha=0.05$ 的双侧检验来确定这一样本是否可能来自 $\mu_D=0$ 的总体。

c. 解释样本差异均值的大小如何影响检出显著均值差异的可能性大小。

15. 一项重复测量实验得到的样本差异值的均值 $M_D=4$，标准差 $s=6$。

a. 如果 $n=9$，那么对这一样本使用 $\alpha=0.05$ 的双侧检验是否足以拒绝虚无假设？

b. 当 $n=36$ 时，是否能拒绝虚无假设？仍使用 $\alpha=0.05$ 的双侧检验。

c. 解释样本量如何影响检出显著均值差异的可能性大小。

16. 被试在进入研究时具有独有的特征，不同个体会在这些特征上产生不同的分数。对于独立测量研究来说，这些个体差异会导致问题。请指出这些问题，并简要说明在重复测量研究中是如何避免或减少这些问题的。

17. 说脏话是一种常见的、几乎是反射性的对疼痛的反应。无论是小腿撞到了咖啡桌的边缘，还是锤子砸到了拇指，我们大多数人都会用一连串的脏话来回应。然而问题是，说脏话会对你感受到的疼痛程度有什么影响吗？为了解决这个问题，Stephens、Atkins 和 Kingston（2009）进行了一项实验，将对疼痛的反应是说脏话与其他反应进行比较。在这项研究中，被试被要求将一只手放在冰冷的水中，尽可能长时间地忍受疼痛。一半的被试被告知，只要他们的手在水中，就不断地重复他们最喜欢的脏话。另一半的被试则重复一个中性词。研究人员记录了每名被试能够忍受多长时间的冰水。短暂的休息后，两组人交换了词语，并重复了冰水浸泡的过程。因此，所有被试都经历了两种情况（说脏话和说中性词），一半在第一次浸泡时说脏话，一半在第二次浸泡时说脏话。下表中的数据是研究中获得的代表性结果，代表了 $n=9$ 名被试对疼痛程度的报告。

| 被试 | 中性词 | 脏话 |
|---|---|---|
| A | 9 | 7 |
| B | 9 | 8 |
| C | 9 | 5 |
| D | 4 | 5 |
| E | 10 | 8 |
| F | 9 | 4 |
| G | 6 | 5 |
| H | 10 | 10 |
| I | 6 | 2 |

a. 将上述数据当作独立测量研究得到的分数，每组 $n=9$ 名被试。计算合并方差、均值差异的估计标准误及 $t$ 值。采用 $\alpha=0.05$ 的双侧检验，两组分数存在显著差异吗？

b. 现在假设数据来自重复测量的研究，两组分数来自同一个 $n=9$ 名被试的样本。计算样本差异值的方差、差异均值的估计标准误及 $t$ 值。仍选择 $\alpha=0.05$，两组分数存在显著差异吗？（你应该发现，重复测量设计极大地减小了方差，并增大了拒绝 $H_0$ 的可能性。）

18. 玩三维视频游戏能够增强老年人的认知功能。在近来一项实验中（West et al.，2017），$n=15$ 名老年人被试按照指示玩 6 个月的《超级马里奥 64》和类似的 3D 游戏。相比玩之前的认知测验得分，被试玩 6 个月游戏后的认知测验得分有所提高。作者测得差异均值 $M_D=1.40$，差异值的标准差为 $s=2.59$。

a. 检验游戏疗法显著验证了认知表现这一假设。使用 $\alpha=0.05$ 的单侧检验。

b. 计算效应量 $r^2$。

c. 根据研究报告的形式，用一句话描述假设检验的结果和效应量。

19. 第 17 题表明，如果消除个体差异，则可以大大减小方差并降低标准误。然而，这种优势仅在个体差异在不同处理条件下保持一致的情况下才会出现。例如在第 17 题中，在中性词条件下给出最高分的被试在脏话条件下也给出了最高分。类似地，在第一种条件下给出最低分的被试在第二种条件下也给出了最低分。为了构建以下数据，我们以第 17 题中的分数为基础，将处理 2 中的分数打乱以消除个体差异的一致性。

| 被试 | 中性词 | 脏话 |
|---|---|---|
| A | 9 | 5 |
| B | 9 | 2 |
| C | 9 | 5 |
| D | 4 | 10 |
| E | 10 | 8 |
| F | 9 | 4 |
| G | 6 | 7 |
| H | 10 | 5 |
| I | 6 | 8 |

a. 如果数据来自一项独立测量研究，每组 $n=9$ 名被试，独立样本 $t$ 检验得到的值为多少？注意：每个处理的分数、样本均值及 $SS$ 值都与第 17 题相同，没有变化。选择 $\alpha=0.05$，两种处理条件存在显著差异吗？

b. 现在假设数据来自重复测量研究，两组分数来自同一个 $n=9$ 名被试的样本。计算样本差异值的方差、差异均值的估计标准误及 $t$ 值。选择 $\alpha=0.05$，两种处理条件存在显著差异吗？（因为不再有一致的个体差异，这时你会发现重复测量 $t$ 检验将不再大幅减小方差。）

20. 众所周知，运动可以产生积极的心理影响。有趣的是，并非所有的运动同等有效。有研究证明，在自然环境中锻炼（例如，在树林中慢跑），比在城市环境或家中锻炼产生更好的心理效果（Mackay & Neill，2010）。假设一位运动心理学家有兴趣测试一下在大自然中运动和在实验室中运动，运动后的焦虑水平是否有区别。研究人员招募了 $n=7$ 名被试，他们分别在实验室中锻炼和在自然小路上锻炼。下面的数据代表了每次运动后测量的焦虑分数。

| 被试 | 实验室锻炼后的焦虑水平 | 大自然中锻炼后的焦虑水平 |
|---|---|---|
| A | 32 | 8 |
| B | 66 | 68 |
| C | 52 | 48 |
| D | 48 | 37 |
| E | 52 | 44 |
| F | 48 | 38 |
| G | 52 | 44 |

a. 如果数据来自一项独立测量研究，每组 $n=7$ 名被试。计算合并方差、均值差异的估计标准误及 $t$ 值。选择 $\alpha=0.05$，两组分数存在显著差异吗？

b. 现在假设数据来自重复测量研究，两组分数来自同一个 $n=7$ 名被试的样本。计算样本差异值的方差、差异均值的估计标准误及 $t$ 值。选择 $\alpha=0.05$，两组分数存在显著差异吗？

21. 游戏化是指将游戏设计和开发应用于社会、工业和教育领域。例如，一个游戏化项目可能会给达到特定目标的人奖励积分或成就。一项关于工作场所游戏化的实验显示，当机械师通过类似游戏的智能手机应用获得工作表现的反馈时，他们的工作积极性得到了提高（Liu，Huang & Zhang，2017）。下面是与研究观察到的类似的数据。

| 游戏化前的工作动机评分 | 游戏化后的工作动机评分 |
|---|---|
| 2 | 7 |
| 2 | 1 |
| 3 | 4 |
| 9 | 10 |
| 6 | 8 |
| 9 | 10 |
| 6 | 9 |
| 5 | 6 |
| 7 | 12 |

a. 检验游戏化会影响被试的工作动机的假设。使用 $\alpha=0.05$ 的双侧检验。

b. 计算效应量 Cohen's $d$ 系数。

22. 为了构建如下数据，我们以第 20 题的分数为基础，将处理 2 的分数打乱以消除个体差异的一致性。

a. 如果数据来自一项独立测量研究，每组 $n=7$ 名被试。计算合并方差、均值差异的估计标准误及 $t$ 值。选择 $\alpha=0.05$，两组分数存在显著差异吗？

b. 现在假设数据来自重复测量研究，两组分数来自同一个 $n=7$ 名被试的样本。计算样本差异值的方差、差异均值的估计标准误及 $t$ 值。选择 $\alpha=0.05$，两组分数存在显著差异吗？

| 被试 | 实验室锻炼后的焦虑水平 | 大自然中锻炼后的焦虑水平 |
|---|---|---|
| A | 32 | 37 |
| B | 66 | 68 |
| C | 52 | 44 |
| D | 48 | 8 |
| E | 52 | 44 |
| F | 48 | 48 |
| G | 52 | 38 |

23. 解释被试匹配设计和重复测量设计的区别。

24. 研究者进行了一项实验，比较两种处理条件，并且每种处理条件下有 20 个分数。

a. 如果研究者使用独立测量设计，需要多少名被试？

b. 如果研究者使用重复测量设计，需要多少名被试？

c. 如果研究者使用匹配被试设计，需要多少名被试？

25. 一项重复测量研究、一项被试匹配研究和一项独立测量研究的 $t$ 检验都得到 $df=10$，则每种研究各使用了多少名被试？

26. 创伤性脑损伤（TBI）是重要的健康问题。TBI 是由在接触性运动、机动车事故等类似事件中，对头部的撞击造成的损伤。众所周知，它会产生认知障碍和减少脑容量。在一项关于 TBI 的重复测量研究中，Zagorchev 等人（2016）观察到，相对于受伤后两个月，轻度 TBI 患者在受伤后 12 个月时的杏仁核变小了。假设一名研究人员有兴趣复制和扩展这一观察结果。她招募了 $n=8$ 名轻度 TBI 患者，并在 2 个月和 12 个月时记录了脑区容量，其数据列在下面。

| 被试 | 2 个月时的脑容量（单位：1/10 立方毫米） | 12 个月时的脑容量（单位：1/10 立方毫米） |
|---|---|---|
| A | 15.6 | 15.7 |
| B | 21.6 | 16.9 |
| C | 22.6 | 18.7 |
| D | 17.5 | 16.8 |
| E | 15.1 | 11.2 |
| F | 21.7 | 20.2 |
| G | 20.1 | 18.2 |
| H | 24.0 | 22.1 |

a. 检验从 2 个月到 12 个月脑容量有显著变化的假设。使用 $\alpha=0.05$ 的双侧检验。

b. 为总体的脑区容量平均变化值构建 80% 的置信区间。

27. 如果你用咖啡来弥补睡眠不足，那你可能要考虑在蓝光下喝咖啡。Beaven 和 Ekstrom（2013）招募了 $n=21$ 名被试，在服用咖啡因或暴露于蓝光（或两者）的条件下，完成了一系列认知警觉性和反应时任务。他们发现，服用咖啡因的被试相对于暴露在白光下一小时，暴露在蓝光下一小时的反应时缩短了。假设研究者用一个 $n=21$ 名参与者的样本复制了这一研究，测量了暴露于白光后对刺激的反应延迟时间和暴露于蓝光后对刺激的反应延迟时间。

a. 研究者得到了暴露于白光组的反应时均值为 $M=432$ 毫秒（$SS=1\,280$），暴露于蓝光组的反应时均值为 $M=400$ 毫秒（$SS=1\,000$）。以上信息足够进行重复测量 $t$ 检验吗？给出解释。

b. 现在假设 $M_D=-32$ 毫秒，差异值的方差为 $s^2=5\,376$。检验蓝光能缩短反应延迟的假设。使用 $\alpha=0.05$ 的单侧检验。

# 第12章 方差分析介绍

**学习本章需要掌握的相关知识**

下列术语是学好本章的关键背景知识。如果对这些知识有不明白之处，应复习先前学过的相关章节。

- 变异性（第4章）
  平方和
  样本方差
  自由度
- 假设检验介绍（第8章）
  假设检验的逻辑
  假设检验的不确定性和误差
- 独立测量的 $t$ 检验（第10章）

**章节概览**

## 引 言

大多数人很难直接从地图中获得正确的路线。幸运的是，很多智能手机的导航系统可以轻而易举地避免我们迷路。为什么从地图中获得路线如此困难？记忆任务涉及以一种更容易被调用的形式对信息进行编码。使用地图导航需要将空间信息编码到记忆存储中。在一项对编码方式的研究中，研究者检验了手势在学习和调用从地图中习得的路线方面的作用（So，Ching，Lim，Cheng & Ip，2014）。

研究参与者首先获得一张地图，被要求学习从起点到终点的一条路线。然后，地图被收走，参与者被随机分成了四个组别。在第一组，参与者需要通过在脑海中回忆地图并用手指在空中模拟来复述路线。第二组的参与者在复述路线时，需要用手指在一张空白的纸上画出该路线。在第三组，参与者同样需要将路线可视化，但被要求用手握住一个垒球，禁止手部运动。第四组是控制组，不需要进行路线的复述，他们拿到了一张包含字母表的纸并被要求大声朗读。完成这一流程后，参与者进行了关于路线记忆的测试。

该研究结果发现，不同组之间存在显著差异。使用手势在空中模拟的第一组显示了对地图路线最好的记忆。第二组的参与者则是在空白的纸张上进行路线绘画，其表现仅次于第一组。第三、四组的表现没有显著差异。研究人员得出结论：手势有助于将空间信息编码到记忆中，因此，对路线的回忆有所帮助。如果将这个结果推广到现实生活中，当我们学习从未去过的地方的路线时，如在出发前用手势模拟该路线，会对记忆路线有所帮助。我们可以从这项研究的结果得出结论：手势是有效的。

这项研究值得我们注意的有两件事。第一，这是一项独立测量设计。每种处理条件都由不同的参与者组成。第二，这里面有四项处理条件。在第10章，我们介绍了独立测量设计——有两个独立样本分别接受不同的处理条件。对于有两个独立样本的假设检验，我们一般使用独立样本 $t$ 检验。而当独立测量研究中的处理条件多于两种时，$t$ 统计量将不再适用。在本章，我们将介绍方差分析——可以用来比较多于两种处理条件的假设检验分析方法。

## 12.1 方差分析简介

### 学习目标

1. 解释用于方差分析的相关术语，包括因素（factor）和水平（level），并确定此类检验的假设。在研究示例中，识别每个假设的背景。
2. 识别使用方差分析而非 $t$ 检验来评估均值差异的情境，并解释原因。
3. 描述方差分析（ANOVA）中使用的 $F$ 比值（$F$-ratio），并解释它和 $t$ 统计量的关系。

ANOVA是一种用于评估两种或多种处理条件（或总体）之间的均值差异的假设检验方法。与所有的推论统计程序一样，ANOVA使用样本数据来推断关于总体的结论。看起来，方差分析和 $t$ 检验似乎是使用两种不同的方法完成同一项工作——均值差异的检验。从某种意义上来讲是对的，这两种方法都是用样本的数据来检验关于总体均值差异的假设。然而，ANOVA比 $t$ 检验拥有更多的优势。具体来说，$t$ 检验仅限于比较两种实验处理水平的情况。而ANOVA的主要优势在于它可以用来比较两个或更多实验处理之间的均值的差异。因此，ANOVA给研究者们提供了在实验设计和结果解释上更大的灵活性。

图 12－1 是需要使用方差分析的一种典型的研究情境。我们注意到研究使用了三个样本来代表三个总体。分析的目的是判断观察样本之间所得的平均分差异，是否提供了充足的证据，来推论出三个总体之间是否存在显著差异。具体来说，我们必须在两种解释之间作出抉择：

1. 总体（或实验处理）之间实际上不存在差异。样本观察值之间的差异仅由偶然因素（抽样误差）造成。

2. 总体（或实验处理）之间实际上存在差异，并且这些总体均值的差异部分导致了样本观察值间存在差异。

你应当意识到，这两种解释对应着一般的假设检验程序中的两个假设（虚无假设或备择假设）。

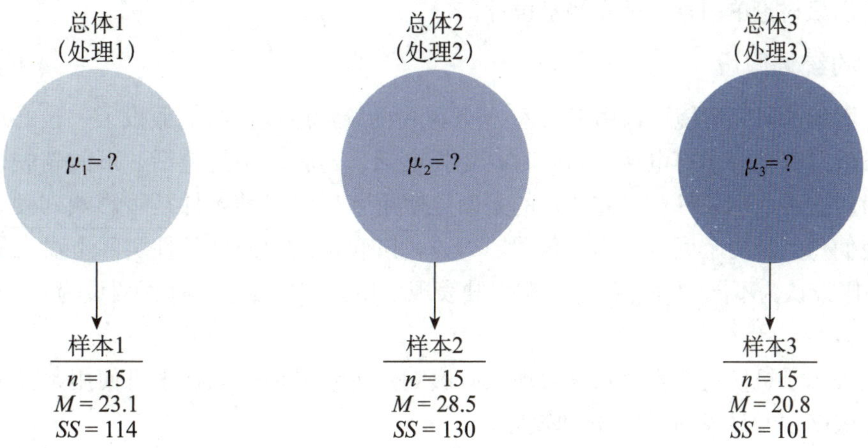


**图 12－1　使用 ANOVA 的典型情形**

说明：三个独立的样本用于推断三个未知平均分的总体（实验处理）之间的差异。

## ANOVA 的术语

在我们继续进行探讨之前，有必要介绍一些在图 12－1 中用于描述研究情境的术语。回想一下（来自第 1 章），当研究人员操纵一个变量去设置一个实验处理情境时，这个被操纵的变量称作自变量。例如，图 12－1 表示的就是研究者操纵电话情境变量，以观察三种不同的与电话有关的情境下被试的驾驶表现。三种情境分别为：驾驶时不打电话、驾驶时打免提电话、驾驶时手持电话。另外，当研究者根据一个不被控制的变量来分组的时候，该变量就被称为准自变量（见第 1 章）。例如，图 12－1 中的三个组分别代表 6 岁、8 岁和 10 岁年龄段儿童。在方差分析的术语中，一个自变量或准自变量被称为一个因素。图 12－1 可以代表一项考察电话情境因素的研究，或者代表一项年龄是考察因素的非实验研究。

> **定义**
>
> 在方差分析中，指定被比较组的变量（自变量或准自变量）被称为**因素**。

组成因素的被试组别或处理条件被称为该因素的水平。例如，在上述研究背景下，研究者调查了三种不同的电话情境下被试的驾驶表现，电话情境这个因素就有三种水平。

> **定义**
>
> 因素的个别情形或个别值，称为因素的**水平**。

与第 10 章和第 11 章的 $t$ 检验一样，ANOVA 可以用于独立测量设计或重复测量设计。独立测量设计表示每一种处理水平对应一个独立的组或被试。在重复测量设计中，不同的处理水平对应相同的组。另外，ANOVA 可以检验包含多于一个因素的均值差异。例如，研究者想比较两种治疗技术的即时效果及疗效随时间推移的持续作用。在这个例子中，ANOVA 将测量两种治疗技术及在不同时间点疗效的均值差异。一项研究包含两个因素被称作双因素设计。与单因素设计相比，在研究中使用不同的因素及混合不同的设计可以为研究者提供更大的灵活性。

虽然方差分析可以应用于各种各样的研究情境，但这章将介绍它的最简单的形式。具体来说，我们将只考虑涉及一个因素的研究设计——仅有一个自变量的设计（或仅有一个准自变量的设计）。同时，我们只关注独立测量设计，即使用的是独立样本的研究设计。本章只介绍基本的逻辑和程序，为更复杂的 ANOVA 的应用打好基础。例如，在第 13 章，我们将拓展到双因素的研究设计。但是在这章中，我们只讨论单因素、独立测量设计。

### ANOVA 的统计假设

图 12-1 所示的研究情境可以用来引入 ANOVA 的统计假设。我们假设了一位心理学家考察三种手机使用条件（驾驶时不打电话、驾驶时打免提电话、驾驶时手持电话）下的驾驶表现。选出三组被试样本对应三种处理条件。研究的目的是确定使用手机的三种条件是否影响驾驶表现。用统计术语来说，我们想判断两个假设：虚无假设（$H_0$），该假设认为处理条件实际上没有效应；备择假设（$H_1$），该假设认为不同的处理条件影响驾驶表现。用公式来表示，虚无假设为：

$H_0$：$\mu_1=\mu_2=\mu_3$

虚无假设表示手机使用因素对驾驶表现没有影响。也就是说，三种手机使用条件下的总体均值是相同的。一般来说，$H_0$表示没有处理效应。

备择假设则指总体均值不是全都相同。

$H_1$：三种处理条件中，至少有一个总体平均分不同于其他的。

通常情形下，$H_1$假设存在真实的处理效应。跟通常情形一样，即使我们使用的是样本数据以检验这些假设，但是假设时使用的仍是总体参数。

注意，我们没有给出任何具体的备择假设。这是因为可以选择的备择假设是很多的，把它们全部列举出来是极其乏味、冗长的。例如，一个可选择的备择假设为：前两个总体均值是相同的，但是第三个总体均值与前二者均不同。另一个可选择的备择假设为：后两个总体均值是相同的，但是第一个与它们均不同。其他备择假设如下：

$H_1$：$\mu_1\neq\mu_2\neq\mu_3$（总体均值全不相同）

$H_1$：$\mu_1=\mu_3$，但是 $\mu_2$与二者不同

我们应该知道，研究者仅仅对这些备择假设中的一个（或一些）感兴趣。通常情况下，一种理论或先前研究的结果将会指出关于处理效应的一个具体预测。而在本书中考虑到简洁性，我们将选择一种一般的备择假设形式，而不是尝试把所有可能的备择假设一一列举出来。

### 第一类错误和多重假设检验

如果我们已经可以使用 $t$ 检验来比较均值差异，你可能会想为什么还需要用方差分析。为什么要开发一个仅仅是复制了 $t$ 检验的功能的新的假设检验程序呢？这个问题的答案建立在对第一类错误的考虑之上。

我们知道，每做一次假设检验，就要选择一个犯第一类错误的风险的 $\alpha$ 水平（见第 8 章）。例如，$\alpha=0.05$ 代表存在 5%或 1/20 的可能犯第一类错误。通常一项实验需要数个假设检验来检验所有的均值差异。然而，每次检验均会存在一个犯第一类错误的风险，检验越多，犯第一类错误的风险越大。

考虑到这个原因，研究者通常对检验 $\alpha$ 水平和实验 $\alpha$ 水平予以区分。检验 $\alpha$ 水平是指从一次单

独的假设检验中选择的犯错误的可能性。实验 α 水平指实验中所有独立的检验所犯第一类错误累计后犯错的总概率。随着独立的检验次数的增加，实验 α 水平也随之提高。

> **定义**
>
> **检验 α 水平**是指做一次单独的假设检验时，犯第一类错误的可能性。
>
> **实验 α 水平**指当一项实验包括多个不同的假设检验时，实验中所有独立检验所犯的第一类错误累计后犯错的总概率。通常，实验 α 水平比任何一个单独的检验的 α 值大。

例如，对于一项涉及三个处理情况的实验来说，需要分别进行三次 $t$ 检验来比较全部的均值之间的差异：

检验 1 比较处理 1 和处理 2。

检验 2 比较处理 1 和处理 3。

检验 3 比较处理 2 和处理 3。

如果所有的检验均使用 $\alpha=0.05$，那么第一次检验会有 5%的风险犯第一类错误，第二次检验会有 5%的风险犯第一类错误，第三次检验也会有 5%的风险。三次单独的检验所积累起来的犯第一类错误的总和是一种相当高的实验 α 水平。方差分析的优势就在于，它在一项实验中同时进行三个均值差异的比较。因此，无论需要比较的均值有多少，ANOVA 都在一种水平下使用一个检验来估计均值差异，从而避免了实验 α 水平的膨胀。

### ANOVA 的统计量

ANOVA 的统计量与第 10 章提到的独立测量 $t$ 统计量十分相似。关于 $t$ 统计量，我们首先计算标准误。标准误测量的是如果没有处理效应（即 $H_0$ 为真），两样本均值的期望差异大小。然后使用以下形式来计算一个 $t$ 值：

$$t=\frac{\text{样本均值之间的差异}}{\text{标准误(没有处理效应的期望差异)}}$$

但是，对于 ANOVA，我们想比较两个或两个以上样本均值的差异。两个以上的样本很难定义或测量“样本均值差异”。例如，如果只有两个样本，它们的均值分别为 $M=20$、$M=30$，那么我们很容易指出，两个样本均值之间的差异为 10 分。然而，如果我们有了第三个样本，并且其均值为 $M=35$，那么样本均值差异是多少呢？很显然，这是个问题。解决这一问题的办法是用方差来定义和测量样本均值之间的差异。考察接下来的两组样本均值：

| 组 1 | 组 2 |
|---|---|
| $M_1=20$ | $M_1=28$ |
| $M_2=30$ | $M_2=30$ |
| $M_3=35$ | $M_3=31$ |

如果你对每一组数据计算其变异，那么你计算出的第 1 组的方差为 $s^2=58.33$，第 2 组的方差为 $s^2=2.33$。注意，这两个方差表示的是差异程度的精确测量。第 1 组的数据中，样本均值之间存在比较大的差异，方差亦比较大。第 2 组数据的样本均值的差异比较小，并且方差也很小。

因此，我们可以使用方差来测量两个以上样本的均值差异。ANOVA 使用 $F$ 比值来计算，方程如下：

$$F=\frac{\text{样本均值间的方差(差异)}}{\text{没有处理效应的期望方差(差异)}}$$

我们注意到，$F$ 比值与 $t$ 值的基本结构一样，却是基于变异而非样本均值的差异。$F$ 比值的分子上的方差提供了一个测量所有样本均值差异的数。分母的方差类似于 $t$ 值分母上的标准误，测量的是如果没有处理效应的期望方差。因此，$t$ 值和 $F$ 比值提供了同样的信息。在两种检验中，检验值大证明样本均值差异（分子）比无处理效应时的期望差异（分母）大。

### 学习检查

1. 假设在单因素独立测量的实验设计中，研究者欲比较被试的抑郁得分在是否参与治疗组之间的差异，这项研究中设置了几种水平？

a. 1　　b. 2　　c. 3　　d. 4

2. 测量 α 水平和实验 α 水平之间的区别在什么时候尤其需要注意？

a. 在任何的方差分析中

b. 当研究需要比较两种处理时

c. 当研究需要比较两种以上的处理时

d. 在每次治疗处理分数个数少于30个的情况下

3. 下面哪一项准确地描述了方差分析中的 $F$ 比值？

a. $F$ 比值是两个（或更多）样本均值的比值

b. $F$ 比值是两个方差的比值

c. $F$ 比值是样本均值除以样本方差的比值

d. 以上都不是

答案　1. b　2. c　3. b

## 12.2 方差分析的逻辑

### 学习目标

4. 确定导致处理间方差和处理内方差的来源，并描述如何在 $F$ 比值中比较这两个方差以评估虚无假设。

ANOVA需要使用的公式和计算是比较复杂的，但是整个程序的逻辑非常简洁明了。因而，在进行更加详细的介绍之前，本节先对方差分析的总体结构进行简单介绍。我们将借助表12－1中的数据对ANOVA的逻辑进行介绍。该数据代表的是一项独立测量实验的结果，使用三个独立的样本，每种处理条件下有五个参与者，比较三种处理条件下的表现。

表12－1中的数据有一个明显的特征，即得分并不全部相同。用日常语言来说，得分是存在差异的；用统计术语来说，得分是有变异的。我们的目的是测量变异的程度（差异的大小），并且解释得分为什么不同。

**表12－1　测试三种处理条件下被试表现的实验数据**

| 处理1（样本1） | 处理2（样本2） | 处理3（样本3） |
|---|---|---|
| 4 | 0 | 1 |
| 3 | 1 | 2 |
| 6 | 3 | 2 |
| 3 | 1 | 0 |
| 4 | 0 | 0 |
| $M=4$ | $M=1$ | $M=1$ |

分析的第一步是确定全部数据的总变异。为了计算总变异，我们需要把全部单独样本的得分汇

总在一起，获得整个实验的变异量。一旦获得了总变异量，我们可以把它分成两个部分。“分析”这个词意味着把整体分解成更小的部分，因为我们将要分析变异性，这个过程就叫作方差分析。方差分析是把总变异分成两个基本的部分。

1. 处理间方差。从表 12-1 中的数据，我们可以清楚地看到得分中的大部分变异是在处理间产生的。例如，处理 1 的被试得分（$M=4$）远高于处理 2 的得分（$M=1$）。我们计算处理间方差，以测量处理情境之间的所有差异。注意，处理间方差真实地测量了样本均值之间的差异。

2. 处理内方差。除了处理之间的差异外，样本内部之间也存在变异。再看表 12-1，我们看到在处理 1 下被试得分是不同的，它们之间也是存在变异的。处理内方差将测量每一处理情形下的变异程度。

把总变异分解成两个成分是方差分析的核心。我们现在将更加详细地考察每一个部分。

### 处理间方差

我们知道，方差是一种测量一组数据差异程度的方法。当你看到方差这个术语的时候，你会自动地把它翻译为差异。因此，处理间方差也就是测量处理间真实存在的差异程度的大小。对于处理间存在的差异（或方差）有两种可能的解释：

1. 处理间差异不是由处理效应引起的，而是自然发生的、随机的、非系统性的。也就是说，差异是抽样误差的结果。

2. 处理间差异是由处理效应引起的。例如，如果实验处理确实会影响被试的表现，那么在该处理条件下的被试表现分数会系统地低于另外条件下的分数。

因而，当我们计算处理间方差时，测量的是由处理效应造成的差异，或仅由抽样误差造成的随机差异。为了系统阐述处理效应是否真的存在，我们必须证明处理间差异显著大于仅由随机因素造成的差异。为了达到这一目标，我们必须确定当处理效应不存在时差异应该有多大，也就是说，我们需要测量仅由随机因素和非系统因素造成的差异（方差）。为了测量这些差异，我们需要计算处理内方差。

### 处理内方差

在每一个处理情境中，我们有一组被严格同等对待的被试个体，也就是说，研究者不会从事任何将会造成个体差异的行为。如在表 12-1 中，5 个被试个体在手机情形下接受测验（处理 2），虽然 5 个被试个体接受了同样的处理，但他们的得分仍然是不同的。为什么得分是不同的？答案是，差异没有特定的原因。也就是说，处理内的差异是指当没有处理效应造成分数差异时，所发生的随机的、非系统的差异。因而，处理内方差提供了一种对 $H_0$ 为真时差异有多大的测量方式。

图 12-2 完整地介绍了方差分析，并且分析了测量的变异来源的两个基本部分。

### *F* 比值：ANOVA 的统计量

一旦将总变异分为两个基本的组成部分（处理间和处理内），我们将对二者进行比较。比较过程是计算一个称作 $F$ 比值的统计量。对于独立测量的 ANOVA 来说，$F$ 比值结构如下：

$$F=\frac{\text{处理间方差}}{\text{处理内方差}}=\frac{\text{处理间真实差异}}{\text{不存在处理效应时的差异}} \tag{12-1}$$

当使用变异来源的方式表示变异的组成部分时（见图 12-2），$F$ 比值的结构如下：

$$F=\frac{\text{处理效应}+\text{随机因素造成的差异}}{\text{随机因素造成的差异}} \tag{12-2}$$

所得到的 $F$ 比值将帮助我们判断处理效应是否存在。考虑以下两种可能性：

1. 当处理效应不存在时，处理间的差异（分子）全部来自随机的、非系统的因素。在这种情况下，$F$ 比值的分子和分母测量的都是随机差异并且结果是一样的。既然分子和分母相等，那么当处理效应为 0 时，得到的结果是：

$$F=\frac{0+\text{随机因素造成的差异}}{\text{随机因素造成的差异}}$$

因而，当 $F$ 比值与 1.00 接近时，处理间差异（分子）同分母上的差异一样，是由随机、非系统的因素造成的。当 $F$ 接近 1.00 时，我们可以得出结论，认为没有证据说明处理存在效应。

2. 当处理存在效应时，它造成了样本均值的系统差异，这个时候系统和随机差异的和（分子）将会显著地大于随机因素造成的差异（分母）。在这种情况下，$F$ 比值的分子将会显著地大于分母，$F$ 比值应该会显著地大于 1.00。因而，一个比较大的 $F$ 比值表明存在系统的处理效应，也就是说，不同处理条件存在显著差异。

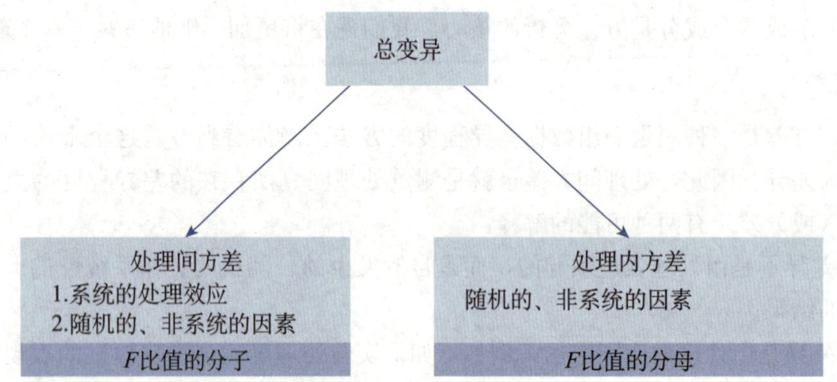


**图 12-2　独立测量的方差分析**

说明：总变异分为两个部分——处理间方差和处理内方差。

数据中随机的、非系统的变异有很多来源。例如，我们已经考虑了处理前参与者可能存在的差异，这可能包括参与者的动机、能力、态度、过去经验等方面的个体差异。不同参与者的样本可能因为个体差异导致处理组间和组内存在差异，这种差异是随机的、非系统的，是抽样误差的结果。

参与者被随机给予了不同的处理条件，这可能导致组间和组内同时存在更多的变异。假设实验要求研究人员在参与者执行一项问题解决任务之前朗读指导语，那么对于不同的参与者，研究人员使用不同的阅读方式、朗读语气都可能带来这种非系统的变异。

测量误差也可能带来随机和非系统变异。只要进行测量，这种误差就有可能存在。这种误差是测量工具固有的。就像是给你一把小尺子，以毫米为单位测量房屋的尺寸，那么每次的测量都可能得到不同的答案。同样，衡量行为的工具和仪器也会带来一些误差，无论在使用秒表、记忆还是人格量表时，这种误差都会存在。

因为 $F$ 比值的分母测量的仅是随机的、非系统的变异，所以分母被称为误差项。$F$ 比值的分子也包含了这种非系统性变异，但是它也包含了处理效应产生的系统性差异。ANOVA 的目的是找出处理效应是否存在。

**定义**

对于 ANOVA 来说，$F$ 比值的分母称为**误差项**。误差项测量的是随机的、非系统的变异。当处理效应为 0 时（$H_0$ 为真），误差项和 $F$ 比值分子的变异来源于同样的变异，故 $F$ 比值很可能接近 1.00。

## 学习检查

1. 在方差分析中，一项研究中的系统处理效应增加了________，是 $F$ 比值的________。

a. 处理间方差，分子　　　　b. 处理间方差，分母

c. 处理内方差，分子　　　　d. 处理内方差，分母

2. 当 ANOVA 产生的 $F$ 比值为 1 时意味着什么？

a. 存在处理效应，拒绝虚无假设　　b. 没有处理效应，拒绝虚无假设

c. 存在处理效应，不能拒绝虚无假设　　d. 没有处理效应，不能拒绝虚无假设

答案　1. a　2. d

## 12.3　方差分析的符号和公式

 学习目标

5. 计算 $F$ 比值所需的三个 $SS$ 值、三个 $df$ 值和两个均方（$MS$ 值），并描述它们之间的关系。

由于 ANOVA 经常用来考察两个以上处理（两个以上的样本）的数据之间的差异，故我们需要一套术语系统来帮助表示所有被试个体得分及总和。为了帮助理解，我们使用下面的例子进行说明。

**例 12.1**

多年来，学生和老师们针对即将到来的考试制定了许多策略。但如何确定哪种策略是最好的呢？这个问题的部分答案来自一项比较三种不同的学习策略的研究（Weinstein，McDermott & Roediger，2010）。在这项研究中，学生阅读了一篇文章，在阅读时知道他们将接受关于这篇阅读材料的测试。在第一种情况下，学生只是重新阅读了要测试的材料；在第二种情况下，学生回答关于材料的理解问题；第三种情况则是学生提出并回答了自己的问题。

表 12-2 中的数据显示了 Weinstein 等人（2010）研究结果的模式，并罗列了要描述的符号和统计量。

**表 12-2　三种不同学习策略下学生的测试得分**

| 再读组 | 回答提问 | 提问并回答自己的问题 | |
|---|---|---|---|
| 2 | 5 | 8 | |
| 3 | 9 | 6 | |
| 8 | 10 | 12 | |
| 6 | 13 | 11 | |
| 5 | 8 | 11 | |
| 6 | 9 | 12 | |
| $n_1=6$<br>$T_1=\sum X=30$<br>$M_1=5$<br>$\sum X_1^2=174$<br>$SS_1=24$ | $n_2=6$<br>$T_2=54$<br>$M_2=9$<br>$\sum X_2^2=520$<br>$SS_2=34$ | $n_3=6$<br>$T_3=60$<br>$M_3=10$<br>$\sum X_3^2=630$<br>$SS_3=30$ | $N=18$<br>$G=30+54+60=144$<br>$k=3$<br>$\sum X^2=174+520+630=1\ 324$ |

1. 字母 $k$ 用于代表处理情形的个数，也就是代表因素水平的个数。对于独立测量研究来说，$k$ 也代表了独立样本的个数。结合表 12-2 的数据，我们知道有三种处理情况，所以 $k=3$。

2. 每一处理情形中，被试的得分个数用一个小写字母 $n$ 表示。比如在表 12-2 的例子中，所有实验处理都有 $n=6$。如果样本之间有不同的被试数量，我们可以使用下标来表示每一个具体的样本。如 $n_2$ 表示处理 2 情形中得分的个数。

3. 在研究中，所有得分的个数用一个大写字母 $N$ 来表示。当所有样本数量相等时（$n$ 恒定时），

$N=kn$。结合表 12－2 中的数据，有 $k=3$ 种处理情境，每一处理情境中有 $n=6$ 个得分，所以整个研究共有 $N=3\times 6=18$ 个得分。

> 因为 ANOVA 公式需要每个处理的 $\sum X$ 以及整组数据的 $\sum X$，因而我们介绍一种新的符号（$T$ 和 $G$）来帮助识别曾用 $\sum X$ 表示的这些值。记住，$T$ 代表每个处理的总和，$G$ 代表总体的数据和。

4. 对于每个处理情境的得分的总和（$\sum X$），用大写字母 $T$ 来表示。每一个具体的处理情境可以用增加了下标的 $T$ 表示。例如，表 12－2 中处理 2 情形中的得分总和表示为 $T_2=54$。

5. 研究中所有得分的总和用 $G$ 来表示。我们可以把所有得分相加获得 $G$ 或把所有处理总分相加：$G=\sum T$。

6. 虽然没有涉及新的符号，但我们同时也计算了每一个样本的 $SS$ 和 $M$，并且计算了研究中全部的 $N=18$ 个得分的平方和，即 $\sum X^2$。表 12－2 中给出的这些值在 ANOVA 的公式和计算中是十分重要的。

我们还应该注意到，对于方差分析没有普遍接受的术语。虽然我们使用的是 $G$ 和 $T$，然而，你可能会发现其他研究者也使用其他表示方法。

**ANOVA 的公式**

由于 ANOVA 要求大量的计算和许多公式，所以学生经常遇到的一个问题就是记住这些不同的公式和数值。因此，在介绍这些单独的公式之前，我们先看一下方差分析的一般程序和它的计算过程。

1. ANOVA 的最后计算所得为 $F$ 比值，它包括两种方差：

$$F=\frac{\text{处理间方差}}{\text{处理内方差}}$$

2. $F$ 比值中的两个方差均使用基本的样本方差公式。

$$\text{样本方差}=s^2=\frac{SS}{df}$$

由此，我们需要计算处理间方差（$F$ 比值的分子）的 $SS$ 和 $df$，并且需要计算处理内方差（$F$ 比值的分母）的 $SS$ 和 $df$。为了计算出这些 $SS$ 和 $df$ 的值，我们必须进行两个单独的分析过程：首先，我们需要计算整个研究的 $SS$，并且把它分解为两个部分（处理间和处理内）。然后，我们需要计算整个研究的 $df$，并且把它同样分解为两个部分（处理间和处理内）。

因此，方差分析的整个过程将需要进行 9 次计算：三个 $SS$ 的值、三个 $df$ 的值、两个方差（处理间和处理内）和一个最终的 $F$ 比值。然而，这 9 次计算是逻辑相关的，并且指向最终的结果，即 $F$ 比值。图 12－3 表示的是方差分析的逻辑结构。

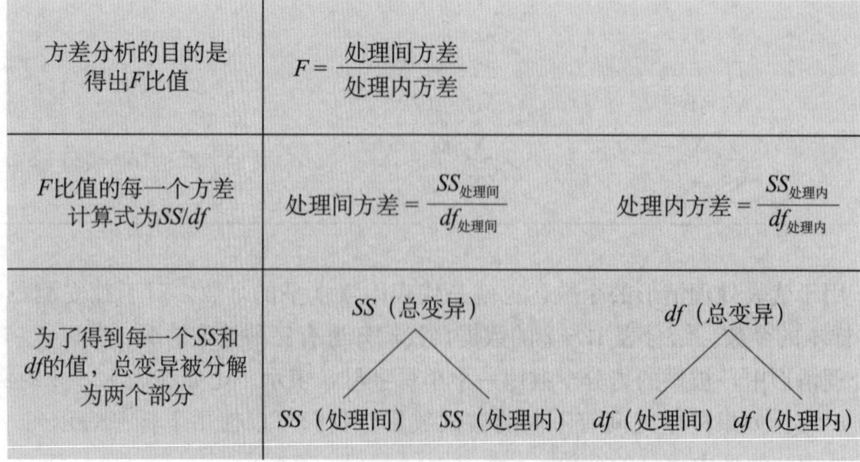


图 12－3　方差分析的计算流程和结构

## 平方和的分析（$SS$）

ANOVA 需要我们首先计算总平方和，然后把它分为两个部分：处理间和处理内。图 12－4 描述了该分析过程的要点。我们将分别考察这三个部分。

1. 总平方和 $SS_{总}$。顾名思义，$SS_{总}$是全部 $N$ 个得分的平方和。如第 4 章中提到的，$SS$ 值可以使用定义公式或计算公式进行计算。但是，ANOVA 通常包含很多数据且均值经常不是整数，因此，我们通常使用 $SS$ 的计算公式来计算 $SS_{总}$的值。

$$SS=\sum X^2-\frac{(\sum X)^2}{N}$$

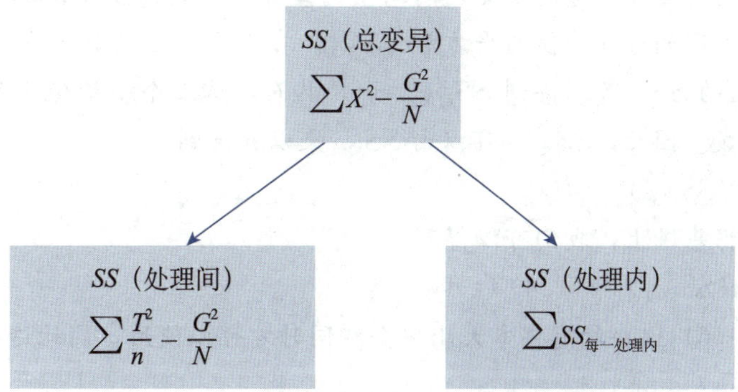


**图 12－4　关于独立测量方差分析中平方和的分解**

为了使该公式与 ANOVA 的术语保持一致，我们用字母 $G$ 来代替 $\sum X$，那么

$$SS_{总}=\sum X^2-\frac{G^2}{N} \tag{12-3}$$

应用该公式来计算表 12－2 中的数据，结果为：

$$\begin{aligned}SS_{总}&=\sum X^2-\frac{(\sum X)^2}{N}\\&=1\,324-1\,152\\&=172\end{aligned}$$

2. 处理内平方和，$SS_{处理内}$。现在，我们来看看每一个处理内的变异情况。我们已经计算出三种处理情形下的 $SS$（见表 12－2）：$SS_1=24$，$SS_2=34$，$SS_3=30$，为了得到处理内平方和，我们仅需要把这些值相加：

$$SS_{处理内}=\sum SS_{每一处理内} \tag{12-4}$$

结合表 12－2 中的数据，使用该公式计算结果为：

$$SS_{处理内}=\sum SS_{每一处理内}=24+34+30=88$$

3. 处理间平方和，$SS_{处理间}$。在介绍 $SS_{处理间}$等式之前，我们认为我们已经得到了 $SS_{处理间}$的值。表 12－2 中数据的总变异 $SS_{总}=172$。我们将其分为两个部分（见图 12－4）。一部分为 $SS_{处理内}$，已经计算出，等于 88。这就意味着 $SS_{处理间}$必须等于 84。这样二者（88 和 84）的和才与总变异（172）相等。因此，可以使用减法求出 $SS_{处理间}$：

$$SS_{处理间}=SS_{总}-SS_{处理内} \tag{12-5}$$

我们也可以通过专栏 12－1 内的公式单独计算 $SS_{处理间}$。单独计算的好处是可以验证通过减法计算的 $SS_{处理间}$是否正确，以及参与计算的几个部分是否计算正确。

**计算 $SS_{处理间}$**　加上专栏 12－1 中的两个公式，我们提出了三种不同的计算 $SS_{处理间}$的公式。然而，我们建议读者选择一个公式并坚持使用，而不是记住所有公式。一般来说，最简单的是公式（12－5），它通过简单的减法来找到 $SS$：首先计算 $SS_{总}$ 和 $SS_{处理内}$，然后将它们相减。

$$SS_{处理间} = SS_{总} - SS_{处理内}$$

第二种选择是使用公式（12－7），该公式的特点是需要计算总的处理效应（$T$ 值）。这一替代方案的优点是它提供了一种检查计算的方法：先分别计算 $SS_{总}$、$SS_{处理间}$ 和 $SS_{处理内}$，然后检查以确保两个组加起来等于 $SS_{总}$。

## 专栏 12－1　计算 $SS_{处理间}$ 的其他公式

回想一下，处理间的变异测量的是处理间均值的差异。从概念上讲，测量处理间的均值变异最直接的方法是计算处理间样本均值的平方和 $SS_{均值}$。在表 12－2 的数据中，样本均值分别为 5、9、10。计算这三个值的 $SS$，可以得到 $SS_{均值}=14$。然而，这三个平均值中的每一个都代表了一个 6 个样本的组的分数。因此，$SS_{处理间}$ 可以由 $SS_{均值}$ 乘以 $n$ 得到。

$$SS_{处理间} = n(SS_{均值}) \tag{12－6}$$

在表 12－2 的数据基础上，我们可以得到：

$$SS_{处理间} = n(SS_{均值}) = 6(14) = 84$$

然而，公式（12－6）仅在所有样本大小完全相同时才可以使用，因此这个公式并不常用，尤其是数据不是整数时很难计算。

因此，我们也给出一种使用组分数总和 $T$ 来代替处理均值的 $SS_{处理间}$ 计算公式。

$$SS_{处理间} = \sum \frac{T^2}{n} - \frac{G^2}{N} \tag{12－7}$$

结合表 12－2 中的数据使用该公式，计算结果如下：

$$\begin{aligned} SS_{处理间} &= \frac{30^2}{6} + \frac{54^2}{6} + \frac{60^2}{6} - \frac{144^2}{18} \\ &= 150 + 486 + 600 - 1\,152 \\ &= 1\,236 - 1\,152 \\ &= 84 \end{aligned}$$

我们注意到三种方法［公式（12－5）、公式（12－6）和公式（12－7）］计算结果一致，$SS_{处理间}=84$。

使用公式（12－6）计算样本均值集合的 $SS$，通常不算一种好的选择。除非样本均值都是整数，否则这个公式会导致非常烦琐的计算。在大多数情况下，其他两个公式中的任意一个都是更好的选择。

你可以通过下面这个例子尝试自己是否理解 $SS$ 分析和 ANOVA。

**例 12.2**

有三个样本，每个样本 $n=5$，欲评估三种处理条件下的平均差异。已知三个样本的组分数和及平方和分别为：$T_1=10$，$SS_1=16$，$T_2=25$，$SS_2=20$，$T_3=40$，$SS_3=24$。如果 $SS_{总}=150$，那么 $SS_{处理间}$ 和 $SS_{处理内}$ 分别应是多少？

你应很容易发现，$SS_{处理间}=90$，$SS_{处理内}=60$。祝你好运！

### 自由度的分析（$df$）

自由度（$df$）的分析遵循了 $SS$ 分析的模式。首先，我们将计算 $N$ 个得分的 $df$，然后把它分为两个部分：处理间自由度和处理内自由度。在计算自由度时，需要考虑到两个重要方面：

1. 每一个 $df$ 值都与具体的 $SS$ 值有关。

2. 通常情况下，$df$ 值用于计算 $SS$ 值的项目个数减去 1。例如，如果你使用 $n$ 个得分来计算 $SS$ 值，那么 $df=n-1$。

根据这个思想，我们将考察分析每一部分的自由度。

1. 总自由度 $df_{总}$。在计算 $SS_{总}$ 的自由度 $df$ 时，你首先注意到 $SS$ 值测量的是 $N$ 个得分的总体变异。因此，$df$ 值为：

$$df_{总}=N-1 \tag{12-8}$$

结合表 12-2 中的数据可知，得分的总个数为 $N=18$，那么总自由度为：

$$df_{总}=18-1=17$$

2. 处理内自由度 $df_{处理内}$。在计算与 $SS_{处理内}$ 相关的 $df$ 时，我们必须首先查看这个 $SS$ 是如何计算出来的。我们知道，我们首先计算每一个处理情境的 $SS$，然后把它们相加。每一个处理情境的 $SS$ 值测量的是在一个处理中 $n$ 个得分的变异情况，故每一个 $SS$ 为 $df=n-1$。当所有处理情境的得分相加时，结果为：

$$df_{处理内}=\sum(n-1)=\sum df_{每一处理内} \tag{12-9}$$

对于我们正在示例的实验，每一处理情境有 $n=6$ 个得分。这就意味着每一处理情境中自由度为 $n-1=5$。因为有三个不同的处理情境，所以处理内自由度为 15。

我们注意到，关于 $df$ 的公式其实就是将每一处理内的得分个数（$n$）相加，然后每一处理情境减去 1 所得。如果这两个阶段分开完成，那么

$$df_{处理内}=N-k \tag{12-10}$$

（将所有 $n$ 相加得到 $N$。如果每一处理情境减去 1，那么因为有 $k$ 个处理情境，就需要减去 $k$。）

结合表 12-2 中的数据，$N=18$，$k=3$，那么

$$df_{处理内}=18-3=15$$

3. 处理间自由度 $df_{处理间}$。与 $SS_{处理间}$ 联系的 $df$ 可以在考察 $SS$ 公式时发现。这个 $SS$ 值测量的是处理间的总变异。计算 $df_{处理间}$ 的简单方法就是计算处理的个数，然后减去 1。处理个数用字母 $k$ 表示，则该 $df$ 的公式为：

$$df_{处理间}=k-1 \tag{12-11}$$

表 12-2 中的数据有三种不同的处理情境，故处理间自由度计算如下：

$$df_{处理间}=3-1=2$$

我们注意到，该分析中的两个自由度相加等于总自由度：

$$df_{总}=df_{处理内}+df_{处理间}$$

$$17=15+2$$

关于自由度的所有分析见图 12-5。

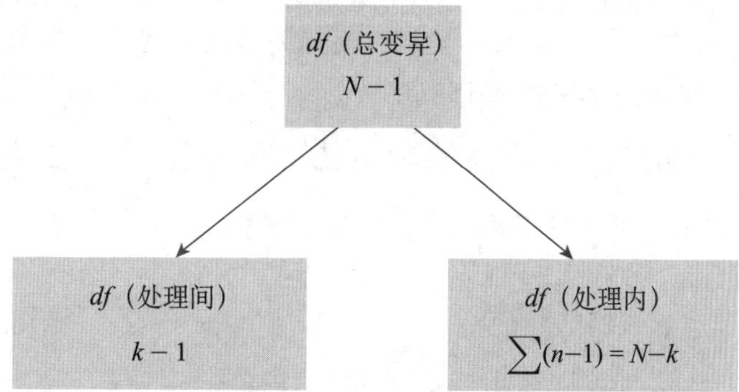


**图 12-5　独立测量方差分析的自由度的分解**

当你计算方差分析中的 $SS$ 和 $df$ 值时，熟悉这些表示每一种值的标志有助于理解这些公式。具体来说：

1. “总体”一词表示全部得分。我们用 $SS$ 来表示 $N$ 个得分的平方和，并且其 $df$ 值为 $N-1$。

2. “处理内”一词表示每一个处理情境内的情况。因此，我们计算单独的处理内的 $SS$ 和 $df$。

3. “处理间”一词指的是处理之间的差异。在有三种处理情境时，我们将比较三种均值（或总分）差异，并且自由度 $df=3-1=2$。

**方差（*MS*）的计算和 *F* 比值**

方差分析程序中的第二步是计算处理间方差和处理内方差，以最终计算 $F$ 比值（见图 12-3）。

在 ANOVA 中，使用术语“均方”，或直接用 $MS$ 来代替方差是很正常的。我们知道（在第 4 章），方差被定义为离差平方的均值。同样，我们使用 $SS$ 来代替离差平方和。现在，我们将使用 $MS$ 来代表离差平方和的均值。对于最后的 $F$ 比值，需要处理间 $MS$（方差）作为分子、处理内 $MS$（方差）作为分母来计算。在各种情况下，都有

$$MS(\text{方差})=s^2=\frac{SS}{df} \tag{12-12}$$

结合所使用的数据，可以得到：

$$MS_{\text{处理间}}=s^2_{\text{处理间}}=\frac{SS_{\text{处理间}}}{df_{\text{处理间}}}=\frac{84}{2}=42$$

以及

$$MS_{\text{处理内}}=s^2_{\text{处理内}}=\frac{SS_{\text{处理内}}}{df_{\text{处理内}}}=\frac{88}{15}=5.87$$

我们现在测量的是处理间和处理内的方差（或差异）。$F$ 比值是比较这两个方差：

$$F=\frac{s^2_{\text{处理间}}}{s^2_{\text{处理内}}}=\frac{MS_{\text{处理间}}}{MS_{\text{处理内}}} \tag{12-13}$$

结合实验所得数据，$F$ 比值为：

$$F=\frac{42}{5.87}=7.16$$

对于本例，$F=7.16$ 表明 $F$ 比值的分子显著大于分母。参照公式（12-1）和公式（12-2）中 $F$ 值的计算，计算出的 $F$ 比值表明，处理间的差异是随机因素（没有处理效应时）造成的差异的 7 倍不止。考察到实验变量，这个结果说明学习策略在测验表现上确实存在着效应。然而，为了更好地判断这个 $F$ 比值，我们必须选择一个 $\alpha$ 水平并查看 $F$ 分布表。

**学习检查**

1. 方差分析得到处理 $df_{\text{处理间}}=3$，$df_{\text{处理内}}=26$，请计算 $df_{\text{总}}=$________。

a. 27　　b. 28　　c. 29　　d. 信息不足，无法计算

2. 研究者想要使用方差分析判断五个处理组之间是否存在差异，结果表明，$SS_{\text{处理间}}=40$，$SS_{\text{处理内}}=20$，$SS_{\text{总}}=60$。在这个分析中，$MS_{\text{处理间}}=$________。

a. $\frac{20}{5}$　　b. $\frac{20}{4}$　　c. $\frac{40}{5}$　　d. $\frac{40}{4}$

3. 一项研究比较了三种处理条件下的得分，每种处理条件下 $n=5$。如果 3 个处理的 $SS$ 值分别为 25、20、15，则 $SS_{\text{处理内}}=$________。

a. 4　　b. 12　　c. 60　　d. 信息不足无法计算

**答案**　1. c　2. d　3. c

## 12.4　假设检验的例子和 ANOVA 的效应量

### 学习目标

6. 定义 $F$ 比值对应的 $df$ 值，并使用 $df$ 值和 $\alpha$ 来定位 $F$ 分布中的拒绝域。
7. 进行一个完整的 ANOVA 来比较一组均值之间的差异，并计算对应的效应量。
8. 明确 ANOVA 的结果和效应大小如何在文献中报告。

### *F* 比值的分布

在方差分析中，$F$ 比值的构造使得当虚无假设为真时，分子和分母的方差是完全相同的［见公式（12-2）］。在这种情况下，我们预计 $F$ 比值在 1.00 左右。

如果虚无假设为假，$F$ 比值应远大于 1.00。现在的问题是，如何精确定义哪些值在 1.00 附近、哪些则远大于 1.00。要回答这个问题，我们需要研究令假设为真时所有可能得到的 $F$ 比值——也就是 $F$ 比值的分布。

在我们详细地查看分布表之前，你需要注意两个明显的特征：

1. 由于 $F$ 比值由两个方差（比值的分子和分母）计算得出，故 $F$ 比值永远是正的。我们一定要记住，方差总是正的。

2. 当 $H_0$ 为真时，$F$ 比值的分子和分母测量的是同一个方差。在这种情况下，两个样本的方差应该是同等大小，故比值应该接近 1.00。换句话说，$F$ 比值的分布应该聚集在 1.00 附近。

牢记这两个特点，我们来查看 $F$ 比值的分布。分布起始于 0（全部是正值），在 1.00 左右达到峰值，然后向右方延伸（见图 12-6）。$F$ 分布的形状依赖于 $F$ 比值的两个方差的自由度。你应该知道，样本方差的精确程度依赖于得分个数或自由度，在通常情况下，样本比较大（大 $df$ 值）的方差对总体方差的估计比较精确。由于 $MS$ 的精确性依赖于 $df$，$F$ 分布的形状就依赖于 $F$ 比值的分子和分母的 $df$ 值。$df$ 值越大，所有的 $F$ 比值越集中于 1.00 左右。$df$ 值越小，$F$ 比值的分布就越平坦。

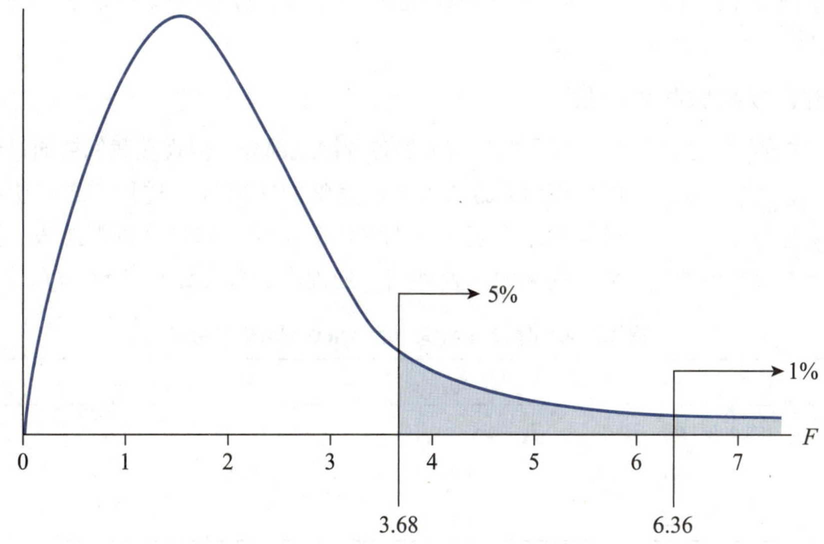


**图 12-6　自由度 $df=2$，15 的 $F$ 比值分布图**

说明：在分布图中，仅有 5%的值大于 $F=3.68$，仅有 1%的值大于 $F=6.36$。

### *F* 分布表

ANOVA 中，如果 $H_0$ 为真，则 $F$ 比值接近 1.00；如果 $H_0$ 为假，则 $F$ 比值将是一个比较大的值。在 $F$ 分布表中，我们需要区分那些十分接近 1.00 的值和显著大于 1.00 的值。这些临界值呈现于附录 B 的 $F$ 分布表中，表 12－3 展示的是 $F$ 分布表的一部分。要使用这个分布表，你必须知道 $F$ 比值的 $df$ 值（分子和分母）和假设检验的水平。$F$ 分布表中的惯例为：$F$ 比值的分子的 $df$ 值在表的上部，$F$ 比值的分母的 $df$ 值在表的左侧的列上。本例中，$F$ 比值的分子（处理间）的 $df=2$，$F$ 比值的分母（处理内）的 $df=15$。该 $F$ 比值的自由度即等于 2 和 15，可以写为 $df=2$，15。使用该表时，我们应该首先查找顶部 $df=2$ 和左侧第一列 $df=15$ 的值，顺着这两个列行查找它们交汇于表的中部的一个值。该数值给出了自由度为 $df=2$，15 时，$\alpha=0.05$ 和 $\alpha=0.01$ 时的临界值。如在表中，这两个值分别为 3.68 和 6.36。这些值表明：$\alpha=0.05$ 时，分布表中大于 3.68 的值最多不超过 5%；$\alpha=0.01$ 时，分布表中大于 6.36 的值最多不超过 1%（见图 12－6）。

**表 12－3　*F* 分布表局部**

| 自由度：分母 | 自由度：分子 | | | | | |
|---|---|---|---|---|---|---|
| | **1** | **2** | **3** | **4** | **5** | **6** |
| 11 | 4.84 | 3.98 | 3.59 | 3.36 | 3.20 | 3.09 |
| | **9.65** | **7.20** | **6.22** | **5.67** | **5.32** | **5.07** |
| 12 | 4.75 | 3.88 | 3.49 | 3.26 | 3.11 | 3.00 |
| | **9.33** | **6.93** | **5.95** | **5.41** | **5.06** | **4.82** |
| 13 | 4.67 | 3.80 | 3.41 | 3.18 | 3.02 | 2.92 |
| | **9.07** | **6.70** | **5.74** | **5.20** | **4.86** | **4.62** |
| 14 | 4.60 | 3.74 | 3.34 | 3.11 | 2.96 | 2.85 |
| | **8.86** | **6.51** | **5.56** | **5.03** | **4.69** | **4.46** |
| 15 | 4.54 | 3.68 | 3.29 | 3.06 | 2.90 | 2.79 |
| | **8.68** | **6.36** | **5.42** | **4.89** | **4.56** | **4.32** |
| 16 | 4.49 | 3.63 | 3.24 | 3.01 | 2.85 | 2.74 |
| | **8.53** | **6.23** | **5.29** | **4.77** | **4.44** | **4.20** |

说明：未加深部分是显著性水平为 0.05 时的数值，加深部分是显著性水平为 0.01 时的数值。自由度 $df=2$，15 时的标准已经在表中以加灰的方式加以标示。

### 方差分析的假设检验和效应量

**假设检验**　尽管我们已经了解了 ANOVA 相关的各种组成部分，但现在我们要通过例 12.1 中展示的调查研究方法来演示完整的 ANOVA 过程。之前所有的计算结果已经总结在表 12－4 中，该表称为方差分析汇总表。这张表展现了变异的来源（处理间、处理内、总变异）、$SS$、$df$、$MS$ 和 $F$ 比值。

目前，方差分析按目前 APA 格式的结果报告见例 12.3

**表 12－4　例 12.1 数据中的 ANOVA 结果汇总**

| 来源 | *SS* | *df* | *MS* | |
|---|---|---|---|---|
| 处理间 | 84 | 2 | 42.00 | $F=7.16$ |
| 处理内 | 88 | 15 | 5.87 | |
| 总计 | 172 | 17 | | |

虽然这些表已经不经常使用，但是它们提供了一种表示分析结果的简洁方法。[我们注意到，在这里你可以方便地检查你的计算结果：在 $SS$ 列里将前两个值（84＋88）相加得到总的 $SS$。同样的

检验方法可以应用于 $df$ 列的数据。］当你使用方差分析时，可以先画出一个空白的 ANOVA 总结表，然后一一填入计算出来的数值。使用这种方法，我们可以想到接下来该做什么，不会陷入分析的困惑中。

有了以上的计算结果，我们现在可以使用假设检验的标准四步程序来呈现完整的 ANOVA。

**步骤 1　提出假设并且确定一种 α 水平。**

$H_0$：$\mu_1=\mu_2=\mu_3=\mu_4$（不存在处理效应）

$H_1$：至少存在一个处理均值与其他是不同的

我们使用 $\alpha=0.05$。

**步骤 2　确定 F 比值的拒绝域。**

根据 $df_{处理间}=2$ 和 $df_{处理内}=15$，可以查询 $F$ 分布表，当 $\alpha=0.05$，$df=2$，15 时，该拒绝域位于大于 3.68 的部分。

**步骤 3　计算 F 比值。**

我们需要进行表 12-4 中所述的一系列计算。最终得到 $F=7.16$。

**步骤 4　做统计决断。**

我们计算得到 $F$ 比值为 $F=7.16$，落在拒绝域内。如果 $H_0$ 为真，我们是几乎不可能得到这么大的 $F$ 比值的（$p<0.05$）。因此，我们拒绝 $H_0$ 并且得出结论：存在显著的处理效应。

例 12.1 一步一步完整地介绍了 ANOVA 程序的应用。该例还说明了另一点。

研究比较了三种不同的学习策略的有效性：简单地重新阅读材料，回答事先准备好的关于材料的问题，或者提出并回答你自己的问题。我们拒绝 $H_0$ 并且得出结论，认为并非所有的处理完全一致，但是我们没有指出哪一种处理是不同的。回答准备的问题和自编的问题有区别吗？回答准备好的问题和简单的重读有区别吗？不幸的是，这些问题没有得到回答。我们只知道至少有两种处理效应是不同的（拒绝了 $H_0$），但找出差异到底在哪里的分析是十分必要的。我们将在 12.5 节解决这个问题。

## 方差分析的效应量

正如我们先前所学习的内容，均值差异的显著性指的是样本观测值之间的差异极不可能是由随机因素造成的。因此，显著性不一定意味着 $F$ 比值一定大，它仅指大于随机因素造成差异的概率。为了提供真实差异大小的指标，研究者需要报告除了显著性程度以外的效应量。

对于 ANOVA，最简单和直接的测量效应量大小的方法是计算被处理条件所解释的方差的比例。如第 9、10 和 11 章中用来测量效应量的 $r^2$ 一样，比例测量的是得分之间的差异有多少可以被处理之间的差异所解释。在 ANOVA 中，方差比例的概念和计算是极其简单明白的（具体来说，我们检验 $SS_{处理间}$ 占 $SS_{总}$ 的比例）。

$$方差解释的比例=\frac{SS_{处理间}}{SS_{总}} \tag{12-14}$$

结合例 12.1，可以得到：

$$方差解释的比例=\frac{84}{172}=0.488\ (或\ 48.8\%)$$

在出版物中报告的研究结果，被处理效应所解释的方差比例值常被称为 $\eta^2$（希腊字母 eta 的平方），用 $\eta^2$ 来代替 $r^2$。因此，对于例 12.1 中的研究，$\eta^2=0.488$。

下面的例子是一个机会来测试你对计算 $\eta^2$ 来测量方差分析中的效应量的理解。

**例 12.3**

一项独立测量研究的 ANOVA 结果汇总：

| 来源 | SS | df | MS | |
|---|---|---|---|---|
| 处理间 | 84 | 2 | 42.00 | $F(2, 12)=7.00$ |
| 处理内 | 72 | 12 | 6 | |
| 总计 | 156 | 14 | | |

试计算例 12.3 的效应量大小 $\eta^2$。你应能得出 $\eta^2=0.538$，祝你好运。

## 在文献中

### 报告方差分析结果

APA 格式的报告中关于方差分析的结果，包括用文字、表格或图表示处理均值和标准差。这些描述性统计量在真正的 ANOVA 中是不需要的，但是通过它们，如 $n$ 和 $T$，每一处理的 $SS$ 和（$n-1$）的值，我们可以方便地确定处理均值（$M=T/n$）和每个处理组的标准差（$s=\sqrt{SS/(n-1)}$），然后报告 ANOVA 的结果。例 12.1 所描述的研究，报告情况如表 12-5 所示：

**表 12-5　遵循三种不同学习策略的测验成绩**

| | 简单重读 | 回答问题 | 提问并回答自己的问题 |
|---|---|---|---|
| $M$ | 5.00 | 9.00 | 10.00 |
| $SD$ | 2.19 | 2.61 | 2.45 |

我们注意到 $F$ 比值是如何报告的。在本例中，处理间和处理内的自由度分别为 2 和 15，这两个值放在字母 $F$ 后的括号内。然后，$F$ 比值被计算并报告出来，接下来是犯第一类错误的概率（α 水平）和测量效应。

使用计算机程序来进行 ANOVA 时，$F$ 比值常常跟着一个精确的 $p$ 值一起报告。例 12.1 中的数据使用 SPSS 进行分析时，计算机输出了 $p=0.007$ 的显著性水平。结合计算机输出的精确的 $p$ 值，研究报告得出结论："方差分析显示三种学习策略存在显著差异，$F(2, 15)=7.16$，$p=0.007$，$\eta^2=0.488$。"

### 一个样本量不相等的例子

在先前的例子中，所有的样本量都是相等的（同样的 $n$）。然而，ANOVA 的公式可以应用于样本量不同的实验中。我们知道，ANOVA 用于样本量相同的实验中是非常精确的。因此，研究者一般都试图规划实验中各组的样本量相等。但是，存在着这样的情况，即在每一种处理情境中很难招募到数量相等的被试，或是不现实的。在这种情况下，ANOVA 仍然提供了有效的检验方法，尤其是当样本量相当大，同时样本量之间的差异比较小时更加有效。

接下来的例子演示的就是 ANOVA 使用于各处理组样本量不同的情况。

## 例 12.4

研究者对于不同专业的作业量很感兴趣。研究被试为来自生物、英语和心理学三个专业的学生。研究者随机选取了每个专业的学生正在上的一门课，要求学生记录这门课每周的课后作业量。研究者使用了全部自愿参加研究的被试，结果产生了不同的样本量。表 12-6 所示是数据整理后的结果。

**表 12-6　三个专业的学生某一门课每周的平均作业时间**

| 生物 | 英语 | 心理学 | |
|---|---|---|---|
| $n=4$ | $n=10$ | $n=6$ | $N=20$ |
| $M=9$ | $M=13$ | $M=14$ | $G=250$ |
| $T=36$ | $T=130$ | $T=84$ | $\sum X^2=3\ 377$ |
| $SS=37$ | $SS=90$ | $SS=60$ | |

**步骤 1　提出假设，确定 α 水平。**

$H_0$：$\mu_1=\mu_2=\mu_3$

$H_1$：至少存在一个总体的均值与其他是不同的

$\alpha=0.05$。

**步骤 2　确定拒绝域。为了确定拒绝域，我们首先需要确定 *F* 比值的 *df* 值：**

$df_{总}=N-1=20-1=19$

$df_{处理间}=k-1=3-1=2$

$df_{处理内}=N-k=20-3=17$

该组数据的 $F$ 比值的自由度为 $df=2，17$。在 $\alpha=0.05$ 水平下，$F$ 比值的临界值为 $F=3.59$。

**步骤 3　计算 *F* 比值。**

首先，计算三个 $SS$ 值。$SS_{总}$ 为总数据 $N=20$ 的 $SS$，$SS_{处理内}$ 为每种处理条件下的 $SS$ 值的和。

$$SS_{总}=\sum X^2-\frac{G^2}{N}=3\ 377-3\ 125=252$$

$$SS_{处理内}=\sum SS_{每一处理内}=37+90+60=187$$

$SS_{处理间}$ 可以使用减法计算［公式（12-5）］：

$$SS_{处理间}=SS_{总}-SS_{处理内}=252-187=65$$

或者，$SS_{处理间}$ 可以使用计算公式［（公式（12-7）］来计算。如果使用计算公式，注意每种处理的总分数（$T$）对应正确的样本量 $n$，计算如下：

$$SS_{处理间}=\sum\frac{T^2}{n}-\frac{G^2}{N}$$

$$=\frac{36^2}{4}+\frac{130^2}{10}+\frac{84^2}{6}-\frac{250^2}{20}$$

$$=324+1\ 690+1\ 176-3\ 125$$

$$=65$$

最后，计算 $MS$ 值和 $F$ 比值：

$$MS_{处理间}=\frac{SS}{df}=\frac{65}{2}=32.5$$

$$MS_{处理内}=\frac{SS}{df}=\frac{187}{17}=11$$

$$F=\frac{MS_{处理间}}{MS_{处理内}}=\frac{32.5}{11}=2.95$$

**步骤 4　做出推断。**由于算出的 $F$ 比值不在拒绝域内，故不能拒绝 $H_0$，得出结论为：这组数据没有提供足够的证据，说明三个专业的每周作业量之间存在显著差异。

### 独立测量方差分析的假设

与独立测量 $t$ 检验一样，独立测量 ANOVA 同样需要三个假设：

1. 每个样本内的观测值相互独立。
2. 总体必须服从正态分布。
3. 总体的方差齐性。

通常情况下，除非有足够的理由怀疑假设不能够得到满足，否则研究者并不会过度关心正态假设，尤其是当样本量很大时。方差齐性的假设是比较重要的一个假设。如果一名研究者怀疑方差质性不同，可以使用 Hartley $F$-max 来检验方差是否具有同质性（见第 10 章）。

### 学习检查

1. 研究人员使用方差分析来检验三种处理之间的平均差异，每种处理的样本为 $n=10$。该研究中，$F$ 比值的 $df$ 值是多少？

a. $df=3$，10　　b. $df=3$，30　　c. $df=3$，27　　d. $df=2$，27

2. 表 12-7 显示了三种处理条件，每种条件下的参与者 $n=11$，表中缺失了一些数值，请问 $F$ 比值是多少？

a. 3.33
b. 4.2
c. 14
d. 28

**表 12-7　三种处理条件**

| 来源 | *SS* | *df* | *MS* | |
|---|---|---|---|---|
| 处理间 | ×× | ×× | 14 | $F=$×× |
| 处理内 | ×× | ×× | ×× | |
| 总计 | 154 | ×× | | |

3. 在研究报告中报告的结论为：不同处理之间存在显著差异 $F(2, 27)=8.62$，$p<0.01$，$\eta^2=0.46$。本研究比较了多少种处理条件？

a. 2　　b. 3　　c. 29　　d. 30

**答案**　1. d　2. a　3. b

## 12.5　事后检验

### 学习目标

9. 了解事后检验的使用情境，并能解释事后检验的目的。

如前面强调的，ANOVA 的主要优势在于它可以让研究者在多于两个的处理情境下检验均值差异，方差分析通过在一次检验中同时比较所有的均值差异来完成这件事情。不幸的是，使几个均值差异在一次检验情况下同时比较的程序，在解释检验的结果时产生了一些困难。具体来说，当我们得到 $F$ 比值显著（拒绝 $H_0$）时，只能说明在全部的均值差异中至少存在一个样本的均值差异是统计显著的。换句话说，总体的 $F$ 比值仅告诉我们一个显著的差异存在，但并没有准确地说明哪些均值差异是显著的、哪些不是。

在例 12.1 中，我们讨论了一种使用三个样本来比较三种学习策略的独立测量研究。这三种策略分别为：重读材料，回答材料上准备好的问题和自己提问自己回答。三个样本均值分别为 $M_1=5$、$M_2=9$ 和 $M_3=10$。在这项假定研究中，有三个均值差异：

1. $M_1$ 与 $M_2$ 之间为 4 分的差异。

2. $M_2$与$M_3$之间为 1 分的差异。

3. $M_1$与$M_3$之间为 5 分的差异。

如果对该组数据进行 ANOVA，显著的 $F$ 比值说明至少有一组均值差异足够大且满足统计显著的标准。在这个例子中，5 分的差异在三种比较中是最大的，说明在处理 1 和处理 3 之间存在显著差异（$\mu_1 \neq \mu_3$）。但是，4 分的差异怎么样？它是否也大到足够说明差异显著呢？$M_2$与$M_3$之间 1 分的差异又怎么样呢？它也是显著的吗？事后检验的目的就是回答这些问题。

**定义**

**事后检验**（post hoc tests）是 ANOVA 后的又一种假设检验，以准确地确定哪些均值差异是显著的、哪些不是显著的。

一如它的名称所示，事后检验是在方差分析后进行的。更加明确地说，该检验在 ANOVA 为以下情况时进行：

1. 拒绝了 $H_0$。

2. 存在三种或更多处理情境（$k \geqslant 3$）。

拒绝 $H_0$说明在所有处理均值之间至少存在一个差异显著。如果只有两种处理，则不存在哪些均值是不同的问题，因而不需要进行事后检验。但是，当 $k=3$ 或更多时，问题是找到哪些均值差异是显著不同的。

### 事后检验和第一类错误

一般情况下，事后检验使我们可以进一步斟酌数据和比较独立的处理。用统计术语来说，这种做法被称为两两比较法。比如，当 $k=3$ 时，我们将比较 $\mu_1$与 $\mu_2$、$\mu_2$与 $\mu_3$、$\mu_1$与 $\mu_3$的差异。在这种情况下，我们寻找显著的均值差异。执行两两比较法涉及一系列单独的假设检验，同时每一项检验伴随着一个第一类错误。随着所做的单独检验增多，第一类错误也同时积累，称为实验 $\alpha$ 水平。

例如，一项有三种处理条件的研究会产生三组均值差异，每组差异都可以使用事后检验进行评估。如果均使用 $\alpha=0.05$ 作为比较时的显著性水平，在第一次事后检验后，有 5%的概率出现第一类错误，第二、第三次的事后检验又会分别额外发生 5%的第一类错误风险。虽然第一类错误的概率不是简单相加，但是显然，增加比较次数会增加第一类错误的风险。

无论在何种情况下进行事后检验，我们都必须关注实验 $\alpha$ 水平。统计学家已经开始解决这些问题，并且发展出了几种方法，尝试在事后检验中控制犯第一类错误的概率。我们这里考虑两种方法。

### Tukey 的事后比较法（HSD 检验法）

我们第一个要介绍的事后检验方法为 Tukey 的 HSD 检验法。我们之所以选择首先介绍这个方法，是因为在心理学研究中，它是最常使用的一种检验方法。Tukey 的 HSD 检验法使我们可以计算出一个值，来确定足以使处理之间均值差异显著的最小值，这个值称作可靠显著差异或 HSD，该值用来比较任何两个处理情境之间的差异。如果处理之间均值差异大于 Tukey 的 HSD，我们就可得出结论，认为处理之间存在显著差异。否则，我们不能得出这样的结论。Tukey 的 HSD 检验法的公式为：

$$HSD = q\sqrt{\frac{MS_{处理内}}{n}} \tag{12-15}$$

$q$ 值可以在表 B.5（附录 B）中查找，$MS_{处理内}$为 ANOVA 中的处理内方差，$n$ 为每一处理中的得分个数。Tukey 的 HSD 检验法要求样本容量相同，即每一处理中的 $n$ 是一样的。为了查找合适的 $q$ 值，我们必须知道实验中的所有处理次数（$k$）和 $MS_{处理内}$的自由度

Tukey 的 HSD 检验中的 $q$ 值被称为学生化极差统计量（studentized range statistic）。

（$F$ 比值中的误差部分），并且选择一种 $\alpha$ 水平（通常与 ANOVA 所使用的 $\alpha$ 水平相同）。

**例 12.5**

我们使用例 12.1 中的数据来演示 Tukey 的 HSD 检验法。表 12－8 总结了这些数据，表中显示了每个样本的统计数据和 ANOVA 结果汇总。在该情境下，在处理条件 $k=3$、$n=6$、$\alpha=0.05$ 的情况下，本检验的 $q$ 值为 $q=3.67$（查表可得）。因此，Tukey 的 HSD 为：

$$HSD=q\sqrt{\frac{MS_{处理内}}{n}}=3.67\sqrt{\frac{5.87}{6}}=3.63$$

因而，任何两个样本之间的均值差异在大于 3.63 时方可认为是显著的。根据这个值，我们可以得出如下结论：

1. 处理 A 与处理 B 存在显著差异（$M_A-M_B=4.00$）。
2. 处理 A 与处理 C 也存在显著差异（$M_A-M_C=5.00$）。
3. 处理 B 与处理 C 不存在显著差异（$M_B-M_C=1.00$）。

**表 12－8　例 12.1 的研究结果**

| 处理 A | 处理 B | 处理 C |
|---|---|---|
| $n=6$ | $n=6$ | $n=6$ |
| $T=30$ | $T=54$ | $T=60$ |
| $M=5.00$ | $M=9.00$ | $M=10.00$ |

| 来源 | $SS$ | $df$ | $MS$ |
|---|---|---|---|
| 处理间 | 84 | 2 | 42 |
| 处理内 | 88 | 15 | 5.87 |
| 总计 | 172 | 17 | |
| $F(2, 15)=7.16$ | | | |

说明：ANOVA 结果和每一处理的统计量呈现于表中。

## Scheffé 检验法

由于采用了极其谨慎的方法来减少犯第一类错误的风险，Scheffé 检验法在所有的事后检验方法中被认为是最安全的一种（一类错误风险最小）。Scheffé 检验法使用一个 $F$ 比值来检验任何两个处理情境间的差异显著性。$F$ 比值的分子是使用你想比较的两个处理的数据计算出来的处理间 $MS$。分母和 ANOVA 中使用的处理内 $MS$ 相同。Scheffé 检验法的“最安全因素”来自以下两个方面：

1. 虽然你仅比较两个处理，但 Scheffé 检验法使用了原始实验中用来计算处理间 $df$ 的 $k$ 值。因此，$F$ 比值的分子的 $df$ 为 $k-1$。

2. Scheffé 检验法的临界值与 ANOVA 中的 $F$ 比值的临界值是一样的。因此，Scheffé 检验法要求每一个事后检验满足在进行完整的方差分析中所要求的标准。下面使用表 12－6 中的数据来演示 Scheffé 检验法的使用方法。

**例 12.6**

我们知道，Scheffé 检验法需要求出每一个将要比较的 $SS_{处理间}$、$MS_{处理内}$ 和 $F$ 比值。虽然 Scheffé 检验使用的是常规的计算公式［公式（12－7）］计算 $SS_{处理间}$，但必须注意的是，公式中的数字完全是由正在比较的两个处理条件决定的。我们从比较处理 B（$T=54$，$n=6$）与处理 C（$T=60$，$n=$

6）开始。第一步是计算出这两个处理的 $SS_{处理间}$。在计算 $SS$ 的公式中，我们注意到，两组的总和 $G=54+60=114$，两组的总被试数 $N=6+6=12$。

$$\begin{aligned} SS_{处理间} &= \sum \frac{T^2}{n} - \frac{G^2}{N} \\ &= \frac{54^2}{6} + \frac{60^2}{6} - \frac{114^2}{12} \\ &= 486+600-1\,083 \\ &= 3 \end{aligned}$$

我们比较的仅仅是两个组的均值差异，这两个组选自 $k=3$ 的样本。Scheffé 检验法使用整个研究的自由度来作为处理间的自由度。因此，$df_{处理间}=3-1=2$，处理间 $MS$ 为：

$$MS_{处理间} = \frac{SS_{处理间}}{df_{处理间}} = \frac{3}{2} = 1.5$$

最后，Scheffé 检验法采用 ANOVA 的误差来计算 $F$ 比值。在这种情况下，$MS_{处理内}=5.87$，$df_{处理内}=15$。Scheffé 检验求出 $F$ 比值为：

$$F_{A对B} = \frac{MS_{处理间}}{MS_{处理内}} = \frac{1.5}{5.87} = 0.26$$

$df=2, 15$，$\alpha=0.05$ 时，$F$ 的临界值为 $F=3.68$（见附录 B 的表 B.4）。因此，就算出 $F$ 比值不在拒绝域内，故得出结论：在处理 B 与处理 C 之间不存在显著差异。

第二项比较对象是处理 A($T=30$) 与处理 B($T=54$)。此时 $SS_{处理间}=48$，$MS_{处理间}=24$，$F(2, 15)=4.09$（可以自己检查该计算结果）。临界值 $F$ 仍然是 $F=3.68$，故我们可以得出结论：处理 A 与处理 B 之间不存在显著差异。

最后的比较对象是处理 A（$M=5$）与处理 C（$M=10$）。我们已知 A 和 B 之间的 4 点均值差异是显著的，那么 A 和 C 的 5 点均值差异也一定是显著的，因此 Scheffé 事后检验表明处理 B 和 C（回答事先准备的问题和回答自己提出的问题）与处理 A（简单重读）之间存在显著差异。

---

在这个例子里，两个事后检验程序（Tukey 检验和 Scheffé 检验）得到了相同的结果。但是，我们也应该了解，在某些情况下 Tukey 检验会发现显著的差异而 Scheffé 检验不会。Scheffé 检验是最谨慎的事后检验方法，它最大限度地减少了第一类错误的发生。Scheffé 检验需要样本之间有足够大的差异，才能得出差异显著的结论。

### 学习检查

1. 在方差分析后，什么情况需要进行事后检验？

a. 拒绝 $H_0$ 时

b. 多于两种处理条件时

c. 当 $H_0$ 被拒绝且多于两种处理条件时

d. 在 ANOVA 分析后都需要进行事后检验

2. 方差分析发现，$M_1=10$，$M_2=5$，$M_3=2$。如果 Tukey 的 HSD 得到 $HSD=2.50$，那么以下哪些选项均值比较的差异显著？

a. 1 vs. 2 和 2 vs. 3　　b. 1 vs. 2 和 1 vs. 3

c. 1 vs. 3 和 2 vs. 3　　d. 1 vs. 2 和 1 vs. 3 和 2 vs. 3

**答案**　1. c　2. d

## 12.6 关于 ANOVA 的更多内容

### 学习目标

10. 能够解释 ANOVA 结果和效应量是如何受到样本量、样本方差和样本均值差异影响的。

11. 当评估独立测量研究中两个样本均值差异时，能够理解独立样本 $t$ 检验和 ANOVA 之间的关系。

### ANOVA 的概念视角

由于 ANOVA 需要相对复杂的计算过程，所以，第一次遇到这些统计方法的学生们，常常容易关注这些公式和算术过程，而忘却了分析的主要目的。接下来的两个例子就是最小化公式的角色，从而将我们的注意力转移到 ANOVA 的概念目标上来。

**例 12.7**

表 12－9 中的数据代表了一个使用两个独立样本来判断处理情境之间均值差异的实验结果。现在，我们花 1 分钟时间来看一下这些数据，同时不要进行任何计算，然后预测关于这些数据的 ANOVA 的结果，也就是说预测 $SS_{处理间}$、$MS_{处理间}$ 和 $F$ 比值。如果你在二三十秒后仍然“看”不出这些结果，就读一下数据之后的提示。

**表 12－9　使用两个独立样本判断处理情境之间均值差异的实验结果**

| 处理 1 | 处理 2 | |
|---|---|---|
| 4 | 2 | $N=8$ |
| 0 | 1 | $G=16$ |
| 1 | 0 | $\sum X^2=56$ |
| 3 | 5 | |
| $T=8$ | $T=8$ | |
| $SS=10$ | $SS=14$ | |

如果你在预测 ANOVA 结果的过程中有困难，那么请阅读下面的线索，然后回过头来看上面的数据。

线索 1：我们知道，$SS_{处理间}$ 和 $MS_{处理间}$ 测量的是处理情境之间的差异大小。

线索 2：找到每一处理情境的均值或总和（$T$），并且判断这两个处理之间的差异大小。

你应该意识到，这些数据构成了处理之间差异为零的形态。两个样本的均值（或总和）是相同的，故 $SS_{处理间}=0$，$MS_{处理间}=0$，$F$ 比值亦为 0。

从概念上来看，$F$ 比值的分子测量的是处理之间存在的差异大小。在例 12.7 中，我们构建了一组差异为 0 的极端数据。然而，我们应该能在看到任何一组数据时，就能快速地比较它们的均值(或总和)，并且判定处理之间的差异是大还是小。

能估计处理之间差异的大小是理解 ANOVA 的很好的第一步，并且能帮助我们预测方差分析的结果。然而，处理之间差异的分析只是方差分析的一部分。我们还必须理解 $F$ 比值中的分母测量的处理内差异。接下来的例子示范 $SS_{处理内}$ 和 $MS_{处理内}$ 背后所隐藏的概念本质。另外，这个例子将会使你对处理间差异和处理内差异在 ANOVA 中扮演的角色有很好的理解。

**例 12.8**

本例的目标是将处理间变异和处理内变异以一种视觉图像的形式呈现。在这个例子里，我们将比较同一个实验的两种假设结果。在每一种情况下，实验中使用了两个独立样本来判定处理之间的均值差异。表 12-10 中的数据代表的是两个结果，分别称为实验 A 和实验 B。

**表 12-10　实验 A 和实验 B 的处理结果**

| 实验 A | | 实验 B | |
|---|---|---|---|
| 处理 | | 处理 | |
| 1 | 2 | 1 | 2 |
| 8 | 12 | 4 | 12 |
| 8 | 13 | 11 | 9 |
| 7 | 12 | 2 | 20 |
| 9 | 11 | 17 | 6 |
| 8 | 13 | 0 | 16 |
| 9 | 12 | 8 | 18 |
| 7 | 11 | 14 | 3 |
| $M=8$ | $M=12$ | $M=8$ | $M=12$ |
| $s=0.82$ | $s=0.82$ | $s=6.35$ | $s=6.35$ |

来自实验 A 的数据在图 12-7 (a) 中以频数分布的形式呈现。我们注意到，处理均值之间的差值（$M_1=8$，$M_2=12$）为 4，是 $F$ 比值分子表示的处理间差异。我们也注意到，在每种处理下的分数聚集在均值周围，表明每种处理内的差异相对较小，是 $F$ 比值分母表示的处理内差异。我们也很容易看出两个样本之间的均值差异。实际上，通过计算实验 A 的 $F$ 比值能够得出两种处理之间有明显的差异。

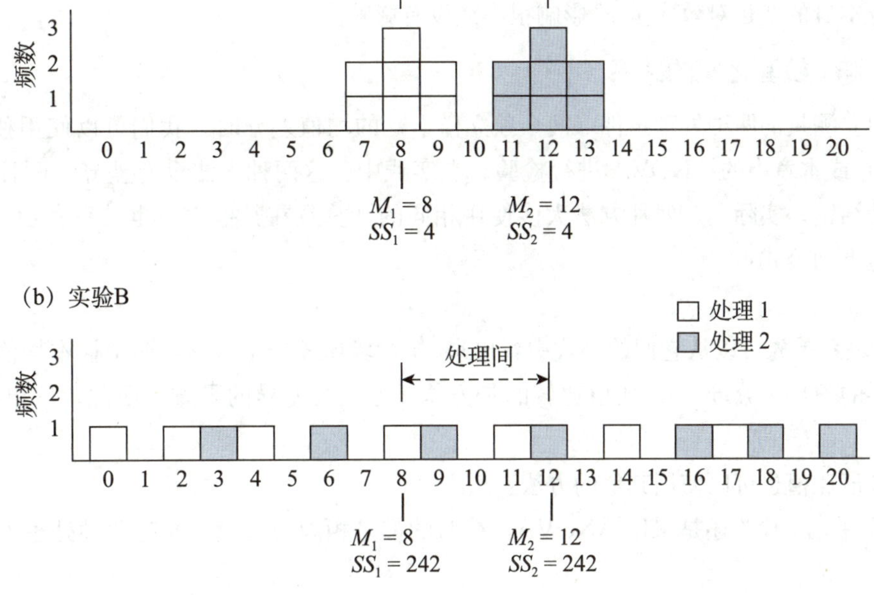


**图 12-7　分别为 $F$ 比值的分子、分母的处理间变异和处理内变异的视觉表示**

说明：在图 12-7 (a) 中，很容易看出处理间差异很大。在图 12-7 (b) 中，处理之间 4 分的差异相对小于处理内变异。

$$F=\frac{处理间差异}{处理内差异}=\frac{MS_{处理间}}{MS_{处理内}}=\frac{56}{0.667}=83.96$$

$F$ 比值为 $F=83.96$，足够拒绝虚无假设，故我们得出结论，认为两种处理之间存在显著差异。

实验B的数据表现的是完全不同的情形。这些数据呈现于图12－7（b）中。同样，处理均值之间的差值（$M_1=8$，$M_2=12$）为4。但是，每种处理下的分数分散在整个数据范围内，表明每种处理内差异很大。因此，处理内的差异覆盖了相对小的处理间均值差异。在图中，几乎不可能看出处理间的均值差异。对于这组数据，$F$ 比值表明处理间没有明显的均值差异。

$$F=\frac{处理间差异}{处理内差异}=\frac{MS_{处理间}}{MS_{处理内}}=\frac{56}{40.33}=1.39$$

在实验B中，$F$ 比值没有大到足以拒绝虚无假设，故我们得出结论，认为两个处理间不存在显著差异。再一次，统计结论与图12－7（b）中的数据表现出了一致性。从图中我们看到，两个样本的数据分布混杂而随机，并且处理间没有明显的差别。

还要注意，$F$ 比值的分母 $MS_{处理内}$ 是每个单独的样本的可变性（方差）度量。正如我们在前面章节里注意到的，高变异性使得我们很难从数据上看出任何模式。在图12－7（a）中，由于样本变异非常小，故处理之间4分的差异很容易看出来。而在图12－7（b）中，由于样本变异非常大，故处理之间4分的差异就不能这么来推断了。一般来讲，可以将变异看作数据中的“噪声”或“干扰”，当存在很大的变异，即存在大量噪声或干扰时，将很难看出数据的任何模式。

---

虽然例12.7和例12.8中的数据是简化的，但例子的主要目的是帮助我们看到在进行ANOVA时的情况。具体为：

1. $F$ 比值的分子（$MS_{处理间}$）测量的是处理均值之间的差异大小。均值差异越大，$F$ 比值越大，效应量越大。

2. $F$ 比值的分母（$MS_{处理内}$）测量的是每一个处理内的变异（每个独立样本的变异）。一般来说，样本内变异越大，$F$ 比值越小，效应量越小。

我们也应注意到，样本量的大小也会影响ANOVA的结果，样本量增大会更有可能拒绝虚无假设。但是，样本量的变化对效应量 $\eta^2$ 影响很小或没有影响。

**ANOVA和 $t$ 检验之间的关系**

当比较独立测量的两种处理条件（两个独立样本）的均值差异时，我们可以使用独立测量 $t$ 检验（第10章）或本章中的ANOVA进行检验。在实践中，这两种方法没有差异。两种方法总会得出相同的统计结论。实际上，两种方法大多使用相同的计算且在其他方面也关系密切。$t$ 和 $F$ 的关系可以表示为下列公式：

$$F=t^2$$

$F$ 和 $t$ 的关系首先可以从它们的公式中看出来。$t$ 检验比较的是差异：两个样本均值的差异（分子）和标准误的差异（分母）。$F$ 比值比较的是方差，方差为差异的平方。因此，$F$ 和 $t$ 的关系为：$F=t^2$。

比较 $t$ 和 $F$ 比值也可以使用其他的方法：

1. 无论是采用 $t$ 检验还是采用ANOVA，检验的都是相同的假设。当有两种处理条件时，检验的假设为：

$H_0$：$\mu_1=\mu_2$

$H_1$：$\mu_1\neq\mu_2$

2. $t$ 检验的自由度等于 $F$ 比值分母的自由度（$df_{处理内}$）。例如，如果有两种处理条件，每种处理条件有 6 个分数，独立测量 $t$ 检验的自由度为 $df=10$，$F$ 检验的自由度 $df=1$，10。每种检验均是第一个样本的自由度（$n-1$）加上第二个样本的自由度（$n-1$）。

3. 当考虑 $F$ 和 $t$ 的关系 $F=t^2$ 时，$t$ 的分布和 $F$ 的分布会完美匹配。自由度 $df=18$ 的 $t$ 分布和 $df=1$，18 的 $F$ 分布见图 12－8。注意以下关系：

a. 如果对 $t$ 值进行平方，那么所有的负值将变为正值。结果是，$t$ 分布左边的一半（小于 0）翻到了正值的一边，因此形成非对称的正偏态分布，也就是 $F$ 分布。

b. 对于 $\alpha=0.05$，$t$ 的拒绝域为大于 $+2.101$ 或小于 $-2.101$。临界值平方后可得：$(\pm 2.101)^2=4.41$。

我们注意到，4.41 为 $\alpha=0.05$ 时 $F$ 的临界值。$t$ 的临界值的平方为 $F$ 的临界值。

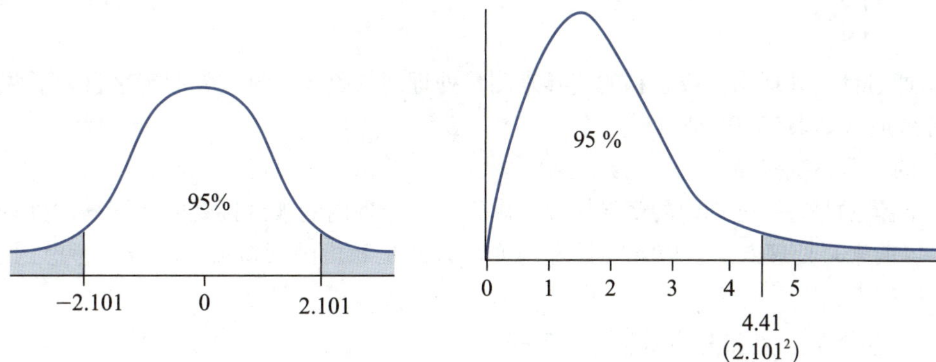


**图 12－8　$df=18$ 的 $t$ 分布，以及对应的 $df=1$，18 的 $F$ 分布**

说明：注意 $\alpha=0.05$ 时的临界值，$t=\pm 2.101$，而 $F=2.101^2=4.41$。

## 学习检查

1. 以下哪个选项的组合最有可能产生较大的 $F$ 比值和 $\eta^2$？

a. 较大的均值差异和较大的样本方差

b. 较大的均值差异和较小的样本方差

c. 较小的均值差异和较大的样本方差

d. 较小的均值差异和较小的样本方差

2. 分析以下数据时，如果把 $SS_2$ 改为 100，会带来什么影响？

a. $SS_{处理内}$ 增大；$F$ 比值增大

b. $SS_{处理内}$ 增大；$F$ 比值减小

c. $SS_{处理内}$ 减小；$F$ 比值增大

d. $SS_{处理内}$ 减小；$F$ 比值减小

| 样本数据 | |
|---|---|
| $M_1=15$ | $M_2=25$ |
| $SS_1=90$ | $SS_2=70$ |

3. 有研究者使用 ANOVA 评估两个处理条件的均值差异，分析得到 $F=9.00$，$df=1$，17。如果不使用 ANOVA，使用 $t$ 检验，$t$ 值和自由度分别是多少？

a. $t=3.00$；$df=16$　　b. $t=3.00$；$df=17$

c. $t=16$；$df=16$　　d. $t=16$；$df=17$

**答案**　1. b　2. b　3. b

## 小　结

1. 方差分析（ANOVA）是用来检验两个或更多处理之间的均值差异的一种统计方法。该检验的虚无假设认为处理所属总体之间不存在均值差异，备择假设认为总体之间至少有一对均值间存在差异。

2. 方差分析的检验统计量为两个方差的比值，称为 $F$ 比值。$F$ 比值中的方差称为均方或 $MS$ 值。每一个 $MS$ 值计算如下：

$$MS=\frac{SS}{df}$$

3. 独立测量的方差分析中，$F$ 比值为：

$$F=\frac{MS_{处理间}}{MS_{处理内}}$$

$MS_{处理间}$通过计算处理均值或总和的变异来测量处理间的差异。该差异假定来自如下两个方面：

a. 处理效应（如果存在的话）；

b. 随机的、非系统差异。

$MS_{处理内}$测量的是每一处理内的变异情况。由于每一处理内的被试接受的是同样的处理，故处理内的差异不可能来自处理效应。因此，处理内 $MS$ 只能是随机因素造成的差异。考虑到这些因素，$F$ 比值的结构如下：

$$F=\frac{处理效应+随机因素造成的差异}{随机因素造成的差异}$$

当不存在处理效应时（$H_0$为真时），$F$ 比值的分子与分母测量的是同一方差，故所得结果必然接近于 1.00。如果存在显著的处理效应，$F$ 比值的分子必然远大于分母，故此时所得的 $F$ 比值应该远大于 1.00。

4. 图 12－9 呈现了计算每一个 $SS$、$df$ 和 $MS$ 值的公式，同时也说明了 ANOVA 的一般过程。

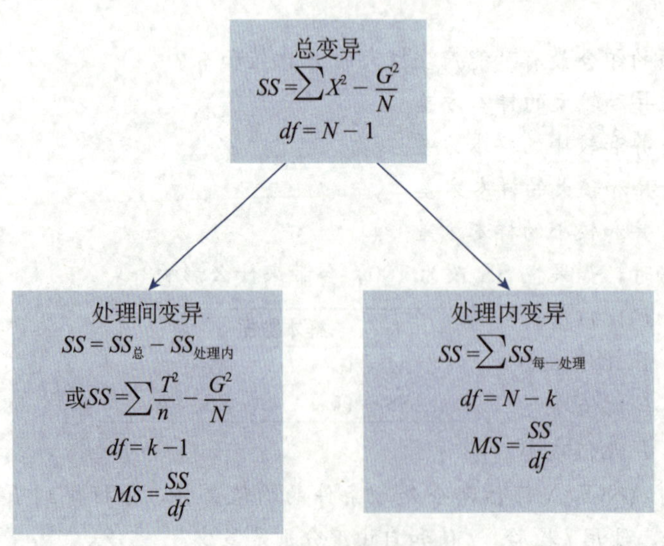


**图 12－9　ANOVA 的公式**

5. $F$ 比值有两个自由度，分子和分母中的 $MS$ 各一个。这两个 $df$ 值用于在 $F$ 分布表中查找 $F$ 比值的临界值。

6. 独立测量的 ANOVA 的效应大小通过计算 $\eta^2$ 来表示，即被处理效应所解释的方差比例。

$$\eta^2=\frac{SS_{处理间}}{SS_{处理间}+SS_{处理内}}=\frac{SS_{处理间}}{SS_{总}}$$

7. 当方差分析的结果为拒绝虚无假设，并且实验包括了两种以上的处理情境时，有必要继续进行事后检验，比如 Tukey 的 HSD 检验或 Scheffé 检验。这些检验的目的是准确地确定哪些均值差异是显著的、哪些不是。

## 关键术语

| | | |
|---|---|---|
| 方差分析（ANOVA） | 实验 α 水平 | *F* 比值分布 |
| 因素 | 测试 α 水平 | ANOVA 总结表 |
| 水平 | 处理间方差 | eta 平方（$\eta^2$） |
| 双因素设计 | 处理效应 | 事后检验 |
| 单因素设计 | 处理内方差 | 两两比较 |
| 单因素独立测量设计 | *F* 比值 | Tukey 的 HSD 检验 |
| 误差项 | Scheffé 检验 | 方差（*MS*） |

## 关注问题解决

1. 单独计算所有三种 *SS* 值是有帮助的，可以检验 $SS_{处理内}$ 和 $SS_{处理间}$ 的正确性。但通常你可以通过 $SS_{总}$ 和 $SS_{处理内}$ 相减得到 $SS_{处理间}$，从而简化计算。

2. 需要记住，*F* 比值有两个 *df* 值，一个分子自由度，一个分母自由度。在报告时写在前面的是分子自由度。在 *F* 分布表中查找临界 *F* 比值时，需要使用两个 *df* 值。如果你看到报告的 *F* 比值只有一个 *df* 值，应该立即认识到出错了。

3. 当遇到文献中报告的 *F* 比值及其 *df* 值时，应该能够构建出大部分实验设计的内容。例如，看到“$F(2,36)=4.80$”，你应该意识到，因为 $df_{处理间}=k-1=2$，所以实验比较了 $k=3$ 处理组；因为 $df_{处理内}=N-k=36$，所以共有 $n=39$ 名受试者参与实验。

## 示例 12.1

### 方差分析

一位人因心理学家研究了三种电脑键盘设计，得到以下三个样本。该样本记录了被试使用指定键盘打字，并记录了每个被试犯错误的次数。数据如下：

| 键盘 A | 键盘 B | 键盘 C | |
|---|---|---|---|
| 0 | 6 | 6 | $N=15$ |
| 4 | 8 | 5 | $G=60$ |
| 0 | 5 | 9 | $\sum X^2=356$ |
| 1 | 4 | 4 | |
| 0 | 2 | 6 | |
| $T=5$ | $T=25$ | $T=30$ | |
| $SS=12$ | $SS=20$ | $SS=14$ | |

以上数据是否可以证明，三种键盘设计在打字性能上存在差异？

**步骤 1　提出假设并且确定一种 α 水平。**虚无假设是指被试样本使用不同的键盘在出错次数上没有差异。

$H_0$：$\mu_1=\mu_2=\mu_3=\mu_4$（不同键盘的出错次数没有差异）

如本章前文所述，备择假设有许多可能的表述。这里，我们陈述一般的备择假设：

$H_1$：至少存在一个键盘的出错次数与其他是不同的

我们使用 $\alpha=0.05$。

**步骤 2　确定 *F* 比值的拒绝域。**

我们首先必须确定 $MS_{处理间}$ 和 $MS_{处理内}$ 的自由度（$F$ 比值的分子和分母），所以我们从自由度分析开始。结合数据，总自由度为：

$df_{处理间}=k-1=3-1=2$

$df_{处理内}=N-k=15-3=12$

本组数据的 $F$ 比值自由度为 $df=2$，12。参考 $F$ 分布表，分子上为 $df=2$，分母上为 $df=12$，在显著性水平 $\alpha=0.05$ 的前提下，$F$ 比值的临界值为 3.88。当 $F$ 比值超过 3.88 时，可以拒绝 $H_0$。

**步骤 3　进行 ANOVA 总结表中各成分的分析。**

分析涉及以下步骤去填充 ANOVA 汇总表的 9 个值。

| 来源 | *SS* | *df* | *MS* | |
|---|---|---|---|---|
| 处理间 | ____ | ____ | ____ | $F=$____ |
| 处理内 | ____ | ____ | ____ | |
| 总计 | ____ | ____ | | |

- 计算 $SS$。我们需要计算 $SS_{总}$ 和它的两个组成部分。

$$SS_{总}=\sum X^2-\frac{G^2}{N}=356-\frac{60^2}{15}=356-\frac{3\ 600}{15}$$

$$=356-240=116$$

$$SS_{处理内}=\sum SS_{每一处理内}=12+20+14=46$$

$$SS_{处理间}=SS_{总}-SS_{处理内}$$

$$=116-46$$

$$=70$$

- 计算自由度。我们将计算 $df_{总}$。它的组成部分 $df_{处理间}$ 和 $df_{处理内}$ 已经在第二步计算出来了。

$$df_{总}=N-1=15-1=14$$

$$df_{处理间}=2$$

$$df_{处理内}=12$$

- 计算 $MS$ 值。

$$MS_{处理间}=\frac{SS_{处理间}}{df_{处理间}}=\frac{70}{2}=35$$

$$MS_{处理内}=\frac{SS_{处理内}}{df_{处理内}}=\frac{46}{12}=3.83$$

- 计算 $F$ 比值。

$$F=\frac{MS_{处理间}}{MS_{处理内}}=\frac{35}{3.83}=9.14$$

**步骤 4　做统计决断并写出结论。**

我们计算得到 $F$ 比值为 $F=9.14$，超过了临界值 3.88。因此，我们拒绝 $H_0$ 并且得出结论：使用的键盘类型对犯错误的次数存在显著的处理效应，$F(2,12)=9.14$，$p<0.05$。

## 示例 12.2

### 计算方差分析的效应量

接下来将演示例 12.1 中的效应量 eta 方（$\eta^2$）的计算，即被解释的方差比例。$SS_{处理间}=70$，$SS_{总}=116$。因此：

$$\eta^2=\frac{SS_{处理间}}{SS_{总}}=\frac{70}{116}=0.60(60\%)$$

## SPSS

SPSS 的基本说明见附录 D。以下是使用 SPSS 进行单因素、独立测量方差分析（ANOVA）的具体说明。

在一项关于狗的行为认知的研究中，研究人员调查了狗主人的行为（Starling，Branson，Thomson & McGreevy，2013）。每个参与者通过对一系列的陈述句的评价表示他们的狗的胆大程度，比如“以友好的方式与不熟悉的孩子在家里接触”。研究人员观察到，一些品种的狗比其他品种的狗更胆大，比如斯塔福德郡的牛头㹴被认为比澳大利亚的牛头㹴更胆大。

假设一名研究人员进行了一项类似的研究，要求参与者对拉布拉多犬、斗牛犬和灰狗的胆大程度打分。假设的数据列在下表中。每个值代表研究中一系列问题的胆大程度得分。

| 拉布拉多犬 | 斗牛犬 | 灰狗 |
|---|---|---|
| 28 | 5 | 11 |
| 20 | 13 | 11 |
| 32 | 17 | 16 |
| 19 | 2 | 6 |
| 16 | 7 | 24 |
| 19 | 13 | 7 |
| 25 | 11 | 0 |
| 19 | 18 | 11 |
| 8 | 11 | 10 |
| 14 | 23 | 4 |

以下步骤将演示如何使用 SPSS 进行单因素方差分析，以检验不同犬种的胆大程度不同的假设。

### 数据输入

1. 使用数据编辑器的变量视图（Variable View），为上面的数据创建两个新变量。在第一个变量的 Name 字段中输入“boldness”。在 Type 字段中选择 Numeric。在 Measure 字段中选择 Scale。在 Label 字段中为变量输入一个简短的描述性标题（这里使用了“Boldness Score”）。

2. 对于第二个变量，在 Name 字段中输入“breed”。在 Type 字段中选择 Numeric。在 Measure 字段中选择 Nominal。在标签栏中使用“狗的品种”。在 Values 字段中，单击“…”按钮为组编号分配标签。在接下来的对话框中，输入“1”作为值“拉布拉多”的标签。重复此过程，直到对话框如下图所示。

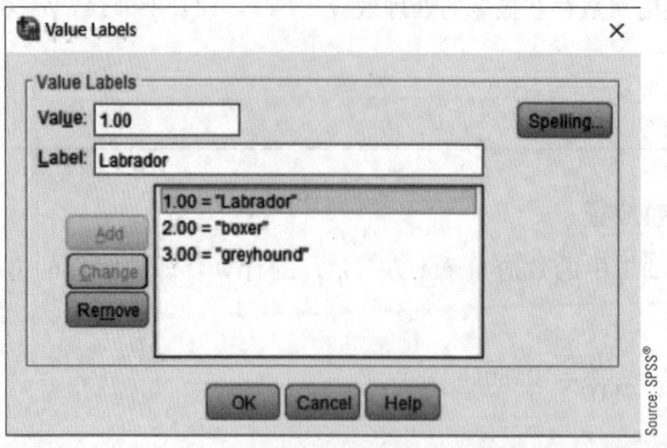


3. 回到数据视图（Data View）。数据以纵向堆放的形式输入数据编辑器里，也就是说，所有来自不同处理的分数归在单独一列（VAR00001）。拉布拉多犬的得分直接在斗牛犬得分的下面，中间没有空格或分隔。灰狗的数据直接在处理 2 下面，以此类推。

4. 在第二列（“品种”）中，输入一个数字来标识每个分数的处理条件。在第一种处理条件下每个分数的旁边输入 1，在第二种处理条件下每个分数的旁边输入 2，以此类推。

### 数据分析

1. 点击 Analyze，选择 Compare Means，点击 One-Way ANOVA。
2. 将分数变量（Boldness Score）选入 Dependent List。
3. 将处理条件（Dog Breed）选入 Factor 框中。
4. 如果需要得到每种处理条件下的描述统计量，点击 Options，选择 Descriptives，点击 Continue。
5. 点击 OK。

### SPSS 输出

我们使用 SPSS 程序对上述数据进行分析，程序输出如下图所示。输出首先是一个表显示了每个犬种的描述性统计数据（分数数目、均值、标准差、均值的标准误、均值的 95%置信区间、最大值和最小值）。输出的第二部分提供了一个汇总表，显示了 ANOVA 的结果。

**Oneway**

**Descriptives**

Boldness Score

| | N | Mean | Std. Deviation | Std. Error | 95% Confidence Interval for Mean | | Minimum | Maximum |
|---|---|---|---|---|---|---|---|---|
| | | | | | Lower Bound | Upper Bound | | |
| Labrador | 10 | 20.0000 | 6.92820 | 2.19089 | 15.0439 | 24.9561 | 8.00 | 32.00 |
| boxer | 10 | 12.0000 | 6.32456 | 2.00000 | 7.4757 | 16.5243 | 2.00 | 23.00 |
| greyhound | 10 | 10.0000 | 6.63325 | 2.09762 | 5.2549 | 14.7451 | .00 | 24.00 |
| Total | 30 | 14.0000 | 7.76375 | 1.41746 | 11.1010 | 16.8990 | .00 | 32.00 |

**ANOVA**

Boldness Score

| | Sum of Squares | df | Mean Square | F | Sig. |
|---|---|---|---|---|---|
| Between Groups | 560.000 | 2 | 280.000 | 6.364 | .005 |
| Within Groups | 1188.000 | 27 | 44.000 | | |
| Total | 1748.000 | 29 | | | |

Source: SPSS®

### 操作练习

下表呈现的是来自上面描述背景下的一组虚构的数据。按照上述步骤，请尝试一下验证不同犬种胆大程度不同的假设。

| 斯塔福德郡牛头㹴 | 边境牧羊犬 | 杰克罗素㹴犬 |
|---|---|---|
| 35 | 25 | 22 |
| 5 | 0 | 0 |
| 28 | 0 | 20 |
| 12 | 24 | 0 |
| 28 | 22 | 4 |
| 12 | 2 | 20 |
| 25 | 17 | 4 |
| 15 | 7 | 10 |
| 20 | 18 | 6 |
| 20 | 5 | 14 |

如果你成功分析了上述数据，应该发现 ANOVA 的结果不显著，$F(2,27)=3.231$。这意味着斯塔福德郡牛头㹴、边境牧羊犬和杰克罗素㹴犬的胆大程度不具有显著差异。因此，ANOVA 中比较斯塔福德郡牛头㹴、边境牧羊犬和杰克罗素㹴犬的品种的 $MS_{处理间}$ 与比较拉布拉多犬、斗牛犬和灰狗品种的 $MS_{处理间}$ 相等。两组分数的重要区别在于组内的差异。在第一次方差分析中，$MS_{处理内}=44$；在第二次方差分析中，$MS_{处理内}=86.67$。

## 练习题

1. 当一个实验包含三个或更多处理条件时，为什么要使用 ANOVA 而不是多个 $t$ 检验来评估均值差异？

2. 假设你使用三个不同的 $t$ 检验来分析具有三个独立样本的实验结果。每个独立 $t$ 检验的显著性水平 $\alpha=0.05$。在任何一次的假设检验中发生第一类错误的概率是多少？它是大于、等于还是小于 0.05？

3. 如果虚无假设在 ANOVA 中为真，平均而言，$F$ 比值的期望值是多少？请解释。

4. 请描述两种情境的原因：

(1) 组均值彼此间不同。

(2) 研究对象的个体之间得分不同。

5. 请描述 $F$ 比值和 $t$ 统计量的相似之处。

6. 计算 $SS_{总}$、$SS_{处理间}$ 和 $SS_{处理内}$。

| Ⅰ | Ⅱ | Ⅲ | |
|---|---|---|---|
| $n=12$ | $n=12$ | $n=12$ | $N=36$ |

续表

| Ⅰ | Ⅱ | Ⅲ | |
|---|---|---|---|
| $T=60$ | $T=72$ | $T=24$ | $G=156$ |
| $SS=30$ | $SS=46$ | $SS=40$ | $\sum X^2=896$ |

7. 计算 $SS_{总}$、$SS_{处理间}$ 和 $SS_{处理内}$。

| Ⅰ | Ⅱ | Ⅲ | |
|---|---|---|---|
| $n=10$ | $n=10$ | $n=10$ | $N=30$ |
| $T=105$ | $T=180$ | $T=110$ | $G=395$ |
| $SS=350.5$ | $SS=190.0$ | $SS=424$ | $\sum X^2=6\ 517$ |

8. 一位研究者使用 ANOVA 对六种处理条件、每种处理的 $n=12$ 样本进行比较。请计算该研究的 $df_{总}$、$df_{处理间}$ 和 $df_{处理内}$。

9. 一位研究者报告了独立测量 ANOVA 的 $F$ 比值，其中 $df_{处理间}=3$，$df_{处理内}=40$。

a. 实验中比较了多少种处理条件？

b. 有多少受试者参与了实验？

c. 根据附录 B 找到 $F$ 比值的临界值，$\alpha=0.05$。

d. $\alpha=0.01$ 的拒绝域是什么？

10. 在一项独立测量研究中，一位研究者报告了 $F$ 比值与 $df=4, 62$。

a. 实验中比较了多少种处理条件？

b. 有多少受试者参与了实验？

c. 根据附录 B 找到 $F$ 比值的临界值，$\alpha=0.05$。

d. $\alpha=0.01$ 的拒绝域是什么？

11. 以下数值来自一项比较三种处理条件的独立测量研究。

| 实验处理 | | |
|---|---|---|
| Ⅰ | Ⅱ | Ⅲ |
| $n=12$ | $n=12$ | $n=12$ |
| $SS=220$ | $SS=242$ | $SS=198$ |

a. 计算每个样本的方差。

b. 计算方差分析的 $F$ 比值的分母 $MS_{处理内}$。因为所有的样本都是相同的大小，所以读者应该发现 $MS_{处理内}$ 等于三个样本方差的均值。

12. 以下数值来自一项比较三种处理条件的独立测量研究。

| 实验处理 | | |
|---|---|---|
| Ⅰ | Ⅱ | Ⅲ |
| $n=7$ | $n=7$ | $n=7$ |
| $SS=48$ | $SS=60$ | $SS=36$ |

a. 计算每个样本的方差。

b. 计算方差分析的 $F$ 比值的分母 $MS_{处理内}$。

13. 一位研究者进行如下实验，将三种处理条件的样本均值进行比较，每种处理中的 $n=6$。方差分析结果如下表所示。完成表中所有缺失的值。提示：可以从 $df$ 列中的值开始。

| 来源 | SS | df | MS | |
|---|---|---|---|---|
| 处理间 | ____ | ____ | ____ | $F=$____ |
| 处理内 | ____ | ____ | 4 | |
| 总计 | 92 | ____ | | |

14. 下表呈现了一个五种处理条件的 ANOVA 结果，每个条件 $n=5$，请填补表中缺失的值。

| 来源 | SS | df | MS | |
|---|---|---|---|---|
| 处理间 | ____ | ____ | 125 | $F=$____ |
| 处理内 | ____ | ____ | ____ | |
| 总计 | 1 500 | ____ | | |

15. 一位发展心理学家正在研究 2～4 岁儿童语言技能的发展。研究中获得了三组不同年龄的儿童，每组有 $n=16$ 名儿童。每个孩子都要接受一项语言技能评估测试。结果的数据用 ANOVA 分析，以检验年龄组之间的平均差异。ANOVA 的结果如下表所示，请填入所有缺失的值。

| 来源 | SS | df | MS | |
|---|---|---|---|---|
| 处理间 | 48 | ____ | ____ | $F=$____ |
| 处理内 | ____ | ____ | ____ | |
| 总计 | 252 | ____ | | |

16. 以下数据来自一项比较三种处理条件的独立测量研究。使用方差分析（ANOVA），以确定处理之间是否存在显著的平均差异。（$\alpha=0.05$）

| 实验处理 | | |
|---|---|---|
| Ⅰ | Ⅱ | Ⅲ |
| 5 | 2 | 7 |
| 1 | 6 | 3 |
| 2 | 2 | 2 |
| 3 | 3 | 4 |
| 0 | 5 | 5 |
| 1 | 3 | 2 |
| 2 | 0 | 4 |
| 2 | 3 | 5 |

17. 在参加早上八点的考试时，考生通常会感到昏昏沉沉，因为我们需要更加警觉和清醒才能发挥最佳水平。然而，有时候考试导致过度兴奋，也会影响考生正常作答。因此，最佳表现水平应该处于“舒适带”，既不过度兴奋，也不昏昏沉沉。最近，Simon 和 Moghaddam（2016）在大鼠身上复现了这一现象。研究对象被随机分为三组，每组接受不同剂量的兴奋剂利他林

（无、中剂量或高剂量）。研究人员随后测量了大鼠的学习和认知表现，并观察到服用中剂量利他林的那组大鼠表现最佳。假设以下数据来自于比较三种处理条件的独立测量研究。

| 实验处理 | | |
|---|---|---|
| **1. 无药物** | **2. 中剂量** | **3. 高剂量** |
| 17 | 29 | 16 |
| 14 | 21 | 24 |
| 22 | 27 | 20 |
| 19 | 23 | 21 |
| 18 | 25 | 19 |

a. 使用方差分析（ANOVA）以确定各处理之间是否存在显著差异。（$\alpha=0.05$）

b. 研究人员将使用什么测试来比较无药物组和高剂量组？

c. 将 ANOVA 的结果以规范的研究报告形式进行呈现。

18. 高薪工作、最好的实习和最有声望的研究生项目的空缺职位，可以吸引更多申请者。对申请的初步评估通常是基于申请人的个人简历。在一项研究中，研究人员证明了使用两种不同类型的图形表示的“简历”，如申请人的教育时间表，并不比传统的文本简历更有效（Popham，Lee，Sublette，Kent & Carswell，2017）。在有些方面，它们可能更糟糕。假设一位研究者试图讨论简历类型对求职者能力的评价的影响。在研究中随机将参与者分成三组。第一组接收传统的基于文本的简历。第二组收到一张图片简历，上面有申请人所在学校的照片。第三组收到一张图表简历，上面有一些图表，总结了假设的求职者在之前的每一份工作上花费的时间。所有参与者都对求职者的能力进行评估，下表呈现了假设的实验结果。

| 实验处理 | | |
|---|---|---|
| **Ⅰ-文字** | **Ⅱ-图片 1** | **Ⅲ-图片 2** |
| 9 | 4 | 6 |
| 8 | 4 | 6 |
| 10 | 6 | 6 |
| 8 | 8 | 7 |
| 10 | 8 | 5 |

a. 使用方差分析（ANOVA）以确定各处理之间是否存在显著差异。（$\alpha=0.05$）

b. 假设研究人员只想比较文本简历和图形类型Ⅰ简历，应使用什么分析方法？

c. 将 ANOVA 的结果以规范的研究报告形式进行呈现。

19. 以下数据来自一项比较三种处理条件的独立措施研究。使用方差分析（ANOVA）确定各处理之间是否存在显著的平均差异。（$\alpha=0.05$）

| 处理 | | | |
|---|---|---|---|
| **1** | **2** | **3** | |
| $n=7$ | $n=5$ | $n=9$ | $N=21$ |
| $T=168$ | $T=140$ | $T=279$ | $G=587$ |
| $SS=186$ | $SS=80$ | $SS=168$ | $\sum X^2=17\ 035$ |

20. 对三种处理条件进行比较研究，结果如下：第一组为 $T=20$，$n=4$；第二组为 $T=10$，$n=5$；第三组为 $T=30$，$n=6$。计算 $SS_{处理间}$。

21. 对三种处理条件进行比较研究，结果如下：第一种处理水平 $T=28$，$n=7$；第二组为 $T=32$，$n=8$；第三组为 $T=108$，$n=9$。计算 $SS_{处理间}$。

22. 以下数值来自一项比较三种处理条件的独立测量研究。

| 实验处理 | | | |
|---|---|---|---|
| **Ⅰ** | **Ⅱ** | **Ⅲ** | **Ⅳ** |
| $n=12$ | $n=12$ | $n=12$ | $n=12$ |
| $SS=77$ | $SS=110$ | $SS=66$ | $SS=99$ |

a. 计算每个样本的方差。

b. 计算方差分析的 $F$ 比值的分母 $MS_{处理内}$。因为所有的样本都是相同的大小，所以读者应该发现 $MS_{处理内}$ 等于三个样本方差的均值。

23. 一份来自独立测量的研究报告了处理之间存在显著差异，$F(4, 40)=3.45$，$p<0.05$。

a. 本研究比较了多少种处理条件？

b. 参与研究的总人数是多少？

c. 当 $\alpha=0.01$ 时，该差异是否还具有统计学意义？

24. 很多因素都会影响 $F$ 比值的大小。判断以下因素是否会影响 $F$ 比值的分子或分母，并说明影响方向。

a. 增大样本均值差异。

b. 增大每个样本的方差。

25. 研究者使用 ANOVA 并得到 $F=4.25$，该研究的相关信息如下表所示。

| 实验处理 | | |
|---|---|---|
| Ⅰ | Ⅱ | Ⅲ |
| $n=10$ | $n=10$ | $n=10$ |
| $M=20$ | $M=28$ | $M=35$ |
| $SS=1\ 005$ | $SS=1\ 391$ | $SS=1\ 180$ |

a. 如果将处理Ⅲ的均值改为 $M=25$，$F$ 比值的大小会发生什么变化（增加或减少）？请解释。

b. 如果处理Ⅰ的 $SS$ 改为 $SS=1\ 400$，$F$ 比值的大小会发生什么变化（增加或减少）？请解释。

26. 以下数值来自一项比较三种处理条件的独立测量研究。

| 处理 | | | |
|---|---|---|---|
| **1** | **2** | **3** | |
| $n=6$ | $n=6$ | $n=6$ | $N=18$ |
| $T=1$ | $T=2$ | $T=6$ | $G=54$ |
| $SS=60$ | $SS=65$ | $SS=40$ | $\sum X^2=411$ |

a. 计算三个样本的样本方差。

b. 使用方差分析（ANOVA）确定三种处理方式之间是否存在显著差异，$\alpha=0.05$。（注：在 ANOVA 中，读者应该发现 $MS_{处理内}$ 等于三个样本方差的均值。）

27. 对于前面的问题，你会发现三种处理方法之间有显著的差异。显著性的一个原因是样本方差相对较小。在下面的数据中，我们保留问题 26 中出现的样本均值，但将每个样本内的 $SS$ 值翻倍。

| 处理 | | | |
|---|---|---|---|
| **1** | **2** | **3** | |
| $n=6$ | $n=6$ | $n=6$ | $N=18$ |
| $T=1$ | $T=2$ | $T=6$ | $G=54$ |
| $SS=120$ | $SS=130$ | $SS=80$ | $\sum X^2=576$ |

a. 计算三个样本的样本方差。将这些样本方差与问题 26 中的进行比较。

b. 预测样本方差的增加将如何影响分析的结果。也就是说，这些数据的 $F$ 比值，与问题 19 中得到的 $F$ 比值相比将如何变化？

c. 使用方差分析（ANOVA），$\alpha=0.05$，以确定三种处理方法之间是否存在显著差异。（答案与你在上一问中的预测一致吗？）

28. 以下数据来自一项比较三种处理条件的独立测量研究。

| 实验处理 | | |
|---|---|---|
| Ⅰ | Ⅱ | Ⅲ |
| 4 | 10 | 11 |
| 0 | 14 | 17 |
| 0 | 8 | 16 |
| 6 | 7 | 6 |
| 10 | 8 | 11 |
| 4 | 7 | 10 |
| 4 | 2 | 3 |

a. 使用方差分析（ANOVA）确定三种处理方式之间是否存在显著差异，$\alpha=0.05$。（注：在 ANOVA 中，读者应该发现 $MS_{处理内}$ 等于三个样本方差的均值。）

b. 计算本研究的效应量 $\eta^2$。

29. 以下数据来自一项比较三种处理条件的独立测量研究。

| 实验处理 | | | |
|---|---|---|---|
| Ⅰ | Ⅱ | Ⅲ | |
| $n=5$ | $n=5$ | $n=5$ | |
| $M=1$ | $M=5$ | $M=6$ | $N=15$ |
| $T=5$ | $T=25$ | $T=30$ | $G=60$ |
| $s^2=9.00$ | $s^2=10.00$ | $s^2=11.00$ | $\sum X^2=430$ |
| $SS=36$ | $SS=40$ | $SS=44$ | |

a. 使用方差分析（ANOVA）确定三种处理方式之间是否存在显著差异，$\alpha=0.05$。（注：在 ANOVA 中，读者应该发现 $MS_{处理内}$ 等于三个样本方差的均值。）

b. 计算本研究的效应量 $\eta^2$。

30. ANOVA 中 $F$ 比值的 $df=1，34$。这个

数据可以用 $t$ 检验分析吗？$t$ 统计量的自由度是多少？

31. 本题数据与 29 题的样本均值和方差一致，但是我们将样本量翻倍到了 $n=10$。

| 实验处理 | | | |
|---|---|---|---|
| Ⅰ | Ⅱ | Ⅲ | |
| $n=10$ | $n=10$ | $n=10$ | |
| $M=1$ | $M=5$ | $M=6$ | $N=30$ |
| $T=10$ | $T=50$ | $T=60$ | $G=120$ |
| $s^2=9.00$ | $s^2=10.00$ | $s^2=11.00$ | $\sum X^2=890$ |
| $SS=81$ | $SS=90$ | $SS=99$ | |

a. 与 29 题相比，样本量的增加如何影响 $F$ 比值?

b. 使用方差分析（ANOVA）检验第一问的答案，$\alpha=0.05$。（注：在 ANOVA 中，读者应该发现 $MS_{处理内}$ 等于三个样本方差的均值。）

c. 计算本研究的效应量 $\eta^2$。与 29 题相比较，样本量的增加将如何影响效应量?

32. 以下数据来自一项比较两种处理条件的独立测量研究。

| Ⅰ | Ⅱ | |
|---|---|---|
| 10 | 7 | |
| 8 | 4 | |
| 7 | 9 | $N=16$ |
| 9 | 3 | $G=120$ |
| 13 | 7 | $\sum X^2=1\ 036$ |
| 7 | 6 | |
| 6 | 10 | |
| 12 | 2 | |

a. 使用独立测量 $t$ 检验，$\alpha=0.05$，分析两种处理之间是否存在显著均值差异。

b. 使用方差分析（ANOVA），$\alpha=0.05$，分析两种处理之间是否存在显著均值差异。读者应该发现 $F=t^2$。

# 双因素方差分析

# 第13章

**学习本章需要掌握的相关知识**

以下术语是学好本章的关键背景知识。如果对这些知识有不明白之处，应复习先前学过的相关章节。

- 独立测量方差分析（第12章）
- 个体差异

**章节概览**

## 引 言

Wilcox 和 Stephen（2013）进行了一项实验，旨在探究浏览社交媒体是否会影响人们的自尊心。研究人员将实验参与者随机分配到两种条件下：浏览 Facebook 或受欢迎的新闻网站。然后，参与者按其与 Facebook 上好友的关系密切程度分为两组，这两组根据自我报告反映了强或弱的“联系强度”。实验设计如图 13-1 所示，注意这里有两个自变量（或因素）：浏览网站类型和与 Facebook 好友的关系强度。基于这两个因素，研究人员将参与者分为不同的四组。

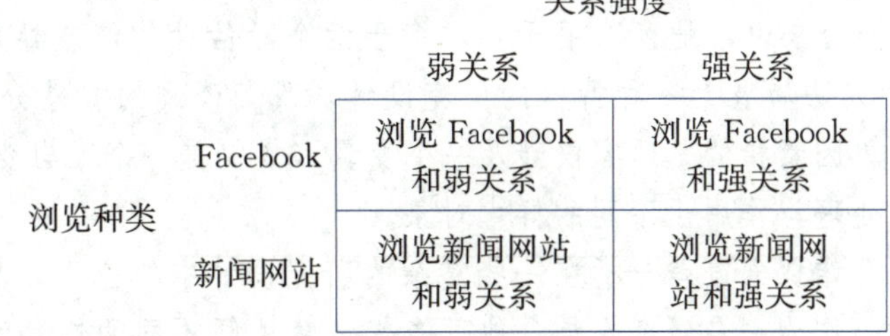

| | | 关系强度 | |
|---|---|---|---|
| | | 弱关系 | 强关系 |
| 浏览种类 | Facebook | 浏览 Facebook 和弱关系 | 浏览 Facebook 和强关系 |
| | 新闻网站 | 浏览新闻网站和弱关系 | 浏览新闻网站和强关系 |

**图 13-1 Wilcox 和 Stephen（2013）的双因素研究**

说明：这两个因素分别是媒体浏览类型和与 Facebook 好友的关系强度。每个因素有两种水平。

浏览完 Facebook 或新闻网站后，每个参与者被要求完成一份自尊问卷。研究结果表明，在浏览 Facebook 时，只有与朋友关系密切的参与者自尊得分较高。另外，在浏览新闻网站时，强关系组和弱关系组的自尊得分没有差异（见图 13-2）。

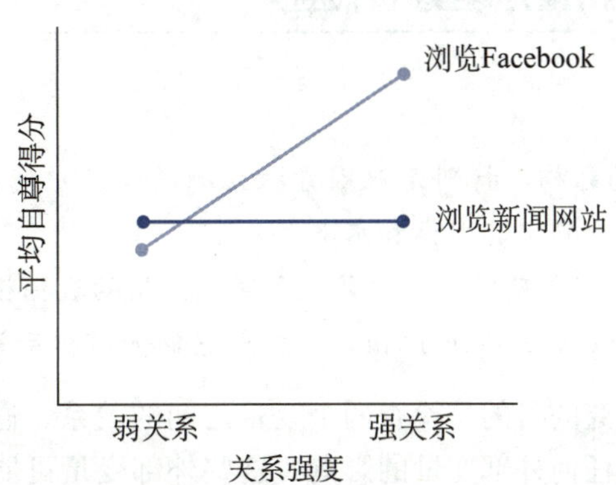


**图 13-2 结果类似于 Wilcox 和 Stephen（2013）的研究**

说明：在浏览新闻网站的群体中，关系强度对自尊没有影响。对于浏览 Facebook 的参与者来说，那些与 Facebook 好友关系密切的参与者比那些关系较弱的参与者自尊心更强。

Wilcox 和 Stephen 的研究是在同一项研究中涉及两个自变量（或准自变量）的研究的一个例子。这些变量是：

1. 媒体浏览类型（Facebook 或新闻网站）
2. 与 Facebook 好友的关系强度（弱或强）

研究结果表明，一个变量（友谊关系的强度）对自尊的影响取决于另一个变量（浏览网页的类型）。

你应该意识到，两个变量以这种方式交互作用是很常见的。例如，改变药物的剂量对老年患者的影响可能与对年轻患者的影响截然不同。在这种情况下，药物剂量和患者的年龄之间存在交互作用，因为改变剂量的效果取决于患者的年龄。为了观察一个变量如何与另一个变量交互作用，有必要在一项研究中同时研究两个变量。然而，在第 12 章中介绍的方差分析（ANOVA）程序仅适用于评估由一个自变量导致的平均差异，而不适用于涉及两个或更多自变量的均值差异的评估。

幸运的是，方差分析是一个非常灵活的假设检验程序，可以评估涉及两个或更多自变量的均值差异，这些研究使用析因设计。在这一章中，我们介绍一种基本的析因设计的分析，称为双因素方差分析，它检验每个自变量单独作用的显著性，以及变量之间的交互作用。

你应该注意到，Wilcox 和 Stephen 的研究就是一个交互作用的例子，与朋友的关系强度对自尊的影响取决于参与者使用的浏览类型。研究结果表明，在某些条件下（在 Facebook 上有亲密的朋友），花时间浏览 Facebook 可以增强自尊心。

### 章节概述

在上一章，我们介绍了方差分析——作为一种假设检验的方法来估计均值差异。方差分析的独特优势，尤其相对于 $t$ 检验来说，是可以用于样本多于两个时估计均值差异是否显著的。然而，第 12 章介绍的方差分析的方法局限于一种特殊的研究设计，我们谈到的方差分析针对的是单因素的、独立测量的研究设计。单因素指的是研究仅涉及一个变量（或仅是一个准自变量）。独立测量指的是研究中用于比较的不同处理，作用于不同的样本对象。

在这一章，我们将开始探索方差分析在一些复杂的研究设计中的应用。具体来说，我们将介绍双因素方差分析。例如，作为一名研究人员，他可能想清楚了解不同的饮食和锻炼情况的结合是如何与体重下降相关联的。在这种情境中，控制两个变量（饮食和锻炼），同时观测第三个变量（体重）。从统计学的角度来说，研究包含两个自变量或因素。在这一章的最后，我们将介绍方差分析是如何将第 12 章的内容应用于检验双因素研究中的均值差异的。

## 13.1 双因素独立测量方差分析概述

### 学习目标

1. 请描述因素研究设计的结构，特别是双因素独立测量设计中使用的因素和水平术语。同时，以一个具体的双因素设计为例，确定其因素和水平。

2. 定义主效应和交互作用，并确定产生主效应和交互作用的数据模式。

3. 确定一个双因素方差分析的三个 $F$ 比值，并解释它们如何相互关联。

在大多数研究情况下，研究的目的是检查两个变量之间的关系。通常情况下，研究人员试图分离这两个变量，以消除或减少任何外部变量的影响，这些外部变量可能扭曲所研究关系的结果。例如，一项典型的实验旨在探究一个自变量（预期会影响行为）和一个因变量（行为的度量）。

然而，在现实生活中，变量很少单独存在。也就是说，行为通常受到多种不同变量同时作用和交互作用的影响。为了检验这些更复杂、更真实的情况，研究人员通常设计包括一个以上的自变量（或准自变量）的研究。研究人员系统地改变两个（或更多）变量，然后观察这些变化如何影响另一个（因变量）。

在第 12 章中，我们检验了单因素研究设计的方差分析，即只包含一个自变量或一个准自变量的设计。当一项研究涉及多个因素时，称为析因设计。在本章中，我们考虑最简单的析因设计。具体来说，我们检验了方差分析，因为它恰好适用于有两个因素的研究。另外，我们的讨论仅限于对每种因素使用单独样本的研究，即独立测量设计。此外，我们只考虑所有处理条件下样本量（$n$）相同的双因素设计。在 ANOVA 的术语中，本章检查了双因素、独立测量、相同样本量的设计。

> 自变量是实验中的操纵变量。准自变量不被操纵，但是在非实验研究中定义了不同组的分数。

我们将使用引言中描述的 Wilcox 和 Stephen（2013）的研究来介绍双因素研究设计。Wilcox 和 Stephen（2013）进行了一项研究，以确定媒体浏览的类型是否对参与者的自尊有影响。研究人员随机分配参与者浏览 Facebook 或受欢迎的新闻网站。研究人员基于参与者自我报告，根据他们与好友的关系强弱，将两组浏览网页的参与者分成了两组。参与者在网上浏览 5 分钟后完成 Rosenberg（1989）自尊问卷的简版调查，作为因变量。

注意，这项研究设计有一个自变量（浏览类型）和一个准自变量（与 Facebook 好友的关系强度）。

图 13 - 3 显示了研究的结构。请注意，这项研究涉及两个独立的因素。第一个因素是由研究人员控制的，为参与者随机分配一个因素：浏览 Facebook 或新闻网站。第二个因素是与 Facebook 好友的关系强度。这是一个准自变量（未被操纵），因为参与者根据预先存在的参与者变量被分为弱关系和强关系。这两个因素被用来创建一个表格。Facebook 条件定义行，不同水平的朋友关系定义列。得到的 2×2 矩阵显示了变量的四种不同组合，产生了四种不同的条件。因此，这项研究需要四个单独的样本，每个样本对应样本中的每个被试。研究的因变量是四种情况下参与者的自尊水平。

双因素方差分析（two-factor ANOVA）检验了图 13 - 3 中 Wilcox 和 Stephen 的研究。在这个例子中，双因素方差分析评估了三组不同的均值差：

1. 浏览 Facebook 和新闻网站在自尊方面有区别吗？

2. 与 Facebook 好友关系较弱的参与者和关系较强的参与者在自尊上有区别吗？

3. 如果自尊存在差异，是否与这两个因素的组合有关？也就是说，是否与浏览类型和朋友关系强度的某种组合有关？例如，也许对于那些浏览 Facebook 的参与者，自尊取决于关系强度水平，但对于那些浏览新闻网站的参与者来说，自尊则不受关系强度的影响。

因此，我们在一次双因素方差分析中检查三种类型的均值差异。特别地，我们对相同的数据进行了三次单独的假设检验，每次检验都有一个单独的 $F$ 比值。这三个 $F$ 比值具有相同的基本结构：

$$F=\frac{\text{处理间变异（差异）}}{\text{没有处理效应时的期望变异（差异）}}$$

在每种情况下，$F$ 比值的分子衡量数据中的实际均值差异，而分母衡量在没有处理效果的情况下预期的差异。$F$ 比值的较大值表明样本均值差异大于随机本身的预期，因此提供了处理效果的证据。为了确定得到的 $F$ 比值是否显著，我们需要将每个 $F$ 比值与附录 B 中的 $F$ 分布表中找到的临界值进行比较。

| | | 因素 $B$：Facebook 关系强度 | |
|---|---|---|---|
| | | 弱关系 | 强关系 |
| 因素 $A$：浏览种类 | Facebook | Facebook 关系弱并且浏览 Facebook 的参与者得分 | Facebook 关系强并且浏览 Facebook 的参与者得分 |
| | 新闻网站 | Facebook 关系弱并且浏览新闻网站的参与者得分 | Facebook 关系强并且浏览新闻网站的参与者得分 |

**图 13 - 3　双因素实验以矩阵的形式呈现**

说明：两个因素分别是媒体浏览类型和与 Facebook 好友的关系强度。每个因素都有两种水平。

## 主效应和交互作用

如前一节所指出的，一个双因素方差分析实际上涉及三个不同的假设检验。在本节中，我们将更详细地研究这三个检验。

> 根据双因素方差分析的目的，任意自变量都可以被确定为因素 $A$ 或因素 $B$。

传统上，双因素实验中的两个自变量被确定为因素 $A$ 和因素 $B$。在图 13－3 中，我们将浏览类型确定为因素 $A$，Facebook 关系的强度水平确定为因素 $B$。本研究的目标是评估这些因素独立作用可能产生的任何均值差异。

## 主效应

这项研究的目的之一是确定浏览类型的差异（因素 $A$）是否会导致行为的差异。为了回答这个问题，我们将 Facebook 条件下所有参与者的平均分与新闻网站条件下所有参与者的平均分进行比较。注意，这个过程计算的是图 13－3 中最上面一行和最下面一行的均值差。

为了让这个过程更具体，我们在图 13－4 中提供了一组假设的数据。图中表格显示了每个处理条件（单元格）的平均得分及每列的总体均值［关系强度的每种水平和每行的总体均值（每种浏览类型）］。请注意，这些假设数据是根据 Rosenberg（1989）自尊量表的完整版本开发的。这些数据表明，浏览 Facebook 的参与者（最上面一行）的总体均值为 $M=19$。这是浏览 Facebook 的所有参与者得分的平均值。相比之下，浏览新闻网站的参与者的总体均值为 $M=15$，是底部一行的平均值。这些方法之间的差异构成了所谓的浏览类型的主效应，或者说是因素 $A$ 的主效应。

| | 弱关系 | 强关系 | |
|---|---|---|---|
| 浏览 Facebook | $M=16$ | $M=22$ | $M=19$ |
| 浏览新闻网站 | $M=12$ | $M=18$ | $M=15$ |
| | $M=14$ | $M=20$ | |

**图 13－4　一项实验的假设数据，研究网页浏览类型对与朋友关系强或弱的参与者自尊的影响**

数据假设每组的样本量 $n$ 相同。Wilcox 和 Stephen 的研究使用了 5 分的简版 Rosenberg 自尊量表。这些假设的数据假设的是 30 分的完整的 Rosenberg 自尊量表（1965，1989）。

类似地，因素 $B$（与朋友的关系强度）的主效应由矩阵列之间的平均差来定义。对于图 13－4 中的数据，所有具有弱朋友关系的参与者的总体平均得分为 $M=14$。与朋友关系密切的参与者总体平均得分为 $M=20$。这些方法之间的差异构成了关系强度水平的主效应或因素 $B$ 的主效应。

> **定义**
>
> 一个因素的各水平之间的均值差异，称作该因素的**主效应**。当研究设计被呈现为一个矩阵，并且第一个因素定义行、第二个因素定义列的时候，行之间均值差异描述的就是第一个因素的主效应，列之间的均值差异描述的则是第二个因素的主效应。

行或列之间的均值差异只描述了一项双因素研究的主效应。正如我们在前面的章节里看到的，样本均值差异的存在并不表示统计显著性一定存在。一般来说，我们不希望两个样本有相同的均值。一个样本与另一个样本之间总是有一些小的差异，但是我们不能就此推断有处理效应。在双因素研究的例子里，从任何数据里观察到的主效应必须进行假设检验，以确定它们是否真的具有统计显著性。除非假设检验说明主效应是显著的，否则你只能得出结论说观察到的均值差异仅仅是样本误差造成的。

主效应的评估构成了双因素方差分析的三个假设检验中的两个。我们将提出关于因素 $A$ 的主效应和关于因素 $B$ 的主效应的假设检验，然后计算两个 $F$ 比值以检验假设。

拿上面所举的例子来说，因素 $A$ 指的是两种自尊水平的比较。虚无假设定义为两种不同水平之间没有显著差异，也就是说，自尊对结果没有影响。公式为：

$$H_0: \mu_{A_1}=\mu_{A_2}$$

另一个假设则为，不同自尊水平下，将产生不同的分数：

$H_1$：$\mu_{A_1} \neq \mu_{A_2}$

为了检验这些假设，我们将计算一个 $F$ 比值，以比较不同自尊水平之间真实的差异和随机因素或抽样误差造成的差异。

$$F=\frac{\text{因素 }A\text{ 不同水平之间的变异（差异）}}{\text{没有处理效应时的期望变异（差异）}}$$

$$F=\frac{\text{行均值之间的变异（差异）}}{\text{没有处理效应时的期望变异（差异）}}$$

相似地，因素 $B$ 指的是两种不同的关系条件的结果比较。虚无假设定义为两种关系强度的条件之间没有显著的差异。公式表达为：

$H_0$：$\mu_{B_1}=\mu_{B_2}$

对立的假设为，两种关系情境下，结果之间存在显著的差异：

$H_1$：$\mu_{B_1} \neq \mu_{B_2}$

然后，$F$ 比值用来比较两种关系情境下均值之间的差异与没有系统处理效应时的期望差异。

$$F=\frac{\text{因素 }B\text{ 不同水平之间的变异（差异）}}{\text{没有处理效应时的期望变异（差异）}}$$

$$F=\frac{\text{列均值之间的变异（差异）}}{\text{没有处理效应时的期望变异（差异）}}$$

**交互作用**　除了单独评价每一个因素的主效应之外，双因素方差分析还可以用来评价另一种均值之间的差异，即双因素的独特结合可能产生的作用。例如，特定的浏览类型和关系强度组合可能会产生不同于任何一个因素单独产生的主效应。任何无法用主效应解释的“额外”均值差异，被称为交互作用或因素之间的交互作用。将两个因素结合在同一研究中的真正优势在于，能够检查由交互作用引起的独特影响。

**定义**

当被试处理情境之间或样本之间的均值差异不同于因素的全部主效应时，双因素之间的**交互作用**就发生了。

为了让我们对交互作用的理解更加具体，我们将考察图 13 - 4 中的数据。对这些数据来说，没有交互作用的产生。也就是说，没有多余的、主效应没有解释的均值差异。例如，在每个关系强度条件下（矩阵的每一列），浏览 Facebook 的参与者的平均自尊水平比浏览新闻网站的参与者的平均水平高 4 分。这 4 分的平均差异正是浏览类型的总体主效应所预测的。现在考虑图 13 - 5 中的数据，其中显示了一组不同的假设数据，并说明了一种交互。

| | 弱关系 | 强关系 | |
|---|---|---|---|
| 浏览 Facebook | $M=13$ | $M=25$ | $M=19$ |
| 浏览新闻网站 | $M=15$ | $M=15$ | $M=15$ |
| | $M=14$ | $M=20$ | |

**图 13 - 5　一项实验的假设数据，研究网页浏览类型对那些与朋友关系较弱或较强的参与者自尊的影响**

说明：数据显示了与图 13 - 4 中的值相同的主要影响，但已修改了个别数据以创建交互作用。数据假设每组的样本量 $n$ 是相同的，对自尊的测量也是基于 30 分的 Rosenberg 自尊量表。

这些新数据显示的主效应与图 13 - 4 中相同（列均值和行均值没有变化）。两行之间（浏览类型的主要影响）仍然有 4 分的平均差值，两列之间（关系强度的主效应）仍然有 6 分的平均差值。但现在这两个因素交互作用了。例如，在浏览 Facebook 的参与者中（最上面一行），拥有强关系的参与者（$M=25$）和那些拥有弱关系的参与者（$M=13$）在自尊方面有 12 分的差异。这 12 分的差异不能用关系强度的主效应来解释，因为这个主效应只有 6 分。此外，对于浏览新闻网站的参与者（图 13－5 的底部一行），数据显示两个关系强度组之间没有差异。同样，基于关系强度因素的 6 分主效应，零差异并不是我们所期望的。不能用主效应解释的平均差异表明两个因素之间存在交互作用。

为了评估交互作用，双因素方差分析首先确定不能用主效应解释均值差异。额外的平均差异用结构如下的 $F$ 比值：

$$F=\frac{\text{不能用主效应解释的变异（平均差异）}}{\text{没有处理效应时的期望变异（平均差异）}}$$

这个 $F$ 比值的虚无假设是没有交互作用：

$H_0$：因素 $A$ 和 $B$ 之间不存在交互作用。处理条件之间的平均差异可以用两个因素的主效应来解释。

备择假设是这两个因素之间存在交互作用：

$H_1$：因素之间存在交互作用。处理条件之间的平均差异不是由这两个因素的总体主要影响所预测的。

## 关于交互作用

在上一节中，我们介绍了交互作用的概念，即两个因素共同作用产生的独特效果。本节介绍交互的两种可选定义，这些替代方案旨在帮助你理解交互的概念，并帮助你在一组数据中遇到交互时识别交互。你应该意识到，新定义与原始定义是等价的，只是对同一概念提出了略有不同的观点。

关于交互作用概念的第一个新观点着重于这两个因素的独立性概念。更具体地说，如果这两个因素是独立的，如果一个因素不影响另一个因素，那么就没有交互作用。另外，当两个因素不是独立的，一个因素的作用依赖于另一个因素时，则存在交互作用。因素之间依赖关系的概念与我们之前讨论的交互作用是一致的。如果一个因素影响另一个因素的效果，那么这些因素的独特组合就会产生独特的效果。

**定义**

当其中一个因素的效应依赖于另一个因素的不同水平时，就说明因素之间存在着**交互作用**。

交互作用的定义与“药物交互作用”的情况相似。医生和药剂师通常会关心一种药的效果会被同时服用的另一种药改变或失效。因此，一种药的效果（因素 $A$）依赖于另一种药（因素 $B$），这两种药之间存在交互作用。

回到图 13－4，你将注意到浏览效果的类型（顶部行与底部行）并不依赖于关系强度（如两列所示）。在这些数据中，无论人际关系强度如何，浏览 Facebook 和浏览新闻网站之间都有 4 分的自尊心差异。因此，浏览类型的影响不依赖于关系强度，不存在交互作用。现在考虑图 13－5 中的数据。此时，网页浏览类型的影响取决于参与者的关系强度。在社交网站上浏览 Facebook 会让人际关系较强的人的自尊心提高 12 分，但在浏览新闻网站时，人际关系的强度却没有显著差异。因此，关系强度对自尊的影响取决于参与者的浏览类型。这一结果表明，这两个因素之间存在交互作用。

当双因素研究的结果以图表的形式呈现时，可以得到交互作用的第二个替代定义。在这种情况下，可以根据图中显示的模式定义交互的概念。图 13－6 展示了我们一直在考虑的两组数据。图 13－4 中没有交互的原始数据在图 13－6（a）中显示。为了构建这个图，我们选择了一个将显示在横轴上的因素；在这种情况下，将显示不同水平的浏览类型。因变量：自尊水平，在纵轴上。请注意，该图实际上包含两个独立的图形。上面的线显示了浏览 Facebook 的参与者的关系强度和自尊之间的关系，下面的线显示了浏览新闻网站的参与者的关系强度和自尊之间的关系。通常，图与数据矩阵的结构相匹配；矩阵的列显示为 $x$ 轴的值，矩阵的行为显示为图中的独立线。

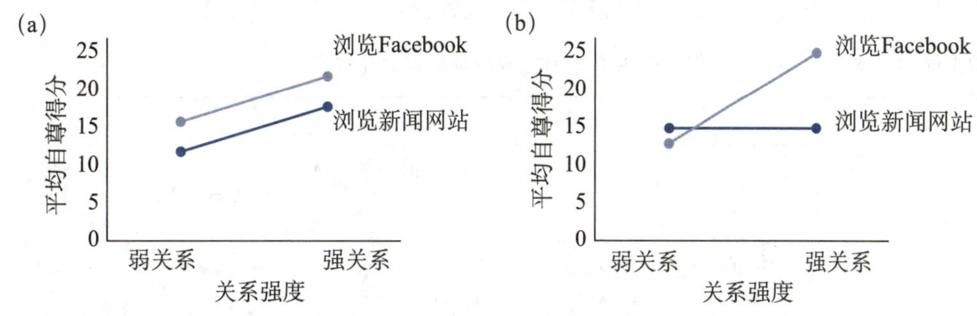


**图 13-6 两组平均自尊得分展示**

说明：(a) 图显示了来自图 13-4 的数据，没有交互效应；(b) 图显示了来自图 13-5 的数据，存在交互效应。

对于图 13-6 (a) 中显示的原始均值集，注意两条线是平行的；也就是说，直线之间的距离是恒定的。在这种情况下，线条之间的距离反映了浏览 Facebook 和新闻网站之间自尊心平均得分的 4 分差异，而这种差异在两种关系强度水平上都存在。

现在看一下当数据中存在交互时得到的图。图 13-6 (b) 给出了图 13-5 中的数据。这一次，请注意图中的线不是平行的。当从左到右扫描时，行之间的距离会发生变化，线条是交叉的，这表明浏览类型和关系强度之间存在交互作用。浏览类型对自尊的影响取决于关系强度的水平。

> **定义**
>
> 当双因素研究的结果以图形的形式呈现时，非平行线（相交、收敛或发散的线）的存在表明两个因素之间存在**交互作用**。

对于许多学生来说，从相互依赖的角度来理解交互的概念是最容易的；也就是说，当一个因素的影响取决于另一个因素的水平时，就存在交互作用。然而，在一组数据中识别交互作用的最简单方法是绘制一个图来显示处理均值，非平行线的存在是发现交互作用的一种简单方法。

## 主效应和交互作用的相互独立性

双因素 ANOVA 包括三个假设检验：$A$ 效应、$B$ 效应和 $A\times B$ 交互作用。正如我们注意到的，共有三个检验，但是，我们也应注意这三个检验是相互独立的。也就是说，三个检验中的任何一个检验与其他两个检验的结果均不相关。因此，对于一项双因素研究来说，显著或不显著的主效应与交互作用的任意结合，都是有可能的。图 13-7 中的数据列出了多种可能结果。

> $A\times B$ 交互作用通常被称为 $A$ 与 $B$ 的交互作用。例如，如果在浏览类型和关系强度之间存在交互作用，则可以称为“浏览类型与关系强度之间的交互作用”。

图 13-7 (a) 中的数据显示，$A$ 效应显著，$B$ 效应和交互作用不显著。为了确定 $A$ 效应，注意到 $A_1$（首行）比 $A_2$（末行）总体均高 10 分。这个 10 分是因素 $A$ 的主效应。为了估计 $B$ 效应，我们注意到，两列均有相同的均值，表明因素 $B$ 水平之间没有差异，从而没有 $B$ 效应。另外，在每一列内 $A$ 效应（10 分差异）是固定的，也就是说，$A$ 效应并不依赖于因素 $B$ 的水平。（另外，在每一行内，$B$ 效应也是固定的。）

图 13-7 (b) 中的数据显示，$A$ 效应和 $B$ 效应显著，但交互作用不显著。根据这些数据，行之间的 10 分均值差异显示了 $A$ 效应，列之间的 20 分均值差异显示了 $B$ 效应。在每列中，显示 $A$ 效应的 10 分是固定的，表明没有交互作用。

图 13-7 (c) 中的数据显示有交互作用，但没有因素 $A$ 和 $B$ 的主效应。根据这些数据，行之间

没有均值差异（没有 $A$ 效应），列之间也没有均值差异（没有 $B$ 效应）。然而，在每行（或每列）内却有均值差异。行或列内的均值差异不能够被主效应解释，所以存在交互作用。

(a) 数据显示因素 $A$ 有主效应，但是因素 $B$ 没有主效应且没有交互效应。

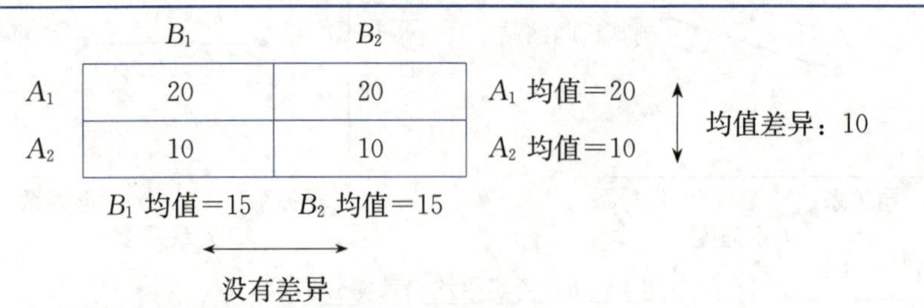


(b) 数据显示因素 $A$、因素 $B$ 都有主效应，但是没有交互效应。

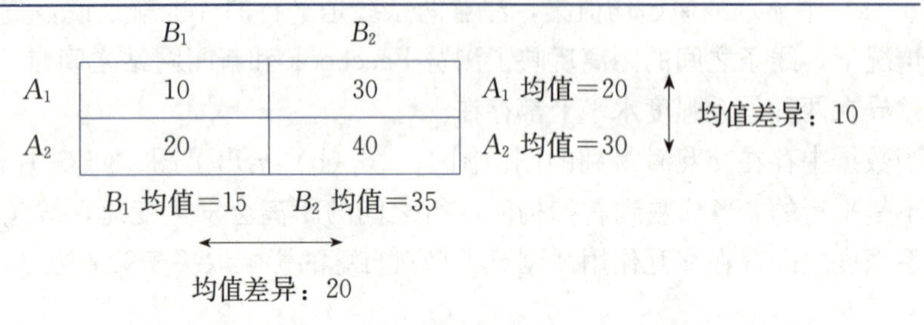


(c) 数据显示因素 $A$、因素 $B$ 都没有主效应，但是有交互效应。

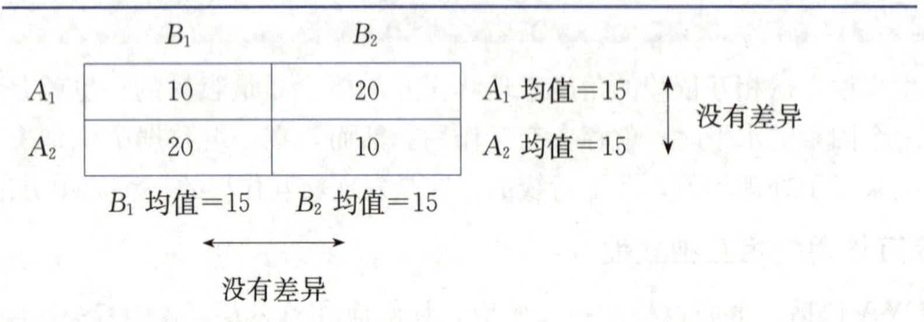


**图 13－7 三组显示主效应和交互作用的不同组合的双因素研究数据**

说明：每个单元内的数值代表其处理条件下的均值。

下面的例子将用来测试你对主效应和交互作用的理解。

**例 13.1**

下面的矩阵表示了一个双因素实验的结果。描述因素 $A$ 和因素 $B$ 的主效应。这两个因素之间是否存在交互作用？

| | $B_1$ | $B_2$ |
|---|---|---|
| $A_1$ | $M=10$ | $M=20$ |
| $A_2$ | $M=30$ | $M=40$ |

你应该得出结论：因素 $A$ 存在主效应（因素 $A$ 在 $A_2$ 中的得分均值比 $A_1$ 高 20 分），因素 $B$ 存在主效应（因素 $B$ 在 $B_2$ 中的得分均值比 $B_1$ 高 10 分），但没有交互作用；$A_1$ 和 $A_2$ 之间有一个恒定的 20 分差异，这个差异不依赖于因素 $B$ 的水平。

### 学习检查

1. 一项具有两种水平的因素 $A$ 和具有三种水平的因素 $B$ 的双因素研究在每种治疗条件下使用 $n=6$ 名参与者的单独样本。整个研究需要多少参与者？

a. 6　　b. 12　　c. 30　　d. 36

2. 下列哪项准确地描述了两个变量之间的交互作用？

a. 一个变量的效果取决于另一个变量的水平

b. 这两个变量同样受到第三个因素的影响

c. 这两个变量受到第三个变量的差异影响

d. 这两个变量都会使受试者的分数发生变化

3. 双因素方差分析的结果显示，两个主效应都是显著的。从这些信息中，你能得出关于交互的什么结论？

a. 交互作用也必须是显著的

b. 交互作用不显著

c. 一定存在交互作用，但可能在统计上不显著

d. 你不能对交互作用的重要性下结论

**答案**　1. d　2. a　3. d

## 13.2　双因素方差分析和效应量的示例

### 学习目标

4. 请描述双因素方差分析的两阶段结构，并解释每个阶段发生了什么。

5. 计算双因素方差分析所需的 $SS$、$df$ 和 $MS$ 值，解释它们之间的关系，并使用方差分析的 $df$ 值来描述研究的结构和参与者的数量。

6. 进行双因素方差分析，包括主效应和交互效应的效应量的测量。

### 双因素方差分析包含三个独立的假设检验：

1. 因素 $A$ 的主效应（经常称为 $A$ 效应）。假设矩阵的行由因素 $A$ 来定义，那么因素 $A$ 的主效应评估的是行之间的均值的差异。

2. 因素 $B$ 的主效应（经常称为 $B$ 效应）。假设矩阵的列由因素 $B$ 来定义，那么因素 $B$ 的主效应评估的是列之间的均值的差异。

3. 交互作用（称为 $A\times B$ 交互作用）。交互作用评估的是处理情境之间不能由因素 $A$ 和因素 $B$ 解释的均值之间的差异。

对于这三个假设检验，我们寻找大于误差造成差异的处理之间均值差异。在这种情况下，处理效应的显著性由 $F$ 比值来评价，所有的 $F$ 比值有着相同的结构：

$$F=\frac{\text{处理之间的变异（均值差异）}}{\text{没有处理效应时的期望变异（均值差异）}} \tag{13-1}$$

双因素方差分析的一般结构如图 13－8 所示。我们注意到，全部的方差分析被分为两个阶段。第一阶段，所有的变异被分为两个部分：处理间变异和处理内变异。第一阶段和第 12 章介绍的单因

素方差分析是相似的，即矩阵中每一个单元格被当作一个独立的处理情境。在第一阶段得到的处理内变异被用来计算 $F$ 比值的分母。如我们在第 12 章注意到的，在每种处理内，所有的被试接受相同的处理。每种处理内的变异均不是由处理效应引起的。因此，处理内变异测量的是没有系统的处理效应影响时分数的变异。

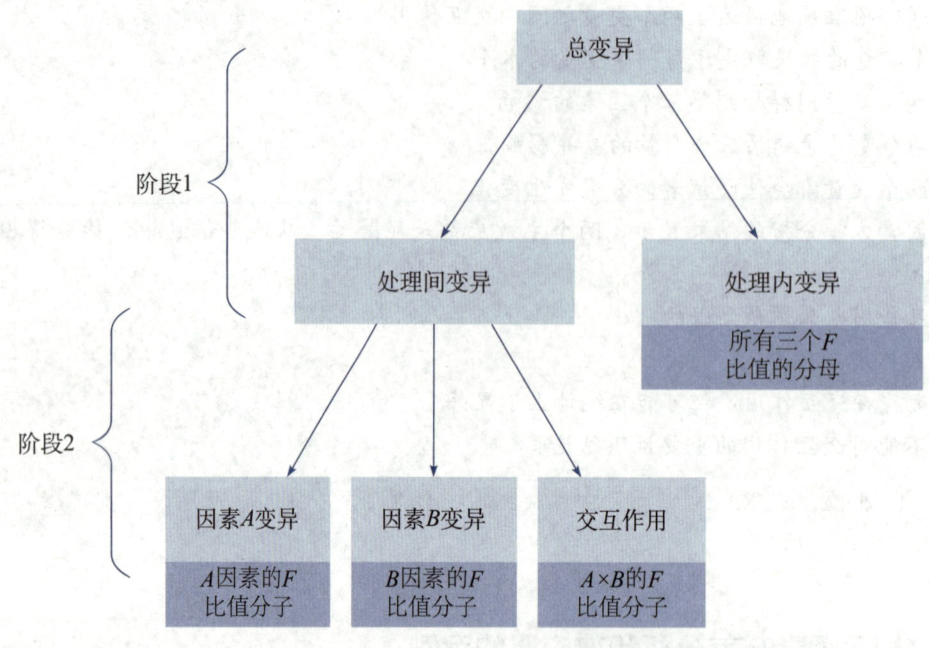


**图 13-8 双因素方差分析的结构**

第一阶段分析所得到的处理间变异由因素 A、因素 B 及交互作用组成。分析的第二阶段的目的则是把处理间变异分割为三个部分：归因于因素 A 的差异、归因于因素 B 的差异及由交互作用所产生的差异。这三个部分是分析中三个 $F$ 比值分子的基础。

> 请记住，在方差分析中，方差被叫作均方或 *MS*。

此分析的目的是计算三个 $F$ 比值所需要的方差。我们需要三个处理间方差（一个为因素 $A$，一个为因素 $B$，一个为交互作用），并且我们需要计算处理内方差。每个方差（或均方）是由其平方和（SS）和自由度（$df$）决定的：

$$均方=MS=SS/df$$

**例 13.2**

为了说明双因素方差分析，我们回到 Wilcox 和 Stephen（2013）的工作。图 13-9 展示了双因素研究的另一组假设数据，这次包括个体参与者的得分。如图 13-4 和图 13-5 所示，这两个因素分别是浏览类型和与 Facebook 朋友的关系强度。在这个假设的例子中，一组独立的学生在四种情况下分别接受测试。因变量是 Rosenberg 自尊量表上的自尊，同样是 30 分的全 Rosenberg 自尊量表。

数据以矩阵的形式显示，两级浏览类型（因素 $A$）组成行，两级关系强度（因素 $B$）组成列。注意，数据矩阵总共有四种处理条件，每种条件下有 5 名参与者的单独样本。从第 12 章介绍的单因素方差分析可知，大多数符号表示应该是熟悉的。具体来说，处理总数由 $T$ 值确定，整个研究的总得分为 $N=20$，所有 20 个得分的总（和）为 $G=340$。除了这些熟悉的值，还包括矩阵中每行每列的总数。方差分析的目的是确定数据中观察到的平均差异是否明显大于没有处理效果时的预期差异。

因素 $B$：Facebook 关系关联强度

| 因素 $A$：浏览网站种类 | | 弱关系 | 强关系 | |
|---|---|---|---|---|
| | 浏览 Facebook | 14<br>8<br>14<br>10<br>19<br>$M=13$<br>$T=65$<br>$SS=72$ | 29<br>19<br>29<br>23<br>25<br>$M=25$<br>$T=125$<br>$SS=72$ | $T_{行}=190$ |
| | 浏览新闻网站 | 13<br>13<br>15<br>11<br>23<br>$M=15$<br>$T=75$<br>$SS=88$ | 10<br>14<br>17<br>12<br>22<br>$M=15$<br>$T=75$<br>$SS=88$ | $T_{行}=150$ |
| | | $T_{列}=140$ | $T_{列}=200$ | |

$N=20$
$G=340$
$\sum X^2=6\ 540$

**图 13-9　比较两种浏览方式和两种关系强度的双因素研究的假设数据**

说明：因变量是自尊心。该研究涉及四种处理条件，每种处理条件下都有 $n=5$ 个被试。

## 双因素方差分析的第一阶段

双因素方差分析的第一阶段将总变异分成了两个部分：处理间变异和处理内变异。这一阶段的公式与第 12 章中介绍的单因素方差分析的公式是相似的，并规定双因素矩阵中每一个单元格代表一种独立的处理情境。关于图 13-9 中的数据的公式和计算方法如下：

**总变异**

$$SS_{总}=\sum X^2-\frac{G^2}{N} \tag{13-2}$$

根据这些数据，

$$SS_{总}=6\ 540-\frac{340^2}{20}$$
$$=760$$

该 $SS$ 值测量的是 $N=20$ 个分数的变异，它的自由度为：

$$df_{总}=N-1 \tag{13-3}$$

结合图 13-9 的数据，$df_{总}=19$。

**处理内变异**　为了计算处理内变异，我们首先需要计算每一种处理情境中的 $SS$ 和 $df=n-1$。处理内的 $SS$ 定义如下：

$$SS_{处理内}=\sum SS_{每一处理内} \tag{13-4}$$

处理内 $df$ 定义为：

$$df_{处理内}=\sum df_{每一处理内} \tag{13-5}$$

结合图 13-9 中的数据，

$$SS_{处理内}=72+72+88+88=320$$

$df_{处理内}=4+4+4+4=16$

**处理间变异** 因为第一阶段的两部分加起来为总的变异，所以计算 $SS_{处理间}$ 最简单的方式便是通过减法计算。

$$SS_{处理间}=SS_{总}-SS_{处理内} \tag{13-6}$$

结合图 13-9 中的数据，

$$SS_{处理间}=760-320=440$$

也可以直接使用 $SS_{处理间}$ 的计算公式来计算。

$$SS_{处理间}=\sum\frac{T^2}{n}-\frac{G^2}{N} \tag{13-7}$$

结合图 13-9 中的数据，其中包含了 4 种处理情况（4 个 $T$ 值），每种处理情况下包括 5 个被试，故处理间的 $SS$ 为：

$$\begin{aligned}SS_{处理间}&=\frac{65^2}{5}+\frac{125^2}{5}+\frac{75^2}{5}+\frac{75^2}{5}-\frac{340^2}{20}\\&=845+3\ 125+1\ 125+1\ 125-5\ 780\\&=6\ 220-5\ 780=440\end{aligned}$$

处理间的 $df$ 值由处理情况的个数（或者 $T$ 值的个数）减去 1 来决定。在双因素研究中，处理个数等于矩阵中的单元格个数。因此

$$df_{处理间}=单元格个数-1 \tag{13-8}$$

结合数据本身，$df_{处理间}=4-1=3$。

这就是分析的第一阶段。我们注意到，这两个部分的 $SS$ 和 $df$ 总和等于总变异的 $SS$ 和 $df$ 值。

$$SS_{处理间}+SS_{处理内}=SS_{总}$$

$$440+320=760$$

$$df_{处理间}+df_{处理内}=df_{总}$$

$$3+16=19$$

### 双因素方差分析的第二阶段

双因素方差分析的第二阶段将确定三个 $F$ 比值的分子部分。具体来说，该阶段分析的是处理间变异中，因素 $A$、因素 $B$ 和交互作用的变异部分。

**1. 因素 A** 因素 $A$ 的主效应评估的是因素 $A$ 不同水平上均值的差异。在本例中，因素 $A$ 定义为矩阵中的行，故我们评估的是行之间平均分的差异。为了计算因素 $A$ 的 $SS$，如之前用处理总分（$T$ 值）来计算 $SS_{处理间}$ 的方法一样，我们用行的总分来计算处理间的 $SS$。对于因素 $A$，行的总得分值分别为 190 和 150，每一行包括了 10 个分数。因此

$$SS_A=\sum\frac{T_{行}^2}{n_{行}}-\frac{G^2}{N} \tag{13-9}$$

结合数据，

$$\begin{aligned}SS_A&=\frac{190^2}{10}+\frac{150^2}{10}-\frac{340^2}{20}\\&=3\ 610+2\ 250-5\ 780\\&=80\end{aligned}$$

因素 $A$ 包含容易和困难两种处理情境（或两行数据），所以 $df$ 值为：

$$\begin{aligned}df_A&=行数-1\\&=2-1\\&=1\end{aligned} \tag{13-10}$$

**2. 因素 $B$**　因素 $B$ 的计算除了将行换成列，其他与因素 $A$ 相同。因素 $B$ 的主效应评估的是因素 $B$ 各水平的均值差异，定义的是矩阵的列。

$$SS_B = \sum \frac{T_{列}^2}{n_{列}} - \frac{G^2}{N} \tag{13-11}$$

根据我们的数据，列的得分总和为 85 和 70，每一列共有 10 个得分，因此

$$\begin{aligned} SS_B &= \frac{140^2}{10} + \frac{200^2}{10} - \frac{340^2}{20} \\ &= 1\,960 + 4\,000 - 5\,780 \\ &= 180 \end{aligned}$$

$$\begin{aligned} df_B &= 列数 - 1 \\ &= 2 - 1 \\ &= 1 \end{aligned} \tag{13-12}$$

**3. $A \times B$ 的交互作用**　$A \times B$ 的交互作用被定义为额外的、不能由两个因素的主效应解释的平均分的差异。我们将根据这个定义，通过简单的减法来计算交互作用的 $SS$ 和 $df$ 值。具体来说，处理间变异被分为三个部分：$A$ 效应、$B$ 效应与交互效应（见图 13-8）。我们已经计算出因素 $A$ 与因素 $B$ 的 $SS$ 和 $df$ 值，故通过减法可以找到剩余的变异，也就是交互效应的值。因此

$$SS_{A \times B} = SS_{处理间} - SS_A - SS_B \tag{13-13}$$

结合我们假设的数据，

$$\begin{aligned} SS_{A \times B} &= 440 - 80 - 180 \\ &= 180 \end{aligned}$$

同样，

$$\begin{aligned} df_{A \times B} &= df_{处理间} - df_A - df_B \\ &= 3 - 1 - 1 \\ &= 1 \end{aligned} \tag{13-14}$$

另一个计算 $df_{A \times B}$ 的公式为：

$$\begin{aligned} df_{A \times B} &= df_A \times df_B \\ &= 1 \times 1 = 1 \end{aligned} \tag{13-15}$$

## 双因素方差分析的均方和 $F$ 比值

双因素方差分析包含了用三个独立的 $F$ 比值进行的假设检验。每一个 $F$ 比值的分母测量的是随机因素造成的变异（差异）。如我们在第 12 章所看到的，处理内变异在独立测量设计中作为分母。处理内变异被称为均方或 $MS$，计算如下：

$$MS_{处理内} = \frac{SS_{处理内}}{df_{处理内}}$$

结合图 13-9 中的数据，

$$MS_{处理内} = \frac{320}{16} = 20$$

这个数值将作为 $F$ 比值的分母。

三个 $F$ 比值的分子测量的是处理间变异或差异：因素 $A$ 不同水平间的差异、因素 $B$ 不同水平间的差异、额外的归因于 $A \times B$ 交互作用的差异。这三种变异计算如下：

$$MS_A = \frac{SS_A}{df_A}$$

$$MS_B=\frac{SS_B}{df_B}$$

$$MS_{A\times B}=\frac{SS_{A\times B}}{df_{A\times B}}$$

结合表 13-1 中的数据，这三个 $MS$ 值分别为：

$$MS_A=\frac{80}{1}=80$$

$$MS_B=\frac{180}{1}=180$$

$$MS_{A\times B}=\frac{180}{1}=180$$

所得的三个 $F$ 比值为：

$$F_A=\frac{MS_A}{MS_{处理内}}=\frac{80}{20}=4.00$$

$$F_B=\frac{MS_B}{MS_{处理内}}=\frac{180}{20}=9.00$$

$$F_{A\times B}=\frac{MS_{A\times B}}{MS_{处理内}}=\frac{180}{20}=9.00$$

为了确认每一个 $F$ 比值显著与否，我们必须结合每一个 $F$ 比值的 $df$ 值来参考 $F$ 分布表。针对这个例子，因素 $A$ 的 $F$ 比值的分子 $df=1$，分母 $df=16$。查看当 $df=1$，16 时 $F$ 分布表的值，我们发现，$\alpha=0.05$ 时临界值为 4.49，$\alpha=0.01$ 时临界值为 8.53。对于因素 $A$（浏览类型）的主效应，我们得到 $F=4.00$。$A$ 的主效应不显著，因为 $F=4.00$ 小于 $F=4.49$ 的临界值，这意味着浏览类型没有显著影响。请注意，这并不意味着浏览类型不重要，因为对浏览类型主效应的分析没有考虑该因素与关系强度的潜在交互作用。因素 $B$（关系强度）的主效应 $F=9.00$，大于临界 $F$ 比值。因此，关系强度对自尊有显著影响。同样，因素 $A$ 和因素 $B$ 的交互作用显著，因为 $F=9.00$ 大于临界 $F$ 比值。这意味着浏览 Facebook 对自尊的影响取决于一个人与 Facebook 朋友关系的强弱。

表 13-1 是例 13.2 完整的双因素方差分析汇总表。虽然这些表格在研究报告中不常用，但它为显示分析的所有元素提供了一种简洁的格式。此外，像这样的表格通常由 SPSS 等统计软件报告。

**表 13-1　例 13.2 中的双因素方差分析汇总表**

| 类别 | *SS* | *df* | *MS* | *F* |
|---|---|---|---|---|
| 处理间 | 440 | 3 | | |
| 因素 $A$（浏览类型） | 80 | 1 | 80 | 4.00 |
| 因素 $B$（关系强度） | 180 | 1 | 180 | 9.00 |
| $A\times B$ | 180 | 1 | 180 | 9.00 |
| 处理内 | 320 | 16 | 20 | |
| 总 | 760 | 19 | | |

下面的例子可以检验你对双因素方差分析所需计算的理解。

**例 13.3**

图 13-10 总结了双因素独立测量实验的结果：

| | | 因素 B | | |
|---|---|---|---|---|
| | | $B_1$ | $B_2$ | $B_3$ |
| 因素 A | $A_1$ | $n=10$<br>$T=0$<br>$SS=30$ | $n=10$<br>$T=10$<br>$SS=40$ | $n=10$<br>$T=20$<br>$SS=50$ |
| | $A_2$ | $n=10$<br>$T=40$<br>$SS=60$ | $n=10$<br>$T=30$<br>$SS=50$ | $n=10$<br>$T=20$<br>$SS=40$ |

**图 13-10 双因素独立测量实验的结果**

计算因素 $A$ 的每一水平的总和，并计算因素 $A$ 的 $SS$，然后计算因素 $B$ 的总和，并计算该因素的 $SS$。你会发现，因素 $A$ 的总数是 30 和 90，而 $SS_A=60$。因素 $B$ 的三个总数都等于 40，因此所有水平的因素 $B$ 的均值是相同的。因为均值相等，所以没有可变性，$SS_B=0$。

## 一个双因素方差分析假设检验的案例

关于假设检验，我们已经看到了两个因素的所有独立成分 ANOVA 及其计算。我们可以使用表 13-1 所示的四步假设检验方法进行检验。

**步骤 1 陈述假设并选择 α 水平。**

$H_0$ 表示浏览类型的主效应：$\mu_{\text{Facebook}}=\mu_{\text{新闻网站}}$。

$H_0$ 表示关系强度的主效应：$\mu_{\text{弱关系}}=\mu_{\text{强关系}}$。

交互作用 $H_0$：浏览因素类型的影响不依赖于关系强度的水平。

我们将使用 $\alpha=0.05$。

**步骤 2 定位拒绝域。**

我们发现 $df_{\text{处理内}}=16$、$df_{\text{浏览类型}}=1$、$df_{\text{关系强度}}=1$ 和 $df_{\text{浏览类型}\times\text{关系强度}}=1$。因此，每个 $F$ 比值的 $df=1$，16，拒绝域为所有三次检验的 $F$ 比值均大于 4.49。

**步骤 3 计算 $F$ 比值。**

这些计算已经在上一节中完成，表 13-1 总结了它们。对于 $A$（浏览类型）的主效应，我们得到 $F=4.00$。因素 $B$（关系强度）的主效应 $F$ 比值为 $F=9.00$。因素 $A$ 与因素 $B$ 的交互作用 $F$ 比值为 $F=9.00$。

**步骤 4 做决定。**

因为每个 $F$ 比值的 $df=1$，16 且 $\alpha=0.05$，拒绝域由所有三次检验的 $F$ 比值均大于 4.49 的 $F$ 比值组成。浏览类型的主效应不显著，因此不能拒绝虚无假设。关系主效应强度以及浏览类型与关系强度的交互作用均显著。

## 双因素方差分析的效应量

计算 ANOVA 的效应量通常使用效应量 $\eta^2$，即被处理效应所解释的方差比例。对于双因素 ANOVA，我们需计算三个不同的 $\eta^2$：第一个为因素 $A$ 所解释的方差比例，第二个为因素 $B$ 的，第三个为交互作用的。在计算三个处理效应前将被其他因素所解释的变异除去。例如，在计算因素 $A$ 的效应量 $\eta^2$ 之前，将被因素 $B$ 和交互作用所解释的变异移除。结果公式如下：

$$\text{对于因素 } A,\ \eta^2=\frac{SS_A}{SS_{\text{总}}-SS_B-SS_{A\times B}} \tag{13-16}$$

注意，公式（13-16）中的分母由因素 $A$ 和其他未被解释的变异组成。因此，也可以写作：

$$\text{对于因素 } A，\eta^2 = \frac{SS_A}{(SS_A + SS_{\text{处理内}})} \tag{13-17}$$

同样，因素 $B$ 和交互作用的 $\eta^2$ 如下：

$$\text{对于因素 } B，\eta^2 = \frac{SS_B}{SS_{\text{总}} - SS_A - SS_{A\times B}} = \frac{SS_B}{SS_B + SS_{\text{处理内}}} \tag{13-18}$$

$$\text{对于 } A\times B，\eta^2 = \frac{SS_{A\times B}}{SS_{\text{总}} - SS_A - SS_B} = \frac{SS_{A\times B}}{SS_{A\times B} + SS_{\text{处理内}}} \tag{13-19}$$

因为每个效应量的计算均不是基于分数的总变异，所以结果通常被称为偏 $\eta^2$。对于例 13.2 中的数据，公式产生的结果如下：

$$\text{因素 } A\text{（浏览类型）的 } \eta^2 = \frac{80}{80+320} = 0.20$$

$$\text{因素 } B\text{（关系强度）的 } \eta^2 = \frac{180}{180+320} = 0.36$$

$$\text{交互作用 } A\times B \text{ 的 } \eta^2 = \frac{180}{180+320} = 0.36$$

在文献中

## 报告双因素方差分析的结果

对于双因素方差分析结果的 APA 格式的报告，原则上与对于单因素方差分析结果的报告是一样的。首先，需要报告均值和标准差。由于双因素研究设计涉及若干处理情境，所以这些描述性统计结果常以图表的形式呈现。其次，需要报告所有三个假设检验的结果（$F$ 比值）。对于例 13.2 中的研究来说，报告结果采取了如下形式：

所有处理条件的均值和标准差见图 13-11。双因素方差分析显示浏览类型的主效应不显著，$F(1, 16)=4.00$，$p>0.05$，$\eta^2=0.20$。然而，关系强度的主效应显著，$F(1, 16)=9.00$，$p<0.05$，$\eta^2=0.36$；浏览类型与关系强度的交互效应显著，$F(1, 16)=9.00$，$p<0.05$，$\eta^2=0.36$。

| | | 因素 $B$：Facebook 关系强度 | |
|---|---|---|---|
| | | 弱关系 | 强关系 |
| 因素 $A$ 浏览网站种类 | 浏览 Facebook | $M=13.00$ $SD=4.24$ | $M=25.00$ $SD=4.24$ |
| | 浏览新闻网站 | $M=15.00$ $SD=4.69$ | $M=15.00$ $SD=4.69$ |

**图 13-11　每种条件下的自尊得分**

## 双因素方差分析结果的解释

由于双因素方差分析涉及三个独立的检验，你必须考虑到全部的结果，而不能仅关注主效应或交互作用。具体来说，当一种显著的交互作用存在时，对于主效应的解释就需要格外小心（不管主效应是否显著）。记住，交互作用表示一个因素的效应依赖于第二个因素的水平。因为效应在不同水平间发生变化，所以，没有一致的“主效应”。

图 13-12 给出了 Facebook 与新闻网站浏览对比的样本均值。回忆分析结果，浏览类型（Facebook vs. 新闻网站）的主效应并不重要。尽管主效应太小以至于不显著，但是就此而得到浏览类型不影响行为的结论是错误的。在这个例子中，浏览 Facebook 和浏览新闻网站的区别取决于参与者与他们的 Facebook 朋友关系的强度。具体来说，当社交关系较弱时，浏览 Facebook 和浏览新闻网站之间几乎没有区别。然而，当参与者与他们的 Facebook 好友关系密切时，浏览 Facebook 会产生更

高的自尊分数。因此，浏览 Facebook 和浏览新闻网站之间的区别取决于关系的强度。因素之间的这种相互依赖是显著的交互作用的来源。

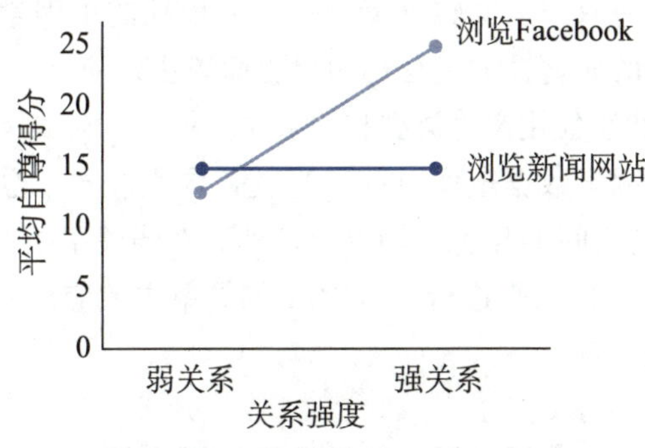


**图 13-12 例 13.2 数据的样本均值**

说明：数据是来自一项双因素研究的自尊分数，该研究探究了在强或弱的关系条件下浏览类型（Facebook vs. 浏览新闻网站）的效应。

## 学习检查

1. 下面哪个选项准确地描述了双因素方差分析的两个阶段？

a. 第一阶段对总变异进行划分，第二阶段对处理内变异进行划分

b. 第一阶段对总变异进行划分，第二阶段对处理间变异进行划分

c. 第一阶段对处理之间的变异进行划分，第二阶段对处理内的变异进行划分

d. 其他选项都不准确

2. 在双因素方差分析中，因素 $A$ 的 $F$ 比值为 $df=2$，60，因素 $B$ 的 $F$ 比值为 $df=3$，60。根据这些信息，交互作用的 $F$ 比值的 $df$ 值是多少？

a. 3，60　　b. 5，60

c. 6，60　　d. 没有附加信息，无法确定

3. 在三水平因素 $A$ 和三水平因素 $B$ 的双因素方差分析中，$SS_A=50$ 和 $SS_{处理间}=150$。$n=11$，因素 $A$ 的 $\eta^2$ 是多少？

a. $\eta^2=\frac{50}{150+50}=0.25$　　b. $\eta^2=\frac{50}{150}=0.33$

c. $\eta^2=\frac{25}{2.5}=10.00$　　d. $\eta^2=\frac{50}{2.5}=20.00$

**答案** 1. b 2. c 3. a

## 13.3 关于双因素方差分析的更多内容

### 学习目标

7. 解释如何使用简单效应来分析和描述主效应和交互作用的细节。
8. 解释添加一个被试变量作为第二个因素，可以如何减少由个体差异引起的可变性。

### 检验简单主效应

存在显著的交互作用表明，第一个因素的影响（平均差异）取决于第二个因素的水平。当数据

以显示处理均值的矩阵表示时，显著的交互作用表明一列（或行）内的平均差异与另一列（或行）内的平均差异具有不同的模式。在这种情况下，研究人员可能想要对于每一列（或行）执行单独的分析。实际上，研究人员正在将双因素实验分离为一系列单独的单因素实验。在双因素设计中，测试一列（或一行）内平均差异的显著性的过程称为检验简单主效应。

为了演示这个过程，我们再次使用浏览类型和关系强度研究（例 13.2），见图 13-9。

在本例中，我们测试了双因素数据矩阵中每列的显著均值差异。也就是说，我们先在强关系条件下测试 Facebook 和新闻浏览之间的显著平均差异，然后在弱关系条件下重复测试。在双因素的符号系统下，我们对因素 $B$ 的每一种水平进行了因素 $A$ 的简单主效应检验。

**例 13.4**

对于强关系条件，由于我们将数据限制在数据矩阵的第一行，因此数据实际上已经简化为仅比较两种处理条件的单因素研究。因此，分析本质上是单因素分析，复制第 12 章的过程。为了便于从双因素分析转变为单因素分析，强关系条件（矩阵的第二列）的数据使用单因素研究的符号复制如表 13-2所示。

**表 13-2 强关系条件的数据**

| 因素 A：浏览网站种类 | | |
|---|---|---|
| Facebook | 新闻网站 | |
| $n=5$ | $n=5$ | $N=10$ |
| $M=25$ | $M=15$ | $G=200$ |
| $T=125$ | $T=75$ | |

陈述假设并选择 $\alpha$ 水平。对于这个受限的数据集，虚无假设表示 Facebook 条件的均值和新闻网站条件的均值之间没有差异。用符号表示为：

$H_0$：在强关系水平下 $\mu_{Facebook}=\mu_{新闻网站}$

$\alpha$ 为 0.05。

**测试简单主效应的 $F$ 比值。**

为了评估这一假设，我们使用了一个 $F$ 比值，其分子（处理间的 $MS$）由这两组之间的平均差异决定，分母由原始方差分析中处理内的 $MS$ 决定。因此

$$F=\frac{\text{第 2 列中均值方差}}{\text{随机期望的方差}}$$

$$=\frac{\text{第 2 列中两种处理的 } MS_{处理间}}{\text{原始方差分析的 } MS_{处理内}}$$

为计算 $MS_{处理间}$，计算两种处理的 $T$ 值，$T=125$ 和 75，每个 $T$ 值对应 $n=5$ 个分数，两者相加总数为 $G=200$，计算 $SS_{处理间}$。

$$SS_{处理间}=\sum\frac{T^2}{n}-\frac{G^2}{N}$$

$$=\frac{125^2}{5}+\frac{75^2}{5}-\frac{200^2}{10}$$

$$=3\,125+1\,125-4\,000$$

$$=250$$

因为这个 $SS$ 值只基于两种处理，所以它的 $df=1$。因此

$$MS_{\text{处理间}}=\frac{SS_{\text{处理间}}}{df_{\text{处理间}}}=\frac{250}{1}=250$$

$MS_{\text{处理内}}=20$，$df=16$，

$$F=\frac{MS_{\text{处理间}}}{MS_{\text{处理内}}}=\frac{250}{20}=12.5$$

注意，这个 $F$ 比值的 $df$ 值（1，16）与原始方差分析中的因素 $B$ 主效应检验相同。因此，$F$ 比值的临界值与原始方差分析相同。$df=1$，16 的临界值为 4.49。在这种情况下，$F$ 比值远远超过临界值，因此我们得出结论：当关系条件强时，不同浏览类型条件之间的自尊存在显著差异。

弱关系条件的检验遵循相同的过程。这种情况下的数据如表 13－3 所示。

**表 13－3　弱关系条件的数据**

| 因素 $A$：浏览网站种类 | | |
|---|---|---|
| Facebook | 新闻网站 | |
| $n=5$ | $n=5$ | $N=10$ |
| $M=13$ | $M=15$ | $G=140$ |
| $T=65$ | $T=75$ | |

$$\begin{aligned}SS_{\text{处理间}} &= \sum\frac{T^2}{n}-\frac{G^2}{N}\\&=\frac{65^2}{5}+\frac{75^2}{5}-\frac{140^2}{10}\\&=845+1\ 125-1\ 960\\&=10\end{aligned}$$

因为这个 $SS$ 值只基于两种处理，所以它的 $df=1$。因此

$$MS_{\text{处理间}}=\frac{SS_{\text{处理间}}}{df_{\text{处理间}}}=\frac{10}{1}=10$$

$$MS_{\text{处理内}}=20,\ F=\frac{MS_{\text{处理间}}}{MS_{\text{处理内}}}=\frac{10}{20}=0.50$$

与前面一样，这个 $F$ 比值有 $df=1$，16，并与临界值 $F=4.49$ 比较。这一次，$F$ 比值不处于拒绝域，我们得出结论：当关系较弱时，不同浏览类型条件之间的自尊没有显著差异。

还需要指出的是，我们使用了简单主效应的评价来考虑交互作用，同时也考虑了一个因素的总体主效应。在例 13.2 中，显著的交互表明浏览 Facebook 和浏览新闻网站（因素 $A$）依赖于关系强度（因素 $B$）。简单主效应的评价表明了这种依赖。具体来说，当关系较弱时，浏览类型对自尊没有显著影响，但当关系较强时，有显著影响。因此，简单主效应的评价提供了一个因素影响的详细评估，包括它与第二个因素的交互作用。

如果考虑 $SS$ 值，可以看到一个因素的简单主效应既包含交互作用又包含该因素的总体主效应（见表 13－4）。

**表 13－4　既包含交互作用又包含因素的总体主效应的简单主效应**

| 因素 A 的简单主效应（浏览类型） | 因素 A 的交互作用和主效应 |
|---|---|
| $SS_{\text{强关系}}=250$ | $SS_{A\times B}=180$ |
| $SS_{\text{弱关系}}=10$ | $SS_{\text{浏览类型}}=80$ |
| $SS_{\text{总}}=260$ | $SS_{\text{总}}=260$ |

请注意，来自因素 $A$（浏览类型）的简单主效应的总变异，完全可以解释因素 $A$ 和 $A\times B$ 交互

的总变异。

### 使用第二个因素来减少个体差异导致的方差

正如我们在第10章和第12章中提到的，独立测量设计需要考虑每种处理条件之间的差异。具体而言，较大的方差通常会降低 $t$ 统计量或 $F$ 比值的大小，从而降低发现显著均值差异的可能性。在独立测量研究中，大部分差异来自个体差异。回想一下，个体差异指的是不同参与者之间的年龄、性别等特征，这些特征可能会影响研究中获得的分数。

偶尔，对于一种特定的参与者特征存在一致的个体差异。例如，在一项研究中，当比较两种性别时，男性的得分可能始终低于女性。或者，年长的参与者可能比年轻的参与者得分更高。例如，假设研究人员针对两种治疗条件分别使用一组儿童进行比较。每组参与者中都有男孩和女孩。本研究的假设数据如表13-5所示，孩子的性别用M（男）和F（女）标记。在检查结果时，研究人员注意到女孩往往比男孩得分更高，这产生了很大的个体差异和高的组内方差。幸运的是，对于高方差的问题，有一个相对简单的解决方案。解决方案需要使用特定变量，在本例中是性别，作为第二个因素。研究人员将每个处理的参与者分成两组：一组男孩和一组女孩，而不是一组。这个过程创建了图13-13所示的双因素研究，其中一个因素包括两种处理（Ⅰ和Ⅱ），另一个因素包括性别（男性和女性）。

**表13-5 比较两种治疗方法的单因素研究**

| 因素1 | 因素2 |
|---|---|
| 1(F) | 6(F) |
| 10(M) | 10(M) |
| 7(F) | 10(F) |
| 10(M) | 12(M) |
| 0(F) | 15(M) |
| 10(M) | 6(F) |
| 4(F) | 15(M) |
| 6(M) | 6(F) |
| $M$=6 | $M$=10 |
| $SS$=114 | $SS$=102 |

说明：可以通过将参与者特征（性别）作为第二个因素转化为双因素研究。

| | 因素1 | 因素2 |
|---|---|---|
| 男性 | 10<br>10<br>10<br>6<br>$M$=9<br>$SS$=12 | 10<br>12<br>15<br>15<br>$M$=13<br>$SS$=18 |
| 女性 | 1<br>7<br>0<br>4<br>$M$=3<br>$SS$=30 | 6<br>10<br>6<br>6<br>$M$=7<br>$SS$=12 |

**图13-13 比较两种治疗方法的单因素研究**

说明：形成了更小、更同质的组，从而减小了组内的方差。

通过添加第二个因素，并创建四组参与者，而不是只有两组，研究人员大大减少了每组内的个体差异（性别差异）。这将在每组中产生较小的方差，因此增加获得显著平均差异的可能性。下面的例子演示了这个过程。

**例 13.5**

我们将使用表 13-5 和图 13-13 中的数据来演示如何通过添加参与者特征（如年龄或性别）作为第二个因素来减小由个体差异引起的方差。对于表 13-5 中的单因素研究，两种处理产生：

$$SS_{处理内}=114+102=216$$

$$n=8,\ df_{处理内}=7+7=14$$

$$MS_{处理内}=\frac{SS_{处理内}}{df_{处理内}}=\frac{216}{14}=15.43$$

这将是 $F$ 比值的分母，用于评估处理之间的平均差异。对于图 13-13 中的双因素研究，四种处理产生：

$$SS_{处理内}=12+18+30+12=72$$

$$n=4,\ df_{处理内}=3+3+3+3=12$$

$$MS_{处理内}=\frac{SS_{处理内}}{df_{处理内}}=\frac{72}{12}=6.00$$

这将是评估处理效应的 $F$ 比值的分母。请注意，单因素 $F$ 的误差项远大于双因素 $F$ 的误差项。减少每组内的个体差异大大减小了构成 $F$ 比值分母的处理内方差。

单因素和双因素两种设计都将评估 $M=6$ 和 $M=10$ 两种处理方法之间的差异，每种处理中 $n=8$。这些值产生 $SS_{处理间}=64$ 和 $k=2$，我们获得了 $df_{处理间}=1$。因此

$$MS_{处理间}=\frac{64}{1}=64$$

对于双因素设计，这是因素的主效应的 $MS$。不同的分母，两种处理产生了非常不同的 $F$ 比值。对于单因素设计，我们得到

$$F=\frac{MS_{处理间}}{MS_{处理内}}=\frac{64}{15.43}=4.15$$

$df=1$，14 时，$\alpha=0.05$ 的临界值是 $F=4.60$。$F$ 不在拒绝域，因此不能拒绝虚无假设，必须得出两种处理之间没有显著差异的结论。然而，对于双因素设计，我们得到

$$F=\frac{MS_{处理间}}{MS_{处理内}}=\frac{64}{6}=10.67$$

$df=1$，12 时，$\alpha=0.05$ 的临界值是 $F=4.75$。$F$ 远远超过这个值，因此拒绝虚无假设，并得出两种处理之间存在显著差异的结论。

在例 13.5 的单因素研究中，性别引起的个体差异是每种处理条件下方差的一部分。这种增加的方差降低了 $F$ 比值，并导致处理间没有显著差异的结论。在双因素分析中，性别引起的个体差异用性别的主效应来衡量，这是一种组间因素。因为性别差异现在是组间的，而不是组内的，所以它们不再对差异有贡献。

除了减小方差之外，双因素分析还有其他优点，具体来说，它允许你评估性别之间的均值差异及处理之间的差异，它揭示了处理和性别之间的交互作用。

### 双因素方差分析的假设

本章中方差分析的有效性依赖于我们在其他独立测量假设检验中遇到的三个假设（第 10 章的 $t$

检验和第 12 章的单因素方差分析）：

1. 每个样本中的观测必须是独立的。
2. 样本所选的总体必须是正态的。
3. 样本所选的总体必须具有相等的方差（方差齐性）。

和之前一样，正态性假设一般不需要关注，尤其是当样本量相对较大时。方差齐性假设更为重要，如果你的数据似乎不满足这一要求，则应该在进行方差分析之前进行同质性检验。Hartley 的 $F$-max检验允许你使用数据的样本方差来确定总体方差之间是否存在差异。记住，对于双因素方差分析，数据矩阵中的每个单元格都有一个单独的样本。同质性检验适用于所有这些样本及其代表的总体。

### 学习检查

1. 在使用三种水平的因素 $A$ 和两种水平的因素 $B$ 进行因素方差分析之后，你在因素 $B$ 的一种水平上分析因素 $A$ 的简单主效应。假设 $n=6$，简单主效应的自由度是多少？

a. $df=1$，10　　b. $df=2$，10

c. $df=1$，30　　d. $df=2$，30

2. 在统计学入门课上，一位研究人员对咖啡因对于学生考试成绩的影响很感兴趣。在方差分析中加入专业作为一个因素的结果是什么？

a. 咖啡因因素的 $F$ 比值会降低

b. 处理内的 $MS_{处理内}$ 值会升高

c. 处理内的 $MS_{处理内}$ 值会降低

d. 处理内的 $MS_{处理内}$ 值和咖啡因因素的 $F$ 比值都将降低

**答案**　1. d　2. c

## 小　结

1. 一项研究中涉及两个独立的因素，我们就称之为双因素设计。这样的研究设计可以用矩阵的形式表示出来，一个因素的水平定义矩阵的行，另一个因素的水平定义矩阵的列。矩阵中的每一个单元格对应于双因素的一个特定的结合。

2. 在通常情况下，这两个因素分别为因素 $A$ 与因素 $B$。方差分析的目的是确认不同处理情境下或实验矩阵中的不同单元格之间，均值之间是否存在显著的差异。处理效应分类如下：

a. $A$ 效应：因素 $A$ 的不同水平所导致的总体均值差异。

b. $B$ 效应：因素 $B$ 的不同水平所导致的总体均值差异。

c. $A\times B$ 效应：无法由主效应解释的另外的均值差异。

3. 双因素方差分析产生三个 $F$ 比值：一个为因素 $A$ 的，一个为因素 $B$ 的，最后一个为 $A\times B$ 的交互作用的。每一个 $F$ 比值有着相同的结构：

$$F=\frac{MS_{处理效应}\ (A\ 或\ B\ 或\ A\times B)}{MS_{处理内}}$$

双因素 ANOVA 的 $SS$、$df$ 和 $MS$ 的计算公式见图 13－14。

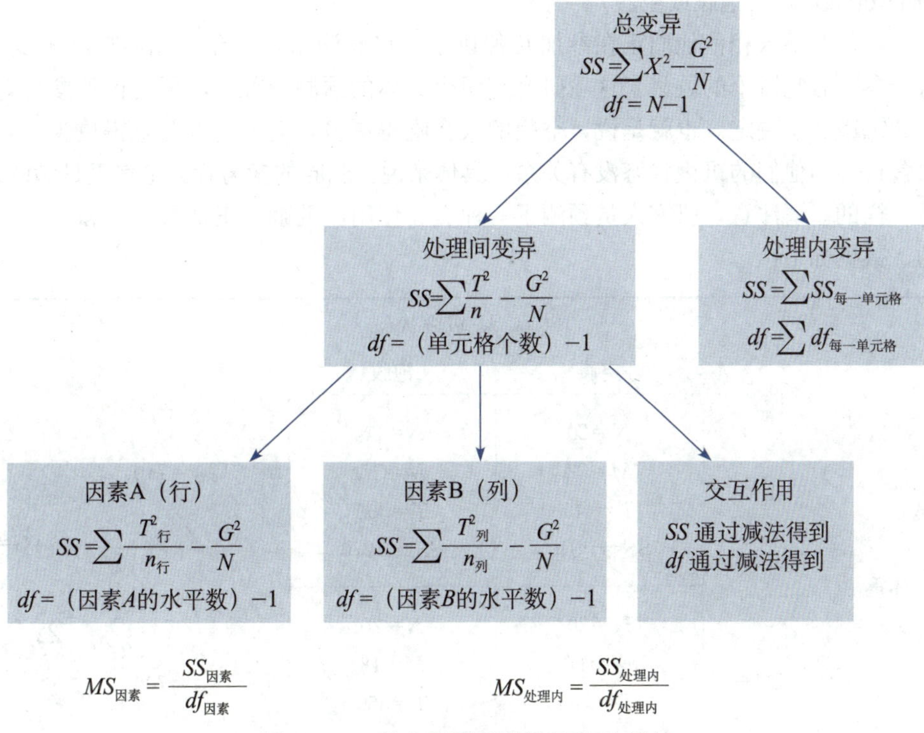


**图 13－14 独立测量双因素 ANOVA 设计**

## 关键术语

| | | |
|---|---|---|
| 因素设计 | 双因素设计 | 双因素独立测量 |
| 交互作用 | 矩阵 | 单元格 |
| 主效应 | 简单主效应 | |

## 关注问题解决

1. 在进行双因素方差分析之前，请花点时间整理和总结数据。最好将数据汇总成一个矩阵，其中行对应一个因素的水平，列对应另一个因素的水平。在矩阵的每个单元格中，显示得分的数量($n$)、单元格的总得分和均值，以及 $SS$。同时，计算主效应所需的行总数和列总数。

2. 对于双因素方差分析，有三个独立的 $F$ 比值。这三个 $F$ 比值在分母中使用相同的误差项($MS_{处理内}$)。另外，这些 $F$ 比值具有不同的分子，并且每个分母相关联的 $df$ 值可能不同。

## 示例 13.1

### 双因素方差分析

下面的数据是一项关于饮食行为和体重之间关系的研究（Schachter，1968）的代表性结果。本研究的两个因素是：

1. 参与者的体重（正常或肥胖）

2. 被试的饥饿状态（饱腹或空腹）

所有参与者都被要求相信他们正在参加几种饼干的口味测试，并允许他们想吃多少就吃多少。因变量是每个参与者吃饼干的数量。这项研究有两个具体的预测。首先，预测正常参与者的进食行为将由他们的饥饿状态决定。也就是说，空腹的人会吃得更多，而饱的人会吃得更少。其次，肥胖参与者的饮食行为与他们的饥饿状态没有关系。具体来说，肥胖的参与者无论胃里是满的还是空的，吃的量都是一样的。请注意，研究人员预测了一种交互作用：饥饿对正常参与者和肥胖参与者的影响是不同的。数据如下：

| | | 因素 $B$：饥饿状态 | | | |
|---|---|---|---|---|---|
| | | 空腹 | 饱腹 | | |
| 因素 $A$：体重 | 正常 | $N=20$<br>$M=22$<br>$T=440$<br>$SS=1\ 540$ | $N=20$<br>$M=15$<br>$T=300$<br>$SS=1\ 270$ | $T_{正常}=740$ | $G=1\ 440$<br>$N=80$<br>$\sum X^2=31\ 836$ |
| | 肥胖 | $N=20$<br>$M=17$<br>$T=340$<br>$SS=1\ 320$ | $N=20$<br>$M=18$<br>$T=360$<br>$SS=1\ 266$ | $T_{肥胖}=700$ | |
| | | $T_{空腹}=780$ | $T_{饱腹}=660$ | | |

**步骤 1　提出假设，确定 α 水平。**

对于双因素研究，有三个独立的假设：两个主效应和交互作用。

对于因素 $A$，虚无假设是指正常参与者和肥胖参与者的食量没有差异。

$H_0$：$\mu_{正常}=\mu_{肥胖}$

对于因素 $B$，虚无假设是指饱腹时和空腹时的食量没有差别。

$H_0$：$\mu_{饱腹}=\mu_{空腹}$

对于 $A\times B$ 交互作用，虚无假设可以用两种不同的方式表述。首先，对于正常和肥胖的参与者来说，饱腹和空腹情况下的饮食差异是相同的。其次，在饱腹和空腹的情况下，正常和肥胖的参与者在饮食上的差异是相同的。更一般地说：

$H_0$：因素 $A$ 的效果不依赖于因素 $B$ 的水平（$B$ 也不依赖于 $A$）

所有测试都使用 $\alpha=0.05$。

**步骤 2　确定拒绝域。**

$df_{处理内}=19+19+19+19=76$

$df_A=$行数$-1=1$

$df_B=$列数$-1=1$

$df_{A\times B}=df_{处理间}-df_A-df_B=3-1-1=1$

3 个 $F$ 都有 $df=1, 76$，$\alpha=0.05$，$F$ 临界值为 3.98

**步骤 3　双因素分析。**

这次不再计算 $df$ 值及查找 $F$ 的临界值，我们直接进行方差分析。

**阶段 1**　分析的第一阶段与第 12 章中讲述的独立测量 ANOVA 相似，数据矩阵中的每一个单元格代表一种处理情境。

$$SS_{总}=\sum X^2-\frac{G^2}{N}=31\ 836-\frac{1\ 440^2}{80}=5\ 916$$

$$SS_{处理内}=\sum SS_{每一处理内}=1\ 540+1\ 270+1\ 320+1\ 266=5\ 396$$

$$SS_{处理间}=\sum\frac{T^2}{n}-\frac{G^2}{N}=\frac{440^2}{20}+\frac{300^2}{20}+\frac{340^2}{20}+\frac{360^2}{20}-\frac{1\ 440^2}{80}=520$$

相应的自由度分别为：

$$df_{总}=N-1=79$$

$$df_{处理内}=\sum df_{每一处理内}=19+19+19+19=76$$

$$df_{处理间}=单元格数量-1=3$$

**阶段 2**　分析的第二阶段将处理间变异分为三个部分：因素 $A$ 的主效应，因素 $B$ 的主效应，$A\times B$ 的交互作用。

对于因素 $A$（正常/肥胖）：

$$SS_A=\sum\frac{T_{行}^2}{n_{行}}-\frac{G^2}{N}=\frac{740^2}{40}+\frac{700^2}{40}-\frac{1\ 440^2}{80}=20$$

对于因素 $B$（饱腹/空腹）：

$$SS_B=\sum\frac{T_{列}^2}{n_{列}}-\frac{G^2}{N}=\frac{780^2}{40}+\frac{660^2}{40}-\frac{1\ 440^2}{80}=180$$

对于 $A\times B$ 的交互作用：

$$\begin{aligned}SS_{A\times B}&=SS_{处理间}-SS_A-SS_B\\&=520-20-180\\&=320\end{aligned}$$

相应的 $df$ 值为：

$$df_A=行的个数-1=1$$

$$df_A=列的个数-1=1$$

$$df_{A\times B}=df_{处理间}-df_A-df_B=3-1-1=1$$

$F$ 比值的均方值分别为：

$$MS_A=\frac{SS_A}{df_A}=\frac{20}{1}=20$$

$$MS_B=\frac{SS_B}{df_B}=\frac{180}{1}=180$$

$$MS_{A\times B}=\frac{SS_{A\times B}}{df_{A\times B}}=\frac{320}{1}=320$$

$$MS_{处理内}=\frac{SS_{处理内}}{df_{处理内}}=\frac{5\ 396}{76}=71$$

最后，计算 $F$ 比值：

$$F_A=\frac{MS_A}{MS_{处理内}}=\frac{20}{71}=0.28$$

$$F_B=\frac{MS_B}{MS_{处理内}}=\frac{180}{71}=2.54$$

$$F_{A\times B}=\frac{MS_{A\times B}}{MS_{处理内}}=\frac{320}{71}=4.51$$

**步骤 4　做出推断，得出结论。**

因素 $A$ 的 $F$ 比值自由度 $df=1$，76。在 $\alpha=0.05$ 水平下，临界值为 $F=3.98$。

在该实验所得结果中，因素 $A$（体重）不存在显著效应。$F(1, 76)=0.28$。从统计上看，正常人和肥胖者吃饼干的数量没有差异。同样，因素 $B$（饱腹程度）无显著影响；$F(1, 76)=2.54$。从统计数据来看，吃饱的参与者吃的饼干数量与饥饿的参与者吃的饼干数量没有什么不同。（注：此结论涉及正常和肥胖参与者的合并组。交互分别涉及这两组。）

这些数据产生了显著的交互作用；$F(1, 76)=4.51$，$p<0.05$。这意味着饱腹感的影响确实取决于体重。仔细观察原始数据就会发现，饱腹程度确实会影响正常参与者，但对肥胖参与者没有影响。

## SPSS

SPSS 的基本说明见附录 D。以下是使用 SPSS 进行双因素、独立测量方差分析（ANOVA）的具体说明。

你可能会感到惊讶——心理学家对教育奖励的好处持不同意见。一些心理学家声称，奖励表现出色的学生应该会使学生的表现得到持续的改善。其他心理学家声称，奖励会降低动机、创造力和表现。奖励对学生行为的影响也有可能取决于任务的难度。Cameron 等（2004）进行了一项双因素独立测量实验来验证这一想法。这项实验的所有参与者都接受了识别两幅漫画之间的差异的训练。因素 $A$ 是训练任务的难度。低难度条件下的参与者接受训练，只找出这些漫画的两个不同之处。高难度条件下的参与者被训练找出这些漫画的四个不同之处。因素 $B$ 是参与者在训练中发现漫画不同之处是否会得到奖励。训练后，研究人员测量了参与者在一组新的五对漫画中检测到的差异数量。研究者观察到交叉类型的交互作用：在训练中对成功的参与者进行奖励，可以提高任务困难时的测试表现。然而，当任务简单时，在训练过程中给予参与者奖励会降低他们的表现。因此，似乎奖励学生的困难任务有助于学生学习，但奖励学生的简单任务会降低学生在以后的测试中的表现。下面列出了研究人员观察到的分数。

| | | 因素 $B$：训练时奖励 | |
|---|---|---|---|
| | | 无奖励 | 有奖励 |
| 因素 $A$：任务难度 | 简单 | 19<br>26<br>17<br>18<br>19<br>15 | 15<br>15<br>12<br>10<br>11<br>21 |
| | 困难 | 13<br>19<br>12<br>11<br>20<br>15 | 19<br>23<br>25<br>16<br>15<br>22 |

### 数据输入

1. 使用数据编辑器的 Variable View 为上述数据创建三个新变量。在第一个变量的变量 Name

字段中输入“test”。在 Type 字段中选择 Numeric，然后在 Measure 字段中选择 Scale。在 Label 字段中为变量输入一个简短的描述性标题（这里使用了“Number of differences detected at test”）。

2. 对于第二个变量，在 Name 字段中输入“difficulty”。在 Type 字段中选择 Numeric。在 Measure 字段中选择 Nominal。在 Label 字段中使用“Difficulty of task during training”。在 Value 字段中，单击“…”按钮为组编号分配标签。在接下来的对话框中，值输入“1”，标签输入“Easy”；值输入“2”，标签输入“Difficult”。

3. 对于第三个变量，在 Name 字段中输入“reward”。在 Type 字段中选择 Numeric。在 Measure 字段中选择 Nominal。在 Label 字段中使用“Reward during training”。在赋值字段中，单击“…”按钮为组编号分配标签。在接下来的对话框中，对标号输入“1”和“No Reward”，对标号输入“2”和“Reward”标签。成功创建变量后，变量视图应该如下图所示。

| | Name | Type | Width | Decimals | Label | Values | Missing | Columns | Align | Measure | Role |
|---|---|---|---|---|---|---|---|---|---|---|---|
| 1 | test | Numeric | 8 | 2 | Number of differences detected at test | None | None | 8 | Right | Scale | Input |
| 2 | difficulty | Numeric | 8 | 2 | Difficulty of task during training | {1.00, Easy}... | None | 8 | Right | Nominal | Input |
| 3 | reward | Numeric | 8 | 2 | Reward during training | {1.00, No reward}... | None | 8 | Right | Nominal | Input |

Source: SPSS®

4. 得分以堆叠的格式输入 SPSS 数据编辑器中，这意味着来自所有不同处理条件的所有得分都输入单个列中（“test”）。

5. 在第二列（“difficulty”）中，输入一个代码数字，以确定每个分数的因素 $A$ 水平。输入 1 表示在因素 $A$ 的简单水平下收集的分数，输入 2 表示在困难因素 $A$ 水平下收集的分数。

6. 在第三列（“reward”）中，如果分数来自无奖励的因素 $B$，请输入 1；如果分数来自奖励的因素 $B$，请输入 2。成功输入数据后，数据视图应如下图所示。

| | test | difficulty | reward |
|---|---|---|---|
| 1 | 19.00 | 1.00 | 1.00 |
| 2 | 26.00 | 1.00 | 1.00 |
| 3 | 17.00 | 1.00 | 1.00 |
| 4 | 18.00 | 1.00 | 1.00 |
| 5 | 19.00 | 1.00 | 1.00 |
| 6 | 15.00 | 1.00 | 1.00 |
| 7 | 13.00 | 2.00 | 1.00 |
| 8 | 19.00 | 2.00 | 1.00 |
| 9 | 12.00 | 2.00 | 1.00 |
| 10 | 11.00 | 2.00 | 1.00 |
| 11 | 20.00 | 2.00 | 1.00 |
| 12 | 15.00 | 2.00 | 1.00 |
| 13 | 15.00 | 1.00 | 2.00 |
| 14 | 15.00 | 1.00 | 2.00 |
| 15 | 12.00 | 1.00 | 2.00 |
| 16 | 10.00 | 1.00 | 2.00 |
| 17 | 11.00 | 1.00 | 2.00 |
| 18 | 21.00 | 1.00 | 2.00 |
| 19 | 19.00 | 2.00 | 2.00 |
| 20 | 23.00 | 2.00 | 2.00 |
| 21 | 25.00 | 2.00 | 2.00 |
| 22 | 16.00 | 2.00 | 2.00 |
| 23 | 15.00 | 2.00 | 2.00 |
| 24 | 22.00 | 2.00 | 2.00 |

Source: SPSS®

### 数据分析

1. 单击工具栏上的 Analyze，选择 General Linear Model，然后单击 Univariate。

2. 突出显示左侧框中分数集（“test”）的列标签，并单击箭头将其移动到 Dependent Variable 框中。

3. 依次选中两个因素代码的列标签（“difficulty” 和 “reward”），并单击箭头将它们移动到 Fixed Factors 框中。

4. 如果想要每个处理的描述性统计，请单击 Option 框，选择 Descriptives，然后单击 Continue。

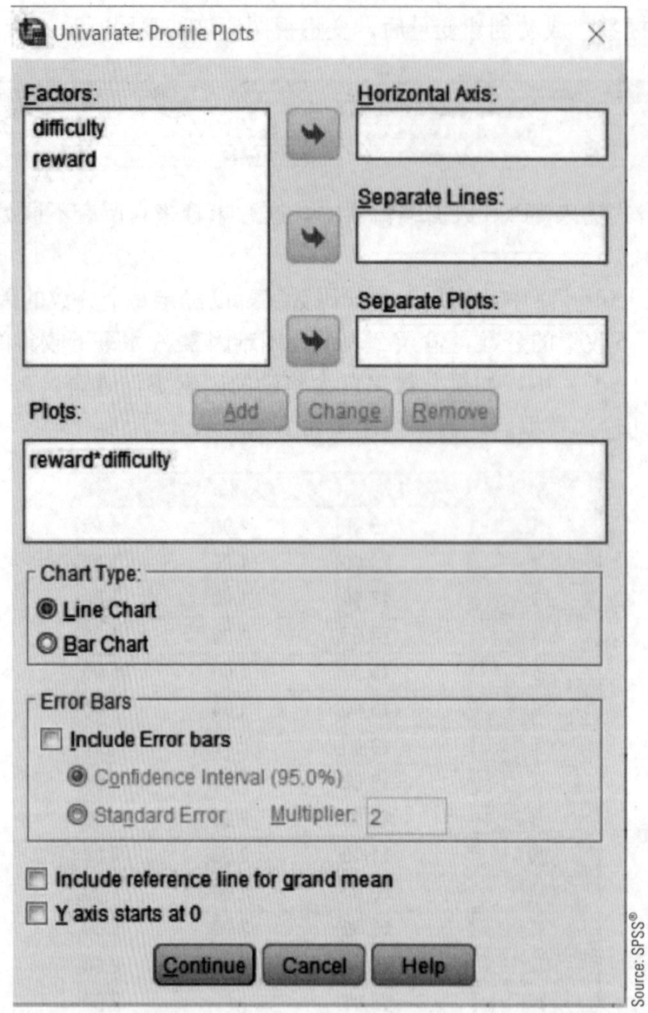


5. 如果想用图形可视化结果，请单击 Plots 并突出显示“reward”因素，单击箭头将其移动到 Horizontal Axis 字段。点击“difficulty”因素并点击箭头将其移动到 Separate Lines 字段。单击 Add 按钮。成功添加绘图后，Profile Plots 窗口应该如下图所示。单击 Continue。

6. 要进行析因方差分析，请在 Univariate 窗口中单击 OK。

### SPSS 输出

输出以一个列出因素的表格开始，接下来是一个描述性统计的表格，包括每个单元格或处理条件的均值和标准差。方差分析的结果如表“受试者间效应的检验”所示。最上面一行（校正模型）表示各处理之间的 *SS* 和 $df$ 值。第二行（截距）与我们的目的无关。接下来的三行展示了两个主效

**Univariate Analysis of Variance**

**Between-Subjects Factors**

| | | Value Label | N |
|---|---|---|---|
| Difficulty of task during training | 1.00 | Easy | 12 |
| | 2.00 | Difficult | 12 |
| Reward during training | 1.00 | No reward | 12 |
| | 2.00 | Reward | 12 |

**Descriptive Statistics**

Dependent Variable: Number of differences detected at test

| Difficulty of task during training | Reward during training | Mean | Std. Deviation | N |
|---|---|---|---|---|
| Easy | No reward | 19.0000 | 3.74166 | 6 |
| | Reward | 14.0000 | 4.00000 | 6 |
| | Total | 16.5000 | 4.52267 | 12 |
| Difficult | No reward | 15.0000 | 3.74166 | 6 |
| | Reward | 20.0000 | 4.00000 | 6 |
| | Total | 17.5000 | 4.52267 | 12 |
| Total | No reward | 17.0000 | 4.13412 | 12 |
| | Reward | 17.0000 | 4.93595 | 12 |
| | Total | 17.0000 | 4.45265 | 24 |

**Tests of Between-Subjects Effects**

Dependent Variable: Number of differences detected at test

| Source | Type III Sum of Squares | df | Mean Square | F | Sig. |
|---|---|---|---|---|---|
| Corrected Model | 156.000[a] | 3 | 52.000 | 3.467 | .036 |
| Intercept | 6936.000 | 1 | 6936.000 | 462.400 | .000 |
| difficulty | 6.000 | 1 | 6.000 | .400 | .534 |
| reward | .000 | 1 | .000 | .000 | 1.000 |
| difficulty * reward | 150.000 | 1 | 150.000 | 10.000 | .005 |
| Error | 300.000 | 20 | 15.000 | | |
| Total | 7392.000 | 24 | | | |
| Corrected Total | 456.000 | 23 | | | |

a. R Squared = .342 (Adjusted R Squared = .243)

**Profile Plots**

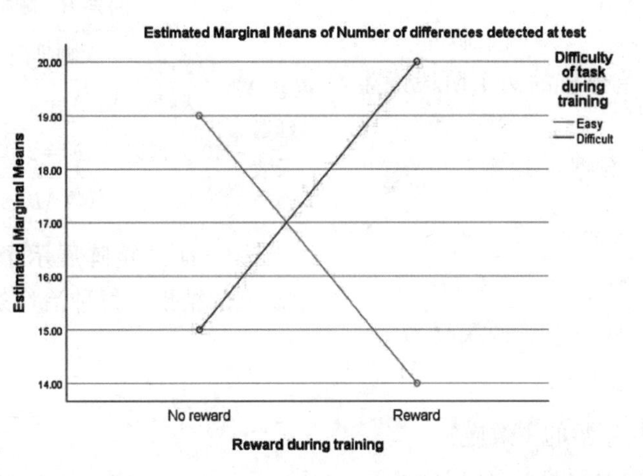


应和交互作用（$SS$、$df$ 和 $MS$ 值，以及 $F$ 比值和显著性水平），每个因素通过 SPSS 数据编辑器中的列号识别。下一行（误差）描述了误差项（$F$ 比值的分母），最后一行（已校正）描述了整个分数集的总可变性（忽略标记为 Total 的行）。

注意，奖励和难度之间的交互作用是显著的，$F(1, 20)=10.00$，$p=0.005$，难度的主效应 $F(1, 20)=0.40$ 和奖励的主效应 $F(1, 20)=0.00$ 均不显著。检查 SPSS 输出的底部的图表，应该可以清楚地说明为什么交互作用是显著的，并且主效应都不显著。如果在任务难度水平上取均值，则奖励和无奖励条件之间没有区别；而如果类似地在奖励水平上取均值，则容易和困难条件之间有区别。

## 操作练习

下面的数据来自上面描述的虚构实验。按照上述步骤来检验奖励和任务难度对测试结果影响的假设。

| | | 因素 $B$：训练时奖励 | |
|---|---|---|---|
| | | 无奖励 | 有奖励 |
| 因素 $A$：任务难度 | 简单 | 18<br>17<br>22<br>16<br>22 | 17<br>17<br>17<br>15<br>9 |
| | 困难 | 16<br>10<br>16<br>16<br>17 | 16<br>16<br>21<br>18<br>24 |

如果你成功分析了上述数据，你应该会发现方差分析只发现难度和奖励之间的显著互动，$F(1, 16)=8.00$，$p=0.012$。

## 练习题

1. 定义以下每一个术语：

a. 因素　　b. 水平　　c. 双因素研究

2. 解释在双因素方差分析的两个阶段发生了什么。

3. 对于下列矩阵中的数据：

| | 有治疗 | 无治疗 | |
|---|---|---|---|
| 2岁儿童 | $M=8$ | $M=14$ | 总数 $M=11$ |
| 3岁儿童 | $M=4$ | $M=10$ | 总数 $M=7$ |
| | 总数 $M=6$ | 总数 $M=12$ | |

a. 用哪两个均值比较年龄的主效应？

b. 用哪两个均值比较治疗的主效应？

c. 年龄和治疗之间有交互作用吗？解释你的答案。

4. 假设一位研究人员对于咖啡因对记忆力的影响感兴趣。她在学习后立即（0天延迟）或10天延迟后测量了记忆表现。每个延迟组都有一半的参与者在回答10个问题之前，分别喝了一杯无咖啡因的咖啡或一杯普通的含咖啡因的咖啡。

| | | 因素 $B$：咖啡因含量 | | |
|---|---|---|---|---|
| | | 无咖啡因 | 有咖啡因 | |
| 因素 $A$：延迟天数 | 0天延迟 | $M=4$ | $M=8$ | 总数 $M=6$ |
| | 10天延迟 | $M=2$ | $M=6$ | 总数 $M=4$ |
| | | 总数 $M=3$ | 总数 $M=7$ | |

a. 因素 $A$ 的水平是多少？

b. 在记忆测试中，咖啡和延迟之间是否存在交互作用？解释一下。

5. 下面的矩阵展示了一项独立测量的双因素研究的结果，每种治疗条件下的参与者样本为10个。

| | | 因素 $B$ | |
|---|---|---|---|
| | | $B_1$ | $B_2$ |
| 因素 $A$ | $A_1$ | $M=3$ | $M=7$ |
| | $A_2$ | $M=5$ | $M=?$ |

注意，缺少一个治疗均值（“$M=?$”）。

a. 缺失的均值是多少会导致因素 $A$ 没有主效应？

b. 缺失的均值是多少会导致因素 $B$ 没有主效应？

c. 缺失的均值是多少会导致没有交互作用？

6. 下面的矩阵展示了一项双因素研究的结果。在6种治疗条件下，每一种都有 $n=5$ 个分数。请注意：

|  |  | 因素 B |  |  |
|---|---|---|---|---|
|  |  | $B_1$ | $B_2$ | $B_1$ |
| 因素 A | $A_1$ | $M=8$ | $M=7$ | $M=28$ |
|  | $A_2$ | $M=4$ | $M=8$ | $M=?$ |

a. 缺失均值是多少会导致因素 $A$ 没有主效应？

b. 缺失均值是多少会导致没有交互作用？

7. 一名研究人员进行了一项独立测量的双因素研究，两水平的因素 $A$ 和两水平的因素 $B$，在每种治疗条件下使用 $n=5$ 名参与者的样本。

a. 主要影响因素 $A$ 的 $F$ 比值的 $df$ 值是多少？

b. 主要影响因素 $B$ 的 $F$ 比值的 $df$ 值是多少？

c. 交互作用的 $F$ 比值的 $df$ 值是什么？

8. 一名研究人员进行了一项独立测量的双因素研究，两水平的因素 $A$ 和三水平的因素 $B$，在每种治疗条件下使用 $n=10$ 名参与者的样本。

a. 评估因素 $A$ 的主效应的 $F$ 比值的 $df$ 值是多少？

b. 评估因素 $B$ 的主效应的 $F$ 比值的 $df$ 值是多少？

c. 评估交互作用的 $F$ 比值的 $df$ 值是什么？

9. 以下结果来自一项独立测量的双因素研究，在每种治疗条件下有 $n=10$ 名参与者。

|  |  | 因素 B |  |
|---|---|---|---|
|  |  | $B_1$ | $B_2$ |
| 因素 A | $A_1$ | $T=40$<br>$M=4$<br>$SS=50$ | $T=10$<br>$M=1$<br>$SS=30$ |
|  | $A_2$ | $T=50$<br>$M=5$<br>$SS=60$ | $T=20$<br>$M=2$<br>$SS=40$ |

$N=40$

$G=120$

$\sum X^2=640$

a. 使用双因素方差分析（$\alpha=0.05$）评估主效应和交互作用。

b. 计算 $\eta^2$，测量每个主效应和交互作用的效应大小。

10. 以下结果来自一项独立的双因素研究，在每种治疗条件下有 $n=4$ 名参与者。采用双因素方差分析（$\alpha=0.05$）评估主效应和交互作用。

|  |  | 因素 B |  |  |
|---|---|---|---|---|
|  |  | $B_1$ | $B_2$ | $B_3$ |
| 因素 A | $A_1$ | 17<br>9<br>9<br>9<br>$T=44$<br>$M=11$<br>$SS=48$ | 21<br>18<br>17<br>12<br>$T=48$<br>$M=17$<br>$SS=42$ | 20<br>21<br>21<br>30<br>$T=92$<br>$M=23$<br>$SS=66$ |
|  | $A_2$ | 17<br>7<br>13<br>7<br>$T=44$<br>$M=11$<br>$SS=72$ | 1<br>10<br>7<br>2<br>$T=20$<br>$M=5$<br>$SS=54$ | 13<br>16<br>22<br>17<br>$T=68$<br>$M=17$<br>$SS=42$ |

$N=24$

$G=336$

$SX^2=5\ 820$

11. 大多数运动损伤都是直接而明显的，比如骨折。然而，有些损伤可能更微妙。例如，足球运动员反复用头顶足球时可能发生的神经损伤。为了检验反复头球对神经功能的影响，McAllister 等人（2013）对一组足球和冰球运动员及一组从事非接触式运动的运动员在赛季前和赛季后分别进行了研究。研究人员测量了这些运动员在第一个赛季开始时和第二个赛季结束时的概念思维表现，以检测可能的神经损伤。以下是类似于 McAllister 等人研究的假设数据，采用独立测量设计，比较了接触型和非接触型运动员在第一个赛季开始时和第二个赛季结束时的概念思维表现。

|  |  | 因素 B |  |
|---|---|---|---|
|  |  | 赛季前 | 赛季后 |
| 因素 A：运动类型 | 接触型运动 | $n=20$<br>$M=9$<br>$T=180$<br>$SS=380$ | $n=20$<br>$M=4$<br>$T=80$<br>$SS=390$ |
|  | 非接触型运动 | $n=20$<br>$M=9$<br>$T=180$<br>$SS=350$ | $n=20$<br>$M=8$<br>$T=160$<br>$SS=400$ |

$\sum X^2=6\ 360$

a. 使用双因素方差分析（α=0.05）来评估主效应和交互作用。

b. 计算主效应和交互效应的效应量（$\eta^2$）。

c. 简要描述研究结果。

12. 下表总结了双因素研究的结果——因素 $A$ 的两水平和因素 $B$ 的三水平，在每种治疗条件下使用一个单独的样本，有5名参与者。填写缺失的值。（提示：从 $df$ 值开始。）

| 分类 | SS | df | MS | |
|---|---|---|---|---|
| 组间 | ____ | ____ | | |
| 因素 $A$ | 48 | ____ | ____ | $F$=____ |
| 因素 $B$ | ____ | ____ | 24 | $F$=____ |
| $A\times B$ 交互作用 | ____ | ____ | 12 | $F$=____ |
| 组内 | 144 | ____ | ____ | |
| 总 | ____ | ____ | | |

13. 下表总结了双因素研究的结果，两水平的因素 $A$ 和三水平的因素 $B$ 使用一个单独的样本，在每个治疗条件下有8名参与者。填写缺失的值。（提示：从 $df$ 值开始。）

| 分类 | SS | df | MS | |
|---|---|---|---|---|
| 组间 | 72 | ____ | | |
| 因素 $A$ | ____ | ____ | ____ | $F$=____ |
| 因素 $B$ | ____ | ____ | ____ | $F$=6.0 |
| $A\times B$ 交互作用 | ____ | ____ | 12 | $F$=____ |
| 组内 | 126 | ____ | ____ | |
| 总 | ____ | ____ | | |

14. 在交流中，表情符号可以帮助人们更好地表达情感，因为在没有面对面交流的情况下，情感内容通常会受到限制。为了研究社会情境和情绪对表情符号使用的影响，Derks，Bos 和 von Grumbkow 于2007年进行了一项独立样本实验。实验中，四组参与者使用了一个网络聊天程序，并测量了他们使用表情符号的数量。第一组参与者被要求就一个情感上积极的任务进行交流，例如组织一个小组项目。第二组参与者则被要求就一个情绪上积极的社会情绪事件进行交流，例如关于朋友生日的头脑风暴。第三组与第一组进行的任务相同，但任务是情绪消极的。第四组与第二组进行的社会情绪事件相同，但是社会情绪事件是情绪消极的。研究人员观察到的数据如下所示。

| | | 因素 $B$：情绪 | |
|---|---|---|---|
| | | 积极 | 消极 |
| 因素 $A$：事件内容 | 任务 | 14<br>5<br>13<br>9<br>9 | 1<br>5<br>1<br>9<br>4 |
| | 社会情绪事件 | 7<br>13<br>11<br>13<br>16 | 13<br>9<br>15<br>14<br>19 |

a. 使用双因素方差分析（α=0.05）来评估主效应和交互作用。

b. 如果 α=0.01，结果会发生什么变化？

c. 计算主效应和交互效应的效应量（$\eta^2$）。简要描述研究结果。

15. 你可能听过这样的说法：学生有特定的“学习风格”，当教学方法与他们特定的学习风格相匹配时，每个学生的学习效果最好。这种说法没有经得起实践检验（Pashler，McDaniel，Rohrer & Bjork，2008）。例如，Massa 和 Mayer（2006）根据参与者对学习风格问卷的回答，将参与者分为视觉学习偏好和语言学习偏好两组。此外，所有参与者都接受了基于文本的口头指令或视觉指令。研究人员测量了参与者在学习测试中的表现。他们没有观察到学习偏好和教学方法之间交互作用的证据。下面列出了作者观察到的数据，使用双因素方差分析（α=0.05）对数据进行评估，描述教学方法对视觉和语言学习偏好风格的测试分数的影响。

| | | 因素 $B$：指令类型 | |
|---|---|---|---|
| | | 视觉 | 口头 |
| 因素 $A$：学习风格 | 视觉学习偏好 | 26 | 14 |
| | | 12 | 14 |
| | | 20 | 12 |
| | | 24 | 16 |
| | | 18 | 2 |
| | | 8 | 2 |
| | 语言学习偏好 | 28 | 20 |
| | | 8 | 2 |
| | | 20 | 13 |
| | | 22 | 4 |
| | | 10 | 15 |
| | | 8 | 6 |

16. 心理疾病的素质-压力取向认为，仅有环境压力或遗传因素是不足以导致心理疾病的。相反，环境压力和患有精神疾病的基因倾向是导致精神疾病（例如，精神分裂症和抑郁症）表现的必要条件。最近，Sachs、Ni 和 Caron（2015）对这一理论进行了测试，他们在正常大鼠或基因改造后神经递质 5-羟色胺水平较低的大鼠中，让它们要么不接受社会压力治疗，要么接受社会压力治疗。研究人员测量了治疗后受试者的社交互动数量，下面列出了作者观察到的数据。使用双因素方差分析（$\alpha=0.05$）对数据进行评估。

| | | 因素 $B$：基因神经递质 | |
|---|---|---|---|
| | | 低 5-羟色胺 | 高 5-羟色胺 |
| 因素 $A$：压力 | 社会压力 | 0 | 15 |
| | | 8 | 17 |
| | | 11 | 23 |
| | | 5 | 14 |
| | | 8 | 16 |
| | | 10 | 23 |
| | 无社会压力 | 19 | 10 |
| | | 12 | 16 |
| | | 22 | 17 |
| | | 20 | 17 |
| | | 15 | 23 |
| | | 20 | 19 |

17. 陪审团审判中的目击者可能会受到遗忘等记忆过程的影响，而陪审员也似乎受到鼓励怀疑的指示和目击者证词中使用的语言的影响。有人进行了一项有关陪审团决策的研究（Kurinec & Weaver，2018），参与者扮演陪审员的角色，在阅读目击者证词和陪审员说明后对被告的罪责进行评分。参与者阅读了目击者的证词，这些证词使用了抽象语言（例如，“一个阴暗的人物犯下了罪行”）或具体语言（例如，“看到被告戴着深色面具”）。在给出评分之前，参与评议的陪审员要么阅读了增加怀疑的陪审团指示，要么阅读了等量的不相关文本。下面列出的结果模式与研究人员观察到的结果相似。每个虚构的分数代表参与者对嫌疑人罪行的评分，从 0（“最不可能犯罪”）到 10（“最可能犯罪”）。使用双因素方差分析（$\alpha=0.05$）对数据进行评估。

| | | 因素 $B$：指导语 | |
|---|---|---|---|
| | | 增加怀疑的陪审团指示 | 不相关的文本 |
| 因素 $A$：目击者证词 | 具体 | 3 | 4 |
| | | 7 | 10 |
| | | 3 | 8 |
| | | 1 | 8 |
| | | 6 | 10 |
| | 抽象 | 4 | 4 |
| | | 2 | 8 |
| | | 3 | 6 |
| | | 6 | 1 |
| | | 0 | 6 |

18. 在一项关于咖啡因对记忆影响的经典研究中，Loke（1988）研究了咖啡因对序列位置效应的影响。在记忆测试中，序列位置效应指的是观察到列表开头和末尾的元素比中间的元素更容易被记住。Loke 观察了在回忆物品列表时，咖啡因剂量（低、中、高）和位置（第 1、2、3、4 个区块）之间的交互作用。研究人员报告的结果模式如下表所示。完成下面的方差分析表，描述研究结果。（$\alpha=0.05$）

| | | 因素 $B$：序列位置 | | | |
|---|---|---|---|---|---|
| | | 第 1 | 第 2 | 第 3 | 第 4 |
| 因素 $A$：咖啡因剂量 | 高 | $M=11$ | $M=8$ | $M=11$ | $M=14$ |
| | 低 | $M=5$ | $M=4$ | $M=12$ | $M=15$ |

| 分类 | SS | df | MS | |
|---|---|---|---|---|
| 组间 | 224 | ____ | ____ | |
| 因素 A（咖啡因含量） | 16 | ____ | ____ | F=____ |
| 因素 B（序列位置） | 170 | ____ | ____ | F=____ |
| A×B 交互作用 | 38 | ____ | ____ | F=____ |
| 组内 | 144 | 72 | ____ | |
| 总 | ____ | ____ | | |

19. 以下结果来自一项独立测量的双因素研究，在每个条件下有5名参与者。

a. 使用双因素方差分析（α=0.05）评估主效应和交互作用。

b. 在 $B_2$ 水平测试 A 因素的简单效应。

| 因素 A | | 因素 B | | |
|---|---|---|---|---|
| | | $B_1$ | $B_2$ | $B_3$ |
| | $A_1$ | 9<br>9<br>13<br>5<br>9<br>SS=32<br>M=9<br>T=45 | 18<br>15<br>13<br>13<br>11<br>SS=28<br>M=14<br>T=70 | 9<br>13<br>9<br>6<br>13<br>SS=36<br>M=10<br>T=50 |
| | $A_2$ | 8<br>14<br>9<br>10<br>14<br>SS=32<br>M=11<br>T=55 | 0<br>6<br>6<br>0<br>3<br>SS=36<br>M=3<br>T=15 | 8<br>10<br>3<br>6<br>8<br>SS=28<br>M=7<br>T=35 |

20. 以下结果来自一项独立测量的双因素研究，在每种条件下有 $n=4$ 名参与者。

a. 使用双因素方差分析（α=0.05）评估主效应和交互作用。

b. 在 $B_1$ 水平测试因素 A 的简单效应。

| 因素 A | | 因素 B | |
|---|---|---|---|
| | | $B_1$ | $B_2$ |
| | $A_1$ | 10<br>7<br>7<br>0<br>SS=54<br>M=6<br>T=24 | 22<br>12<br>16<br>22<br>SS=72<br>M=18<br>T=72 |
| | $A_2$ | 21<br>13<br>21<br>21<br>SS=48<br>M=19<br>T=76 | 14<br>12<br>5<br>5<br>SS=66<br>M=9<br>T=36 |

21. 假设研究人员进行了一项比较三种处理方法的独立样本实验。

参与实验的人要么在线（online）参与，要么访问研究员的实验室（in-lab）。下面列出了这项假设实验的分数。

a. 使用单因素方差分析（α=0.05），评估处理对分数的影响。

b. 使用双因素方差分析，以处理作为因素 A、在线 vs. 实验室的参与条件作为因素 B，以评估处理对分数的影响。

c. 比较 a 部分的结果和 b 部分的结果，并解释其中的差异。

| 处理Ⅰ | 处理Ⅱ | 处理Ⅲ |
|---|---|---|
| 13(在线) | 10(在线) | 1(在线) |
| 1(在线) | 10(在线) | 7(在线) |
| 7(在线) | 19(在线) | 6(在线) |
| 9(在线) | 8(在线) | 13(在线) |
| 5(在线) | 8(在线) | 3(在线) |
| 13(实验室) | 13(实验室) | 6(实验室) |
| 17(实验室) | 17(实验室) | 8(实验室) |
| 15(实验室) | 15(实验室) | 15(实验室) |
| 6(实验室) | 23(实验室) | 10(实验室) |
| 9(实验室) | 12(实验室) | 16(实验室) |

# 相关与回归

# 第 14 章

**学习本章需要掌握的相关知识**

下列术语是学好本章的关键背景知识。如果对这些知识有不明白之处，应复习先前学过的相关章节。

- 平方和（*SS*）（第 4 章）
  计算公式
  定义公式
- *z* 分数（章节 5）
  假设检验（第 8 章）
  方差分析（ANOVA）（第 12 章）

**章节概览**

## 引 言

上课时，你有多少次想拿起手机的冲动？诚实地说说，你上课时多久看一次手机？你每天总共使用智能手机多少小时？大学生平均每天使用智能手机的时间为5～9小时（Lepp，Barkley & Karpinski，2014；Roberts，Yaya & Manolis，2014），用于发短信、发电子邮件、接触社交媒体和使用互联网等。许多研究发现了日常智能手机使用与大学成绩之间的关系（Harman&Sato，2011；Jacobsen&Forste，2011；Lepp et al.，2014，2015）。教授们特别关注在课堂上智能手机的使用及其与学习的关系。为了研究课堂上智能手机使用和考试成绩之间的关系，Bjornsen和Archer（2015）对大学生进行了一项研究。在这项研究中，学生们在每节课结束时，报告他们在课堂上使用智能手机的次数，同时，他们的测试成绩也被记录下来。

类似于Bjornsen和Archer（2015）的假设数据如图14-1所示。图中的每个点都代表了一个学生的观测结果，对应于该学生使用智能手机的情况（$x$轴）和考试成绩（$y$轴）。在这些数据点的中心画了一条线，显示了智能手机使用和考试成绩之间的关系。一般而言，一个学生使用智能手机的次数越多，他的成绩就越差。

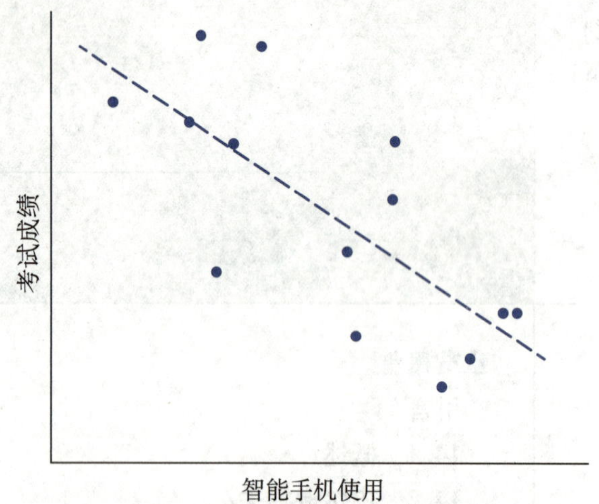


**图14-1 假设的大学生样本（$n=14$）智能手机使用（$X$）和学生的考试成绩（$Y$）之间的相关关系**

说明：分数按照智能手机使用从低到高的顺序列出，并以散点图表示。

虽然图14-1中的数据似乎显示了一种明确的关系，但我们仍需要经过一些程序来确定数据间的关系，并通过假设检验来确定关系是否显著。在前四章中，我们用两组或两组以上分数之间的平均差异来描述变量之间的关系，并使用假设检验来评估平均差异的显著性。然而，对于图14-1而言，只有一组参与者的数据。计算智能手机使用量的均值和学生的平均成绩并不能用来描述这两个变量之间的关系。为了评估这些数据，需要一种完全不同的方法来进行描述性统计和推论统计。

图14-1中的数据是相关研究结果的一个示例。在第1章的介绍中，相关设计通过测量每个参与者两个不同的变量，可以作为检验两个变量之间关系的方法。从相关研究中获得的关系，通常用一种称为相关的统计测量来描述和评估。正如样本均值提供了对整个样本的简单描述一样，相关也提供了对一种关系的描述。在本章的第一部分，我们将介绍相关，并学习相关是如何被使用和解释的。

现在，请关掉你的智能手机，开始学习相关和回归。

## 14.1　概述

### 学习目标

1. 描述由相关的符号（+/−）和数值所提供的信息。

在第 1 章的介绍中，通过测量每组参与者在两个不同变量的水平，检验两组变量之间关系的统计方法是相关设计。在相关研究中，通常使用一个被称为相关的统计量来描述和测量两者的关系。在本章中，我们将介绍相关，并研究如何使用和解释相关。

**定义**

**相关**是一种统计技术，用来测量和描述两个变量之间的关系。

相关是用来衡量和描述两个变量关系的统计方法，通常这两个变量只是自然地存在于环境之中——没有试图要控制或操纵的变量。例如，研究者可以通过高中生成绩报告单来得到每个学生的成绩，然后调查学生的家庭收入来考察高中生成绩和家庭收入之间是否有关系。注意，研究人员并不是要操纵学生的成绩或家庭收入，而只是观察自然情况下会发生什么事。我们还注意到，相关关系需要每个个体的两个分数（分别来自两个变量），这些分数通常被定义为 $X$ 和 $Y$。这些成对的分数可以列于表格中，也可以呈现在散点图中（见图 14－1）。在散点图中，$X$ 值放置于横轴，$Y$ 值放置于纵轴。每个个体在图形中被确定为一个单一的点，这样坐标点（$X$ 和 $Y$ 值）与个体的 $X$ 值和 $Y$ 值相匹配。散点图的价值在于，它可以让人看到数据中存在的任何模式或趋势。如图 14－2 显示出家庭收入和学生成绩之间的关系：随着收入增加，学生成绩也增加。

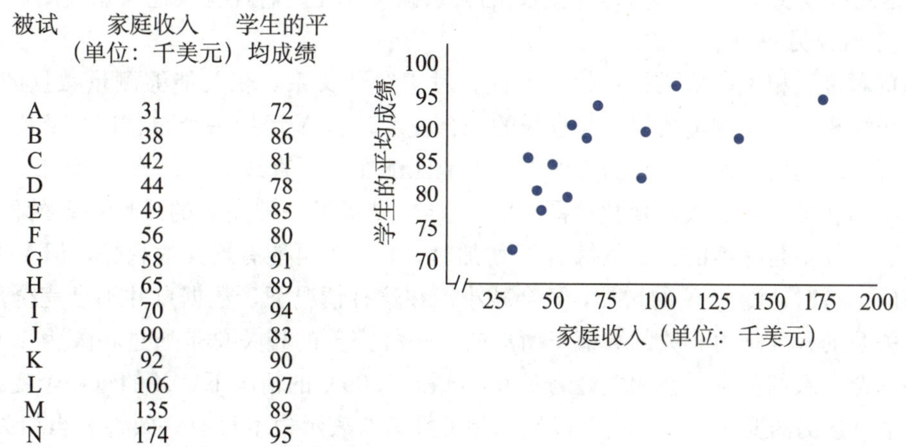

| 被试 | 家庭收入（单位：千美元） | 学生的平均成绩 |
|---|---|---|
| A | 31 | 72 |
| B | 38 | 86 |
| C | 42 | 81 |
| D | 44 | 78 |
| E | 49 | 85 |
| F | 56 | 80 |
| G | 58 | 91 |
| H | 65 | 89 |
| I | 70 | 94 |
| J | 90 | 83 |
| K | 92 | 90 |
| L | 106 | 97 |
| M | 135 | 89 |
| N | 174 | 95 |



**图 14－2　$n=14$ 名高中生样本的家庭收入（$X$）和学生的平均成绩（$Y$）之间的关系的相关数据**

说明：这些数据按照家庭收入从低到高排序。

### 关系的特征

相关可以测量 $X$ 值和 $Y$ 值之间关系的三个特征，这三个特征如下：

**1. 关系的方向**　相关的符号，正或负，描述了关系的方向。

**定义**

在**正相关**中，两个变量的变动方向相同，即当 $X$ 变量的值增大时，$Y$ 变量的值也随之增大；反之，当 $X$ 变量的值减小时，Y 变量的值也随之减小。

在负相关中，两个变量的变动方向相反，即 X 变量值增大时，Y 变量的值随之减小，两者关系为逆向关系。

学生花在学习上的时间与课程成绩呈正相关（Guidry，2017）。因此，那些花时间最少的学生往往获得最低的成绩，而那些花时间最多的学生往往获得最高的成绩。这种类型的正相关关系总结在图 14－3（a）中。相比之下，最近的一份报告显示，智能手机的使用与大学生样本中的考试成绩之间存在负相关关系（Bjornsen & Archer，2015）。与本研究相似的结果见图 14－3（b）。随着智能手机使用量的增加，学生在课堂上的表现会下降。

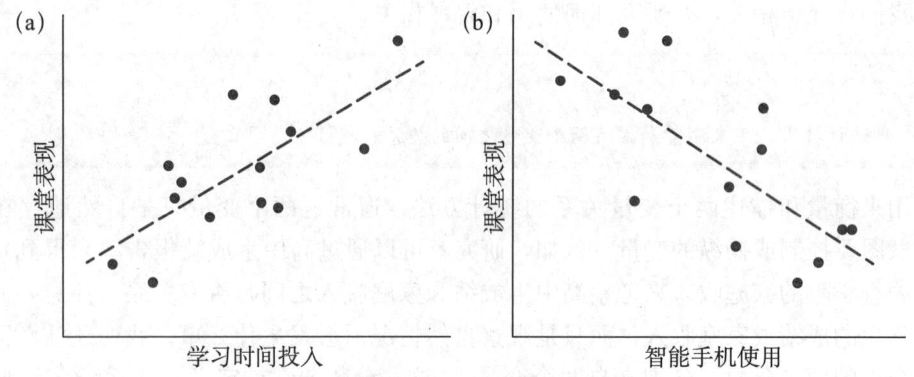


**图 14－3　正相关和负相关的例子**

说明：（a）课堂表现与学习时间投入呈正相关。（b）课堂表现与智能手机使用呈负相关。

**2. 关系的形式**　在上面的例子中，二者的关系往往呈线性的形式，即这些点在散点图中往往形成一条直线。我们通过在每个图中画出一条通过数据点中间的直线，来呈现变量间的关系。相关最常见的使用是测量直线关系。不过，其他形式的关系确实存在，而且有其他的相关测量它们（我们将在 14.5 节中研究另一种相关）。

**3. 关系的程度**　相关衡量了关系的一致性。对于线性关系，相关能够测量数据的拟合程度。举例来说，线性相关主要测量数据点与直线的拟合程度。当 X 增加一个单位时，Y 值也会增加一个确定的或可预测的值。例如，数据点可以完美地匹配在一条直线上。每次 X 增加一个点，Y 的值也会以一致的和可预测的数量变化。图 14－4（a）显示了一种完美的线性关系的例子。然而，二者的关系通常并不是完美的。虽然每当 X 增加时，Y 的值可能有增加的趋势，但 Y 的变化量并不总是相同的。有时，随着 X 的增加，Y 会减小。在这种情况下，数据点并不会完全落在一条直线上。相关关系的程度是由相关的数值来衡量的。一种完美的相关总是通过相关为 1.00 来确定，并表明一种完全一致的关系。在相关性为 1.00（或－1.00）的情况下，X 的每一个变化都伴随着 Y 的一个完全可预测的变化。在另一个极端，相关性为 0 表示根本没有一致性。当相关性为 0 时，数据点是随机分散，没有明显的趋势［见图 14－4（b）］。在 0 和 1 之间的中间值表示一致性的程度。

不同相关值的线性相关的实例如图 14－4 所示。在每个示例中，我们都围绕着数据点画出了一条线。这被称为“包络”（envelope），指一组曲线的上下边界，包含了它们的所有端点，因为它包含数据，通常可以帮助你查看数据中的总体趋势。根据经验，当包络的形状像一个橄榄球时，相关性在 0.7 左右。比橄榄球更胖的包络线表示相关性更接近 0，而较窄的形状表示相关性更接近 1.00。

还需要注意的是，符号（＋或－）和相关性的强度是独立的。例如，相关性为 1.00 表明，无论它是正的（＋1.00）还是负的（－1.00），两者之间的关系都是完全一致的。同样，＋0.80 和－0.80的相关性也是同等程度的。还应该注意到，相关性永远不能大于＋1.00 或小于－1.00。如果你计算产生的值超出了这个范围，那么你应该立即意识到自己犯了一个错误。

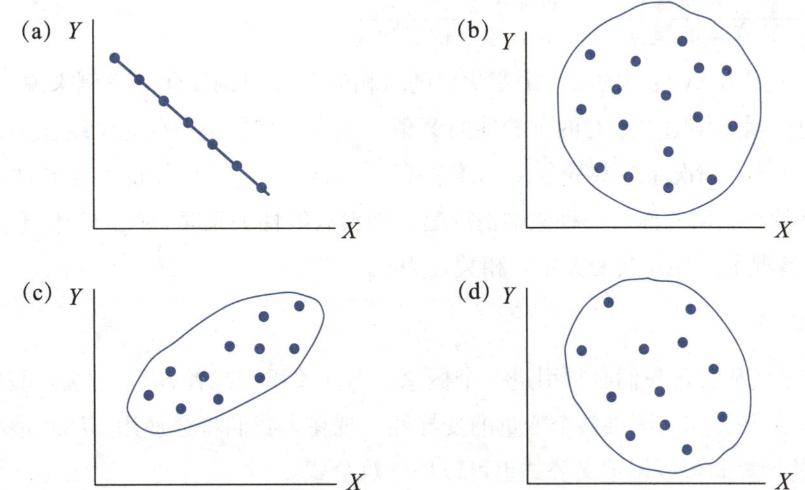


**图 14-4 不同的线性相关值的例子**

说明：(a) 一个完全负相关，-1.00；(b) 没有线性趋势，0.00；(c) 一个强的正相关，大约+0.90；(d) 一个相对弱的负相关，大约-0.40。

### 学习检查

1. 如果相关性是负的，以下哪一个是一个合理的结论？

a. $X$ 的增加往往伴随着 $Y$ 的增加 b. $X$ 的增加往往伴随着 $Y$ 的减少

c. $X$ 的增加总是伴随着 $Y$ 的增加 d. $X$ 的增加总是伴随着 $Y$ 的减少

2. 以下哪一种相关性表明 $X$ 和 $Y$ 之间的关系最一致？

a. 0.80 b. 0.40 c. -0.10 d. -0.90

**答案** 1. b 2. d

## 14.2 皮尔逊相关

### 学习目标

2. 使用定义和计算公式计算一组分数的离均差积和（$SP$）。

3. 计算一组分数的皮尔逊相关，并解释它测量了什么。

4. 解释当在每个 $X$ 分数和/或 $Y$ 分数上都加上一个常数，以及当 $X$ 和/或 $Y$ 分数都乘以一个常数时，皮尔逊相关的值是如何受到影响的。

到目前为止，最常见的相关性是皮尔逊相关（或称皮尔逊积差相关），它测量的是线性关系的程度，即数据点与直线的匹配程度。

**定义**

**皮尔逊相关**测量了两个变量之间的线性关系的程度和方向。

样本的皮尔逊相关性由字母 $r$ 来表示。相对应地，总体的相关性由希腊字母 $\rho$（rho）来确定，它在希腊语中相当于字母 $r$。从概念上讲，这种相关性由下列公式计算而来：

$$r=\frac{X\text{和}Y\text{共变的程度}}{X\text{和}Y\text{变异的程度}}=\frac{X\text{和}Y\text{的协方差}}{X\text{和}Y\text{各自的标准差}}$$

在完全线性关系中，$X$ 变量的每一个变化伴随着相应 $Y$ 变量的变化。举例来说，在图 14-4（a）中，每一次 $X$ 值的增加伴随着绝对的预测性的 $Y$ 值的减少。结果是一种完全线性关系，$X$ 值和 $Y$ 值总是一起变化。在这种情况下，共变（$X$ 与 $Y$ 一起）等同于 $X$ 和 $Y$ 各自的变异性，公式就会产生 $+1.00$ 或 $-1.00$ 的相关值。而另一种极端情况是，当没有线性关系时，$X$ 的变化不会引起 $Y$ 值的相应变化，在这种情况下不存在共变关系，相关性为 0。

### 离均差积和

为了计算皮尔逊相关，我们必须引进一个概念：离均差积和或者 $SP$。过去，我们曾经使用类似的概念 $SS$（离均差平方和）测量某个变量的变异性。现在，我们将会使用 $SP$ 测量两个变量之间的共变性。$SP$ 值的计算既可以用定义公式也可以用计算公式。

离均差积和的定义公式为：

$$SP=\sum(X-M_X)(Y-M_Y) \tag{14-1}$$

其中，$M_X$ 为 $X$ 变量值的均值；$M_Y$ 为 $Y$ 变量值的均值。

定义公式指导你按照下列步骤操作：

1. 算出每个 $X$ 值和 $Y$ 值的离均差。
2. 算出每个离均差乘积。
3. 算出离均差积和。

注意，上述过程定义了所计算的离均差积和。

离均差积和的计算公式为：

> 注意，此公式中的 $n$ 是指 $X$ 和 $Y$ 值配对项目的个数。

$$SP=\sum XY-\frac{\sum X\sum Y}{n} \tag{14-2}$$

因为计算公式使用的是原始数据，所以它往往相对定义公式来说更容易获得计算结果，尤其是在 $M_X$ 和 $M_Y$ 不是整数的时候。但是，两个公式都能得出相同的 $SP$ 值。

你可能已经注意到 $SP$ 的公式与之前学到的 $SS$（平方和）的公式相似。具体来说，这两组公式具有完全相同的结构，但 $SS$ 公式使用平方值（$X$ 乘以 $X$），而 $SP$ 公式使用乘积（$X$ 乘以 $Y$）。

| 定义公式 | 计算公式 |
|---|---|
| $SS=\sum(X-M)^2$ | $SS=\sum X^2-\frac{(\sum X)^2}{n}$ |
| 或 | 或 |
| $SS=\sum(X-M_X)(X-M_X)$ | $SS=\sum XX-\frac{\sum X\sum X}{n}$ |
| 因此 | 因此 |
| $SP=\sum(X-M_X)(Y-M_Y)$ | $SP=\sum XY-\frac{\sum X\sum Y}{n}$ |

下面的例子演示了用这两个公式进行 $SP$ 的计算。

**例 14.1**

分别利用定义公式和计算公式对下列 $n=4$ 组数据进行 $SP$ 值的计算。

注意，符号（+和−）在决定 $SP$ 时至关重要。

使用定义公式时，计算每个 $X$ 值和 $Y$ 值的离均差是必需的，$X$ 变量的均值 $M_X=2.5$，$Y$ 变量的均值 $M_Y=5$。表 14－1 显示了原始数据的离均差和离均差之积。

**表 14－1　原始数据的离均差和离均差之积**

| 分数 | | 离均差 | | 离均差之积 |
|---|---|---|---|---|
| $X$ | $Y$ | $X-M_X$ | $Y-M_Y$ | $(X-M_X)(Y-M_Y)$ |
| 1 | 3 | −1.5 | −2 | +3 |
| 2 | 6 | −0.5 | +1 | −0.5 |
| 4 | 4 | +1.5 | −1 | −1.5 |
| 3 | 7 | +0.5 | +2 | +1 |
| | | | | $SP=+2$ |

这些数值的离均差之积的和为 $SP=2$。

在计算公式中，你需要每个个体的 $X$ 值、$Y$ 值和 $XY$ 的值，然后要找到所有 $X$ 变量值的总和、所有 $Y$ 变量值的总和及 $XY$ 值的总和。如表 14－2 所示：

**表 14－2　所有 $X$ 变量值、$Y$ 变量值及 $XY$ 值的总和**

| $X$ | $Y$ | $XY$ | |
|---|---|---|---|
| 1 | 3 | 3 | |
| 2 | 6 | 12 | |
| 4 | 4 | 16 | |
| 3 | 7 | 21 | |
| 10 | 20 | 52 | 合计 |

将和值代入公式中：

$$SP=\sum XY-\frac{\sum X\sum Y}{n}$$

$$=52-\frac{10\times 20}{4}$$

$$=52-50$$

$$=2$$

这两个公式得到了相同的结果，$SP=2$。

下面的示例可以测试你对 $SP$ 计算的理解。

**例 14.2**

计算如表 14－3 所示一组分数的离均差积和（SP）。然后分别使用定义公式和计算公式。你使用这两个公式计算出结果应该为 SP=5。祝你好运。

**表 14-3 一组分数**

| X | Y |
|---|---|
| 0 | 1 |
| 3 | 3 |
| 2 | 3 |
| 5 | 2 |
| 0 | 1 |

## 皮尔逊相关的计算

前面说过，皮尔逊相关是 $X$ 和 $Y$ 变量的共变性（分数的分子）与 $X$ 值和 $Y$ 值各自的变异性（分数的分母）的比值。在皮尔逊 $r$ 的公式中，我们用 $SP$ 测量 $X$ 和 $Y$ 的共变性。而 $X$ 的变异性通过计算 $X$ 分数的 $SS$ 来测量，$Y$ 的变异性通过计算 $Y$ 分数的 $SS$ 来测量。有了这些定义，就可得到皮尔逊相关的公式：

$$r=\frac{SP}{\sqrt{SS_X SS_Y}} \tag{14-3}$$

注意，在皮尔逊公式的分母中，用 $X$ 的 $SS$ 乘以 $Y$ 的 $SS$。

下面的例子用一组简单的分数演示了这个公式的使用。

**例 14.3**

| X | Y |
|---|---|
| 0 | 2 |
| 10 | 6 |
| 4 | 2 |
| 8 | 4 |
| 8 | 6 |

计算下列 $n=5$ 对数据的皮尔逊相关。

在进行计算之前，把数据放入散点图从而做出对相关的预估是很有用的。图 14-4 的散点图描绘了这组数据的分布。从分布图上可以看出，两个变量的关系为正相关，我们可以估计其相关值为 $r=+0.8$ 或者 $r=+0.9$。为了得出皮尔逊相关值，我们必须先求出 $SP$、$SS_X$ 和 $SS_Y$。表 14-4 呈现了定义公式中各个值的计算。（$X$ 的均值 $M_X=6$，$Y$ 的均值 $M_Y=4$。）

**表 14-4 利用下列 $n=5$ 对数据的样本，完成 $SS_X$、$SS_Y$ 和 $SP$ 的计算**

| 分数 | | 离均差 | | 离均差平方 | | 离均差之积 |
|---|---|---|---|---|---|---|
| $X$ | $Y$ | $X-M_X$ | $Y-M_Y$ | $(X-M_X)^2$ | $(Y-M_Y)^2$ | $(X-M_X)(Y-M_Y)$ |
| 0 | 2 | −6 | −2 | 36 | 4 | +12 |
| 10 | 6 | +4 | +2 | 16 | 4 | +8 |
| 4 | 2 | −2 | −2 | 4 | 4 | +4 |
| 8 | 4 | +2 | 0 | 4 | 0 | 0 |
| 8 | 6 | +2 | +2 | 4 | 4 | +4 |
| | | | | $SS_X=64$ | $SS_Y=16$ | $SP=+28$ |

使用表 14-4 的值，可以得到皮尔逊相关系数为：

$$r=\frac{SP}{\sqrt{SS_X SS_Y}}=\frac{28}{\sqrt{64\times16}}=\frac{28}{32}=+0.875$$

请注意，该相关性准确地描述了图 14－5 中所示的模式。正号与图中 $Y$ 值随着 $X$ 值的增加而增加的情况是一致的。此外，如果通过数据点画一条线——从两个轴相交的左下角到右上角的数据点（$X=10$ 和 $Y=6$），数据点将非常接近这条线，这表明了一种非常好的相关性（接近 1.00）。

### 相关和散点图的模式

从例 14.3 得出的相关值与散点图 14－5 是相吻合的。第一，正相关表示数据点围绕着一条从左到右逐渐上升的直线；第二，高相关（接近于 1.00）表示数据点紧紧围绕在直线周围。由此可见，相关可以描述数据之间存在的关系。

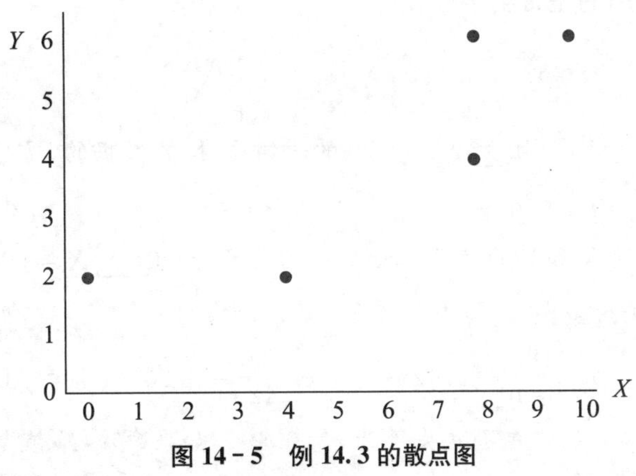


**图 14－5　例 14.3 的散点图**

因为皮尔逊相关可以描述数据存在的关系模式，所以任何不改变数据模式的因素都不会造成相关的改变。例如，如果在图 14－5 中将 5 个 $X$ 值均加 5，那么每个数据点将向右移。然而，因为所有的数据点的模式没有改变，所以它们只是移到了一个新的位置；如果每个 $X$ 值减去 5，数据模式将向左移。两种情况下，整个数据的模式没有改变，相关不变。同样，如果将每个 $Y$ 值加上或者减去一个常数，数据模式向上或向下移，相关仍不改变。将 $X$ 或 $Y$ 乘以一个常数也不会改变数据模式，相关不改变。例如，将图 14－5 中的 $X$ 值均乘以 2，则新的数据和原始数据会有相同的散点图。图 14－5 显示的是原始分数，但是如果 $x$ 轴上的值（0，1，2，3，等等）变成双倍（0，2，4，6，等等），则新的数据显示出同样的数据模式。然而，将 $X$ 值或 $Y$ 值乘以一个负数，并不会改变相关性的数值，但它会改变符号。例如，如果图 14－5 中的每个 $X$ 值乘以 $-1$，那么当前的数据点将被移动到 $y$ 轴的左侧，形成当前数据模式的镜像。新的模式将产生与之前在数值上完全相同的负向相关，而不是当前图中的正相关。

总之，在每个 $X$ 和/或 $Y$ 值中添加一个常数（或从中减去一个常数）并不会改变数据点的模式，也不会改变相关性。此外，将每个 $X$ 值或每个 $Y$ 值乘以（或除以）一个正的常数并不会改变模式，也不会改变相关性的值。然而，乘以一个负常数，就会产生一个镜像的模式，因此，就会改变相关性的符号。

### 皮尔逊相关和 $z$ 分数

皮尔逊相关测量个体在 $X$ 分布中的位置和在 $Y$ 分布中的位置之间的关系。例如，正相关表示，个体在 $X$ 变量上得分越高，在 $Y$ 变量上得分越高。类似地，负相关则意味着个体在 $X$ 变量上得分越高，在 $Y$ 变量上得分越低。

我们在第 5 章学到，$z$ 分数可以表示个体得分在分数分布中的位置。依此，我们可以利用 $X$ 的均值和标准差将每个 $X$ 值转换成一个 $z$ 分数——$z_X$。同样，$Y$ 值也可以转换成 $z_Y$。如果 $X$ 和 $Y$ 值是样本的值，则用公式（5-3）来转换成 $z$ 分数。如果 $X$ 和 $Y$ 值为总体的值，则用公式（5-1）来转换。转换之后，皮尔逊相关系数的计算公式可以用 $z$ 分数来表达。

对于样本：

$$r = \frac{\sum z_X z_Y}{n-1} \tag{14-4}$$

对于总体：

$$\rho = \frac{\sum z_X z_Y}{N} \tag{14-5}$$

注意，总体的相关采用的是希腊字母 $\rho$。

**学习检查**

1. $\sum X = 10$，$\sum Y = 15$，且 $\sum XY = 75$ 的一组 $X$ 和 $Y$ 数据的 $SP$ 值是多少？

a. −20　　b. −28　　c. 45　　d. 60

2. 已知一组 $n=50$ 对的 $X$ 和 $Y$ 的数据，$SS_X=180$，$SS_Y=80$，$\sum X=50$，$\sum Y=150$ 和 $\sum XY=180$。这组数据的皮尔逊相关是多少？

a. $\frac{180}{120}=1.50$　　b. $\frac{180}{1\,440}=0.125$　　c. $\frac{30}{120}=0.25$　　d. $\frac{30}{1\,440}=0.21$

3. 一组 $n=15$ 对 $X$ 和 $Y$ 的皮尔逊相关性为 $r=0.40$。如果每个 $X$ 值都加了 2，那么结果数据的相关性是什么呢？

a. 0.40　　b. −0.40　　c. 0.60　　d. −0.60

**答案**　1. c　2. c　3. a

## 14.3 皮尔逊相关的应用和解释

 **学习目标**

5. 解释为什么两个变量之间的相关性不能证明因果关系。
6. 解释相关性如何受到有限的分数范围或异常值的影响。
7. 定义决定系数，并解释它的测量值。

### 相关使用的情况和原因

虽然相关的应用非常广泛，但是几个具体的例子将会显示相关在统计测量中的意义。

**1. 预测**　如果通过某种系统的方式证实两个变量之间存在相关关系，那么我们就可以通过一个变量对另外一个变量进行精确的预测。例如，如果你在申请大学，你将呈递大量你的个人信息，其中包括你的学业成就测验（SAT）的分数。校方需要这些信息主要是因为他们通过这些信息可以预测你在大学学业上的成功概率。SAT 的得分与学业成绩的相关关系已经被证实许多年了，SAT 成绩良好的学生在大学学业上也表现不错，而 SAT 得分较低的学生在大学学习中会存在困难。根据这种关系，大学招生人员将会对各个申请者的成功潜力进行预测，但是这种预测并不一定很准确，并不是每个 SAT 低分者都会在大学学习中有差的表现。所以，你往往还需要推荐信、高中成绩和有关申请的其他信息。使用关系来进行预测的过程称为回归，并在本章的最后进行了讨论。

**2. 效度**　假如一位心理学家编制出一项新的智力测验，如何证实这项测验测到了它想要测的内容，即如何证实该测验的效度？计算效度的一种普遍运用的方法就是相关，如果该智力测验确实测到了智力，那么测验得分应该与其他衡量智力的指标相关，例如标准智力测验、学习任务的表现、问题解决能力等。心理学家应该通过测量新测验和其他智力测量指标的相关性来证明这项测验是有效的。

**3. 信度**　除了评估一个测验程序的效度，相关还可以用来确定信度。一个可靠的测验程序应该能产生稳定的、一致的测量结果，即相同的个体在相同的条件下进行两次测量时，可靠的测验应该得到相同（或者近似）的分数。例如，上个星期你的 IQ 测验得分为 113，那么这个星期的 IQ 测验你应该得到近似的分数。评估信度的一种方式是用相关来确定两项测验的关系。当信度较高时，两项测验呈现较高的正相关。

**4. 理论的证实**　许多心理学理论对两个变量进行特定的预测。例如，一种发展理论预测父母 IQ 和孩子 IQ 的关系，一种社会心理学家的理论预测早期父女关系和女儿未来恋爱关系的成功的关系。在每个例子中，理论的预测性可以由两个变量之间的相关来测量。

## 解释相关

在应用相关时，以下四个观点需要注意：

1. 相关只是描述两个变量之间的关系，并不能解释为什么两个变量有关系。具体来说，相关不能解释两个变量的因果关系。

2. 相关值很容易受数据的分布范围的影响。

3. 一个或两个极端值对相关值有极大的影响。

4. 相关的数值用来判断两变量关系的程度，例如，0.50 介于 0 和 1.00 之间，所以 0.50 表示两者为中等程度相关。但是，相关并不能用比例来解释。虽然相关值为 1.00 时，$X$ 变量可以 100％预测 $Y$ 变量，但是相关值为 0.50 时，并不代表 $X$ 预测 $Y$ 的准确率为 50％。为了描述一个变量帮助预测另一个变量的准确率，我们需要把相关值平方。于是，相关值 $r=0.50$ 意味着一个变量能部分帮助预测另一个变量，但预测的比例只有整体变异性的 $r^2=0.50^2=0.25$（或 25％）。

下面，我们将具体讨论上面的四个观点。

## 相关和因果关系

在解释相关时，经常出现的错误就是把两个变量的相关关系的假设理解为因果关系［甚至皮尔逊也因为从相关数据中断言因果关系而犯了错误（Blum，1978）］。我们经常被这样的报道所困扰：吸烟与心脏病有关，喝酒与天生缺陷有关，多吃胡萝卜与视力好有关。但是，这种关系意味着吸烟会得心脏病吗？多吃胡萝卜会有好的视力吗？答案是否定的。虽然两者可能会有因果关系，但是仅有的相关并不能证明这一点。例如，我们之前讨论过中学生成绩和家庭收入存在相关关系。然而，这个结论并不能说明高的家庭收入会提升学习成绩。例如，一位母亲可能在工作中意外地获得一笔奖金，但是她孩子的成绩会突然提高是不可能的。为了建立因果关系，我们有必要通过真实的实验来证明，通过控制一些无关变量，操纵一个变量来考察其对另一个变量的影响。这个观点将在下面的例子中得到印证。

**例 14.4**

假如我们在美国选择了许多不同的城市或城镇，测量教堂的数量（$X$ 变量）和该城市大型案件数量的关系（$Y$ 变量）。图 14－6 描绘了这项研究的假设数据，并且呈现教堂和案件数量之间的较强的正相关关系。你会发现，这些数据都是真实的数据。小城镇的案件和教堂都比较少，而大城市有更多的案件和教堂是很合理的。这种关系意味着教堂导致犯罪吗？或者犯罪导致教堂存在吗？答案都是否定的。虽然两者之间确实存在较高的相关，但是存在这种关系的实际因素却是人口数量的多少。

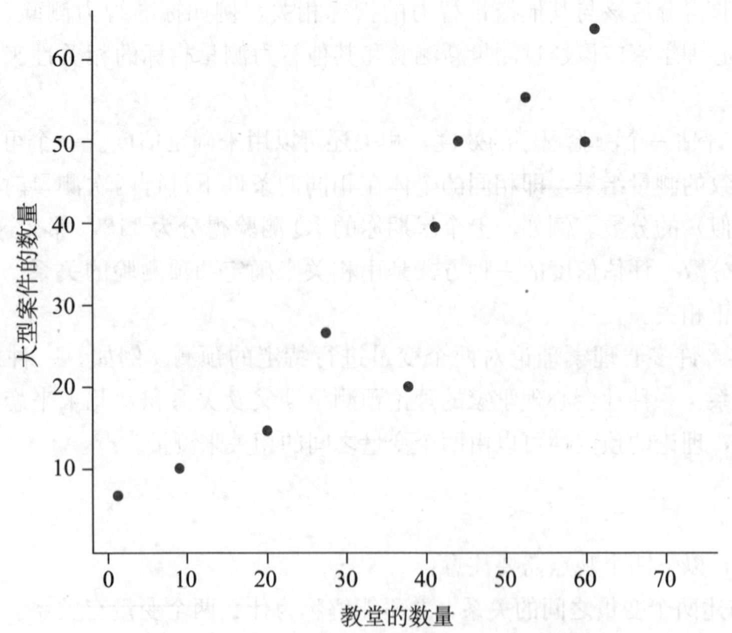


**图 14－6　显示美国城市样本中教堂数量与大型案件数量之间逻辑关系的假设数据**

---

## 相关和限制范围

当利用数据求相关，而这些数据并不代表全部范围的可能值时，我们需要谨慎地解释相关的意义。例如，如果你对 IQ 和创造力的关系感兴趣，你选取你的大学朋友为样本，数据可能仅代表 IQ 分数的一个有限的范围（最有可能是从 110 到 130）。这个通过有限范围数据得到的相关，与通过全部范围得到的相关是完全不同的。图 14－7 显示了一个极端的例子。在全部范围的数据都考虑后，$X$ 变量和 $Y$ 变量之间呈现较高的正相关。但是，当数据处于有限范围时，这种关系变得模糊。

安全起见，在总体超出样本所代表的数据范围时，你不应该对其相关值一概而论。只有确定数据 $X$ 值和 $Y$ 值的范围之后，相关才能对总体进行精确的描述。

## 极端值

极端值是指个体的 $X$ 变量和 $Y$ 变量的值与数据集中的其他个体的值大大不同（更大或更小），极端值会极大地影响相关值。图 14－8 中显示了极端值的影响效应。图 14－8（a）中描绘了 5 个数据点的散点图，其中 $X$ 变量和 $Y$ 变量之间的相关几乎为 0（实际为 $r=-0.08$）。在图 14－8（b）中，一个极端的数值（14，12）加入原始数据集并进行统计分析，却呈现较高的正相关（$r=+0.85$）。仅是一个极端值就大大改变了相关值，进而影响到了 $X$ 变量和 $Y$ 变量的关系。没有极端值，两变量之间为零相关，但是加入极端值后，$r=+0.85$ 意味着 $X$ 增加 $Y$ 也随之增加，两者变化就是如此一致。极端值的问题是我们需要看散点图，而不能一味地通过相关值来解释的原因。如果你只是通过数据来确定两个变量之间的关系，你可能就会忽略这样一个事实：极端值放大了相关性。

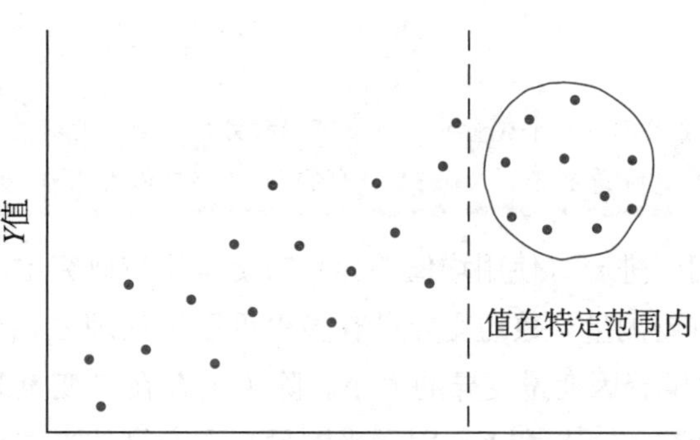


**图 14-7　极端值的影响效应**

说明：在这个例子中，X 值和 Y 值的整体范围呈现的是高度正相关，但是有限范围的分数呈现的相关几乎为零。

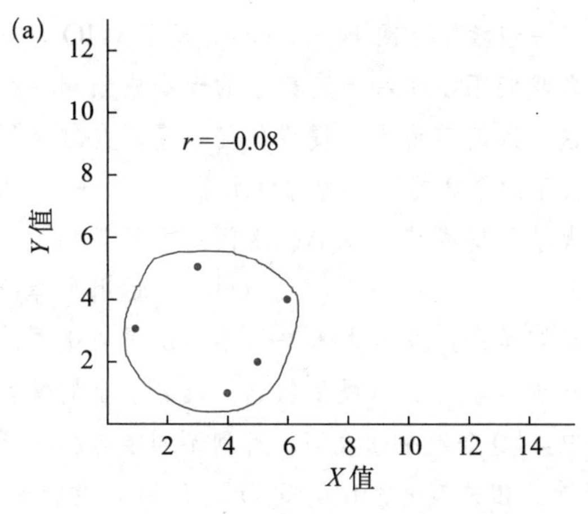


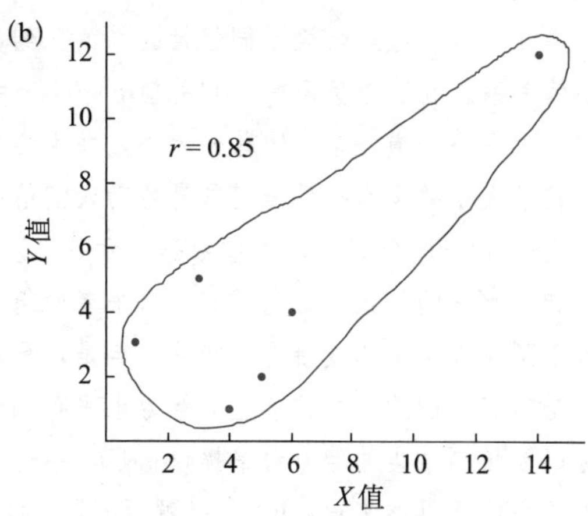


| 原始数据 | | |
|---|---|---|
| 被试 | ***X*** | ***Y*** |
| A | 1 | 3 |
| B | 3 | 5 |
| C | 6 | 4 |
| D | 4 | 1 |
| E | 5 | 2 |

| 包含极端值的数据 | | |
|---|---|---|
| 被试 | ***X*** | ***Y*** |
| A | 1 | 3 |
| B | 3 | 5 |
| C | 6 | 4 |
| D | 4 | 1 |
| E | 5 | 2 |
| F | 14 | 12 |

**图 14-8　一个极端的数据点（极端值）如何影响相关值的例子**

## 相关和关系的程度

相关主要测量两个变量之间的关系，其值介于 0 与 1.00 之间。虽然这个数值表示了两者关系的程度，但是许多研究者更倾向于将相关值平方，运用这个结果来更好地测量两变量关系的程度。

相关最普遍的用法之一是预测。如果两个变量相关，你可以运用一个变量预测另一个变量。例如，大学招生人员不能猜测哪个申请者可能在大学学习中有良好的表现，但是他们可以通过其他变量（学业成就测验的分数、高中成绩等）预测哪些学生取得成功的可能性要大些。预测的基础是相关关系，相关可以使大学招生人员做出比猜测更为准确的预测。总体来讲，相关的平方（$r^2$）测量的是使用相关进行预测的准确率。相关的平方测量了由 X 和 Y 之间的关系所解释的数据中变异性的比例。它有时称为决定系数。

**定义**

$r^2$ 叫作**决定系数**，因为它主要测量一个变量的变异量可以被另外一个与其有关系的变量所决定的比例。例如，相关值 $r=0.80$（或者 $-0.80$）意味着 $Y$ 值 $r^2=0.64$（64%）的变异可以由 $X$ 值预测。

在前面的几章中，我们引进 $r^2$（使用均值差异）来衡量比较研究中不同处理方式的均值差异的效应量。具体来讲，我们主要测量分数的变异量有多少可以用处理方式之间的不同来解释。在实验术语中，$r^2$ 测量自变量可以解释因变量变异的大小。除了不存在自变量和因变量，现在我们在做同样的事情。我们仅有两个变量——$X$ 和 $Y$，用 $r^2$ 来测量一个变量的方差可以被与其有关系的另一个变量决定的大小。下面的例子展示了这个概念。

**例 14.5**

图 14-9 描绘了代表不同线性关系的三组数据。第一组数据［图 14-9（a）］显示了 IQ 与鞋子大小的关系。在这个例子中，相关值 $r=0$（$r^2=0$），即我们不能用一个人鞋子的大小来预测一个人的智力水平。知道一个人的鞋子大小，并不会给预测这个人的智力水平提供任何信息。在这个例子中，鞋子大小并没有提供任何信息帮助人们解释为什么不同个体有不同的智力水平。

在图 14-9（b）中，这些数据显示了 IQ 分数和大学平均成绩（GPA）之间呈中等正相关，拥有高智力水平的学生往往比低智力水平者所得成绩更高。通过这种关系，我们得出：运用个体的智力水平预测大学平均成绩是可能的。但是，预测并不是完美的，高智力水平的学生所得成绩更高并不总是事实。因此，知道学生的智力水平可以为预测学生的学习成绩提供信息，或者学生的学习成绩可以为预测学生的智力水平提供信息。在这个例子中，IQ 分数帮助我们了解到不同学生拥有不同的平均成绩。具体来说，IQ 可以解释 GPA 的部分变异。相关值 $r=+0.60$（$r^2=0.36$）意味着 IQ 分数可以解释 GPA 的 36%的变异量。

图 14-9（c）显示了大学雇员月薪和年薪的完全线性相关（$r=1.00$）关系。两者之间具有 100%的预测性。如果两个人有不同的年薪，则他们月薪的不同可以 100%解释这种变异。

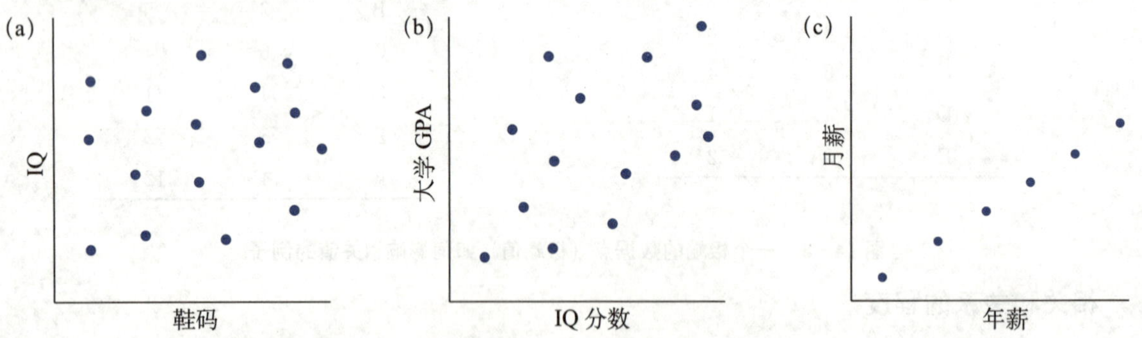


**图 14-9　三组数据显示了三种不同程度的线性关系**

正如 $r^2$ 在第 9、10 和 11 章中可以用来估计效应量的大小一样，$r^2$ 也可以被用来估计相关的大小或强度。表 9-3 中 $r^2$ 的标准也同样适用。具体来说，当 $r^2$ 值为 0.01 时，表示小的效应或弱的相关，为 0.09 表示中等相关，为 0.25 或更大表示强相关。

更多有关 $r^2$ 的知识请参见 14.5 节。我们现在需要明白的是，当两个变量相关时，可以用一个变量去预测另一个变量。

**学习检查**

1. 一名研究人员获得了 6 岁儿童的攻击性行为与他们在电视上看到的暴力行为数量之间的强正相关关系。基于这种相关性，以下哪一个结论是合理的？

a. 减少孩子们在电视上看到的暴力行为数量，将会减少他们的攻击性行为

b. 增加孩子们在电视上看到的暴力行为数量，将会增加他们的攻击性行为

c. 看更多电视暴力节目的孩子往往会表现出更具攻击性的行为

d. 以上全是

2. 已知一组 $n=5$ 对的 $X$ 和 $Y$ 的数据，对 $X$ 和 $Y$ 分数产生 $r=0.10$ 的皮尔逊相关。$X$ 值从 40 到 50 变化，$Y$ 值从 30 到 60 变化。如果一个具有 $X=4$ 和 $Y=4$ 的新个体被添加到样本中，那么新的相关性最可能的值是什么？

a. $-0.60$　　b. 0.10　　c. 0.20　　d. 0.60

3. 一组 $n=12$ 对的 $X$ 和 $Y$ 的皮尔逊相关性为 $r=-0.70$. 求从与 $X$ 的关系中预测到多少 $Y$ 分数的变异？

a. 16%　　b. 49%　　c. 0.16%　　d. 0.49%

**答案** 1. c 2. d 3. b

## 14.4 皮尔逊相关的假设检验

**学习目标**

8. 进行假设检验，评估相关性的显著性。

皮尔逊相关一般情况下用来计算样本数据。但是，和其他样本统计一样，样本相关也常用来估计总体。也就是说，样本相关是推断总体相关的依据。例如，心理学家想知道 IQ 和创造力之间是否存在关系，这是人们所普遍关心的问题。为了回答这个问题，我们往往会选择样本，利用样本数据计算相关值。你应该发现这个过程是推论统计的案例：运用样本推断总体。过去，我们已经开始使用样本均值推断总体均值。本节，我们将利用样本相关推断总体相关。

### 假设

假设检验的基本问题是总体中是否存在相关。虚无假设为“总体中并不存在相关”或者“总体相关为 0”，备择假设为“总体中存在非零相关”。因为 $\rho$ 代表总体相关值，这些假设用符号表示如下：

$H_0$：$\rho=0$ （不存在总体相关）

$H_1$：$\rho\neq0$（存在总体相关）

当相关有一个确定的方向时，可以做单侧检验。例如，研究者在预测一个正相关时，假设即为：

$H_0$：$\rho\leqslant0$ （总体相关非正）

$H_1$：$\rho>0$ （总体相关为正相关）

样本相关值将被用来评估假设。通常，对于双侧检验，样本相关值接近于 0 可以支持 $H_0$假设，样本相关值远大于或小于 0 时倾向于拒绝 $H_0$。对于单侧检验，样本相关值为正相关时倾向于拒绝总体相关非正的虚无假设。

虽然样本相关值（$r$）将被用来评估假设，但像往常一样，样本与其总体并不是一致的，样本统计量和相应的总体参数之间是存在差异（样本误差）的。具体来说，我们会预期样本相关与总体相

关必然会存在一定的差异。事实是，总体为零相关，但是样本为非零相关，这种情况在小样本中经常出现。图14-10说明了在几乎零相关的总体中，多小的样本可以导致相关偏离零相关。图中的点代表总体，三个被圈的数据点代表随机样本。注意，即使总体相关为0，三个样本数据点也显示了一种较高的正相关，即使在总体中没有线性趋势（$\rho=0$）。

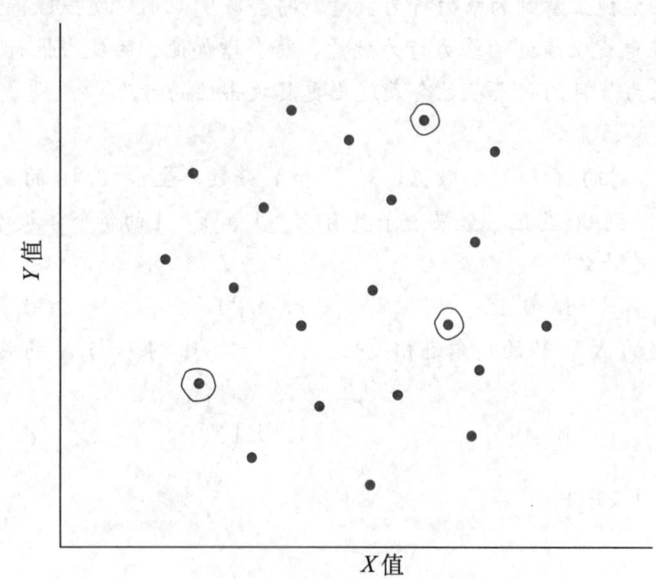


**图14-10 总体的X和Y近似零相关的散点图**

说明：来自总体$n=3$个数据点的小样本量却显示了高度的正相关。图中所圈的点就是样本数据点。

当你获得一个样本的非零相关时，假设检验的目的是在以下两种解释之间做出决定：

1. 总体中不存在相关（$\rho=0$），且样本值是由于抽样误差而产生的。请记住，样本不与总体完全相同。样本统计量与相应的总体参数之间总是存在一些误差。这种情况由$H_0$确定。

2. 非零样本相关性准确地代表了总体中真实的相关性。这是$H_1$中提出的备择假设。

来自样本的相关系数将有助于我们确定哪种解释更可能正确。接近零的样本相关系数支持总体相关系数也为零的结论。与零显著不同的样本相关系数则支持总体中存在真实的非零相关性的结论。

### 假设检验

相关的假设检验可以采用$t$检验或$F$检验，$F$检验会在以后讨论，我们在这里主要使用$t$检验。跟第9、10和11章中介绍的$t$检验一致，相关的$t$检验算法相同：

$$t=\frac{\text{样本统计量}-\text{总体参数}}{\text{标准误}}$$

在相关假设检验中，样本统计量指样本的相关（$r$），对应的总体参数为总体的相关（$\rho$）。虚无假设为$\rho=0$。方程的最后一部分为标准误，其公式为：

$$r\text{的标准误}=s_r=\sqrt{\frac{1-r^2}{n-2}} \tag{14-6}$$

所以，完整的$t$统计量为：

$$t=\frac{r-\rho}{\sqrt{\frac{1-r^2}{n-2}}} \tag{14-7}$$

**$t$统计量的自由度**　$t$统计量的自由度$df=n-2$，即只有$n=2$个数据不是自由的。如果只有两个数据点，它们将完美地拟合一条直线，样本相关为完美的相关$r=+1.00$或$r=-1.00$。因为前两个数据点能够产生出完美的相关，所以只有当数据点大于2时，样本相关可以自由变化。因此，

$df=n-2$。

下面的例子用来说明假设检验。

**例 14.6**

一位研究者运用一个常规的 $\alpha=0.05$ 的双侧检验来确定一个非零样本相关是否也存在于总体之中。样本量 $n=30$，样本相关 $r=0.35$。虚无假设为：

$H_0$：$\rho=0$

对于这个例子，$df=28$，$t$ 的临界值为 $t=\pm2.048$，$r^2=0.35^2=0.1225$。$t$ 值为：

$t=1.98$

$t$ 值不在拒绝域内，所以不能拒绝虚无假设。样本相关不足以拒绝虚无假设。

**例 14.7**

再一次以 $n=30$，$r=0.35$ 的样本开始。本研究中，研究者主要运用定向的单侧检验来确定总体是否存在正相关。

$H_0$：$\rho\leqslant0$　（总体不存在正相关）

$H_1$：$\rho>0$　（总体存在正相关）

样本相关为正相关，所以我们需要确定相关是否足够大来达到显著。$df=28$，$\alpha=0.05$ 的单侧检验临界值 $t=1.701$。在前面的例子中，我们得出 $t=1.97$，在拒绝域内。对于单侧检验，我们拒绝了虚无假设，得出总体相关为正相关的结论。

你可以简单地将样本相关性与表中的临界值列表进行比较，而不是为假设检验计算 $t$ 统计量附录 B 中的表 B.6。要使用该表，你需要知道样本大小（$n$）和 $\alpha$ 值。在例 14.6 和例 14.7 中，我们使用了 $n=30$ 的样本，$r=0.35$ 的相关性，以及 $\alpha$ 水平为 0.05。在表中，你让 $df=n-2=28$ 位于左侧列中，并且在表顶部的单尾或双尾的值为 0.05。对于 $df=28$ 和双侧检验为 $\alpha=0.05$，表中的临界值为 0.361。因为样本相关性小于这个临界值，所以不能拒绝原假设（如：例 14.6）。对于单侧检验，表列出了临界值 0.306。这一次，样本相关性大于临界值，因此我们拒绝虚无假设，并得出相关性显著的结论（如：例 14.7）。

与大多数假设检验一样，如果其他条件不变，当样本量增大时，相关的结果更容易显著。例如，当 $n=10$，$r=0.50$ 时，得到不显著的结果 $t(8)=1.63$。但是，当样本量为 20 时，会得到一个显著的结果 $t(18)=2.45$。

下面的例子可以测试你对相关显著性的假设检验的理解。

**例 14.8**

研究人员对 $n=25$ 的样本获得了 $r=-0.39$ 的相关性。对于一个 $\alpha$ 值为 0.05 的双尾检验，该样本是否提供了足够的证据来得出结论，即在人群中存在显著的、非零的相关性？计算 $t$ 值，然后使用表 B.6 中的临界值检查你的结论。你应该得到 $t(23)=2.03$。当临界值为 $t=2.069$ 时，相关性不显著。从表 B.6 中可以看出，临界值为 0.396。同样，相关性并不显著。

**在文献中**

### 报告相关

相关结果的呈现一般使用 APA 格式。其中应该包括样本量、相关值，以及是否在统计上有显著意义、概率水平和检验类型（双侧或单侧）。以下是一个相关的报告例子。

数据的相关揭示了教育水平和收入有显著关系，$r=+0.65$，$n=30$，$p<0.01$，双侧检验。

在某些情况下，一项研究往往涉及几个变量，所有可能配对的变量都需要计算其相关。例如，假设一项研究测量人口的收入、教育水平、年龄和智力，4个变量有6个配对。这种相关结果经常使用相关矩阵来表示，并且使用脚注标明显著性的相关。例如，这个报告可能表示如下：

当报告相关性时，APA格式不在小于1的小数前使用零。

该统计测量了30个被试收入、教育水平、年龄和智力之间的关系，表14-5报告了配对变量之间的相关，并且标注有相关的显著性。

**表14-5　收入、教育水平、年龄和智力的相关矩阵**

| | 教育 | 年龄 | 智力 |
|---|---|---|---|
| 收入 | +0.65* | +0.41** | +0.27 |
| 教育 | | +0.11 | +0.38** |
| 年龄 | | | −0.02 |

说明：$n=30$。

* $p<0.05$，双侧检验。

** $p<0.01$，双侧检验。

## 学习检查

1. 一名研究人员选择了$n=25$名高中生的样本，并测量了每个学生的平均绩点和使用智能手机的时间。研究人员计划使用一个假设检验来确定这两个变量之间是否存在显著的关系。以下哪一个是该测试的正确虚无假设？

a. $\rho=0$　　b. $\rho\neq0$　　c. $\rho=1.00$　　d. $\rho\neq1.00$

2. 皮尔逊相关计算的样本的$n=26$时，检验相关的显著性应该使用的$df$值为？

a. 24　　b. 25

c. 26　　d. 没有足够的信息进行计算

答案　1. a　2. a

## 14.5　皮尔逊相关以外的其他相关

### 学习目标

9. 解释如何将分数转换为等级数据，尤其是当存在并列等级的数据时。
10. 计算一组数据的斯皮尔曼相关，并解释它测量了什么。
11. 描述使用点二列相关的情况，并解释它测量什么。
12. 描述使用φ相关的情况，并解释它测量什么。

当数据（$X$和$Y$值）由等距或等比的数值分数组成时，皮尔逊相关测量两个变量之间的线性关系程度。然而，对于非线性关系和其他类型的数据，需要使用其他方式衡量其相关性。在本节中，我们将研究三种其他的相关性：斯皮尔曼相关、点二列相关和φ相关。正如你将看到的，这三个都可以看作皮尔逊相关的特殊应用。

### 斯皮尔曼相关

当用皮尔逊相关公式来计算来自顺序量表（排序）的数据时，所得的结果称为斯皮尔曼相关。斯皮尔曼相关有两种使用条件：

第一，斯皮尔曼相关主要用来测量顺序变量之间的关系。回想第 1 章，测量顺序量表需要将观察值进行等级排序。顺序量表数据是相当普遍的，因为它们的获取要比等距量表和等比量表数据容易得多。例如，教师可能对学生的领导能力排序更为肯定，但是很难在某些量表上测量学生的领导能力。

第二，测量等级数据之间的关系时，斯皮尔曼相关可以完全地代替皮尔逊相关，即使原始数据是等距或等比量表。我们曾经讲过，皮尔逊相关测量两个变量之间的线性关系程度，即数据点在何种程度上与直线拟合。但是，一名研究者往往期望数据可以呈现一致的单一方向的关系，并不总是直线关系。例如，图 14－11 调查了练习量（$X$）与表现水平（$Y$）的关系。对于这些数据，研究者往往期望两者之间的关系为较强的正相关，即更多的练习量导致更好的表现。但是，所期望的关系并不符合直线关系。当你新学一项技能时，练习会导致更好的表现。然而，当你学习一项技能几年后，练习只能导致很小的表现变化。即使练习和表现水平之间存在一致的关系，很明显它们的关系也不是线性的。如果使用皮尔逊相关来计算这些数据，则不会得出相关为 1 的结论，因为数据不符合线性关系。在这种情况下，斯皮尔曼相关可以用来测量两者关系的一致程度，和其形式无关。顺便说一句，当两个变量之间存在一致的单向关系时，这种关系称为单调的。因此，斯皮尔曼相关度量了两个变量之间的单调关系的程度。

> 单调性这个词描述了一个持续增加（或减少）的序列。与“单调”词义一样，它的意思是恒定的和不变的。

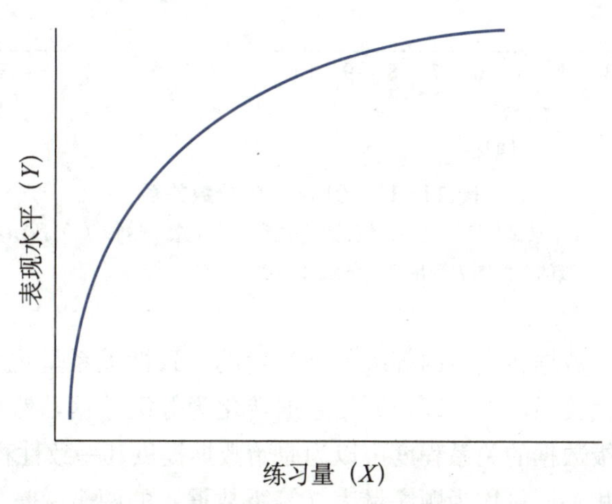


**图 14－11　显示了练习量与表现水平的关系的假设数据**

说明：虽然两者不是线性关系，但是它们有一致的正相关，即表现水平的提高伴随着练习量的增大。

斯皮尔曼相关测量的是一致性，而不需要关心它们之间的具体形式，比如它们之间是线性还是非线性关系。其原因是：当两个变量存在一致性关系时，它们的等级数据将会呈现线性关系。例如，完全一致的正相关关系意味着 $X$ 变量的增加必然会伴随着 $Y$ 变量的增加。因此，最小的 $X$ 值与最小的 $Y$ 值配对，次小的 $X$ 值与次小的 $Y$ 值配对，以此类推。每当 $X$ 的排序上升 1 时，$Y$ 的排序也会上升 1。因此，排序能很好地拟合一条直线。下面的实例将展示这个现象。

**例 14.9**

表 14－6 中是 4 个被试的 $X$ 分数值和 $Y$ 分数值。注意，这些数据显示了完全一致性关系：$X$ 值的增加总是伴随着 $Y$ 值的增加。但是，两者关系并不是直线的，见图 14－12（a）。

表 14-6 例 14.9 的分数和排序

| 被试 | $X$ | $Y$ | $X$ 等级 | $Y$ 等级 |
|---|---|---|---|---|
| A | 2 | 2 | 1 | 1 |
| B | 3 | 8 | 2 | 2 |
| C | 4 | 9 | 3 | 3 |
| D | 10 | 10 | 4 | 4 |

下一步，我们把原始数据转化为等级数据，最小的 $X$ 值定义为 1，次小的 $X$ 值定义为 2，等等。$Y$ 值也是如此排序。排序见表 14-6 以及图 14-12（b）。注意，数据等级的散点图显示了完美的线性关系。

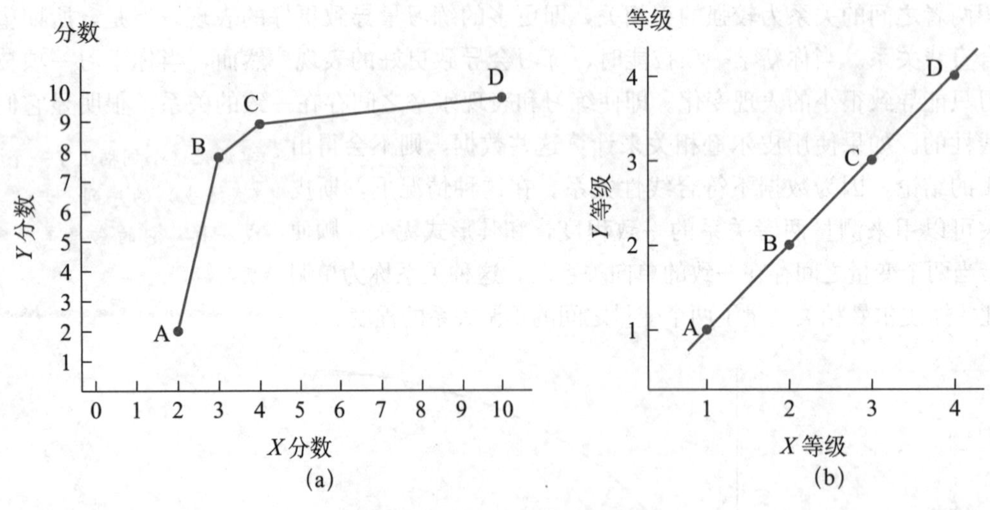


图 14-12 例 14.9 的分数关系

说明：散点图显示了例 14.9 中 4 个被试的 $X$ 分数和 $Y$ 分数的关系。请注意，尽管（a）所示不是线性关系，但 $X$ 和 $Y$ 分数之间存在一致的正相关关系。并且，等级的散点图表现出完美的线性关系。

前面的实例展示了原始数据转化后的等级数据产生的一致性关系呈现为直线形式。因此，如果你想测量数据之间的一致性关系，你可以把原始数据转化为等级数据，然后根据皮尔逊相关公式计算等级数据的相关值。等级数据的关系程度可以为原始数据提供其一致性程度的测量。

总体来讲，斯皮尔曼相关测量均为顺序量表（等级数据）的两个变量之间关系的程度。斯皮尔曼使用条件如下：

1. 斯皮尔曼相关在原始数据是顺序数据时使用，即 $X$ 和 $Y$ 值是等级数据。在这种情况下，可以将顺序数据排序，将排序代入皮尔逊相关公式进行计算。

2. 当原始数据为等距或等比数据时，使用斯皮尔曼相关，目的是测量 $X$ 变量和 $Y$ 变量之间关系的一致性，且一致性独立于这种关系的具体形式。在这种情况下，首先将原始数据转化为等级数据，然后使用皮尔逊相关公式计算其相关值。因为皮尔逊相关公式计算的是排序数据对直线的拟合程度，所以它也可以测量原始数据关系一致性的程度。当两变量之间有一致的、单一方向的变化时，这两个变量之间的关系称作单调的。因此，斯皮尔曼相关测量的是两个变量之间单调关系的程度。

此外，斯皮尔曼使用符号 $r_s$ 以区别于皮尔逊相关。例 14.10 说明了斯皮尔曼的完整计算过程，包括原始数据转化为等级数据的过程。

**例 14.10**

表 14－7 所示数据显示了 $X$ 和 $Y$ 变量之间几乎完全单调的关系。当 $X$ 增加时，$Y$ 减小。总体趋势中仅有一种反向关系。为了计算斯皮尔曼相关，我们先将 $X$ 和 $Y$ 值排序，然后使用皮尔逊相关对这些等级数据进行计算（见表 14－8）。

> 我们已经按顺序列出了 $X$ 值，以便使趋势更容易识别。

**表 14－7　X 和 Y 原始数据**

| 原始数据 | |
|---|---|
| $X$ | $Y$ |
| 3 | 12 |
| 4 | 10 |
| 10 | 11 |
| 11 | 9 |
| 12 | 2 |

**表 14－8　X 和 Y 排序与皮尔逊相关计算**

| 排序 | | |
|---|---|---|
| $X$ | $Y$ | $XY$ |
| 1 | 5 | 5 |
| 2 | 3 | 6 |
| 3 | 4 | 12 |
| 4 | 2 | 8 |
| 5 | 1 | 5 |
| | | $\sum XY = 36$ |

为了计算相关，我们需要计算 $SS_X$、$SS_Y$ 和 $SP$。注意，计算相关要使用等级数据，而不是原始数据。$X$ 值转化为等级数据 1，2，3，4，5，从而得出 $\sum X = 15$，$\sum X^2 = 55$，所以 $X$ 等级数据的 $SS$ 值为：

$$SS_X = \sum X^2 - \frac{(\sum X)^2}{n} = 55 - \frac{15^2}{5} = 10$$

注意到 $Y$ 的排序值与 $X$ 的相同，即都是整数 1，2，3，4，5。因此，$Y$ 等级数据的 $SS$ 值与 $X$ 等级数据的 $SS$ 相等：

$$SS_Y = 10$$

为了计算 $SP$ 值，我们需要计算等级数据的 $\sum X$、$\sum Y$ 和 $\sum XY$，表中列有 $XY$ 值，而且我们已经得出 $\sum X = 15$，$\sum Y = 15$。因此，我们得出

$$SP = \sum XY - \frac{(\sum X)(\sum Y)}{n} = 36 - \frac{15 \times 15}{5} = -9$$

斯皮尔曼相关用皮尔逊相关的公式处理等级数据即可：

$$r_s = \frac{SP}{\sqrt{(SS_X)(SS_Y)}} = \frac{-9}{\sqrt{10 \times 10}} = -0.9$$

斯皮尔曼相关值显示两个变量之间的关系为一致的（几乎完全的）负相关。

## 排列并列数据

在计算斯皮尔曼相关将原始数据转化为等级数据的时候，往往会碰到两个或者更多的相同数据。当两个数据值相同时，它们的等级也应该是相同的。该种情况的等级计算程序如下：

1. 将数据从小到大排列，包括并列数据。
2. 对每个数据进行等级排列。
3. 当两个或更多的数据为并列数据时，计算它们等级的均值，把这个均值作为每个数据的最终等级。

下例为并列数据的等级计算，这些数据已经按从小到大的顺序列入表中（见表 14－9）。

表 14-9 并列数据的等级计算

| 原始数据 | 等级排列 | 最终等级 | |
|---|---|---|---|
| 3 | 1 | 1.5 | 1 和 2 的均值 |
| 3 | 2 | 1.5 | |
| 5 | 3 | 3 | |
| 6 | 4 | 5 | |
| 6 | 5 | 5 | 4、5 和 6 的均值 |
| 6 | 6 | 5 | |
| 12 | 7 | 7 | |

注意，这个实例有 7 个原始数据，使用 7 个等级数据。$X=12$ 是最大的数值，它合适的等级为 7。它的等级不能为 6，因为这个等级已经用于并列数据。

## 斯皮尔曼相关的特殊公式

将原始数据 $X$ 值和 $Y$ 值等级化后，$SS$ 和 $SP$ 的计算会极大地简化。首先，$X$ 值和 $Y$ 值的等级数据均为整数。其次，计算这些数据的均值时，可以使用 $M=(n+1)/2$ 找到这一序列的中点。相似地，这个整数序列的 $SS$ 计算公式为：

$$SS=\frac{n(n^2-1)}{12}$$

并且，因为 $X$ 和 $Y$ 值的等级数据相同，所以两者的 $SS$ 的计算公式是相同的。

因为等级数据的计算比较简单，而斯皮尔曼相关使用的数据都是等级的，所以斯皮尔曼相关最终的计算也将非常简单。除了将等级数据进行皮尔逊相关计算，还可以将等级数据直接用于更简单的公式：

> 在这个公式中，先计算分数的值，然后用 1 减去该值。1 不是分数的一部分。

$$r_s=1-\frac{6\sum D^2}{n(n^2-1)} \tag{14-8}$$

在该公式中，$D$ 表示每个被试 $X$ 等级与 $Y$ 等级的差值。这个公式所得到的结果与利用皮尔逊相关计算得到的值是相同的。但是，这个公式只适用于将数据等级化并且等级数据没有并列值的情况。如果出现少数并列值，公式可能还能使用，但是随着并列值的增多，结果的精确率会降低。这个公式的应用将会在下面的实例中进行说明。

**例 14.11**

为了详述斯皮尔曼相关的特别公式，我们将使用与例 14.10 相同的数据，数据等级化结果如表 14-10 所示：

表 14-10 例 14.10 数据等级化结果

| 排序 | | 差值 | |
|---|---|---|---|
| **X** | **Y** | **D** | **$D^2$** |
| 1 | 5 | 4 | 16 |
| 2 | 3 | 1 | 1 |
| 3 | 4 | 1 | 1 |
| 4 | 2 | −2 | 4 |
| 5 | 1 | −4 | 16 |
| | | | $\sum D^2=38$ |

使用特别公式计算斯皮尔曼相关值：

$$r_s = 1 - \frac{6\sum D^2}{n(n^2-1)}$$

$$=1-\frac{6(38)}{5(25-1)}$$

$$=1-\frac{228}{120}$$

$$=1-1.90$$

$$=-0.90$$

该结果与例 14.10 中对等级数据进行皮尔逊相关的计算所得到的结果是相同的。

下面的例子可以测试你对斯皮尔曼相关的理解。

**例 14.12**

计算下列分数的斯皮尔曼相关（见表 14-11）：

**表 14-11　分数示例**

| *X* | *Y* |
|---|---|
| 2 | 7 |
| 12 | 38 |
| 9 | 6 |
| 10 | 19 |

你应该得到 $r_s=0.80$。祝你好运。

## 点二列相关和效应量 $r^2$

在第 9 章、第 10 章和第 11 章中，我们介绍作为一种效应量的 $r^2$ 经常伴随着使用 $t$ 统计量的假设检验。$r^2$ 主要用来测量效应量大小，而 $r$ 主要用来测量直接相关。具体来讲，我们将比较独立测量 $t$ 检验（第 10 章）和皮尔逊相关的特殊形式，即点二列相关。

点二列相关主要用于处理一个连续数据的变量和另一个只有两个值的变量之间的关系程度。我们把只有两个值的变量称为二分变量，以下都是二分变量：

1. 大学毕业生和非大学毕业生；
2. 头胎出生和非头胎出生；
3. 一项特定任务的成功和失败；
4. 大于 30 岁和小于 30 岁。

为了计算点二列相关，我们常把二分变量的一个值标注为 0，另一个值标注为 1。皮尔逊相关的公式可以用于这些二分型数据。

> 这里只是习惯上使用数字 0 和 1，你可以使用任何两个不同的数字，而且不会影响最后的相关性结果。

我们将运用例 10.2 的数据来说明点二列相关及其效应量 $r^2$ 之间的联系。该例子比较了在光线昏暗的房间里和在光线充足的房间里的作弊行为。结果显示，在光线昏暗的房间里，被试声称比在光线充足的房间里解出了更多的谜题。表 14-12 呈现了独立样本研究的数据，请注意，数据由两个独立的样本组成，并使用独立测量的 $t$ 值来确定样本所代表的两个群体之间是否存在显著的均值差异。

在表 14－12 的右侧，我们将数据重新组织为一种适合于点二列相关的形式。具体来说，使用每个被试的困惑的分数作为 $X$ 值；同时，创建了一个新的变量 $Y$，来代表每个个体所处的组或条件。在这种情况下，我们在光线良好的房间中对参与者使用 $Y=0$，在光线昏暗的房间中对参与者使用 $Y=1$。

当表 14－12 中的数据最初在第 10 章中呈现时，我们进行了独立测量 $t$ 检验，用 $df=14$ 得到了 $t=-2.67$。通过计算 $r^2$ 来衡量处理效果的大小，即方差被解释的百分比，得到 $r^2=0.337$。

对这些数据进行点二列相关的计算，得到 $r$。具体来讲，通过 $X$ 值求出 $SS=190$，通过 $Y$ 值求出 $SS=4.00$，$X$、$Y$ 离均差乘积 $SP=16$。点二列相关为：

$$r=\frac{SP}{\sqrt{(SS_X)(SS_Y)}}$$
$$=\frac{16}{\sqrt{(190)\times(4)}}$$
$$=\frac{16}{27.57}$$
$$=0.580\ 3$$

**表 14－12　以两种不同的格式呈现的相同的数据**

| 解出谜题数量 | | | | 适于点二列相关的数据。共有 16 名被试，每名被试有 $X$ 和 $Y$ 两个分数 | | |
|---|---|---|---|---|---|---|
| 明亮房间 | | 昏暗房间 | | 被试 | 分数 $X$ | 组 $Y$ |
| 11 | 6 | 7 | 9 | A | 11 | 0 |
| 9 | 7 | 13 | 11 | B | 9 | 0 |
| 4 | 12 | 14 | 15 | C | 4 | 0 |
| 5 | 10 | 16 | 11 | D | 5 | 0 |
| $n=8$ | | $n=8$ | | E | 6 | 0 |
| $M=8$ | | $M=12$ | | F | 7 | 0 |
| $SS=60$ | | $SS=66$ | | G | 12 | 0 |
| | | | | H | 10 | 0 |
| | | | | I | 7 | 1 |
| | | | | J | 13 | 1 |
| | | | | K | 14 | 1 |
| | | | | L | 16 | 1 |
| | | | | M | 9 | 1 |
| | | | | N | 11 | 1 |
| | | | | O | 15 | 1 |
| | | | | P | 11 | 1 |

说明：在左边，数据显示为两个独立的样本，适合于独立样本 $t$ 检验。在右边，相同的数据显示为一个样本，每个人有两个分数：解出的谜题的数量（$X$）和一个二分分数（$Y$），以确定参与者所在的群体（明亮的＝0 和昏暗的＝1）。右边的数据适用于点二列相关。

注意，点二列相关的平方 $r^2=(0.580\ 3)^2=0.337$，这个值与我们所得到的测量效应量是相同的。

在某些方面，点二列相关和独立样本假设检验测量的是同样的内容。具体来说，两者都在测量房间光照强度与行为之间的关系。

1. 相关系数主要测量两个变量之间的关系程度，当相关系数接近于 1.00 或者 −1.00 时，表明作弊和房间光线量之间存在着一致的、可预测的关系。需要注意的是，$r^2$ 主要通过被试是在光线充足还是光线昏暗的房间里进行测试，来预测作弊的变化程度。

2. $t$ 检验主要评估两者关系的显著性。假设检验确定了两组之间的平均成绩差异是否大于可以单独用偶然来合理解释的差异。

像我们在第 10 章提到的，假设检验的结果和 $r^2$ 经常在文献中同时得到报告。其中，$t$ 值测量统计显著性，而 $r^2$ 值测量效应量大小。还有，我们也曾经提到，$t$ 值和 $r^2$ 值有直接的关系。事实上，两者可以互相换算。

$$r^2=\frac{t^2}{t^2+df} \text{和} t^2=\frac{r^2}{(1-r^2)\ /df}$$

$df$ 是 $t$ 检验的自由度。

但是，$r^2$ 完全受相关值影响，$t$ 值则受相关值和样本量影响。例如，当相关值 $r=0.30$ 时，无论样本量为多少，$r^2$ 都等于 0.09。另外，样本量 $n=10$ 的样本（每组 $n=5$）、$r=0.30$ 的点二列相关产生了没有显著统计意义的 $t=0.890$。但是，当样本量增加到 50（每组 $n=25$）时，相同的相关值却产生了有显著统计意义的 $t=2.17$。虽然 $t$ 和 $r$ 值有一定的关系，但是它们测量的内容是不同的。

## φ 相关

当两个变量（$X$ 和 $Y$）均为二分变量时，这两个变量的相关称为 φ 相关。计算 φ 相关应进行以下两步：

1. 将两个二分变量分别进行赋值，将二分变量的其中一类记为 0，另一类记为 1。
2. 将赋值代入皮尔逊相关公式进行计算。

下面的例子将详述这个过程。

### 例 14.13

研究者想探讨非独生子女的出生顺序和人格之间的关系。随机选取 $n=8$ 名被试，被试被分成头胎生和非头胎生。被试人格被分为内向和外向。

我们将测量的结果转化成数值（见表 14 - 13）：

**表 14 - 13 头胎生和非头胎生被试出生顺序和人格**

| 出生顺序 | 人格 |
|---|---|
| 头胎生＝0 | 内向＝0 |
| 非头胎生＝1 | 外向＝1 |

原始的数据和转化之后的分数如表 14 - 14 所示：

**表 14 - 14 原始数据和转化后的值**

| 原始数据 | | 转化后的值 | |
|---|---|---|---|
| 出生顺序（$X$） | 人格（$Y$） | 出生顺序（$X$） | 人格（$Y$） |
| 1 | 内向 | 0 | 0 |
| 3 | 外向 | 1 | 1 |

续表

| 原始数据 | | 转化后的值 | |
|---|---|---|---|
| 出生顺序（$X$） | 人格（$Y$） | 出生顺序（$X$） | 人格（$Y$） |
| 1 | 外向 | 0 | 1 |
| 2 | 外向 | 1 | 1 |
| 4 | 外向 | 1 | 1 |
| 2 | 内向 | 1 | 0 |
| 1 | 内向 | 0 | 0 |
| 3 | 外向 | 1 | 1 |

之后使用皮尔逊相关公式计算 φ 相关。

因为赋值是任意的（每个类都可以被赋为 0 或 1），所以相关结果的符号是没有意义的。跟大多数相关一样，相关的强度可以用决定系数 $r^2$ 来解释，表示一个变量与另一个变量关联的程度。

我们应注意的是，虽然评估两个二分变量之间的关系可以用 φ 相关，但更常见的统计方法其实是卡方检验，见第 15 章。

### 学习检查

1. 如果以下分数转换为排名（1=最小），那么分数 $X=6$ 应该处于什么排名？分数：4、5、5、6、6、6、7、9、10。

a. 4　　b. 5　　c. 6　　d. 7

2. 请计算以下一组排名数据的斯皮尔曼相关。

a. 0.9
b. −0.9
c. 0.375
d. −0.375

| X | Y |
|---|---|
| 1 | 5 |
| 2 | 4 |
| 3 | 2 |
| 4 | 3 |
| 5 | 1 |

3. 适合于独立测量的 $t$ 检验的数据可以计算以下哪种相关？

a. 皮尔逊相关　　b. 斯皮尔曼相关　　c. 点二列相关　　d. φ 相关

4. 研究人员想要衡量一个班级的成功（通过/失败）和选民登记（是/否）之间的关系。以下哪些方法是合适的？

a. 皮尔逊　　b. 斯皮尔曼　　c. 点二列　　d. φ 相关

**答案**　1. b　2. b　3. c　4. d

## 14.6 线性方程与回归的简介

### 学习目标

13. 定义描述两个变量之间的线性关系的方程。
14. 计算一组 $X$ 和 $Y$ 分数的回归方程（斜率和 $Y$ 截距）。
15. 计算一个回归方程的估计的标准误，并解释它的测量值。

16. 进行回归分析，以评估一个回归方程的显著性。

在这一章的前面，我们介绍了皮尔逊相关是描述和测量两个变量之间的线性关系的工具。图 14-13 所呈现的假设数据显示了数学 SAT 分数与大学平均成绩（GPA）之间的关系。请注意，这个数字表明这是较好但并非完美的正相关关系。还有，通过数据点的中间部分，我们得到一条线，画出这条直线的目的是：

1. 直线使 SAT 和 GPA 之间的关系更容易被看到。

2. 直线显示了两者关系的中心或中心变化趋势，就如均值在一组数据中描述的中央趋势。因此，该直线描述了两者的简化的关系。例如，如果数据点被撤除，这条直线依旧可以提供关于 SAT 和 GPA 之间的关系的总体趋势。

3. 该直线可用于预测。该直线建立了每个 $X$ 值（SAT 分数）和相应的 $Y$ 值（GPA）之间的精确的、一对一的关系。举例来说，SAT 为 620 分对应 GPA 的值为 3.25（见图 14-13）。因此，大学招生人员可以利用直线的关系来预测一个 SAT 为 620 分的学生进入大学后的 GPA 可能约为 3.25。

我们这一节的目标是提出一种能够识别并确定特定数据集的最佳拟合直线的方法。该直线不一定要在图中描绘出来，它可以是一个简单的方程。因此，我们的目标是找到能最好地描述 $X$ 和 $Y$ 数据之间的直线关系的方程。

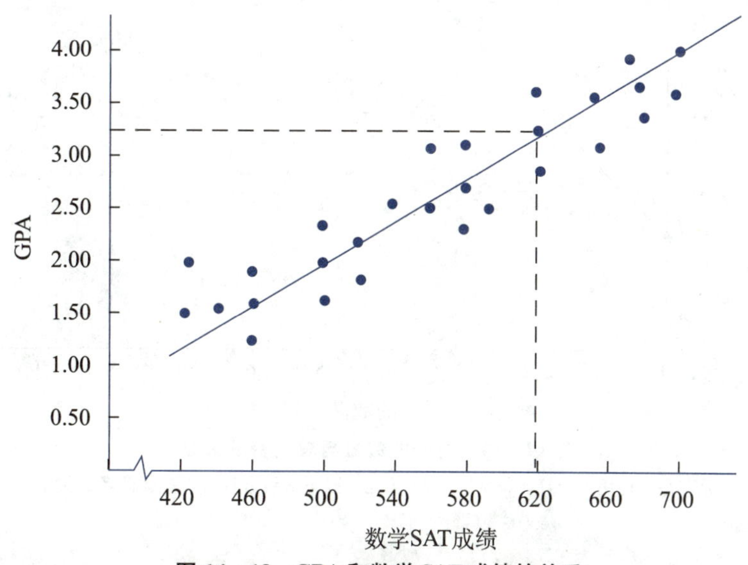


**图 14-13 GPA 和数学 SAT 成绩的关系**

说明：本图显示了 SAT 分数和 GPA 关系的假设数据，其中有一条穿过数据点的回归线。回归直线定义了每个 $X$ 值（数学 SAT 分数）和相应的 $Y$ 值（GPA）之间精确的、一对一的关系。

### 线性方程

变量 $X$ 和 $Y$ 的一般线性关系可用方程表示为：

$$Y=bX+a \tag{14-9}$$

其中，$b$ 和 $a$ 是固定常数。

举例来说，健身房每年向会员收费 35 美元，然后每月费用 15 美元。根据这些信息，健身总成本（$Y$）和使用月份的数量（$X$）之间的关系可用线性方程来描述：

$$Y=15X+35$$

在一般的线性方程中，$b$ 值是所谓的斜率。斜率决定当 $X$ 增加 1 个单位时 $Y$ 的改变量。以健身房会费为例，斜率 $b=15$ 美元，即

需要注意的是，正斜率表示 $Y$ 在 $X$ 增加时增加，负斜率表示 $Y$ 在 $X$ 增加时减小。

表示每多用一个月，总花费将会增加 15 美元。$a$ 值在一般方程中是 $Y$ 的截距，因为它决定了 $X=0$ 时 $Y$ 的值（$a$ 值就是直线与 $y$ 轴相交的点）。在健身房的例子中，$a=35$ 美元，即使你从来不使用，也有 35 美元的费用。

图 14－14 显示了总花费和健身的月份之间的关系，结果是一条直线。为了获得此图，选择任意两个 $X$ 值，然后利用方程计算相应的 $Y$，如表 14－15 所示。

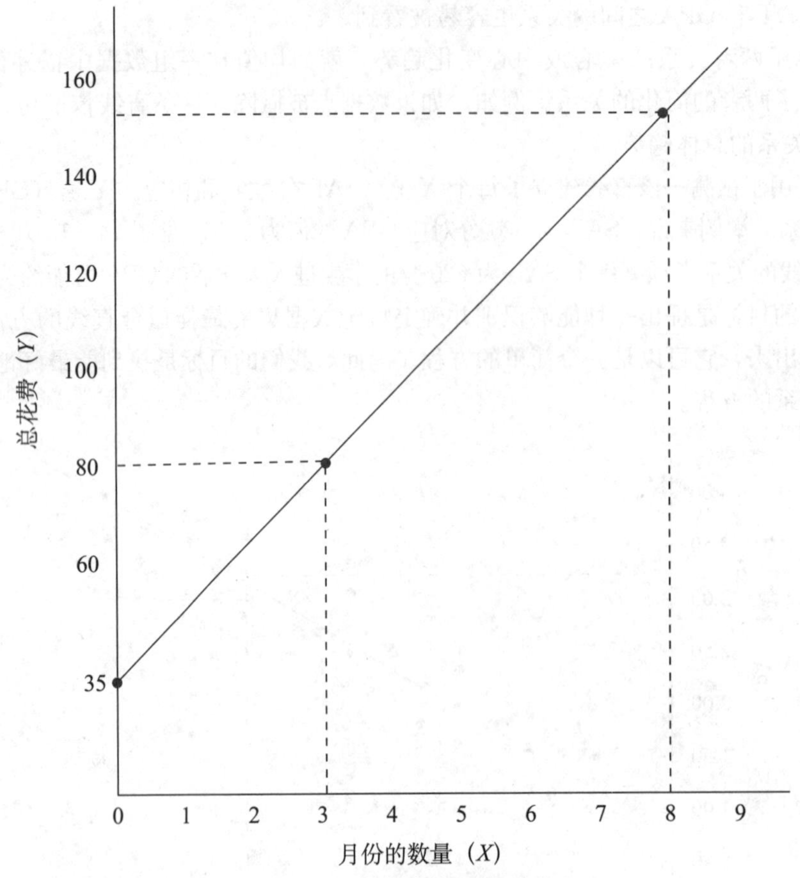


**图 14－14　月份的数量与总花费的关系**

说明：会员费为 35 美元，每多使用 1 个月，花费增加 15 美元。以下直线方程可以描述两者的关系：$Y=15X+35$，其中 $Y$ 是总花费，$X$ 是月份的数量。

**表 14－15　任意两个 $X$ 值计算 $Y$ 值**

| 当 $X=3$ 时： | 当 $X=8$ 时： |
|---|---|
| $Y=bX+a$ | $Y=bX+a$ |
| $=\$15\times(3)+\$35$ | $=\$15\times(8)+\$35$ |
| $=\$45+\$35$ | $=\$120+\$35$ |
| $=\$80$ | $=\$155$ |

> 当绘制一个线性方程的图像时，明智的做法是计算并绘制至少三个点，以确保没有犯错。

接下来，图中呈现了两个点：一个点 $X=3$ 和 $Y=80$，另一点 $X=8$ 和 $Y=155$。因为两点完全可以确定一条直线，所以我们通过这两个点可以画出这条直线。

## 回归

因为一条直线对于描述两个变量之间的关系可能是极其有用的，所以有人提出了为任何数据集确定最佳的拟合直线的标准化的方法，这种统计方法就是回归，这条直线就是所谓的回归直线。

**定义**

求一个数据集的最佳拟合直线的统计方法就是**回归**，由此得出的直线称为回归直线。

回归的目标就是要找到一组数据的最佳拟合直线。然而，要完成这一目标，首先必须界定“最佳拟合”指的是什么。对于任何一组特定的数据，也许可以绘制出许多不同的直线，而且这些直线都通过数据的中心点，并且都可以用直线方程 $Y=bX+a$ 呈现。其中，$b$ 为斜率，$a$ 为截距，各条直线都有其独特的 $a$ 值和 $b$ 值。最主要的问题是要找出一条特殊的直线来最好地与数据拟合。

**最小二乘法**　为了确定数据点与直线的拟合度，第一步就是要从数学意义上界定每个点与直线之间的距离。对于每一个数据点，线性方程都将得出一个相对应的 $Y$ 值。这个值是预测值 $Y$，也就是所谓的 $\hat{Y}$。这个预测值与实际 $Y$ 值之间的距离为：

$$距离=Y-\hat{Y}$$

**注意**：我们主要测量预测值与实际的数据点（$Y$）之间的垂直距离，这个距离就是直线和实际数据之间的误差（见图 14－15）。

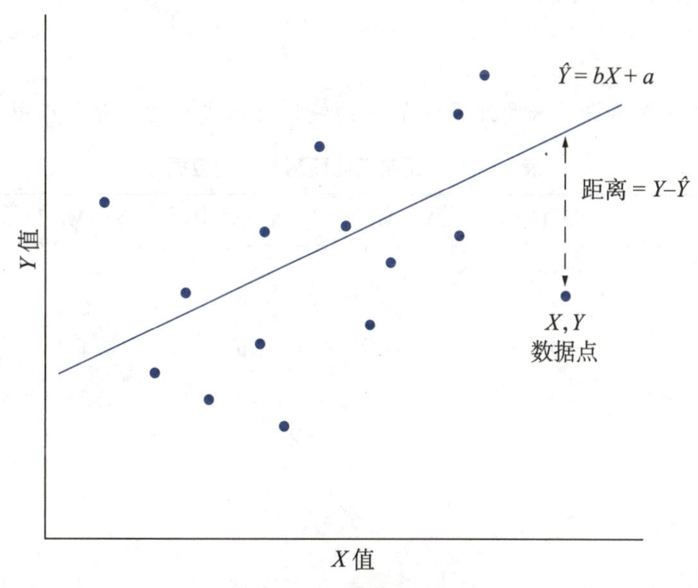


**图 14－15　回归直线示例**

说明：实际数据点（$Y$）和直线上的预测点（$\hat{Y}$）之间的距离被定义为（$Y-\hat{Y}$）。回归的目的是找到一条直线，使这个距离取得最小值。

因为有些距离差值是正的，而有些是负的，所以下一步是将两者距离平方，以取得一致的正的测量误差。为了确定直线和数据点之间的总误差，我们将所有数据点的平方误差相加。结果是对直线和数据之间的总体平方误差的度量：

$$误差平方总和=\sum(Y-\hat{Y})^2$$

现在，我们可以假定最佳拟合直线具有最小的误差平方和，最小误差平方和帮助我们找到了这条直线。线性方程用符号表示为：

$$\hat{Y}=bX+a$$

对于每个 $X$ 的值，根据这个方程都有相对应的点（$\hat{Y}$）对 $Y$ 值进行最好的预测。问题是，找到

特定的值 $a$ 和 $b$，以通过这两个值得到最好的拟合直线。

得到这个方程需要微积分和一些复杂的代数，所以我们不会列出详细的解决过程。但是，最终的结果 $a$ 和 $b$ 的计算公式如下：

$$b=\frac{SP}{SS_X} \tag{14-10}$$

式中，$SP$ 是离均差积和；$SS_X$ 是 $X$ 值的离均差平方和。

另外一个求斜率的常用公式是基于 $X$ 和 $Y$ 的标准差。公式为：

$$b=r\frac{s_Y}{s_X} \tag{14-11}$$

式中，$s_Y$、$s_X$ 为 $Y$ 和 $X$ 各自的标准差；$r$ 为 $X$ 和 $Y$ 的皮尔逊相关。常数项 $a$ 的计算公式如下：

$$a=M_Y-bM_X \tag{14-12}$$

请注意，这两个公式确定的线性方程可以最好地预测 $Y$ 值。这个方程就是 $Y$ 的回归方程。

**$Y$ 的回归方程**就是线性方程

$$\hat{Y}=bX+a \tag{14-13}$$

常数 $b$ 是由公式（14－10）或公式（14－11）计算得到的，$a$ 是由公式（14－12）计算得到的。这个方程使数据点和直线之间存在最小误差平方。

**例 14.14**

表 14－16 所示的数据将被用来阐述预测 $Y$ 值的线性回归方程的计算和应用。

**表 14－16　用来阐述预测 $Y$ 值的数据**

| $X$ | $Y$ | $X-M_X$ | $Y-M_Y$ | $(X-M_X)^2$ | $(Y-M_Y)^2$ | $(X-M_X)(Y-M_Y)$ |
|---|---|---|---|---|---|---|
| 5 | 10 | 1 | 3 | 1 | 9 | 3 |
| 1 | 4 | −3 | −3 | 9 | 9 | 9 |
| 4 | 5 | 0 | −2 | 0 | 4 | 0 |
| 7 | 11 | 3 | 4 | 9 | 16 | 12 |
| 6 | 15 | 2 | 8 | 4 | 64 | 16 |
| 4 | 6 | 0 | −1 | 0 | 1 | 0 |
| 3 | 5 | −1 | −2 | 1 | 4 | 2 |
| 2 | 0 | −2 | −7 | 4 | 49 | 14 |
| | | | | $SS_X=28$ | $SS_Y=156$ | $SP=56$ |

对于这些数据，$\sum X=32$，所以 $M_X=4$。此外，$\sum Y=56$，所以 $M_Y=7$。这些值已被用来计算每个 $X$ 和 $Y$ 值的离均差。最后三栏分别显示的是 $X$ 的离均差平方、$Y$ 的离均差平方和离均差乘积。

我们的目标是要算出该线性方程的 $b$ 和 $a$ 值，以获得数据的最佳拟合直线。利用公式（14－11）和公式（14－12）计算 $b$ 和 $a$ 值的方法为：

$$b=2$$

$$a=M_Y-bM_X=7-2\times4=-1$$

最后，回归方程为：

$$\hat{Y}=2X-1$$

原始数据和回归线如图 14－16 所示。

图 14－16 的回归直线显示了回归的预测作用。首先，$Y$ 截距的计算保证回归直线穿过 $X$ 均值

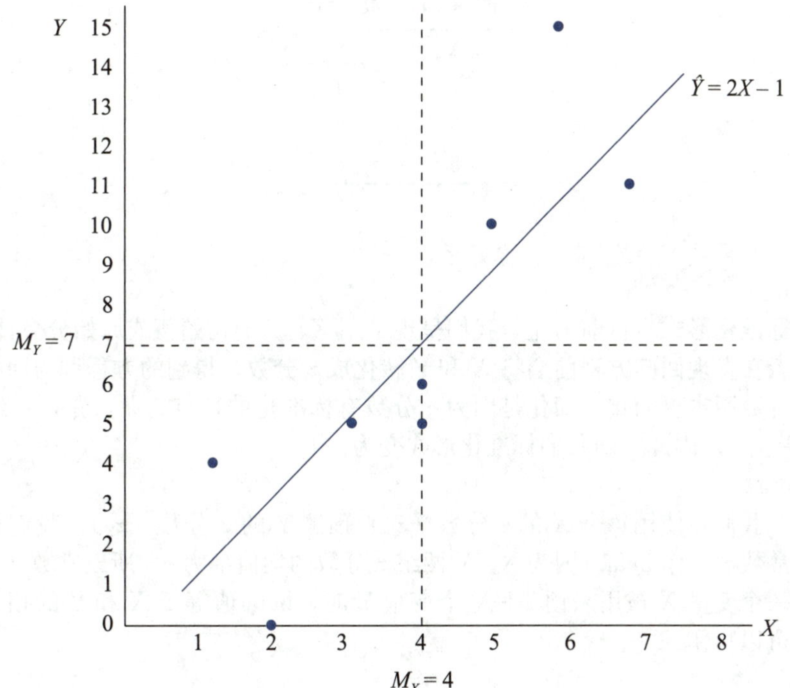


**图 14-16　例 14.14 中 $n=8$ 对分数的 X 和 Y 的数据点以及回归线**

和 $Y$ 均值所确定的点。也就是说，($M_X$，$M_Y$) 这一点永远都在回归直线上。图 14-16 显示了两个均值确定的点在回归直线上。其次，相关的符号（＋或－）与直线斜率的符号一致。具体来说，如果相关为正，那么直线斜率为正，直线向右上方延伸。另外，如果相关为负，斜率为负，直线向右下方延伸。相关为 0 表示直线斜率为 0，回归直线为一条水平的直线。我们注意到，图 14-16 中的回归直线的斜率为正，表明在这条直线上，所有在 $X$ 均值以上的点也会在 $Y$ 均值以上。因此，如果一个数据的 $X$ 离均差为正，则 $Y$ 离均差为正；如果 $X$ 离均差为负，则 $Y$ 离均差为负。

**使用回归方程预测**　正如本节开始所提到的，回归方程最普遍的应用就是预测。对于任何给定的 $X$ 值，可以利用方程计算 $Y$ 的预测值。对于例 14.14 中的方程，当被试的 $X=6$ 时，$Y$ 的预测值为：

$$\hat{Y}=2X-1=12-1=11$$

虽然回归方程可用于预测，但是当解释预测值时，应考虑几个注意事项：

1. 预测值不一定是真实的值（除非 $r=+1.00$ 或者是 $-1.00$）。如果仔细观察图 14-16，应该会清晰地发现数据点与直线并没有完全拟合，一般预测的 $Y$ 值（在直线上）和实际数据之间会有误差。虽然每个点的误差值都不同，但误差均值将直接关系到相关程度。一般情况下，相关接近 1.00（或－1.00）的数据点会聚集在直线周围，并且误差相对较小。当相关接近零时，数据点远离直线，误差将会增加。

2. 回归方程不应被用来对原始数据范围以外的 $X$ 值作出预测。对于例 14.14，$X$ 值从 $X=0$ 到 $X=7$，计算出的回归方程是这个范围内的最佳拟合直线。因为没有此范围外的有关 $X-Y$ 关系方面的资料，所以该方程在 $X$ 小于 0 或大于 7 时不应该用来预测 $Y$ 值。

下面的例子可以测试你对线性回归方程所需计算的理解。

**例 14.15**

对于表 14-17 所示数据，请计算 $X$ 预测 $Y$ 的回归方程。

表 14-17 数据示例

| X | Y |
|---|---|
| 1 | 4 |
| 3 | 9 |
| 5 | 8 |

你应该得到的结果是 $\hat{Y}=X+4$。祝你好运。

**回归方程的标准化形式** 目前为止，我们呈现了用 X、Y 的初始值或原始分数计算的回归方程。然而，有时研究者在发现回归方程前会将 X 和 Y 转化成 z 分数，得到的方程称为回归方程的标准化形式，相比原始分数版本更简化。简化是因为 z 分数有标准化的特点。尤其是，一组 z 分数的均值总是为 0，标准差为 1。因此，回归的标准化形式变为：

$$\hat{z}_Y=(\text{beta})z_X \tag{14-14}$$

首先注意到，我们在使用每个 X 的 z 分数（$z_X$）预测 Y 的 z 分数（$z_Y$）。我们也注意到，在原始公式中斜率 b 常数被称作 beta。因为 X、Y 两组 z 分数的均值都为 0，所以常数 a 在回归方程中消失了。最后，当一个变量 X 被用来预测另一个变量 Y 时，beta 值等于 X 和 Y 的相关。所以，回归的标准化形式也可以写作：

$$\hat{z}_Y=rz_X \tag{14-15}$$

因为将原始分数转化成 z 分数比较麻烦，所以研究者经常计算回归方程的原始分数形式［公式(14-13)］而不是标准化形式。然而，大多数计算机程序会对 beta 值进行报告，作为线性回归结果的一部分，所以你应该知道这个值所代表的含义。

## 估计标准误

通过使用我们呈现的任何一个公式，都可以计算回归方程。得到的线性方程将被用于生成任何 X 值所对应的预测值 Y。然而，需要明白的是，预测的准确度取决于线上的点与实际数据点的拟合程度，也就是预测值与实际的 Y 值之间的差异大小。图 14-17 展示了使用相同回归方程的两个不同数据集。在第一种情况下，X 和 Y 具有完美拟合的相关系数 $r=+1$，因此线性方程完全拟合数据。对于第二个数据组，线上 Y 的预测值只是大致接近真实的数据点。

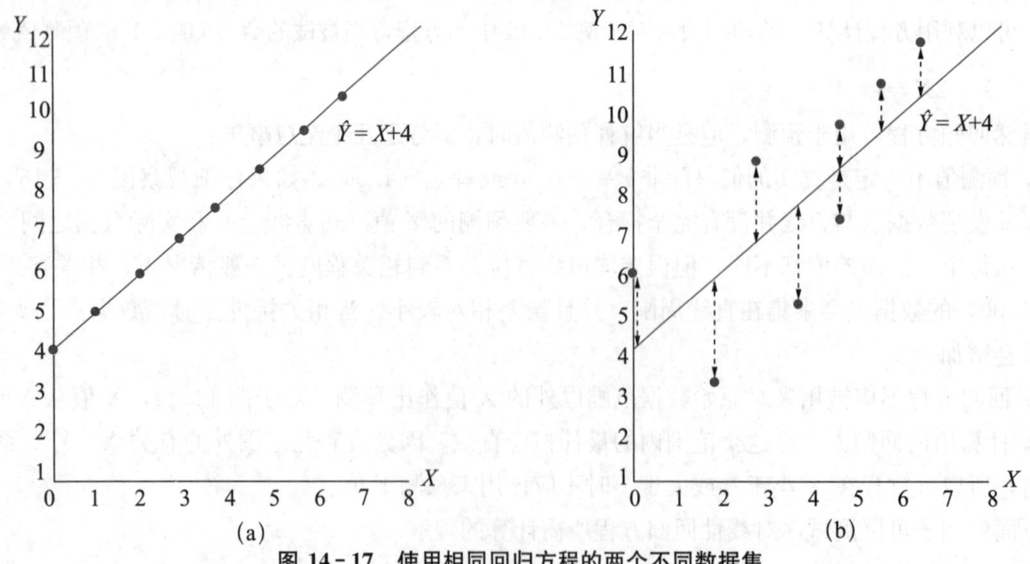


图 14-17 使用相同回归方程的两个不同数据集

说明：(a) 完美拟合方程 $\hat{Y}=X+4$ 定义的回归线的数据点的散点图。注意，相关 $r=+1.00$。(b) 符合 $\hat{Y}=X+4$ 回归方程的另一组数据的散点图。注意，实际数据点和回归线上预测的 Y 值之间存在误差。

回归方程可以用于预测，但是它不能提供任何有关预测准确度的信息。为了测量回归的精确度，通常会计算估计标准误。

**定义**

**估计标准误**测量的是回归直线上的预测 $Y$ 值和实际 $Y$ 值之间的标准距离。

概念上，估计标准误非常像一个标准差：两者均提供了标准距离的测量。估计标准误的计算跟标准差的计算也很相像。

为了计算估计标准误，我们首先计算差值的平方和（$SS$）。每个差值测量的是实际 $Y$ 值和预测 $Y$ 值之间的距离。这个平方和一般被称作 $SS_{残差}$，因为它是基于实际 $Y$ 值和预测 $Y$ 值之间的距离。

$$SS_{残差}=\sum(Y-\hat{Y})^2 \tag{14-16}$$

然后用得到的 $SS$ 值除以自由度来得到变异。这个计算方差的程序应该是令人非常熟悉的（第 4 章）。

$$变异=\frac{SS}{df}$$

估计标准误的自由度为 $df=n-2$。自由度为 $n-2$ 而不是 $n-1$ 的原因是，我们现在测量的是与直线的偏差而不是离均差。为了得到回归直线方程，我们必须先知道 $X$ 和 $Y$ 的均值。得到这两个均值在数据的变异性上有两个限制，所以自由度为 $n-2$。（注意：$SS_{残差}$ 的自由度 $df=n-2$ 与我们在检验皮尔逊相关的显著性时的自由度 $df=n-2$ 相同。）

计算估计标准误的最后一步为将变异开方。最终的方程为：

回想一下，方差度量了距离的平方的均值。

$$估计标准误=\sqrt{\frac{SS_{残差}}{df}}=\sqrt{\frac{\sum(Y-\hat{Y})^2}{n-2}} \tag{14-17}$$

下面的例子用来说明估计标准误的计算。

**例 14.16**

此例用与例 14.14 同样的数据来证明估计标准误的计算。这些数据的回归方程如下：

$$\hat{Y}=2X-1$$

利用回归方程计算 $Y$ 的预测值，每个被试的残差、残差的平方如表 14-18 所示：

**表 14-18 Y 的预测值和每个被试的残差、残差平方**

| 数据 | | Y 的预测值 | 残差 | 残差平方 |
|---|---|---|---|---|
| $X$ | $Y$ | $\hat{Y}=2X-1$ | $Y-\hat{Y}$ | $(Y-\hat{Y})^2$ |
| 5 | 10 | 9 | 1 | 1 |
| 1 | 4 | 1 | 3 | 9 |
| 4 | 5 | 7 | −2 | 4 |
| 7 | 11 | 13 | −2 | 4 |
| 6 | 15 | 11 | 4 | 16 |
| 4 | 6 | 7 | −1 | 1 |
| 3 | 5 | 5 | 0 | 0 |
| 2 | 0 | 3 | −3 | 9 |
| | | | 0 | $SS_{残差}=44$ |

我们首先注意到残差的和为 0。也就是说，线之上的距离之和等于线之下的距离之和。任何一组数据残差和均为 0，可以用来检验你的计算是否正确。最后一列为残差的平方。对于这些数据，残差的平方和 $SS_{残差}=44$。$n=8$，自由度 $df=n-2=6$，估计标准误为：

$$估计标准误=\sqrt{\frac{SS_{残差}}{df}}=\sqrt{\frac{44}{6}}=2.708$$

记住：估计标准误提供的是回归直线预测 $Y$ 值的准确性。在此例中，实际数据和回归直线的标准距离可以用估计标准误 2.708 来测量。

**标准误和相关之间的关系**　从例 14.16 可以看出，估计标准误与 $X$ 和 $Y$ 的相关大小有关。如果相关为 1 或 $-1$，数据会聚集到线上，估计标准误很小。如果相关趋近于 0，数据点会变得很离散，直线提供的准确预测值很小，估计标准误变大。

之前我们观察到，相关的平方提供了预测准确度的测量。相关的平方 $r^2$ 被称为决定系数，因为它可以决定 $Y$ 的变异中有多大比例被与 $X$ 的关系所预测，我们可以使用（$1-r^2$）来测量没有预测的部分。因此

$$预测的变异=SS_{回归}=r^2SS_Y \tag{14-18}$$

$$未被预测的变异=SS_{残差}=(1-r^2)\ SS_Y \tag{14-19}$$

例如，当 $r=0.80$ 时，预测的变异为 $r^2=0.64$（64%），还有 36%没有被预测。注意，当 $r=1.00$ 时，预测是完美的且没有残差。当相关趋近于 0 时，数据远离直线且残差变大。使用公式（14-20）来计算 $SS_{残差}$，估计标准误可以写作：

$$估计标准误=\sqrt{\frac{SS_{残差}}{df}}=\sqrt{\frac{(1-r^2)\ SS_Y}{n-2}} \tag{14-20}$$

通常计算皮尔逊相关比计算个体 $(Y-\hat{Y})^2$ 容易得多，公式（14-20）是计算 $SS_{残差}$ 的最容易的方式，公式（14-21）是计算回归方程估计标准误的最简单的方式。下面的这个例子用来说明这个新公式。

**例 14.17**

我们使用例 14.13 和例 14.14 中同样的数据，数据的 $SS_X=28$，$SS_Y=156$，$SP=56$。对于这些数据，皮尔逊相关为：

$$r=\frac{56}{\sqrt{28\times156}}=0.847$$

当 $SS_Y=156$，$r=0.847$ 时，回归方程的预测变异为：

$$SS_{回归}=r^2SS_Y=(0.847)^2\times156=0.718\times156=112.01$$

同样，未被预测的变异为：

$$SS_{残差}=(1-r^2)SS_Y=(1-0.847)^2\times156=0.282\times156=43.99$$

注意，在误差范围内，新的 $SS_{残差}$ 公式与例 14.14 中将残差平方相加计算出的值相同。我们也注意到，新公式因为只需要计算相关（$r$）和 $SS_Y$，所以更容易使用。然而，这个例子的根本出发点是 $SS_{残差}$ 和估计标准误与相关紧密联系。相关大（接近 $+1.00$ 或 $-1.00$），数据点离回归直线很近，估计标准误小。

因为不同组的数据可能拥有相同的回归方程，所以考虑 $r^2$ 和估计标准误很重要。回归方程仅仅是找到最拟合的线用来做预测，而 $r^2$ 和估计标准误用来指出这些预测的准确性如何。

### 回归分析：检验回归方程的显著性

在前面的章节我们注意到，期望样本相关可以代表总体相关。例如，当总体相关为 0 时，期望样本相关也在 0 左右。注意，我们并没有期望样本相关恰好为 0，这是在第 1 章中介绍过的抽样误差概念。抽样误差的原则是样本统计量和总体参数之间会有一些不一致或误差。所以，当总体相关 $\rho=0$ 时，仍有可能得到样本相关非零。然而，在这种情形下，样本相关是随机引起的，且需要一个假设检验来证明相关不显著。

无论何时得到一个样本非零的相关值，你都可以得到回归方程的值。然而，如果在总体中没有真正的关系，样本相关和回归方程均没有意义——它们仅是抽样误差的结果而不是 $X$ 和 $Y$ 之间的真正关系。我们可以检验相关的显著性，同样也可以检验回归方程的显著性。实际上，当一个变量 $X$ 被用来预测另一个变量 $Y$ 时，这两个检验是相等的。这种情况下，检验的目的是决定样本相关代表真正的关系，还是只是抽样误差的结果。对于两种检验，虚无假设是在总体中两个变量没有关系。

对于总体相关来说：

$H_0$：总体相关 $\rho=0$

对于回归方程来说：

$H_0$：回归方程的斜率（$b$ 或 $\beta$）为 0

对于回归，$H_0$ 等价于回归方程不能预测 $Y$ 分数变异的显著部分。

检验回归方程的显著性的过程被称作回归分析，跟第 12 章中的方差分析（ANOVA）很相似。同 ANOVA，回归分析使用两个方差或均方（$MS$）的 $F$ 比值，每个方差使用 $SS$ 除以相对的自由度。$F$ 的分子为 $MS_{回归}$，是被回归方程预测的 $Y$ 值的方差。这个方差测量的是当 $X$ 增大或减小时 $Y$ 的一系列变化。分母是 $MS_{残差}$，测量的是未被 $Y$ 预测的方差。这个方差测量的是 $Y$ 独立于 $X$ 变量变化的变化。这两个 $MS$ 值计算如下：

$$MS_{回归}=\frac{SS_{回归}}{df_{回归}}\quad(df=1)$$

$$MS_{残差}=\frac{SS_{残差}}{df_{残差}}\quad(df=n-2)$$

$F$ 比值为：

$$F=\frac{MS_{回归}}{MS_{残差}}\quad(df=1,\ n-2) \tag{14-21}$$

图 14－18 显示了 $SS$ 和 $df$ 的完整分析。下面的例子使用例 14.14、例 14.16 和例 14.17 中同样的数据来说明回归分析的过程。

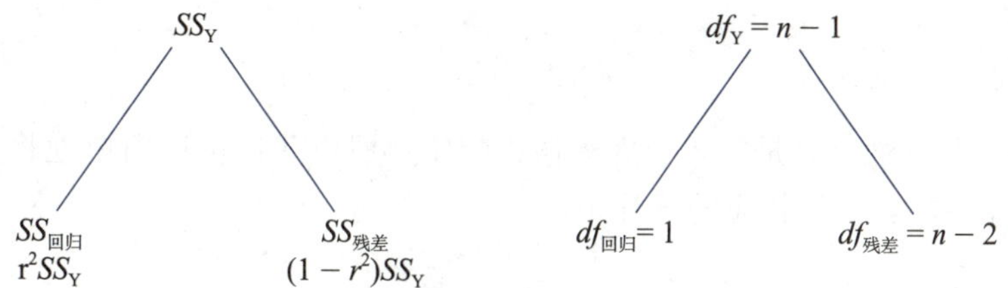


**图 14－18　回归分析的 $SS$ 和 $df$ 的分解**

说明：原始 $Y$ 分数的变异（包括 $SS_Y$ 和 $df_Y$）被分为两部分：（1）可以被回归方程解释的变异；（2）残余的变异。

**例 14.18**

数据包括 $n=8$ 对数据，相关 $r=0.847$ 和 $SS_Y=156$。虚无假设为，总体中 $X$ 和 $Y$ 没有关系，或回归方程没能阐述一个 $Y$ 值方差的显著部分。回归分析的 $F$ 比值的 $df=1$，$n-2$。对于这些数据。$df=1$，6。当 $\alpha=0.05$ 时，临界值为5.99。

在之前的部分我们注意到，$Y$ 值的 $SS$ 可以分为两部分：$r^2$ 对应的预测的部分和（$1-r^2$）对应的不能预测的或残差部分。$r=0.847$，我们得到 $r^2=0.718$。

$$预测变异=SS_{回归}=0.718\times156=112.01$$

$$未被预测变异=SS_{残差}=(1-0.718)\times156=0.282\times156=43.99$$

使用这些 $SS$ 值及对应的自由度值，我们可以计算每一个成分的方差或 $MS$。对于这些数据，$MS$ 值为：

$$MS_{回归}=\frac{SS_{回归}}{df_{回归}}=\frac{112.01}{1}=112.01$$

$$MS_{残差}=\frac{SS_{残差}}{df_{残差}}=\frac{43.99}{6}=7.33$$

估计回归方程的显著性的 $F$ 比值为：

$$F=\frac{MS_{回归}}{MS_{残差}}=\frac{112.01}{7.33}=15.28$$

$F$ 比值在拒绝域内，所以我们拒绝虚无假设并得出回归方程确实解释了 $Y$ 值方差的显著部分的结论。表14-19总结了完整的回归分析过程，也是计算机回归分析输出的一种普遍形式。

**表 14-19　展现例 14.18 中回归分析结果的总结表**

| 来源 | *SS* | *df* | *MS* | *F* |
|---|---|---|---|---|
| 回归 | 112.01 | 1 | 112.01 | 15.28 |
| 残差 | 43.99 | 6 | 7.33 | |
| 总计 | 156 | 7 | | |

**回归的显著性和相关的显著性**　在只有一个变量 $X$ 和一个变量 $Y$ 的情形中，检验回归方程的显著性等同于检验皮尔逊相关的显著性。所以，当两个变量的相关显著时，可以得出回归也是显著的。同样，如果相关不显著，那么回归方程也是不显著的。对于例14.18中的数据，我们得出了回归方程是显著的结论。

为了证明两个检验的等价性，我们将证明用于检验相关显著性的 $t$ 统计量［公式（14-7）］等价于用于检验回归方程显著性的 $F$ 比值［公式（14-21）］。我们从 $t$ 统计量开始：

$$t=\frac{r-\rho}{\sqrt{\frac{1-r^2}{n-2}}}$$

首先，注意总体相关性 $r$ 总是零，由虚无假设指定，所以我们可以简单地将其从方程中删除。接下来，将 $t$ 统计量平方，得到相应的 $F$ 比值。

$$t^2=F=\frac{r^2}{\frac{(1-r^2)}{(n-2)}}$$

最后，分子分母同乘以 $SS_Y$，可得：

$$t^2=F=\frac{r^2SS_Y}{\frac{(1-r^2)\ SS_Y}{(n-2)}}$$

你应该意识到分子是 $SS_{回归}$，因为 $df=1$，所以和 $MS_{回归}$ 相等。同样，方程中的 $F$ 比值的分母也与$MS_{残差}$相同。因此，用于检验相关显著性的 $t^2$ 统计量与用于检验回归方程显著性的 $F$ 比值是相同的。

**学习检查**

1. 在一般线性方程 $Y=bX+a$ 中，$a$ 的值是什么？

a. 直线与 $x$ 轴相交的点

b. 直线与 $y$ 轴相交的点

c. 每次 $Y$ 增加 1 个点时，$X$ 所变化的量

d. 每次 $X$ 增加 1 个点时，$Y$ 所变化的量

2. 请计算一组 $n=25$ 时的 $X$ 和 $Y$ 值满足 $M_X=5$，$SS_X=5$，$M_Y=2$，$SS_Y=20$ 和 $SP=10$，$X$ 预测 $Y$ 的回归方程是什么？

a. $Y=2X-2$　　b. $Y=2X-8$　　c. $Y=0.5X+4$　　d. $Y=0.5X+1$

3. 回归方程的估计的标准误衡量什么？

a. 预测的 $Y$ 值与 $Y$ 分数的均值之间的标准距离

b. 预测的 $Y$ 值与回归线中心之间的标准距离

c. 预测的 $Y$ 值与实际的 $Y$ 值之间的标准距离

d. 实际 $Y$ 值与回归线中心之间的标准距离

4. 研究人员利用 $n=26$ 对 $X$ 和 $Y$ 样本计算预测 $Y$ 的回归方程。如果用回归分析来评估该方程的显著性，那么 $F$ 比值的 $df$ 是多少？

a. 1，24　　b. 1，23　　c. 2，23　　d. 2，22

**答案** 1. b 2. b 3. c 4. a

## 小 结

1. 相关主要测量两个变量 $X$ 和 $Y$ 之间的关系，这种关系有以下三种特征：

a. 方向。关系可以是正的也可以是负的。正相关表示 $X$ 和 $Y$ 的变化是同方向的。

b. 形式：最常见的相关形式是一条直线。而特别的相关用来进行其他形式的测量。每种具体的形式必须使用指定类型的相关。举例来说，皮尔逊相关主要测量线性关系。

c. 程度：相关值主要测量关系的强度或一致程度。相关值 1.00（或−1.00）表明完全相关，而相关值 0 显示完全不相关。对于皮尔逊相关，相关值 1.00（或−1.00）表明数据点完美拟合一条直线。

2. 最常用的相关是皮尔逊相关，它主要用来测量线性关系。皮尔逊相关用 $r$ 表示，其计算方法为：

$$r=\frac{SP}{\sqrt{SS_X SS_Y}}$$

在此公式中，$SP$ 是指离均差积和。计算 $SP$ 的定义公式和计算公式为：

定义公式：

$$SP=\sum(X-M_X)(Y-M_Y)$$

计算公式：

$$SP=\sum XY-\frac{\sum X\sum Y}{n}$$

3. 两个变量之间相关不应该被解释为因果关系，$X$ 和 $Y$ 是相关的，并不意味着 $X$ 导致 $Y$ 或 $Y$ 导致 $X$。

4. 为了估计关系程度，我们将相关值平方，由此产生的数值 $r^2$ 就是所谓的决定系数，用于测量一个因变量的变异中可以被与另一个自变量的关系预测的部分所占的比例。

5. 斯皮尔曼相关（$r_s$）测量的是 $X$ 和 $Y$ 变量方向的一致性，用于测量两个变量之间的单调关系，不要求变量服从正态分布或线性关系。斯皮尔曼相关计算分两步：

a. 将 $X$ 和 $Y$ 分别进行排序。

b. 使用排序值计算皮尔逊相关。

6. 点二列相关测量的是当其中一个变量为二分变量时的关系。二分变量分别记为 0 和 1，使用皮尔逊相关公式计算。将点二列相关平方得到 $r^2$，可用来测量独立 $t$ 检验的效应大小。当 $X$ 和 $Y$ 两个变量均为二分变量时，可用 $\varphi$ 相关来测量关系的强度。将这两个变量都编码为 0 和 1，使用皮尔逊相关公式来计算。

7. 当两个变量 $X$ 和 $Y$ 之间存在一般线性关系时，可以通过建立线性方程，然后针对任何已知的 $X$ 的值预测相应的 $Y$ 值：

$$\text{预测 } Y \text{ 值}=\hat{Y}=bX+a$$

确定这个方程的方法是回归。使用最小二乘法，以尽量减小预测 $Y$ 值和实际 $Y$ 值之间的误差。当线性方程 $b$ 和 $a$ 由如下公式确定时，就会得到数据的最佳拟合直线：

$$b=\frac{SP}{SS_X}=r\frac{s_Y}{s_X}\text{和 } a=M_Y-bM_X$$

8. 回归产生的线性方程（回归方程）可以用来计算任何一个 $X$ 值的预测 $Y$ 值。然而，预测并不是完美的，对于每一个 $Y$ 值，均有一个被预测部分和未被预测部分（残差部分）。预测部分可以用 $r^2$ 测量，残差部分用 $1-r^2$ 测量。

$$\text{预测的变异}=SS_{\text{回归}}=r^2SS_Y$$

$$\text{未被预测的变异}=SS_{\text{残差}}=(1-r^2)SS_Y$$

9. 残差变异可以用来计算估计标准误，估计标准误可以测量预测 $Y$ 值和原始 $Y$ 值之间的标准距离。估计标准误计算公式如下：

$$\text{估计标准误}=\sqrt{\frac{SS_{\text{残差}}}{n-2}}=\sqrt{MS_{\text{残差}}}$$

10. 同时也可以使用 $F$ 比值来检验回归方程的显著性。这个过程被称为回归分析，它决定了方程是否能够预测 $Y$ 值变异的显著部分。首先要计算预测变异和残差变异的方差或 $MS$，

$$MS_{\text{回归}}=\frac{SS_{\text{回归}}}{df_{\text{回归}}}(df=1)\quad MS_{\text{残差}}=\frac{SS_{\text{残差}}}{df_{\text{残差}}}\ (df=n-2)$$

通过计算 $F$ 比值来评估回归方程的显著性。

$$F=\frac{MS_{\text{回归}}}{MS_{\text{残差}}}\quad (df=1,\ n-2)$$

## 关键术语

相关　　散点图　　正相关

负相关　　完美相关　　包络

皮尔逊相关　　线性关系　　离均差积和（$SP$）

*SP* 定义公式　　*SP* 计算公式　　极端值
有限范围　　决定系数　　相关矩阵
斯皮尔曼相关　　单调关系　　点二列相关
二分变量　　φ 相关　　线性方程
斜率　　*Y* 截距　　回归
回归线　　最小二乘法　　关于 *Y* 的回归方程
回归方程的标准化形式　　估计标准误　　预测的变异（$SS_{回归}$）
未被预测的变异（$SS_{残差}$）　　回归分析

## 关注问题解决

1. 相关值总是介于+1.00 与−1.00 之间。如果相关值不在此范围之内，则必定出现了计算错误。

2. 当解释相关时，不要将符号（+或−）和其数值混淆。符号和数值必须分开考虑。注意，符号表示 *X* 和 *Y* 之间的关系的方向，数值反映了两者关系的程度。因此，相关值−0.90 与相关值+0.90 所反映的程度是相同的。

3. 在计算相关之前，应根据数据画一个散点图并作相关估计。（是正的还是负的？是接近 1 还是接近 0？）当计算相关性后，应对最后的答案与之前的估计值作出比较。

4. 只有当存在一个很小的集合（*n* 个分数），并且 *X* 和 *Y* 的均值都是整数时，才应该使用 *SP* 的定义公式。否则，计算公式可以更快、更容易、更准确地得到结果。

5. 对于计算相关性，*n* 是个体的数量（因此也是 *X* 和 *Y* 值对的数量）。

6. 对于理解和计算回归方程，皮尔逊相关的基本理解，包括 *SP* 和 *SS* 值的计算，是非常重要的。

7. 你可以通过残差（每个个体的实际 *Y* 和预测 *Y* 之间的差值）、将残差平方并添加平方值，来直接计算 $SS_{残差}$。然而，通常更容易计算 $r^2$，然后找到 $SS_{残差}=(1-r^2)SS_Y$。

8. 回归分析的 *F* 比值常通过 $SS_{回归}$ 和 $SS_{残差}$ 来计算。然而，也可以使用 $r^2$ 来代替 $SS_{回归}$，用 $1-r^2$ 代替 $SS_{残差}$。注意，同样要使用分子和分母正确的 *df* 来计算。

## 示例 14.1

计算下列数据的皮尔逊相关和回归方程。

| 被试 | *X* | *Y* | |
|---|---|---|---|
| A | 0 | 4 | $M_X=4$，$SS_X=40$ |
| B | 2 | 1 | $M_Y=6$，$SS_Y=54$ |
| C | 8 | 10 | $SP=40$ |
| D | 6 | 9 | |
| E | 4 | 6 | |

**步骤 1　绘制散点图。**

我们首先绘制数据的散点图（见图 14－19），并沿着数据点画封闭曲线，对相关进行初步的估计。请注意，封闭曲线是狭长的。这表明，相关值的范围可能是 0.80 到 0.90。此外，相关是正的，因为 *X* 的增加伴随着 *Y* 的增加。通过数据封闭曲线中央和数据点可以画一条直线。现在，我们可以大致估计最佳拟合直线的斜率和截距。

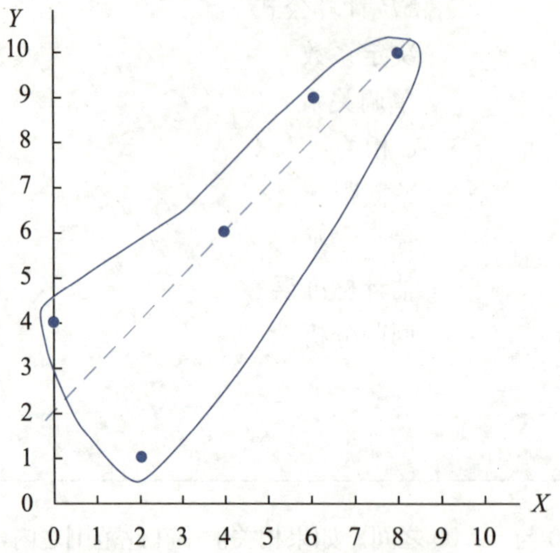

**图 14－19　示例 14.1 的数据散点图**

说明：图中封闭的曲线用来估计相关。通过在封闭区域的中央画出一条直线，粗略地估计回归方程的斜率和 $Y$ 截距。

**步骤 2　计算皮尔逊相关。**

$$r=\frac{SP}{\sqrt{SS_X SS_Y}}=\frac{40}{\sqrt{40\times54}}=\frac{40}{\sqrt{2\ 160}}=\frac{40}{46.48}=0.861$$

在步骤 1 中，我们对相关的初步估计为+0.80 到+0.90 之间。计算的相关值与这个估计值是一致的。

**步骤 3　计算回归方程的值。**

回归方程的一般形式为：

$$\hat{Y}=bX+a，其中，b=\frac{SP}{SS_X}和\ a=M_Y-bM_X$$

对于这些数据，$b=40/40=1$，$a=6-1\times4=+2.00$

最后，回归方程为：

$$\hat{Y}=bX+a=1X+2\ 或\ \hat{Y}=X+2$$

**步骤 4　评估相关和回归方程的显著性。**

虚无假设为 $X$ 和 $Y$ 值没有线性关系，样本相关和回归方程仅是抽样误差的结果。用相关的术语来说，$H_0$是总体相关为 0（$\rho=0$）。用回归方程的术语来说，$H_0$是方程不能够预测变异的显著部分或 $\beta$ 值为 0。检验相关用 $t$ 检验，回归分析用 $F$ 比值。使用 $F$ 比值，我们可以得到：

$$SS_{回归}=r^2(SS_Y)=(0.861)^2\times(54)=40.03，df=1$$

$$SS_{残差}=(1-r^2)(SS_Y)=(1-0.861^2)\times54=13.97，df=n-2=3$$

$$F=MS_{回归}/MS_{残差}=\frac{40.03/1}{13.97/3}=8.60$$

$df=1，3$，$\alpha=0.05$，临界值为 10.13。不能拒绝虚无假设。相关和回归的结果均不显著。

## SPSS

使用 SPSS 的一般说明在附录 D 中。以下是使用 SPSS 执行皮尔逊相关和斯皮尔曼相关和点二列相关的详细说明。我们将重点关注皮尔逊相关，然后描述如何对这个程序进行简单的修改来计算斯皮尔曼相关和点二列相关。在本节的末尾单独给出了 $\varphi$ 相关的说明。

很少有人喜欢在燃油泵上花钱，而许多环保倡议致力于提高汽车的效率或减少对化石燃料的使用。影响汽车燃油效率的变量有很多，例如车辆重量、空气动力学、轮胎压力和改装等因素。而发动机位移也与燃油效率密切相关，它基本上是发动机内部腔室的体积，由此可以推断出发动机的排量。美国环境保护署每年都会发布有关美国新车的数据，这些数据表明，在新车中，汽车发动机的排量与每年的燃料费用之间存在着正相关关系。例如，6.2 升的 GMC Yukon 每年的燃料费用将比 5.3 升的同一款车型高出约 400 美元。下面，我们将演示如何使用 SPSS 来分析皮尔逊相关，研究位移和燃料费用之间的关系，并确定一个线性方程，该方程可以预测发动机尺寸每增加 1 升与燃料费用增加的相关性。

| 发动机排量（升） | 每年的燃料费用的估计值（以美元计算） |
|---|---|
| 2.5 | 500 |
| 4.5 | 2 100 |
| 4.0 | 1 700 |
| 3.5 | 1 100 |
| 4.5 | 1 700 |
| 6.5 | 3 900 |
| 2.0 | 1 700 |
| 1.5 | 1 500 |
| 1.0 | 500 |
| 5.0 | 2 300 |

### 双变量相关数据输入

1. 打开 Variable View，并创建两个新变量。在第一个变量的 Name 字段中，输入“displacement”，对于第二个变量输入“fuelCost”。在 Label 字段中，输入“Engine displacement”和“Estimated annual fuel cost”。检查两个变量类型均为“Numeric”，并且 Measure 是否设置为“Scale”。创建变量后，返回 Data View 以输入分数。

2. 数据在数据编辑器中输入两列，一列用于 $X$ 值（“displacement”），一列用于 $Y$ 值（“fuelCost”），每个个体在同一行。

### 双变量相关数据分析

1. 点击“Analyze”，选择“Correlate”，然后点击“Bivariate”。
2. 将两列数据的标签选入“Variables”中。
3. 选择“Pearson”，此时你也可以选择斯皮尔曼相关等。
4. 点击“OK”。

### 双变量相关 SPSS 输出

程序会生成一个相关矩阵，显示所有可能的相关性，包括 $X$（“displacement”）与 $X$ 的相关性，以及 $Y$（“fuelCost”）与 $Y$ 的相关性（两者都是完全相关）。你需要 $X$ 和 $Y$ 的相关性，它包含在右上角或左下角。输出包括相关性的显著性水平（$p$ 值或 $\alpha$ 水平）。如果遵循了上述步骤，那么你的输出应该如下图所示。

**Correlations**

**Correlations**

| | | Engine displacement | Estimated annual fuel cost |
|---|---|---|---|
| Engine displacement | Pearson Correlation | 1 | .818** |
| | Sig. (2-tailed) | | .004 |
| | N | 10 | 10 |
| Estimated annual fuel cost | Pearson Correlation | .818** | 1 |
| | Sig. (2-tailed) | .004 | |
| | N | 10 | 10 |

**. Correlation is significant at the 0.01 level (2-tailed).

Source: SPSS®

以下是本章中使用SPSS执行线性回归的详细说明。

### 线性回归数据输入

在SPSS变量视图的第一列中输入$X$值，第二列中输入$Y$值。这个线性回归例子的数据输入与上述计算相关的方法相同。

### 线性回归数据分析

1. 单击工具栏上的“Analyze”，选择“Regression”，然后单击“Linear”。

2. 在左侧框中，高亮显示$Y$值的列标签，然后单击箭头以将列标签移动到“Dependent Variable”框中。

3. 点击$X$值的列标签，然后单击箭头，将其移动到“Independent Variable（s）”框中。

4. 单击“OK”。

### 线性回归SPSS输出

模型汇总表给出了$R$、$r^2$的值和估计的标准误差值。（注：$R$仅仅是$X$和$Y$之间的皮尔逊相关性。）方差分析表给出了评估回归方程显著性的回归分析，包括$F$比值，在这种情况下等于$F(1,8)=16.227$，以及显著性水平（在这种情况下等于$p=0.004$）。下图所示表格总结了回归方程的非标准化系数和标准化系数。系数表中显示了常数（$a$）和系数（$b$）的值标准化的系数是β值。可以发现，上述数据的$b$是462.963，这意味着每增加一升发动机排量，估计燃料成本将增加462.963美元。β是$X$和$Y$之间的皮尔逊相关系数。表格使用$t$值来评估预测变量的显著性，这与回归方程的显著性是相同的，你可以从回归分析中发现$t$等于$F$比值的平方根。

**Regression**

**Variables Entered/Removed[a]**

| Model | Variables Entered | Variables Removed | Method |
|---|---|---|---|
| 1 | Engine displacement[b] | . | Enter |

a. Dependent Variable: Estimated annual fuel cost

b. All requested variables entered.

**Model Summary[b]**

| Model | R | R Square | Adjusted R Square | Std. Error of the Estimate |
|---|---|---|---|---|
| 1 | .818[a] | .670 | .629 | 597.17700 |

a. Predictors: (Constant), Engine displacement

b. Dependent Variable: Estimated annual fuel cost

**ANOVA[a]**

| Model | | Sum of Squares | df | Mean Square | F | Sig. |
|---|---|---|---|---|---|---|
| 1 | Regression | 5787037.037 | 1 | 5787037.037 | 16.227 | .004[b] |
| | Residual | 2852962.963 | 8 | 356620.370 | | |
| | Total | 8640000.000 | 9 | | | |

a. Dependent Variable: Estimated annual fuel cost

b. Predictors: (Constant), Engine displacement

**Coefficients**[a]

| Model | | Unstandardized Coefficients | | Standardized Coefficients | t | Sig. |
|---|---|---|---|---|---|---|
| | | B | Std. Error | Beta | | |
| 1 | (Constant) | 79.630 | 444.367 | | .179 | .862 |
| | Engine displacement | 462.963 | 114.927 | .818 | 4.028 | .004 |

a. Dependent Variable: Estimated annual fuel cost

Source: SPSS®

## 操作练习

以下是与美国环境保护署数据不同的一组车辆的数据。利用 SPSS 计算位移与燃料成本之间的二元相关性，以及排量与燃料成本之间关系的线性方程。最后的结果应该揭示位移和燃料成本之间的显著相关性，$r(12)=0.81$，$p=0.001$，回归分析结果为：$F(1, 12)=23.60$，发动机排量的非标准化系数为 255.437。

| 发动机排量 | 估计的年燃油费用 |
|---|---|
| 2.0 | 2 050 |
| 1.4 | 1 300 |
| 2.0 | 1 800 |
| 2.0 | 1 650 |
| 3.6 | 1 750 |
| 5.3 | 2 250 |
| 1.6 | 1 300 |
| 2.0 | 1 150 |
| 5.5 | 3 200 |
| 2.0 | 1 750 |
| 2.4 | 1 450 |
| 2.0 | 1 600 |
| 5.7 | 2 200 |
| 6.2 | 2 500 |

## 其他相关分析

$\varphi$ 相关也可以通过 SPSS 数据编辑器输入，然后按照与皮尔逊相关性相同的数据分析说明来计算。然而，这可能是很乏味的，特别是当有大量的数据时。下面是计算具有大数据集的 $\varphi$ 相关的另一种方法。

1. 在 SPSS 数据编辑器的第一列中输入值 0、0、1、1（按顺序）。

2. 在第二列中输入值 0、1、0、1（按顺序）。

3. 计算 $X=0$ 且 $Y=0$ 的个数，将个数写在第三列的第一行；之后计算 $X=0$ 且 $Y=1$ 的个数，写在第三列的第二行；接着计算 $X=1$ 且 $Y=0$ 的个数，最后计算 $X=1$ 且 $Y=1$ 的个数，分别写在第三列的第三行和第四行。

4. 单击 SPSS 数据编辑器页面顶部的工具栏上的“Data”，并选择列表底部的“Weight Cases”。

5. 单击左侧标有 weight cases by，然后突出显示包含频率的列（VAR00003）的标签，并通过单击箭头将其移动到 Frequency Variable 框中。

6. 单击“OK”。

7. 单击工具栏上的“Analyze”，选择“Correlate”，单击“Bivariate”。

8. 将包含0和1（可能是VAR00001和VAR0000002）的两个数据列的标签逐个移动到“Variables”框中。（突出显示每个标签，并单击箭头以将其移到方框中。）

9. 检查是否选中了“Pearson”对话框。

10. 单击“OK”。

### 其他相关SPSS输出

程序会产生与描述皮尔逊相关相同的相关矩阵。同样，你需要$X$和$Y$之间的相关性，它在右上角或左下角。记住，对于$\varphi$相关，相关性的符号是没有意义的。

要计算斯皮尔曼相关，请在前两列中输入$X$和$Y$排名或$X$和$Y$分数，然后遵循与皮尔逊相关相同的数据分析说明。在说明中的第3步，在最终点击“确定”之前选中Spearman框。（注：如果在数据编辑器中输入$X$和$Y$分数，SPSS将在计算斯皮尔曼相关性之前将分数转换为等级。）

要计算点二列相关，请在第一列中输入分数（$X$值），并在第二列中输入二分法变量的数值（通常是0和1）。然后，按照与皮尔逊相关性相同的数据分析说明进行操作。

## 练习题

1. 计算下列数据的$SP$值。注意：均值均为整数，所以使用定义公式更方便。

| X | Y |
|---|---|
| 4 | 8 |
| 3 | 11 |
| 9 | 8 |
| 0 | 1 |

2. 计算下列数据的$SP$值。注意：均值均为小数，所以使用计算公式更方便。

| X | Y |
|---|---|
| 0 | 4 |
| 1 | 1 |
| 0 | 5 |
| 4 | 1 |
| 2 | 1 |
| 1 | 3 |

3. 对于下列数据：

| X | Y |
|---|---|
| 2 | 5 |
| 5 | 6 |
| 4 | 0 |
| 6 | 3 |
| 5 | 12 |
| 8 | 4 |

a. 绘制出散点图。

b. 通过观察散点图，估计皮尔逊相关的值。

c. 计算皮尔逊相关系数。

4. 对于下列数据：

| X | Y |
|---|---|
| 3 | 4 |
| 0 | 1 |
| 6 | 6 |
| 3 | 1 |

a. 绘制出散点图并估计皮尔逊相关系数。

b. 计算皮尔逊相关值。

5. 对于下列数据：

| X | Y |
|---|---|
| 3 | 11 |
| 4 | 9 |
| 1 | 13 |
| 7 | 2 |
| 5 | 5 |

a. 绘制出散点图并估计皮尔逊相关系数。

b. 计算皮尔逊相关值。

6. 对于下列数据：

| X | Y |
|---|---|
| 11 | 1 |
| 3 | 15 |
| 5 | 7 |
| 6 | 8 |
| 5 | 9 |

a. 计算 $SS_X$ 和 $SP_Y$。

b. 计算皮尔逊相关。

7. 下列数据是对第 6 题中数据的修改：

| X | Y |
|---|---|
| 11 | 15 |
| 3 | 1 |
| 5 | 7 |
| 6 | 8 |
| 5 | 9 |

a. 计算 $SS$ 和 $SP$。比较和第 6 题结果的不同。

b. 计算皮尔逊相关。比较和第 6 题结果的不同。

8. 对于下列数据：

| X | Y |
|---|---|
| 3 | 6 |
| 5 | 5 |
| 6 | 0 |
| 6 | 2 |
| 5 | 2 |

a. 绘制出散点图并估计皮尔逊相关系数。

b. 计算皮尔逊相关值。

9. 对于小样本数据，一个点会对相关有很大的影响。为了构造以下数据，我们将第 8 题中的第一个 $X$ 值从 $X=3$ 变为 $X=8$。

| X | Y |
|---|---|
| 8 | 6 |
| 5 | 5 |
| 6 | 0 |
| 6 | 2 |
| 5 | 2 |

a. 绘制出散点图并估计皮尔逊相关系数。

b. 计算皮尔逊相关系数。

10. 对于下列数据：

| X | Y |
|---|---|
| 4 | 5 |
| 6 | 5 |
| 3 | 2 |
| 9 | 4 |
| 6 | 5 |
| 2 | 3 |

a. 计算皮尔逊相关系数。

b. 每个 $X$ 值都加上 2 之后，计算皮尔逊相关系数。给每个值增加一个常数，相关如何变化？

c. 初始的每个 $X$ 值都乘以 2 之后，计算皮尔逊相关系数。给每个值乘以一个常数，相关如何变化？

11. Judge 和 Cable（2010）发现，在职女性的体重和收入呈负相关。下面的数据与研究得到的数据相似。为了简化体重变量，女性被分为五类，从“1＝最瘦”到“5＝最重”。收入数据是年收入（以千为单位，四舍五入到千）。

a. 计算数据的皮尔逊相关系数。

b. 相关是否显著？使用双侧检验，$\alpha=0.05$。

| 体重（X） | 收入（Y） |
|---|---|
| 4 | 151 |
| 5 | 88 |
| 3 | 52 |
| 2 | 73 |
| 1 | 49 |
| 3 | 92 |
| 1 | 56 |
| 5 | 143 |

12. 近年来，研究人员区分了两种类型的网络骚扰：网络霸凌和网络挑衅。在最近的一项关于网络骚扰的研究中，大量的在线参与者回答了与个性、网络霸凌历史和网络挑衅有关的调查问

题。作者观察到网络挑衅和网络霸凌之间的相关性（Zezulka & Seigried-Spellar，2016）。下面是作者收集到的数据。

| 被试 | 网络霸凌分数 | 网络挑衅分数 |
|---|---|---|
| A | 2 | 1 |
| B | 4 | 8 |
| C | 7 | 9 |
| D | 7 | 9 |
| E | 6 | 9 |
| F | 3 | 5 |
| G | 6 | 8 |

a. 计算数据的皮尔逊相关系数。

b. 相关是否显著？使用双侧检验，$\alpha=0.05$。

13. 对于 $\alpha=0.05$ 的双尾检验，使用表 B. 6 来确定以下每个样本的皮尔逊相关必须达到多大才具有统计学意义：

a. $n=6$ 的样本

b. $n=12$ 的样本

c. $n=24$ 的样本

14. 认知能力和社会地位之间存在显著的关系，至少对鸟类来说是这样。Boogert、Reader 和 Laland（2006）测量了一组欧椋鸟的社会地位和认知能力。以下数据与本研究中获得的结果相似。因为社会地位是一个由五个有序类别组成的有序变量，所以斯皮尔曼相关性适用于这组数据。请将社会地位类别和学习分数转换为排名，并计算斯皮尔曼相关性。

| 被试 | 社会地位 | 学习分数 |
|---|---|---|
| A | 1 | 3 |
| B | 3 | 10 |
| C | 2 | 7 |
| D | 3 | 11 |
| E | 5 | 19 |
| F | 4 | 17 |
| G | 5 | 17 |
| H | 2 | 4 |
| I | 4 | 12 |
| J | 2 | 3 |

15. 请解释第 14 题中的数据是否表明学习分数的提高会使得欧椋鸟有更高的社会地位？

16. 第 11 题的数据显示了一个职业男性样本的体重和收入之间的正相关关系。然而，如果将体重编码为五个类别，可以将其视为一个顺序量表。如果是这样，斯皮尔曼相关比皮尔逊相关更合适。请将体重和收入转换为等级，并计算出第 11 题中分数的斯皮尔曼相关性。

17. 第 10 章的第 13 题提供的数据显示，一次性看完电视剧的被试比每天看电视剧的参与者对该电视剧节目的喜爱程度要低。在这项研究中，一组在一个时段观看完整的电视连续剧，另一组每天观看一个小时的节目。看完后，每组以 0～100 分评价自己的感受。

a. 将这个问题的数据转换为适合点二列相关的形式（对沉迷节目的参与者使用 1 编码，每天观看节目的参与者使用 0 编码），然后计算相关性。

b. 将点二列相关的值进行平方，得到 $r^2$。

c. 第 10 章的 $t$ 检验（$df=8$）的结果为 $t=-2.94$。使用第 411 页的公式，直接根据 $t$ 值及其 $df$ 计算 $r^2$ 的值。在舍入误差范围内，方程中的 $r^2$ 值应等于点二列相关得到的值。

18. 在一张图上绘制方程 $Y=2X-1$ 的图像及 $Y=-X+8$ 的图像。

19. 一组 $n=18$ 对的分数（$X$ 和 $Y$）具有 $SS_X=16$、$SS_Y=64$ 和 $SP=20$。如果 $X$ 值的均值为 $M_X=6$，且 $Y$ 值的均值为 $M_Y=8$：

a. 计算分数的皮尔逊相关。

b. 求利用 $X$ 的值预测 $Y$ 的回归方程。

20. 一组 $n=15$ 对的分数（$X$ 和 $Y$）满足 $\hat{Y}=3X+8$ 的回归方程。请计算每个 $X$ 分数的预测 $Y$ 值：1、2、3 和 6。

21. 简要地解释一下估计标准误是用来衡量什么的。

22. 一般来说，估计标准误的大小与相关的值存在什么关系？

23. 对于以下一组数据，计算皮尔逊相关统计量，并求 $X$ 预测 $Y$ 的线性回归方程：

| X | Y |
|---|---|
| 1 | 5 |
| 2 | 10 |
| 0 | 9 |
| 3 | 12 |
| 2 | 11 |
| 4 | 13 |

24. 下面的 $X$ 值集与问题 23 中使用的 $X$ 值集相同。对于以下数据集：

| X | Y |
|---|---|
| 1 | 0 |
| 2 | 10 |
| 0 | 8 |
| 3 | 14 |
| 2 | 12 |
| 4 | 16 |

a. 计算皮尔逊相关统计量，并将你的答案与问题 23 的答案进行比较。

b. 找到 $X$ 预测 $Y$ 的线性回归方程。比较一下在 23 题得到的答案。

c. 解释线性回归方程中的 $b$ 与皮尔逊相关统计量之间的差异。

25. 对于以下数据集：

| X | Y |
|---|---|
| 7 | 7 |
| 5 | 2 |
| 0 | 11 |
| 3 | 12 |
| 2 | 15 |
| 7 | 1 |

a. 求出 $X$ 预测 $Y$ 的回归方程。

b. 计算皮尔逊相关值，利用 $r^2$ 和 $SS_Y$ 计算方程的 $SS_{残差}$ 和估计的标准误。

26. 对于以下数据集：

| X | Y |
|---|---|
| 3 | 8 |
| 5 | 8 |
| 2 | 6 |
| 2 | 3 |
| 4 | 6 |
| 1 | 4 |
| 4 | 7 |

a. 求出 $X$ 预测 $Y$ 的回归方程。

b. 计算出每个 $X$ 预测的 $Y$ 值。

27. 回归方程计算了一组 $n=18$ 对的 $X$ 和 $Y$ 值，其相关性为 $r=+0.50$，$SS_Y=48$。

a. 求出回归方程估计的标准误。

b. 如果样本量为 $n=66$，标准误会是多大？

28. 解决以下问题。

a. 一组有 10 对 $X$ 和 $Y$ 值的数据，具有 $r=0.60$ 的相关性。如果 $SS_Y$ 为 200，求回归线估计的标准误。

b. 另一组有 10 对 $X$ 和 $Y$ 值的数据，具有 $r=0.40$ 的相关性。如果 $SS_Y$ 为 200，求出回归线估计的标准误。

29. 第 25 题中的回归方程是否显著地解释了 $Y$ 分数的变异？请使用 $\alpha=0.05$ 来评估 $F$ 比值。

30. 解决以下问题。

a. 研究人员计算了 $n=20$ 对 $X$ 和 $Y$ 值样本的线性回归方程。如果用回归分析来检验方程的显著性，那么 $F$ 比值的 $df$ 是多少？

b. 研究人员评估回归方程的显著性，得到的 $F$ 比值的 $df=1，23$。请问样本中 $n$ 等于多少？

# 卡方检验：拟合优度和独立性检验

# 第 15 章

**学习本章需要掌握的相关知识**

下列术语是学好本章的关键背景知识。如果对这些知识有不明白之处，应复习先前学过的相关章节。

- 比例（数学知识回顾，附录 A）
- 频数分布（第 2 章）

**章节概览**

## 引言

即使我们没有在日常生活中直接经历过偏见，至少我们也都见过或听说过偏见的例子。偏见的表达可以是公然和公开的，也可以是微妙和隐含的，而且它们可能发生在任何情境中。Boysen 和 Vogel (2009) 研究了你所熟悉的环境——大学课堂的偏见。研究人员让一个大样本 ($n=333$) 的教授们回答了一份关于在他们的课堂上发生的偏见言论和行为的调查问卷。例如，这个问题只要求回答“是”或“不是”：“在过去一年中，是否有学生在课堂上说过或做过明显的偏见的事情?”结果发现，27%的教授报告说在课堂上观察到了公然的偏见。研究人员还让教授们报告在课堂上发现的不同类型的偏见行为。

这是一个受 Boysen 和 Vogel 的研究启发的假设示例。假设我们问了大量的大学教授，他们在过去一年中，是否在他们的课堂上观察到一些明显的偏见。结果发现，最初一组中的 $n=75$ 位教授回答“是”。接下来，我们要求这 75 位教授告诉我们，他们最常观察到的是以下哪种偏见行为：一个冒犯性的玩笑，一种属于刻板印象的言论，或者一个诽谤/侮辱。每位教授必须只选择他观察到的最多的一种。表 15－1 显示的是假设的数据。

**表 15－1 教授们报告的在课堂上最常观察到的偏见行为**

| | 冒犯性玩笑 | 刻板印象 | 诽谤/侮辱 |
|---|---|---|---|
| 实际频数 | 25 | 45 | 5 |

请注意，表格由最常观察到的三类偏见行为组成。此外，表格中的数值表示频数，它们反映了选择每个类别的教授的数量。请记住，这是一道强制选择题，他们必须选择最常见到的偏见行为。因此，每个类别的频率是由不同的教授组成的。有 75 位教授回答了问卷，所以频数之和也是 75。

大体上，表格描绘了一个频数分布，每一类的频数称为实际频数。我们可以就这些数据提出一些问题。例如，在课堂上观察到的所有类型的偏见的可能性是相等的，还是有什么类型更可能被观察到？另一个问题是，如果没有哪种类型的偏见比其他类型的偏见发生得更多，你会期望全部的 75 个频数如何分布在偏见类别中？

在本章中，你将学习如何使用卡方检验来检验关于频数分布的假设。你还将了解到，卡方统计量还可以用来检验变量之间关系的假设。

## 15.1 卡方检验简介：拟合优度检验

### 学习目标

1. 描述参数检验和非参数检验。

2. 描述用于拟合优度卡方检验的数据（实际频数）。

3. 描述拟合优度卡方检验的假设，解释期望频数是如何得到的，并计算具体研究示例中的期望频数。

### 参数和非参数统计检验

到目前为止，我们研究的所有统计检验都旨在对特定总体参数进行假设检验。举例来说，我们

使用 $t$ 检验评估有关总体均值 $\mu$ 以及总体均值差异 $\mu_1-\mu_2$ 的假设。此外，这些检验通常会作出有关总体分布形态和其他总体参数的假设。回顾一下方差分析（ANOVA），它需要总体正态分布和方差齐性。这些检验因为都关注参数，并要求有关参数的假设，所以称为参数检验。

参数检验的另一个一般特征是，样本中每个被试都需要有数值评分。然后将其数值相加、平方、平均，以及使用基本算术进行其他操作。在测量量表方面，参数检验要求数据来自等距量表或等比量表（见第1章）。

但是，研究人员往往会面临不符合参数检验要求的实验情况，在这些情况下，可能并不适合使用参数检验。注意，当一个检验的假设被推翻时，可能会导致错误的解释。幸运的是，有几个假设检验工具可以替代参数检验，这些工具就是所谓的非参数检验。

在这一章中，我们将引入有关非参数检验的两个常用的例子。这两项检验都基于卡方统计量，并且这两项检验都是使用样本数据评估总体比例或关系的假设。请注意，这两个卡方检验与大多数非参数检验一样，不存在具体参数和总体分布的假设。因为后者的原因，非参数检验有时被称为自由分布检验。

参数和非参数检验最明显的区别是它们使用的数据类型。到目前为止，我们已研究的所有的参数检验都需要数值分数。而对于非参数检验，通常只是将被试分为不同的类别，从而得出频数，例如一个镇上的民主党人和共和党人的数量，或者街角咖啡馆里出售的小杯、中杯和大杯咖啡的数量。请注意，这些分类涉及在称名量表或顺序量表上的测量，而没有产生可以计算均值和方差的数值。相反，许多非参数测试的数据只是频数，例如一个镇上的小学、初中和高中的学生人数。

## 拟合优度的卡方检验

参数如均值和标准差是最常见的描述总体的方式，但是在有些情况下，研究人员对分布的比例或相对频数感兴趣。例如：

> 40岁以下的教师人数与40岁及以上的从业人数相比结果如何？
> 在两种主要的可乐品牌中，大多数美国人喜欢哪一种？
> 在过去的十年里，修读商学专业的大学生比例发生显著的变化了吗？

检验的名称来自希腊字母 $\chi$（chi，读作“开”），它被用来标注检验统计量。

请注意，前面的每个例子都是有关总体比例的问题。特别是，我们并没有测量每个人的数值评分，相反，只是将个体分类，想知道每个类别占总体的比例。拟合优度的卡方检验就是专门用来回答这种类型的问题的。从总体上看，卡方检验是假设检验，它主要使用样本分布的比例来检验关于总体分布的相应比例的假设。

**定义**

**拟合优度卡方检验**主要使用样本数据检验有关总体分布形态或比例的假设，检验决定所获得的样本比例与虚无假设中的总体比例的拟合程度。

回忆第2章，频数分布的定义是描述测量尺度中每一类被试数目的一项指标。在一个频数分布图中，测量尺度的分类位于 $x$ 轴。在一个频数分布表中，分类列于第一列。但是，卡方检验习惯用一系列方块来呈现测量尺度，每个方块对应一个单独的类别。每一类别相应的频数将列于每个方块内。正如图15-1所显示的，可以用图、表或一系列方块来显示每组40名学生成绩等级（A，B，C，D，F）的分布。

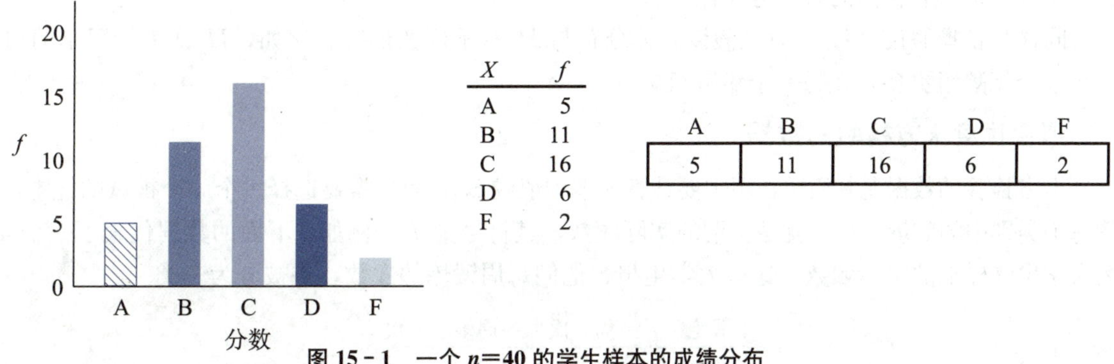


**图 15-1　一个 $n=40$ 的学生样本的成绩分布**

说明：相同的频数分布可通过直方图、频数分布表来表示。

## 拟合优度卡方检验的虚无假设

在拟合优度的卡方检验中，虚无假设设定了每个类别在总体中所占的比例（或百分比）。例如，假设 2020 年毕业的所有大学生中男生占 50%、女生占 50%。呈现假设最简单的方法是把假设比例列入表格中：

| | 男 | 女 |
|---|---|---|
| $H_0$： | 50% | 50% |

虽然研究人员可以选择任何比例为虚无假设，但是通常会有一些清晰的界定来说明虚无假设。$H_0$往往属于下列类别之一：

1. 无偏好、等比例假设。虚无假设往往是陈述不同类别之间没有偏好。在这种情况下，$H_0$假设总体平均分为几个类别。举例来讲，一个假设认为人们对软饮料的三个领导品牌没有偏好，则总体分布如下：

| | 品牌 2 | 品牌 1 | 品牌 3 | |
|---|---|---|---|---|
| $H_0$： | $\frac{1}{3}$ | $\frac{1}{3}$ | $\frac{1}{3}$ | （总体对三种饮料的偏好是相同的） |

无偏好的假设用于帮助研究人员确定人们对不同类别是否有任何偏好，或一类和另一类的比例是否不同。

拟合优度检验的虚无假设假定总体服从特定分布，备择假设则简单地假设总体分布与 $H_0$ 中设定的不同。如果虚无假设假定总体被等分为三类，那么备择假设就是假定总体并没有被等分。

2. 在已知总体中没有差别。虚无假设认为一个总体中的比例与另外一个总体中的比例是没有什么不同的。举例来说，假设国内 28%的持驾照司机年龄小于 30 岁，72%大于 30 岁。研究者想知道拿到超速罚单的比例在两个群体中是否一致。虚无假设认为两个总体中持有罚单的比例相同，因此在司机的年龄分布和拿到罚单的司机的年龄分布之间没有差异。也就是说，虚无假设为：

| | 拿到罚单的司机小于 30 岁 | 拿到罚单的司机大于 30 岁 | |
|---|---|---|---|
| $H_0$： | 28% | 72% | （拿到罚单的司机年龄的比例与整体司机年龄的比例相同） |

无差异假设用于一个特定总体分布已知的情况。例如，较早时可能有一个已知的分布，问题在于分布比例是否有变化，或者是否可能由一个已知的人口分布比例（司机）推测另外一个总体（持

罚单司机）也具有相同的人口分布比例。

同样，备择假设（$H_1$）只是假设总体分布与 $H_0$ 有不同的形态。比如，$H_1$ 认为持罚单的司机数量在一个年龄组更多，在另一个年龄组更少。

### 拟合优度卡方检验的数据

卡方检验的数据尤其简单，不需要计算样本均值或 $SS$；而只需要选择一个 $n$ 个被试的样本，并计算每个类别中的数量。结果就是所谓的实际频数，其符号为 $f_o$。例如，下面的数据代表了一个 $n=40$ 名大学生的样本的实际频数，这些大学生报告他们每周锻炼的次数，并被分为三类。

| 不锻炼 | 一周一次 | 一周多于一次 | |
|---|---|---|---|
| 15 | 19 | 6 | $n=40$ |

注意，样本中的每个个体只能分到其中一个类别。因此，在这个例子中，频数代表三个完全独立的学生群体：15 个不规律锻炼的、19 个平均每周锻炼一次的和 6 个每周锻炼多于一次的。还要注意，实际频数总和等于总样本数：$\sum f_o=n$ 。你还应该意识到，我们并不是把个体分配到各类别当中，而是通过对个体的测量来决定他们属于哪个类别。

**定义**

**实际频数**是被分入每个特定类别的样本的数量，每个个体都在且只能在一个类别中。

### 期望频数

拟合优度的卡方检验的总目标是比较数据（实际频数）与虚无假设。于是，问题就成了确定数据对 $H_0$ 指定的分布拟合得有多好，因此才有拟合优度这个名字。

卡方检验的第一步是建立一个假设性的样本。如果这个样本比例与虚无假设中总体的比例完全一致，那么它可以代表样本分布。例如，假设虚无假设认为总体按如下比例分为三类：

| | 类别 A | 类别 B | 类别 C | |
|---|---|---|---|---|
| $H_0$： | 25% | 50% | 25% | （总体分布在三类中：25%在 A 类，50%在 B 类，25%在 C 类） |

如果这一假设正确的话，你如何预期随机抽样选出的 $n=40$ 个人的分布？你很清楚你的最佳策略就是要预测 25%的样本将在 A 类、50%的样本将在 B 类、25%的样本将在 C 类。准确地找到每一类别的期望频数，需要将虚无假设中的比例乘以样本大小（$n$）。例如，你期望：

类别 A：40 中的 25%＝0.25×40＝10
类别 B：40 中的 50%＝0.50×40＝20
类别 C：40 中的 25%＝0.25×40＝10

虚无假设的预测频数就是所谓的期望频数，其符号是 $f_e$，每一类别期望频数的计算方法为：

$$\text{期望频数}=f_e=pn \tag{15-1}$$

其中，$p$ 是虚无假设中的比例；$n$ 是样本量。

**定义**

每一类别的**期望频数**是由虚无假设中的比例和样本量（$n$）预测的。期望频数是一个理想的、假设性的样本分布。样本的比例只有与虚无假设中指定的总体比例完全一致时，才能得到上述的样本分布。

注意，无偏好虚无假设中，每个类别都有相同的 $f_e$，因为所有类别的比例（$p$）是相同的。另外，无差异虚无假设通常不会产生相同的期望频数，因为假设比例通常由一类到另一类时会有变化。还要注意的是，期望频数是计算出的假设值，因此得数可能会是小数或分数。此外，实际频数始终代表真实的个体和完整的数目。

### 卡方统计量

任何假设检验的一般用途都是确定该样本数据是支持还是反对总体假设。在拟合优度的卡方检验中，样本是作为一组实际频数（$f_o$），而虚无假设代表了一组期望频数（$f_e$）。卡方统计量主要测量实际频数（$f_o$）与期望频数（$f_e$）的拟合程度，符号写作 $\chi^2$。卡方统计量的公式为：

$$卡方 = \chi^2 = \sum \frac{(f_o - f_e)^2}{f_e} \tag{15-2}$$

卡方值的计算方法分为以下几步：

1. 计算实际频数（$f_o$）与期望频数（$f_e$）的差值。
2. 将差值平方，这样可确保所有的值都是正的。
3. 然后将差值的平方除以 $f_e$。
4. 最后求所有分类的值的总和。

前两步对卡方统计量分子的计算是相当容易理解的。具体来说，主要是测量实际频数（$f_o$）与期望频数（$f_e$）的差异。最后一步也是好理解的：我们将所有值相加，得到数据与假设的总差异。较大的值表明该数据与假设不拟合，所以我们拒绝假设。

但是，第三步，卡方统计量分母的确定并不那么显而易见。为什么我们在求和之前要再除以 $f_e$？这个问题的答案是，$f_o$与 $f_e$的差距到底是相对大的还是相对小的，取决于期望频数的大小。以下的例子将会说明这一点。

假设你要举办一个派对，预期有 1 000 个客人。然而，在派对上的实际客人数量为 1 040 人。当你计划有 1 000 人时，比预期多 40 人是没有什么大问题的，并且大家可能仍然有足够的可乐、爆米花和薯片。另一种情况是，假设你要举办一个派对，预期 10 人出席，而实际上来了 50 人。在这种情况下，多出来的 40 个客人将会导致大麻烦。可见，差异的“显著”程度，部分取决于你原先的预期。很大的期望频数将会允许 $f_o$与 $f_e$之间出现更大的误差。因此，最后在卡方公式里，每一类的差值的平方 $(f_o - f_e)^2$需要除以它的期望频数 $f_e$。

### 学习检查

1. 以下哪一项是非参数检验的特征？

a. 它们需要每个个体的数值分数

b. 它们需要有关于总体分布的前提假设

c. 它们评估的是总体均值或方差的假设

d. 以上都不是

2. 以下哪一项恰当地描述了拟合优度卡方检验的实际频数？

a. 它们总是正整数

b. 它们总是正数，但可以是分数或小数

c. 它们既可以是正数也可以是负数，但总是整数

d. 它们既可以是正数也可以是负数，而且可以是分数或小数

3. 一位研究者使用 $n=90$ 的被试作为样本，检验人们在三种苹果中是否存在偏好。每名被试都尝过了所有的三种苹果，然后挑选出最喜欢的一种。此时，拟合优度卡方检验的期望频数是多少？

a. 1/3，1/3，1/3　　b. 10，10，10

c. 30，30，30　　d. 60，60，60

**答案**　1. d　2. a　3. c

## 15.2 拟合优度卡方检验示例

**学习目标**

4. 定义拟合优度卡方检验的自由度，找出卡方分布中特定 $\alpha$ 水平的临界值。

5. 进行拟合优度卡方检验，并按照科学文献的方式报告结果。

### 卡方分布和自由度

由卡方公式可以清楚地知道，卡方值主要衡量实际频数（数据）与期望频数（$H_0$）的差异。通常，样本数据不能完全准确地代表总体，这时样本中的比例或实际频数并不会和总体的比例完全相等。因此，当 $f_o$与 $f_e$的差异比较小时，卡方值较小，于是得出结论，认为数据与假设有较好的拟合度（不能拒绝 $H_0$）。而当 $f_o$与 $f_e$的差异比较大时，卡方值也比较大，得出的结论是数据与假设不拟合（拒绝 $H_0$）。要决定一个具体的卡方值是大还是小，必须提到卡方分布，即当 $H_0$为真时所有随机样本可能的卡方值的分布。就像我们曾研究的其他分布（$t$ 分布，$F$ 分布）一样，卡方分布是一种具有理论界定清楚特点的分布，从卡方公式很容易推断出这些特点：

1. 卡方公式涉及平方值。因此，所有的卡方值都是大于等于零。

2. 当 $H_0$为真时，实际频数非常接近期望频数。因此，当 $H_0$为真时，我们预期卡方值会比较小。

这两个特点表明，典型的卡方分布是正偏态分布（见图 15-2）。请注意，当 $H_0$为真时，卡方值较小或趋近于零，大的值（在右侧）是非常不可能的。因此，非常大的卡方值将会形成假设检验的拒绝域。

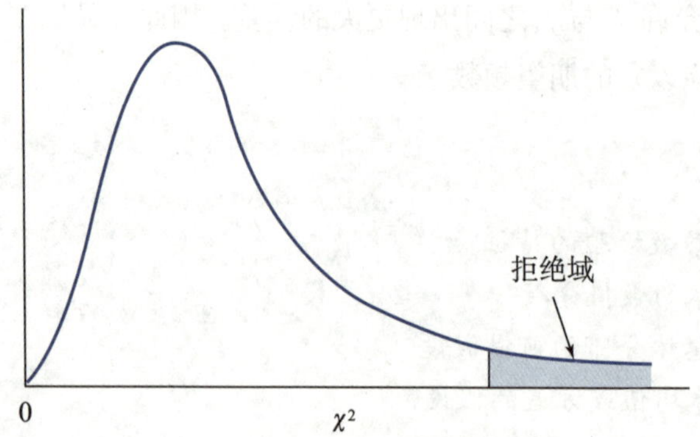


**图 15-2　卡方分布示例**

说明：卡方分布是正偏态分布，拒绝域位于尾端，代表较大的卡方值。

> 请注意：和其他大多数检验不同，卡方检验的自由度与样本量（$n$）无关。

虽然典型的卡方分布是正偏态的，但是有一个重要因素——类别数量——会对卡方分布的实际形态产生作用。注意，卡方公式需要对每一个类别的值求和，更多的类别就有可能获得更大的卡方值。一般而言，10 个类别的卡方值将超过只有 3 个类别的卡方值。

因此，有一个完整的卡方分布族，而一种形态精确的卡方分布取决于研究中使用的类别数量。在技术上，每个具体的卡方分布由其自由度确定，而非类别数。拟合优度的卡方检验的自由度的计算公式为：

$$df=C-1 \tag{15-3}$$

其中，$C$ 是类别数量。专栏 15-1 中将对 $df$ 公式进行简要解析。图 15-3 显示了 $df$ 值与卡方分布形态的一般关系。注意，随着类别数量的增加和自由度的上升，卡方值倾向于变大（向右移动）。

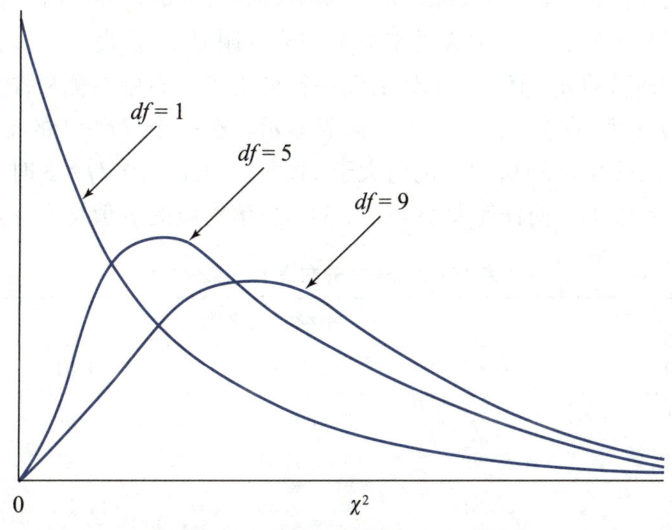


**图 15-3　不同 $df$ 值的卡方分布形态**

说明：类别数越多，卡方分布顶点（众数）的卡方值越大。

## 专栏 15-1　细看自由度

卡方检验的自由度从字面上看，主要用于测量当你确定虚无假设或期望频数时可以自由选择的数目。例如，当将个体分为三个类别时，你在陈述假设检验时就有两个完全自由的选择。你可以为前两种类别选择任何两种比例，但是这样的话，第三种类别的比例就确定了。如果假设第一类占 25%，第二类占 50%，那么在 100% 的总体中，第三类只能占 25%。

| 类别 A | 类别 B | 类别 C |
|---|---|---|
| 25% | 50% | ? |

一般情况下，你可以自由地选择所有类别的比例，除了其中的一类，因为最后的比例结合总体 100% 其实是确定的。因此，自由选择数为 $C-1$，其中 $C$ 是类别数：自由度 $df=C-1$。

通过下面这个例子，检验你对拟合优度卡方检验的期望频数和自由度 $df$ 值的理解。

### 例 15.1

一位研究者设计了电脑键盘。招募了 $n=60$ 名被试后，每名被试测试全部的三种键盘并选出自己最喜欢的一种。偏好的频数分布如下：

| 设计 A | 设计 B | 设计 C | |
|---|---|---|---|
| 23 | 12 | 25 | $n=60$ |

每一类的值都是实际频数 $f_o$，而且研究者注意到 $\sum f_o = n$。若虚无假设为总体对三种设计之间不存在偏好，求出卡方检验的期望频数，并确定卡方统计量的自由度。

结果应该为：每一类中均有 $f_e=20$，自由度 $df=2$。

## 卡方检验的拒绝域

一个较大的卡方统计值表明，实际数据和虚无假设存在很大的差异，所以我们拒绝 $H_0$。如果想确定具体的卡方值是否显著较大，必须查看卡方分布表（附录B）。表15-2是卡方分布表的一部分。第一栏列出了卡方检验的 $df$ 值，表中最上面一行列出了分布中右侧极端值的比例（显著性水平），表中的数值是卡方检验的临界值。例如，该表显示，在一个 $df=3$ 的卡方分布中，只有5%（0.05）的值大于7.81，只有1%（0.01）的值大于11.34。因此，当 $df=3$ 时，任何大于7.81的卡方值对应的 $p$ 值均有 $p<0.05$，而任何大于11.34的卡方值对应的 $p$ 值均有 $p<0.01$。

**表15-2　卡方分布表的一部分**

| *df* | 拒绝域的比例 | | | | |
|---|---|---|---|---|---|
| | **0.10** | **0.05** | **0.025** | **0.01** | **0.005** |
| 1 | 2.71 | 3.84 | 5.02 | 6.63 | 7.88 |
| 2 | 4.61 | 5.99 | 7.38 | 9.21 | 10.60 |
| 3 | 6.25 | 7.81 | 9.35 | 11.34 | 12.84 |
| 4 | 7.78 | 9.49 | 11.14 | 13.28 | 14.86 |
| 5 | 9.24 | 11.07 | 12.83 | 15.09 | 16.75 |
| 6 | 10.64 | 12.59 | 14.45 | 16.81 | 18.55 |
| 7 | 12.02 | 14.07 | 16.01 | 18.48 | 20.28 |
| 8 | 13.36 | 15.51 | 17.53 | 20.09 | 21.96 |
| 9 | 14.68 | 16.92 | 19.02 | 21.67 | 23.59 |

## 拟合优度卡方检验的完整实例

卡方检验的步骤与其他假设检验相同，一般说来，包括陈述假设、定位拒绝域、计算检验统计量和做出决定四步。下面的例子演示了拟合优度假设检验的完整过程。

**例15.2**

人们倾向于将一些颜色，特别是红色和黄色，与增强饥饿感联系起来（Singh，2006）。许多快餐店在设计其餐厅的标志和装饰时都用到了这一联系。为了研究这一现象，一位心理学家向被试展示了一系列描述情绪/情感的词语（平静、快乐、饥饿、困倦、焦虑等），要求每个人选择与每个词相关的颜色。每个参与者都有四种颜色选择：红色、黄色、绿色和蓝色。下面的数据为每种颜色被被试认定为与饥饿有关的频数。

| 红色 | 黄色 | 绿色 | 蓝色 |
|---|---|---|---|
| 19 | 16 | 10 | 5 |

假设检验的问题是：人们对四种颜色是否有选择的偏好？某种颜色被选择的次数比预期更多（或更少）是否仅仅出于偶然呢？

**步骤 1　陈述假设，选择显著性水平。**该假设陈述如下：

$H_0$：在一般总体中，没有任何特定的颜色比其他颜色更容易与饥饿联系在一起。因此，四种颜色会等可能地被选择，总体分布为以下比例：

| 红色 | 黄色 | 绿色 | 蓝色 |
|---|---|---|---|
| 25% | 25% | 25% | 25% |

$H_1$：在一般总体中，有一种或更多的颜色更可能与饥饿相关联。

显著性水平定为 0.05。

**步骤 2　定位拒绝域。**在此例中，卡方检验的自由度为：

$$df=C-1=4-1=3$$

因为 $df=3$，$\alpha=0.05$，查卡方分布表，临界值 $\chi^2$ 是 7.81。图 15－4 描绘了卡方检验的临界值。

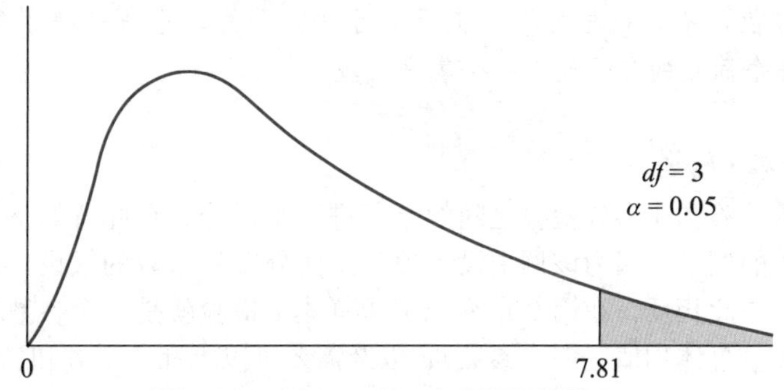


**图 15－4　例 15.1 中，卡方临界值是 7.81**

**步骤 3　计算卡方统计量。**卡方的计算分为两个阶段。首先，根据 $H_0$ 计算出期望频数，然后计算卡方值。在此例中，虚无假设指定每个类别的比例 $p=25\%$（或 $p=1/4$），样本大小是 $n=50$。因此，每个类别的期望频数为：

$$f_e=pn=\frac{1}{4}\times 50=12.5$$

期望频数由于是计算得到的，可能是小数。而实际频数总是整数。

实际频数和期望频数列于表 15－3 中。

**表 15－3　例 15.2 中的实际频数和期望频数**

| | 红色 | 黄色 | 绿色 | 蓝色 |
|---|---|---|---|---|
| 实际频数 | 19 | 16 | 10 | 5 |
| | 红色 | 黄色 | 绿色 | 蓝色 |
| 期望频数 | 12.5 | 12.5 | 12.5 | 12.5 |

基于以上数据，卡方值为：

$$\begin{aligned}\chi^2 &= \sum (f_o-f_e)^2/f_e\\ &=(19-12.5)^2/12.5+(16-12.5)^2/12.5+(10-12.5)^2/12.5+(5-12.5)^2/12.5\\ &=42.25/12.5+12.25/12.5+6.25/12.5+56.25/12.5\\ &=3.38+0.98+0.50+4.50\\ &=9.36\end{aligned}$$

**步骤 4　做出决定和结论。**所得到的卡方值在拒绝域中。因此，拒绝 $H_0$，研究者得出结论：四种颜色并不是等可能地与饥饿相关联。相反，四种颜色有着显著的差异，即与期望频数相比，一些颜色会有更多人选择，另外一些颜色选择的人数则比偶然情况更少。观察数据可知，认为红色和黄色与饥饿相关的人数比期望频数更多，而选择蓝色和绿色的人数比期望频数更少。

## 在文献中

### 报告卡方值

APA为在学术期刊上报告卡方统计量指定了具体的格式。例如，例15.2的结果呈现如下：

数据表明，四种颜色中的一些颜色显著地比其他颜色更容易与饥饿相关联，$\chi^2(3, n=50)=9.36$，$p<0.05$。

注意，报告的形式与我们已介绍的其他统计检验类似。首先，自由度呈现于卡方符号后的括号内，在括号中也包含样本大小（$n$）。此附加信息是重要的，因为自由度基于类别数量（$C$），而不是样本大小。其次，介绍计算的卡方值。最后，介绍犯第一类错误的概率。因为我们得到了一个极端的、非常不可能的卡方值，所以报告的概率低于 $\alpha$ 水平。此外，报告应提供每一类别的实际频数（$f_o$）。该信息应该用一个简单的句子或者一个表来呈现。

### 拟合优度和单样本 $t$ 检验

本章开始就对参数检验和非参数检验之间的差异进行了讨论。在此背景下，拟合优度的卡方检验便是一个非参数检验的例子，因为该例中没有关于总体分布的参数的假设，以及不需要区分是等距数据还是等比数据。与此相反，在第9章介绍的单样本 $t$ 检验就是一个参数检验的例子：它假定总体为正态分布，并测量总体均值（一个参数），以及需要可以求和、平方和、相除等的数值。

虽然卡方检验和单样本 $t$ 检验明显不同，但它们也非常类似。尤其是，这两项检验是试图利用一个样本的数据检验一个总体的假设。

决定是使用卡方检验还是 $t$ 检验的主要因素在于测量每名被试获得的数据类型。如果样本数据是构成的数值（等距或等比），则适合计算样本均值和应用 $t$ 检验评估有关总体均值的假设。举例来说，研究人员测量一个登记选民样本中每个个体的IQ，然后 $t$ 检验可以用来评估整个登记选民总体的IQ均值。另外，如果样本中的被试被分为几个类别（基于称名或顺序量表），则可以使用卡方检验评估有关总体的比例的假设。举例来说，研究人员可以把已登记的选民样本按性别归类，然后计算男性和女性的人数。卡方检验适合评估有关总体比例的假设。

### 学习检查

1. 一位研究者想通过拟合优度的卡方检验来评估一种新汽车的不同设计之间的偏好。在 $n=30$ 的被试样本中得到了卡方值 $\chi^2=6.81$。以下哪一项是对这一结果的合理决定？

a. 在 $\alpha=0.05$ 时拒绝虚无假设，但在 $\alpha=0.01$ 时无法拒绝虚无假设

b. 在 $\alpha=0.05$ 和 $\alpha=0.01$ 时都能拒绝虚无假设

c. 在 $\alpha=0.05$ 和 $\alpha=0.01$ 时都无法拒绝虚无假设

d. 没有足够的信息来做出决定

2. 以下哪一项是拟合优度卡方检验的自由度 $df$ 的正确公式（$C$ 是类别数）？

a. $n-1$　　b. $C-1$　　c. $n-C$　　d. 以上都不是

3. 一位研究者使用20名大学二年级学生作为样本，以确定他们是否对两种智能手机存在偏好。每名学生使用每种手机一天，然后选择最喜欢的一种。如果有14名学生选择第一款手机，只有6名学生选择第二款，则 $\chi^2$ 的值为多少？

a. 0.80　　b. 1.60　　c. 3.20　　d. 11.0

**答案** 1. d　2. b　3. c

## 15.3 独立性卡方检验

### 学习目标

6. 定义独立性卡方检验的自由度，找出卡方分布中特定 α 水平的临界值。
7. 描述独立性卡方检验的假设，并解释如何获得期望频数。
8. 进行独立性卡方检验并按照科学文献的格式报告结果。

卡方统计也可用来测量两个变量之间是否有关系。在这种情况下，样本的每一个个体用两个变量来测量或归入两个不同的变量。例如，可以按照人格类型（内向、外向）和颜色偏好（红色、黄色、绿色、蓝色）将一组学生分类。通常数据以矩阵表格的形式呈现，行对应于一个变量的类别，列对应于另一个变量的类别。表 15-4 呈现了 $n=200$ 名学生的一些假设数据，根据个性和颜色的偏好将学生分类。矩阵表格或单元格内的数量描绘了具体组的频数。例如，在表 15-4 中，内向且喜欢红色的有 10 名学生。为了得到这些数据，研究人员首先随机抽取了 $n=200$ 名学生作为样本，要求每名学生进行一项人格测试并从四种颜色中选择最喜欢的一种。注意，分类是基于对每名学生的测量，研究人员并不指派学生类别。此外要注意，数据是由样本构成的频数，而不是样本的数值。这些样本数据将被用来检验相应的总体频数分布的假设。具体来说就是，由这些数据是否足以推断人格与颜色偏好之间具有显著的关联。

**表 15-4　人格类型与颜色偏好**

| | 红色 | 黄色 | 绿色 | 蓝色 | |
|---|---|---|---|---|---|
| 内向 | 10 | 3 | 15 | 22 | 50 |
| 外向 | 90 | 17 | 25 | 18 | 150 |
| | 100 | 20 | 40 | 40 | $n=200$ |

你应意识到，表 15-4 所呈现的是一项非实验研究的例子。研究者没有操纵任何变量，被试也没有被随机分配到各组别中或实验条件下。然而，类似的数据也常常由实验研究得到，下面的例子就展示了来自实验研究的频数数据。

**例 15.3**

Guéguen、Jacob 和 Lamy（2010）证明，浪漫的背景音乐会增大异性恋女性将她的电话号码给新认识的男性的可能性。被试被招募来参加关于产品评价的研究，每位女性被带到一个播放着背景音乐的等候室。一些女性听到的背景音乐是一首流行的情歌；而对于其他女性，背景音乐则是一首中性歌曲。三分钟后，被试被转移到另一个房间，里面已经有一名男性在等待。这些男人冒充被试，实际配合实验者工作。被试和“托”被要求吃两块饼干（一块是有机的，一块没有有机成分），然后花几分钟谈论两者之间的区别。五分钟后，实验者回来结束研究，并要求这对被试单独等待几分钟。在这段时间里，男方用事先拟好的台词向女方询问她的电话号码。表 15-5 中显示了与研究结果类似的数据。请注意，研究人员操纵了背景音乐的类型（自变量），并记录了每种音乐类型的“是”和“否”的回答数量（因变量）。与颜色偏好数据一样，研究人员希望利用样本中的频数来检验关于总体中相应频数分布的假设。在这种情况下，研究人员想知道样本数据是否提供了足够的证据来得出结论，即音乐类型与女性对要求电话号码的反应之间存在着显著的关系。

运用样本的频数来判断变量间关系的假设检验，需要用到另一种卡方统计量的检验方法。在这种情况下，这种检验被称为独立性卡方检验。

> **定义**
>
> **独立性卡方检验**运用样本的频数数据来评估总体中两个变量之间的关联性。样本中的每个个体都依据两个变量进行分类，以此得到一个二维的频数分布矩阵。样本的频数分布被用来检验总体中对应的频数分布的假设。

## 独立性检验的虚无假设

独立性卡方检验的虚无假设指所测量的两个变量之间是独立的，即对于每个个体，所得到的一个变量值与另一个变量值是不相关的。这个假设可以用两种不同的概念形式表达，每种形式都是从稍微不同的角度看待数据和检验。下面将用两个版本的虚无假设来描述表 15－5 的数据中背景音乐类型与给电话号码的可能性。

> **定义**
>
> 两个变量之间如果没有始终如一的、可预测的关系，它们就是**相互独立**的。在这种情况下，一个变量的频数分布与另一个变量的类别是不相关的（或不依赖的）。因此，如果两个变量是独立的，则一个变量在另一个变量所有类别下的频数分布都会有相同的形状（相同的比例）。

**$H_0$版本 1**　对于这个版本的 $H_0$，数据被看作每个个体均测量了两个变量的一个单样本，卡方检验的目标是评估两个变量之间的关系。举例来说，我们认为其目标是确定音乐类型和女性是否给电话号码之间是否存在始终如一的、可预见的关系。也就是说，背景音乐的类型可以帮助预测女性是否会给自己的电话号码。虚无假设认为两者之间没有关系，备择假设 $H_1$ 则认为两个变量之间是有关系的。

$H_0$：对于学生总体而言，背景音乐类型和女性是否会给自己的电话号码是没有关系的。

卡方检验的 $H_0$ 显示了独立性卡方检验和相关的相似性。在每种情况下，每个个体测量两种数据（$X$ 和 $Y$），目的是评估两个变量之间的关系。不过，相关要求 $X$ 和 $Y$ 是数值。而另一方面，卡方检验只需使用不同类别下的被试频数。

**$H_0$版本 2**　对于这个版本的 $H_0$，数据被看作两个（或更多）单独的样本，代表两个（或更多）单独的总体。卡方检验的目标是确定总体之间是否存在很大的差异。举例来讲，表 15－5 的数据将被试视为一个 $n=50$ 的听到浪漫音乐的女性样本（上面一行）和另一个 $n=50$ 的听到中性音乐的女性样本（下面一行）。卡方检验将确定听浪漫音乐的女性给电话号码的比例，是否与听中性音乐的女性给电话号码的比例显著不同。

**表 15－5　当被要电话号码时，同意或拒绝的被试频数分布表**

| | | 是否给电话号码？ | | |
|---|---|---|---|---|
| | | 是 | 否 | |
| 音乐类型 | 浪漫的 | 27 | 23 | 50 |
| | 中性的 | 15 | 35 | 50 |
| | | 42 | 58 | |

说明：第一组人在等候室时听浪漫的音乐，第二组人听中性音乐。

从这个角度来看，虚无假设如下：

$H_0$：对于女性本科生总体而言，听到浪漫背景音乐的女性做出是或否的回应的比例与听到中性背景音乐的女性是没有显著区别的。这两个分布具有相同的形状（同比例）。

这个版本的 $H_0$ 显示了卡方检验和独立样本 $t$ 检验（或方差分析）之间的相似性。在每种情况下，两个（或更多的）独立样本的数据用来检验两个（或更多的）总体之间的差异。$t$ 检验（或方差分析）要求运用数值计算均值和均值的差异。但是，卡方检验只需要使用不同类别下的被试频数。卡方检验的虚无假设为总体具有同样的比例（相同形状）。备择假设 $H_1$ 为总体之间具有不同的比例。例如，$H_1$ 为听到浪漫音乐的女性做出是或否的回应的比例，与听到中性音乐的女性是显著不同的。

***$H_0$*版本 1 与 *$H_0$*版本 2 等价**　尽管存在两种不同的虚无假设，但这两个版本具有相同的含义。版本 1 的 $H_0$ 假设是女性给刚认识的男子自己的电话号码的可能性与背景音乐类型无关。如果这个假设是正确的，那么是或否的回应的比例，分布在浪漫音乐组和中性音乐组中应该是相同的。换句话说，两组女性的回应比例分布应该是相同的，这就是版本 2 的 $H_0$ 假设。

举例来说，如果我们发现中性音乐组有 60％的女性拒绝了男子，那么根据 $H_0$ 的预测，浪漫音乐组的女性拒绝率也应该是 60％。在这种情况下，知道背景音乐类型并不能帮助你预测她是同意还是拒绝。需要注意的是，如果两组女性的回应比例相同，那么这表明两个变量之间没有任何关系。

另外，如果两组女性的回应比例不同，那么这意味着背景音乐类型和女性的回应之间存在着可预测的关系。例如，如果中性音乐组有 60％的女性拒绝了男子，但浪漫音乐组只有 30％的女性拒绝了男子，那么背景音乐类型和女性的回应之间就呈现明显的、可预测的关系。因此，不同的比例意味着两个变量之间是有关系的。

因此，说明两个变量没有关系（$H_0$ 版本 1）与说明分布有相同比例（$H_0$ 版本 2）是等价的。

### 实际和期望频数

独立性卡方检验与拟合优度卡方检验使用相同的基本逻辑。首先是选取样本，并将被试分类。因为独立性卡方检验中考虑两个变量，并且根据两个变量将每个个体分别分类，所以频数分布是一个两维矩阵（见表 15－5）。和以前一样，样本分布的频数就是所谓的实际频数，符号为 $f_o$。

下一步就是计算期望频数或 $f_e$。一如既往，期望频数就是一个与虚无假设完全一致的理想的假设性分布。一旦得到期望频数，就可以计算卡方值，确定实际频数与期望频数的拟合度。

虽然你可以使用任一种虚无假设，但使用相同比例的 $H_0$ 版本来计算期望频数是最简单的方式。对于上例，虚无假设为：

$H_0$：两类背景音乐类型下，被试同意或拒绝的频数分布具有相同形状（同比例）。

为了计算期望频数，首先确定的是总体同意或拒绝的分布，然后给两个类别的音乐类型套用这个分布。表 15－6 显示了一个与表 15－5 数据相应的空矩阵。注意，空矩阵包含原来的样本数据中所有行总数和列总数，该行总数和列总数在计算期望频数时是必不可少的。

**表 15－6　空白的频数分布矩阵**

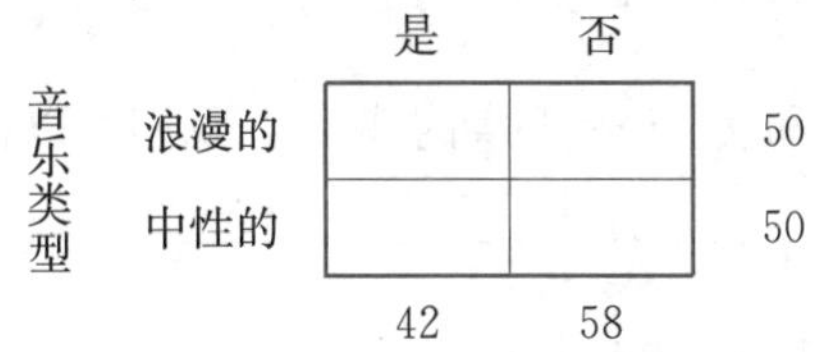

| 音乐类型 | 是否给电话号码？ 是 | 否 | |
|---|---|---|---|
| 浪漫的 | | | 50 |
| 中性的 | | | 50 |
| | 42 | 58 | |

说明：只有行总数和列总数，这些数据描述了表 15－5 的样本数据的基本特征。

矩阵的列总数描述了总体的是或否回应的分布。在这些数据中，42 名被试同意。因为总样本 $n=100$，所以很容易确定回答是的比例是 100 人中有 42 人，即 42％。类似地，回答否的比例是 100 人中有 58 人，即 58％。

矩阵的行总数界定两种音乐类型。举例来说，表 15－6 的矩阵显示，共有 50 名女性听到浪漫音乐（上面一行）和 50 名女性听到中性音乐（下面一行）。根据虚无假设，两组是或否的回应比例应当相同。为了计算期望频数，我们对每组都应用总体的是或否的回应频数分布。在上面一行的 50 名听到浪漫音乐的被试中，计算得到期望频数：

42%回答是：$f_e=42\%\times50=21$

58%回答否：$f_e=58\%\times50=29$

对下面一行的 50 名听到中性音乐的被试使用相同的比例，计算得到期望频数：

42%回答是：$f_e=42\%\times50=21$

58%回答否：$f_e=58\%\times50=29$

表 15－7 是一个完整的期望频数表。注意，该期望频数的行总数和列总数与表 15－5 的原始数据（实际频数）是一样的。

**表 15－7　表 15－5 数据对应的期望频数**

| 音乐类型 | 是否给电话号码？是 | 否 | |
|---|---|---|---|
| 浪漫的 | 21 | 29 | 50 |
| 中性的 | 21 | 29 | 50 |
| | 42 | 58 | |

说明：这是由虚无假设预测的数据分布。

**计算期望频数的简单公式**　虽然期望频数都直接源自虚无假设和样本特点，但是也没有必要通过大量的计算求 $f_e$。事实上，在频数分布表中，有一个计算期望频数的简单公式：

$$f_e=\frac{f_c f_r}{n} \tag{15-4}$$

式中，$f_c$是列期望频数总值；$f_r$是行期望频数总值；$n$ 是样本总量。为了证明这一公式，我们计算表 15－7 中浪漫音乐组的被试拒绝给电话号码的期望频数。首先请注意，此单元位于表中上面一行的第二列。列总数 $f_c=58$，行总数 $f_r=50$，样本大小 $n=100$。利用公式（15－4），我们得到

$$f_e=\frac{f_c f_r}{n}=\frac{58\times50}{100}=\frac{2\ 900}{100}=29$$

这与使用总体分布百分比计算的结果是相同的。

## 卡方统计量和自由度

独立性卡方检验与拟合优度的卡方检验使用相同的公式：

$$\chi^2=\sum\frac{(f_o-f_e)^2}{f_e}$$

结合表 15－5 的实际频数和表 15－7 的期望频数，我们可以得到

$$\begin{aligned}\chi^2&=\frac{(27-21)^2}{21}+\frac{(23-29)^2}{29}+\frac{(15-21)^2}{21}+\frac{(35-29)^2}{29}\\&=1.714+1.241+1.714+1.241\\&=5.91\end{aligned}$$

如前所述，该公式主要测量实际数据（$f_o$）和期望数据（$f_e$）之间的差异。较大的差异将产生较大的卡方值，所以应该拒绝 $H_0$。要确定卡方统计值是否显著较大，必须先确定其自由度（$df$），然后在附录中查看卡方分布表。在独立性卡方检验中，自由度是由计算期望频数的公式中可以自由

选择的单元数目决定的。$f_e$值取决于样本大小（$n$）和原始数据的行总数与列总数。这些数值的不同将会限制期望频数的自由选择。表 15-8 说明了这一观点。一旦其中一个 $f_e$值确定，那么其他 $f_e$值也将得到确定。一般行总数和列总数限制每一行和每一列的最终期望频数。所有的 $f_e$值都可以自由选择，唯独每一行和每一列的其中一个 $f_e$值不能选择。$f_e$值的自由选择的次数是（$R-1$）（$C-1$），其中 $R$ 是行数，$C$ 是列数。独立性卡方检验的自由度的公式为：

$$df=(R-1)(C-1) \tag{15-5}$$

还要注意，当你计算出期望频数来填写矩阵时，剩余的 $f_e$值就可以通过减法得到。

**表 15-8　自由度和期望频数**

| 音乐类型 | 是否给电话号码？是 | 否 | |
|---|---|---|---|
| 浪漫的 | 21 | ? | 50 |
| 中性的 | ? | ? | 50 |
| | 42 | 58 | |

说明：一旦确定一个值，根据行总数和列总数均可计算出剩余的期望频数。这个实例有一个自由选择的机会，所以 $df=1$。

通过下面的例子检验你对独立性卡方检验的期望频数和 $df$ 值的理解。

**例 15.4**

一个研究人员想知道哪些因素对购买新车的人来说是最重要的。在一个由 $n=200$ 名顾客组成的样本中，每个人都被要求确定他们决策过程中最重要的因素：性能，可靠性，还是风格。研究者想知道年轻的成年人（35 岁或以下）与年长的成年人（大于 35 岁）所确定的因素是否存在差异。数据如表 15-9 所示：

**表 15-9　不同年龄段最看重的因素的实际频数**

| | 性能 | 可靠性 | 风格 | 总计 |
|---|---|---|---|---|
| 年轻的 | 21 | 33 | 26 | 80 |
| 年长的 | 19 | 67 | 34 | 120 |
| 总计 | 40 | 100 | 60 | |

计算期望频数和卡方检验 $df$ 的值。结果应该为：年轻人的期望频数依次是 16、40 和 24，年长人的期望频数依次是 24、60 和 36；$df=2$。祝你好运。

## 独立性卡方检验的总结

到此为止，我们基本上介绍了独立性卡方检验的所有要素。以例 15.3 中的浪漫音乐研究为例，检验过程总结如下。

**步骤 1　陈述假设，并选择显著性水平。**本例中，虚无假设为：背景音乐类型和女性是否会给刚认识的男性自己的电话号码是没有关系的，两个变量相互独立。备择假设为：两个变量之间存在关系，或者说给电话号码的可能性取决于背景音乐的类型。

**步骤 2　确定自由度和临界值。**

$$df=(R-1)(C-1)=(2-1)\times(2-1)=1$$

因为 $df=1$，$\alpha=0.05$，所以卡方临界值为 $\chi^2=3.84$。

**步骤 3　计算卡方值。**之前，我们已经使用表 15-5 的实际频数和表 15-7 的期望频数计算得到例15.3的数据的卡方值 $\chi^2=5.91$。

**步骤4 对虚无假设和研究结果做出决定。**所得到的卡方值超过临界值，因此决定拒绝虚无假设。结论为：女性给刚见面的男性电话号码的可能性与背景音乐的类型存在显著关系。观察数据可知，显然听了浪漫音乐后的女性给出电话号码的比例，比听了中性音乐后的女性更高。

### 学习检查

1. 如果独立性卡方检验的 $df=2$，那么实际频数矩阵里有几个单元格？

a. 4　　b. 5　　c. 6　　d. 8

2. 以下哪一项可以用独立性卡方检验来评估？

a. 两个变量间的关系

b. 两个或更多总体频数分布间的差异

c. 两种都可以

d. 两种都不可以

3. 研究人员将一群人分为三个年龄组，并测量每个人在上一周是否使用过Facebook（是/否）。研究人员使用独立的卡方检验来确定这两个变量之间是否存在显著的关系。如果研究者得到 $\chi^2=5.75$，那么该检验的正确决定是什么？

a. 在 $\alpha=0.05$ 时拒绝 $H_0$，但在 $\alpha=0.01$ 时不拒绝

b. 在 $\alpha=0.01$ 时拒绝 $H_0$，但在 $\alpha=0.05$ 时不拒绝

c. 在 $\alpha=0.05$ 和 $\alpha=0.01$ 时都拒绝 $H_0$

d. 在 $\alpha=0.05$ 和 $\alpha=0.01$ 时不拒绝 $H_0$

**答案** 1. c　2. c　3. d

## 15.4 卡方检验的效应量及其假设前提

 学习目标

9. 计算Cohen's *w* 系数衡量两种卡方检验的效应大小。
10. 计算φ系数或克莱姆 *V* 系数来衡量独立性卡方检验的效应大小。
11. 确定卡方检验的基本假设和限制。

### Cohen's *w* 系数

假设检验，比如拟合优度或独立性的卡方检验，主要评估一项研究结果的统计意义。具体来说，该检验的目标是，确定样本数据的形式或关系是否有可能在与总体没有任何相似的形式或相应的关系的情况下出现。检验的显著性不仅受处理效应大小或强度影响，还受样本量大小影响。因此，对于一个非常大的样本，即使一个小的效应也会具有显著的统计学意义。因为显著并不一定意味着一种大的效应，所以一般推荐在假设检验的结果中标注效应大小的测量。这一建议也适用于本章的卡方检验。

Jacob Cohen（1992）为两种卡方检验引入了共同的效应量 *w*。Cohen's *w* 的公式与卡方统计量的公式很相似，但使用的是比例而非频数。

$$w=\sqrt{\sum\frac{(p_o-p_e)^2}{p_e}} \tag{15-6}$$

公式中，$p_o$的值就是数据的实际比例，由每个实际频数除以总的样本量得到。

$$实际比例=p_o=\frac{f_o}{n}$$

类似地，$p_e$的值就是数据的期望比例，由虚无假设确定。这一公式要求你：

1. 计算每个单元格（类别）的实际比例和期望比例之间的差异。
2. 对于每个单元格，将差值平方，然后除以期望比例。
3. 将步骤 2 中的数值相加，取其平方根。

下面例子就展示了这一过程。

**例 15.5**

研究人员想确定学生是否对镇上的四家比萨店存在偏好。选取 $n=40$ 名学生作为样本，并从这四家店分别订购了新鲜的比萨。每个学生都品尝了全部的四家比萨，然后选择一家最喜欢的。实际频数如下：

| A店 | B店 | C店 | D店 | |
|---|---|---|---|---|
| 6 | 12 | 8 | 14 | 40 |

虚无假设认为总体对这四家比萨店不存在偏好，因此每家店的期望比例为 $p=0.25$。四家店的实际比例依次为：A 店，$\frac{6}{40}=0.15$；B 店，$\frac{12}{40}=0.30$；C 店，$\frac{8}{40}=0.20$；D 店，$\frac{14}{40}=0.35$。表 15－10 总结了 $w$ 的计算。

**表 15－10　四家比萨店的 $w$ 的计算**

| | $p_o$ | $p_e$ | $(p_o-p_e)$ | $(p_o-p_e)^2$ | $(p_o-p_e)^2/p_e$ |
|---|---|---|---|---|---|
| A店 | 0.15 | 0.25 | −0.10 | 0.01 | 0.04 |
| B店 | 0.30 | 0.25 | 0.05 | 0.002 5 | 0.01 |
| C店 | 0.25 | 0.25 | −0.05 | 0.002 5 | 0.01 |
| D店 | 0.35 | 0.25 | 0.10 | 0.01 | 0.04 |
| | | | | | 0.10 |

$$\sum\frac{(p_o-p_e)^2}{p_e}=0.10, w=\sqrt{0.10}=0.316$$

Cohen（1992）还提出了解释 $w$ 的大小的准则，接近 0.10 的值表示小效应，0.30 表示中等效应，0.50 以上表示大效应。根据这些标准，例 15.5 中得到的数值是一种中等效应。

**样本量的作用**　你可能已经注意到，$w$ 的计算公式中并没有使用到样本量。相反，$w$ 只用到样本比例和来自虚无假设的比例来计算。因此，样本量对 $w$ 的大小没有影响。这是所有效应量指标的基本特征之一。具体来说，样本的数值个数对效应量几乎没有或没有影响。另外，样本量确实对假设检验的结果有很大的影响。例如，由例 15.5 的数据得到 $\chi^2=4.00$。$df=3$，$\alpha=0.05$ 时的临界值为 7.81，所以得出的结论是：在四家比萨店间没有显著的偏好。然而，如果每一类别下的被试数翻倍，即实际频数依次为 12、24、16、28，那么将得到新的 $\chi^2=8.00$。现在卡方值在拒绝域内，因此我们拒绝 $H_0$，结论为存在显著偏好。因此，增加样本量会增大拒绝虚无假设的可能性。但是，你应该意识到，新样本的比例与原样本的比例完全相同，因此 $w$ 的值不变，都为 $w=0.316$。

**卡方和 $w$** 虽然卡方统计量和 $w$ 效应量用于不同的目的，受不同因素影响，但它们的代数是相关的。特别是，$w$ 的公式中根号下的部分可以由卡方公式除以 $n$ 得到。除以样本量可以将每个频数（实际频数和期望频数）都转化成比例，于是得到 $w$ 的公式。因此，可以通过下列等式直接由卡方值求出 $w$ 的值：

$$w=\sqrt{\frac{\chi^2}{n}} \tag{15-7}$$

对于例 15.5 中的数据，我们得到 $\chi^2=4.00$，$w=0.316$。代入公式有：

$$w=\sqrt{\frac{\chi^2}{n}}=\sqrt{\frac{4.00}{40}}=\sqrt{0.10}=0.316$$

虽然 Cohen's $w$ 也可以用来衡量独立性卡方检验的效应大小，但独立性卡方检验已经有其他两种专门的效应量——φ 系数与克莱姆的 $V$ 系数。它们考虑到了数据矩阵的大小，被认为优于 Cohen's $w$，尤其是当数据矩阵非常大时。

### φ 系数与克莱姆的 V 系数

在第 14 章中，我们介绍了用 φ 系数来测量含有两个二分变量的数据的相关。当独立性卡方检验的数据是一个 2×2 矩阵时，会出现相同的情况。在这种情境下，可以在卡方检验的基础上计算相关值 φ 系数，因为 φ 是一种相关，主要测量关系的程度而不是显著性，所以提供了效应大小的测量。φ 系数可以直接由卡方计算，公式如下：

> 注意，卡方值 $\chi^2$ 已经是一个平方值了，不要把它再平方。

$$\varphi=\sqrt{\frac{\chi^2}{n}} \tag{15-8}$$

值得注意的是，对于一个 2×2 矩阵，Cohen's $w$ 和 φ 系数是相同的。

φ 系数完全是由 2×2 矩阵中的比例确定的，而且与实际频数的绝对大小是完全无关的。但是，卡方值受比例和频数大小的影响。这一区别体现在下面的例子中。

#### 例 15.6

以下的数据显示了评估性别和对两位学生会主席候选人偏好之间的关系的频数分布。

候选人

| | A | B |
|---|---|---|
| 男 | 5 | 10 |
| 女 | 10 | 5 |

注意，根据资料，男性以 2∶1 的比例较喜欢候选人 B，而女性以 2∶1 的比例较喜欢候选人 A。还要注意，该例共有 15 名男性和 15 名女性。这些数据产生的卡方值等于 3.33（不显著），φ 系数是 0.333。

下面，我们会继续使用相同比例的数据，但将所有频数加倍。由此产生的数据如下：

候选人

| | A | B |
|---|---|---|
| 男 | 10 | 20 |
| 女 | 20 | 10 |

男性以 2∶1 的比例较喜欢候选人 B，而女性以 2∶1 的比例较喜欢候选人 A。但是，现在的样本包含 30 名男性和 30 名女性。对于这些新的数据，其卡方值是以前的 2 倍，即 6.67（显著，$\alpha=0.05$），但 $\varphi$ 系数仍是 0.333。

因为两个样本的比例都是相同的，所以其 $\varphi$ 系数是不变的。然而，更大的样本比规模较小的样本提供了更多的令人信服的证据，所以较大的样本更可能产生显著的结果。

---

解释 $\varphi$ 与评价相关性遵循同样的标准（表 9－3 显示了相关平方的标准）：0.10 是一种小的效应，0.30 是一种中等的效应，0.50 是一种大的效应。偶尔 $\varphi^2$ 值可以与 $r^2$ 一样解释变异量。

当卡方检验涉及矩阵大于 2×2 时，对 $\varphi$ 系数进行修正，被称为克莱姆的 $V$ 系数，可以用来测量效应量大小。

$$V=\sqrt{\frac{\chi^2}{n(df^*)}} \qquad (15-9)$$

注意，克莱姆的 $V$ 系数公式（15－9）与 $\varphi$ 系数公式（15－8）是相同的，除了分母乘以 $df^*$ 以外。$df^*$ 值和卡方检验的自由度不一样，但它们是有关联的。让我们回顾独立性卡方检验的 $df=(R-1)(C-1)$，其中 $R$ 是行数，$C$ 是列数。对于克莱姆的 $V$ 系数，$df^*$ 是（$R-1$）或（$C-1$）中的较小值。

Cohen（1988）建议解释克莱姆的 $V$ 系数的标准列于表 15－11。注意，当 $df^*=1$ 时，在一个 2×2 矩阵中，解释 $V$ 系数与解释相关性或 $\varphi$ 系数具有完全一样的准则。

**表 15－11　Cohen（1988）建议解释克莱姆的 V 系数的标准**

| | 小效应 | 中等效应 | 大效应 |
|---|---|---|---|
| $df^*=1$ | 0.10 | 0.30 | 0.50 |
| $df^*=2$ | 0.07 | 0.21 | 0.35 |
| $df^*=3$ | 0.06 | 0.17 | 0.29 |

在研究报告中，效应量指标附在假设检验的结果后面。例如，对于例 15.3 中的浪漫音乐研究，我们得到一个 $n=100$ 的样本，其卡方值 $\chi^2=5.91$，由于数据形成了一个 2×2 的矩阵，$\varphi$ 系数可用来测量效应量大小：

$$\varphi=\sqrt{\frac{\chi^2}{n}}=\sqrt{\frac{5.91}{100}}=0.243$$

对这些数据，假设检验的结果和效应大小的测量可以报告如下：

结果表明，背景音乐类型与女性给电话号码的意愿之间有显著的关系，$\chi^2(1, n=100)=5.91$，$p<0.05$，$\varphi=0.243$。具体来说，听了浪漫音乐的女性更可能给刚认识的男性自己的电话号码。

## 卡方检验的假设和限制

使用拟合优度的卡方检验或独立性卡方检验必须满足几个条件。对于任何的统计检验，违反了假设和限制就会产生令人怀疑的结果。举例来说，犯第一类错误的概率可能因为统计检验的假设不能满足而被扭曲。使用卡方检验的一些重要假设和限制如下：

1. 实际频数之间的独立性

这与变量之间独立的概念是不能混淆的，正如在独立性卡方检验中所看到的（15.3 节）。实际频数之间独立的结果之一就是每一个实际频数由不同的被试产生。如果一个人能对一个以上的类别做出反应或对某一个类别做出比 1 更大的频数的反应，那么卡方检验是不适合的 。

2. 期望频数的大小

当任一单元的期望频数小于 5 时，卡方检验是不适用的。$f_e$很小时，卡方值有可能被扭曲。考虑到每个单元的卡方计算，假设该单元有 $f_e=1$ 和 $f_o=5$，则这个单元的卡方值是：

$$\text{单元格}=\frac{(f_o-f_e)^2}{f_e}=\frac{(5-1)^2}{1}=\frac{4^2}{1}=16$$

在另一实例中，$f_e=10$ 和 $f_o=14$。实际频数和期望频数之间的差异仍然是 4，但这个单元对总卡方值的贡献与之前是不同的：

$$\text{单元格}=\frac{(f_o-f_e)^2}{f_e}=\frac{(14-10)^2}{10}=\frac{4^2}{10}=1.6$$

应该明确指出，一个小 $f_e$值可以对卡方值有很大的影响。当 $f_e$小于 5 时，这个问题变得很严重。因为如果 $f_e$非常小的话，$f_e$和 $f_o$的一个小的差距将会导致很大的卡方值。当 $f_e$值非常小时，检验过于敏感。避免小的期望频数的一个方法就是使用大样本。

### 学习检查

1. 以下哪一项可以作为拟合优度卡方检验的效应量？

a. Cohen's *w*

b. φ 系数

c. 克莱姆的 *V* 系数

d. φ 系数或克莱姆的 *V* 系数

2. 一位研究者对 3×3 矩阵的实际频数进行独立性检验，得到 $\chi^2=4.0$。如果样本量为 $n=50$，那么克莱姆的 *V* 系数的值为多少？

a. 0.04　　b. 0.16　　c. 0.20　　d. 0.40

3. 在什么情况下不应该使用卡方检验？

a. 当任一单元格内的期望频数大于 5 时

b. 当任一单元格内的期望频数小于 5 时

c. 当任一单元格内的期望频数与实际频数相等时

d. 以上都不是

**答案**　1. a　2. c　3. b

## 小　结

1. 卡方检验是一种针对总体频数分布形式的假设进行的非参数检验。卡方检验包括两种类型：拟合优度检验和独立性检验。这些检验使用的数据包括实际观测频数或每个类别内的个体数量。

2. 拟合优度检验将样本频数分布和 $H_0$假设的总体分布进行比较。检验主要确定实际频数（样本数据）和期望频数的拟合度。

3. 拟合优度检验中，期望频数的计算公式为：

$$\text{期望频数}=f_e=pn$$

其中，$p$ 是每一类别所假设的比例（根据 $H_0$）；$n$ 是样本的大小。

4. 卡方值的计算公式为：

$$\chi^2=\frac{\sum(f_o-f_e)^2}{f_e}$$

其中，$f_o$为某一类别的实际频数；$f_e$为这一类的期望频数。较大的 $\chi^2$ 表明，实际频数（$f_o$）和期望频数（$f_e$）有很大的差异，有可能拒绝虚无假设。

5. 拟合优度检验的自由度为：

$$df=C-1$$

其中，$C$ 是变量的类别数。自由度衡量可以自由选择 $f_e$值的类别的数量。从公式中可以看出，除了最后一个要确定的 $f_e$值之外，其他的都可以自由变化。

6. 卡方分布是一种正偏态分布，并且从零值开始。其确切的形状是由自由度确定的。

7. 独立性检验用于评估两个变量之间的关系。虚无假设为：这两个变量是相互独立的，也就是说一个变量的频数分布并不受第二个变量的类别影响。相反，如果两个变量之间确实存在关系，那么一个变量的频数分布将取决于第二个变量的类别。

8. 独立性检验中，根据边缘频数总数可直接计算 $H_0$的期望频数：

$$f_e=\frac{f_cf_r}{n}$$

其中，$f_c$为列总数；$f_r$为行总数。

9. 独立性检验自由度的计算公式为：

$$df=(R-1)(C-1)$$

其中，$R$ 是行类别数；$C$ 是列类别数。

10. 对于独立性检验，一个大的卡方值意味着 $f_o$ 和 $f_e$ 之间存在大的差异。此时拒绝 $H_0$，支持了两个变量之间存在关系。

11. 两种卡方检验（拟合优度和独立性）都是基于这样的假设：每个观察值都是独立于其他观察值的。也就是说，每个实际频数都反映了不同的个体，任何个体不能被归入一个以上的类别中或在一个类别中产生一个以上的频数。

12. 当 $f_e$非常小时，卡方统计是不精确的。因此，卡方检验仅用于 $f_e\geqslant 5$ 的情况。

13. Cohen's $w$ 系数可以作为两种卡方检验的效应量。

$$w=\sqrt{\sum\frac{(p_o-p_e)^2}{p_e}}$$

此外，独立性检验还有两种效应量：2×2 矩阵的数据可以计算 φ 系数，大于 2×2 矩阵的数据可以计算克莱姆的 $V$ 系数。

$$\varphi=\sqrt{\frac{\chi^2}{n}}\qquad \text{克莱姆的 } V \text{ 系数}=\sqrt{\frac{\chi^2}{n\,(df^*)}}$$

其中，$df^*$ 是（$R-1$）和（$C-1$）中较小的一个。φ 系数和 $V$ 系数的评估使用表 15-11 的标准。

## 关键术语

| | | |
|---|---|---|
| 参数检验 | 期望频数 | 相互独立 |
| 非参数检验 | 卡方统计量 | Cohen's $w$ 系数 |
| 拟合优度卡方检验 | 卡方分布 | φ 系数 |
| 实际频数 | 独立性卡方检验 | 克莱姆的 $V$ 系数 |

## 关注问题解决

1. 期望频数的计算必须满足样本的限制。对于拟合优度检验，$\sum f_e = \sum f_o = n$。独立性检验中，期望频数的行总数和列总数应与相应的实际频数总数相同。

2. 期望频数值是有可能出现分数或小数的，但实际频数始终是整数。

3. 当 $df=1$ 时，实际频数（$f_o$）和期望频数（$f_e$）之间的差异在每个单元中将是相同的，这使得卡方计算更容易。

4. 没有必要分别计算所有的 $f_e$ 值。请记住，卡方检验的自由度取决于自由变化的 $f_e$ 值的数目。一旦计算出 $f_e$ 值的数目，就可以确定剩下的 $f_e$ 值，即通过行总数或列总数减去已经计算出的 $f_e$ 值便可以得出结果。

5. 注意，和前面介绍的统计检验不同，卡方检验的自由度（$df$）并不取决于样本数量的大小（$n$）。

## 示例 15.1

### 独立性检验

一个手表制造商想研究人们对电子手表和指针式手表的偏好。$n=200$ 人被选为样本，将这些被试按年龄和偏好分类。制造商想知道年龄和手表的偏好是否有关系。实际频数（$f_o$）如下：

| | 电子 | 指针式 | 不确定 | 总数 |
|---|---|---|---|---|
| 30 岁以下 | 90 | 40 | 10 | 140 |
| 30 岁及以上 | 10 | 40 | 10 | 60 |
| 列总数 | 100 | 80 | 20 | $n=200$ |

**步骤 1　陈述假说，并选择显著性水平。**虚无假设是：两个变量之间是没有关系的。

$H_0$：偏好与年龄之间是独立的。也就是，偏好的频数分布在年龄 30 岁以下和 30 岁及以上两种情况下是相同的

备择假设为，两个变量之间是有关系的。

$H_1$：偏好与年龄相关，即偏好的类型取决于一个人的年龄。

显著性水平 $\alpha=0.05$。

**步骤 2　定位拒绝域。**

独立性卡方检验的自由度的计算如下：

$$df=(C-1)(R-1)$$

则对于上述数据：

$$df=(3-1)(2-1)=2\times1=2$$

因为 $df=2$，$\alpha=0.05$，卡方检验的临界值是 5.99，所以我们所得到的卡方值必须超过 5.99 才可以拒绝虚无假设。

**步骤 3　计算检验统计量。**要求进行两个计算：找到期望频数和计算卡方值。

(1) 期望频数。在独立性卡方检验中，期望频数可以使用列总数（$f_c$）、行总数（$f_r$）及以下公

式得到：

$$f_e=\frac{f_c f_r}{n}$$

对于 30 岁以下的被试，其期望频数为：

$$f_e=\frac{100\times140}{200}=\frac{14\ 000}{200}=70\text{（电子）}$$

$$f_e=\frac{80\times140}{200}=\frac{11\ 200}{200}=56\text{（指针式）}$$

$$f_e=\frac{20\times140}{200}=\frac{2\ 800}{200}=14\text{（不确定）}$$

对于 30 岁及以上的被试，其期望频数为：

$$f_e=\frac{100\times60}{200}=\frac{6\ 000}{200}=30\text{（电子）}$$

$$f_e=\frac{80\times60}{200}=\frac{4\ 800}{200}=24\text{（指针式）}$$

$$f_e=\frac{20\times60}{200}=\frac{1\ 200}{200}=6\text{（不确定）}$$

期望频数表如下：

| | 电子 | 指针式 | 不确定 |
|---|---|---|---|
| 30 岁以下 | 70 | 56 | 14 |
| 30 岁及以上 | 30 | 24 | 6 |

（2）卡方值。卡方值的公式为：

$$\chi^2=\sum\frac{(f_o-f_e)^2}{f_e}$$

下表总结了所有的计算：

| 单元 | $f_o$ | $f_e$ | $f_o-f_e$ | $(f_o-f_e)^2$ | $(f_o-f_e)^2/f_e$ |
|---|---|---|---|---|---|
| 30 岁以下（电子） | 90 | 70 | 20 | 400 | 5.71 |
| 30 岁以下（指针式） | 40 | 56 | −16 | 256 | 4.57 |
| 30 岁以下（不确定） | 10 | 14 | −4 | 16 | 1.14 |
| 30 岁及以上（电子） | 10 | 30 | −20 | 400 | 13.33 |
| 30 岁及以上（指针式） | 40 | 24 | 16 | 256 | 10.67 |
| 30 岁及以上（不确定） | 10 | 6 | 4 | 16 | 2.67 |

最后，我们计算 $\chi^2$：

$$\chi^2=5.71+4.57+1.14+13.33+10.67+2.67=38.09$$

**步骤 4　对 $H_0$ 做出决定并描述结果。**卡方值大于临界值，因此拒绝虚无假设。即手表偏好和年龄之间有关系，$\chi^2(2, n=200)=38.09$，$p<0.05$。

## 示例 15.2

**克莱姆的 $V$ 系数**

由于该矩阵大于 2×2，我们计算克莱姆的 $V$ 系数来测量效应量大小。

$$V=\sqrt{\frac{\chi^2}{n(df^*)}}=\sqrt{\frac{38.09}{200\times 1}}=\sqrt{0.19}=0.436$$

## SPSS

使用 SPSS 的一般指导可见附录 D。以下是使用 SPSS 进行本章介绍的独立性卡方检验和拟合优度卡方检验的详细指导。

### 独立性卡方检验

还记得巴甫洛夫的狗听到铃声就会分泌唾液来准备食物吗？经典研究表明，关于物质依赖和药物过量，当瘾君子准备自我使用药物时，也会产生类似的影响。例如，Gutierrez 等人（1994）研究了急诊室患者过量用药的情况。在他们的研究中，一些病人因为服用海洛因过量而入院。在这项研究中，还有一些病人因为与药物滥用无关的伤害或疾病而入院，但巧合的是，他们在入院前不久被发现服用了海洛因。因此，研究中的所有患者最近都服用过海洛因，但只有一些患者过量服用。研究人员观察到，100%未过量服用海洛因的患者都是在他们通常的服用场所（比如在自己家里）服用海洛因。相比之下，服药过量的患者中只有 48%的人在他们通常服用海洛因的地方服用了海洛因。下面是 Gutierrez 等人观察到的结果模式：

服用海洛因的环境

| | 通常环境 | 非通常环境 |
|---|---|---|
| 过量服用的患者 | 37 | 39 |
| 未过量服用的患者 | 22 | 1 |

**数据输入**

1. 在 Variable View 创建三个新变量：一个变量是实际频数（“frequency”），一个变量是行类别（“patientType”），一个变量是列类别（“place”）。在 Label 字段为每个变量输入描述性标签。对于行类别，在 Values 字段点击“…”，然后为每一行的赋值分配标签。在这里，我们将值 1 标注为“Overdose patient”，将值 2 标注为“Non-overdose patient”。对于列类别，重复这一过程。当你成功输入变量时，Variable View 窗口应当如下图所示。

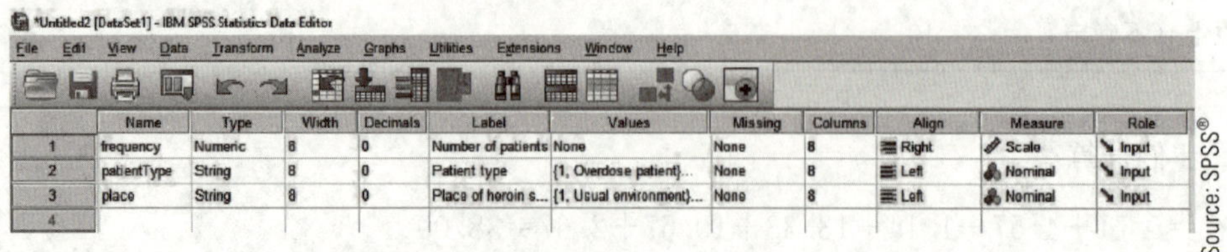


| | Name | Type | Width | Decimals | Label | Values | Missing | Columns | Align | Measure | Role |
|---|---|---|---|---|---|---|---|---|---|---|---|
| 1 | frequency | Numeric | 8 | 0 | Number of patients | None | None | 8 | Right | Scale | Input |
| 2 | patientType | String | 8 | 0 | Patient type | {1, Overdose patient}... | None | 8 | Left | Nominal | Input |
| 3 | place | String | 8 | 0 | Place of heroin s... | {1, Usual environment}... | None | 8 | Left | Nominal | Input |
| 4 | | | | | | | | | | | |

Source: SPSS®

2. 在 Data View 中，将全部的实际频数输入 SPSS 数据编辑器的“frequency”一列中。
3. 在第二列（“patientType”）中，根据第一列的实际频数输入相对应的行类别值。对于当前的示例，在每个来自第一行的实际频数旁边输入 1，在每个来自第二行的实际频数旁边输入 2。

4. 在第三列（“place”）中，根据第一列的实际频数输入相对应的列类别值。在本例中，来自第一列的输入 1，来自第二列的输入 2。当你成功输入数据，Data View 应当如下图所示。

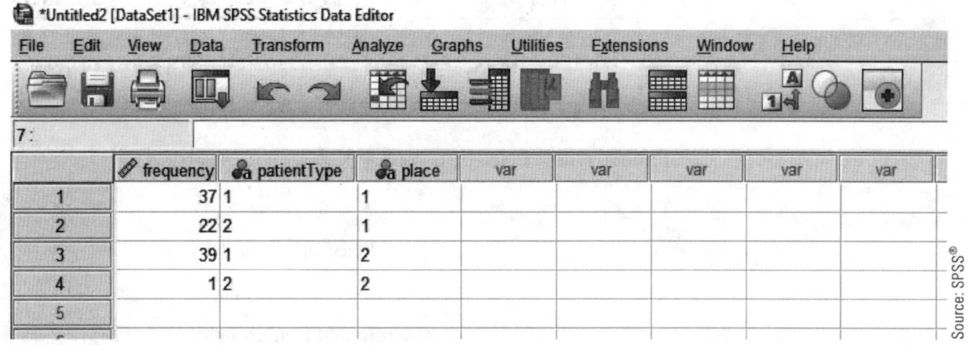


## 数据分析

1. 在页面上方的工具栏中选择 Data，然后点击表单底部的 Weight Cases 选项。

2. 点击 Weight cases by，高亮显示实际频数（“Number of patients…”）的数据标签，并点击箭头将其移入 Frequency Variable 框内。此时 Weight Cases 窗口应当如下图所示。

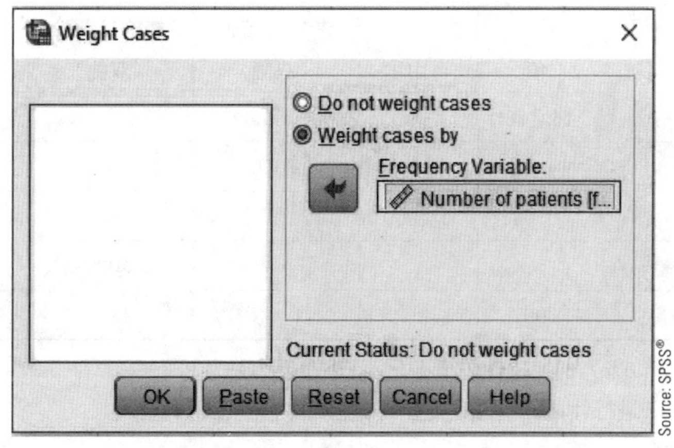


3. 点击 OK。输出窗口会弹出并告知你个案已经被加权（“the cases have been weighted”）。

4. 在工具栏点击 Analyze，选择 Descriptive Statistics 并点击 Crosstabs。

5. 点击载有行类别（“Patient Type…”）的数据标签，并点击箭头将其移入 Rows。

6. 点击载有列类别（“Place of heroin self…”）的数据标签，并点击箭头将其移入 Columns。

7. 点击 Statistics，选择 Chi-square，然后点击 Continue。

8. 点击 OK。

## SPSS 输出

输出的结果展示如下图。输出部分的第一张表简单地列出了变量，没有在该图中显示。交叉表显示了实际频数矩阵。卡方检验表则报告了计算出的卡方值、自由度及显著性水平（$p$ 值和检验选定的 $\alpha$ 值）。本例中，卡方检验显著，$\chi^2(1)=16.176$，$p<0.001$。卡方检验表下方的备注会报告是否有期望频数小于 5，使得卡方检验的前提假设不满足的情况。

个案处理摘要

| | 个案 | | | | | |
|---|---|---|---|---|---|---|
| | 有效 | | 缺失 | | 总计 | |
| | N | 百分比 | N | 百分比 | N | 百分比 |
| Patient type * Place of heroin | 99 | 100.0% | 0 | 0.0% | 99 | 100.0 |

Patient type * Place of heroin 交叉表

计数

| | | Place of heroin | | |
|---|---|---|---|---|
| | | Usual environment | Unusual environment | 总计 |
| Patient | type Overdose patient | 37 | 39 | 76 |
| | Non-overdose patient | 22 | 1 | 23 |
| 总计 | | 59 | 40 | 99 |

卡方检验

| | 值 | 自由度 | 渐进显著性（双侧） | 精确显著性（双侧） | 精确显著性（单侧） |
|---|---|---|---|---|---|
| 皮尔逊卡方 | 16.176[a] | 1 | .000 | | |
| 连续性修正[b] | 14.284 | 1 | .000 | | |
| 似然比 | 20.041 | 1 .000 | | | |
| 费希尔精确检验 | | | | .000 | .000 |
| 有效个案数 | 99 | | | | |

a. 0 个单元格（0.0%）的期望计数小于 5。最小期望计数为 9.29。

b. 仅针对 2×2 表进行计算。

### 操作练习

使用 SPSS 对下面的分数进行独立性卡方检验。正确结果应该是：$\chi^2(1)=59.490$，$p<0.001$。

服用海洛因的环境

| | 通常环境 | 非通常环境 |
|---|---|---|
| 过量服用的患者 | 32 | 34 |
| 未过量服用的患者 | 102 | 2 |

## 拟合优度卡方检验

### 数据输入

1. 在 SPSS 数据编辑器的第一列输入实际频数。如果有四个类别，则输入四个实际频数。
2. 在第二列，输入数字 1、2、3 等，这样在第一列实际频数的后面都跟有一个数字。

## 数据分析

1. 在页面上方的工具栏中选择 Data，选择 Option。然后点击 Weight Cases 选项。

2. 点击 Weight cases by，高亮显示实际频数（Var00001）的列标签，并点击箭头将其移进 Frequency Variable 框内。

3. 点击 OK。

4. 在工具栏点击 Analyze，选择 Nonparametric Tests，选择 Legacy Dialogs 并点击 One-Sample。

5. 点击有数字 1、2 和 3 等的列标签，并点击箭头将其移入 Test Variables 框内。

6. 要确定期望频数，你既可以使用 all categories equal 选项来自动计算期望频数，也可以自行输入数值。要想输入自定义期望频数，点击 values 选项，在小方框内逐个输入期望频数，再点击 Add 将每个新输入的值添加到列表底端。

7. 点击 OK。

## SPSS 输出

SPSS 将产生一个表，显示完整的实际频数和期望频数。第二张表则提供卡方统计量的值、自由度和显著性水平（$p$ 值和检验选定的 $\alpha$ 值）。

# 练习题

1. 参数检验（如 $t$ 检验或方差分析）与非参数检验（如卡方检验）是不同的，主要表现在它们需要的假设和使用的数据不同。解释这些差异。

2. 州立大学的学生总体包括 30%的大一学生、25%的大二学生、25%的大三学生和 20%的大四学生。该学院的戏剧部最近上演了一出现代音乐剧。一名研究人员记录了每个进入剧院的学生的年级情况，发现共有 20 名大一学生、23 名大二学生、22 名大三学生、15 名大四学生。剧院观众的年级分布与大学总体的分布是否有显著的不同？在 0.05 的显著性水平上进行检验。

3. 一位发展心理学家想确定婴儿是否显示出任何对颜色的偏好。一个由四种颜色斑块（红、绿、蓝、黄）组成的刺激物被投射到一张婴儿床的天花板上。将婴儿放在婴儿床里，每次投射一种颜色，心理学家记录每个婴儿花多少时间看四种颜色中的每种。在 100 秒的测试时间里，受到最多关注的颜色被确定为该婴儿的首选颜色。下表显示了 80 个婴儿样本的首选颜色：

| 红色 | 绿色 | 蓝色 | 绿色 |
|---|---|---|---|
| 30 | 13 | 23 | 14 |

a. 数据表明被试在四种颜色中存在显著的偏好吗？在 0.05 的显著性水平上进行检验。

b. 根据研究报告的形式，用一句话说明假设检验的结果。

4. 机动车辆管理局的数据表明 80%的持驾照司机年龄都大于 25 岁。

a. 在一个 $n=50$ 的接到过超速罚单的司机样本中，33 人年龄超过 25 岁，17 人年龄低于 25 岁。这一样本的年龄分布与持照司机总体的年龄分布是否有显著不同？（$\alpha=0.05$）

b. 在一个 $n=50$ 的接到过超速罚单的司机样本中，36 人年龄超过 25 岁，14 人年龄低于 25 岁。这一样本的年龄分布与持照司机总体的年龄分布是否有显著不同？（$\alpha=0.05$）

5. 一位研究艺术欣赏的心理学家，选择了一幅没有明显上边或下边的抽象画。在这幅画上放置了衣架，这样它就可以以四边中的任何一边作为上边。这幅画被展示给 $n=60$ 名被试，每个人都被要求以看起来正确的方向悬挂这幅画。下面的数据表明有多少人选择了四边中的每一边作为上边。是否有任何一个方向的选择多过（或少过）简单随机选择的预期？以 $\alpha=0.05$ 进行检验。

| 上边为上（正确） | 下边为上 | 左边为上 | 右边为上 |
|---|---|---|---|
| 20 | 20 | 10 | 10 |

6. 一位心理系教授想确定多年来的评分方法是否有重大变化。已知 1985 年该系的总体成绩分布是 14%为 A，26%为 B，31%为 C，19%为 D，10%为 E。对上学期的 $n = 200$ 名心理学学生进行抽样调查，得出以下成绩分布：

| A | B | C | D | E |
|---|---|---|---|---|
| 30 | 62 | 64 | 32 | 12 |

数据是否表明成绩分布发生了显著变化？在 0.05 的显著性水平上进行检验。

7. 年轻的司机的汽车保险比年长的司机的保险要贵得多。为了证明这种成本差异的合理性，保险公司声称，年轻的司机更有可能卷入代价高昂的事故中。为了验证这一说法，研究人员从机动车部门获得了注册司机的信息，并从警察部门选择了 $n = 300$ 份事故报告作为样本。机动车部门报告的司机各年龄段的百分比如下：16%小于 20 岁，28%为 20～29 岁，56%为 30 岁及以上。每个年龄组的事故报告数量如下：

| 小于 20 岁 | 20～29 岁 | 30 岁及以上 |
|---|---|---|
| 68 | 92 | 140 |

a. 根据数据，事故在三个年龄段中的分布与司机总体的年龄分布是否有显著不同？以 $\alpha = 0.05$ 进行检验。

b. 计算效应量 Cohen's $w$ 系数。

c. 根据研究报告的形式，用一句话说明假设检验的结果和效应量。

8. 一家通信公司为智能手机开发了三种新的设计。为了评估消费者的反应，选择了 240 名大学生作为样本，每个学生都得到了三款手机，每款使用了一周。在一周结束的时候，学生们必须确定他们更喜欢这三种设计中的哪一种。偏好的分布情况如下：

| 设计 1 | 设计 2 | 设计 3 |
|---|---|---|
| 108 | 76 | 56 |

a. 根据数据，被试在三种设计中是否存在显著的偏好？

b. 计算效应量 Cohen's $w$ 系数。

9. 在第 8 题中，研究者让大学生来评价三种新的智能手机设计。然而，研究者怀疑大学生可能与老年人的评价标准不同。为了检验这一假设，研究者采用 $n=60$ 名老年人重复这一研究作为 $n=60$ 名学生样本的补充。偏好的分布情况如下：

| | 设计 1 | 设计 2 | 设计 3 | |
|---|---|---|---|---|
| 学生 | 40 | 10 | 10 | 60 |
| 老年人 | 20 | 30 | 10 | 60 |
| | 60 | 40 | 20 | |

数据是否表明老年人的偏好分布和大学生的偏好分布有显著不同？以 $\alpha=0.05$ 进行检验。

10. 在本章的前面，我们用一项研究介绍了独立性卡方检验，该研究考察了人格类型和颜色偏好之间的关系。下表显示了一组 $n=200$ 名学生的频数分布，这些学生按人格类型（内向、外向）和颜色偏好（红色、黄色、绿色或蓝色）进行分类。这些数据是否表明这两个变量之间有显著关系？用 $\alpha=0.05$ 进行检验。

| | 红色 | 黄色 | 绿色 | 蓝色 | |
|---|---|---|---|---|---|
| 内向 | 10 | 3 | 15 | 22 | 50 |
| 外向 | 90 | 17 | 25 | 18 | 150 |
| | 100 | 20 | 40 | 40 | $n=200$ |

11. Liu 等人（2015）最近报告了一项研究的结果，研究幸福的人是否更长寿。该研究对 50～69 岁的英国妇女进行了为期 10 年的大样本跟踪。在研究开始时，这些妇女被问到几个问题，包括她们多长时间感到幸福。10 年后，大约有 4%的妇女已经死亡。下表显示了与该研究中得到的结果相似的频数分布。

| | 在世 | 去世 | |
|---|---|---|---|
| 大部分时间幸福 | 382 | 18 | 400 |
| 大部分时间不幸福 | 194 | 6 | 200 |
| | 576 | 24 | |

a. 根据数据，更长寿与大部分时间幸福是

否有显著的关联？用 $\alpha=0.05$ 进行检验。

b. 计算效应量 $\varphi$ 系数。

12. 许多企业使用某种类型的客户忠诚度计划来鼓励回头客。一个常见的例子是买十送一的打卡。Drèze 和 Nunes（2006）研究了这项计划的一个简单的变体，它似乎可以让顾客在完成他们打卡的时候有一个良好的开端。第一组洗车店的顾客得到一张买八送一的卡，第二组顾客得到一张已经打过两次卡的买十送一的卡。尽管两组人都需要打八次卡才能获得一次免费洗车的资格，但打过两次卡的那组人似乎更接近于达到他们的目标。几个月后，研究人员记录了完成打卡并获得免费洗车资格的顾客数量。下面的数据与研究中得到的结果相似。这些数据是否表明这两个卡片项目之间存在明显的差异？以 $\alpha=0.05$ 为标准进行检验。

| | 完成 | 未完成 | |
|---|---|---|---|
| 买八送一 | 10 | 40 | 50 |
| 买十送一（已打卡 2 次） | 19 | 31 | 50 |
| | 29 | 71 | |

13. 在一项经典的研究中，Loftus 和 Palmer（1974）调查了目击者的记忆和他们被问及的问题之间的关系。在这项研究中，参与者观看了一部汽车事故的影片，然后被问及该事故。第一组被问及汽车“撞上”对方时的速度是多少，第二组被问及汽车“碰上”对方时的速度是多少，第三组没有被问及任何关于汽车速度的问题。一周后，被试回来回答关于事故的其他问题，包括他们是否记得看到任何碎玻璃。虽然影片中没有碎玻璃，但有几个学生声称记得看到过。下表显示了各组回答的频数分布。

| | | 对“你是否看到了碎玻璃”问题的回答 | |
|---|---|---|---|
| | | 是 | 否 |
| 用来提问速度的动词 | “撞” | 16 | 34 |
| | “碰” | 7 | 43 |
| | 控制组（没有问题） | 6 | 44 |

a. 声称记得看到过碎玻璃的被试比例在不同组之间的差异是否显著？以 $\alpha=0.05$ 为标准进行检验。

b. 计算效应量克莱姆的 $V$ 系数。

c. 描述问题的措辞如何影响了记忆？

d. 根据期刊文章的格式，用一句话说明假设检验的结果及效应量。

14. 互联网迅速成为有关健康、营养、财务和时事的重要信息来源。Neunschwander、Abbott 和 Mobley（2012）对作为参与者特征的互联网访问的不平等感兴趣。他们从印第安纳州补充营养援助计划中招募了一个非常大的参与者样本，并调查了他们对技术的接触情况。他们观察到，少数族裔、老年人和受教育程度较低的人不太可能在家里有一台能用的电脑，与此相关，也不太可能使用互联网。以下所示是与研究人员观察到的情况相似的频数。

| | 有电脑 | 没有电脑 |
|---|---|---|
| 年龄：18～30 岁 | 378 | 336 |
| 年龄：71 岁以上 | 23 | 127 |

a. 有电脑的被试比例在不同组之间的差异是否显著？以 $\alpha=0.05$ 为标准进行检验。

b. 计算效应量克莱姆的 $V$ 系数。

c. 根据期刊文章的格式，用一句话说明假设检验的结果及效应量。

15. 实验室或动物园的圈养动物会从环境丰富化中受益。在最近一项关于丰富环境对动物行为影响的实验中，Robbins 和 Margulis（2014）比较了不同类型的声音环境对圈养大猩猩的影响。在他们的实验中，三只大猩猩——Koga、Lily 和 Sidney——被暴露在自然声音、古典音乐或摇滚音乐中。研究人员计算了大猩猩朝向声源的次数。下面列出了研究人员观察到的频数。

| 自然声音 | 古典音乐 | 摇滚音乐 |
|---|---|---|
| 200 | 68 | 32 |

a. 结果是否表明猩猩在三种音乐中存在显著偏好？

b. 根据期刊文章的形式，用一句话说明假设检验的结果及效应量。

16. 许多父母允许他们的未成年孩子在有限

的情况下（当有一个成年人在场监督时）饮酒。他们的想法是，如果青少年第一次在受控环境中体验酒精，这些青少年会学会负责任的饮酒习惯。其他家长则采取严格的不饮酒方法，认为这样就会发出什么是正确的、什么是错误的明确信息。然而，新的研究表明，更放任的方法实际上可能导致更多的负面后果（McMorris et al.，2011）。研究人员每年对200名14～17岁的学生进行抽样调查。这些学生被问及他们的酒精使用情况及与酒精有关的问题，如暴饮、打架和断片。下表显示了与该研究结果类似的数据。

是否有酒精相关的问题

| | 是 | 否 | |
|---|---|---|---|
| 不被允许饮酒 | 71 | 9 | 80 |
| 被允许饮酒 | 89 | 31 | 120 |
| | 160 | 40 | $n=200$ |

a. 数据是否表明了父母对酒精的管束和未来发生酒精相关的问题存在显著关联？以 $\alpha=0.05$ 为标准进行检验。

b. 计算效应量克莱姆的 $V$ 系数。

17. 最近的一项研究表明，人们倾向于在游戏中选择与自己具有相似特征的虚拟角色（Bélisle & Bodur，2010）。在一个虚拟社区游戏中，创造了虚拟角色的被试完成了一份关于他们人格类型的调查问卷。另招募一组独立的观众，观察这些虚拟角色，并记录了他们对角色的印象。以下考虑的人格特征是内向/外向。下表显示了被试和他们所创造的虚拟角色的人格类型的频数分布。

被试人格类型

| | 内向 | 外向 | |
|---|---|---|---|
| 内向的虚拟化身 | 22 | 23 | 45 |
| 外向的虚拟化身 | 16 | 39 | 55 |
| | 38 | 62 | |

a. 被试的人格类型和他们虚拟角色的人格类型是否有显著关联？以 $\alpha=0.05$ 为标准进行检验。

b. 计算效应量 $\varphi$ 系数。

18. 假设一位研究人员对年轻成人和老年人在社交媒体偏好方面的差异感兴趣。研究人员要求参与者通过勾选以下所有适合的选项来表明他们对特定社交媒体应用的偏好。社交媒体包括Twitter、Facebook和Snapchat。研究人员观察到以下情况。

| | Twitter | Facebook | Snapchat |
|---|---|---|---|
| 年轻成人 | 10 | 12 | 3 |
| 老年人 | 6 | 15 | 4 |

确定如果研究人员对上述频数进行卡方检验，将违反的卡方检验的假设。

19. 研究表明，自愿参与研究的人往往比非自愿者具有更高的智力。为了测试这一现象，研究人员获得了200名高中生的样本，向学生们介绍了一项心理学研究，并询问他们是否会自愿参与。研究人员还获得了每个学生的IQ分数，并将学生分为高、中、低智商组。

IQ

| | 高 | 中 | 低 | |
|---|---|---|---|---|
| 自愿参与 | 43 | 73 | 34 | 150 |
| 非自愿参与 | 7 | 27 | 16 | 50 |
| | 50 | 100 | 50 | |

上述数据是否表明智商和自愿参与之间存在显著关联？以 $\alpha=0.05$ 为标准进行检验。

# 基础数学复习

# 附录 A



## 预习

本附录复习了本书统计计算中必须掌握的一些数学基本技巧。很多同学已经知道它们中的一些或全部，其他的则需要全面学习和复习。为了帮助你评估自己的技能，我们这里有一项技能评估测试。你应在约 30 分钟的时间内完成测试，完成后用后面的答案来确定你的测试等级。

测试分为 5 部分，如在测试的任一部分错了 3 道或 3 道以上，那你很有必要在本部分强化练习。如果需要帮助，你可翻到本附录中对应的部分，你会发现概括的复习、例题及附加的问题练习。在复习对应的知识并完成问题练习后，翻到附录的结尾处，你会发现一项技能评估最终测试。如果你在测试中的任一部分错了 3 道或以上，请继续学习。必要时可以从导师或辅导教师那里寻求帮助。附录的结尾是为那些需要更全面复习的同学列出的书单。我们必须强调，现在掌握这些技能将使学习剩下的知识更为容易。

## 技能评估预先测试

### 第一部分

(对应于本附录中 A-1 部分)

1. $3+2\times7=?$
2. $(3+2)\times7=?$
3. $3+2^2-1=?$
4. $(3+2)^2-1=?$
5. $12/4+2=?$
6. $12/(4+2)=?$
7. $12/(4+2)^2=?$
8. $2\times(8-2^2)=?$
9. $2\times(8-2)^2=?$
10. $3\times2+8-1\times6=?$
11. $3\times(2+8)-1\times6=?$
12. $3\times2+(8-1)\times6=?$

### 第二部分

(对应于本附录中 A-2 部分)

1. 分数$\frac{3}{4}$对应的百分数是________。
2. 用分数表示 30%。
3. 把$\frac{12}{40}$转化为小数。
4. $\frac{2}{13}+\frac{8}{13}=?$
5. $1.375+0.25=?$
6. $\frac{2}{5}\times\frac{1}{4}=?$
7. $\frac{1}{8}+\frac{2}{3}=?$

8. $3.5\times0.4=?$

9. $\frac{1}{5}\div\frac{3}{4}=?$

10. $\frac{3.75}{0.5}=?$

11. 一组学生有 80 人，其中有 20%是心理学专业的，那么该组中心理学专业的学生有多少呢？

12. 某公司报道，公司中 2/5 的员工是女职工。如果共有 90 名员工，那么公司中有多少女职工？

## 第三部分

（对应于本附录中 A－3 部分）

1. $3+(-2)+(-1)+4=?$
2. $6-(-2)=?$
3. $-2-(-4)=?$
4. $6+(-1)-3-(-2)-(-5)=?$
5. $4\times(-3)=?$
6. $-2\times(-6)=?$
7. $-3\times5=?$
8. $-2\times(-4)\times(-3)=?$
9. $12\div(-3)=?$
10. $-18\div(-6)=?$
11. $-16\div8=?$
12. $-100\div(-4)=?$

## 第四部分

（对应于本附录中 A－4 部分）

算出下列方程中的 X 值。

1. $X+6=13$
2. $X-14=15$
3. $5=X-4$
4. $3X=12$
5. $72=3X$
6. $X/5=3$
7. $10=X/8$
8. $3X+5=-4$
9. $24=2X+2$
10. $(X+3)/2=14$
11. $(X-5)/3=2$
12. $17=4X-11$

## 第五部分

（对应于本附录中 A－5 部分）

1. $4^3=?$
2. $\sqrt{25-9}=?$
3. 如果 $X=2$，$Y=3$，那么 $XY^3=?$
4. 如果 $X=2$，$Y=3$，那么 $(X+Y)^2=?$
5. 如果 $a=3$，$b=2$，那么 $a^2+b^2=?$
6. $(-3)^3=?$
7. $(-4)^4=?$
8. $\sqrt{4}\times4=?$
9. $36/\sqrt{9}=?$
10. $(9+2)^2=?$
11. $5^2+2^3=?$
12. 如果 $a=3$，$b=-1$，那么 $a^2b^3=?$

该能力评估测试的答案在附录的末尾。

# A－1　标记与符号

表 A.1 呈现了一些基本的数学符号并给出了它们的用法举例，我们将在全书必要的地方介绍统计标记与符号。对指数和平方根的解释在本附录的末尾分别给出。

括号是一种很有用的符号，因为它们起特指作用，并控制计算的顺序，在括号中的值先计算。例如：

$$(5+3)\times2=8\times2=16$$

改变括号的位置会改变计算的顺序，例如：

$$5+(3\times2)=5+6=11$$

**表 A.1**

| 符号 | 含义 | 举例 |
|---|---|---|
| ＋ | 加号 | $5+7=12$ |
| － | 减号 | $8-3=5$ |
| ×，( ) | 乘号 | $3\times9=27$，$3(9)=27$ |
| ÷，/ | 除号 | $15\div3=5$，$\frac{15}{3}=5$，$\frac{15}{3}=5$ |
| ＞ | 大于号 | $20>10$ |
| ＜ | 小于号 | $7<11$ |
| ≠ | 不等号 | $5\neq6$ |

## 运算顺序

通常一个公式或数学表达式中会有几个不同的运算符号，例如加号、乘号、平方号等。当遇到这些符号时，需按照正确的运算顺序进行运算。下列是数学运算的基本规律，给出它们在运算中的顺序。

1. 第一步，计算括号内的值。

2. 第二步，计算平方（或其他的指数）。

3. 第三步，做乘法或除法计算。在含有一系列的乘法或除法的式子中，应从左至右计算。

4. 第四步，做加法或减法运算。

下列例子示范了这一系列的操作规则，并对这些规则在不同的情况下如何运用进行了示范。

计算表达式

$(3+1)^2-4\times7/2$

首先是计算括号内的运算式：

$4^2-4\times7/2$

其次是平方：

$16-4\times7/2$

再次是计算乘法和除法：

$16-14$

最后做减法运算：

$16-14=2$

一连串含有乘法和除法的式子应按从左至右的顺序进行。例如，12/2×3，你应该用 12 除以 2，然后乘以 3：

$12/2\times3=6\times3=18$

注意，打乱从左至右的规则会改变结果。例如，如你先乘后除，你将得到：

$12/2\times3=12/6=2$（这是错误的。）

一连串含有加法和减法的式子可以按任一顺序进行计算。例如，计算 3＋8－5，你可用 3 加上 8，后减去 5：

$(3+8)-5=11-5=6$

你也可用 8 减去 5，然后加上 3：

$3+(8-5)=3+3=6$

一个数学表达式或公式是一连串说明的简略方式。当你通过运算而评估某表达式时，可简单按照下列说明进行：

首先是把 3 与 8 相加。

其次是用相加后的结果取平方。

再次是用平方后的结果乘以 6。

最后用你得到的值减去 50。

你可以把这些说明写成数学表达式。

1. 第一步是加法运算，因加法在通常情况下是最后来计算的，用括号可在一系列的计算中优先计算：

$(3+8)$

2. 给相加后的值取平方，也就是在需要平方的值的右上角加上 2：

$(3+8)^2$

3. 因为平方优先于乘法，你可在表达式中直接引用乘法：

$6\times(3+8)^2$

4. 加法和减法是最后的运算，所以直接写出题目要求的减法：

$6\times(3+8)^2-50$

为了计算表达式的值，要按照正确的计算顺序来计算：

$$\begin{aligned}6\times(3+8)^2-50&=6\times11^2-50\\&=6\times121-50\\&=726-50\\&=676\end{aligned}$$

最后注意，平方的计算（或任一指数）仅运用于加指数的数或式子。例如：

$2\times3^2=2\times9=18$（仅 3 被平方。）

如说明要求乘以某数后再平方，那么你必须用括号使乘法优先于平方。例如，2 乘以 3 后再平方，可写为：

$(2\times3)^2=6^2=36$

## 学习检查

1. 计算下列表达式：

a. $4\times8/2^2$　　b. $4\times(8/2)^2$

c. $100-3\times12/(6-4)^2$　　d. $(4+6)\times(3-1)^2$

e. $(8-2)/(9-8)^2$　　f. $6+(4-1)^2-3\times4^2$

g. $4\times(8-3)+8-3$

**答案**　1. a. 8　b. 64　c. 91　d. 40　e. 6　f. －33　g. 25

## A－2　比例：分数、小数和百分数

比例是整体中的一部分，可表示为分数、小数或百分数。例如，在 40 人的一个班级，仅有 3 人考试失败。

班上考试失败的人数占的比例为：

分数$=\frac{3}{40}$

小数$=0.075$

百分数$=7.5\%$

某个分数，比如$\frac{3}{4}$，分号下的值表示把一个整体分为相等的部分的数。这里，圆被分成4个相等的部分：

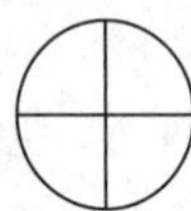

如果分母较大，例如8，那么整个圆的每一部分就更小：

一个分母大的分数表明分数的整体值较小。

分号上面的数表明这个整体有多少块相等的部分被考虑，因此$\frac{3}{4}$表示把整体分成4等份，且有3块被使用。

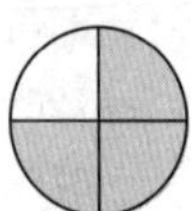

分数是一个比例的精确表达式："四个中的三个"相当于$\frac{3}{4}$。把分数转化为小数，用分子除以分母：

$$\frac{3}{4}=3\div 4=0.75$$

把小数转化为百分数，只是简单地乘以100，并在结果后加一个百分号（%）：

$$0.75\times 100=75\%$$

美元体系是描述分数与小数之间关系的很便利的方法。例如，"one quarter"是四分之一美元，对应于小数是0.25。类似的等式表示如下：

| | **10分** | **25分** | **50分** | **75分** |
|---|---|---|---|---|
| 分数 | $\frac{1}{10}$ | $\frac{1}{4}$ | $\frac{1}{2}$ | $\frac{3}{4}$ |
| 小数 | 0.10 | 0.25 | 0.50 | 0.75 |
| 百分数 | 10% | 25% | 50% | 75% |

## 分数

**1. 找出相等的分数式**。同一比例可用许多的分式表示，例如：

$$\frac{1}{2}=\frac{2}{4}=\frac{10}{20}=\frac{50}{100}$$

为了建立相等的分数，你可让分式中的分子与分母乘以相同的值。分式中的分子与分母乘以相同的值，新分式与原分式相等。例如：

$$\frac{3}{10}=\frac{9}{30}$$

因为原分式的分子与分母都乘以3。分式的分子与分母同时除以相同的值得的结果仍等于原分式。用除法可把某分式转变为更简单的分式。例如：

$$\frac{40}{100}=\frac{2}{5}$$

因为原分式的分子与分母可以同时除以20。

你可用这些规律找出特定的相等的分数。例如，找出分母是100，且与$\frac{3}{4}$相等的等式，也就是

$$\frac{3}{4}=\frac{?}{100}$$

注意，原分式的分母要乘以25才能得到要求的分母。要使两分式相等，分子与分母须同时乘以相同的数，因此我们给原分式的分子也乘以25，得到

$$\frac{3\times 25}{4\times 25}=\frac{75}{100}$$

**2. 分数相乘**。两分式相乘，你首先用分子相乘，然后用分母相乘，例如：

$$\frac{3}{4}\times\frac{5}{7}=\frac{3\times 5}{4\times 7}=\frac{15}{28}$$

**3. 分数相除**。用一个分数除以另一个分数，首先颠倒第二个分数的分子与分母的位置，然后相乘，例如：

$$\frac{1}{2}\div\frac{1}{4}=\frac{1}{2}\times\frac{4}{1}=\frac{1\times 4}{2\times 1}=\frac{4}{2}=\frac{2}{1}=2$$

**4. 加上或减去某分数**。在相加或相减之前，分数须有相同的分母。如果两分数的分母相同，仅用分子相加（减），例如：

$$\frac{2}{5}+\frac{1}{5}=\frac{3}{5}$$

假设你把一个圆饼分成相等的5份，你首先吃了其中的2份，然后又吃了1份，那么总共吃的应是整个饼的$\frac{3}{5}$。

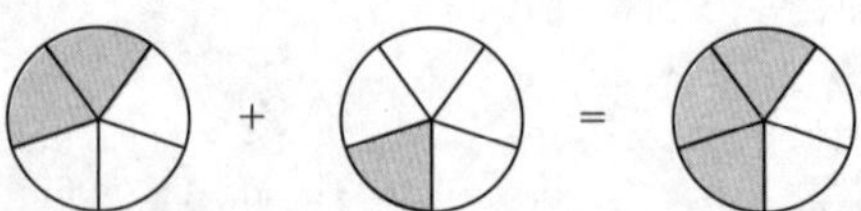


如果两分数的分母不同，在进行加减之前，你首先必须使分式转化为具有相同分母的分数。这两个分式的分母一般作等分式的公共分母使用（尽管它可能不是最小的公分母）。例如：

$$\frac{2}{3}+\frac{1}{10}=?$$

因为这两个分数有不同的分母，有必要把每个分式转化成它的等分式，找出公分母。我们用3×10＝30 作为公分母，因此，每个分数的等分式为：

$$\frac{2}{3}=\frac{20}{30} \text{ 和 } \frac{1}{10}=\frac{3}{30}$$

现在，两分数可以相加：

$$\frac{20}{30}+\frac{3}{30}=\frac{23}{30}$$

**5. 比较分数的大小**。当比较具有相同分母的两分式时，分子大，分数大。例如：

$$\frac{5}{8}>\frac{3}{8}$$

分母相同，所以整体被分成相等的部分，占整体中的 5 份大于占其中的 3 份。

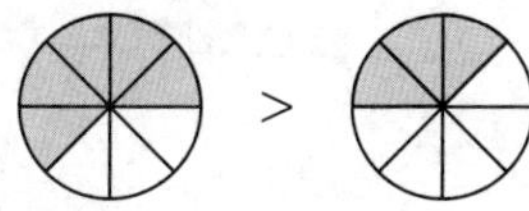

当两分数的分母不同时，你首先必须把它们转化成有公分母的分数，以确定哪个更大。考虑下列分数：

$$\frac{3}{8} \text{ 和 } \frac{7}{16}$$

如果$\frac{3}{8}$的分子与分母都乘以 2，得到的等分式的分母是 16。

$$\frac{3}{8}=\frac{3\times2}{8\times2}=\frac{6}{16}$$

现在可以比较两分数了：

$$\frac{6}{16}<\frac{7}{16}$$

因此：

$$\frac{3}{8}<\frac{7}{16}$$

## 小数

**1. 把小数转化为分数**。和分数一样，小数也代表整体的一部分，位于小数点右侧的第一个小数表示有多少个十分位数被使用。例如：

$$0.1=\frac{1}{10}$$

$$0.7=\frac{7}{10}$$

十分位数后一位小数表示$\frac{1}{100}$，再后是$\frac{1}{1\,000}$，等等。把小数变为分数，是把小数点后的数作为分子，用右边最后一位小数表示的分位数作为分母。例如：

$$0.32=\frac{32}{100} \quad 0.533\,3=\frac{5\,333}{10\,000}$$

$$0.05=\frac{5}{100} \quad 0.001=\frac{1}{1\,000}$$

**2. 加上和减去小数**。加上和减去小数，唯一的规则是你必须使小数点在同一条垂线上，例如：

$$\begin{array}{r} 0.27 \\ +1.326 \\ \hline 1.596 \end{array} \qquad \begin{array}{r} 3.595 \\ -0.67 \\ \hline 2.925 \end{array}$$

**3. 小数相乘**。用小数相乘，首先忽视小数点，两数相乘；然后在答案中标出小数点，使小数点右边的数字的数目刚好与相乘的两数的小数的位数和相等。

例如：

$$\begin{array}{rl} 1.73 & \text{(2 位小数)} \\ \times 0.251 & \text{(3 位小数)} \\ \hline 173 & \\ 865\phantom{0} & \\ 346\phantom{00} & \\ \hline 0.434\,23 & \text{(5 位小数)} \end{array}$$

$$\begin{array}{rl} 0.25 & \text{(2 位小数)} \\ \times 0.005 & \text{(3 位小数)} \\ \hline 125 & \\ 00\phantom{0} & \\ 00\phantom{00} & \\ \hline 0.001\,25 & \text{(5 位小数)} \end{array}$$

**4. 小数相除**。小数相除最简单的办法就是把相除的两数表示成相等的分式：

$$0.25\div1.6 \text{ 等同于 } \frac{0.25}{1.6}$$

你可以将公式的分子、分母都乘以 100，或乘以某个数去除小数点。记住，将分式的分子与分母乘以相同的值可建立同等的分式，因此：

$$\frac{0.25}{1.6}=\frac{0.25\times100}{1.6\times100}=\frac{25}{160}=\frac{5}{32}$$

其结果是除法式的两个数中没有小数。

## 百分数

**1. 把百分数转换成小数或分数**。为了把百分数转换成分数，我们可以先去掉百分号，然后把去百分号前的数字作为分子，用 100 作为分母。例如：

$$52\%=\frac{52}{100} \quad 5\%=\frac{5}{100}$$

为了把百分数转化为小数，要去掉百分号，可用百分数中的数除以 100，或把小数点直接向左移两位。例如：

83％＝0.83

14.5％＝0.145

5％＝0.05

**2. 用百分数进行计算**。在特定情况下，为了进行特定的数字计算，最好是把百分数转换成小数来计算。例如，60 的 45％是多少呢？该问题可表述为：

45%×60=？

在该问题中，可将 45%转化为小数来找到答案。因此：

0.45×60=27

## 学习检查

1. 把$\frac{3}{25}$转换成小数。

2. 把$\frac{3}{8}$转换为百分数。

3. 如果两式相等，在分式后写“对”，否则写“错”。

a. $\frac{3}{8}=\frac{9}{24}$　　b. $\frac{7}{9}=\frac{17}{19}$　　c. $\frac{2}{7}=\frac{4}{14}$

4. 计算下列式子：

a. $\frac{1}{6}\times\frac{7}{10}$　　b. $\frac{7}{8}-\frac{1}{2}$　　c. $\frac{9}{10}\div\frac{2}{3}$　　d. $\frac{7}{22}+\frac{2}{3}$

5. 标出每对分数中的较大值：

a. $\frac{7}{10}$，$\frac{21}{100}$　　b. $\frac{3}{4}$，$\frac{7}{12}$　　c. $\frac{22}{3}$，$\frac{19}{3}$

6. 把下列小数转化为分数：

a. 0.012　　b. 0.77　　c. 0.005

7. 2.59×0.015=？

8. 1.8÷0.02=？

9. 45 的 28%是多少？

**答案** 1. 0.12　2. 37.5%　3. a. 对　b. 错　c. 对　4. a. $\frac{7}{60}$　b. $\frac{3}{8}$　c. $\frac{27}{20}$　d. $\frac{65}{66}$

5. a. $\frac{7}{10}$　b. $\frac{3}{4}$　c. $\frac{22}{3}$　6. a. $\frac{12}{1\,000}=\frac{3}{250}$　b. $\frac{77}{100}$　c. $\frac{5}{1\,000}=\frac{1}{200}$　7. 0.038 85

8. 90　9. 12.6

## A-3 负数

负数用来表示小于 0 的数。当你测量两个分数间的差异时，可能出现负数。例如，某研究者想用一次测试来测量人们看电影前后的态度，以评估电影宣传的影响力：

| | 之前 | 之后 | 变化量 |
|---|---|---|---|
| 被试 A | 23 | 27 | +4 |
| 被试 B | 18 | 15 | −3 |
| 被试 C | 21 | 16 | −5 |

注意，负号提供差异方向方面的信息，正号表示值呈上升趋势，负号表示值呈下降趋势。

因为负数被频繁地碰到，所以你应当熟练地运用这些数。本节复习负数的基本数学运算。你还要注意：没有符号的数常被默认为正数。

**1. 加上负数**。加上负数时，可把负号简单地解释为减去。例如：

3+(−2)+5=3−2+5=6

当一连串的数相加时，通常是把所有的正数相加得到一个正值，然后把所有的负数相加得到一个负值，最后用正数的和减去负数的和。例如：

−1+3+(−4)+3+(−6)+(−2)

正数的和=6，负数的和=−13

答案：6−13=−7

**2. 减去负数**。减去某负数是把该负数变为正数后相加。例如：

4−(−3)=4+3=7

如果你把正数想象为财政收入、负数想象为财政支出，这就容易理解了。这时，如果减去债务，就相当于财务收入。在数学表达式中，减去一个负数相当于加上一个正数。例如，假设在中午时你碰到你的一个朋友，你有 7 美元，你欠你朋友 3 美元，因此真正用作午餐的费用有 4 美元，但你朋友那 3 美元的债务不用还了，结果是你有 7 美元可支付，用方程表示为：

4 美元减去 3 美元的债务等于 7 美元

$4-(-3)=4+3=7$

**3. 乘以或除以负数**。当相乘（相除）的两数的符号相同时，结果是正数；当相乘（相除）的两数的符号不同时，结果是负数。例如：

$3\times(-2)=-6$

$-4\times(-2)=+8$

把例中乘法想象为重复的加法，就很好理解了。在例中：

$3\times(-2)=(-2)+(-2)+(-2)=-6$

3 个−2 相加，结果是−6。用负数乘以一个负数可表述为连续的减法，那就是

$$-4\times(-2)=-(-2)-(-2)-(-2)-(-2)$$
$$=2+2+2+2=8$$

乘法和除法都采用同样的规则，我们可以确定两种运算是一致的。例如：

$-6\div3=-2$

这与 $3\times(-2)=-6$ 是一致的。

同样，$8\div(-4)=-2$

这与 $(-4)\times(-2)=+8$ 一致。

## 学习检验

1. 完成下列计算：

a. $3+(-8)+5+7+(-1)+(-3)$

b. $5-(-9)+2-(-3)-(-1)$

c. $3-7-(-21)+(-5)-(-9)$

d. $4-(-6)-3+11-14$

e. $9+8-2-1-(-6)$

f. $9\times(-3)$

g. $-7\times(-4)$

h. $-6\times(-2)\times(-3)$

i. $-12\div(-3)$

j. $18\div(-6)$

答案 1. a. 3 b. 20 c. 21 d. 4 e. 20 f. −27 g. 28 h. −36 i. 4 j. −3

# A-4 基础代数：解方程

等式表明等号两边的数是相等的。例如：

$12=8+4$

含有未知量的方程用一个字母或符号而不是用数字来识别，例如：

$12=8+X$

在该式中，你的任务是找出 $X$ 的值，使等式成立或平衡。在该例中，$X$ 值为 4 时，可以得到一个正确的方程。找出 $X$ 的值通常叫作解方程。

为了解方程，必须记住两点：

1. 你的目标是求出方程一边独立的未知量 $X$ 的值，这就意味着你需要消去方程中含有 $X$ 值这一边的其他所有的数字和符号。

2. 只要你对方程两边给予相同的处理，方程仍成立。例如，你给方程两边都加上 10，$X$ 值的解不变。

## 找出方程的解

我们将考虑四种基本类型的方程及解方程所需要的操作。

**1. 当 $X$ 加上某值时**。这种类型的方程的例子为：

$X+3=7$

你的目标是把方程含有的 $X$ 独立出来，你必须消去左边的+3，这可以通过在方程两边同时减去 3 办到：

$X+3-3=7-3$

$X=4$

解方程得 $X=4$。你可以通过回到原方程，用解方程得的值代替 $X$ 来检验你的结果。例如：

$X+3=7$

$4+3=7$

$7=7$

**2. 当 $X$ 减去某值时**。例如：

$X-8=12$

你必须消去左边的−8。因此，你可以通过在方程两边同时加上 8 得到解：

$X-8+8=12+8$

$X=20$

检验方程的解：

$X-8=12$

$20-8=12$

$12=12$

**3. 当 $X$ 乘以某值时**。该类型的例子有

$4X=24$

在该例中，消除乘以 $X$ 的 4 是解方程必须做的，可以通过在方程两边同时除以 4 完成此步：

$\frac{4X}{4}=\frac{24}{4}$

$X=6$

检验方程的解：

$4X=24$

$4\times6=24$

$24=24$

**4. 当 $X$ 除以某值时**。该类型的例子有

$\frac{X}{3}=9$

现在是用 $X$ 除以 3，因此可通过乘以 3 消去分母 3，得到解：

$3\times\frac{X}{3}=9\times3$

$X=27$

检验方程的解：

$\frac{X}{3}=9$

$\frac{27}{3}=9$

$9=9$

## 更为复杂的方程的解

更为复杂的方程可结合先前的简单方法来解决。记住，在每一阶段，你都应试图把 $X$ 从方程的一端独立出来。例如：

$3X+7=22$

$3X+7-7=22-7$　（通过两边同时减 7 去掉 $-7$）

$3X=15$

$\frac{3X}{3}=\frac{15}{3}$　（通过两边同时除以 3 去掉 3）

$X=5$

检验结果，回到原方程，用 5 代替 $X$：

$3X+7=22$

$3\times5+7=22$

$15+7=22$

$22=22$

下面是另一种类型的复杂方程，这类方程在统计学中会频繁碰到。例如：

$\frac{X+3}{4}=2$

首先，方程两边都乘以 4，消去分母 4：

$4\times\left(\frac{X+3}{4}\right)=4\times2$

$X+3=8$

然后，两边都减去 3 消去 $+3$：

$X+3-3=8-3$

$X=5$

为了检验结果，回到方程，用 5 代替 $X$：

$\frac{X+3}{4}=2$

$\frac{5+3}{4}=2$

$\frac{8}{4}=2$

$2=2$

### 学习检验

1. 解方程求 $X$ 值并检验：

a. $3X=18$　b. $X+7=9$　c. $X-4=18$　d. $5X-8=12$

e. $\frac{X}{9}=5$　f. $\frac{X+1}{6}=4$　g. $X+2=-5$　h. $\frac{X}{5}=-5$

i. $\frac{2X}{3}=12$　j. $\frac{X}{3}+1=3$

**答案**　1. a. $X=6$　b. $X=2$　c. $X=22$　d. $X=4$　e. $X=45$　f. $X=23$　g. $X=-7$　h. $X=-25$　i. $X=18$　j. $X=6$

# A-5　指数和平方根

## 指数

当一个数乘以它本身时，我们常用简化的符号来表示。该标记由两部分组成：一部分是指数，置于右上角；另一部分叫作基数，置于指数的左下方。例如：

$7^3$ 中，3 是指数，7 是基数。

指数表示基数在乘法过程中使用的次数，下面是一些例子：

$7^3=7\times7\times7$　　（读作 7 的立方或 7 的 3 次方。）

$5^2=5\times5$　　（读作 5 的平方。）

$2^5=2\times2\times2\times2\times2$　　（读作 2 的 5 次方。）

在这里，你应当知道关于指数的一些基本规则，其大体如下：

**1. 数的 1 次方或 0 次方**。任何数的 1 次方等于它本身。例如：

$6^1=6$

任何数（0 除外）的 0 次方等于 1。例如：

$9^0=1$

**2. 乘式的指数**。指数仅运用于它前面的基数。例如：

$XY^2=XYY$

$a^2b^3=aabbb$

**3. 负数的指数**。如果一个负数有指数，当指数为偶数时，结果为正；指数为奇数时，结果为负。例如：

$$
\begin{aligned}
(-4)^3&=(-4)\times(-4)\times(-4)\\
&=16\times(-4)\\
&=-64
\end{aligned}
$$

$$
\begin{aligned}
(-3)^4&=(-3)\times(-3)\times(-3)\times(-3)\\
&=9\times(-3)\times(-3)\\
&=9\times9=81
\end{aligned}
$$

注意，括号确保指数运用于整个负数，包括符号。没有括号时，关于指数如何使用会产生歧义。例如：$-3^2$ 有两种解释：

$-3^2=(-3)\times(-3)=9$

或　　$-3^2=-(3)\times(3)=-9$

**4. 指数和括号**。如果一个指数在括号外，首先应计算括号内的式子，然后再做指数运算：

$(3+5)^2=8^2=64$

注意，括号中的每项加上指数后，表达的意义发生了变化：

$3^2+5^2=9+25=34$

因此：

$X^2+Y^2\neq(X+Y)^2$

**5. 分数加上某指数**。如果分式的分子、分母都加上同样的指数，那么整个分式都可加上这个指数，也就是：

$$\frac{a^2}{b^2}=\left(\frac{a}{b}\right)^2$$

例如：

$$\frac{3^2}{4^2}=\left(\frac{3}{4}\right)^2$$

$$\frac{9}{16}=\frac{3}{4}\times\frac{3}{4}$$

$$\frac{9}{16}=\frac{9}{16}$$

## 平方根

一个数的平方根两两相乘等于这个数。例如，16 的平方根等于 4，因为 4 乘以 4 等于 16，平方根的标识符叫作根号（$\sqrt{\ }$）。平方根表示开根号得到的数。例如：

$\sqrt{16}=4$

求平方根反过来就是求一个数的二次方（平方）。因此：

$\sqrt{a^2}=a$

例如：

$\sqrt{3^2}=\sqrt{9}=3$

同样：

$(\sqrt{b})^2=b$

例如：

$(\sqrt{64})^2=8^2=64$

根号内的计算优先于开平方根。例如：

$\sqrt{9+16}=\sqrt{25}=5$

注意，给每个数开平方后，相加减得到不同的结果：

$\sqrt{9}+\sqrt{19}=3+4=7$

因此：

$\sqrt{X}+\sqrt{Y}\neq\sqrt{X+Y}$

$\sqrt{X}-\sqrt{Y}\neq\sqrt{X-Y}$

如果分式中的分子与分母都有根号，那么整个分式可以放在同一根号下。

$$\frac{\sqrt{16}}{\sqrt{4}}=\sqrt{\frac{16}{4}}$$

$$\frac{4}{2}=\sqrt{4}$$

$2=2$

因此：

$$\frac{\sqrt{X}}{\sqrt{Y}}=\sqrt{\frac{X}{Y}}$$

同样，一个数的平方根乘以另一个数的平方根，得到的结果与将这两个数相乘后开根号的结果一样，例如：

$\sqrt{9}\times\sqrt{16}=\sqrt{9\times16}$

$3\times4=\sqrt{144}$

$12=12$

因此：

$\sqrt{a}\times\sqrt{b}=\sqrt{ab}$

### 学习检验

1. 完成下列计算：

a. $(-6)^3$

b. $(3+7)^2$

c. 当 $a=2$，$b=-5$ 时，$a^3b^2$ 是多少呢？

d. 当 $a=2$，$b=3$ 时，$a^4b^3$ 是多少呢？

e. 当 $X=3$，$Y=5$ 时，$(XY)^2$ 是多少呢？

f. 当 $X=3$，$Y=5$ 时，$X^2+Y^2$ 是多少呢？

g. 当 $X=3$，$Y=5$ 时，$(X+Y)^2$ 是多少呢？

h. $\sqrt{5+4}$

i. $(\sqrt{9})^2$

j. $\frac{\sqrt{16}}{\sqrt{4}}$

答案 1. a. −216 b. 100 c. 200 d. 432 e. 225 f. 34 g. 64 h. 3 i. 9 j. 2

## 附录 A 中的问题：基础数学复习

1. $50/(10-8)=?$
2. $(2+3)^2=?$
3. $20/10\times3=?$
4. $12-4\times2+6/3=?$
5. $24/(12-4)+2\times(6+3)=?$
6. 把 $\frac{7}{20}$ 转换成小数。
7. 用百分数表示 $\frac{9}{25}$。
8. 把 0.91 转换成分数。
9. 用分数表示 0.003 1。
10. 如果下列分式相等，则在旁边标上“对”，否则标上“错”：

a. $\frac{4}{1\,000}=\frac{2}{100}$——

b. $\frac{5}{6}=\frac{52}{62}$——

c. $\frac{1}{8}=\frac{7}{56}$——

11. 计算下列表达式：

a. $\frac{4}{5}\times\frac{2}{3}=?$

b. $\frac{7}{9}\div\frac{2}{3}=?$

c. $\frac{3}{8}+\frac{1}{5}=?$

d. $\frac{5}{18}-\frac{1}{6}=?$

12. $2.51\times0.017=?$
13. $3.88\times0.000\,2=?$
14. $3.17+17.013\,2=?$
15. $5.55+10.7+0.711+3.33+0.031=?$
16. $2.04\div0.2=?$
17. $0.36\div0.4=?$
18. $5+3-6-4+3=?$
19. $9-(-1)-17+3-(-4)+5=?$
20. $5+3-(-8)-(-1)+(-3)-4+10=?$
21. $8\times(-3)=?$
22. $-22\div(-2)=?$
23. $-2\times(-4)-(-3)=?$
24. $84\div(-4)=?$

解 25 题至 32 题的 $X$ 值。

25. $X-7=-2$
26. $9=X+3$
27. $\frac{X}{4}=11$
28. $-3=\frac{X}{3}$
29. $\frac{X+3}{5}=2$
30. $\frac{X+1}{3}=-8$
31. $6X-1=11$
32. $2X+3=-11$
33. $(-5)^2=?$
34. $(-5)^3=?$
35. 如果 $a=4$，$b=3$，那么 $a^2+b^4=?$
36. 如果 $a=-1$，$b=4$，那么 $(a+b)^2=?$
37. 如果 $a=-1$，$b=5$，那么 $ab^2=?$
38. $\frac{18}{\sqrt{4}}=?$
39. $\sqrt{\frac{20}{5}}=?$

## 技能评估最终测试

### 第一部分

1. $4+8\div4=?$
2. $(4+8)\div4=?$
3. $4\times3^2=?$
4. $(4\times3)^2=?$
5. $10\div5\times2=?$
6. $10\div(5\times2)=?$
7. $40-10\times4\div2=?$
8. $(5-1)^2\div2=?$
9. $3\times6-3^2=?$
10. $2\times(6-3)^2=?$
11. $4\times3-1+8\times2=?$
12. $4\times(3-1+8)\times2=?$

### 第二部分

1. 用小数表示$\frac{14}{80}$。
2. 把$\frac{6}{25}$表示成百分数。
3. 把 18%转换成分数。
4. $\frac{3}{5}\times\frac{2}{3}=?$
5. $\frac{5}{24}+\frac{5}{6}=?$
6. $\frac{7}{12}\div\frac{5}{6}=?$
7. $\frac{5}{9}-\frac{1}{3}=?$
8. $6.11\times0.22=?$
9. $0.18\div0.9=?$
10. $8.742+0.76=?$
11. 某统计班上有 72 个学生，其中 3/8 的学生在第一次考试中得了 B，问总共有多少人得了 B?
12. 64 的 15%是多少呢?

### 第三部分

1. $3-1-3+5-2+6=?$
2. $-8-(-6)=?$
3. $2-(-7)-3+(-11)-20=?$
4. $-8-3-(-1)-2-1=?$
5. $8\times(-2)=?$
6. $-7\times(-7)=?$
7. $-3\times(-2)\times(-5)=?$
8. $-3\times(5)\times(-3)=?$
9. $-24\div(-4)=?$
10. $36\div(-6)=?$
11. $-56\div7=?$
12. $-7\div(-1)=?$

### 第四部分

解方程，求 $X$ 值。

1. $X+5=12$
2. $X-11=3$
3. $10=X+4$
4. $4X=20$
5. $\frac{X}{2}=15$
6. $18=9X$
7. $\frac{X}{5}=35$
8. $2X+8=4$
9. $\frac{X+1}{3}=6$
10. $4X+3=-13$
11. $\frac{X+3}{3}=-7$
12. $23=2X-5$

### 第五部分

1. $5^3=?$
2. $(-4)^3=?$
3. $(-2)^5=?$
4. $(-2)^6=?$
5. 如果 $a=4$，$b=2$，那么 $ab^2=?$
6. 如果 $a=4$，$b=2$，那么 $(a+b)^3=?$
7. 如果 $a=4$，$b=2$，那么 $a^2+b^2=?$
8. $(11+4)^2=?$
9. $\sqrt{7^2}=?$
10. 如果 $a=36$，$b=64$，那么 $\sqrt{a+b}=?$
11. $\frac{25}{\sqrt{25}}=?$
12. 如果 $a=-1$，$b=2$，那么 $a^3b^4=?$

## 答案 技能评估测试

### 预先测试

**第一部分**

1. 17　2. 35　3. 6　4. 24　5. 5
6. 2　7. $\frac{1}{3}$　8. 8　9. 72　10. 8
11. 24　12. 48

**第二部分**

1. 75%　2. $\frac{30}{100}$或$\frac{3}{10}$　3. 0.3
4. $\frac{10}{13}$　5. 1.625　6. $\frac{2}{20}$或$\frac{1}{10}$
7. $\frac{19}{24}$　8. 1.4　9. $\frac{4}{15}$
10. 7.5　11. 16　12. 36

**第三部分**

1. 4　2. 8　3. 2　4. 9　5. −12
6. 12　7. −15　8. −24　9. −4　10. 3
11. −2　12. 25

**第四部分**

1. $X=7$　2. $X=29$　3. $X=9$
4. $X=4$　5. $X=24$　6. $X=15$
7. $X=80$　8. $X=-3$　9. $X=11$
10. $X=25$　11. $X=11$　12. $X=7$

**第五部分**

1. 64　2. 4　3. 54　4. 25　5. 13
6. −27　7. 256　8. 8　9. 12　10. 121
11. 33　12. −9

### 最终测试

**第一部分**

1. 6　2. 3　3. 36　4. 144　5. 4
6. 1　7. 20　8. 8　9. 9　10. 18
11. 27　12. 80

**第二部分**

1. 0.175　2. 24%　3. $\frac{18}{100}$或$\frac{9}{50}$
4. $\frac{6}{15}$或$\frac{2}{5}$　5. $\frac{25}{24}$　6. $\frac{42}{60}$或$\frac{7}{10}$
7. $\frac{2}{9}$　8. 1.344 2　9. 0.2
10. 9.502　11. 27　12. 9.6

**第三部分**

1. 8　2. −2　3. −25　4. −13
5. −16　6. 49　7. −30　8. 45
9. 6　10. −6　11. −8　12. 7

**第四部分**

1. $X=7$　2. $X=14$　3. $X=6$
4. $X=5$　5. $X=30$　6. $X=2$
7. $X=175$　8. $X=-2$　9. $X=17$
10. $X=-4$　11. $X=-24$　12. $X=14$

**第五部分**

1. 125　2. −64　3. −32　4. 64
5. 16　6. 216　7. 20　8. 225
9. 7　10. 10　11. 5　12. −16

## 附录 A 中的问题答案 基础数学复习

1. 25　3. 6　5. 21
6. 0.35　7. 36%　9. $\frac{31}{10\,000}$
10. b. 错　11. a. $\frac{8}{15}$　b. $\frac{21}{18}$　c. $\frac{23}{40}$
12. 0.042 67　14. 20.183 2　17. 0.9
19. 5　21. −24　22. 11
25. $X=5$　28. $X=-9$　30. $X=-25$
31. $X=2$　34. −125　36. 9
37. −25　39. 2

## 建议复习参考书

如果你想做比本章提供的更全面的复习，很多基础数学书可供选择。你肯定会发现下列图书中有些很有用：

Karr, R., Massey, M., & Gustafson, R. D. (2013). *Beginning algebra: A guided approach* (10th ed.). Boston, MA: Cengage.

Lial, M. L., Salzman, S. A. & Hestwood, D. L. (2017). *Basic collega mathmatics* (10th ed.). New York, NY: Pearson.

McKeague, C. P. (2013). *Basic mathematics: A text/workbook* (8th ed.). Boston, MA: Cengage.

# 统计表

# 附录 B

## 表 B.1 标准正态分布表

A 栏显示 z 分数的值，z 分数在正态分布中通过一条垂线把分布分成两部分。

B 栏表示在分布中较大的部分的比例，称为主体。

C 栏表示在分布中较小的部分的比例，称为尾部。

D 栏表示 z 分数与均值之间的比例。

注：由于正态分布是对称的，负 z 分数的比例与正 z 分数的相同。

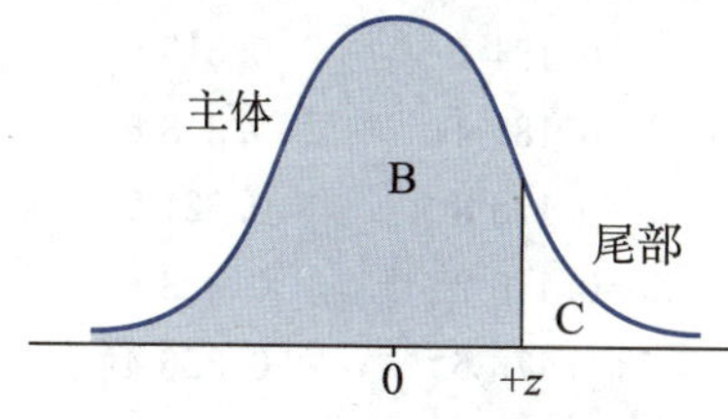


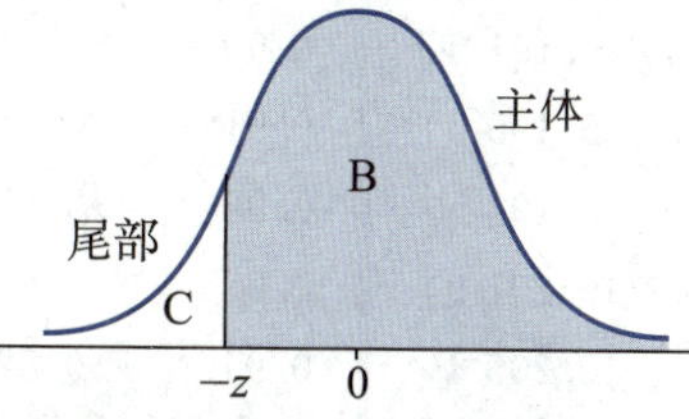


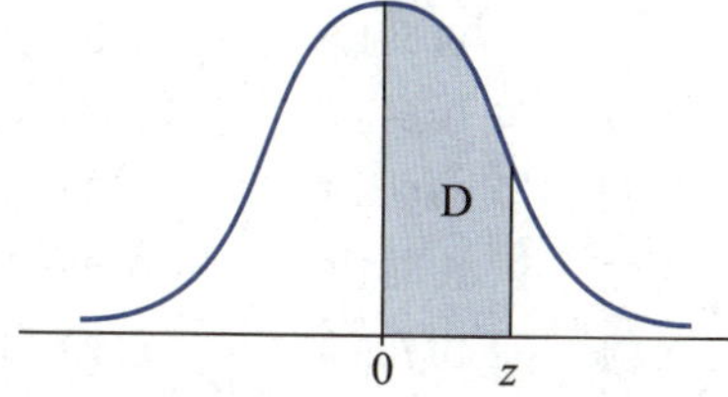


| A<br>z | B<br>主体的比例 | C<br>尾部的比例 | D<br>均值与 z 分数之间的比例 | A<br>z | B<br>主体的比例 | C<br>尾部的比例 | D<br>均值与 z 分数之间的比例 |
|---|---|---|---|---|---|---|---|
| 0.00 | 0.500 0 | 0.500 0 | 0.000 0 | 0.18 | 0.571 4 | 0.428 6 | 0.071 4 |
| 0.01 | 0.504 0 | 0.496 0 | 0.004 0 | 0.19 | 0.575 3 | 0.424 7 | 0.075 3 |
| 0.02 | 0.508 0 | 0.492 0 | 0.008 0 | 0.21 | 0.583 2 | 0.416 8 | 0.083 2 |
| 0.03 | 0.512 0 | 0.488 0 | 0.012 0 | 0.22 | 0.587 1 | 0.412 9 | 0.087 1 |
| 0.04 | 0.516 0 | 0.484 0 | 0.016 0 | 0.23 | 0.591 0 | 0.409 0 | 0.091 0 |
| 0.05 | 0.519 9 | 0.480 1 | 0.019 9 | 0.24 | 0.594 8 | 0.405 2 | 0.094 8 |
| 0.06 | 0.523 9 | 0.476 1 | 0.023 9 | 0.25 | 0.598 7 | 0.401 3 | 0.098 7 |
| 0.07 | 0.527 9 | 0.472 1 | 0.027 9 | 0.26 | 0.602 6 | 0.397 4 | 0.102 6 |
| 0.08 | 0.531 9 | 0.468 1 | 0.031 9 | 0.27 | 0.606 4 | 0.393 6 | 0.106 4 |
| 0.09 | 0.535 9 | 0.464 1 | 0.035 9 | 0.28 | 0.610 3 | 0.389 7 | 0.110 3 |
| 0.10 | 0.539 8 | 0.460 2 | 0.039 8 | 0.29 | 0.614 1 | 0.385 9 | 0.114 1 |
| 0.11 | 0.543 8 | 0.456 2 | 0.043 8 | 0.30 | 0.617 9 | 0.382 1 | 0.117 9 |
| 0.12 | 0.547 8 | 0.452 2 | 0.047 8 | 0.31 | 0.621 7 | 0.378 3 | 0.121 7 |
| 0.13 | 0.551 7 | 0.448 3 | 0.051 7 | 0.32 | 0.625 5 | 0.374 5 | 0.125 5 |
| 0.14 | 0.555 7 | 0.444 3 | 0.055 7 | 0.33 | 0.629 3 | 0.370 7 | 0.129 3 |
| 0.15 | 0.559 6 | 0.440 4 | 0.059 6 | 0.34 | 0.633 1 | 0.366 9 | 0.133 1 |
| 0.16 | 0.563 6 | 0.436 4 | 0.063 6 | 0.35 | 0.636 8 | 0.363 2 | 0.136 8 |
| 0.17 | 0.567 5 | 0.432 5 | 0.067 5 | 0.36 | 0.640 6 | 0.359 4 | 0.140 6 |

续表

| A<br>z | B<br>主体的比例 | C<br>尾部的比例 | D<br>均值与 z 分数之间的比例 | A<br>z | B<br>主体的比例 | C<br>尾部的比例 | D<br>均值与 z 分数之间的比例 |
|---|---|---|---|---|---|---|---|
| 0.37 | 0.644 3 | 0.355 7 | 0.144 3 | 0.77 | 0.779 4 | 0.220 6 | 0.279 4 |
| 0.38 | 0.648 0 | 0.352 0 | 0.148 0 | 0.78 | 0.782 3 | 0.217 7 | 0.282 3 |
| 0.39 | 0.651 7 | 0.348 3 | 0.151 7 | 0.79 | 0.785 2 | 0.214 8 | 0.285 2 |
| 0.40 | 0.655 4 | 0.344 6 | 0.155 4 | 0.80 | 0.788 1 | 0.211 9 | 0.288 1 |
| 0.41 | 0.659 1 | 0.340 9 | 0.159 1 | 0.81 | 0.791 0 | 0.209 0 | 0.291 0 |
| 0.42 | 0.662 8 | 0.337 2 | 0.162 8 | 0.82 | 0.793 9 | 0.206 1 | 0.293 9 |
| 0.43 | 0.666 4 | 0.333 6 | 0.166 4 | 0.83 | 0.796 7 | 0.203 3 | 0.296 7 |
| 0.44 | 0.670 0 | 0.330 0 | 0.170 0 | 0.84 | 0.799 5 | 0.200 5 | 0.299 5 |
| 0.45 | 0.673 6 | 0.326 4 | 0.173 6 | 0.85 | 0.802 3 | 0.197 7 | 0.302 3 |
| 0.46 | 0.677 2 | 0.322 8 | 0.177 2 | 0.86 | 0.805 1 | 0.194 9 | 0.305 1 |
| 0.47 | 0.680 8 | 0.319 2 | 0.180 8 | 0.87 | 0.807 8 | 0.192 2 | 0.307 8 |
| 0.48 | 0.684 4 | 0.315 6 | 0.184 4 | 0.88 | 0.810 6 | 0.189 4 | 0.310 6 |
| 0.49 | 0.687 9 | 0.312 1 | 0.187 9 | 0.89 | 0.813 3 | 0.186 7 | 0.313 3 |
| 0.50 | 0.691 5 | 0.308 5 | 0.191 5 | 0.90 | 0.815 9 | 0.184 1 | 0.315 9 |
| 0.51 | 0.695 0 | 0.305 0 | 0.195 0 | 0.91 | 0.818 6 | 0.181 4 | 0.318 6 |
| 0.52 | 0.698 5 | 0.301 5 | 0.198 5 | 0.92 | 0.821 2 | 0.178 8 | 0.321 2 |
| 0.53 | 0.701 9 | 0.298 1 | 0.201 9 | 0.93 | 0.823 8 | 0.176 2 | 0.323 8 |
| 0.54 | 0.705 4 | 0.294 6 | 0.205 4 | 0.94 | 0.826 4 | 0.173 6 | 0.326 4 |
| 0.55 | 0.708 8 | 0.291 2 | 0.208 8 | 0.95 | 0.828 9 | 0.171 1 | 0.328 9 |
| 0.56 | 0.712 3 | 0.287 7 | 0.212 3 | 0.96 | 0.831 5 | 0.168 5 | 0.331 5 |
| 0.57 | 0.715 7 | 0.284 3 | 0.215 7 | 0.97 | 0.834 0 | 0.166 0 | 0.334 0 |
| 0.58 | 0.719 0 | 0.281 0 | 0.219 0 | 0.98 | 0.836 5 | 0.163 5 | 0.336 5 |
| 0.59 | 0.722 4 | 0.277 6 | 0.222 4 | 1.00 | 0.841 3 | 0.158 7 | 0.341 3 |
| 0.60 | 0.725 7 | 0.274 3 | 0.225 7 | 1.01 | 0.843 8 | 0.156 2 | 0.343 8 |
| 0.61 | 0.729 1 | 0.270 9 | 0.229 1 | 1.02 | 0.846 1 | 0.153 9 | 0.346 1 |
| 0.62 | 0.732 4 | 0.267 6 | 0.232 4 | 1.03 | 0.848 5 | 0.151 5 | 0.348 5 |
| 0.63 | 0.735 7 | 0.264 3 | 0.235 7 | 1.04 | 0.850 8 | 0.149 2 | 0.350 8 |
| 0.64 | 0.738 9 | 0.261 1 | 0.238 9 | 1.05 | 0.853 1 | 0.146 9 | 0.353 1 |
| 0.65 | 0.742 2 | 0.257 8 | 0.242 2 | 1.06 | 0.855 4 | 0.144 6 | 0.355 4 |
| 0.66 | 0.745 4 | 0.254 6 | 0.245 4 | 1.07 | 0.857 7 | 0.142 3 | 0.357 7 |
| 0.67 | 0.748 6 | 0.251 4 | 0.248 6 | 1.08 | 0.859 9 | 0.140 1 | 0.359 9 |
| 0.68 | 0.751 7 | 0.248 3 | 0.251 7 | 1.09 | 0.862 1 | 0.137 9 | 0.362 1 |
| 0.69 | 0.754 9 | 0.245 1 | 0.254 9 | 1.10 | 0.864 3 | 0.135 7 | 0.364 3 |
| 0.70 | 0.758 0 | 0.242 0 | 0.258 0 | 1.11 | 0.866 5 | 0.133 5 | 0.366 5 |
| 0.71 | 0.761 1 | 0.238 9 | 0.261 1 | 1.12 | 0.868 6 | 0.131 4 | 0.368 6 |
| 0.72 | 0.764 2 | 0.235 8 | 0.264 2 | 1.13 | 0.870 8 | 0.129 2 | 0.370 8 |
| 0.73 | 0.767 3 | 0.232 7 | 0.267 3 | 1.14 | 0.872 9 | 0.127 1 | 0.372 9 |
| 0.74 | 0.770 4 | 0.229 6 | 0.270 4 | 1.15 | 0.874 9 | 0.125 1 | 0.374 9 |
| 0.75 | 0.773 4 | 0.226 6 | 0.273 4 | 1.16 | 0.877 0 | 0.123 0 | 0.377 0 |
| 0.76 | 0.776 4 | 0.223 6 | 0.276 4 | 1.17 | 0.879 0 | 0.121 0 | 0.379 0 |

续表

| A<br>z | B<br>主体的比例 | C<br>尾部的比例 | D<br>均值与 z 分数之间的比例 | A<br>z | B<br>主体的比例 | C<br>尾部的比例 | D<br>均值与 z 分数之间的比例 |
|---|---|---|---|---|---|---|---|
| 1.18 | 0.881 0 | 0.119 0 | 0.381 0 | 1.55 | 0.939 4 | 0.060 6 | 0.439 4 |
| 1.19 | 0.883 0 | 0.117 0 | 0.383 0 | 1.56 | 0.940 6 | 0.059 4 | 0.440 6 |
| 1.20 | 0.884 9 | 0.115 1 | 0.384 9 | 1.57 | 0.941 8 | 0.058 2 | 0.441 8 |
| 1.21 | 0.886 9 | 0.113 1 | 0.386 9 | 1.58 | 0.942 9 | 0.057 1 | 0.442 9 |
| 1.22 | 0.888 8 | 0.111 2 | 0.388 8 | 1.59 | 0.944 1 | 0.055 9 | 0.444 1 |
| 1.23 | 0.890 7 | 0.109 3 | 0.390 7 | 1.60 | 0.945 2 | 0.054 8 | 0.445 2 |
| 1.24 | 0.892 5 | 0.107 5 | 0.392 5 | 1.61 | 0.946 3 | 0.053 7 | 0.446 3 |
| 1.25 | 0.894 4 | 0.105 6 | 0.394 4 | 1.62 | 0.947 4 | 0.052 6 | 0.447 4 |
| 1.26 | 0.896 2 | 0.103 8 | 0.396 2 | 1.63 | 0.948 4 | 0.051 6 | 0.448 4 |
| 1.27 | 0.898 0 | 0.102 0 | 0.398 0 | 1.64 | 0.949 5 | 0.050 5 | 0.449 5 |
| 1.28 | 0.899 7 | 0.100 3 | 0.399 7 | 1.65 | 0.950 5 | 0.049 5 | 0.450 5 |
| 1.29 | 0.901 5 | 0.098 5 | 0.401 5 | 1.66 | 0.951 5 | 0.048 5 | 0.451 5 |
| 1.30 | 0.903 2 | 0.096 8 | 0.403 2 | 1.67 | 0.952 5 | 0.047 5 | 0.452 5 |
| 1.31 | 0.904 9 | 0.095 1 | 0.404 9 | 1.68 | 0.953 5 | 0.046 5 | 0.453 5 |
| 1.32 | 0.906 6 | 0.093 4 | 0.406 6 | 1.69 | 0.954 5 | 0.045 5 | 0.454 5 |
| 1.33 | 0.908 2 | 0.091 8 | 0.408 2 | 1.70 | 0.955 4 | 0.044 6 | 0.455 4 |
| 1.34 | 0.909 9 | 0.090 1 | 0.409 9 | 1.71 | 0.956 4 | 0.043 6 | 0.456 4 |
| 1.35 | 0.911 5 | 0.088 5 | 0.411 5 | 1.72 | 0.957 3 | 0.042 7 | 0.457 3 |
| 1.36 | 0.913 1 | 0.086 9 | 0.413 1 | 1.73 | 0.958 2 | 0.041 8 | 0.458 2 |
| 1.37 | 0.914 7 | 0.085 3 | 0.414 7 | 1.74 | 0.959 1 | 0.040 9 | 0.459 1 |
| 1.38 | 0.916 2 | 0.083 8 | 0.416 2 | 1.75 | 0.959 9 | 0.040 1 | 0.459 9 |
| 1.39 | 0.917 7 | 0.082 3 | 0.417 7 | 1.76 | 0.960 8 | 0.039 2 | 0.460 8 |
| 1.40 | 0.919 2 | 0.080 8 | 0.419 2 | 1.77 | 0.961 6 | 0.038 4 | 0.461 6 |
| 1.41 | 0.920 7 | 0.079 3 | 0.420 7 | 1.78 | 0.962 5 | 0.037 5 | 0.462 5 |
| 1.42 | 0.922 2 | 0.077 8 | 0.422 2 | 1.79 | 0.963 3 | 0.036 7 | 0.463 3 |
| 1.43 | 0.923 6 | 0.076 4 | 0.423 6 | 1.80 | 0.964 1 | 0.035 9 | 0.464 1 |
| 1.44 | 0.925 1 | 0.074 9 | 0.425 1 | 1.81 | 0.964 9 | 0.035 1 | 0.464 9 |
| 1.45 | 0.926 5 | 0.073 5 | 0.426 5 | 1.82 | 0.965 6 | 0.034 4 | 0.465 6 |
| 1.46 | 0.927 9 | 0.072 1 | 0.427 9 | 1.83 | 0.966 4 | 0.033 6 | 0.466 4 |
| 1.47 | 0.929 2 | 0.070 8 | 0.429 2 | 1.84 | 0.967 1 | 0.032 9 | 0.467 1 |
| 1.48 | 0.930 6 | 0.069 4 | 0.430 6 | 1.85 | 0.967 8 | 0.032 2 | 0.467 8 |
| 1.49 | 0.931 9 | 0.068 1 | 0.431 9 | 1.86 | 0.968 6 | 0.031 4 | 0.468 6 |
| 1.50 | 0.933 2 | 0.066 8 | 0.433 2 | 1.87 | 0.969 3 | 0.030 7 | 0.469 3 |
| 1.51 | 0.934 5 | 0.065 5 | 0.434 5 | 1.88 | 0.969 9 | 0.030 1 | 0.469 9 |
| 1.52 | 0.935 7 | 0.064 3 | 0.435 7 | 1.89 | 0.970 6 | 0.029 4 | 0.470 6 |
| 1.53 | 0.937 0 | 0.063 0 | 0.437 0 | 1.90 | 0.971 3 | 0.028 7 | 0.471 3 |
| 1.54 | 0.938 2 | 0.061 8 | 0.438 2 | 1.91 | 0.971 9 | 0.028 1 | 0.471 9 |

续表

| A<br>z | B<br>主体的比例 | C<br>尾部的比例 | D<br>均值与 z 分数之间的比例 | A<br>z | B<br>主体的比例 | C<br>尾部的比例 | D<br>均值与 z 分数之间的比例 |
|---|---|---|---|---|---|---|---|
| 1.92 | 0.972 6 | 0.027 4 | 0.472 6 | 2.29 | 0.989 0 | 0.011 0 | 0.489 0 |
| 1.93 | 0.973 2 | 0.026 8 | 0.473 2 | 2.30 | 0.989 3 | 0.010 7 | 0.489 3 |
| 1.94 | 0.973 8 | 0.026 2 | 0.473 8 | 2.31 | 0.989 6 | 0.010 4 | 0.489 6 |
| 1.95 | 0.974 4 | 0.025 6 | 0.474 4 | 2.32 | 0.989 8 | 0.010 2 | 0.489 8 |
| 1.96 | 0.975 0 | 0.025 0 | 0.475 0 | 2.33 | 0.990 1 | 0.009 9 | 0.490 1 |
| 1.97 | 0.975 6 | 0.024 4 | 0.475 6 | 2.34 | 0.990 4 | 0.009 6 | 0.490 4 |
| 1.98 | 0.976 1 | 0.023 9 | 0.476 1 | 2.35 | 0.990 6 | 0.009 4 | 0.490 6 |
| 1.99 | 0.976 7 | 0.023 3 | 0.476 7 | 2.36 | 0.990 9 | 0.009 1 | 0.490 9 |
| 2.00 | 0.977 2 | 0.022 8 | 0.477 2 | 2.37 | 0.991 1 | 0.008 9 | 0.491 1 |
| 2.01 | 0.977 8 | 0.022 2 | 0.477 8 | 2.38 | 0.991 3 | 0.008 7 | 0.491 3 |
| 2.02 | 0.978 3 | 0.021 7 | 0.478 3 | 2.39 | 0.991 6 | 0.008 4 | 0.491 6 |
| 2.03 | 0.978 8 | 0.021 2 | 0.478 8 | 2.40 | 0.991 8 | 0.008 2 | 0.491 8 |
| 2.04 | 0.979 3 | 0.020 7 | 0.479 3 | 2.41 | 0.992 0 | 0.008 0 | 0.492 0 |
| 2.05 | 0.979 8 | 0.020 2 | 0.479 8 | 2.42 | 0.992 2 | 0.007 8 | 0.492 2 |
| 2.06 | 0.980 3 | 0.019 7 | 0.480 3 | 2.43 | 0.992 5 | 0.007 5 | 0.492 5 |
| 2.07 | 0.980 8 | 0.019 2 | 0.480 8 | 2.44 | 0.992 7 | 0.007 3 | 0.492 7 |
| 2.08 | 0.981 2 | 0.018 8 | 0.481 2 | 2.45 | 0.992 9 | 0.007 1 | 0.492 9 |
| 2.09 | 0.981 7 | 0.018 3 | 0.481 7 | 2.46 | 0.993 1 | 0.006 9 | 0.493 1 |
| 2.10 | 0.982 1 | 0.017 9 | 0.482 1 | 2.47 | 0.993 2 | 0.006 8 | 0.493 2 |
| 2.11 | 0.982 6 | 0.017 4 | 0.482 6 | 2.48 | 0.993 4 | 0.006 6 | 0.493 4 |
| 2.12 | 0.983 0 | 0.017 0 | 0.483 0 | 2.49 | 0.993 6 | 0.006 4 | 0.493 6 |
| 2.13 | 0.983 4 | 0.016 6 | 0.483 4 | 2.50 | 0.993 8 | 0.006 2 | 0.493 8 |
| 2.14 | 0.983 8 | 0.016 2 | 0.483 8 | 2.51 | 0.994 0 | 0.006 0 | 0.494 0 |
| 2.15 | 0.984 2 | 0.015 8 | 0.484 2 | 2.52 | 0.994 1 | 0.005 9 | 0.494 1 |
| 2.16 | 0.984 6 | 0.015 4 | 0.484 6 | 2.53 | 0.994 3 | 0.005 7 | 0.494 3 |
| 2.17 | 0.985 0 | 0.015 0 | 0.485 0 | 2.54 | 0.994 5 | 0.005 5 | 0.494 5 |
| 2.18 | 0.985 4 | 0.014 6 | 0.485 4 | 2.55 | 0.994 6 | 0.005 4 | 0.494 6 |
| 2.19 | 0.985 7 | 0.014 3 | 0.485 7 | 2.56 | 0.994 8 | 0.005 2 | 0.494 8 |
| 2.20 | 0.986 1 | 0.013 9 | 0.486 1 | 2.57 | 0.994 9 | 0.005 1 | 0.494 9 |
| 2.21 | 0.986 4 | 0.013 6 | 0.486 4 | 2.58 | 0.995 1 | 0.004 9 | 0.495 1 |
| 2.22 | 0.986 8 | 0.013 2 | 0.486 8 | 2.59 | 0.995 2 | 0.004 8 | 0.495 2 |
| 2.23 | 0.987 1 | 0.012 9 | 0.487 1 | 2.60 | 0.995 3 | 0.004 7 | 0.495 3 |
| 2.24 | 0.987 5 | 0.012 5 | 0.487 5 | 2.61 | 0.995 5 | 0.004 5 | 0.495 5 |
| 2.25 | 0.987 8 | 0.012 2 | 0.487 8 | 2.62 | 0.995 6 | 0.004 4 | 0.495 6 |
| 2.26 | 0.988 1 | 0.011 9 | 0.488 1 | 2.63 | 0.995 7 | 0.004 3 | 0.495 7 |
| 2.27 | 0.988 4 | 0.011 6 | 0.488 4 | 2.64 | 0.995 9 | 0.004 1 | 0.495 9 |
| 2.28 | 0.988 7 | 0.011 3 | 0.488 7 | 2.65 | 0.996 0 | 0.004 0 | 0.496 0 |

续表

| A<br>z | B<br>主体的比例 | C<br>尾部的比例 | D<br>均值与 z 分数之间的比例 | A<br>z | B<br>主体的比例 | C<br>尾部的比例 | D<br>均值与 z 分数之间的比例 |
|---|---|---|---|---|---|---|---|
| 2.66 | 0.996 1 | 0.003 9 | 0.496 1 | 3.00 | 0.998 7 | 0.001 3 | 0.498 7 |
| 2.67 | 0.996 2 | 0.003 8 | 0.496 2 | 3.01 | 0.998 7 | 0.001 3 | 0.498 7 |
| 2.68 | 0.996 3 | 0.003 7 | 0.496 3 | 3.02 | 0.998 7 | 0.001 3 | 0.498 7 |
| 2.69 | 0.996 4 | 0.003 6 | 0.496 4 | 3.03 | 0.998 8 | 0.001 2 | 0.498 8 |
| 2.70 | 0.996 5 | 0.003 5 | 0.496 5 | 3.04 | 0.998 8 | 0.001 2 | 0.498 8 |
| 2.71 | 0.996 6 | 0.003 4 | 0.496 6 | 3.05 | 0.998 9 | 0.001 1 | 0.498 9 |
| 2.72 | 0.996 7 | 0.003 3 | 0.496 7 | 3.06 | 0.998 9 | 0.001 1 | 0.498 9 |
| 2.73 | 0.996 8 | 0.003 2 | 0.496 8 | 3.07 | 0.998 9 | 0.001 1 | 0.498 9 |
| 2.74 | 0.996 9 | 0.003 1 | 0.496 9 | 3.08 | 0.999 0 | 0.001 0 | 0.499 0 |
| 2.75 | 0.997 0 | 0.003 0 | 0.497 0 | 3.09 | 0.999 0 | 0.001 0 | 0.499 0 |
| 2.76 | 0.997 1 | 0.002 9 | 0.497 1 | 3.10 | 0.999 0 | 0.001 0 | 0.499 0 |
| 2.77 | 0.997 2 | 0.002 8 | 0.497 2 | 3.11 | 0.999 1 | 0.000 9 | 0.499 1 |
| 2.78 | 0.997 3 | 0.002 7 | 0.497 3 | 3.12 | 0.999 1 | 0.000 9 | 0.499 1 |
| 2.79 | 0.997 4 | 0.002 6 | 0.497 4 | 3.13 | 0.999 1 | 0.000 9 | 0.499 1 |
| 2.80 | 0.997 4 | 0.002 6 | 0.497 4 | 3.14 | 0.999 2 | 0.000 8 | 0.499 2 |
| 2.81 | 0.997 5 | 0.002 5 | 0.497 5 | 3.15 | 0.999 2 | 0.000 8 | 0.499 2 |
| 2.82 | 0.997 6 | 0.002 4 | 0.497 6 | 3.16 | 0.999 2 | 0.000 8 | 0.499 2 |
| 2.83 | 0.997 7 | 0.002 3 | 0.497 7 | 3.17 | 0.999 2 | 0.000 8 | 0.499 2 |
| 2.84 | 0.997 7 | 0.002 3 | 0.497 7 | 3.18 | 0.999 3 | 0.000 7 | 0.499 3 |
| 2.85 | 0.997 8 | 0.002 2 | 0.497 8 | 3.19 | 0.999 3 | 0.000 7 | 0.499 3 |
| 2.86 | 0.997 9 | 0.002 1 | 0.497 9 | 3.20 | 0.999 3 | 0.000 7 | 0.499 3 |
| 2.87 | 0.997 9 | 0.002 1 | 0.497 9 | 3.21 | 0.999 3 | 0.000 7 | 0.499 3 |
| 2.88 | 0.998 0 | 0.002 0 | 0.498 0 | 3.22 | 0.999 4 | 0.000 6 | 0.499 4 |
| 2.89 | 0.998 1 | 0.001 9 | 0.498 1 | 3.23 | 0.999 4 | 0.000 6 | 0.499 4 |
| 2.90 | 0.998 1 | 0.001 9 | 0.498 1 | 3.24 | 0.999 4 | 0.000 6 | 0.499 4 |
| 2.91 | 0.998 2 | 0.001 8 | 0.498 2 | 3.30 | 0.999 5 | 0.000 5 | 0.499 5 |
| 2.92 | 0.998 2 | 0.001 8 | 0.498 2 | 3.40 | 0.999 7 | 0.000 3 | 0.499 7 |
| 2.93 | 0.998 3 | 0.001 7 | 0.498 3 | 3.50 | 0.999 8 | 0.000 2 | 0.499 8 |
| 2.94 | 0.998 4 | 0.001 6 | 0.498 4 | 3.60 | 0.999 8 | 0.000 2 | 0.499 8 |
| 2.95 | 0.998 4 | 0.001 6 | 0.498 4 | 3.70 | 0.999 9 | 0.000 1 | 0.499 9 |
| 2.96 | 0.998 5 | 0.001 5 | 0.498 5 | 3.80 | 0.999 93 | 0.000 07 | 0.499 93 |
| 2.97 | 0.998 5 | 0.001 5 | 0.498 5 | 3.90 | 0.999 95 | 0.000 05 | 0.499 95 |
| 2.98 | 0.998 6 | 0.001 4 | 0.498 6 | 4.00 | 0.999 97 | 0.000 03 | 0.499 97 |
| 2.99 | 0.998 6 | 0.001 4 | 0.498 6 | | | | |

## 表 B.2 $t$ 分布

表中的数值是与单侧或双侧的比例对应的 $t$ 值。

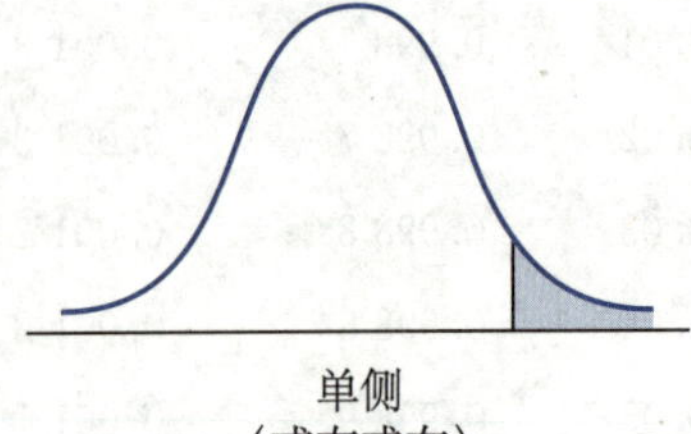


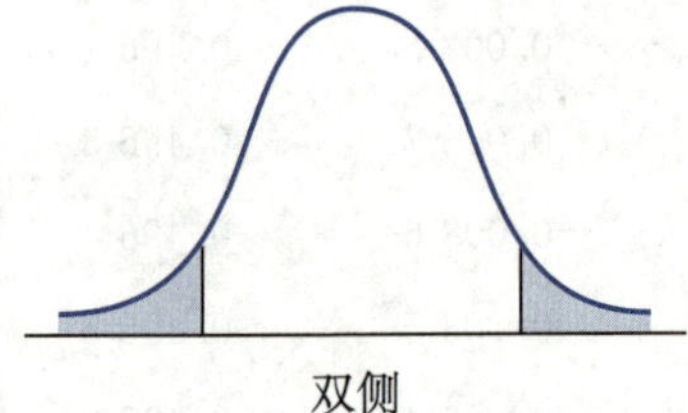


| df | 单侧的比例 0.25 / 双侧的比例 0.50 | 0.10 / 0.20 | 0.05 / 0.10 | 0.025 / 0.05 | 0.01 / 0.02 | 0.005 / 0.01 |
|---|---|---|---|---|---|---|
| 1 | 1.000 | 3.078 | 6.314 | 12.706 | 31.821 | 63.657 |
| 2 | 0.816 | 1.886 | 2.920 | 4.303 | 6.965 | 9.925 |
| 3 | 0.765 | 1.638 | 2.353 | 3.182 | 4.541 | 5.841 |
| 4 | 0.741 | 1.533 | 2.132 | 2.776 | 3.747 | 4.604 |
| 5 | 0.727 | 1.476 | 2.015 | 2.571 | 3.365 | 4.032 |
| 6 | 0.718 | 1.440 | 1.943 | 2.447 | 3.143 | 3.707 |
| 7 | 0.711 | 1.415 | 1.895 | 2.365 | 2.998 | 3.499 |
| 8 | 0.706 | 1.397 | 1.860 | 2.306 | 2.896 | 3.355 |
| 9 | 0.703 | 1.383 | 1.833 | 2.262 | 2.821 | 3.250 |
| 10 | 0.700 | 1.372 | 1.812 | 2.228 | 2.764 | 3.169 |
| 11 | 0.697 | 1.363 | 1.796 | 2.201 | 2.718 | 3.106 |
| 12 | 0.695 | 1.356 | 1.782 | 2.179 | 2.681 | 3.055 |
| 13 | 0.694 | 1.350 | 1.771 | 2.160 | 2.650 | 3.012 |
| 14 | 0.692 | 1.345 | 1.761 | 2.145 | 2.624 | 2.977 |
| 15 | 0.691 | 1.341 | 1.753 | 2.131 | 2.602 | 2.947 |
| 16 | 0.690 | 1.337 | 1.746 | 2.120 | 2.583 | 2.921 |
| 17 | 0.689 | 1.333 | 1.740 | 2.110 | 2.567 | 2.898 |
| 18 | 0.688 | 1.330 | 1.734 | 2.101 | 2.552 | 2.878 |
| 19 | 0.688 | 1.328 | 1.729 | 2.093 | 2.539 | 2.861 |
| 20 | 0.687 | 1.325 | 1.725 | 2.086 | 2.528 | 2.845 |
| 21 | 0.686 | 1.323 | 1.721 | 2.080 | 2.518 | 2.831 |
| 22 | 0.686 | 1.321 | 1.717 | 2.074 | 2.508 | 2.819 |
| 23 | 0.685 | 1.319 | 1.714 | 2.069 | 2.500 | 2.807 |

续表

| | 单侧的比例 | | | | | |
|---|---|---|---|---|---|---|
| | **0.25** | **0.10** | **0.05** | **0.025** | **0.01** | **0.005** |
| | 双侧的比例 | | | | | |
| ***df*** | **0.50** | **0.20** | **0.10** | **0.05** | **0.02** | **0.01** |
| 24 | 0.685 | 1.318 | 1.711 | 2.064 | 2.492 | 2.797 |
| 25 | 0.684 | 1.316 | 1.708 | 2.060 | 2.485 | 2.787 |
| 26 | 0.684 | 1.315 | 1.706 | 2.056 | 2.479 | 2.779 |
| 27 | 0.684 | 1.314 | 1.703 | 2.052 | 2.473 | 2.771 |
| 28 | 0.683 | 1.313 | 1.701 | 2.048 | 2.467 | 2.763 |
| 29 | 0.683 | 1.311 | 1.699 | 2.045 | 2.462 | 2.756 |
| 30 | 0.683 | 1.310 | 1.697 | 2.042 | 2.457 | 2.750 |
| 40 | 0.681 | 1.303 | 1.684 | 2.021 | 2.423 | 2.704 |
| 60 | 0.679 | 1.296 | 1.671 | 2.000 | 2.390 | 2.660 |
| 120 | 0.677 | 1.289 | 1.658 | 1.980 | 2.358 | 2.617 |
| ∞ | 0.674 | 1.282 | 1.645 | 1.960 | 2.327 | 2.576 |

资料来源：表Ⅲ-Fisher，R. A.，and Yates，F.（1974）. *Statistical Tables for Biological，Agricultural and Medical Research*（6th ed.）. London：Longman Group Ltd.，1974（previously published by Oliver and Boyd Ltd.，Edinburgh）. Copyright © 1963 R. A. Fisher and F. Yates. 经皮尔逊教育有限公司许可改编和重印。

## 表 B.3 *F-max* 的临界值

细体字表示 α=0.05 时的临界值，粗体字表示 α=0.01 时的临界值。

| | ***k*=比较的组数** | | | | | | | | | | |
|---|---|---|---|---|---|---|---|---|---|---|---|
| ***n*−1** | **2** | **3** | **4** | **5** | **6** | **7** | **8** | **9** | **10** | **11** | **12** |
| 4 | 9.6 | 15.5 | 20.6 | 25.2 | 29.5 | 33.6 | 37.5 | 41.1 | 44.6 | 48.0 | 51.4 |
| | **23.2** | **37** | **49** | **59** | **69** | **79** | **89** | **97** | **106** | **113** | **120** |
| 5 | 7.15 | 10.8 | 13.7 | 16.3 | 18.7 | 20.8 | 22.9 | 24.7 | 26.5 | 28.2 | 29.9 |
| | **14.9** | **22** | **28** | **33** | **38** | **42** | **46** | **50** | **54** | **57** | **60** |
| 6 | 5.82 | 8.38 | 10.4 | 12.1 | 13.7 | 15.0 | 16.3 | 17.5 | 18.6 | 19.7 | 20.7 |
| | **11.1** | **15.5** | **19.1** | **22** | **25** | **27** | **30** | **32** | **34** | **36** | **37** |
| 7 | 4.99 | 6.94 | 8.44 | 9.70 | 10.8 | 11.8 | 12.7 | 13.5 | 14.3 | 15.1 | 15.8 |
| | **8.89** | **12.1** | **14.5** | **16.5** | **18.4** | **20** | **22** | **23** | **24** | **26** | **27** |
| 8 | 4.43 | 6.00 | 7.18 | 8.12 | 9.03 | 9.78 | 10.5 | 11.1 | 11.7 | 12.2 | 12.7 |
| | **7.50** | **9.9** | **11.7** | **13.2** | **14.5** | **15.8** | **16.9** | **17.9** | **18.9** | **19.8** | **21** |
| 9 | 4.03 | 5.34 | 6.31 | 7.11 | 7.80 | 8.41 | 8.95 | 9.45 | 9.91 | 10.3 | 10.7 |
| | **6.54** | **8.5** | **9.9** | **11.1** | **12.1** | **13.1** | **13.9** | **14.7** | **15.3** | **16.0** | **16.6** |

续表

| $n-1$ | k＝比较的组数 | | | | | | | | | | |
|---|---|---|---|---|---|---|---|---|---|---|---|
| | **2** | **3** | **4** | **5** | **6** | **7** | **8** | **9** | **10** | **11** | **12** |
| 10 | 3. 72 | 4. 85 | 5. 67 | 6. 34 | 6. 92 | 7. 42 | 7. 87 | 8. 28 | 8. 66 | 9. 01 | 9. 34 |
| | **5. 85** | **7. 4** | **8. 6** | **9. 6** | **10. 4** | **11. 1** | **11. 8** | **12. 4** | **12. 9** | **13. 4** | **13. 9** |
| 12 | 3. 28 | 4. 16 | 4. 79 | 5. 30 | 5. 72 | 6. 09 | 6. 42 | 6. 72 | 7. 00 | 7. 25 | 7. 48 |
| | **4. 91** | **6. 1** | **6. 9** | **7. 6** | **8. 2** | **8. 7** | **9. 1** | **9. 5** | **9. 9** | **10. 2** | **10. 6** |
| 15 | 2. 86 | 3. 54 | 4. 01 | 4. 37 | 4. 68 | 4. 95 | 5. 19 | 5. 40 | 5. 59 | 5. 77 | 5. 93 |
| | **4. 07** | **4. 9** | **5. 5** | **6. 0** | **6. 4** | **6. 7** | **7. 1** | **7. 3** | **7. 5** | **7. 8** | **8. 0** |
| 20 | 2. 46 | 2. 95 | 3. 29 | 3. 54 | 3. 76 | 3. 94 | 4. 10 | 4. 24 | 4. 37 | 4. 49 | 4. 59 |
| | **3. 32** | **3. 8** | **4. 3** | **4. 6** | **4. 9** | **5. 1** | **5. 3** | **5. 5** | **5. 6** | **5. 8** | **5. 9** |
| 30 | 2. 07 | 2. 40 | 2. 61 | 2. 78 | 2. 91 | 3. 02 | 3. 12 | 3. 21 | 3. 29 | 3. 36 | 3. 39 |
| | **2. 63** | **3. 0** | **3. 3** | **3. 4** | **3. 6** | **3. 7** | **3. 8** | **3. 9** | **4. 0** | **4. 1** | **4. 2** |
| 60 | 1. 67 | 1. 85 | 1. 96 | 2. 04 | 2. 11 | 2. 17 | 2. 22 | 2. 26 | 2. 30 | 2. 33 | 2. 36 |
| | **1. 96** | **2. 2** | **2. 3** | **2. 4** | **2. 4** | **2. 5** | **2. 5** | **2. 6** | **2. 6** | **2. 7** | **2. 7** |

资料来源：表 31-Pearson，E.，and Hartley，H. O.（1958）. *Biometrika Tables for Statisticians*（2nd ed.）. New York：Cambridge University Press. 经 Biometrika 受托人许可改编和重印。

## 表 B. 4　*F* 分布

细体字表示 α＝0. 05 时的临界值，粗体字表示 α＝0. 01 时的临界值。

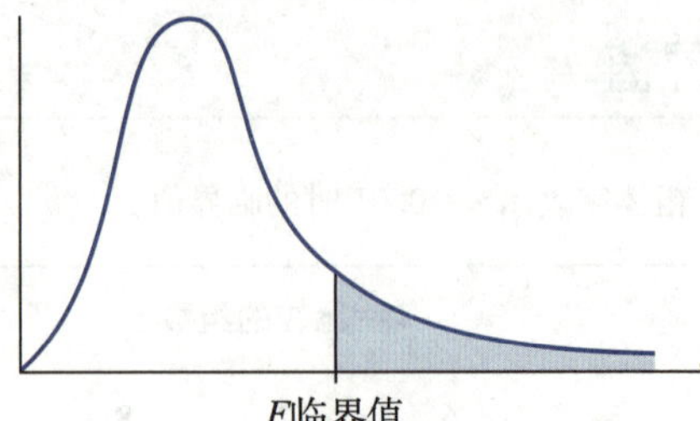


| ***df*：分母** | ***df*：分子** | | | | | | | | | | | | | | |
|---|---|---|---|---|---|---|---|---|---|---|---|---|---|---|---|
| | **1** | **2** | **3** | **4** | **5** | **6** | **7** | **8** | **9** | **10** | **11** | **12** | **14** | **16** | **20** |
| 1 | 161 | 200 | 216 | 225 | 230 | 234 | 237 | 239 | 241 | 242 | 243 | 244 | 245 | 246 | 248 |
| | **405 2** | **499 9** | **540 3** | **562 5** | **576 4** | **585 9** | **592 8** | **598 1** | **602 2** | **605 6** | **608 3** | **610 6** | **614 3** | **616 9** | **620 8** |
| 2 | 18. 51 | 19. 00 | 19. 16 | 19. 25 | 19. 30 | 19. 33 | 19. 36 | 19. 37 | 19. 38 | 19. 40 | 19. 40 | 19. 41 | 19. 42 | 19. 43 | 19. 44 |
| | **98. 49** | **99. 00** | **99. 17** | **99. 25** | **99. 30** | **99. 33** | **99. 34** | **99. 36** | **99. 38** | **99. 40** | **99. 41** | **99. 42** | **99. 43** | **99. 44** | **99. 45** |
| 3 | 10. 13 | 9. 55 | 9. 28 | 9. 12 | 9. 01 | 8. 94 | 8. 88 | 8. 84 | 8. 81 | 8. 78 | 8. 76 | 8. 74 | 8. 71 | 8. 69 | 8. 66 |
| | **34. 12** | **30. 92** | **29. 46** | **28. 71** | **28. 24** | **27. 91** | **27. 67** | **27. 49** | **27. 34** | **27. 23** | **27. 13** | **27. 05** | **26. 92** | **26. 83** | **26. 69** |
| 4 | 7. 71 | 6. 94 | 6. 59 | 6. 39 | 6. 26 | 6. 16 | 6. 09 | 6. 04 | 6. 00 | 5. 96 | 5. 93 | 5. 91 | 5. 87 | 5. 84 | 5. 80 |
| | **21. 20** | **18. 00** | **16. 69** | **15. 98** | **15. 52** | **15. 21** | **14. 98** | **14. 80** | **14. 66** | **14. 55** | **14. 45** | **14. 37** | **14. 24** | **14. 15** | **14. 02** |
| 5 | 6. 61 | 5. 79 | 5. 41 | 5. 19 | 5. 05 | 4. 95 | 4. 88 | 4. 82 | 4. 78 | 4. 74 | 4. 70 | 4. 68 | 4. 64 | 4. 60 | 4. 56 |
| | **16. 26** | **13. 27** | **12. 06** | **11. 39** | **10. 97** | **10. 67** | **10. 45** | **10. 27** | **10. 15** | **10. 05** | **9. 96** | **9. 89** | **9. 77** | **9. 68** | **9. 55** |

续表

| *df*：分母 | *df*：分子 | | | | | | | | | | | | | | |
|---|---|---|---|---|---|---|---|---|---|---|---|---|---|---|---|
| | 1 | 2 | 3 | 4 | 5 | 6 | 7 | 8 | 9 | 10 | 11 | 12 | 14 | 16 | 20 |
| 6 | 5.99 | 5.14 | 4.76 | 4.53 | 4.39 | 4.28 | 4.21 | 4.15 | 4.10 | 4.06 | 4.03 | 4.00 | 3.96 | 3.92 | 3.87 |
| | **13.74** | **10.92** | **9.78** | **9.15** | **8.75** | **8.47** | **8.26** | **8.10** | **7.98** | **7.87** | **7.79** | **7.72** | **7.60** | **7.52** | **7.39** |
| 7 | 5.59 | 4.74 | 4.35 | 4.12 | 3.97 | 3.87 | 3.79 | 3.73 | 3.68 | 3.63 | 3.60 | 3.57 | 3.52 | 3.49 | 3.44 |
| | **12.25** | **9.55** | **8.45** | **7.85** | **7.46** | **7.19** | **7.00** | **6.84** | **6.71** | **6.62** | **6.54** | **6.47** | **6.35** | **6.27** | **6.15** |
| 8 | 5.32 | 4.46 | 4.07 | 3.84 | 3.69 | 3.58 | 3.50 | 3.44 | 3.39 | 3.34 | 3.31 | 3.28 | 3.23 | 3.20 | 3.15 |
| | **11.26** | **8.65** | **7.59** | **7.01** | **6.63** | **6.37** | **6.19** | **6.03** | **5.91** | **5.82** | **5.74** | **5.67** | **5.56** | **5.48** | **5.36** |
| 9 | 5.12 | 4.26 | 3.86 | 3.63 | 3.48 | 3.37 | 3.29 | 3.23 | 3.18 | 3.13 | 3.10 | 3.07 | 3.03 | 2.98 | 2.93 |
| | **10.56** | **8.02** | **6.99** | **6.42** | **6.06** | **5.80** | **5.62** | **5.47** | **5.35** | **5.26** | **5.18** | **5.11** | **5.01** | **4.92** | **4.80** |
| 10 | 4.96 | 4.10 | 3.71 | 3.48 | 3.33 | 3.22 | 3.14 | 3.07 | 3.02 | 2.97 | 2.94 | 2.91 | 2.86 | 2.82 | 2.77 |
| | **10.04** | **7.56** | **6.55** | **5.99** | **5.64** | **5.39** | **5.21** | **5.06** | **4.95** | **4.85** | **4.78** | **4.71** | **4.60** | **4.52** | **4.41** |
| 11 | 4.84 | 3.98 | 3.59 | 3.36 | 3.20 | 3.09 | 3.01 | 2.95 | 2.90 | 2.86 | 2.82 | 2.79 | 2.74 | 2.70 | 2.65 |
| | **9.65** | **7.20** | **6.22** | **5.67** | **5.32** | **5.07** | **4.88** | **4.74** | **4.63** | **4.54** | **4.46** | **4.40** | **4.29** | **4.21** | **4.10** |
| 12 | 4.75 | 3.88 | 3.49 | 3.26 | 3.11 | 3.00 | 2.92 | 2.85 | 2.80 | 2.76 | 2.72 | 2.69 | 2.64 | 2.60 | 2.54 |
| | **9.33** | **6.93** | **5.95** | **5.41** | **5.06** | **4.82** | **4.65** | **4.50** | **4.39** | **4.30** | **4.22** | **4.16** | **4.05** | **3.98** | **3.86** |
| 13 | 4.67 | 3.80 | 3.41 | 3.18 | 3.02 | 2.92 | 2.84 | 2.77 | 2.72 | 2.67 | 2.63 | 2.60 | 2.55 | 2.51 | 2.46 |
| | **9.07** | **6.70** | **5.74** | **5.20** | **4.86** | **4.62** | **4.44** | **4.30** | **4.19** | **4.10** | **4.02** | **3.96** | **3.85** | **3.78** | **3.67** |
| 14 | 4.60 | 3.74 | 3.34 | 3.11 | 2.96 | 2.85 | 2.77 | 2.70 | 2.65 | 2.60 | 2.56 | 2.53 | 2.48 | 2.44 | 2.39 |
| | **8.86** | **6.51** | **5.56** | **5.04** | **4.69** | **4.46** | **4.28** | **4.14** | **4.03** | **3.94** | **3.86** | **3.80** | **3.70** | **3.62** | **3.51** |
| 15 | 4.54 | 3.68 | 3.29 | 3.06 | 2.90 | 2.79 | 2.70 | 2.64 | 2.59 | 2.55 | 2.51 | 2.48 | 2.43 | 2.39 | 2.33 |
| | **8.68** | **6.36** | **5.42** | **4.89** | **4.56** | **4.32** | **4.14** | **4.00** | **3.89** | **3.80** | **3.73** | **3.67** | **3.56** | **3.48** | **3.36** |
| 16 | 4.49 | 3.63 | 3.24 | 3.01 | 2.85 | 2.74 | 2.66 | 2.59 | 2.54 | 2.49 | 2.45 | 2.42 | 2.37 | 2.33 | 2.28 |
| | **8.53** | **6.23** | **5.29** | **4.77** | **4.44** | **4.20** | **4.03** | **3.89** | **3.78** | **3.69** | **3.61** | **3.55** | **3.45** | **3.37** | **3.25** |
| 17 | 4.45 | 3.59 | 3.20 | 2.96 | 2.81 | 2.70 | 2.62 | 2.55 | 2.50 | 2.45 | 2.41 | 2.38 | 2.33 | 2.29 | 2.23 |
| | **8.40** | **6.11** | **5.18** | **4.67** | **4.34** | **4.10** | **3.93** | **3.79** | **3.68** | **3.59** | **3.52** | **3.45** | **3.35** | **3.27** | **3.16** |
| 18 | 4.41 | 3.55 | 3.16 | 2.93 | 2.77 | 2.66 | 2.58 | 2.51 | 2.46 | 2.41 | 2.37 | 2.34 | 2.29 | 2.25 | 2.19 |
| | **8.29** | **6.01** | **5.09** | **4.58** | **4.25** | **4.01** | **3.85** | **3.71** | **3.60** | **3.51** | **3.44** | **3.37** | **3.27** | **3.19** | **3.07** |
| 19 | 4.38 | 3.52 | 3.13 | 2.90 | 2.74 | 2.63 | 2.55 | 2.48 | 2.43 | 2.38 | 2.34 | 2.31 | 2.26 | 2.21 | 2.15 |
| | **8.18** | **5.93** | **5.01** | **4.50** | **4.17** | **3.94** | **3.77** | **3.63** | **3.52** | **3.43** | **3.36** | **3.30** | **3.19** | **3.12** | **3.00** |
| 20 | 4.35 | 3.49 | 3.10 | 2.87 | 2.71 | 2.60 | 2.52 | 2.45 | 2.40 | 2.35 | 2.31 | 2.28 | 2.22 | 2.18 | 2.12 |
| | **8.10** | **5.85** | **4.94** | **4.43** | **4.10** | **3.87** | **3.71** | **3.56** | **3.45** | **3.37** | **3.30** | **3.23** | **3.13** | **3.05** | **2.94** |
| 21 | 4.32 | 3.47 | 3.07 | 2.84 | 2.68 | 2.57 | 2.49 | 2.42 | 2.37 | 2.32 | 2.28 | 2.25 | 2.20 | 2.15 | 2.09 |
| | **8.02** | **5.78** | **4.87** | **4.37** | **4.04** | **3.81** | **3.64** | **3.51** | **3.40** | **3.31** | **3.24** | **3.17** | **3.07** | **2.99** | **2.88** |
| 22 | 4.30 | 3.44 | 3.05 | 2.82 | 2.66 | 2.55 | 2.47 | 2.40 | 2.35 | 2.30 | 2.26 | 2.23 | 2.18 | 2.13 | 2.07 |
| | **7.94** | **5.72** | **4.82** | **4.31** | **3.99** | **3.76** | **3.59** | **3.45** | **3.35** | **3.26** | **3.18** | **3.12** | **3.02** | **2.94** | **2.83** |
| 23 | 4.28 | 3.42 | 3.03 | 2.80 | 2.64 | 2.53 | 2.45 | 2.38 | 2.32 | 2.28 | 2.24 | 2.20 | 2.14 | 2.10 | 2.04 |
| | **7.88** | **5.66** | **4.76** | **4.26** | **3.94** | **3.71** | **3.54** | **3.41** | **3.30** | **3.21** | **3.14** | **3.07** | **2.97** | **2.89** | **2.78** |
| 24 | 4.26 | 3.40 | 3.01 | 2.78 | 2.62 | 2.51 | 2.43 | 2.36 | 2.30 | 2.26 | 2.22 | 2.18 | 2.13 | 2.09 | 2.02 |
| | **7.82** | **5.61** | **4.72** | **4.22** | **3.90** | **3.67** | **3.50** | **3.36** | **3.25** | **3.17** | **3.09** | **3.03** | **2.93** | **2.85** | **2.74** |

续表

| *df*：分母 | *df*：分子 | | | | | | | | | | | | | | |
|---|---|---|---|---|---|---|---|---|---|---|---|---|---|---|---|
| | **1** | **2** | **3** | **4** | **5** | **6** | **7** | **8** | **9** | **10** | **11** | **12** | **14** | **16** | **20** |
| 25 | 4.24 | 3.38 | 2.99 | 2.76 | 2.60 | 2.49 | 2.41 | 2.34 | 2.28 | 2.24 | 2.20 | 2.16 | 2.11 | 2.06 | 2.00 |
| | **7.77** | **5.57** | **4.68** | **4.18** | **3.86** | **3.63** | **3.46** | **3.32** | **3.21** | **3.13** | **3.06** | **2.99** | **2.89** | **2.81** | **2.70** |
| 26 | 4.22 | 3.37 | 2.98 | 2.74 | 2.59 | 2.47 | 2.39 | 2.32 | 2.27 | 2.22 | 2.18 | 2.15 | 2.10 | 2.05 | 1.99 |
| | **7.72** | **5.53** | **4.64** | **4.14** | **3.82** | **3.59** | **3.42** | **3.29** | **3.17** | **3.09** | **3.02** | **2.96** | **2.86** | **2.77** | **2.66** |
| 27 | 4.21 | 3.35 | 2.96 | 2.73 | 2.57 | 2.46 | 2.37 | 2.30 | 2.25 | 2.20 | 2.16 | 2.13 | 2.08 | 2.03 | 1.97 |
| | **7.68** | **5.49** | **4.60** | **4.11** | **3.79** | **3.56** | **3.39** | **3.26** | **3.14** | **3.06** | **2.98** | **2.93** | **2.83** | **2.74** | **2.63** |
| 28 | 4.20 | 3.34 | 2.95 | 2.71 | 2.56 | 2.44 | 2.36 | 2.29 | 2.24 | 2.19 | 2.15 | 2.12 | 2.06 | 2.02 | 1.96 |
| | **7.64** | **5.45** | **4.57** | **4.07** | **3.76** | **3.53** | **3.36** | **3.23** | **3.11** | **3.03** | **2.95** | **2.90** | **2.80** | **2.71** | **2.60** |
| 29 | 4.18 | 3.33 | 2.93 | 2.70 | 2.54 | 2.43 | 2.35 | 2.28 | 2.22 | 2.18 | 2.14 | 2.10 | 2.05 | 2.00 | 1.94 |
| | **7.60** | **5.42** | **4.54** | **4.04** | **3.73** | **3.50** | **3.33** | **3.20** | **3.08** | **3.00** | **2.92** | **2.87** | **2.77** | **2.68** | **2.57** |
| 30 | 4.17 | 3.32 | 2.92 | 2.69 | 2.53 | 2.42 | 2.34 | 2.27 | 2.21 | 2.16 | 2.12 | 2.09 | 2.04 | 1.99 | 1.93 |
| | **7.56** | **5.39** | **4.51** | **4.02** | **3.70** | **3.47** | **3.30** | **3.17** | **3.06** | **2.98** | **2.90** | **2.84** | **2.74** | **2.66** | **2.55** |
| 32 | 4.15 | 3.30 | 2.90 | 2.67 | 2.51 | 2.40 | 2.32 | 2.25 | 2.19 | 2.14 | 2.10 | 2.07 | 2.02 | 1.97 | 1.91 |
| | **7.50** | **5.34** | **4.46** | **3.97** | **3.66** | **3.42** | **3.25** | **3.12** | **3.01** | **2.94** | **2.86** | **2.80** | **2.70** | **2.62** | **2.51** |
| 34 | 4.13 | 3.28 | 2.88 | 2.65 | 2.49 | 2.38 | 2.30 | 2.23 | 2.17 | 2.12 | 2.08 | 2.05 | 2.00 | 1.95 | 1.89 |
| | **7.44** | **5.29** | **4.42** | **3.93** | **3.61** | **3.38** | **3.21** | **3.08** | **2.97** | **2.89** | **2.82** | **2.76** | **2.66** | **2.58** | **2.47** |
| 36 | 4.11 | 3.26 | 2.86 | 2.63 | 2.48 | 2.36 | 2.28 | 2.21 | 2.15 | 2.10 | 2.06 | 2.03 | 1.98 | 1.93 | 1.87 |
| | **7.39** | **5.25** | **4.38** | **3.89** | **3.58** | **3.35** | **3.18** | **3.04** | **2.94** | **2.86** | **2.78** | **2.72** | **2.62** | **2.54** | **2.43** |
| 38 | 4.10 | 3.25 | 2.85 | 2.62 | 2.46 | 2.35 | 2.26 | 2.19 | 2.14 | 2.09 | 2.05 | 2.02 | 1.96 | 1.92 | 1.85 |
| | **7.35** | **5.21** | **4.34** | **3.86** | **3.54** | **3.32** | **3.15** | **3.02** | **2.91** | **2.82** | **2.75** | **2.69** | **2.59** | **2.51** | **2.40** |
| 40 | 4.08 | 3.23 | 2.84 | 2.61 | 2.45 | 2.34 | 2.25 | 2.18 | 2.12 | 2.07 | 2.04 | 2.00 | 1.95 | 1.90 | 1.84 |
| | **7.31** | **5.18** | **4.31** | **3.83** | **3.51** | **3.29** | **3.12** | **2.99** | **2.88** | **2.80** | **2.73** | **2.66** | **2.56** | **2.49** | **2.37** |
| 42 | 4.07 | 3.22 | 2.83 | 2.59 | 2.44 | 2.32 | 2.24 | 2.17 | 2.11 | 2.06 | 2.02 | 1.99 | 1.94 | 1.89 | 1.82 |
| | **7.27** | **5.15** | **4.29** | **3.80** | **3.49** | **3.26** | **3.10** | **2.96** | **2.86** | **2.77** | **2.70** | **2.64** | **2.54** | **2.46** | **2.35** |
| 44 | 4.06 | 3.21 | 2.82 | 2.58 | 2.43 | 2.31 | 2.23 | 2.16 | 2.10 | 2.05 | 2.01 | 1.98 | 1.92 | 1.88 | 1.81 |
| | **7.24** | **5.12** | **4.26** | **3.78** | **3.46** | **3.24** | **3.07** | **2.94** | **2.84** | **2.75** | **2.68** | **2.62** | **2.52** | **2.44** | **2.32** |
| 46 | 4.05 | 3.20 | 2.81 | 2.57 | 2.42 | 2.30 | 2.22 | 2.14 | 2.09 | 2.04 | 2.00 | 1.97 | 1.91 | 1.87 | 1.80 |
| | **7.21** | **5.10** | **4.24** | **3.76** | **3.44** | **3.22** | **3.05** | **2.92** | **2.82** | **2.73** | **2.66** | **2.60** | **2.50** | **2.42** | **2.30** |
| 48 | 4.04 | 3.19 | 2.80 | 2.56 | 2.41 | 2.30 | 2.21 | 2.14 | 2.08 | 2.03 | 1.99 | 1.96 | 1.90 | 1.86 | 1.79 |
| | **7.19** | **5.08** | **4.22** | **3.74** | **3.42** | **3.20** | **3.04** | **2.90** | **2.80** | **2.71** | **2.64** | **2.58** | **2.48** | **2.40** | **2.28** |
| 50 | 4.03 | 3.18 | 2.79 | 2.56 | 2.40 | 2.29 | 2.20 | 2.13 | 2.07 | 2.02 | 1.98 | 1.95 | 1.90 | 1.85 | 1.78 |
| | **7.17** | **5.06** | **4.20** | **3.72** | **3.41** | **3.18** | **3.02** | **2.88** | **2.78** | **2.70** | **2.62** | **2.56** | **2.46** | **2.39** | **2.26** |
| 55 | 4.02 | 3.17 | 2.78 | 2.54 | 2.38 | 2.27 | 2.18 | 2.11 | 2.05 | 2.00 | 1.97 | 1.93 | 1.88 | 1.83 | 1.76 |
| | **7.12** | **5.01** | **4.16** | **3.68** | **3.37** | **3.15** | **2.98** | **2.85** | **2.75** | **2.66** | **2.59** | **2.53** | **2.43** | **2.35** | **2.23** |
| 60 | 4.00 | 3.15 | 2.76 | 2.52 | 2.37 | 2.25 | 2.17 | 2.10 | 2.04 | 1.99 | 1.95 | 1.92 | 1.86 | 1.81 | 1.75 |
| | **7.08** | **4.98** | **4.13** | **3.65** | **3.34** | **3.12** | **2.95** | **2.82** | **2.72** | **2.63** | **2.56** | **2.50** | **2.40** | **2.32** | **2.20** |
| 65 | 3.99 | 3.14 | 2.75 | 2.51 | 2.36 | 2.24 | 2.15 | 2.08 | 2.02 | 1.98 | 1.94 | 1.90 | 1.85 | 1.80 | 1.73 |
| | **7.04** | **4.95** | **4.10** | **3.62** | **3.31** | **3.09** | **2.93** | **2.79** | **2.70** | **2.61** | **2.54** | **2.47** | **2.37** | **2.30** | **2.18** |

续表

| *df*：分母 | *df*：分子 | | | | | | | | | | | | | | |
|---|---|---|---|---|---|---|---|---|---|---|---|---|---|---|---|
| | **1** | **2** | **3** | **4** | **5** | **6** | **7** | **8** | **9** | **10** | **11** | **12** | **14** | **16** | **20** |
| 70 | 3.98 | 3.13 | 2.74 | 2.50 | 2.35 | 2.23 | 2.14 | 2.07 | 2.01 | 1.97 | 1.93 | 1.89 | 1.84 | 1.79 | 1.72 |
| | **7.01** | **4.92** | **4.08** | **3.60** | **3.29** | **3.07** | **2.91** | **2.77** | **2.67** | **2.59** | **2.51** | **2.45** | **2.35** | **2.28** | **2.15** |
| 80 | 3.96 | 3.11 | 2.72 | 2.48 | 2.33 | 2.21 | 2.12 | 2.05 | 1.99 | 1.95 | 1.91 | 1.88 | 1.82 | 1.77 | 1.70 |
| | **6.96** | **4.88** | **4.04** | **3.56** | **3.25** | **3.04** | **2.87** | **2.74** | **2.64** | **2.55** | **2.48** | **2.41** | **2.32** | **2.24** | **2.11** |
| 100 | 3.94 | 3.09 | 2.70 | 2.46 | 2.30 | 2.19 | 2.10 | 2.03 | 1.97 | 1.92 | 1.88 | 1.85 | 1.79 | 1.75 | 1.68 |
| | **6.90** | **4.82** | **3.98** | **3.51** | **3.20** | **2.99** | **2.82** | **2.69** | **2.59** | **2.51** | **2.43** | **2.36** | **2.26** | **2.19** | **2.06** |
| 125 | 3.92 | 3.07 | 2.68 | 2.44 | 2.29 | 2.17 | 2.08 | 2.01 | 1.95 | 1.90 | 1.86 | 1.83 | 1.77 | 1.72 | 1.65 |
| | **6.84** | **4.78** | **3.94** | **3.47** | **3.17** | **2.95** | **2.79** | **2.65** | **2.56** | **2.47** | **2.40** | **2.33** | **2.23** | **2.15** | **2.03** |
| 150 | 3.91 | 3.06 | 2.67 | 2.43 | 2.27 | 2.16 | 2.07 | 2.00 | 1.94 | 1.89 | 1.85 | 1.82 | 1.76 | 1.71 | 1.64 |
| | **6.81** | **4.75** | **3.91** | **3.44** | **3.14** | **2.92** | **2.76** | **2.62** | **2.53** | **2.44** | **2.37** | **2.30** | **2.20** | **2.12** | **2.00** |
| 200 | 3.89 | 3.04 | 2.65 | 2.41 | 2.26 | 2.14 | 2.05 | 1.98 | 1.92 | 1.87 | 1.83 | 1.80 | 1.74 | 1.69 | 1.62 |
| | **6.76** | **4.71** | **3.88** | **3.41** | **3.11** | **2.90** | **2.73** | **2.60** | **2.50** | **2.41** | **2.34** | **2.28** | **2.17** | **2.09** | **1.97** |
| 400 | 3.86 | 3.02 | 2.62 | 2.39 | 2.23 | 2.12 | 2.03 | 1.96 | 1.90 | 1.85 | 1.81 | 1.78 | 1.72 | 1.67 | 1.60 |
| | **6.70** | **4.66** | **3.83** | **3.36** | **3.06** | **2.85** | **2.69** | **2.55** | **2.46** | **2.37** | **2.29** | **2.23** | **2.12** | **2.04** | **1.92** |
| 1 000 | 3.85 | 3.00 | 2.61 | 2.38 | 2.22 | 2.10 | 2.02 | 1.95 | 1.89 | 1.84 | 1.80 | 1.76 | 1.70 | 1.65 | 1.58 |
| | **6.66** | **4.62** | **3.80** | **3.34** | **3.04** | **2.82** | **2.66** | **2.53** | **2.43** | **2.34** | **2.26** | **2.20** | **2.09** | **2.01** | **1.89** |
| ∞ | 3.84 | 2.99 | 2.60 | 2.37 | 2.21 | 2.09 | 2.01 | 1.94 | 1.88 | 1.83 | 1.79 | 1.75 | 1.69 | 1.64 | 1.57 |
| | **6.64** | **4.61** | **3.78** | **3.32** | **3.02** | **2.80** | **2.64** | **2.51** | **2.41** | **2.32** | **2.24** | **2.18** | **2.07** | **1.99** | **1.87** |

资料来源：表 14-Snedecor，G. W.，and Cochran，W. G.（1980）. *Statistical Methods*（7th ed.）. Ames，Iowa：Iowa State University Press. Copyright © 1980 by the Iowa State University Press，2121 South State Avenue，Ames，Iowa 50010. 经艾奥瓦州立大学出版社许可再版。

## 表 B.5 学生化极差统计量（$q$）的临界值表

细体字表示 $\alpha=0.05$ 时的临界值，粗体字表示 $\alpha=0.01$ 时的临界值。

| *df* | *k*＝比较的组数 | | | | | | | | | | |
|---|---|---|---|---|---|---|---|---|---|---|---|
| | **2** | **3** | **4** | **5** | **6** | **7** | **8** | **9** | **10** | **11** | **12** |
| 5 | 3.64 | 4.60 | 5.22 | 5.67 | 6.03 | 6.33 | 6.58 | 6.80 | 6.99 | 7.17 | 7.32 |
| | **5.70** | **6.98** | **7.80** | **8.42** | **8.91** | **9.32** | **9.67** | **9.97** | **10.24** | **10.48** | **10.70** |
| 6 | 3.46 | 4.34 | 4.90 | 5.30 | 5.63 | 5.90 | 6.12 | 6.32 | 6.49 | 6.65 | 6.79 |
| | **5.24** | **6.33** | **7.03** | **7.56** | **7.97** | **8.32** | **8.61** | **8.87** | **9.10** | **9.30** | **9.48** |
| 7 | 3.34 | 4.16 | 4.68 | 5.06 | 5.36 | 5.61 | 5.82 | 6.00 | 6.16 | 6.30 | 6.43 |
| | **4.95** | **5.92** | **6.54** | **7.01** | **7.37** | **7.68** | **7.94** | **8.17** | **8.37** | **8.55** | **8.71** |
| 8 | 3.26 | 4.04 | 4.53 | 4.89 | 5.17 | 5.40 | 5.60 | 5.77 | 5.92 | 6.05 | 6.18 |
| | **4.75** | **5.64** | **6.20** | **6.62** | **6.96** | **7.24** | **7.47** | **7.68** | **7.86** | **8.03** | **8.18** |
| 9 | 3.20 | 3.95 | 4.41 | 4.76 | 5.02 | 5.24 | 5.43 | 5.59 | 5.74 | 5.87 | 5.98 |

续表

| | k=比较的组数 | | | | | | | | | | |
|---|---|---|---|---|---|---|---|---|---|---|---|
| ***df*** | **2** | **3** | **4** | **5** | **6** | **7** | **8** | **9** | **10** | **11** | **12** |
| | **4.60** | **5.43** | **5.96** | **6.35** | **6.66** | **6.91** | **7.13** | **7.33** | **7.49** | **7.65** | **7.78** |
| 10 | 3.15 | 3.88 | 4.33 | 4.65 | 4.91 | 5.12 | 5.30 | 5.46 | 5.60 | 5.72 | 5.83 |
| | **4.48** | **5.27** | **5.77** | **6.14** | **6.43** | **6.67** | **6.87** | **7.05** | **7.21** | **7.36** | **7.49** |
| 11 | 3.11 | 3.82 | 4.26 | 4.57 | 4.82 | 5.03 | 5.20 | 5.35 | 5.49 | 5.61 | 5.71 |
| | **4.39** | **5.15** | **5.62** | **5.97** | **6.25** | **6.48** | **6.67** | **6.84** | **6.99** | **7.13** | **7.25** |
| 12 | 3.08 | 3.77 | 4.20 | 4.51 | 4.75 | 4.95 | 5.12 | 5.27 | 5.39 | 5.51 | 5.61 |
| | **4.32** | **5.05** | **5.50** | **5.84** | **6.10** | **6.32** | **6.51** | **6.67** | **6.81** | **6.94** | **7.06** |
| 13 | 3.06 | 3.73 | 4.15 | 4.45 | 4.69 | 4.88 | 5.05 | 5.19 | 5.32 | 5.43 | 5.53 |
| | **4.26** | **4.96** | **5.40** | **5.73** | **5.98** | **6.19** | **6.37** | **6.53** | **6.67** | **6.79** | **6.90** |
| 14 | 3.03 | 3.70 | 4.11 | 4.41 | 4.64 | 4.83 | 4.99 | 5.13 | 5.25 | 5.36 | 5.46 |
| | **4.21** | **4.89** | **5.32** | **5.63** | **5.88** | **6.08** | **6.26** | **6.41** | **6.54** | **6.66** | **6.77** |
| 15 | 3.01 | 3.67 | 4.08 | 4.37 | 4.59 | 4.78 | 4.94 | 5.08 | 5.20 | 5.31 | 5.40 |
| | **4.17** | **4.84** | **5.25** | **5.56** | **5.80** | **5.99** | **6.16** | **6.31** | **6.44** | **6.55** | **6.66** |
| 16 | 3.00 | 3.65 | 4.05 | 4.33 | 4.56 | 4.74 | 4.90 | 5.03 | 5.15 | 5.26 | 5.35 |
| | **4.13** | **4.79** | **5.19** | **5.49** | **5.72** | **5.92** | **6.08** | **6.22** | **6.35** | **6.46** | **6.56** |
| 17 | 2.98 | 3.63 | 4.02 | 4.30 | 4.52 | 4.70 | 4.86 | 4.99 | 5.11 | 5.21 | 5.31 |
| | **4.10** | **4.74** | **5.14** | **5.43** | **5.66** | **5.85** | **6.01** | **6.15** | **6.27** | **6.38** | **6.48** |
| 18 | 2.97 | 3.61 | 4.00 | 4.28 | 4.49 | 4.67 | 4.82 | 4.96 | 5.07 | 5.17 | 5.27 |
| | **4.07** | **4.70** | **5.09** | **5.38** | **5.60** | **5.79** | **5.94** | **6.08** | **6.20** | **6.31** | **6.41** |
| 19 | 2.96 | 3.59 | 3.98 | 4.25 | 4.47 | 4.65 | 4.79 | 4.92 | 5.04 | 3.14 | 3.23 |
| | **4.05** | **4.67** | **5.05** | **5.33** | **5.55** | **5.73** | **5.89** | **6.02** | **6.14** | **6.25** | **6.34** |
| 20 | 2.95 | 3.58 | 3.96 | 4.23 | 4.45 | 4.62 | 4.77 | 4.90 | 5.01 | 5.11 | 5.20 |
| | **4.02** | **4.64** | **5.02** | **5.29** | **5.51** | **5.69** | **5.84** | **5.97** | **6.09** | **6.19** | **6.28** |
| 24 | 2.92 | 3.53 | 3.90 | 4.17 | 4.37 | 4.54 | 4.68 | 4.81 | 4.92 | 5.01 | 5.10 |
| | **3.96** | **4.55** | **4.91** | **5.17** | **5.37** | **5.54** | **5.69** | **5.81** | **5.92** | **6.02** | **6.11** |
| 30 | 2.89 | 3.49 | 3.85 | 4.10 | 4.30 | 4.46 | 4.60 | 4.72 | 4.82 | 4.92 | 5.00 |
| | **3.89** | **4.45** | **4.80** | **5.05** | **5.24** | **5.40** | **5.54** | **5.65** | **5.76** | **5.85** | **5.93** |
| 40 | 2.86 | 3.44 | 3.79 | 4.04 | 4.23 | 4.39 | 4.52 | 4.63 | 4.73 | 4.82 | 4.90 |
| | **3.82** | **4.37** | **4.70** | **4.93** | **5.11** | **5.26** | **5.39** | **5.50** | **5.60** | **5.69** | **5.76** |
| 60 | 2.83 | 3.40 | 3.74 | 3.98 | 4.16 | 4.31 | 4.44 | 4.55 | 4.65 | 4.73 | 4.81 |
| | **3.76** | **4.28** | **4.59** | **4.82** | **4.99** | **5.13** | **5.25** | **5.36** | **5.45** | **5.53** | **5.60** |
| 120 | 2.80 | 3.36 | 3.68 | 3.92 | 4.10 | 4.24 | 4.36 | 4.47 | 4.56 | 4.64 | 4.71 |
| | **3.70** | **4.20** | **4.50** | **4.71** | **4.87** | **5.01** | **5.12** | **5.21** | **5.30** | **5.37** | **5.44** |
| ∞ | 2.77 | 3.31 | 3.63 | 3.86 | 4.03 | 4.17 | 4.28 | 4.39 | 4.47 | 4.55 | 4.62 |
| | **3.64** | **4.12** | **4.40** | **4.60** | **4.76** | **4.88** | **4.99** | **5.08** | **5.16** | **5.23** | **5.29** |

资料来源：表29-Pearson，E.，and Hartley，H. O.（1966）. *Biometrika Tables for Statisticians*（3rd ed.）. New York：Cambridge University Press. Adapted and reprinted with permission of the Biometrika trustees.

## 表 B.6 皮尔逊相关系数的临界值表

样本相关系数 $r$ 必须大于或等于表中的临界值才能得出显著的结论。

| | 单尾检验的显著性水平 | | | |
|---|---|---|---|---|
| | **0.05** | **0.025** | **0.01** | **0.005** |
| | 双尾检验的显著性水平 | | | |
| $df=n-2$ | **0.1** | **0.05** | **0.02** | **0.01** |
| 1 | 0.988 | 0.997 | 0.999 5 | 0.999 9 |
| 2 | 0.900 | 0.950 | 0.980 | 0.990 |
| 3 | 0.805 | 0.878 | 0.934 | 0.959 |
| 4 | 0.729 | 0.811 | 0.882 | 0.917 |
| 5 | 0.669 | 0.754 | 0.833 | 0.874 |
| 6 | 0.622 | 0.707 | 0.789 | 0.834 |
| 7 | 0.582 | 0.666 | 0.750 | 0.798 |
| 8 | 0.549 | 0.632 | 0.716 | 0.765 |
| 9 | 0.521 | 0.602 | 0.685 | 0.735 |
| 10 | 0.497 | 0.576 | 0.658 | 0.708 |
| 11 | 0.476 | 0.553 | 0.634 | 0.684 |
| 12 | 0.458 | 0.532 | 0.612 | 0.661 |
| 13 | 0.441 | 0.514 | 0.592 | 0.641 |
| 14 | 0.426 | 0.497 | 0.574 | 0.623 |
| 15 | 0.412 | 0.482 | 0.558 | 0.606 |
| 16 | 0.400 | 0.468 | 0.542 | 0.590 |
| 17 | 0.389 | 0.456 | 0.528 | 0.575 |
| 18 | 0.378 | 0.444 | 0.516 | 0.561 |
| 19 | 0.369 | 0.433 | 0.503 | 0.549 |
| 20 | 0.360 | 0.423 | 0.492 | 0.537 |
| 21 | 0.352 | 0.413 | 0.482 | 0.526 |
| 22 | 0.344 | 0.404 | 0.472 | 0.515 |
| 23 | 0.337 | 0.396 | 0.462 | 0.505 |
| 24 | 0.330 | 0.388 | 0.453 | 0.496 |
| 25 | 0.323 | 0.381 | 0.445 | 0.487 |
| 26 | 0.317 | 0.374 | 0.437 | 0.479 |
| 27 | 0.311 | 0.367 | 0.430 | 0.471 |
| 28 | 0.306 | 0.361 | 0.423 | 0.463 |
| 29 | 0.301 | 0.355 | 0.416 | 0.456 |
| 30 | 0.296 | 0.349 | 0.409 | 0.449 |
| 35 | 0.275 | 0.325 | 0.381 | 0.418 |
| 40 | 0.257 | 0.304 | 0.358 | 0.393 |

续表

| | 单尾检验的显著性水平 | | | |
|---|---|---|---|---|
| | **0.05** | **0.025** | **0.01** | **0.005** |
| | 双尾检验的显著性水平 | | | |
| $df=n-2$ | **0.1** | **0.05** | **0.02** | **0.01** |
| 45 | 0.243 | 0.288 | 0.338 | 0.372 |
| 50 | 0.231 | 0.273 | 0.322 | 0.354 |
| 60 | 0.211 | 0.250 | 0.295 | 0.325 |
| 70 | 0.195 | 0.232 | 0.274 | 0.302 |
| 80 | 0.183 | 0.217 | 0.256 | 0.283 |
| 90 | 0.173 | 0.205 | 0.242 | 0.267 |
| 100 | 0.164 | 0.195 | 0.230 | 0.254 |

资料来源：表V1-Fisher，R. A.，and Yates，F.（1974）. *Statistical Tables for Biological，Agricultural and Medical Research*（6th ed.）. London：Longman Group Ltd.（previously published by Oliver and Boyd Ltd.，Edinburgh）经皮尔逊教育有限公司许可改编和重印。

## 表B.7 卡方分布

表中的数值是 $\chi^2$ 临界值。

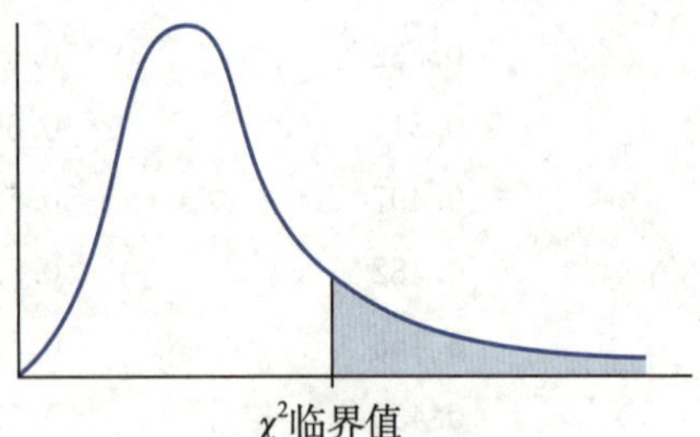


| | 拒绝域的比例 | | | | |
|---|---|---|---|---|---|
| $df$ | **0.10** | **0.05** | **0.025** | **0.01** | **0.005** |
| 1 | 2.71 | 3.84 | 5.02 | 6.63 | 7.88 |
| 2 | 4.61 | 5.99 | 7.38 | 9.21 | 10.60 |
| 3 | 6.25 | 7.81 | 9.35 | 11.34 | 12.84 |
| 4 | 7.78 | 9.49 | 11.14 | 13.28 | 14.86 |
| 5 | 9.24 | 11.07 | 12.83 | 15.09 | 16.75 |
| 6 | 10.64 | 12.59 | 14.45 | 16.81 | 18.55 |
| 7 | 12.02 | 14.07 | 16.01 | 18.48 | 20.28 |
| 8 | 13.36 | 15.51 | 17.53 | 20.09 | 21.95 |
| 9 | 14.68 | 16.92 | 19.02 | 21.67 | 23.59 |
| 10 | 15.99 | 18.31 | 20.48 | 23.21 | 25.19 |
| 11 | 17.28 | 19.68 | 21.92 | 24.72 | 26.76 |
| 12 | 18.55 | 21.03 | 23.34 | 26.22 | 28.30 |

续表

| | 拒绝域的比例 | | | | |
|---|---|---|---|---|---|
| ***df*** | **0.10** | **0.05** | **0.025** | **0.01** | **0.005** |
| 13 | 19.81 | 22.36 | 24.74 | 27.69 | 29.82 |
| 14 | 21.06 | 23.68 | 26.12 | 29.14 | 31.32 |
| 15 | 22.31 | 25.00 | 27.49 | 30.58 | 32.80 |
| 16 | 23.54 | 26.30 | 28.85 | 32.00 | 34.27 |
| 17 | 24.77 | 27.59 | 30.19 | 33.41 | 35.72 |
| 18 | 25.99 | 28.87 | 31.53 | 34.81 | 37.16 |
| 19 | 27.20 | 30.14 | 32.85 | 36.19 | 38.58 |
| 20 | 28.41 | 31.41 | 34.17 | 37.57 | 40.00 |
| 21 | 29.62 | 32.67 | 35.48 | 38.93 | 41.40 |
| 22 | 30.81 | 33.92 | 36.78 | 40.29 | 42.80 |
| 23 | 32.01 | 35.17 | 38.08 | 41.64 | 44.18 |
| 24 | 33.20 | 36.42 | 39.36 | 42.98 | 45.56 |
| 25 | 34.38 | 37.65 | 40.65 | 44.31 | 46.93 |
| 26 | 35.56 | 38.89 | 41.92 | 45.64 | 48.29 |
| 27 | 36.74 | 40.11 | 43.19 | 46.96 | 49.64 |
| 28 | 37.92 | 41.34 | 44.46 | 48.28 | 50.99 |
| 29 | 39.09 | 42.56 | 45.72 | 49.59 | 52.34 |
| 30 | 40.26 | 43.77 | 46.98 | 50.89 | 53.67 |
| 40 | 51.81 | 55.76 | 59.34 | 63.69 | 66.77 |
| 50 | 63.17 | 67.50 | 71.42 | 76.15 | 79.49 |
| 60 | 74.40 | 79.08 | 83.30 | 88.38 | 91.95 |
| 70 | 85.53 | 90.53 | 95.02 | 100.43 | 104.21 |
| 80 | 96.58 | 101.88 | 106.63 | 112.33 | 116.32 |
| 90 | 107.57 | 113.15 | 118.14 | 124.12 | 128.30 |
| 100 | 118.50 | 124.34 | 129.56 | 135.81 | 140.17 |

资料来源：表 8-Pearson，E.，and Hartley，H. O.（1966）. *Biometrika Tables for Statisticians*（3rd ed.）. New York：Cambridge University Press. 经 Biometrika 受托人许可改编和重印。

# 奇数题目的参考答案 | 附录C

## 第1章 统计学入门

1. a. 总体是美国的所有高中生。

b. 样本是在这项研究中受测的100名学生。

c. 均值是一个统计数字。更确切地说是"描述性"统计数据。"推论统计"或"参数"是不正确的，因为均值只描述了样本中的数据。

3. a. 总体是美国的所有高中生。

b. 样本是在这项研究中受测的100名学生。

c. 对照组喝不含咖啡因的咖啡。

d. 实验组喝含有咖啡因的咖啡。

e. 样本包含100名学生（每组50名）。总体很大因而无法测试所有的成员。受测的学生总数为100人，并没有包括研究中的所有人。

f. 记忆测试后计算出的均值是一个统计数字。更确切地说是"描述性统计数据"。"推论统计"或"参数"是不正确的，因为均值只描述了样本中的数据。

5. a. 统计（描述统计）。

b. 参数。

7. a. 下午的平均分是80分，早上的平均分是76分，因此你可能会认为下午考试有优势。然而，平均分之间的差异可能仅是因为抽样误差导致。根据该样本中给出的描述性统计数据，我们无法知道是否存在优势。

b. 推论统计。

9. 年龄：等比、连续数据。尽管通常报告的是整数年，但变量是时间量，时间是无限可分的。

收入：等比、离散数据。收入是由货币单位决定的。对于美元来说，最小的单位是1美分，在1美分到2美分之间没有中间值。

家庭：等比、离散数据。家庭规模由没有中间值的整数类别组成。

社会保险：称名、离散数据。社保号码本质上是编码为9位数字的名称。两个连续的社保号码之间没有中间值。

11. a. 顺序尺度提供两个测量值之间差异方向（或大或小）的信息。

b. 等距尺度提供两次测量之间差异大小的信息。

c. 等比尺度提供两次测量的比率的信息，可以进行如"两倍多"之类的比较。

13. 一项相关研究只有一组个体，该组个体中的每个人测量两个不同的变量。虽然其他研究也评估变量间的关系，但其比较的是两（或更多）组分数。

15. a. 这是一项非实验研究。因为没有对自变量进行操纵，所以参与者也没有被随机分配到摄入不同数量乳脂的组中。

b. 低脂组（脱脂或1%牛奶）的参与者（也就是经常喝低脂牛奶的儿童）也可能更倾向于久坐不动。

c. 可能性1：研究人员可以将参与者随机分配到摄入不同数量乳脂的组。

可能性2：研究人员可以将参与者分成两组，每组摄入不同数量的乳脂，并保持每组参与者的运动量等特征不变。

可能性3：研究人员可以将参与者分成两组，每组分别摄入不同数量的乳脂，并在运动量上相匹配。

17. a. 孤独是一个连续变量。如果用等级1到4来评价，它可能看起来是离散的。但它也可以用等级1到40来评价，这意味着每个等级可以进一步划分。加州大学洛杉矶分校孤独感量表是一个等距量表，因为0值并不代表完全没有孤独感。

b. $n=86$

c. 这是一项实验研究，因为参与者被随机分配到组中。

d. 被要求发布更多状态更新的那组是实验组。

19. a. 因变量是测试中正确答案的数量，这是对材料知识的测量。

b. 知识是一个连续变量。如果用10个测试问题来测量，它可能看起来是离散的。但它也可以用100个测试问题来测量，这意味着每个类别都可以进一步划分。

c. 等比尺度。有绝对零点，表示没有正确的答案。

21. a. 这项研究使用了实验方法，因为参与者被随机分配到接受不同处理的组中。

b. 自变量是参与者收到的指令（即被告知他们的小组等待而另一组没有等待，而不是被告知他们的小组没有等待而另一组等待）。因变量是孩子是否选择等待更大的奖励。

23. a. $\sum X = 15$

b. $\left(\sum X\right)^2 = (15)^2 = 225$。注意，如果在求和之前把分数平方了，答案会是 65，但这是错的。

c. $\sum X - 3 = 15 - 3 = 12$。注意，如果在求和之前从每个分数减去 3，答案会是 3，但这是错的。

d. $\sum (X-3) = (4-3)+(2-3)+(6-3)+(3-3) = (1)+(-1)+(3)+(0) = 3$。注意，如果你把分数加起来再减去 3，答案会是 12，但这是错的。

25. a. $\sum (X-4)^2 = 158$

b. $\left(\sum X\right)^2 = (-2)^2 = 4$

c. $\sum X^2 = 62$

d. $\sum (X+3) = 13$

27. a. $\sum XY = 2$

b. $\sum X \sum Y = 56$

c. $\sum Y = 7$

d. $n=4$

29. a. $\left(\sum X\right)^2$

b. $\sum X^2$

c. $\sum (X-2)$

d. $\sum (X-1)^2$

31. a. $n\sum X^2 = 195$

b. $\left(\sum Y\right)^2 = 361$

c. $\sum XY = 22$

d. $\sum X \sum Y = 209$

## 第 2 章　频数分布

1. 分布表：

a.

| X | f | $P=\frac{f}{n}$ | %=p（100） |
|---|---|---|---|
| 15 | 1 | 0.05 | 5% |
| 14 | 2 | 0.10 | 10% |
| 13 | 3 | 0.15 | 15% |
| 12 | 3 | 0.15 | 15% |
| 11 | 2 | 0.10 | 10% |
| 10 | 4 | 0.20 | 20% |
| 9 | 2 | 0.10 | 10% |
| 8 | 1 | 0.05 | 5% |
| 7 | 2 | 0.10 | 10% |

b. $n=20$

3. a. $n=14$

b. $\sum X = 48$。如果你的答案是 21，那么是不正确的，因为你没有列出每个分数。这个问题中的 $\sum X$ 是 6，5，5，4，4，4，4，3，3，3，2，2，2，1 的总和。

c. $\sum X^2 = 190$。如果你的答案是 2 304，那么是不正确的，因为你在平方之前将所有分数相加。请记住，每个分数的平方和乘以它的概率是在对分数求和之前完成的，除非 $\sum$ 在括号内，看起来像 $\left(\sum X\right)^2$。

5. a. $n=17$

b. $\sum X = 55$

c. $\sum X^2 = 197$

7. a.

| X | f | cf | c% |
|---|---|---|---|
| 20 | 1 | 20 | 100% |
| 19 | 2 | 19 | 95% |
| 18 | 2 | 17 | 85% |
| 17 | 4 | 15 | 75% |
| 16 | 4 | 11 | 55% |
| 15 | 3 | 7 | 35% |
| 14 | 2 | 4 | 20% |
| 13 | 2 | 2 | 10% |

9. a.

| X | f | 精确下限 | 精确上限 |
|---|---|---|---|
| 70～79 | 1 | 69.5 | 79.5 |
| 60～69 | 2 | 59.5 | 69.5 |
| 50～59 | 1 | 49.5 | 59.5 |
| 40～49 | 2 | 39.5 | 49.5 |
| 30～39 | 5 | 29.5 | 39.5 |
| 20～29 | 7 | 19.5 | 29.5 |
| 10～19 | 3 | 9.5 | 19.5 |

b. 正偏态。

c. 如表所示。如果你的答案是 70 和 79、60 和 69 等，那么你就错了，因为你没有将时间视为连续变量。

11. 直方图中相邻的条形之间没有缝隙，彼此接触，但条形图的两个相邻的条形之间有缝隙。条形图适用于显示称名或顺序数据，直方图适用于显示等距或等比数据。在总体中，曲线通常用于显示分布。

13. 你可以从一个常规的频数分布中计算出 $\sum X$、$\sum X^2$ 和均值，但是不能从一个分组频数分布中计算出这些统计数据。在常规的频数分布中，你可以获得分数的准确值。你可以从这两种频数分布中计算 $n$。

15. a.

| X | f |
|---|---|
| 14 | 2 |
| 13 | 4 |
| 12 | 3 |
| 11 | 0 |
| 10 | 1 |
| 9 | 3 |
| 8 | 4 |
| 7 | 1 |

b. 双峰。

17. a. 年龄是一个等比尺度数据，因此应使用直方图。

b. 出生顺序是一个顺序尺度数据，因此应使用条形图。

c. 学术专业是称名量表数据，因此应使用条形图。

d. 选民登记状态是一个称名量表数据，因此应使用条形图。

19. a. 饮料的大小是一个顺序尺度数据，所以条形图是最合适的。

b.

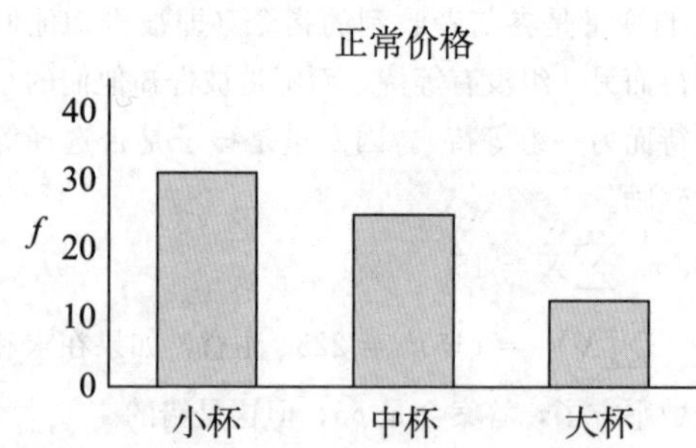


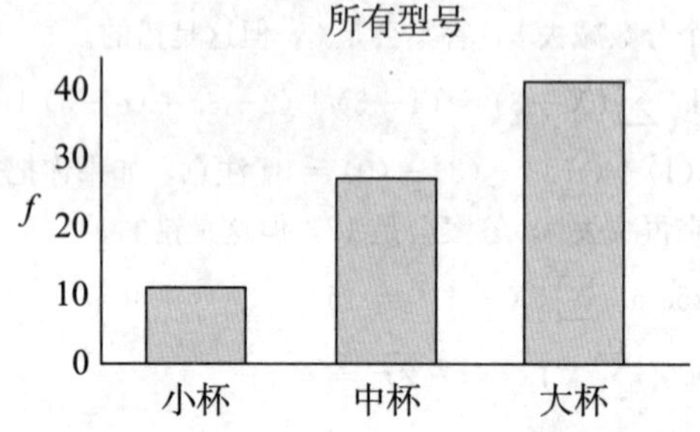


c. 在销售期间销售了更多的饮料，并且售出了更大比例的大杯饮料。

21.

| X | 卡片记忆间隔时间短 | 卡片记忆间隔时间长 |
|---|---|---|
| 4 | 0 | 2 |
| 3 | 4 | 6 |
| 2 | 3 | 1 |
| 1 | 2 | 1 |
| 0 | 1 | 0 |

卡片记忆间隔时间长的被试比卡片记忆间隔时间短的被试得分高。

23. a.

| | |
|---|---|
| 2 | 5 |
| 3 | 78 |
| 4 | — |
| 5 | 25 |
| 6 | 02357789 |
| 7 | 268 |
| 8 | 37 |
| 9 | 46 |

b. 正态分布。

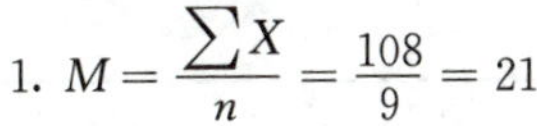

## 第 3 章　集中趋势的测量

1. $M=\frac{\sum X}{n}=\frac{108}{9}=21$

3. $\sum X=2+7+9+4+5+3+0+6=36$

$M=\frac{\sum X}{n}=\frac{36}{8}=4.5$

5. $\sum X=1+2+2+3+3+3+3+3+10+10=40$

$M=\frac{\sum X}{n}=\frac{40}{10}=4$。均值是分布的平衡点。

7. 均值是集中趋势的统计量，它相当于将样本中所有成员的分数相加再平均。

9. $\sum X=N\mu=7(13)=91$

11. a. $\sum X_1=n_1 M_1=4(6)=24$

$\sum X_2=n_2 M_2=4(12)=48$

$M=\frac{\sum X_1+\sum X_2}{n_1+n_2}=\frac{24+48}{4+4}=\frac{72}{8}=9$

b. $\sum X_1=n_1 M_1=3(6)=18$

$\sum X_2=n_2 M_2=6(12)=72$

$M=\frac{\sum X_1+\sum X_2}{n_1+n_2}=\frac{18+72}{3+6}=\frac{90}{9}=10$

如果你的答案是 $M$ 为 9，那么你的答案是错的，因为你没有考虑到各组的分数个数不同。也就是说，你没有根据各组对整体均值的贡献大小来进行加权平均。

c. $\sum X_1=n_1 M_1=6(6)=36$

$\sum X_2=n_2 M_2=3(12)=36$

$M=\frac{\sum X_1+\sum X_2}{n_1+n_2}=\frac{36+36}{6+3}=\frac{72}{9}=8$

13. 新分数 $X=11$ 比旧分数 $X=21$ 低 10 分。因此，我们从 $\sum X$ 中减去 10 分，然后将 $\sum X$ 的新值除以 $n$，如下所示：

$$\sum X-10=nM-10=10(7)-10=60$$

$$M=\frac{\sum X}{n}=\frac{60}{10}=6$$

15. 为了计算减去分数对均值的影响，我们从 $\sum X$ 中减去该分数（12）的值，然后用新值除以 $n$（5），如下所示：

$$\sum X-12=nM-12=6(10)-12=48$$

$$M=\frac{\sum X}{n}=\frac{48}{5}=9.60$$

17. 为了计算减去分数对均值的影响，我们从 $\sum X$ 中减去该分数的值（21），然后用新值除以 $N$（9），如下所示：

$$\sum X-21=N\mu-21=10(12)-21=99$$

$$M=\frac{\sum X}{n}=\frac{99}{9}=11$$

19. a. $\mu=100$

b. $\mu=0$

c. $\mu=100$

d. $\mu=1$

21. 中位数为 5

23. a. 为了从离散变量中找到分数的中位数，我们使用排序方法。在排序后的列表中，中间分数是 $X=3$。因此，中位数为 3。

在这个问题中，中位数落在几个相邻的 $X=3$ 分数的精确上限和下限内。我们使用以下公式来找到这些分数的精确中位数：

$$中位数=X_{精确下限}+\left(\frac{0.5N-f_{精确下限以下}}{f_{相邻的}}\right)$$

$$中位数=2.5+\left(\frac{0.5\ (10)\ -4}{3}\right)$$

$$=2.5+\left(\frac{5-4}{3}\right)=2.5+\left(\frac{1}{3}\right)=2.83$$

25. $\sum X-\sum fX=1(9)+1(8)+3(7)+4(6)+1(5)=67$

均值为 6.7。如果你回答 7.0，则答案不正确，因为你没有将每个分数乘以其相应的频数。中位数为 6.5，众数为 6。

27. 分布是双峰的。第一众数对应于分数 $X=3$。第二众数对应于分数 $X=8$。

29. a. 均值为 7.5，中位数为 8，众数为 9。

b. 基于这些相对值，分布呈负偏态。

31. a. 均值为 3.0，中位数为 3.5，众数为 4。

b. 基于这些相对值，分布呈负偏态。

## 第 4 章 变异性

1. 变异性描述了一个分布中的分数分散或聚集在一起的程度，可以衡量分数之间的差距大小。

3. 全距 $= X_{\max} - X_{\min} = 12.5 - 0.5 = 12$；$IQR = Q3 - Q1 = 6.5 - 4.5 = 2.0$；第 75 百分位数是 6.5，第 25 百分位数是 4.5；四分位距比全距能更好地代表数据的变异性，因为大部分分数都集中在这一区间。

5. 方差衡量的是每个分数与均值之间差异的平方的均值。标准差衡量的是每个分数与均值之间的平均偏差。

7. $SS=36$，$\sigma^2=9$，$\sigma=3$。如果你的答案是 $\sigma=3.46$，那么你就答错了，因为你的公式里用的是样本方差。如果你的答案是 $SS=2.67$，$\sigma^2=0.67$，$\sigma=0.82$，那么你就答错了，因为你在计算 $SS$ 的时候是用了 $(\sum X)^2$ 除以 $(N-1)$，而不是 $N$。

9. 在标准差为 0 的样本中，所有分数都有相同的值。标准差为 0 只发生在当一组分数没有变异时。

11.

| | 定义公式的结果 | 计算公式的结果 |
|---|---|---|
| A | 11.34 | 11.33 |
| B | 30 | 30 |

A 组数据用两种计算公式得出的结果的差异是由于在四舍五入时产生了误差。A 组的均值为 9.666 66…，四舍五入到小数点后两位为 $M=9.67$，计算离均差的平方时用了舍入的值；当把这些离均差平方相加时，舍入误差是累计的。因此，计算公式产生的值是正确的，而定义公式产生的值是错误的。

13. a. $SS=72$，$\sigma^2=9$，$\sigma=3$

b. 应该使用计算公式，因为 $\mu=2.5$。

15. a. 如果分数来自总体，$SS=20$，$\sigma^2=4$，$\sigma=2$。

b. 如果分数来自样本，$SS=20$，$s^2=5$，$s=2.24$。

17. 计算均值时分母为 12，计算方差时分母为 11，因为样本均值统计量是总体均值的无偏统计，样本方差应使用 $n-1$ 作为 $\sigma^2$ 的无偏统计。

19. $SS=128$，$s^2=16$，$s=4$

21. a. $\mu=4$，$\sigma^2=6$

b.

| 样本 | 分数 1 | 分数 2 | $M=\frac{\sum X}{n}$ | $SS$ | $\frac{SS}{n-1}$ | $\frac{SS}{n}$ |
|---|---|---|---|---|---|---|
| a | 1 | 1 | 1.00 | 0.00 | 0.00 | 0.00 |
| b | 1 | 4 | 2.50 | 4.50 | 4.50 | 2.25 |
| c | 1 | 7 | 4.00 | 18.00 | 18.00 | 9.00 |
| d | 4 | 1 | 2.50 | 4.50 | 4.50 | 2.25 |
| e | 4 | 4 | 4.00 | 0.00 | 0.00 | 0.00 |
| f | 4 | 7 | 5.50 | 4.50 | 4.50 | 2.25 |
| g | 7 | 1 | 4.00 | 18.00 | 18.00 | 9.00 |
| h | 7 | 4 | 5.50 | 4.50 | 4.50 | 2.25 |
| i | 7 | 7 | 7.00 | 0.00 | 0.00 | 0.00 |

c. $M$ 列均值为 4，$\frac{SS}{n-1}$ 列均值为 6，$\frac{SS}{3}$ 列均值为 3。$M$ 列均值与总体参数 $\mu$ 匹配，样本均值是总体均值 $\mu$ 的无偏统计，$\frac{SS}{n-1}$ 是总体方差 $\sigma^2$ 的无偏统计，$\frac{SS}{n}$ 是总体方差 $\sigma^2$ 的有偏统计。

23. $\sum X = 720$，$SS = df(s^2) = 11(3^2) = 99$。如果你的答案是 SS=108，那么你就错了，因为你将 $s^2$ 和 $n$ 相乘而不是和 $df=n-1$ 相乘。

25.

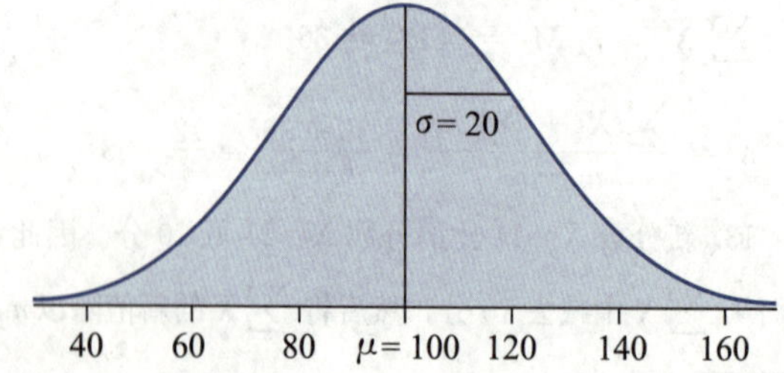


27. a. 原始样本 $M=64$，$s=13$。如果你的答案是 $s=7$，那么你就答错了，因为将每个分数加上或减去一个常数不会改变标准差。加上或减去一个常数不会改变分数和均值之间的距离。

b. 原始样本 $M=16$，$s=6$。如果你的答案是 $s=18$，那么你就答错了，因为将每个分数乘以或除以一个常数会使得标准差也乘以或除以相同的数。

29. a. 转换后的样本分数为：0，2，1，0，6，1，0，2。新样本 $M=1.5$，$s=2$。

b. 原始样本 $M=0.75$，$s=1$。

31. a. 全距为 12，$s^2=24$，$s=4.90$。

b. 全距为 12，$s^2=48$，$s=6.93$。

c. 增大分布中央的分数之间的距离不会改变全距，但标准差和方差变大。

33. a. 1991：$M=8$，$SS=200$，$s^2=25$，$s=5$；2006：$M=15$，$SS=512$，$s^2=64$，$s=8$。

b.

| 1991 | 2006 |
|---|---|
| $M=8.00$ | $M=15.00$ |
| $SD=5.00$ | $SD=8.00$ |

35. 适应前：$M=12$，$SS=294$，$s^2=49$，$s=7$；2006：$M=5$，$SS=96$，$s^2=16$，$s=4$。适应过程同时改变了分数的均值与变异性。

37. a.

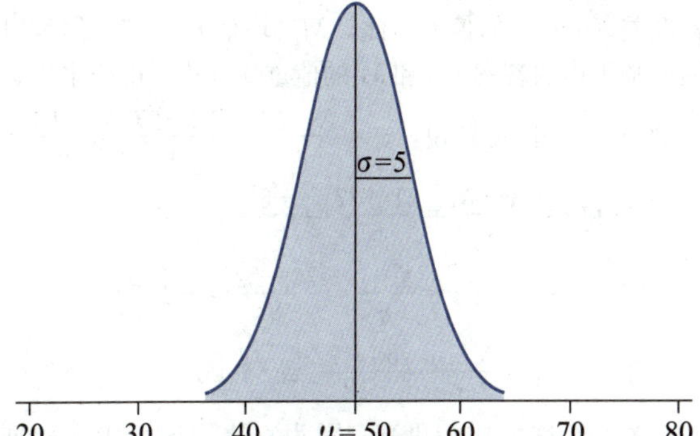


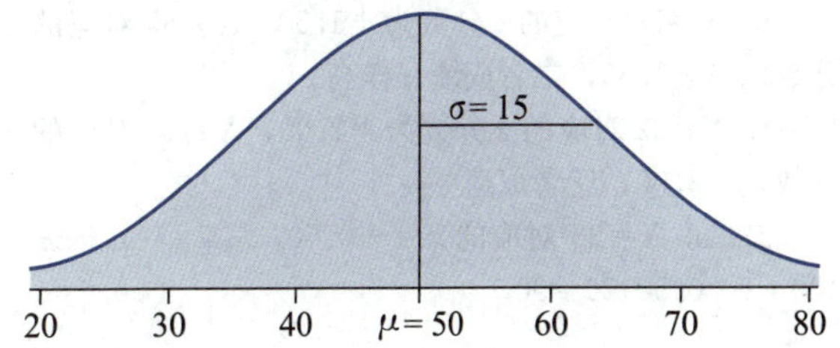


b. 在 $\mu=50$、$\sigma=5$ 的分布中，$X=65$ 属于一个极端值，因为它与均值相差三个标准差。

## 第5章　$z$ 分数：分数的位置和标准化

1. $z$ 分数代表某一分数在某样本或总体中相较于均值的位置，包含了方向和距离的信息。

3. a. d

b. c

c. a

d. b

5. a. $z=+1.00$

b. $z=+0.50$

c. $z=-2.00$

d. $-0.60$

7. a. $X=50$，$z=(X-\mu)/\sigma=0.00$；$X=62$，$z=+2.00$；$X=53$，$z=+0.50$；$X=44$，$z=-1.00$*；$X=47$，$z=-0.50$；$X=38$，$z=-2.00$

b. $z=+1.00$，$X=\mu+z\sigma=56$；$z=+2.50$，$X=65$；$z=+1.50$，$X=59$；$z=-1.50$，$X=41$**；$z=-3.00$，$X=32$；$z=-2.50$，$X=35$

9. 对于一个均值 $M=90$、标准差 $s=20$ 的样本：

a. $X=95$，$Z=+0.25$；$X=98$，$z=+0.40$；$X=105$，$z=+0.75$；$X=80$，$z=-0.50$；$X=88$，$z=-0.10$；$X=76$，$z=-0.70$

b. $z=-1.00$，$X=70$；$z=+0.50$，$X=100$；$z=-1.50$，$X=60$；$z=+0.75$，$X=105$；$z=-1.25$，$X=65$；$z=+2.60$，$X=142$

11. a. $z=0.00$，该分数与均值相同。

b. $z=+1.00$，该分数高于均值。

c. $z=-2.00$，该分数远低于均值。

d. $z=-0.50$，该分数低于均值。

13. a. $z=+0.42$，$X=104.80$

b. $z=+1.25$，$X=101.60$

c. $z=+1.79$，$X=85.60$

d. $z=+4.17$，$X=82.40$

15. $\sigma=40$

17. $\mu=X-z\sigma=24-(-1.5)4=24-(-6.0)=30.0$

如果你的答案是 18，那就是不正确的，因为你的计算没有考虑到 $z=-1.50$ 是在均值之下。

19. $\sigma=\dfrac{X-\mu}{z}=\dfrac{54-45}{+1.50}=6.00$

21. $S=\dfrac{X-M}{z}=\dfrac{54-63}{-0.75}=12.00$

23. $X=21$ 比 $X=12$ 高 9 分。9 分对应于 1.50 标准差（$z=-1.00$ 是比 $z=-2.50$ 高 1.50 的标准差）。因

* 如果你的答案是 1.00，那就是不正确的，因为你忽视了 $z$ 值的大小。

** 如果你的答案是 $X=59$，那就是不正确的，因为你忽视了 $z$ 值的大小。

此，标准差 $s=9\div1.50=6.00$。$X=21$ 是比均值低一个标准差（6 分）的值。因此，$M$（均值）$=27$。你可以通过基于你的答案中 $s$ 和 $M$ 的值重新计算 $z$ 得分来检查你的计算。也就是说，$z=\frac{X-M}{s}=\frac{12-27}{6}=\frac{-15}{6}=-2.50$ 和 $z=\frac{X-M}{s}=\frac{21-27}{6}=\frac{-6}{6}=-1.00$。

25. a. $X=70$：$z=\frac{X-\mu}{\sigma}=\frac{70-82}{8}=-1.50$

$X=60$：$z=\frac{X-\mu}{\sigma}=\frac{60-72}{12}=-1.00$

$X=60$ 这一成绩更高，因为它比均值低 1 个标准差，而 $X=70$ 比均值低 1.5 个标准差。

b. $X=58$ 对应的 $z$ 分数为 $+1.50$，$X=85$ 对应的 $z$ 分数也是 $+1.50$，二者成绩一样高。

c. $X=32$ 对应的 $z$ 分数为 $+2.00$，$X=26$ 对应的 $z$ 分数是 $+3.00$，后者成绩更高。

27. a. $X=39$ 对应的 $z=-0.50$，$X_{转换后}=\mu+z\sigma=100+(-0.50)20=90$。

b. $X=36$ 对应的 $z=-1.25$，$X_{转换后}=75$。

c. $X=45$ 对应的 $z=+1.00$，$X_{转换后}=120$。

d. $X=50$ 对应的 $z=+2.25$，$X_{转换后}=145$。

29. a. $\mu=5$，$\sigma=4$

b. 和 c.

| **X** | **z 分数** | **$X_{转换后}$** |
|---|---|---|
| 6 | +0.25 | 55 |
| 1 | −1.00 | 30 |
| 0 | −1.25 | 25 |
| 7 | +0.50 | 60 |
| 4 | −0.25 | 45 |
| 13 | +2.00 | 90 |
| 4 | −0.25 | 45 |

31. $X=220$ 对应的 $z$ 分数为 $+0.40$，不是一个极端值。

## 第 6 章　概　率

1. 随机抽样的两个基本要求：(1) 每个个体有相同的机会被选中；(2) 每个选项每次被选中的概率保持不变。

3. a. $p(新生)=\frac{新生人数}{总人数}=\frac{32}{32+48}=0.40$

b. $p(新生)=40\%$，因为使用随机抽样，最初五个样本回归总体。

c. $p(新生)=\frac{新生人数}{总人数}=\frac{32}{32+58}=0.36$

5. a. 主体在左侧，$p=0.977\ 2$

b. 主体在左侧，$p=0.691\ 5$

c. 主体在右侧，$p=0.933\ 2$

d. 主体在右侧，$p=0.952\ 5$

7. a. $p=0.445\ 2$

b. $p=0.315\ 9$

c. $p=0.433\ 2$

d. $p=0.155\ 4$

9. a. $p(-1.64<z<+1.64)=0.449\ 5+0.449\ 5=0.899\ 0$

b. $p(-1.96<z<+1.96)=0.475\ 0+0.475\ 0=0.950\ 0$

c. $p(-1.00<z<+1.00)=0.341\ 3+0.341\ 3=0.682\ 6$

11. a. $z=+1.65$

b. $z=-0.84$

c. $z=-1.28$

d. $z=0.00$

13. a. $-1.96<z<+1.96$

b. $-0.67<z<+0.67$

c. $-1.15<z<+1.15$

d. $-0.84<z<+0.84$

15. a. 主体在分布的左侧，因为 $X=74$ 大于均值，$z=\frac{X-\mu}{\sigma}=\frac{74-70}{12}=+0.33$，$p(z<+0.33)=0.629\ 3$。

b. 主体在分布的左侧，因为 $X=84$ 大于均值，$z=\frac{X-\mu}{\sigma}=\frac{84-70}{12}=+1.17$，$p(z<+1.17)=0.879\ 0$。

c. 主体在分布的右侧，因为 $X=54$ 小于均值，$z=\frac{X-\mu}{\sigma}=\frac{54-70}{12}=-1.33$，$p(z>-1.33)=0.908\ 2$。

d. 主体在分布的右侧，因为 $X=58$ 小于均值，$z=\frac{X-\mu}{\sigma}=\frac{58-70}{12}=-1.00$，$p(z>+1.00)=0.841\ 3$。

17. a. $z=\frac{X-\mu}{\sigma}=\frac{140-100}{15}=+2.67$，$p(z>+2.67)=0.003\ 8$

b. $z=\frac{X-\mu}{\sigma}=\frac{120-100}{15}=+1.33$，并且 $z=+2.67$ 来自之前的答案。$p(+1.33<z<+2.67)=0.091\ 8-0.003\ 8=0.088\ 0$。

c. $z=\frac{X-\mu}{\sigma}=\frac{90-100}{15}=-0.67$，$z=\frac{X-\mu}{\sigma}=\frac{109-100}{15}=+0.60$，$p(-0.67<z<+0.60)=0.746\ 8-$

0.274 3=0.472 5

d. $p(z>+1.65)=0.05$，$X=\mu+z\sigma=100+(+1.65)15=124.75$，$p(X>124.75)=0.05$

e. $p(z>+0.67)=0.75$，$X=\mu+z\sigma=100+(+0.67)15=110.05$，$p(X<110.05)=0.75$

19. a. $Q1$ 对应的 $z$ 分数为−0.67，因此，$Q1=\mu+z\sigma=35+(-0.67)6=30.98$；$Q3$ 对应的 $z$ 分数为+0.67，因此，$Q3=\mu+z\sigma=35+(0.67)6=39.02$。$IQR=Q3-Q1=8.04$。

b.

| X | z | 百分等级 |
|---|---|---|
| 33 | −0.33 | 37.07 |
| 30 | −0.83 | 20.33 |
| 36 | +0.17 | 56.75 |
| 36 | +0.17 | 56.75 |
| 26 | −1.50 | 6.68 |
| 35 | 0.00 | 50.00 |
| 40 | +0.83 | 79.67 |
| 38 | +0.50 | 69.15 |
| 44 | +1.50 | 93.32 |
| 42 | +1.17 | 87.90 |
| 21 | −2.33 | 0.99 |
| 35 | 0.00 | 50.00 |
| 41 | +1.00 | 84.13 |
| 29 | −1.00 | 15.87 |
| 36 | +0.17 | 56.75 |

c. 后25%。

| 实际分数 | 预期分数 |
|---|---|
| 30 | 35 |
| 26 | 34 |
| 21 | 35 |
| 29 | 32 |

预期分数均值为34.00。
前25%。

| 实际分数 | 预期分数 |
|---|---|
| 40 | 37 |
| 44 | 40 |
| 42 | 41 |
| 41 | 43 |

预期分数均值为40.25。注意，预期分数相比实际分数中的差异算是小的。

21. a. $X=9$ 对应的 $z$ 分数为−0.40，$p(z>-0.40)=0.6554$

b. $X=8$ 对应的 $z$ 分数为−0.80，$X=12$ 对应的 $z$ 分数为+0.80，$p(8<X<12)=0.5762$

c. $Q1$ 对应的 $z$ 分数为−0.67，$Q1=\mu+z\sigma=10+(-0.67)2.5=8.32$；$Q3$ 对应的 $z$ 分数为+0.67，$Q3=\mu+z\sigma=10+(0.67)2.5=11.68$。$IQR=Q3-Q1=3.36$。

23. a. $X=145$ 对应的 $z$ 分数为+3.00，$p(X>145)=0.0010$。

b. $X=110$ 对应的 $z$ 分数为+0.67，$p(X>110)=0.2514$。

## 第7章 概率和样本：样本均值的分布

1. a. 样本均值的分布中包含了给定样本大小（$n$）的所有可能样本的均值。

b. 中心极限定理规定了任何总体中任意大小样本的样本均值分布的基本特征。具体来说，随着样本容量的增加，样本均值分布会趋于正态分布，分布均值等于总体均值，样本均值分布的标准差（标准误）等于总体标准差除以样本容量（$n$）的平方根。

c. $M$ 的期望值是样本均值分布的均值（$\mu$）。

d. $M$ 的标准差是样本均值分布的标准差（$\sigma_M=\frac{\sigma}{\sqrt{n}}$）。

3. a. $s$ 是样本标准差，$\sigma$ 是总体标准差，$\sigma_M$ 是样本均值分布的标准差（标准误）。

b. $M$ 是样本均值，$\mu$ 是总体均值，$\mu_M$ 是样本均值分布的均值。

5. 因为 $n>30$，所以成正态分布，期望值 $\mu=90$，标准误 $=\sigma_M=\frac{\sigma}{\sqrt{n}}=4$。

7. a. $\sigma_M=\frac{\sigma}{\sqrt{n}}=\frac{18}{\sqrt{4}}=9$

b. $\sigma_M=\frac{\sigma}{\sqrt{n}}=\frac{18}{\sqrt{9}}=6$

c. $\sigma_M=\frac{\sigma}{\sqrt{n}}=\frac{18}{\sqrt{36}}=3$

9. 均值的期望值是 $\mu=75$，均值分布的标准差是 $\sigma_M=\frac{\sigma}{\sqrt{n}}=\frac{10}{\sqrt{4}}=5$。

11. $\sigma_M=\frac{\sigma}{\sqrt{n}}=\frac{50}{\sqrt{25}}=10$，$z=+2.00$

13. a. $\sigma_M=\frac{\sigma}{\sqrt{n}}=\frac{24}{\sqrt{4}}=12$，$z=+0.50$

b. $\sigma_M=\frac{\sigma}{\sqrt{n}}=\frac{24}{\sqrt{9}}=8$，$z=+0.75$

c. $\sigma_M=\frac{\sigma}{\sqrt{n}}=\frac{24}{\sqrt{16}}=6$，$z=+1.00$

d. $\sigma_M=\frac{\sigma}{\sqrt{n}}=\frac{24}{\sqrt{36}}=4$，$z=+1.50$

15. a. $\sigma_M=\frac{\sigma}{\sqrt{n}}=\frac{10}{\sqrt{4}}=5$，$z=+0.60$，$p(M>53)=0.274\,3$

b. $\sigma_M=\frac{\sigma}{\sqrt{n}}=\frac{10}{\sqrt{16}}=2.5$，$z=+1.20$，$p(M>53)=0.115\,1$

c. $\sigma_M=\frac{\sigma}{\sqrt{n}}=\frac{10}{\sqrt{25}}=2.0$，$z=+1.50$，$p(M>53)=0.066\,8$

17. a. $\sigma_M=\frac{\sigma}{\sqrt{n}}=\frac{8}{\sqrt{4}}=4$，$z=+0.50$，$p(M>32)=0.308\,5$

b. 无法确定，因为样本量 $n=4$，样本均值分布非正态。

c. $\sigma_M=\frac{\sigma}{\sqrt{n}}=\frac{8}{\sqrt{64}}=1$，$z=+2.00$，$p\ (M>32)=0.022\,8$

d. $n=64$，样本均值成正态分布，$\sigma_M=1$，$z=+2.00$，$p=0.022\,8$。

19. a. 无法确定，因为样本量 $n=9$，样本均值分布非正态。

b. $\sigma_M=\frac{\sigma}{\sqrt{n}}=\frac{12}{\sqrt{36}}=2$，$z=+1.75$，$p(M>75)=0.040\,1$

c. $M=75$ 时，$p(\mu<M<75)=.459\,9$；$M=70$ 时，$z=-0.75$，$p(70<M<\mu)=0.273\,4$；$p(70<M<75)=0.459\,9+0.273\,4=0.733\,3$。

21. a. $\sigma_M=\frac{\sigma}{\sqrt{n}}=\frac{10}{\sqrt{4}}=5$

b. $\sigma_M=\frac{\sigma}{\sqrt{n}}=\frac{10}{\sqrt{25}}=2$

23. a. $n=16$

b. $n=64$

c. $n=144$

25. a.

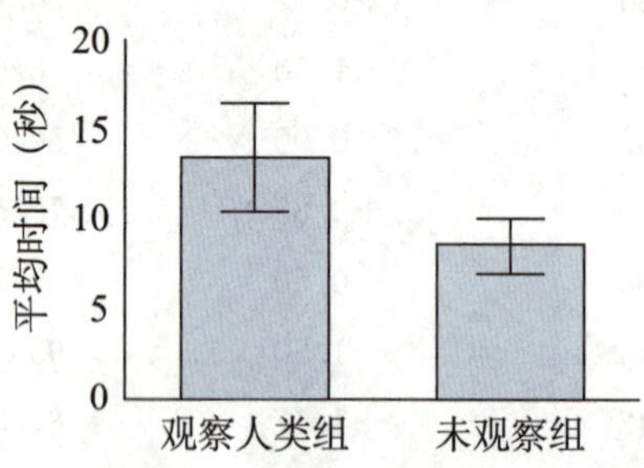


b. 观察人类组似乎延长了选择从管的一端查看的时间。

27. a. $\sigma_M=\frac{\sigma}{\sqrt{n}}=\frac{12}{\sqrt{36}}=2$，$z=-3.00$，该样本均值是个极端值。

b. $\sigma_M=\frac{\sigma}{\sqrt{n}}=\frac{30}{\sqrt{36}}=5$，$z=-1.20$，该样本均值不是极端值。

## 第8章　假设检验介绍

1. 假设检验不允许研究者直接证明备择假设为真。假设检验以 α 作为拒绝虚无假设的标准，将在虚无假设为真时获得样本数据的概率与 α 进行比较。

3. a. 虚无假设：大学预备课程没有作用；备择假设：大学预备课程有作用。

b. $H_0$：$\mu_{预备课程}=20$；$H_1$：$\mu_{预备课程}\neq 20$

5. 两种错误都是在对数据做出结论之后出现的。当研究人员拒绝虚无假设但虚无假设为真时（例如，治疗没有产生效果），就会出现第一类错误。当研究人员未能拒绝虚无假设，但虚无假设为假时，就会出现第二类错误（例如，治疗确实有效果）。第一类错误比第二类错误更严重，因为第一类错误会导致文献中的错误发表。

7. a. 增大处理的效应量会增大 $z$ 值。

b. 增大总体的标准差会减小 $z$ 值。

c. 增大样本量会增大 $z$ 值。

9. a. 虚无假设：该项目没有改变学习时间；备择假设：该项目改变了学习时间。

b. 第一步：$H_0$：$\mu_{项目}=15$；$H_1$：$\mu_{项目}\neq 15$，$\alpha=0.05$

第二步：拒绝域为±1.96之外。

第三步：$\sigma_M=\frac{\sigma}{\sqrt{n}}=\frac{9}{\sqrt{36}}=1.5$，$z=+2.00$

第四步：$z$ 值位于拒绝域，因此拒绝虚无假设，说明有足够的证据表明该项目会改变学习时间。

11. a. 虚无假设：使用电子书对考试成绩没有影响；备择假设：使用电子书对考试成绩有影响。

b. 第一步：$H_0$：$\mu_{电子书}=77$；$H_1$：$\mu_{电子书}\neq 77$，$\alpha=0.05$

第二步：拒绝域为$\pm 1.96$之外。

第三步：$\sigma_M=\frac{\sigma}{\sqrt{n}}=\frac{8}{\sqrt{16}}=2$，$z=-2.25$

第四步：$z$ 值位于拒绝域，因此拒绝虚无假设，说明有足够的证据表明使用电子书会改变考试成绩。

13. a. 第一步：$H_0$：$\mu_{处理}=20$；$H_1$：$\mu_{处理}\neq 20$，$\alpha=0.05$

第二步：拒绝域为$\pm 1.96$之外。

第三步：$\sigma_M=\frac{\sigma}{\sqrt{n}}=\frac{10}{\sqrt{25}}=2$，$z=+2.50$

第四步：$z$ 值位于拒绝域，因此拒绝虚无假设。

b. 第一步：$H_0$：$\mu_{处理}=20$；$H_1$：$\mu_{处理}\neq 20$，$\alpha=0.05$

第二步：拒绝域为$\pm 1.96$之外。

第三步：$\sigma_M=\frac{\sigma}{\sqrt{n}}=\frac{10}{\sqrt{4}}=5$，$z=+1.00$

第四步：$z$ 值不位于拒绝域，无法拒绝虚无假设。

c. 增大样本量会降低标准误，从而增大 $z$ 值，使拒绝虚无假设的概率增大。

15. a. 存在六分的处理效应时，要求 $z$ 分数大于1.96，标准误需要小于3.06。如果标准差 $\sigma=10$，$3.06=\frac{10}{\sqrt{n}}$，样本量需要大于10.68，因此需要 $n=11$ 及以上的样本。

b. 存在三分的处理效应时，要求 $z$ 分数大于1.96，标准误需要小于1.53，样本量需要大于42.72，因此需要 $n=43$ 及以上的样本。

17. a. 第一步：$H_0$：$\mu_{课程}\leqslant 500$；$H_1$：$\mu_{课程}>500$，$\alpha=0.01$，单尾。

第二步：拒绝域为$+2.33$之外。

第三步：$\sigma_M=\frac{\sigma}{\sqrt{n}}=\frac{100}{\sqrt{20}}=22.37$，$z=+2.77$

第四步：$z$ 值位于拒绝域，因此拒绝虚无假设，说明有足够的证据表明新课程影响SAT分数。

b. $d=\frac{M-\mu}{\sigma}=\frac{562-500}{100}=0.62$

c. 新课程对SAT分数有显著影响，$z=2.77$，$p<0.05$，$d=0.62$。

19. 无法计算 $z$ 分数，因为假设假定处理影响均值而非标准差。

21. a. 第一步：画出虚无假设和备择假设的分布，$\sigma_M=\frac{\sigma}{\sqrt{n}}=\frac{10}{\sqrt{4}}=5$。

第二步：定位虚无假设的拒绝域，计算 $M$ 临界值。$\alpha=0.05$，双尾检验，拒绝域边界为 $z=\pm 1.96$，因此 $M$ 临界值$=50+1.96\times 5=59.80$。

第三步：计算备择假设中 $M$ 临界值的 $z$ 分数，计算统计检验力。$z=\frac{59.80-55}{5}=+0.96$，对应的概率值 $p=0.1685$，因此检验力为16.85%。

b. 第一步：画出虚无假设和备择假设的分布，$\sigma_M=\frac{\sigma}{\sqrt{n}}=\frac{10}{\sqrt{25}}=2$。

第二步：定位虚无假设的拒绝域，计算 $M$ 临界值。$\alpha=0.05$，双尾检验，拒绝域边界为 $z=\pm 1.96$，因此 $M$ 临界值$=50+1.96\times 2=53.92$。

第三步：计算备择假设中 $M$ 临界值的 $z$ 分数，计算统计检验力。$z=\frac{53.92-55}{2}=-0.54$，对应的概率值 $p=0.7054$，因此检验力为70.54%。

23. a. 第一步：画出虚无假设和备择假设的分布，$\sigma_M=\frac{\sigma}{\sqrt{n}}=\frac{15}{\sqrt{25}}=3$。

第二步：定位虚无假设的拒绝域，计算 $M$ 临界值。$\alpha=0.05$，双尾检验，拒绝域边界为 $z=\pm 1.96$，因此 $M$ 临界值$=100+1.96\times 3=105.88$。

第三步：计算备择假设中 $M$ 临界值的 $z$ 分数，计算统计检验力。$z=\frac{105.88-107}{3}=-0.37$，对应的概率值 $p=0.6443$，因此检验力为64.43%。

b. 如同a部分，除了 $M_{临界值}=\mu_{虚无假设}+2.58\ (\sigma_M)=100+2.58\ (3)=107.74$，$z=\frac{M_{临界值}-\mu_{备择假设}}{\sigma_M}=\frac{107.74-107}{3}=\frac{0.74}{3}=+0.25$，因此，检验力$=0.4013$或40.13%。

25. a. $H_0$：$\mu_{无处理}=\mu_{练习}$；$H_1$：$\mu_{无处理}\neq\mu_{练习}$

b. 第一步：画出虚无假设和备择假设的分布，$\sigma_M=\frac{\sigma}{\sqrt{n}}=\frac{42}{\sqrt{2\,500}}=0.84$。

第二步：定位虚无假设的拒绝域，计算 $M_{临界值}=195.5-1.96\times 0.84=193.85$。

第三步：计算备择假设中 $M_{临界值}$ 的 $z$ 分数，计算统计检验力。$z=\frac{193.85-192.5}{0.84}=+1.61$，对应的概率值 $p=0.9463$，因此检验力为94.63%。

c. 第一步：$H_0$：$\mu_{无处理}=\mu_{练习}$；$H_1$：$\mu_{无处理}\neq\mu_{练习}$

第二步：拒绝域 $z=\pm 1.96$

第三步：$z=\frac{M-\mu}{\sigma_M}=-4.05$

第四步：$z$ 值位于拒绝域，因此拒绝虚无假设，有足够的证据表明练习会影响体重。

d. 第一步与第二步同 c。

第三步：$\sigma_M=\frac{\sigma}{\sqrt{n}}=8.40$，$z=-0.40$

第四步：样本均值不在拒绝域中，因此无法拒绝虚无假设，即没有证据表明练习会影响体重。

e. Cohen's $d=0.08$，是个小效应量。在样本量为 2 500时，该效应显著；在样本量为 25 时，该效应不显著。

## 第9章　$t$ 检验介绍

1. 当总体标准差（或方差）已知时，使用 $z$ 分数。当总体方差和标准差未知时，使用 $t$ 统计量。$t$ 统计量使用样本方差或标准差来代替未知的总体参数。

3. a. 样本方差测量样本中的变异。

b. $s_M=\sqrt{\frac{s^2}{n}}=\sqrt{\frac{100}{25}}=\sqrt{4}=2$

标准误 $s_M$ 测量样本均值分布中样本均值和总体均值之间的距离。

5. a. $M=\frac{\sum X}{n}=\frac{125}{5}=25$

$SS=\sum(X-M)^2=(20-25)^2+(25-25)^2+(30-25)^2+(20-25)^2+(30-25)^2$
$=(-5)^2+(0)^2+(5)^2+(-5)^2+(5)^2$
$=25+0+25+25+25=100$

$df=n-1=5-1=4$

$s^2=\frac{SS}{df}=\frac{100}{4}=25$

b. $s_M=\sqrt{\frac{s^2}{n}}=\sqrt{\frac{25}{5}}=\sqrt{5}=2.24$

7. 样本方差（$s^2$）或样本标准差（$s$），用于计算从一个样本到另一个样本的 $t$ 的变化，并有助于 $t$ 统计量的可变性。一个 $z$ 分数使用总体方差，从一个样本到另一个样本是恒定的。

9. a. $df=n-1=9-1=8$，临界 $t=2.306$。

b. $df=15$，临界 $t=2.131$。

c. $df=35$，临界 $t=2.042$。

d. a、b、c 的 $t$s 值分别是 1.860、1.753 和 1.697。

e. a、b、c 的 $t$s 值分别是 3.355、2.947 和 2.750。

11. a. $df=n-1=7-1=6$，$M=\frac{\sum X}{n}=\frac{315}{7}=45$，$s^2=\frac{SS}{df}=\frac{96}{6}=16$。如果你的 SS 值不正确，参考如下：

$SS=\sum(X-M)^2=(37-45)^2+(49-45)^2+(47-45)^2+(47-45)^2+(47-45)^2+(43-45)^2+(45-45)^2$
$=(-8)^2+(4)^2+(2)^2+(2)^2+(2)^2+(-2)^2+(0)^2$
$=64+16+4+4+4+4+0=96$

b. $M-\mu=45-50=-5$

c. $s_M=\sqrt{\frac{s^2}{n}}=\sqrt{\frac{16}{7}}=\sqrt{2.29}=1.51$

d. 步骤 1：

$H_0$：$\mu_{处理}=50$，$H_1$：$\mu_{处理}\neq 50$，$\alpha=0.01$，双尾检验

步骤 2：临界 $t=2.447$

步骤 3：$t=\frac{M-\mu}{s_M}=\frac{45-50}{1.51}=\frac{-5}{1.51}=-3.31$

步骤 4：步骤 3 的 $t$ 比步骤 2 的 $t$ 更极端，所以拒绝原假设。证据表明，这种条件影响了分数。

e. $H_0$：$\mu_{处理}=50$，$H_1$：$\mu_{处理}\neq 50$，$\alpha=0.01$，双尾检验

步骤 2：临界 $t=3.707$

步骤 3：$t=\frac{M-\mu}{s_M}=\frac{45-50}{1.51}=\frac{-5}{1.51}=-3.31$

步骤 4：步骤 3 的 $t$ 不如步骤 2 的 $t$ 极端，所以不能拒绝原假设。没有证据表明这个条件影响了分数。

13. a. 步骤 1：$H_0$：$\mu_{处理}=40$，$H_1$：$\mu_{处理}\neq 40$，$\alpha=0.05$，双尾检验

步骤 2：临界 $t=3.182$

步骤 3：$s_M=\sqrt{\frac{s^2}{n}}=\sqrt{\frac{36}{4}}=\sqrt{9}=3$

$t=\frac{M-\mu}{s_M}=\frac{44.5-40.0}{3}=\frac{4.5}{3}=1.50$

步骤 4：步骤 3 的 $t$ 不如步骤 2 的 $t$ 极端，所以不能拒绝原假设。没有证据表明这个条件影响了分数。

b. 步骤 1：如第 a 部分所述。

步骤 2：临界 $t=2.131$

步骤 3：$s_M=\sqrt{\frac{s^2}{n}}=\sqrt{\frac{36}{16}}=\sqrt{2.25}=1.5$

$t=\frac{M-\mu}{s_M}=\frac{44.5-40.0}{1.5}=\frac{4.5}{1.5}=3.00$

步骤 4：步骤 3 中的 $t$ 比步骤 2 中的 $t$ 更极端，所以拒绝原假设。有证据表明，这个条件影响了分数。

c. 如果虚无假设为假，那么增加样本量会增加假设检验拒绝虚无假设的可能性。

15. a. 步骤 1：$H_0$：$\mu_{处理}=73.4$，$H_1$：$\mu_{处理}\neq73.4$，$\alpha=0.05$，双尾检验

步骤 2：临界 $t=2.131$

步骤 3：$s_M=\sqrt{\frac{s^2}{n}}=\sqrt{\frac{8.4^2}{16}}=\frac{8.4}{4}=2.1$

$t=\frac{M-\mu}{s_M}=\frac{78.3-73.4}{2.1}=\frac{4.9}{2.1}=2.33$

步骤 4：步骤 3 的 $t$ 比步骤 2 的 $t$ 极端，所以拒绝原假设。有证据表明这个条件影响了分数。

b. 步骤 $d=\frac{平均值差}{标准差}=\frac{78.3-73.4}{8.4}=\frac{4.9}{8.4}=0.58$

$r^2=\frac{t^2}{t^2+df}=\frac{(2.33)^2}{(2.33)^2+15}=\frac{5.43}{5.43+15}=\frac{5.43}{20.43}=0.27$

17. a. 步骤 1：$H_0$：$\mu_{处理}=20$，$H_1$：$\mu_{处理}\neq20$，$\alpha=0.05$，双尾检验

步骤 2：临界 $t=2.306$

步骤 3：$s_M=\sqrt{\frac{s^2}{n}}=\sqrt{\frac{9}{9}}=1.00$

$t=\frac{M-\mu}{s_M}=\frac{22-20}{1.00}=2.00$

步骤 4：步骤 3 的 $t$ 不如步骤 2 的 $t$ 极端，所以不能拒绝原假设。没有证据表明实验操纵影响了分数。

$d=\frac{平均值差}{标准差}=\frac{22-20}{3}=\frac{2}{3}=0.67$

b. 步骤 1：$H_0$：$\mu_{处理}=20$，$H_1$：$\mu_{处理}\neq20$，$\alpha=0.05$，双尾检验

步骤 2：临界 $t=2.042$

步骤 3：$s_M=\sqrt{\frac{s^2}{n}}=\sqrt{\frac{9}{36}}=\sqrt{0.25}=0.50$

$t=\frac{M-\mu}{s_M}=\frac{22-20}{0.50}=4.00$

步骤 4：步骤 3 的 $t$ 不如步骤 2 的 $t$ 极端，所以不能拒绝原假设。没有证据表明实验操纵影响了分数。

估计的 $d=\frac{平均值差}{标准差}=\frac{22-20}{3}=\frac{2}{3}=0.67$

c. 增加样本量增加了拒绝虚无假设的可能性，但对 Cohen's $d$ 影响很小或没有影响。

19. a. 步骤 1：$H_0$：$\mu_{处理}=4$，$H_1$：$\mu_{处理}\neq4$，$\alpha=0.05$，双尾检验

步骤 2：临界 $t=2.131$，自由度 15

步骤 3：$SS=\sum X^2-\frac{(\sum X)^2}{n}=997-\frac{(73)^2}{10}=997-\frac{5\ 329}{10}=997-532.9=464.1$

$s^2=\frac{SS}{df}=\frac{464.1}{9}=51.57$

$M=\frac{\sum X}{n}=\frac{7.3-1.0}{2.27}=\frac{6.3}{2.27}=2.78$

$t=\frac{M-\mu}{s_M}=\frac{3.78-4.00}{0.10}=\frac{-0.22}{0.1}=-2.20$

步骤 4：步骤 3 中的 $t$ 比步骤 2 中的 $t$ 更极端，所以拒绝原假设。有证据表明，该药物影响了分数。

b. 对于 95% 的置信区间，$t=\pm2.131$，置信区间 $\mu=M\pm t(s_M)=3.78\pm2.131(0.1)=3.78\pm0.213\ 1$，区间从 3.57 到 3.99。

c. $d=\frac{平均值差}{标准差}=\frac{3.78-4.00}{0.4}=\frac{0.22}{0.4}=0.55$

$r^2=\frac{t^2}{t^2+df}=\frac{(-2.20)^2}{(2.20)^2+15}=\frac{4.84}{4.84+15}=\frac{4.84}{19.84}=0.24$

21. a. 步骤 1：$H_0$：$\mu_{拖延者}\leqslant1$ 天，$H_1$：$\mu_{拖延者}>1$ 天，$\alpha=0.05$，单尾检验

步骤 2：临界 $t=1.833$，自由度 9

步骤 3：$SS=\sum X^2-\frac{(\sum X)^2}{n}=997-\frac{(73)^2}{10}=997-\frac{5\ 329}{10}=997-532.9=464.1$

$s^2=\frac{SS}{df}=\frac{464.1}{9}=51.57$

$M=\frac{\sum X}{n}=\frac{73}{10}=7.3$

$s_M=\sqrt{\frac{s^2}{n}}=\sqrt{\frac{51.57}{10}}=\sqrt{5.157}=2.27$

$t=\frac{M-\mu}{s_M}=\frac{7.3-1.0}{2.27}=\frac{6.3}{2.27}=2.78$

步骤 4：步骤 3 中的 $t$ 比步骤 2 中的 $t$ 更极端，所以拒绝原假设。有证据表明，高度拖延者等了一天多才返回调查结果。

b. 对于 95% 的置信区间，请使用 $t=\pm2.262$。置信区间是 $\mu=M\pm t(s_M)=7.3\pm2.262(2.27)=7.3\pm5.13$ 区间从 2.17 延长到 12.43。

c. 高拖延者等待返回调查的时间明显超过一天，$t(9)=2.78$，$p<0.05$，单尾，95% CI [2.17, 12.43]。

## 第 10 章　两个独立样本的 $t$ 检验

1. 一项独立的测量研究，对每个被比较的治疗方法或人群使用了一个单独的样本。

3. a. $df_1=n_1-1=7-1=6$；$df_2=n_2-1=7-1=6$

$s_1^2=\frac{SS_1}{df_1}=\frac{72}{6}=12$

$s_2^2=\frac{SS_2}{df_2}=\frac{24}{6}=4$

$s_p^2=\frac{SS_1+SS_2}{df_1+df_2}=\frac{72+24}{6+6}=\frac{96}{12}=8$

b. $df_1=6$　$df_2=n_2-1=11-1=10$

$s_1^2=12$　$s_2^2=\frac{SS_2}{df_2}=\frac{24}{10}=2.4$

$s_p^2=\frac{SS_1+SS_2}{df_1+df_2}=\frac{72+24}{6+10}=\frac{96}{16}=6$

5. a. $df_1=n_1-1=9-1=8$；$df_2=n_2-1=9-1=8$

$s_p^2=\frac{SS_1+SS_2}{df_1+df_2}=\frac{546+606}{8+8}=\frac{1\ 152}{16}=72$

b. $s_{(M_1-M_2)}=\sqrt{\frac{s_p^2}{n_1}+\frac{s_p^2}{n_2}}=\sqrt{\frac{72}{9}+\frac{72}{9}}=\sqrt{8+8}=\sqrt{16}=4.00$

c. $t=\frac{(M_1-M_2)-(\mu_1-\mu_2)}{s_{(M_1-M_2)}}=\frac{8}{4.00}=2.00$

且 $df_{总}=df_1+df_2=16$，$t$ 的临界值是 $\pm 2.120$，不能拒绝虚无假设。

7. 步骤 1：$H_0$：$\mu_{观看}-\mu_{非观看}=0$；$H_1$：$\mu_{观看}-\mu_{非观看}\neq 0$

步骤 2：临界 $t=\pm 2.878$

$df_1=n_1-1=10-1=9$

$df_2=n_2-1=10-1=9$

$df=df_1+df_2=9+9=18$

步骤 3：$s_p^2=\frac{SS_1+SS_2}{df_1+df_2}=\frac{200+160}{9+9}=\frac{360}{18}=20$

$s_{(M_1-M_2)}=\sqrt{\frac{S_p^2}{n_1}+\frac{S_p^2}{n_2}}=\sqrt{\frac{20}{10}+\frac{20}{10}}=\sqrt{4}=2.00$

$t=\frac{(M_1-M_2)-(\mu_1-\mu_2)}{s_{(M_1-M_2)}}=\frac{(93-85)-0}{2.00}=\frac{8}{2.00}=4.00$

步骤 4：拒绝原假设，因为步骤 3 中的 $t$ 值比步骤 2 中确定的拒绝域更极端。有证据表明，观看《芝麻街》的被试的成绩明显高于那些没有观看的被试。

9. a. 步骤 1：$H_0$：$\mu_{一天}-\mu_{一周}=0$；$H_1$：$\mu_{一天}-\mu_{一周}\neq 0$

步骤 2：临界 $t=\pm 2.042$

$df_1=n_1-1=20-1=19$

$df_2=n_2-1=20-1=19$

$df=df_1+df_2=19+19=38$

步骤 3：$s_p^2=\frac{SS_1+SS_2}{df_1+df_2}=\frac{395+460}{19+19}=\frac{855}{38}=22.5$

$s_{(M_1-M_2)}=\sqrt{\frac{s_p^2}{n_1}+\frac{s_p^2}{n_2}}=\sqrt{\frac{22.5}{20}+\frac{22.5}{20}}=\sqrt{2.25}=1.50$

$t=\frac{(M_1-M_2)-(\mu_1-\mu_2)}{s_{(M_1-M_2)}}=\frac{(26.4-29.6)-0}{1.50}=\frac{-3.20}{1.50}=-2.13$

步骤 4：拒绝原假设，因为步骤 3 中的 $t$ 值比步骤 2 中确定的拒绝域更极端。有证据表明，一周的间隔比一天的间隔更适合记忆。

11. a. 步骤 1：$H_0$：$\mu_{中性}-\mu_{焦虑}=0$，$H_1$：$\mu_{中性}-\mu_{焦虑}\neq 0$

步骤 2：临界 $t=\pm 2.228$

$df_1=n_1-1=6-1=5$

$df_2=n_2-1=6-1=5$

$df=df_1+df_2=5+5=10$

步骤 3：$s_p^2=\frac{SS_1+SS_2}{df_1+df_2}=\frac{76+84}{5+5}=\frac{160}{10}=16$

$s_{(M_1-M_2)}=\sqrt{\frac{s_p^2}{n_1}+\frac{s_p^2}{n_2}}=\sqrt{\frac{16}{6}+\frac{16}{6}}=\sqrt{5.33}=2.31$

$t=\frac{(M_1-M_2)-(\mu_1-\mu_2)}{s_{(M_1-M_2)}}=\frac{(12-5)-0}{2.31}=\frac{7}{2.31}=3.03$

步骤 4：拒绝原假设。接受焦虑诱发陈述的组和接受中性陈述的组之间有显著差异。

b. $r^2=\frac{r^2}{r^2+df}=\frac{9.18}{9.18+10}=\frac{9.18}{19.18}=0.48$

13. a. 步骤 1：$H_0$：$\mu_{中性}-\mu_{焦虑}=0$，$H_1$：$\mu_{中性}-\mu_{焦虑}\neq 0$

步骤 2：临界 $t=\pm 2.306$

$df_1=n_1-1=5-1=4$

$df_2=n_2-1=5-1=4$

$df=df_1+df_2=4+4=8$

步骤 3：$s_p^2=\frac{SS_1+SS_2}{df_1+df_2}=\frac{214+178}{4+4}=\frac{392}{8}=49$

$s_{(M_1-M_2)}=\sqrt{\frac{s_p^2}{n_1}+\frac{s_p^2}{n_2}}=\sqrt{\frac{49}{5}+\frac{49}{5}}=\sqrt{19.6}=4.43$

$t=\frac{(M_1-M_2)-(\mu_1-\mu_2)}{s_{(M_1-M_2)}}=\frac{(79-92)-0}{4.43}=\frac{-13}{4.43}=-2.93$

步骤 4：拒绝原假设。在一次狂欢中观看节目的组和每天观看节目的组之间有显著的差异。

b. 估计 $d=\frac{M_1-M_2}{\sqrt{s_p^2}}=\frac{79-92}{\sqrt{49}}=\frac{-13}{7}=-1.86$

c. 结果表明，狂看电视剧导致的享受评分明显低于每日观看，$t(8)=-2.93$，$p<0.05$，$d=1.86$。

15. a 步骤 1：$H_0$：$\mu_{解决}-\mu_{记忆}=0$，$H_1$：$\mu_{解决}-\mu_{记忆}\neq 0$；

步骤 2：临界 $t=\pm 2.145$

$df_1=n_1-1=8-1=7$

$df_2=n_2-1=8-1=7$

$df=df_1+df_2=7+7=14$

步骤 3：$s_p^2=\dfrac{SS_1+SS_2}{df_1+df_2}=\dfrac{108+116}{7+7}=\dfrac{224}{14}=16$

$s_{(M_1-M_2)}=\sqrt{\dfrac{s_p^2}{n_1}+\dfrac{s_p^2}{n_2}}=\sqrt{\dfrac{16}{8}+\dfrac{16}{8}}=\sqrt{4}=2.00$

$t=\dfrac{(M_1-M_2)-(\mu_1-\mu_2)}{s_{(M_1-M_2)}}=\dfrac{(10.5-6.16)-0}{2.00}=\dfrac{4.34}{2.00}=2.17$

步骤 4：拒绝原假设。在独立解决问题的小组和记忆解决问题的小组之间有一个显著的差异。

b. $\mu_1-\mu_2=M_1-M_2\pm t(s_{M_1-M_2})=10.5-6.16\pm 1.761(2.00)=4.34\pm 3.52$

17. a. 步骤 1：$H_0$：$\mu_{下层}-\mu_{上层}=0$，$H_1$：$\mu_{下层}-\mu_{上层}\neq 0$

步骤 2：临界 $t=\pm 2.074$，$df=20$，$\alpha=0.05$

$df=df_1+df_2=11+11=22$

步骤 3：$s_p^2=\dfrac{SS_1+SS_2}{df_1+df_2}=\dfrac{11.91+9.21}{11+11}=\dfrac{21.12}{22}=0.96$

$s_{M_1-M_2}=\sqrt{\dfrac{S_p^2}{n_1}+\dfrac{S_p^2}{n_2}}=\sqrt{\dfrac{0.96}{12}+\dfrac{0.96}{12}}=\sqrt{0.08+0.08}=\sqrt{0.16}=0.40$

$t=\dfrac{(M_1-M_2)-(\mu_1-\mu_2)}{s_{M_1-M_2}}=\dfrac{(5.2-4.3)-0}{0.40}=\dfrac{0.90}{0.40}=2.25$

步骤 4：$t$ 统计量在拒绝域。拒绝原假设，并得出低社会经济地位的被试和高社会经济地位的被试之间的分享分数存在显著差异。

b. $\mu_1-\mu_2=M_1-M_2\pm t(s_{M_1-M_2})=5.2-4.3\pm 1.717(0.40)=0.90\pm 0.6868$

19. a. 两个样本的大小影响在 $t$ 统计量的分母中估计的标准误的大小。随着样本量的增加，$t$ 的值也增加（从零移动），拒绝 $H_0$ 的可能性也增加；然而，样本量对效应量的测量只有很少或没有影响。

b. 分数的可变性会影响分母中估计的标准误。随着分数的增加，$t$ 的值减小（趋近于零），拒绝 $H_0$ 的可能性减少，而效应量的测量值减少。

21. a. $s_{M_1-M_2}=\sqrt{\dfrac{s_p^2}{n_1}+\dfrac{s_p^2}{n_2}}=\sqrt{\dfrac{135}{6}+\dfrac{135}{10}}=\sqrt{36}=6.00$

b. $s_{M_1-M_2}=\sqrt{\dfrac{s_p^2}{n_1}+\dfrac{s_p^2}{n_2}}=\sqrt{\dfrac{135}{12}+\dfrac{135}{15}}=\sqrt{20.25}=4.50$

c. 更大的样本导致更小的标准误。

23. a. $s_p^2=\dfrac{df_1s_1^2+df_2s_2^2}{df_1+df_2}=\dfrac{3(17)+7(27)}{3+7}=\dfrac{51+189}{3+7}=\dfrac{240}{10}=24$

$s_{M_1-M_2}=\sqrt{\dfrac{s_p^2}{n_1}+\dfrac{s_p^2}{n_2}}=\sqrt{\dfrac{24}{4}+\dfrac{24}{8}}=\sqrt{9}=3.00$

b. $s_p^2=\dfrac{df_1s_1^2+df_2s_2^2}{df_1+df_2}=\dfrac{3(68)+7(108)}{3+7}=\dfrac{204+756}{3+7}=\dfrac{960}{10}=96$

$s_{(M_1-M_2)}=\sqrt{\dfrac{s_p^2}{n_1}+\dfrac{s_p^2}{n_2}}=\sqrt{\dfrac{96}{4}+\dfrac{96}{8}}=\sqrt{36}=6.00$

## 第 11 章 两个相关样本的 $t$ 检验

1. a. 独立的测量方法：研究人员比较两个独立的组。

b. 重复测量：每个人有两个分数（幽默和不幽默）。

c. 重复测量：每个人有两个分数（之前和之后）。

3. a. 一种独立的测量设计将需要两个独立的样本，每个样本有 22 名参与者，总共有 44 名被试。

b. 重复测量设计将在两种治疗条件下使用相同的 $n=22$ 名参与者的样本。

5. a. $df=n-1=12-1=11$

$s^2=\dfrac{SS}{df}=\dfrac{396}{11}=36$

$s=\sqrt{s^2}=\sqrt{36}=6$

b. $s_{M_D}=\dfrac{s}{\sqrt{n}}=\dfrac{6}{\sqrt{12}}=\dfrac{6}{3.46}=1.73$

7. a.

| 被试 | 实验前 | 实验后 | $D=X_2-X_1$ | $D^2=(X_2-X_1)^2$ |
|---|---|---|---|---|
| A | 66 | 84 | 18 | 324 |
| B | 50 | 44 | −6 | 36 |
| C | 38 | 52 | 14 | 196 |
| D | 58 | 56 | −2 | 4 |
| E | 50 | 52 | 2 | 4 |

续表

| 被试 | 实验前 | 实验后 | $D=X_2-X_1$ | $D^2=(X_2-X_1)^2$ |
|---|---|---|---|---|
| F | 34 | 52 | 8 | 64 |
| G | 44 | 51 | 7 | 49 |
| H | 42 | 49 | 7 | 49 |
| I | 62 | 67 | 5 | 25 |
| J | 50 | 57 | 7 | 49 |
| K | 56 | 62 | 6 | 36 |

$M_D=\frac{\sum D}{n}=\frac{66}{11}=6$

b. $SS=\sum D^2-\frac{(\sum D)^2}{n}=836-(66)^2/11=836-396=440$

$df=n-1=11-1=10$

$s^2=\frac{SS}{df}=\frac{440}{10}=44$

$s_{M_D}=\sqrt{\frac{s^2}{n}}=\sqrt{\frac{44}{11}}=\sqrt{4}=2$

c. 步骤 1：$H_0$：$\mu_0=0$，$H_0$：$\mu_0\neq 0$

步骤 2：$\alpha=0.05$，双尾，$df=10$，临界 $t$ 值为 $\pm 2.228$。

步骤 3：$t=\frac{M_D-\mu_D}{s_{M_D}}=\frac{6-0}{2}=3$

步骤 4：步骤 3 中计算出的 $t$ 值比步骤 2 中得到的临界值更极端，因此拒绝原假设，得出处理效果显著的结论。

9. a. 步骤 1：$H_0$：$\mu_0=0$，$H_0$：$\mu_0\neq 0$

步骤 2：$\alpha=0.05$，双尾，$df=15$，临界 $t$ 值为 $\pm 2.131$。

步骤 3：

$s^2=\frac{SS}{df}=\frac{135}{15}=9$

$s_{M_D}=\sqrt{\frac{s^2}{n}}=\sqrt{\frac{9}{16}}=\sqrt{0.5625}=0.75$

$t=\frac{M_D-\mu_D}{s_{M_D}}=\frac{2.6-0}{0.75}=3.47$

步骤 4：步骤 3 计算的 $t$ 值比步骤 2 得到的临界值更极端，因此拒绝虚无假设，得出自己购买的物品质量与他人购买的物品质量存在显著差异。

b. 估计 $d=\frac{M_D}{s}=\frac{2.6}{3}=0.87$

c. 被试认为他人购买的物品的质量显著低于自我购买的物品，$t(15)=3.47$，$p<0.05$，$d=0.87$。

11. a. 步骤 1：$H_0$：$\mu_0=0$，$H_0$：$\mu_0\neq 0$

步骤 2：对于 $\alpha=0.05$，双尾，$df=n-1=40-1=39$，临界 $t$ 值为 $\pm 2.042$。请注意，我们使用了 $df=30$ 的临界 $t$ 值，因为没有列出 $df=39$。

步骤 3：

$s_{M_D}=\frac{s}{\sqrt{n}}=\frac{21.5}{\sqrt{40}}=3.40$

$t=\frac{M_D-\mu_D}{s_{M_D}}=\frac{8.5-0}{3.40}=2.50$

步骤 4：步骤 3 计算的 $t$ 值比步骤 2 得到的临界值更极端，因此拒绝虚无假设，得出打太极拳对疼痛和僵硬有显著影响的结论。

b. 估计 $d=\frac{M_D}{s}=\frac{8.5}{21.5}=0.395$

13. a. 步骤 1：$H_0$：$\mu_D=0$，$H_1$：$\mu_D\neq 0$

步骤 2：对于 $\alpha=0.05$，双尾，$df=5$，临界 $t$ 值为 $\pm 2.571$。

步骤 3：

$s^2=\frac{SS}{df}=\frac{30}{5}=6$

$s_{M_D}=\sqrt{\frac{s^2}{n}}=\sqrt{\frac{6}{6}}=\sqrt{1.00}=1.00$

$t=\frac{M_D-\mu_D}{s_{M_D}}=\frac{4-0}{1.00}=4.00$

步骤 4：第 3 步中计算出的 $t$ 值比临界值更极端，因此拒绝原假设。

b. 如 a 部分，除了：

步骤 3：

$s^2=\frac{SS}{df}=\frac{480}{5}=96$

$s_{M_D}=\sqrt{\frac{s^2}{n}}=\sqrt{\frac{96}{6}}=\sqrt{16.00}=4.00$

$t=\frac{M_D-\mu_D}{s_{M_D}}=\frac{4-0}{4.00}=1.00$

步骤 4：无法拒绝虚无假设。没有证据表明这种治疗产生了效果。

c. 如果虚无假设是假的，那么低样本变异性增加了拒绝虚无假设的可能性。

15. a. 步骤 1：$H_0$：$\mu_D=0$，$H_1$：$\mu_D\neq 0$

步骤 2：对于 $\alpha=0.05$，双尾，$df=8$，临界 $t$ 值为 $\pm 2.306$。

步骤 3：

$s_{M_D}=\frac{s}{\sqrt{n}}=\frac{6}{\sqrt{9}}=\frac{6}{3.00}=2.00$

$t=\frac{M_D-\mu_D}{s_{M_D}}=\frac{4-0}{2.00}=2.00$

步骤 4：无法拒绝虚无假设。没有证据表明这种治疗产生了效果。

b. 如上所述，除：

步骤 2：对于 $\alpha=0.05$，双尾，$df=35$，临界 $t$ 值为

±2.042。

步骤 3：

$$s_{M_D}=\frac{s}{\sqrt{n}}=\frac{6}{\sqrt{36}}=\frac{6}{6.00}=1.00$$

$$t=\frac{M_D-\mu_D}{s_{M_D}}=\frac{4-0}{1.00}=4.00$$

步骤 4：拒绝原假设。有证据表明，这种治疗有显著的效果。

c. 如果其他因素保持不变，一个较大的样本会增加发现显著平均差异的可能性。

17. a. 步骤 1：$H_0$：$\mu_{咒骂}-\mu_{中性}=0$，$H_1$：$\mu_{咒骂}-\mu_{中性}\neq0$；

步骤 2：临界 $t=\pm2.120$，$df=16$，$\alpha=0.05$

步骤 3：

$$SS_{中性}=\sum X^2-\frac{(\sum X)^2}{n}=612-\frac{(72)^2}{9}=612-\frac{5\,184}{9}=612-576=36$$

$$M_{咒骂}=\frac{\sum X}{n}=\frac{72}{9}=8$$

$$SS_{咒骂}=\sum X^2-\frac{(\sum X)^2}{n}=372-\frac{(54)^2}{9}=372-\frac{2\,916}{9}=372-324=48$$

$$M_{咒骂}=\frac{\sum X}{n}=\frac{54}{9}=6$$

$$s_p^2=\frac{SS_{中性}+SS_{咒骂}}{df_{中性}+df_{咒骂}}=\frac{36+48}{8+8}=\frac{84}{16}=5.25$$

$$s_{M_1-M_2}=\sqrt{\frac{s_p^2}{n_1}+\frac{s_p^2}{n_1}}=\sqrt{\frac{5.25}{9}+\frac{5.25}{9}}=\sqrt{1.166}=1.08$$

$$t=\frac{(M_1-M_2)-(\mu_1-\mu_2)}{s_{M_1-M_2}}=\frac{(8-6)-0}{1.08}=\frac{2}{1.08}=1.85$$

步骤 4：步骤 3 中计算的 $t$ 值比步骤 2 中的临界 $t$ 值要小。未能拒绝虚无假设，并得出结论——没有证据表明咒骂会影响疼痛水平。

b. 步骤 1：$H_0$：$\mu_D=0$，$H_1$：$\mu_D\neq0$

步骤 2：对于 $\alpha=0.05$，双尾，$df=8$，临界 $t$ 值为 ±2.306。

步骤 3：

$$M_D=\frac{\sum D}{n}=\frac{-18}{9}=-2$$

$$SS=\sum D^2-\frac{(\sum D)^2}{n}=68-(-18)^2/9=68-36=32$$

$$s^2=\frac{SS}{df}=\frac{32}{8}=4$$

$$s_{M_D}=\sqrt{\frac{s^2}{n}}=\sqrt{\frac{4}{9}}=\sqrt{0.44}=0.67$$

$$t=\frac{M_D-\mu_D}{s_{M_D}}=\frac{-2-0}{0.67}=-2.99$$

注意，标准误等于$\frac{2}{3}$，$-2$ 除以$\frac{2}{3}$等于 $-3.00$。因此，你可能已经得到了 $t$ 统计量的值为 $-3.00$。

步骤 4：在步骤 3 中计算出的 $t$ 值比步骤 2 中的临界 $t$ 值更极端。拒绝虚无假设，并得出结论——在咒骂时疼痛明显减少。

19. a. 因为每个样本中的分数与问题 17 中的分数相同，所以结果也是相同的。2 分均值差的估计标准误为 1.08，$t(16)=1.85$。不能拒绝原假设。

b. 和问题 22 一样，除了：

步骤 3：$SS=140$，$s^2=\frac{SS}{df}=\frac{140}{8}=17.5$

$$s_{M_D}=\sqrt{\frac{s^2}{n}}=\sqrt{\frac{17.5}{9}}=\sqrt{1.94}=1.39$$

$$t=\frac{M_D-\mu_D}{s_{M_D}}=\frac{-2-0}{1.39}=-1.44$$

步骤 4：步骤 3 中计算的 $t$ 值比步骤 2 中的临界 $t$ 值要小。未能拒绝虚无假设，并得出结论——没有证据表明咒骂会影响疼痛水平。

21. a. 步骤 1：$H_0$：$\mu_D=0$，$H_1$：$\mu_D\neq0$

步骤 2：对于 $\alpha=0.05$，双尾，$df=8$，临界 $t$ 值为 ±2.306。

步骤 3：$M_D=2$，$SS=32$

$$s^2=\frac{SS}{df}=\frac{32}{8}=4$$

$$s_{M_D}=\sqrt{\frac{s^2}{n}}=\sqrt{\frac{4}{9}}=\sqrt{0.44}=0.67$$

$$t=\frac{M_D-\mu_D}{s_{M_D}}=\frac{2-0}{0.67}=2.99$$

你可能已经注意到标准误等于$\frac{2}{3}$，2 除以$\frac{2}{3}$等于 3.00，因此已经获得了 $t$ 统计量的值为 3.00。

步骤 4：拒绝原假设，因为步骤 3 中的 $t$ 比步骤 4 中的 $t$ 更极端。有证据表明，工作动机受到游戏化的显著影响。

b. 估计 $d=\frac{M_D}{s}=\frac{2}{2}=1$

23. 对于重复测量设计，在两种治疗条件下都使用相同的被试。在一个匹配的被试设计中，使用了两组不同的被试。然而，在匹配被试设计中，第一种条件下的每名被试与第二种特定条件下的被试进行匹配，因此两个单独的样本相对于匹配变量是等价的。

25. 对于重复测量的 $t$ 统计量，$df=n-1$，其中 $n$ 是样本中的个体数量。如果 $n-1=10$，则该研究需要 $n=11$ 的样本。一项匹配的被试设计将需要两个样本，每个样本都有 $n$ 名被试。$t$ 统计量与重复测量设计相同，具有 $df=n-1$。如果 $df=10$，那么是 $n=11$ 和研究将需要 22 名被试（11 对配对）。对于一项独立测量的设计，$df=(n_1-1)+(n_2-1)$。如果 $(n_1-1)+(n_2-1)=10$ 个，然后是 $n_1+n_2$，该研究总共需要 12 名被试。

27. a. 没有足够的信息。这个问题并没有提供差异分数 $D$ 的可变性。

b. 步骤 1：$H_0$：$\mu_D\geqslant 0$　$H_1$：$\mu_D<0$

步骤 2：使用 $df=20$ 和 $\alpha=0.05$，单尾，则临界值为 $t=-1.725$。

步骤 3：$s_{M_D}=\sqrt{\frac{s^2}{n}}=\sqrt{\frac{5\ 376}{21}}=\sqrt{256}=16$

$t=\frac{M_D-\mu_D}{s_{M_D}}=\frac{-32-0}{16.00}=-2.00$

步骤 4：拒绝原假设，得出暴露于蓝光显著减少反应的延迟。

## 第 12 章　方差分析介绍

1. 对于三种或更多的治疗条件，你需要三个或更多的 $t$ 检验来评估所有的平均差异。每项测试都有出现第一类错误的风险。你做的测试越多，在任何测试中出现第一类错误的风险就越大。方差分析以一种单一的固定水平同时执行所有的测试。

3. 当没有处理效果时，$F$ 比值的分子和分母都是测量相同的变异性来源（来自抽样误差的随机和非系统差异）。在这种情况下，$F$ 比值是平衡的，应该有一个值接近 1.00。

5. $F$ 比值和 $t$ 统计量都比较了样本均值（分子）之间的实际平均差异与没有处理效果时的预期差异（分母为 $H_0$ 是真的）。如果分子足够大于分母，我们得出结论——在处理之间存在显著差异。

7. $SS_{总}=\sum X^2-\frac{G^2}{N}=6\ 517-\frac{395^2}{30}=6\ 517-5\ 200.83=1\ 316.17$

$SS_{处理内}=\sum SS_{处理内}=350.5+190.0+424=964.5$

$SS_{处理间}=SS_{总}-SS_{处理内}=1\ 316.17-964.5=351.67$

或 $SS_{处理间}=\sum\frac{T^2}{n}-\frac{G^2}{N}=\frac{105^2}{10}+\frac{180^2}{10}+\frac{110^2}{10}-\frac{395^2}{30}$

$=1\ 102.5+3\ 240+1\ 210-5\ 200.83$

$=5\ 552.5-5\ 200.83=351.67$

9. a. $k=df_{处理间}+1=3+1=4$

b. $N=df_{处理内}+k=40+4=44$

c. 临界 $F=2.84$

d. 临界 $F=4.31$

11. a. $s^2_{处理1}=\frac{SS}{df}=\frac{220}{110}=20$

$s^2_{处理2}=22$，$s^2_{处理3}=18$

b. $df_{处理内}=N-k=36-3=33$

$SS_{处理内}=\sum SS_{每个处理内}=220+242+198=660$

$MS_{处理内}=\frac{SS_{处理内}}{df_{处理内}}=\frac{660}{33}=20$

13.

| 来源 | SS | df | MS | |
|---|---|---|---|---|
| 处理间 | 32 | 2 | 16 | $F=4.00$ |
| 处理内 | 60 | 15 | 4 | |
| 总 | 92 | 17 | | |

15.

| 来源 | SS | df | MS | |
|---|---|---|---|---|
| 处理间 | 48 | 2 | 24.00 | $F=5.30$ |
| 处理内 | 204 | 45 | 4.53 | |
| 总 | 252 | 47 | | |

17. a. 步骤 1：$H_0$：$\mu_1=\mu_2=\mu_3$（药物无效）

$H_1$：至少有一种治疗方法是有显著差别的

步骤 2：

$df_{处理间}=k-1=3-1=2$

$df_{处理内}=N-k=15-3=12$

$\alpha=0.05$ 的临界值 3.88

| 1. 无药物组 | 2. 中等剂量 | 3. 高剂量 |
|---|---|---|
| 17 | 29 | 16 |
| 14 | 21 | 24 |
| 22 | 27 | 20 |
| 19 | 23 | 21 |
| 18 | 25 | 19 |
| $n=5$ | $n=5$ | $n=5$ |
| $T_1=\sum X=90$ | $T_2=\sum X=125$ | $T_3=\sum X=100$ |

续表

| | | |
|---|---|---|
| $SS_1 = \sum X^2 - \frac{(\sum X)^2}{n} = 1\ 654 - \frac{90^2}{5} = 1\ 654 - 1\ 620 = 34$ | $SS_2 = 40$ | $SS_3 = 34$ |

$$G = \sum T = 90 + 125 + 100 = 315$$

$$SS_{总} = \sum X^2 - \frac{G^2}{N} = 6\ 853 - \frac{315^2}{15} = 6\ 853 - 6\ 615 = 238$$

$$SS_{处理内} = \sum SS_{处理内} = 34 + 40 + 34 = 108$$

$$SS_{处理间} = SS_{总} - SS_{处理内} = 238 - 108 = 130$$

$$MS_{处理内} = \frac{SS_{处理内}}{df_{处理内}} = \frac{108}{12} = 9$$

$$MS_{处理间} = \frac{SS_{处理间}}{df_{处理间}} = \frac{130}{2} = 65$$

$$F = \frac{65}{9} = 7.22$$

| 来源 | SS | df | MS | |
|---|---|---|---|---|
| 处理间 | 130 | 2 | 65 | F=7.22 |
| 处理内 | 108 | 12 | 9.0 | |
| 总 | 238 | 14 | | |

步骤 4：在步骤 3 中计算出的 $F$ 比值比临界 $F$ 比值更极端。拒绝原假设，并得出该药物有作用的结论。

b. 研究人员将使用一项事后测试。

c. 单因素方差分析检测到药物剂量对药物性能的显著影响，$F(2, 12)=7.22$，$p<0.05$。

19. 步骤 1：$H_0$：$\mu_1=\mu_2=\mu_3$（药物无效）

$H_1$：至少有一种处理是有显著差别的

步骤 2：使用 $df=2$，18 和 $\alpha=0.05$，单尾，则临界值为 3.55。

步骤 3：

$$SS_{总} = \sum X^2 - \frac{G^2}{N} = 17\ 035 - \frac{690^2}{21} = 626.95$$

$$SS_{处理内} = \sum SS_{处理内} = 186 + 80 + 168 = 434$$

$$SS_{处理间} = SS_{总} - SS_{处理内} = 626.96 - 434 = 192.95$$

| 来源 | SS | df | MS | |
|---|---|---|---|---|
| 处理间 | 192.95 | 2 | 96.48 | F=4.00 |
| 处理内 | 434 | 18 | 24.11 | |
| 总 | 626.95 | 20 | | |

步骤 4：在步骤 3 中计算出的 $F$ 比值比临界 $F$ 比值更极端。拒绝原假设，并得出治疗有效果的结论。

21. $SS_{处理间} = \sum \frac{T^2}{n} - \frac{G^2}{N} = \frac{28^2}{7} + \frac{32^2}{8} + \frac{108^2}{9} - \frac{168^2}{24} = 112 + 128 + 1\ 296 - 1\ 176 = 360$

23. a. $k=df_{处理间}+1=4+1=5$

b. $N=df_{处理内}+k=40+5=45$

c. $\alpha=0.01$ 的临界 $F$ 比值等于 3.83，不能拒绝原假设。

25. a. $F$ 比值会降低，因为从 $M=35$ 到 $M=25$ 会减少组间的差异。

b. $F$ 比值会降低，因为增加一组内的 $SS$ 增加了 $F$ 比值的分母值。

27. a.

| 处理 | | |
|---|---|---|
| 1 | 2 | 3 |
| $s^2=24$ | $s^2=26$ | $s^2=16$ |

$SS$ 增加 2 倍，方差增加 2 倍。

b. 由于处理内的方差增加，$F$ 比值应该减小。

c. 如问题 26 所示，除了：

$$SS_{总} = \sum X^2 - \frac{G^2}{N} = 576 - \frac{54^2}{18} = 576 - 162 = 414$$

$$SS_{处理内} = \sum SS_{处理内} = 120 + 130 + 80 = 330$$

| 来源 | SS | df | MS | |
|---|---|---|---|---|
| 处理间 | 84 | 2 | 42 | F=1.91 |
| 处理内 | 330 | 15 | 22 | |
| 总 | 414 | 17 | | |

不能拒绝虚无假设。

29. a. 步骤 1：$H_0$：$\mu_1=\mu_2=\mu_3$（药物无效）

$H_1$：至少有一种治疗方法是有显著差别的

步骤 2：使用 $df=2$，12 和 $\alpha=0.05$，单尾，则临界值为 3.88。

步骤 3：$MS_{处理内} = \frac{9+10+11}{3} = 10$

$$SS_{总} = \sum X^2 - \frac{G^2}{N} = 430 - \frac{60^2}{15} = 190$$

$$SS_{处理间} = SS_{总} - SS_{处理内} = 190 - 120 = 70$$

| 来源 | SS | df | MS | |
|---|---|---|---|---|
| 处理间 | 70 | 2 | 35 | F=3.50 |
| 处理内 | 120 | 12 | 10 | |
| 总 | 190 | 14 | | |

步骤 4：步骤 2 中的临界 $F$ 比值比步骤 3 中计算的 $F$ 比值更极端。不能拒绝原假设。

b. $\eta^2=\frac{SS_{处理间}}{SS_{总}}=0.37$

31. a. 使用更大的样本会增加 $F$ 比值。

b.

| 来源 | SS | df | MS | |
|---|---|---|---|---|
| 处理间 | 140 | 2 | 70 | $F=7.00$ |
| 处理内 | 270 | 27 | 10 | |
| 总 | 410 | 29 | | |

$F$ 比值要大得多（见问题 29）。对于问题 31，$df=2，27$，临界值为 3.35，拒绝虚无假设。

c. 增加样本量对 $\eta$ 的影响应该很少或没有影响。$\eta^2=0.34$，这与在问题 29 中得到的值大致相同。

## 第 13 章　双因素方差分析

1. a. 在方差分析中，一个自变量（或一个准自变量）称为因素。

b. 用于创建不同的组或治疗条件的一个因素的值称为该因素的水平。

c. 一项具有两个独立（或准独立）变量的研究称为双因素研究。

3. a. 处理的主要效果是总均值 $M=6$ 和 $M=12$ 之间的差值 6。

b. 对年龄的主要影响是总体行均值 $M=11$ 和 $M=7$ 之间的差值 4。

c. 没有交互作用。治疗的效果并不取决于年龄。随着治疗效果呈现，3 岁儿童得分平均增加 6 分，2 岁儿童得分平均增加 6 分。

5. a. $M=5$。$A_1$ 行均值等于 5。如果是 $A$，则不会观察到 $A$ 的主要效应 $A_1$ 和 $A_2$ 行均值相等，因为给定的 $A_2$ 均值是 $M=5$，缺失的均值也必须是 $M=5$。

b. $M=1$。$B_1$ 列均值等于 4。如果 $B$ 不存在，则不会观察到 $B$ 的主效应 $B_1$ 和 $B_2$。

列均值相等。因为给定的 $B_2$ 均值是 $M=7$，缺失的均值必须是 $M=1$。

c. $M=9$。如果在 $A_1$ 和 $A_2$ 之间的大小和 $B_1$ 和 $B_2$ 之间的水平都是相同的，则没有交互作用。如果 $M=9$，$A_1$ 和 $A_2$ 之间的差值和 $B_1$ 和 $B_2$ 之间的差值都是 2。

7. a. $df=1,28$，$df_A=$ 行数 $-1$，$df_A=2-1=1$，$df_{处理内}=\sum df_{每个处理组}=7+7+7+7$

b. $df=1，28$，如上，除了 $df_B=$ 列数 $-1$

c. $df=1，28$，如上，除 $df_{A\times B}=1\times1=1$

9. a. 步骤 1：对于因素 $A$，$H_0$：$\mu_{A_1}=\mu_{A_2}$

对于因素 $B$，$H_0$：$\mu_{B_1}=\mu_{B_2}$

对于交互作用，$H_0$：因素 $A$ 的作用并不随着 $B$ 的变化而变化，$\alpha=0.05$

步骤 2：$df_{处理内}=\sum df_{每个处理组}=9+9+9+9=36$

$df_A=$ 行数 $-1$，且 $df_A=2-1=1$

$df_B=$ 列数 $-1$，且 $df_B=2-1=1$

$df_{A\times B}=1\times1=1$

临界值 $F=4.11$

步骤 3（阶段 1）：

$$SS_{总}=\sum X^2-\frac{G^2}{N}=640-\frac{120^2}{40}=640-360=280$$

$$SS_{处理内}=\sum SS_{处理内}=50+60+30+40=180$$

$$SS_{处理间}=\sum\frac{T^2}{n}-\frac{G^2}{N}=\frac{40^2}{10}+\frac{50^2}{10}+\frac{10^2}{10}+\frac{20^2}{10}-\frac{120^2}{40}=160+250+10+40-360=100$$

步骤 3(阶段 2)：

$$SS_A=\sum\frac{T^2_{行数}}{n^2_{行数}}-\frac{G^2}{N}=\frac{50^2}{20}+\frac{70^2}{20}-\frac{120^2}{40}=125+245-360=10$$

$$SS_B=\sum\frac{T^2_{列数}}{n^2_{列数}}-\frac{G^2}{N}=\frac{90^2}{20}+\frac{30^2}{20}-\frac{120^2}{40}=405+45-360=90$$

$$SS_{A\times B}=SS_{处理间}-(SS_A+SS_B)=100-(10+90)=0$$

$$MS_A=\frac{SS_A}{df_A}=\frac{10}{1}=10,\ MS_B=\frac{SS_B}{df_B}=\frac{90}{1}=90,$$

$$MS_{A\times B}=\frac{SS_{A\times B}}{df_{A\times B}}=\frac{0}{1}=0,$$

$$MS_{处理内}=\frac{SS_{处理内}}{df_{处理内}}=\frac{180}{36}=5$$

$$F_A=\frac{MS_A}{MS_{处理内}}=\frac{10}{5}=2，F_B=\frac{MS_B}{MS_{处理内}}=\frac{90}{5}=18$$

$$F_{A\times B}=\frac{MS_{A\times B}}{MS_{处理内}}=\frac{0}{5}=0$$

| 来源 | SS | df | MS | |
|---|---|---|---|---|
| 处理间 | 100 | 3 | | |
| 因素 A | 10 | 1 | 10 | F(1, 36)=2.00 |
| 因素 B | 90 | 1 | 90 | F(1, 36)=18.00 |
| A×B 交互 | 0 | 1 | 0 | F(1, 36)=0.00 |
| 处理内 | 180 | 36 | 5 | |
| 总 | 280 | 39 | | |

步骤 4：因素 $B$ 的主效应显著，因为 $F=18.00$ 的 $F$ 比值比 $F=4.11$ 的 $F$ 临界值更极端。因素 $A$ 的主效应和 $A\times B$ 交互作用的影响均不显著。

对于因素 $A$，$\eta^2=\dfrac{SS_A}{SS_A+SS_{处理内}}=\dfrac{10}{10+180}=0.053$

对于因素 $B$，$\eta^2=\dfrac{SS_B}{SS_B+SS_{处理内}}=\dfrac{90}{90+180}=0.333$

对于因素 $A\times B$，$\eta^2=\dfrac{SS_{A\times B}}{SS_{A\times B}+SS_{处理内}}=\dfrac{0}{0+180}=0.000$

11. a.

| 来源 | SS | df | MS | |
|---|---|---|---|---|
| 处理间 | 340 | 3 | | |
| 因素 A | 80 | 1 | 80 | F(1, 76)=4.00 |
| 因素 B | 180 | 1 | 180 | F(1, 76)=9.00 |
| A×B 交互 | 80 | 1 | 80 | F(1, 76)=4.00 |
| 处理内 | 1 520 | 76 | 20 | |
| 总 | 1 860 | 79 | | |

所有三个 $F$ 比值的临界值都是 3.98（使用 $df=1$，70，因为表中没有列出 76 个自由度）。主效应和交互作用都是显著的。

b. 对于运动因素，$\eta^2=0.050$。对于时间因素，$\eta^2=0.106$。对于交互作用，$\eta^2=0.050$。

c. 对于非接触型运动员来说，第一个赛季的开始和第二个赛季的结束之间几乎没有区别，但接触型运动员在第二个赛季后的得分明显较低。

13.

| 来源 | SS | df | MS | |
|---|---|---|---|---|
| 处理间 | 72 | 5 | | |
| 因素 A | 12 | 1 | 12 | F(1, 42)=4.00 |
| 因素 B | 36 | 2 | 18 | F(2, 42)=6.00 |
| A×B 交互 | 24 | 2 | 12 | F(2, 42)=4.00 |
| 处理内 | 126 | 42 | 3 | |
| 总 | 198 | 47 | | |

15. 步骤 1：对于因素 $A$（学习风格），$H_0$：$\mu_{A_{视觉风格}}=\mu_{A_{口头风格}}$

对于因素 $B$，$H_0$：$\mu_{B_{视觉风格}}=\mu_{B_{口头风格}}$

教学方法的效应不随学习风格变化而变化。$\alpha=0.05$

步骤 2：$df_{处理内}=\sum df_{处理内}=5+5+5+5=20$

$df_A=$行数$-1$，且 $df_A=2-1=1$

$df_B=$列数$-1$，且 $df_B=2-1=1$

$df_{A\times B}=1\times1=1$

临界值 $F=4.35$

步骤 3：

| | | 因素 B：教学方法 | |
|---|---|---|---|
| | | 视觉 | 口头 |
| 因素 A：学习风格 | 视觉 | M=18 | M=10 |
| | | SS=240 | SS=200 |
| | | T=108 | T=60 |
| | 口头 | M=16 | M=10 |
| | | SS=360 | SS=250 |
| | | T=96 | T=60 |

阶段 1：

$$SS_{总}=\sum X^2-\frac{G^2}{N}=5\ 370-\frac{324^2}{24}=5\ 370-4\ 374=1\ 356$$

$$SS_{处理内}=\sum SS_{处理内}=240+200+360+250=1\ 050$$

$$SS_{处理间}=\sum\frac{T^2}{n}-\frac{G^2}{N}=\frac{108^2}{6}+\frac{60^2}{6}+\frac{96^2}{6}+\frac{60^2}{6}-\frac{324^2}{24}=1\ 944+600+1\ 536+600-4\ 374=306$$

阶段 2：

$$SS_{学习风格}=\sum\frac{T_{行数}{}^2}{n_{行数}}-\frac{G^2}{N}=\frac{168^2}{12}+\frac{156^2}{12}-\frac{324^2}{24}=2\ 352+2\ 028-4\ 374=6$$

$$SS_{教学方法}=\sum\frac{T_{列数}{}^2}{n_{列数}}-\frac{G^2}{N}=\frac{204^2}{12}+\frac{120^2}{12}-\frac{324^2}{24}=3\ 468+1\ 200-4\ 374=294$$

$$SS_{A\times B}=SS_{处理间}-SS_A+SS_B=306-6+294=6$$

$$MS_{学习风格}=\frac{SS_{学习风格}}{df_{学习风格}}=\frac{6}{1}=6$$

$$MS_{教学方法}=\frac{SS_{教学方法}}{df_{教学方法}}=\frac{294}{1}=294$$

$$MS_{A\times B}=\frac{SS_{A\times B}}{df_{A\times B}}=\frac{6}{1}=6$$

$$MS_{处理内}=\frac{SS_{处理内}}{df_{处理内}}=\frac{1\ 050}{20}=52.5$$

$$F_{学习风格}=\frac{MS_{学习风格}}{MS_{处理内}}=\frac{6}{52.5}=0.114,$$

$$F_{教学方法}=\frac{MS_{教学方法}}{MS_{处理内}}=\frac{294}{52.5}=5.60,$$

$$F_{A\times B}=\frac{MS_{A\times B}}{MS_{处理内}}=\frac{6}{52.5}=0.114$$

| 来源 | SS | df | MS | |
|---|---|---|---|---|
| 处理间 | 306 | 3 | | |
| 因素 A | 6 | 1 | 6 | F(1，20)=0.114 |
| 因素 B | 294 | 1 | 294 | F(1，20)=5.600 |
| A×B 交互 | 6 | 1 | 6 | F(1，20)=0.114 |
| 处理内 | 1 050 | 20 | 52.5 | |
| 总 | 1 356 | 23 | | |

步骤4：由于 $F=5.60$ 的 $F$ 比值比 $F=4.35$ 的 $F$ 比值临界值更极端，教学方法的主效应显著，因此，我们拒绝虚无假设，即教学方法不影响学习。学习风格的主效应和教学方法与学习风格的交互作用均不显著。

17.

| 来源 | SS | df | MS | |
|---|---|---|---|---|
| 处理间 | 70 | 3 | | |
| 因素 A | 20 | 1 | 20 | F(1，16)=3.333 |
| 因素 B | 45 | 1 | 45 | F(1，16)=7.500 |
| A×B 交互 | 5 | 1 | 5 | F(1，16)=0.833 |
| 处理内 | 96 | 16 | 6 | |
| 总 | 166 | 19 | | |

所有三个 $F$ 比值的临界值是 4.49（使用 $df=1$，16）。指令的主效应显著。证词语言的主效应和交互作用都不显著。

19. a.

| 来源 | SS | df | MS | |
|---|---|---|---|---|
| 处理间 | 350 | 5 | | |
| 因素 A | 120 | 1 | 120 | F(1，24)=15.00 |
| 因素 B | 15 | 2 | 7.5 | F(2，24)=0.938 |
| A×B 交互 | 215 | 2 | 107.5 | F(2，24)=13.438 |
| 处理内 | 192 | 24 | 8 | |
| 总 | 542 | 29 | | |

因素 $A$ 主效应的临界 $F$ 比值为 4.26（使用 $df=1$，24）。因素 $B$ 的主效应和交互效应的临界值为 3.40（使用 $df=2$，24）。因此，因素 $A$ 的主效应和交互作用显著，因素 $B$ 的主效应不显著。

b. 对于 $B_2$

| $A_1$ | $A_2$ | |
|---|---|---|
| $n=5$ | $n=5$ | $N=10$ |
| $M=14$ | $M=3$ | $G=85$ |
| $T=70$ | $T=15$ | |

步骤1：对于 $B_2$，$H_0$：$\mu_{A_1}=\mu_{A_2}$

步骤2：

$$SS_{处理间}=\sum\frac{T^2}{n}-\frac{G^2}{N}=\frac{70^2}{5}+\frac{15^2}{5}-\frac{85^2}{10}=980+45-722.5=302.5$$

$$MS_{处理间}=\frac{SS_{处理间}}{df_{处理间}}=\frac{302.5}{1}=302.5$$

$$F=\frac{MS_{处理间}}{MS_{处理内}}=\frac{302.5}{8}=37.813$$

$df=1$，24，临界 $F$ 比值为 4.26。

因素 $A$ 在 $B_2$ 水平的单纯效应显著。

21. a.

| 来源 | SS | df | MS | |
|---|---|---|---|---|
| 处理间 | 140 | 2 | 70 | F(2，27)=2.83 |
| 处理内 | 667.5 | 27 | 24.72 | |
| 总 | 807.5 | 29 | | |

主效应临界 $F$ 比值为 3.35 与 $df=2$，27。

主效应不显著。

b.

| 来源 | SS | df | MS | |
|---|---|---|---|---|
| 处理间 | 327.5 | 5 | 65.5 | |
| 因素 A | 140 | 2 | 70 | F(2，24)=3.50 |
| 因素 B | 187.5 | 1 | 187.5 | F(1，24)=9.38 |
| A×B 交互 | 0 | 2 | 0 | F(1，24)=0.00 |
| 处理内 | 480 | 24 | 20 | |
| 总 | 807.5 | 29 | | |

$df=2$，24，处理效应的临界 $F=3.40$。$df=1$，24 时，位置效应（在线与实验室）的临界 $F=4.26$。处理和位置的主效应均显著，交互作用不显著。

c. $A$ 部分的单因素方差分析未能检测出处理的显著效应。$B$ 部分的双因素方差分析发现处理效应显著（因素 A）。$A$ 部分和 $B$ 部分处理效应的 MS 相同（即 MS=70）。然而，在 $B$ 部分中，治疗组内的 $MS_{处理内}$（=20.00）较 $A$ 部分（$MS_{处理内}=24.72$）更小。在 $B$ 部分，将位置效应作为一个因素纳入两个因素中进行方差分析，是从处理效应的 F 比值分母中去除由于检测位置引起的变异性。

## 第 14 章　相关与回归

1.

| 分数 | | 偏差 | | 产品 |
|---|---|---|---|---|
| $X$ | $Y$ | $X-M_X$ | $Y-M_Y$ | $(X-M_X)(Y-M_Y)$ |
| 4 | 8 | 0 | 1 | 0 |
| 3 | 11 | −1 | 4 | −4 |
| 9 | 8 | 5 | 1 | 5 |
| 0 | 1 | −4 | −6 | 24 |

$SP=\sum(X-M_X)(Y-M_Y)=0+(-4)+5+24=25$

3. a.

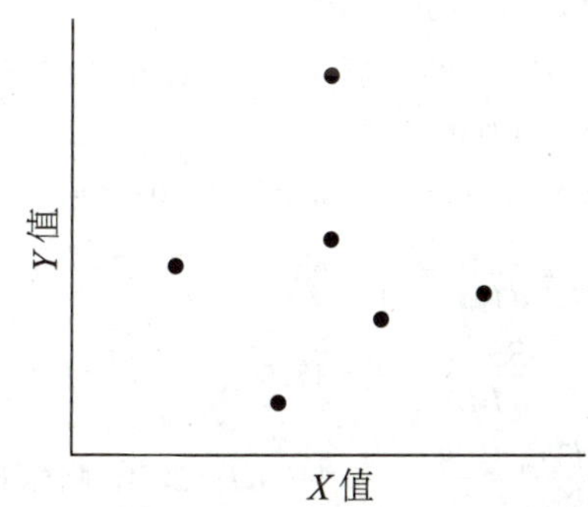


b. 没有线性趋势，直线无法描述 $X$ 和 $Y$ 的关系。评估相关为 0。

c.

| 分数 | | 偏差 | | 偏差平方 | | 产品 |
|---|---|---|---|---|---|---|
| $X$ | $Y$ | $X-M_X$ | $Y-M_Y$ | $(X-M_X)^2$ | $(Y-M_Y)^2$ | $(X-M_X)(Y-M_Y)$ |
| 2 | 5 | −3 | 0 | 9 | 0 | 0 |
| 5 | 6 | 0 | 1 | 0 | 1 | 0 |
| 4 | 0 | −1 | −5 | 1 | 25 | 5 |
| 6 | 3 | 1 | −2 | 1 | 4 | −2 |
| 5 | 12 | 0 | 7 | 0 | 49 | 0 |
| 8 | 4 | 3 | −1 | 9 | 1 | −3 |

$SS_X=\sum(X-M_X)^2=9+0+1+1+0+9=20$

$SS_Y=\sum(X-M_Y)^2=0+1+25+4+49+1=80$

$SP=\sum(X-M_X)(Y-M_Y)=0+0+5+(-2)+0+(-3)=0$

$$r=\frac{SP}{\sqrt{SS_XSS_Y}}=\frac{0}{\sqrt{20\ (80)}}=0$$

5. a.

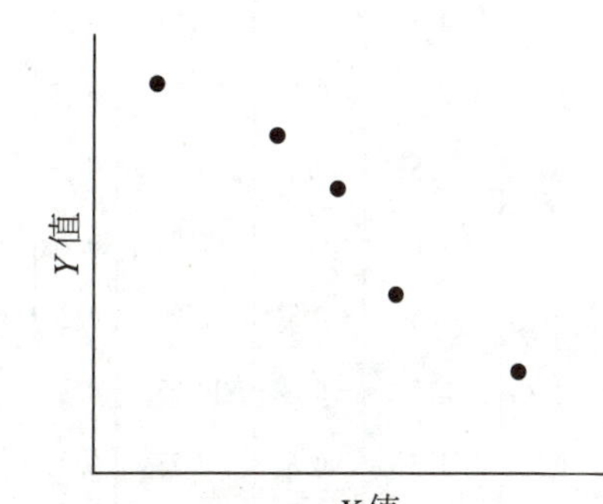


估计的相关性是强的和负的。散点图表明，指向图的右侧的一条线可以很好地描述 $X$ 和 $Y$ 之间的关系。

b. $SP=-39$　$SS_X=20$，$SS_Y=80$

$$r=\frac{SP}{\sqrt{SS_XSS_Y}}=\frac{-39}{\sqrt{20\ (80)}}=\frac{-39}{\sqrt{1\ 600}}=\frac{-39}{40}=-0.98$$

7. a. $SP=56$，$SS_X=36$ 和 $SS_Y=100$。$X$ 和 $Y$ 的 $SS$ 与问题 6 相同。$SP$ 是正的。

b. $r=0.93$。注意，相关在问题 7 中是正的，但在问题 6 中是负的。

9. a.

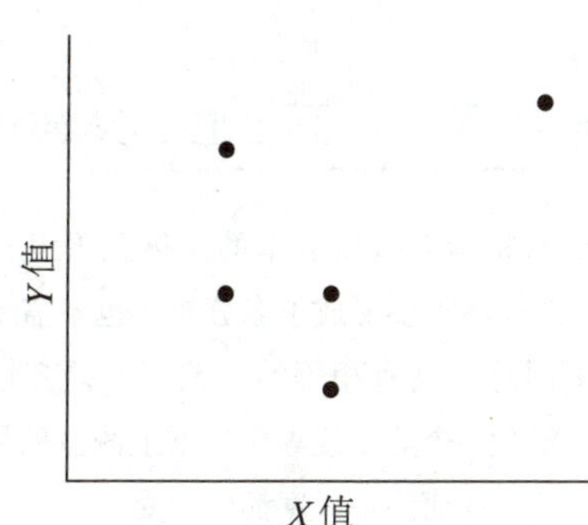


b. $SP=5$，$SS_X=6$，$SS_Y=24$，$r=0.42$

11. a. 男性的体重，$SS=18$，收入 $SS=11\ 076$。$SP=330$. 相关性为 $r=0.739$。

b. 对于 $n=8$，$df=6$，临界值为 0.707。相关性是显著的。

13. a. 使用 $df=4$ 的临界值为 0.811。

b. 使用 $df=10$ 的临界值为 0.576。

c. 使用 $df=22$ 的临界值为 0.404。

15. 不一定。更高的社会地位可能会导致学习能力的提高，其他一些变量或可导致学习能力和社会地位的提高。

17. a.

| 被试 | $X$ | $Y$(1=狂看，0=每日注视) | $X-M_X$ | $Y-M_Y$ | $(X-M_X)^2$ | $(Y-M_Y)^2$ | $(X-M_X)(Y-M_Y)$ |
|---|---|---|---|---|---|---|---|
| A | 87 | 1 | 1.5 | 0.5 | 2.25 | 0.25 | 0.75 |
| B | 71 | 1 | −14.5 | 0.5 | 210.25 | 0.25 | −7.25 |
| C | 73 | 1 | −12.5 | 0.5 | 156.25 | 0.25 | −6.25 |
| D | 86 | 1 | 0.5 | 0.5 | 0.25 | 0.25 | 0.25 |
| E | 78 | 1 | −7.5 | 0.5 | 56.25 | 0.25 | −3.75 |
| F | 84 | 0 | −1.5 | −0.5 | 2.25 | 0.25 | 0.75 |
| G | 100 | 0 | 14.5 | −0.5 | 210.25 | 0.25 | −7.25 |
| H | 87 | 0 | 1.5 | −0.5 | 2.25 | 0.25 | −0.75 |
| I | 97 | 0 | 11.5 | −0.5 | 132.25 | 0.25 | −5.75 |
| J | 92 | 0 | 6.5 | −0.5 | 42.25 | 0.25 | −3.25 |

$SP=-32.5$，$SS_X=814.5$，$SS_Y=-2.5$，$r=-0.72$

b. $r^2=0.52$

c. $r^2=\frac{r^2}{r^2+df}=\frac{-2.94^2}{-2.94^2+8}=\frac{8.64}{8.64+8}=0.52$

19. a. $r=\frac{SP}{\sqrt{SS_X SS_Y}}=\frac{20}{\sqrt{16(64)}}=\frac{20}{32}=0.63$

b. $b=\frac{SP}{SS_X}=\frac{20}{16}=1.25$

$a=M_Y-bM_X=8-1.25(6)=8-7.5=0.50$

$\hat{Y}=1.25X+0.50$

21. 估计的标准误是从回归方程和数据中预测的实际 $Y$ 点之间的平均距离的度量。

23. $SP=15$，$SS_X=10$，$SS_Y=40$，$r=0.75$

$b=\frac{SP}{SS_X}=\frac{15}{10}=1.5$

$a=M_Y-bM_X=10-1.5(2)=7$

$\hat{Y}=1.5X+7$

25. a. $SP=-60$，$SS_X=40$，$SS_Y=160$

$b=\frac{SP}{SS_X}=\frac{-60}{40}=-1.5$

$a=M_Y-bM_X=8-(-1.5)(4)=14$

$\hat{Y}=-1.5X+14$

b. $r=-0.75$，$r^2=0.5625$

$SS_{残差}=(1-r^2)SS_Y=(1-0.5625)160=70$

标准误$=\sqrt{\frac{SS_{残差}}{df}}=\sqrt{\frac{70}{4}}=4.18$

27. a. $r^2=0.25$，$SS_{残差}=36$，标准误$=1.5$

b. 标准误为 0.75。

29. a. $SS_{回归}=r^2SS=0.5625(160)=90$

$MS_{回归}=\frac{SS_{回归}}{df_{回归}}=\frac{90}{1}=90$

$MS_{残差}=\frac{SS_{残差}}{df_{残差}}=\frac{70}{4}=17.50$

$F=\frac{MS_{回归}}{MS_{残差}}=\frac{90}{17.50}=5.14$，$df=1$，4，临界 $F$ 比值为 7.71。不能拒绝虚无假设。

## 第15章　卡方检验：拟合优度和独立性检验

1. 非参数检验对获得数据的总体几乎没有什么假设。例如，总体不需要形成正态分布，也不需要在同一研究中的不同总体具有相等的方差（方差齐性假设）。参数测试需要在一个等距或等比尺度上测量的数据。对于非参数测试，任何测量尺度都可接受。

3. a. 步骤1：虚无假设声明在四种颜色之间没有偏好，所有类别的 $p=\frac{1}{4}$。

步骤2：对于 $df=3$，临界值为7.81。

步骤3：所有类别期望频数为 $f_e=pn=0.25(80)=20$。

$$\chi^2=\sum\frac{(f_o-f_e)^2}{f_e}$$

$\chi^2=\frac{(30-20)^2}{20}+\frac{(13-20)^2}{20}+\frac{(23-20)^2}{20}+\frac{(14-20)^2}{20}=5.00+2.45+0.45+1.80=9.70$

步骤4：$\chi^2$ 在步骤3中计算的统计量比临界值更极端。拒绝原假设，并得出存在显著偏好的结论。

b. 结果表明，在四种颜色之间有显著的偏好，$\chi^2(3, N=80)=9.70$，$p<0.05$。

5. a. 步骤1：虚无假设表明，在四个位置之间没有偏好；所有类别的 $p=\frac{1}{4}$。

步骤2：对于 $df=3$，临界值为 7.81。

步骤3：期望频数为 $f_e=pn=0.25(60)=15$ 对所有类别。

$$\chi^2=\sum\frac{(f_o-f_e)^2}{f_e}$$

$\chi^2=\frac{(20-15)^2}{15}+\frac{(20-15)^2}{15}+\frac{(10-15)^2}{15}+\frac{(10-15)^2}{15}=1.67+1.67+1.67+1.67=6.67$

（注意，如果在分析中为每个单元格舍入到小数后两位，你可能会得到6.68）。

步骤4：$\chi^2$ 在步骤3中计算的值不如临界值极端。不能拒绝原假设。

7. a. $H_0$ 指出，汽车事故的分布与注册司机的分布相同：20岁以下16%，20～29岁28%，30岁及以上56%。对于 $df=2$，临界值为5.99。这三个类别的期望频数分别是48、84和168。$\chi^2=13.76$。拒绝 $H_0$ 并得出汽车事故的分布与注册司机的分布不相同。

b. $w=\sqrt{\sum\frac{(p_o-p_e)^2}{p_e}}$

$w=\sqrt{\frac{(0.227-0.16)^2}{0.16}+\frac{(0.307-0.28)^2}{0.28}+\frac{(0.467-0.56)^2}{0.56}}$

$w=\sqrt{0.028+0.003+0.015}$

Cohen's $w=0.214$

c. 卡方检验显示，汽车事故人群的年龄分布与注册司机的年龄分布有显著差异，$\chi^2(2, n=300)=13.76$，$p<0.05$，$w=0.214$。

9. 原假设表明，两组人的偏好分布是相同的（相同的比例）。对于 $df=2$，临界值为5.99。期望频数为：

| | 设计1 | 设计2 | 设计3 |
|---|---|---|---|
| 学生 | 30 | 20 | 10 |
| 老年人 | 30 | 20 | 10 |

$\chi^2=\sum\frac{(f_o-f_e)^2}{f_e}$

$\chi^2=\frac{(40-30)^2}{30}+\frac{(20-30)^2}{30}+\frac{(10-20)^2}{20}+\frac{(30-20)^2}{20}+\frac{(10-10)^2}{10}+\frac{(10-10)^2}{10}=3.33+3.33+5.00+5.00+0.00+0.00=16.67$

拒绝 $H_0$。

11. 虚无假设认为，幸福和更长寿之间没有关系。对于 $df=1$，临界值为3.84。期望频数为：

| | 在世 | 去世 | |
|---|---|---|---|
| 大部分时间幸福 | 384 | 16 | 400 |
| 大部分时间不幸福 | 192 | 8 | 200 |
| | 576 | 24 | |

a. $\chi^2=0.78$。不能拒绝 $H_0$。

$\varphi=\sqrt{\frac{\chi^2}{n}}=\sqrt{\frac{0.78}{600}}=\sqrt{0.0013}=0.036$

13. a. 虚无假设指出，错误回忆看到破碎玻璃的比例应该是相同的。所有组说"是"的期望频数是9.67，而所有组说"否"的期望频数是40.33。对于 $df=2$，临界值为5.99。对于这些数据，$\chi^2=7.78$。拒绝原假设，并得出结论：回忆破碎玻璃的可能性取决于被试被问到的问题。

b. $V=\sqrt{\frac{\chi^2}{n(df^*)}}=\sqrt{\frac{7.78}{150(1)}}=0.228$

c. 被问及两辆车"撞"向对方的速度的被试，错误回忆看到碎玻璃的可能性要高出两倍多。

d. 卡方检验的结果表明，问题的措辞对于被试对事故的回忆有显著的影响，$\chi^2(2, N=150)=7.78$，$p<0.05$，$V=0.228$。

15. a. 步骤1：虚无假设表明，在这三种声音之间没有偏好；对于所有类别的 $p=\frac{1}{3}$。

步骤2：对于 $df=2$，临界值为5.99。

步骤3：期望频数为 $f_e=pn=\frac{1}{3}(300)=100$ 适用于所有类别。注意，你应该使用 $n$ 乘以分数，而不是将小数点四舍五入到小数后两位。$\chi^2=156.48$。

步骤4：$\chi^2$ 在步骤3中计算的统计量比临界值更极端。拒绝原假设，并得出存在显著偏好的结论。

b. 结果表明，在四种颜色之间存在显著的偏好。

$\chi^2(2, N=300)=156.48$，$p<0.05$。

17. a. 虚无假设认为，被试的个性和他们所创造的虚拟化身的个性之间没有关系。与 $df=1$ 和 $\alpha$ 为0.05，临界值是3.84。期望频数为：

| | 被试的个性 | | |
|---|---|---|---|
| | 内向 | 外向 | |
| 内向的虚拟化身 | 17.1 | 27.9 | 45 |
| 外向的虚拟化身 | 20.9 | 34.1 | 55 |
| | 38 | 62 | |

卡方统计量是4.12。拒绝 $H_0$。

b. $\varphi$ 系数为0.203。

19. 虚无假设认为智商和志愿活动之间没有关系。对于 $df=2$ 和 $\alpha$ 为0.05，临界值为5.99。期望频数为：

| | IQ | | |
|---|---|---|---|
| | 高 | 中 | 低 |
| 自愿参与 | 37.5 | 75 | 37.5 |
| 非自愿参与 | 12.5 | 25 | 12.5 |

当 $\alpha=0.05$，$df=2$，卡方统计量是4.75。不能拒绝 $H_0$。

## 火柴棍拼图的解决方案

在第 10 章的结尾问题中有几种可能的解决方案，但都涉及破坏两个现有的方块。从一个角移除两根火柴棍破坏一个正方形，第二个正方形通过移除一根火柴棍而被破坏。然后，三根移除的火柴棍被用来构成一个新的正方形，使用图中已经存在的线作为第四边。下图显示了一个方案。图形顶部面板中的虚线被移动到图形底部面板中用虚线标记的位置。

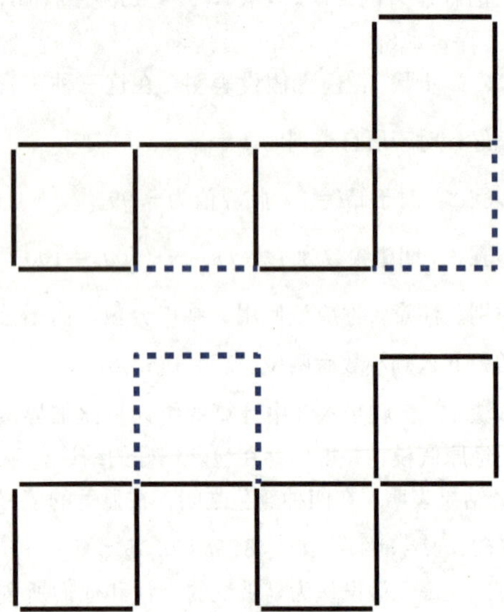

# SPSS 的使用说明

# 附录 D

社会科学的统计包，即 SPSS，是一个用来进行统计计算的计算机程序，而且它在各个高校中也很容易获得。使用 SPSS 进行具体计算的细节指导在每一章的最后都有呈现。在每一章末尾寻找 SPSS 板块。在这部分附录中，我们将提供一份 SPSS 程序的总概要。

## SPSS 的布局

打开 SPSS 后，系统会提示你打开现有数据集或创建新数据集。对于本教材中的所有示例，你应该通过先单击“New Dataset”然后单击“Open”来创建新的数据集。SPSS 由三个基本部分组成：数据编辑器（Data Editor）的数据视图（Data View），数据编辑器（Data Editor）的变量视图（Variable View），以及一系列统计命令。

## SPSS 的数据视图（Data View）

创建新数据集后，你将看到数据编辑器的数据视图，它是一个由编号的行和列以及有关分析中变量的信息组成的巨大矩阵。要开始任何分析，必须在分析中输入有关变量的信息，并在数据编辑器中输入数据。要在编辑器中输入数据，必须在屏幕左下角设置“数据视图”选项卡。通常，分数会输入数据视图中编辑器的列中。在输入分数之前，每一列都标记为“var”。输入分数后，第一列变为 VAR0001，第二列变为 VAR00002，依此类推。

## SPSS 的变量视图（Variable View）

要在分析中输入有关变量的信息，单击数据编辑器底部的“变量视图”选项卡。你将在编辑器中获得每个变量的描述。使用变量视图输入有关分析中变量的信息。Name 字段允许你将变量的名称更改为描述性名称。Type 可用于选择要分析的变量的类型。例如，将要分析的大多数变量都是简单的数字变量。但是，你可能偶尔会使用字符串来输入称名数据的文本标签。Width 控制应在数据视图中显示的分数的字符数（通常可以接受默认的八个字符的宽度）。Decimals 允许你指定要显示的小数后的位数。Label 允许用户为变量分配一个长的描述性标题，该标题将显示在统计分析结果中。Values 字段将标签应用于变量的特定值。例如，当使用顺序尺度时，你可能希望将值“1”标记为“第一”，将值“2”标记为“第二”，依次类推。Missing 是对程序应当如何识别缺失值的设置的集合。Columns 为数据视图中变量列的宽度。Align 控制变量的值在数据视图中是左对齐、居中对齐还是右对齐。Measurement 用于记录变量的测量尺度的相关信息。对于等距或等比数据使用“Scale”。完成对变量的描述以后，点击“Data View”选项卡回到数据编辑器。

## 统计命令

这些统计命令在数据视图的菜单中列出。可以通过单击屏幕顶部工具栏的“Analyze”来使用它们。当你选择一个统计命令时，SPSS 将要求你确定具体分数的位置和其他你要使用的选项。这个是通过确定在数据编辑器中的包含所需信息的列完成。具体来说，你将看到一个和下方相似的图。在左侧方框中列出了所有数据编辑器中包含信息的列。在这个例子中，我们在列 1、2、3 和 4 输入值。在右侧是一个空方框，等待你去定义正确的列。例如，如果你想要用列 3 中的分数做统计分析，你要通过点击左侧方框对应的位置点亮 VAR0003，然后点击箭头将列标签移入右侧方框（如果你做错了，你可以点亮右侧盒子中的变量，然后点击箭头，你就可以将变量移回左侧方框）。

## SPSS 数据形式

SPSS 程序使用两种基础的形式来将数据输入数据矩阵，下面将分别介绍：

第一种形式是当每个个体有多于一个数据的时候

VAR00001
VAR00002
VAR00003
VAR00004

变量

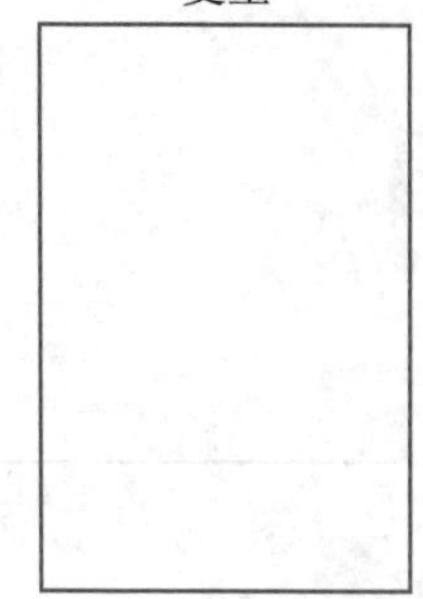

使用的。这包括来自三种情况的数据：(a) 描述性研究，其中为每个个体测量一个或多个变量（见第 1 章）；(b) 相关性研究，每个人有两个分数 $X$ 和 $Y$（见第 1 章）；(c) 两组或两组以上分数之间的比较（见第 1 章），特别是来自重复测量或被试内的研究，其中每个人都在所有不同的治疗条件下进行了测量（关于重复测量设计的更详细的描述，见第 11 章）。表 D1 说明了这种数据，并展示了数据将在 SPSS 数据矩阵中如何呈现。注意，在数据矩阵中，分数和原始数据集有着完全相同的结构。具体来说，数据矩阵的每一行包括了一个被试的所有分数，每一列包括了一个处理情境的所有分数。重要的是，这种 SPSS 格式不需要数据视图矩阵单元格中的名称或组信息。

第二种形式用于独立测量研究的数据，这种研究在每一种处理情境中使用了不同的被试。这种数据以堆叠的形式输入数据矩阵。和将不同处理的数据置于不同列不同，来自所有处理情境的所有的数据都被输入同一列，因此来自一种处理情境的数据将堆叠在另一种处理情境之上。编码数字将在随后输入第二列变量，每一个数字告诉计算机对应的分数属于哪一种处理情况。例如，你将在处理 1 的分数的旁边一列输入值 1，在处理 2 的分数的旁边一列输入值 2，以此类推。表 D2 展示了这种数据，表明了数据将如何被输入 SPSS 数据矩阵。

**表 D1**

重复测量或相关研究的数据，每个个体有几个分数。表 (a) 显示的是原始数据，每个人 3 个分数，表 (b) 表示输入 SPSS 数据矩阵后的分数。注意：SPSS 自动给每个分数加上了两位小数。例如，你输入 10，矩阵中显示的是 10.00。

(a) 原始数据

| 被试 | 处理 | | |
|---|---|---|---|
| | Ⅰ | Ⅱ | Ⅲ |
| A | 10 | 14 | 19 |
| B | 9 | 11 | 15 |
| C | 12 | 15 | 22 |
| D | 7 | 10 | 18 |
| E | 13 | 18 | 20 |

(b) 输入 SPSS 数据矩阵后的数据

| | VAR0001 | VAR0002 | VAR0003 | var |
|---|---|---|---|---|
| 1 | 10.00 | 14.00 | 19.00 | |
| 2 | 9.00 | 11.00 | 15.00 | |
| 3 | 12.00 | 15.00 | 22.00 | |
| 4 | 7.00 | 10.00 | 18.00 | |
| 5 | 13.00 | 18.00 | 20.00 | |

**表 D2**

独立测量研究的数据，每个处理条件下都有不同的被试。表的左边一半显示的是原始数据，有 3 个组，每个组 5 名被试。表的右边一半显示的是输入 SPSS 数据矩阵后的数据。注意，数据矩阵在同一列列出了所有 15 个分数，然后在第二列用数字编码来表示每个分数对应的处理条件。

(a) 原始数据

| 处理 | | |
|---|---|---|
| Ⅰ | Ⅱ | Ⅲ |
| 10 | 14 | 19 |
| 9 | 11 | 15 |
| 12 | 15 | 22 |
| 7 | 10 | 18 |
| 13 | 18 | 20 |

(b) 输入 SPSS 数据矩阵后的数据

| | VAR0001 | VAR0002 | var |
|---|---|---|---|
| 1 | 10.00 | 1.00 | |
| 2 | 9.00 | 1.00 | |
| 3 | 12.00 | 1.00 | |
| 4 | 7.00 | 1.00 | |
| 5 | 13.00 | 1.00 | |
| 6 | 14.00 | 2.00 | |
| 7 | 11.00 | 2.00 | |
| 8 | 15.00 | 2.00 | |
| 9 | 10.00 | 2.00 | |
| 10 | 18.00 | 2.00 | |
| 11 | 19.00 | 3.00 | |
| 12 | 15.00 | 3.00 | |
| 13 | 22.00 | 3.00 | |
| 14 | 18.00 | 3.00 | |
| 15 | 20.00 | 3.00 | |

## 示例

假设一位心理学家想检验一种针对考试焦虑的新的处理对统计考试分数的影响。具有考试焦虑的学生被随机分到两个组中。组 1 是处理组，组 2 是控制组，控制组只包含了安静学习时间。心理学家观察到下列数据：

(a) 原始数据

| 分数 | 组别 |
|---|---|
| 83 | 处理 |
| 92 | 处理 |
| 74 | 处理 |
| 80 | 控制 |
| 73 | 控制 |
| 72 | 控制 |

请注意，这个数据结构类似于表 D2。在创建新数据集后，使用 Variable View 创建和描述两个新变量。第一个变量用于描述每个被试的考试成绩，第二个变量用于描述每个被试所在组别。在 Name 字段的第一行键入“分数”。变量的默认类型“Numeric”正确地描述了统计考试分数。类似地，Width、Value、Missing、Columns、Align 和 Role 的默认值都是可接受的。在 Decimals 字段，将“2”替换成“0”。在 Label 字段，键入关于这个变量的描述性标题“统计考试分数”。在 Measure 字段，选择“Scale”，这个选项用于在 SPSS 中声明该变量是等距或等比数据（参见第 1 章）。

第二个变量描述被试在考试前是否接受了处理。在 Name 字段，键入“组别”。在 Type 字段，选择“Numeric”。在 Label 字段，键入“组别（处理组 vs 控制组）”。点击 Label 字段中的“…”按钮。在 Value Labels 窗口，在 Value 单元键入“1”，在 Label 单元键入“处理”并点击 Add。这个是在 SPSS 中声明“1”表述处理组。类似地，在 Value 和 Label 单元分别键入“2”和“控制”并点击 Add，从而定义“2”代表控制组。Missing、Columns、Align 和 Role 的默认值都是可接受的。最后，确定 Measure 类型是“Nominal”，因为该变量是称名变量（参见第 1 章）。当你的变量正确定义后，变量框应该类似下图。

Source: SPSS®

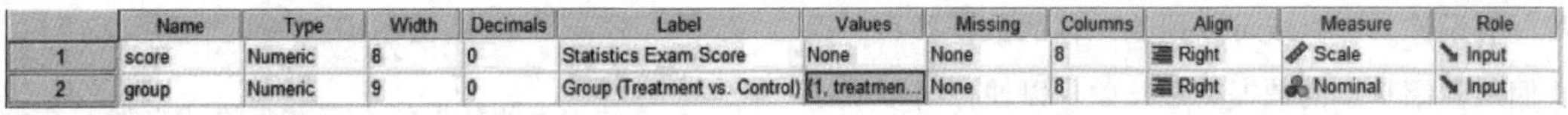

| | Name | Type | Width | Decimals | Label | Values | Missing | Columns | Align | Measure | Role |
|---|---|---|---|---|---|---|---|---|---|---|---|
| 1 | score | Numeric | 8 | 0 | Statistics Exam Score | None | None | 8 | Right | Scale | Input |
| 2 | group | Numeric | 9 | 0 | Group (Treatment vs. Control) | {1, treatmen... | None | 8 | Right | Nominal | Input |

接下来，将你的数据输入 Data View。点击 Data View 选项卡，从变量视图切换到数据视图。每一行代表每一个被试的数据。例如，在第一行，“分数”列中的值应该是“83”，“组别”列的值应该是“1”。对所有被试重复上述操作，数据表应如右所示。

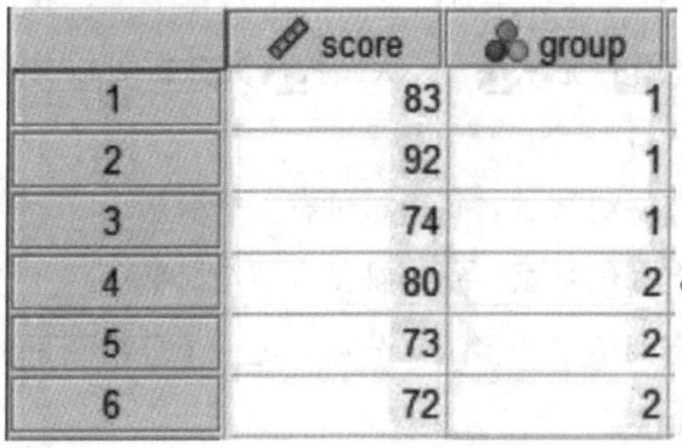

| | score | group |
|---|---|---|
| 1 | 83 | 1 |
| 2 | 92 | 1 |
| 3 | 74 | 1 |
| 4 | 80 | 2 |
| 5 | 73 | 2 |
| 6 | 72 | 2 |

Source: SPSS®

# 统计量的整理：找到适合你的数据的统计方法

## 概述：三种基本的数据结构

当学生完成一门统计课程时，他们经常面临如何使用所学统计方法的问题。例如，在研究方法课或作为研究助理时，学生常常会被要求分析研究数据并使用适当的统计方法。但问题是，许多学生不知道该如何开始。尽管他们学习了许多独立的统计分析方法，但他们无法针对一组数据选择适当的统计方法。为了帮助你找到适合的统计方法，本书的统计框架试图通过对大部分统计方法进行组织概述来实现这一目标。

我们假设你知道（或可以预测）你的数据类型。因此，我们从介绍基本的数据类型开始，以便你可以确定符合你数据类型的类别。对于每个数据类型，我们将指出可能适用的统计方法。大多数研究数据可以分为以下三类：

1. 有一组被试，每个被试有一个分数。

2. 有一组被试，每个被试有两个分数。

3. 有两组（或多组）分数，每一个分数测量的都是同一个变量。

在这一章节中，我们会给出每一个类别的例子。一旦你的数据和某一个例子的数据相符合，就可以翻看描述该例子的统计方法的章节。

### 测量的尺度

在我们开始讨论三类数据之前，另外一个因素会导致数据的不同，也会影响我们判断哪一种统计方法是合适的。在第1章中，我们介绍了四种测量尺度，不同的测量尺度适用不同的数学运算，得出不同的统计结果。对大部分统计方法来说，等比和等距量表是相同的，所以在下面的概述中，我们将它们归为一类。

等比和等距量表产生了和各类数学运算相容的数据分数。例如，英寸尺度上的身高测量、以磅为单位的体重测量、任务中的错误数量和反应时间。

顺序量表包括等级或顺序性的分类。例如，将咖啡分为大杯、中杯、小杯三类，工作能力排为第一、第二、第三。

称名量表包括命名的类别。例如，性别（男/女）、专业或职业。

对于每一种类型，我们呈现三种测量尺度的例子并探讨统计方法的运用。

### 类别1　有一组被试，每名被试有一个分数

这种类型的数据常常存在于描述自然存在的个体变量的研究中。例如，一则新闻说，一半的美国12～17岁青少年每天至少发50条短信。为了获得这个数字，研究者需要测量大量青少年中每个个体所发的短信数量。这使数据由一个群体中每个被试的分数组成。

数据还可能描述一项测量了数个变量的更大型的研究。例如，一名大学管理者可能进行了一个调查，获得了描述饮食、睡眠和学习习惯的信息。虽然测量了数个变量，却是在同一时间观察它们。例如，管理者将观察学生每天的学习时间，这些数据由一个群体中的每个个体的分数组成。然后，这名管理者将注意力集中到每一个学生的睡眠时间上。这些数据也是由来自一个群体的每个个体的一个分数组成。这种研究（和这种数据）的特点是，研究者并不希望研究变量间的关系，而是一次描述一个个体变量。

表1呈现了这个类别的三个数据的例子。注意，三个数据集之间的差异在于分数的测量尺度。第一个数据集（a）表示通过等比和等距量表测量的数据分数。第二个数据集（b）由顺序或顺序性等级类别组成。第三个数据集（c）是用称名量表测量的。这类数据的统计方法在“第一部分”讨论。

**表 1　一组被试中，每名被试一个分数的数据的 3 个例子**

| (a) 过去 24 小时短信发送量 | (b) 高中毕业时班级排名 | (c) 上个季节是否得过流感 |
|---|---|---|
| *X* | *X* | *X* |
| 6 | 第 23 | 否 |
| 13 | 第 18 | 否 |
| 28 | 第 5 | 是 |
| 11 | 第 38 | 否 |
| 9 | 第 17 | 是 |
| 31 | 第 42 | 否 |
| 18 | 第 32 | 否 |

## 类别 2　有一组被试，每名被试有两个分数

这类研究是为了检验变量之间的关系。注意，这类研究测量了不同的变量，因此每一个被试有两个或多个分数，每一个分数对应了不同的变量。通常而言，这里没有操纵或控制变量，只是观察并记录自然存在的状态。

虽然会测量一些变量，但是研究者常常选择一对变量来检验具体的关系。因此，我们呈现的样本表示了配对变量，并关注估计变量间关系的统计方法。表 2 呈现了这个类别的四个样本。这四个数据集的区别在于测量尺度。第一个数量集（a）是数值型分数（等距分数）。第二个数据集（b）对第一个数据集进行了排序，并呈现了等级结果。第三个数据集（c）包括数值型分数和第二个变量的称名测量结果。第四个数据集（d）都是用称名量表测量的分数。这些数据适用的统计方法在“第二部分”讨论。

**表 2　一组被试中，每个被试两个分数的数据的 3 个例子**

(a) SAT 分数（*X*）和大一 GPA（*Y*）

| *X* | *Y* |
|---|---|
| 620 | 3.90 |
| 540 | 3.12 |
| 590 | 3.45 |
| 480 | 2.75 |
| 510 | 3.20 |
| 660 | 3.85 |
| 570 | 3.50 |
| 560 | 3.24 |

(b) 数据集 a 中分数的等级

| *X* | *Y* |
|---|---|
| 7 | 8 |
| 3 | 2 |
| 6 | 5 |
| 1 | 1 |
| 2 | 3 |
| 8 | 7 |
| 5 | 6 |
| 4 | 4 |

(c) 年龄（*X*）和手表偏好（*Y*）

| *X* | *Y* |
|---|---|
| 27 | 电子的 |
| 43 | 指针的 |
| 19 | 电子的 |
| 34 | 电子的 |
| 37 | 电子的 |
| 49 | 指针的 |
| 22 | 电子的 |
| 65 | 指针的 |
| 46 | 电子的 |

(d) 学校类型（*X*）和专业（*Y*）

| *X* | *Y* |
|---|---|
| 公立 | 科学 |
| 公立 | 人文学科 |
| 私立 | 艺术 |
| 公立 | 专业 |
| 私立 | 专业 |
| 私立 | 人文学科 |
| 私立 | 艺术 |
| 公立 | 科学 |
| 私立 | 人文学科 |

## 类别 3　有两组（或多组）分数，每一个分数测量的都是同一个变量

检验两个变量关系的第二种方法是使用一个变量的类别来定义不同组，然后测量第二个变量来获得一个组

内一系列的分数。第一个变量定义了这些组，常常是下面的类型之一：

a. 被试特征：例如，性别或者年龄

b. 时间：例如，处理前或处理后

c. 处理情境：例如，有咖啡因或无咖啡因

如果一组的分数与另一组的分数始终不同，那么数据就说明变量之间存在特定的关系。例如，如果医生组的表现一致地高于牙医组，那么说明表现和职业之间有关系。

该类别中另外一个使数据集有差异的因素是独立测量和重复测量的差异。独立测量设计出现在第 10 章和第 12 章，第 11 章介绍了重复测量设计。你应当能回忆起独立测量设计，它又称为被试间设计，要求将被试分为多组，每组得出各自的分数。例如，一项研究比较右利手和左利手的分数差异，这就要求有两组被试。而重复测量设计又称为被试内设计，它是从同一组被试中得到一系列分数。一个常见的重复测量设计的例子就是前后测研究，即一组个体在处理之前测一次，在处理之后再测一次。

表 3 呈现了这类研究的样本数据。这个表包括了独立测量和重复测量样本，以及来自不同测量量表的测量结果。这类数据适合的统计方法将在“第三部分”讨论。

**表 3 比较两组或多组测量同一个变量的数据**

(a) 当狗单独呈现或是与孩子一起呈现在照片中时的友好度评分

| 单独 | 与孩子一起 |
|---|---|
| 5 | 7 |
| 4 | 5 |
| 4 | 4 |
| 3 | 5 |
| 4 | 6 |
| 3 | 4 |
| 4 | 5 |

(b) 在 24 小时的睡眠剥夺之前和之后的表现分数

| 被试 | 之前 | 之后 |
|---|---|---|
| A | 9 | 7 |
| B | 7 | 6 |
| C | 7 | 5 |
| D | 8 | 8 |
| E | 5 | 4 |
| F | 9 | 8 |
| G | 8 | 5 |

(c) 被试独立工作或团队协作的成或败

| 独立工作 | 团队协作 |
|---|---|
| 失败 | 成功 |
| 成功 | 成功 |
| 成功 | 成功 |
| 成功 | 成功 |
| 失败 | 失败 |
| 失败 | 成功 |
| 成功 | 成功 |
| 失败 | 成功 |

(d) 各个高中班级学生花费在社交网站上的时间量（小，中，大）

| 一年级 | 二年级 | 三年级 | 四年级 |
|---|---|---|---|
| 中 | 小 | 中 | 大 |
| 小 | 大 | 大 | 中 |
| 小 | 中 | 大 | 中 |
| 中 | 中 | 大 | 大 |
| 小 | 中 | 中 | 大 |
| 大 | 大 | 中 | 大 |
| 中 | 大 | 小 | 中 |
| 小 | 中 | 大 | 大 |

## 第一部分：单样本数据的统计方法（每名被试一个分数）

该类数据的特征之一是，研究者不想探测变量间的关系，而只是简单地想对已经存在的个体变量进行描述。因此，该类数据最常用的统计方法是描述统计，即对一组分数进行概括和描述的一种统计方法。

### 等比量表或等距量表分数：数值分数

当数据包含了从等比量表或等距量表得来的数值时，就有有关描述统计和推论统计的多种选择。我们会提到最常出现的统计方法和其他一些可供替代的方法。

描述统计。对数值分数而言，最常用的描述统计值

是均值（第 3 章）和标准差（第 4 章）。如果存在一些极端值或者分布出现强偏态，中位数（第 3 章）在测量集中趋势上会比均值好。类似地，四分位距（IQR，第 4 章）可能会比标准差更好。

推论统计。如果是有关总体（从该总体中抽取样本）均值的虚无假设，并且总体标准差已知，可以使用 $z$ 检验（第 8 章）来评估假设。如果总体标准差未知，可以使用单样本 $t$ 检验（第 9 章）来评估假设。下面给出了几个可能的虚无假设情境：

1. 如果分数从一个严格控制中位点的量表得来，那么 $t$ 检验就可以用来决定样本均值是否显著不同于（高于或低于）中位点。比如说，在一个 7 点量表上，分数 $X=4$ 经常被看作中位点。虚无假设该这样表述：总体均值等于 $\mu=4$。

2. 如果与之相比较的一个总体均值是已知的，那么 $t$ 检验就可以用来比较样本均值是否显著不同于（高于或低于）已知值。例如，在一项儿童标准化阅读成就测验中，一年级孩子得分均值 $\mu=20$。如果研究者要用一个二年级儿童样本来确定两个年级间是否存在显著差异，虚无假设就该这样表述：二年级总体均值等于 20。已知的均值也可以来自很久以前，比如说 10 年前。因此，假设检验可以用来检验当前从总体中获得的样本是否表明了过去十年间均值的显著变化。

单样本 $t$ 检验评估了结果的统计显著性。一个显著的结果意味着差异非常不可能（$p<\alpha$）是由随机的或偶然的因素产生的。但是，该测验并未测量效应量的大小或强度。因此，$t$ 检验应该辅以效应大小的测量，例如 Cohen's $d$ 系数或者变异系数 $r^2$。

## 顺序量表分数：排序或顺序类型

**描述统计**　有时，原始分数是顺序量表的测量值，或者原始的数值分数被转换成排序或者顺序类型（如：小、中、大）。在以上任意一种情况中，中位数是顺序量表描述集中趋势最恰当的统计值。百分数也可以用来描述个体在不同类型中的分布。例如，研究者可以报告 60% 的学生属于高自尊范畴，30% 属于中等自尊范畴，10% 属于低自尊范畴。

**推论统计**　如果是有关总体（从该总体中抽取样本）各顺序类型的比例的虚无假设，那么可以用拟合优度卡方检验（第 15 章）来评估假设。例如，可以合理地假设在总体中每个类型有同等机会出现（比例相同），该检验将决定样本比例是否存在显著差异。

## 称名量表分数

对于这类数据，分数只表明了每个个体所属的名称类型。例如，个体可以被分成民主党或共和党人，或者不同的职业类型。

**描述统计**　用来描述集中趋势的唯一可行的描述统计值是众数（第 3 章）。也可以利用百分数或比例来描述各类型分布状况。

**推论统计**　如果是有关总体（从该总体中抽取样本）各顺序类型的比例的虚无假设，那么可以用卡方拟合优度检验（第 15 章）来评估假设。例如，每个类型有同等机会出现，那么该检验将决定样本比例是否存在显著差异。如果用于比较的总体的比例或者之前的比例是已知的，那么虚无假设可以设定从样本数据推论而来的比例是相同的。例如，如果已知美国成人在每个季度患流感的比例是 35%，那么研究者可以选择一个大学生群体，然后计算有多少人得流感了、多少人没有 [数据见表 1 (c)]。卡方检验的虚无假设可以这样表述：大学生群体的分布与普通大众不存在显著差异。

图 1 总结了类型 1 数据使用的统计方法。

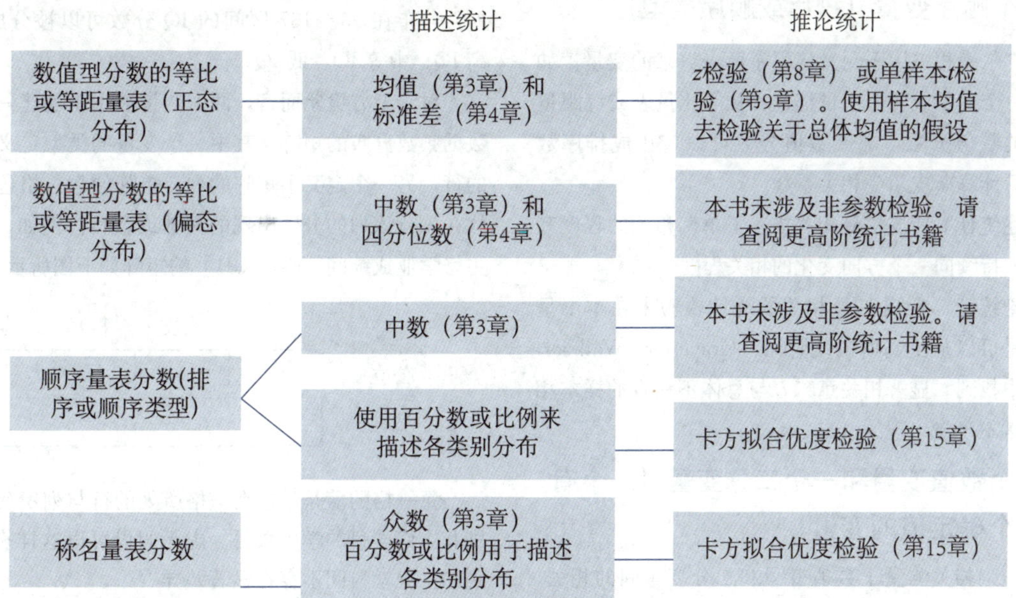


**图 1　类型 1 数据统计方法：单样本数据，每名被试一个分数，目的是描述已经存在的变量**

## 第二部分：单样本两变量数据的统计方法（每名被试两个分数）

该类数据的统计分析目的就是描述和评估变量间关系，通常在同一时间内关注两个变量。对于两个变量而言，恰当的分析方法是相关和回归（第14章），还有独立性卡方检验（第15章）。

### 两数值变量：来自等比量表或等距量表

皮尔逊相关测量两变量间的线性相关的大小和方向（见例14.3）。线性回归决定了散点图的最佳回归线性方程。对数据中的每一个$X$值而言，该方程提供了一个预测$Y$值，从而使得预测$Y$值和实际$Y$值之间的差异平方和最小。

**描述统计**　皮尔逊相关自身有描述统计的作用。特别是，相关的正负和大小描述了两变量间的线性关系。相关的平方经常被用来描述这种关系的强度。线性回归方程提供了$X$值和$Y$值间关系的数字描述。斜率描述了当$X$值每增长1点时$Y$的变化量。常量值（$y$轴截距）描述了当$X$为0时的$Y$值。

**推论统计**　皮尔逊相关的统计显著性通过$t$分布评估，也可以比较样本相关值和临界值（在表B.6列出）。显著相关意味着与总体不一致的样本相关出现的可能性很小（$p<\alpha$）。回归分析是一种用于评价回归方程显著性的假设检验方法。统计显著性意味着这个方程可以预测比$X$与$Y$之间没有真正潜在关系时的预期更多的$Y$分数的变异。

### 两个顺序变量（排序或顺序类型）

斯皮尔曼相关用于测量从顺序量表得来的变量。如果其中一个变量或两个变量都包含从等比量表或等距量表得来的数值分数，那么数值分数可以转化成排序数据，然后计算斯皮尔曼相关系数。

**描述统计**　斯皮尔曼相关描述了单调相关的程度和方向，即持续向一个方向变化的相关程度。

**推论统计**　斯皮尔曼相关的统计检验未在本书呈现，但是可以从更高阶的统计书（Gravetter&Wallnau，2013）中找到。显著相关意味着与总体不一致的样本相关是非常不可能出现的（$p<\alpha$）。

### 一个数值变量和一个二分变量（一个有两个确定值的变量）

点二列相关测量了数值变量和二分变量间的相关。二分变量的两个类型被编码成数值，一般是0和1，用于计算相关。

**描述统计**　因为点二列相关用任意的数值编码，所以相关的方向是无意义的。但是，相关大小或者相关的平方描述了关系的程度。

**推论统计**　点二列相关的数据可以重分组到一个适合独立测量$t$检验的公式中，也可以直接从点二列相关中计算出$t$值。假设检验$t$值决定了关系的显著性。

### 两个二分变量

$\varphi$相关系数适用于两个变量都是二分变量的情况。对每个变量而言，两个类型都被编码成数值，最常见的是0和1，用来测量相关。

**描述统计**　因为$\varphi$相关系数利用任意的数值编码，因此相关的方向是无意义的。但是，相关大小或者相关的平方描述了关系的程度。

**推论统计**　$\varphi$相关的数据可以被重分组到一个适合于2×2卡方独立性检验的公式中，或者可以直接从$\varphi$相关系数中计算出卡方值（见第15章）。卡方值决定了关系的显著性。

### 两变量：来自任意测量尺度

独立性卡方检验提供了一种评估两变量间相关关系的替代方法。对于卡方检验而言，两个变量都可以在任意量表中获得，只要类别数目相当的小。对于数值范围大的分数而言，它们可以被分成数目更少的类别。例如，分布在93～137区间的IQ分数可以被分成三类：高IQ、中等IQ、低IQ。

对于卡方检验而言，两个变量被用于创建一个展示数据频数分布的矩阵。其中一个变量的类型定义了矩阵的行，另一个定义了矩阵的列。矩阵的每一格包括了个体在该行该列的分数出现的频数或数目。例如，性别和主修学业成绩间［表2（d）］的矩阵如下图所示：

| | 艺术 | 人文 | 科学 | 专业 |
|---|---|---|---|---|
| 公立 | | | | |
| 私立 | | | | |

每一格的值是学生在该格所处的行与列所代表的性别和主修学科的学生数目。虚无假设可以这样表述：性别和主修学科间不存在显著差异。

**描述统计**　卡方检验是一种推论方法，不包括描述统计的计算。但是，列出或展现出观测值的完整矩阵是一种常用描述方法。有时，研究者通过指出格子里出现了超乎意料的大频数来描述结果。例如，在第 15 章中我们描述了一项研究，讨论背景音乐对一位女性把电话号码给她刚认识的男人可能性的影响。研究开始前，女性被试在等待室里收听到浪漫或中性的背景音乐。在研究结束时，每名被试都被单独留在一个房间里，旁边有一名男性主试，他用事前写好的台词索要女性参与者的电话号码。该研究的结果描述回答集中在“是”上。具体来说，听过浪漫音乐的女性给出号码的可能性是收听中立音乐的两倍。

**推论统计** 卡方检验评估了两变量间关系的显著性。一个显著的结果意味着如果总体变量间不存在潜在关系的话，那么样本数据中的频数分布是极不可能（$p<\alpha$）出现的。和大多数假设检验一样，显著的结果并未提供关于关系的强度方面的信息。因此，$\varphi$ 相关系数或克莱姆的 $V$ 系数都可以用来测量效应量大小。

图 2 总结了类型 2 数据所使用的统计方法。

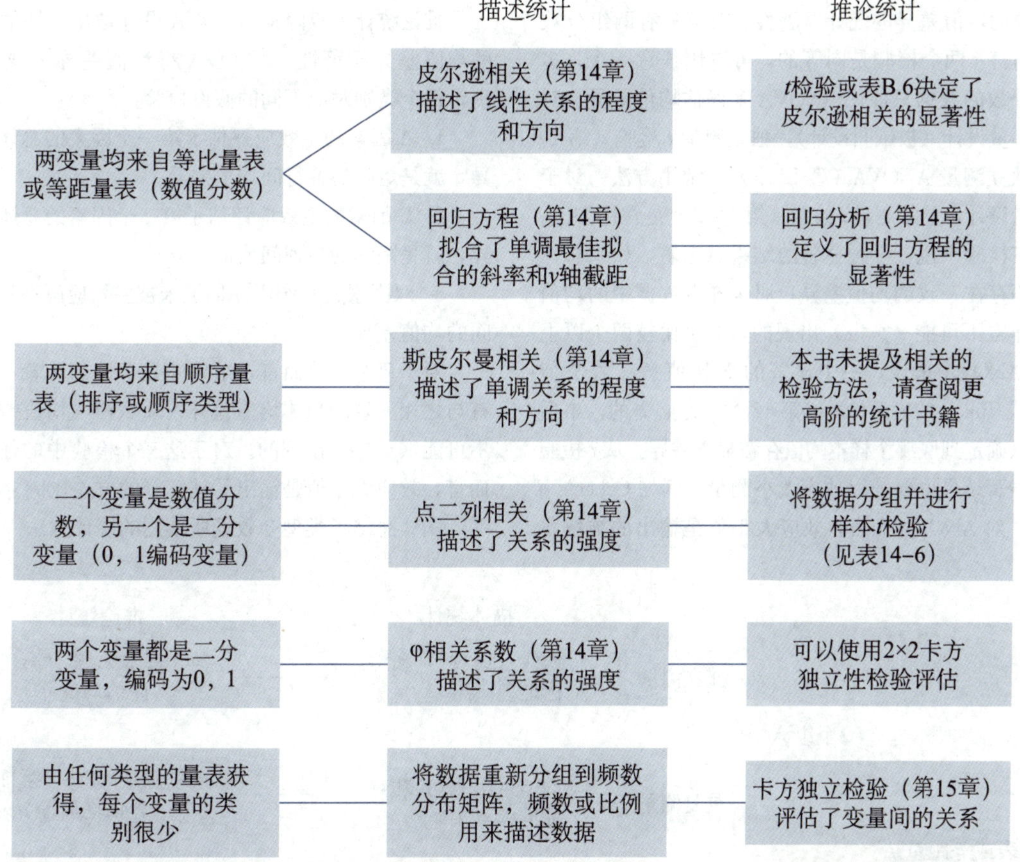


**图 2 类型 2 数据统计方法：一组被试，每名被试测量两个变量，目的是描述和评估两变量间的关系**

## 第三部分：两组（或更多组）数据的统计方法，每个分数测量相同变量

该类型数据包括单因素和双因素设计。在单因素研究中，一个变量的值用于定义不同的组别，另一个变量（因变量）的值用于获得每一组中的一系列分数。在双因素研究中，两个变量用于构建一个矩阵，其中一个变量值构成矩阵的行，另一个构成矩阵的列。第三个变量（因变量）是矩阵中每一格的分数值。为了方便讨论，这里我们主要关注单因素设计。在最后部分，我们会对双因素设计进行讨论。

单因素研究设计的目的是通过展现两组间差异一致性来证明两变量间的关系。每一组的分数可以是由等比量表、等距量表得来的数值分数或称名量表中简单的分类。不同的测量量表适用不同类型的计算而且会得出不同的统计分析结果。

统计检验的假设是推论统计需要考虑的一个重要因素。回想一下，$t$ 检验（第 9、10、11 章）和方差分析（第 12、13 章）都假设了总体分布是正态的。尽管对于非常大的样本，这个假设没那么重要，但在小样本的情况下，假设被违反可能会导致检验的有效性受到影响，例如偏态分布的影响。

## 等距或等比量表的得分：满足正态性假设时

**描述统计** 每组中的分数都是数值分数。概括和描述每组的描述统计方法的标准程序就是输出均值（第3章）和标准差（第4章）。对于重复测量研究而言，输出每名被试两分数间的差异，然后报告该差异的均值和标准差，也是一个常见做法。

**推论统计** 方差分析（ANOVA）和 $t$ 检验用于评估两组分数的均值差异的统计显著性。对于只有两组分数的数据而言，两个检验是同等的，可以用任意一个。多于两组分数的数据只能用 ANOVA 来评估均值差异。对于独立测量设计（被试间设计），独立测量 $t$ 检验（第10章）和独立测量 ANOVA（第12章）是常用方法。对于重复测量设计，重复测量 $t$ 检验（第11章）是常用方法。对于所有检验来说，一种显著的结果意味着，如果总体数据中不存在一致的均值差异，那么样本数据中的均值差异是非常不可能（$p<\alpha$）出现的。对于比较两个以上均值的 ANOVA 来说，一个显著的 $F$ 比值意味着类似 Scheffé 或 Tukey 的事后检验（第12章）是必需的，事后检验可以确定到底哪个样本均值存在显著差异。从 $t$ 检验而来的显著结果也要辅以效应大小测量，例如 Cohen's $d$ 或者 $r^2$。对 ANOVA 而言，效应大小值是输出的被解释的方差比例 $\eta^2$。

## 来自等比量表或等距量表的双因素设计

有两个自变量（或准自变量）的研究设计被称作双因素设计。这类设计可以通过矩阵展现，其中一个因素定义矩阵的行，另一个定义列。第三个变量（因变量）测量的是每一格中的一组分数（见图13-9）。

**描述统计** 每组中的分数是数值分数时，概括和描述每组的描述统计的标准程序是输出均值（第3章）和标准差（第4章）。

**推论统计** 双因素 ANOVA 设计被用于评估每一格的均值差异显著性。ANOVA 将均值差异分成三个类别，每个类别对应不同的假设检验：

1. $A$ 因素的主效应评估了第一个因素的总体均值差异，就是矩阵的各行间均值差异。

2. $B$ 因素的主效应评估了第二个因素的总体均值差异，就是矩阵的各列间均值差异。

3. 双因素交互作用评估了未被主效应解释的每一格间的均值差异。

对于每个检验而言，结果的显著性意味着，如果没有与之相一致的总体均值差异，那么样本均值差异是极不可能（$p<\alpha$）出现的。对于这三个检验中的任意一个而言，效应大小值是输出的被解释的方差比例 $\eta^2$。

图3总结了类型3数据所使用的统计方法。

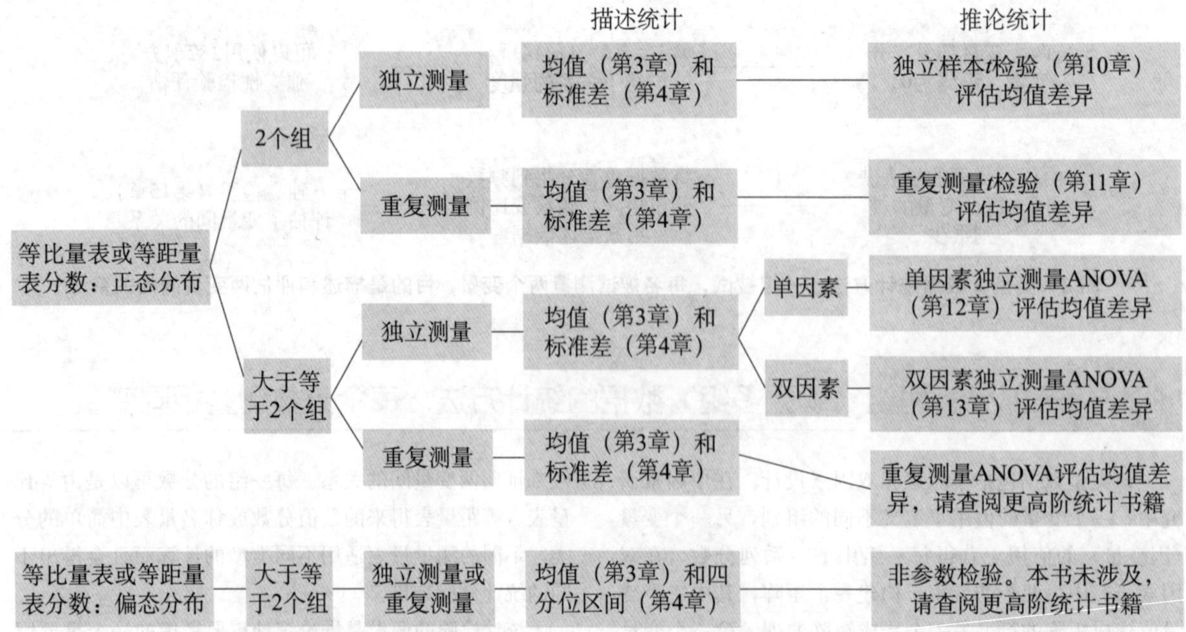


**图3 类型3数据统计方法：两组或更多组分数，每名被试一个分数，目的是评估各组分数间的差异**

## 等距或等比量表的得分：偏态分布时

**描述统计** 你可以为偏态分布的等距或等比量表得分计算均值（$M$）和标准差（$s$）。然而，如果在分布两端出现极值，可能会导致均值和标准差的扭曲，因此会使得对偏态分布的描述统计帮助不大。尤其我们已经知道的是，仅仅几个极端值就可能很大程度影响数据尾端的分布（第 3 章），标准差也会带来膨胀（第 4 章）。因此，中位数和四分位差是描述偏态分布的集中趋势和变异的首选方法，这些描述不受极端分数影响。

**推论统计** 对于等距或等比量表而言，在进行推论统计时需要满足某些前提假设。例如 $t$ 检验（第 9、10、11 章）和方差分析（第 12、13 章）假设了样本对应的总体是正态分布的。如果分布偏态，那么这些统计检验的结果是无效的，在小样本时影响尤其明显。在这些情况下，应该使用非参数的统计检验。非参数检验是当参数检验的假设不被满足时建议使用的一种分析方法。读者可以查阅更高阶的统计书籍。

# 统计公式摘要

## 均值

总体：$\mu = \frac{\sum X}{N}$

样本：$M = \frac{\sum X}{n}$

## 加权均值

$$M = \frac{\sum X_1 + \sum X_2}{n_1 + n_2}$$

## 中位数（分布的中心）

$$中位数 = X_{精确下限} + \left(\frac{0.5N - f_{低于精确下限}}{f_{并列}}\right)$$

## 平方和

定义公式：$SS = \sum (X-\mu)^2$ 或对于样本 $SS = \sum (X-M)^2$

计算公式：$SS = \sum X^2 - \frac{(\sum X)^2}{N}$ 或对于样本 $SS = \sum X^2 - \frac{(\sum X)^2}{n}$

## 方差

总体：$\sigma^2 = \frac{SS}{N}$

样本：$s^2 = \frac{SS}{n-1} = \frac{SS}{df}$

## 标准差

总体：$\sigma^2=\frac{SS}{N}$

样本：$s=\sqrt{\frac{SS}{n-1}}=\sqrt{\frac{SS}{df}}$

## $z$ 分数（用于定位 $X$ 值）

$$z=\frac{X-\mu}{\sigma}$$

## $z$ 分数（用于定位样本均值）

$$z=\frac{M-\mu}{\sigma_M}\text{，且}\sigma_M=\frac{\sigma}{\sqrt{n}}=\sqrt{\frac{\sigma^2}{n}}$$

## $t$ 检验（单样本）

$$t=\frac{M-\mu}{s_M}\text{，且}s_M=\frac{s}{\sqrt{n}}=\sqrt{\frac{s^2}{n}}$$

## $t$ 检验（独立样本）

$$t=\frac{(M_1-M_2)-(\mu_1-\mu_2)}{s_{(M_1-M_2)}}$$

$$s_{(M_1-M_2)}=\sqrt{\frac{s_p^2}{n_1}+\frac{s_p^2}{n_2}}\text{，}s_p^2=\frac{SS_1+SS_2}{df_1+df_2}=\frac{df_1s_1^2+df_2s_2^2}{df_1+df_2}$$

## $t$ 检验（重复测量，两个相关样本）

$$t=\frac{M_D-\mu_D}{s_{M_D}}\text{，且 }s_{M_D}=\sqrt{\frac{s^2}{n}}\text{，}M_D=\frac{\sum D}{n}\text{，}D=X_2-X_1$$

## 独立测量方差分析

$$SS_{\text{总}}=\sum X^2-\frac{G^2}{N}\quad df_{\text{总}}=N-1$$

$$SS_{处理间} = \sum \frac{T^2}{n} - \frac{G^2}{N} \quad df_{处理间} = k-1$$

$$SS_{处理内} = \sum SS_{每个处理内} \quad df_{处理内} = \sum df_{每个处理} = N-k$$

$$MS_{处理间} = \frac{SS_{处理间}}{df_{处理间}} \quad MS_{处理内} = \frac{SS_{处理内}}{df_{处理内}}$$

$$F=\frac{MS_{处理间}}{MS_{处理内}}$$

## 双因素方差分析

$$SS_{总} = \sum X^2 - \frac{G^2}{N}$$

$$df_{总} = N-1$$

$$SS_{处理间} = \sum \frac{T^2}{n} - \frac{G^2}{N}$$

$df_{处理间}$ = 所有水平组合的组别数目 − 1

$$SS_{处理内} = \sum SS_{每个处理}$$

$$df_{处理内} = \sum df_{每个处理}$$

$$SS_A = \sum \frac{T^2_{行}}{n_{行}} - \frac{G^2}{N} \quad df_A = 行数-1$$

$$SS_B = \sum \frac{T^2_{列}}{n_{列}} - \frac{G^2}{N} \quad df_B = 列数-1$$

$$SS_{A\times B}=SS_{处理间}-SS_A-SS_B$$

$$df_{A\times B}=df_{处理间}-df_A-df_B$$

$$MS_A=\frac{SS_A}{df_A} \quad MS_B=\frac{SS_B}{df_B} \quad MS_{A\times B}=\frac{SS_{A\times B}}{df_{A\times B}}$$

$$MS_{处理内}=\frac{SS_{处理内}}{df_{处理内}}$$

$$F_A=\frac{MS_A}{MS_{处理内}} \quad F_B=\frac{MS_B}{MS_{处理内}} \quad F_{A\times B}=\frac{MS_{A\times B}}{MS_{处理内}}$$

## 皮尔逊相关

$$r=\frac{SP}{\sqrt{SS_X SS_Y}}$$

$$SP = \sum (X-M_X)(Y-M_Y)$$

$$= \sum XY - \frac{(\sum X)(\sum Y)}{n}$$

## 斯皮尔曼相关

$$r_s = 1-\frac{6\sum D^2}{n(n^2-1)}$$

$D$ 是每个个体的 $X$ 和 $Y$ 的数值差。

## 回归

$\hat{Y}=bX+a$，且 $b=\frac{SP}{SS_X}$，$a=M_Y-bM_X$

## 卡方统计

$$\chi^2 = \sum \frac{(f_o - f_e)^2}{f_e}$$

拟合最优的 $f_e$是 $f_e = pn$ 和 $df = C-1$

且独立测验的 $f_e$是$f_e = \frac{f_c f_r}{n}$ 和 $df = (C-1)(R-1)$

## 效应量大小测量和置信区间

对于 $z$ 检验，Cohen's $d = \frac{\text{平均值的差}}{\text{标准差}} = \frac{\mu_{处理组} - \mu_{控制组}}{\sigma}$

对于单样本 $t$ 检验，估计的 $d = \frac{M-\mu}{s}$

对于独立样本 $t$ 检验，估计的 $d = \frac{M_1 - M_2}{\sqrt{s_P^2}}$

对于重复样本 $t$ 检验，估计的 $d = \frac{M_D}{s}$

$r^2$和$\eta^2$（影响或关系所占方差的百分比）：

$r^2 = \frac{t^2}{t^2 + df}$（用于 $t$ 检验）

$\eta^2 = \frac{SS_{处理间}}{SS_{总}}$（用于独立测量的方差分析）

$\eta^2 = \frac{SS_A}{SS_A + SS_{处理内}}$（用于双因素方差分析中 $A$ 的主效应）

$\eta^2 = \frac{SS_B}{SS_B + SS_{处理内}}$（用于双因素方差分析中 $B$ 的主效应）

$\eta^2 = \frac{SS_{A\times B}}{SS_{A\times B} + SS_{处理内}}$（用于双因素方差分析中的交互作用）

置信区间（单样本 $t$ 统计量）

$\mu = M \pm t(s_M)$

置信区间（独立样本 $t$ 统计量）

$\mu_1 - \mu_2 = M_1 - M_2 \pm t s_{(M_1 - M_2)}$

置信区间（重复测量 $t$ 统计量）

$\mu_D = M_D \pm t s_{M_D}$

# 参考文献


Ackerman, P. L., & Beier, M. E. (2007). Further explorations of perceptual speed abilities in the context of assessment methods, cognitive abilities, and individual differences during skill acquisition. *Journal of Experimental Psychology: Applied, 13*(4), 249–272.

Ackerman, R., & Goldsmith, M. (2011). Metacognitive regulation of text learning: On screen versus on paper. *Journal of Experimental Psychology: Applied, 17*, 18–32. doi:10.1037/a0022086

American Pet Products Association. (n.d.). APPA Survey 2017–2018. In *The Humane Society of the United States, Pets by the Numbers*. Retrieved from https://www.animalsheltering.org/page/pets-by-the-numbers

American Psychological Association. (2010). *Publication manual of the American Psychological Association* (6th ed.). Washington, DC: American Psychological Association.

American Veterinary Medical Association. (2012). *2012 American Veterinary Medical Association Sourcebook*. Retrieved from https://www.animalsheltering.org/page/pets-by-the-numbers

Anderson, D. R., Huston, A. C., Wright, J. C., & Collins, P. A. (1998). Initial findings on the long-term impact of Sesame Street and educational television for children: The recontact study. In R. Noll and M. Price (Eds.), *A communication cornucopia: Markle Foundation essays on information policy* (pp. 279–296). Washington, DC: Brookings Institution.

Anderson, N. D. (1999). The attentional demands of encoding and retrieval in younger and older adults: II. Evidence from secondary task reaction time distributions. *Psychology and Aging, 14*(4), 645–655.

ASPCA. (n.d.). *ASPCA policy and position statements. Position statement on pit bulls*. Retrieved from https://www.aspca.org/about-us/aspca-policy-and-position-statements/position-statement-pit-bulls

Bakhshi, S., Kanuparthy, P., & Gilbert, E. (2014). *Demographics, weather and online reviews: A study of restaurant recommendations*. International World Wide Web Conference Committee, IW3C2 (published online April 7–11, 2014). Retrieved from http://dx.doi.org/10.1145/2566486.2568021

Bar-Hillel, M. (1980). The base-rate fallacy in probability judgments. *Acta Psychologica, 44*, 211–233.

Beaven, C. M., & Ekstrom, J. (2013). A comparison of blue light and caffeine effects on cognitive function and alertness in humans. *PLoS ONE, 8*(10), 1–7.

Bélisle, J., & Bodur, H. O. (2010). Avatars as information: Perception of consumers based on the avatars in virtual worlds. *Psychology & Marketing, 27*, 741–765.

Bjornsen, C. A., & Archer, K. J. (2015). Relations between college students' cell phone use during class and grades. *Scholarship of Teaching and Learning in Psychology, 1*, 326–336.

Blum, J. (1978). *Pseudoscience and mental ability*. New York: Monthly Review Press.

Boehm, J. K., Winning, A., Segerstrom, S., & Kubzansky, L. D. (2015). Variability modifies life satisfaction's association with mortality risk in older adults. *Psychological Science, 26*(7), 1063–1070.

Boogert, N. J., Reader, S. M., & Laland, K. N. (2006). The relation between social rank, neophobia, and individual learning in starlings. *Animal Behaviour, 72*(6), 1229–1239.

Bowden, V. K., Loft, S., Tatasciore, M., & Visser, T. A. (2017). Lowering thresholds for speed limit enforcement impairs peripheral object detection and increases driver subjective workload. *Accident Analysis & Prevention, 98*, 118–122.

Boysen, G. A, & Vogel, D. L. (2009). Bias in the classroom: Types, frequencies, and responses. *Teaching of Psychology, 36*, 12–17. doi:10.1080/00986280802529038

Bransford, J. D., & Johnson, M. K. (1972). Contextual prerequisites for understanding: Some investigations of comprehension and recall. *Journal of Verbal Learning and Verbal Behavior, 11*, 717–726.

Callahan, L. F. (2009). Physical activity programs for chronic arthritis. *Current Opinion in Rheumatology, 21*, 177–182.

Cameron, J., Pierce, W. D., & So, S. (2004). Rewards, task difficulty, and intrinsic motivation: A test of learned industriousness theory. *Alberta Journal of Educational Research, 50*(3), 317–320.

Centers for Disease Control and Prevention. (2016). *Mortality multiple cause data files*. Retrieved from https://www.cdc.gov/nchs/data_access/vitalstatsonline.htm

Centers for Disease Control and Prevention, National Center for Health Statistics. (2016). Anthropometric reference data for children and adults: United States, 2011–2014. *Vital and Health Statistics*, Series 3(39). Retrieved from https://www.cdc.gov/nchs/data/series/sr_03/sr03_039.pdf

Cepeda, N. J., Vul, E., Rohrer, D., Wixted, J. T., & Pashler, H. (2008). Spacing effects in learning: A temporal ridgeline of optimal retention. *Psychological Science*, *19*, 1095–1102.

Chang, A., Aeschbach, D., Duffy, J. F., & Czeisler, C. A. (2015). Evening use of light-emitting eReaders negatively affects sleep, circadian timing, and next-morning alertness. *Proceedings of the National Academy of Science of the United States*, *112*. doi:10.1073/pnas.1418490112

Cheng, R. K., MacDonald, C. J., & Meck, W. H. (2006). Differential effects of cocaine and ketamine on time estimation: Implications for neurobiological models of interval timing. *Pharmacology, Biochemistry, and Behavior*, *85*, 114–122.

Cobb-Clark, D., & Schurer, S. (2012). The stability of big-five personality traits. *Economic Letters, 115*(1), 11–15.

Cohen, J. (1988). *Statistical power analysis for the behavioral sciences*. Hillsdale, NJ: Lawrence Erlbaum Associates.

Cohen, J. (1990). Things I have learned (so far). *American Psychologist, 45*, 1304–1312.

Cohen, J. (1992). A power primer. *Psychological Bulletin*, *112*, 155–159.

Cohen, R. (2013, August). Sugar love: A not so sweet tale. *National Geographic Magazine*. Retrieved from http://ngm.nationalgeographic.com/2013/08/sugar/cohen-text

Cowles, M., & Davis, C. (1982). On the origins of the .05 level of statistical significance. *American Psychologist*, *37*, 553–558.

Derks, D., Bos, A. E. R., & von Grumbkow, J. (2007). Emoticons and social interaction on the Internet: The importance of social context. *Computers in Human Behavior, 23*, 842–849.

Deters, F. G., & Mehl, M. R. (2013). Does posting Facebook status updates increase or decrease loneliness? An online social networking experiment. *Social Psychological and Personality Science*, *4*(5), 1–13.

Dickey, B. (2016). *Pit bull: The battle over an American icon*. New York: Knopf.

Doebel, S., & Munakata, Y. (2018). Group influences on engaging self-control: Children delay gratification and value it more when their in-group delays and their out-group doesn't. *Psychological Science*, *29*(5), 738–748.

Drèze, X., & Nunes, J. (2006). The endowed progress effect: How artificial advancement increases effort. *Journal of Consumer Research*, *32*, 504–512.

Dunning, D., Johnson, K., Ehlringer, J., & Kruger, J. (2003). Why people fail to recognize their own incompetence. *Psychological Science*, *12*(3), 83–87.

Dwyer, M. D., Figueroa, J., Gasalla, P., & Lopez, M. (2018). Reward adaptation and the mechanisms of learning: Contrast changes reward value in rats and drives learning. *Psychological Science*, *29*(2), 219–227.

Elbel, B., Gyamfi, J., & Kersh, R. (2011). Child and adolescent fast-food choice and the influence of calorie labeling: A natural experiment. *International Journal of Obesity*, *35*, 493–500. doi:10.1038/ijo.2011.4

Elliot, A. J., & Niesta, D. (2008). Romantic red: Red enhances men's attraction to women. *Journal of Personality and Social Psychology*, *95*, 1150–1164.

Environmental Protection Agency. (2019). *Fuel economy data*. Retrieved from https://www.fueleconomy.gov/feg/download.shtml

Evans, S. W., Pelham, W. E., Smith, B. H., Bukstein, O., Gnagy, E. M., Greiner, A. R. ... Baron-Myak, C. (2001). Dose-response effects of methylphenidate on ecologically valid measures of academic performance and classroom behavior in adolescents with ADHD. *Experimental and Clinical Psychopharmacology*, *9*, 163–175.

Federal Aviation Administration. (2017). *Air traffic by the numbers*. Retrieved from https://www.faa.gov/air_traffic/by_the_numbers/

Flynn, J. R. (1984). The mean IQ of Americans: Massive gains 1932 to 1978. *Psychological Bulletin*, *95*, 29–51.

Flynn, J. R. (1999). Searching for justice: The discovery of IQ gains over time. *American Psychologist*, *54*, 5–20.

Ford, A. M., & Torok, D. (2008). Motivational signage increases physical activity on a college campus. *Journal of American College Health*, *57*, 242–244.

Gentile, D. A., Lynch, P. J., Linder, J. R., & Walsh, D. A. (2004). The effects of video game habits on adolescent hostility, aggressive behaviors, and school performance. *Journal of Adolescence*, *27*, 5–22. doi:10.1016/j.adolescence.2003.10.002

Gillam, B., & Chambers, D. (1985). Size and position are incongruous: Measurements on the Müller-Lyer figure. *Perception & Psychophysics*, *37*, 549–556.

Gillen-O'Neel, C., Huynh, V. W., & Fuligni, A. J. (2013). To study or to sleep? The academic costs of extra studying at the expense of sleep. *Child Development*, *84*, 133–142. doi:10/1111/j.1467-8624.2012.01834.x

Gino, F., & Ariely, D. (2012). The dark side of creativity: Original thinkers can be more dishonest. *Journal of Personality and Social Psychology*, *102*, 445–459. doi:10.1037/a0026406

Gorant, J. (2010). *The lost dogs. Michael Vick's dogs and their tale of rescue and redemption*. New York: Gotham Books.

Greenlees, I. A., Eynon, M., & Thelwell, R. C. (2013). Color of soccer goalkeepers' uniforms influences the outcome of penalty kicks. *Perceptual and Motor Skills: Exercise and Sport,* 117, 1–10.

Guéguen, N., Jacob, C., & Lamy, L. (2010). "Love is in the air": Effects of songs with romantic lyrics on compliance with a courtship request. *Psychology of Music*, *38*, 303–307.

Guéguen, N., & Jacob, C. (2012, April). Clothing color and tipping: Gentlemen patrons give more tips to waitresses with red clothes. *Journal of Hospitality & Tourism Research*. doi:10.1177/1096348012442546

Guidry, K. (2017). Delivery versus time devoted to assignments: The effect on course performance. *Journal of Instructional Pedagogies, 19*, 2–9.

Gunter, L. M., Barber, R. T., & Wynne, C. D. L (2016). What's in a name? Effect of breed perceptions & labeling on attractiveness, adoptions and length of stay for pit-bull-type dogs. *PLoS ONE, 11,* e0136857. doi:10.1371/journal.pone.0146857

Gutierrez-Cebollada, J., de la Torre, R., Ortuno, J., Garces, J. M., & Cami, J. (1994). Psychotropic drug consumption and other factors associated with heroin overdose. *Drug and Alcohol Dependence*, *35*, 169–174.

Harman, B. A., & Sato, T. (2011). Cell phone use and grade point average among undergraduate university students. *College Student Journal, 45*, 544–549.

Horvath, J. C., Horton, A. J., Lodge, J. M., & Hattie, J. A. (2017). The impact of binge watching on memory and perceived comprehension. *First Monday*, *22*(9).

Humane Society of the United States. (2018). American Pet Products Association Survey 2017–2018. *Pets by the Numbers.* Retrieved from https://www.animalsheltering.org/page/pets-by-the-numbers

Hunter, J. E. (1997). Needed: A ban on the significance test. *Psychological Science*, *8*, 3–7.

Indiana University. (2018). *National Survey of Student Engagement*. Retrieved from http://nsse.indiana.edu/2018_institutional_report/pdf/Frequencies/FreqSex.pdf

Insurance Information Institute. (2015). *Facts and statistics: Mortality risks*. Retrieved from https://www.iii.org/fact-statistic/facts-statistics-mortality-risk

Jacobsen, W. C., & Forste, R. (2011). The wired generation: Academic and social outcomes of electronic media use among university students. *Cyberpsychology, Behaviour, and Social Networking, 14,* 275–280. doi:10.1089/cyber. 2010.0135

Jena, A. B., Jain, A., & Hicks, T. R. (2018, February 3). Do "Fast and Furious" movies cause a rise in speeding? *The Record* [Kitchener, Ontario]. pD4.

Johnston, J. J. (1975). Sticking with first responses on multiple-choice exams: For better or worse? *Teaching of Psychology*, *2*, 178–179.

Judge, T. A., & Cable, D. M. (2010). When it comes to pay, do the thin win? The effect of weight on pay for men and women. *Journal of Applied Psychology*, *96*, 95–112. doi:10.1037/a0020860

Junco, R. (2015). Student class standing, Facebook use, and academic performance. *Journal of Applied Developmental Psychology*, *36*, 18–29. doi:10.1016/j.appdev.2014.11.001

Katona, G. (1940). *Organizing and memorizing*. New York, NY: Columbia University Press.

Killeen, P. R. (2005). An alternative to null-hypothesis significance tests. *Psychological Science*, *16*, 345–353.

Kornell, N. (2009). Optimising learning using flashcards: Spacing is more effective than cramming. *Applied Cognitive Psychology*, *23*, 1297–1317.

Kuo, M., Adlaf, E. M., Lee, H., Gliksman, L., Demers, A., & Wechsler, H. (2002). More Canadian students drink but American students drink more: Comparing college alcohol use in two countries. *Addiction*, *97*, 1583–1592.

Kurinec, C. A., & Weaver, C. A. (2018). Do memory-focused jury instructions moderate the influence of eyewitness word choice? *Applied Psychology in Criminal Justice, 14,* 55–69.

Lay, C. H. (1986). At last, my research article on procrastination. *Journal of Research in Personality*, *20*, 474–495.

Lepp, A., Barkley, J. E., & Karpinski, A. C. (2014). The relationship between cell phone use, academic performance, anxiety, and satisfaction with life in college students. *Computers in Human Behavior, 31*, 343–350. doi:10.10116/j.chb.2013.10.049

Lepp, A., Barkley, J. E., & Karpinski, A. C. (2015). The relationship between cell phone use and academic performance in a sample of U.S. college students. *SAGEOpen, 5.* doi:10.1177/2158244015573169

Li, A. (2008). Experiencing visuo-motor plasticity by prism adaptation in a classroom setting. *Journal of Undergraduate Neuroscience Education*, *7*(1), A13–A18.

Li, L., Chen, R., & Chen, J. (2016). Playing action video games improves visuomotor control. *Psychological Science*, *27*(8), 1092–1108.

Liu, B., Floud, S., Pirie, K., Green, J., Peto, R., & Beral, V. (2015). Does happiness itself directly affect mortality? The prospective UK million women study. *The Lancet* (published online Dec. 9, 2015). Retrieved from http://dx,doi.org/10.1016/S0140-6736(15)01087-9

Liu, M., Huang, Y., & Zhang, D. (2017). Gamification's impact on manufacturing: Enhancing motivation, satisfaction and operational performance with smartphone-based gamified job design. *Human Factors and Ergonomics in Manufacturing & Service Industries*, *28*(1), 38–51.

Live Science Staff. (2011, June 22). These states are really lightning rods. *Live Science*. Retrieved from https://www.livescience.com/14714-lightning-prone-states-110620.html

Loftus, E. F., & Palmer, J. C. (1974). Reconstruction of automobile destruction: An example of the interaction between language and memory. *Journal of Verbal Learning & Verbal Behavior*, *13*, 585–589.

Loftus, G. R. (1996). Psychology will be a much better science when we change the way we analyze data. *Current Directions in Psychological Science*, *5*, 161–171.

Loke, W. H. (1988). Effects of caffeine on mood and memory. *Physiology & Behavior, 44*, 367–372.

Luhmann, M., Schimmack, U., & Eid, M. (2011). Stability

and variability in the relationship between subjective well-being and income. *Journal of Research in Personality*, *45*(2), 186–197.

Mackay, G. J., & Neill, J. T. (2010). The effect of "green exercise" on state anxiety and the role of exercise duration, intensity, and greenness: A quasi-experimental study. *Psychology of Sport and Exercise*, *11*(3), 238–245.

Marchewka, A., Zurawski, L., Jenorog, K., & Grabowska, A. (2014). The Nencki affective picture system (NAPS): Introduction to a novel, standardized, wide-range, high-quality, realistic picture database. *Behavioral Research Methods*, *46*(2), 596–620.

Massa, L. J., & Mayer, R. E. (2006). Testing the ATI hypothesis: Should multimedia instruction accommodate verbalizer-visualizer cognitive style? *Learning and Individual Differences, 16*, 321–336.

McAllister, T. W., Flashman, L. A., Maerlender, A., Greenwald, R. M., Beckwith, J. G., Tosteson, T. D.,... Turco, J. H. (2012). Cognitive effects of one season of head impacts in a cohort of collegiate contact sport athletes. *Neurology*, *78*, 1777–1784. doi:10.1212/WNL.0b013e3182582fe7

McGee, R., Williams, S., Howden-Chapman, P., Martin, J., & Kawachi, I. (2006). Participation in clubs and groups from childhood to adolescence and its effects on attachment and self-esteem. *Journal of Adolescence*, *29*, 1–17.

McMorris, B. J., Catalano, R. F., Kim, M. J., Toumbourou, J. W., & Hemphill, S. A. (2011). Influence of family factors and supervised alcohol use on adolescent alcohol use and harms: Similarities between youth in different alcohol policy contexts. *Journal of Studies on Alcohol and Drugs*, *72*, 418–428.

Neuenschwander, L. M., Abbott, A., & Mobley, A. R. (2012). Assessment of low-income adults' access to technology: Implications for nutrition education. *Journal of Nutrition Education and Behavior, 44*, 60–65.

Nitzschner, M., Melis, A. P., Kaminski, J., & Tomasello, M. (2012). Dogs (*Canis familiaris*) evaluate humans on the basis of direct experiences only. *PLoS ONE*, *7*(October), Issue 10, e46880 Retrieved from https://doi.org/10.1371/journal.pone.0046880

Noland, S. A. & The Society for the Teaching of Psychology Statistical Literacy Taskforce. (2012). *Statistical literacy in the undergraduate psychology curriculum.* Retrieved from http://www.teachpsych.org/Resources/Documents/otrp/resources/statistics/STP_Statistical_Literacy_Psychology_Major_Learning_Goals_4-2014.pdf

Oishi, S., & Schimmack, U. (2010). Residential mobility, well-being, and mortality. *Journal of Personality and Social Psychology*, *98*, 980–994.

Oreg, S., & Berson, Y. (2018). The impact of top leaders' personalities: The process through which organizations become reflections of their leaders. *Current Directions in Psychological Science*, *27*, 241–248.

Otto, A. R., Fleming, S. M., & Glimcher, P. W. (2016). Unexpected but incidental positive outcomes predict real-world gambling. *Psychological Science*, *27*(3), 299–311.

Pashler, H., McDaniel, M., Rohrer, D., & Bjork, R. (2009). Learning styles: Concepts and evidence. *Psychological Science in the Public Interest, 9*, 105–119.

Piff, P. K., Kraus, M. W., Cote, S., Cheng, B. H., & Keltner, D. (2010). Having less, giving more: The influence of social class on prosocial behavior. *Journal of Personality and Social Psychology*, *99*, 771–784.

Polman, H., de Castro, B. O., & van Aken, M. A. G. (2008). Experimental study of the differential effects of playing versus watching violent video games on children's aggressive behavior. *Aggressive Behavior*, *34*, 256–264. doi:10.1002/ab.20245

Popham, J., Lee, M., Sublette, M., Kent, T., & Carswell, C. M. (2017). Graphic vs. text-only résumés: Effects of design elements on simulated employment decisions. *Proceedings of the Human Factors and Ergonomics Society Annual Meeting*, *61*, 1242–1246.

Ramirez, M. (2006). "My dog's just like me": Dog ownership as a gender display. *Symb Interact, 29*, 373–391.

Rello, L., & Bigham, J. P. (2017). Good background colors for readers: A study of people with and without dyslexia. In *Proceedings of the 19th International ACM SIGACCESS Conference on Computers and Accessibility* (pp. 72–80). Baltimore, MD: ACM. doi:10.1145/3132525.3132546

Remmers, C., & Zander, T. (2018). Why you don't see the forest for the trees when you are anxious: Anxiety impairs intuitive decision making. *Clinical Psychological Science*, *6*(1), 48–62.

Robbins, L., & Margulis, S. W. (2014). The effects of auditory enrichment on gorillas. *Zoo Biology, 2014*, 197–203.

Roberts, J. A., Yaya, L. H. P., & Manolis, C. (2014). The invisible addiction: Cell-phone activities and addiction among male and female college students. *Journal of Behavioral Addictions, 3*, 354–265. doi:10.1556/JBA.3.2014.015

Rosati, A. G., & Santos, L. R. (2016). Spontaneous metacognition in rhesus monkeys. *Psychological Science*, *27*, 1181–1191.

Rosenberg, M. (1965). *Society and the adolescent self-image*. Princeton, NJ: Princeton University Press.

Rosenberg, M. (1989). *Society and the adolescent self-image*. Revised edition. Middletown, CT: Wesleyan University Press.

Sachs, B. D., Ni, J. R., & Caron, M. G. (2014). Brain 5-HT deficiency increases stress vulnerability and impairs antidepressant responses following psychosocial stress. *Proceedings of the National Academy of Sciences, 112*, 2557–2562.

Schachter, S. (1968). Obesity and eating. *Science*, *161*, 751–756.

Scharf, R., Demmer, R., & DeBoer, M. M. (2013). Longitudinal evaluation of milk type consumed and weight status in preschoolers. *Archives of Disease in Childhood*, *98*, 335–340. doi:10.1136/archdischild-2012-302941

Sibbald, T. (2014). Occurrence of bimodal classroom achievement in Ontario, Alberta. *Journal of Educational Research, 60*, 221–225.

Simon, N. W., & Moghaddam, B. (2016). Methylphenidate has nonlinear effects on cued response inhibition in adults but not adolescents. *Brain Research, 1654*, 171–176.

Singh, S. (2006). Impact of color on marketing. *Management Decision, 44*(6), 783–789. doi:10.1108/00251740610673322

So, W. C., Ching, T. H-W., Lim, P. E., Cheng, X., & Ip, K. Y. (2014). Producing gestures facilitates route learning. *PLoS ONE, 9*(11): e112543. doi:10.1371/journal.pone.0112543

Starling, M. J., Branson, N., Thomson, P. C., & McGreevy, P. D. (2013). "Boldness" in the domestic dog differs among breeds and breed groups. *Behavioural Processes, 97*, 53–62.

Stephens, R., Atkins, J., & Kingston, A. (2009). Swearing as a response to pain. *NeuroReport: For Rapid Communication of Neuroscience Research, 20*, 1056–1060. doi:10.1097/WNR.0b013e32832e64b1

Taylor, A. M., Reby, D., & McComb, K. (2011). Cross modal perception of body size in domestic dogs (Canis familiaris). *PLoS ONE, 6*(2): e17069. doi:10.1371/journal.pone.0017069

Telles, S., Singh, N., & Balkrishna, A. (2012). Finger dexterity and visual discrimination following two yoga breathing practices. *International Journal of Yoga, 5*, 37–41.

Tolman, E. C. (1948). Cognitive maps in rats and men. *Psychological Review, 55*(4), 189–208.

Troyer, A. K., Leach, L., & Strauss, E. (2006). Computerized Victoria Stroop Test in adult unipolar depressed patients and healthy subjects: Influence of age and gender. *Aging, Neuropsychology, and Cognition, 13*, 20–35.

Tukey, J. W. (1977). *Exploratory data analysis.* Reading, MA: Addison-Wesley.

Tversky, A., & Kahneman, D. (1974). Judgments under uncertainty: Heuristics and biases. *Science, 185*, 1124–1131.

Twenge, J. M., Joiner, T. E., Rogers, M. L., & Martin, G. N. (2018). Increases in depressive symptoms, suicide-related outcomes, and suicide rates among U.S. adolescents after 2010 and links to increased new media screen time. *Clinical Psychological Science, 6*, 3–17.

US Census Bureau. (2017). Commuting times, median rents and language other than English use in the home on the rise. *Newsroom.* Retrieved from https://www.census.gov/newsroom/press-releases/2017/acs-5yr.html

United States Department of Labor, Bureau of Labor Statistics. (2017). *Occupational outlook handbook.* Retrieved from https://www.bls.gov/ooh/

von Hippel, P. T. (2005). Mean, median, and skew: Correcting a textbook rule. *Journal of Statistics Education, 13.* Retrieved from http://www.amstat.org/publications/jse/v13n2/vonhippel.html

Weinberg, G. H., Schumaker, J. A., & Oltman, D. (1981). *Statistics: An intuitive approach.* Belmont, CA: Wadsworth.

Weinstein, Y., McDermott, K. B., & Roediger, H. L. III (2010). A comparison of study strategies for passages: Rereading, answering questions, and generating questions. *Journal of Experimental Psychology: Applied, 16*, 308–316.

Weiss, E., Miller, K., Mohan-Gibbons, H., & Vela, C. (2012). Why did you choose this pet? Adopters and pet selection preferences in five animal shelters in the United States. *Animals, 2*, 144–159. doi:10.3390/ani2020144

West, G. L., Zendel, B. R., Konishi, K., Benady-Chorney, J., Bohbot, V. D., Peretz, I., Belleville, S. (2017). Playing Super Mario 64 increases hippocampal grey matter in older adults. *PLoS One, 12*(12).

Wilcox, K., & Stephen, A. T. (2013). Are close friends the enemy? Online social networks, self-esteem, and self-control. *Journal of Consumer Research, 40*, 90–103. doi:10.1086/668794

Wilkinson, L., and the Task Force on Statistical Inference. (1999). Statistical methods in psychology journals. *American Psychologist, 54*, 594–604.

Williamson, S., Block, L. G., & Keller, P. A. (2016). Of waste and waists: The effect of plate material on food consumption and waste. *Journal of the Association for Consumer Research, 1*(1), 147–160.

Yan, D., & Sengupta, J. (2011). Effects of construal level on the price-quality relationship. *Journal of Consumer Research, 38*, 376–389. doi:10.1086/659755

Zagorcheve, L., Meyer, C., Stehle, T., Wenzel, F., Young, S., Peters, J., … McAllister, T. (2016). Differences in regional brain volumes two months and one year after mild traumatic brain injury. *Journal of Neurotrauma, 33*(1), 29–34.

Zezulka, L. A., & Seigfried-Spellar, K. C. (2016). Differentiating cyberbullies and internet trolls by personality characteristics and self-esteem. *Journal of Digital Forensics, Security, and Law, 11*(3).

Zhong, C., Bohns, V. K., & Gino, F. (2010). Good lamps are the best police: Darkness increases dishonesty and self-interested behavior. *Psychological Science, 21*, 311–314.

# 推荐阅读书目

| ISBN | 书名 | 作者 | 单价（元） |
|---|---|---|---|
| 心理学译丛 | | | |
| 978-7-300-26722-7 | 心理学（第 3 版） | 斯宾塞·A. 拉瑟斯 | 79.00 |
| 978-7-300-28545-0 | 心理学的世界 | 阿比盖尔·A. 贝尔德 | 79.80 |
| 978-7-300-29372-1 | 心理学改变思维（第 4 版） | 斯科特·O. 利林菲尔德 等 | 168.00 |
| 978-7-300-12644-9 | 行动中的心理学（第 8 版） | 卡伦·霍夫曼 | 89.00 |
| 978-7-300-09563-9 | 现代心理学史（第 2 版） | C. 詹姆斯·古德温 | 88.00 |
| 978-7-300-13001-9 | 心理学研究方法（第 9 版） | 尼尔·J. 萨尔金德 | 78.00 |
| **978-7-300-32781-5** | **行为科学统计精要（第 10 版）** | **弗雷德里克·J. 格雷维特 等** | **139.00** |
| 978-7-300-28834-5 | 行为与社会科学统计（第 5 版） | 亚瑟·阿伦 等 | 98.00 |
| 978-7-300-22245-5 | 心理统计学（第 5 版） | 亚瑟·阿伦 等 | 129.00 |
| 978-7-300-13306-5 | 现代心理测量学（第 3 版） | 约翰·罗斯特 等 | 39.90 |
| 978-7-300-12745-3 | 人类发展（第 8 版） | 詹姆斯·W. 范德赞登 等 | 88.00 |
| 978-7-300-13307-2 | 伯克毕生发展心理学：从 0 岁到青少年（第 4 版） | 劳拉·E. 伯克 | 118.00 |
| 978-7-300-18303-9 | 伯克毕生发展心理学：从青年到老年（第 4 版） | 劳拉·E. 伯克 | 55.00 |
| 978-7-300-29844-3 | 伯克毕生发展心理学（第 7 版） | 劳拉·E. 伯克 | 258.00 |
| 978-7-300-32150-9 | 伯克毕生发展心理学（第 7 版·精装珍藏版） | 劳拉·E. 伯克 | 698.00 |
| 978-7-300-30663-6 | 社会心理学（第 8 版） | 迈克尔·豪格 等 | 158.00 |
| 978-7-300-18422-7 | 社会性发展 | 罗斯·D. 帕克 等 | 59.90 |
| 978-7-300-21583-9 | 伍尔福克教育心理学（第 12 版） | 安妮塔·伍尔福克 | 139.00 |
| 978-7-300-16761-9 | 伍德沃克教育心理学（第 11 版·英文版） | 安妮塔·伍德沃克 | 75.00 |
| 978-7-300-29643-2 | 教育心理学：指导有效教学的主要理念（第 5 版） | 简妮·爱丽丝·奥姆罗德 等 | 109.00 |
| 978-7-300-31183-8 | 学习心理学（第 8 版） | 简妮·爱丽丝·奥姆罗德 | 118.00 |
| 978-7-300-23658-2 | 异常心理学（第 6 版） | 马克·杜兰德 等 | 139.00 |
| 978-7-300-17653-6 | 临床心理学 | 沃尔夫冈·林登 等 | 65.00 |
| 978-7-300-18593-4 | 婴幼儿心理健康手册（第 3 版） | 小查尔斯·H. 泽纳 | 89.90 |
| 978-7-300-19858-3 | 心理咨询导论（第 6 版） | 塞缪尔·格莱丁 | 89.90 |
| 978-7-300-29729-3 | 当代心理治疗（第 10 版） | 丹尼·韦丁 等 | 139.00 |
| 978-7-300-30253-9 | 团体心理治疗（第 10 版） | 玛丽安娜·施奈德·科里 等 | 89.00 |
| 978-7-300-25883-6 | 人格心理学入门（第 8 版） | 马修·H. 奥尔森 等 | 118.00 |
| 978-7-300-14062-9 | 社会与人格心理学研究方法手册 | 哈里·T. 赖斯 等 | 89.90 |
| 978-7-300-12478-0 | 女性心理学（第 6 版） | 马格丽特·W. 马特林 | 79.00 |
| 978-7-300-18010-6 | 消费心理学：无所不在的时尚（第 2 版） | 迈克尔·R. 所罗门 等 | 99.80 |
| 978-7-300-12617-3 | 社区心理学：联结个体和社区（第 2 版） | 詹姆士·H. 道尔顿 等 | 79.80 |
| 978-7-300-16328-4 | 跨文化心理学（第 4 版） | 埃里克·B. 希雷 | 55.00 |
| 978-7-300-14110-7 | 职场人际关系心理学（第 12 版） | 莎伦·伦德·奥尼尔 等 | 49.00 |
| 978-7-300-13303-4 | 生涯发展与规划：人生的问题与选择 | 理查德·S. 沙夫 | 45.00 |
| 978-7-300-18904-8 | 大学生领导力（第 3 版） | 苏珊·R. 考米维斯 等 | 39.80 |

## 西方心理学大师经典译丛

| | | | |
|---|---|---|---|
| 978-7-300-17807-3 | 自卑与超越 | 阿尔弗雷德·阿德勒 | 48.00 |
| 978-7-300-17774-8 | 我们时代的神经症人格 | 卡伦·霍妮 | 45.00 |
| 978-7-300-17806-6 | 动机与人格（第三版） | 亚伯拉罕·马斯洛 | 58.00 |
| 978-7-300-17739-7 | 人的自我寻求 | 罗洛·梅 | 48.00 |
| 978-7-300-20299-0 | 教育心理学简编 | 爱德华·桑代克 | 45.00 |
| 978-7-300-20342-3 | 心理物理学纲要 | 古斯塔夫·费希纳 | 49.00 |
| 978-7-300-18539-2 | 精神病学的人际关系理论 | 哈里·沙利文 | 45.00 |
| 978-7-300-20275-4 | 社会学习理论 | 阿尔伯特·班杜拉 | 48.00 |
| 978-7-300-20339-3 | 追求意义的意志 | 维克多·弗兰克尔 | 48.00 |
| 978-7-300-17738-0 | 当事人中心治疗：实践、运用和理论 | 卡尔·罗杰斯 等 | 89.00 |
| 978-7-300-24518-8 | 理解人性 | 阿尔弗雷德·阿德勒 | 39.90 |
| 978-7-300-24517-1 | 寻找灵魂的现代人 | 卡尔·荣格 | 48.00 |
| 978-7-300-23941-5 | 动力心理学 | 罗伯特·伍德沃斯 | 45.00 |
| 978-7-300-23940-8 | 挫折与攻击 | 约翰·多拉德 等 | 45.00 |
| 978-7-300-26138-6 | 性学三论与爱情心理学 | 西格蒙德·弗洛伊德 | 38.00 |
| 978-7-300-26033-4 | 人类的遗产："文明社会"的演化与未来 | 利昂·费斯汀格 | 55.00 |
| 978-7-300-26034-1 | 实现自我：神经症与人的成长 | 卡伦·霍妮 | 65.00 |
| 978-7-300-27774-5 | 压力：评价与应对 | 理查德·拉扎勒斯 等 | 85.00 |
| 978-7-300-27972-5 | 心理学与灵魂 | 奥托·兰克 | 48.00 |
| 978-7-300-28167-4 | 习得性无助 | 马丁·塞利格曼 | 58.00 |
| 978-7-300-27210-8 | 思维风格 | 罗伯特·斯滕伯格 | 49.00 |
| 978-7-300-29171-0 | 偏见的本质 | 戈登·奥尔波特 | 118.00 |
| 978-7-300-29478-0 | 理智、疯狂与家庭 | R.D. 莱因 等 | 69.00 |
| 978-7-300-29757-6 | 整合与完满：埃里克森论老年 | 埃里克·埃里克森 等 | 69.00 |
| 978-7-300-30797-8 | 目击者证词 | 伊丽莎白·洛夫特斯 | 68.00 |
| 978-7-300-30919-4 | 超越自由与尊严 | B. F. 斯金纳 | 58.00 |
| 978-7-300-30980-4 | 科学与人类行为 | B. F. 斯金纳 | 79.80 |
| 978-7-300-31409-9 | 爱情关系 | 奥托·克恩伯格 | 59.80 |

## 当代西方社会心理学名著译丛

| | | | |
|---|---|---|---|
| 978-7-300-32190-5 | 超越苦乐原则：动机如何协同运作 | E. 托里·希金斯 | 198.00 |
| 978-7-300-31154-8 | 道德之锚：道德与社会行为的调节 | 娜奥米· 埃勒默斯 | 88.00 |
| 978-7-300-30024-5 | 情境中的知识：表征、社群与文化 | 桑德拉·约夫切洛维奇 | 68.00 |
| 978-7-300-30022-1 | 偏见与沟通 | 托马斯·佩蒂格鲁 等 | 79.80 |
| 978-7-300-28793-5 | 偏见（第 2 版） | 鲁珀特·布朗 | 98.00 |
| 978-7-300-28542-9 | 归因动机论 | 伯纳德·韦纳 | 59.80 |
| 978-7-300-28329-6 | 欲望的演化：人类的择偶策略（最新修订版） | 戴维·巴斯 | 79.80 |
| 978-7-300-28458-3 | 努力的意义：积极的自我理论 | 卡罗尔·德韦克 | 59.90 |
| 978-7-300-13011-8 | 语境中的社会建构 | 肯尼斯·J. 格根 | 69.00 |
| 978-7-300-13009-5 | 社会认同过程 | 迈克尔·A·豪格 等 | 59.00 |

* * * *

Essentials of Statistics for the Behavioral Sciences，10e
Frederick J. Gravetter，Larry B. Wallnau，Lori-Ann B. Forzano，James E. Witnauer


北京市版权局著作权合同登记号　图字：01-2022-3515

# Supplements Request Form（教辅材料申请表）

<table>
<tr><td colspan="4">Lecturer's Details(教师信息)</td></tr>
<tr><td>Name：<br>(姓名)</td><td></td><td>Title：<br>(职务)</td><td></td></tr>
<tr><td>Department：<br>(系科)</td><td></td><td>School/University：<br>(学院/大学)</td><td></td></tr>
<tr><td>Official<br>E-mail：<br>(学校邮箱)</td><td></td><td rowspan="3">Lecturer's Address / Post Code：<br>(教师通讯地址/邮编)</td><td rowspan="3"></td></tr>
<tr><td>Tel：<br>(电话)</td><td></td></tr>
<tr><td>Mobile：<br>(手机)</td><td></td></tr>
</table>

<table>
<tr><td colspan="4">Adoption Details(教材信息)　原版□　　翻译版□　　影印版 □</td></tr>
<tr><td>Title：(英文书名)<br>Edition：(版次)<br>Author：(作者)</td><td colspan="3"></td></tr>
<tr><td>Local Publisher：<br>(中国出版社)</td><td colspan="3"></td></tr>
<tr><td>Enrolment：<br>(学生人数)</td><td></td><td>Semester：<br>(学期起止时间)</td><td></td></tr>
<tr><td colspan="4">Contact Person & Phone/E-Mail/Subject：<br>(系科/学院教学负责人电话/邮件/研究方向)<br>( 我公司要求在此处标明系科/学院教学负责人电话/传真及电话和传真号码并在此加盖公章。)<br><br>教材购买由　我□　我作为委员会的一部分□　其他人□[姓名：　　　]决定。</td></tr>
</table>

Please fax or post the complete form to(请将此表格传真至)：

CENGAGE LEARNING BEIJING
ATTN ：Higher Education Division
TEL：(86) 10-82862096/ 95 / 97
FAX ：(86) 10 82862089
ADD：北京市海淀区科学院南路 2 号
融科资讯中心 C 座南楼 12 层 1201 室　100080

Note：Thomson Learning has changed its name to CENGAGE Learning

VERIFICATION FORM/CENGAGE LEARNING